# ÉCHANGES ET COMMUNICATIONS

I

# STUDIES IN GENERAL ANTHROPOLOGY

*edited by*

DAVID BIDNEY
Indiana University
Bloomington

DELL HYMES
University of Pennsylvania
Philadelphia

P. E. DE JOSSELIN DE JONG
Leiden University

EDMUND R. LEACH
Cambridge University

V/1

1970
MOUTON
THE HAGUE · PARIS

*Photo Bresson — Copyright ABC Press, Amsterdam*

# ÉCHANGES
# ET
# COMMUNICATIONS

MÉLANGES OFFERTS À

CLAUDE LÉVI-STRAUSS

À L'OCCASION DE

SON 60ÈME ANNIVERSAIRE

*réunis par*

JEAN POUILLON ET PIERRE MARANDA

TOME I

1970

MOUTON

THE HAGUE · PARIS

LIBRARY OF CONGRESS CATALOG CARD NUMBER: 78-91207

Printed in The Netherlands by Mouton & Co., Printers, The Hague.

# POUR UN BON USAGE DU TOTÉMISME

La diversité des contributions qui composent ce volume était sans doute inévitable: aucun plan n'avait été prévu, et les auteurs ont choisi librement leurs sujets. Mais elle répondait aussi au vœu des co-éditeurs, dans la mesure où la variété des textes peut apparaître comme le symbole de la réalité multiforme qu'étudie l'anthropologue. Cependant, tout comme celui-ci cherche à dégager un ordre sous-jacent, il fallait bien que Pierre Maranda et moi-même trouvions un moyen, point trop arbitraire, d'articuler les unes aux autres des études dont le seul rapprochement faisait ressortir l'hétérogénéité. Ce n'était pas si facile: ou bien, en effet, nous rangions les contributions sous des rubriques appropriées aussi adéquatement que possible à leur contenu, mais nous étions alors conduits à multiplier les chapitres et à ne plus présenter qu'un conglomérat sans unité; ou bien, au contraire, nous les répartissions en quelques grandes catégories, mais nous risquions cette fois de n'assurer à l'ensemble qu'une cohérence artificielle.

Peut-être, après tout, est-ce une loi du genre et était-il vain de chercher à l'éluder. Nous ne prétendons certes pas y avoir réussi, mais, rendant hommage à l'auteur de *La Pensée sauvage*, à celui qui a tant fait pour dévoiler, sous leur apparence pour nous bizarre, le sens des classifications "primitives", nous n'avons pas voulu nous avouer d'emblée moins inventifs que les logiciens indigènes qui les ont construites. Aussi bien n'était-il pas impossible de procéder à leur exemple, s'il est vrai qu'il y a quelque chose de totémique dans cette coutume des *Mélanges* jubilaires. Sans doute cette référence au totémisme semble paradoxale quand il s'agit d'honorer celui qui a dénoncé "l'illusion totémique". Mais le paradoxe s'évanouit, si l'on se rappelle que cette illusion, une fois dissipée, découvre un problème bien réel: celui, précisément, de la classification.

L'affiliation totémique est un mode de classement économique et efficace, parce que les totems sont "bons à penser". Or, qui niera que Claude Lévi-Strauss soit particulièrement bon à penser? C'est donc son œuvre même que nous avons prise comme modèle et instrument de classement: elle justifie par sa propre diversité celle des textes que tant de chercheurs ont bien voulu nous envoyer, et en même temps elle confère à leur réunion une unité qu'elle est seule à pouvoir lui assurer, puisqu'en cette occurrence elle est seule à la posséder. De même que les totems rendent possible une classification dans la mesure où sous tel rapport ils se ressemblent et sous tel autre se différencient, de même les livres de Claude Lévi-Strauss, dans la mesure où leur pluralité ne les empêche évidemment pas de constituer une œuvre systématique, fournissent les repères indispensables pour ordonner les hommages qu'ils suscitent. Autrement dit — et nous sommes ici en plein structuralisme — la référence à l'œuvre nous a permis de systématiser l'ensemble des contributions sans que nous prétendions pour autant ignorer ou réduire leurs différences, pas plus que l'appartenance à une société formée de clans totémiques ne détruit l'individualité irréductible de chacun de ses membres.

Voilà pourquoi nous avons pu faire des livres de Claude Lévi-Strauss (à l'exception de *Le Totémisme aujourd'hui*, mais qui est indissociable de *La Pensée sauvage* et qui d'ailleurs sert d'appui pour cette présentation) les têtes de chapitre de ce volume. A chacun se trouvent rattachées un certain nombre de contributions qui, la plupart du temps, ne lui ressemblent en rien et ne se ressemblent pas davantage entre elles, mais qui, néanmoins, procèdent d'une préoccupation analogue: plus ethnographique, par exemple, comme dans *La Vie sociale des Nambikwara*, plus réflexive et biographique comme dans *Tristes Tropiques*, plus librement et diversement aventurée comme dans les *Entretiens*, plus philosophique comme dans *La Pensée sauvage*, … . On pourra, bien sûr, contester, pour chaque texte, le choix que nous avons fait de le placer ici ou là, et nous ne nous soucions guère de le défendre: notre totémisme est sans tabou!

Un dernier avantage, et non le moindre, de ce mode de classement est de rester ouvert. Nous avons voulu éviter toute apparence de conclusion. Trop souvent les volumes de ce genre semblent se refermer sur l'homme à qui ils sont dédiés. En adoptant l'ordre chronologique, en suivant le développement d'une entreprise qui n'est certes pas achevée, nous avons en quelque sorte, et sans la moindre crainte, renvoyé la balle à Claude Lévi-Strauss: notre hommage est aussi, est surtout l'attente des nouvelles œuvres qui en souligneront l'incomplétude.

JEAN POUILLON

## AN ANTHROPOLOGIST IN PARIS

Claude Lévi-Strauss has not founded a school: he inspires research. This book bears witness to his influence in the six continents and in fifteen fields. French contributions, of course, are the most numerous; next come those from the English-speaking world. And while the latter, for the greater part, are by anthropologists, the former evidence a broader spectrum, which, as well as the diversity of anthropological chapters, reflects the scope of Lévi-Strauss' concerns.

In our field, the British contingent has contributed eminently to the rediscovery of the French approach, and, today, Durkheim, Mauss, Hubert, van Gennep, and Lévy-Bruhl are perhaps better known by American and British scholars than by their French colleagues. Nonetheless, English-speaking anthropologists are puzzled as well as fascinated by Lévi-Strauss' brilliant works to which many react somewhat like a foreigner to Paris or to French cuisine.

Unexpected panoramas are revealed. Women not only communicate but are communicated. Rabelais, Rousseau, Bergson, and other outsiders do bear on the analysis of native categories. A study of cooking can break the codes of world views. We finally find ourselves standing under the *Arc de Triomphe* of the human mind, where the societies of the world converge to form the avenues of the anthropological *Etoile*. We marvel at what we see, but we cannot suppress a feeling of nagging discomfort. Why is Paris what it is, and why don't we have it at home? Or — to develop the analogy with French cuisine — after a repast of Lévi-Strauss' writings, we discover that Emile Roussel's criterion for a good meal has been met: like lovemaking, it ends with the feeling that one would be ready to start again. But many would like to have a better idea of what happens in the kitchen, and to get hold of the recipes. As if it was not mastery but the cookbook which makes a chef.

To "hard-nosed" monographers with a Puritan mind, it is almost a sin to yield to the excitement of Lévi-Strauss' explorations. His intellectual freedom is disquieting, for it challenges the security painfully conquerred by strict adherence to the canons of empiricism. Neither a Boas nor a Malinowski have accustomed us to bold deftness in the interpretation of ethnographic data. Radin, though, and Redfield, and Kluckhohn, among others, convinced us that anthropology carries a far-reaching message and that our science must provide the modern man with the broader humanistic and philosophical parameters that he now needs to define himself.

Still, rare are those of us who are willing to become engaged and to take the risks inherent in attempts to synthetize. That Lévi-Strauss has no such fear is, and will be for many years to come, one of his great titles to our admiration and gratitude.

PIERRE MARANDA

# TABLE DES MATIÈRES

SECTION II

LES STRUCTURES ÉLÉMENTAIRES DE LA PARENTÉ

SECTION III

RACE ET HISTOIRE

SECTION IV

TRISTES TROPIQUES



SECTION V

ANTHROPOLOGIE STRUCTURALE

# BIBLIOGRAPHIE DES ŒUVRES DE CLAUDE LÉVI-STRAUSS

## LIVRES

1948 *La Vie familiale et sociale des Indiens Nambikwara*, Société des Américanistes, Gonthier, Paris.
1949 *Les Structures élémentaires de la Parenté* (Prix Paul Pelliot), P.U.F., Paris.
1952 *Race et Histoire*, U.N.E.S.C.O., Paris. Réédité chez Gonthier, Paris, 1967.
1955 *Tristes Tropiques*, Plon, Paris, (Paru ensuite en édition de poche: Union génér. d'éd., coll. 10-18, nos 12-13).
1958 *Anthropologie structurale* (ensemble d'articles pour la plupart déjà parus), Plon, Paris.
1962a. *Le Totémisme aujourd'hui*, P.U.F., Paris.
b. *La Pensée sauvage*, Plon, Paris.
1964 *Mythologiques* I: *Le Cru et le cuit*, Plon, Paris.
1966 *Mythologiques* II: *Du Miel au cendres*, Plon, Paris.
1967 *Les Structures élémentaires de la parenté*, édition revue et corrigée, Mouton et Cie, La Haye, Paris.
1968 *Mythologiques* III: *L'Origine des manières de table*, Plon, Paris.

## ÉDITIONS ÉTRANGÈRES

*Tristes Tropiques:* Allemagne, Brésil, Etats-Unis, Grande-Bretagne, Hollande, Italie, Japon, Pologne, Roumanie, Suède, Yougoslavie.
*Anthropologie structurale:* Allemagne, Italie, Etats-Unis.
*La Pensée sauvage:* Allemagne, Etats-Unis, Grande-Bretagne, Italie, Mexique, Yougoslavie.
*Le Totémisme aujourd'hui:* Etats-Unis, Italie, Mexique, Pologne.
*Le Cru et le Cuit:* Etats-Unis, Italie.
*Entretiens avec C. L.S.:* Mexique, Pologne.

*Les Structures élémentaires de la parenté:* Etats-Unis, Grande-Bretagne, Italie.

## COLLABORATION À DIVERS OUVRAGES

1946 "French Sociology", in *Sociology in the Twentieth Century*, ed. by Georges Gurvitch, New York. (Traduction française: *La Sociologie au XXe siècle*, Paris, 1947).

1947 "La Théorie du pouvoir dans une société primitive", in *Les Doctrines politiques modernes*. New York.

1948a. "The Nambicuara", *Handbook of South American Indians*, ed. by J. Steward, Bureau of American Ethnology, Smithsonian Institution, Washington, t. III.

b. "The Tribes of the Right Bank of the Guaporé River", *ibid.*

c. "The Tribes of the Upper Xingu River", *ibid.*

d. "The Tupi-Kawahib", *ibid.*

1950a. Introduction à l'œuvre de Marcel Mauss, in *Sociologie et Anthropologie*, par Marcel Mauss, Paris. (rééd. en 3e éd. en 1966).

b. "The Use of Wild Plants in Tropical South America", *Handbook of South American Indians*, ed. by J. Steward, Washington, t. III.

1952 "Social Structure", Wenner-Gren Foundation International Symposium on Anthropology, New York, ultérieurement publié in *Anthropology To-Day*, ed. par A. L. Kroeber, University of Chicago Press, 1953. (Ce texte traduit et adapté fait l'objet du chapitre XV d'*Anthropologie structurale*).

1956 "The Family", in *Man, Culture and Society*, ed. by Harry L. Shapiro, Londres.

1961 (Charbonnier Georges) *Entretiens avec Claude Lévi-Strauss*, Paris. (Entretiens radiodiffusés en octobre, novembre et décembre 1959).

1969 "The deduction of the crane", in *The Structural Analysis of Oral Tradition*, University of Pennsylvania Press.

## ARTICLES

1936a. "Contribution à l'étude de l'organisation sociale des Indiens Bororo", *Journal de la Société des Américanistes*, t. XXVIII, fasc. 2.

b. "Entre os selvagems civilizados", *O Estado de Sâo Paulo*.

c. "Os mais vastos horizontes do mundo", *Filosofia, Ciêncas e Letras*, vol. I.

1937a. "A Civilisação chaco-santieguena", *Revistas do Arquivo Municipal*, vol. IV.

b. "Indiens du Brésil", mission Claude et Dina Lévi-Strauss. Guide-catalogue de l'exposition (21 janvier — 3 février 1937). Muséum national d'Histoire naturelle, Musée de l'Homme, Paris.

c. "La Sociologie culturelle et son enseignement", *Filosofia, Ciências e Letras*, vol. II.

d. "Poupées Karaja", *Boletim de la Societade de Etnografia e de Folklore*, vol. I.

1942a. "Fards indiens", VVV, vol. I. I, no 1.

b. "Souvenir of Malinowski", *ibid.*

1943a. "The Art of the Northwest Coast at the American Museum of Natural History", *Gazette des Beaux-Arts.*

b. "Guerre et commerce chez les Indiens d'Amérique du sud", *Renaissance*, revue trimestrielle publiée par l'Ecole libre des Hautes Etudes, vol. I, fasc. 1 et 2.

c. "The Social Use of Kinship Terms among Brazilian Indians", *American Anthropologist*, vol. 45, no 3.

1944a. "On Dual Organisation in South America", *America Indigena*, Mexico.

b. "The Social and Psychological Aspects of Chieftainship in a Primitive Tribe: the Nambikwara of Northwestern Mato-Grosso", *Transactions of the New-York Academy of Sciences*, séries II, vol. 7, no 1.

c. "Reciprocity and Hierarchy", *American Anthropologist*, vol. 46, no 2.

1945a. L'Analyse structurale en linguistique et en anthropologie", *Word*, Journal of the Linguistic Circle of New York, vol. I, no 2 (chap. II d'A.S.).

b. "Le Dédoublement de la représentation dans les arts de l'Asie et de l'Amérique", *Renaissance*, vol. II et III (chap. XIII d'A.S.).

c. "L'Oeuvre d'Edward Westermarck", *Revue de l'Histoire des Religions*, t. CXXIX, nos 1 et 2-3.

1946a. "The Name of the Nambikwara", *American Anthropologist*, vol. 48, no 1.

b. "La Technique du bonheur" (écrit en 1944), *Esprit*, (*L'homme américain*), no 127.

1947a. "Sur certaines similarités morphologiques entre les langues chibcha et nambikwara", *Actes du XXVIIIe Congrès international des Américanistes*, Paris.

b. "Le Serpent au corps rempli de poissons", *ibid.* (chap. XIV d'A.S.).

1949a. "L'Efficacité symbolique", *Revue de l'Histoire des Religions*, t. CXXXV, no 1 (chap. X d'A.S.).

b. "Histoire et ethnologie", *Revue de Métaphysique et de Morale*, 4e année, nos 3-4 (chap. I d'A.S.).

c. "La Politique étrangère d'une société primitive", *Politique étrangère*, no 2, mai.

d. "Le Sorcier et sa magie", *Les Temps Modernes*, no 41 (chap. IX d' A.S.).

1950a. "Documents rama-rama", *Journal de la Société des Américanistes*, t. XXXIX.

b. Préface à Katherine Dunham, *Danses d'Haïti*, Paris.

c. Préface à C. Berndt, *Women's Changing Ceremonies in Northern Australia*, Cahiers de l'Homme, vol. I, no 1.

d. "Sur certains objets en poterie d'usage douteux provenant de la Syrie et de l'Inde, *Syria*, t. XXVII, fas. 1-2.

1951a. "Avant-Propos", *Bulletin international des sciences sociales*, (numéro spécial consacré à l'Asie du Sud-Est), vol. 3, no 4.

b. "Les Sciences sociales au Pakistan, *ibid.*

c. "Language and the Analysis of Social Laws", *American Anthropologist*, vol. 53, no 2 (chap. III d'A.S.).

1952a. "Kinship Systems of Three Chittagong Hill Tribes", *Southwestern Journal of Anthropology*, vol. 8, no 1.

b. "Miscellaneous Notes on the Kuki", *Man*, vol. 51, no 284.

c. "La Notion d'archaïsme en ethnologie", *Cahiers internationaux de Sociologie*, vol. XIII (chap. VII d'A.S.).

d. "Le Père Noël supplicié", *Les Temps Modernes*, no 77.

e. "Les Structures sociales dans le Brésil central et oriental", *Proceedings of the 29th International Congress of Americanists*, vol. III, Chicago, (chap. VII d'A.S.).

f. "Le Syncrétisme religieux d'un village mogh du territoire de Chittagong", *Revue de l'Histoire des Religions*, t. CXLI, no 2.

g. "La Visite des âmes", *Annuaire de l'Ecole Pratique des Hautes Etudes* (E.P.H.E.) (Vème Section – Sciences religieuses, 1951-1952).

h. *Toward a General Theory of Communication*, paper submitted to the International Conference of Linguists and Anthropologists, Bloomington (miméographié).

1953a. "Chapter One, in Results of the Conference of Anthropologists and Linguists", in *Supplement to International Journal of Ameri-*

*can Linguistics*, vol. 19, no 2, avril 1953 (traduit et adapté: chap. IV d'A.S.).
b. "Panorama de l'ethnologie", *Diogène*, vol. 2.
c. "Recherches de mythologie américaine (1)", *Annuaire de l'E.P. H.E.* (Vème Section – Sciences religieuses, 1952-1953).
d. "Structure sociale", *Bulletin de Psychologie*, t. VI, no 7.
1954a. "L'Art de déchiffrer les symboles", *Diogène*, no 5.
b. "Place de l'anthropologie dans les sciences sociales et problèmes posés par son enseignement", *Les Sciences sociales dans l'enseignement supérieur*, (chap. XVII d'A.S.).
c. "Qu'est-ce qu'un primitif?", *Le Courrier*, (U.N.E.S.C.O.) nos 8-9.
d. "Recherches de mythologie américaine (II)", *Annuaire de l'E.P. H.E.* (Vème Section – Sciences religieuses), 1952-1953.
1955a. "Diogène couché", *Les Temps Modernes*, no 110.
b. "Les Mathématiques de l'homme", *Bulletin international des Sciences sociales* (numéro spécial sur les mathématiques), vol. 6, no 4. (Republié dans *Esprit*, no 10, 1956).
c. "Rapports de la mythologie et du rituel", *Annuaire de l'E.P.H.E.* (Vème Section – Sciences religieuses, 1954-1955).
d. "Les Structures élémentaires de la parenté", in *La Progenèse*, Centre international de l'Enfance (Travaux et Documents VIII), Paris.
e. "The Structural Study of Myth", *Journal of American Folklore*, vol. 68, no 270 (traduit avec quelques compléments et modifications: chapitre XI d'A.S.).
1956a. Compte rendu de: G. Balandier, Sociologie des Brazzavilles noires, *Revue française de Sciences politiques*, VI, 1.
b. "Le Droit au voyage", *L'Express*, 21 septembre.
c. "La Fin des voyages", l'*Actualité Littéraire*, no 26.
d. "Jeux de société", *United States Lines, Paris Review* (numéro spécial sur les jeux).
e. "Les Organisations dualistes existent-elles?", *Bijdragen tot de Taal- Land-, en Volkenkunde*, 112, 2, (chap. VIII d'A.S.).
f. "Les Prohibitions du mariage", *Annuaire* de *l'E.P.H.E* (Vème section – Sciences religieuses, 1955-1956).
g. "Sorciers et psychanalyse", *Le Courrier*, (U.N.E.S.C.O.) juillet-août.
h. "Structure et dialectique", in *For Roman Jakobson, Essays on the Occasion of his Sixtieth Birthday*, La Haye (chap. XII d'A.S.).
i. "Les trois Humanismes", *Demain*, no 35.

1957a. Compte rendu de: R. Briffaut-B. Malinowski, Marriage: Past and Present, *American Anthropologist*, vol. 59, no 5.
b. "Recherches récentes sur la notion d'âme", *Annuaire de l'E.P.H.E.* (Vème Section – Sciences religieuses, 1956-1957).
c. "Le Symbolisme cosmique dans la structure sociale et l'organisation cérémonielle des tribus américaines", *Série Orientale* Roma, XIV, Institut pour l'Etude de l'Orient et de l'Extrême-Orient, Rome.
1958a. Compte rendu de: R. Firth, ed. "Man and Culture: An Evaluation of the Work of B. Malinowski", *Africa.*
b. "Dis-moi quels champignons", *L'Express*, 10 avril.
c. "Documents tupi-kawahib", in *Miscellanea Paul Rivet*, Mexico.
d. "Le Dualisme dans l'organisation sociale et les représentations religieuses", *Annuaire de l'E.P.H.E.* (Vème Section – Sciences religieuses, 1957-1958).
e. "Un Monde, des sociétés", *Way Forum*, mars.
f. Préface à M. Bouteiller, *Sorciers et Jeteurs de sorts*, Paris.
1959a. "Amérique du Nord et Amérique du Sud", *Le Masque.* Musée Guimet, Paris.
b. Art "Mauss, Marcel", *Encyclopaedia Britannica.*
c. Art. "Passages Rites", *ibid.*
d. "Le Masque", *L'Express*, no 443.
e. Préface à Talayesva (Don C.), *Soleil Hopi*, Paris.
1960a. "Ce que l'ethnologie doit à Durkheim", *Annales de l'Université de Paris*, I.
b. Compte rendu d'enseignement (1959-1960), *Annuaire du Collège de France.*
c. "Le Dualisme dans l'organisation sociale et les représentations religieuses", *Annuaire de l'E.P.H.E.* (Vème Section – Sciences religieuses, 1958-1959).
d. "Four Winnegabo Myths. A Structural Sketch", in S. Diamond, ed. *Culture and History.* New York.
e. "La Geste d'Asdiwal", *Annuaire de l'E.P.H.E.* (Vème Section – Sciences religieuses, 1958-1959, (voir aussi *Les Temps Modernes*, no 179, mars 1962).
f. *Leçon inaugurale* faite le mardi 5 janvier 1960. Collège de France, Chaire d'anthropologie sociale, Paris. (Traduit en anglais par Sherry Artner Paul et Robert Paul sous le titre "The Scope of Anthropology", *Current anthropology*, vol. 7, no 2, 1966).
g. "On Manipulated Sociological Models", *Bijdragen tot de Taal-, Land-, en Volkenkunde*, 116, I.

h. "Méthodes et conditions de la recherche ethnologique française en Asie", in *Colloque sur les Recherches,* etc., Fondation Singer-Polignac, Paris.

i. "La Structure et la Forme. Réflexions sur un ouvrage de Vladimir Propp", *Cahiers de l'Institut des Sciences économiques appliquées* (Recherches et dialogues philos. et écon., 7), no 99, Paris. On trouvera le même texte dans *International Journal of Slavic Linguistics and Poetics,* 3, 1960, sous le titre: "Analyse morphologique des contes russes".

j. "Les trois sources de la réflexion ethnologique", *Revue de l'Enseignement supérieur.*

1961a. "La Chasse rituelle aux aigles", *Annuaire de l'E.P.H.E.* (Vème Section – Sciences religieuses, 1959-1960).

b. Compte rendu d'enseignement (1960-1961), *Annuaire du Collège de France.*

c. Comptes rendus divers, *L'Homme,* vol. I.

d. "La Crise moderne de l'anthropologie", *Le Courrier,* (U.N.E.S.-C.O.) no 11.

e. "Le Métier d'ethnologue", *Les Annales,* juillet, nouv. série, no 129.

1962a. "La Antropologia, Hoy: entrevista a Claude Lévi-Strauss", (par Eliseo Veron), *Cuestiones de Filosofia,* I, nos 2-3.

b. "The Bear and the Barber", The Henry Myer Memorial Lecture, Reprinted from, *The Journal of the Royal Anthropol. Institute,* vol. 93, Part. I, 1963.

c. (En collaboration avec R. Jakobson). "Les Chats de Charles Baudelaire", *L'Homme,* vol. II, no 1.

d. Compte rendu d'enseignement (1961-1962), *Annuaire du Collège de France.*

e. Comptes rendus divers, *L'Homme,* vol. II.

f. "Jean-Jacques Rousseau, fondateur des Sciences de l'homme", in *Jean-Jacques Rousseau,* Neufchâtel.

g. "Les Limites de la notion de structure en ethnologie", in R. Bastide, ed. *Sens et usages du terme structure* (Coll. Janua Linguarum) no XVI, La Haye.

h. "Sur le caractère distinctif des faits ethnologiques", *Revue des Travaux de l'Académie des Sciences morales et politiques,* 115e année, 4e série.

1963a. Compte rendu d'enseignement (1962-1963), *Annuaire du Collège de France.*

b. "Les Discontinuités culturelles et le développement économique et social", *Table Ronde sur les prémisses sociales de l'industrialisation* (1961), Paris.

c. (En collaboration avec N. Belmont). "Marques de propriété dans deux tribus sud-américaines", *L'Homme*, vol. III, no 3.

1964a. "Alfred Métraux, 1902-1963", *Annales de l'Université de Paris*, no 1.

b. "Alfred Métraux, 1902-1963", *Journal de la Société des Américanistes.*

c. Compte rendu d'enseignement (1963-1964), *Annuaire du Collège de France.*

d. "Critères scientifiques dans les disciplines sociales et humaines", *Revue internationale des Sciences sociales*, vol. XVI, no 4.

e. "Hommage à Alfred Métraux", *L'Homme*, vol. IV, no. 2.

1965a. Compte rendu d'enseignement (1964-1965), *Annuaire du Collège de France.*

b. (En collaboration avec M. Delahaye et J. Rivette), "Entretien avec Claude Lévi-Strauss", *Les Cahiers du Cinéma*, tome XXVI, no 4.

c. "The Future of Kinship Studies", The Huxley Memorial Lecture, for 1965, *Proceedings of the Royal Anthropological Institute of Great Britain and Ireland.*

d. "Présentation d'un laboratoire d'anthropologie sociale", *Revue de l'Enseignement supérieur*, 3.

e. "Le Triangle culinaire", *l'Arc*, no 26.

f. "Les Sources polluées de l'art", *Arts-Loisirs*, 7-13 avril.

g. Réponse à un questionnaire sur la critique littéraire, *Paragone*, no 182, nuova serie 2, avril.

h. Réponse à un questionnaire (sur 25 témoins de notre temps), *Figaro Littéraire*, no 1023, 25 novembre.

1966a. "Anthropology: its achievements and future", *Nature*, vol. 209, January I.

b. Compte rendu d'enseignement (1965-1966), *Annuaire du Collège de France.*

c. Interview accordée aux *Cahiers de Philosophie* (numéro spécial: Anthropologie), no 1, janvier.

1967a. "A Contre-courant", Interview de Claude Lévi-Strauss par G. Dumur, *Nouvel-Observateur*, 25 janvier.

b. Compte rendu d'enseignement (1966-1967), *Annuaire du Collège de France.*

c. Entretien de Gilles Lapouge avec Claude Lévi-Strauss, *Figaro Littéraire*, 2 février.

d. "Le Sexe des astres", in *Mélanges offerts à Roman Jakobson pour sa 70e année*, La Haye.

e. "Présentation du laboratoire d'Anthropologie sociale", *Sciences*, no 47.

f. "Vingt ans après", *Les Temps modernes*, no 256.

1968a. "Hommage aux sciences de l'homme", *Information sur les sciences sociales*, tome 7, no 2.

b. "Religions comparées des peuples sans écriture". in *Problèmes et méthodes d'Histoire des religions*. Paris.

1970 "Les champignons dans la culture". A propos du livre de M. R.-G. Wasson, *l'Homme*, X, 1.

A paraître: "Rapports de symétrie entre rites et mythes de peuples voisins" in Mélanges offerts à E. E. Evans-Pritchard.

"The Deduction of the Crane", in *Structural Analysis of Oral Tradition*, P. Maranda et E. Köngäs Maranda, eds.

"Comment meurent les mythes" in *Mélanges offerts à Raymond Aron*.

MAX ERNST

EN HOMMAGE

A
discerner le faux
K
qeximonaturep
P
T
U
i
À CLAUDE LÉVI-STRAUSS, cordialement max ernst

# SECTION I

# LA VIE FAMILIALE ET SOCIALE DES INDIENS NAMBIKWARA

# LA SERRURE ET SA CLEF (DOGON, MALI)

GERMAINE DIETERLEN

Des serrures ferment les portes des habitations des Dogon, de leurs dépendances (étables, réduits, etc.) et de leurs greniers.

Le battant unique de ces portes, *tã na*, est fait de planches assez sommairement équarries, comportant généralement deux pièces maintenues accolées (joint plat) par des barres ou des goujons, ou encore des ligatures en peau de bœuf.

L'une des pièces porte les pivots qui ont été soit ménagés lors de la taille du bois, soit rapportés; le pivot supérieur est introduit dans un piton ou collier en bois, encastré dans le mur; le pivot inférieur prend appui sur une pierre percée d'un trou circulaire, sur un fond de bouteille planté en terre ou encore sur un seuil constitué par un madrier.

La serrure, *tã kọguru*, se compose de deux pièces de bois disposées en croix: une partie fixe, coffre-palastre, *tã koro*, placée verticalement, est traversée par un large et long pène, *tã dagu*, coulissant horizontalement. Dans cette position fermée, des broches en fer disposées dans le palastre, qui viennent s'encastrer dans les trous ménagés dans le pène, empêchent de le faire coulisser sans l'apport de la clef, *tã i*.[1] Celle-ci est constituée par une tige, de bois ou de fer, sur laquelle sont plantées des dents disposées d'une façon symétrique aux broches du palastre (fig. 1).

La clef est introduite à l'extrêmité arrière du pène qui est creux; les dents, tournées vers le haut, viennent s'appliquer en face des trous contre la base des broches; en poussant la clef, les dents pénètrent dans les trous et chassent les broches, il est alors possible de dégager le pène.

L'entrée de la clef sur le pène se fait parfois par un petit orifice ménagé sur le côté ou au-dessous et non à l'extrêmité, formant ainsi une chicane qui exige que la tige soit coudée: dans ce cas, la clef est toujours en fer.

Les clefs sont soit dissimulées à proximité de la porte, soit portées en

[1] Il s'agit ici de termes composés avec *tã*, 'porte'; *tã na*, 'porte grande'; *tã kọguru* de *kọlọ*, 'adhérer, coller'; *tã koro*, de *koro*, 'caisse, coffre'; *tã i*, de *i*, 'petit, enfant'.

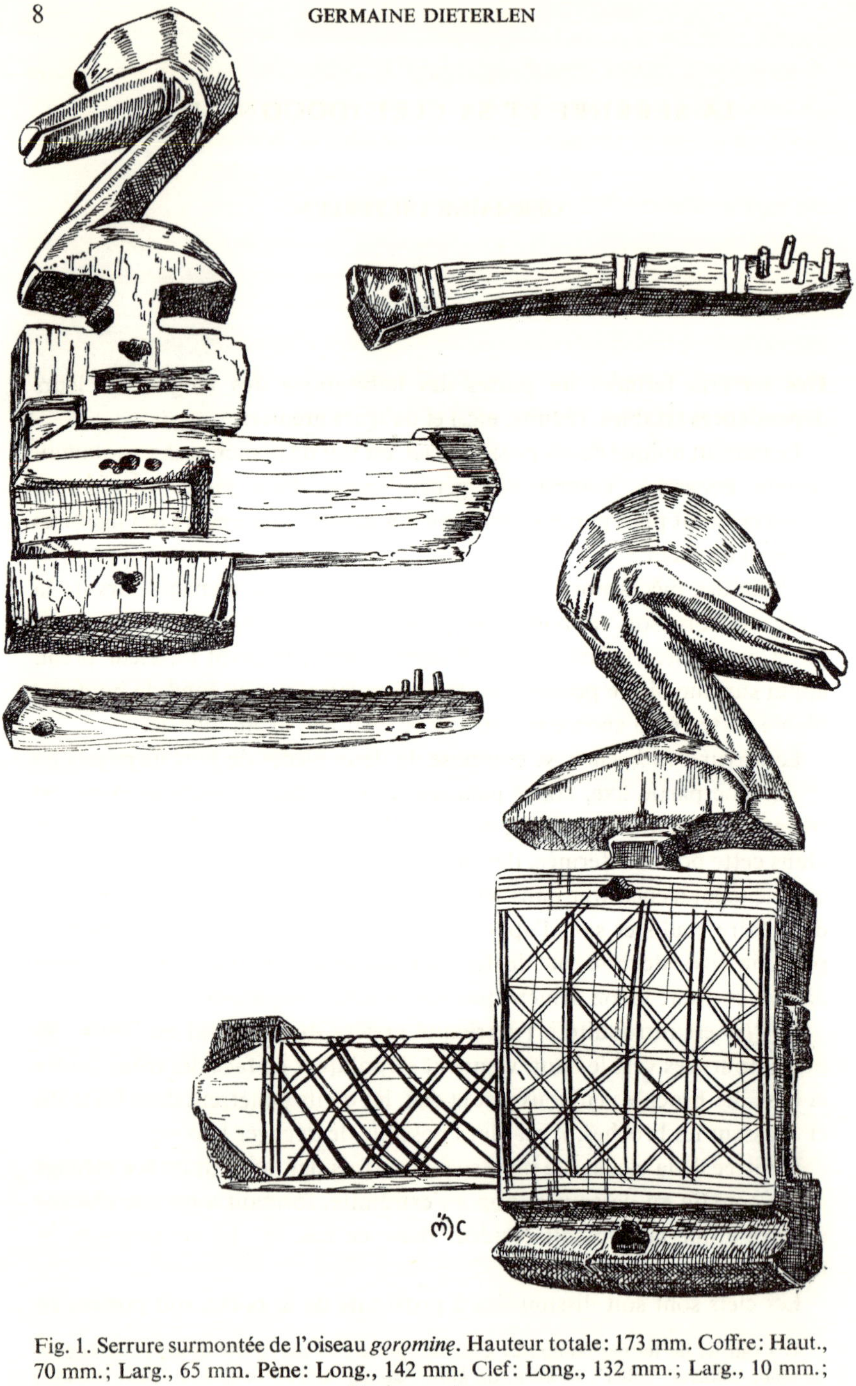

Fig. 1. Serrure surmontée de l'oiseau *gǫrǫminę*. Hauteur totale: 173 mm. Coffre: Haut., 70 mm.; Larg., 65 mm. Pène: Long., 142 mm. Clef: Long., 132 mm.; Larg., 10 mm.; Epaisseur: 8 mm.

sautoir, soit encore dissimulées dans la poche ou dans la sacoche du propriétaire.

Le coffre de la serrure est rendu solidaire de son support à l'aide de deux clous plats, triangulaires, en fer, dont les extrêmités sont rabattues de part et d'autre. Il est fixé soit sur le battant de porte, à l'extérieur, le pène s'engageant lors de la fermeture dans un trou pratiqué dans la baie qui ne comprend pas de dormant (cadre de bois); soit, inversement, placé dans l'intérieur du mur; dans ce cas, dans la position fermée, le pène déborde et empêche de pousser le battant. Le coffre est alors solidaire d'une pièce de bois noyée dans la maçonnerie; un trou pratiqué dans le mur à une distance convenable permet d'y passer le bras et d'introduire la clef dans la serrure; plus rarement, la serrure est placée sur un piquet planté en terre, à l'intérieur de la case.

La serrure comprend, de ce fait, un côté externe et un côté interne où le mécanisme est visible, mais est rendu inaccessible par sa position contre le support, ou par un couvercle.

A cause de leur complexité et de la présence du fer, les serrures sont l'œuvre des forgerons. A l'exception de celles qui sont placées sur des portes donnant directement sur une rue, elles sont ornées par les soins de ces mêmes artisans qui sont aussi sculpteurs et graveurs sur bois.

En principe, les serrures des portes des sanctuaires et des habitations de fonction sont toujours décorées, mais, en raison de l'importance économique de l'agriculture, technique de base des Dogon, et, de ce fait, de la sacralisation des céréales, objets de rites et de représentations complexes dans la religion traditionnelle de ce peuple, ce sont les portes et serrures des greniers — dans lesquels sont enfermées les récoltes à consommer et les semences de l'année à venir — qui sont le plus soigneusement ornées.

Le coffre proprement dit et le pène sont généralement incisés de gravures abstraites, géométriques, simples ou complexes, exécutées au fer rouge. Le coffre est surmonté d'une partie sculptée, parfois très finement, ménagée dans la masse, de représentations réalistes anthropomorphes ou zoomorphes, plus rarement d'astres ou encore d'objets. Au bas du coffre, également ménagées dans la masse, on observe des sculptures d'aspect plus schématique que celles du sommet, mais également réalistes.

Ces deux sortes de décors, abstraits et réalistes, répondent à des préoccupations différentes, mais parallèles, qui se complètent dans une même perspective. Tous deux sont réalisés d'une part en fonction de l'usage de la serrure et de son affectation à telle porte de tel bâtiment, d'autre part en fonction d'un rôle particulier attribué à la serrure, lié au système de représentations de la mythologie dogon, qui s'exprime, entre autres, dans le symbolisme de l'architecture. Comme celle d'autres objets d'usage courant — nous en avons donné ailleurs maints exemples — la morphologie des serrures témoigne des bases de leur organisation sociale et de leur religion telles qu'elles se présentent dans le mythe cosmogonique: elles offrent les images des puissances surnaturelles, des ancêtres mythiques, des évènements qui les intéressent, des plantes et animaux qui leur sont associés, enfin des divers aspects de leur rôle au sein de la société actuelle qui justifie leur présence sur l'objet.[2]

Intervient également le choix du végétal utilisé pour la porte et la serrure. S'il s'agit de sanctuaires, de demeures de fonction, de greniers destinés à contenir les récoltes des champs rituels, ce choix est déterminé en fonction de ces affectations et de la valeur symbolique du décor. La porte et sa serrure sont taillées dans un bois différent, chaque végétal étant le support de représentations particulières. Le matériau est considéré comme chargé d'une efficacité parallèle à celle du décor, pour assurer la protection des personnes et des biens.

Certes, les proportions harmonieuses et l'élégance de l'objet sont fonction du goût et du talent de l'exécutant; cependant, les bases traditionnelles sur lesquelles il s'appuie ne sont pas étrangères à leur esthétique — tout en n'excluant pas une certaine souplesse vis-à-vis du "modèle", dont témoignent l'abondance et la variété des décors.

En raison de leur complexité, il convient d'examiner d'abord, en les groupant, la morphologie, les décors des diverses parties des serrures pour en dégager les caractéristiques: les sculptures du haut et du bas, le coffre et le pène, enfin la clef.

I. Les sculptures qui surmontent le coffre présentent des images réalistes des êtres mythiques, des ancêtres des deux sexes, ou encore d'animaux, de végétaux, d'objets considérés comme des témoins et devant assurer la protection des personnes, des autels, des biens.

(A) Serrures des "grandes maisons" des lignages, *ginna* (contraction de *ginu na*).

—Statuettes de couples humains (jumeaux mixtes) représentant à la fois les ancêtres mythiques apicaux des tribus dogon, les ancêtres du lignage intéressé, en même temps que les jumeaux que toute femme désire mettre au monde (Fig. 5): porte du "grenier mâle" *guyǫ ana*.

[2] Voir M. Griaule et G. Dieterlen, *Le Renard Pâle*, Tome I: *Le mythe cosmogonique*, fasc. 1: "La création du monde" (*Travaux et Mémoires*, LXXII) (Paris, Institut d'Ethnologie, 1965), 544 p.

—Statuette féminine, qui représente chacune des femmes qui ont fait ou feront partie du lignage: porte de la pièce centrale, dite *dẹmbẹrẹ*, "ventre de l'intérieur".

— Tortue de terre, *ãguṅuru*. Une tortue de terre vit dans le *ginna* où elle est nourrie. Elle est là le témoin de "l'ancien monde" créé par Dieu, Amma, puis abandonné par lui, témoin aussi du "placenta" du Renard, avatar de l'un des premiers êtres animés créés par Dieu.

Elle est censée pouvoir remplacer le chef de lignage, si ce dernier est absent: on lui donne alors la première portion de la nourriture préparée, toujours réservée au patriarche. Sa présence dans la demeure constitue une purification permanente des lieux.[3]

La serrure est posée sur la porte du grenier qui doit contenir les récoltes du "champ des ancêtres" *vagẹũ minnẹ* du lignage — porte généralement sculptée en bas-relief de personnages dits "aux bras levés" qui représentent les ancêtres appelant la pluie sur les champs familiaux.

(B) Serrures des demeures et greniers des Hogon, prêtres du Lébé, chefs religieux régionaux (autrefois politiques).

— Cavalier à cheval (Fig. 2). Il s'agit d'une représentation du Nommo tirant l'arche sur laquelle il était descendu du ciel sur la terre pour le mettre à l'eau; le même cavalier figure sur le vase rituel du Hogon.[4] La serrure clôt dans la demeure la réserve où est enfermé l'autel du Lébé dit "de l'intérieur" dans laquelle nul ne pénètre sauf le sacrificateur, une fois par an, lors de la fête des semailles.

— Statuettes de couples de jumeaux, comparables à ceux des "grandes maisons" de lignage, ayant le même sens symbolique (Fig. 4). Porte des greniers contenant le mil et le sorgho du champ rituel du Lébé.

— Tortue d'eau, *kiru*: porte du grenier des récoltes des champs du Hogon. La tortue d'eau, témoin du placenta du Nommo, est l'agent des purifications effectuées dans les champs souillés par une rupture d'interdit.[5]

— Oiseau *gọrọminẹ*, considéré comme témoin de l'"ancien monde" pour les oiseaux comme l'est la tortue de terre *ãguṅuru* pour les autres

[3] Cf. D. Paulme, *Organisation sociale des Dogon* (Paris, Ed. Domat-Montchrestien, 1940), p. 346. Sur la création de la tortue *ãguṅuru*, témoin sur la Terre du placenta du Renard, voir *Le Renard Pâle*, *op. cit.*, chap. II: "Ogo", p. 196 et ss.

[4] Sur la descente de l'arche et le cheval, cf. *Le Renard Pâle*, *op. cit.*, chap. V; "L'arche du Nommo — Descente de l'arche", p. 444, et p. 455 et ss.

[5] Sur la création de la tortue d'eau, cf *Le Renard Pâle*, *op. cit.*, p. 383 et 384. Sur les purifications effectuées avec la tortue d'eau, cf. G. Dieterlen et S. de Ganay, *Le Génie des Eaux chez les Dogon* (Paris, Librairie Paul Geuthner, 1942), p. 39 et ss.

animaux (Fig. 1). Elle clôt la porte du grenier contenant le "riz noir" *ara gę̃u* du Hogon.

(C) Serrures des sanctuaires, demeures et greniers des prêtres de *binu*.

— Statuettes de jumeaux comparables à celles des *ginna*, ayant le même sens symbolique. Pour les sanctuaires de *binu ya*, *binu* femelles, la serrure est surmontée d'un couple de jumelles, rappelant les premières jumelles mythiques, filles de l'ancêtre Binou Sérou.

— Serrures de greniers réservés à la récolte des champs rituels cultivés par le prêtre et dont une partie sert aux libations et consommations collectives du clan.

Ces serrures sont surmontées de représentations zoomorphes. Il s'agit d'animaux sauvages, distincts de ceux qui sont l'objet d'interdits des clans correspondants. En effet, ces derniers sont considérés comme les gardiens du *binu* du clan et de ses ressortissants *à l'extérieur* du village, dans la brousse, alors que l'animal sculpté sur la serrure du grenier, considéré comme l'adjoint (*titiyaynę*) du Nommo et du totem (*binu*) est le gardien de la récolte, et donc du *binu* dont elle dépend, *à l'intérieur* du village et même du sanctuaire.

Comme les animaux interdits des clans, les animaux gardiens des récoltes ont chacun une affectation. Dans cette perspective, les serrures surmontées d'une antilope chevaline (*valu*) sont placées sur le grenier du *binu* Yébéné, premier clan de Sanga, qui représente dans la région le premier *babinu*, Déwa, dont l'interdit est le lézard, *bayaga*; celles ornées d'un python, *miñã*, sont pour le grenier du *binu* Ogoïné, dont l'interdit est la panthère; d'un varan de terre, *ugunu*, pour le *binu* Mangara; d'un varan d'eau, *ay*, pour le *binu* Goummoyana, etc... Ces correspondances et ces classifications sont toutes en relation avec un système de représentations mythiques dont l'exposé dépasse le cadre de cet article.

Le *valu* est le gardien-type, car c'est un animal puissant: quand d'autres animaux figurent sur une porte ou une serrure en même temps que lui, cette morphologie souligne la prolifération et le "partage" des *binu*, tous issus de Déwa au fur et à mesure que se développaient les sociétés humaines.[6]

(D) Serrures des greniers de maisons de lignages segmentés, *tire togu*, ou de maisons ordinaires.

[6] Voir un exemple de la position de l'antilope chevaline sur la porte d'un grenier du Hogon d'Arou dans *Le Renard Pâle*, *op. cit.*, p. 504-506 et pl. XXIV. Le "partage" des *binu* sera exposé dans le Tome I fasc. 2 (15ème année), en préparation.

Porte de grenier dogon (Mali) Bois sculpté; Hauteur 68,5 cm — Largeur 40,7 cm — (Provenance) Village de Yayé. Collection Privée (U.S.A.)

Elles peuvent être, dans le premier cas, surmontées de l'image de la grue couronnée, *ęli kumo*. Celle-ci, d'après la légende, précédait les Dogon pendant leur migration du Mandé vers le Yatenga, leur indiquant par son cri perçant la route à suivre.

L'ornementation des serrures des demeures, des réserves, des greniers des guérisseurs, forgerons, tisserands, etc... est souvent en rapport avec leurs activités respectives.

Ceux qui le désirent ferment la porte de leur grenier par une serrure surmontée d'un couple de jumeaux représentant les ancêtres, pour favoriser la prolifération des graines et la fécondité de la famille. On a pu observer une serrure dont le coffre ovoïde était gravé de 4 dessins convergeant vers le centre, représentant 4 arêtes dorsales de poissons: elle était placée sur la porte d'une jeune femme qui n'avait pas jusque là conçu d'enfant.[7] Les gravures reproduisaient exactement les scarifications exécutées traditionnellement autour du nombril des jeunes filles en vue de favoriser la procréation.

II. Au bas du coffre, les sculptures réalistes sont beaucoup plus schématiques. En complément des images du sommet, elles témoignent aussi du statut et du rôle des ancêtres mythiques comme de ceux des animaux ou des plantes qui leur sont associés; elles peuvent également avoir trait à des évènements relatifs à leurs descendants: circoncision des classes d'âge relevant des 5 premières générations, mariages, symbolisme du tissage, invention de la médecine, etc... Elles sont parfois ornées de gravures qui précisent le développement dans l'espace et dans le temps de ces divers évènements.

III. Le décor des serrures, nous l'avons vu, ne se limite pas aux sculptures qui surmontent le coffre, ou forment son assise. Celui-ci est rarement orné de scuptures en relief; le plus souvent, il est gravé de tracés ou de schémas abstraits et géométriques. Or la sculpture réaliste sur bois, comme en bas-relief sur pisé, ou encore en fer forgé, représente généralement un être, ou un objet entièrement réalisé, visible, observable et périssable. En revanche, le dessin abstrait représente l'être ou la chose dans ses principes fondamentaux, c'est-à-dire situé par rapport aux quatre éléments de base (air, eau, feu et terre), à l'espace et à ses directions, au temps, lesquels sont également associés à des notions spécifiques sur les nombres et leur valeur symbolique.[8]

[7] Le silure (*Clarias Senegalensis*) est, chez les Dogon, l'image du fœtus humain. Cf. *Le Renard Pâle*, *op. cit.*, chap. III: "Sacrifice et Résurrection du Nommo", p. 368.

[8] *Le Renard Pâle*. Chap. I: "Amma: Les signes; du signe au dessin", pp. 75-81.

D'autre part, sur le plan du mythe, tous les coffres des serrures dogon représentent l'arche du Nommo, qui supportait les êtres créés au Ciel par Amma, et descendit sur la Terre du Renard. On trouvera donc également gravés sur le coffre des schémas de la terre célestielle et pure du Nommo, plaquée sur la terre du Renard, de l'établissement et l'aménagement des champs cultivés, de la pluie, etc.

Le pène (et la clef) connotent l'œuvre d'Amma "ouvrant les portes du Ciel" pour faire descendre l'arche apportant son œuvre sur la Terre: c'est pourquoi, le pène présente le plus souvent les signes en V des "clavicules d'Amma", soit l'image fondamentale du créateur réalisant le Ciel et la Terre qu'il devait ensuite séparer.[9]

L'analyse d'un certain nombre de serrures, les commentaires qui accompagnent leur affectation, permettent d'examiner l'agencement d'ensemble des décors de leurs différentes parties.

Fig. 2: Serrure placée sur la porte de la réserve, *kaña*, où se trouve enfermé, dans la demeure d'un Hogon de Dyon, l'autel du Lébé dit "de l'intérieur" (*dẽ lębę*).

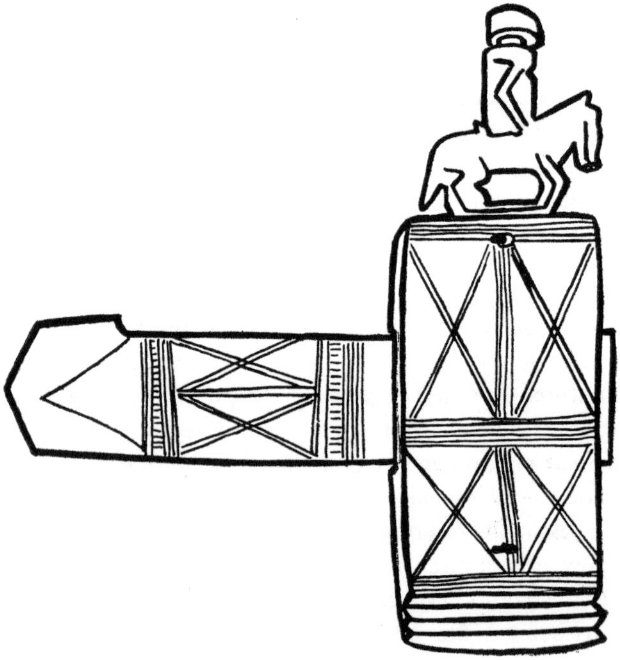

Fig. 2. Serrure surmontée d'un cavalier (Musée de l'Homme, n° 31.74.2101).

[9] *Le Renard Pâle*. Chap. I; "Amma: Création des *nǫmmǫ anagǫnno*; le double placenta d'Amma", pp. 129-130, fig. 30.

Le cavalier représente le Nommo monté sur un cheval après sa descente de l'arche, pour la tirer hors de l'eau.

Sur le coffre qui est l'arche, les tracés en croix déterminent 4 registres à croisillons, situant les directions cardinales, qui se lisent par couple: à droite et en haut, le Ciel, en bas, la Terre; à gauche, en haut, la pluie qui tombe après la descente de l'arche, en bas, la terre qui la reçoit. Ils sont séparés par six traits qui connotent les deux Nommo du Ciel, le Nommo "de la mare", ancêtre des hommes, qui vit dans l'eau, son domaine sur la Terre, et leurs jumelles.

Les deux crans ménagés sous le coffre sont l'image des habitations des Nommo dans le Ciel.

Sur le pène, en partant de la gauche, est placé le signe en V de "la clavicule" d'Amma: deux séries de trois gravures verticales, principe mâle, puis de quatre, principe femelle, rappellent la création des sexes réalisée aux origines par Amma. La grille qui suit est dite *amma kolo-nę bire* "travail d'Amma de l'intérieur"; elle souligne les actes successifs du créateur. Elle sépare les premiers tracés d'une représentation du Ciel et de la Terre également orientée, semblable à celle du coffre. Ensuite, trois gravures évoquent les trois Nommo précédemment cités. Une seconde grille, semblable à la première et de même sens, les sépare de cinq tracés qui connotent les cinq premières générations humaines.

La porte est en bois de *vuęñę kukumǫ*, arbre "pur" et purificateur, la serrure en bois de *pęlu*, agent et témoin de la résurrection du Nommo dit "de la mare", ancêtre des hommes.

Fig. 3: Serrure placée sur l'une des portes de l'habitation principale du Hogon d'Arou, à Arou près Ibi.

Elle est surmontée d'une outarde, *ǫgǫ tǫgu*. Sur le coffre qui représente l'arche, sont sculptés en relief les huit ancêtres: les aïeux en haut, les aïeules en bas.

Les gravures incisées sur le pène se rapportent aux évènements associés au sacrifice, à la mort, puis à la résurrection de l'ancêtre mythique Lébé Sérou, lesquels sont rappelés lors de la cérémonie annuelle qui précède les semailles.

Partant de l'extrêmité à gauche, les trois premières séries d'incisions connotent les huit vieillards et le Hogon, soit neuf personnes qui boivent la bière rituelle lors de la fête des semailles après le sacrifice offert sur l'autel du Lébé, consacré — pour une part — à la commémoration de la mort et de la résurrection de l'ancêtre. La double série de croisillons qui suivent détermine sept casiers: ils connotent les sept hommes "impurs"

Fig. 3. Serrure surmontée de l'oiseau *ọgọ tọgu* (Musée de l'Homme, n° 31.74.1876).

qui consomment ce même jour la viande de l'animal sacrifié sur l'autel. Le croisillon suivant détermine quatre casiers qui rappellent le "champ du Renard" où furent semées des graines de céréales qu'il avait volées, vol qui provoqua la mort de l'ancêtre.

L'outarde, *ọgọ tọgu*, avatar de l'un des principes spirituels de Lébé Sérou, au moment de sa résurrection, vint l'annoncer aux ancêtres, ses frères. C'est à ce titre que l'image de l'oiseau est réservée au Hogon d'Arou, premier prêtre du Lébé, chef religeux et autrefois politique des Dogon.

La porte est en bois de *sẹṅẹ*, témoin sur la Terre de "l'ancien monde" créé par Amma, puis abandonné par lui. La serrure, en bois de *kilena*, descendu sur l'arche du Nommo, témoin du sacrifice de ce dernier qui devait réorganiser le "monde actuel" perturbé par les actes du Renard.

Fig. 4: Serrure placée sur la porte du grenier du Hogon contenant la récolte du champ du Lébé.

Elle est surmontée de deux statuettes évoquant le Nommo ressuscité et sa jumelle.

Le coffre est divisé en deux parties dans le sens vertical, connotant à

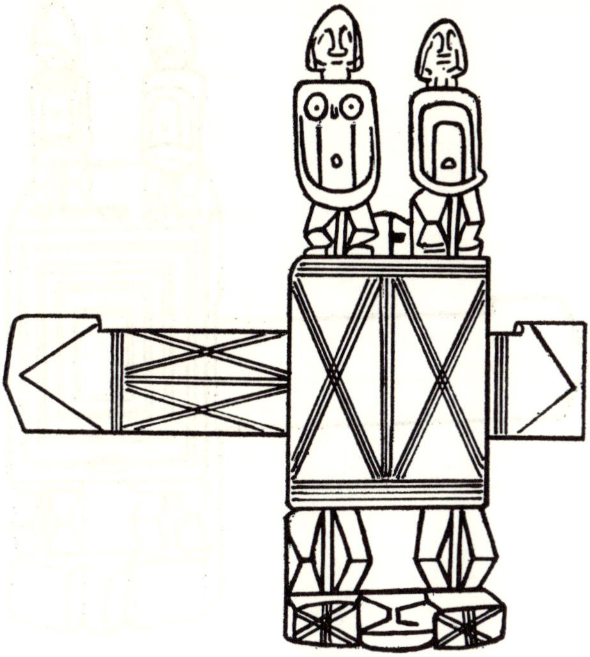

Fig. 4. Serrure surmontée d'un couple de jumeaux mixtes (Musée de l'Homme, n° 31.74.2102).

droite le Ciel, à gauche la Terre, les diagonales déterminant à la fois leur orientation et les divisions internes du grenier en huit casiers; les tracés horizontaux supérieurs et inférieurs connotent respectivement la masculinité et la féminité.

Le coffre repose sur des "pieds" qui évoquent ici les jambes des ancêtres au moment de leur circoncision; au-dessous sont représentés schématiquement les végétaux ayant poussé à l'endroit où leur sang s'était répandu. Les croisillons évoquent les racines, celles des trois *si* nés du sang de la circoncision des ancêtres de la deuxième génération, fils du Nommo.

Sur le pène, entre les "signes d'Amma", le schéma répète les gravures du coffre.

La porte est en bois de *ga guyǫ* et la serrure en bois de *pęlu*, agent de la résurrection du Nommo.

Fig. 5: Serrure placée sur la porte de l'un des greniers, dit *guyǫ ana* de l'habitation principale d'un lignage, *ginna*. Ce grenier, décoré sur les 4 côtés du symbole en V des "clavicules d'Amma", ne comporte pas de

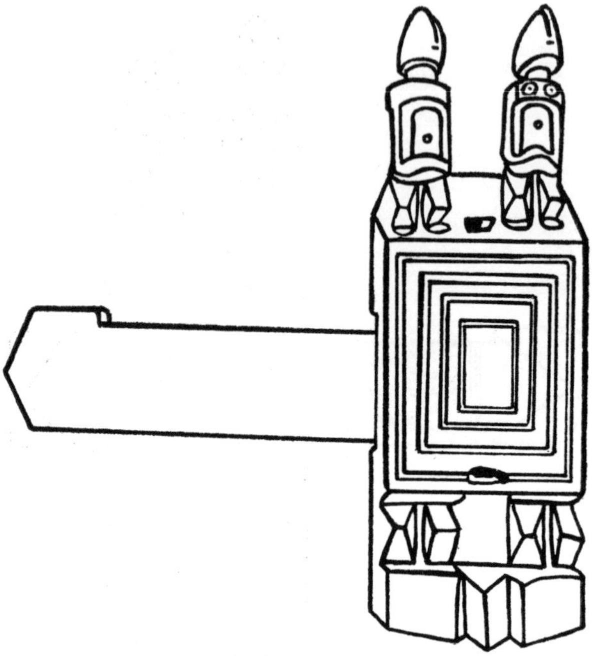

Fig. 5. Serrure surmontée d'un couple de jumeaux mixtes (Musée de l'Homme, n° 31.74.1855).

casiers intérieurs; on y dépose les récoltes des champs du *ginna* où sont effectuées des purifications et des offrandes régulières.[10]

Les deux statuettes évoquent ici des jumeaux mixtes, dits "jumeaux de l'ancêtre Amma Sérou", soit les premiers-nés de la troisième génération mythique.

Sur le coffre, les cinq rectangles inscrits connotent, en partant du centre, les cinq premières générations humaines, soit les descendants des huit ancêtres que supportait l'arche. Ceux-ci, qui se marièrent en échangeant leurs jumelles, sont considérés comme les ancêtres apicaux des quatre premiers lignages, assimilés aux quatre tribus des Dogon. Ces rectangles impliquent les mariages intervenus, génération après génération, entre les quatre lignages que représentent leurs quatre côtés.

Les "pieds" sur lesquels repose le coffre représentent ici les jambes des ancêtres de la quatrième génération au moment de leur circoncision; dessous, les végétaux nés du sang écoulé: la porte est en bois de *popolo* et la serrure en *va*, arbres issus du sang de leur circoncision.

[10] C'est-à-dire des champs dans lesquels sont édifiées des autels *sọgọ*, supports de ces offrandes destinées à la conservation des principes spirituels des céréales.

Fig. 1: Serrure placée sur la porte du grenier de la récolte de riz du Hogon (voir *supra* p. 8).

L'oiseau *gọrọminẹ* est l'avatar de la glotte du Renard, arrachée en même temps que sa langue au moment de sa circoncision.[11] L'oiseau tenta — comme le Renard — de s'approprier des graines en picorant les grains de "riz noir" qui avaient poussé dans la première mare du Nommo et que ce dernier lui reprit. La crête dentelée de l'oiseau est l'image du cadavre du Renard, qu'il porte sur sa tête, comme le firent les chevriers pour aller l'enterrer.[12]

Les gravures qui décorent le coffre évoquent le premier "champ du Renard"; les "trous" qu'il avait creusés sont placés à l'intersection de diagonales doubles, qui évoquent le "chemin du Nommo", poursuivant le Renard sur sa propre route. Les mêmes représentations figurent sur le pène.

Au bas de la serrure, le décor sculpté rappelle la "terre" du Renard surmontée de celle du Nommo venu le supplanter.

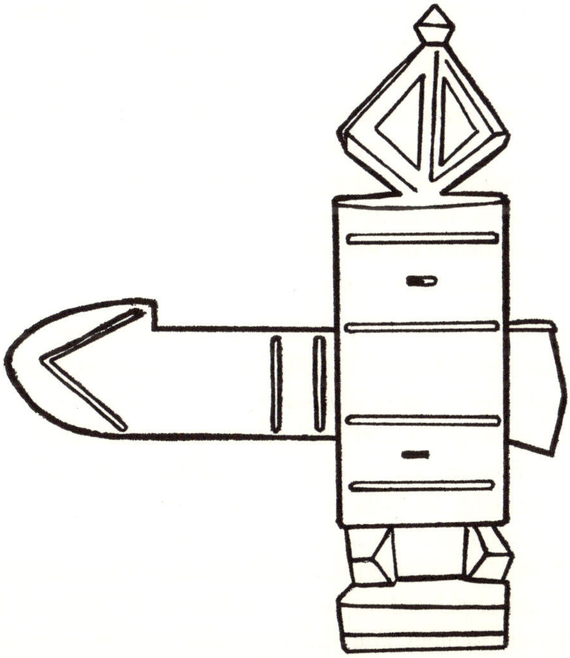

Fig. 6. Serrure surmontée d'un motif en losange évidé (Musée de l'Homme, n° 31.74.1223).

[11] Sur la circoncision du Renard, voir M. Griaule et G. Dieterlen, *Le Renard Pâle*, *op. cit.*, chap. II; "Ogo", p. 246-263.

[12] Le *gọrọminẹ* (non déterminé) est granivore et insectivore. Un chant, entonné pendant les cérémonies soixantenaires du Sigui, à Sanga, rappelle cet épisode du mythe auquel il est associé (*Le Renard Pâle*, Tome I, fasc. 2, en préparation).

Fig. 6: Serrure placée sur le grenier dit *ǫmmǫlǫ guyǫ*, contenant les plantes collectées en brousse par un guérisseur.

Le faîte est composé d'un losange, qui détermine les "angles cardinaux" de l'espace, soit l'air où croissent les végétaux; la barre verticale qui le partage sépare les herbes et les plantes vivaces des arbres. Les 4 tracés qui ornent le coffre connotent les directions cardinales terrestres, soit celles qu'emprunte le guérisseur pour sa collecte, notamment celle des racines qui s'enfoncent dans le sol. Au sommet, est placée l'image de la poterie dite de *sum di*, qui contient les racines, tiges, feuilles, etc... macérant dans l'eau utilisée pour les soins aux malades.

Au bas du coffre, la sculpture détermine les deux pédales du métier à tisser (*liru*, de *lele* = alterner): les deux traits connotent deux fils tendus sur le métier, soit les deux "paroles", celles de la "vie" et de la "mort", entre lesquelles oscille l'état d'un malade et qui sont entre les mains de Dieu, Amma.

Sur le pène, est figuré le "signe des clavicules" d'Amma, en V, puis deux traits rappelant les "paroles" de la vie et de la mort.

La porte est en bois de *sa mẹnẹ*, arbre considéré comme sauvage et impur pour avoir poussé dans le champ du Renard; la serrure est en bois de *kilena* qui évoque la réparation des actes de ce dernier, réalisée par le sacrifice du Nommo, ancêtre des hommes. Le choix des bois souligne l'ambivalence de la médecine traditionnelle, qui puise sa pharmacopée à la fois dans le domaine du Renard — la brousse — et dans celui de son adversaire et vainqueur, le Nommo.

IV. Les clefs peuvent présenter deux, trois ou quatre dents, ces dernières étant autrefois réglementaires pour les portes des sanctuaires, des habitations de fonction et de certains greniers.

A cause du caractère "secret" des cavités ménagées dans le coffre pour maintenir les broches qui ne sont pas visibles, et du fait de leur rôle fonctionnel éminent, les clefs et leurs dents ont fait l'objet de conceptualisations particulières, où s'expriment les spéculations des Dogon sur leur cosmologie dans un maximum d'abstraction. Les positions des dents déterminent des règles théoriques d'attribution des serrures (qui furent autrefois rigoureusement appliquées), règles établies exclusivement en fonction du rôle du Dieu créateur Amma, lequel "tient toujours dans ses main les portes du monde et leurs clefs".

On se souviendra des thèmes concernant l'acte d'Amma "ouvrant" son sein pour faire descendre sur une arche ses œuvres sur la Terre.[13] Lors

[13] Voir M. Griaule et G. Dieterlen, *op. cit.*, chap. V; "L'Arche du Nommo", pp. 417-457.

de la descente, il est dit qu'Amma plaça les "portes du monde" orientées comme leur support, et déterminées par les arêtes de l'arche, dans l'ordre suivant: Est, Ouest, Nord, Sud.[14] Chacune de ces quatre portes correspondait, de plus, aux positions des "mains d'Amma faisant tourner le monde";[15] sur chacune d'elles se trouvaient une serrure et une clef.

La valeur symbolique des gravures qui ornent les coffres de ces serrures est en relation avec l'orientation de la porte considérée, le "sexe" qui lui est attribué, enfin la position des quatre dents de sa clef.

(a) *Porte mâle de l'est.* — Les quatre pointes de la clef sont placées en ligne de chevrons rappelant le déplacement en zig-zag des participants dans la danse dite *odu tǫnnǫlǫ*, 'chemin brisé', toujours exécutée la première dans les cérémonies collectives. Cette danse symbolise la quête.[16] Il s'agit ici de celle d'Amma, car il est dit qu'"il cherchait à ce moment le compte des portes" et leur orientation. La serrure correspondante est ornée d'un rectangle où les médianes forment quatre secteurs dont les diagonales sont tracées, chacune représentant un "voyage" vers un point cardinal (Nord en haut à gauche; Ouest en haut à droite; Est en bas à gauche; Sud en bas à droite) (Fig. 7).

(b) *Porte femelle du nord.* — Amma s'est dirigé ensuite vers le nord. La clef correspondante l'indique par un décalage de la seconde dent par rapport à la ligne des trois autres. La serrure "femelle" ne comporte aucun dessin car "la femme reste à l'intérieur de la maison." Le logement de la clef est comparé à un sexe féminin, rappelant que le Créateur était, à ce moment-là, soucieux de situer la féminité (Fig. 8).

(c) *Porte mâle du sud.* — Sur la clef de cette porte, la troisième dent est décalée. Elle souligne par la position des deux premières dents le chemin qu'Amma a d'abord parcouru dans une direction rectiligne; puis il s'en est écarté, pour finalement se redresser. La serrure est ornée de hachures parallèles aux deux diagonales témoignant de "la sortie du mal hors du monde." C'est en direction du sud, dite "seuil du mauvais"[17] que se dirigent les âmes des défunts après les funérailles,[18] avant que la pose de la poterie funéraire dans l'autel familial ne les intègre au sein du groupe des ancêtres (Fig. 9).

Les Dogon, qui portent au Renard des sentiments empreints de bienviellance mais raffolent de spéculer avec une certaine ironie sur son statut

[14] *idem*, p. 432.

[15] *idem*, chap. I; "Amma, Travail d'Amma", p. 162 et ss.

[16] *odu tǫnnǫlǫ dẽ ãñay*, 'la danse *odu tǫnnǫlǫ* est comme la recherche.'

[17] *moñu monnogolo.*

[18] Voir G. Dieterlen, *Les Ames des Dogon* (*Travaux et Mémoires de l'Institut d'Ethnologie*, XL) (Paris, Institut d'Ethnologie, 1941), "Les funérailles", pp. 117 et 122.

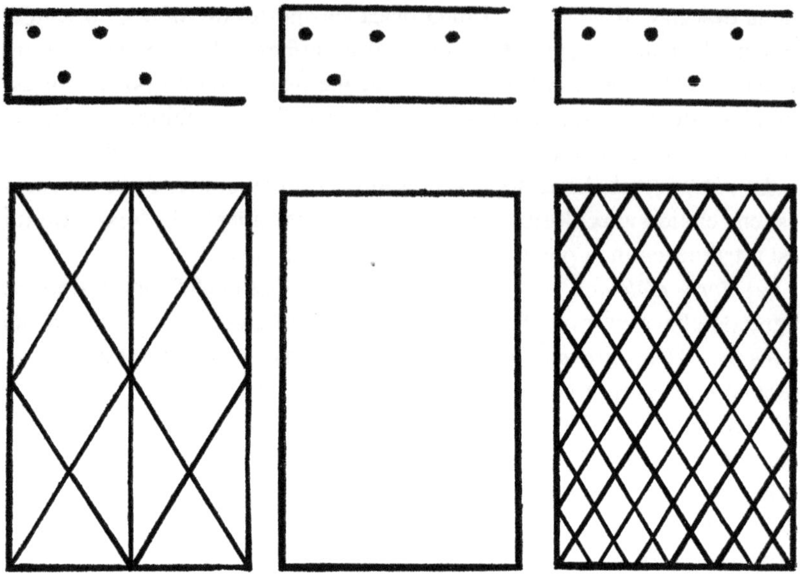

7 8 9

Fig. 7. Schémas de la clef et de la serrure de la porte de l'est.
Fig. 8. Schémas de la clef et de la serrure de la porte du nord.
Fig. 9. Schémas de la clef et de la serrure de la porte du sud.

et sur ses actes, ajoutent que ce dernier vola la clef pour empêcher que le mal et la mort, — dont cet agent du désordre fut le promoteur — ne débarrassent le monde; mais que, comme il ne possède que cette clef, il ne possède également que "le quart de la connaissance totale." Cependant la porte du sud est restée "ouverte".

(d) *Porte femelle de l'ouest.* — Sur la clef de l'ouest, les trois premières dents sont en ligne, rappelant la marche continue d'Amma; la dernière, décalée, marque sa sortie du chemin parcouru "pour rejeter sa fatigue." La serrure comporte deux registres de trois et quatre traits horizontaux, encadrant une ligne de chevrons: il s'agit ici de la représentation de la masculinité, trois, et de la féminité, quatre, incluses dans la "parole d'Amma" représentée par la ligne de chevrons.[19] (Fig. 10).

[19] Chacune de ces portes avait autrefois son affectation dans les habitations dont elles constituaient les portes d'entrée; l'orientation était respectée, non pas en fonction de la position de la porte sur le mur, mais de la direction cardinale vers laquelle on se dirigeait à l'intérieur de la maison: la porte de l'est était placée sur le mur ouest de la "grande maison" d'un lignage, le *ginna*; la porte du nord, sur le mur sud de la maison d'un lignage segmenté, *tire tǫgu*; la porte du sud sur le mur nord de la demeure d'un Hogon de Dyon; la porte de l'ouest sur le mur est de la demeure d'un prêtre totémique (*binu*).

Fig. 10. Schémas de la clef et de la serrure de la porte de l'ouest.

D'une manière générale, le point cardinal auquel est affectée une serrure est marqué sur la clef par un décalage de la dent symbolisant ce point, car chacune des quatre dents d'une clef déterminée représente un point cardinal; mais, d'une dent à l'autre, l'affectation des dents varie selon le tableau suivant, l'énumération partant de l'extrêmité de l'objet (Fig. 11).

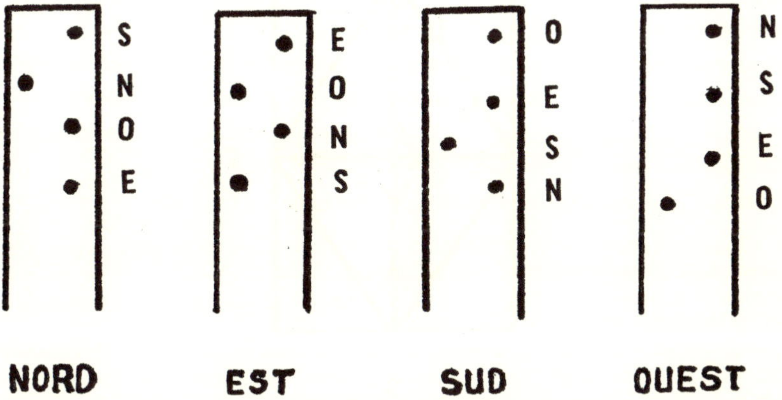


Fig. 11. Schémas des clefs des 4 portes.

Clef Nord : S-N-O-E
Clef Est : E-O-N-S
Clef Sud : O-E-S-N
Clef Ouest : N-S-E-O

La succession des points de chaque clef peut être représentée par les schémas suivants (Fig. 12).

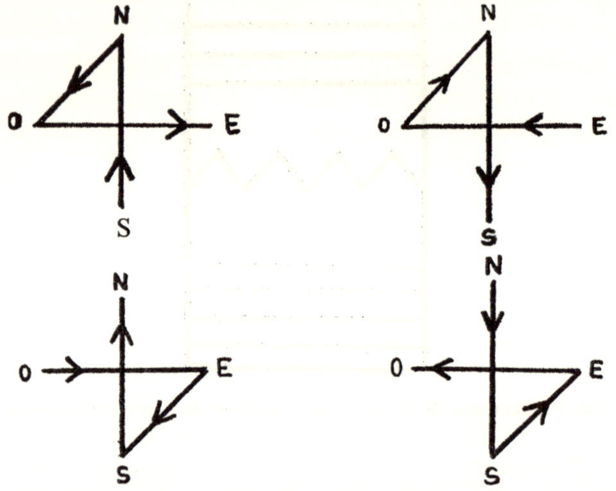

Fig. 12. Schéma des "marches d'Amma".

Les marches d'Amma s'expriment également par un schéma (Fig. 13).

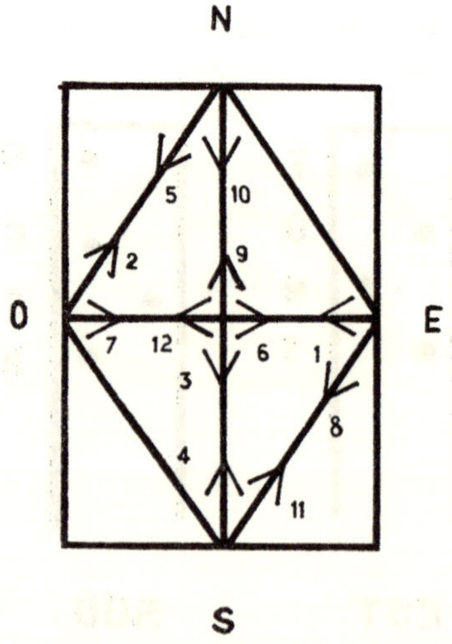

Fig. 13. Schéma des "marches d'Amma".

Ces déplacements, dits "chemins du monde en travers",[20] joignent les quatre côtés du monde les uns aux autres, chacun à chacun selon une marche continue. Durant le mouvement, on dit qu'"Amma, sur le chemin, (émettait) des paroles sèches, et qu'à la fin (à chaque extrêmité) il parlait des paroles humides."[21] Car sur la route, "il préparait les mots, les assemblait pour n'achever la phrase qu'à l'arrivée, moment où il avalait sa salive qui humectait son souffle."

Ces "paroles" qu'Amma formulait en promouvant la masculinité et la féminité nécessaires à toute réalisation future, en situant les directions cardinales et, parallèlement, les "portes du monde", rendent compte du fait que les Dogon placent le signe de la serrure, en général, dans la catégorie *sǫ*, "parole".[22]

Or, comme tous les êtres, tous les objets, toutes les idées, les serrures sont classées en catégories; l'ensemble des dessins gravés sur les coffres constitue un système de signes. Théoriquement, il y a douze serrures dans chacune des vingt-deux catégories déterminées par Amma, chacune d'elles correspondant à chacun des deux cent soixante-six "signes" fondamentaux. Sur le plan social, ces catégories de serrures sont réparties entre les quatre grandes tribus dogon: Dyon a les huit premières, Arou les sept suivantes, Dommo les quatre suivantes, Ono les trois dernières.

Chaque serrure a donc son "signe"; un exemple est donné pour la serrure surmontée de l'oiseau *gǫrǫminę*. Le signe de cette serrure (Fig. 14) est le 12ème de la 10ème catégorie, *bago* (récolte).[23] L'oiseau est considéré, nous l'avons vu, comme ayant picoré le premier le riz mûr du champ initial; le riz du Hogon est enfermé dans le grenier que clôt la porte ornée de cette serrure.

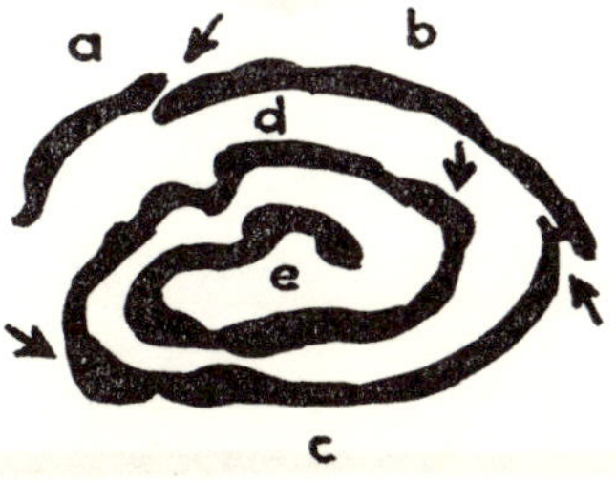


Fig. 14. "Signe" de la serrure surmontée du gǫrǫminę

[20] *adunǫ ǫzu birigu bargu.*
[21] *amma ǫzu-nę sǫ ma ina sǫ di sǫze.*
[22] Sur les 266 signes d'Amma préfigurant l'ensemble de sa création et leur classement en catégories, cf. M. Griaule et G. Dieterlen, *op. cit.*, chap. I; "Les Signes", p. 61-94.
[23] *Le Renard Pâle*, *op. cit.*, chap. I: "Amma — Les signes", p. 74.

Comme tous les signes dogon, celui-ci se décompose en segments qui portent chacun un nom: a) *bago ku* 'tête (ou origine) de *bago*', saison de la récolte, b) *tã i*, 'clef', c) *guyǫ*, 'grenier', d) *daga*, 'fermeture (du grenier)', e) *dęnę fu*, ensemble de 'toutes les céréales'. La sinuosité du segment d) évoque la fermeture au moyen de la clef aux dents alternées; celle de l'extrêmité de e) la différence entre les variétés de céréales. La spirale formée par l'ensemble du signe évoque la descente de l'arche dans l'espace, soulignant son impact, au centre; l'arche elle-même est, nous l'avons vu, représentée par le coffre de la serrure.

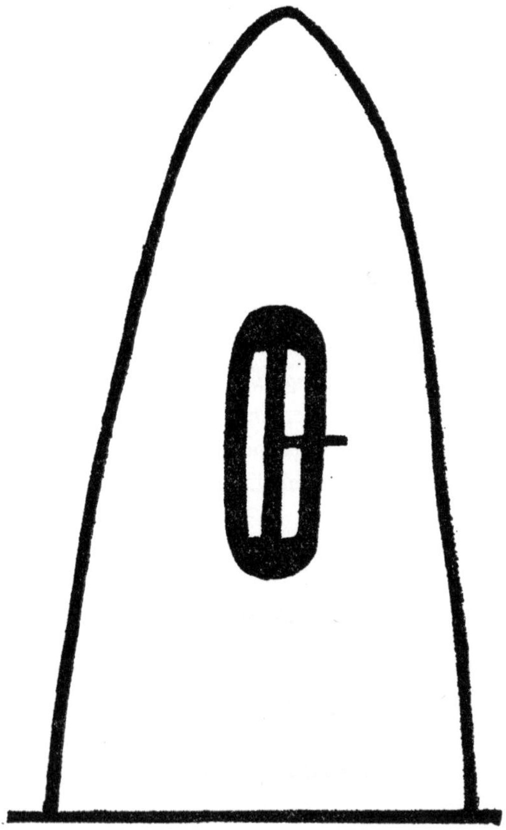

Fig. 15. Schéma d'un autel d'Amma.
(dessin d'un informateur)

Pour tenter de poursuivre l'analyse de la pensée des Dogon, traduite dans ce matériel usuel, on pourrait faire observer que la position des dents de la clef et des orifices internes où elles s'insèrent semble bien témoigner de l'idée qu'ils se font de l'origine, des démarches, des étapes de la création de l'univers; que les décors du coffre et du pène en évoquent les caractères, le développement, et rappellent aussi des évènements intéressant les ancêtres des hommes; que les sculptures soulignent les grandes lignes de l'organisation sociale, religieuse, politique.[24]

Sous leur faible volume, les serrures et leurs clefs présentent de façon à la fois schématique et subtile des séries de thèmes qui associent divers éléments de la vie sociale, de la religion traditionnelle — voire de l'histoire — du peuple dogon. Et ceci au même titre que les aménagements complexes que ce peuple a établis sur son territoire — notamment dans les cavernes — à des fins rituelles et initiatiques; au même titre aussi — sur le plan du langage — que les séquences successives des textes fixes de prières ou d'invocations, dans lesquelles une phrase évoque, à elle seule, un épisode mythique.

Lors de la fondation du *ginna* on dessine sous l'autel d'Amma — qui représente "l'œuf aux quatre clavicules" — avant son édification, le coffre d'une serrure *sans sa clef*, qui à cette étape "est entre les mains du créateur". Sur l'autel, lors de sa consécration, on dessine face à l'ouest le coffre *et sa clef*, figure qui représente aussi l'arche du monde et la chaîne qui la maintenait pendant la descente. Le coffre est ici divisé en deux dans le sens vertical: la moitié où se trouve la clef représente "les paroles qu'Amma a apportées dans le monde", l'autre "celles qu'il a gardées par devers lui et n'a pas encore révélées" (Fig. 15). On a pu observer à Fiko en pays dogon-pignari une serrure dont le motif décoratif central représentait, justement, une serrure.

La prière récitée pour les funérailles évoque le retour du défunt dans le sein originel; on souhaite qu'Amma, le "pétrisseur (du monde)", lui permette d'en trouver aisément l'accès, par la "porte non fermée":[25] il s'agit ici de la porte du sud restée ouverte, dont le Renard, responsable de l'avènement de la mort sur la Terre, avait volé la clef...

CENTRE NATIONAL DE LA RECHERCHE SCIENTIFIQUE
ÉCOLE PRATIQUE DES HAUTES ÉTUDES

[24] Les serrures des Bambara, des Malinké, des Bozo, des Sénoufo, etc. que nous avons observées paraissent très semblables à celles des Dogon et présentent une grande variété de décors qui pourrait faire l'objet d'études similaires.

[25] Cf. *Les Ames des Dogon*, *op. cit.*, p. 105. Voir également, G. Calame-Griaule, "Essai d'étude stylistique d'une texte dogon", in *Journal of West African Languages*, 4, 1 (janv. 1967), p. 15-24.

## INDEX DES VÉGÉTAUX

| | |
|---|---|
| *qa guyọ* | *Ficus capensis dicranostyla* |
| *kilena* | *Prosopis africana* |
| *pẹlu* | caïlcédrat, *Kahya senegalensis.* |
| *popolo* | *Stereospermum kunthianum* Champ. |
| *sa mẹnẹ* | *Lannea volutina* |
| *sẹṅẹ* | *Acacia albida* Faidherbia |
| *si* | non déterminé |
| *va* | *Pterocarpus crinaceus* Poir. |
| *vuẹñẹ kukumọ* | *Ficus glumosa* |

# ZANDE CONVERSATION PIECES

E. E. EVANS-PRITCHARD

When I was making a study of the Azande of the Sudan between the years 1927 and 1930 I found that the taking down of imaginary conversation pieces was of great help in the understanding of Zande thought and behaviour. The pieces often presented formidable difficulties in translation. An only few of them have yet been published. When I returned to my interest in the Azande after the lapse of many years on active service and afterwards given to other interests, I met some Zande students at the University of Khartoum on my visits as an external examiner, and two of them wrote some Zande texts for me, including conversation pieces. Those presented here were written by one of the two, Mr Richard Mambia. He wrote them in Zande with an English translation and entirely on his own initiative and on topics of his own choice. The translation has been revised by me and I have added a few notes by way of comment. The vernacular text is deposited with many others in the Institute of Social Anthropology in the University of Oxford.

Although these pieces were written in 1963, about 40 years after I began my research in Zandeland they reflect the same attitudes and expression which were then current and appear in the texts then recorded. In particular — and this is what, besides their idiomatic character, makes them so difficult to render into English — there is always the tendency in Zande conversation to use circumlocutory language, especially innuendo and double talk, in which it is necessary to catch the notes of understatement, teasing, irony, sarcasm and raillery. There is also the old husband-wife trouble about meanness and greed on the part of one or the other and the same jealousy between co-wives for the husband's attention and favour. And beneath the badinage and bickering and gossiping there is, whether expressed or not, the same old underlying, but near the surface, presence of witchcraft hovering around. Much has changed among the Azande since 1930, much that I have never seen: towns, shops, industry, controlled farming and cash crops, a money economy, markets, cotton clothes, alcoholic spirits, prostitution, and other innovations, but many habits of thought and feeling, judged by these texts, seem to have changed little.

### MAN (DINGISO) AND WIFE (NABAATU) IN CULTIVATIONS

*Nabaatu:* oh Dingiso, you clear this path[1] to our cultivations; now we are wet to the skin when we pass along it in the dew. How shall we cultivate? This thick bush too which you have chosen, I don't know how we are going to get rid of it at all.

*Dingiso:* child, which part of my strength will be spent in clearing the path and which in hoeing the cultivations? You can't skim dew from a person's body; we shall dry. Look you mistress, my father told me always to choose the thickest bush for cultivating and I would never lack food. Grass does not beat hard work.

*Nabaatu:* hoho! Your father could afford to do so because he had many wives. As for your situation, only you can find an answer to it. As I am often sick you will cultivate your bush by yourself, understand that! Mark out[2] the piece we are to cultivate and don't waste time. As the sun will be hot soon, shall we hoe far? I shall soon return home to dry my soaked manioc in the sun. Does one cultivate crops with the energy of previous ones!

*Dingiso:* Nabaatu, where did I throw the pole (for treading the grass down) yesterday? Look for it behind that termite mound over there. Brothers,[3] can wood disappear into the ground!

*Nabaatu:* hoho! And what about that pole right in front of you! Can't you see? Those Nile perches you used to eat along the river Yubu, their evil influence has followed after you (made you blind). I am astonished at this, Bagi's daughter,[4] that a thing can be where anybody can see it and a person leaves here and searches for it everywhere else seems like foolishness to me.

*Dingiso:* don't you know that I am quite advanced in age ...

*Nabaatu:* old people do see you know! Bangatai here who excels at collecting caterpillars in these big forests here ... Be careful how you tread that thing my dear; you crush thorny bushes as though you were walking in your courtyard; don't you know that a short tree-stump can

[1] To tread down the grass on either side of the path.
[2] By treading down the grasses.
[3] *Awiri nami*, children of my mother, is an exclamation of indignation.
[4] Herself.

prick the foot of a cultivator? I speak because it is tiresome to look after a sick person.

*Dingiso:* throw my hoe here and my matchet. On which side are you standing? I am taking my usual position! Have you ever seen a woman taking a position on the outer-edge of the marked-out piece of land? [Later] We have done almost enough today, we will start on another piece again and when we finish it you can go home to roast some manioc[5] while I cut down some of that terrible thorny bush we have met with. If we cultivate as much tomorrow our cultivations will get larger, and when we take it from there the day after tomorrow and push it forward anybody happening to pass by here will say, "people are indeed scratching the ground here."

*Nabaatu:* you know, talking of how much you will cultivate took Ndege nowhere; perhaps your father did not tell you the story. He would go to his cultivations and mount a termite mound and survey his cultivations and say, "today we shall finish hoeing the grass up to yonder mound. By evening that mahogany tree will be standing in the cultivation. Tomorrow we shall bring that termite mound into it. Now, Ndege's wives, cultivate this piece from here up to there. I shall come back and find you forward. I am going to court; the prince said yesterday that I should come early to consult his poison oracle." Did Ndege cultivate again after this his talk? When you are planning how you will cultivate make sure of the person who will assist you in the cultivating.

*Dingiso:* do you know Ndege's clan? He was a Gbambi. People of our clan do not fool about work. My father attracted people because of what his right hand secured for him. Elders like him used to await him in the evening at his fireside (for food).

*Nabaatu:* if indeed it was your father who started a cultivation in such a fertile place he would build a second granary this year. A person takes after his father with his blessing, but what happened to you? You are like a person whose father did not bless him when he died!

*Dingiso:* my father blest me more than my elder brothers because he died in my arms while they were in their homes. It is only that our evil neighbours have stolen the buds of our crops with their witchcraft. I have given them food in vain.

*Nabaatu:* it is the mean person whose crops flourish. If you are not mean with food it is you whose crops people bewitch. Look at my maternal uncle Pazuo. Whenever a person tastes his food that person

[5] Though only manioc is mentioned a full meal is implied.

always rubs a bit of it on his knees.[6] Peoples' crops fail but when you go to Pazuo's home you see his crops like wild grass. I am discussing it while this idle boy is coming.

*Dingiso:* (to the boy) you lazy beast, you will die on account of people's property after my death. (To the wife) what sort of rotten person is this thing to whom I have stressed the importance of work in vain? You will see young boys like him working with their fathers and it seems that I have no son after me who is mature and capable of work. (To the boy) man, are you growing downwards? While I look this way take a matchet and go behind your mother and lop off branches from that tree I cut down yesterday.

*Nabaatu:* when people talk about work he looks grim and puffs out his belly. (To the boy) what has now filled your belly, was it grown by elephants? Where is Nangbara?

*Their son:* she was boiling gourds and beans to bring them here.

*Dingiso:* so you were waiting to fill your stomach with them before coming? That sister of yours is like you. A man does not take his character from a woman; I see this only in you. You will be a lazy man and she too will be a lazy woman. While women will be divorcing you because of your laziness men will be divorcing her away from their homes because of her laziness.

*Nabaatu:* why do you tire your mouth? She will realize it after our death. My mother did not force me to go to the cultivations. On the contrary, they used to send me away from the cultivations to go home and boil gourds for them. If I had not accustomed myself to hard work I would now often go begging people to give me this or that. As people do not cut two bunches of bananas from their relatives[7] (gardens) what would I do when they were tired of me?

## THE WIVES OF BAGU AND SENDEGO

*Bagu's wife:* oh my sister[8], have you started your groundnuts cultivation?

*Sendego's wife:* we have done a little bit, being lazy people. Sendego has been ill this year; it was only the day before yesterday that he attempted to go to the cultivations as everybody has started cultivating. What

[6] To prevent boils, since he has eaten a mean person's food.

[7] A Zande proverb.

[8] The Zande word is *degude*, girl or female child. It is used as an affectionate term between women.

shall we do with the children we have? Bagu has always been very active, so I dare say you have already started the groundnuts cultivation.

*Bagu's wife:* that is what he used to do before. Last year we planted groundnuts very early and when Azande opened their eyes and saw them our names were on their lips till thieves came and stole all the groundnuts we had stored in the granary in abundance. This year, knowing that it is time for work, they have given him back-trouble (sickness); he cuts into the ground once and sits down. Let them grow plenty of groundnuts this year so that our names may vanish from their mouths.

*Sendego's wife:* as for Baimuke and his wives, they will plant the first crop of groundnuts this month. He is such a hard worker! He has started his cultivations very far at the head of the Nangume stream. We came across it by chance the other day when we went to look for salt plants to cut them down and burn them to get salt out of them before heavy rains come. Sister, the cultivation of the man and his wife was like that of a prince. You could suppose that elephants had hoed it for him.

*Bagu's wife:* he and his wife are fond of gossiping against people about their cultivations. That short[9] woman whom you see and who speaks like a bee, she is a great gossip. Don't be deceived by her pleasant talk and her joking. She is a nasty person.

*Sendego's wife:* can you describe her to me? Was she not gossiping against me, saying, we went fishing together and only I caught plenty of fish? She accused me as if I had prevented her from fishing. She came and sat relating it to me and Mbaraza's sister very exaggaratedly but we only watched her lips as she spoke. Do I take part in people's petty gossip? As they are now cultivating[10] a big groundnuts patch does anybody wish that they die?

*Sendego's wife:* as for Ngario's wife, she has left her husband working and just gone off to her brother's home. Some people have tolerant husbands; if it were I who "crossed a stream over the bridge of the unfortunate man" where would I sit when I returned?

*Bagu's wife:* didn't she do the same thing last year and Ngario planted all the groundnuts while she was away?

*Sendego's wife:* my sister, what makes a man decide to marry another wife and then his wife refuses — she will go on causing him trouble. Isn't it that how it starts?

*Bagu's wife:* as Bagu has been marrying his wives have I ever opened my mouth about it? I have always favoured it. Feeding a man is not an

9 *kpakpa* means very short, almost square.
10 The Zande word is *mbura*, with the sense of effacing everything like a bush fire.

easy task. If another person comes to assist you, is that a bad thing? It is only the one who comes and wants to take your place that you have to remind that things are not like that.

*Sendego's wife:* since *sere pasio* (groundnuts, sesame and other oil-bearing plants used as flavourings) did not grow well in my cultivations last year am I not suffering from lack of them this year like a dog? Oh my sister I thought of going to you for a little *kpagu* (an oil-bearing gourd) and sesame seed.

*Bagu's wife:* you would have tired your legs to no purpose. The little I stored in a gourd for seed I gave to that lazy and stupid wife of my brother who looks for oil-seeds every wet season. If rats don't eat up the little that remains I shall give you a little of it.[11] Seeds need not be many (to give a good crop). Somebody will give you some more and it will push your cultivation a little further.

*Sendego's wife:* oh my sister, that is very fortunate. Some *bangumbe* (an oil-bearing gourd) seed escaped the rats. Since you lack it send a child for a little of it. It is not good to lack such little things for oil-flavourings. A person soon becomes tired of eating groundnut flavouring.

*Bagu's wife:* especially Bagu who like Sendego has the habit[12] of saying he has lost all appetite for groundnuts!

*Sendego's wife:* my sister, I have always been bored with that nonsense. Other men kill animals while it looks as though they have no nets to carry and no spears.

*Bagu's wife:* I will not discuss that any more. The wet season has come again and I have not sliced meat and smeared myself with blood. We shall now have to eat manioc leaves with those who enjoyed meat in the dry season. I guess grass has grown to cover the animals and rain has caused the streams to rise and hide the fish.

*Sendego's wife:* don't mention it! We shall be alike. Oh my sister, I am going home to see what might have happened there.

*Bagu's wife:* let us sit and chat a little longer. Are there no people at home?

*Sendego's wife:* my dear sister, I spread my manioc to dry and now the sun has set I am going to sweep it up. Since the children have all gone away from me to their relatives I now tire out like those who chase each other about. Sendego went to court this morning and may now be on his way back. Where will he find even mere water to drink?

[11] The Zande is *atada wiri sende e fo ro* 'I will shake out the dust of it.'
[12] *na rimo*, an idiomatic expression with the sense of being fond of saying or doing something.

*Bagu's wife:* I will send Kutiyote with your little sesame seed tomorrow.

*Sendego's wife:* oh yes, you will look in her hand for that thing I mentioned.

## ZAMAI, HIS WIFE NAKAYA AND THEIR LITTLE SON TORO

*Toro:* wa wa! Oh mother, what shall we do with all these termites we have gathered? Have other people also gathered so many?

*Nakaya:* that mouth of yours! When a person probes[13] you you tell him that your father gathered plenty of termites! You boy with that pig-like mouth of yours, you are very indiscreet. A person will first cause a big boil in your throat before you realize the Azande you just see looking innocent are terrible people.

*Zamai:* why do you tire your mouth? As you are his mother, you advise him. I can't figure out which god "straightened" (instructed) the children of past ages. What could you expect to hear from a child if you asked him in the season of termites: "oh no sir! My mother was ill yesterday so she was not active when the termites were swarming so hers escaped while she was on the way. My father's did not swarm at all though they bored many holes through the clay crust of their mound. Those that took flight were just enough to go into a little bundle for (grinding and boiling into) a mash."

*Nakaya:* after what the child has said you will not hear anything more from him.

*Toro:* oh no, when a person asks me I will just tell him that all the termite mounds were deserted, so a person may not bewitch me, saying that we are enjoying termites.

*Zamai:* so you know that people are bewitched for termites. These Azande will boast of the lots of termites they have caught, and next year will they boast of them? Nakaya weren't you here while Songodi was boasting of how he filled big baskets of termites last year? I thought it was that same time when his wife burst in upon us looking everywhere for termite wings, pretending that she had not gathered any termites.

*Nakaya:* I am indeed going to her myself this year to ask her to give me some.

*Toro:* mother I met her at the pool and she was covered with termite wings.

*Zamai:* what did you say when she probed you thus?

[13] *Noka vuro*, lit. to knock the stomach.

*Toro:* I said that we did not gather any termites. But she said with malice, "do you ever go without termites?"

*Nakaya:* may they rub fire in her mouth! She has gathered enough and thinks everybody has done so ... Toro take water to your father my little son and come and give him termites so that he may taste them. Binza died with a digdig's head in his bag.[14] When they say it is your father's "fire"[15] you make a fire-belt round it.

*Zamai:* ha! Termites are so plentiful in their season that one has no appetite for them. It is only after they are stored and are scarce that they become sweet. My dear, didn't you roast some manioc to be eaten with these termites?

*Nakaya:* ha! Sorry I had forgotten. Toro come and give your father manioc for his termites.

## MEN NEIGHBOURS

*A:* Azande have really gathered termites today. The season of termites arrives for them to do wonders with them.

*B:* man, say we have gathered termites today in abundance. Do you mean you have failed to gather termites while people have collected so many?

*A:* anyway, the women lit their torches near some. They have been frying them since morning and are still busy with them. As people have gathered a lot of termites this year let us arrange to give our termites and oil to the court early. I don't understand why you always wait until people have eaten termites with manioc and then you begin to bother them to give termites to court. You should stop that habit.

*B:* I always stress that point to the leading men but they just hear it and "pour water on it" (take no action). When things come to a head "they open their eyes only at me" (blame only me).

*A:* I mention it because when termites swarm the women are jubilant.[16] They grind them in the morning and cook a flavouring of them in the evening.

*B:* I tell the women to cook manioc leaves for me during the season of

[14] Binza did not want his digdig's head cooked quickly so he went around with it in his bag and died without having eaten it.

[15] Fire (*we*) has here the sense of bush preserved against the annual firing for later hunting.

[16] A highly idiomatic expression: the women ask *ti uru kuari*, when does the sun set? They are so happy with what they are doing that they do not want to stop doing it.

termites like this. Manioc leaves taste like meat when you have plenty of termites. Ngario, by my father's limb!

*A:* my father used not to eat termites in their season. All these lots of termites he would collect, but only other people enjoyed them. They used to cook just vegetables for him to eat.

*B:* why did Pazuo and Baso want to kill each other yesterday?

*A:* you know Baso's greed. Baso cleared round Pazuo's old termite mound from which he has been gathering termites for years. When Pazuo came and asked who had done this Baso attacked him.

*B:* will this come to court?

*A:* Pazuo says he won't go to court. The affair is too childish.

*B:* indeed! That sounds ominous! When an elder breaks down like that he is looking for a pit in which to plant his feet. Baso, you had better look out.

*A:* since Pazuo returned from the country of foreigners he is no longer his old self. He has become unsociable, a most difficult man indeed.

*B:* he did not attend Nzari's funeral. This raised grave questions in the minds of the elders. It was most unbecoming.

*A:* you see, Nzari caught his death because of that wife of Pazuo he married in Rikita's country. When Nzari opened his eyes and saw her it wouldn't take you long to trap Nzari near her. So the old man prepared himself for Nzari, sir, and Nzari was sick not even for two days. How could Pazuo attend his funeral then? This new magic that is being introduced, people are trying it out a lot on others.

*B:* let Baso be careful, as he has taken to annoying him. Anyhow, both of them go to the country of foreigners to fetch new magic.

## A WOMAN AND HER NEIGHBOUR'S CHILDREN

*Woman:* greetings children! Are you coming from your mother?

*Child:* we left home very early this morning. We have been roaming about a lot and now we are returning home.

*Woman:* are you returning to eat your termites? Did your mother gather many last night?

*Child:* oh no, ours flew by themselves and others showed no signs of coming out to swarm — they are all dead.

*Woman:* from whom are you concealing your termites? If you say you gathered plenty of termites last night what will happen to you? My boy, termites often build their mound on the grave of the person who always conceals that he has gathered plenty of them. Just tell me you have collected some though not many.

*Child:* it has never been our habit to conceal termites. If we had gathered termites last night we would have told you.

*Woman:* and who conceals termites anyway? Why should you tell me about your termites as I might bewitch you, since you say I am a witch.

*Child:* that isn't the reason. My mother gathered a few termites which she was cleaning (winnowing) when we left.

*Woman:* you should have said so. Tell your mother that I shall come to fetch my gourd in which she carried salt-ash the other day.

*The children return home to their mother*

*Child:* mother, Ngbani's wife Nagirimbiro said she is coming to take her gourd.

*Mother:* what sort of gourd?

*Child:* she said the one you brought salt in it.

*Mother:* has she gathered a lot of termites?

*Child:* I don't know. We only met her on the path and she asked us many questions.

*Mother:* about what?

*Child:* she was asking us whether you had collected a lot of termites.

*Mother:* so you told her that you and your mother gathered lots of termites?

*Child:* no mother, we told her that our termites are dead; the only (live) termite mound produced nothing except a few termites, just enough for a paste.

*Mother:* well, she said she would come, so let her come to spy out (whether we have termites or not). Oh that old witch, I only fear she may come and put termites' wings in my child's chest (cause her sickness by witchcraft).

*Child:* mother she said we were concealing news about our termites from her lest she should bewitch us with her bad witchcraft.

*Mother:* so she then knows that she is a witch. She is in fact coming so that we may give her termites on top of those she has gathered herself. She is not coming for the gourd. What gourd is it that an adult person should weary her feet for it? Indeed that woman is very mean and greedy! It is the beginning of witchcraft which she brings to us so that if a person begrudges her termites she will bewitch her. Let her come. There are the termites, when she comes. I shall give her some of them to prevent her from bewitching one of my children. I shall not give birth to any more of them.

### TWO MEN TALK ABOUT MEAT AND TERMITES

*Ndavu:* my friend Yangu, greetings.

*Yangu:* and mine to you. What news is there from your home? I went off to the Nambia very early this morning to gather fibre.

*Ndavu:* did you go to cut fibre? You're always active. Why don't you enter to hear an account of what has happened here today?

*Yangu:* friend, if I delay here now out of weariness I shall probably not get up again, by my father's head![17]

*Ndavu:* you have cut the fibre as an elder does. If I had seen you today I would have followed you and tried to do the same. I wouldn't then have gone hunting just to see people's meat with my eyes only.

*Yangu:* did you hunt here today? Whose wives are strutting beside the entrails of the animals like a prince's mother-in-law? They will be full today in the manner of a successful hunter's wife. They will relax, just tickling under their breasts.[18]

*Ndavu:* Ngbaruyo's son killed[19] a huge hartebeeste whose horns had been all worn down.

*Yangu:* he and his father are always mean with meat.

*Ndavu:* how right you are! By my father's limb, never before have I seen such a nasty type of man.

*Yangu:* everybody knows about them. Who also killed meat?

*Ndavu:* Baginegire killed a roan antelope with Sendego's net, which he has been hunting with throughout the season and has been eating animals from it without Sendego being aware, especially when he went to the wilderness a few days ago. Bangbe took away (killed) two digdig, and Mbaraza, who is always lucky, killed that big male bushbuck which used to bark around here.

*Yangu:* and did you return empty-handed?

*Ndavu:* by your limb no! Ndavu washed his hands and returned, but the boy took the foreleg[20] of Banginegire's roan antelope so I shall taste meat today.

[17] Azande swear by a person's head, limb (leg), or neck (or throat).

[18] The belly swollen with meat comes into contact with the, often pendulous, breasts, and the woman lies on her back and now and again passes her fingers between breasts and belly.

[19] The word used here, *sika*, is stronger than *imo*, the usual word for 'to kill'. Its use can indicate a touch of jealousy on the part of the speaker.

[20] The right foreleg belongs to the man who as well as the owner of the net speared the animal.

*Yangu:* didn't you get a glimpse of my foolish boy there?

*Ndavu:* who? Baiso? He was there too. Only a young waterbuck fell into his net, that hunting net[21] of yours.

*Yangu:* oh man, so I am returning to eat meat (in my home). Indeed the ghost of his grandfather is with him.

*Ndavu:* an elder becomes restless when he hears good news of his home. Mbiro, go to your mother child and find out if she hasn't roasted some manioc today. Here is Yangu who has returned from cutting fibre at the Nambia stream, which is far.

*Yangu:* What is left there (in my home) for me to go and do since that thing (the meat) is already in the hands of the woman (his wife). She will do whatever she thinks fit to her neighbours who will come to see her "after the death of an animal."

*Ndavu:* the death of a big animal is not an easy matter in a home. When you go there you will see many people. If you rest here and clean your fibre until it is cool and you enter your homestead quietly in the evening it will be more dignified because everybody knows you went out today to go after your fibre. An elder returns home quietly in the evening.

*Yangu:* to what extent can a person hide from people Ndavu? They will come today and tomorrow as well. Say I am as tired as those who chase each other and so I shall rest here meanwhile cleaning my fibre. My friend, my pipe is all dry.

*Ndavu:* Mbiro, bring my bag and my pipe. I tell you Yangu, as we sit together, a person cannot hide himself from others. Even in the case of meat, which a person likes to hide from others, he is the very person who opens his mouth to let out the news after he knows he has consumed it all.

*Yangu:* ha! ha! my friend, human kind Ndavu — "Azande are eaten because of salt."[22] You all saw Banga complaining bitterly that he had missed his termites like a dog; was it not the same Banga boasting to us about termites at the beer party in the home of the lad Makpiri?

*Ndavu:* by whose limb? (Can you swear to that?)

*Yangu:* by your neck my father, Gbudwe's limb![23] Do you suppose I am joking? Banga himself told me and Bangba that he has gone without termites this year; but last year the women poured his *akiedo*[24] oil into

[21] *Nzekete* is a net used to catch medium-sized game, such as antelopes. Bush rats would escape through the mesh. Pig would break through it.

[22] An expression meaning that the Azande are a very difficult people to get along with unless you are persistent and stubborn.

[23] Gbudwe was king of the region in which these texts were written. The habit of swearing by his limb continued after his death in 1905.

[24] These are smallish termites, good for oil. They swarm early in March.

pots when the gourds had all been filled. As for the *abio*,[25] they were hung up over the hearth in two big baskets, real pure dry termites.

*Ndavu:* this has struck me dumb. I can't say anything to it. Is not this the same Banga to whose wife my woman gave a big wooden dish full of termites because he had not gathered any?

*Yangu:* I guess you haven't heard of the porcupines Maruka found in a hole in a deserted termite mound and killed them all by himself. This was after Rindo's hunt. He has told people about it this year, when he had eaten all the meat.

*Ndavu:* it is a characteristic of the Azande since the beginning of things that they tell you about something they have already eaten ... My friend Yangu, this water the boy has brought, move it towards you. This is usually the home of people.

## BINZA, HIS WIFE AND HIS DAUGHTER NAIWA DISCUSS DANCING

*Naiwa:* I say mother, what about this big dance that "rumbles" thus, won't father attend it today? When he goes we find good places.

*Her mother:* don't you see that your father is advanced in age? Once he used to "jump" to the dances and sing songs and we enjoyed song-leaders' beer because of him.

*Naiwa:* I say father, can't I go to the dance with my friends tonight? I will return early in the morning.

*Binza:* what sort of dance is it? Is there anything such as we danced in the past beside your (modern) indecent dances? What good songs do you have these days other than your obscene songs? Listen my child, we really enjoyed dancing.

*Naiwa:* father, how used you to dance this dance of yours?

*The mother:* if you work him up into relating what he used to do when he was young you will still be at it at dawn.

*Naiwa:* I say father, how was it really?

*Binza:* singing, which you now make a mockery of, was a serious affair. When we entered the singers' circle and sang while the women yodelled, the aged staggered to their feet and the fire sparkled. Listen my child, if you had seen me then you wouldn't have thought it was your old father who is now crippled by rheumatic pains.

*Naiwa:* do you mean your songs were very different from ours father?

*Binza:* these unorganized songs you sing, we did not sing like that.

[25] These are larger termites which start to swarm in May.

A song-leader started and sang a long verse and you could otherwise hear only the stamping of people's feet. But when he finished the verse with the chorus, the women yodelled and the dance closed in and women swarmed about him thrusting their breasts at him.

*The mother:* those who used to flirt with you to feed you, where are they now that you are old?

*Binza:* and those you yourself flirted with, are they cultivating for you now?

*Naiwa:* and after you had finished your verse?

*Binza:* do you imagine that a really good song-leader had only one verse? The man would sing for a long time and then, when he had finished a fine verse and brought it to the chorus and people closed in to dance, he would leave them quietly in the manner of a song-leader and disappear to another place. He would hide there and people would look for him for a long time in order to take him to a special hut for singers. While he was there with senior singers, junior singers would take his place.

*Naiwa:* as for us, the singer who starts a long song is interrupted. We want our songs short, to which we dance madly.

*The mother:* is that thing a dance where women behave boisterously like men. If I am made young again you will not see "my leg" in that thing of yours. I will wait for ordinary beer parties to go and dance my "beer dance".

*Binza:* what songs! They have spoilt them all with Apambia songs.[26] When the sponsor of the dance found the senior song-leader then he would invite (him and) his wife and one of his big sons to the hut of the song-leaders.

*The mother:* that is the time — Naiwa — when the wife of a singer knew she had married a singer.

*Naiwa:* but now people don't care about the drink freely provided at a dance. When they don't bring out the beer quickly a person thrusts his hand into his pocket[27] and drink will say, "here we are".

*Binza:* that's exactly why I tell you not to frequent dances at night. When they have taken this maddening drink they call alcohol (*nzengi*) is there any respect for a mother-in-law any more? They begin fighting and the dance is spoilt. These modern young men don't even respect elders' wives.

*The mother:* if they don't respect their mothers-in-law how would they respect elders' wives?

[26] Apambia tunes. The Apambia are one of the peoples conquered and partly assimilated to the Azande.

[27] To take out a flask of spirits.

*Binza:* as Ngbadungere came here himself to invite me to his dance, do whatever you are doing quickly before it is dark so that we may go early while it is still light. A person is not recognized at night.[28]

## ABOUT A WITCHDOCTOR'S DANCE

*Gburadi:* in whose home are they dancing this witchdoctors' dance?

*His wife:* do I know anything about sponsors of witchdoctors' dances? May be they are dancing to heal Susu's sister. Aren't you going there to consult about us?

*His brother:* do I like attending witchdoctors' dances? I attended one the other day and the witchdoctor Siata started the nonsense that my father has spoilt my chances of marriage. What should I have done to my father that should make him spoil my life?

*The wife:* are you a witch? It is only a witch who is apprehensive at a witchdoctor's dance!

*The brother:* have I ever bewitched you?

*The wife:* I have often been sick here anyway. These bachelors you see around always cast a bad eye on other people's wives.

*The brother:* if you talk like that I shall soon bewitch you.

*The wife:* you will see who will cook for you. When witchdoctors want to straighten out the problem of women for you you say they are talking nonsense, you will continue carrying your own water yourself. Don't you know that that old father of yours has witchcraft in that big belly of his, do you imagine that it is beauty that makes him fat?

*Gburadi:* you are talking like this in his absence. He too knows how to insult people. He is a master of wit.

*The wife:* what is there "in his mouth" besides the talk of old age!

*The brother:* all right, I shall go today to the witchdoctors to have my marriage problem sorted out by them. If I don't marry a girl this year nobody will again see me attending a witchdoctor's dance.

*Gburadi:* if it is Wiriwiri, he dances well (is a clever witchdoctor). Is it not he who dug up a fowl's wing under a bed in Yangu's home?

*The wife:* oh yes, the fowl's wing Yangu's wife hid from him that he might not confront her brother with it.[29] Oh that woman is a strange character. Why should a woman interfere with men's fowls' wings?

[28] And may therefore not receive the respect due to his station.

[29] The wing of a fowl which had died to her brother's name in a consultation of the poison oracle.

*The brother:* and why should men consult the poison oracle about their brothers-in-law? It seems anyhow that she and her brother had joined together to bewitch Yangu.

*A child:* I say father, how did he know the fowl's wing was under the bed?

*The brother:* by his ash (magical medicine) of course. Do you think witchdoctors play? Yangu summoned the witchdoctors to discover the source of his "death" (sickness). He knew that his wife and her brother were the cause of his trouble. You see child, the man (witchdoctor) danced here and there[30] where his magic had stirred in him, and before long he called Yangu in a loud voice and told him to open the door of his wife's hut. At this, Yangu's wife was trembling.

*The wife:* very characteristic of a witch, "his heart is always in his hand" (he is always worried).

*The brother:* when the witchdoctor rushed out of the hut we saw the fowl's wing in his hand. He danced and "hovered" (sprang about) with it in his hand while people bowed their heads and suddenly he planted it before Yangu's brother-in-law. He raised his hand and let it down and the drummers stopped beating on gong and drums. Gasping for breath, he strode to where Yangu's wife was sitting. All eyes were turned on her.

*A child:* what a wonderful clever witchdoctor!

*The brother:* looking her in the face, he demanded of her the reason why she had Yangu's fowl's wing under the bed.

*The wife:* if it had been me I would have "dried up" (died) with shame.

*The brother:* there is no shame in a confirmed witch's eyes. The woman told him on the spot that she had hidden it to prevent Yangu from giving it to humiliate her brother with it. Looking directly into her eyes, Siata asked her and her brother why they were "killing" Yangu. The woman and her brother were gazing up at the sky.

*Gburadi:* he was bewitched because of that digdig he killed and carried it entire to his new wife.

*The brother:* that is what Siata and the others revealed to them.

*A child:* what did they say?

*The brother:* what else could they say except that their hearts were burning for that meat?

*A child:* please finish (what you are doing) so that we may go there.

*The wife:* as you are so restless "don't tire my mouth today". At a witchdoctors' dance a child should go and sit at the feet of his father or mother and should not run about here and there.

30 The word used is *sanga*, to hover, as for a kite hovering.

*The brother:* if you stand up often the witchdoctors will cast a spell on you. So children, though other people's children dart about in the crowd, you stay by us.

*A child:* hi, Toro and the others think they are youths, let them go and run about (among the people), the witchdoctors will cast a spell on them.

*Toro:* well, but you are the one who plays rough games at funerals. Be careful today.

*Another child:* I won't go away from my father's side.

*Gburadi:* if anyone gets up, there is the witchdoctors' spell they cast on noisy children.

## ABOUT COTTON CLOTHES

*(Bawiri and his wife Ruta converse at home in the evening after their return from the market)*

*Ruta:* Ngatuo's wives dressed themselves today in new cotton dresses. My word, those who earn money are lucky. Especially Natumbagi; when things are like that she struts about like a prince's mother-in-law.

*Bawiri:* was their big cotton harvest just a joke?

*Ruta:* do you mean they have bought all these clothes with only the cotton money? A "world" of groundnuts and eleusine flourished for them this year and many people have been flocking there to buy these things. The way to their home is worn down by bicycles and shoes this year. What can you think of people whose crops abound as if they grew in a dead man's estate? If it were I, one bicycle would come and I would sweep the granary clean.

*Bawiri:* if you fix your mind on these cotton prints which have filled the shops will you eat anything again? You will sell everything so that you may dress like others.

*Ruta:* but no! A big man like you who also cultivates like others should also have a good suit of clothes to appear in among his neighbours during gatherings. People have left off wearing blankets and of course I can't mention the barkcloth which has been abandoned to widows and widowers! Buy a good pair of shorts and a shirt for yourself sometime soon, it is shameful to go without good clothes.

*Bawiri:* child, if I had kept all the money I have spent on hashish and meat would I be talking of clothes again?

*Ruta:* when I talk to you about clothes you make fun of it, but don't you realize that a person also wears clothes while eating meat and smoking hashish? While you are making yourself foolish I am going soon to brew beer to buy a skirt and a black sheet of cloth[31] with the money I shall earn from the sale of the beer.

*Bawiri:* haven't you been told that your friends have discarded the black sheet of cloth and skirt? They wear frocks these days as you saw them in them[32] in the market place. Work for money in order to buy a good cotton print.

*Ruta:* hii, am I a young girl again to wear frocks my dear? Where will I find money for it? As for my black sheet, I can wrap it about me by day and at night cover my nose with it from mosquitoes.

*Bawiri:* that is true my sister, I will take it from you to wear when you are not going to the market.

*Ruta:* oh no! no! That shameful thing men have taken to wearing their wives black sheet of cloth is a thing I will not tolerate in you. To wear it as Sambia stood unbecomingly in Nagirimbiro's cloth today! I wonder how their wives are not ashamed of them; if it were I, where might I look on account of that shameful thing? No sir, buy men's clothes that are so abundant in the shops.

*Bawiri:* well, if a person is in a fix why should he not put on his wives' garments? Sambia wore his wife's today; did he die? Just admit it is you who do not at all want me to wear your black cloth. Anyway, I have my barkcloth which my fathers used to wear.

*Ruta:* when he is told the right thing he says childish things in reply. Are women's clothes for men? Is this the age of your fathers and barkcloth? Did your father grow cotton?

*Bawiri:* you buy for me then like the others!

*Ruta:* by our graves,[33] if I have money I can buy it; and as for your careless lazy attitude towards yourself, people can visit you in numbers just to see what sort of man you are.

*Bawiri:* Baru's children have brought clothes from Nzara in which they are showing off like butterflies.

*Ruta:* that is why they run to the towns. As laziness has got the upper hand of them they can't set foot in the cultivations after their parents but its tomorrow to Nzara and the next day to Yambio.[34] What will happen when that type marries, as growing cotton is a tough business!

*Bawiri:* you talk about an old idea. Remove your hunting net from

[31] A loose black cloth wrapped round the chest and reaching down to the knees.

[32] *Dooro dooro* indicates the length and spread of clothes and also the shape of people in them.

[33] A woman's oath.

[34] Market towns with shops.

behind (forget the old idea — you are living in the past). They are going to be married to men at Nzara where people work for money. Those, you see, simply desire to wash their feet thoroughly in the morning, take their little Juba baskets that have been introduced to them, and enter the market place and say "how much is that? And that? Oh no lady, the price of your flour is too high." Is there anything else they want?

*Ruta:* that is a shameful thing. Is the main reason why girls flock to the towns fear of cultivating in the villages?

*Bawiri:* the "bone" (core) is the desire for cotton prints and shoes. When they see others coming from town in beautiful clothes and shoes they say there is the centre of good things. The desire to dress well is so much in the heart of people, especially women, that it is no longer a plaything. Weren't you present the other day during sleeping-sickness inspection when Nzari's wife brought a case against him before the headmen?

*Ruta:* did she complain that Nzari had never bought clothes for her?

*Bawiri:* she asserted that all her married life with Nzari she had never put her hand under his for even a handkerchief. She wears leaves while other women wear good clothes.

*Ruta:* did the headmen buy it for her?

*Bawiri:* they bought it for her when cotton was sold. When people sold the early cotton the princes summoned Nzari on the spot my dear and told him just to place his cotton money before the court first. They divided it there and his wife took her share and made for the shops while Nzari took his and went after his drinks and hashish with it.

*Ruta:* I'll leave my case aside and discuss his! Since the white men came whoever has seen Nzari really well dressed and people inquiring who he was when he approached them?

*Bawiri:* his best garment, which is a sheet which he passes between his legs, what can push it away from him anywhere? Look you, there are some of us who are in great poverty in the midst of all these European goods.

*Ruta:* if a person is determined to cultivate do you think he will be poor? What is there that does not bring you in money these days? Even sweet potatoes, they are money too.

*Bawiri:* how can you work with all these witches around? If you do simple cultivation today they will say you are trying to raise your head among them. Owing to this jealousy they will knock you down with some severe malady and only God will save you from them. And when you want to try again to cultivate the season of cultivating will have passed.

*Ruta:* anyway, people do their work all the same in spite of these witches. Did they tell you a person is God?

## TWO WOMEN GOSSIPING

*A:* my dear girl, from where have you lost your way to come here? You hide your face at the end of the village and one would think you had gone beyond the river Were.[35]

*B:* sister I have been all the time at home. Do you think at the time of shamelessness in this village I want to show my face?

*A:* What has happened up there again? You have indeed got a reputation. I haven't been to your parts recently. My sister, tell me the news.

*B:* "have you heard this" causes people death these days. I detest bringing up people's affairs.

*A:* my sister, do you mean that it is untrue what has actually taken place and everybody is aware of it? Gossip is taking things out of your "stomach" (heart) and attributing it to people's names. What has spread all over the place, if you tell your sister, is it "have you heard this?" I myself do not like snatching up people's affairs and making them public. A person tells me a secret and listens afterwards in vain without hearing a trace of it again from other people.

*B:* oh sister, I didn't accuse you of spreading lies or being indiscreet. Are you new to me? Look you, they say Kurame's wife has carried all the soaked manioc belonging to Kpanga's wife from the stream bank.

*A:* ha! That woman is really a disgrace! Why steal manioc? Is there no mere manioc around her home? Look you, if we strengthen our limbs for bearing tiny weak children we should also strengthen our hands to cultivate for their mouths.

*B:* when Kpanga's wife didn't find her manioc on the bank she followed the footprints of Kurame's wife until she reached the home and found her big long manioc roots there in a basket.[36] When she inquired about it Kurame and his wife rose against her; can you imagine such dreadful trouble?[37] They took up the case to the headmen but they are still looking for witnesses.

*A:* such a husband as sides with his thief of a wife I consider to be a thief like his wife.

[35] A great distance.

[36] This is the variety of manioc known as *gbazamangi*. It has very big roots which take two years to mature.

[37] To denote the gravity of the trouble the word *kpio*, death, is here used.

*B:* who do you imagine Kurame to be? Who do you think stole Banga's groundnuts last year if it was not Kurame himself?

*A:* oh sister, are you speaking the truth?

*B:* do I go about my dear! I sit in my place and hear all my news. Have you not heard that Baiwo's wife has revolted against him?

*A:* speak it out sister! Has she seen another one again? Oh that girl, she has always been fond of going from one man to another!

*B:* my dear, do I go about! They say Baimeyo "has come out for her" and is vastly enjoying himself with her.

*A:* is that why Muke's daughter left him?

*B:* do you think that all these animals Baiwo has been killing this year, it is he who has been eating the best part of them?[38] It has now reached a climax and she has decided it is better to break from Baiwo and marry Baimeyo.

*A:* despite all the things Baiwo has done for that arch-backed woman! That boy really loves a woman. Really the man for whom she can reject Baiwo is he Baimeyo? We women seem to have our eyes on the soles of our feet! Does she know Baimeyo's meanness?

*B:* let us wait and see the bottom of the elephant with the breadfruit![39] You will again see her reject that bald-headed Baimeyo!

OXFORD

[38] *muduuru*, the best part of anything edible.

[39] A well known Zande proverb. An elephant swallows the big fruit of the breadfruit tree whole. It will have some difficulty in excreting it. It may have overreached itself. If someone is attempting to do something which is perhaps beyond his ability this proverb is used: let us wait and see what happens.

# L'HABITATION ET LES CAMPEMENTS CHEZ LES PYGMÉES (NÉGRILLES) BAKÀ DU CAMEROUN

H. V. VALLOIS

Les observations qui sont à la base de cette étude ont été recueillies au cours d'une mission effectuée de novembre 1946 à mars 1947 dans la zone camerounaise de la grande forêt équatoriale. Le but de cette mission était l'étude des Négrilles de cette région du point de vue de l'anthropologie physique. La dispersion extrême de leurs campements, les longues marches sur pistes souvent nécessaires pour atteindre ceux-ci, les difficultés inhérentes à l'attitude réticente des sujets à examiner, m'ont laissé très peu de temps pour effectuer en plus des observations d'ordre ethnologique. J'ai pu cependant noter un certain nombre de faits dont l'intérêt tient surtout à ce qu'à cette époque les quelques recherches effectuées sur les Négrilles avaient presque exclusivement porté sur ceux de la République centre-africaine, du Gabon et des deux Congo. L'existence de Pygmées au Cameroun était même niée par certains auteurs, tandis que les autres parlaient presque exclusivement de quelques groupes localisés à l'extrémité ouest de la grande forêt.

J'ai pu constater que les Négrilles du Cameroun étaient beaucoup plus nombreux qu'on ne l'avait dit et qu'ils se répartissaient en trois stocks bien distincts (Vallois, 1949): (1) une centaine d'individus vivant dans de petits îlots forestiers situés en pleine savane, dans la subdivision de Yoko (région du Mban) à plus de 100 km au Nord de la forêt équatoriale; (2) le groupe du Sud-Ouest, ou des Bagielli, de 1.000 individus à peu près, localisé à la partie de la forêt comprise entre la côte de l'Atlantique et la région d'Ebolowa; (3) le groupe du Sud-Est, de 6 à 7.000 individus, qui occupe les deux tiers orientaux de la forêt, de la région de Sangmelina à la frontière de l'ancien territoire de l'Oubangui-Chari. Dans celui-ci, ce groupe se rattache directement aux nombreux Pygmées du Congo-Brazza et de la République centre-africaine. A ces Pygmées, les Noirs donnent habituellement le nom de Ba-Mbenga (aussi Ba-Mpenga), terme qui signifie les "Hommes de la lance" et qui a été déformé par les Européens en Ba-Benga, puis par l'administration française en Babinga. C'est sous ce dernier nom, devenu classique, qu'ont été aussi désignés les Négrilles du Sud-Est du Cameroun, mais en fait ceux-ci se nomment eux-mêmes Bakà, mot qui, comme c'est le cas pour beaucoup de peuples primitifs, signifie simplement pour eux "les Hommes". C'est exclusivement sur ces Bakà qu'a porté mon enquête. Elle a affecté trois régions: à l'Ouest, la région de Messaména; au Centre, la région située au Nord et à l'Est de Lomié; à l'Est enfin, celle qui correspond à la longue piste qui va de Yokadouma à Moloundou. Bien qu'ils remontent à 1946-47, les faits que je rapporterai ici ne semblent pas, d'après les renseignements que j'ai pu avoir par la suite, s'être sensiblement modifiés.

Peuple essentiellement chasseur, les Bakà vivent en petits groupes de deux à dix familles. Vers l'Est cependant, au voisinage de la Sanga, les groupes peuvent être plus nombreux: de 10 à 15 familles, soit de 60 à 80 individus. Le groupe est dirigé par un chef qui n'est guère qu'un *primus inter pares*. La famille est en principe monogame, quoiqu'une polygamie limitée puisse s'observer, surtout chez les chefs et dans la région Yokadouma-Moloundou. Mais ces groupes, dont l'habitat forme les campements que je décrirai plus loin, n'ont qu'une valeur secondaire. La véritable unité sociale des Bakà est le clan, dit *yé*, descendant d'un ancêtre parfois connu, d'autres fois mythique, et strictement exogame. L'existence de ces clans qui n'avait pas encore été signalée chez les Pygmées occidentaux[1] est certaine. Elle a été retrouvée par la suite par Lalouel (1950) chez les Pygmées de la Sanga et confirmée avec beaucoup plus de détails chez les mêmes Pygmées par Hauser (1951). Pour les Bakà du Cameroun, j'ai pu en distinguer vingt et un, dont certains avaient des représentants sur une aire de plus de 100 km de long. Les familles d'un même campement appartiennent généralement à plusieurs clans mais rien ne les lie les unes aux autres, chacune étant libre de quitter quand elle veut le campement où elle habite pour se rendre dans un autre ou encore vivre momentanément isolée. La seule exception à cette liberté concerne les jeunes mariés qui doivent pendant deux ou trois ans vivre dans le même campement que les parents de la femme.

L'idée autrefois émise et soutenue encore récemment par quelques explorateurs imaginatifs que les Négrilles sont susceptibles d'habiter sur les arbres doit être considérée comme fausse. Bruel (1910) pour la région de la Sanga l'avait déjà énergiquement réfutée et rien dans toutes les

[1] En fait, postérieurement à mon enquête, j'ai eu connaissance d'un mémoire des P. P. Houssaye et de Ternay (1941) qui parlent des *yé* comme étant la "famille élargie", tandis que c'est aux membres d'un même campement qu'ils donnent le nom, évidemment incorrect, de clan.

enquêtes faites sur les Négrilles occidentaux comme sur les Bambouti n'a pu la confirmer. Tout au plus a-t-il pu s'agir çà et là de quelque chasseur isolé.

L'habitation typique des Négrilles occidentaux, Cameroun inclus, est la hutte hémisphérique, plusieurs huttes étant réunies en un campement situé en pleine forêt. A la différence des villages des Noirs, ces campements n'ont jamais qu'un caractère provisoire. Les Pygmées peuvent y rester quelques mois comme quelques années; ils les abandonnent pendant les périodes de grande chasse. Ils peuvent les quitter brusquement sans raison apparente ou encore après le décès de l'un d'eux.

Cette installation en campement de huttes arrondies tend cependant à disparaître partiellement. A la manière des Noirs, certains Bakà commencent à faire des villages à cases rectangulaires et de caractère plus stable. En 1947, le type primitif existait toujours à peu près seul dans les régions de Messaména et de Lomié; il était moins fréquent dans celle de Yokadouma. Il ne semble pas que les choses aient beaucoup changé au Cameroun depuis cette date, mais plus à l'Est, dans la région de Bangui (Rép. centre-africaine), le nombre des villages stables a certainement augmenté. Le type hémisphérique étant caractéristique de la culture initiale des Négrilles, c'est lui que je décrirai d'abord (fig. 1).

## LIEUX ET ACCÈS DES CAMPEMENTS

Tandis que les villages des Noirs sont toujours situés dans un large espace vide complètement libéré d'arbres, les campements des Négrilles sont en pleine forêt, occupant un sol tout juste débroussaillé et où les arbres n'ont été abattus que dans l'espace central. Ces campements sont ainsi difficiles à trouver et on peut arriver à quelques mètres d'eux sans les voir. Ils jouissent de l'ombre des arbres et sont aussi à l'abri du vent qui risquerait de détruire les huttes fragiles. Mais en cas de tornades, ils peuvent être atteints par la chute des branches, danger qu'évitent soigneusement les villages des Noirs dont les cases sont toujours construites à une certaine distance de la lisière forestière. Contrairement à ce qu'on a dit, les campements des Bakà ne sont jamais au bord de l'eau. Leur sol est légèrement en pente, ce qui en saison des pluies évite la stagnation de l'eau.

En principe, le campement est situé au voisinage d'un village indigène avec lequel il est en rapport. Les distances que j'ai observées exigent en moyenne de une à deux heures de marche (4 à 8 km?); elles sont parfois plus faibles: le campement peut se trouver juste derrière les plantations.

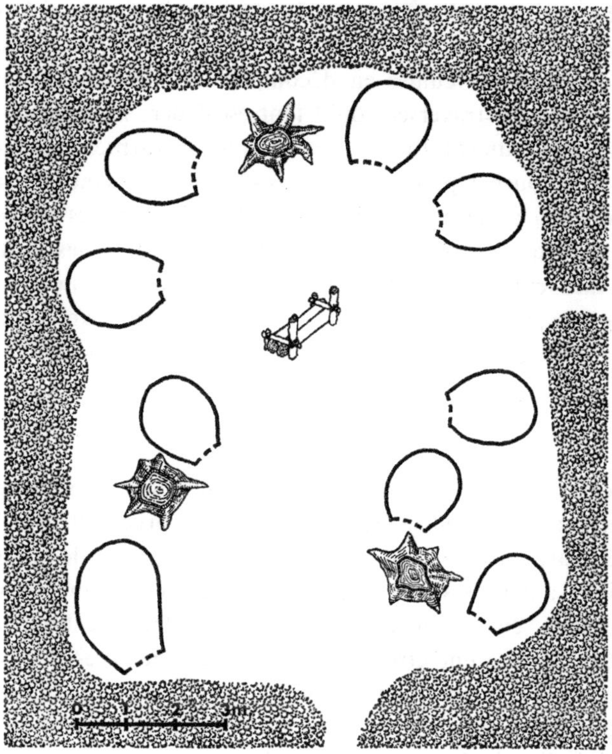


Fig. 1. Type traditionnel de campement, région de Messaména.

On m'a cité, par contre, un cas, sur la piste Lomié-Yokadouma, où il fallait une journée de marche pour l'atteindre. Peut-être existe-t-il dans la forêt d'autres campements, beaucoup plus lointains et à l'écart de tout village noir? Aucun des Noirs que j'ai interrogés n'en avait vu, mais certains indices me l'ont laissé supposer et cette impression était partagée par Regnault. Les Bakà questionnés à ce sujet se sont montrés réticents, comme s'ils ne comprenaient pas ou ne voulaient pas comprendre. L'étude de tels campements serait cependant particulièrement précieuse.

La voie d'accès au campement part des pistes habituelles des Noirs. Plusieurs auteurs signalent qu'elle est dissimulée, ne commençant que quelques mètres en dehors de ces pistes, de sorte que seuls les initiés peuvent les reconnaître. J'ai visité une vingtaine de campements: l'embranchement qui y conduisait était toujours très visible, mais la piste elle-même était loin d'être aisée. C'est une sente tortueuse, à peine tracée sur le sol encombré de la forêt. En raison de l'habitude qu'ont les Négrilles de marcher les pieds dirigés en avant, et en posant ceux-ci l'un devant l'autre, elle a tout juste la largeur d'un pied. Elle est parsemée de branches mortes, de feuilles en décomposition, de racines; des troncs d'arbres tombés la traversent qu'il faut escalader; les lianes y pendent jusqu'à un mètre du sol. En d'autres endroits, des arbres à demi-écroulés obligent à se courber pour se glisser au-dessous. Passant les marigots à gué, grimpant à pic les talus qui limitent ceux-ci, ces pistes obligent à une dure gymnastique et nécessitent une attention de tous les instants. Les Bakà s'y meuvent cependant avec une aisance déconcertante et y circulent de leur souple pas de course aussi à l'aise que sur une grande route.

## LA HUTTE PYGMÉE

Nommée par les Bakà *monoulou* (le terme utilisé dans la Sanga est tout à fait différent: *fouma*), elle a été souvent décrite; Bruel (1910) et Regnault (1911), en particulier, en ont donné, pour les Pygmées de la Sanga, des descriptions auxquelles il y a peu à ajouter. De forme sensiblement hémisphérique, en "ruche d'abeilles", elle est faite de branches et de feuilles entrelacées; une étroite ouverture y donne accès. Dans certains cas, celle-ci paraît simplement découpée dans la paroi de la hutte; dans d'autres, la paroi déborde en dehors à ce niveau, formant comme un petit couloir d'accès dont la longueur n'excède pas 50 cm.

La construction des huttes est l'apanage des femmes. A Nkoé, région de Messaména, je les ai vues en fabriquer une; c'est un travail de deux heures. Il faut d'abord faire le cadre de la hutte. Il est constitué par une série d'arceaux dont celui du milieu, qui est le plus élevé, correspond au centre de la hutte, ceux qui sont situés en avant et en arrière diminuant progressivement de hauteur. Les arceaux les plus grands sont faits de deux branches souples, plantées en terre à deux ou trois mètres l'une de l'autre, et dont les extrémités supérieures, incurvées de façon à venir en contact, sont unies par un lien de lianes. Les arceaux plus petits sont faits d'une seule branche fortement recourbée de façon à pouvoir être enfoncée dans le sol à chacune de ses extrémités. En arrière, les arceaux s'abaissent jusqu'à toucher à peu près le sol fermant ainsi la hutte. En avant, ils s'arrêtent au niveau de ce qui sera la porte. Quand il y a un couloir d'accès, il est formé de quelques arceaux supplémentaires qui ont la même hauteur que celui qui les précède.

Les arceaux posés et fixés, les femmes les réunissent entre eux par des branches ou des lianes, horizontalement disposées et passant alternativement en dedans et en dehors; l'ensemble constitue un treillis qui donne à la hutte une carcasse solide. Il n'y a plus qu'à recouvrir de feuilles cette carcasse, de façon à en boucher les mailles. Les Bakà utilisent à cet effet certaines grandes feuilles qui se trouvent près des ruisseaux, Phrygnum essentiellement. Ils les accrochent les unes aux autres à l'aide d'encoches pratiquées d'un coup de dent. Ils ajoutent parfois au-dessus, quand ils sont au voisinage de plantations, des feuilles de bananier. Le tout est fait un peu au hasard, sans souci d'esthétique ni de symétrie. Des branches jetées çà et là au-dessus des feuilles les empêchent de glisser. La hutte est maintenant terminée. On en ferme la porte la nuit, soit avec quelques branchages (régions de Messaména et de Lomié), soit avec une plaque d'écorce (région de Yokadouma).

Les modifications éventuelles des huttes sont peu variées. Le couloir d'accès, souvent absent chez les Bakà de l'Ouest, paraît être plus fréquent et plus long chez ceux de l'Est. Certains auteurs ont décrit une seconde porte qui serait opposée à la première et permettrait aux habitants de s'enfuir inaperçus si quelques étrangers pénétraient dans le campement. Bien que l'existence éventuelle de cette porte m'ait été affirmée par divers indigènes, je n'ai jamais rien vu de tel, mais seulement constaté que, vis-à-vis de l'entrée, le treillis n'atteint pas toujours le niveau du sol; il en résulte une mince ouverture par laquelle on pourrait sortir en rampant. Regnault signale, dans la région toute voisine de la Sanga, l'existence de couloirs de communication entre deux huttes. Je n'ai jamais observé rien de tel au Cameroun.

Les dimensions des huttes sont très variables; elles dépendent avant tout du nombre éventuel de leurs occupants. Celles que j'ai vues étaient, dans l'ensemble, plus grandes que celles décrites par les auteurs antérieurs. Elles n'étaient pas régulièrement demi-circulaires mais très généralement un peu plus longues dans le sens qui correspond à la porte. A Ekom par exemple, au voisinage du Dja, la plus grande hutte avait dans le sens maximal 3 m; dans le sens perpendiculaire 2,50 m; sa hauteur était de 1,70 m. Un poteau central soutenait la voûte. Circulaire, la hutte la plus petite avait 1,20 m de haut sur 1 m de diamètre. Trois autres huttes, du même campement, mesuraient 2,50 m sur 2. Une hutte spéciale, destinée aux enfants, n'avait qu'un mètre de diamètre et 60 cm de haut. Sur le côté d'une des huttes, un petit poulailler appuyé sur elle et haut de 30 à 40 cm avait lui aussi la même forme. Sa paroi était faite de branches beaucoup plus étroitement entrelacées que celles des habitations humaines, de façon à empêcher les poules de la détruire. Une petite ouverture latérale imitait la porte des vraies huttes.

A Abakoum, près de Lomié, une hutte avait 2 m de haut sur 3 à 4 m de diamètre. A Madjoué I, au Sud de Yokadouma, les huttes, plus petites, n'avaient que 1,50 m de haut sur 2,50 m de diamètre maximal et 2 m de diamètre minimal; la hauteur de la porte n'était que de 1 m.

En principe, chaque hutte correspond à une famille; mais quand les enfants atteignent 10 ans, ils quittent leurs parents. Les garçons du campement vont dans une hutte spéciale, les filles dans une autre. A Djembé, une hutte plus grande que les autres ne servait pas d'habitation mais de lieu de réunion pour les hommes lorsqu'il pleuvait: les autres campements que j'ai visités n'avaient rien d'analogue.

Le nombre de huttes de chaque campement varie naturellement avec celui des familles, parfois seulement 3 à 4, d'autres fois jusqu'à 15 ou 20. Il ne semble pas que ce chiffre soit souvent dépassé, les campements beaucoup plus peuplés de la région de Moloundou étant du type à cases rectangulaires que je décrirai plus loin.

La situation des huttes dans le campement est absolument quelconque, sans souci d'ordre ni de symétrie. Chacune s'est comme posée au hasard et, loin de regarder toujours au centre, comme on le dit généralement, les ouvertures sont tournées tantôt toutes du même côté, tantôt dans des directions diverses. Une seule chose compte: ménager au centre du campement un emplacement que l'on aplanit et qui soit suffisamment large pour la danse. Aucun campement ne manque à cette règle. Près de cet emplacement, on trouve parfois une sorte de banc, fait de rondins juxtaposés où les hommes s'asseyent pour causer. Le Roy et Regnault ont décrit de véritables sièges. Il n'y avait rien de pareil dans les campements que j'ai vus.

En dehors de l'emplacement de la danse, la surface du campement n'offre aucune trace d'aménagement; il y a entre les huttes des racines, des troncs d'arbres, des branches tombées à terre et que personne n'enlève, des ustensiles jetés au hasard, des débris de cuisine. Les mouches fourmillent et rendent les visites du campement plutôt désagréables. Rien de comparable à la propreté, de ce point de vue, des villages des Noirs.

## AMÉNAGEMENT INTÉRIEUR

Il est réduit au minimum: au centre un foyer où quelques bûches se consument en permanence, dégageant une âcre fumée qui tapisse de suie la paroi de la hutte en la rendant plus imperméable à l'eau. A 50 cm au-dessus du foyer, une claie qui sert à boucaner la viande. A côté du foyer, le lit: parfois c'est une simple dépression dans le sol, 1,50 m sur 1 m à peu près, recouverte de feuilles de fougères avec un rondin comme oreiller. D'autres fois le lit, plus perfectionné, est limité par un rondin à chaque extrémité, un roseau de chaque côté. Sur la litière, certains Bakà mettent une natte de jonc qu'ils se sont procurée chez les Noirs. Cette amélioration est rare. Dans quelques huttes, la claie à boucaner est à deux étages, l'étage supérieur servant à déposer quelques ustensiles. D'autres fois, il y a dans un coin une étagère rudimentaire, faite de quelques branches disposées en long sur quatre piquets.

De rares objets domestiques se trouvent à l'intérieur de la hutte, la plupart restent au dehors. Comme chez les Noirs, des corbeilles en vannerie sont accrochées aux coupoles des huttes. Les lances s'appuient entre celles-ci. D'autres objets sont laissés dehors au hasard. La seule pièce dont les Bakà paraissent vraiment prendre soin est le tambour de danse, suspendu à la voûte d'une des plus grandes huttes.

## LES CAMPEMENTS STABLES A CASES RECTANGULAIRES

A l'imitation des Noirs, les Négrilles du Cameroun tendent parfois à abandonner leurs huttes hémisphériques pour construire des cases rectangulaires. Dans certains campements, seul le chef agit ainsi; dans d'autres, tous ou presque tous. On a ainsi finalement de grands campements à cases rectangulaires régulièrement disposées autour d'un large emplacement central. Ici, des arbres ont été abattus, l'espace habité est

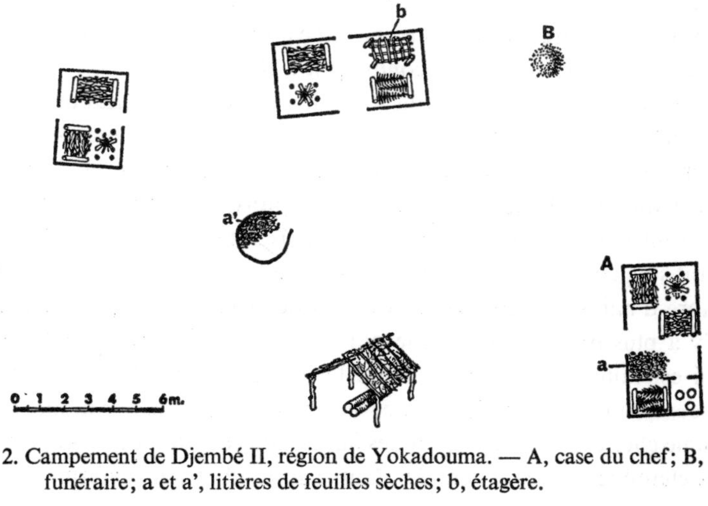


Fig. 2. Campement de Djembé II, région de Yokadouma. — A, case du chef; B, tertre funéraire; a et a', litières de feuilles sèches; b, étagère.

aplani et débroussaillé. L'évolution vers le village proprement dit est très avancée. De tels campements sont particulièrement fréquents dans la région de Yokadouma à Moloundou où les agglomérations de Pygmées sont, on l'a vu, souvent assez denses. Leur origine est déjà ancienne. En 1911, Regnault signalait, pour la Sanga, que les huttes rondes qu'il avait vues dans certains campements en 1901 étaient remplacées par des cases rectangulaires. La figure 2 donne le plan d'un campement de ce genre, à Djembé II, au Sud de Yokadouma, sur la piste de Biwala. Au nombre de trois, les cases sont construites en panneaux d'écorce, matériau non utilisé par les Noirs. Le toit est en branchages. Chaque case a deux portes qui se font vis-à-vis et sont fermées par un panneau mobile d'écorce. La plus grande case a 6 m de long sur 3,50 m de large et une hauteur au faîte de la toiture de 2,50 m. La porte n'a que 1,20 m de haut. Elle contient deux lits, l'un fait de branchages jetés les uns à côté des autres à la manière des Noirs, l'autre tapissé seulement de feuilles de fougères. Outre la claie à boucaner, il y a une vaste claie étagère disposée sur quatre piquets. A peine moins grande (6 m sur 3), la case du chef comporte trois lits de branchages dont deux placés contre le foyer. Une cloison intérieure isole deux petites pièces; l'une contient le troisième lit, dans l'autre sont suspendus trois tambours. Sur l'esplanade centrale du campement, le lieu destiné aux réunions des hommes est un emplacement rectangulaire de 3 m sur 3 que protège un toit en tuiles de raphia supporté par quatre piquets. Deux longs rondins y servent de bancs; à côté est un tam-tam. Quelques mètres plus loin, il y a une hutte ronde inhabitée. Fait exceptionnel chez ces Pygmées, et qui montre bien à quel point le campement a changé de nature: un petit tertre, à côté de la plus grande case, est la tombe d'une fillette morte très jeune. Une autre tombe, à 15 m du campement, se trouvait sur la piste conduisant à Biwala.

Un tel campement, par l'utilisation de l'écorce, les petites dimensions des portes, l'orientation irrégulière des cases, trahit encore le type primitif. D'autres, comme celui de Madjoué, à deux heures de marche au sud du précédent, marquent une évolution plus prononcée. Ici les cases sont régulièrement disposées des trois côtés du vaste emplacement central soigneusement nettoyé et aplani. De longueur variable, suivant le nombre d'habitants, elles ont 4 ou 5 m de large et 2 à 2,50 m de haut. Il n'y a plus qu'une porte, celle qui donne sur l'esplanade centrale. La paroi est faite de branches d'arbre horizontales, entrelacées autour de piquets verticaux; certaines cases des Noirs sont aussi rudimentaires. Comme chez ceux-ci, la plupart des habitations de Madjoué comprennent deux chambres, l'une à l'entrée, l'autre au fond et qui renferme le foyer et les lits. Certains lits sont faits d'une claie de bambous surélevée. Sur le centre de l'esplanade, le lieu de réunion des hommes est un emplacement de 4 m sur 2, limité par quatre poteaux verticaux avec un rondin de bois à chaque bout. Derrière le village, deux huttes rondes du type primitif, plus ou moins détériorées, ne servaient plus à l'habitation; dans l'une cependant, il y avait du feu sur lequel boucanait de la viande.

Un campement de ce genre, pour la construction duquel les Pygmées avaient défriché une véritable clairière, est une installation relativement stable; c'est déjà presque un village. Il marque une étape importante dans l'évolution de la vie nomade vers la vie sédentaire. De nombreux camps de ce type se rencontrent le long des 200 km de la piste d'Yokadouma à Moloundou. Leurs habitants commencent à se livrer à la culture. Sans doute indiquent-ils le début d'un processus analogue à celui par lequel, 8.000 ans avant notre ère, les Mésolithiques d'Europe occidentale ont donné naissance aux agriculteurs néolithiques. Chez les Bakà cependant, il ne faudrait pas croire que la transformation soit aussi rapide qu'on l'a écrit parfois. Tant que la grande forêt subsistera, tant qu'elle produira en abondance le gibier dont les Pygmées font leur nourriture principale en même temps que leur objet de troc indispensable vis-à-vis des Noirs, il est à penser qu'un certain nombre de ces petits Hommes, irréductibles chasseurs, continueront à mener leur vie primitive, à garder leurs campements instables et leurs huttes hémisphériques. L'acculturation chez les Bakà du Cameroun n'en est encore qu'à ses débuts. Il faudra probablement longtemps avant qu'elle soit vraiment généralisée.

INSTITUT DE PALÉONTOLOGIE HUMAINE

## BIBLIOGRAPHIE SOMMAIRE

Auteroche, B.,
1961 "Expédition chez les Bakwa, études anthropologique et ethnographique", Thèse de médecine (Montpellier).

Bruel, G.,
1910 "Les Babinga", *Revue d'Ethnologie et de Sociologie*, pp. 111-125.

Dussaud, L.,
1937 "Note sur les tribus Babinga du Bas-Oubangui", *Annales de Médecine et Pharmacie coloniales* (Paris), pp. 229-233.

Hauser, A.,
1951 Communication personnelle.

Houssaye et de Ternay, P. P.,
1940-41 "Les Pygmées de l'Est du Cameroun", tirage à part de *Cameroun catholique* (Douala), 72 p.

Immenroth, W.,
1933 "Kultur und Umwelt der Kleinwüchsigen in Afrika", *Studien zur Völkerkunde*, Bd. 6 (Leipzig).
Lalouel, J.,
1949 "Répartition et démographie des Ba-Binga du Bas-Oubangui", *Bulletins et Mémoires de la Société d'Anthropologie de Paris*, t. 10, 9e s., pp. 3-22.
1950 "Les Babinga du Bas-Oubangui: contribution à l'étude ethnographique des Négrilles Bakà et Bayaka", *Ibid.*, t. 1, 10e s., pp. 175-211.
Le Roy, A.,
1931 *Les Pygmées, Négrilles d'Afrique et Négritos d'Asie*, nlle éd. (Paris).
Regnault, M.,
1911 "Les Babenga (Négrilles de la Sangha)", *L'Anthropologie*, t. 22, pp. 261-288.
Seiwert, J.,
1926 "Die Bagielli, ein Pygmäenstamm der Kameruner Urwälder", *Anthropos*, t. 21, pp. 127-147.
Vallois, H. V.,
1948 "Chez les Pygmées du Cameroun", *La Nature*, pp. 17 - 20 et 44-47.
1949 "Les Pygmées (Négrilles)", Chap. I de: Dugast (I.), "Inventaire ethnique du Sud-Cameroun", *Mémoires de l'Institut français d'Afrique noire*, centre du Cameroun; série Population, n° 1 (Douala).

# LA FIN D'UN MONDE

ANNE CHAPMAN

L'ombre de Christophe Colomb tourne elle-même sur la Terre de Feu...[1]

Une Indienne, Lola Kiepja,[2] mourut à la fin de l'hiver de 1966 en Terre de Feu. Avec elle disparut tout témoignage direct d'une culture qui s'était étendue sur des millénaires, la culture d'un peuple paléolithique de chasseurs, de guerriers, de chamans. Ces Indiens se nommaient eux-mêmes Selk'nam mais ils sont plus connus sous le nom de Ona.

Lola était née sous une tente en peau de guanaco[3] quelque quatre-vingt-dix ans plus tôt. Des derniers survivants de son groupe elle était la plus âgée et la seule à avoir vécu sa jeunesse comme Indienne, s'habillant de peau de guanaco, se déplaçant en quête de nourriture avec sa famille, participant aux cérémonies traditionnelles.

Vers 1870 les Européens occupèrent le territoire des Ona, la grande île de la Terre de Feu située juste au sud du détroit de Magellan. Les contacts sporadiques que les Selk'nam avaient entretenus avec les Blancs depuis le XVIème siècle ne les avaient que fort peu touchés. Leur nombre, avant qu'ils ne soient décimés, atteignait trois mille cinq cents à quatre mille tout au plus.[4] De 1870 à la fin du siècle beaucoup furent massacrés, empoisonnés, succombèrent aux maladies importées par les Blancs ou moururent de maux causés par l'usurpation de leur territoire; enfin, au cours de guerres

[1] André Breton et Paul Eluard, *l'Immaculée Conception* (Paris, 1961).

[2] Autrefois les Indiens n'avaient qu'un seul nom. Après leur entrée en contact avec les Blancs, tantôt les parents tantôt les missionnaires lors du baptême donnaient un prénom européen aux enfants. Souvent un Indien gardait le nom indien de son père comme patronyme. Lola était la seule parmi les survivants selk'nam à avoir reçu un nom propre indien.

[3] Le guanaco (*Lama guanacœ*) est de la famille des chameaux et du même genre que le lama et l'alpaca. Cet animal, abondant encore dans certaines régions de la grande île de la Terre de Feu, fut le principal gibier des Indiens.

[4] Gusinde, Martin, *Die Feuerland Indianer*, I. Band, *Die Selk'nam* (Môdling bei Wien, 1931), pp. 146-148. Cet ouvrage de 1176 pages est de loin le plus important travail ethnographique sur ce groupe.

devenues plus fréquentes depuis l'arrivée des Blancs, ils s'entretuèrent. En 1919, le professeur Martin Gusinde en dénombre encore deux cent soixante-dix neuf. Dix ans plus tard, il en restait tout au plus cent. Aujourd'hui, en 1968, ils sont huit, y compris les quatre dont le père était de souche européenne.[5]

Ces derniers survivants parlent à la fois l'espagnol et le selk'nam avec plus ou moins de facilité, par contre Lola Kiepja ne pouvait s'exprimer vraiment que dans sa propre langue. Elle s'identifiait étroitement à sa culture traditionnelle, ayant été élevée dans ce contexte et de plus, étant chaman, elle possédait une connaissance approfondie du mysticisme et de la mythologie de son peuple.

Les dernières années de sa vie, quand je l'ai connue, elle ne paraissait vraiment heureuse qu'en évoquant par ses récits ou par ses chants son ancien mode de vie. Mais elle le savait disparu à jamais. Malgré sa solitude et son grand âge elle avait gardé son humour, un humour fin, clownesque et mordant. Elle riait aux éclats des sobriquets qu'elle inventait pour certaines personnes mortes ou vivantes. Elle riait aussi quand par exemple je lui nouais son tablier, elle tournait la tête vers moi par-dessus son épaule en riant et en se dandinant d'un pied sur l'autre, bourdonnant doucement *a-la*, *a-la*, qui veut dire "bébé" en sa langue.

Nous nous sommes connues à la fin de 1964 dans la Réserve[6] des Selk'nam, à quelques dizaines de kilomètres du lac Fagnano et de la Cordillère qui longe la côte sud-occidentale de l'île, en Argentine.

Je participais alors à la Mission Archéologique Française au Chili

[5] Cette étude, commencée avec Lola se poursuit actuellement avec les quelques Indiens et Métis qui survivent. Elle aborde tous les aspects de la culture selk'nam qui peuvent être encore étudiés (voir note 6). Quarante-sept des chants enregistrés avec Lola, soit la moitié des chants enregistrés, vont paraître en deux disques, édités conjointement par le départment de musique du Musée de l'Homme de Paris et le *Folkways Record and Service Corporation* de New York.

[6] La Réserve fut allouée en 1924 aux Selk'nam, peu de temps avant qu'une épidémie de rougeole ne décime le groupe. En 1966 les derniers survivants se répartissaient ainsi: outre Lola, Luis Garibaldi et Santiago Rupatini, décédé depuis, vivaient dans la Réserve une partie de l'année. Quatre autres "Indiens" dont trois Métis travaillaient comme ouvriers agricoles, ou comme "puesteros" dans des estancias de la zone argentine de l'île. Le plus jeune des hommes, Franciso Minkiol, âgé de cinquante ans, est paralysé. Il habite Rio Grande. La municipalité lui verse une modeste pension et il gagne un maigre appoint en réparant les chaussures. Les trois Indiennes dont une Métisse avaient épousé des Blancs ou Métis chiliens. Parmi elles Angela Louij reste très marquée psychologiquement par ses origines. Elle fut pour moi une collaboratrice et informatrice excellente. En 1967 elle m'a aidée à traduire les bandes que j'avais enregistrées avec Lola. La contribution d'Angela complète les matériaux recueillis auprès de Lola. Angela n'a jamais vécu en nomade mais elle connait très bien la vie d'autrefois grâce aux contacts qu'elle a toujours eus avec les gens de sa race, surtout avec des vieillards maintenant décédés.

Austral qui travaillait cette saison-là dans la partie chilienne et septentrionale de l'île.[7] En tant qu'ethnologue, j'espérais trouver en Lola une informatrice. Le premier jour de notre rencontre elle s'est mise à chanter. Elle semblait contente d'avoir à côté d'elle quelqu'un qui ne souhaitait que l'écouter. Peu de temps après, nous avons passé ensemble trois semaines à Rio Grande chez une de ses amies, Angela Louij, Selk'nam elle aussi, mais plus jeune. Grâce à Angela qui me servait d'interprète, je m'aperçus que Lola se souvenait fort bien de petits détails et des expériences qu'elle avait eues jeune fille ainsi que des gens qu'elle avait connus à cette époque. J'ai pu contrôler sa mémoire grâce aux renseignements rapportés dans *The Uttermost Part of the Earth.*[8] L'auteur, Lucas Bridges, avait connu lui-même beaucoup de Selk'nam et il citait des noms propres dans les récits des aventures qu'il avait vécues avec eux au début du siècle. Je lisais à Lola le nom d'un Indien en lui demandant de m'indiquer le nom d'un de ses parents mentionné comme tel dans le texte: elle ne se trompait presque jamais, et se souvenait de la plupart; rares étaient ceux qu'elle ignorait.

Elle ne s'est jamais habituée aux voitures et en gardait une sorte de terreur. Quand nous sortions nous promener à Rio Grande et qu'une voiture approchait, même si elle était encore dans le lointain, Lola s'agrippait à moi, prise de panique, jusqu'à ce que le véhicule fut passé. Lors de notre voyage, effectué en camion de la Réserve à Rio Grande, le chauffeur l'avait placée près de la porte. Entre elle et le chauffeur j'ai failli être écrasée durant ces trois heures de trajet car elle se serrait contre moi, essayant ainsi de s'écarter le plus possible de la portière.

Une fois à Rio Grande, nous avons rendu visite à une voisine très pauvre qui avait de l'amitié pour Lola. Le femme nous reçut gentiment, nous offrant du maté. Ainsi que le veut l'usage, le maté fut servi dans une petite gourde avec une paille et passa de l'une à l'autre, tout le monde buvant au même récipient. Lola en but très peu à chaque tour et parla à peine, contrairement à ses habitudes. Elle avait l'air d'être gênée. La visite terminée, après s'être éloignée de la petite maison, elle me jeta un regard éloquent semblant lire mes pensées et, faisant la grimace, elle cracha par terre pour insister davantage en disant: "Auh — quelle femme dégoûtante, la maison si sale, tout tellement sale." Je ne lui ai rien répondu car ses

[7] Cette mission fut dirigée par Mme A. Laming Emperaire.

[8] Publié par Hodder et Soughton, Londres, 1948. L'auteur évoque des souvenirs de sa famille et en particulier de son père, Thomas Bridges, qui vint en Terre de Feu en 1869 comme membre de la Société Missionnaire d'Amérique de Sud et travailla parmi les Yamena (Yaghanes), qui habitaient la côte sud-est de la grande île, sur le canal de Beagle, l'île de Navarino et les archipels du Pacifique sud.

invectives me semblaient exagérées. Nous marchions luttant contre le vent, le vent de janvier le plus fort de toute l'année. Et brusquement sans que je puisse intervenir Lola bascula entrainée par la force du vent et, l'instant d'après, elle était allongée par terre. Elle était tombée comme un arbre. Avant même d'avoir eu le temps de m'inquiéter, Lola, étendue sur le sol, me regardait en riant.

Au cours de ces semaines le magnétophone marchait continuellement pour enregistrer ses chants, et nous les faire ensuite réentendre. Cette vieille femme chantait le matin, l'après-midi et même la nuit au lit. Je l'entendais souvent la nuit et, quand j'en parlais avec Angela qui dormait avec elle, invariablement elle me répondait que Lola avait très bien dormi tout en chantant dans son sommeil. Lola se levait très tôt. Quand je la trouvais le matin assise à côté de la cuisinière, buvant du maté à petites gorgées, son visage était d'une beauté extraordinaire, presque sans rides, calme et souriant.

Au cours de ce premier séjour, nous avons enregistré plus de trente chants: des chants chamanistiques, des chants de deuil et des chants rituels du *hain*[9], cérémonie au cours de laquelle se pratiquait l'initiation des jeunes garçons. Mais la qualité technique des enregistrements était défectueuse: faute d'avoir pu s'isoler, les bruits de cuisine, le souffle du vent, les exclamations d'Angela formaient un fond sonore, masquant la voix de Lola qui de plus avait chanté trop près du micro.

A mon retour à Paris, à la fin de 1965, M. Gilbert Rouget, directeur du département de musique au Musée de l'Homme, trouva ces chants très intéressants et me conseilla de repartir en Terre de Feu pour faire un nouvel enregistrement et essayer d'en élargir la collection. Le Professeur Claude Lévi-Strauss croyait encore possible de recueillir de nouveaux matériaux ethnologiques sur ce groupe, considéré comme éteint depuis des dizaines d'années et il m'encouragea à y retourner. Une seconde mission fut donc décidée. Quelques mois plus tard, la *Wenner-Gren Foundation for Anthropological Research* accorda les crédits nécessaires.[10]

Nous espérions enrichir nos connaissances sur ce groupe et profiter de cette dernière possibilité pour enregistrer la musique de cette population.[11]

[9] Cette cérémonie est connue dans la littérature ethnologique sous le nom de *kloketen*. Mais, d'après mes informations, ce terme ne désigne que le jeune initié, tandis que *hain* englobe à la fois la hutte cérémonielle et la cérémonie elle-même.

[10] Je suis tout particulièrement reconnaissante envers la directrice de recherche de la Fondation, Mme Lita Osmundsen, pour son intervention rapide. Je tiens à remercier également pour leur soutien, le Centre National de la Recherche Scientifique, le Laboratoire d'Anthropologie Sociale et le Département de Musique du Musée de l'Homme.

[11] Santiago Rupatini, Indien par sa mère, plus jeune et plus assimilé que Lola, n'était

Lola photographiée par Martin Gusinde au début de ce siècle.

Lola photographiée par Anne Chapman en 1965.

Il n'existait que deux collections de chants des Selk'nam, enregistrées sur cylindres; l'une, de 1907-1908, est l'œuvre du Colonel Charles Wellington Furlong, c'est un des premiers enregistrements effectués chez des "primitifs". L'autre fut réalisée par les professeurs M. Gusinde et W. Koppers en 1923-1924, et déposé aux Archives de Berlin.

Je suis repartie en Terre de Feu en mars 1966. La principale difficulté à surmonter fut d'ordre linguistique, car je n'avais plus d'interprète. Lola ne voulait plus aller à Rio Grande et la situation dans la Réserve était telle qu'il m'était impossible de faire venir Angela ou un autre Indien pour me servir d'interprète. L'espagnol de Lola, suffisant pour les besoins quotidiens, était extrêmement rudimentaire et il m'était difficile d'apprendre le selk'nam car elle ne pouvait traduire que des mots isolés. Le selk'nam est une langue à tons avec attaque glottale, et, pour que je prononce correctement un mot, Lola fronçait les sourcils, fixait intensément mes lèvres, et muette m'indiquait leur mouvement. Puis elle poussait un soupir de soulagement et riait en disant: "eso es", (ça y est enfin), comme si nous avions conjuré toutes les malédictions.

De mars en juin j'ai vécu la plupart du temps dans la Réserve. Je m'installais dans la maison de Luis Garibaldi à quelques pas de la hutte de Lola. M. Garibaldi, le seul Indien relativement fortuné et très assimilé, possédait là une exploitation d'élevage de moutons. Il avait été marié à une fille de Lola, morte depuis longtemps. Il chargeait son employé de veiller à ce que Lola ne manque ni de viande ni de bois, et lui-même avait pris soin d'elle à plusieurs reprises, notamment lorsqu'elle était tombée malade quelques années auparavant. Mais lui et sa famille ne séjournaient que par intermittence sur la Réserve. L'hiver, ils préféraient rester en ville, à Rio Grande. Au cours de mon séjour, à part Lola et moi, le seul habitant de cette estancia (ferme de moutons) était l'employé, un "puestero", ou gaucho. Tous les jours nous parlions du temps et de l'état du chemin qui desservait cette partie de la Réserve. Sur cette route le trafic se réduisait à la circulation de camions chargés du bois destiné à une scierie des environs, et qui faisaient la navette entre la Réserve et le port de Rio Grande, sur la côte atlantique. De temps en temps j'allais dans cette ville passer quelques jours pour dépouiller mes matériaux de terrain et me réapprovisionner.

---

pas chaman mais il connaissait certains chants. J'espérais travailler avec lui, après avoir achevé l'enquête commencée avec Lola. Malheureusement il mourut avant que j'en aie eu la possibilité. Quelques unes de ses chants avaient été enregistrés par Rodolfo Casamiquela et repris dans une anthologie de la musique indienne d'Argentine, parue à Buenos Aires en 1966.

Lola avait mis au monde douze enfants, sept de son premier mari indien Anik, et, après sa mort, cinq autres d'un Chilien, Ramon Aurai. Tous moururent avant elle, la plupart à l'âge adulte. Ses petits-enfants, à l'exception d'un seul qui vivait sur le continent, étaient morts aussi. Il ne lui restait qu'un autre descendant, un arrière petit-fils, enfant adoptif de Garibaldi.

Lola avait vécu son enfance et les première années de son mariage selon le mode indien. Puis son mari, Anik, alla travailler dans une estancia à Harberton, sur le canal de Beagle. Cette estancia était la propriété de la famille du missionnaire anglais, Thomas Bridges, première famille européenne à s'être fixée dans la grande île de la Terre de Feu et pratiquement la seule à s'être liée d'amitié avec les Indiens. Pendant de nombreuses années, au début du siècle, Lola et les siens, comme d'autres Indiens, reprenaient la vie nomade en hiver pour chasser le guanaco. Subsistait encore à cette époque une certaine activité cérémonielle: de temps à autre était célébrée la cérémonie d'initiation des garçons, le *hain.* Lola y participait souvent.

C'est au cours de ces années qu'elle fit son apprentissage de chaman, avec sa mère et ses oncles maternels, eux-mêmes chamans. Une nuit, vers 1926, elle rêva que l'esprit d'un de ses oncles venait la visiter, lui transmettant avec son chant son pouvoir chamanistique. Lola me raconta que l'esprit de son oncle était venu la chercher en passant au-dessus du lac Fagnano. L'oncle en question était mort sur le côté du lac opposé à celui où elle habitait à cette époque. Dans son rêve elle entendait l'esprit chanter "où es-tu ma fille?." Et quand elle entonnait ce chant, ses paroles évoquaient le moment précis où elle reçut l'esprit "pénétrant en elle comme une lame." A partir de cet instant elle fut chaman; c'était d'ailleurs la manière traditionnelle de le devenir.

Depuis des années, Lola vivait dans la Réserve, seule dans une hutte en bois. Elle préparait ses repas, ramassait son bois et le fendait à la hache, puisait l'eau de la rivière... En outre, elle tressait des paniers qu'elle vendait. Elle pétrissait son pain, filait la laine, tricotait des chaussettes; techniques apprises d'autres Indiennes qui les avaient elles-mêmes apprises à la mission salésienne près de Rio Grande.

Au fil des années, elle avait hérité des moutons et des chevaux de ses enfants et d'amis indiens, mais elle n'en possédait plus. Ses troupeaux avaient été volés par des voisins, indiens et blancs. Son cheval lui restait mais on ne lui permettait pas de le monter. Cinq ans plus tôt, à plus de quatre-vingt ans, elle faisait encore de longues chevauchées, rendant visite à ses amis ou allant s'approvisionner en maté. A la suite de plusieurs chutes, Garibaldi lui interdit de telles randonnées, les jugeant imprudentes. Lola ressentait cette interdiction comme un affront personnel injustifié.

Par deux fois sa hutte fut détruite par le feu. Elle gardait un souvenir terrorisé de ces incendies bien qu'elle en fut sortie sans brûlures. Les ouvriers de la scierie lui construisirent alors une hutte près de la maison de Garibaldi.

Lola avait conscience d'être bien plus indienne que les autres Selk'nam ce que confirmait d'ailleurs, à ses propres yeux, sa qualité de chaman. Certains Indiens l'admiraient en secret à cause de ce pouvoir, mais sans la redouter. Comme la plupart des femmes chamans, en effet, elle ne détenait pas le pouvoir de tuer. Au cours de séances chamanistiques, elle avait soigné des Indiens, Garibaldi entre autres, mais elle pouvait également guérir sans faire appel à ses pouvoirs chamanistiques.

Un jour que je faisais frire des pommes de terre, la graisse m'éclaboussa et me brûla la main. Elle frotta la brûlure à l'eau froide, vigoureusement, de la paume de la main. Puis elle souffla sur la brûlure quelques instants et la douleur disparut. Il me reste encore des traces de cette brûlure. Quand je me plaignais de souffrir du dos, elle me faisait étendre sur son lit et soulageait mon mal tantôt en appliquant fortement sur les parties douloureuses la paume de ses mains, tantôt en soufflant dessus par petits coups précipités.

Lola avait deux ou trois amis selk'nam mais les voyait rarement. Elle savait que la majorité des Blancs qui vivaient sur l'île la tenait en piètre estime mais elle était très sensible à l'amitié de certains avec qui elle aimait plaisanter.

Parfois des touristes venaient dans la Réserve pour la voir — “la relique de sa race”, disaient-ils — et, invariablement, la photographier. Flanquée de quelques étrangers, elle se tenait raide, fixant l'appareil photographique d'un air renfrogné. Si elle ne recevait aucun cadeau, elle était indignée mais ne le montrait pas.

Durant l'hiver, en juin 1966, le froid nous força à passer la majorité du temps blotties près de la cuisinière. Lola la bourrait trop et les bûches incandescentes retombaient parfois du foyer. Elle les ramassait dans un état de surexcitation extrême due à sa terreur du feu et s'efforçait de les repousser à l'intérieur. Les soirs, avant de la quitter, je n'omettais jamais de dire *hauk* (le feu) et *chon* (l'eau) pour lui rappeler de jeter de l'eau sur le foyer avant de se coucher,

A quelques pas de la cabane de Lola il y avait un abri en forme de tente à trois côtés, construit en troncs d'arbres grossièrement équarris et recouvert de chiffons. C'est là que, si le temps le permettait, Lola allumait un feu et s'installait pour tresser ses paniers. C'était, me disait-elle, sa place favorite lorsqu'elle était seule. Peut-être avait-elle l'impression de retrouver ainsi son mode de vie traditionnel?

Surestimant ses forces, elle me proposait parfois de faire des promenades de plusieurs kilomètres. Cependant il nous arrivait de marcher un peu pour ramasser des fagots, ou revoir des lieux où elle avait vécu jadis, parfois nous allions jusqu'aux campements d'Indiens qu'elle avait connus autrefois.

Quand la pluie menaçait, souvent elle sortait pour "couper le ciel", disait-elle en selk'nam, afin d'avoir une belle journée: "un dia lindo." Un jour je lui fis remarquer que le ciel était très nuageux; elle sortit sur le pas de la porte munie non de son manche à balai ou de sa canne, comme d'habitude, mais du couteau à viande et précisa: "cuchillo mejor" (il vaut mieux prendre un couteau). Marmonnant des insultes à l'adresse des nuages, comme toujours en pareille occasion, elle se mit à chanter et à vociférer tout en balayant l'air de larges mouvements, son couteau étant censé trancher les nuages et les chasser vers l'ouest (le ciel de la pluie). Quand le ciel était couvert ou quand il pleuvait, elle "dégageait" le ciel plusieurs fois par jour jusqu'à ce que le soleil apparaisse. Si le résultat se faisait attendre, elle disait en riant: "no quieren", ce qui signifiait que les nuages ne voulaient pas s'en aller. Mais, pour peu qu'elle persistât à "couper le ciel", les nuages s'enfuyaient. C'était l'un des pouvoirs des chamans.

Lola n'était pas très ordonnée. Elle crachait partout et préférait manger avec les doigts bien qu'elle sût se servir d'une fourchette. L'idée de prendre un bain la rebutait et cependant, au lever, sa première occupation était de se laver le visage et les mains. Quand elle attendait ma visite elle balayait sa cabane, mais j'ai l'impression qu'en dehors de cette occasion elle s'en souciait rarement. Elle jetait négligemment des ordures à même le sol ou dehors, pour les chiens. Tout était entassé pêle-mêle dans les coins de la cabane ou sur son lit, et elle devait consacrer un temps considérable à rechercher des objets qu'elle croyait perdus. Ce comportement lui venait sans doute de son ancienne existence nomade, de cette époque où elle changeait de campement presque tous les jours, se vêtant de peau de guanaco, se lavant avec de l'argile sèche ou de la mousse et n'ayant pour tout bien que le strict nécessaire. A la fin de sa vie elle possédait quantité de choses inutiles qu'on lui avait données: boîtes de conserve vides, vieux vêtements. Elle ne prêtait aucune attention à son habillement. Ainsi portait-elle depuis des années une veste d'homme qu'elle affectionnait tout particulièrement. Cela ne manquait pas de provoquer les remontrances de Mme Garibaldi qui estimait que Lola avait d'autres vêtements plus convenables à mettre. "C'est pour les poches" me dit Lola. Cette veste avait en effet dix poches intérieures et extérieures, ce qui la comblait de satisfaction car elle aimait garder sur elle son argent. Elle avait la hantise d'être volée. Un jour je lui offris de raccommoder la doublure de cette veste, elle fut ravie. L'idée me vint de la laisser coudre si elle le pouvait, malgré sa mauvaise vue. Elle le fit de bonne grâce pendant plus d'une heure puis me montra fièrement son travail. Au moment où je l'aidais à remettre la veste, nous découvrîmes qu'elle avait cousu l'emmanchure. Nous éclatâmes de rire. Si elle n'était pas coquette dans son habillement, par contre elle était sensible à la beauté de son visage. Parfois, lorsque je la coiffais elle se regardait dans la glace en riant: "yo *olichen*" (je suis jolie), ou bien fronçait les sourcils et disait *yippen*, "yo vieja" (je suis laide et vieille).

Je lui avais envoyé une belle photographie d'elle prise au cours de mon premier séjour en Terre de Feu. Elle me l'avait demandé en remarquant que tout le monde la photographiait, mais sans jamais songer à lui envoyer une épreuve. A mon retour en 1966, je remarquais, sur le mur de sa hutte, une chose recouverte d'un torchon qui semblait être un tableau ou une photo. Je lui demandai ce que c'était. Elle la découvrit en expliquant qu'elle protégeait ainsi de la fumée de la cuisinière la photo que je lui avais envoyée. Plus tard quelqu'un m'a raconté qu'en voyant la photo elle avait fait la grimace: "Auh — cette vieille — ce n'est pas moi —. Quelle vilaine photo — je n'ai pas toutes ces rides, n'est-ce pas?" Apparemment elle l'avait accrochée au mur dès qu'elle avait su que je revenais, pensant avoir le temps d'enlever son "protège poussière."

Elle mangeait du mouton trois ou quatre fois par jour avec un solide appétit, néanmoins elle me demandait, lors de mes départs pour Rio Grande, que je lui rapporte du poisson et de la viande de guanaco, denrées que je n'ai jamais pu trouver. Elle me réclamait aussi sans cesse du beurre et du vermouth dont elle était extrêmement friande. Elle aurait bien consommé une demi-livre de beurre par jour si mes moqueries ne l'avaient retenue. Elle le mangeait comme une sucrerie. Le vermouth était notre apéritif quotidien. Elle insistait souvent pour que je rapporte deux ou trois bouteilles à la fois, ce que je finis par faire. Un jour, partant pour Rio Grande, je vis qu'il lui restait encore deux bouteilles. J'étais un peu inquiète à la pensée que Lola allait peut-être boire plus que de raison en mon absence, bien qu'elle n'eut jusqu'à présent jamais fait d'excès. A mon retour, elle m'apprit qu'elle n'avait rien bu, qu'elle m'attendait.

Pendant mes séjours à Rio Grande elle guettait mon retour, allant parfois s'asseoir sur le bord de la route, même si elle savait que je ne devais pas rentrer ce jour-là.

Vers la fin de mon séjour en Terre de feu, je fis un rêve:

Il commença par le pressentiment soudain d'un danger qui menaçait Lola, le danger de périr par le feu. Je savais qu'elle était seule dans une spacieuse maison de bois à deux étages qui s'élevait au milieu d'une immense pampa. L'herbe de la pampa brûlait. L'incendie encore à l'horizon s'approchait lentement, encerclant la maison. Peu de temps auparavant, des gens, j'ignorais qui, avaient pressé Lola de partir avec eux. Elle avait refusé prétendant qu'elle m'attendait pour s'en aller. Les gens l'avaient alors laissée seule. Je ne sais comment j'arrivais auprès d'elle. Malgré le feu Lola était très calme. Elle n'était pas encore prête à partir. Elle cherchait quelque chose qu'elle voulait emporter. Sans savoir ce que c'était je l'aidais. L'ayant enfin trouvé, nous quittâmes la maison en nous dirigeant vers le feu qui maintenant l'atteignait. Au fur et à mesure que nous nous approchions des flammes, le sol devenait de plus en plus chaud, à tel point que Lola ne pouvait plus marcher. Je l'aidai alors à grimper sur mon dos. Quelques instants encore je marchai sur l'herbe brûlante puis je trébuchai et nous tombâmes. En cet instant le vent s'éleva et nous poussa dans le feu où nous roulâmes, agrippées l'une à l'autre.

Le magnétophone lui plaisait infiniment. Après chaque enregistrement elle ne manquait jamais de me demander que je lui repasse immédiatement la bande. Le son de sa voix la faisait rire ou sourire de satisfaction et commenter: *olichen* (c'est joli). Elle me demandait souvent de passer et de repasser les bandes pour le simple plaisir de s'entendre. Parfois, au contraire, elle grommelait *yippen* (c'est laid), m'indiquant qu'elle voulait enregistrer à nouveau ce chant.[12]

Un de ses chants favoris était celui qui évoquait un vieux guanaco. Elle commencait en imitant la bête: *ra ra ra ra ra ra ra*. Le thème de ce chant est un mythe, une allégorie sur la prohibition de l'inceste. L'histoire est celle d'un homme qui conçoit une machination pour faire l'amour avec ses filles mais qui, sur le point de parvenir à ses fins, est transformé avec elles en guanaco. Ainsi chantait Lola, en selk'nam:

Le vieux guanaco (quand il était encore homme) dit à ses filles: "je vais mourir. Enterrez-moi dans la terre blanche mais pas trop profondément, de façon à me laisser la tête et les épaules libres. Après ma mort, vous célébrerez le *tachira* (rites mortuaires)[13] et au moment où vous vous éloignerez, chantant votre

[12] Une fois je fis entendre à Lola des bandes de Jean-Sébastien Bach, de jazz et des chants de Marian Anderson, que j'avais enregistrées pour moi-même. Elle écouta poliment puis, au bout d'un moment, manifesta visiblement une indifférence complète.

[13] *Tachira* est le nom du rite funéraire qui consistait pour les personnes en deuil à se lacérer le corps, à se couper des mèches de cheveux, à se tonsurer, à s'enduire le corps de cendres mêlées à l'argile rouge et à de la graisse de baleine.

chagrin, un homme s'approchera de vous. Il me ressemblera trait pour trait mais ce ne sera pas moi. Il vous demandera de faire l'amour avec vous. Faites ce qu'il vous dira." Lorsqu'il mourut, ses filles firent ce qu'il avait ordonné. Comme elles s'éloignaient entonnant le chant de la mort, le vieux guanaco (le père métamorphosé) bondit hors de la tombe, brûlant de désir de faire l'amour avec ses filles. Il flairait leurs empreintes, les pourchassait avec fureur, urinant dans sa course. Quand il les eut rattrapées il leur dit: "C'est de moi que votre père vous a parlé. Venez faire l'amour avec moi." L'une d'elle put s'enfuir mais il posséda l'autre, qui à l'instant devint guanaco comme son père.[14]

Parmi les chants que Lola affectionnait figuraient ceux qu'elle avait chantés à la mort de sa mère et lorsqu'elle avait perdu son dernier fils. Elle les reprenait si souvent que je cessais parfois de les enregistrer, surtout vers la fin de mon séjour, car les bandes disponibles s'épuisaient et il faisait si froid que je devais retirer les batteries du magnétophone très souvent pour les recharger à la chaleur de la cuisinière. Mais Lola insistait pour que j'enregistre chaque fois qu'elle chantait. Mon refus la contrariait. J'essayais de lui expliquer que je ne pouvais enregistrer le même chant indéfiniment. Mais à ses yeux ce n'était guère une raison valable. Par contre elle comprenait très bien, je le crois, mon souhait de recueillir une très grande variété de chants.

Il arrivait souvent qu'au matin, elle m'accueillit avec un grand sourire en disant: "Dépêche-toi, j'en ai encore trouvé un." Ce qui voulait dire que pendant la nuit elle s'était rappelée un chant oublié depuis très longtemps. Dans un état d'agitation extrême, elle me pressait de préparer le magnétophone de peur que le souvenir de ce chant s'évanouisse avant que nous ne l'ayons enregistré. Cela fait, je lui repassais la bande plusieurs fois, puis lui demandais de recommencer afin d'obtenir un meilleur enregistrement, ce qu'elle refusait parfois, en particulier pour certains chants qu'elle n'aimait pas. Une fois elle se mit véritablement en colère devant mon insistance, puis finit par rire et par me demander pourquoi je tenais tant à enregistrer un chant si laid. En d'autres circonstances elle semblait comprendre que mon seul but était de conserver ses chants. Trente-huit sur les quatre-vingt-douze enregistrés en 1966, l'avaient déjà été l'année précédente. Les autres lui revinrent en mémoire à l'époque de notre collaboration en 1966, dans les derniers mois de sa vie. Elle me fit promettre de ne jamais faire écouter les bandes à quiconque sur l'île, hormis Angela et un autre Indien. En 1965, pendant les trois semaines d'enregistrement, chaque fois que quelqu'un approchait de la maison, la nervosité la gagnait et elle me demandait de cacher le magnétophone. L'année

[14] Le texte reproduit ici n'est pas une traduction littérale, l'original contenant beaucoup de répétitions.

suivante nous reçumes peu de visites et Lola semblait moins timide. Elle m'expliqua que les "autres" (les Blancs comme les Métis) auraient ri de l'entendre chanter, et qu'ils ne pouvaient comprendre. De temps en temps, elle me disait qu'elle enregistrait ces chants pour les Indiens du Nord, désignant ainsi les Indiens du continent.

Entonnant les chants d'initiation du *hain*, il lui arrivait de mimer les danses et les gestes des esprits, surtout d'un certain Shorti qui pendant la cérémonie faisait peur aux femmes en leur courant après, leur lançant tout ce qui lui tombait sous la main. Quelquefois elle l'imitait en faisant des pas rythmés, et me donnant des petits coups dans les côtes avec un manche à balai. "Shorti fut bien méchant avec les femmes" disait-elle avec un air mi-sérieux, mi-moqueur.[15] Quand elle racontait les tours que les Selk'nam se jouaient mutuellement pendant cette cérémonie ou à d'autres occasions elle riait aux larmes et parfois se tournait vers moi en murmurant: "quels sauvages!"

Une fois elle chantait presque en disant: "où sont les femmes selk'nam, celles qui chantaient comme le *tamtam*?" Le *tamtam* est le nom indien d'un petit oiseau de la prairie.

Outre ses chants, nous enregistrions du vocabulaire (ce lui l'ennuyait profondément), des noms de personnes et des toponymes, les termes de parenté. Elle trouvait amusant que j'enregistre ses imitations de cris d'oiseaux, du guanaco ou de n'importe quel animal.

Lola aimait beaucoup une histoire que son grand-père maternel, Alakin, avait racontée à sa mère. Il s'agissait de deux *xoon* (chamans), deux grands menteurs: cela se passait sur la côte atlantique, près de Cabo de Peñas, lors d'un hiver très rigoureux. Tout le monde avait faim. Deux chamans, Koin-xoon et Hewiu-xoon, se vantaient d'être *ochen-maten* (un chaman doué du pouvoir de tuer une baleine et de la ramener à terre). Ce jour-là nul ne partit à la chasse au guanaco car on attendait l'arrivée d'une baleine d'un moment à l'autre. Tout le monde tremblait de froid sur la plage. Les deux *ochen-maten* menteurs montrèrent à l'horizon un vol de mouettes, signe soi-disant indubitable de l'approche de l'animal. Ils entonnèrent le chant de la baleine-qui-se-débat (chant que Lola connaissait), puis feignirent de tirer à grand peine sur une corde invisible et de ramener la bête à terre. Tous les Selk'nam réunis attendaient impatiemment le moment de manger la baleine. Mais ce n'était qu'une supercherie. Point de baleine. Les prétendus *ochen-maten* s'étaient

[15] Le récit de Lola au sujet du *hain* revêtait un intérêt tout particulier car tout ce que Gusinde avait recueilli sur cette cérémonie provenait exclusivement d'informateurs masculins.

moqué de tout le monde. Le frère de l'un d'eux (un certain Juwi-xoon) finit par se mettre en colère et dit: "Je perds mon temps ici. J'ai faim et au lieu d'aller chasser avec un *teix* [lacet utilisé pour attraper certains oiseaux] je traîne sur la plage, et tout cela à cause de ces menteurs." Pendant mon premier séjour, Angela simulait le geste de tirer sur une corde et Lola riait à gorge déployée.

S'exprimant dans sa langue, Lola répétait les conversations entendues il y a un demi-siècle. A la fin de mon séjour elle croyait, ce qui était faux, que je la comprenais très bien: elle parlait donc avec une grande liberté. Elle répétait très souvent le mot *koliot* "cape rouge", nom attribué aux premiers intrus blancs.[16] C'était un signal d'alarme, le cri de l'Indien quand il repérait un cavalier armé à l'horizon. Tout le campement se dispersait alors comme il pouvait. Elle se souvenait de l'attaque organisée par les tueurs professionnels embauchés par l'un des premiers Européens éleveurs de moutons, José Menendez. Elle revenait toujours à l'histoire de son grand-père, Alakin, célèbre sur toute l'île, tenu en haute estime pour sa connaissance du passé légendaire et pour ses prophéties. A un âge fort avancé, il fut tué avec ses deux frères en représailles d'un vol d'outils en métal commis dans la cabane des nouveaux arrivants.

Elle me dit un jour à propos d'une épidémie survenue par la suite: "Morts, ils sont tous morts. Combien? Regarde le cimetière: il est plein. Il en mourut tant tous les jours! Les camions passaient, pleins de cadavres. Tous moururent des maladies du *koliot*, les bébés avec leurs mères et les jeunes filles non encore mariées."

Comme si cela datait de la veille, Lola racontait comment certains Indiens avaient été blessés ou tués au cours de guerres indiennes qui n'étaient en fait que des escarmouches de quelques heures. Elle parlait souvent d'un combat auquel elle avait pris part vers la fin du siècle passé et qui fut l'un des derniers. Elle se trouvait à quelque distance du camp lorsque l'ennemi attaqua. Les chiens auprès d'elles se mirent à aboyer; elle courut vers le camp et là elle vit son mari, Anik, blessé à la tempe par une flèche. "Le pauvre, son visage était tout enflé", disait-elle. Un certain Asherton aurait ensuite tenté de l'enlever mais elle se débattit et essaya de s'échapper. Furieux, il la poursuivit une flèche à la main, criant: "Je te tuerai si tu ne viens pas avec moi!" Pendant ce temps un autre ennemi aurait achevé Anik si son cousin, qui appartenait au camp adverse, n'était intervenu en hurlant: "Ne le tuez pas! C'est mon cousin!" Ce fut ce même

[16] Lothrop, S. K. *The Indians of Tierra del Fuego* (New York, 1928), p. 48, explique ce terme par une référence aux couvertures rouges que revêtaient à l'époque les policiers de l'île.

cousin qui la sauva elle aussi. Ce combat aurait eu lieu sur la côte atlantique, près du fleuve Irigoyen. Parents et amis, vingt-six environ, célébraient un *hain* au cours duquel deux jeunes garçons devaient être initiés. L'assemblée fut attaquée par une trentaine d'hommes venant de cinq territoires différents résolus à venger la mort d'un certain Uen-xoon, chaman et chasseur excellent qui avait été tué par un parent de Lola, un dénommé Tael. Tael, son fils et l'un des frères de Lola comptèrent parmi les six victimes de ce combat. Sur les huit femmes enlevées par l'ennemi, cinq purent s'échapper et revenir au camp.[17]

La brutalité de certains Indiens avait profondément impressionné Lola. Surtout le geste de l'un d'eux qui, de rage, avait traîné sa femme au-dessus du foyer. Les flammes avaient atrocement brûlé les organes sexuels de la malheureuse. Par contre Lola avait pour certains chamans une grande admiration, notamment pour Mai-ich qui à plusieurs reprises avait accompli la plus difficile des épreuves chamanistiques. Il s'était introduit une flèche à pointe de bois sous la peau juste au-dessous de la clavicule, s'en était traversé la poitrine en diagonale et l'avait fait ressortir au niveau de la taille.[18] A ce seul souvenir, Lola grimaçait de douleur. Elle chantait souvent le chant dont il avait accompagné sa démonstration, et répétait ses paroles: "Mon corps est dans les ténèbres. Il me faut moi-même le transpercer d'une flèche."

Elle raconta qu'une fois il saigna abondamment car il n'avait pas suffisamment "préparé" le chemin que devait emprunter la flèche.

Un jour je causai à Lola une certaine contrariété. Je lui montrai les photos qui illustrent le livre de Martin Gusinde. Il y avait parmi elles plusieurs reproductions des "esprits" du *hain* représentant des hommes peints portant de grands masques d'écorce d'arbre ou de peau de guanaco. A la vue de la première photo elle repoussa le livre, refusa de regarder les autres et sur un ton de reproche me dit: "no es para los civilizados", signifiant par là que les Blancs n'auraient pas dû les voir.

Les dernières semaines de mon séjour je tenais à l'emmener hors de la Réserve au moins une fois. L'administrateur d'un grand hôtel récemment construit au bord du lac Fagnano lui avait témoigné de la sympathie. Je lui fis part de mon souhait. Il s'offrit à venir nous chercher dans sa camionnette. Lola revêtit ses vêtement neufs et de crainte que sa maison soit cambriolée prit tout son argent. Nous passâmes deux jours et une nuit dans cet hôtel de grand luxe, vide à cette époque. Avant chaque repas,

[17] Grâce aux récits recueillis auprès de nos deux informatrices nous avons obtenu des descriptions détaillées des six dernières guerres chez les Selk'nam.

[18] Cf. Gusinde, *op. cit.*, p. 775, qui fait mention de cette épreuve.

l'administrateur de l'hôtel, venait s'enquérir de ses goûts; invariablement elle demandait du poisson. Elle restait volontiers assise près de la grande cheminée à bavarder avec nous, les quelques ouvrières qui travaillaient là et les voisins blancs de passage. Du salon qui donnait sur le lac, Lola nous montra les terrains, les champs de chasse de son grand-père Alakin.

Mon départ approchait. Lola s'inquiéta alors de ma prochaine venue. J'essayais de la rassurer en lui répétant que je pensais faire un troisième séjour auprès d'elle l'année suivante. Elle s'imaginait, d'après mes explications, que je vivais sur une estancia près de Buenos Aires. Elle n'avait jamais quitté l'île mais elle avait beaucoup entendu parler de cette grande ville au Nord. Dans son esprit Buenos Aires était la ville, la seule au monde. Elle croyait aussi que, comme tout le monde, j'avais un patron. Mon patron était devenu "notre patron", et mon retour dépendrait de lui. Ces derniers jours elle insistait, m'assurant qu'elle connaissait encore beaucoup d'autres chants et que nous n'avions enregistré qu'à peine la moitié de son répertoire. Le jour de mon départ elle me donna un panier qu'elle avait récemment tressé; j'avais déjà voulu l'acheter, mais elle me l'avait toujours refusé prétextant qu'elle l'avait promis à quelqu'un d'autre, longtemps avant mon arrivée. Ce jour-là elle me le mit entre les mains: "c'est pour notre patron." A mon retour à Paris, j'en fis présent à C. Lévi-Strauss, qui le plaça soigneusement sous un globe de verre dans son bureau.

Cet hiver-là, elle refusa de quitter la Réserve. L'hiver précédent elle avait été emmenée à Rio Grande à cause de son grand âge et de sa santé précaire. Mais là-bas, elle passait ses journées assise près du poêle à somnoler quand elle n'essuyait pas les injures de la maîtresse de maison qui lui reprochait d'être renfrognée, sale et paresseuse. Elle avait donc décidé, cet hiver-là, de rester chez elle sur cette terre qui était sienne, et de ne plus jamais la quitter.

Elle refusa même de passer l'hiver avec une femme de mère indienne, Enriqueta de Santin qui l'aimait beaucoup et vivait près de la Réserve. Cependant, à mon dernier séjour dans la Réserve, Angela m'accompagna et resta une dizaine de jours avec Lola après mon départ. Puis Lola resta seule recevant la seule visite quotidienne du "puestero" qui lui apportait du bois, de l'eau et de la viande. Cette année-là en 1966, l'hiver fut particulièrement rigoureux, la température descendit jusqu'à moins 30°. Elle fut isolée par la neige de juillet à octobre. L'officier de la police rurale du lac Fagnano apprit alors qu'elle était gravement malade et put la transporter en tracteur jusqu'à la grande route et de là en voiture à l'hôpital du gouvernement de Rio Grande. Quelques jours plus tard Lola mourut. C'était la fin de l'hiver en Terre de Feu, le 9 octobre 1966.

CENTRE NATIONAL DE LA RECHERCHE SCIENTIFIQUE
LABORATOIRE D'ANTHROPOLOGIE SOCIALE

# LES PRÉSAGES APINAYÉ*

ROBERTO DA MATTA

## I

Nous essayerons de présenter, dans cet article, une analyse structurale de certaines croyances des indigènes Apinayé,[1] concernant la prévision d'événements futurs. Cette étude présente, nous semble-t-il, un double intérêt. Le premier tient aux lacunes de l'ouvrage de Curt Nimuendaju sur les croyances de ces mêmes Apinayé et de leurs congénères, les Timbira orientaux (Cf. Nimuendaju, 1939, 1946 et 1956). Le second est de constituer une tentative pour donner un sens à un matériel généralement rebelle à l'analyse sociologique et, peut-être pour cette raison, relégué au second plan par beaucoup d'ethnologues. Mais nous n'entendons pas simplement répondre au défi que pose l'étude des présages Apinayé: celle-ci, croyons-nous, peut aider à comprendre — au moins en première approximation— certains caractères structuraux de la cosmologie de ces Indiens. Nous nous placerons ici à un niveau analytique descriptif qui nous permette d'éprouver ensuite quelques unes de nos hypothèses sur des matériaux semblables, recueillis dans d'autres groupes.

* Nous remercions le "Conselho de Pesquisas da Universidade Federal do Rio de Janeiro", la division d'Anthropologie du "Museu Nacional" et le "Harvard Central-Brazil Research Project" dont le soutien nous a permis de travailler dans les villages Apinayé (en 1962, 1966, 1966-67). Plusieurs de nos collègues de la division d'Anthropologie du "Museu Nacional" ont bien voulu lire les premières versions de cet article. Nous sommes reconnaissant à deux étudiantes du "Summer Institute of Linguistics", Melles Patricia Ham et Mary Smith, qui ont mis à notre disposition leur connaissance enviable de la langue apinayé et ont appelé notre attention sur le sujet de cette étude. Nous tenons enfin à remercier Melle Sonia Pacheco qui a traduit notre texte en français et M. Patrick Menget, de *Harvard University*, qui l'a relu.

[1] Les Apinayé sont classés par Nimuendaju comme les seuls Jê-Timbira orientaux (Cf. Nimuendaju, 1946:6). Ils vivent dans le "Município de Tocantinópolis", dans l'extrême nord de l'Etat de Goiás. Ils sont actuellement distribués dans deux villages, Mariazinha et São José, comptant au total 250 personnes environ. Le "Serviço de Proteção dos Indios" donne son assistance à la population. Nous voulons remercier ici M. Jonas Bonfim, chargé du Poste, pour son aide au cours de notre séjour dans les deux villages.

Une telle étude nous paraît être le meilleur hommage que nous puissions rendre à Claude Lévi-Strauss, qui nous a montré les richesses qu'offrent à l'analyse les populations Jê, et qui nous a le plus aidé à comprendre la logique de ces croyances. Nous emploierons donc la méthode structurale, telle qu'il la définit (Cf. Lévi-Strauss 1958, 1962a, 1962b). Ses travaux nous ont ouvert les plus grandes perspectives sur l'importance de matériaux que beaucoup jugeaient secondaires, mais qui, ainsi que l'a démontré ce grand savant, sont fondamentaux pour une meilleure compréhension de cette pensée sauvage qui fleurit dans les sociétés tribales.

## II

Les Apinayé ne veulent pas croire au hasard. Jugeant que les événements imprévus ont toujours un sens, ils disent que certains événements et situations annoncent l'arrivée d'une chose inattendue. A ces présages, ils donnent le nom d'*akupĩ-re* (*kupĩ* = mort). L'expression indigène indique qu'il s'agit, en général, d'évènements tristes, souvent la mort d'un parent. Certains signes, cependant, bien qu'en petit nombre, indiquent des événements positifs. Pour expliquer le caractère franchement négatif de la plupart de leurs présages, les Apinayé disent que "les bonnes choses ne donnent pas d'avertissements, mais seulement les mauvaises." Comme nous le verrons, cette formule met l'accent sur les faits considérés comme accidentels ou anormaux, et les oppose aux événements qui ne rompent pas la continuité normale de la vie quotidienne.

Pour ces Indiens, déchiffrer les présages n'est pas une tâche spécialisée; l'ensemble des croyances qui s'y rapportent ne constitue pas à leurs yeux un corps précis de doctrines et il n'existe pas de spécialistes chargés de faciliter la connaissance du futur. En effet, les Apinayé ne la recherchent d'aucune façon et, dans les conditions normales, ils ne croient pas qu'on puisse prévoir l'avenir. Dans leur vie quotidienne, les présages sont aussi rares que, dans notre société, les véritables coïncidences et les événements insolites. Aussi les présages sont-ils peu discutés par les indigènes qui en parlent seulement lorsque l'ethnologue appelle sur eux leur attention ou qu'ils se trouvent en face d'un fait de cet ordre. Vis-à-vis du présage, l'Apinayé ne change pas radicalement sa conduite quotidienne. Ce serait, en effet, nier le pouvoir pratique du système même des présages, destiné à ordonner avec certitude les événements dont l'explication complète ne pourrait être obtenue qu'en faisant appel à ce que nous appelons probabilité ou statistique. Ainsi, la conduite d'un Apinayé qui a vu un *akupĩ-re* peut être définie comme de réserve et d'attente. Il attend la réalisation du présage mais ne fera rien pour empêcher l'événement qui doit se produire aussi irrémédiablement qu'il s'est fait pressentir.

Envisageant ainsi les présages (positifs ou négatifs), les Apinayé ne cherchent pas de causes sociales ou morales pour des événements qu'ils considèrent comme incontrôlables et inéluctables.

Comme on le voit, le système de croyances que nous étudions ici est complètement différent de celles relatives à la "sorcellerie" et à la "panema" (Cf. Da Matta, 1967) quoiqu'il s'agisse dans tous les cas d'ordonner les événements imprévus, anormaux et insolites et de transformer le probable en nécessaire.

Une autre caractéristique des présages Apinayé est qu'ils déterminent les événements futurs d'une façon non pas spécifique, mais générale. Par exemple, si des présages annoncent la mort d'une personne, on ne sait pas pour autant qui mourra, quand aura lieu la mort, ni quelle en sera la cause. L'Apinayé sait simplement que "quelque chose de mauvais (ou de bon) arrivera" à l'une de ses connaissances et cela lui suffit pour affirmer l'infaillibilité du système. Toutefois le caractère indéterminé des présages ne se révèle qu'à l'analyse des cas particuliers où ils se réalisent. Si le système est décrit et analysé formellement, c'est-à-dire si l'on s'en tient à ce que disent les Apinayé quand ils parlent des présages en général, on a l'impression que l'événement futur — l'identité de la victime, par exemple — est bien déterminé. La plupart des signes — comme nous l'avons déjà dit — annoncent la mort d'un parent (*kwóya*), mais on admet qu'ils sont réalisés même si le mort est seulement une des connaissances brésiliennes de celui qui a subi l'expérience de mauvais augure.

Deux traits, qui nous semblent fondamentaux, ressortent immédiatement. Le premier concerne le côté subjectif du système servant à classer les évènements anormaux qui arrivent à un être humain. Quand on demande à celui qui l'a eu pourquoi tel présage n'annonce la mort que de parents, il répond qu'il ne peut en être autrement: si le futur mort était un inconnu ou un "non-parent", le présage devrait se manifester à un autre que lui. Le domaine du présage est donc centré sur celui qui l'a vu et vécu et il est assez élastique pour ne devoir satisfaire que lui seul. Le présage peut, sans doute, passer du champ subjectif privé au domaine public. Mais en ce cas, celui qui l'a vécu et rendu public risque de perdre son prestige, car le signe peut se réaliser en dehors du cercle immédiat de ses parents et même du cercle de la communauté indigène. On comprend alors pourquoi les présages ne déterminent pas avec précision qui sera le mort. S'ils le faisaient, le système apporterait une plus grande certitude mais il pourrait provoquer la panique chez beaucoup de gens, bouleversant ainsi la vie sociale. En fait, comme le système ne peut être appréhendé que du point de vue de l'individu qui a reçu le présage, le passage du champ domestique au domaine public est difficile. L'Apinayé aûquel un présage s'est manifesté, raconte à d'autres ce qui lui est arrivé, mais en respectant un ordre. De préférence, il le raconte aux membres les plus proches de sa famille et, s'il est marié, à sa femme. C'est seulement une fois le présage réalisé qu'il le raconte à d'autres dans le village. Ainsi, seuls ses parents proches, ou, d'après les Apinayé, "les gens qui ont le même sang" (*kabrô atpen burog*), partagent son attente; la communauté, elle, ne partage que sa certitude.

Le second trait est lié au premier, car il pose, en effet, l'équation: "parent" = personne en rapport avec celui qui a reçu le présage. En raison de l'élasticité de la classification sociale apinayé, le système augural devient pratiquement infaillible. Si le système social était inflexible, tout parent serait défini et distingué des autres une fois pour toutes. Mais dans ce système on ne trouve pas de telles distinctions. Au contraire, le cercle des parents dits "du même sang", à l'exception de la famille nucléaire, peut varier. Le système de parenté a la propriété de pouvoir se contracter ou se dilater selon le type de relation et les buts recherchés. Quand un Apinayé parle des habitants de son village et prétend démontrer qu'ils sont tous unis et qu'aucune querelle ne les oppose (ce qu'on réfute facilement, dès qu'on connaît bien le village et l'informateur), il énonce en termes de parenté ses relations avec chaque membre de la communauté. Le caractère classificatoire de la terminologie et l'absence de limites formellement définies soutiennent sa démonstration. Mais s'il veut montrer que quelqu'un manifeste une conduite anti-sociale, il dit alors que cette personne n'est sûrement pas son parent. Si on lui démontre que son adversaire peut être défini généalogiquement comme son parent, l'informateur admet simplement: "il est mon parent, mais lointain." Cette même logique et ce même procédé d'inclusion et d'exclusion apparaissent quand les Apinayé cherchent à justifier des mariages. Ils sont d'ailleurs à l'œuvre dans tout le système social, dont l'analyse déborderait le cadre de cet article.[2]

Ainsi, quand les Apinayé concluaient d'un présage à la mort d'"un parent" et que nous cherchions à situer précisément ce parent, le problème recevait selon les informateurs des solutions différentes. Quelques uns disaient que le présage indiquait la mort d'un "allié", d'autres parlaient de la mort d'un proche parent, d'autres encore se bornaient à dire que le mort serait un parent quelconque. En fait, le problème de savoir au juste

[2] Nous préparons un travail sur l'organisation sociale des Apinayé.

qui était le parent ne se posait pas, car l'efficacité tant du système augural que du système social semble reposer sur les possibilités qu'on a de les manipuler. L'Apinayé ne se soucie pas réellement de situer celui qui va mourir. Il lui suffit de savoir que c'est "un parent", ce qui signifie pour lui "une personne en rapport avec moi, quelqu'un que je connais." Son anxiété est alors, si l'on peut dire, satisfaite. Devant la mort, en effet, toutes les connaissances sont des parents, de la même façon que, dans une dispute, tous les parents peuvent être considérés comme des ennemis.

## III

Selon le mode de manifestation des présages, nous pouvons les diviser en quatre groupes qui correspondent, plus ou moins, aux divisions fournies par les Apinayé eux-mêmes:

Sont des présages:

(A) Certains événements concernant des animaux,

(B) Le fonctionnement anormal de certaines parties du corps humain;

(C) Le fonctionnement anormal de certains objets ou le déroulement interrompu ou dévié de certaines activités normalement continues;

(D) Les rêves concernant certains éléments ou certaines situations.

(A) Certains évènements concernant les animaux sont une des sources les plus courantes de présage chez les Apinayé. Ce groupe fut le plus souvent mentionné par les hommes, les femmes et les garçons de la tribu que nous avons interrogés. Quand un Indien parle de l'*akupĩ-re*, il commence toujours par les présages donnés par les animaux. Il existe deux catégories de situations où ceux-ci sont considérés de mauvais augure.

(a) Dans la première rentrent les morts inexplicables ou sans raison particulière d'animaux, quand elles se produisent auprès de quelqu'un, homme ou femme, qui est alors le récepteur du présage. La mort naturelle d'un animal est interprétée, dans ce cas, comme un signe annonciateur de la mort d'un "parent" de l'homme ou de la femme. Tous les animaux connus des Apinayé peuvent ainsi être l'occasion d'un présage, à la seule exception des insectes. Les éventualités les plus souvent invoquées étaient les suivantes: "Si tu arrives près d'une rivière et qu'un poisson vienne mourir à tes côtés, alors un de tes parents va mourir"; "si tu es à la chasse et vois un oiseau mourir en plein vol, voilà un signe de la mort d'un de tes parents." Ces deux formules semblent n'être que des spécifications de la formule générale. Mais leur fréquence n'est pas sans signification. Les poissons et les oiseaux vivent dans des milieux qu'on peut dire continus, en forte opposition avec le milieu où vivent les hommes et les animaux terrestres.

La terre, en effet, est divisée en terrain défriché (*kapóto*) et brousse (*pó*): elle est donc discontinue. L'air et l'eau, au contraire, ne comportent pas de divisions. Ce sont des éléments fluides. De ce fait, la mort du poisson dans l'eau et de l'oiseau en vol y introduisent une discontinuité d'autant plus marquée: elle représente la suspension d'une activité dont le milieu même souligne normalement la continuité. Un animal terrestre passe du champ à la brousse et il doit tenir compte de tous les accidents du terrain. Mais un poisson ou un oiseau vivent dans un milieu uniforme, en silence, dans un milieu qui ne présente pas d'obstacles.

La mort sans raison d'un animal, surtout si l'animal vit dans un milieu continu comme l'air ou l'eau, est l'expression maximale d'une discontinuité qui rompt la vie quotidienne. D'un autre côté, survenant à proximité d'un être humain, elle accentue l'étrangeté d'un rapport qui relie le mort et le vivant d'une façon insolite et imprévue. C'est en cela qu'elle est présage.

(b) La seconde catégorie apparaît plus diversifiée. Nous avons recueilli les cas suivants[3]:

1. Si un oiseau (quel qu'il soit) entre dans une maison et meurt quand on l'attrape, un parent de celui qui l'a attrapé devra mourir.

2. Si l'oiseau appelé dans la région, "mãe da Lua" (*Nyctibuis grandis*), apinayé: *pekan-re*, chante avec insistance près d'une maison ou d'une personne, *idem*.

3. Si un hibou (*Speotita cunicularia*, *Bubo magellenicus*), apinayé: *tótó-le*, crie et saute d'une façon caractéristique sur la plaza (terreiro) ou sur le toit d'une maison, *idem*.

4. Si un urubu, apinayé: *djoîne*, entre dans une maison et n'en sort plus, *idem*.

5. Si un anu (*Crotophage assi*), apinayé: *pó-re*, commence à chanter pendant la nuit (à une heure indue) près d'une maison, *idem*.

6. Si un arara, apinayé: *bane*, ou un perroquet, apinayé: *krúi*, chantent pendant la nuit, *idem*.[4]

[3] Le lecteur remarquera sans doute que nous nous intéressons surtout à la logique qui régit les présages. Nous ne prétendons pas étudier ici tous les présages apinayé. Il est bien possible que leur liste puisse être augmentée et que d'autres animaux y soient introduits. Mais celle que nous avons recueillie nous paraît suffisante pour établir la structure du système. Les Akwẽ-Xavante considèrent, eux aussi, un oiseau au moins comme de mauvais augure (Cf. Maybury-Lewis, 1967:290).

[4] Lors d'un séjour de quatre mois, en 1961, chez les Gaviões orientaux, une tribu Jê-Timbira au sud de l'Etat du Pará, les indigènes nous disaient qu'un d'entre eux allait mourir lorsqu'un arara criait fort dans la brousse, effrayant le village. Nous comprenons maintenant que cette prédiction pourrait faire partie d'un système augural semblable à celui que nous étudions.

7. Si un pivert, apinayé: *djói-re*, chante de jour près d'un village, *idem*.

8. Si le petit d'une perruche ou d'un perroquet meurt près de quelqu'un ou entre ses mains, un enfant mourra.

9. Si l'on trouve un crapaud, apinayé: *pri-ti*, sur le bord de la route et s'il regarde le voyageur en baissant les yeux, l'homme (ou la femme) sera veuf (ou veuve).

10. Si l'on pressent qu'un tapir, apinayé: *kukruti*, s'approche trop du village, le village sera dévasté par une épidémie et beaucoup d'indigènes mourront.

11. Si un guara (*Canis jubatus*), apinayé: *pu*, aboie à plusieurs reprises près du village, un novice, apinayé: *pẽb* (Cf. Nimuendaju 1939: 36, 1956: 33) mourra.

12. Si une chauve-souris, apinayé: *dyéb*, meurt dans une maison sans motif connu, un parent va mourir.

13. Si une souris, apinayé: *amdjô*, meurt près d'une personne ou si elle est trouvée morte sur un chemin, un enfant mourra.

Comme on le voit, ces formules de mauvais augures sont doubles. D'une part, elles renferment un élément commun à tous les présages liés aux animaux: l'anormalité de la situation. Dans tous les cas ci-dessus, en effet, la proposition commence par mentionner une conjonction accidentelle entre l'homme et l'animal. D'autre part, elle spécifie de quel animal il s'agit. Il est donc possible d'établir une relation entre les catégories (a) et (b).

Dans la première (a), il n'est pas besoin de déterminer l'animal; sa mort étrange suffit pour le désigner comme un mauvais augure.

Dans la seconde (b), quoique l'animal ne meure pas toujours, il est spécifié. De même, si l'animal n'est pas déterminé, c'est un "parent" qui décèdera; mais s'il est désigné avec précision, on peut savoir plus sûrement qui va mourir. Dans le cas du crapaud (n° 9), du guara (n° 11), de petites perruches et de petits perroquets (n° 8), de la souris (n° 13), le mort appartient à une catégorie particulière: femme ou homme marié, novice et enfant respectivement.

Etudions la liste. Dans le cas 1, l'anormalité est évidente: un animal, vivant dans un milieu très différent de celui de l'homme, entre dans une maison, milieu essentiellement humain. Mais le mauvais présage n'est donné qu'à sa mort, au moment où l'homme le prend. L'oiseau agonise et meurt, tout comme un être humain, disent les Apinayé. En outre, le contact physique entre l'animal et l'homme reproduit une situation analogue à celle des moribonds qu'entourent, en général, leurs parents.

Les cas 2 et 3 semblent appeler la même interprétation. Les hiboux vivent dans les champs ou dans la brousse, pas très près des villages; de plus, leur chant et leur façon de vivre rappellent aux Apinayé la douleur qu'on éprouve quand on voit un parent mort. Les hiboux et les "mães da Lua" sont donc "motivés"[5] par le milieu où ils vivent (nuit, obscurité, mort), par leurs gestes (ils roulent et sautent d'une façon caractéristique, comme s'il s'agissait d'êtres humains pleurant), par leur chant (qui ressemble à des sanglots) et par la façon dont ils manifestent ce comportement aux hommes (par hasard et sans raison). Ils ne s'approchent pas des maisons pour chercher de la nourriture, mais pour chanter et faire du bruit: pour avertir d'une mort.

Dans le cas 4, la participation de l'urubu est motivée. C'est un "ami de l'homme", comme le montre le mythe de l'homme qui monta au ciel, transporté par ces oiseaux, et apprit là-haut comment devenir un puissant guérisseur (Cf. Nimuendaju 1939, 184; 1956, 138). Les Apinayé disent que ces oiseaux ont une prédilection spéciale pour l'homme, car ils se nourrissent des restes de gibier qu'il abandonne (Oliveira 1930:67). Le rapport hommes-urubus est très curieux: les restes dont l'animal se nourrit sont abandonnés volontairement par l'homme. Ainsi, les urubus sont-ils envisagés comme une société (un mythe raconte le combat entre les hommes et "le peuple-urubu"), mais une société à rebours. D'abord, parce qu'ils ne mangent que de la viande pourrie; ensuite, parce qu'ils vivent dans le ciel.[6] Le mauvais présage tient alors au fait que l'oiseau est sorti radicalement de son *habitat* (il est à terre au lieu d'être au ciel): il doit attendre un cadavre. Les Apinayé savent que les urubus ne se rassemblent qu'aux endroits où il y aura de la viande pourrie. Or viande pourrie = cadavre = mort.

L'anu (cas 5) est "motivé" par sa couleur noire, associée à la mort et à la saleté (tous ces termes sont traduits par *túk*, en apinayé), ainsi qu'à la nuit, pendant laquelle il chante rarement. Le présage s'explique par l'inversion de la conduite normale de l'oiseau: il chante "à une heure indue", comme le font remarquer parfois les indigènes. D'autre part, son chant est associé aux sanglots et aux lamentations humaines. Pour la chauve-souris (cas 12), l'ambiance, sa couleur et sa condition de mammifère volant, s'ajoutent à sa mort anormale pour présager un triste

[5] Nous employons "motivé" dans le même sens que Saussure et Lévi-Strauss: un trait propre à l'objet (ou l'élément) et qui n'est pas arbitraire par rapport à son signifiant (Cf. Saussure, 1965: 130 et Lévi-Strauss, 1962b: ch. IV).

[6] Les Apinayé classent parfois les animaux en "animaux qui vivent dans les champs", "animaux qui vivent dans la brousse", "animaux qui vivent dans l'eau" et "animaux qui vivent dans le ciel" (ils placent dans cette dernière catégorie les éperviers et les urubus).

événement. Par ailleurs, la position de la chauve-souris, quelque peu bizarre, est explicitée dans le mythe apinayé des *Kupen-dyéb*, "peuple chauve-souris" (Cf. Nimuendaju, 1939: 179; 1956: 134).

Les cas 8 et 13, qui font intervenir les petits du perroquet et de la perruche et la souris, peuvent être interprétés ensemble; leur situation est en effet la même: la souris est morte et hors de son milieu, la nuit; les petits sont hors de leurs nids. En outre leur taille leur donne un air d'insignifiance, mais aussi le pouvoir de susciter des sentiments propres aux êtres humains: ils sont rapprochés des enfants car, ainsi qu'un de nos informateurs l'a bien expliqué: "quand on voit un de ces petits oiseaux, on a envie de l'emporter chez soi et de l'élever."

La présence du crapaud (cas 9) tient à sa laideur qui, selon les Apinayé, le distingue de tous les autres animaux, et aussi à sa conduite semi-humaine. Les crapauds ressemblent aux hommes pour différentes raisons: ils ont des "mains" semblables à celles des hommes; ils n'ont pas peur des hommes[7] à la différence des autres animaux, et ils les aident en mangeant des insectes nocifs. A ce sujet, on raconte l'histoire d'un crapaud qui aida un homme victime de grillons. Par ailleurs, les crapauds vivent seuls, autour ou à l'intérieur des maisons, et, bien que considérés comme très venimeux, ils n'attaquent jamais les hommes. C'est pourquoi les Apinayé ne mangent ni crapauds ni grenouilles (animaux "venimeux" l'un et l'autre et classés comme *prí-ti*). Traiter quelqu'un de *prí-tí* provoque l'indignation. Enfin, la laideur est associée au deuil (*ondúi* = laideur, deuil) et le présage s'explique par une association d'idées rationnelles dans ce contexte: la rencontre de cet animal, sa conduite et ses caractéristiques, font que le crapaud (ou la grenouille) est un symbole de veuvage et de réclusion.

Le tapir (cas 10) est "motivé" par sa grande force (le plus fort de tous les animaux, disent les Indiens) et par sa grande taille. C'est un animal dont la "chair est lourde"; aussi doit-on éviter de la consommer quand on se trouve dans certaines situations, par exemple après l'accouchement. Comme d'autres animaux, le tapir vit en rapport étroit avec les hommes, car tous les deux sont forts. Rappelons que l'animal qui a apporté le tronc du "jatobá" au village et qui l'a brûlé, était un tapir car, selon les Apinayé, "il était le seul animal capable d'un exploit semblable" (voir le "mythe du feu" *in* Nimuendaju 1939: 158; 1956: 119). En outre, on dit du tapir

[7] Les catégories "animaux sans peur" et "animaux craintifs" (*brú kambá, brú kambá ket*) c'est-à-dire animaux qui ne fuient pas à l'approche de l'homme et animaux qui fuient à son approche, semblent avoir un rôle fondamental dans le système de classification des animaux chez les Apinayé.

que son flair est très prononcé. Aussi est-il très difficile de le capturer, car il peut sentir l'homme à une grande distance et s'enfuir, sans qu'aucun obstacle puisse l'arrêter. En se rapprochant du village, le tapir ne se conduit donc pas normalement et le malheur qu'il annonce est proportionnel à sa taille et à sa force. Le présage exprime, d'une autre façon, ce que l'expérience démontre: si le tapir s'approche d'un village, il faut que celui-ci soit désert; ou les hommes sont morts, ou ils sont partis.

Le cas 11 est structuralement semblable aux précédents. Le guará est "motivé" également par des traits particuliers: grand flair, rapidité, peur de l'homme. C'est un chasseur carnivore et, d'après quelques indigènes plus âgés, il aime la chair des femmes enceintes. Ces traits permettent d'assimiler le guará aux novices (*pẽb*). Ceux-ci doivent, comme lui, être des chasseurs, ils sont carnivores par excellence, et on espère qu'ils seront de bons coureurs (ils doivent être légers, disent les indigènes). En effet, au cours des périodes de réclusion des novices apinayé, on s'efforce de leur donner, parmi d'autres qualités, la légèreté et la résistance physique, traits associés, explicitement, à l'ordre moral (celui qui est léger est travailleur, etc.) et valeurs encore très appréciées par tous. En outre, le cri du guará ressemble à des sanglots prolongés. Sans doute aussi sa rareté (Cf. Von Ihering, 1963: 35-36) et sa peur des hommes explique l'augure: les guará — comme les novices — sont éloignés et l'approche de l'homme les effraient.

Les cas 6 et 7 peuvent être interprétés de la même manière. Les araras, les perroquets et les piverts se ressemblent en ce qu'ils sont les uns et les autres liés aux hommes. Les araras et les perroquets le sont d'une façon très explicite: les Apinayé remarquent qu'ils imitent la voix humaine et sont utiles à cause de leurs plumes. Quant aux piverts, ils offrent le modèle d'un oiseau qui "travaille toujours." Le chant inattendu des araras et des perroquets rappelle les funérailles, à cause de leurs plumes, qui y sont utilisées comme ornements. Le pivert est un présage par son chant anormal qui rappelle les chants funèbres.

Ayant ainsi explicité la façon dont les Apinayé associent les animaux à différents présages, nous pouvons préciser les rapports entre les catégories a et b. Sans aucun doute, le trait distinctif des présages que nous venons d'étudier est que l'animal accentue l'anormalité de la situation par une caractéristique intrinsèque qui autorise un rapprochement avec l'homme. Ainsi, alors que les présages de la catégorie a expriment une "logique des situations" (conjonction de la mort anormale d'un animal avec celle d'un homme), ceux de la catégorie b, qui font jouer également une logique du même ordre (l'animal hors de son milieu normal), tiennent compte en outre des caractères anthropomorphiques de l'animal. C'est pourquoi seule la relation entre la situation objective et la motivation de l'animal permet de résoudre les problèmes, en apparence incompréhensibles, posés par la liste précédente. La nature de l'animal et la situation sont deux coordonnées en fonction desquelles un fait peut être classé comme insolite. L'animal prend une valeur de position: il ne devient présage qu'en rapport avec une certaine conjoncture (cf. Lévi-Strauss, 1962b: 74).

Aucun Apinayé, nous avons pu le constater, n'a peur des animaux précédemment cités. Ceux-ci ne sont donc pas "motivés" simplement par leur association avec la mort. Nous venons de voir au contraire que l'attribution d'une valeur augurale au crapaud, au guará, à l'urubu et au tapir tient à plusieurs des qualités de ces animaux. C'est la sélection de certains caractères qui explique le présage, et cette sélection est opérée en fonction de la coïncidence, qui permet l'humanisation de l'animal. Plus exactement, la coïncidence crée des conditions qui mettent en rapport le monde des hommes (culture ou société) et le monde des animaux (nature ou monde que l'homme ne contrôle pas complètement), qui sont normalement séparés. Nous reviendrons sur ce problème.

(B) Voici maintenant un certain nombre de données concernant les présages en rapport avec le fonctionnement anormal de certaines parties du corps humain:[8]

1. Si l'œil tremble sans raison, un parent va mourir.
2. Quand le cœur palpite, apparemment sans motif, *idem*.
3. Si le nez coule, cela signifie qu'on pleurera bientôt pour la mort d'un parent.
4. Si les lèvres tremblent, *idem*.
5. Si l'on ne dort pas la nuit, ou si l'on ne dort que pendant le jour, ou si l'on se couche plus tôt que les autres, un parent va mourir.
6. Défèquer souvent pendant la nuit est signe de veuvage.

Melle Ham a déjà remarqué que les Apinayé emploient souvent les noms désignant les parties du corps humain comme figures de langage (Cf. Ham, 1962). Des expressions recueillies par cette linguiste ressemblent, d'une certaine manière, aux présages ci-dessus. Les Apinayé disent par

[8] Ces cas ressemblent à celui décrit par Nimuendaju dans sa seule référence à la prévision de la mort chez les Apinayé. D'après lui, dans la première phase de l'initiation des *Pẽb*, l'instructeur de la moitié Kolti pose sa main sur la poitrine d'un garçon de sa moitié. Si la main tremble, le garçon mourra précocement (Cf. Nimuendaju, 1939: 58; 1956: 47). Certains Apinayé actuels confirment ce signe. Le même symptôme peut être reconnu dans toutes les visions surnaturelles, comme nous l'ont montré les descriptions d'apparitions, faites par certains de nos informateurs.

exemple: "je n'ai pas mon œil sur toi", ce qui signifie, en langage figuré: "je ne me souviens pas de toi." Ou bien "je vais tirer ton cil", qui signifie: "je vais te demander un service" etc. D'autre part, les parties du corps les plus nettement différenciées comme la tête (*krã*) servent de référence pour définir des rôles sociaux. Ainsi, les relations fondamentales entre le "nominateur" et le "nommé", importantes dans certaines cérémonies et essentielles dans l'initiation et l'incorporation des jeunes gens dans la communauté villageoise sont des relations entre *krã-tum* et *krã-dúw*, "la vieille tête" et "la jeune tête." Les Apinayé disent que les gens attachés par ces liens doivent se conduire harmonieusement car ils ont même nom et même tête.

Certaines métaphores prennent appui sur diverses parties du corps humain qui remplacent alors le nom ou le désignatif de personne. Il en est même, on vient de le voir, pour l'expression de certaines relations sociales. Tout se passe comme si ces parties étaient indépendantes du reste du corps, comme si les mouvements, dont elles sont l'organe ou le siège, étaient, au moins symboliquement, autonomes et individuels. Cette conception tient à la nature de certains organes dont les mouvements involontaires ou inconscients les font apparaître comme, en quelque sorte, détachés de la totalité qu'est le corps humain.

Les cas 1, 2, 3, et 4 illustrent cette conception du corps. Bien qu'ils forment une totalité concrètement indivisible, certains organes semblent avoir leur vie propre, leur rythme singulier, indépendant de la volonté. Les Apinayé ne sont pas les seuls à penser ainsi: Pascal n'opposait-il pas le cœur et la raison, selon une logique somme toute semblable?

En bref, le corps humain, pour les Apinayé, est soumis à deux types de lois: des lois sociales, consciemment exprimées, et des lois naturelles que manifestent les mouvements indépendants ou semi-indépendants, en tout cas involontaires, de certains organes. De plus, certaines parties, pour ainsi dire, "détachées" du corps sont exposées à des mouvements accidentels qui troublent momentanément l'équilibre de ces deux plans, social et naturel, entre lesquels se partage la totalité humaine. Les mouvements désordonnés du cœur ou des paupières, le rhume, sont des irrégularités rappelant à la conscience et à la société le caractère limité du contrôle qu'elles exercent. Normalement, toutes les parties du corps doivent coopérer pour des fins sociales. Si l'une d'elles est prise de mouvements indépendants et inexplicables, c'est la preuve que, même en l'homme, la société ne contrôle pas tout. L'accident est considéré comme une inversion du normal. C'est précisément cette idée qu'exprime le mythe "Perna de Lança" (Cf. Nimuendaju, 1939: 175; 1956: 131).

Dans les cas 5 et 6, le présage résulte également d'une inversion, mais sur un autre plan. Ici, il ne s'agit pas d'inversion au sein d'une même totalité, mais par rapport à la vie physiologique normale. Un homme qui défèque seulement pendant la nuit (cas 6) inverse une fonction physiologique, et il crée un mystère pour ses compagnons. Cette situation, considérée comme normale quand on est reclus — l'intensité de la vie sociale est alors affaiblie — devient le signe d'une réclusion prochaine lorsqu'elle est sans cause apparente. Des observations du même ordre valent pour le cas 5. Dormir toujours trop tôt ou pendant le jour est signe de mort, car celui qui a perdu un parent devient somnolent et apathique.

(C) Parmi les présages liés au fonctionnement anormal de certains objets ou à un trouble dans le déroulement de certaines activités, on peut citer:

1. Un fusil qui ne part pas, bien qu'il ait été préparé soigneusement, est signe de la mort d'un parent.
2. Etre à proximité d'un animal qu'on chasse et le manquer, *idem.*
3. Se blesser plusieurs fois le pied sur un morceau de bois en revenant au village révèle l'adultère de l'épouse. Si le même accident se produit lorsqu'on va chez quelqu'un pour recevoir un cadeau (du gibier, le plus souvent), c'est que le donateur n'est pas chez lui ou que le cadeau a déjà été donné à un autre.
4. Si un objet (fèces d'oiseau, noyau de babaçú ou de buriti) tombe sur la tête de quelqu'un, c'est signe de la mort d'un parent.
5. Si l'on trouve vide de miel un rayon qui normalement devrait être plein, *idem.*
6. Si un gâteau de manioc ou de riz ne cuit pas bien, *idem.*
7. Si les poutres d'une maison se cassent ou si le bois des étais craque pendant la nuit, un des habitants de la maison mourra.

Ces cas mettent en évidence plus nettement, sans doute, que les autres, l'aspect insolite des évènements qui constituent les présages. Mais quand les Apinayé mentionnaient devant nous des occurrences de ce type, ils expliquaient toujours qu'il n'y avait présage que justement dans la mesure où il fallait exclure toute explication par le mauvais fonctionnement de l'objet ou par la faute ou la maladresse de celui qui l'employait. Au sujet, par exemple, du gâteau de manioc (cas 6), les femmes expliquaient que le fait même du présage était d'autant plus certain que le gâteau avait été préparé avec soin. Alors, en effet, on est sûr qu'aucune "bonne raison" n'explique la mauvaise cuisson. L'accident, par lui-même, n'est pas la cause du présage. Comme dans les cas déjà étudiés, le présage semble tenir à la nature double de l'événement: d'une part, une action humaine quelconque est engagée, d'autre part elle est soudainement interrompue ou troublée par un facteur qui n'est pas directement en liaison avec cette action. Il en est de même pour le cas 4: quelque chose tombe là où il ne devrait pas tomber.

Ce sont là des événements désagréables, car ils placent l'homme devant des obstacles impossibles à surmonter. Un fusil, comme un gâteau de manioc, n'a pas de secrets pour les Apinayé; mais leur fonctionnement ou leur confection semble dépendre de certains éléments qu'un Apinayé ne connaît pas exactement. Le rayon de miel (cas 5) en est un bon exemple: l'homme connaît la nature des abeilles et des rayons, mais il ne peut jamais affirmer que le rayon contiendra du miel. Une femme non plus n'est jamais sûre que son gâteau de manioc sera bien cuit, car la cuisson dépend du feu et le feu est un élément dont l'essence n'est pas parfaitement connue par les Apinayé. Ainsi, ces présages traduisent-ils la fragilité de l'homme qui, même au sein d'un univers typiquement social, peut voir son projet interrompu par quelque chose à quoi il n'avait pas songé au début, quelque chose qui interfère avec son action, la trouble et peut même l'interrompre.

(D) Les rêves:

1. Rêver de feu annonce des combats; cela veut dire aussi qu'il faut prendre garde aux parents.
2. Rêver d'eau annonce qu'il va pleuvoir.[9] Rêver à la lune annonce qu'il y aura beaucoup d'eau.
3. Rêver au coït ou à une femme nue présage qu'on tuera du gibier le jour suivant.
4. Rêver qu'on est perdu annonce la mort.
5. Rêver à la course des "tora" veut dire qu'on portera un mort au cimetière.
6. Rêver aux fêtes du village est signe de mort.
7. Rêver qu'on bâtit une maison est signe qu'on creusera une sépulture.

[9] Dans la même catégorie, nous pouvons placer le signe de l'arc-en-ciel, qui représente la pluie (Cf. une observation des Ramkokamekra-Canela du Maranhão, *in* Nimuendaju, 1946:234). Le même type d'observation météorologique et astronomique, par exemple l'éclipse de Lune chez les Apinayé, est signe que plusieurs membres du groupe vont mourir. Parmi les Canela, cités ci-dessus, une éclipse de Lune provoque un rituel compliqué (Cf. Nimuendaju, 1946:236). Nous avons assisté à un rituel semblable chez les Gaviões du Pará, en 1961. Les Kayapó également considèrent certaines formations des nuages comme des signes de querelle entre les membres d'un village (Cf. Turner, 1966, appendice XI).

8. Rêver à des chiens qui se disputent annonce des bagarres au village.

9. Rêver au serpent signifie que quelqu'un sera blessé par une flèche.

10. Rêver à un parent ou à une connaissance qui est au loin signifie que cette personne arrivera bientôt.

11. Rêver à un vieillard signifie qu'on tuera un "ema" le jour suivant.

12. Rêver qu'on se dispute avec son père ou son frère signifie qu'on se disputera avec une autre personne.

13. Rêver à des petits de perroquets ou d'araras est signe qu'on aura un fils ou que l'épouse du rêveur sera enceinte.

14. Rêver à des amis ou à des parents gros et de bonne allure annonce la mort ou la maladie. Rêver à des amis ou parents maigres est signe de santé et de bonne disposition.

Comme on peut le voir, cette liste comporte une plus grande variété de présages, elle compte aussi beaucoup plus de présages positifs ou neutres que les précédentes. Cela tient, semble-t-il, à la nature même du rêve et des précisions qu'il peut fournir. Rêver est une activité dont la variabilité et l'imprévisibilité sont totales et aucun Apinayé ne prétend dominer ses rêves. En effet, le rêve chez les Apinayé est une expérience que subit le *karõ* (âme): pendant le sommeil il peut se détacher temporairement du corps et se promener dans des endroits connus ou non, parler avec des esprits et vivre une autre vie. Le souvenir d'une telle expérience peut être communiqué ou non au moi réveillé. Les rêves se déroulent par conséquent dans une ambiance totalement différente de celle de la vie normale, dans un monde de choses invisibles qui ne dépend pas directement de la matière, un monde où l'on ne peut accéder que par la séparation de l'âme et du corps, les deux parts fondamentales de l'être humain.

Il faut remarquer, cependant, que les rêves-présages sont des rêves spéciaux. Dans un répertoire presque illimité de rêves, les Apinayé en choisissent seulement quelques uns comme indicateurs d'événements futurs. Certains rêves mettent en rapport des éléments naturels, comme dans le cas 2, où nous trouvons la relation eau = pluie (la pluie est un phénomène naturel mais il a des conséquences sociales car il influence les hommes et leurs activités). Les associations lune = eau, soleil = beau temps, nous renvoient au mythe de Soleil et de Lune qui raconte, entre autres, comment ces héros devinrent les "propriétaires" de l'été et de l'hiver. Elles montrent aussi une opposition plus profonde entre le régulier et l'irrégulier. Les Apinayé disent que pendant la saison des pluies les hommes ne peuvent ni voyager ni organiser des cérémonies, car personne ne sait s'il va pleuvoir ou non; tandis que pendant l'été, quand le soleil est maître, toutes les activités sociales sont plus faciles à contrôler. L'élément fluide (l'eau) est ainsi associé à l'imprévisible et à l'irrégulier, symbolisé par la Lune dont personne ne sait à quel endroit du ciel elle apparaîtra, disent les indigènes. Au contraire, le Soleil est associé au prévisible et au régulier. La même interprétation vaut pour l'équation noir = pluie, la couleur noire représentant la nuit qui est associée à la Lune et qui apparaît totalement continue, puisque les Apinayé ne la divisent pas en phases bien marquées, comme ils le font pour le jour, d'après les positions du Soleil. Il faut enfin remarquer que ces caractéristiques du Soleil et de la Lune en tant qu'astres s'accordent à leurs actions en tant qu'êtres mythiques (Cf. Nimuendaju, 1939: 158; 1956: 120). Pour le rêve 1 (celui du feu), notre interprétation est plus simple. L'association feu-combat est compréhensible si, comme les indigènes, on compare les mouvements de cet élément ("le feu se dispute toujours", disent-ils) aux péripéties, également destructrices, d'un combat humain.

Une seconde catégorie de rêves concerne certaines émotions et actions. Rêver au coït (cas 3) renvoie au gibier parce que l'animal est ouvert, ventre en l'air, dans la position même de la femme attendant l'homme. L'analogie est donnée par la position. L'image d'une femme nue est aussi présage de gibier, car femme et gibier sont "comestibles" pour les hommes et la vision du vagin féminin rappelle à l'Apinayé celle de l'animal ouvert et de ses entrailles. Chez les Apinayé, comme chez bien d'autres populations, "manger" (*kukrẽ*) peut signifier "copuler".

Le rêve 4 présente une analogie explicite avec la mort; la situation est logiquement la même: dans les deux cas, il y a séparation entre les individus et le groupe social. Le rêve d'une course de "tora" (rêve 5) est un présage négatif, car il évoque une action symétrique et inverse; quand on porte un mort au cimetière, le cortège funèbre interrompt, tout comme la course, une interruption de la vie quotidienne, mais dans la course, on porte l'objet à sa place, c'est-à-dire *dans* la société, tandis que le cadavre est porté *hors* de la société.

Dans le rêve 6, la fête correspond à la mort, car, dans les deux cas, disent les Apinayé, les gens sont excités. En outre la fête, comme la course de "tora", interrompt les activités quotidiennes. Dans le cas 7, il y a présage parce que, pour bâtir une maison, on creuse des trous, et aussi parce que la maison symbolise le repos, l'immobilité, la protection, comme l'expriment la morphologie du village et le fait que les maisons appartiennent aux femmes. Les règles de résidence (le mariage est uxorilocal) font qu'elles ne se "remuent" pas comme les hommes, qu'elles ne vont pas de maison en maison. Les rêves 8, 9 et 13, où apparaissent des animaux, sont clairs. Des chiens qui se disputent font penser à une dispute au village, car les chiens sont des animaux domestiques et leur comportement peut symboliser la conduite humaine, surtout quand celle-ci est anti-sociale. Les chiens, disent les Apinayé, sont comme les hommes de mauvais caractère, des *piáam ket* ("sans honte, sans respect").

Le rêve 12 semble contredire ce qu'il est censé présager: la discussion entre proches parents dans le rêve annonce une discussion entre "non parents." C'est que, dans ce rêve, les proches parents agissent en ennemis, tout comme dans le rêve précédent les animaux se conduisaient en personnes qui ne respectent pas les règles sociales. Pour les rêves de serpents et de petites perruches, il n'est pas besoin d'une longue explication. Nous avons déjà remarqué que les indigènes "humanisent" les petits des oiseaux. Rêver d'eux, c'est le signe qu'on aura des enfants. Les araras et les perroquets sont d'ailleurs faciles à humaniser, car ils peuvent parler et "sont habillés." Quant à la comparaison serpent-flèche, elle va de soi.

Enfin, certains rêves font apparaître diverses catégories de personnes: vieillards, parents et amis. L'association entre les vieillards et les emas est fondée sur l'identité de la couleur des cheveux des vieillards et des plumes de l'oiseau: grises ou blanches, dans les deux cas. De plus, les vieillards occupent une position marginale dans la société, ils délaissent, progressivement, les affaires quotidiennes; c'est pourquoi les Apinayé considèrent les vieillards comme des modèles d'impartialité et de sagesse. Or les emas occupent une position analogue — du point de vue structural — dans le monde physique: ces oiseaux ne volent pas.

Dans le cas 14, on rêve d'établir des relations sociales, mais sur un autre plan que celui des relations réelles et concrètes, et c'est pour cela que le rêve est un présage. Nous avons déjà souligné que le rêve fait pénétrer dans un monde d'images et d'esprits. Une rencontre dans ce monde intermédiaire où se mêlent la nature et la société, annonce une rencontre réelle dans le monde des vivants.

Toutefois, le réel annoncé est l'inverse du contenu rêvé. C'est que le monde des esprits, des morts et des images est l'inverse du monde social et réel. Les Apinayé disent que dans le premier, le jour est la nuit et vice-versa. Les esprits viennent au village des vivants pendant la nuit; les âmes et les esprits sont légers et mangent très peu; les âmes ne touchent pas le sol et peuvent aller n'importe où, en raison de leur légèreté et de leur immatérialité elles transcendent l'espace. Cette inversion généralisée explique que la signification attachée à un rêve inverse fréquemment son contenu manifeste.

L'embonpoint rêvé des parents annonce qu'ils seront maigres et malades; les querelles entre proches parents (rêve 12) annoncent au contraire leur solidarité dans une dispute réelle qui les opposera à des étrangers.

Tout se passe donc comme si le rêve était la réflexion en miroir du monde réel. Mais rêver est une activité complexe et les rêves présentent aussi des associations par analogie, comme nous l'avons vu dans les rêves 1 et 2: il n'y a pas de relation d'opposition entre la Lune et la pluie. Et pourtant on peut, sous l'équation du rêve 2, découvrir une inversion. L'eau est un élément de la nature qui, au moment du rêve, n'a pas une signification précise: la pluie, au contraire, spécifie l'eau qui passe du plan naturel au plan social: la pluie, c'est l'eau vue du point de vue de l'homme et de la société. De même l'équation "vieillard = emas" recouvre l'opposition "homme naturalisé *vs.* animal humanisé", l'équation "femme = gibier" l'opposition "repas naturel *vs.* repas social" et l'équation "perdu = mort" l'opposition "détachement réversible du groupe social (celui qui est perdu peut revenir) *vs.* détachement irréversible du groupe social (celui qui meurt ne reviendra jamais)."

## IV

Après avoir analysé les présages, à partir des explications des Apinayé eux-mêmes, nous voudrions proposer une explication générale, regroupant tous les cas étudiés.

Cherchons d'abord ce que tous les cas cités ont de commun et s'il est possible de découvrir une règle qui puisse ordonner totalement les différents présages. L'étude de chaque cas particulier nous fournit déjà une base de départ approximative. Tous les "signes" se définissent en tant que tels par la conjonction soudaine de traits appartenant normalement à deux mondes nettement opposés. Les rêves concernant soit les animaux, soit le fonctionnement du corps humain illustrent cette interprétation. Ainsi, l'animal de mauvais augure rappelle un mort ou une attitude propre aux funérailles. Il est dans une situation telle qu'il est facile de lui attribuer un caractère anthropomorphe, comme le font les Iban (Cf. Lévi-Strauss, 1962b: 74). Pour le corps humain, le procédé est inversé: au lieu d'un être naturel soudain humanisé, on a un objet social naturalisé par le fonctionnement incontrôlé d'une de ses parties. Ces deux types de présages sont des cas extrêmes: le corps humain représente la créature sociale elle-même, dont le domaine d'action est la société, tandis que l'animal agit dans un monde où les règles sociales ne fonctionnent pas. D'autre part, cette transformation soudaine, inattendue, est anormale.

C'est la réunion de toutes ces capacités qui fait de la coïncidence un présage et permet d'expliquer pourquoi certains animaux, en fait insignifiants pour les Apinayé (la souris, les petits araras etc.) sont considérés comme messagers de mauvais augure. (Cf. également Lévi-Strauss, 1962 b: 74).

La règle de transformation peut donc se formuler ainsi:

(a) Présages donnés par des animaux: humanisation d'un être naturel.

(b) Présages donnés par le corps humain: naturalisation d'un être social.[10]

Dans les deux cas, le passage d'un plan à l'autre se fait dans des conditions inattendues.

La même règle de transformation peut expliquer les rêves prémonitoires et les présages liés au fonctionnement anormal de certains objets et au déroulement interrompu ou troublé de certaines activités. La possibilité d'appliquer à ces deux types de présages la règle de transformation répond à leur nature même. Les rêves prémonitoires font intervenir à la fois, en effet, des êtres naturels et des êtres sociaux: un être de la nature est humanisé et vice-versa. Des chiens qui se disputent sont des hommes qui se querellent. Rêver à des vieillards annonce la mort d'un certain oiseau.

De même, un objet social peut fonctionner, ou plutôt ne pas fonctionner, comme s'il était un être naturel (le fusil soigneusement préparé ne part pas). Cela veut dire qu'un objet social dépend d'une mécanique qui, une fois mise en mouvement, ne dépend plus de la volonté humaine ou des règles du groupe. De ce point de vue, le fusil "se conduit" comme un animal, aux mouvements imprévisibles pour l'homme. De même encore, l'objet qui tombe sur la tête d'un passant, rend manifeste une intrusion inadmissible du monde de la nature dans les affaires humaines; quelque chose d'insignifiant et qui n'appartient pas au monde social y entre par accident et perturbe un projet humain.

L'accidentel est donc pensé comme une confusion de plans et de catégories, et c'est l'anormalité de cette confusion qui fait présage. L'accidentel ainsi conçu est de mauvais augure, mais on peut dire aussi bien que le signe de mauvais augure exprime une confusion accidentelle de plans. Les Apinayé regardent en effet le présage comme un cercle. De

[10] L'application de cette formule aux présages apinayé semble confirmer cette affirmation de Lévi-Strauss: "L'anthropomorphisme de la nature (en quoi consiste la religion) et le physiomorphisme de l'homme (par quoi nous définissons la magie), forment deux composantes toujours données, et dont le dosage seulement varie (...) chacune implique l'autre", et un peu plus loin, "La notion d'une surnature n'existe que pour une humanité qui s'attribue à elle-même des pouvoirs surnaturels, et qui prête en retour, à la nature, les pouvoirs de sa superhumanité" (Cf. Lévi-Strauss, 1962b:293).

fait, il revient au même de commencer par l'accident ou par le présage, car s'il y a eu accident c'est parce qu'il y a eu signe et vice-versa. Cette manière circulaire d'envisager le phénomène permet à l'Apinayé de le classer avec précision. Au lieu de parler d'un malheur ou d'un accident, il parle d'un présage.

Les moyens par lesquels les sociétés cherchent à expliquer (et à contrôler) les faits insolites sont différents. Dans une communauté amazonienne, ainsi que nous avons essayé de le montrer ailleurs (Cf. Da Matta, 1967), l'insolite était réduit à une erreur sociale provoquée, le plus souvent, par celui qui avait subi la conséquence. Il en est de même dans certaines sociétés africaines, comme l'a montré Evans-Pritchard, dans son étude classique sur le sorcellerie chez les Azande (Cf. Evans-Pritchard, 1937: ch. IV). Dans ces deux cas, l'explication de l'accidentel et de l'anormal est cherchée dans le passé. Parler de présages implique une attitude toute différente: l'accidentel devient le signe d'une chose qui arrivera plus tard.

Nous ne chercherons pas à découvrir le rapport entre l'évènement extraordinaire et l'avenir, ou, en d'autres mots, nous ne chercherons pas pourquoi un tel évènement se rapporte à une connaissance de l'avenir.

Les Apinayé disent que "les bonnes choses n'ont pas besoin d'avertissements", ce qui veut dire que les informations qu'elles apportent assurent la continuité de la vie sociale. Les faits qui provoquent les présages sont au contraire des accidents et interrompent une routine, brisent un *continuum*, ils représentent une rupture violente de la répétition et de la continuité de la vie quotidienne. Dans le mythe et dans le rituel, le quotidien est également suspendu. Mais dans le contexte mythique, cette suspension est normale. Les mythes Apinayé supposent toujours qu'il existe un passage et une communication dans les deux sens entre les êtres naturels et les hommes.[11] Il en est de même dans le rituel. De ce point de vue, le mythe et le rituel sont franchement opposés à la vie quotidienne: d'une part, l'extraordinaire; de l'autre, l'ordinaire.

L'évènement qui fait le présage est l'équivalent structural des moments extraordinaires que comportent le mythe et le rituel, mais il n'est ni attendu ni prévu. L'anormal s'introduit sans prévenir dans un monde d'où il devrait être exclu. Il introduit une *discontinuité* dans la *continuité* du quotidien. La situation ainsi créée peut être dite "interstructurale"[12]; elle

[11] Nous avons présenté cette question d'une façon plus détaillée dans une comparaison des mythes du Feu et de l'Auké, chez les Canela (Cf. Da Matta, 1966).

[12] Nous employons le terme "inter-structural" dans le même sens que V. Turner (Cf., Turner, 1964).

correspond à celle des initiés dans les rites de passage et des héros mythiques dans leurs aventures. C'est une situation marginale et dangereuse pour laquelle le système de référence en usage dans la vie quotidienne n'est plus valable. Mais le vide ainsi créé par l'insolite permet de connaître l'avenir, car échapper à la vie quotidienne, c'est échapper aux catégories courantes de classification. On peut alors comprendre la connexion entre l'accidentel et le présage. La relation entre les deux termes n'est plus irrationnelle, mystique ou contingente; elle est rationnelle et nécessaire. On peut la formuler de la façon suivante: si le système de classification qui opère dans le monde physique et dans le monde social a été perturbé ou inversé par l'accidentel, tout l'ordre de succession des évènements est aussi remis en cause. Ce bouleversement est d'ailleurs bien visible dans les présages où l'animal ou l'objet apparaît dans un endroit indu, c'est-à-dire comme un défi à toutes nos connaissances sur les choses et les êtres. A la discontinuité créée dans le présent par l'accident répond une autre discontinuité qui se produira dans l'avenir, avec la mort d'un parent. L'une et l'autre suspendent le quotidien, arrêtent et menacent le cours social des choses. Autrement dit, le présage exprime une homologie entre deux moments qui se placent hors de la succession temporelle, deux moments où les catégories courantes du temps ne valent plus (Cf. Leach, 1961: 134). De ce point de vue, le présage n'a rien de mystique ou d'extraordinaire. Il reflète au contraire un effort pour résoudre de façon très pratique et rationnelle un évènement inclassable dans le système habituel de classification et qu'il faut donc projeter "en avant" (dans l'avenir) afin de l'intégrer à nouveau dans l'ordre cosmologique.

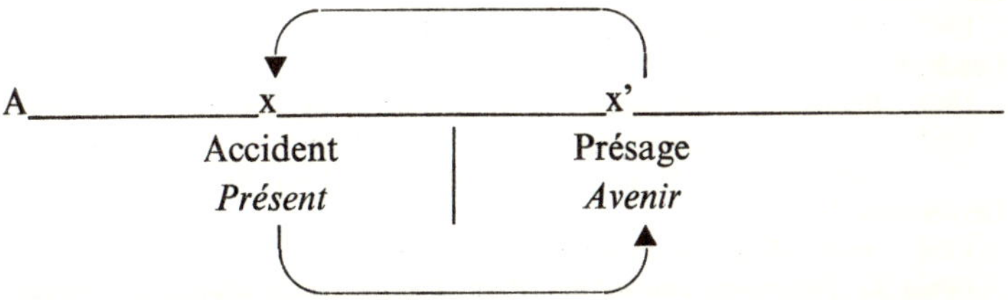


Sur le schéma, la ligne A représente la continuité quotidienne, faite des événements de tous les jours qui se succèdent et se répètent régulièrement. Mais *x*, événement insolite, crée une coupure. Réalisant une confusion des plans, *x* échappe au système courant d'expectatives. Il ne peut être situé dans le passé, car il n'est pas la conséquence, qu'on aurait pu attendre, d'une attitude ou d'une action négative quelconque. Il ne peut être intégré dans le système que s'il devient le signe de l'événement x', son équivalent symbolique dans l'avenir.

Le système des présages Apinayé assure donc une correspondance entre le présent et l'avenir; il permet de classer l'insolite, de concilier le continu et le discontinu, le contingent et le nécessaire, l'inédit et le courant. Un tel système ne peut, selon nous, être engendré que par une société prétendant connaître, dans les moindres détails, un univers où rien ne peut arriver sans être en relation directe avec les êtres humains. Même les évènements qui ne peuvent être immédiatement expliqués rationnellement se voient attribuer des caractéristiques qui leur confèrent une signification pratique: ils deviennent ainsi les signes de ce qui arrivera à une personne ou à un groupe. Entrant dans une classification, ce ne sont plus des évènements indéterminés. Faute de quoi, il serait nécessaire de concevoir non plus cet univers parfaitement connu et en quelque sorte clos, mais un univers ouvert où le présent et l'avenir seraient envisagés comme des dimensions diverses et même contradictoires.

UNIVERSIDADE FEDERAL DO RIO DE JANEIRO

## BIBLIOGRAPHIE

Da Matta, Roberto,
1967 "Panema", *L'Homme*, VII, 3 (Paris).
(sous presse), "Myth and Anti-Myth among the Timbira", in P. Maranda et E. Köngäs Maranda, *The Structural Analysis of Oral Tradition*, University of Pennsylvania Press.
Evans-Pritchard, E. E.,
1937 *Witchcraft, Oracles and Magic among the Azande* (Oxford, Clarendon Press).
Ham, Patricia,
1962 "Figures of Speech in Apinayé", mimeo.
Leach, E.,
1961 *Rethinking Anthropology* (The Athlone Press, University of London).
1965 "Animal Categories and Verbal Abuse", in *New Directions in the Study of Language*, Eric H. Lenneberg (Ed.), The M.I.T. Press, Mass.
Lévi-Strauss, Claude,
1958 *Anthropologie structurale* (Paris, Plon)
1962a *Le Totémisme aujourd'hui* (Paris, Presses Universitaires de France).
1962b *La Pensée sauvage* (Paris, Plon).
Maybury-Lewis, David,
1967 *Akwẽ-Shavante Society* (Oxford, Clarendon Press).
Nimuendaju, Curt,
1939 *The Apinayé* (Washington, Catholic University of America Press).
1946 *The Eastern Timbira* (= *University of California Publications in American Archaeology and Ethnology*, Vol. XLI).
1956 *Os Apinayé* (= *Boletim to Museu Paraense Emílio Goeldi*, Tomo XII) (Belém do Pará).
Oliveira, Carlos Estevão,
1930 *Os Apinayé* (*Boletim to Museu Nacional*, VI) (Rio de Janeiro).

Saussure, Ferdinand de,
1965 *Curso de Lingüistica General*, 5° Ed. em Espanhol (Buenos Aires, Editorial Losada, S.A.).

Turner, Terence S.,
1966 *Social Structure and Political Organization among the Northern Cayapó*, Thèse de doctorat soutenue au Dpt. of Social Relations, Harvard University, mimeo.

Turner, Victor,
1967 *The Forest of Symbols, Aspects of Ndembu Ritual* (Cornell University Press, Ithaca, New York).

Von Ihering, Rodolpho,
1963 *A Vida dos Nossos Animais: Fauna do Brasil*, 4° Edition (Rio Grande do Sul, Casa Editôra Rotermund & Cia. Ltda. São Leopoldo).

# LE REPOS DES NUAGES

ARLETTE FRIGOUT

On peut actuellement observer sur la place des Indiens Hopi[1] pendant certaines de leurs fêtes un pin de dimensions réduites, ne dépassant guère en moyenne un mètre de hauteur. Or cet accessoire n'est apparemment d'aucun usage particulier. Que fait donc là ce petit arbre?

Nous avons nous-même observé sa présence lorsque nous étions sur le terrain, en 1962 et 1965, lors de la plupart des danses kachina dans les villages de Walpi, Mishongnavi, Shipaulovi et Shungopavi[2] ainsi que pour la danse du Papillon à laquelle nous assistâmes à Shipaulovi en août 1962. Partant de ce que nous avons vu et entendu, de nos propres observations et informations, nous ferons ensuite appel aux similitudes et aux dissemblances que permettent de constater les études de nos prédécesseurs.

Dans les informations que nous avions recueillies quant au rôle possible du petit pin les mêmes expressions revenaient: "C'est pour faire joli", "c'est pour la pluie", "c'est pour faire venir la pluie", "c'est la maison des nuages". Mais encore? L'argument décoratif n'était avancé que dans le cas de la danse du Papillon, l'argument de la pluie se rencontrait dans les deux cas, danses kachina et danse du Papillon. On peut donc sans doute dégager une présomption de connotation rituelle plus forte dans le cas des danses kachina, moins forte dans le cas de la danse du Papillon puisque l'accord n'y est pas total sur l'interprétation requise: le rôle du pin est jugé par les uns actif ou symbolique, par les autres seulement

[1] Rappelons que les principaux villages hopi sont groupés dans leur Réserve (Arizona — USA) sur trois plateaux ou mesas. Les mesas sont numérotées d'ouest en est. La Première Mesa comprend: Walpi, Sichumovi, et le village hopi tewa de Hano. La Seconde Mesa: Shungopavi, Shipaulovi, Mishongnavi. La troisième: Oraibi (où la vie rituelle est presque éteinte) et Hotevilla. Nous ne citons ici que les vieux sites rituels. La partie publique des fêtes, comprenant, pour les fêtes dont nous parlons, des danses, se déroule essentiellement sur la plaza, c'est-à-dire la place du village traditionnellement choisie.

[2] Soit quatorze danses. Nous n'en avons pas noté à la fête du Powamua mais celle-ci ne comporte pas le schéma "classique" des danses kachina sur la plaza.

esthétique, c'est-à-dire en l'occurrence sans nécessité par rapport à la totalité considérée. Mais, par ailleurs, l'invocation de la pluie est un argument dont, si l'on s'en tient à son acception générale, on ne peut tirer grand'chose car l'obtention de la pluie, *alias* celle des nuages, est à des degrés divers mais d'une manière constante un des objectifs de toute fête hopi.[3]

Reste l'explication qui donne au petit pin un rôle symbolique en en faisant une image rituelle: "c'est la maison des nuages". Sont-ce là mots jetés en l'air? On resterait dans l'expectative si l'image n'était explicitée de la sorte par ceux qui l'emploient: "c'est la maison des nuages parce que les nuages s'y posent; ils demeurent au sommet, dans les branches." Nous nous heurtons donc bien là à une représentation plus précise par laquelle passe la signification.[4] Mais, pour en saisir parfaitement la portée, il faut examiner de plus près deux ordres de considérations qui, on le verra, s'imbriquent au niveau de l'interprétation, mais sont à distinguer au niveau de l'observation à partir de deux ordres de faits: l'appartenance du petit arbre, là où sa présence est obligatoire, à une famille sinon à une espèce botanique définie; sa présence à certaines fêtes et son absence à d'autres.

Ladite appartenance est en effet contraignante, la règle voulant que soit utilisé un "pin de Douglas" (*salavi*) (*Pseudotsuga mucronata*), à défaut un génèvrier (*ho'tcki*) (*Juniperus utahensis*) ou un "piñon" (*tuve'e*) (*Pinus edulis*).[5] Pour trouver facilement du pin de Douglas, il faut aller jusqu'aux Monts San Francisco, soit à plus de cent kilomètres des villages. Aussi est-ce par commodité que s'opèrent les substitutions. Ce qui nous importe ici, c'est l'objet normatif lui-même et le fait que les objets de remplacement soient choisis les plus semblables possible, à savoir dans une même catégorie botanique.

La présence même du petit pin, du *salavi*[6], n'est d'ailleurs pas tenue pour facultative, ni aux danses kachina, ni à la danse du Papillon. Même,

[3] Cf. par ex. Titiev, *Old Oraibi* ..., p. 171.

[4] Nous utilisons les termes de représentation et d'image comme des synonymes.

[5] Notre identification a été faite à l'aide de l'ouvrage de Alfred F. Whiting. *Ethnobotany of the Hopi*, Museum of Northern Arizona, Bulletin 15, Flagstaff 1939. Cf. en particulier pp. 62 et 63. Nous avons confronté cette documentation et les termes hopi donnés par nos informateurs.

Les jardiniers français se réfèrent au *Pseudotsuga Douglasii* soit comme à un pin soit comme à un sapin.

Nous avons adopté la traduction reprise par C. Lévi-Strauss dans *La Pensée sauvage*, p. 56.

Le "piñon" est un pin (*Pinus edulis — Pinus monophylla*) à petits fruits comestibles.

[6] Nous nous référerons dorénavant au pin de Douglas ou *salavi* étant entendu que dans la pratique d'autres conifères lui sont parfois substitués.

en ce qui concerne les kachina, vient-il à manquer, la négligence des responsables est tenue pour une faute risquant de compromettre l'action propitiatoire de la fête, au même titre que le faux pas d'un danseur pendant la danse ou sa mauvaise conduite pendant la préparation de la fête. Ici comme là il a droit à des égards rituels. A chaque danse de la journée, le conducteur ou "père" des danseurs masqués kachina et le soir, à la dernière danse, tous les notables du village et tous les Hopi qui le désirent l'aspergent de farine de maïs bénite comme ils aspergent le sanctuaire de pierre et les Kachina. Des plumes de prière[7] sont attachées à ses branches, des bâtons à prière[8] sont déposés ou fichés en terre à côté de lui. A la danse du Papillon, on observe de même, plumes et bâtons à prière et aspersions de farine.

Une variation est à remarquer, celle qui concerne le nombre des arbres. Aux danses kachina le *salavi* est unique, placé près du sanctuaire en pierre qui se trouve sur la plaza. Une seule exception: le *Shalako* à Shungopavi (nous n'avons pas eu d'informations certaines pour les autres villages) en comporte quatre, disposés en quadrilatère et délimitant pratiquement l'aire de danse. Pour la danse du Papillon, on voit également quatre pins disposés en quadrilatère sur la plaza et servant plus ou moins de points de repère à la danse, de bornes entre lesquelles et autour desquelles se déroule la double file des danseurs par couples, jeunes gens et jeunes filles, petits garçons et petites filles.[9]

Disons incidemment que ces descriptions valent pour les fêtes dont nous fûmes le témoin. Elles valent aussi *sub specie aeternitatis*, dans la mesure où nos informations les corroborant pour "tous les temps", à savoir de mémoire d'informateur, elles expriment à la fois un état de fait limité et une norme d'application illimitée. C'est un phénomène bien connu des ethnologues que cette tendance de l'informateur, inconsciente le plus souvent, à calquer ses souvenirs sur la connaissance qu'il a des règles de la société. De ce type d'information, lorsqu'on le soupçonne d'être tel, peuvent provenir des erreurs de chronique qu'il faut tenter de dépister de peur qu'elles ne dissimulent des écarts significatifs. Quand ces erreurs dissimulent seulement des défections pratiques, elles n'affectent pas la compréhension du système considéré dans son idéalité.

Un autre point important est que la présence du petit pin est nettement réservée aux occasions que nous avons dites. Si nous considérons le

[7, 8] Rappelons qu'il s'agit d'offrandes aux "esprits", constituées par des plumes reliées ou non à des bâtonnets au moyen du fil de coton qui les attache. Il en existe des variétés multiples.

[9] La danse a aujourd'hui évolué dans le sens d'un plus grand nombre de danseurs et d'une plus grande jeunesse de ceux-ci.

cycle cérémoniel annuel hopi, un seul cas peut être tenu pour semblable et mis en parallèle, celui du tremble. Pour la fête de la confrérie de la Flûte ainsi que pour celle de la confrérie des Antilopes et des Serpents, on érige sur la plaza une sorte de tonnelle, de bosquet avec des branchages de tremble[10] formant abri. Ce "bosquet" est placé lors de la fête de la Flûte sur le sanctuaire de pierre même, lors de la fête des Antilopes et des Serpents à côté du dit sanctuaire. La similitude porte donc sur la situation de l'objet par rapport à l'aire de danse et sur l'obligation de son appartenance à une famille botanique. La discussion du rôle et de la signification de ce "bosquet" nous entraînerait hors des limites que nous nous sommes fixées dans cette note. Disons seulement que les termes indigènes *kisi* et *suhübki* sont traduits par les Hopi par "Maison de l'ombre" et "Maison en tremble", et que l'association à la pluie, dans la mesure où il y en a une, ne passe pas par une identification à une quelconque maison des nuages. Nous ne retrouvons pas la même image.

En dehors de ces deux fêtes, de la Flûte et des Antilopes et Serpents, nul arbre ou nuls branchages sous quelque forme que ce soit ne sont à notre connaissance dressés sur la plaza; ni pour la danse du Bison, ni pour aucune des trois fêtes des femmes, *Mamjrau*, *Lalkon* ou *Oaquöle*, ni pour la fête initiatique du *Wowochim*, ni par la force des choses lors du *Soyal*, fête du solstice d'hiver, puisque celle-ci ne présente pas de manifestation publique sur la place du village. Nos propres observations concordent avec le silence de la littérature ethnologique des Hopi sur ce point.

Pour ne rien négliger et pour confronter un phénomène "négatif", à savoir celui où ne joue aucune représentation, à un phénomène "positif", à savoir celui où en joue une, nous mentionnerons, pour en avoir été témoin, la présence inhabituelle, incongrue, et d'avenir incertain d'un "arbre de Noël", à Mishongnavi en début janvier 1963. Ledit arbre était en l'occurrence un pin de Douglas de taille à peu près triple de celle du pin des Kachina et du Papillon. Une bonne partie du village était opposée à cette insertion d'une tradition étrangère dans les coutumes hopi, effectuée à l'instigation de l'école gouvernementale, et se tint à l'écart.

Curieusement, ce fut pourtant l'aspect familier de cette tradition étrangère qui donna matière aux arguments pour comme aux arguments contre,

[10] Cf. en particulier Titiev, *Old Oraibi* ..., p. 148, p. 269. Stephen, *Hopi Journal*, pp. 582, 653, 813, 1297. Nous l'avons nous-même observé en 1962 à la fête de la Flûte à Mishongnavi et à Walpi, à celle des Antilopes et des Serpents à Shungopavi et Hotevilla. Nous employons le terme de bosquet, faute d'un meilleur, dans un sens dérivé, puisqu'il s'agit d'une touffe artificiellement arrangée de branchages et non à proprement parler d'une touffe d'arbres. On peut également employer les termes d'abri, de couvert.

au cours des discussions très vives soulevées à ce propos dans les trois villages de la mesa. Certains Hopi étaient tentés par une innovation dont les éléments offraient quelque similitude avec les coutumes traditionnelles.[11] Les autres en étaient d'autant plus choqués. Mais en dépit des ressemblances aucune assimilation ne se produisit, même au regard des partisans de la fête: le petit pin ne représentait là rien d'autre que lui-même. Nous n'avons relevé aucune trace de syncrétisme sur ce plan. Les significations d'origine de l'arbre de Noël sont trop obscures à ceux-là mêmes qui le véhiculent pour être transmises aux Hopi et ceux-ci n'ont pas, en tout cas pour le moment, effectué de projection.

Ce qui dans une perspective diachronique nous intéresserait en l'occurrence dans ce sapin "étranger" et "accidentel" ne serait justement pas intrinsèque mais extrinsèque. Que l'avenir entérine sa singularité temporelle ou en fasse l'amorce d'une régularité susceptible à son tour de nouveaux développements, "l'arbre de Noël" apparaît dans son actualité comme un cas limite. Alors que là où nous trouvons, avec la danse du Papillon, une opinion partagée sur la présence ou l'absence d'une représentation, nous pouvons nous demander si nous n'avons pas affaire à un cas intermédiaire où la projection de cette représentation se serait à demi effectuée sans s'imposer totalement. Nous ne voulons pas dire que le processus évolutif serait exactement le même ici et là. Dans le cas de l'arbre de Noël nous avons une coïncidence qui porte sur l'objet. Dans celui du *salavi* de la fête du Papillon, il pourrait y avoir emprunt de l'objet aux fêtes kachina, voire à d'autres fêtes pueblo. Ceci supposerait que l'adoption de l'objet soit antérieure à l'adoption de la signification qui s'y rattache. Nous avons donc là une hypothèse qui nous est suggérée par l'apparition d'un phénomène nouveau mais qui demeure une hypothèse parmi d'autres, les informations historiques dont nous disposons étant trop imprécises pour nous permettre de trancher la question. Au reste ce n'est pas ici notre propos.

Dans la perspective synchronique où nous nous plaçons, c'est l'image telle qu'elle nous est donnée dans le présent rituel des fêtes qu'il nous faut comprendre. C'est à la lumière de ce que nous savons des fêtes kachina que le rôle du petit pin apparaîtra clairement. Mais examinons d'abord nos connaissances portant sur la fête du Papillon.

[11] Outre la présence de l'arbre, influait également l'échange de cadeaux. Des paquets accrochés aux branches ou déposés à la base devaient être ensuite échangés entre les gens de Mishongnavi qui avaient accepté de participer à cette manifestation. Or le phénomène d'échange de cadeaux est sous d'autres formes familier aux Hopi. Les fêtes kachina particulièrement comportent des distributions de présents dont la gratuité apparente cache en réalité tout un système de réciprocités.

La fête du Papillon a été relativement peu étudiée. J. Walter Fewkes écrivait en 1910: "Autant que nous le sachions cette danse n'a pas été décrite bien que vue plus d'une fois par ceux qui ont visité plusieurs des villages hopi."[12] Fewkes lui-même consacre juste quelques lignes à cette description.[13] Stephen, selon Parsons,[14] n'a même pas assisté à la danse bien qu'il se soit proposé de le faire[15] et c'est un informateur qui lui en avait fait la relation.[16] Même brièveté dans le journal du Hopi "Crow-Wing" édité par Parsons[17] et pas de description dans les passages concernant cette fête dans *Pueblo Indian Religion*.[18] Aucun des trois auteurs ne signale de conifère sur la plaza.[19] Titiev en 1944 n'en signale pas davantage dans *Old Oraibi*, sans que ceci prouve rien encore car ce livre est un ouvrage de synthèse, lequel pour être très documenté ne peut entrer dans tous les détails et qui au reste concerne surtout Oraibi. Or les variantes de village à village ne sont pas rares.

Interprétés parfois comme une danse de victoire, comme une primitive danse du scalp,[20] ou comme une danse de la moisson,[21] originaire des villages du Rio Grande,[22] ce qui n'est pas forcément contradictoire car les Hopi s'engageaient sur le sentier de la guerre après la moisson, elle est aujourd'hui une danse pour la pluie[23] et une danse "pour le plaisir", une danse de "société".[24] Les chants qui l'accompagnent au rythme du tambour célèbrent la pluie et les récoltes, le maïs en fleur, les haricots en fleurs ...,[25] les papillons qui vont et viennent autour des nappes de sable humide après la pluie.[26] Les jeunes filles portent un couvre-chef en bois découpé "en terrasse", représentation classique des nuages, et leurs épaules sont ornées de fichus imitant, dans le mouvement de la danse, des

[12] J. W. Fewkes, *The Butterfly in Hopi myths and ritual*, p. 588.
[13] J. W. Fewkes, *The Butterfly* ..., p. 589.
[14] Stephen, *Hopi Journal* ..., p. 147, note 2.
[15] Stephen, *Hopi Journal* ..., p. 1007.
[16] Voir note 14.
[17] Parsons, *A Pueblo Indian Journal* ..., p. 106, note 164.
[18] Parsons, *Pueblo Indian Religion* ..., pp. 48, 77, 505, 870, 961.
[19] Sur la photographie qui illustre l'article de Fewkes (planche XLVI) on ne voit pas davantage d'arbuste. Mais le champ photographique ne couvre pas l'entièreté de la plaza.
[20] Titiev, *Old Oraibi* ..., p. 87.
[21] J. W. Fewkes, *The Butterfly* ..., p. 589.
[22] Parsons y voit aussi une danse venue de l'est. Cf. Parsons, *A Pueblo Indian Journal...*, p. 106, note 164.
[23] Au point de pouvoir "aider" une autre danse dans cette intention. Cf. Parsons, *Pueblo Indian Journal*, p. 106.
[24] Cf. Par ex. Titiev, *Old Oraibi*, p. 162, note 47.
[25] Stephen, *Hopi Journal* ..., p. 147.
[26] Selon nos informateurs.

ailes de papillon.[27] On sait par ailleurs que le prototype de papillon privilégié des Hopi est le *Hoko'na*, car il est le plus grand qu'ils connaissent;[28] mais la danse n'en tient pas spécialement compte et évoque en l'occurrence tous les papillons habituels. Dans tout cela, rien n'infirme la possibilité d'une relation entre les représentations impliquées et le pin de Douglas en quatre exemplaires. Mais rien non plus qui au premier abord semble permettre d'établir une relation précise, fût-elle implicite, entre ces mêmes termes.

Il en va tout autrement pour les fêtes kachina. D'abord l'importance qu'y a le pin de Douglas sous de multiples formes est attestée dans des témoignages de la fin du dix-neuvième siècle et du début du vingtième, ce qui est le gage d'une certaine permanence. La minutie du *Hopi Journal* de Stephen est ici particulièrement précieuse. On se rend compte dans cet ouvrage des multiples emplois du *salavi*: en branchages ou en brindilles, il est utilisé par les Kachina comme collier autour des masques et comme brassard, il est glissé à leurs ceintures, tenu par eux à la main, il garnit les plateaux de maïs du *Powa'mu*, fête de l'arrivée des Kachina, etc.[29] Et les hommes qui le désirent peuvent aux dernières danses prendre les brindilles qu'ont portées les Kachina et aller les déposer chacun dans leur champ.[30]

Quant à l'arbre lui-même, qui est "planté" sur la plaza, c'est d'après les témoignages de Stephen, tantôt un pin de Douglas, tantôt un "piñon", tantôt le sommet d'un jeune arbre, tantôt une ou plusieurs branches en tenant lieu. Mais de toute façon il apparaît comme une figure habituelle avec les plumes à prière accrochées à ses branches,[31] figure entraînant tout un réseau de coutumes qui la concernent: ce sont les femmes qui, entre deux danses, incitent les bouffons à amener de la nourriture "qu'ils portent comme d'habitude jusqu'au centre de la cour, l'amassant autour du sanctuaire et du pin miniature."[32] C'est le responsable de la danse qui va déposer le pin dans les champs près d'un cours d'eau aux lendemains de la fête, à moins que le pin ne soit morcelé et éparpillé dans tous les petits sanctuaires de ces mêmes champs.[33] Ce sont même des danseurs de Tewa (alias Hano- lère mesa) qui allant rendre une danse à Mishongnavi

[27] Parsons, *A Pueblo Indian Journal* ..., p. 106, note 164. Fewkes, *The Butterfly*..., p. 589.

[28] Stephen, *Hopi Journal* ..., p. 604. Cf. également Voegelin, *Hopi Domains* ...,p. 18.

[29] Cf. Stephen, *Hopi Journal* ... en particulier pp. 134, 252, 253, 380, 409.

[30] Stephen, *Hopi Journal*, cf. pp. 490, 535, 538, 554.

[31] Stephen, *Hopi Journal* ..., pp. 324, 438, 478, 486, 548. Stephen enregistre ces variations mais sans les commenter.

[32] Stephen, *Hopi Journal* ..., p. 361.

[33] Stephen, *Hopi Journal* ..., pp. 362, 463.

(2nde mesa) c'est-à-dire allant y danser à l'intention de ce village comme celui-ci était auparavant venu le faire chez eux, apportent, pour les offrir, épis de maïs et petit pin. "Il y a aussi une branche de pin avec des plumes à prière attachées, apportée par celui qui conduit les visiteurs et présentée au chef visité avec les prières des visiteurs. C'est le pin miniature (*sala'-bügi*) qui est établi dans la cour le jour de la danse."[34]

Une question qui se pose est celle du nombre de pins par village à chaque fête. Stephen n'en mentionne généralement qu'un, ce qui recoupe nos propres observations, mais à Sichumovi, en 1893, il en indique sept (au lieu des quatre que nous connaissons à Shungopavi) et accompagnés de deux trembles, à la danse du *Shalako.*[35] Stephen ne donne pas d'explication et nous n'en avons pas recueilli davantage. Il faut dire que le *Shalako*, d'origine Zuni, est interprété chez les Hopi de façon, d'une part épisodique, d'autre part très variable selon les villages, les variations portant sur le nombre de personnages, le déroulement de la danse, etc.[36] Les sept pins et les deux trembles n'ont nullement un caractère permanent. Le nombre des pins et la présence même des trembles relèvent de l'exception, et la raison de celle-ci nous échappe. Comme nous échappe la raison du nombre des pins à la danse du Papillon. Mis à part le problème de savoir si un emprunt s'est effectué et à partir de là, dans l'affirmative, en quel sens une transformation a pu se produire, le nombre quatre s'explique mieux que le nombre sept du *Shalako*: il a d'abord une fonction pratique particulière, puisque les petits pins servent de bornes à l'aire de danse, fonction qui, si elle n'est pas fondée en nécessité, l'est en fait. Il a ensuite une signification théorique générale car le nombre quatre, au même titre que le nombre un, exprime chez les Hopi la totalité sous forme des quatre directions cardinales ou des quatre parties du monde.[37] Disons aussi qu'en l'absence d'une interprétation par les Hopi de ces différents nombres d'arbres, il ne faut pas exclure les hypothèses de souci esthétique ou d'innovations circonstancielles entérinées ensuite par l'usage.

Quoi qu'il en soit, cette question du nombre ne modifie pas la représentation impliquée. Nous avons dit que nous trouvions selon nos propres informations des représentations communes dans le cas de la danse du

[34] Stephen, *Hopi Journal* ..., p. 375.

[35] Stephen, *Hopi Journal* ..., p. 437-438.

[36] Par ex.: le *shalako* auquel nous avons assisté à Shungopavi le 28 juillet 1962 était différent de celui dont nous parlèrent à Mishongnavi des habitants de ce village.

[37] S'emploient de la même façon le nombre huit, duplication de quatre, et le nombre six, car aux quatre directions cardinales ou plus exactement solsticielles, viennent s'ajouter les deux directions du haut et du bas donnant la dimension verticale.

Papillon et dans celui des danses kachina. C'est à l'occasion du *Shalako* que Stephen donne l'explication la plus précise concernant le *salavi*.[38] Après avoir noté là comme pour les autres fêtes les plumes à prière attachées aux branches du pin et les bâtons à prière déposés à leur base, il fait état de l'idée généralement admise, dit-il, que "là où le pin pousse en abondance, là sont les Kachina; c'est leur maison. Spécifiquement, ce bosquet et cette profusion de plumes à prières visent à attirer d'une manière plus effective l'attention des Nuages."[39] Stephen désigne par ailleurs la brindille de pin comme le "symbole des Kachina."[40]

Qu'est-ce donc qui permet de poser l'association pin-Kachina? C'est l'association sous-jacente entre Kachina et nuages. Il faut prendre garde en effet que les Kachina entretiennent avec la pluie une relation étroite et particulière. Etroite, car si la pluie est souhaitable en toute saison, elle l'est particulièrement avant et pendant les plantations. Or les Kachina se manifestent à des dates variables selon les villages mais formant une période bien définie dont les limites maximales vont de la fin décembre à la fin janvier, ce qui correspond à la sus-dite période agricole.[41] Particulière, car la relation entre pluie et Kachina prend la forme, à un certain niveau de la croyance et de l'idéologie qui la sous-tend, d'une relation de consubstantialité entre Kachina et les nuages. C'est cela qui nous importe ici quelqu'imparfaite que puisse être la cohérence effective des représentations en jeu.

Les Kachina, incarnés par les masques de même nom et d'une variété indéfinie, sont des esprits plus ou moins ancestraux qui viennent apporter la pluie au village. Comment? En guidant les nuages, en se cachant derrière eux, selon une interprétation, en étant eux-mêmes les nuages selon

[38] Stephen, *Hopi Journal* ..., p. 438.
[39] Stephen, *Hopi Journal* ..., p. 438-439.
[40] Stephen, *Hopi Journal* ..., p. 220.
[41] Cf. entre autres: Titiev, *Old Oraibi*, p. 109 & pp. 128-129. Colton, *Hopi Kachina Dolls* ..., p. 2; Dockstader, *The Kachina and the White Man* ..., p. 22.
De rares exceptions se produisent. Nous n'en avons pas trouvé d'explication satisfaisante ni certaine. L'apparition en dehors des temps prescrits de *Masau'u* signalée par Titiev à l'époque des moissons (*Old Oraibi*, p. 184 et suivantes) et celle du *Sumaïkoli*, observée par nous-même dans le village hopi-tewa de Hano — en octobre 1962, pourraient s'expliquer par le fait que *Masau'u* et *Sumaïkoli* sont des dieux empruntant la forme de Kachina pour apparaître. Mais les *Ana'kchina* relatés par Stephen à Hano en septembre 1893 ne sont que des Kachina. Stephen ne rend pas compte de l'anomalie. Il écrit seulement: "Le motif de cette exhibition des *Ana'Kchina* était le motif habituel, à savoir, que la pluie puisse s'ensuivre. La pluie tardive d'automne est désirable, mais au juste pourquoi, je ne puis le découvrir." Stephen, *Hopi Journal* ..., p. 939. Titiev considère le cas de *Masau'u* comme une exception singulière (*Old Oraibi*, p. 109, note 7) et en donne pour explication que *Masau'u*, dieu de la mort, agit toujours contrairement aux autres (id. p. 174).

une autre interprétation qui nous est apparue beaucoup plus répandue. C'est sur cette dernière que se fonde Titiev,[42] quand il parle de l'identité entre Kachina et nuages, qui suppose celle de chacun des termes avec un troisième, les morts; il cite à ce propos Kennard et Stephen que nous citons après lui: "On croit généralement que les esprits des morts (...) deviennent des Kachina et reviennent en nuages au village" écrit Kennard[43] et Stephen relate qu'à la fin de l'enterrement le mort est ainsi interpellé: "Vous n'êtes plus désormais un Hopi, vous êtes devenu (*nihti grown into*) un Kachina, vous êtes un Nuage (*Omaüh*)."[44]

Le lien qui unit les Kachina à la pluie est donc un lien, pourrions-nous dire, à la seconde puissance, puisque les masques à la fois dansent pour faire venir les nuages et sont eux-mêmes les nuages. C'est une situation que l'on ne retrouve dans aucune autre sorte de fête. En dehors des fêtes kachina, les protagonistes, appartenant ou non à une confrérie, personnifiant ou non des êtres spirituels, peuvent prier ou danser, la danse étant une prière, pour que viennent les nuages. Ils peuvent présenter des caractères symboliques, particuliers ou non, et rattachés au complexe nuages-pluie-humidité, comme nous l'avons vu dans le cas de la danse du Papillon. Ils ne sont pas les nuages.

Dès lors que l'on perçoit comment s'établit l'association nuages-Kachina, on conçoit que le "domicile" des uns soit tenu pour le domicile des autres. Whiting écrit: "Les nuages qui arrivent en contrée hopi se forment habituellement vers les sommets des pics de San Francisco où les Kachina sont censés vivre. Quand ces êtres viennent visiter les Hopi, on pense qu'ils apportent nuages et pluie." Ainsi des arbres comme le pin de Douglas qui poussent sur ces pentes montagneuses sont-ils "associés dans la pensée et le rituel avec les Kachina et la pluie qu'ils apportent."[45] En vérité, la question est à la fois un peu plus compliquée et un peu plus précise que ne peut le laisser entendre Whiting dans cette courte note. Ainsi Titiev écrit-il que pendant la période où les Kachina ne sont pas dans les villages, ils demeurent dans leurs maisons du Monde Inférieur,

42 Titiev, *Old Oraibi*, p. 109 et p. 129.

43 Earl and Kennard, *Hopi Kachinas*, 1938, p. 2.

44 Stephen, *Hopi Journal*, p. 826.

45 Whiting, *Ethnobotany of the Hopi*, p. 45. Whiting mentionne outre le pin de Douglas, le pin blanc (*abies concolor*), le pin (*Pinus ponderosa*) et le peuplier (*Populus aurea*), mais il parle d'une association générale avec les Kachina. Dans le cas qui nous occupe et dont Whiting ne s'occupe pas, nous n'avons vu signaler qu'au *Shalako* des arbres appartenant à la famille des peupliers. Si cependant l'assertion de Whiting s'avérait exacte même dans ce cas là, le critère de choix s'avèrerait encore plus géographique et moins botanique que nous ne l'avions pensé.

aux sommets des montagnes, dans les sources,[46] ceci sans parler des sanctuaires édifiés artificiellement à leur intention.

Ces assertions sont plus concordantes qu'il n'y paraît. La différence entre les genres de résidences tient justement à ce que les Kachina sont considérés tantôt comme des morts résidant pendant leur période non-terrestre dans le monde souterrain, tantôt comme des nuages venant du ciel ou des régions terrestres qui s'en approchent. Autrement dit si l'on se place sur un axe vertical, on rencontre les Kachina tantôt dans les profondeurs, tantôt sur les hauteurs. Les sources sont tenues d'une manière générale, et non pas seulement en ce qui concerne les Kachina, pour des lieux où peuvent être rencontrés des esprits; elles sont en effet considérées comme des ouvertures sur le Monde Inférieur, comme des trous communiquant avec celui-ci.[47] De même les Kachina, quand on les considère comme des morts, habitent-ils, selon une tradition par nous couramment rencontrée, non pas les sommets des montagnes, mais les cañons qui sont également des entrées au Monde Inférieur. C'est en tant que nuages qu'ils fréquentent les sommets. Bien que l'imagination ne dissocie pas toujours les deux formes, la distinction est pourtant nécessaire pour comprendre ces aspects opposés.

Si nous nous plaçons sur un axe horizontal, les Kachina sont vus comme ayant théoriquement leurs maisons aux quatre coins de l'horizon, et les nuages aussi. Mais géographiquement une constatation s'impose: c'est dans la région des Pics de San Francisco, à forte densité forestière, que se forme la plus forte agglomération de nuages. Il est vain de rechercher dans quel sens s'est faite l'assimilation, de se demander si ce sont les données climatiques et botaniques qui ont suscité la localisation des esprits Kachina par ailleurs identifiés avec les nuages, ou si c'est la localisation des Kachina dans cette région, où l'on trouve d'ailleurs des cañons, qui a attiré l'attention sur la formation des nuages. Sans doute serait-on tenté d'attribuer une plus grande probabilité à la première hypothèse qui s'appuie sur l'observation, mais on se tromperait en la jugeant plus logique que l'autre. De toutes façons, il faut bien comprendre que les représentations dont nous dissocions les éléments s'imposent présentement aux Hopi comme un réseau de relations également immédiates. L'imagination joue à partir de là.

Nous voyons dès lors que la dénomination de "maison des nuages" qui nous fut donnée pour le *salavi* se présente comme une dénomination

[46] Titiev, *Old Oraibi*, p. 110.

[47] Cf. par ex. Fewkes, *Hopi Shrines* ..., p. 370, note 1: "entrées au monde inférieur où habitent des personnages divinisés", "fenêtres à travers lesquelles ils regardent".

générale dont celle de "maison des Kachina" fournie à Stephen serait un cas particulier. N'oublions pas en effet que si tous les Kachina peuvent prendre la forme de nuages, tous les nuages ne s'identifient pas forcément aux Kachina. Une dimension diachronique est introduite du fait que les Kachina ne reviennent sur terre que pendant une moitié de l'année. Nous voyons par là même que nous aurions pu découvrir le rôle du *salavi* dès le contexte de la danse du Papillon. Si nous n'avons pas été amenée à le faire, c'est que le processus, pour y être simple, n'y est pas déterminant. Il est plus simple, car il comporte seulement l'implication de la présence des nuages, pas celle des pins. Il n'est pas déterminant, car il pourrait s'appliquer aussi bien à d'autres fêtes d'où, comme nous l'avons remarqué, le *salavi* est absent. C'est pourquoi le rôle de ce dernier apparaît mieux dans le contexte des danses Kachina où le processus est pourtant plus compliqué.

D'une part, nous avons simplement:

*salavi > nuages*

d'autre part, nous avons une particularité dans la particularité:

| | |
|---|---|
| | *San Francisco > salavi* |
| *salavi > nuages* | *salavi > nuages* |
| *Kachina / nuages* | *Kachina / nuages* |
| *salavi > Kachina* | *salavi > Kachina* |

et une triple donnée:

*San Fr. > salavi, San Fr. > Kachina, San Fr. > nuages*

qui opère une sorte de surdétermination.

Ici et là l'image fondamentale est la même: celle du pin qui joue le rôle d'une maison des nuages. Comme symbole, le petit pin de la plaza procède d'une double réduction. Il est en premier lieu l'unité qui représente la forêt pensée comme totalité ou comme somme indéfinie, et ce indépendamment de la région, plus ou moins boisée, où l'arbre a été effectivement prélevé. La région des Pics de San Francisco représente l'idéal en matière de forêt mais les expéditions, qui s'organisent en quête d'un *salavi*, ne sont pas toujours conduites si loin; on se contente de ce qu'offre un environnement plus accessible. En second lieu, le pin est la partie qui figure le tout de cette unité, future ou présente, puisqu'il est constitué soit par un très jeune arbre, soit par le sommet d'un arbre un peu moins jeune, soit encore par des branchages disposés en forme et en guise de petit arbre. Cette "miniature d'arbre..." telle est la désignation qui revient sans cesse dans les descriptions de Stephen.[48]

Et c'est bien un "modèle réduit"[49] que nous avons là. Claude Lévi-Strauss, dont nous reprenons l'expression, l'emploie dans une analyse sur le problème de l'art. Sans doute le petit pin de Douglas appartient-il au domaine de la nature et non à celui de l'art, mais à vrai dire nous sommes, en l'occurrence, à la limite entre les deux domaines, du fait de cette double réduction qui introduit un artifice. Comme l'écrit Claude Lévi-Strauss, "cette transposition quantitative[50] accroît et diversifie notre pouvoir sur un homologue de la chose; à travers lui celle-ci peut être saisie, soupesée dans la main, appréhendée d'un seul coup d'œil."[51] Réduire c'est posséder.[52] En plantant sur leur plaza le petit *salavi* les Hopis' approprient la forêt.

Par le fait même ils s'approprient les nuages. Car le *salavi* de la plaza "fait signe" aux nuages, attire leur attention de sorte que ceux-ci le voyant s'arrêtent et s'y posent, de même qu'ils "se posent (*are resting*) qu'ils se perchent (*cho'ki, perched*)" sur les monts San Francisco.[53] Ici le signe renvoie à un objet symbolisé semblable et les nuages se prennent au piège du symbole. Le rôle du *salavi* est d'attirer les nuages, mais l'idée d'attraction demeure ambiguë puisque de portée non déterminée. Son rôle est en fait moins de faire venir les nuages que de les arrêter, de les faire demeurer fût-ce pour un temps, le temps qu'il pleuve, au village. Le petit pin est le lieu où et grâce auquel les nuages sont en repos. Il est lui-même le "repos" des nuages, au sens où ce terme est synonyme de "reposoir". Il est leur maison.

Tout se passe comme si c'était le rôle qui entrainait l'image et en était ainsi la condition essentielle, quelle que soit la multiplicité des données. On comprendra par là que l'arbre soit perçu non pas comme objet compact, espace fermé, mais comme objet "poreux", espace ouvert. Les nuages s'étalent dans le creux des branches, les Kachina dansent entre les branches.[54] Peut-être même l'image est-elle renforcée du fait que les

[48] Stephen, *Hopi Journal ...*, p. 355, 361, 362, 375, 478, 506, 531, 568.

[49] Lévi-Strauss, *La Pensée sauvage*, p. 35.

[50] Voir note 49.

[51] Lévi-Strauss parle ici de la réduction d'échelle, qu'il distingue de la réduction qui affecte la propriété.

[52] Gaston Bachelard souligne aussi l'importance de la réduction (cf. *L'eau et les rêves*, p. 194, *La Poétique de l'espace*, ch. VII), mais en usant de méthodes qui ne sont pas les nôtres.

[53] Stephen, *Hopi Journal*, p. 388.

[54] Stephen, *Hopi Journal*, p. 119, note 1, où Stephen fait allusion à une tradition mythique.

branches supérieures du *salavi*, celles où justement stagnent les nuages, sont inclinées vers le haut, formant ainsi réceptacle, alors que les branches inférieures sont inclinées vers le bas.[55] Nous disons "peut-être", car nous n'en avons pas trouvé d'expression explicite, mais on se souviendra que, intentionnellement ou par la force des choses, lorsque l'arbre est coupé, c'en est le sommet qui va constituer la réplique de la plaza.[56] Ainsi parce qu'il est un lieu tout autant qu'un objet, le petit pin vient-il se ranger dans une même catégorie rituelle à côté d'autres "maisons" d'aspect différent,[57] parmi lesquelles les sanctuaires de divers types naturels ou artificiels. Ainsi la démarche de la pensée apparaît-elle logique dans sa fantaisie.

CENTRE NATIONAL DE LA RECHERCHE SCIENTIFIQUE
LABORATOIRE D'ANTHROPOLOGIE SOCIALE

*Nous avons séjourné à Shipaulovi d'où nous rayonnions à travers les trois mesas, de mai 1962 à mars 1963, et de mai à début août 1963. Nous tenons à remercier ici quelques personnes d'outre-Atlantique dont l'aide directe ou indirecte nous a été particulièrement précieuse dans l'approche de notre terrain: les docteurs Edward Danson, Edward Dozier, Fred Eggan, Edward Kennard, Jerry Mintz, Mischa Titiev, et à saluer avec beaucoup de tristesse la mémoire de madame Dorothy Eggan aux encouragements de laquelle nous avons été très sensible.*

## BIBLIOGRAPHIE

Abrams, L.,
1955 *Illustrated Flora of the Pacific States* (Stanford, California & London).
Bachelard, G.,
1942 *L'Eau et les rêves* (Paris).
1957 *La Poétique de l'espace* (Paris).
Colton, H. S.,
1949, 1959 *Hopi Kachina Dolls* (Albuquerque).
Dockstader, F. J.,
1954 *The Kachina and the White Man* (Cranbook Institute of Science, Bloomfields Hills, Michigan).
Earle, E. and Kennard, E. A.,
1938 *Hopi Kachinas* (New York).

[55] Abrams, *Illustrated Flora of the Pacific States*, p. 64.
[56] Et deux de nos informateurs auxquels nous avions demandé de dessiner le *salavi*, ont montré par leurs dessins qu'ils connaissaient la disposition des branches.
[57] Dans une sous-catégorie, car là nous retrouvons exactement la même dénomination liée au même rôle, il faudrait ranger à côté du *salavi* le bâton à prière en forme de croix que Stephen commente de cette manière: "Ce bâton à prière (fig. 346) est la maison du nuage. D'autres bâtons à prière sont pour amener les nuages de loin, mais ce long bâton à prière est la maison du nuage. Juste au sommet de cette croix les Hopi souhaitent que demeure (*rest*) le nuage." *Hopi Journal*, p. 633.

Fewkes, J. W.,
1906 "Hopi Shrines near the East Mesa, Arizona", *American Anthropologist*, n.s. Vol. VIII (New York).
1910 "The Butterfly in Hopi myth and Ritual", *American Anthropologist*, n.s. Vol. XII (New York).
Lévi-Strauss, C.,
1962 *La Pensée sauvage* (Paris).
Parsons, E. C.,
1925 *A Pueblo Indian Journal*, *Memoirs of the American Anthropological Association*. Vol. XXXII (Menasha, Wis.).
1939 *Pueblo Indian Religion* (Chicago).
Simmons, L. W.,
1942 *Sun Chief* (New Haven).
Talayesva, Don C.,
1959 *Soleil Hopi* (Paris) (trad. fcse. de *Sun Chief*).
Stephen, A. M.,
1936 *Hopi Journal*, ed. E. C. Parsons (=*Columbia University Contributions in Anthropology*, XXXIII).
Titiev, M.,
1944 *Old Oraibi*, *Papers of the Peabody Museum of American Archaeology and Ethnology*, Vol. XXII, N° 1 (Cambridge).
Voegelin, C. F. and F. M.,
1957 "Hopi Domains", *Memoirs of the International Journal of American Linguistics, of Indiana University* (Bloomington).
Whiting, A. F.,
1939 "Ethnobotany of the Hopi", *Museum of Northern Arizona, Bulletin n° 15* (Flagstaff).

# PSYCHOPATHES ET CHAMANS YAKOUTES

EVELINE LOT-FALCK

La proportion des Yakoutes affectés de troubles psychiques était, au siècle dernier, extrêmement élevée, atteignant dans certains secteurs, la presque totalité des femmes. Entre autres facteurs déterminants on a fait valoir les rigueurs du climat sibérien, l'alimentation (crue ou décomposée) et les carences alimentaires, les conditions de vie — l'isolement par exemple et la claustration qui rendent les individus craintifs et suggestibles — la vie sexuelle trop précoce et les maladies vénériennes (tous les psychopathes observés par le Dr Mickiewicz au début de ce siècle étaient des syphilitiques). Certains de ces facteurs — ou leur conjonction — peuvent expliquer des manifestations comme celles des *ömüräk* mais le *mänärijär* et l'*irär* sont essentiellement conditionnés, façonnés par des facteurs sociaux et religieux. Un essai de typologie s'impose afin de dégager et caractériser dans la masse des troubles psychiques groupés sous l'étiquette vague et quelque peu périmée d'"hystérie arctique" les types principaux. Trois se laissent assez bien circonscrire. Les deux premiers (*ämirjačenie, mänärijär*) ont été parfois confondus, d'autant plus qu'ils peuvent se combiner chez un même individu; le troisième (*irär*) a passé inaperçu aux yeux des ethnographes sinon à ceux des médecins, bien que présentant pour l'étude du chamanisme un intérêt plus considérable.

L'étiologie yakoute attribue les manifestations de *mänärijär* et d'*irär* à l'action des esprits, sans pour autant les assimiler exactement à des maladies, encore que le *mänärijär* se soigne éventuellement. Action des esprits mais suscitée par quelles motivations? Entre élection et châtiment la ligne de démarcation n'est pas si facile à tracer. L'au-delà s'efforce d'attirer à lui ce qu'il a distingué (*irär*) ou pèse lourdement sur ceux dont il a besoin (*mänärik*, chaman), ce qui donne à l'élection une apparence de malédiction. Quant à l'*ömüräk* il est inutile au monde surnaturel et ne l'intéresse pas. En fonction de l'étiologie admise et de l'exploitation possible, la société observe à l'égard de ses psychopathes une attitude différente et son comportement réagit à son tour sur leurs manifestations et leur évolution.

## *L'ÖMÜRÄK* (LE JOUET DES HOMMES)[1]

> La Vieille-Paladin au double fourreau allait un jour chercher rencontre avec les paladins. Soudain, de dessous ses pieds une perdrix s'envola avec le cri "*qäbiäq*". La Vieille-Paladin tressaillit; selon l'usage *ömüräčäk* elle attrapa le cri "*qäbiäq*" de la perdrix et tirant de son double fourreau son couteau acéré elle se trancha la gorge et mourut.
>
> Telle vieille allait aussi, dit-on, chercher rencontre avec les paladins."
>
> (Ksenofontov: *Urangqai-Saqalar*, pp. 548-549).

Les troubles de l'activité psycho-motrice désignés par les néologismes russes "*märjačenie, ämirjačenie…*" apparaissent le plus souvent à l'âge adulte mais chez des sujets prédisposés, chez lesquels un traumatisme — frayeur, choc affectif — déclenche un jour des manifestations d'écholalie ou d'échopraxie qui, pour peu que l'entourage s'en aperçoive, risqueront de s'installer. Les crises tendent à se renforcer avec l'âge, surtout à partir de 40-45 ans.

Il y a des degrés et une progression. Danilov, Russe déporté en Yakoutie pendant 14 ans, assure avoir été lui-même *ömüräk* au premier stade, *söyüör*, stade de la frayeur qui arrache seulement au sujet agressé par un bruit, un geste, un spectacle imprévus, des exclamations comme "Christ", *abasy* (mauvais esprit) ou des termes exprimant la sexualité sous-jacente: *abas* ('vulve'). Ce n'est pas encore à proprement parler de l'*ämirjačenie*, mais tout ce qui possède un contenu sexuel éveille une profonde résonance et la vue d'un coït animal pourra déclencher une crise d'échopraxie.

Toujours impressionnable l'*ömüräk* est plus ou moins passif. Un degré de suggestibilité que nous considérerions comme pathologique n'exclut nullement une conduite "raisonnable" dans la vie courante et l'*ömüräk* cache le plus qu'il lui est possible cette tare terrible dont il a parfaitement conscience et honte. Le Dr Mickiewicz rapporte le cas d'une veuve de la bonne société de Sredne-Kolymsk qui, à la fin d'une visite, fut saisie d'une crise, l'action de mettre dans sa poche les bonbons qu'on lui avaient offerts provoquant une manifestation érotique, suivie d'un accès de violence: elle s'enfonça le poing entre les jambes en disant: "j'ai bien un trou là, cela passera à travers", puis se jeta sur la servante pour la frapper. Après s'être calmée au prix d'un violent effort, elle retomba dans un nouvel accès, lorsqu'on lui roula une cigarette qui lui parut trop grosse et

[1] Le vocalisme du terme n'est pas stable; j'adopte ici la forme *ömüräk* qui est la plus courante.

provoqua une nouvelle association érotique, tout en lui évoquant le souvenir d'un *ömüräk* défunt du nom de Lukovcev. S'étant encore reprise elle avoua qu'elle était une terrible *ömüräk*, "s'excusa du trouble qu'elle nous avait apporté". Dans le fil de son discours s'inséraient, soudain, des phrases sur un autre ton: "le mettrai-je dans le trou? Oï Lukovcev est venu." Durant ses crises, elle qui affectait habituellement de ne parler que russe, s'exprima surtout en yakoute.

Cette femme était devenue *ömüräk* après avoir vu son enfant mourir sous ses yeux. Son mal, qui aurait pu n'être que passager ou bénin, avait été, selon l'habitude, entretenu et développé par son entourage. De nombreux cas n'auraient jamais atteint un degré d'acuité sans le conditionnement systématique auquel les sujets étaient soumis et qui, à la longue, faisaient d'eux de véritables loques humaines.

Il y a en effet deux types d'accès: spontané et provoqué. Le malheureux *ömüräk* servait facilement de jouet aux Yakoutes, voire aux Russes à court de distractions. L'expérimentateur commençait par fixer l'attention de sa victime par un geste impératif ou une brusque interpellation, puis s'appliquait à lui faire répéter ses paroles et ses gestes, incongrus ou obscènes. L'*ömüräk* ne se borne pas à répéter, il développe et amplifie à la mesure de l'impression reçue. X répète l'ordre et annonce en même temps qu'elle l'a exécuté. Le sujet va jusqu'au bout du geste amorcé ou suggéré par l'autre, jette son argent à l'eau, saisit des charbons ardents, remplit son pantalon de neige. Plus les séances sont fréquentes, plus la victime réagit docilement. Sa faculté de résistance s'affaiblissant, elle en arrive à des réflexes conditionnés: non seulement elle obéit à toutes les suggestions du tortionnaire, quoi qu'il puisse lui ordonner de honteux ou de dangereux, mais se trouve mécanisée au point d'exécuter à sa seule vue ce qu'il lui fait faire habituellement. Les *sürdäk ömüräk* (*ömüräk* violents) "ämirjačisent" même rétrospectivement; essayant de raconter une scène et la mimant, ils se mettent à la revivre. Voulant raconter une scène de violence, ils se frappent au visage et tombent à terre. Si l'on évoque en leur présence un de leurs accès ils le reproduisent aussitôt. Rencontrant un autre *ömüräk* qui n'est pas en crise, ils contrefont l'accès dont ils ont gardé le souvenir. Quant aux phénomènes de glossolalie Mickiewicz estime qu'on les a beaucoup exagérés; l'*ömüräk* essaye de répéter les mots d'une langue étrangère mais en les déformant considérablement et il est incapable de reproduire des phrases entières.

S'il n'a pas été provoqué depuis un certain temps, s'il est en bonne santé et d'humeur calme, l'*ömüräk* se laissera moins facilement hypnotiser. Mais "les plaisanteries sont d'une telle grossiéreté qu'elles feraient perdre la raison à un être normal" et Mickiewicz signale des plaintes contre un pope qui "ämirjačisait" ses victimes jusqu'au délire et à la syncope. Ceci indique bien que pour les Russes orthodoxes comme pour les Yakoutes l'*ämirjačenie* n'impliquait aucune intervention surnaturelle, que les uns et les autres n'y voyaient que matière à amusement et non à exorcisme. Sans aller jusqu'à ces extrêmes l'accès se terminait souvent par des spasmes, un tremblement des membres, de violents battements de cœur, un pouls accéléré, le *globus hystericus.*

La conscience de l'individu n'est pas abolie. La victime se rend compte qu'elle sert de jouet et sait qu'elle ne pourra opposer de résistance. Son appréhension achève de paralyser ses facultés de contrôle: "arrête, arrête, je ne veux pas" crie parfois l'*ömüräk* avant de s'abandonner. Au cours de la séance il pleure et essaye de lutter. Le processus inhibiteur s'exerce inexorablement mais l'idéation du sujet est conservée, ce qui explique ses sursauts et sa réaction finale contre le tourmenteur. Si le jeu s'interrompt à temps il n'aboutit pas à un accès de fureur, l'*ömüräk* s'arrête hésitant, confus et se remet peu à peu, mais la crise l'abat et le démoralise alors qu'elle soulage le *mänärik.* Si l'expérimentateur va trop loin, une décharge paroxystique se produit fréquemment, mais l'expérimentateur sait comment arrêter ou dérouter sa victime. L'*ömüräk* attaquera aussi la cause même innocente — être ou objet — qui l'aura choqué, cassera la vitre devant laquelle un corbeau a passé, défoncera l'horloge d'où est sorti le coucou, tirera la barbe à un "diable moussu" russe. La réaction de fureur est due soit à l'exaspération — il y a été mené progressivement — soit à la frayeur causée par un choc imprévu. L'*ömüräk* frappe ou lance un objet à celui ou à ce qui l'a perturbé et peut naturellement provoquer des accidents, mais cette fureur se retourne contre lui-même parfois avec d'autant plus de facilité et de rapidité qu'il n'a personne d'autre sur qui se décharger. L'*ömüräk* est, en définitive, beaucoup plus dangereux pour lui que pour les autres.

Un phénomène comme l'*ämirjačenie* aide à comprendre l'intensité avec laquelle sont vécus les épisodes de la *kamlenie* (séance chamanique), l'effet que peut produire une séance chamanique sur des esprits si suggestibles. L'auditoire est habitué, certes, et connaît en gros les scénario. Cependant le spectacle éprouve la sensibilité des enfants; chez les adultes même l'impression est profonde et durable et resurgit à l'occasion, par exemple dans le sommeil: l'individu dévide des fragments d'invocations chamaniques ou d'épopées sur le mode du récitatif chamanique.

Dans la genèse de l'*ämirjačenie* n'interviennent ni le facteur racial, comme on l'a prétendu, ni le milieu social qui entretient, fortifie le mal mais ne le suscite pas. N'importe qui, placé dans les mêmes conditions, est susceptible de devinir *ömüräk* — des Russes l'ont été — alors qu'aucun étranger n'aurait pu devenir *mänärik* ou *irär*, faute de base sociale, ces deux types de psychopathies plongeant leurs racines dans les représentations d'un groupe, se nourrissant de ses traditions, se fortifiant de son approbation, l'inconscient collectif reparaissant dans l'inconscient individuel. Simple jouet des siens l'*ömüräk* est une non valeur sociale et l'*ämirjačenie* constitue une contre-indication formelle à l'exercice de la profession chamanique: le chaman est celui qui ne doit jamais se laisser entamer et doit être capable à tout moment de démontrer ses capacités de contrôle. Les *ömüräk* se recrutant principalement parmi les femmes, ceci pourrait expliquer le nombre relativement faible de femmes chamanes dans certaines régions.

## *LE MÄNÄRIK* (LE JOUET DES ESPRITS)

Chez l'*asaγas ättäk*, l'homme "au corps ouvert", dont s'emparent les esprits se manifeste l'aspect religieux totalement absent de l'*ömüräk*. L'attitude de la société à son égard est donc tout autre. Même si on ne l'encourage pas, le *mänärijär* rencontre un climat moral favorable à ses manifestations. Même s'il n'est pas exploitable, le *mänärik* représente un personnage respectable sinon vraiment sacré.

Le *mänärijär* frappe des individus de tout âge et des deux sexes, se manifestant avec une particulière virulence chez les jeunes. Il peut être le signe de la vocation chamanique, mais non "la maladie chamanique par excellence" comme on l'a affirmé. Si le malade "mänärise", c'est peut-être que les esprits lui ont fait signe et qu'il y résiste, mais c'est un stade qu'il devra dépasser sous peine de rester *mänärik* toute sa vie et de ne pouvoir jamais accéder au sacerdoce chamanique. Il arrive aussi que le mal apparaisse plus tard, à la suite d'un choc nerveux ou d'une maladie organique. La durée et la fréquence des accès varient selon les individus et — pour les femmes surtout — selon les périodes de l'année: embâcle, débâcle, solstice d'été... Alors que certains sujets n'ont de crise que deux ou trois fois par an, d'autres en subissent quasiment en série. La durée varie d'une ou deux heures à un jour ou une nuit entière avec reprise éventuelle le lendemain. L'accès débute parfois par une syncope; il y a aussi des signes avant-coureurs: cardialgie, vertiges, vomissements précédant la crise de quelques heures ou de quelques jours. Durant l'accès la physionomie du *mänärik*, habituellement indolente et inexpressive, respire l'énergie, les gestes sont décidés, les yeux brûlants, alors que le visage du chaman est blême et immobile, ses yeux fixes paraissant contempler une vision réservée à lui seul.

Il y a des degrés et surtout des aspects différents, des sujets dont on peut tirer parti, d'autres non, de l'énoncé clair et de la verbigération. La marge est considérable entre la *mänärik* décrite par Gedeonov et celle décrite par Govorov. La première, "en sueur, les pupilles dilatées, se tenant la tête entre les mains, se balance convulsivement de droite à gauche et d'avant en arrière". Les sons qu'elle pousse sont tellement terrifiants que Gedeonov croit qu'elle va se rompre la poitrine. L'accès est interrompu par une toux déchirante puis recommence. Par moments elle écartait ses mains de sa tête et arrachait ses vêtements; par moments elle s'arrêtait de chanter pour éclater d'un rire sauvage ou de pleurs hystériques." Rien de nettement formulé, d'articulé n'est proféré et rien de positif ne peut être tiré d'une telle crise. Sans doute s'agit-il de malades possédés que les esprits tourmentent à la suite d'une rupture d'interdits ou d'un sacrilège conscient plutôt que de porte-parole. De tels *mänärik* sont curables: on appelle le chaman ou un pope faisant fonction d'exorciste, voire un autre *mänärik* mais jamais un médecin. Le chaman réussit quelquefois à guérir ou à soulager en éloignant temporairement l'esprit. On a signalé des manifestations collectives, une certaine contagion se produisant lors des rassemblements.

En revanche dans le cas décrit par Govorov, la *mänärik* apparait comme une possédée quasi professionnelle. "Un soir elle se sentit mal et tomba en syncope. Les assistants s'effrayèrent et cachèrent les objets dangereux, mais le mari demanda seulement de ne pas faire de bruit. Au bout de dix minutes la malade commença à s'agiter, à crier et à chanter d'une agréable voix sonore. Elle arracha son fichu, défit ses cheveux — geste inconvenant en présence d'hommes — et, secouant la tête, se mit à chanter qu'en elle était entré le *üör* Baqšy Tojon. Bégayant comme le *üör* elle décrivit les lieux qu'il aimait et ceux qu'il n'aimait pas, l'endroit où il était né, celui où il était mort; prophétisa en son nom son destin et celui de ses voisins; elle prédit maladie et malheurs et en fixa le délai. Elle se mordit les mains jusqu'au sang, se jeta dans le feu et chercha quelque chose de tranchant pour se couper la gorge et enfin exigea, au nom de l'esprit, de la vodka, du beurre et de la fumée de crins de cheval. On jeta le beurre et la vodka dans le feu, on fit respirer la fumée des crins fumants à la patiente qui tomba sans connaissance. Revenue à elle, elle eût un nouvel accès, prétendant qu'un autre *üör* s'était introduit en elle; le second accès fut plus court et se termina par une demande de beurre, de vodka et de corde; quand on lui eût jeté la corde, elle se l'enroula autour du cou et tomba de nouveau sans connaissance. Les accès, suivis de syncopes, se reproduisirent dix fois et durèrent six heures. Au matin elle se leva en bonne santé et sans trace de fatigue."

Le *mänärik* est plus dangereux que l'*ömüräk* dans la mesure où, assumant la personnalité des *üör*, il reproduit leur comportement; or les *üör* sont en majorité des aliénés et des suicidés. Dans les cas observés à l'hôpital (sur des malades traités pour la syphilis) il n'y a pas de possession typique, de discours nettement articulé et suivi, de mänärisme brillant. Les malades croient voir des êtres effrayants, crient et chantent de façon indistincte. Tel hospitalisé raconte ce qu'il a vu et comment les esprits l'ont obligé à répéter ce qu'ils disaient, se comportant donc avec lui en quelque sorte comme les hommes avec un *ömüräk*. Ce n'est donc pas de la possession à proprement parler. Ces descriptions font état d'hallucinations précédant ou accompagnant l'expression orale et dont le sujet conserve le souvenir. L'écart est grand entre ces crises et celles qui se déroulent à domicile. Le contexte hôpital n'est évidemment pas favorable sociologiquement; il apporte seulement une certaine garantie d'authenticité, car dans le milieu ordinaire l'on rencontre des cas de simulation ou de semi-simulation. Le sujet cherche à se rendre intéressant ou à se libérer des contraintes qui pèsent sur lui (sur elle surtout), l'individu qui "mänärise" ayant le droit de "chanter" tout ce qui lui plait puisque ce n'est pas lui qui est censé s'exprimer. Les interdits qui pèsent sur le comportement et le langage font que la moindre dérogation présuppose, aux yeux du public, une intervention surnaturelle. Des conduites qui n'attireraient pas notre attention passent pour anormales chez les Yakoutes; une femme malheureuse qui recherche la solitude pour déplorer son triste sort "mänärise". Les individus les mieux doués parviennent à de brillantes improvisations. Perturbé, angoissé, le sujet résout provisoirement ses conflits dans une décharge qui lui procure toujours un soulagement.

C'est parmi les personnalités assez fortes que se recrute le *mänärik* professionnel, le possédé intéressant, au délire suffisamment bien organisé et cohérent pour être utilisé, qui reçoit les esprits, transmet leurs volontés, prophétise, toujours écouté attentivement car ses paroles apportent avertissement, menace, enseignement. Ses esprits sont exclusivement des *üör* morts insatisfaits, demeurés ou remontés sur la terre et qui non seulement se manifestent pour révéler la cause des calamités qu'ils ont suscitées ou projettent de susciter et le moyen éventuel d'y remédier, mais éprouvent le besoin d'exhaler leurs passions inassouvies, leurs chagrins, leurs rancunes d'anciens vivants qui n'ont pas eu la vie qu'ils voulaient ou qui ont eu la mort qu'ils ne voulaient pas. N'ayant pu se fondre avec les morts "réguliers", ils se réincarnent temporairement pour se rappeler au souvenir des vivants. Tantôt ils punissent en infligeant un *mänärik ätä* (chant *mänärik*), délire inintelligible qui peut se terminer par la mort, tantôt ils se choisissent un support et font connaître leurs plaintes et leurs revendications par la bouche d'un *mänärik* professionnel.

Familiarisé avec certains esprits, un *mänärik* chevronné en délivre à l'occasion le malade; ayant identifié le *üör* responsable, il peut l'extraire et supporter provisoirement sa présence dans son propre corps habitué ou bien interpréter le délire du patient et comprendre quelle rançon l'esprit exige pour lâcher sa proie. Il dispose donc d'un certain nombre de possibilités. Certains individus expérimentés ont fini par acquérir par un auto-dressage des aptitudes apparemment quasi chamaniques. Le Yakoute Athanase, dont le *mänärijär* ne paraît pas gêner l'activité de charpentier, accepte de tenter la cure, lorsqu'il éprouve de l'intérêt pour le patient. Pendant quelques jours il va fixer sa pensée sur le malade, sur le désir qu'il a de lui être utile. Le moment venu il attend une inspiration qui lui dictera le remède. Si cela ne "vient" pas, il se récuse: "je n'ai pas la force." D'autres, moins honnêtes, s'efforcent de jouer au chaman, certains deviennent des chamans de dernière catégorie, qui ne jouiront jamais d'un grand crédit. Avoir été *mänärik* n'est pas une recommandation pour un chaman.

Le pouvoir du *mänärik* est malgré tout très limité. Il ne se substitue au chaman que dans des cas relativement bénins ou en l'absence d'*ojun*, ne contrôle pas les esprits, ne peut naturellement accomplir le voyage dans les autres mondes et, en conséquence, ne porte pas de costume. Avoir "un corps ouvert" handicape plutôt, car le support, toujours disponible, n'est pas toujours consentant; il faut l'"âme forte" qui caractérise le chaman. Les *mänärik* rendent des services mais ne forment une véritable classe de possédés professionnels, rien de comparable en tout cas avec ce qui existe dans d'autres pays; la présence du chamanisme a freiné sinon l'extension du moins l'importance du mänärisme, le chaman représentant l'instrument parfait pour communiquer avec l'au-delà.

## *L'IRÄR* (LE DÉPOSSÉDÉ)

Si le chaman, au cours des épreuves initiatiques a pu subir le *mänärijär*, il rencontre toujours et doit surmonter l'*irär* qui, lui, apparaît bien comme la maladie chamanique véritable.

Le terme dérive de *ir* "tourner", pris dans l'acception aussi bien du lait qui tourne que du cerveau qui se brouille, depuis le simple vertige jusqu'à la démence furieuse, et caractérise un état plutôt qu'un individu. Pour les Européens qui veulent s'aligner sur les classifications yakoutes, caractériser l'*irär* est très embarrassant, car le terme couvre effectivement des manifestations très diverses, des plus bénignes aux plus graves et dont l'étiologie et la nosographie mettent la disparité en évidence. Danilov n'y voit que des cas — la plupart sans gravité — d'inadaptation sociale ou familiale, ou de troubles nerveux provoqués par une rupture ou une altération de ces rapports dont il souligne à quel point ils sont puissants et essentiels pour le bon équilibre psychique. Le malade se rétablit généralement si les conditions deviennent ou redeviennent satisfaisantes, s'il se sent un membre à part entière de sa famille ou de sa communauté. Mickiewicz, lui, appelle l'*irär* "la grande hystérie." Il y a état dépressif, obsession sexuelle, délire de persécution, hallucinations aboutissant parfois à des tentatives de suicide. L'*irär* s'associe à l'occasion au *mänärijär* mais à priori l'*irär* ne "chante" pas, ne se croit pas possédé et le *mänärik* n'est pas un mélancolique. Des symptômes hystériques se greffent éventuellement sur l'un comme sur l'autre; ils semblent plus aigus chez l'*irär*, encore que leur présence ne soit nullement obligatoire. Le *mänärijär* n'est pas un état chronique, le *mänärik* s'accommode de son mal, se stabilise dans un semi-professionnalisme. Le véritable *irär* est un mélancolique persistant. Il n'est pas utilisable comme le *mänärik*, mais il n'est pas un objet de dérision comme l'*ömüräk*. Il constitue un fardeau pour les siens, qui le soignent ou recourent à des moyens coercitifs s'il leur paraît dangereux; s'il est de haut rang, on lui témoigne respect et crainte, considéré comme un *üör* en puissance lorsqu'il paraît définitivement installé dans un état qui se terminera par la mort à plus ou moins brève échéance. Car la perturbation est provoquée par la perte momentanée ou définitive de l'une des âmes. Selon les critères yakoutes la ligne de démarcation entre *irär* et *mänärik* est donc très nette: les esprits interviennent dans les deux cas, mais le *mänärik* est possédé, l'*irär* dépossédé. Le *mänärik* a été choisi comme support pour manifestations récurrentes; à l'*irär* les esprits ont ôté l'âme qui gouverne la raison. Si élection il y a, elle ne peut conduire qu'à la mort — au suicide presque toujours[2] — ou au chamanisme, selon les intentions de l'électeur et les capacités de résistance de l'élu.

Durant la période — qui s'étend sur plusieurs années — de son initiation, le chaman se trouve privé soit de l'un ou des trois éléments du *kut*, l'âme physique, soit du *sür*, l'âme psychique, soit du *kut-sür* (les indica-

[2] L'esprit dirige son souffle, conçu comme un lasso, pour capturer l'âme et invite de cette façon l'élu au suicide.

tions varient à ce sujet). Lui-même décrit ce temps d'initiation comme une période d'affreuses souffrances physiques et morales, avec visions, rêves obsédants, syncopes, fugues en forêt où on le retrouve nu et inconscient. Ces fugues n'ont rien à voir avec des retraites volontaires; la coupure progressive d'avec son entourage s'opère de façon absolument indépendante de la volonté. Le délire du futur *ojun* ou de la future *udayan* est désigné par le terme *irär*: "c'est le signe que le *kut* a été dérobé par un *abasy*." De tel chaman légendaire on dit qu'il fut de bonne heure *irän-kuturan*, c'est-à-dire pris du délire et du chant chamanique (*kutur*), présentés donc comme étroitement liés.

L'*irär* d'un individu peut donc être l'indication d'une vocation chamanique, mais le pronostic ne s'établit pas immédiatement. Un certain nombre de symptômes permettent d'espérer cette issue, l'âge aussi (adolescence), mais la condition *sine qua non*, c'est la réussite de l'*usui*, de la "remontée", entreprise à deux très délicate, qui clôture l'initiation. Un chaman expérimenté aide l'âme initiée du néophyte à regagner la terre. Tout en faisant vivre au jeune chaman les détails de la remontée, il le familiarise avec les itinéraires qu'il aura à emprunter, lui montre la route qu'il aura à suivre seul dans l'avenir. L'initié doit démontrer ses capacités de concentration et de domination de soi. C'est une épreuve didactique. Avant de faire ses preuves sur les autres il doit les faire sur lui-même, sa première expérience le concerne personnellement. Le maître remonte l'âme du novice comme celui-ci aura à remonter celle des malades. Lui-même est un malade puisque les esprits lui ont ravi son âme et ne la rendront que moyennant rançon; seulement, à la différence du profane, le chaman vit sa guérison et y participe. Cette "remontée" représente donc bien une consécration; si elle est menée à bon terme, elle fournit une suffisante démonstration. L'échec prouve soit que l'entreprise était prématurée, soit qu'il s'est rencontré un obstacle imprévu, soit encore qu'il y a eu méprise, que le sujet n'a pas la vocation chamanique.

De toute façon le chaman ne sera jamais guéri définitivement. Son équilibre reste précaire, menacé, il se sent guetté et tout peut toujours être remis en question. Les fauves qu'il se plaint d'avoir tant de peine à maîtriser matérialisent ses propres troubles psychiques qu'il a tant de mal à discipliner, auxquels la *kamlenie* fournit un exutoire souvent attendu avec impatience. Ses états d'anxiété, de dépression, l'*ojun* les interprète comme la manifestation des esprits le pressant à exercer parce qu'ils ont faim, qu'ils souhaitent se regonfler de sang.

L'*irär* et le *mänärijär* sont susceptibles de prendre ou de reprendre le dessus. Mickiewicz a connu un ancien chaman qui ne pouvait plus exercer parce qu'il était devenu *mänärik*, "abîmé", disait-il, par un chaman plus puissant, qui avait lâché contre lui un esprit sur lequel il n'avait pas prise. Il était donc retombé au niveau de simple possédé. La Bolugur Ajyta, célèbre *üör*, avait été chamane avant son mariage, donc sans doute avant l'âge de quinze ans. Elle devait mourir à dix-huit ans, à sa troisième tentative de suicide, sans que son mariage eût même été consommé. Son attitude schizophrénique est exprimée en termes yakoutes de façon très imagée, mais les Yakoutes n'y entendent pas métaphore lorsqu'ils disent qu'elle s'arrangeait pour se rendre invisible ou pour prendre devant les gens l'apparence correspondant aux sentiments qu'elle éprouvait à leur égard: ne laisser voir d'elle que ses bottes brodées, se montrer à son beau-père en jeune bouleau, au mari qu'elle haïssait en bête féroce ou en épée. Sa carrière, qui s'annonçait très brillante puisqu'elle était très jeune, ayant été brisée par son mariage malheureux, elle avait été reprise par l'*irär* dont elle avait dû être atteinte dans son enfance ou son adolescence. Devenue chamane elle l'avait surmonté victorieusement, mais le conflit n'était que provisoirement résolu. Sous le choc affectif l'*irär* se réveille avec une violence cette fois irréductible. En termes yakoutes on dira que l'âme-raison lui a été ravie définitivement, de même que pour le chaman tombé dans le mänärisme on dira qu'il n'est plus maître des esprits. L'un et l'autre ont basculé, le premier dans la possession, le second dans la mort. Schématisant à l'extrême on dira que les esprits ont besoin de la vie du *mänärik* et de la mort de l'*irär*, et que le chaman oscille entre les deux.

Il existe un ciel de l'*irär*, voisin du ciel des *mänärik*, situés tous deux aux étages inférieurs du ciel, là où prennent naissance les nuages que les Yakoutes associent à la folie et évitent de fixer par crainte de perdre la raison. Y résident les esprits qui gouvernent la folie et aussi le chamanisme, entre autres les *ilbis*, esprits féminins de la folie meurtrière, qui peuvent en même temps servir de protectrices (*ämägät*) au chaman. Tout chaman véritable possède en effet un(e) *ämägät*, dont l'effigie est fixée à son costume; l'ôter équivaut à renoncer au sacerdoce. Or, il semblerait que cet esprit protecteur appartienne souvent, sinon toujours, à la catégorie *irär*. Un chaman yakoute déclare positivement: "l'*irär ämägät* est le père de tous les chamans." Par "père" il faut entendre *tördö* "principe, origine, racine." Cela revient à dire que, dans la pensée yakoute, la folie de type *irär* est à l'origine du chamanisme, que tout chaman s'en réclame. On ne saurait reconnaître plus clairement le caractère pathologique de la vocation chamanique.

## *LE CHAMAN* (LE DOMPTEUR)

Complexes et multiples les relations du chaman avec les esprits sont le fruit de son initiation. Son âme a été élevée et nourrie chez les esprits de l'un des trois niveaux. A l'issue de cette initiation il est censé avoir été dépecé et dévoré puis reconstitué. Ceux qui l'ont élevé l'appellent "fils" et écoutent ses requêtes s'il n'outrepasse pas ses droits. Avec ceux qui l'ont mangé s'est créé un lien de consubstantialité et il a pouvoir de soigner les maladies envoyées par tous ceux qui ont goûté de sa chair, bu de son sang. Ses rapports avec l'*ämägät* revêtiraient parfois une forme sexuelle, encore que nous ne possédions guère de renseignements à ce sujet. Lorsque l'*ämägät* pénètre l'*ojun* pendant la *kamlenie*, il se produirait une fusion ou une substitution de personnalité. Le chaman dispose, en outre, d'un nombre plus ou moins étendu d'auxiliaires qu'il traite en égaux ou en serviteurs, les exhortant en termes amicaux à lui apporter aide et leur donnant des instructions impératives. Cependant il apparaît comme une proie sans cesse guettée, comme la cible du monde spirituel, toujours en lutte, prêt souvent d'être accablé, perdu s'il fléchit. Jamais les relations ne seront réglées une fois pour toutes, le chaman peut trouver plus fort que lui. Il redoute moins les adversaires qu'il affronte joyeusement avec sa troupe lors de la *kamlenie* que les invisibles qui rôdent sans cesse autour de lui, aimantés par lui, réclamant, pompant sa force et sa substance. Ses propres auxiliaires sont du nombre, toujours insatiables, essaim affamé qui, à défaut de lui-même, s'attaque à ses proches. "Les *ojun* et leurs familles ne sont jamais heureux" constatent les Yakoutes et la perspective des tensions et des souffrances à venir fait reculer ceux qui se sentent appelés et qui repoussent cet appel le plus longtemps possible. L'acceptation est pourtant la seule chance de retrouver la raison ou de garder la vie. Les plus fortes personnalités parviendront à sublimer ces troubles; son propre salut et le service de la société sont les leviers grâce auxquels l'élu saura soumettre tout en se soumettant.

Seule l'initiation, qui l'a introduit dans la familiarité des esprits, rend le chaman apte à accomplir le voyage dans les autres mondes dont son maître temporel lui a enseigné, en outre, la géographie mythique. Ne pouvant ici aborder le thème de la transe ni m'étendre sur toutes les particularités par lesquelles le chaman se distingue des autres psychopathes de sa société, je vais seulement tenter de faire ressortir la distinction entre incorporation et possession, qui paraît moins évidente que celle entre possession et transe.[3]

[3] La transe du chaman yakoute est le plus souvent dramatique et non extatique, c'est-à-dire que les phases du voyage sont vécues et décrites simultanément.

A la différence du *mänärik*, l'*ojun* ne subit pas l'esprit à l'improviste et passivement, mais provoque son entrée. Dans le premier cas l'initiative vient de l'esprit, dans le second de l'homme. Il ne fait pas de doute — quoi que l'on ait dit — que le chaman incorpore et ses auxiliaires et les esprits des maladies. Cela ne signifie pas qu'il incorpore dès le début tous ses auxiliaires, nous savons seulement qu'avant même le début de la séance le chaman introduit en lui un ou plusieurs esprits qu'il conservera jusqu'à la fin, ce qui ne le gênera nullement pour en absorber ou en rejeter d'autres au cours de toute la phase d'enquête. Quant aux agents des maladies, le chaman les incorpore toujours, peut-être même à plusieurs reprises, d'abord pour s'informer de leurs conditions, ensuite pour les évacuer. En effet, pour qu'un être désincarné puisse s'exprimer, il lui faut un support humain, une incarnation temporaire. Des sons inarticulés sont censés provenir de différents points de la demeure, des propos "en humain" du seul chaman, lors de la *kamlenie*, aussi le chaman invite-t-il l'esprit à pénétrer en lui afin d'obtenir une réponse formulée. L'incorporation est le mode d'information le plus direct et le plus sûr, moyen à la portée du seul *ojun*. Non seulement il mande et peut absorber à volonté et pour une durée assez longue plusieurs esprits à la fois, mais lui seul est capable de les rejeter en temps voulu, détail important auquel on n'a guère prêté attention. Or, aux yeux des Yakoutes, la faculté d'éjecter paraît plus spécifiquement chamanique que celle d'absorber. Chacun est capable d'utiliser avec plus ou moins de bonheur des techniques provoquant la possession, de se faire saisir par un esprit; le garder le temps voulu et l'évacuer sans dommage est autrement difficile. Cette faculté est le signe que le chaman domine toujours la situation, que sa personnalité n'est pas abolie comme celle du possédé, qu'il demeure de bout en bout un manieur d'esprits et non un instrument.

Par où le chaman reçoit-il les esprits? Par la bouche d'abord: il les avale. Les esprits souterrains s'introduisent également par l'anus et son ventre est censé alors se gonfler.[4] Ceux des niveaux célestes et terrestre peuvent pénétrer par l'aisselle, c'est le cas des *käläni*, personnages ambigus mi-comiques mi-redoutables dont le rôle n'est pas clair mais la présence indispensable à la *kamlenie*. Enfin il existe un point du corps par lequel les forces extérieures pénètrent l'individu tant profane que chaman ou par lequel elles sont captées: le sinciput, désigné par des termes signifiant "point culminant" et "centre". Il faut évidemment y voir le souvenir de la fontanelle que l'on doit supposer imparfaitement recouverte ou ossifiée.

[4] Il serait intéressant de savoir si le météorisme hystérique constaté chez des *mänärik* s'observe aussi chez les chamans.

Les Yakoutes semblent se représenter cette ouverture présumée comme un organe de réceptivité au même titre que les yeux et les oreilles, autres moyens d'information, de captation: "Regarde de tes yeux semblables au clair soleil, écoute de tes oreilles fines, arrondies en forme de pleine lune, reçois (ou "prête attention") de ton profond sinciput semblable à un petit lac." Le siège de l'intelligence et de la raison est donc bien localisé, dans les représentations yakoutes, à l'intérieur de la tête. Par le sinciput le sujet appréhende ou subit le monde extérieur. Ce mode de pénétration par le sommet vers l'intérieur évoque l'ouverture du toit donnant accès à la maison. L'image du lac suggère, elle, le passage d'un monde à un autre par voie d'eau, nappe qui sépare et qui unit. Des correspondances se seraient établies entre la pellicule d'eau, la membrane du tambour et celle de la fontanelle. Les esprits plongeraient à travers cette membrane comme le chaman plonge lui-même dans le monde inférieur, qui est un monde sub-aquatique. L'eau semble si étroitement associée à la descente que même lorsque celle-ci s'effectue à partir du ciel on fait appel à des images aquatiques dans les descriptions: "vastes comme des lacs" sont les blancs tambours sur lesquels les chamans divins s'abaissent vers la terre.

Le chaman est donc réceptif à l'endroit du sinciput au même titre apparemment que n'importe quel profane. Différemment, en fait, et à un degré beaucoup plus élevé. A la place de la chair qui poussait à cet emplacement et que les esprits ont découpée, il en a reçu une autre dite *ytyk ät* "chair sacrée" et c'est l'un des endroits où il peut se transpercer impunément. Le sinciput compte donc parmi les *oibon*, ouvertures du corps recouvertes d'une membrane transparente, dont le nombre varie selon les chamans, les plus puissants en possédant neuf: au sinciput, contre le foie, au milieu du dos, sous les aisselles et aux talons. Ces *oibon* serviront, le cas échéant, aux démonstrations de prestige, lorsque le chaman voudra faire la preuve de son invulnérabilité. Points névralgiques et que l'on vise de préférence chez les autres vivants, ils laissent passer, chez le chaman, ce qui blesserait les autres, armes et aussi esprits, cela dans un sens comme dans l'autre, de l'intérieur à l'extérieur aussi bien que de l'extérieur à l'intérieur, perméabilité qui accroît les possibilités et de réception et d'évacuation. Le terme *oibon* nous ramène à la communication par eau, car il signifie d'abord "trou à glace" et, dans le contexte chamanique, l'accès au monde inférieur, symbolisé sur le costume par un disque perforé. Les ouvertures du corps du chaman rejoignent ici encore, en quelque sorte, celle du monde inférieur.

Ces esprits, que le chaman a invité à remplir son ventre "à ras bord", vont se loger dans le *kiäli*, poche située dans l'abdomen, qui permet à son possesseur de recevoir des esprits sans que son organisme soit lésé, et lui permet également, dans les démonstrations de *yomsun*, d'avaler et de rejeter monnaies, aiguilles, etc. Le *mänärik*, lui, ne possède ni *kiäli* ni *oibon* privilégiés, ni où mettre les esprits ni par où les faire sortir, infériorité manifeste et qui l'expose à de graves dangers, car d'une part les esprits se répandent dans son corps et le lèsent et d'autre part, en cherchant une issue, ils peuvent lui infliger de graves dommages. La supériorité du chaman s'affirme donc déjà sur le seul plan corporel. Elle réside dans le fait que non seulement les rapports de l'*ojun* avec les esprits sont d'une tout autre nature et qu'il est meneur de jeu, mais que l'initiation lui a donné, outre une "âme forte", un autre corps, doué de propriétés particulières, apte à recevoir et à rejeter, sans que son intégrité soit menacée, et capable de contenir des esprits beaucoup plus puissants, nombreux et divers que le simple possédé.

ÉCOLE PRATIQUE DES HAUTES ÉTUDES

# LE FACTEUR HISTORIQUE INDIEN DANS L'ETHNOLOGIE DU SUD-EST ASIATIQUE

## *II. Čam, Pajau, "prêtresse", Bahnar, böjau, "Magicien"= sanskrit, Upâdhyâya, "Maître spirituel"*[1]

PAUL LÉVY

Le domaine religieux est probablement plus réceptif que tout autre. Il est, en effet, susceptible d'accueillir et d'assimiler des faits étrangers dans la mesure où leurs structures et leurs fonctions correspondent à celles du ou des groupes humains dont ce domaine relève. En voici un nouvel exemple.

Les Čam, qui parlent une langue malayo-polynésienne, occupèrent la majeure partie de l'actuel Centre-Viêt-Nam. Et la suzeraineté de leurs souverains s'étendit au-delà de la "Chaîne Annamitique" jusqu'à la vallée du Mékong, sur les régions du Moyen- et du Bas-Laos. De nos jours, absorbés progressivement, depuis le XVIème siècle, par le Viêt-Nam, les Čam ne constituent plus que de faibles minorités ethniques cantonnées aux confins du Centre- et du Sud-Viêt-Nam, ainsi que dans certaines régions du Cambodge.

De culture fortement indianisée et dès les premiers siècles de notre ère, cette branche des Malais connut et pratiqua l'hindouisme ainsi que le bouddhisme du Mahâyâna. Antoine Cabaton rapporte dans ses *Nouvelles recherches sur les Chams*[2] que certains de leurs prêtres qui forment la caste des *baiṣaiḥ* (skt. *upâsaka*?)[3] "élisent à vie trois grands prêtres qui reçoivent le titre de *pô adhia* ou *pô dhia* (skt. *upâdhyâya*)" et deviennent les prêtres des trois grandes divinités, *Pô Yang Inö Nögar* (grande divinité féminine), *Pô Klong Garai* ou *Pô Binçvör*[4] et *Pô Rômê* (skt. Râma)." A la fin de son

[1] Le premier article consacré au facteur historique indien dans l'ethnologie du Sud-Est asiatique était intitulé: "Khmer *Vraḥ / braḥ / préaḥ* = skt. *vara*". *40ème Anniversaire de la Fondation de l'Institut de Civilisation Indienne de l'Université de Paris. Mélanges d'Indianisme à la mémoire de Louis Renou* (Paris, de Boccard, 1968).

[2] A. Cabaton, "Nouvelles recherches sur les Chams", *Pub. Ec. Fse. Ex. Orient*, vol. II (Paris, Leroux, 1909).

[3] A. Cabaton, *op. cit.*, pp. 22 et 24.

[4] *Viṣṇu-Içvara* (Çiva). Ces deux grands dieux, sous le nom de *Hari-hara* (Viṣṇu-Çiva), sont fréquemment représentés dans la plus ancienne iconographie du Cambodge par une statue unique comportant deux parties ayant, chacune, les traits, la coiffure et les vêtements, ainsi que les attributs de chacun de ces dieux. Bel exemple de ce syncrétisme religieux que les peuples de l'Asie du Sud-Est indianisée ont presque constamment

ouvrage, dans les "Additions et rectifications", Cabaton revient sur ses propres étymologies qui viennent d'être exposées. Il propose alors de voir dans le čam, *baiṣaih* (cf. le cambodgien *bačãy*) le pâli, *upajjhâya* 'précepteur'. "Quant à *Pô adhia* (qui sera transcrit, plus tard, *adja*), ce n'est peut-être, dit-il, tout simplement que le skt. *âdya* 'celui qui est en tête, le premier'": étymologie exacte.[5]

Au point de vue de la terminologie religieuse, *baiṣaih* = camb. *bačãy* < pâli *upajjhâya*, 'précepteur, maître spirituel', s'impose plutôt que, selon la première étymologie avancée par A.C., *upâsaka*, 'serviteur, adorateur', qui désigne, en particulier, le fidèle laïc bouddhique. Car, ce que Cabaton nous apprendra, par la suite, des baiṣaiḥ, prouve, en effet, qu'ils constituaient une caste de brahmanes à laquelle on appartenait de par la naissance et en lignée patrilinéaire; caste contrastant avec l'ambiance sociale matriarcale, de règle et notoire chez les Čam. Seuls, ceux d'entre ces baiṣaiḥ qui veulent exercer la prêtrise doivent observer un certain nombre d'interdits. Ils sont alors instruits dans le culte et la lecture des textes sacrés qu'ils doivent, comme en Inde, savoir par cœur. Tous sont vêtus de blanc et portent le chignon (brahmanique) ainsi que des moustaches et une barbiche. Enfin, ils se coiffent d'une tiare lorsqu'ils officient.

Bien que A.C. ne s'exprime pas clairement à ce sujet, il apparaît qu'une partie de ces baiṣaih se confond avec la "caste" čam des *kathar/kadhar* = skt. *udgatṛ̥*, le prêtre qui chante les strophes du *Sâma-Veda* lors du sacrifice védique.[6]

Chez les Čam, la "caste" inférieure à la précédente est, d'après A.C., celle des *Čamenei* (pron. *Čamnei/samnei*, du pâli *samanera*).[7] On confie à ces "diacres" la garde des accessoires du culte et du mobilier sacré. Un assistant non casté, le *mödvön* (pron. *mödun*), du skt. *medhâvin*, 'savant, sage', jouera d'un grand tambour plat et circulaire, avec une seule face tendue de peau, lors des cérémonies.[8] Ce musicien est en particulier

---

pratiqué. Une inscription čam mentionne un Hari-hara selon Louis Finot ("La religion des Chams d'après les monuments", *Bull. Ec. Fse d'Ex. Orient*, t. I, p. 22); ce qui confirme le bien-fondé de mon identification.

[5] A. Cabaton, *op. cit.*, p. 118.

[6] Louis Renou et Jean Filliozat, avec la collaboration de Pierre Meile, Liliane Silburn et Anne-Marie Esnoul, *L'Inde classique. Manuel des Etudes indiennes*, t. I (Paris, Payot, 1947), § 706, p. 349.

[7] "Novices" bouddhiques et non le skt., *çramaṇa*, pâli, *samana*, 'moine' comme l'identifie A.C.

[8] A. Cabaton, *op. cit.*, p. 25.

"l'auxilliaire indispensable" de la *pajau* (pron. *padjao*) au cours de tous les rites domestiques.[9]

La *pajau* est tenue au célibat le plus rigoureux et elle a pour patrimoine une déesse céleste, la *Pajau Yang*, 'Pajau divine'. Elle se révèle également comme l'officiante la plus importante lors des cultes qui la mettent en rapport avec toutes les divinités, les *Pô Yang*; et, d'une façon générale, quatre ou cinq villages se partagent ses services. Pour l'essentiel, son service consiste à entrer en transe et à se mettre en rapport avec différents dieux, au cours de cérémonies qui sont caractérisées par des sacrifices sanglants, accompagnés de musique et de chants. Une sorte de communion termine ces cérémonies; communion qui consiste à consommer la chair des victimes après l'avoir préalablement offerte aux divinités. Mais ce que l'on attend, avant tout, de la *pajau* ce sont les oracles qu'elle est apte à rendre, tandis qu'elle est possédée, et qui ont trait aussi bien aux maladies, qu'aux intempéries et autres calamités.[10]

En somme, comme nous l'apprend Cabaton, la classe la plus élevée des prêtres čam porte le nom de *baiṣaih*, qui paraît dérivé, à travers le camb. *bačăy*, du titre plutôt surprenant d'*upâdhyâya*, 'maître spirituel' et que porte le brahmane qui instruit, initie le jeune indien pubère de l'une des trois principales castes. Ce titre est d'un emploi général dans l'ordination bouddhique, où le "précepteur" (pâli, *upajjhâya*) joue le rôle essentiel dans la formation préalable de tout candidat qui aspire à entrer au monastère. Le titre même de ce novice, qui est en pâli, *samaṇera*, désigne chez les Čam, on le sait, la classe de leurs prêtres subalternes.

A mon sens, on peut expliquer cette transposition, en même temps que cet emprunt aux Khmers, par les contacts multiples et de toutes sortes que les Čam eurent avec eux et dès le Xe siècle au moins. Contacts qui se transformèrent, en représaille d'un raid sur Angkor exécuté en 1177 par la flotte des Čam, en une véritable annexion (temporaire) du Čampa à l'empire khmer (début XIIIe siècle). Du point de vue architectural, il en aurait résulté une certaine influence sur les monuments du Čampa de la part de l'art khmer de cette même époque, comme nous l'apprend Philippe Stern.[11] Or c'est au XIIIe siècle également que le Mahâyânisme avait atteint à son apogée au Cambodge. Ensuite, après une courte, mais virulente, réaction du brahmanisme d'Etat dans ce dernier pays, celui-ci,

[9] Cabaton transcrit *padiă* que je rends, ici, par *pajau*, pour simplifier la typographie.
[10] A. Cabaton, *op. cit.*, p. 109.
[11] G. Coedès, *Les États hindouisés de l'Indochine et d'Indonésie* (Paris, de Boccard, 1964), p. 279 ss., et Ph. Stern, *L'Art du Champa et son évolution* (Toulouse, 1942), pp. 65-66, 108-109.

qui s'était, entre temps, converti au bouddhisme du *Theravada* (Hînayânisme), devait définitivement l'adopter comme religion officielle vers la fin du XIIIe siècle. De son côté, le Čampa qui avait, lui aussi, adhéré au Mahâyânisme, dès le IXe siècle et durant un temps probablement assez bref, devait se montrer, au contraire et tout au long de son histoire, fidèlement attaché au brahmanisme. En conséquence, il est possible de concevoir que c'est sous l'influence du bouddhisme khmer, dont ils n'avaient en définitive retenu que les titres particulièrement consacrés d'*upâjjhâya* et de *samanera*, que les Čam furent conduits à les donner à leurs deux catégories de prêtres brahmaniques. La première desservait encore, au début de ce siècle, le vénérable culte védique et plus lointainement indo-européen du feu sacré.

Un tel contexte historique, avec toutes les implications qu'il comporte et dont certaines ont pu être déterminées, va nous permettre de mieux poursuivre la suite de cette démonstration. Mais avant de procéder à l'étude de "payau", le nom de la principale prêtresse des Čam, il faut préciser que le rôle majeur joué par elle est, structuralement, en rapport avec l'organisation matriarcale de ce peuple, où les jeunes filles choisissent leurs époux et où la descendance est strictement matrilinéaire, compte, tenu de la dérogation faite à ce dernier principe, à propos de la caste des grands prêtres. Fonctionnellement, le rôle éminent de la *pajau* est l'analogue particulier, courant, populaire du culte national et exceptionnel que les Čam rendaient encore, avant la dernière guerre mondiale, à *Pô Yang Inö Nögar*, la "Déesse mère du royaume ... créatrice de la terre, des plantes et des bois précieux ... (celle qui) forma le riz et enseigna aux hommes à le cultiver."[12] Ce culte solennel rassemblait une foule de Čam venus de leurs derniers refuges, plus au sud, et se célébrait dans l'antique temple de Pô Nagar. Cet imposant monument, juché sur un promontoire, comporte une haute tour de briques d'un rouge sombre, le sanctuaire de la Déesse, qui domine, parmi les arbres, la baie admirablement circulaire de l'antique cité de Nha-trang (Sud-Viêt-Nam).

*Pajau*, "d'après un prêtre cham", nous dit Cabaton, signifierait "princesse". Et notre auteur justifie ce sens en avançant que les *pajau* "actuelles sont le reflet des filles de sang royal, qui à la cour des anciens rois du Champâ étaient investies de certaines fonctions religieuses, mais pouvaient toutefois se marier."[13] Sans douter de l'existence, jadis, de ces prêtresses de sang royal — ce qui justifierait l'étymologie émanant du prêtre

[12] A. Cabaton, *op. cit.*, p. 109.
[13] A. Cabaton, *op. cit.*, p. 29, n. 1.

čam — on doit pouvoir en envisager une autre qui, elle, me paraît fort probable.

Auparavant, il convient de préciser que le mot *pajau*, qu'il soit pur ou sous une forme apparentée, ne se rencontre pas dans les autres dictionnaires relatifs aux langues malayo-polynésiennes que j'ai pu consulter, et auxquelles le Čam appartient, je le rappelle. Maintenant, il est remarquable de constater que ce nom, parmi ceux indiquant une fonction ou une caste sacerdotale chez les Čam, est le seul dont l'étymologie fasse difficulté. Or le contexte de la titulature socio-religieuse de ce peuple prouve, comme on vient de le voir, que tous les noms qu'elle comporte ont une origine indienne; que celle-ci soit directe, sanskrite, comme à propos du titre de *Pô adhya*, ou indirecte et par le truchement, on peut le penser, du cambodgien, comme dans le cas de *baiṣaiḥ* < camb. *bačãy* = pâli *upajjhâya*. De plus, il y a le fait que d'autres prêtresses čam, que Cabaton qualifie de "prêtresses de famille", portent, elles aussi, des noms d'origine indienne.[14] Il s'agit, en l'espèce, des *rija* (pron. *ridia*) du skt. *vṛddha*, 'âgé, expert, éminent'; des *raja çravaḥ* (pron. *raja çroua*, ou *thṛvak rija*), du skt. *râja* 'chef, roi' et *çrâvaka*, 'qui écoute, disciple' du Buddha en particulier (*rija* étant le skt. *vṛddha*). Ici, le nom de la *pajau*, la prêtresse supérieure à toutes les autres, échapperait encore à toute étymologie indo-aryenne. Cette exception serait, pour le moins, peu admissible et voici pourquoi.

On remarquera, tout d'abord, que les noms des autres prêtresses čam dérivés de *çravaka*, 'auditeur', et de *vṛddha*, 'âgé, éminent', sont courants dans la terminologie bouddhique. Le dernier titre est même constant dans le Mahâyânisme où il correspond au pâli *thera* (skt. *sthavira*), dont le sens précis est débattu, mais que l'on traduit généralement par "doyen". Ce dernier contexte me permet d'avancer que *pajau* est un doublet čam de *baiṣaiḥ*, avec, pour étymologie, non plus le pâli *upajjhâya*, mais le skt. *upâdhyâya*; terme que le Mahâyânisme, utilisant le sanskrit au départ en Inde, aurait importé au Čampa. En ce cas, il y aurait aphérèse de l'initiale, *u*, comme dans la forme cambodgienne, *bačãy* et dans le nom du chantre čam, *kathar* (skt. *udgatṛ*), une aphérèse identique affecte aussi *vâddyar*, la forme tamoule d'upâdhyâya. En tamoul vulgaire, d'après Jules Bloch, *vâddyar* signifie 'maître d'école' ou 'précepteur' et il dérive du prakrit, *uvajjhâa*, avec aphérèse de l'initiale également. Une forme prakrite analogue, **vajjhã*, doit être, pense Edouard Chavannes, à l'origine de la transcription chinoise *ho chang* ou *ho chö*, qui désigne poliment le religieux bouddhique en Chine.[15] En

[14] A. Cabaton, *op. cit.*, p. 25.

[15] Jules Bloch, *Tamoul vâddyar*: *sanskrit upâdhyâya*, (*Indo-Germanische Forschungen*,

réalité, tout moine instruit et accompli étant susceptible de devenir, à son tour, l'initiateur, le précepteur d'un novice, le titre de *ho chang* est donné par référence à ce fait si important, essentiel même dans le ministère d'un moine en Chine et ailleurs chez les bouddhistes. Enfin les deux syllabes terminales d'upâ*dhyâya* (p. upa*jjhâya*) rendent compte, par contraction, de la syllabe terminale du čam praj*au* et du cambodgien ba*čãy*.

Que le titre d'upâdhyâya ait qualifié, chez les Čam, leurs plus importantes *prêtresses*, cela ne fait pas difficulté, car la célèbre grammaire de Pâṇini (c. Ve s. A.C.) mentionnait déjà un skt. fém. *upâdhyâyâ/°yî*, 'enseignante'.[16] En outre, l'instruction religieuse, d'allure souvent ésotérique, que le "précepteur" brahmanique ou bouddhique dispense, même de nos jours, à son disciple, les formules magiques (skt. *mantra*) que les moines et, plus fréquemment, les défroqués — objet général de respect en Asie du Sud-Est — sont amenés à prononcer, lors des cérémonies publiques (couronnement) et privées (rites agraires, crémation etc.), les connaissances thérapeutiques dont témoignent encore les moines âgés du Laos et du Cambodge, ont pu incliner les Čam à assimiler le rôle de leurs grandes magiciennes, devineresses et guérisseuses à celui de ces *upâdhyâyâs*. Au Viêt-Nam, il y a une quarantaine d'années à peine, les moines bouddhiques eux-mêmes n'étaient-ils pas toujours "aisément sorciers" selon Paul Mus?[17]

En bahnar, langue du groupe linguistique môn-khmer parlée par des montagnards du Sud-Viêt-Nam, *böjau* a le sens de "magicien ou magicienne". Des génies différents dont ils portent les noms initient ces *böjau*. Certains d'entre eux, les *gru* ou *yang*, leur donnent "telles ou telles instructions". Et "le *böjau* ne fait jamais que les énoncer", comme nous l'apprend le dictionnaire exemplaire du bien regretté Paul Guilleminet.[18] Les Sedang, comme les Bahnar, demeurent sur les plateaux montagneux du Sud-Viêt-Nam, et, comme eux, ils peuplent l'arrière-pays d'une côte que les Čam occupaient il y a trois siècles encore. Mais à la différence des Bahnar, les Sedang, comme les Čam, parlent une langue malayo-polynésienne et ont un régime matriarcal. Aussi, chez les Sedang, l'emploi de *böjau* est-il le plus souvent rempli par une femme. Au siècle dernier, le P. Dourisboure, l'un des pionniers de l'évangélisation de ces montagnards

---

vol. XXV, 1909, p. 239-240). C.R. Ed. Chavannes, *T'oung Pao*, sér. II, vol. X (déc. 1909), pp. 719-720.

[16] M. Monier-Williams, *Sanskrit-English, s.v.*

[17] P. Mus, *L'Indochine*, pub. sous la direction de Sylvain Lévi (Paris, 1931), p. 122.

[18] Paul Guilleminet, avec la collaboration du R. P. Jules Alberty, *Dictionnaire Bahnar-Français* (= Pub. E.F.E.O., vol. XL) (Paris, 1959), p. 72*a* et 214.

et de leurs voisins, nous a résumé d'une manière peu tendre et peu impartiale, on s'en doute, le rôle de cette *böjau* chez les Sedang: "(Elle) est, nous dit-il, la pythonisse, ou si l'on veut, la sorcière officielle d'un village... Le sauvage, poursuit-il, a dans la *Bojaou* une confiance sans bornes. Elle est censée savoir beaucoup de choses cachées au reste des mortels... elle connaît l'avenir... sait d'où vient la maladie, ce qu'il faut faire pour l'éloigner. Elle indique les superstitions requises pour obtenir le succès dans une affaire, les sacrifices nécessaires pour éviter un malheur. Chaque Bo-jaou a son *Grou,* son démon particulier. C'est à lui qu'elle s'adresse pour apprendre les choses cachées sur lesquelles on vient l'interroger."[19] Et d'après le même missionnaire: "Il y a aussi quoique rarement des hommes qui exercent cet infâme métier."[20]

*Gru* = skt. *guru,* 'personne révérée, maître en général' et 'maître spirituel'. Sous la forme assourdie à l'initiale, *krû,* il est associé, en cambodgien, avec *bačãy* pour désigner le précepteur bouddhique.[21] Au moment où ils vont écobuer leurs futurs champs, les Mnong-Gar, des montagnards môns-khmers du Sud-Viêt-Nam, invoquent toute une série de génies. Parmi eux figure un *Gruu koon caak,* 'Maître fils du (sorcier) caak'. Georges Condominas, qui a consacré à cette tribu le premier de ses deux très importants ouvrages, nous précise que ce génie est maléfique, car il est mangeur d'âmes "et que dans la prière où son fils *Gruu* est invoqué il est qualifié d' 'enfant de l'Arbre'".[22]

*Groo* — une variante, je pense, de *Gruu* — est qualifié de *weer,* 'sacré', dans le même ouvrage. Et il désigne l'un des trois spécialistes respectivement préposés: à la distribution des lots forestiers qui sont à défricher; à la surveillance du bois utilisé pour produire du feu; ainsi qu'à la résolution des différents problèmes qui se posent au village; celui, par exemple, du déplacement des maisons.[23] Le *Gruu,* 'enfant de l'arbre', correspond aux (skt.) *vr̥kṣa-devatâs,* 'divinités femelles d'arbre' de l'Inde. Il est également le *grou,* le démon particulier qui domine et possède la *bo-jau,* chez les Sedang, et le *gru*[2] de la *böjau* pour les Bahnar. *Bun' hum gru,* 'l'homme gru', désigne tout sorcier chez les Biat, des Môns-khmers du Cambodge.[24]

[19] P. Dourisboure, *Les Sauvages Ba-Hnars (Cochinchine orientale)* (Paris, P. Téqui et Missions Etrangères, 1929), p. 172.

[20] *Op. cit.,* p. 217.

[21] Dr A. Pannetier, *Lexique Français-Cambodgien,* n. éd. complétée avec la collaboration de M. Poulichet, p. 292.

[22] G. Condominas, *Nous avons mangé la forêt de la pierre-génie Gôo. Chronique de Sar Luk, village Mnong-Gar, Hauts plateaux du Viêt-Nam* (Paris, Mercure de France, 1957), p. 402 et 204.

[23] G. Condominas, *op. cit.,* p. 378.

[24] E. Hoeffel, *Lexique Franco-Biat* (s.l.n.d.), *s.v.*

J'ai noté un *lo kru*, 'sorcier' chez les *kuy* qui appartiennent au même groupe linguistique et relèvent du même pays.[25] Un *grû*, 'devin', existe dans le vocabulaire čam.[26]

Enfin, l'ultime abrègement d'*upâdhyâya* > *böjau*, *pajau* subsiste dans le parler des Mnong Rlâm où il apparaît sous la forme de *jau*, et il est à peine un peu mieux conservé dans celui des Mnong Gar, où figure un *njau* qui a aussi le sens de "magicien". Condominas classe ses *njau*, qui sont des hommes, en: "simples guérisseurs capables seulement de soigner par des pratiques magiques, par des massages — pratiqués également par les moines laotiens — ou par des soins magiques simples; et en chamanes qui guérissent aussi, lors de séances au cours desquelles ils voyagent dans l'au-delà à la recherche des âmes qui en quittant le malade ont été la cause de sa maladie."[27]

Par une rencontre qui n'a rien de fortuit, le nom même de *chamane* s'est formé, je le rappelle, à l'autre extrémité du domaine bouddhique, sur les confins de la Mongolie, chez les Tunguz (Sibérie Orientale). Il a pour origine le prakrit *samaṇa* (skt. *çramana*), 'ascète, moine'. Ce terme, véhiculé par le bouddhisme, a atteint l'Asie Centrale, où sous sa forme tokharienne il devient *samane*, en sogdien, *çmn*, et il est enfin adopté par les Tunguz pour désigner leurs magiciens, ces possédés psychopompes, comme l'on sait, et que les voyageurs et explorateurs nous ont fait connaître. Les rapports entre le bouddhisme et le chamanisme ont été définis par l'ethnologue russe, S. Shirokogorov, dont Mircea Eliade nous rapporte, ici, les principales conclusions: "Le chamanisme a ses racines profondes dans le système social et la psychologie de la philosophie animiste caractéristique des Toungouses et autres chamanistes. Mais il est également vrai que le chamanisme dans sa forme présente est une des conséquences de la pénétration du bouddhisme parmi les groupes ethniques de l'Asie du Nord-Est."[28]

Certains des "magiciens" officiant chez les peuples môns-khmers et malayo-polynésiens, qui occupent l'hinterland du Sud-Viêt-Nam et du Cambodge, peuvent se définir, ainsi que nous venons de le voir à propos

[25] Paul Lévy, *Recherches préhistoriques dans la région de M'lu Prey (Cambodge) accompagnées de comparaisons archéologiques et suivies d'un vocabulaire Français-Kuy* (= *Pub. E.F.E.O.*, XXX), p. 114.

[26] A. Cabaton, "Dix dialectes indochinois recueillis par Prosper O'den'hal, administrateur des S.C. de l'Indochine. Etude linguistique par A.C.", *Journal Asiatique*, mars-avril 1905, p. 303.

[27] G. Condominas, *Nous avons mangé*... p. 283 et *passim*.

[28] M. Eliade, *Le chamanisme et les techniques archaïques de l'extase* (Paris, Payot, 1951), pp. 430-432, d'après N. D. Mironov et S. Shirokogorov, "*Shramana-Shaman*", *Jour. North. China Br. of the Roy. As. Soc.*, vol. 55 (Shanghai, 1924), pp. 110-130.

des Mnong Gar, par leurs mobiles, leurs activités et les résultats auxquels ils tendent, comme étant de véritables chamanes. Et de même que le chamanisme de la Haute-Asie et de la Sibérie, celui de l'Indochine orientale fut très probablement influencé par le bouddhisme, le Mahâyânisme en particulier. Ce dernier est, en effet, intrinsèquement plus riche en possibilités relevant de la magie, que le *Theravâda* (Hînayânisme), très tôt orienté vers le dépouillement ascétique et le salut personnel. On sait, d'ailleurs, que le Mahâyânisme précéda en Asie du Sud-Est — l'Insulinde comprise — la doctrine élaborée par les *Theravâdin* cinghalais. Au Čampa, le syncrétisme du brahmanisme et du Mahâyânisme est ancien. Et maintes fondations religieuses y sont placées sous le patronage de *Mahîndra-Lokeçvara* (Çiva et le Grand bodhisattva, Avalokiteçvara) comme le souligne Jean Boisselier dans son bel ouvrage sur la statuaire du Champa.[29]

En conclusion, je pense qu'à partir d'un titre religieux indien particulièrement bien attesté dans le domaine bouddhique tout entier, le nom de *pajau*, forgé au Čampa, a été adopté par les montagnards de son arrière-pays. Et, ce, en raison des relations politiques et économiques assez étroites qui unissaient ces derniers aux Čam auxquels ils fournissaient, entre autres précieux produits forestiers, du "bois d'aigle" (du skt. *agaru*, l'*Aquilaria agallocha*). Ces relations furent assez fortes et suffisamment confiantes aussi, pour que les souverains Čam, évincés de leurs pays et forcés de s'enfuir devant les armées des souverains viêtnamiens, aient remis à la garde de certains chefs montagnards les trésors de leur *regalia* (XVIe siècle). Dans cette perspective historique, il est assuré qu'avec le nom étranger de leurs chamanes, les Proto-indochinois en question aient acquis d'autres notions religieuses d'origine indienne et, à propos du sacrifice en particulier, comme je pense pouvoir le démontrer par la suite. Le résultat pratique que les jeunes ethnologues doivent pouvoir retirer de cette contribution, c'est de tenir compte de l'importance du facteur historique, et particulièrement indien, dans l'élaboration de la culture chez bon nombre de peuples de l'Asie du Sud-Est que l'on sait pertinemment ne plus être de véritables "primitifs", ni de bons "sauvages".

ÉCOLE PRATIQUE DES HAUTES ÉTUDES

[29] Jean Boisselier, "La statuaire du Champa", *Pub. E.F.E.O.*, vol. LIII (Paris, 1963), pp. 126-127.

# LA HIÉRARCHIE DES *JĀT* INFÉRIEURS DANS LE MULUKĪ AIN DE 1955

ALEXANDER W. MACDONALD

Depuis l'ouverture du Népal à la recherche occidentale en 1950, les ethnologues, à l'exception de mon collègue Marc Gaborieau,[1] ne semblent pas s'être beaucoup intéressés au *Mulukī Ain*, 'la Loi (applicable à) l'ensemble du pays', que j'appellerai désormais le Code népalais.[2] Après des séjours plus ou moins longs dans différentes régions du territoire népalais, ils ont préféré, sur la base d'observations directes contrôlées par des connaissances linguistiques variables, esquisser leurs propres théories de l'ordre social népalais plutôt que d'étudier directement la théorie juridique que le gouvernement de Kathmandou se charge de faire respecter.[3] Certes, ce Code, qui commande beaucoup d'attitudes et explique beaucoup de comportements, n'est pas un texte facile.[4] Et

[1] Voir son article "Les Curauṭe du Moyen Népal: place d'un groupe de Musulmans dans une société de castes," paru dans *l'Homme*, VI, 3 (juillet-septembre 1966), en particulier pp. 86-91 et son compte rendu de B. Pignède, *Les Gurungs* (Paris, 1966), paru dans *L'Anthropologie*, 1968, t. 72, n° 1-2, pp. 173-6.

[2] Le Népal se trouvait encore fermé aux occidentaux, lorsque L. Adam, dans "The Social Organisation and Customary Law of the Nepalese Tribes", (*American Anthropologist*, vol. 38, n° 4, p. 535) ne mentionna qu'en passant "the Nepalese Ain". Le professeur Ch. von Fürer Haimendorf ne mentionne pas le *Mulukī Ain* dans ses quatre importants articles "Elements of Newar Social Structure", *Journal of the Royal Anthropological Institute*, 1956, part II, pp. 15-38; "The Interrelations of castes and ethnic groups in Nepal", *BSOAS*, xx (1957), pp. 243-253; *Caste in the multi-ethnic society of Nepal* (*Contributions to Indian Sociology*, n° IV, avril, 1960, pp. 13-32) et "Unity and Diversity in the Chetri caste of Nepal" paru dans *Caste and Kin in Nepal, India and Ceylon* (Londres, 1966), pp. 11-67. Pourtant le *Mulukī Ain* consacre une certaine place aux Matvāli Chetri dont l'existence ne semble avoir été révélée que fort récemment au même auteur (*Morals and Merit, A Study of Values and Social Controls in South Asian societies*, Londres, 1967, p. 174).

[3] Je laisse volontairement de côté les problèmes qui se posent à propos de l'étude des régions où la *lingua franca* est le tibétain. Voir à ce sujet D. L. Snellgrove, "For a sociology of Tibetan speaking regions", dans *CAJ*, vol. XI, n° 3, septembre 1966, pp. 199-219. Les incidences du droit népalais sur le comportement des groupes de langue tibétaine constituent un terrain de recherche encore inexploré.

[4] Une anecdote rapporte que lorsqu'une haute personnalité s'est plainte un jour au Maharaja Chandra Samser de la difficulté d'interpréter un passage du Code, celui-ci

j'avoue volontiers que sans l'aide de deux collaborateurs népalais, Mm. D. P. Rajaure et K. B. Bista, je ne serais jamais parvenu à comprendre certains passages particulièrement concis. N'étant moi-même ni juriste ni spécialisé dans le langage du Code, je propose ici la traduction d'une de ses sections, dans l'espoir d'attirer l'attention sur ce texte trop ignoré en Occident, et de susciter de la part d'autres plus compétents que moi des traductions qui en feront connaître de plus larges extraits.

Pour des raisons qu'il serait fastidieux d'énumérer mais parmi lesquelles il faudrait certainement compter la relative disponibilité d'interprètes dans ces milieux, les chercheurs anglo-saxons me paraissent s'être surtout préoccupés, ces dernières années, des strates supérieures de la société népalaise.[5] Or avec la modernisation de l'économie, les barrières entre les *jāt* inférieurs s'effritent et leurs comportements vis-à-vis des *jāt* supérieurs se modifient en droit et en fait. J'ai donc choisi la section *Pāni nacalne jātko* qui concerne les bas-fonds de la société: leur place dans la hiérarchie des *jāt* qui y sont énumérés a été peu étudiée et leur étude ethnographique détaillée reste à faire. Par ailleurs ce chapitre, comme nous le verrons, fournit un exemple précis et détaillé des bases alimentaires sur lesquelles s'appuient beaucoup de justifications théoriques (généralement originaires de l'Inde) d'un pouvoir pur. J'ai choisi d'utiliser l'édition de 2012 B.S. (= 1955 A.D.), car sur le terrain à Dāṅg en 1967[6] j'ai constaté que cette édition est celle qui est habituellement consultée dans les villages de la campagne où l'édition de 1963 A.D., n'étant pas encore en circulation, n'est pas connue.[7] En fait la dernière édition du Code omet la

répondit: "Le Code est un miroir (*ain ainā ho*); chaque homme y regarde d'abord pour voir sa propre image."

[5] Sur les basses castes on trouve des tableaux utiles dans K. P. Chattopadhyay, "An Essay on the History of Newar culture", *Journal and Proceedings of the Asiatic Society of Bengal*, New Series, vol. XIX (1923), n° 10 (Calcutta, 1924), pp. 546-547. Voir plus récemment M. L. Petech, *Mediaeval History of Nepal* (Roma, 1958), p. 189 et M.D.R.Regmi, *Medieval Nepal*, Part I (Calcutta, 1965), pp. 642-651, 676-677, 682-683; Part II (Calcutta, 1966), p. 754.

[6] Mission du C. N. R. S. dans le cadre de la R. C. P. Népal que dirige le professeur J. Millot.

[7] Sur l'édition du *Mulukī Ain* du 17 août 1963 A. D., voir A. Gupta, *Politics in Nepal* (Bombay, 1964), pp. 265-267 et B. L. Joshi et L. E. Rose, *Democratic Innovations in Nepal* (Berkeley et Los Angeles, 1966), pp. 474-475. Dans un contexte "démocratique" certaines des prescriptions de cette dernière édition ne manquent pas de surprendre; interdiction de la propagation de la religion chrétienne ou islamique (p. 223, para. I); douze ans d'emprisonnement à celui qui sciemment met à mort une vache, Rs. 40 d'amende à celui qui tue un yak (p. 190, para. II). L'histoire de la formation des codes et l'étude de l'arrière-plan culturel (inscriptions, *sthiti*, droits coutumiers, etc.) constituent un domaine où beaucoup reste à faire: on trouve quelques indications utiles dans l'introduction par M. Sūryabahādur Thāpā (pp. I-7) à la récente réédition du code de

section que nous allons traduire et constitue ainsi un outil moins utile pour l'analyse sociale contemporaine car ses prescriptions et ses silences ne sont pas encore entrées dans les mœurs.

## "DES *JĀT*[8] DONT ON N'ACCEPTE PAS L'EAU

1. Du fait qu'ils mangent les restes de nourriture (*juṭho*) du *jāt* des Upādhyāya jusqu'au *jāt* des Poḍe, les Cyāmakhalak sont le *jāt* le plus inférieur (litt. 'le plus petit', *sabai jāt bhandā sāno*).[9]

---

Jang Bahadur Rana, *Śrī 5 Surendra Vikram Śāha devakā śāsan kālmā baneko mulukī ain* (Kathmandou, 1965, A.D.) M. Bāburām Acārya, *Nepālko Saṅkśipta Vṛttānta* (Kathmandou, 2022 B.S.), pp. 133-134 dit que le code en vigueur sous le roi Pratāp Singh (1775-1777 A.D.) aurait été déposé par Hodgson sur quelques *bahī* à l'India Office Library mais je n'ai pas encore réussi à le retrouver. Dans le contexte de ces recherches la publication d'une table analytique des matériaux fournis par le Yogi Naraharināth dans son gros volume *Itihāsprakaśmā sandhipatrasamgraha* (Dāṅg, 2022 B.S.), rendrait service. Si comme M. Paul Mus nous y invite ("Du nouveau sur Ṛgveda 10, 90, Sociologie d'une Grammaire", dans *Indological Studies in Honor of W. Norman Brown* (New Haven, 1962, pp. 165-185) nous devrions voir dans le *Puruṣasūkta* "la première constitution hindoue", nous mesurons ainsi l'énorme écart de temps qui sépare les premiers documents constitutionnels indiens de ceux dont on dispose au Népal. Mais "l'Opération Hindouisme" (la phrase est de M. Mus, *op. cit.*, p. 173) s'est-elle déroulée sociologiquement de manière tellement différente dans le Népal du dix-neuvième siècle de notre ère et dans l'Inde de l'époque du *Veda* tardif? Quoi qu'il en soit, la coupure entre les méthodes civilisatrices de Jayasthiti Malla (mort en 1395 A.D.) et celles de Jang Bahadur Rana me paraît à première vue bien moins nette que celle qui se fait jour entre les Codes de 1955 A.D. et de 1963 A.D.

[8] Sur l'emploi du mot *jāt* au Népal, voir *Le Monde du Sorcier*, Paris, 1966, p. 302, n. 10. Ma traduction commence à la p. 105 du vol. 5 du *Mulukī Ain* (Gorkhāpatra Chāpākhānā, 2012 B.S.), et prend fin à la p. 110.

[9] Pour les Upādhyāya, voir par ex. Ch. von Furer Haimendorf, *Contributions*..., IV, p. 16: Upadiya. Le *MulukīAin* de 1922 B.S. réédité en 2022 B.S. écrit *upallā* (= supérieur) à cette place (p. 678) et non pas Upādhyāya.

Les Poḍe, actuellement des balayeurs, sont les Po/Poria de D.R. Regmi, *op. cit.*, I, pp. 645, 677. Cf. G. S. Nepali, *The Newars*, Bombay, 1965 pp. 186-187: Pore.

*khalak* est un mot népâli (Sir R. Turner, *Dictionary of the Nepāli Language*, Londres, 1931 (désormais: TURNER), p. 116: "family, household") mais aussi un mot névâri (H. Jorgensen, *A Dictionary of the Classical Newāri*, Copenhague, 1936, p. 44: "a flock, troop"). Les Cyāma, actuellement des boueurs, sont les Chyamkhala de G. S. Nepali qui dit (*op. cit.* p. 177): "This caste considers itself superior to the Parbatia untouchable castes such as the Kami (ironsmith), Sarki (cobbler), Damai (tailor). The Chyamkhala, therefore, does not accept cooked food from these castes." Ces affirmations devraient être vérifiées sur le terrain avant d'être acceptées car elles contredisent le Code. L'auteur poursuit:" The Chyamkhala has a section lower in rank which is said to be the result of the union between a Chyamkhala and other untouchable caste like the Pore. This section is known as Hara-Huru." Voir aussi *ibid.* pp. 186-187. Le rôle joué par les Cyāmakhalak dans l'épreuve par l'eau a été décrit il y a longtemps par Hodgson,

2. Du fait qu'ils mangent les restes de nourriture des autres *jāt* à l'exception des Cyāmakhalak, les Poḍe sont supérieurs aux Cyāmakhalak. Du fait que les Bādī, tout en gagnant leur vie en mendiant, en chantant et en dansant dans les maisons (même) de ceux dont le contact requiert purification par aspersion d'eau, ne mangent pas des mains des Cyāmakhalak et des Poḍe, le *jāt* des Bādī est supérieur à ces deux *jāt*.[10]

3. Du fait qu'ils ne mangent pas des mains des Bādī, le *jāt* des Gāine, tout en gagnant sa vie en chantant, en jouant des instruments et en mendiant, est supérieur à celui des Bādī.[11]

---

*Some Account of the systems of Law and Police as recognised in the State of Nepal*, réimprimé dans *Miscellaneous Essays relating to Indian Subjects* (Londres, 1880), pp. 211-250. S. Lévi, *Le Népal* (Paris, 1905), vol. I, p. 244 semble considérer que Chamakallak = Čarmakara = Chamâr; mais pour Regmi, I, pp. 642, 647, Charmakara = Kulu et à la p. 677 il distingue Chyamkhala de Kulu.

C. Rosser fournit des estimations du nombre de personnes appartenant aux Pore et aux "Camkhala" dans son article "Social Mobility in the Newar caste system" paru dans *Caste and Kin in Nepal, India and Ceylon*, pp. 86, 89.

[10] Le mot Bādī ne se trouve pas chez Turner mais le mot *bā̃di* (p. 429: 'a maker of drums') s'y trouve. On trouve dans B. C. Śarmā, *Nepāli Śabda Koś* (Kathmandou, 2012, B. S.) (désormais ŚARMA) p. 947 s.v. *vādī*: *bājā bajāune vyakti*, individu jouant d'un instrument de musique. Regmi, *op. cit.*, I, p. 650, mentionne des Bādi. Les Bādī se trouvent dans L. Petech, *op. cit* , p. 183 suivis d'un point d'interrogation. Je crois qu'il faut dissocier entièrement ce *jāt* du mot népali *bhāṭ* (TURNER, p. 474, "bard, reciter, panegyrist"). On trouve dans Śarma, *op. cit.*, p. 786, trois définitions du mot *bhāṭ*: i) Descendance issue du mariage d'un Tīn Liṅga Jaisī ou d'un Jaisī d'un *jāt* supérieur avec une fille Jaisī égale en rang ou d'une fille Khas; ii) Peuple (*jāti*) qui chante des hymnes de louange aux Rājā, Māhārājā et nobles; iii) Descendance née d'un Brahmane et d'une femme de *jāt* sannyāsī." Sur les "Bhat", voir aussi F. Hamilton, *An Account of the Kingdom of Nepal*, Edinburg, 1819, p.34. Les Bādī sont peut-être une sous-section des Ḍom. Voir G. W. Briggs, *The Ḍoms and their near relations* (Mysore, s.d.), pp. 105, 191 et K. P. Chattopadhyay, *op. cit.* p. 560 qui cite "Hodgson's list": "Dop, Dom ou Bhand" dont l'occupation serait "to play on the small drum with the Koosoolia and to prostitute their wives, for livelihood". J'ai pu constater que les Bādī vivent souvent en relations de voisinage avec des Gāine: c'est le cas par exemple à Sallyān, où les Gāine m'affirmèrent (février, 1967) qu'il en est de même à Sangkot au sud-est de Sallyān sur les hauteurs à l'ouest de Lwām (le Lawāmjula de la carte GSGS 4795, West sheet, First Edition). Certains des Bādī de Sangkot ont aussi des maisons et des terres où ils cultivent l'orge, dans la vallée de Dāng. Ces Bādī viennent jouer de la musique et chanter devant les maisons des *jāt* supérieurs à l'occasion des cérémonies de naissance, de mariage, etc. L'orchestre se compose généralement d'un harmonium et d'un tambour et les femmes seules chantent et dansent pour recueillir l'aumône. Dans la région Sallyān-Sangkot-Lwām les Bādī s'adonnent à la pêche et on dit que les Badīnī se prostituent. Il faudrait vérifier cette assertion car c'est une accusation qui est lancée à la tête de toute femme qui chante ou danse en public dans la société puritaine népalaise. Le *jāt* est renommé pour sa fabrication de filets de pêche.

[11] Sur les Gāine, voir "Un aspect des chansons des Gāine du Népal" dans *Essays offered to G. H. Luce by his colleagues and friends in honour of his 75th birthday*, vol. I, *Artibus Asiae* (Ascona, 1966), pp. 187-194 et M. Helffer et A. W. Macdonald, "Sur un

4. Du fait qu'ils ne mangent pas des mains des Gāine et n'acceptent pas de nourriture des enfants nés de (leurs) femmes gāinenī, le *jāt* des Damāi est supérieur à celui des Gāine.[12]

5. La descendance de mariages Sārkī-Kaminī ou Kāmī-Sarkīnī sera du *jāt* Kaḍāra. Les Damāi acceptent de l'eau de leurs mains: ils n'acceptent pas d'eau des mains des Damāi. De ce fait le *jāt* des Kaḍārā est supérieur au *jāt* des Damāi.[13]

6. Les Sārkī n'acceptent pas d'eau des mains des Kāmī. Les Kāmī n'acceptent pas d'eau des mains des Sārkī. Chacun accepte de la nourriture grillée ou rôtie (*bhuṭepoleko*) de l'autre. Du fait que les Kāmī et les Sārkī n'acceptaient autrefois ni riz[14] ni eau des enfants de mariages

---

sāraṇgi de Gāine" dans *Objets et Mondes*, VI, 2, p. 133. M. Gaborieau attire mon attention sur le fait que le portrait du gāine que l'on trouve dans le *Divya Upadeś* cadre bien avec le gāine tel qu'on le voit de nos jours: *hātmā valchīko ṭāngo lī kākhīmā sārangī cyāpī dui cār dhārnīko mācho lagi*, 'dans la main une canne à pêche, sous le bras un *sārangī*, portant un poisson de deux ou trois *dhārnī*' (*Divya Upadeś* édité par le Yogi Naraharināth, Kathmandou, 2019, B.S., p. 36).

[12] Pour Damāi, Turner dit simplement "a caste of tailors" (p. 303). La définition de Śarma est plus précise: *bibāha vrat-bandha ādimā bājā bajāune ra lugā siune peśā bhaeko ek jāti*, peuple dont la profession est devenue de faire de la musique et de coudre des vêtements à des mariages, des cérémonies de l'octroi du cordon sacré, etc. (p. 499) En fait le cycle de prestations de services entre les Damāi et leurs patrons et assez complexe, et on peut s'attendre à en découvrir plusieurs modalités lorsqu'on aura poussé plus loin les enquêtes ethnographiques en dehors de "la vallée". A Dāṇg lors d'un grand mariage dans une famille de Jaisī Bāhun le 23 avril 1967, j'ai noté que le Damāi de la maison (*gharko damāi*) recevait en échange de ses services en musique et en couture un turban, le *dhoti* porté par le marié lors de son bain matinal le jour de ses noces, ainsi que les queues des boucs châtrés tués pour le repas des invités. Pendant la veillée à la maison de la mariée, des Bādī et Badīnī, pour distraire les invités, jouaient et dansaient à l'intérieur d'une maison tharue désaffectée tandis que les Damāi restaient toujours à l'extérieur. Dans les régions où j'ai travaillé je n'ai jamais constaté l'existence d'un *gharko bādī* ou d'un *gharko gāine*. Mon ami K. B. Bista me dit que dans son village de "la vallée", Jharuwarasi, les Bista donnent au Damāi de la maison une certaine quantité de grain et de maïs au moment des récoltes: en contrepartie le Damāi coud les vêtements de la famille. Il recevait autrefois un *mana* de riz pour chaque pièce cousue: chapeau, veston, etc. Normalement le Damāi ne reçoit pas des paiements en espèces de son patron; le cas échéant de tels paiements sont considérés comme *bakas*. A Dasaĩ le Damāi reçoit de son employeur une queue de bouc, et un *bhāg* de nourriture. Le Damāi est nourri à la journée lorsqu'il travaille chez son patron. Lors des mariages Bista, la participation de cinq Damāi est nécessaire; et si on les loue on les paie en espèces. Sur le rôle des Damāi chez les Gurung, voir B. Pignède, *Les Gurungs*, l'index p. 402 s.v. tailleur, et chez les Magar, J. Hitchcock, *The Magars of Banyan Hill* (Chicago, 1966), pp. 73-75.

[13] La définition de Kaḍārā fournie par Śarma est imprécise (p. 149): *kāmīsārkīsarahako ek jāt*, un *jāt* égal aux Kāmī-Sārkī.

[14] Le mot népâli que je traduis simplement par "riz" est *bhāt*. Le mot *bhāt* signifie, bien entendu, le riz cuit; mais l'expression recouvre en fait n'importe quel céréal (maïs, blé, millet, riz, etc.) cuisiné à l'eau et destiné au repas du matin ou du soir. Certaines

mixtes (de ces deux *jāt*), les *jāt* des Kāmī et des Sārkī sont supérieurs à celui des Kaḍārā. Même de nos jours les Kāmī et les Sārkī acceptent de l'eau d'un enfant né d'un mariage mixte mais n'acceptent pas de nourriture. Les Kāmī et les Sārkī qui boivent de l'eau (dans ces conditions) n'ont pas besoin d'un certificat de réadmission (*patiyā*) dans leurs *jāt*.[15]

7. Comme les Kulū ne prennent ni riz ni eau des mains de ces sept *jāt* (mentionnés ci-dessus), et du fait qu'il n'existe pas de descendance de femmes qui proviennent d'un de ces sept *jāt*, et parce que les Kulū se purifient par *patiyā* au cas où ils ont accepté riz et eau des Damāi, des Kāmī ou des Sārkī ou qu'ils ont eu des relations sexuelles avec (des femmes de ces *jāt*-ci), le *jāt* des Kulū qui manipulent des peaux est supérieur à ces (sept) *jāt*.[16]

---

formes de nourriture n'entrent pas dans la catégorie de *bhāt:phalphul* et *khānekura* ne sont pas *bhāt*. Il importe parfois de distinguer certaines préparations à base de riz qui sont destinées à être consommés par différents niveaux de la hiérarchie; c'est ainsi que *terso puwā* devrait être distingué de *ṭharro puwā*. Dans la pratique il y a des variantes régionales.

[15] Les Sārkī et les Kāmī sont deux pahāri *jāt* qui travaillent respectivement les peaux et les cuirs, et le fer. Śarma, p. 1072, donne comme deuxième sens de Sārkī, *carmakār*. Pour les rapports entre les Sārkī et les Gurung, voir Pignède, *op. cit.*, p. 402 s.v. savetier, et entre les Sārkī et les Magar, J. Hitchcock, *op. cit.*, p. 77. Pour les Kāmī et les Gurung, voir Pignède, *ibid.* p. 397 s.v. forgeron; et pour les Kāmī et les Magar, J. Hitchcock, *ibid.* p. 76-77. Pour les Kāmī et les Sherpa, voir C. von Fürer Haimendorf, "The Sherpas of the Khumbu Region", dans *Mount Everest, Formation, Population and Exploration of the Everest Region*, Londres, 1963, pp. 141-142.

*bhuṭnu* signifie 'cuisiner directement dans le feu' et *polnu* 'cuisiner dans du beurre clarifié'.

*patiyā*, comme l'indique Turner, p. 362, signifie "the ceremony of readmission into caste" et le certificat de cette réadmission s'appelle *patiyā purji*.

[16] Sur les Kulū (qu'il écrit Kullu) voir G. S. Nepali, *op. cit.*, pp. 177, 186; D. R. Regmi, *op. cit.*, pp. 643, 646-647, 682-683 et C. Rosser, *op. cit* , pp. 86, 89. Il y avait une section séparée du Code de Jang Bahadur consacrée aux Kulū (p. 675 de la réedition); la voici en traduction:

"(i) Si un Kulū a des relations sexuelles avec une personne consentante agée de plus de II ans, soit, jeune fille, soit mariée, soit veuve, d'un *jāt* néwâr que l'on ne peut réduire en esclavage, et s'il lui donne riz et eau, il sera emprisonné pour deux ans et pourra être réduit en esclavage. S'il ne lui donne pas riz et eau, il pourra (seulement) être réduit en esclavage. Si la femme accepte de l'eau de lui, elle sera emprisonnée pour un an; si elle ne l'accepte pas elle sera simplement marquée au fer avec une lettre sur la joue gauche, et tombera à un *jāt* dont on n'accepte pas l'eau. Au lieu d'aller en prison elle peut payer une amende.

(ii) Si un Kulū a des relations sexuelles avec une personne consentante, agée de plus de II ans soit jeune fille, soit mariée, soit veuve, d'un *jāt* néwâr que l'on peut réduire en esclavage, et s'il lui donne riz et eau, il sera emprisonné pendant un an. S'il ne lui donne ni riz ni eau, il pourra seulement être réduit en esclavage comme la femme. En plus la femme devra être marquée au fer avec une lettre et tombera à un *jāt* dont on n'accepte pas l'eau.

(iii) Si un Kulū a des relations sexuelles avec une personne consentante qui est une

Les *jāt* dont on n'accepte pas l'eau et dont le contact ne requiert pas purification par aspersion d'eau:

| | |
|---|---|
| Musalmān | Dhobī[20] |
| Madheśkā Telī[17] | Kulū |
| Kasāi[18] | Mleccha[21] |
| Kusle[19] | Cuḍārā[22] |

prostituée d'un *jāt* néwâr mais ne suit pas les règles de son *jāt*, et s'il lui donne riz et eau, il pourra être réduit en esclavage. Si la femme en question est d'un *jāt* néwâr que l'on ne peut réduire en esclavage, elle devra être marquée au fer avec une lettre et tombera à un *jāt* dont on n'accepte pas l'eau, puis sera relâchée. Si la femme appartient à un *jāt* que l'on peut réduire en esclavage, elle devra être marquée au fer avec une lettre, et sera réduite en esclavage. Si le Kulū et la prostituée (en question) ne se donnent pas riz et eau et ne les donnent pas (par la suite) à d'autres ils ne doivent pas être accusés.

iv) Si un Kulū enlève une prostituée d'un *jāt* porteur du cordon sacré ayant le droit d'abattre l'amant d'une femme, s'il lui donne de l'eau ou non, il pourra être réduit en esclavage." La place me manque ici pour m'étendre sur la distinction importante qui s'opère dans les Codes antérieurs à 1924 A.D. entre ceux qui peuvent être réduits en esclavage (*māsinyā*) et ceux qui ne peuvent pas l'être (*namāsinyā*). Je me borne à constater que l'on trouve dans le Code de 1922 B.S. deux listes pratiquemment identiques de *māsinyā jāt*. A savoir, p. 367: *Bhoṭyā, Cepāṅg, Mājhi, Danuvār, Hāyu, Darai, Kumāl, Pahari gaihra māsinyā jāt* et à la p. 624: *Bhoṭe, Cepāng, Dahrai, Mājhi, Hāyu, Danavār, Kumāl, Pahari gaihra māsinyā jāt*. Bhoṭe/Bhoṭyā fait toujours difficulté dans les Codes. Il semble s'appliquer à tout habitant du Grand Tibet (ou faudrait-il considérer ceux-ci comme des Mleccha?) ainsi qu'aux populations de langue tibétaine du Népal politique. L'édit republié aux pp. 701-702 de la réédition du Code de 1922 B.S. semble distinguer les Valāmī (seraient-ils les Holange de *l'Homme*, VI, I, p. 46, n. 30? M. C. Jest me suggère que ces derniers seraient les habitants de la région de "Wallanchoon" visitée par Hooker, *Himalayan Journals*, Londres, 1905, p. 145 et suiv.) des Murmi et des Bhoṭyā. Cependant il existe des *Balāmī* néwâr.

[17] Sur les Telī, presseurs d'huile, des anciennes Central Provinces, voir R. V. Russell et Rai Bahadur Hira Lal, *The Tribes and Castes of the Central Provinces of India* (Londres, 1916), vol. IV, pp. 542-547. Sur les rapports entre les Teli et les Ḍom, voir G. W. Briggs, *op. cit., passim.*

[18] Sur les Kasāi, bouchers et vendeurs de viande, voir G. S. Nepali, *op. cit.*, pp. 175-177, 185, 308, 310 et D. R. Regmi, *op. cit.*, I, pp. 643, 647. Regmi remarque: "It is strange that although water touched by a Kasāi is not accepted, milk mixed with water is accepted from his hands". Il y a, bien entendu, des Kasāi hindous et musulmans dans les anciennes "Central Provinces" (Russell et Hira Lal, *op. cit*, vol. III, p. 346-348).

[19] Sur les Kusle, musiciens et balayeurs, voir G. S. Nepali, *op. cit*, pp. 183, 177, 185-186, 356 et D. R. Regmi, *op. cit.*, I, pp. 557-559, 642, 646-647, 704. Aussi C. Rosser, *loc. cit.*, pp. 86, 89.

[20] L'ancien *jāt* de blanchisseurs de "la vallée" semble avoir été les Saṅgat/Saṅghat/Saṅgo qui selon M. Nepali, *op. cit.* p. 175 sont en voie de disparition. Voir aussi D. R. Regmi, *op. cit.* I, pp. 647, 676, 704. Les Saṅgat ne figurent pas dans les listes de M. Rosser, *loc. cit.*

[21] On trouvera dans Śarma, p. 859, une savoureuse notice sur Mleccha qui commence par la définition "qui ne parle pas le sanscrit" et se termine par "dégoûtant".

[22] C'est l'article de M. Gaborieau, *loc. cit.*, p. 87 qui m'a appris que Cuḍārā dans ce contexte signifie Curauṭe.

(Les *jāt* dont on n'accepte pas l'eau et) dont le contact requiert purification par aspersion d'eau:

| | |
|---|---|
| Sārkī | Damāi |
| Kāmī | Gāine |
| Sunār[23] | Bādībhād[26] |
| Cunārā[24] | Poḍe |
| Hurke[25] | Cyāmakhalak |

8. Du fait qu'ils ne mangent pas des mains de ces *jāt*, et comme ils ne

[23] Śarma, p. 1088, dit: *sun, cāndīkā gahanāharu banāune jāti*, 'peuple qui fabrique des ornements d'or et d'argent'. On ne distingue pas toujours clairement les Sunār des Kāmī. Voir J. Hitchcock, *op. cit.*, pp. 76-77 et B. Pignède, *op. cit.*, p. 400: or, orfèvre et orfèvrerie.

[24] Dérouté par cette orthographe j'avais écrit à tort Kaḍārā dans *Objets et Mondes*, VI, 2, p. 133; M. Gaborieau me signale que l'on trouve dans Turner, p. 165: *Canāro/Cãdāro/Cũdāro/Cunāro*, "a maker of wooden vessels". On trouve aussi l'orthographe Canāro chez Śarma, p. 297. *Nepal and the Gurkhas*, Ministry of Defence, Londres, 1965, p. 132, mentionne le "*Chunara* (carpenter and maker of bamboo vessels, who often lives in small colonies of rough huts on the edge of the jungle)". Mon collègue P. Sagant m'apprend qu'il existe au moins deux familles de Canāro dans la Mewa Khola, en pays Limbu dans l'est du Népal. Reste qu'on s'attendrait à trouver à cet endroit de notre texte Kaḍārā et non pas Cunārā; car ce tableau ne fait que reprendre en sens inverse les données fournies dans les sept premiers paragraphes, en omettant Kaḍārā mais en ajoutant Sunār, Cunārā et Hurke.

[25] Le mot Hurke manque aux dictionnaires usuels. Cependant des Hurkiya sont connus au Kumaon et au Garhwal. On trouve des références chez S. D. Pant, *The Social Economy of the Himalayans* (Londres, 1935), pp. 112-115, 232; E. S. Oakley et Tara Dutt Gairola, *Himalayan Folklore*, Allahabad, 1935, photo en frontispice et p. ix, x; G. W. Briggs, *The Ḍoms* ... pp. 94, 112, 115 et R. P. Srivastava, *Tribe-Caste Mobility in India and the case of Kumaon Bhotias* dans *Caste and Kin in Nepal, India and Ceylon* (Londres, 1966), pp. 198-199. Cf. W. Crooke, *The Tribes and Castes of the North-Western Provinces and Oudh* (Calcutta, 1896), vol. IV, pp. 364-371, s.v. Tawâif.

[26] Une inscription datée śrīśāke 1279 qui se trouve, semble-t-il, sur un *koṭistambha* à Dullūkot bhanjyāng, a été éditée à la p. 767 de *Itihāsprakaśmā Sandhipatrasamgraha* par le Yogi Naraharināth. Cette inscription avait déjà été publiée par M. G. Tucci qui disait à son sujet: "Pṛthvīmalla is praised for having exempted for ever from taxation, the bhikṣu, the brahmins (*dvija*), the preachers (*dharmabhānaka*) and the artisans *sūtradhāraka*" (*Preliminary Report on two scientific expeditions in Nepal*, Roma, 1956, p. 50). Le Yogi Naraharināth fait suivre le texte de l'inscription par une glose en népâli dont voici la phrase essentielle: *Ti rājā Pṛthvīmallale āphnā rājyamā bhikṣu duija dharmabhāṇaka (dharmapracāraka) ra sūtradhāraka od lohār sunār ṭamatākāserā cunārā āgrī damāi sārkī gāyana bādī huḍke ityādi śilpakalājīvīharukā savai kar 36 raikar candra sūrya tārā rahuñjyāl tyāgī dinu bhayo//*Comme nous le voyons, la glose du Yogi ajoute après *sutradhāraka*: *Oḍ* (Turner, p. 61: "mason"), Lohār (Turner, p. 563: "Iron-worker"), Sunār, Ṭamaṭā (? Chaudronnier, en cuivre), Kāsero (Turner, p. 80: "Maker of brass pots"), Cunārā, Āgrī (Turner, p. 32: "a worker in a mine"), Damāi, Sārkī, Gāyana, Bādī, Huḍke, etc. "On aimerait connaître les raisons qui ont inspiré ce commentaire au Yogi: tout document permettant de cerner avec plus de précision la date de l'installation des *jāt* inférieurs dans l'ouest du Népal serait le bienvenu.

lavent même pas les vêtements des *jāt* dont le contact requiert purification par aspersion d'eau et comme ils entrent jusqu'à la salle de réception chez d'autres *jāt* (plus) importants, le *jāt* des Dhobī hindous est supérieur à ces *jāt* mentionnés ci-dessus.

9. Du fait qu'ils ne mangent pas des mains des *jāt* mentionnés ci-dessus, le *jāt* des Kusle, tout en balayant et nettoyant dans les palais et les cours d'Amīr et de Bhārādār[27] et dans des temples, et tout en gagnant sa vie en jouant des instruments de musique dans des lieux de religion, est supérieur à ces *jāt*.

10. Comme les Kasāi ne prennent ni riz ni eau ni de ces autres *jāt* ni des Kusle, et comme tous les *jāt* supérieurs (aux Kasāi) n'acceptent pas de lait des mains des Kusle mais acceptent du lait de vache et de buffiesse des mains des Kasāi, le *jāt* des Kasāi est supérieur au *jāt* des Kusle.

11. Si un Kulū a des relations sexuelles avec une personne consentante soit mariée soit veuve soit jeune fille de n'importe quel *jāt* dont on accepte l'eau y compris ceux qui portent le cordon sacré, l'homme et la femme qui ont eu de telles relations doivent être punis selon la Loi qui s'applique aux *jāt* dont le contact ne requiert pas purification par aspersion d'eau. Si un homme (kulū) a des relations sexuelles avec une prostituée, les deux doivent être punis de manière équivalente à un tiers de la punition imposable à celui qui a eu des relations avec une femme mariée.

12. Si un Kāmī et une Sarkīnī ou un Sārkī et une Kaminī ont des relations sexuelles, et si un des partenaires accepte du riz de l'autre, l'homme et la femme devront chacun payer une amende de Rs. 10. Si un Kaḍārā a de telles relations avec une Kaminī ou une Sarkīnī, il doit payer une amende de Rs. 12 et la Kaminī ou la Sarkīnī en question doit payer une amende de Rs. 8. Si une femme Kaḍārā a des relations sexuelles avec un Kāmī ou un Sārkī, elle doit payer une amende de Rs. 8 et l'homme en question doit payer une amende de Rs. 12.

13. Si un homme ou une femme d'un *jāt* dont on n'accepte pas l'eau et dont le contact requiert purification par aspersion d'eau, a des relations sexuelles avec une personne d'un *jāt* dont le contact ne requiert pas purification par aspersion d'eau, ou vice versa, l'homme doit payer une amende de Rs. 20 et la femme une amende de Rs. 10. L'homme ou la femme de *jāt* supérieur sera alors intégré dans le *jāt* inférieur du partenaire.

14. Si, en connaisance de cause, un homme, a des relations sexuelles avec une veuve, une femme mariée ou une jeune fille, de plus de onze ans, d'un *jāt* (dont on n'accepte pas l'eau et) dont le contact ne requiert pas purification par aspersion d'eau, et si cet homme n'a pas accepté riz et

[27] Le texte ici a *umarāvaharu*; je suis la définition dans Śarma, p. 125.

eau d'elle, qu'il les aie ou non donnés (par la suite), à d'autres, il doit, s'il appartient à un *jāt* qui porte le cordon sacré, payer une amende de Rs. 100. S'il appartient à un *jāt* qui a droit à Rs. 40 comme "indemnités de mariage",[28] il doit payer une amende de Rs. 50. S'il appartient à un *jāt* qui a droit à moins de Rs. 40 comme "indemnités de mariage", il doit payer une amende de Rs. 25. S'il a donné riz et eau (après l'acte) à d'autres, il a droit a un certificat de purification (*patiyā*): les frais de la purification doivent être payés par lui, et il doit être envoyé ensuite en pélerinage à un *tīrtha* proche; il doit alors faire faire pour lui une cérémonie d'expiation (*prāyascit*).[29] Riz et eau pourront ensuite être acceptés de lui. S'il avait accepté riz et eau d'une femme (d'un *jāt* dont le contact ne requiert pas purification par aspersion d'eau), ou s'il avait eu en connaissance de cause des relations sexuelles avec une femme d'un *jāt* dont le contact requiert purification par aspersion d'eau, qu'il ait ou non accepté riz et

[28] *bibāha kharca* signifie littéralement "frais de mariage". Il s'agit de la somme, toujours fixée en fonction de son *jāt*, à laquelle le mari d'une femme infidèle a droit et qu'il peut réclamer à l'amant de sa femme. Voici un premier tableau de ces "indemnités" établi d'après le paragraphe 43 des p. 92-93, vol. 5, de la même édition du Code.

| | |
|---|---|
| Upādhyāya bāhun | Rs. 120 |
| Rajput [=?Thākuri,] Jaisī bāhun, Desī bāhun, Devbhājyū bāhun, Terhaute bāhun | Rs. 110 |
| Les *jāt* porteurs du cordon sacré, Chetri, Bhāṭ, etc. | Rs. 100 |
| Das Nām Bhekhdhārī (voir Śarma, p. 503, et G.S. Ghurye, *Indian Sadhus*, Bombay, 1964, p. 82-97) | Rs. 80 |
| Gurung, Limbu, Kirātī, Rāi, Khavās et d'autres *jāt* égaux à eux | Rs. 60 |
| Bhoṭe, Cepāṅg, Darai, Mājhī, Hāyū, Danavar, Kumāl, "les *jāt* des Paharī Matvāli, et d'autres égaux à eux parmi les *jāt* dont on accepte l'eau | Rs. 20 |
| Les *jāt* dont le contact requiert purification par aspersion d'eau | Rs. 15 |

Il faut aussi tenir compte des données fournies par les paragraphes 12 et 13 du *Newār jātko Ain*, aux pp. 77-78 du même volume. En voici le tableau:

| | |
|---|---|
| Nepālī Malla | Rs. 80 |
| Thar-Ghar (lecture incertaine), Asal Śreṣṭa | Rs. 70 |
| Autres Śresṭa *jāt*, inférieurs aux Asal Śreṣṭa, Bāṅrā, Udās, et d'autres *jāt* supérieurs aux Jyāpū | Rs. 60 |
| Jyāpū et autres *jāt* égaux à eux | Rs. 40 |
| Sālmī, Nakarmī, Chipā, Mālī, Khusal Musal, Duṅyā, Citrakārī et autres égaux à eux | Rs. 35 |
| Kasāi, Kusle, Kulū, Dong et autres *jāt* dont on n'accepte pas d'eau, et dont le contact ne requiert pas purification par aspersion d'eau | Rs. 15 |
| Poḍe, Cyāmakhalak, et autres dont le contact requiert purification par aspersion d'eau | Rs. 10 plus une amende de Rs. 5 |

Sur les Danuwar, Majhi et Darai on peut maintenant lire M. Dor Bahadur Bista, *People of Nepal* (Calcutta, 1967), pp. 117-122.

[29] Cf. M. R. Lingat, *Les Sources du droit dans le système traditionnel de l'Inde* (Paris-La Haye, 1967), pp. 70-72.

eau d'elle, s'il n'avait pas donné ensuite riz et eau à d'autres, il doit être puni par confiscation de ses biens et condamné à un an de prison. Au cas où il aurait donné (dans ces conditions) riz et eau à d'autres, ses biens devraient être confisqués et il devrait être condamné à un an et demi de prison. Ensuite, s'il appartenait à un *jāt* qui porte le cordon sacré, son cordon devrait lui être retiré et il sera exclu de son *jāt*. S'il appartenait à un *jāt* qui ne porte pas le cordon, il sera simplement exclu de son *jāt*. Enfin il sera incorporé dans le *jāt* de la femme avec qui il avait eu des relations sexuelles.

Au cas d'un homme qui, avant l'acte, aurait déclaré à la cour son intention d'avoir des relations sexuelles avec une femme d'un *jāt* dont on n'accepte pas l'eau et de prendre ensuite le *jāt* de cette femme, ou dans le cas d'un homme qui, après avoir eu des relations sexuelles avec une femme d'un *jāt* dont on n'accepte pas l'eau, et ayant pris ensuite le *jāt* de ladite femme, aurait informé la cour de ces faits avant qu'elle ne les eusse appris d'une autre source, et si enfin il était démontré qu'après l'acte il n'avait pas donné riz et eau à d'autres (à qui il ne devait pas les donner), son incorporation dans le *jāt* de la femme en question serait reconnue officiellement; il ne serait pas condamné à la prison et ses biens ne seraient pas confisqués.

15. Si une femme d'un *jāt* dont on accepte l'eau a eu de sa propre volonté des relations sexuelles avec un homme d'un *jāt* dont le contact requiert ou ne requiert pas purification par aspersion d'eau, et si elle a donné riz et eau à un membre d'un *jāt* égal au sien après l'acte, une fois les relations sexuelles connues et prouvées, elle sera emprisonnée pendant deux ans. Si elle n'a pas donné riz et eau à un membre de son propre *jāt* (par la suite), elle sera emprisonnée pendant un an. Dans les deux cas, elle sera intégrée au *jāt* de l'homme avec qui elle a eu de telles relations. Riz et eau ne pourront donc pas être acceptés d'elle (par la suite) par son *jāt* (d'origine), ni par des *jāt* supérieurs. Si une femme d'un *jāt* dont le contact ne requiert pas purification par aspersion d'eau a eu des relations sexuelles avec un homme d'un *jāt* dont le contact requiert purification par aspersion d'eau, elle sera emprisonnée pendant trois mois, et ensuite elle sera intégrée au *jāt* de l'homme avec qui elle a eu de telles relations.

16. Si une femme qui, de naissance ou en conséquence de ses actes, appartient à un *jāt* dont le contact requiert ou ne requiert pas purification par aspersion d'eau, permet à un homme d'un *jāt* dont on accepte l'eau d'avoir des relations sexuelles avec elle et si elle lui donne ensuite riz et eau, elle sera emprisonnée pendant deux ans. Si la femme ne lui avait pas donné riz et eau, elle serait emprisonnée pendant un an. S'il est démontré

que la femme avait menti concernant son *jāt* avant de commettre l'acte, elle serait emprisonnée pour une période deux fois plus longue.

17. Un homme (d'un *jāt* dont on accepte l'eau ou qui porte le cordon sacré) qui a des relations sexuelles par erreur sur le *jāt* avec une personne d'un *jāt* dont on n'accepte pas l'eau, obtient un certificat de purification (*patiyā*). Tout en agissant par erreur si, avant de commettre l'acte, il ne s'est pas renseigné sur son *jāt* à elle, et s'il a accepté du riz d'une femme qui par la suite a été reconnue comme appartenant à un *jāt* dont on n'accepte pas l'eau, cet homme n'obtient pas de certificat de purification pour le riz qu'il a accepté. Si, avant l'acte, l'homme portait le cordon sacré, son cordon doit lui être retiré et on doit lui donner un certificat de purification (seulement) pour l'eau qu'il a acceptée d'elle. Alors cet homme qui portait auparavant le cordon sacré sera intégré au *jāt* des Śūdra qui ont droit à jusqu'à Rs. 40 comme "indemnités de mariage." Si auparavant cet homme appartenait à un *jāt* qui a droit à jusqu'à Rs. 40 comme "indemnités de mariage", il deviendra alors membre d'un *jāt* dont on accepte l'eau et qui a droit à moins de Rs. 40 comme "indemnités de mariage." Si auparavant l'homme appartenait à un *jāt* dont on accepte l'eau qui obtient moins de Rs. 40 comme "indemnités de mariage", il restera dans son propre *jāt*.

18. Si un homme d'un *jāt* dont le contact ne requiert pas purification par aspersion d'eau a des relations sexuelles avec une femme d'un *jāt* dont le contact requiert purification par aspersion d'eau, si le mari de cette femme est toujours en vie et si l'amant de la femme appartient selon le *Jārī Ain*[30] à un *jāt* dont les membres peuvent être abattus par le mari, le mari peut user de son droit. Si le mari n'a pas le droit d'abattre l'amant de sa femme, ou si le mari ne tient pas à l'abattre, ou encore si la femme en question est une jeune fille ou veuve et si elle n'a pas (par la suite) donné riz et eau à des parents de son *jāt*, alors l'amant doit être puni selon l'*Ain* du *jāt* de la femme avec qui il a eu de telles relations.

19. Si une femme d'un *jāt* dont on n'accepte pas l'eau (qu'elle appartienne ou non à un *jāt* dont le contact requiert purification par aspersion d'eau) a permis à un homme d'un *jāt* dont on accepte l'eau et qui n'avait pas encore reçu son cordon sacré d'avoir des relations sexuelles avec elle en lui disant qu'elle était membre d'un *jāt* pur (*cokho*), elle doit être punie selon l'*Ain*. Si elle avait donné riz et eau à cet homme, celui-ci aurait droit à un certificat de purification pour avoir accepté par erreur riz et eau. Lorsqu'il recevra le cordon sacré, il restera dans son *jāt*.

20. Si un Musulman a des relations sexuelles avec une femme d'un *jāt*

[30] Cf. *Muluki Ain, Jāriko*, vol. 4, p. 83, para 2.

hindou dont on n'accepte pas l'eau tel que Kasāi, Kusle, Kulu, Dhobi, etc., pendant que son mari à elle est encore en vie, il doit donner les "indemnités de mariage" selon l'*Ain*. Si l'homme avait (par la suite) donné riz et eau (à d'autres à qui il ne devait pas les donner), il serait condamné à une amende de Rs. 100. S'il n'avait pas donné riz et eau, il serait condamné à une amende de Rs. 70 (en plus des "indemnités de mariage").

21. Si un Musulman a des relations sexuelles avec une Musulmane et si celle-ci a été mariée conformément aux rites, l'amant doit donner Rs. 100 au mari comme "indemnités de mariage." Si le mari ne veut pas accepter cet argent, l'amant sera condamné à onze mois de prison et doit payer (à la cour) une amende de Rs. 100. Si un Musulman a des relations sexuelles avec une Musulmane qui a été mariée conformément aux rites mais qui a eu ensuite des relations sexuelles (c'est-à-dire s'est remariée), l'amant doit payer Rs. 50 au (deuxième) mari comme "indemnités de mariage" et aussi une amende de Rs. 50. Si la femme n'a pas été mariée conformément aux rites, l'amant devra payer une amende de Rs. 50 (seulement). La femme pourra alors rester à volonté soit avec son mari soit avec son amant (c'est-à-dire avec son deuxième ou troisième mari).

22. Si un (autre) Musulman a des relations sexuelles avec une Curauṭe musulmane qui a été mariée conformément aux rites à un Curauṭe citoyen du Népal et de son *jāt* à elle, l'amant doit payer Rs. 60 au mari comme "indemnités de mariage" et en plus une amende de Rs. 60. Si la femme (par la suite) reste avec son mari, ou si elle n'a pas été mariée conformément aux rites de son *jāt*, l'amant ne sera pas obligé de payer les "indemnités de mariage." Il devra seulement payer une amende de Rs. 20. Désormais un Curauṭe musulman ne doit pas abattre l'amant de sa femme.

23. Lors du règlement des "indemnités de mariage" lorsqu'il s'agit d'un *jāt* du côté de Madheś dont on n'accepte pas l'eau — qu'il s'agisse ou non d'un *jāt* avec lequel le contact requiert purification par aspersion d'eau — si le cas est décrit dans l'*Ain* les prescriptions de l'*Ain* doivent être suivies. Si le cas n'y est pas décrit, si l'amant appartient à un *jāt* dont on n'accepte pas l'eau et dont le contact ne requiert pas purification par aspersion d'eau, il doit payer Rs. 20 comme "indemnités de mariage", et s'il appartient à un *jāt* dont le contact requiert purification par aspersion d'eau, il doit payer Rs. 15 comme "indemnités de mariage." Dans le premier cas il doit payer une amende de Rs. 20 et dans le deuxième Rs. 15. Si la femme en question n'a pas été mariée conformément aux rites, l'amant n'est pas obligé de payer les "indemnités de mariage." Il doit payer une amende selon ce qui est écrit dans l'*Ain*."

Je n'ai pas entrepris ici une comparaison systématique de toutes les données contenues dans les Codes qui me sont accessibles[31], concernant les *jāt* dont il a été question ci-dessus. En particulier je n'ai pas fait état de plusieurs passages significatifs du code de Jang Bahadur Rana[32] qui ne figurent plus dans celui de 1955: la traduction et le commentaire de ces passages nous auraient entrainé trop loin. Le Code népalais n'est pas un document rédigé par un esprit scientifique occidental. En dehors du fait qu'il n'est pas très bien imprimé, l'appareil qui rendrait sa consultation plus facile — notes, renvois, index, etc. — fait défaut; et pour être sûr de ne pas manquer tel ou tel passage significatif, il faut bien lire et traduire le tout. C'est là une entreprise de longue haleine. Cependant la seule traduction du Code ne saurait fournir un tableau des véritables structures de la société népalaise. Car le Code n'est qu'un code, lequel est appliqué avec plus ou moins de rigueur selon les régions. L'étude ethnographique descriptive des diverses populations du Népal demeure notre tâche essentielle. Mais cette ethnographie, en même temps qu'elle éclaire le Code, peut être éclairée par lui. C'est autour de cette double confrontation que l'on bâtira, un jour qui semble encore lointain, une véritable ethnologie structurale du Népal.[33]

CENTRE NATIONAL DE LA RECHERCHE SCIENTIFIQUE

[31] Une liste des différentes éditions du Code se trouve dans M. M. C. Regmi, *Land Tenure and Taxation in Nepal*, vol. IV, Berkeley, 1968, p. 235.

[32] Sur la composition du Kausal, réuni en 1851 pour formuler le Code, voir M. Satish Kumar, *Rana Polity in Nepal*, Londres 1967, pp. 117-118.

[33] Cet article ayant été remis à la rédaction en octobre 1967, je n'ai pas pu y faire état des renseignements sur les *jāt* inférieurs qui se trouvent dans le numéro spécial de la revue *Objets et Mondes*, t. IX, fasc. I, printemps 1969, consacré au Népal, et notamment dans les articles de M. M. Gaborieau, *Note préliminaire sur le dieu Maṣṭâ*, pp. 19-51, et de Madame M. Helffer, *Fanfares villageoises au Népal*, pp. 51-58. Il m'a été également impossible de comparer ma traduction française avec la traduction anglaise commentée des dix premiers paragraphes publiée par Kesar Lall, sous le titre: "Nepal's fallen people" dans *Nepal Review*, vol. I, n° 4, Kathmandou, février 1969, pp. 188-91.

# TRADITION FOLKLORIQUE ET "PARENTÉS PARALLÈLES"

*Le couple Parrain-Marraine et ses implications dans les lignées familiales*

MARCELLE BOUTEILLER

Au cortège et au repas de mariage (rite communiel d'alliance), les familles conformistes de tradition catholique (pratiquantes ou indifférentes par ailleurs), à la fin du siècle dernier, invitaient en règle générale: les "Parentés" jusqu'à la quatrième génération, les deux couples de Parrains-Marraines, les filleuls et filleules des Mariés (éventuellement suppléés par le père du filleul ou la mère de la filleule). Etaient également conviés de droit dans les milieux ruraux "frères et sœurs de Communion" et proches voisins.[1] Au Pays Basque où la tradition se perpétue, ces derniers sont les quatre plus proches voisins de la même génération que le marié et les voisines correspondantes de la mariée, éventuellement suppléés par le père du voisin "empêché", ou la mère de la voisine.[2]

Sans retenir, semble-t-il, cette dernière permutation, Van Gennep a énuméré les paires et, pour les Parrains-Marraines surtout, la documentation abondante lui a permis de décrire leur intervention générale dans les Grands Rites "de Passage"; mais il s'est attaché essentiellement à retracer le déroulement chronologique du rite. Il semble donc intéressant de reprendre les données en se plaçant au point de vue de l'Anthropologie structurale définie par le Professeur Claude Lévi-Strauss et de mettre l'accent sur la notion de lignée et sur les équivalences, antithèses, permutations soit entre les paires, soit entre leurs éléments symétriques.

Comme la majorité des comportements conformistes de ce genre, un très grand nombre de ceux que nous évoquerons survivait avant la guerre de 1914, certains se maintenaient encore vers 1930-1935, quelques uns subsistent. Les références locales indiquées ici sont des illustrations,

[1] Sans compter, en règle générale aussi: le maire, plus d'autres personnalités ou amis. Van Gennep a vu à Chambéry de soixante à quatre-vingt convives représentant la parenté. A. Van Gennep, "De quelques rites de passage en Savoie", *Revue de l'Histoire des Religions*, t. 62 (1910), n° 1, pp. 37-55; n° 2, pp. 183-215; n° 3, pp. 323-355 (n° 3, p. 326).

[2] Observé en 1963 à Beguios, (B.P., 25 km. environ de Bayonne) par l'une de mes amies, Madame J. Zélie, au mariage du fils aîné de la sœur de l'informatrice.

parmi d'autres, de l'application de principes généraux, quelles qu'en soient les modalités mineures. Dans deux branches de ma propre famille, l'une maternelle nantaise, l'autre paternelle niortaise, bourgeoises, devenues urbaines vers 1860, et de pratique religieuse variable, préséances et "honneurs" attachés au titre de Parrain et Marraine étaient encore récemment ou continuent d'être respectés (sans, bien entendu, extériorisation folklorique sauf, à l'occasion, un facétieux rappel de certains traits dits "régionaux").[3]

La tradition imposait de choisir Parrains et Marraines "au sein de la famille": on commençait pour l'aîné par un aieul de chaque côté, de préférence pour le garçon le Grand-Père paternel, la Grand-Mère maternelle, et inversement pour la fille.[4] Puis on continuait, toujours en croisant les deux branches, aux niveaux successifs des Grands-Oncles, Oncles, Cousins. Au Moyen-Age, on tendit à ajouter de nombreux doublets pris parmi des protecteurs riches et influents; mais l'Eglise fixa comme limite trois personnes, c'est-à-dire deux Parrains et une Marraine pour un garçon, et réciproquement pour une fille; cette coutume se perpétuait au siècle dernier, en Basse-Normandie par exemple. Survit de nos jours le doublet folklorique représenté par le "Vau-Parrain" de Haute-Saône qui se substitue au Parrain pour porter l'enfant au retour de l'Eglise et lancer les dragées.[5] S'est effacé, par contre, le doublet des "Babillards", formé dans les générations des jeunes oncles, frères ou cousins du nouveau-né. C'étaient eux, nous semble-t-il, qui, mieux que le Parrain et la Marraine véritables, offraient la réplique du Garçon et de la Fille d'honneur du cortège de mariage puisque dans le rituel populaire, de la naissance des filleuls à leurs noces, le couple Parrain-Marraine est, avant tout, parallèle au couple Père-Mère, auquel il s'identifie symboliquement.[6]

[3] En 1965, par exemple, un de mes cousins issus de germains, remplaçant par procuration le parrain, dans l'Yonne — où est la maison de vacances familiale —, embrassait trois fois la commère, "comme d'usage au pays" pour que l'enfant ne bave pas.

[4] En 1904, mon grand-père maternel, conformiste par respect familial mais imbu d'idées voltairiennes et aimant à se déclarer "déiste", revendiqua d'avance l'honneur d'être mon parrain — avec ma grand-mère paternelle comme commère.

[5] La fréquence de la formule ternaire en Normandie est indiquée entre autres par J. Seguin, *Comment naît, vit et meurt un Bas-Normand* (En dépôt Paris, imprimerie du Mortainais, 1937), p. 25 note 1. A travers notre folklore et nos dialectes (Bourgogne). *Association bourguignonne des Sociétés savantes*, t. II, (Dijon, 1966): "Le vau-parrain", p. 23. Fait état d'une note de M. Collot, avril 1953, traduisant vau par faux, et signalant le rôle du vau-parrain à Champlitte (Haute Saône).

[6] Van Gennep A., *Manuel de folklore français et contemporain*, T. 1, vol. 1 (Paris, G. P. Maisonneuve, 1943), p. 49, fait état des Babillards et *ibid.* des parrains et marraines comme doublet des garçon et fille d'honneur. Ils ne le sont, nous semble-t-il, que dans la seconde phase du processus d'assimilation, par permutation avec les Babillards.

Parallèle, mais situé d'emblée sur un plan estimé plus élevé, car le Baptême fait accéder à la vie spirituelle, céleste, éternelle, parfaite. En vertu, sans doute, de cette supériorité, les formules de conjuration magique des maladies quand, à la suite du prénom du malade, elles mentionnent ceux des ascendants, intercalent celui du Parrain entre ceux du Grand-Père et du Père et celui de la Marraine entre ceux de la Grand-mère et de la Mère.[7] En outre, sauf pour guérir un animal (on prononce alors le nom de son propriétaire), toute "oraison de secret" n'est applicable qu'à un Chrétien (baptisé). Enfin, la terreur de voir l'enfant mort sans baptême condamné à jamais aux Limbes et exclu du Paradis, a inspiré légendes ou superstitions populaires (poitevines, limousines, auvergnates), d'après lesquelles cet enfant guette au carrefour le passant nocturne et lui enjoint d'être son parrain. [8] Cela ne signifie-t-il pas que le Parrain, qui implicitement baptise, est le doublet de la sage-femme de l'Ancien Régime dont le plus haut devoir était de baptiser d'urgence le nouveau-né en péril de mort? Si nous élargissions les comparaisons dans le domaine "mythique", la Marraine humaine n'apparaîtrait-elle pas comme la réplique de la Marraine-Fée qui octroie au nouveau-né certaines qualités en lui imposant sa baguette magique et qui, par la suite, donne des talismans pour sauver des pires dangers l'enfant ou l'adolescent?

Dans le Coutumier populaire surajouté, et mise à part la prérogative majeure, fondamentale, de "Nommer" le filleul — que nous analyserons plus loin — le Parrain joue au début un rôle plus effacé que sa commère, l'équivalence de celle-ci avec la mère se trouve, au contraire, spectaculairement manifestée.[9] On ne doit pas choisir une femme enceinte: soit l'enfant qu'elle porte, soit le filleul (la filleule) ne vivrait pas, croyance toujours vivace aujourd'hui. Au siècle dernier l'interdit s'étendait à la veuve, que la mort de son mari montre vouée au malheur, et qui y vouerait *ipso facto* le bébé. Dès la naissance, la marraine se substitue à la

[7] "De bon matin j'ai été me promener au Jardin des Olives. J'ai trouvé la Bonne Sainte-Elisabeth qui relevait la mère du ventre. Guérissez, s'il vous plaît, (noms — prénoms du malade, des grand-père, parrain, père, grand-mère, marraine, mère." Bouteiller, M., *Médecine populaire d'hier et d'aujourd'hui* (Paris, Maisonneuve et Larose), p. 101 (oraison pour les troubles digestifs).

[8] Van Gennep, A., "Folklore de l'Auvergne et du Velay" (Paris, G. P. Maisonneuve, 1947), cité déjà in *Manuel de Folklore*, I, 1, p. 123.

[9] Selon la tradition, la marraine est moralement obligée de recueillir la filleule, orpheline de mère, de l'élever, l'établir (avec, si nécessaire, le concours du parrain). Vers 1800, Ducray-Duminil dont les romans ne sont certes pas écrits à la louange de la pratique religieuse, reprend ce thème dans *Coelina, l'enfant du mystère* .., (Réédition Epinal, Pellerin, 1858).

mère: à Barcelonette, au début du XIXème siècle, elle apportait à l'accouchée sic douzaines d'œufs que celle-ci devait manger au lit, pour "rétablir la fécondité" suggère avec raison Van Gennep.[10] Par la suite, la mère recevait de sa remplaçante (assistée ou non du Parrain), un petit pain de sucre, du vin, une robe, et les cadeaux destinés à l'enfant; rétablie, elle offrait en retour un repas aux deux personnes.[11] La Sage-Femme recevait toujours un présent de la Marraine, et souvent, après le baptême, était priée à dîner avec la Commère et les porteurs de cierges par le Parrain.

L'assemblage et le décor des vêtements dont on pare le bébé pour la cérémonie baptismale manifestent clairement l'identification et la permutation Mère-Marraine. Dans les Mauges angevines, note Cormeau en 1912, le corps de l'enfant est couvert du fichu qui a servi de mouchoir de noces à la commère ou du voile de tulle de la mère si celle-ci s'est mariée en blanc (en Dauphiné, et, plus anciennement, du châle tapis de mariage); ailleurs la robe de Baptême est taillée dans une étoffe donnée par la Marraine, et éventuellement le Parrain; sur la robe est épinglé le bouquet de fleurs d'oranger nuptial, et le bébé est enveloppé dans le manteau ou la pelisse, don de la Marraine, souvent avec l'aide du Parrain. Celui-ci fait en outre éventuellement présent de petits bijoux.[12]

Dans le rituel populaire protestant, la Marraine se substitue à la mère après la seconde naissance puisque la cérémonie est plus tardive, et l'accouchée depuis longtemps en état de marcher. A Chambon sur Lignon, constate Van Gennep, la mère porte l'enfant au temple, la marraine le porte au retour (chez les Catholiques des régions voisines, la Marraine, seule, assume les deux charges).[13]

Le transport du nouveau-né comporte, par ailleurs, des variantes où intervient alors le Compère, mais, avant de les évoquer, soulignons les cadeaux obligatoires du Parrain à la Marraine, réplique de ceux du marié à l'épouse: gants, petit bijou, robe si les moyens le permettent ... bouquet,

[10] Van Gennep, A., *Le Folklore des Hautes-Alpes. Etude descriptive et comparée de la psychologie populaire* (Paris, G.P. Maisonneuve, 1946), 2 vol., Vol. 1, p. 44. Les prescriptions médicales imposaient plusieurs semaines de lit à l'accouchée; le rituel, au moins populaire, quarante jours avant la purification des relevailles.

[11] Id., *Le folklore de la Bourgogne, Côte d'Or* (Paris, G. P. Maisonneuve, 1934), p. 28 (Corberon). Mêmes pratiques notamment en Dauphiné, mais il faut se méfier peut-être du symbolisme trop apparent du pain de sucre, car étaient donnés aussi d'autres aliments.

[12] Cormeau, H., *Terroirs Mauges* (Paris, Crès, 1912), 2 vol. Vol. 2, p. 328. Van Gennep, A , *Le folklore du Dauphiné (Isère), étude descriptive de psychologie populaire* (Paris, G. P. Maisonneuve), 2 vol., Vol. 1, pp. 44-48. Mais rappelons que ce sont des traits généraux traditionnels en France.

[13] Van Gennep, A., *Folklore de l'Auvergne et du Velay*, pp 20-21.

parfois de fleurs artificielles. Réciproquement la Commère passe un bouquet à la boutonnière de son compagnon.[14] Un rite significatif existait "autrefois", disent les informateurs savoyards interrogés vers 1900 à Val d'Isère: à la porte de l'Eglise, et avant d'entrer, la Marraine enlevait prestement le chapeau du Parrain. Si elle était devancée par une autre femme, elle était condamnée à payer tous les frais du Baptême.[15] Cette amende constitue, de toute évidence, une illustration particulière des amendes ou autres sanctions infligées par la société aux célibataires (payer les frais du Carnaval, par exemple) en raison de leur anormalité d'isolés.

Pour porter le filleul à l'église, la sagette a jadis remplacé la marraine, affirme Van Gennep; puis avec la venue de sages-femmes diplômées plus étrangères à la famille et disposant de moins de loisirs, la marraine a repris ses droits. Les faits relevés par l'auteur confirment bien cette hypothèse, mais peut-être commettrait-on une erreur en généralisant à l'excès. Limitant à trois le nombre des participants et assistants au Baptême, d'anciens textes ecclésiastiques précisent en effet: le Parrain, la Marraine et "la personne qui porte". D'autre part dans certaines localités, notamment du nord de la France, la porteuse n'est jamais la marraine, mais soit la sage-femme, soit une parente ou amie de la mère.[16] En toute hypothèse, sur le plan de la "Pensée Mythique", mère, sage-femme, marraine forment une triade aux éléments deux à deux opposés et permutables, la sage-femme étant l'élément médiateur.

Dans les pays de montagne où les trajets sont longs, pénibles, Compère et Commère se relaient, l'un à l'aller, l'autre au retour pour porter l'enfant dans le berceau; de même ils porteraient le cercueil si le bébé mourait. Fait notable enfin, si le Parrain (dédoublé ou non avec le Vau-Parrain) doit effectuer tout le parcours, il est remplacé en cas d'indisponibilité, par l'oncle, paternel de préférence.[17]

[14] Par exemple, et entre beaucoup d'autres cas semblables: dans le Dauphiné à Gières, l'étoffe de la robe, en Bourgogne, à Montlay et voisinage, le petit bijou et les gants, à Corberon le bouquet de fleurs artificielles, Van Gennep., *Folklore du Dauphiné* (1, p. 48). Id., *Folklore de la Bourgogne*, p. 28.

[15] Van Gennep, *De quelques rites de passage en Savoie*, n° 2, p. 44. L'Eglise considérant que parrain et marraine contractent de ce fait alliance, proscrit leur union et connaissance charnelle comme aussi incestueuse que celles de parrain-filleule, marraine-filleul, et cousins germains. Le stipulent les Canons de plusieurs Conciles, au Moyen-Age. En pratique, dans le premier cas, il suffit de nos jours de demander une dispense.

[16] A. Van Gennep., *Le folklore de la Flandre et du Hainaut français (Département du Nord)* (Paris, G. P. Maisonneuve), 2 vol., Vol. 1, 1935, p. 52.

[17] G. Jeanton., *Le Mâconnais traditionaliste et populaire* (Mâcon, Protat), vol. 4, pp. 14-15.

## LE "NOM" ET LES LIGNÉES

Vers 1939 en Basse-Normandie, assez couramment encore, l'expression "nommer un enfant" était synonyme d' "être Parrain ou Marraine". La norme est que le Parrain transmette son premier prénom au filleul, la marraine à la filleule. Les Père et Mère qui s'opposeraient à cette règle commettraient, souligne Jeanton pour le Mâconnais, "une injure grave".[18] Aussi fallait-il, jadis composer avec cette norme lorsque plusieurs frères ou sœurs étaient nommés de même: on les distinguait par des sobriquets, ou bien on adoptait dans l'intimité, dans la vie courante, un autre prénom. Le goût du jour influençait le choix: sous le Second Empire, beaucoup d'individus s'appelaient Jules sans être pour autant inscrits sous ce nom à l'Etat-civil. Parallèlement à cette coutume, on en trouve d'autres: héritage du nom patronymique paternel, choix du Grand-Père paternel comme Parrain de l'aîné, enfin — coutume observée jusque vers 1925 dans ma famille maternelle nantaise — transmission à l'aîné des garçons du premier prénom de son père, à la fille aînée du premier prénom de sa mère. Il en résulte que, selon le sexe de l'individu et son rang de naissance, plusieurs combinaisons sont possibles. L'une d'elles fait totalement coïncider — si, pendant trois générations au moins, l'aîné est un garçon, le prénom est héréditaire et le Grand-Père paternel est le Parrain —, les notions de Chef de Lignée familiale et spirituelle.[19]

Peut jouer aussi une alternance qu'exprime bien la formule familière nivernaise pour situer un jeune homme: "c'est le Lazare du Louis du Lazare du Louis". Parallèlement, on trouve aussi l'hérédité du prénom composé dont un seul élément est utilisé pour chaque génération, quoique l'ensemble figure à l'Etat-civil: dans les Mauges, "Pays d'élection des Jean-Baptiste", écrit Cormeau en 1912, si l'on appelle simplement le Grand-Père Jean, le Fils est Baptiste, et à son tour le Petit-Fils est Jean."[20]

[18] Id., *ibid.*

[19] Des familles traditionalistes, aujourd'hui encore, intègrent dans la succession des prénoms ceux des ascendants et des parrain et marraine: née en 1963, une de mes petites cousines parisiennes s'appelle Anne-Marie (grand-mère paternelle), Marcelle (grand-mère maternelle), Yvonne (mère), Pascale (cousine germaine aînée et marraine), Arnaud (oncle paternel et parrain). L'employé du Bureau d'Etat-civil après avoir protesté pour le dernier prénom a reconnu qu'aucun texte ne l'y autorisait. D'autre part, le parrainage humain est surclassé par celui du Saint Patron régional (en Berry, Sylvain, Solange … sont souvent des prénoms héréditaires), et par celui de la Vierge (le nom de "Marie" est ajouté par principe ou figure le premier, préséance spirituelle, pour les filles et les garçons).

[20] Nivernais, relevé par J. Drouillet, *Folklore du Nivernais et du Morvan*, La Charité sur Loire, Thoreau-Bernadat, T. 1, 1959, p. 71, H. Cormeau, *Terroirs Mauges*, T. 1, pp. 450-451.

La permanence du prénom porté par le Chef de Lignée (... ou des deux lignées terrestre et spirituelle), entraine, si l'on considère les trois générations qui normalement coexistent, l'identification des extrêmes, du plus vieux au plus jeune. Indiquons, sans vouloir ici poursuivre la comparaison, que d'autres exemples se retrouvent dans les croyances et coutumes folkloriques: le hululement de la chouette présage, dit-on, le décès du plus vieux ou du plus jeune de la maisonnée; toute nouvelle naissance dans la famille annonce la mort prochaine du plus "ancien" à moins que le nouveau-né ne vive pas; au début et à la fin du même rite (bénédiction de la bûche de Noël, ...), l'aïeul et le petit-fils agissent similairement, celui-là le premier, celui-ci le dernier.

## FÉCONDITÉ DE LA LIGNÉE, DEVOIRS DES CHEFS DE FAMILLE

Dernier aspect à envisager, le parallélisme du couple Parrain-Marraine et du couple Père-Mère, fondateurs d'une lignée féconde, prospère, et devant subvenir à l'entretien des enfants jusqu'au mariage. Le rituel par lequel Parrain et Marraine rendent manifestes ces obligations, voire même leur autorité en matière d'accordailles, est plus intéressant à analyser que les détails de leur participation effective aux "frais" de la cérémonie de baptême, participation normale en soi.

Non seulement, après cette cérémonie, le parrain et la marraine lancent les dragées, substituts relativement récents des fruits et symbole de fécondité, non seulement le Compère embrasse trois fois la Commère pour que l'enfant ne bave pas, mais, en outre, au siècle dernier, parrain et marraine lançaient l'éteuf, comme le faisaient, au soir de leurs noces ou le lundi de Pâques, les mariés.[21] C'étaient toujours eux qui payaient la fouace, vendéenne, angevine, poitevine, du repas de mariage et jadis la paille du lit nuptial. A Pâques, comme, par exemple, à Sierck, le père le faisait pour que l'enfant ne meure pas dans l'année, ils feront cadeaux d'œufs rouges au filleul. Assurant symboliquement l'entretien de l'individu qu'ils ont pris en charge, ils l'habillent de neuf (la marraine au moins, la première année). Dans les Landes, quand l'intéressé a sept ans, âge de raison, il est à nouveau habillé de neuf, filleul par le Parrain, filleule par la Marraine. La première année, au premier janvier, le couple donne une robe ou un tablier, un pain de six à huit livres, dit en Bourgogne "époigne", la deuxième année, une demi "époigne". Se perpétuent ensuite les

[21] Van Gennep, *Manuel de Folklore*, I, 3, 383. L'éteuf ou la pelote, par exemple à Saint Pompain, Deux-Sèvres. Id., *ibid*, vol. 2, T. 1, p. 599.

cadeaux de Nouvel-An; quand fut limitée la quête, pratiquée longtemps dans toutes les maisons des villages, on restreignit cette présentation des vœux aux seuls grands-parents et parrains et marraines. Avant le mariage, le dernier présent consistait en pièces d'argent, rappelant celle que donnait, dans un gobelet plein d'eau, le père à sa fille, pour symboliser "les derniers sous" venus de lui.[22]

Pour les accordailles, le parrain du jeune homme, à Dinan notamment, pouvait se substituer au père (qu'escortaient souvent les proches du côté paternel) pour faire la demande.[23] A défaut du père, jadis à Rives (Savoie, près de Thonon), le parrain réunissait solennellement "les deux moitiés de pierre": celles-ci, séparées par le père ou le parrain, avaient été conservées dans chaque bénitier familial pendant trois mois, pour permettre éventuellement aux promis de retirer "leur" moitié, signifiant par ce geste la rupture de l'engagement.[24] Dans la harangue qu'il prononce avant le départ pour l'Eglise, le "Bazvalan" (tailleur) de Cornouailles contemporain de Souvestre, demande aux parents des mariés d'accorder congé aux autres enfants pour leur permettre d'assister à la noce et d'y danser, et il demande aussi aux deux couples de parrains et marraines de confirmer leur consentement à l'union des deux jeunes gens[25].

Dans le cortège, parrains et marraines figurent côte à côte, ou plus souvent croisés, parfois avec les pères et mères; au repas, ils encadrent les filleuls (parrain pour le marié, marraine pour la mariée) ou sinon occupent les secondes places d'honneur. Ils se tiennent aux côtés des époux lors de la quête auprès des invités devant la maison nouvelle; plus tard avec les pères et mères et les grands-parents, ils seront priés par les nouveaux mariés au banquet des "répétailles".

Enfin, le parrain et la marraine invitaient leurs filleuls, à leurs propres mariages, à défaut le père ou la mère (comme pour les quatre couples basques de proches voisins) et chacun d'eux recevait des fiancés des présents identiques ou analogues aux présents destinés aux beaux-parents: la jeune fille donnait une robe à sa future belle-mère, un bonnet à sa marraine: le

[22] Id. *Manuel*, I, 3, pp. 1326-1329. Id., *Folklore de la Bourgogne*, p. 28. Pour les autres faits, cf. le relevé de Van Gennep, *Manuel*, I, 1; p. 123, 141. Don de la Fouace, Cormeau, *Terroirs Mauges*, I, p. 319. Paille du lit., et pièces d'étain: J. Lecœur, *Esquisses du Bocage Normand*, Condé sur Noireau, Morel, 2 vol. 1883-1887, T. 2, p. 300 et *ibid.* note 1 — Rite du gobelet: Van Gennep, *Folklore des Hautes Alpes*, I, p. 123.

[23] Van Gennep, *Manuel de Folklore*, I, 1, pp. 267-268. *Ibid.*, p. 340, à Quimper, Ploërmel, Malestroit, le fiancé va inviter les amis à la noce, escorté de son parrain, la jeune fille escortée de sa marraine.

[24] Id., *De quelques rites de passage en Savoie. N° 2*, p. 192. Se faisait au XVIIIè siècle.

[25] E. Souvestre, *Les derniers Bretons* (1836), nouvelle édition revue et corrigée, 2 vol. (Paris, Calmann-Lévy, 1875), vol. I, p. 51.

jeune homme, une cravate à son futur beau-père, une autre au parrain.[26] Ainsi se poursuit la séquence des parallèles au sein des "parentés" puisqu'elle s'étend du plan de la consanguinité à celui de l'alliance.

CENTRE NATIONAL DE LA RECHERCHE SCIENTIFIQUE

[26] Van Gennep, *De quelques rites de passage en Savoie*, *N*° 3, p. 348.

# IMAGINATION COLLECTIVE ET INCONNU

ISAC CHIVA

Il est rare de voir quelque chose d'inconnu, de très mal connu, ou d'étrange s'installer dans la vie quotidienne d'une société occidentale. Il est alors tentant d'observer la représentation que s'en font les gens et la manière dont cet "inconnu" est transformé pour s'insérer dans le vécu. Tel a été le cas lorsque, dans les années cinquante, une centrale nucléaire a été construite dans la moyenne vallée du Rhône, au nord d'Avignon, en plein pays de vignobles, au lieu-dit Marcoule. A la différence des autres grandes innovations techniques qui se sont succédées depuis le 19ème siècle et qui, même difficiles à comprendre, tombaient pleinement sous les sens — le train ou l'avion, par exemple — on avait à faire, lors de la construction d'un centre atomique, à la mise en place d'installations importantes mais sans finalité, activité ou production apparentes; et l'énergie atomique elle-même était, pour la plupart des gens, quelque chose de mystérieux, d'inconnu, de difficilement représentable. L'association la plus courante dans les esprits, sinon la seule, se faisait alors avec la puissance destructrice de la bombe atomique.

Une enquête de type ethnologique a été menée dans le courant du premier semestre de 1959 dans cette région où, dès 1956, on avait entrepris la construction du centre atomique de Marcoule et où se développait, en marge de la vieille ville de Bagnols-sur-Cèze, une nouvelle et importante agglomération faite, au premier chef, pour abriter les techniciens et leurs familles. Des données de cette enquête, nous voudrions dégager la façon dont la population proche se représentait le Centre, et ce que savaient ou s'imaginaient les gens à propos de l'énergie nucléaire. Qu'était alors cette population proche? Des villages de cultivateurs vignerons et de maraîchers surtout, densément peuplés, entourant une vieille ville commerçante, encore ceinturée de ses murs anciens; une économie agricole prospère; une récente expansion industrielle, tout au long de cette portion de la vallée du Rhône. Villages et villes y avaient, de tout temps, tendance à se replier sur eux-mêmes, chacun évitant de se mêler des affaires des autres.

On retiendra, enfin, la sensibilité que l'on y témoignait toujours à la parole, à l'information, aux conduites de communication.

Le premier fait frappant — qui confirme localement des observations enregistrées ailleurs — tient en l'ambivalence éthique et affective qui marque tout ce qui concerne aussi bien l'énergie atomique que la centrale nucléaire. Multiforme, tantôt directe, tantôt dissimulée, cette ambivalence surgit comme un leitmotiv dans toutes nos observations. Emerveillement devant le progrès, possibilité entrevue d'utilisations médicales bienfaisantes ou d'une nouvelle source d'énergie, vont de pair avec la crainte qu'inspirent une énergie destructrice, la bombe atomique, et les dangers que présente même une utilisation pacifique.

L'énergie atomique, c'est — selon l'expression d'un de nos informateurs — "une chose fort mal connue et dont on retient surtout les dangers." Cette ignorance de ce qu'est l'énergie atomique, la difficulté de concevoir, de se représenter cette nouvelle catégorie du monde physique, nous apparaissent capitales dans la formation des images et attitudes en la matière, au même titre — nous le verrons — que le secret dont on entoura la construction et le fonctionnement de la Centrale.

L'ambivalence à dominante négative s'exprime, entre autres, dans les buts que les gens des environs assignent à l'existence et à l'activité du Centre de Marcoule. Ainsi par exemple, sur vingt personnes âgées de 18 à 63 ans, interrogées, dans tel village proche, sur l'idée qu'elles se font de l'utilité de ce Centre, quatre ont répondu que Marcoule fabrique de l'uranium, trois qu'il produit du plutonium et six surtout de l'électricité; sept avouaient ne pas savoir; (accessoirement, six le considéraient comme un bienfait, sept comme une catastrophe et sept étaient sans opinion mais pensaient que l'on ferait mieux d'employer l'argent de façon plus utile). La répartition des opinions est analogue à tous les âges.

Aux réponses recueillies dans les localités entourant Marcoule, sont venus s'ajouter plusieurs centaines de devoirs rédigés par des enfants et des adolescents du collège local, sur le thème: "Que savez-vous de Marcoule et des effets que son installation a eus autour de vous?" (Précisons que les conditions dans lesquelles ces jeunes se sont exprimés nous permettent d'affirmer que la plupart ont eu recours aux membres adultes de leurs familles; les réponses fournies reflètent, de ce fait, les vues des milieux d'origine des adolescents). De toutes ces informations, il nous paraît intéressant de dégager en premier lieu la description des installations qu'un chacun avait par ailleurs sous les yeux: ce vaste complexe de bâtiments modernes, surmonté d'énormes cubes de béton et de verre et de deux cheminées dont il ne se dégage jamais de fumée ou vapeur apparente, entouré d'une imposante et hermétique clôture métallique, bien gardé et bien éclairé la nuit. En effet, bien des indications significatives nous paraissent se dégager des descriptions qui nous en ont été données. Marcoule, nous dit-on, "c'est une usine interdite au public", "la plus grande de France", une "usine gardée et entourée de barbelés et de grillages", qui "renferme beaucoup de secrets", "une usine pas ordinaire", qui "fait beaucoup de radiations" et "peut servir pour le bien et pour le mal." Les rappels de la construction du Centre et les descriptions qu'on en donne évoquent souvent, dans les esprits, quelque chose d'inhumain et d'annihilateur de vie: départ des gens, destruction des oiseaux, des vignes, des arbres, remplacés par du béton armé et des morceaux de fer.

Mystérieuse, l'usine apparaît vouée à une croissance indéfinie, à s'agrandir de plus en plus, à prendre encore plus d'importance; ainsi, les sigles des réacteurs — G1, G2 — sont lus comme une série dont on ne sait où elle s'arrêtera: "on parle d'autres usines G6, G8 et même G12...."

Tout autant significatives à ce même point de vue, les estimations de l'*étendue* du Centre sont singulièrement majorées et surtout variables, allant de "plusieurs hectares", trois, jusqu'à deux cent cinquante, trois cents et même cinq cents hectares. Mais un élément encore plus intéressant dans la perception globale du site nous semble être l'affirmation, très fréquente, selon laquelle il s'agit surtout d'*installations souterraines*: "Marcoule est surtout en sous-sol"; il consiste, pour nombre de gens, en de géantes constructions dont la majorité s'étend sous terre. Cette véritable projection souterraine n'est pas étonnante, lorsqu'on songe à l'aspect de "monde mystérieux" que le Centre présente à ses voisins.

Mais d'autres éléments aussi significatifs surgissent des images à l'aide desquelles l'on décrit Marcoule. Voici tout d'abord l'enceinte clôturée, tellement frappante et qui joue un grand rôle dans ces descriptions: elle est vue comme une palissade, — "des fils de fer barbelés" —, électrifiée, d'une hauteur variant de 2,5 à 25 m, allant jusqu'à 15 km de longueur, interrompue de portes surveillées, et que longent des gardes avec des chiens, etc.

Les deux cheminées — dont la hauteur est également surestimée de façon systématique — frappent d'autre part du fait qu'elles "ne fument pas", que "l'on ne voit jamais rien sortir." On leur assigne des fonctions variées, mais, le plus souvent, on pense qu'elles servent à évacuer "l'air chargé de radio-activité", les "gaz radio-actifs", etc.

Les *piles* ou réacteurs — immenses constructions cubiques — surgissent également comme des images-choc, aux dimensions gigantesques, aux dénominations aussi variables que les fonctions qu'on leur connaît. Leur nombre, que la plupart des réponses fixait à trois (ce qui était conforme à la réalité en 1959) est toutefois sujet à des différences d'évaluation significatives. Mais surtout bien des descriptions contiennent un élément de progression numérique, limitée ou illimitée, analogue à celle mentionnée auparavant, qui nous semble important: "G1, G2, etc."; "trois piles pour l'instant, mais il y en aura de G1 à G8"; "dans quelque temps il y aura dix piles"; "G1, G2, G3, par ordre progressif de grandeur et d'importance" (le symbole numérique devenant ainsi indice d'évaluation). Ce qui se passe dans les réacteurs, ce à quoi ils servent, apparaît — faut-il le dire? — tout autant que le reste, imprécis, variable et souvent entouré d'un halo de danger.

Le personnel qui travaille à Marcoule est désigné souvent par les autochtones sous le nom de "marcoulins", nouvelle catégorie de population distinguée non seulement de façon nominale, mais dans la réalité des comportements sociaux quotidiens. Diversité professionnelle, hiérarchisation, hétérogénéité sociale et ethnique en sont les caractères les plus fréquemment évoqués, alors que l'effectif est, tout comme les installations, sujet à des évaluations variant dans une proportion de 1 à 10.

Le Centre atomique est, certes, perçu comme synonyme d'emplois nombreux, de travail stable, de possibilités d'embauche, et cet élément économique positif, très important, est constamment associé au fonctionnement de Marcoule. Mais le travail qui s'y fait est souvent considéré comme dangereux, parce qu'il y a "certaines zones radio-actives" dont le "viol" peut être cause de maladie. On pense en outre que les accidents y ont été et demeurent fréquents; pour preuve des dangers que présente ce travail, est invoqué le luxe de précautions auxquelles les employés sont astreints. Cette ambiguïté va de pair avec les buts contradictoires, également très variés, qui sont assignés au Centre atomique (l'électricité, le combustible nucléaire, mais aussi, fréquemment, la bombe atomique, alors que — rappelons-le — le moment de l'enquête se situe *avant* l'annonce officielle de la construction d'une bombe atomique française); elle apparaît ainsi, une fois de plus, caractéristique de l'ambiguïté avec laquelle un centre atomique est perçu, en son entier, par la population qui l'entoure. Ajoutons que cet élément se reflétait dans l'attitude des autochtones vis-à-vis des nouveaux venus, collaborateurs de Marcoule, installés dans la région: on les envie (pour leurs salaires élevés et les avantages matériels dont ils jouissent) mais on s'en tient éloigné. Souvent ils sont décrits comme des êtres mystérieux, vivant isolés, comme si leur existence participait du secret et de l'activité recluse du Centre. La remarque d'une institutrice d'un village tout proche de ce dernier: "il m'est assez difficile de connaître l'opinion de la commune au sujet de Marcoule, du fait que mon mari y travaille", illustre assez bien cet état de fait.

Si l'existence d'un danger représenté par le Centre atomlque ne faisait pas de doute pour les gens vivant dans la région proche, sa nature demeurait très vague, imprécise, changeante aussi. Ce danger est présent dans l'abstrait, lorsqu'on l'imagine sur la base de rumeurs ou de représentations personnelles; mais il leur est inconcevable, lorsque les individus se trouvent dans des situations concrètes comportant un danger de radio-activité. Car celle-ci, invisible, échappe aux sens. Un fait illustrera notre propos: un homme, employé habituellement à l'extérieur des installations, s'est porté volontaire un jour où l'on cherchait quelqu'un n'ayant pas encore subi la dose maxima de radio-activité admise; il lui a été alors simplement demandé de fermer certaine porte. Or, par la suite, cet homme n'a cessé de s'étonner "que les autres fassent tellement d'histoires" puisque lui, qui a fermé cette porte, prétendue dangereuse, n'a ressenti absolument rien. Nous retrouvons ainsi l'aspect proprement *inconcevable*, puisque non accessible aux catégories perceptives et causales courantes, que revêt l'énergie atomique pour le grand public.

La préoccupation constante, diffuse, pour ne pas dire l'inquiétude qu'engendre le voisinage du Centre atomique s'accroche à l'événement du jour, qui lui permet de s'exprimer et qu'elle colore. Elle s'exprime dans la manière dont sont expliqués les accidents "atomiques", par référence évidente au pouvoir terrible de l'énergie nucléaire. Voici un bref récit fait par un maçon de la région, en mars 1959: "il y a environ un mois, un ouvrier était en train de nettoyer; un autre, sans faire attention, a mis en marche les isotopes; l'autre a été 'nettoyé' sur le coup. C'est comme un gardien, il est entré dans une installation, il y est disparu sans traces, s'est volatilisé."

Cette impossibilité apparente à se représenter dans le concret l'énergie nucléaire et ses effets nous semble s'expliquer par la présence de mécanismes psychologiques inconscients d'auto-défense, qui prennent d'ailleurs bien d'autres formes. Ce sont tout d'abord les *échecs*, si fréquemment invoqués à propos de la construction et du fonctionnement du Centre et que le ton et la récurrence des récits permettent d'interpréter comme autant de négations de l'existence et du fonctionnement d'une source de danger. Nous avons donné ailleurs[1] d'autres exemples d'attitudes,

[1] Cf. I. Chiva, "Etude effectuée dans la région de Bagnols-sur-Cèze à la suite de l'implantation du Centre de Marcoule", *Utilisations de l'énergie nucléaire (Aspects scientifiques, techniques et humains)* (Paris, Masson & Cie Editeurs, 1963), I, pp. 415 sq.

d'opinions ou de rationalisations qui ont cette même fonction de défense.

Latente, la crainte de l'énergie atomique, surgit comme un système d'explication disponible, auquel on a recours lorsque des événements insolites surviennent: épizootie, catastrophe naturelle, maladie des végétaux, épidémie, soit un très grand nombre d'événements fort variés. En revanche, nous n'avons trouvé nulle trace d'une cristallisation des représentations liées à Marcoule ou à l'énergie atomique, sous une forme articulée ou transposée, quasi-légendaire.

Les peurs et rumeurs atomiques ont été particulièrement vives et perceptibles, dans la proximité immédiate de Marcoule comme dans une zone de quelque 60 km, dans la période de début, couvrant l'annonce de la construction du Centre et les deux premières années. A cette phase de poussées aiguës a succédé, sans doute en raison de l'accoutumance à l'idée et au voisinage, une autre où l'inquiétude était générale, diffuse et latente, mais nettement plus forte à la périphérie et dans les centres urbains — par exemple à Nîmes ou même à Avignon — que dans les villages proches du Centre. Les barrières physiques — la large vallée du Rhône à l'est, les plateaux désertiques à l'ouest — ont joué un rôle important, comme si elles arrêtaient la diffusion des représentations ou en transformaient les formes précises en des rumeurs floues.

Ainsi, à une courbe temporelle, caractérisée par une phase initiale d'éruption, suivie d'une longue période de déclin, faisant place à une latence entrecoupée de pointes éruptives, correspond une diffusion diversifiée dans l'espace des images et rumeurs liées à Marcoule et à sa vocation.

De même qu'ils se transforment dans le temps, dangers supposés, rumeurs, inquiétudes, s'accroissent donc à mesure que l'on s'éloigne de la Centrale atomique, en même temps qu'ils gagnent en diversité et en résonance. Leur manifestation nous a paru être favorisée par une certaine habitude des désastres, liés à l'eau, fréquents dans la région: inondations provoquées par les crues du Rhône, dévastations dues aux "vidourlades", ces crues soudaines, d'une très grande violence, des cours d'eau (dont le Vidourle, qui a donné son nom au phénomène) qui descendent des Cévennes. Est-ce cela qui explique la connotation aquatique de nombre de méfaits attribués à la Centrale atomique: pluies excessives, contamination des eaux du Rhône, entraînant la mort des poissons, dessèchement des fontaines, etc.? En effet, alors que le vent ou le relief sont très souvent ressentis comme des moyens de protection, l'eau, sous toutes ses formes, est pensée comme porteuse de danger possible et sujette à contamination, pour les humains comme pour les animaux et les végétaux.

On peut dire que, quels que soient le règne ou l'ordre de faits dans lequel il survient, nul événement nuisible n'est á priori exclu de la référence à la Centrale atomique comme source d'explication. Tout se passe comme si l'impact de l'histoire — qui a voulu que l'énergie atomique prenne la forme d'une bombe et d'un massacre pour s'installer dans le quotidien – avait conféré en tout et partout une vertu de danger et d'angoisse à ce qui se rattache à cette nouvelle conquête du monde technique. Derrière la variété des associations comme des croyances et explications populaires en la matière, l'énergie atomique se projette comme la grande menace pour la vie et la nature.

LABORATOIRE D'ANTHROPOLOGIE SOCIALE
ECOLE PRATIQUE DES HAUTES ETUDES

# COUSINAGE, VOISINAGE*

TINA JOLAS ET FRANÇOISE ZONABEND

"La recherche d'une structure significative des échanges matrimoniaux sur lesquels la société considérée ne dit rien, soit directement par le truchement de règles, soit indirectement grâce aux inférences qu'on peut tirer de la nomenclature de parenté ou par quelque autre moyen, reste possible s'il s'agit d'un groupe peu nombreux et relativement clos. On fait alors parler les généalogies. Mais quand s'accroissent la dimension et la fluidité du groupe, et que ses limites mêmes deviennent imprécises, le problème se complique singulièrement: le groupe continue à dire ce qu'il ne fait pas, fut-ce seulement au nom de la prohibition de l'inceste; mais comment savoir si, sans s'en douter, il fait quelque chose de plus (ou de moins) que ce ne serait le cas si ses membres choisissaient leur conjoint en fonction de leur histoire personnelle, de leurs ambitions et de leurs goûts? C'est en ces termes, me semble-t-il, que se pose le problème du passage des structures élémentaires aux structures complexes, ou, si l'on préfère, de l'extension de la théorie ethnologique de la parenté aux sociétés contemporaines."[1]

Les communautés rurales qui composent en grande partie les sociétés contemporaines à structures complexes ne constituent-elles pas des "groupes peu nombreux et relativement clos" à l'intérieur desquels on peut encore "faire parler les généalogies"? En d'autres termes peut-on utiliser dans un village français les méthodes de l'ethnologie traditionnelle pour obtenir un modèle mécanique de parenté qui aurait valeur éclairante pour l'enquête ultérieure? C'est cette interrogation qui a orienté nos recherches à Minot,[2] une commune rurale du Châtillonnais.

Une image double — et apparement contradictoire — de la communauté s'est d'emblée imposée à nous. Image de cohésion: *c'est un village où on*

* Cette étude s'inscrit dans le cadre d'une "Recherche Coopérative sur Programme" (R.C.P. n° 58), financée par le Centre National de la Recherche Scientifique, animée et coordonnée par M. Georges-Henri Rivière, Conservateur en Chef Honoraire du Musée des Arts et Traditions Populaires.

[1] C. Lévi-Strauss, *Les structures élémentaires de la parenté* (Paris, Mouton, 1967), p. XXIII.

[2] Sur Minot on consultera l'article de M.-C. Pingaud, "Paysage, population et histoire foncière dans le Châtillonnais. L'example de Minot (Côte d'Or)", *Etudes rurales*, oct.-dec. 1968 (32).

*s'accorde bien; où il n'y a pas de clans; on s'aide encore bien entre voisins; on se donne la main quand il y a un coup dur. Il y a une bonne entraide et pas d'hostilité entre ouvriers et agriculteurs; tout le monde se retrouve au "foot".* Ces affirmations sont corroborées par le développement considérable de l'entraide, le déroulement relativement paisible du remembrement, l'absence de conflits aigus.

Mais aussi image de rupture et de dispersion: *on est secret, on ne se parle de rien, ni entre voisins, ni même en famille. On craint les jalousies, les cancans; il faut être bien avec tout le monde et lié avec personne.* Affirmations corroborées par la disparition des veillées, des fêtes qui réunissaient tout ou partie de la communauté, l'isolement apparent des individus; il est rare de voir un groupe ou simplement deux personnes ensemble dans les rues du village; chacun va seul à la poste, à l'épicerie, les jeunes femmes promènent seules leur bébé.

Le village affirme sa cohésion et dans le même temps sa dispersion, la solidarité du groupe et la solitude des individus.

La seconde affirmation, celle qui a trait aux attitudes de repliement, de jalousie, est toujours assortie d'une même dimension temporelle. *Autrefois,* nous dit-on, *on s'accordait mieux, maintenant chacun reste chez soi. Autrefois les gens n'étaient pas envieux; maintenant on est plus orgueilleux; il n'y a plus de solidarité, on est content d'un malheur chez le voisin.*

Cet autrefois, ce paradis perdu où l'on ne se méfiait pas les uns des autres, où l'on ne se jalousait pas, ne renvoie pas à un passé lointain mais aux années qui suivirent la dernière guerre. *La mentalité a changé,* nous dit-on, *depuis la guerre; entre les deux guerres c'était tangent; après, les gens sont devenus riches, on a changé de caractère* et on précise: *autrefois tout le monde ou presque était pauvre; on s'aidait, on allait chez l'un, chez l'autre; maintenant tout le monde est riche; on reste chez soi et on se jalouse.*

On incrimine les modifications économiques intervenues dans la vie des femmes: *On ne se visite plus entre voisines; on a l'eau sur l'évier, la machine à laver, la télévision; on ne se retrouve plus au lavoir, à la veillée, c'est cela qui a brisé les rapports.*

La télévision fait figure de bouc émissaire; on a tendance à la rendre responsable de la situation nouvelle.

*Lorsque nous sommes arrivés à Minot* — nous citons ici un jeune couple installé au village depuis une douzaine d'années — *il y avait une vie sociale très active, on allait en veillée chez les uns, chez les autres. Les hommes jouaient aux tarots; les femmes faisaient des gaufres, la télévision a tout gâché. Maudite télévision, tout le monde s'en plaint et personne n'ose tourner le bouton.* Cette opinion est générale, nous l'avons recueillie sous de multiples formes, même de la part de jeunes.

La télévision n'a fait là qu'accélérer et consacrer une évolution qui s'était déjà amorcée entre les deux guerres.

Parmi les étapes importantes de cette ouverture du village, de cet élargissement du champ social et économique, on peut citer le rachat des fermes d'écarts, dans les années 20, par des réfugiés venus des régions dévastées; les transformations, vers les années 30, des moyens de communications: apparition des premières voitures individuelles, mise en place d'un réseau d'autocars; l'introduction de la radio; vers 1936-1937 la venue d'ouvriers agricoles polonais ou tchèques, puis de réfugiés politiques, italiens ou espagnols; en 1940, l'afflux des réfugiés de l'exode, puis, durant les années de guerre, la présence dans les forêts avoisinantes de maquis russes, espagnols, et même d'éléments indochinois et d'unités parachutées anglaises qui tous se ravitaillaient au village; vers les années 50 — et ce fut là le changement déterminant — la généralisation des voitures, la mécanisation agricole, le confort ménager (machine à laver, réfrigérateur), enfin et surtout, la télévision. Dans cette perspective, on doit également tenir compte de la scolarisation des adolescents qui, en majorité, vont maintenant "aux écoles", c'est-à-dire en ville, et la réorganisation administrative de l'Eglise qui a grandement affaibli le sentiment d'appartenance à la paroisse.

Il y a donc eu objectivement ouverture sur le monde extérieur mais tout se passe comme si cette ouverture avait été ressentie comme une fermeture au niveau de la communauté; plus le village s'ouvrait sur la région et au-delà, sur le pays tout entier, plus les groupes qui le constituent se disloquaient ou se repliaient sur eux-mêmes.

C'est ce double mouvement que nous allons tenter de saisir à travers l'analyse des relations de parenté.

Le lien de parenté est privilégié. L'identification d'un individu est toujours formulée en termes généalogiques: on est avant tout père, fils, époux, frère. S'il s'agit d'un étranger au village, on cherche à lui trouver un lien de parenté avec quelqu'un de connu et même lorsque ce lien est très ténu, on ne manquera pas d'affirmer: *on est un peu parent.*

Que remarque-t-on dans la parenté consanguine? Chez les collatéraux du premier degré, le terme de cousin désigne tous les descendants du frère du père et les enfants du fils du fils du frère du père (encore que l'on entende parfois le terme de petit-neveu). Chez les collatéraux du second degré, le terme de petit-cousin recouvre tout individu reconnu comme parent à partir de ce degré, sauf le frère du père du père d'Ego, appelé "oncle", bien que l'on sache qu'il s'agit d'un grand-oncle.[3] Dans la parenté consanguine le vouvoiement et le tutoiement sont fonction du niveau généalogique et du degré de familiarité.

En ce qui concerne la parenté par alliance, les termes de référence sont les mêmes que pour la parenté consanguine, plus la mention de l'alliance. Ego dira: *c'est mon oncle par alliance.* Ce type de parenté se distingue par l'absence de terme d'adresse; la chose est flagrante en ce qui concerne les beaux-parents, et surtout la belle-mère. La question à un Ego féminin: *et votre belle-mère comment l'appelez-vous*? soulevait invariablement de grands rires et une interrogation: *tiens, mais comment donc que je lui dis; mais c'est qu'on ne s'appelle pas, c'est qu'on est pas trop hardie, c'est qu'on se gêne avec la belle-mère.* C'est seulement la venue du premier enfant qui, en faisant de la belle-mère une grand-mère, rétablira la communication entre les deux femmes A partir de ce moment, Ego appellera sa belle-mère "mémère". La même chose est vraie d'un Ego masculin qui appellera également "mémère" et "pépère" les parents de son épouse, en accolant à cette appellation leur prénom ou leur patronyme. Envers ceux qui appartiennent à la génération des parents de sa femme, Ego évitera les termes d'appellation directe; ses beaux-frères, il les appellera par leur prénom ainsi que tous les parents de la génération au-dessous de lui. Il ne tutoiera personne dans sa parenté par alliance parmi ceux qui appartiennent aux niveaux généalogiques supérieurs et il lui sera difficile de tutoyer ses beaux-frères. *C'est plus fort que moi,* nous disait un informateur, *je ne peux pas.*

Que peut-on déduire de ces quelques données purement normatives sur la terminologie de parenté? La conscience généalogique est peu profonde; elle est plus étendue en collatéralité qu'en profondeur et il y a une tendance à ne pas tenir compte du principe des générations, et ceci dès le premier degré de collatéralité pour les niveaux généalogiques inférieurs à Ego, tendance qui se généralise au second degré. Toutefois, la pauvreté de la terminologie ne préjuge en rien de l'extension de l'univers de parenté: les fratries du père ou de la mère sont souvent nombreuses, on rencontre encore facilement des familles de dix ou douze enfants et tous les membres, leurs descendants et alliés, seront parfaitement connus d'un individu quelconque de la famille.

C'est, plus spécifiquement, au niveau du village que nous avons tenté d'expliciter l'univers généalogique. Ayant épuisé la parenté collatérale spontanément reconnue d'Ego, nous lui demandions s'il se connaissait

[3] Il s'agit là d'une première approximation; la poursuite de l'étude laisse apparaître des distinctions plus fines.

d'autres parents au village: la réponse était presque toujours affirmative. Ego indiquait une série d'individus avec lesquels il se savait *en parenté* mais sans pouvoir établir comment. Avec ceux-là, il se disait un peu cousin, d'ailleurs ajoutait-il, *on est tous un peu cousins à Minot — comment? — par les G.*

Avec deux informateurs privilégiés et à l'aide de l'état-civil, nous avons tenté de reconstituer ces liens oubliés avec l'ancêtre de la famille G.; nous nous sommes aperçues que pour la plupart des individus, il existe un point de rupture entre la parenté connue et la parenté seulement reconnue. Ce point se situe sensiblement au niveau des descendants du frère du père du père d'Ego.

Dans l'état-civil, nous avons retrouvé le mariage en 1702, de l'ancêtre G. avec la fille d'une ancienne famille de Minot. Les nombreux descendants de ce couple ont peuplé le village; nous avons admis qu'ils formaient un lignage à l'intérieur duquel on pouvait distinguer des lignes.

A l'intérieur du lignage, Ego sait les liens de parenté qui l'unissent à ceux de sa ligne; il se sait parent avec l'ensemble de ceux de son lignage, sans être capable de préciser ces liens. Ainsi, l'un de nos informateurs s'affirmait cousin germain avec sa voisine (fille de la sœur de sa mère); il se disait aussi "cousin" avec un autre voisin, mais sans pouvoir reconstituer cette parenté. Pour chaque Ego, il existe donc deux univers de parenté bien distincts, bien différenciés; la parenté proche, où le lien de parenté est connu, et la parenté diffuse où seule demeure la conscience d'une parenté. La distinction entre ces deux univers s'impose surtout au niveau du village. Pour un individu, tout se passe comme si Minot était séparé en deux zones: une zone de parenté proche dont les membres peuvent être plus ou moins nombreux au village, et une zone de parenté diffuse dont les limites coïncident avec celles du village. La parenté diffuse rejoint en quelque sorte le sentiment d'appartenance à la communauté. On se sait entre soi, car on est tous cousins.

Comment cette distinction est-elle vécue à travers les relations familiales et sociales et les principaux évènements de la vie individuelle?

L'enfant à sa naissance appartient à sa famille immédiate: père, mère, grands-pères, grands-mères et certains collatéraux du premier degré. Les parrains et marraines seront presque toujours choisis dans cette parenté proche: grand-père paternel et grand-mère maternelle pour le premier enfant, frère aîné du père et sœur aînée de la mère pour le suivant et ainsi de suite jusqu'à épuisement de cette parenté d'un côté et de l'autre. Les membres de la communauté villageoise marque la naissance de l'enfant en apportant un cadeau à la mère, mais n'assistent pas au baptême: *on ne va pas au baptême*, nous dit-on, *ce serait mal vu; on dirait que c'est de la curiosité.*[4] Seuls donc assistent au baptême la famille immédiate et les parrain et marraine. Ce n'est jamais la mère ni la marraine qui porte l'enfant à l'église mais la grand-mère, ou, si la grand-mère est aussi la marraine, la femme qui a aidé à l'accouchement. C'est là une marque d'honneur rendue par la mère à celle qui l'a assistée. Les enfants du village sont présents, non seulement à la sortie de l'église pour ramasser les sous et les dragées, mais jusque dans la sacristie; le baptême est annoncé au pays par les cloches: un enfant qui n'a pas été "carillonné" est soupçonné d'illégitimité. A l'issue de la cérémonie, les parrain et marraine font le tour du village, distribuant les dragées, tandis que le père offre une "tournée" aux hommes.

A l'occasion de la communion, le groupe familial s'élargit aux oncles, tantes et cousins qui participent au repas de communion. La marraine offre le livre et les images, le parrain, la montre, symbole d'une entrée dans le temps adulte.

A l'occasion du mariage, c'est l'ensemble de la parenté proche qui est convoqué. On s'efforce, en particulier, de réunir le plus grand nombre de cousins appartenant à la génération des mariés, comme s'il s'agissait de mettre en présence le plus grand nombre de conjoints possibles. Une noce est d'ailleurs reconnue comme le lieu où se nouent les relations qui conduisent à d'autres noces. Comme les invitations à la noce s'étendent aux jeunes gens appartenant à la même classe d'âge que les conjoints, la présence des frères et sœurs des deux côtés et de nombreux cousins favorisent les mariages doubles, impliquant soit deux frères et deux sœurs, soit deux couples de frères et sœurs, soit encore des couples de cousins. Sans doute ne peut-on parler de mariages préférentiels, mais il est de fait qu'on recherche et qu'on valorise ce type de mariage. Est-ce parce qu'ils limitent l'aventure que représente le mariage? *On se marie dans la connaissance*, nous dit-on, *on sait où on va.* Ou bien cherche-t-on à resserrer les liens d'affinité? Toujours est-il que les généalogies comprennent toutes un, au moins, de ces mariages à chaque niveau généalogique.

Les rites qui règlent la cérémonie du mariage favorisent ces alliances doubles: le maître de cérémonie est le garçon d'honneur choisi, en principe, parmi les frères célibataires du marié et la demoiselle d'honneur est une sœur ou une cousine de la mariée: les rôles sont distribués d'emblée et le nouveau couple, en quelque sorte, déjà formé. Les coutumes

[4] La curiosité est, au village, avec l'envie et la jalousie, l'un des péchés capitaux. La curiosité contient de plus une idée de menace: le nouveau-né est vulnérable lors de sa première sortie, physiquement mais aussi spirituellement; il y a le mauvais œil, les sorts...

qui entourent le mariage sont, de beaucoup, les plus vivaces. Si l'on *ne porte plus à la noce* comme autrefois, où tout le village contribuait en nature au festin, on a tout récemment fait revivre l'usage de *tirer la noce* — c'est-à-dire d'accueillir le "oui" des mariés à coups de fusil, on perpétue encore la tradition de la *jarretière* et surtout celle de la *trempée*, ce champagne offert aux mariés à l'issue de la nuit de noce dans un pot de chambre barbouillé de chocolat.

On est "invité" à un mariage et cette invitation admet fort bien la possibilité d'un refus; on est "prévenu" lors des funérailles et ce faire-part entraine une quasi-obligation d'y assister. Est prévenue non seulement la parenté proche prise dans sa plus grande extension, mais la parenté diffuse, car c'est à elle que s'adresse les faire-part laissés chez le boulanger-épicier ou au café-tabac. Cette parenté diffuse se fait un devoir de s'y rendre. Minot s'enorgueillit de l'importante participation aux funérailles. *C'est la coutume*, nous dit-on, *d'assister en foule aux funérailles; tout le monde au village vient; ce n'est pas comme à Aignay où presque personne n'assiste aux enterrements. Ici, il y a au moins deux personnes de chaque famille qui participent.* Nous pensons que là s'exprime la conscience d'une obligation découlant des liens de cette parenté diffuse que nous avons tenté de définir, et qui s'étend à tout le village. Le nouveau-né appartient à sa famille restreinte et à elle seule, les mariés à toute la parenté proche, le mort à cette unité plus vaste qui est la parenté diffuse et se confond avec tout le village.[5]

Que se passe-t-il au niveau des relations informelles? L'univers social est presque entièrement circonscrit à la parenté proche: on s'invite rarement pour un repas entre voisins ou camarades de travail et seulement en des circonstances spécifiques d'entraide. Le repas est affaire de famille; le dimanche, on va assister en famille au match de football; tout voyage — y compris le voyage de noce — s'entreprend pour rendre visite à la famille. On entre librement chez les parents proches, chez les autres on envoie un enfant prévenir de sa visite. Tout cela fait l'objet d'une sorte d'éthique: *il ne faut pas trop se fréquenter*, nous dit-on, *il ne faut pas trop de familiarité entre gens qui ne sont pas d'une même famille; il faut éviter de se lier; cela fait mauvais effet; et si deux*

[5] L'unité de ce cycle est symbolisée par un personnage singulier qui joue un rôle important au village, "la femme qui aide." Ses fonctions bien définies sont toutes en rapport avec les étapes importantes de la vie individuelle: elle assiste les femmes en couches et fait la toilette du nouveau-né, cuisine aux repas de communion et de mariage et, en particulier, prépare "la trempée", soigne le moribond, enfin fait la toilette mortuaire. L'actuelle "femme qui aide" a hérité son savoir et son rôle de sa mère et semble l'avoir transmis à une nièce par alliance.

*familles* (qui ne sont pas parentes) *se voient trop fréquement, aussitôt dans le village on se demande ce qu'ils peuvent bien se raconter*. Aussi l'individu se trouve-t-il réduit à sa parenté proche pour l'essentiel de sa vie sociale. Les dernières veillées ne rassemblent que des parents, les liens d'entraide les plus importants, les plus complexes, les plus durables sont ceux qui associent les membres d'un même groupe de parents proches, soit entre deux générations, soit, dans une même génération, entre frères et beaux-frères ou cousins. Ces rapports d'entraide sont souvent minutieusement codifiés selon un principe qui semble être celui de l'altérité entre service offert et service rendu: il y a quelque chose d'insultant à rendre trois œufs pour trois œufs; les œufs se transmueront en une place dans une voiture pour aller chez le dentiste à Dijon, ou une part de boudin lorsqu'on aura tué le cochon. Voici, par exemple, comment s'établissent les prestations alimentaires entre un couple d'agriculteurs retraités et leur fille mariée: la mère élève des lapins qu'elle nourrit avec l'herbe que lui coupe son gendre; elle tue le lapin, le dépèce et le donne à sa fille; celle-ci le cuisine et porte à sa mère quelques morceaux, cuisse ou râble. Chaque ménage mange de son côté. De même, tel groupe de parents, voisinant au centre du village, se partage les travaux et les produits de la chennevière (jardin potager): l'un laboure pour tous mais ne plante rien, les autres plantent qui une rangée de poireaux, qui des pommes de terre; au moment de la récolte, on échange et redistribue les produits entre tous selon un code subtil qui se réfère au système de valeurs villageois. La même chose s'observe à l'occasion de l'élevage, de l'abattage, du découpage et de la redistribution du cochon.

La parenté proche a donc polarisé l'ensemble des relations familiales, sociales et jusqu'à une part importante des relations économiques, comme si le village n'était plus formé que de cellules familiales, repliées sur elles-mêmes qui ne s'ouvrent sur la parenté diffuse qu'à l'occasion de la mort.

Il n'en a pas toujours été ainsi et cette situation semble le résultat d'une évolution récente dont nous saisirons mieux les mécanismes à travers les pratiques matrimoniales.

Si nous employons les termes d'endogamie et d'exogamie, alors qu'il est bien évident qu'il ne saurait y avoir d'endogamie stricte dans une communauté française, c'est que ces notions sont clairement énoncées comme modèles de conduite par nos informateurs.

A ce propos il y a lieu de reprendre et de préciser la distinction qui revient constamment dans les entretiens, entre "autrefois, avant, maintenant." "Autrefois" se situe au temps où nos plus vieilles informatrices étaient jeunes filles, et dure jusqu'à la guerre de 1914;

Un baptême au village vers 1902. Le parrain et la marraine entourent l'enfant porté par "la femme qui aide."

"La classe." Les conscrits de Minot en 1932.

Un mariage en 1922. A droite le violoneux et la cuisinière qui sert à boire.

La famille du boulanger-épicier vers 1902.

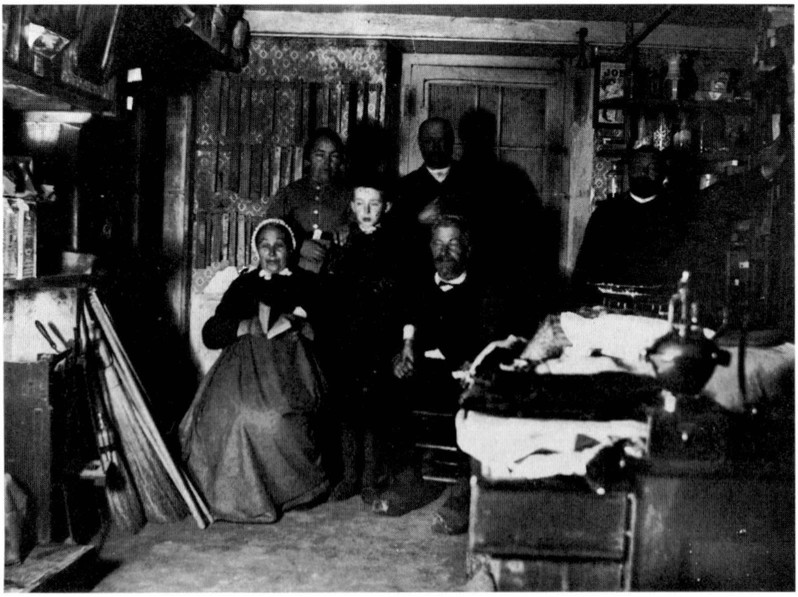

cet autrefois nous est donné comme un temps très long, immuable, un monde d'avant le changement, d'avant l'Histoire qui fait son irruption avec la guerre de 1914. "Avant", c'est la période qui correspond à la jeunesse de nos informatrices adultes, soit l'entre-deux guerres et jusqu' aux premières années qui ont suivi la dernière guerre; c'est une période de changements lents mais inéluctables. Enfin, "maintenant", qui commence vers 1950, c'est le temps du changement rapide, radical et on le vit comme tel.

Donc, "autrefois", *on arrangeait les mariages à la veillée, entre parents; on disait: ces deux-là, il faut qu'ils se marient, et ma foi ces mariages, ça tenait, ça tenait même mieux que ceux d'aujourd'hui*, ou encore: *pour les mariages, on se cantonnait bien encore à l'intérieur du village.* De fait, à cette époque, les mariages à l'intérieur du village sont très fréquents et on trouve, en outre, une proportion importante de mariages consanguins, soit entre cousins germains, soit entre cousins issus de germains. La chose nous est affirmée explicitementt avec une nuance de désapprobation, car ceux qui nous en parlent aujourd'hui n'assument plus l'idéologie qui favorisait ces mariages. *Presque tout le village était des G. et T.*, nous dit-on, *car ils s'étaient tous mariés entre cousins: ce n'était pas bien, mais cela se faisait beaucoup à cette époque, les enfants n'étaient pas bien.* Et on cherche rétrospectivement les raisons: *c'était pour la terre, toujours cette question des champs!*

A l'intérieur de cette endogamie de village, on note également une tendance à l'endogamie professionnelle. On se mariait entre cultivateurs, entre artisans, entre commerçants.

Au tournant du siècle, la majorité du village se regroupait en un seul lignage, le lignage G.: le modèle est donc celui du mariage dans la parenté diffuse, qui était la règle, et du mariage dans la parenté proche, qui était l'exception, mais une exception fort peu rigoureuse et qui n'encourait aucune réprobation, au contraire, *car*, nous affirme-t-on, *c'était pour la terre.* Ces deux types de mariage avaient la souveraine vertu de se situer dans un univers social familier, où *on savait à qui on avait affaire.*

Entre les deux guerres, le village s'ouvre sur l'extérieur, mais le modèle ne change que lentement; dans la majeure partie des cas les étrangers arrivés vers cette époque se marient entre eux et c'est seulement à la seconde génération qu'ils s'allient avec quelqu'un du village. Les mariages entre cousins subsistent, mais on n'essaie plus de les justifier. On les contracte, nous dit-on, *pour faire une fin.*

Actuellement la rupture avec ce modèle est totale: on réprouve avec véhémence les mariages entre cousins, et en des termes qui les assimilent à un inceste. Or ces mariages existent toujours — il y en a eu un récemment —, mais si on nous citait avec complaisance ceux de 1900, celui-là fut passé sous silence. Le ton est celui d'une réprobation profonde: *pour mon fils*, nous a affirmé une informatrice, *n'importe quelle jeune fille vaut mieux que sa cousine; je ferai tout pour l'empêcher, les accidents sont si vite arrivés! Je ne vivrais pas si je voyais mon fils faire la cour à une cousine ou une petite cousine; et pour ma fille, je crois bien que je préférerais un Noir ou un Japonais* et la même informatrice ajoute: *mais cela se faisait beaucoup auparavant. Voyez à Echalot, ils sont tous cousins; et on dit qu'ils meurent tous jeunes.* Une autre informatrice charge du crime d'inceste non plus les gens d'Echalot, mais ceux d'Étalente, et précise: *ce n'est pas bien, surtout à cause des enfants.*

Mais il y a plus, le mariage à l'intérieur du village soulève une hostilité presque aussi vive que celui entre cousins. Nous avons interrogé de nombreux jeunes à ce sujet; ils sont unanimes; le maire, homme de trente-deux ans, marié depuis une douzaine d'années, pose clairement les termes de la situation: *un garçon épouse maintenant une fille dans un rayon de cinquante km environ, un garçon du village ne fréquente pas une fille du village.* Et un garçon de vingt ans nous dit: *épouser une fille du village, ça non! On se connaît trop; on a été à l'école ensemble.* Un autre ajoute: *ce serait comme si on épousait quelqu'un de la famille.* Au bal qui reste, avec la noce, le lieu privilégié de rencontre des futurs conjoints, *on ne trouve de fille pour danser*, affirme un garçon, *que là où on n'est pas connu, là où on est connu on ne s'amuse pas.* Les garçons de Minot se gardent d'inviter une fille de leur village lorsqu'ils se rencontrent à la fête voisine: *jamais, plutôt mourir*, nous a répondu l'un d'eux. Certes il arrive encore qu'une fille de Minot épouse un garçon du village, mais elle s'empressera de justifier son choix, en affirmant qu'elle et son mari ne sont pas camarades de classe, qu'elle ne l'a connu que plus tard.

Le mariage dans la parenté proche, toléré il y a cinquante ans, soulève donc maintenant une réprobation qui l'assimile presque à un inceste; le mariage dans la parenté diffuse, autrefois recherché, est maintenant dévalorisé en des termes qui l'assimile presque à un mariage dans la parenté proche. Minot est donc passé d'une endogamie de village à une exogamie de village, et à ce que nous appellerons une endogamie de localité.[6]

Les jeunes gens de Minot se trouvent donc désormais en situation de

[6] Une endogamie circonscrite à l'intérieur de certaines limites d'ordre à la fois sociologique, économique et géographique, qui ne recoupent ni les frontières du canton, ni celles de la province et correspondraient sensiblement à la distance qu'on a coutume de couvrir en voiture en un dimanche ou en une soirée.

conjoints interdits. Cette évolution a des conséquences multiples que nous allons tenter d'apprécier. Elle a modifié profondément les attitudes et les rapports des jeunes entre eux: la solidarité entre filles et garçons semble avoir fait place à la rivalité, voire l'hostilité. Ainsi, on ne verra plus jamais les garçons de Minot défendre les filles du village contre ceux de Saint-Broing — *les loups de Saint-Broing* — comme il était de tradition pour eux de le faire. Pourquoi les défendraient-ils puisqu'elles ne leur appartiennent plus? Elles ne leur sont plus destinées. De même, on assiste à une disparition de toutes les coutumes qui avaient pour raison d'être de codifier les rapports entre les sexes: Mais, Sainte Catherine, Saint Nicolas. Ainsi les garçons (sans doute plus enracinés dans la coutume que les filles parce que plus étroitement liés au pays, à la terre qu'ils cultivent) ont encore posé les Mais l'année dernière, mais les filles n'ont pas accompli le rite réciproque qui consistait à leur offrir un vin d'honneur, pour, nous dit-on, les remercier (remerciements qui impliquaient de tendres embrassades). Il y a eu cette année encore une faible tentative pour organiser à Minot un bal de la Sainte Catherine, autrefois cérémonie importante qui comprenait la messe, la brioche offerte par la Sainte, un grand bal offert par les jeunes filles aux garçons; mais garçons et filles se retrouvèrent si peu nombreux qu'ils allèrent finir la soirée au bal des Catherinettes de la mairie d'Aignay. Quant à la Saint Nicolas, bal offert par les garçons, il a disparu depuis plusieurs années.

De même, le lien d'appartenance à une même classe d'âge qui s'exprimait pour les filles par la relation de "camarade de communion", pour les garçons par celle de "conscrit", est, sinon dissout, du moins relâché. L'une et l'autre exprimaient, entre autres choses, qu'on avait accédé ensemble à la maturité sexuelle sanctionnée par la communauté. Ensemble, les filles avaient été présentées à la communauté — en particulier aux garçons — ornées et parées lors de la communion; ensemble, les garçons avaient été jugés "bon pour les filles" (cf. photo 2). Or la communion qui regroupe maintenant des enfants de plusieurs paroisses, a, de ce fait, perdu tout caractère communal; et les garçons durant ces huit jours qui suivent le conseil de révision, et au cours desquels ils avaient traditionnellement *le droit de tout faire*, ne courent plus le village, mais la région tout entière, et en voiture. Ils n'exercent plus leur liberté nouvellement acquise — en particulier leur liberté sexuelle — sur le village, mais sur toute la région: *on ne voit plus les conscrits*, nous dit-on avec mélancolie, *ils ne courent plus le village*.

Sans doute le relâchement des relations de voisinage, le repliement de la communauté et la disparition des veillées qui représentaient une des formes essentielles de ces relations, ne peuvent être attribués uniquement à l'évolution des pratiques matrimoniales. On doit cependant se rappeler que, si la veillée était le lieu où s'échangaient informations et histoires, où se transmettaient certaines techniques et certains savoirs, c'était aussi, et peut-être surtout, le lieu où se préparaient les mariages. De nos jours chacun reste chez soi et regarde la télévision qu'on accuse ensuite de ce repliement dont on s'accommode mal.

Minot constituait autrefois une unité endogame de parenté diffuse, elle-même formée d'un certain nombre d'unités exogames de parenté proche. En perdant son endogamie, en cessant de nouer et de renouer les liens de parenté à l'intérieur du groupe, le village semble avoir perdu sa cohésion sociale. Ce jeu matrimonial, que traduit l'enchevêtrement du lignage G, alimentait les relations sociales, l'activité des groupes d'âge, les relations entre voisins.

La possibilité de mariage entre les groupes impliquait donc une possibilité de communication: la prohibition du mariage a rompu cette communication qui donnait au village son unité et a créé un vide social qui se traduit par ce malaise général, par cette nostalgie d'un temps *où personne ne se jalousait*, sous-entendu: *où l'on se mariait ensemble.* Le passage de l'endogamie de village à l'endogamie de localité signifie que l'on va chercher conjoint ailleurs, mais aussi que le cadre villageois à l'intérieur duquel s'accomplissaient un certain nombre de cérémonies et de manifestations est aujourd'hui un cadre vide.

Mais Minot, nous l'avons vu, vit en période de changement rapide. L'appauvrissement des relations informelles a suscité, semble-t-il, le développement compensatoire des relations formelles — l'essor de la société sportive en est un exemple. Un nouveau type de cohésion sociale s'élabore, non plus fondé sur la parenté. L'évolution générale de la communauté s'inscrit par ailleurs dans un processus complexe où sont impliqués de nombreux évènements historiques, économiques, politiques, sociaux, démographiques, et toute étude d'ensemble devra tenir compte de ces divers facteurs.

Il nous semble cependant que la connaissance des relations familiales, du mode de perception et d'appellation des différents parents, du choix des conjoints, constitue une approche privilégiée de la communauté actuelle.

LABORATOIRE D'ANTHROPOLOGIE SOCIALE

# UNE ÉCOBUE DES MONTS D'ARRÉE

GEORGES-HENRI RIVIÈRE

De toute mémoire, j'ai aimé les objets. Enfant, quand j'en exposais de menus échantillons sur une étagère de ma chambre. Adolescent, partagé entre deux sociétés: du côté maternel, paysan des vacances, avec ma découverte spontanée de l'art populaire; du côté paternel, neveu d'Henri Rivière, peintre et collectionneur, avec mon initiation au culte des objets. Jeune homme, introduit par Jean Cassou à la statue baroque, par Lise Deharme et Jean Lurçat à l'objet surréaliste, par Georges Salles à l'objet précolombien, africain, océanien. Homme, durant ma surintendance d'une grande collection privée, mon demi-règne du Musée d'ethnographie du Trocadéro, mes règnes du Musée des arts et traditions populaires et du Conseil international des musées.

Glissés dans un recueil d'hommage, ces aveux pourront surprendre. Veuille bien leur destinataire me les pardonner: il aime les objets. Et veuille le lecteur, en ce crépuscule de mes chasses à l'objet, agréer ce récit des épisodes d'une des dernières en date: la découverte, dans les Monts d'Arrée, d'une houe à écobuer; la poursuite, à la lumière des témoignages et des références, de son identité profonde, de son rôle dans la société.

## 1. L'ÉCOBUE DE KERMACH EN LOQUEFFRET

Le 19 février 1966, je me trouve dans les Monts d'Arrée, aux côtés du Colonel Beaugé, "bon Breton", responsable du projet du Parc naturel régional d'Armorique. A Kermach en Loqueffret, un cultivateur, Yves Méré, nous montre une grange de son exploitation. J'y avise une houe rouillée, dont m'intrigue la lame elliptique. Le fermier, auprès duquel je me suis fait connaître, m'en fait don pour le Musée des arts et traditions populaires. Interrogé en hâte — le temps nous presse — il me renseigne sommairement sur l'outil: une *écobue*,[1] dit-il, qu'employait son père, vers

[1] Ce mot figure à l'article "ÉCOBUER", t. 7, p. 452-453 du *Dictionnaire technologique*... (Paris, 1825).

la fin du siècle dernier, "pour enlever les mottes sur la montagne", lesquelles, une fois réduites en cendres, servaient à fertiliser les terres ainsi dépouillées.[2]

Une pensée me traverse: Corentin, paysan imaginaire de Kerfeunteun.

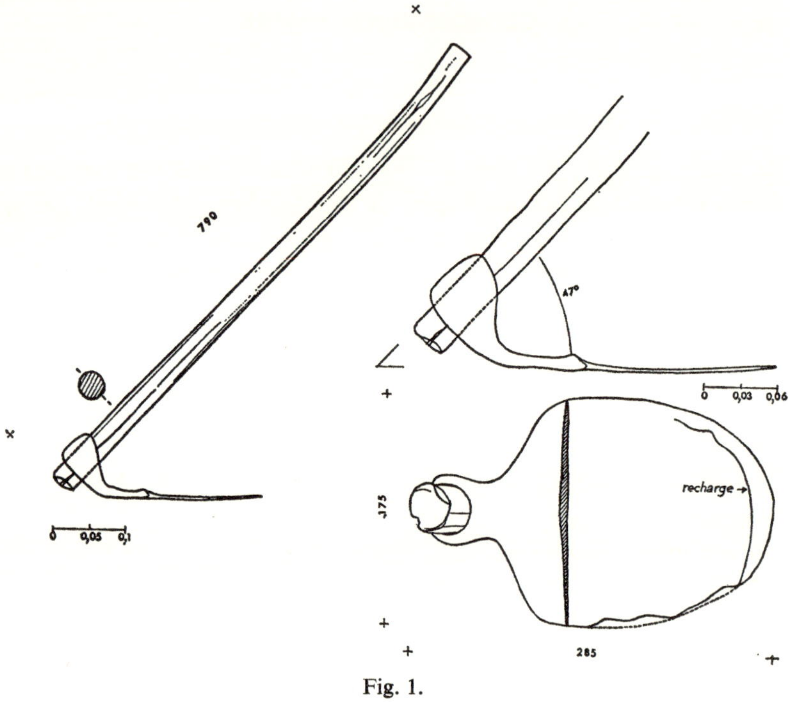


Fig. 1.

## 2. SON HOMOLOGUE DE ST. RIVOAL

Un peu plus tard, à quelques kilomètres de là, nous faisons halte à St. Rivoal. Le secrétaire de mairie nous rejoint: Yvon Mao, un de ces instituteurs comme j'en ai rencontré beaucoup à travers la France, connaisseurs de leurs terroirs, ethnologues de vocation. Je lui montre sans plus l'outil de Kermach; il me dit: "une *écobue*", une "marre", semblable à celles qu'employait son père dans sa jeunesse, vers la fin du siècle dernier, pour couper les mottes dans les marais et dans la montagne, vers

[2] Cf. notre fig. 1, reproduisant la dite houe, inv. Atp Ob, 67.33.1; calque Atp 68.2.1, relevé Pierre Soulier. La description empirique d'Yves Méré est confirmée par la description technologique que donne, t. II, l'article "Ecobuage" du *Dictionnaire d'agriculture*... par J. A. Barral et Henry Sagnier (Paris, 1898). Cf. également Rivière G. H. ... "Types disparus d'outillage..." (Paris, 1968), houe à écobuer, p. 4-5.

avril et mai, en vue d'en faire du feu dans l'âtre, ou de les brûler sur place pour fertiliser le sol. Les défricheurs d'un quartier, au temps de son père, se rendaient à pied d'œuvre de bonne heure. Des concours se déroulaient entre eux, à qui, la première motte tranchée mise sur le dos, sans relever la tête, achèverait le premier sa pièce. Des prix étaient attribués aux champions, un mouton par exemple.[3]

## 3. SON HOMOLOGUE DE KERFEUNTEUN

De retour au Musée, je me jette sur *Breiz Izel*: autrement dit, la version la plus complète de la vie de ce paysan imaginaire, auquel j'ai songé à Kermach: Corentin. L'ouvrage a pour cadre un village réel, proche de Quimper, Kerfeunteun. Il suit Corentin de sa naissance à son mariage. Il comprend 120 chapitres, et autant de planches gravées en relation avec les détails du texte. Les planches reproduisent des dessins exécutés vers le début du 19ème siècle par un artiste breton, Olivier Perrin.[4]

En fait, bien plus que de la vie d'un individu, c'est de celle d'une communauté villageoise traditionnelle qu'il s'agit, évoquée sous ses aspects techniques, économiques, sociaux, culturels.

Mon souvenir était fidèle. Sous le titre "Le travail", un chapitre concerne une "marrerie" à Kerfeunteun, à laquelle prend part Corentin. Des paysans du village et des villages voisins ont été recrutés par le propriétaire d'une grande exploitation, en vue de défricher une vaste pièce de terre. Celle-ci a été partagée en autant de portions qu'il y a de défricheurs, lesquels opèrent devant un jury de notables. Un ruban flotte en haut d'une perche, récompense pour celui qui aura le premier terminé sa tâche.

[3] Pour cet épisode et le précédent, voir mon "Journal de route", à déposer aux Archives Atp.

[4] Intitulée *Galerie Bretonne*, une première édition paraît à Paris en 1808, chez L. P. Dubray, imprimeur de l'Académie Celtique, 1 vol.; elle comprend 24 chapitres rédigés par L. Maréchal. Intitulée de même, la deuxième édition paraît à Paris entre 1835 et 1838 chez Isidore Perrin; elle comprend 3 volumes, 120 chapitres (et autant de planches), dont 24 reprennent ceux de Maréchal et 96 autres sont rédigés par Alexandre Bouet. Intitulée *Breiz-Izel, ou Vie des Bretons dans l'Armorique*, une troisième édition paraît, en 1844, chez Dussillon, Paris. La dernière édition est celle que nous avons déjà citée, et qui le restera le plus souvent dans le corps du texte, à savoir: *Breiz Izel, ou Vie des Bretons dans l'Armorique*, Nouvelle édition avec une préface et des notes par Frédéric Le Guyader, (Quimper, Paris, Brest, 1918), 1 vol. Une biographie d'Olivier Perrin est donnée dans le t. XXVII (1889) des *Bulletins et mémoires de la Société d'émulation des Côtes du Nord*, par L. Ollivier, sous le titre: "Olivier Perrin, né à Rostrenen... 1761, mort à Quimper... 1832". Outre ses passionnants dessins de la Galerie d'Armorique, cet artiste est l'auteur des 6.000 dessins de la Galerie chronologique (1836 à 1848).

Deux au moins des concurrents que montre la planche utilisent une houe semblable à celle de Kermarch.[5]

Or le Musée des arts et traditions populaires a eu la bonne fortune, que lui envie toute la Bretagne, d'acquérir un carnet de dessins d'Olivier Perrin, à la source de la plupart des planches de Breiz Izel.[6] Le dessin du feuillet 64 est la source de la planche "Travail". Par rapport à l'estampe, on constate plusieurs différences, dont je ne retiendrai en l'occurence que la suivante: le défricheur au repos qu'on voit au premier plan, en l'espèce notre Corentin, s'appuie sur une écobue; mais alors que, sur l'estampe, l'outil est caché par le sabot du pied droit, il est, sur le dessin, entièrement dégagé.[7] Plus de doute à présent, on employait bien le même outil pour défricher la lande, à Kerfeunteun, au début du 19ème, à Kermarch en Loqueffret quelque cent ans plus tard.

Neuf autres chapitres concernent encore la marrerie, dans Breiz Izel: l'annonce cérémonielle du défrichement, à son de biniou et de bombarde, pour recruter les travailleurs (ch. 63), les préparatifs de la veille, par les femmes, pour les repas du lendemain (ch. 64), le déjeuner (ch. 65) et le dîner (ch. 66) des hommes, le dîner des femmes (ch. 68), le goûter des hommes (ch. 69), l'ouverture de la fête (ch. 70), la première gavotte (ch. 71), les luttes (ch. 72).[8]

## 4. SON HOMOLOGUE DE PLOZEVET

Je consulte alors Daniel Laurent, Breton, membre du Centre d'ethnologie française Atp, ancien membre de l'enquête menée à Pontcroix sous les auspices de la Délégation générale à la recherche scientifique. A mes questions sur l'écobuage à Plozevet, il répond par les informations qui suivent, obtenues d'un vieillard.[9]

Vers le début de ce siècle, dans cette commune de Cornouaille, "chacun avait une certaine part à couper, qu'on appelait *douar gastellat* et qui faisait 400 m². On mettait la première tranche coupée sur son dos et il fallait finir sa part sans que la tranche soit tombée. Tous ceux qui participaient à ce travail avaient droit à la récolte, mais il fallait qu'ils fournissent de la graine d'ajonc. L'instrument dont on se servait pour couper les

[5] Cf. notre fig. 2, reproduisant la planche du chapitre 67 de la *Galerie bretonne*, 18.3.6, en regard de la page 101. Cliché Atp. 68.71.1, photo A. Guey.

[6] Cf. Atp Ob Icon inv. 58.37.1.

[7] Cf. notre fig. 3, reproduisant le feuillet 64 du document cité note 6. Cliché Alp 68.18.1, photo A. Guey.

[8] Cf. respectivement pp. et sq. 253.251.261.269.277.281. 285 et 289 de Breiz Izel.

[9] André l'Helguen, né en 1884 à Plozevet.

Fig. 2. "Le travail." Planche 65 in *Gallerie Bretonne* par O. Perrin, tome II (Paris, Isidore Peston, 1836).

Fig. 3. Dessin, source de l'estampe reproduite fig. 2, figurant un défrichement à Kerfeunteun, Finistère, vers le début du 19e siècle (cf. note 7).

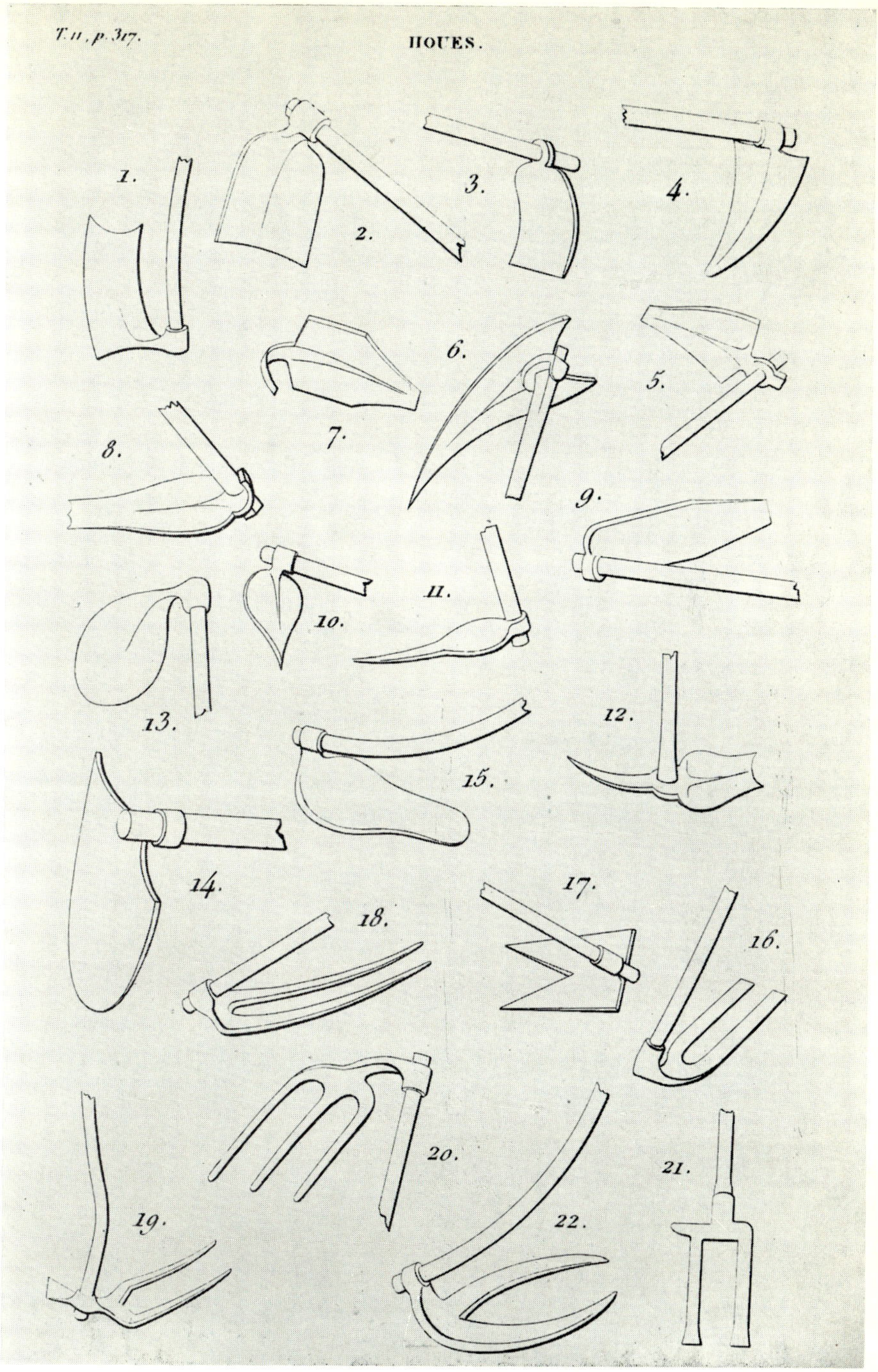


Fig. 4. Types de houes, d'après le *Cours complet d'agriculture* (1840) notamment fig. 13. Houe ronde de Brest (cf. notes 13 et 14).

tranches était une sorte de houe, l'écobue = marr, en breton." Il n'y avait pas concours, on le faisait pour le sport, gratuitement, pour montrer ce dont on était capable. Revenu peu après à Plozevet, D. Laurent y recueille pour Atp 2 écobues, dont une du premier informateur, utilisée vers le milieu du siècle dernier. La lame en est trapézoidale arrondie.[10]

## 5. HOMOLOGUES DE BRETAGNE ET AUTRES LIEUX

Une phase purement technologique se déroule alors dans mon enquête, consistant à sonder, à la recherche d'écobues, quelques ouvrages, dans lesquels il est question d'outillage rural.

L'Encyclopédie du 18ème siècle offre trois articles concernant notre sujet: AGRICULTURE, BRÛLER ou égobuer les terres, ÉGOBUER.[11] Le deuxième article m'est le plus utile: "...Quand on veut défricher les terres qu'on a laissé reposer pendant longtemps, il est assez d'usage de les brûler. ... Voici comment M. Duhamel décrit cette opération dans le premier volume de son Traité de la culture des terres. Au printemps, des ouvriers vigoureux enlèvent avec une espèce de houe, ou de pioche large et recourbée, toute la superficie de la terre, par gazons..."[12]

Inspiré lui-même par le réputé dictionnaire de l'Abbé Rozier, un dictionnaire d'agriculture du milieu du 19e siècle consacre à la houe un substantiel article.[13] L'auteur en propose une classification morphologique et une terminologie, il souligne que "la forme des houes varie prodigieusement." Une planche correspond à l'article, richement illustrée, dont le n° 13 figure une houe ressemblant à s'y méprendre à nos houes de Kermarch et de Kerfeunteun, mais dont la notice porte "Houe ronde de Brest, d'usage en Bretagne dans les sols légers, pour les labours, les semis de graines farineuses et le buttage des pommes de terre."[14]

Concernant la Basse-Bretagne, un ouvrage de Paul Trépos sur le vocabulaire breton de la ferme comprend un petit chapitre sur la houe.[15]

[10] Cf. Atp Ob. inv. 68.13.I.

[11] *Encyclopédie ou Dictionnaire raisonné des Sciences des Arts et des Métiers* (Paris), articles cités, respectivement t. I: 1751; t. I (nouvelle édition augmentée...), 1767; t.V; 1755.

[12] Cf. Duhamel du Monceau, *Eléments d'agriculture*, t.I (Paris, 1762), pl. I, fig. 2, p. 134.

[13] Cf. *Cours complet d'agriculture ou Nouveau Dictionnaire d'agriculture... par le baron de Morogue* (Paris, 1840), t. 12, Article "house", p. 317-318, pl CCXXII, p. 317 et notice de cette planche, p. 418, fig. 13, houe ronde de Brest.

[14] Cf. notre fig. 4, reproduisant la pl. CCXXII citée dans la note 13, cliché Atp 68.18.3, photo A. Guey.

[15] Paul Trépos, professeur à la Faculté des Lettres et Sciences humaines de Rennes, *Enquêtes sur le vocabulaire breton de la ferme* (Rennes 1962).

L'auteur en signale divers modèles, notamment la marre à défricher, large et lourde, dite en breton "marr".[16] Pourvue d'une lame trapézoïdale arrondie, une houe à défricher évoque quelque peu celles de Plozevet.[17]

## 6. CONCLUSION

La trouvaille fortuite d'une écobue (Kermarch) a déclenché l'enquête. Divers modèles de houes à écobuer (Encyclopédie, Trepos, Plozevet) ont été repérés. Finalement, bien adapté à sa fonction,[18] étalé sur plus d'un siècle, un modèle d'écobue s'est affirmé, ramenant au point de départ de l'enquête: en Basse-Bretagne (dictionnaire de Morogue: forme seulement), en Cornouaille (Kerfeunteun), dans les Monts d'Arrée (St. Rivoal, Kermarch).

Ce modèle, toutefois, n'a pas fait que révéler des formes, des fonctions techniques, il a mené au cœur de l'important phénomène que constituait, il y a moins d'un siècle encore, la marrerie bretonne.

Tels que les décrit la plus riche relation pour une communauté en situation traditionnelle, Kerfeunteun, l'annonce cérémonielle, les banquets, les danses et les luttes de la fête consécutive se retrouvent, avec des dosages divers, dans d'autres manifestations bretonnes du 19ème: aires neuves, noces, pardons etc.[19] L'originalité, en l'espèce, réside dans le défrichement proprement dit, enrichi de ces créations ludiques dont J. M. Guilcher a plus d'une fois souligné l'importance, et sur lesquelles il entend revenir.[20]

[16] Le contexte des houes de St Rivoal et de Kerfeunteun livre le mot *marr*. Loin d'être limité à la Basse-Bretagne, *marre* est largement répandu en France pour désigner divers types de pioches, notamment en vigneronnage: cf notamment entre maintes autres sources, Rozier (l'Abbé), *Cours complet d'agriculture* (Paris, 1787), t. V, article "Houe", "Hoyau", "Marre"; — Dictionnaire Barral et Sagnier, *op. cit.*, article "marre".

[17] Cf. Trépos, p. 16, fig. 2, respectivement 3ème et 6ème éléments de gauche à droite.

[18] L'écobue de Kermarch a un manche très aigu, ce qui en facilite la manœuvre au voisinage du sol; et une lame ample et ronde, ce qui facilite le découpage, le port et la déposition de la motte à brûler.

[19] Cf. *Breiz Izel*, respectivement, chapitres 59 et 60, aire neuve; 87 à 118 noces; 74 à 80 Pardon. A propos de l'aire neuve, *Breiz Izel*, p. 241, porte: "... les meilleurs ouvriers ne s'acquitteraient pas aussi bien de cette tâche en s'épuisant de fatigue, que ne le font en s'amusant les danseurs".

[20] Cf. J. M. Guilcher, *Les traditions populaires de danse en Basse-Bretagne* (Paris, 1963), pp. 17-20 et 22, notamment p. 20 (marreries). L'auteur tient de ses informateurs l'expression "casser la fatigue", à propos des danses de travail (P. 17). Cf. également, du même auteur, "Culture paysanne de Basse-Bretagne", in: *Arts et traditions populaires* (Paris, année 15, n° 1, 1967, janvier-mars, notamment pp. 15-18); l'auteur souligne le pouvoir novateur "du jeu comme fonction sociale créatrice de culture" ... ouvrant

Un premier degré pourrait être considéré, agonistique déjà, dont témoigne Kerfeunteun. Matérielles et morales, des récompenses sont promises aux défricheurs qui viendront les premiers à bout de leur lot. Sous le double aiguillon de la compétition et du plaisir, au prix d'une accélération des cadences, d'une économie plus stricte des gestes, d'un style plus serré, le rendement devrait s'élever, du moins est-il visé.

A un degré supérieur, l'équilibre se déplace. Issues de défis spontanés entre partenaires, ou de compétitions formalisées, des clauses fantaisistes apparaissent: telle l'obligation, pour les concurrents, de charger sur leur dos, jusqu'au bout, la première motte prélevée. A partir de l'acte techno-économique qu'est le défrichement, et en marge de lui, un jeu de travail s'édifie, dont s'élimine l'intention de rendement. Bien plus que la récompense matérielle, dans ce jeu de l'écobue, c'est l'art, c'est le prestige qui comptent désormais: "l'important, c'est la rose."[21]

MUSÉE DES ARTS ET TRADITIONS POPULAIRES

---

"une voie à l'exaltation vitale, à l'invention personnelle, à la gratuité, à la fantaisie."

Il évoque, à ce sujet la course, la lutte, les défis entre moissonneurs, les renderies de fil et, bien entendu, les défrichements. D. Laurent a noté de tels jeux, certains de caractère individuel: ainsi le creusement d'un sillon de 15 cm. de large et de 10 cm de profondeur par un certain Le Gall de la région de Plozevet, tirant sa charrue avec les dents.

[21] Mes anciens collaborateurs d'Atp, notamment de la Bibliothèque des Archives scientifiques et du service des Objets m'ont facilité l'accès aux références, qu'ils soient remerciés ici. Tous les documents cités sont consultables au Musée des Atp. Je suis particulièrement reconnaissant à D. Laurent de m'avoir ouvert ses notes inédites, et donné d'utiles avis.

# POSTURES AND GESTURES OF RESPECT[1]

RAYMOND FIRTH

I am glad to be able to offer this tribute to Claude Lévi-Strauss, great scholar and superb architect of ideas, who has done so much to restore anthropology to the place of a generalizing discipline.

Recent work in ethology has tended to bring home to anthropologists the essentially animal basis of much human behaviour. This is markedly so in regard to posture and gesture. The instrumental use of the human body is important in many technical procedures involved in social relationships. In a Rugby football scrum or tackle, in the police control of throngs of people or in boarding a crowded train in the summer holidays, bodily impact and limb movement may be important technical aids in the achievement of social aims. Such procedures may be routinized and as such they may serve as signals, but in the cases I mention their signalling functions are less important than their physical effect. For anthropologists, however, it is the signalling functions of bodily actions which are of most interest.

Posture and gesture are closely related, and historically in English have tended to be equated in some senses. But for convenience they may be broadly distinguished — posture as a structured arrangement of the body in space, a state or position of the body as a whole, and gesture as a structured movement of a part of the body, as e.g. an alteration of position of a limb or head.

Human postural and gestural habits show a great variety, with much cultural determination.[2] In European society gesture is thought of as being made by hands or by head, but over the range of human societies

[1] I am indebted for many of the thoughts in this essay to my participation in the Royal Society Group on Non-Verbal Communication and in my graduate seminar at the London School of Economics, with both of whom this material was discussed, and to an invitation to deliver the Chancellor's Lectures at Victoria University, Wellington, which gave me the opportunity to put these thoughts before a more general audience of scholars.

[2] Hewes (1955, p. 231) states that the number of significantly different body attitudes capable of being maintained steadily is probably of the order of one thousand.

almost any feature of the body may serve. In some Oriental contexts stretching out one's feet towards someone may indicate contempt, but to Europeans this would be a meaningless gesture. In the West the lips are used a great deal for interaction gestures of greeting and affection, but Europeans do not use their noses in this way. Polynesians do not use their lips for interaction,[3] but they do use their noses.

Whereas gesture is commonly regarded as having semantic value, posture is often regarded as being semantically neutral. Gesture is often thought to express emotion, posture to express physical needs. But in fact posture may be as emotionally expressive as gesture. In social terms both posture and gesture, although patterned, may be informal, insignificant, irrelevant, unoriented. A custom of Nilotic men in a relaxed position (occurring also among Australian aborigines and others) is to stand on one leg with the foot sole of the other resting against the side of the knee — a stork-like posture. This posture does not appear to be part of any elaborate, formal sequence. With this may be compared the English army postures of relaxation — "stand at ease", "stand easy", which are not only patterned but bear a strict, formal relationship to the contrasting patterns of tension. Again, posture and gesture may be specifically oriented, and this orientation may be of high significance. A modern Roman Catholic practice of the priest facing the congregation in the Mass is felt by many people to be important as indicating greater closeness. In Britain, though said to be popular in poor parishes, it has been a matter of some controversy among the well-educated, some of whom prefer the traditional orientation of the priest to the altar. In such formal conditions posture and gesture are ritualized, constituting part of a routine sequence of behaviour regarded as of social significance and power.[4]

Ethologists, psychologists and communication theorists have contributed significantly to examination of posture and gesture as interaction signals related to situations such as those of dominance and submission. Ethologists in particular have developed sensitive quantitative methods of studying the patterns underlying the diversity of such interaction behaviour, and have begun to apply their findings to the study of nonverbal communication in human beings. Anthropologists might seem to have an advantage in this field since the association of nonverbal behaviour patterns with language gives them a clue to what are regarded as the

[3] In parts of Melanesia, as I myself have seen in the Solomons, the lower lip is projected as a pointer equivalent to the use of a finger.

[4] Even in what some anthropologists would term ceremonial — i.e. a sign accredited with no intrinsic power — posture and gesture can still be of high social significance.

more significant sets of movements. Lacking such linguistic clues, the ethologist must investigate every detail of behaviour to note the response, whereas the anthropologist can focus on those blocks or configurational units whose significance has been established by linguistic evidence. But this is a field where one needs to go beneath language to the raw material of observation, of non-verbal signs.

While Hertz's essay (1909; 1960) on right-handedness and left-handedness drew attention to the significance of social, especially ritual, elements in a gesture differentiation often thought to be a matter of biological endowment, and Mauss's synoptic study (1935; 1950) on the techniques of the use of the human body provided a framework for broad enquiry, few anthropologists have devoted much interest to the subject.[5] (The records of sign language are in a special category; the signalling code is very specific). In the more general field the analytical study of posture and gesture has been developed greatly by Birdwhistll (1953) as part of his investigation of kinesics. Hewes (1955) has examined the distribution of certain major types of posture on a world basis. Hall (1963), under the term proxemics, has studied inter-culturally how man unconsciously structures micro-space in his daily transactions and in his technological relationships; Watson and Graves (1966) have endeavoured to give quantitative precision to such behaviour by comparative study. In what has been called non-verbal semiotics, there have been few studies of the meaning of posture and gesture in any one society. Among these, the pioneer work of Efron (1941) stands out, in its comparison of characteristic gestures of eastern Jews and southern Italians in New York. Even in this study, clearly motivated in part by the wish to demonstrate that standardized gesture is not ethnically determined but varies according to cultural conditions including the impact of social assimilation, the treatment is itemistic rather than integrative.

The present essay has the aim of examining some aspects of posture and gesture in the context of respect behaviour in one society with which I have some familiarity — Tikopia — and drawing some quick analogies from another society — Britain. If the idea of such comparison seems far-fetched, I defend it on the grounds that it is in such fields of bodily behaviour above all that our common humanity and our common animal heritage are brought home to us — the physical basis of some of our social categories, despite enormous cultural differences.

[5] *V.* report of Wenner-Gren Conference on Human Movement as an Expression of Culture (1966), which refers to "the very important but uncharted area of cultural information which can be learned from the way man moves his own body"; *v.* also La Barre (1964).

## 1. SPACE AND SOCIETY IN TIKOPIA

Posture and gesture refer to position and movement of the body or parts of it in space. In trying to understand the significance of Tikopia patterns of posture, gesture, their significance of respect, I first examine briefly Tikopia space conceptions in a general social context.

The Tikopia like all human beings utilize space concepts for social discrimination. Of major significance are the notions of "around" and "up and down", for which there are direct natural referents. On a map of the Pacific Ocean Tikopia appears as a tiny dot surrounded by a great empty space. To see this has surprised the Tikopia, to whom their island though relatively small, is an extensive solid area, the seat of their community life and containing within it a range of natural features and social features (Firth, 1959, p. 49). But the contrast between their island home as focus of orientation and the great ocean around is constantly present to them. The villages are set around the coast so that much of the daily life is carried on in terms of this contrast between land and sea. Such a contrast tends to be in concentric circle form because of the roughly circular shape of the island and the unbroken horizon with the absence of any other visible land. Hence seawards is the outer ring and landwards the inner ring. "Seawards" and "landwards" are referents for social action which occur very frequently in their conversation. Localization of objects on the floor of a house is made by such expressions, and even personal reference can be couched in such terms, e.g. "there is a spot of mud on your seaward cheek" (Firth, 1936, p. 19).

Just as nature provides circularity as an initial feature to the Tikopia, so indices to vertical distances are also provided. The mountain of Reani, rising steeply to 1,200 feet from the lake and the ocean on the northern side gives a vertical criterion against which the height of trees, cliffs and houses can be judged. Sea and lake fishing with long lines give depth criteria. In some contexts the Tikopia translate vertical into lateral distance: the tops of the palm trees on the lowlands, the tops of the cliffs, the shoulders of the mountain and the ultimate peak itself are used as means of measurement of increasing ocean distance. As points on the vertical scale are lost to sight by a receding vessel, or raised above the sea by an oncoming one, so the Tikopia judge their outward distance from their home.

Yet it is the domestic rather than the landscape setting of space concepts which is so significant to the Tikopia in their respect behaviour.

If *circularity* in Tikopia space concepts is given by nature, *rectangularity* is provided by culture. Recognition of wind points[6] can give angles, but connectedness of angles in rectangular form is essentially presented by house shape. The Tikopia house is traditionally a rectangular building with four corner posts and two end posts to take the ridgepole; very large buildings have a centre post as well. The shape of the house is clearly a cultural feature because it could have been of circular form, as were traditionally some houses in the Santa Cruz group a couple of hundred miles away. The rectangularity of the Tikopia house space is a matter of social significance. Posts are used as back rests for men of seniority, and traditionally some posts were ritual symbols and sites for offering. The traditional Tikopia house is low — able to withstand violent winds, it is said, although modern houses are constructed higher without apparent deleterious effect. A person enters a traditional Tikopia house on hands and knees. This is a posture dictated by the height of the doorway; it is also consonant with the general patterns of Tikopia respect. In general, people move about in a Tikopia house on hands and knees or in a crouching position. This is partly a matter of prudence — not to bang one's head — and partly a matter of custom. So whereas some aspects of bodily *orientation* in Tikopia society can use categories initially given by nature, individual *level of bodily movement* has its categories specifically given by culture.

But natural space orientation too in Tikopia is also linked closely with house shape.

## 2. SPACE ARRANGEMENTS IN A TIKOPIA HOUSE

Tikopia houses have only one room. But although the privacy of separate rooms as Europeans know it is unknown, spatial divisions allocate different parts of the house floor to different usages. On entering a Tikopia house one looks around as if reading a chart: there are areas in which the visitor can navigate, others he must avoid, before coming to anchorage, that is, sitting down. In a European room the allocation of space follows no regular rules; furniture is disposed partly according to the dictates of room shape and partly according to the wish of the owner. Seating has certain patterns on formal occasions. At table the chairman or the host's seat may be clearly indicated, and the "sofa rule" was stringent in parts of

[6] Traditionally, the Tikopia did not recognise the four compass points, but took their major directions from prevailing winds. (This goes against the supposition of Audrey Richards, that there are words for north, south, east and west in all languages, 1967, p. 290).

Central European traditional society. But the Tikopia go much further. The floor space of a house traditionally is divided into two sides, *mata paito* and *tuaumu*. The former is the seaward side, the latter the landward side of the house. The former faces the scene of activity with canoes, the latter that with ovens. The former faces towards the sphere of fish, the latter towards the sphere of vegetable food. (Even now the Tikopia have practically no animal meat). On *mata paito* traditionally the dead are buried, *tuaumu* is the scene of social activity. The former side has the "dead mats" marking the graves where the dead sleep, the latter the "bed mats" where the living sleep. On *mata paito* men sit, on *tuaumu* women sit. There is here then a regular patterned contrast between the spheres of sea and land, men and women, sacerdotal and secular — in a sense it is the classical opposition of the sacred and the profane. Yet the divisions are amorphous, not rigidly defined by any markers on the house floor. There is also a middle division of general usage where men and women mingle, where both sexes sleep and where much daily activity takes place. Moreover, the division between *mata paito* and *tuaumu* is largely ignored at funerals, that is, in that ambiguous sphere where the dead and the living may be said to intermingle.

Since the *mata paito* of nearly all houses faced to seawards, one can formulate the concept of a double ring of Tikopia activity, one facing outwards to the ocean, the other inwards to the land and the cultivation. But this concept is not overt among the Tikopia. Since in an abstract sense Tikopia dwellings, scattered around much of the lowland, may be conceived as forming a ring around the island, one may conceptualize the fusion of nature-given circle and culture-given rectangle. But this concept too is quite unrecognized by the Tikopia.[7]

As compared with the disposition of space in a European room, that in a Tikopia house refers not only to seating but also to mode of entry (doorways are differentiated by function) and to general orientation. Moreover, these patterns are observed on informal as well as formal occasions. (Judging by conditions as late as 1966, these patterns of use of house floor still obtain, but as the influence of Christianity becomes more strong it is likely that the distinction between *mata paito* and *tuaumu* will tend to disappear).

Movement in a Tikopia house is governed largely by reference to this spatial division. Respect is shown by going about on hands and knees, by not sitting on *mata paito*, by not turning one's back on it and by sleeping with head towards it.

[7] As noted in *We, The Tikopia*, 1936, p. 79.

## 3. SPACE AND SOCIAL STATUS

Relative status need not imply the physical confrontation of persons, but often does so. With the Tikopia, as with most if not all other communities, space relations in personal contacts are translated into status relations. These have both a vertical and a lateral dimension.

The lateral dimension of status relations involves three elements, proximity, precedence and focus or orientation.

(a) *Proximity.* — Proximity implies likeness in status: "He who is close to me is like me, he who is unlike me should be distant." In Tikopia when persons meet on a path, women stand aside for men, juniors for seniors, commoners for chiefs. When persons are sitting in a house the host, or a man of superior rank, will invite a person of standing who enters to draw near. The visitor usually on entering the house sits down at some distance from the principal person present. He is then enjoined "*Sosoa mai*" (draw nearer), an expression based upon the term *soa* (friend). In other words "become more friendly towards me". So in Tikopia idiom nearness is equivalent to higher status and farness to lower status. Note, however, that in this idiom actual distance is not particularly relevant.[8] Moreover, the Tikopia attach no particular importance to the side on which a person sits. They differentiate right- and left-handedness, and persons who are regularly lefthanded may be so nicknamed. But in general they attach no ritual or symbolic importance to such differences.[9]

(b) *Precedence.* — Frontness and rearness are very important in Tikopia alignment generally. Personally the back or the foot of a person is socially very significant in contrast to his face. So the frontness and rearness of persons is an index of relative status. At a public gathering the chiefs are in front (seated, v. later) with their faces towards the object of interest and their backs towards their followers, whose faces likewise for the most part are turned towards their chiefs (Plate 1). The frontness and rearness of *space occupied* is also significant. Tikopia normally do not sit upon the ground but upon coconut leaf mats, coconut fronds or billets of wood. On formal occasions the seating arrangements involve specific laying of coconut leaf mats adapted to the positions which the

[8] Unlike traditional practice in, e.g. Kerala, where caste status is expressed by the given number of paces or feet which a member of a lower caste should keep away from a member of the higher caste. (See Aiyappan, 1945, pp. 38-39.)

[9] Cf. Hertz, 1960. One might perhaps recognize that the killing of two chiefs of Kafika by men of Raropuka, each known as Te Sema, The Lefthanded, might involve a sinistral moral implication, though I have never heard any Tikopia express this view.

principal men will occupy. Not only are the mats themselves ranked as it were in seating order but also the tapering and shape of the mat lends itself to status identification. The broad end of the mat is the "head", the narrow end the "tail" and the seat of ranking status is at the head irrespective of the way in which the occupants are facing (Firth, 1967, *passim*).

Yet status may sometimes be indicated by a reversal of such usages. A chief or other man of rank walking on a path may say to his companions who would ordinarily follow him "You go ahead". Here the critical element is not the actual space relations but the *control* of space relations. The control of physical precedence is the indicator of social precedence. (There is some European analogy here — when a host ushers a guest first through the door his exercize of courtesy may not derogate from him his admitted superior status).

Except for such reversal with the assumption of control, the general Tikopia proposition is "My front to the rear of a person indicates he is of higher status than I. My rear to his front indicates that I am of higher status than he".

(c) *Orientation.* — By this is meant direction towards a central status figure or object of interest. Generally this involves a combination of proximity and precedence, but it may apply in conditions where there is no close contact. For example, in some traditional Tikopia religious rites the person performing the rite at sea or in the cultivations will orient himself generally towards his chief, who may be a mile or so away, and call upon him to utter the appropriate formula. (That the chief does not respond directly to this invitation is immaterial. The important thing is that at some point in the whole proceedings, whenever he thinks the time is right, he recites the formula.)

Orientation is significant for social status even when the object concerned is not visible. At many pagan religious rites the chief turned towards the spot where the god was thought to be sitting in acknowledgement of his status.

In the vertical plane degree of elevation is a very important Tikopia status index. In Tikopia language there is a direct correlation between physical elevation and social elevation. The term *mau runga* indicates either higher above the ground or superior socially or both. Consequently, in bodily posture in an immediate personal context standing is ordinarily superior to sitting, squatting, crouching or kneeling. Standing children are continually told "Sit down" in the presence of adults who are sitting. Sitting is superior to crouching, squatting, kneeling or

## TIKOPIA POSTURES ADN GESTURES OF RESPECT

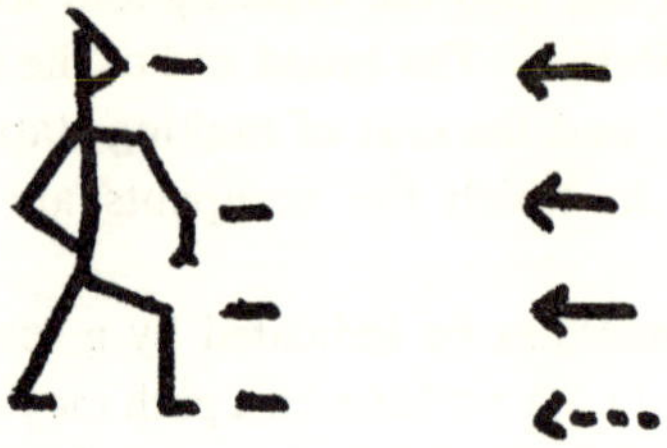

Fig. 1. (Tikopia) Nose to nose — greeting between equals.

Fig. 2. (Tikopia) Nose to wrist — greeting junior to senior.

Fig. 3. (Tikopia) Nose to knee — follower to chief/apology.

Fig. 4. (Tikopia) Nose to nose — acknowledgement of fealty or apology.

Plate 1. Addressing Tikopia chiefs at a public meeting. The chiefs are the only Tikopia seated on stools; the Tikopia interpreter for the European government officer crouches before them at the furthest distance at which low conversation can be heard. (I am greatly indebted to my colleague Torben Monberg for permission to reproduce this striking photograph, taken in 1966).

Plate 3. Ritual offering. The Ariki Kafika, seated, returns a kava cup to a crouching server. (Photo: Raymond Firth, 1952.)

crawling on hands and knees. When a chief is seated in a house people will crawl over the floor in his vicinity.[10] When it is necessary for a person to stand up in order to take down some fishing line or a bowl stored in the rafters, an apology is made to the man of rank or head of the house if he is sitting nearby. Two points should be made here. In Tikopia the sitting and kneeling postures of men and women differ considerably (v. Firth, 1936, p. 79 and Plates 1, 2, 3, herewith). Again, senior men, but not women, sometimes use coconut grating stools or other objects as seats which raise them off the ground. On public occasions such seats are reserved for chiefs.

There is a difference between interpretation of laterality and of vertical relations in social terms. The lateral relation is discontinuous or non-cumulative. Its significance increases as the advancing person nears the focal person and then diminishes. The vertical relation is continuously accreting. As distance below is decreased so the status of the advancing person is increased. But as distance above increases so the status of the person concerned increases. Hence vertical relation gives a series of immediately applicable order to status ranking. The most extreme examples occur in the religious field. Gods, like men, participated in a status system and were also given vertical differentiation, in a scheme of heavens. The Christian God too partakes of this scheme, being regarded as at the apex of all relationships in the heavens. (In 1952, when spirit mediumship was still current, even for pagan mediums God was regarded as being so far above in the heavens that on their spiritual journeyings they never saw his face, but only heard his voice calling down).

Degree of elevation applies not only to the body as a whole but to also such members as head and hand. A sitting chief bowed his head in obeisance as he addressed his gods, and raised his hand to the level of his brow in offering the cup of kava before pouring libations. This balanced opposition of head and hand can be interpreted as raising the offering to the highest level of the officiant before being transmuted to the god.

One can epitomize action in respect of a person of superior status in terms of these spatial criteria in the following Table (composed from the point of view of a high-ranking person):

[10] They will also be careful not to turn their backs upon him in so doing. Retreating backwards on hands and knees is a common Tikopia method of going out of the house. As a matter of ordinary courtesy this was continually done by anthropologists in Tikopia and is now adopted by instructed European visitors.

*Action*

| | | | | | | | | |
|---|---|---|---|---|---|---|---|---|
| Lateral | F | F | F | F | N | N | N | N |
| Vertical | L | L | H | H | L | L | H | H |
| Orientation | O | B | O | B | O | B | O | B |
| Judgement | ++ | + | + | ± | + | − | − | −− |

| | | | |
|---|---|---|---|
| N | Near position | O | Face orientation |
| F | Far position | B | Back orientation |
| L | Low posture | + | Approved |
| H | High posture | − | Disapproved |

In judgement of the relevance of posture for social status, the combination of criteria has a cumulative or intensified effect. So somebody who is crouching far off facing a chief (Plate 1) is in a highly approved position; somebody who is standing far off likewise is showing respect, but not extremely so; someone who is standing far away but turning his back is on the borderline of respect; whereas someone who is close at hand standing with his back turned is definitely disrespectful, i.e. not acknowledging the status of the other person.

Spatial or orientation expressions may be used symbolically as well as for actual physical relationships. The Tikopia do not describe "near" and "distant" kin as we do in English, with a spatial referent generally. But they do have expressions for kin who are genealogically less close to be described as "set aside" or "in another place". The expression of turning one's back on someone is used figuratively to indicate disrespect or lack of communication, as when an uncooperative daughter-in-law is said to "turn her back" metaphorically on her husband's relatives.

## 4. RESPECT POSTURES AND GESTURES

So far I have discussed the social significance of elevation of the body in general Tikopia terms. I now examine it in terms of posture and gesture.

The Tikopia use various bodily points (in what the Maori anthropologist Peter Buck once described as anatomical topography) as status indices in gesture. These key points are particularly nose, wrist, knee and foot. From the point of view of interpersonal action they may all be viewed as projections on the body. Other features are used in Tikopia systems of ritual not particularly involving respect. When a woman has given birth to a child, turmeric is smeared on the top of her head. The breast is also used as a location for smearing on turmeric and coconut oil in various ritual contexts. The shoulder is regarded as the place upon which a spirit descends for mediumistic communication. The sex characters also have their place in the aesthetic system.

Gestures of respect involving bodily contact may be most simply considered as movement of an initiator towards a recipient, though there is always some mutual interaction.

The organ of prime initiation for a bodily gesture of Tikopia respect is the nose. The hands are used primarily as ancillaries. (In traditional Tikopia society the handshake was not used as a gesture of greeting, though it has now come into vogue with European contact.) Pressing the nose to a part of another's body is the prime gesture of proximity, establishment of contact and emotional expression among the Tikopia — as of course it is among the Maori. Tikopia do not ordinarily use the lips for such purpose; if not immobile, they are at least disregarded. This gesture with the nose is termed *songi* and is often accompanied by a kind of gentle inhalation, a sniffing indicative of emotional involvement and reminiscent of the preliminary sounds made before crying when a mourning wail is raised. (One might interpret this as a kind of figurative disruption of part of the personality of the recipient of the gesture, but this interpretation is speculative in the Tikopia context. The inhalation seems to be understood by the Tikopia as sniffing, not smelling.) In all these gestures it is the *bodily* expression which is of primary significance. The expression of the *face* which is so important to Westerners is almost immaterial to the Tikopia in this context. Indeed, gestures which imply respect and affection may be made with the face of the initiator concerned almost forbidding. This may be, or may purport to be, indicative of emotional strain, but it probably also relates to the fact that laughter may seem derogatory in the presence of a person of high status. What is important is the use of the body as an *instrument* on the one hand and as a *point of reception* of gesture on the other.

Gestures with the nose directed to different parts of the body indicate different status relationships or evaluations (see Figures 1 to 4). The pressing of nose to nose and cheeks indicates a relationship between equals. The pressing of nose to wrist indicates respect to someone of seniority, e.g. a woman to the head of a lineage. (This was commonly the gesture of *songi* to me by women, whereas my peers, chiefs and elderly men *songi'd* to my face.) Pressing of nose to knee is an acknowledgement of status superiority of very definite kind. It takes place particularly from commoner to chief in circumstances of considerable formality, such as when a man is taking leave to go abroad or wishes to proffer a request of some importance. It is also the gesture made by close male kin of a bridegroom to the male kin of a bride in apology for taking away the woman of their group.

Whereas nose to wrist and to knee is not uncommon in the more formal circumstances of Tikopia social life, nose to foot is very rare. Indeed, while theoretically it is an abject bodily apology made by someone who has insulted a chief, it is rather a verbal expression used to indicate that apology; it is figurative rather than actual. In this form it was used as a token of respect by a chief addressing his traditional gods.

Ethologists can find parallels between such behaviour and respect behaviour of animals. But there is one marked difference. With human beings, and this is evidenced by the Tikopia, there may be a very considerable time separation between the initial stimulus and the response. A case which I observed in 1966 illustrates this. As I was sitting in the house talking privately with my host one evening, he suddenly stopped and said "Wait, people are approaching." Suddenly in through all the entrances men crawled, about a score in all, and began pressing their noses in turn to my host's knee. As this proceeded someone said, referring to me, "Father is sitting there, bring him in too", and a number of the crowd included me in this gesture of respect. This lasted about five minutes and they then departed. When I asked the reason of this irruption my host, who obviously had known what was coming, said "A marriage has taken place." This "crawling" (*toro* as the Tikopia call it) was the formal apology of the man's kin to the bride's kin. I asked when and where was the wedding because I had not heard of it. It was explained this was a marriage that had occurred some time ago in Honiara 600 miles away, and the news had just been brought by a ship which had called. A month or so later I was in Nukufero, a Tikopia settlement many hundreds of miles away from Tikopia and distant also from Honiara. When I arrived I saw huge piles of bananas and other green food standing about, and on enquiring the reason was told "A feast is about to take place because of a marriage — in Honiara." Here then was both an extended time interval of more than a month and an extended space interval of hundreds of miles between the initial event, the marriage in Honiara, the "crawling" apology in Tikopia and the feast and exchange of goods in Nukufero.

I have mentioned that between initiator and recipient of such gestures there is mutual interaction. The common pattern is for one who has been the recipient of nose-to-knee pressing to lift up the head of the other person and then press nose to nose. This is what the Tikopia describe as "making the face good" (*fakamatamata laui*) — the "saving face" metaphor which the English have taken over from the Chinese. In the case of the marriage apology just discussed this gesture of bringing up the face of the initiator to equality with that of the recipient was followed. A chief too likewise lifts up the head of a man who has pressed nose to his knee that they may press nose to nose. So a respect gesture in acknowledgement of superior status which is relevant to one situation may demand an equalisation gesture in acknowledgement.

Such bodily gestures of respect are signals, in that they release other actions by both parties. But they are not simply signals to advise other parties of appropriate action, as they might be in the animal world; they are symbolic of ideational and emotional patterns. Physical principles are used in the service of society, acts on a simple scale of vertical distance being basic to the interpretation of degrees of status and respect, in accordance with the social context. The relation of these acts to language is complex.[11] They can be described in language, they are initiated by verbal as well as non-verbal behaviour, and many of the clues to their meaning are given by language. The sudden irruption of a crowd of men into a house might be a warlike attack — it is by linguistic expression, the "crawling for the woman", that the quickest explanation is given to the householders. To some degree such postures and gestures are a supplement and alternative to language, but in themselves they have a significance, a propriety, a restorative effect, a kind of creative force which words alone cannot give.

## 5. SOME BRITISH ANALOGIES

So far I have described some of the social implications for status relations in what may be regarded as a technologically primitive society. But we must realise that this kind of analysis can be applied also in Western societies. In sophisticated as in primitive communities the human body is used very simply, almost crudely, as an instrument of expression of respect relationships. Each society appears to have its own stereotyped differences of bodily posture and its own rules for interpreting these differences in status terms. Yet while the precise interpretations are clearly not universal, Hewes's postulate that some general values do appear to attach to distance, verticality and orientation in bodily posture seems reasonable.

[11] Jowett's well-known statement, "gesture is the imitation of words" (Oxford English Dictionary), represents a limited if suggestive view.

One might think that sophisticated societies would avoid the more extreme postures in formal social intercourse. To some extent this is so. But they still use very simple physical positions or movements as a code for elaborate and deeply felt distinctions in respect behaviour. I take my examples from the society where I live, Britain.

Direct comparison with Tikopia is not simple. To begin with the distribution of personal contact, of body touching, in social contact is very different in Britain and in Tikopia. British young women do not press their noses to the wrists of ageing men — though men of Continental background sometimes make pretence of kissing the hands of elder married women. When a British young man marries, his brothers and uncles do not go in a body and crawl in apology to the knees of the bride's father — rather they crack jokes as they drink champagne at the bride's father's expense at the wedding breakfast. (This too has its Tikopia analogy.) The techniques as well as the occasions of apology in Britain are very different from those in Tikopia. Apology, a kind of submission, involves in Britain a lowering of the *idea* of the self, not of the *physical* self. In Britain it is a verbal process, not as it is in Tikopia a bodily process. Yet while it might seem that the more sophisticated a society the more it translates non-verbal into verbal behaviour, there is still an ambiguity here — an apology, though it must be admitted in words — often a most difficult admission — is expected to be backed up by deeds. Acts not words are regarded as the true indicators of attitude. And to the Tikopia it is acts that count most of all.

But despite difficulties of comparison the physical analogies of body inclination and body lowering are still there, if in somewhat different form.

Bowing, kneeling and prostration all have some place in British social usages. To bow is to incline the body and/or head in salutation, acknowledgement or respect. This is still a usage in polite society, although it has come to be less generally practised during the present century. In the nineteenth century the bow tended to be the male signal; the female equivalent was the curtsy.

In modern British society the bow has become more generalized. If such a gesture of politeness is made, women as well as men bow, to equals and to nearly all superiors. (A brief inclination of the head, almost a nod, is a common salutation). Ritually, the bowing of the head is still extremely common, as in prayer. But in non-ritual contexts the gesture is relatively neutral. It is a recognition signal and an indicator of status, but it may indicate an acknowledgement of equality at least as often as a concession to superior status, and it may be very difficult to construe the signal as indicating one rather than the other. The bow also may indicate recognition in the sense of condescension, an acknowledgement of some other service.

Of special interest here is the curtsy (curtsey). Originally "courtesy", a general movement of politeness in the sixteenth century, this came to have a more specialized significance — the particular movement of respect made by bending the knees and lowering the body. Moreover, it came to be regarded as a peculiarly feminine movement.[12] What is of particular note here is that while the bow merely lowers the head, the curtsy lowers the whole body. But it is in effect an intermediate posture, halfway to kneeling and unstable, not able to be maintained for any length of time. It is significant also that this is the most difficult posture to achieve with dignity, and is the only one which has been the object of special training. It was in conformity with nineteenth century views on the subordinate position of women that this posture then was regarded as appropriate to women, especially young unmarried women. Nowadays in Britain only to royalty does a woman curtsy, and then only on the occasion of a formal presentation.

If the status significance of the bow is general, not indicating precisely the relative position of the parties, postures on formal occasions which involve lowering the body as a whole may very definitely indicate status inferiority. In British society this does not refer to sitting relative to standing, since the relaxation of bodily tension is a significant social factor. Hence in such conditions the higher posture, if performed or maintained in some degree of tension, is a respect gesture, e.g. by rising when a senior person enters the room where others are sitting, or by offering one's seat to a lady in a crowded bus.

In modern British society kneeling as a formal posture is rare, at least in public. But it occurs in ceremonial and ritual contexts — at the Coronation of the Sovereign (Figure 5); when a man receives the accolade of knighthood from his Sovereign (Figure 6); when a grave social undertaking such as marriage is solemnized by a major Church rite; on a religious occasion such as prayer; on presentation at the communion table.[13]

[12] See Jane Austen, *Pride and Prejudice* (1812), Macmillan 1929, p. 158 "Elizabeth merely courtesied to him".; cf. Julius Caesar III, I, 42. "low-crooked curtsies, and base spaniel fawning." for the direct alignment of curtsy with status deference.

[13] Actual height is of less importance than posture. But in Britain elevation of the principal character is often assisted by a special platform. A special use of bodily posture for social ends is the "Clameur de Haro" of Guernsey, an ancient method of

RITUAL POSTURES OF RESPECT IN BRITAIN (from photographs)

Fig. 5. High Church dignitaries kneel in homage before the seated Sovereign. (Noble secular officeholders stand behind. Note the stepped platform.)

Fig. 6. The accolade. The recipient kneels on the "knighting stool" (with handrail). The Sovereign stands on a platform.

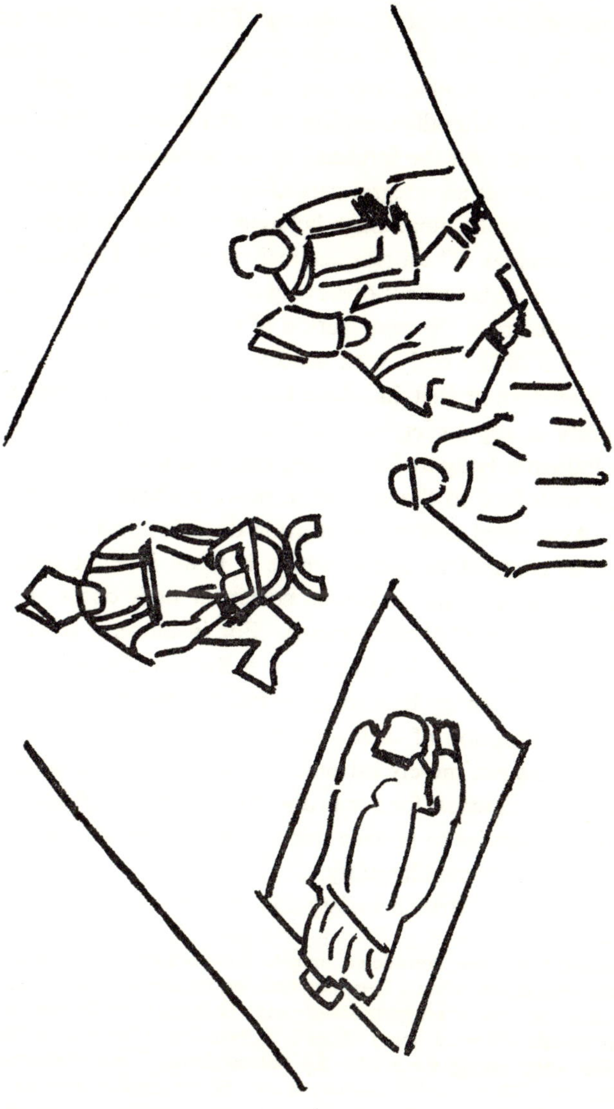

Fig. 7. Prostration before the alter. Other participants kneel and stand.

Further abasement of the body is still possible. In some oriental societies, bending over to touch the feet of a person of superior status is a method of salutation still practised. But this is not a British practice. Bending over to touch the feet of another involves lowering the head of the person making the gesture. Lowering of the head in more extreme form is characteristic of the Chinese practice of *k'o-t'ou,* known in English as *kowtow* or *kotow,* and used as a figurative expression for obsequious conduct. Literally meaning "knock the head", this custom of touching the ground with the forehead as an expression of respect, submission or worship was an integral part of formal social intercourse with superiors in traditional China. Such behaviour is alien to British and to other Western societies. The attempted insistence of the Chinese Imperial Court on Western ambassadors observing this practice was the cause of considerable difficulty in the early period of European contact.[14]

Yet prostration of the body with head to ground is not a completely unfamiliar procedure in Britain. As a formal posture it seems to be a sign of humility in any society in which it occurs. In general, the term prostration indicates lying at full length, but in stricter use in English it implies lying with face to the ground, a posture which in itself implies submission. As a ritual posture prostration does not ordinarily occur in Christianity, in contrast to Islam, where it is an integral part of the prayers. But although rare in British society it does occur as part of ordination rites in the Catholic Church. For instance, a recent public report (with photograph)[15] described how a Roman Catholic dignitary, during his consecration as Bishop, prostrated himself before the altar (Figure 7). The adoption of such a posture is sociologically interesting because it indicates not merely extreme submission of man before God, but also the appropriateness for a man about to assume a high sacramental position in God's service to preface this assumption by an acknowledgement before men of his own humility.

As a general trend in British society and presumably in other Western

---

appealing against a decision considered unjust. An instance of this was recently reported in the newspapers, when a Guernsey hotelier, threatened with the cutting off of his water supply because of a dispute about meter readings, formally knelt in protest on the steps of the island's water board offices in St. Peter Port (*Times*, June 7th, 1967).

[14] The English were among those who did not conform. Lord McCartney on a mission to China in 1793, refused to *kowtow*, as also did the English ambassador Lord Amherst, in 1816. With the decline of Chinese imperial power the custom waned, though recently reports indicate that Red Guards have attempted to induce some representatives of Western countries to conform in this way to give public expression to their submission.

[15] As in *The Times*, December 22nd, 1966.

societies it would seem that the more elaborate postures and gestures of respect, involving lowering of the body, have been reduced in scope. They have been transferred from the more generally social situations to more purely formal occasions, especially in a ritual context. One may infer that this movement has been associated with an egalitarian trend in modern social relations, tending to reduce the degree of bodily disturbance and, by implication, the degree of status differential.

In this essay I have not attempted to give any very precise analysis, but rather to indicate some general points which an anthropologist may observe. When ethologists devote more attention to the field of human behaviour, much more exact formulation of the problem and observation of material may be expected.

Material such as I have described above reminds one of similarities between animal and human behaviour in the field of dominance and submission relations. However, there are certain fairly marked differences. Human beings, as compared with animals, may plan their formal postures and gestures well in advance of their execution. Correspondingly, as I have indicated in the example of Tikopia marriage behaviour, a set of postures and gestures may be anticipated on the basis of remote clues, and this anticipation may be a cardinal factor in the interpretation of them when they occur. The sudden brusque entry of a mass of men into a house could be treated not as aggression but as apology, since the fact of the marriage was already known and their pattern of behaviour could be construed accordingly. Hence, human posture and gesture may be not only signals to indicate performance, but also may have their performance predictable at long range. Again, the complexity of status relations in space terms may be such that actions may be undertaken in respect of persons not present but whose presence is anticipated or who may be known to be remaining at a distance. Orientation towards someone who is not present suggests the analogy of the notion of a mental space or territory as well as of a physical space or territory. Further, the use of language allows of a whole series of verbal equivalences to posture and gesture which may equally, or almost equally, convey status relations. To some extent language can provide an easy way out, relieving one from the discomfort of bodily disturbance. But provided that it is acceptable as valued currency by the person listening the expressions of respect uttered may be taken as sufficient indication of status recognition without bodily submission. The figurative use of posture signals is frequent in the ritual context of prayer and religious poetry.[16] Even such a conventional

16 The Psalms contain many examples of the status significance of relative elevation:

expression as "I bow to your opinion" is a status indicator with an ultimate physical referent.

A complex factor is that in anthropological work the observer himself to a great extent may share the behaviour of the subjects he studies. Most anthropologists follow local custom and engage in status postures and gestures with the people among whom they live. So the anthropologist tends to infer the interpretation of posture and gesture from the reaction in himself as well as that observed in others. While this personal involvement introduces an element of subjectivity it means commonly that, on the other hand, when he initiates status behaviour he can judge of the correctness of his interpretation by the manner in which it is received. It follows from this that the difficult problem of choice of units for isolation and comparison is not completely arbitrary. The anthropologist tends to choose as behavioural units those which are linguistically and thematically isolated by the people themselves in communication with him.

LONDON SCHOOL OF ECONOMICS

## BIBLIOGRAPHY

Aiyappan, A.,
1945 *Iravas and Culture Change* (= *Bulletin Madras Government Museum* n.s. Gen. Section, Vol. V, No. 1).
Argyle, M.,
1967 *The Psychology of Interpersonal Behaviour* (Penguin Books), pp. 32ff., 80ff.
Birdwhistle, R. L.,
1952 *Introduction to Kinesics* (Louisville, University of Louisville Press).
Efron, D.,
1941 *Gesture and Environment* (New York, Kings Crown Press).
Firth, Raymond,
1936 *We, The Tikopia* (London, George Allen and Unwin).
1959 *Social Change in Tikopia* (London, George Allen and Unwin).
1967 *The work of the Gods in Tikopia* (= *London School of Economics Monographs in Social Anthropology*, Nos. 1 & 2).
Hall, E. T.
1963 "A System for the Notation of Proxemic Behavior", *American Anthroplogist*, Vol. 65, pp. 1003-1026.
Hertz, R.,
1909 "La prééminence de la main droite: étude sur la polarité religieuse", trans. in: Needham, 1960.

---

Ps. 14.3 "The Lord looks down from heaven upon the children of men."; Ps. 21.3 "Be Thou exalted in Thy strength."; and the stirring injunction, Ps. 9.19 "Up, Lord, and let not man have the upper hand.".

Hewes, G. W.,
1955 "World Distribution of Certain Postural Habits", *American Anthropologist*, Vol. 57, pp. 231-244.
La Barre, W.,
1964 "Paralinguistics, Kinesics and Cultural Anthropology", in: Sebeok, T. A., Hayes, A. S. and Bateson, M. C. (eds.), *Approaches to Semiotics* (Mouton, The Hague).
Mauss, M.,
1950 *Sociologie et Anthropologie*, précédé d'une Introduction à L'œuvre de Marcel Mauss par Cl. Lévi-Strauss (Paris, Presses Universitaires de France).
Needham, R. and Claudia,
1960 Robert Hertz: "Death and the Right Hand" (London, Cohen and West).
Richards, A. I.,
1967 "African Systems of Thought: An Anglo-French Dialogue", *Man*, new series, Vol. 2, pp. 286-298.
Ruesch, J. and Kees, W.,
1956 *Non-Verbal Communication* (Univ. Calif. Press, Berkeley).
Watson, O. M. and Graves, T. D.,
1966 "Quantitative Research in Proxemic Behavior", *American Anthropologist*, Vol. 68, pp. 971-985.
Wenner-Gren Conference,
1966 "Human Movement as an Expression of Culture, Feb. 25-27, Chicago. (Sponsored by the Wenner-Gren Foundation for Anthropological Research)," *Current Anthropology*, Feb-Apr. 1967, p. 130.

# SECTION II

# LES STRUCTURES ÉLÉMENTAIRES DE LA PARENTÉ

# ANIMAL, VEGETABLE OR MINERAL?*

IRA R. BUCHLER AND HENRY A. SELBY

It is a privilege indeed to be given the opportunity to pay tribute to a distinguished anthropologist and teacher: Professor Claude Lévi-Strauss. He holds a place of special esteem in the discipline of anthropology. He has liberated us from the constraints of empiricism, but more, he is one of a select few, who have at the same time fashioned and anticipated the intellectual history of their time. Such men are rare, and their work invaluable. Every reading of *Elementary Structures*, or *The Savage Mind*, or the article "Social Structure" seems to bring greater insight into the history of twentieth century thought as well as a bewildering feeling of *déja vu*; except that we realize, upon reflection, that what he was saying perhaps two decades ago is being rediscovered now or in the very recent past. This contribution, for example, takes an *obiter dictum* from an article published fourteen years ago and attempts to develop it in a way that, it is hoped, would be in the spirit of the man who has done most to develop structural studies in social anthropology.

We make no apology for what could be regarded as a derivative exercise. We merely hope to illustrate the stimulation and productivity of the thought of the man to whom this book is dedicated.

Well over a decade ago, Lévi-Strauss (1953:538) outlined the utility of the path of classical analysis in the study of marriage systems:

> This outlook [the increasing consolidation of social anthropology, economic, and linguistics into one field, that of communication] should open the study of kinship and marriage to approaches directly derived from the theory of communication. In terminology of this theory it is possible to speak of the information of a marriage system by the number of choices at the observer's disposal to define the marriage status of an individual. Thus the information is unity for a dual exogamous system, and, in an Australian kind of kinship typology, it would increase with the logarithm of the number of matrimonial classes.

* I. R. Buchler's research was supported, in part, by Grant #2119 from the Wenner-Gren Foundation for Anthropological Research and is herewith gratefully acknowledged.

A theoretical system where everybody could marry everybody would be a system with no redundancy, since each marriage choice would not be determined by previous choices, while the positive content of marriage rules constitutes the redundancy of the system under consideration. By studying the percentage of "free" choices in a matrimonial population (not absolutely free, but in relation to certain postulated conditions), it would thus become possible to offer numerical estimates of its entropy, both absolute and relative (Lévi-Strauss 1953:538).

In terms of Lévi-Strauss' suggestion, we must, at the outset, pose and seek an answer to the following question: *How does one measure amount of information?* In the mathematical theory of communication, 'amount of information' is measured by the logarithm of the number of available choices. For reasons that will become apparent in a latter section of this discussion, it is convenient to use logarithms to the base 2, rather than common or Briggs' logarithm to the base 10 (Weaver 1962:100). If there are only two available choices (from the viewpoint of the observer), as in a 'two section system', then information is unity: the logarithm of 2 to the base 2. If one has 32 alternative categories, or messages among which he is equally free to choose, then since $32 = 2^5$ so that $\log_2 32 = 5$, one says that this situation is characterized by 5 bits[1] of information.

The quantity which uniquely meets the natural requirements that one sets up for "information" turns out to be exactly that which is known in thermodynamics as *entropy* (Weaver 1962:103).

In the physical sciences, the entropy associated with a situation is a measure the degree of randomness, or of "shuffled-ness" if you will, in the situation ... That information be measured by entropy is, after all, natural when we remember that information, in communication theory, is associated with the amount of freedom of choice we have in constructing messages. Thus for a communication source one can say, just as he would also say it of a thermodynamic ensemble, "This situation is highly organized, it is not characterized by a large degree of randomness or of choice — that is to say, the information (or the entropy) is low" (Weaver 1962:103).

In the analyses that follow,[2] a distinction is made between maximum and relative entropy. The *maximum entropy* of a system is the logarithm to the base 2 of the number of kinship terms; the *actual entropy* is the logarithm to the base 2 of the categories upon which these kin terms are mapped: sections or subsections. On a preliminary basis, let us merely

[1] "Bit" is a condensation of binary digit.

[2] For biological and psychological applications of information theory, cf. McCulloch and Pitts 1943; Miller 1953, 1956; Quastler 1953, 1955; Rapaport 1955; for anthropological applications: Wallace 1961; Buchler 1966.

assume that these are the number of choices at the observer's disposal to define the marriage status of an individual. The *relative entropy* is the ratio of the actual to the maximum entropy. The *redundancy* of a system is one minus the relative entropy. The higher the redundancy,[3] the more efficient the recoding operations that map kinship terms on sections. To be somewhat more explicit, if we attempt to measure the information of a marriage system by the number of choices at our disposal to define the marriage status of an individual, then redundancy measures the fraction of the 'message', or maximum entropy that is unnecessary, repetitive, or redundant, if we had access to the additional information provided by the actual entropy.[4] Here actual entropy is equated with the number of choices at our disposal to define the marriage status of an individual, *given the additional information that kin terms are mapped on sections or subsections.* Following the methodological path that Lévi-Strauss has suggested, we demonstrate that section systems may be rank-ordered; this rank ordering is of ordinal strength: the scale orders section systems in terms of their 'recoding efficiency'.

To place the present discussion in historical context, let us review — in a schematic manner — explanations of class, or section systems.

Explanations of class or section systems may be summarized:

I. *Morgan and Howitt*[5]: *Survivals*

Sections, subsections, or marriage classes were said to be a survival of a prior custom of group marriage.

II. *Galton,*[6] *Durkheim,*[7] *Deacon,*[8] *Radcliffe-Brown,*[9] *B. Seligman,*[10] *Lawrence,*[11] *Murdock,*[12] *the Lanes*[13]: *Implicit and Explicit Moieties*

Four section systems are said to be produced by the 'intersection' of male and female descent lines; subsection systems "are formed where the mother's potential line is also recognized in order to prevent marriage with these relatives" (Service 1960:421). Where moieties are implicit,

3 Conversely, the lower the relative entropy, the more efficient the recoding process.
4 I.e., mapping on sections, or subsections.
5 1889.
6 1889.
7 1897.
8 1927.
9 1927, 1930, 1951.
10 1927.
11 1937.
12 1940, 1949.
13 1961, 1962.

unnamed, or 'analytically derived', positive marriage rules[14] are accounted for in terms of groups which do not exist, or of which 'the people' are not conscious (cf. Dumont 1966).

### III. *Dumont: 'Alliance Theory'; Positive Marriage Rules*[15]

L. Dumont (1966) has recently reviewed 'the spell of underlying descent' in the analysis of section, or subsection systems. Dumont (1966: 232) reminds us that the moieties — the intersection or cross-cutting of which have been said to 'generate' or 'explain' sections or classes — are, in fact, often either non-existent or unnamed.

> To explain groups and arrangements (positive marriage rules) that consciously exist by groups which do not exist, or of which the people are not conscious, may seem a dubious procedure unless one recognizes the advantages involved in terms of general anthropological theory (Dumont 1966:232).

Dumont (1966:235) continues to differentiate (i) what is 'given', ethnographically, from (ii) what has been construed by various theorists.

i: (a) Named sections or subsections;
   (b) Rules of intermarriage between these [a] elements;
   (c) Rules determining the section membership of children for each 'type' of intermarriage.
ii: [c] has been construed as 'rules of filiation', or 'descent', and [a,b,c] is explained as "a system based on the unilineal transmission of qualities from an individual to his children" (Dumont 1966:236).

In Australia, there is, Dumont argues (1966:237), an alternation of two kinds of generations — rather than a unilineal group, line, or a collective unity, "there is a whole based on the opposition between its two complementary parts, i.e. a structure" (Dumont 1966:237).

Dumont's (1966:239-249) analysis of Kariera, Aranda, Ambrym, and Murngin section systems follows closely from his emphasis on intermarriage between sections as a positive link which, with the paternal pairing, unites sections into a whole in terms of complementary relations, rather than construing intermarriage "as the negative residue of real or hypothetical unilineal transmission of membership in holistic descent groups" (Dumont 1966:249).

[14] There is much less difference between the sections than between the marriage rules with which they are associated (Josselin de Jong 1952: 15); consequently, the sections cannot, in the strictest sense, be said to determine the choice of a spouse, although they do have the function of limiting the choice to a specific category (cf. Josselin de Jong 1952: 16).

[15] Cf. Lévi-Strauss 1949.

## IV. *Warner, Elkin, Radcliffe-Brown, Service: Regrouping and 'generalizing' the 'kinship system'*

Finally, it has been suggested that section terms are (a) sign-posts for certain types of social relations (e.g., Elkin 1954), or (b) 'sociocentric nomenclature' (Service 1960) that regroup kinship terms (Warner 1958).

The distinction between the elementary structures considered in this study and complex structures is not isomorphic with the distinction between 'prescriptive systems' and 'preferential systems'. A spouse, in an elementary structure, is selected 'for the reason that he or she belongs to a particular social group or to a given category of kinship; in other words, because the relationship between the intermarrying pair is defined in terms pertaining to the social structure" (Lévi-Strauss 1965:18). Conversely, the reason for the preference *or* the prescription, in a complex structure, is not derived from or defined in terms of the social structure.

It might then be suggested — following Lévi-Strauss (1965) — (a) that the notions 'elementary structures' and 'complex structures' are purely heuristic, and (b) that the distinction between elementary structures, on the one hand, and complex structures and Crow-Omaha systems, on the other, may be defined in terms of both the elementary core, and the alliance network which is produced (in the case of the second type). The 'elementary' core of '*elementary structures*' may be formulated as a *positive, mechanical model*; the elementary core of *Crow-Omaha systems*, and of '*complex structures*' may be formulated as a *negative, mechanical model.*

At the level of the facts (alliance links), these elementary cores generate (1) a positive, statistical model (Crow-Omaha systems), (2) a positive, statistical model (complex structures), and (3) a positive, mechanical model (asymmetrical systems). This characterization of the level of the facts describes model networks. For probabilist alliance networks (1 and 2) have mechanical dimensions, derived, on the one hand (1), from structural properties, and, on the other (2), from 'nonstructural' properties. Whereas mechanically defined alliance networks (3), have statistical components, derived from the freedom of choice that invariably overrides the 'positive constraints' defined by the 'elementary core'. There is, then, certainly no reason to assume (e.g., Needham 1962) that systems — rather than 'models of structures' — may be defined by a set of prescriptive features (Lévi-Strauss 1965; Schneider 1965).

## KARIERA: INFORMATION MEASURES

I. There are eighteen 'kinship terms', although there are twenty classes of relatives, two of which (B and Z) are further subdivided on the dimension of relative age, as grandparental terms are used reciprocally for grandchildren (Radcliffe-Brown 1930:48).

II. These terms are 'assigned' to one of four sections. Radcliffe-Brown (1930:38) represents these sections, or 'the system of marriage and descent' by means of the following diagram:

→ A [BANAKA] = B [BURUNG] ←
→ C [KARIMERA] = D [PALYERI] ←

Fig. 1. Representation of Kariera Section System (Radcliffe-Brown 1930).

in which the sign = connects the two sections that intermarry, and the arrow sign connects the section of a mother with that of her child.

In Dumont's (1966:239-40) symbolization, (1) A and B are two kinds of local groups that are divided into generation sections A1, A2, and B1, B2; (2) [ ══ ] represents reciprocal intermarriage between the sections and their patrilocal pairing.

A1 △ [ ══ ] △ B1
⇕ ⇕
A2 △ [ ══ ] △ B2

Fig. 2. Representation of Kariera Section System (Dumont 1966).

Following Lévi-Strauss' (1963:299) suggestion, we take a numerical estimate of the system's entropy, both absolute and relative. The *relative entropy* is the ratio of the actual to the maximum entropy (Weaver 1962: 104). We first consider the percentage of 'free choices' in the matrimonial population. These choices are absolutely free; we postulate no conditions which constrain individual choice. Thus,

1. $\log_2 Z$ ($= -\log_2 1/Z$) is taken as the asymptote of all possible estimates of the free choices (absolute) in a matrimonial system, where
2. $Z =$ the number of mutually exclusive classes in a kinship lexicon.

For Kariera, this gives

(maximum entropy) $\log_2 Z = 4.17$, where (1)
$Z = 18$, and

3. $\log_2 E$ (= $-\log_2 1/E$) is taken as the asymptote of all possible estimates of the actual entropy, where

4. E = the number of matrimonial sections.

For Kariera, this gives

(actual entropy) $\log_2 E = 2.0$, where (2)
$E = 4$.

The *relative entropy* — the ratio of the actual to the maximum entropy — then, is .47. And the *redundancy* — one minus the *relative* entropy — is .53.

## ARANDA: INFORMATION MEASURES

I. Although forty terms of relationship are used by males, the "number is reduced first by the fact that the same terms are used for grandparents and for grandchildren, secondly by the use of the same term for certain male relatives and for their sisters, thirdly by the existence of certain self reciprocal terms" (Radcliffe-Brown 1930: 51). For comparative purposes — in terms of quantitative estimates of redundancy and relative entropy — the numerical ratio of the Kariera and Aranda kinship lexicons is of primary interest. We therefore set the number of Aranda kin classes at thirty-six (cf. explanation of Aranda kinship chart; Radcliffe-Brown 1930).

II. These terms are 'assigned' to one of eight 'subdivisions'. The rules of marriage and descent in the system of eight *subsections* are represented by means of the following diagram (Radcliffe-Brown 1930: 39):[16]

Fig. 3. Representation of Aranda Section System (Radcliffe-Brown 1930).

In terms of intermarriage, the difference with Kariera "consists in the fact that the two generation sections of one local group *marry not in the same, but in two different kinds of local group*" (Dumont 1966:241). The

[16] More recently, Lévi-Strauss and G. Th. Guilbaud (Lévi-Strauss 1966: 83) have represented the regulation of marriage by eight subsections among the Aranda in the form of annulus.

Aranda system links, by symmetrical intermarriage, four kinds of local groups.

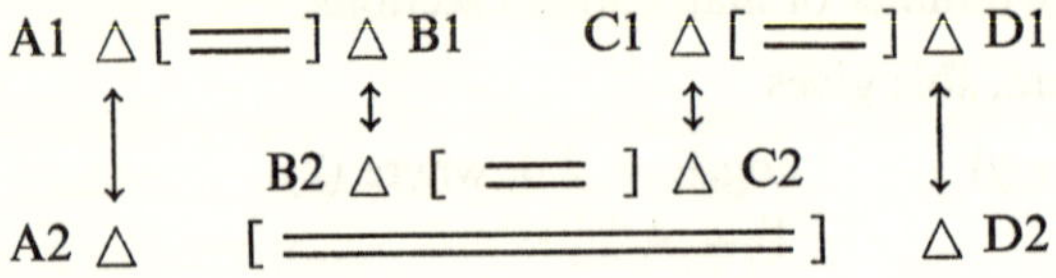


Fig. 4. Representation of Aranda Section System (Dumont 1966).

For the Aranda kinship lexicon, the value of $\log_2 Z$ gives

(maximum entropy) $\log_2 Z = 5.17$, where (1)
$Z = 36$, and
(actual entropy) $\log_2 E = 3.00$, where (2)
$E = 8$.

The relative entropy (=) .57. The redundancy is .43.

At this point, we may summarize these numerical estimates in the following manner:

TABLE 1.

*Information Measures*

| Measures | Systems | |
|---|---|---|
| | Kariera | Aranda |
| Maximum Entropy | 4.17 | 5.17 |
| Actual Entropy | 2.00 | 3.00 |
| Relative Entropy | .47 | .57 |
| Redundancy | .53 | .43 |

## DISCUSSION

What — in reference to the Kariera and Aranda 'analyses' — is the significance of measures such as entropy — maximum, actual, and relative — and redundancy?

We initially assume that the kin classes for any section system are known, or have been determined. This assumption allows us to bypass the initial level in our hierarchy of questions and measures. We may then proceed to the decision processes — of the observer — involved in the recoding operation that maps kin classes on sections. Following Lévi-Strauss' (1963:299) suggestion, we then measure the "information of a marriage system by the number of choices at the observer's disposal to define the marriage status of an individual." And in this regard, there are *no constraints* placed on the selection of a marriage partner. We assume complete ignorance to several very basic questions; for example: (1) Are there 'incest taboos' on the marriage of primary relatives? (2) Is the 'selection' of a marriage partner constrained by the bisexual nature of reproduction? Like Lévi-Strauss' (1955) archaeologists of the future coming from another planet, our uncertainty is reduced by the testing of a series of rather tenuous hypotheses.

The parlor game of "Twenty Questions" is a useful illustration of gradual uncertainty-reduction (Bendig 1953; Attneave 1959:2-7).

> One of the players announces, "I am thinking of something 'Animal' (or 'Vegetable', or 'Mineral', as the case may be)", and the others proceed to ask him questions to which he can answer "Yes' or 'No'. Their goal is to discover what he has in mind by asking not more than twenty such questions (Attneave 1959:2).

Let us consider a simplified form of this game in which the thing being thought of — the 'kin class' into which an individual may marry — is a particular square on a checkerboard, and the task of the observer — or questioner — is to discover which of the eighteen possible squares (kin classes) it is. It is easy to show that exactly five questions, *properly asked*, are always necessary and sufficient to locate that square, as $\log_2 Z = 4.17$ (maximum entropy). These questions might take the following form (Figure 5; cf. Attneave 1959:3):

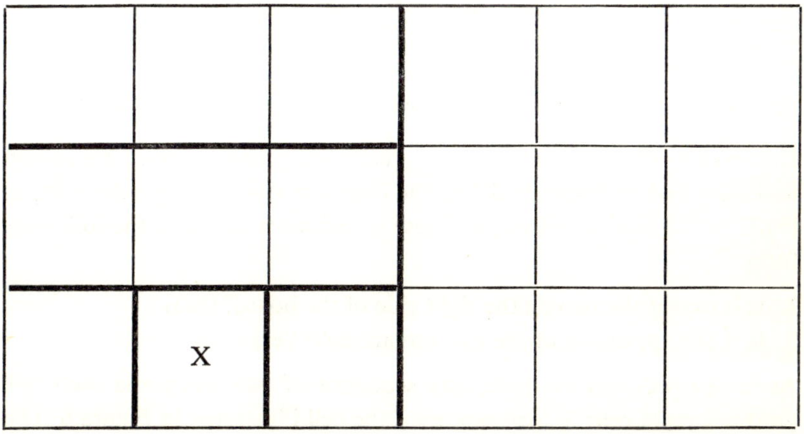


Fig. 5. An illustration of gradual uncertainty-reduction: Kariera kin classes.

1. Is it one of the nine on the left half of the board? (Yes)
2. Is it one of the three in the upper third of the nine remaining? (No)
3. Is it one of the three in the middle third of the six remaining? (No)
4. Is it one of the two in the right two-thirds of the three remaining? (Yes)
5. Is it the left one of the two remaining? (Yes)

If the observer always attempts to define the marital status of an individual by asking the same questions, any sequence of five *Yes*'s and *No*'s will yield a unique cell (Attneave 1959:3). Letting 1 mean *Yes* and 0 mean *No*, 10011 will represent the cell illustrated in Figure 5: five binary digits are needed to specify one alternative out of 18. In the binary number system a single digit (*bit*) specifies a choice from 2 alternatives, two digits specify one of $2^2$ or 4 alternatives, and so on. The uncertainty involved in the question "Which square on the checkerboard may individual X marry?" amounts to six bits of information.

When the observer maps the kin classes on sections, the information necessary to define the marriage status of an individual in the Kariera system is radically reduced. This may be most obviously illustrated by using, once again, the checkerboard example:

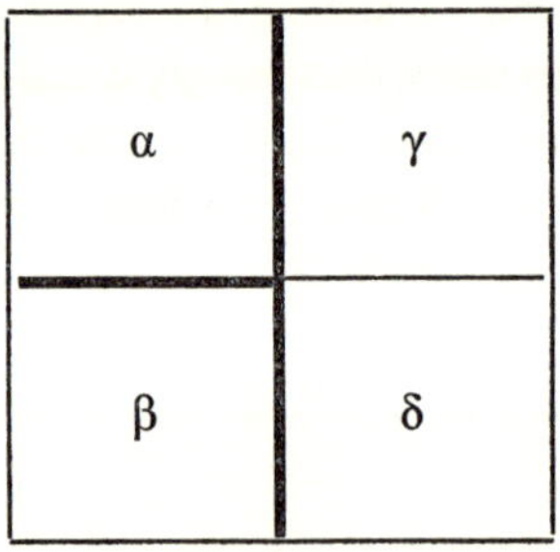


Fig. 6. An illustration of gradual uncertainty-reduction: Kariera sections.

It is easy to show that exactly two questions, *properly asked*, are always necessary and sufficient to define the marriage status of an individual, as $\log_2 E = 2.0$ (actual entropy). These questions might take the following form:

1. Is it one of the two on the right side of the board? (No)
2. Is it the upper one of the two remaining? (Yes)

As in the previous example, any sequence of two *Yes*'s and *No*'s will yield a unique cell: 01 will represent the cell illustrated in Figure 6: two bits of information are needed to specify one alternative out of 4. In the binary number system, questions (1)-(2), asked in the same way, will yield 00, 11, and 10, for β, γ, and δ, respectively. From this discussion, two points follow closely.

1. From a knowledge of the sequences of binary digits which yield various cells on our checkerboard matrix, it is possible to derive the form — although not the content — of ethnographic queries.

2. The binary number system is uniquely applicable to ethnological theories which are concerned with enumerating the distinctive features which underlie cultural systems.[17] Given this interest in an infrastructure that 'unfolds' in the permutation and transformation of a set of dichotomous scales, the binary number system is of particular interest in the formulation of 'statistical models'. The binary number system has the same general properties as the decimal system, with which we are more familiar, but it uses only two different symbols (zero and one) instead of ten.

> In the decimal system, one digit is necessary to specify one alternative out of $10^1$ or 10, two to specify one alternative out of $10^2$ or 100, three to specify one alternative out of $10^3$ or 1000, and so on. Likewise, in binary numbers, a single digit specifies a choice from two alternatives, two digits specify one of $2^2$ or 4 alternatives... (Attneave 1959:3).

## GENEALOGICAL QUERIES

Let us now attempt to derive entropy measures for the Kariera matrimonial population, using Romney and Epling's (1958:69) diagram, and questions based on genealogical criteria rather than paradigmatic assumptions, as in the "twenty questions" example.

It is easy to show that five "correct" questions are always necessary and sufficient to locate the unique cell that defines the marriage status of a given individual. With sole reference to Kariera kin classes — rather than sections — questions might take the following form:

1. Is it male? (No)
2. Is it lineal? (No)
3. Is it own generation? (Yes)
4. Is it older? (No)
5. Is it younger? (No)

The reader may easily determine that, under the assumption of binary choice, the above set of questions are the only ones that may be asked.

[17] Lévi-Strauss 1945, 1949, 1963, 1964, 1966.

TABLE II.

*Kariera Kinship Model (after Romney and Epling* 1958*:*69)

"Our side" groups (Karimera-Burung) → Male (left), Female (right)

"The other side" groups (Palyeri-Banaka) → Female (left), Male (right)

| Male | | Female | | Male | | Female |
|---|---|---|---|---|---|---|
| Maeli (Karimera) | = | Kabali (Palyeri) | Second removed (even) | Tami (Palyeri) | = | Kandari (Karimera) |
| Mama (Burung) | = | Nganga (Banaka) | First ascending (odd) | Kaga (Banaka) | = | Toa (Burung) |
| Kaja (Karimera) ··· Ego ··· Margara | = | Ñuba (Palyeri) | Elder Ego's generation (even) younger | Kumbali (Palyeri) | = | Turdu (Karimera) ··· Mari |
| Maiñga (Burung) | = | Ngaraia (Banaka) | First descending (odd) | Kuling (Banaka) | = | Kundal (Burung) |
| Maeli (Karimera) | = | Tami (Palyeri) | Second removed (even) | Tami (Palyeri) | = | Maeli (Karimera) |
| ↑ Reside on ↑ "our side" Territory | | | | ↑ Reside on ↑ "the other side" Territory | | |

Each cell represents a class of individuals. The first term in each is the vocative term and the second is the section term. Everyone is assumed to be married. The equal sign signifies marriage. A male Karimera Ego is assumed. "Our side" is exogamous. Generations are endogamous. Close vs. distant distinction is not represented in the table. Sex is ignored in second removed generation when person is younger than Ego.

For example, the query: Is it collateral? is inappropriate, as a *Yes* response will generate a new set of queries: Is it a first degree collateral? It is a second degree collateral? and so on.

Once again, letting 1 mean *Yes* and 0 mean *No*, 00100 will represent the marriageable category *ñuba* in the Romney-Epling diagram. When the observer maps Kariera kin classes on sections, the information necessary to define the marriage status of an individual is reduced to two bits of information. For example,

1. Is it Banaka or Karimera? (No)
2. Is it Palyeri? (Yes)

Or, taking Romney and Epling (1958) as given,

1. Is it our side? (No)
2. Is it Palyeri? (Yes)

In the binary number system questions one and two will yield 01. 01 represents the marriage section Palyeri in the same diagram.

The same procedures may be used to illustrate the derivation of the entropy measures for the Aranda matrimonial population. Exactly six questions, properly asked, are always necessary and sufficient to locate the unique cell that defines the marriage status of a given individual.

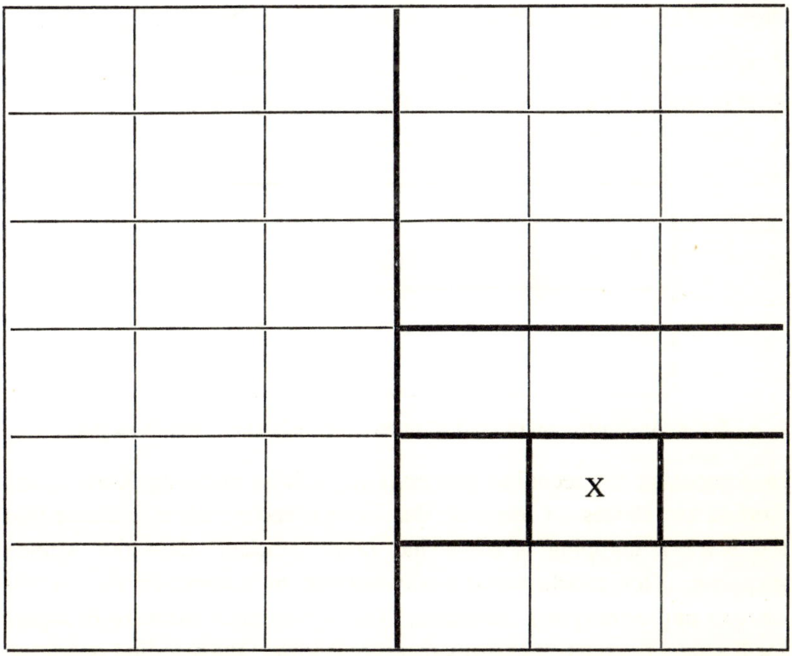


Fig. 7. An illustration of gradual uncertainty-reduction: Aranda kin classes.

In the Aranda case, the questions might take the following form (cf. Figure 7):

1. Is it one of the eighteen on the left half of the board? (No)
2. Is it one of the nine in the upper half of the eighteen remaining? (Yes)
3. Is it one of the three in the upper third of the nine remaining? (No)
4. Is it one of the three in the bottom half of the six remaining? (No)
5. Is it one of the two in the left two-thirds of the three remaining? (Yes)
6. Is it the left one of the two remaining? (No)

Letting 1 mean *Yes* and 0 mean *No*, 010010 will represent the cell illustrated in Figure 7.

Given, as input, the numerical dimension of Aranda kin classes, six bits of information are processed in producing the desired output — the marriage status of a given individual. The maximum entropy, $\log_2 Z$ = 5.17.

When the observer maps Aranda kin classes on eight sections, the information necessary to define the marriage status of an individual is specified by three binary digits, or questions which involve a binary choice. These questions might take the following form (cf. Figure 8):

1. Is it one of the four on the left hand side of the board? (Yes)
2. Is it one of the upper two of the four remaining? (Yes)
3. Is it the left one of the two remaining? (No)

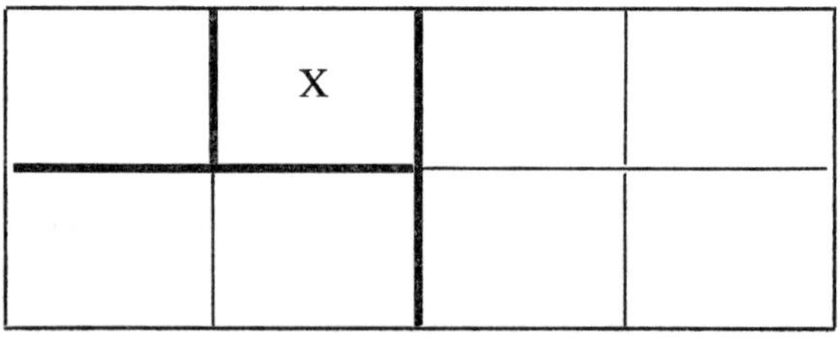


Fig, 8. An illustration of gradual uncertainty-reduction: Aranda sections.

In comparing the recoding processes implicit in mapping Kariera and Aranda kin classes on sections, the summarized measures indicate that the Kariera mapping is somewhat more 'efficient' than the Aranda mapping. This conclusion is easily derived by comparing the *relative entropy* and *redundancy* measures. The redundancy measure is higher for Kariera, the relative entropy measure is lower; the recoding operation is, therefore, more 'efficient'.

The 'southern part' of the Aranda 'tribe', in which there are four sections, rather than eight subsections, may be compared with the above analyses (Radcliffe-Brown 1930:57).

As the 'kinship system' is the same as in the northern part of the tribe, it follows that each of these four sections contains the relatives who are divided between two subsections in the north (Radcliffe-Brown 1930:57). Thus, for S. Aranda, the value of $\log_2 Z$ gives

(maximum entropy) $\log_2 Z = 5.17$, where (1)
$Z = 36$, and
(actual entropy) $\log_2 E = 2.0$, where (2)
$E = 4$, and

i. *Relative entropy* = .37
ii. *Redundancy* = .63

Summarizing,

TABLE III.

*Information Measures: Australian Section Systems*

| Measures | Systems | | |
|---|---|---|---|
| | Kariera | Aranda | S. Aranda |
| Maximum entropy | 4.17 | 5.17 | 5.17 |
| Actual entropy | 2.00 | 3.00 | 2.00 |
| Relative entropy | .47 | .57 | .37 |
| Redundancy | .53 | .43 | .63 |

## MURNGIN: INFORMATION MEASURES

Finally, we consider Warner's (1958) classic analysis of the 'Murngin' subsection system.[18]

I. By a process that Warner (1958:117) refers to as 'regrouping', all Murngin kinship terms are allocated to one of eight subsections. Warner suggests that this regrouping, or recoding process is governed by several rules. These are:

i. The rule of alternation of generation. This rule assigns a man, his paternal grandfather, and his son's children to the same subsection.

[18] Cf. Radcliffe-Brown 1930; Elkin 1933, 1953; Lawrence 1937; Lévi-Strauss 1949; Lawrence and Murdock 1949; Leach 1951; Radcliffe-Brown 1951; Josselin de Jong 1952; Berndt 1955.

ii. This rule assigns all members of ego's own moiety to the same set of subsections as his own line; conversely, members of the opposite moiety are assigned to opposing sections.

iii. This final rule divides each kinship personality 'into two' (Warner 1958:117).

Each subsection has a male and female term. The eight subsections — four in each moiety — are (Warner 1958:118):

*Moieties*

| Dua | | | Yiritja | | |
|---|---|---|---|---|---|
| | | *Subsections* | | | |
| $A^1$ | m. | Buralung | $B^1$ | m. | Narit |
| | f. | Kalint | | f. | Naritjin |
| $A^2$ | m. | Ballung (Belin) | $B^2$ | m. | Burlain |
| | f. | Billindjint | | f. | Burlaindjint |
| $D^1$ | m. | Wamut | $C^1$ | m. | Kaidjawk |
| | f. | Wamutjin | | f. | Koitjin |
| $D^2$ | m. | Kamerdung | $C^2$ | m. | Bangardi |
| | f. | Kamindjint | | f. | Bangarditjin |

Figure 8. Murngin marriage rules differ from those of the other two major forms of section systems found in Australia. An $A^1$ male can marry women out of $B^1$ or $B^2$ subsections, and an $A^2$ male can marry the same women. The $B^1$ and $B^2$ subsections reciprocate with the $A^1$ and $A^2$ groups. The same is true of $C^1$ and $C^2$ and $D^1$ and $D^2$. In the Aranda system the four subsections of one moiety marry into the four subsections of the opposite moiety, but with the rule that only one subsection out of the first half can marry a single subsection out of the opposite four; with the Murngin, a man of one subsection can marry into either one or both of two subsections in the opposite moiety, but he cannot marry into the other two of the other moiety or into any of his own moiety (Warner 1958: 118).

Functionally — from the point of view of marriage — the subsections are 'reduced' to four sections:[19]

$$A^{1,2} = B^{1,2}$$
$$C^{1,2} = D^{1,2}$$

The 'combination' of (a) eight named subsections, (b) the mapping of these subsections on four 'marriage sections', and (c) an Aranda form of descent reckoning is expressed by Figure 9 (Warner 1958: 119):

[19] The so-called "Murngin controversy" is not reviewed here, as such considerations are marginal to the central concern of this paper (cf. Dumont 1966: 244-249).

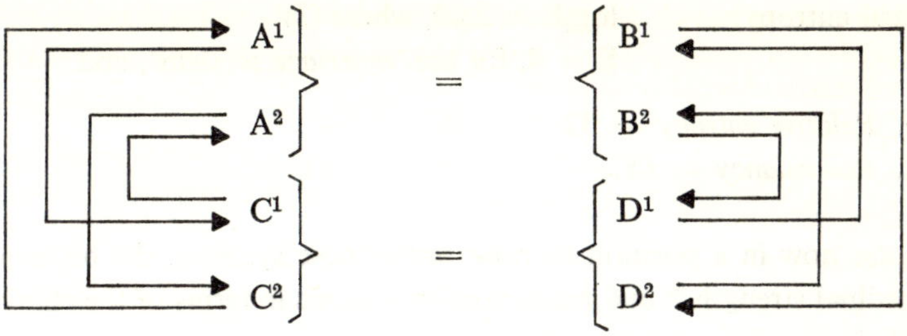


Fig. 9. The Murngin Subsection System (after Warner 1958: 119)

In Lévi-Strauss' (1949) terminology, the Murngin system is bilineal (disharmonic) and asymmetric. The section system, it has been suggested (Josselin de Jong 1952:37), is the product of the intersection of two unnamed matrilineal moieties and two named patrilineal moieties. Each of the four sections includes two named subsections (cf. above).

TABLE IV.

*(after Josselin de Jong 1952:37)*

| | Patri-Moiety I | Patri-Moiety II |
|---|---|---|
| Matri-Moiety A | Ngarit | Warmut |
| | Bulain | Karmarung |
| Matri-Moiety B | Bangardi | Balang |
| | Kaijark | Buralang |

II. There are seventy-one 'kinds of relatives' (Warner 1958:57): "the Murngin exchange system requires or at least accounts for a kinship terminology embracing 5 generations and 6 sibling groups in each generation" (Josselin de Jong 1952:49).

For the Murngin system, we derive two sets of information measures: (1) the first accounts for the *named eight subsections;* (2) the second for the *functionally defined* '*marriage sections*'.

For the Murngin kinship lexicon, the value of $\log_2 Z$ gives

(maximum entropy) $\log_2 Z = 6.14$, where (1)
$Z = 71$, and
(actual entropy) $\log_2 E = 3.00$, where (2)
$E = 8$, for the *named subsections,* and

i. Relative entropy = .48
ii. Redundancy = .52, and

(actual entropy) $\log_2 E = 2.00$, where (3)
$E = 4$, for the '*marriage sections*', and

i. *Relative entropy* = .32
ii. *Redundancy* = .68.

We are now in a position to rank order these systems; the ordering is of ordinal strength,[20] and ranks section systems in terms of the efficiency of their recoding processes (mapping kin terms on sections). As the magnitude of the redundancy measure increases, and that of the relative entropy measure decreases, the efficiency of the recoding processes increases. The operation of rank ordering that is a product of the application of this principle generates the following scale.

TABLE V.

*'Efficiency' Scale: Australian Section Systems*

| Measures | Systems | | | | |
|---|---|---|---|---|---|
| | Aranda | Murngin[21] | Kariera | S. Aranda | Murngin[22] |
| Maximum entropy | 6.14 | 5.17 | 4.17 | 6.14 | 5.17 |
| Actual entropy | 2.0f | 2.00 | 2.00 | 3.00 | 3.00 |
| Relative entropy | .32 | .37 | .47 | .48 | .57 |
| Redundancy | .68 | .63 | .53 | .52 | .43 |

⟶
increasing efficiency

Our final scale includes two section and six section systems, as well as the four and eight section systems that we have analyzed previously:

[20] An ordinal scale has the structure of an isotonic or order-preserving group; this group includes transformations by all increasing monotonic functions (Stevens 1962: 26).
[21] Named subsections.
[22] "Marriage sections."

TABLE VI.

*'Efficiency Scale': Section Systeems*

| Measures | Systems | | | | | | | | | |
|---|---|---|---|---|---|---|---|---|---|---|
| | Arabana[a] | Karadjeri[b] | Aranda | Ambrym[c] | Murngin[d] | Pakala[e] | Kariera | 'S. Aranda' | Murngin[f] | Canella[g] |
| Maximum entropy | 4.24 | 3.70 | 5.17 | 4.70 | 6.14 | 4.24 | 4.17 | 5.17 | 6.14 | 4.58 |
| Actual entropy | 3.00 | 2.58 | 3.00 | 2.58 | 3.00 | 2.00 | 2.00 | 2.00 | 2.00 | 1.00 |
| Relative entropy | .70 | .67 | .57 | .54 | .48 | .47 | .47 | .37 | .32 | .22 |
| Redundancy | .30 | .33 | .43 | .46 | .52 | .53 | .53 | .63 | .68 | .78 |

——————————→
increasing efficiency

[a] Elkin 1937.
[b] Elkin 1954.
[c] Deacon 1927.
[d] Named subsections.
[e] Elkin 1937.
[f] "Marriage sections."
[g] Nimuendaju and Lowie 1937.

## CONCLUSIONS

Professor Lévi-Strauss (1966:42) has suggested that 'primitive classifications'

> are evidence of thought which is experienced in all the exercises of speculation and resembles that of the naturalists and alchemists of antiquity and the middle ages: Galen, Pliny, Hermes Trismegistus, Albertus Magnus...

Further,

> Native classifications are not only methodical and based on carefully built up theoretical knowledge. They are also at times comparable from a formal point of view, to those still in use in zoology and botany (Lévi-Strauss 1966:43).

In this paper we have followed a methodological path suggested by Lévi-Strauss: the informational analysis of recoding processes in culture. Psychologists speak of these processes — in reference to memory span — in terms of grouping an input sequence into units or chunks (Miller 1965:261). In communication theory, the process of recoding takes the following form. An input is given in a code that contains many chunks with few bits per chunk. The operator recodes the input into another code that contains fewer chunks with more bits per chunk. There are many ways to do this recoding, but probably the simplest is to group the input events, apply a new name to the group, and then remember the new name rather than the original input events (Miller 1965: 261).

From whatever other perspective they are considered, the recoding implications of Australian section systems should not be neglected.[23] *The Savage Mind* is as consistently concerned with processes of this type as are communication engineers, experimental psychologists and linguists. And all of this merely serves to re-emphasize that the kind of logic in 'primitive thought' "is as rigorous as that of modern science, and that the difference lies, not in the quality of the intellectual process, but in the nature of the things to which it is applied" (Lévi-Strauss 1955:444).

If, as Kroeber (1952:218) suggested, 'traits of formal social organization' — such as sections and subsections — are the product of unconscious experiment and play of fashion, then it is of some theoretical interest that this unconscious experimentation 'attempted' to reverse, on an intellectual plane, the second law of thermodynamics — the law that entropy always increases.

UNIVERSITY OF TEXAS

## REFERENCES

Attneave, F.,
1959 *Applications of Information Theory to Psychology: a summary of basic concepts, methods and results* (New York, Holt, Rinehart and Winston).

Bendig, A. W.,
1953 "Twenty questions: an informational analysis", *Journal of Experimental Psychology* 46:345-348.

Berndt, R. M.,
1955 "'Murngin' (Wulamba) social organization", *American Anthropologist* 57:84-106.

Buchler, I. R.,
1966 "Rules, laws, and probabilities in social anthropology", in: *Proceedings of the Paris Symposium on Comparative Social Anthropology.*

Buchler, I. R. and H. A. Selby,
1967 *Kinship and Social Organization* (New York, The MacMillan Company [forthcoming]).

Deacon, A. B.,
1927 "The regulation of marriage in Ambrym", *Journal of the Royal Anthropological Institute* 57:325-342.

[23] A somewhat more extensive discussion of applications of information theory in social anthropology may be found in Buchler and Selby 1967.

Dumont, L.,
1966 "Descent or intermarriage? A relational view of Australian section systems", *Southwestern Journal of Anthropology* 22:231-250.
Durkheim, E.,
1897 "La prohibition de l'inceste et ses origines", *L'Année Sociologique* 1:1-70.
Elkin, A. P.,
1933 "Marriage and descent in East Arnhem Land", *Oceania* 3:412-415.
1937 "Kinship in South Australia", *Oceania* 8:419-452.
1953 "Murngin kinship re-examined and remarks on some generalizations." *American Anthropologist* 55:412-419.
1954 *The Australian Aborigines*, 3rd edition (London, Angus and Robertson).
Galton, F.,
1889 "Note on Australian marriage systems", *Journal of the Anthropological Institute* 18:70-72.
Howitt, A. W.,
1889 "Further notes on the Australian class systems", *Journal of the Anthropological Institute* 18:31-68.
Josselin de Jong, J. P. B. de,
1952 *Lévi-Strauss's Theory on Kinship and Marriage* (= *Mededelingen Van Het Rijksmuseum Voor Volkenkunde*, No. 10) (Leiden, E. J. Brill).
Kroeber, A. L.,
1952 "Basic and secondary patterns of social structure" in: *The Nature of Culture* (Chicago, The University of Chicago Press).
Lawrence, W. E.,
1937 "Alternating generations in Australia", in *Studies in the Science of Society*, G. P. Murdock, ed. (New Haven, Yale University Press).
Lawrence, W. E. and G. P. Murdock,
1949 "Murngin social organization", *American Anthropologist* 53:37-55.
Lane, R. B.,
1961 "Comment on Goody" (The Classification of Double Descent Systems), *Current Anthropology* 2:15-17.
Lane, R. B. and B. S. Lane,
1962 "Implicit double descent in southeast Australia and the northeastern New Hebrides", *Ethnology* 1:46-52.
Leach, E. R.,
1951 "The structural implications of matrilateral cross-cousin marriage", *Journal of the Royal Anthropological Institute* 81:23-55.
Lévi-Strauss, C.,
1945 "L'analyse structurale en linguistique et anthropologie", *Word* 1:1-21.
1949 *Les Structures élémentaires de la parenté* (Paris, Presses Universitaires de France).
1953 "Social Structure", in *Anthropology Today*, A. L. Kroeber, ed. (Chicago, The University of Chicago Press).
1955 "The structural study of myth", *Journal of American Folklore* 78:428-444.
1963 *Totemism* (Boston, Beacon Press).
1964 *Mythologiques: Le Cru et le Cuit* (Paris, Plon).
1965 "The future of kinship studies", *Journal of the Royal Anthropological Institute* 95:13-22.
1966 *The Savage Mind* (Chicago, The University of Chicago Press).
McCulloch, W. S. and W. A. Pitts,
1943 "A logical calculus of the ideas immanent in nervous activity", *Bulletin of Mathematical Biophysics* 5:115-133.

Miller, G. A.,
1953 "What is information measurement?", *American Psychologist* 8:3-11.
1956 "The magical number seven, plus or minus two: some limits on our capacity for processing information", *Psychological Review* 63:81-97.
Murdock, G. P.,
1940 "Double Descent", *American Anthropologist* 42:555-561.
1949 *Social Structure* (New York, The MacMillan Company).
Needham, R.,
1960 *Structure and Sentiment* (Chicago, The University of Chicago Press).
Nimuendaju, C. and R. H. Lowie,
1937 "The Dual Organizations of the Ramkókamekra (Canella) of Northern Brazil", *American Anthropologist* 39:565-582.
Quastler, H. (ed.),
1953 *Essays on the Use of Information Theory in Biology* (Urbana, University of Illinois Press).
1955 *Information Theory in Psychology: Problems and Methods* (Glencoe, The Free Press).
Radcliffe-Brown, A. R.,
1927 "The regulation of marriage in Ambrym", *Journal of the Royal Anthropological Institute* 57:343-348.
1930-31 "The social organization of Australian tribes", *Oceania* 1:34-63, 206-246, 426-456.
1951 "Murngin social organization", *American Anthropologist* 53:37-55.
Rapaport, A.,
1955 "Applications of information networks to a theory of vision", *Bulletin of Mathematical Biophysics* 17:15-33.
Romney, A. K. and P. J. Epling,
1958 "A simplified model of Kariera kinship", *American Anthropologist* 60:59-74.
Schneider, D. M.,
1965 "Some Muddles in the Models; or How the System Really Works", in: *The Relevance of Models for Social Anthropology*, Michael Banton, ed. (*ASA Monographs*) (London, Frederick Praeger).
Seligman, B. Z.,
1927 "Bilateral descent and the formation of marriage classes", *Journal of the Royal Anthropological Institute* 57:349-375.
Service, E. R.,
1960 "Sociocentric relationship terms and the Australian class system", in: *Essays in the Science of Culture*, G. E. Dole and R. L. Carneiro, ed. (New York, Thomas Y. Crowell Co.).
Stevens, S. S.,
1962 "Mathematics, measurement, and psychophysics", in: *Handbook of Experimental Psychology*, S. S. Stevens, ed. (New York, John Wiley & Sons, Inc.).
Wallace, A. F. C.,
1961 "On being just complicated enough", *Proceedings of the National Academy of Sciences* (47(4):458-464.
Warner, W. Lloyd,
1958 *A Black Civilization* (New York, Harper and Brothers [revised edition]).
Weaver, W.,
1959 "Recent contributions to the mathematical theory of communication", *The Mathematical Theory of Communication*, C. E. Shannon and W. Weaver (Urbana, The University of Illinois Press).

# LE TABOU DE L'AÎNÉ(E) DU CONJOINT

GEORGES CONDOMINAS

Le 15 septembre 1949.

Depuis hier soir, Sar Luk a été projeté hors de son repliement Mnong Gar en plein vingtième siècle colonial. Le délégué du Lac est venu assister à l'élection des chef et sous-chef de Bboon Rcae, village administratif formé de la réunion de Paang Döng et de notre agglomération.[1]

Les remous causés par cet évènement se prolongeront bien après le départ du délégué à 8 heures du matin. Les commentaires porteront moins sur les rapports présentés oralement au jeune administrateur français que sur les exactions commises par le chef de secteur et dont il commençe à soupçonner l'existence. L'occasion de ces longues discussions nous est fournie par l'ouverture des jarres "en réponse au riz décortiqué", offertes en signe d'invitation par nos voisins de Sar Lang qui vont, dans quatorze jours, immoler des buffles en l'honneur du Génie du Sol.

Vers midi, un bruit de moteur fait sortir des cases les buveurs. Véhicule vraiment insolite en un endroit où seules les voitures tout terrain se risquent parfois, une longue automobile américaine approche en bringuebalant. Voici de nouveau le délégué, mais cette fois accompagné d'un très grand personnage, le représentant du Haut-Commissaire pour les Hauts-Plateaux, et d'un couple français. En effet, profitant de la persistance de la petite saison sèche, le gouverneur, en quelque sorte, des P.M.S.I. (Populations Montagnardes du Sud-Indochinois) a voulu tenter le voyage de Ban Mé Thuot à Bboon Rcae en emmenant ma belle-sœur et son mari, qui se trouvait être l'un de ses adjoints. L'effet de surprise escompté est largement atteint non seulement sur moi, mais aussi sur les habitants; et l'apparition à Sar Luk d'une Européenne, grande et blonde de surcroît, provoque un attroupement ébahi de tout le village.

[1] Sar Luk est un village Mnong Gar (Proto-indochinois du Viêt-Nam Central) dont j'ai donné la chronique de 1949 sous le titre *Nous avons mangé la forêt de la Pierre-Génie Gôo* (Paris, Mercure de France, 1957). Cette journée, importante pour Baap Can, y est sommairement décrite pp. 252-253.

Personne n'ose cependant monter dans ma case lorsque je sers à mes hôtes inopinés ce que je considérais jusqu'alors comme la seule, mais réelle réussite de mon enseignement culinaire: du café. Malheureusement Kroong-Gros-Nombril a pris pour le préparer une casserole où il avait ce matin même fait longuement mijoter deux grosses poignées de piments bien forts. ...

A peine la voiture s'est-elle engagée sur la piste que les femmes me demandent qui est cette Européenne que j'ai embrassée sur les deux joues. Dans une langue européenne, j'aurais répondu "la sœur de ma femme", mais en mnong, on est automatiquement plus précis *Mii uur any jêe* 'Sœur aînée de ma femme'.[2] Stupeur générale, plusieurs me lançent: "Tu ne crains donc pas le *nôot*!" avec une nuance de reproche très marquée.

En effet, cette dichotomie entre aînés et cadets qui est l'un des traits essentiels du système de parenté mnong[3] se répercute au niveau des alliés par un double type d'appellation: il y a d'une part les gens que l'on *tam*

[2] En effet, pour "frère" et "sœur" lorsqu'il s'agit de deux frères ou de deux sœurs, le trait pertinent n'est pas le sexe comme chez nous ("frère" ou "sœur") mais l'âge: *mii* ("frère-ou sœur-aîné(e)"), *oh* ("frère ou sœur cadet(te)"). Par contre c'est le sexe et non plus l'âge qui l'emporte lorsqu'on a affaire à un frère et une sœur: *rôh* ("sœur-d'un-frère") et *tlau* ("frère-d'une-sœur"). Pour plus de détails, cf. G. Condominas: "The Mnong Gar of Central Vietnam (Les Mnong Gar du Viêt-Nam Central)", *in* G. P. Murdock, (ed.) *Social Structure in Southeast Asia* (Chicago, Viking Fund Publications in Anthropology, n° 29, 1960), pp. 15-23. Signalons que cet article dont je n'ai pas eu la possibilité de corriger les épreuves contient de nombreuses fautes typographiques (dont une ligne sautée, ce qui rend inintelligible la sixième ligne de la page 19 qui devrait se lire ainsi: "ce mariage préférentiel du fils de la sœur aînée avec la fille du frère cadet s'étend à celui du fils de la sœur cadette avec la fille du frère aîné".). Enfin, la figure 1 est défectueuse, comme l'a d'ailleurs remarqué Rodney Needham ("An analytical note on the structure of Sirionó Society", *Southwestern Journal of Anthropology*, vol. 17, n° 3 (1961), p. 241, n. 8).

[3] Ce trait se retrouve dans la plupart des systèmes de parenté de l'Asie du Sud-Est, comme on peut le constater en examinant la thèse non publiée de Paul K. Benedict "*Kinship in Southeastern Asia*" (Cambridge, Harvard University, 1941) et dont on trouvera l'essentiel dans les trois articles du même auteur: "Tibetan and Chinese Kinship terms", *Harvard Journal of Asiatic Studies*, 1942, 6, "Studies in Thai Kinship Terminology", *Journal of the American Oriental Society*, vol. 63 (1943), pp. 168-175, et "An Analysis of Annamese Kinship Terms", *Southwestern Journal of Anthropology*, vol. 3 (1947), pp. 371-392.

Des études plus récentes ont particulièrement insisté sur l'importance de l'opposition entre aînés et cadets en Asie du Sud-Est: Lucien Bernot, "Lévirat et sororat en Asie du Sud-Est", *l'Homme*, vol. 5 (1965), n° 3-4, pp. 101-112; Louis Berthe, "Aînés et cadets. L'alliance et la hiérarchie chez les Baduj (Java occidental)", *ibid.*, pp. 189-223; Georges Condominas, "L'organisation de la famille" *in* Claude Gaudillot et Georges Condominas, *La Plaine de Vientiane. Rapport d'étude* (Paris, Bureau pour le développement de la productivité agricole, 1959), Tome I, pp. 59-67; ainsi que notre article cité plus *khual*, que l'on appelle (*khual* peut se traduire par "appeler", dans tous les usages que ce mot possède en français), ce sont aussi bien les parents du sujet parlant que les conjoints des cadets de celui-ci. Et d'autre part ceux que l'on *tam köih*, ce qui désigne la relation dans laquelle on se trouve vis-à-vis des aînés du conjoint (et donc des conjoints des cadets); le terme de parenté est alors accompagné de *pii*. Ainsi l'aîné du père ou de la mère se dit *waa*; le conjoint de celui-ci sera désigné par *waa pii*.[4]

Cette distinction entre alliés avec lesquels on est en rapport de *tam khual* et ceux avec lesquels on est en rapport de *tam köih* joue un rôle capital dans la vie mnong. Les premiers sont assimilés à des parents, et mieux, à des cadets de votre génération ou des générations inférieures, avec lesquels on peut non seulement plaisanter mais chahuter et qu'on appelle par leur nom. Or on ne peut même pas appeler par son nom une personne que l'on *tam köih*, mais par la formule "Mari (ou Femme) de..." ou, si elle a déjà un enfant: "Père (ou Mère) de ...". De plus, on ne peut même pas employer, en parlant d'elle, le pronom personnel singulier masculin, *kan* 'il', ou féminin, *dee* 'elle', mais seulement le pluriel *nae* 'ils, elles, eux'.

Ce pronom personnel pluriel[5] n'a pas d'autre utilisation au singulier (sinon on n'aurait pu le considérer comme un terme de respect): à propos d'un parent très âgé on emploiera, comme pour les autres, *kan* ou *dee* selon son sexe. Peut-on y voir un signe comme quoi les *tam köih* sont considérés comme membres d'un groupe, plutôt que comme individus?

A l'idée de *tam köih* est liée celle de *nôot*, à la fois interdit des aînés du

---

haut (voir aussi dans l'index analytique de *Nous avons mangé la forêt* la rubrique "Famille, clan, parenté", pp. 447-449).

C'est sous un angle tout différent que Claude Lévi-Strauss relève ce trait dans *les Structures élémentaires de la parenté* (Paris, P.U.F., 1949) (voir notamment les chapitres XIII, XVII et XXIII où l'existence de cette opposition est examinée chez les Wikmunkan de la Péninsule du Cap York, les Lhota Naga, et surtout les Mandchous). Pour lui, là où elle existe, cette opposition entre aînés et cadets permet un système alternatif de mariage et révèle "des systèmes d'échange généralisé convertis à l'échange restreint" (p. 262).

En ce qui concerne ce que nous appelons le "tabou de l'aîné du conjoint", voir dans le même ouvrage p. 478 (système mandchou, d'après Shirokogoroff).

[4] Ce terme coiffe non seulement les *waa* (aînés du père ou de la mère) mais ses *mii* (les aînés de sa propre génération).

[5] Les mots mnong sont invariables; il n'existe aucune forme permettant de distinguer le masculin du féminin, ni le pluriel du singulier. Certains mots contiennent en eux-mêmes l'idée d'appartenance à un sexe déterminé (ex: *mei* 'mère, femelle adulte') ce qui permet, en les accolant à un nom d'animal, par exemple, de spécifier le sexe de celui-ci. Mais en dehors des chiffres, il n'y a guère que les pronoms personnels (ou les mots comme *mpôol*, 'clan, troupeau') qui possèdent en eux l'idée de nombre.

conjoint et sanction mystique qui frappe la violation, même involontaire et inconsciente, de ce tabou. Le *nôot* se traduit par un amaigrissement grave qui risque de devenir fatal si on ne l'exorcise par un rite appelé *sam nôot* 'application-de-poussières contre le *nôot*'. Aussi ce tabou des aînés du conjoint est-il scrupuleusement observé et prend-on toutes sortes de précautions pour ne pas l'enfreindre: le jour de ses noces, le jeune marié est guidé par son beau-père qui lui montre l'endroit où se trouve la couche des aînés de sa femme.[6] Car non seulement on ne peut prendre à bras le corps un aîné du conjoint, mais on ne peut ni s'enrouler dans sa couverture, ni marcher sur sa couche. L'interdit atteint son maximum de "charge" lorsqu'il s'agit des père et mère du conjoint, car avec eux on ne peut même pas plaisanter, alors que cela est admis avec les autres aînés du conjoint.

Mais ces plaisanteries ne doivent pas dépasser certaines limites, et on ne peut en aucun cas aller jusqu'à chahuter. Le tabou ne s'éteint pas avec la mort: avant de fermer le cercueil, on gratte l'ongle du défunt en vue du *sam nôot*. Au retour du cimetière on apposera un peu de cette poussière d'ongle sur le cœur des personnes qui étaient en interdit de contact avec lui pour leur éviter le tragique amaigrissement *nôot*. En effet, au cours des rites funéraires, elles auront touché le cadavre en aidant à la toilette funèbre, ou marché sur la couche du défunt en venant pleurer et chanter les lamentations, violant ainsi le grave tabou né de leur alliance avec le défunt.[7]

En contrepartie de cette réserve que l'on doit observer vis-à-vis des gens que l'on *tam köih*, ce sont ces derniers qui fournissent la base même de la plus grosse plaisanterie — en même temps que la plus populaire — que connaissent les Mnong Gar. Il ne viendra jamais à l'idée d'un Mnong de plaisanter un ami en déclarant qu'il a eu, ne serait-ce qu'un flirt avec une femme de son clan: cela est inconçevable, monstrueux même. Ce serait l'accuser d'inceste, donc proférer l'insulte la plus grossière qu'on puisse imaginer.[8] Un Mnong n'aurait même pas l'idée de la lancer contre son pire ennemi (il préférera alors insinuer que celui-ci est un *caak*, un sorcier-mangeur-d'âmes, et l'effet en sera d'ailleurs bien plus efficacc).

[6] Cf. *Nous avons mangé la forêt*... p. 190.

[7] *Ibid.*, p. 310. On y verra notamment que la poussière d'ongle n'est pas le seul élément utilisé pour l'exorcisme *sam nôot*. Sur cet interdit *nôot* voir à "l'Index analytique" sous la rubrique "Famille" les références portées à "tabou des aînés du conjoint" (p. 449).

[8] Il est à remarquer que la violation du tabou de l'aîné du conjoint n'entraîne de conséquences néfastes que pour les deux partenaires presque toujours involontaires alors que l'inceste déclenche un cataclysme dont l'ensemble de la collectivité aura à souffrir. (cf. chapitre 3 de *Nous avons mangé la forêt*....).

Blaguer quelqu'un en lui attribuant comme flirt la sœur cadette de sa femme ne serait pas drôle, puisque la coutume l'autorise à prendre celle-ci comme seconde épouse.[9] Lorsqu'au cours d'une réunion autour d'une jarre on veut obtenir sans grand effort un franc succès, il suffit d'attribuer comme maîtresse, ou mieux, comme femme, à l'un des membres de l'assistance la mère ou la sœur aînée de son épouse (ou s'il s'agit d'une femme, lui destiner comme mari le père ou le frère aîné de son mari réel): celui — ou celle — qui est ainsi chargé, aussi intelligent et astucieux soit-il, perd tout moyen et ne trouve rien d'autre à répliquer que:

— Tu mens! tu mens!

Il s'agit-là d'une farce archi-usée et l'homme ainsi visé sait fort bien qu'aucune personne de l'assistance n'ajoute foi à cette plaisanterie: les rires sont là pour l'attester (car jamais cette "grosse blague" ne manque son effet).[10]

En contrepartie de cette fermeture du côté des aînés du conjoint, on jouit de la plus grande liberté dans les rapports avec les cadets de celui-ci. Le comportement vis-à-vis de cette catégorie d'alliés est encore plus libre qu'envers les propres cadets d'Ego puisqu'il n'y a même plus la barrière de l'inceste pour le limiter. En cas d'adultère, le scandale est même moins grand que s'il s'agissait d'un étranger; et même très souvent on n'a pas recours à l'"exorcisme" (*craih*), mais le mari prend comme deuxième épouse (*uur coong*) la sœur cadette de sa femme avec qui il a été surpris. Cependant, l'adultère est assez rare chez les Mnong Gar et la polygynie est liée à une idée de prestige, elle est la preuve de l'accession d'un individu à un niveau économique supérieur: la majorité des polygames prennent comme femme seconde la sœur cadette de leur épouse. D'ailleurs le consentement de cette dernière est nécessaire et elle préférera avoir comme aide sa propre sœur cadette plutôt qu'une étrangère: on pourrait donc presque dire qu'alors que les aînés du conjoint sont tabous, les cadets du conjoint forment une sorte de masse de manœuvre où l'on puise les épouses secondes privilégiées.

Cette "compétence" au mariage second des cadets du conjoint est encore plus nettement affirmée lors du décès de l'un des époux grâce à l'institution dite du *tam trok*, ou "du remplacement (du conjoint décédé)", autrement dit du lévirat et du sororat. En quoi consiste-t-elle? A la mort de l'un des conjoints, le survivant a le droit d'exiger de sa belle-famille

[9] *Ibid.*, p. 244 est le seul exemple dont je me souvienne, où pour faire enrager une petite fille on lui dit qu'elle est la deuxième femme du mari de sa sœur aînée. Et encore s'agit-il d'une petite fille. (Notons que dans l'Index cette référence a été portée par erreur à l'article "tabou des aînés du conjoint")

[10] *Ibid.*, p. 77 et 356-357.

que celle-ci lui fournisse comme remplaçant du défunt une sœur cadette ou une nièce (si le conjoint décédé est une femme), un frère cadet ou un neveu (si c'est un homme qui est mort); il s'agit donc du lévirat de cadet ou du sororat de cadette.[11]

On voit à quel point cette règle imprègne la vie courante des Mnong. Si au début du séjour on doit, pour situer les gens, fournir un effort pour s'ajuster au système de parenté, une fois qu'on en a bien saisi les rouages et surtout lorsqu'on connaît bien un certain nombre d'habitants et le réseau de relations où chaque individu s'insère, la situation de chacun apparaît clairement quasi sur le champ. Qu'un étranger arrive au village et dise son clan, on sait aussitôt quelles libertés il peut prendre vis-à-vis de tel ou telle, et quels interdits frappent ses rapports avec tel ou telle autre.

Dans l'anecdote contée au début de cet article, il ne s'agissait plus seulement d'étrangers à mon village, mais, bien qu'ils me fussent liés par la parenté, de gens débarquant d'une planète lointaine. C'était certes ma propre culture qu'ils m'apportaient, mais ils se déplaçaient avec elle comme dans une sorte de véhicule spatial fortement isolé du milieu

[11] Lucien Bernot, *op. cit.* pp. 105 *sq.* où l'on trouvera une étude extensive de cette question en Asie du Sud-Est occidental et en Inde, chez les Santals, ainsi que dans la Chine féodale. Pour les Proto-Indochinois du Viêt-Nam outre notre article cité plus haut, cf. G. Condominas, "Introduction au *Klei Khan Kdam Yi*, observations sociologiques sur deux chants épiques rhadés", *Bull. Ecole Française d'Extrême-Orient*, t. XLVII, f. 2, p. 556 et note 1. Nous n'avons pas jusqu'ici mentionné les Katchin qui pourtant jouent un rôle de charnière dans *les Structures* où ils ouvrent la deuxième partie consacrée à l'échange généralisé. D'autant plus que, population de l'Asie du Sud-Est, ils possèdent cette opposition aînés/cadets (cf. *Les Structures*... p. 294 et Edmund R. Leach, "Jinghpaw Kinship Terminology", *Journal of the Royal Anthropological Institute*, vol 75 (1945), reproduit comme chapitre 2 dans *Rethinking Anthropology* (University of London, 1961) du même auteur). Quant au lévirat, les mentions qu'on en trouve dans *Political Systems of Highland Burma* (Londres, 1954) ne précisent en général pas si elles sont orientées. Lorsqu'elles le font (pp. 202 et 263 — où il est question d'un même mythe — et p. 140) il s'agit de lévirat de cadet. Mais en ce qui concerne cette dernière citation (p. 140, par. 3), elle est suivie d'un autre paragraphe qui semble la contredire (surtout pour ce qui est du tabou de l'aîné du conjoint, que la règle implique). Le premier passage considérant la relation *rat-rat* (femme du frère aîné — frère cadet du mari) suggère un lévirat de cadet ("il faut rappeler que les Katchin pratiquent le lévirat et la (ou les) veuve(s) d'un homme sera prise normalement comme femme par un frère ou un fils du lignage. Un homme peut donc devenir ultérieurement mari de sa *rat*"). Par contre on lit dans le paragraphe suivant traitant de la relation *gu-nam* (frère aîné du mari — femme du frère cadet): "En se plaçant du point de vue de la terminologie cette relation est la même que celle qui existe entre un homme et son épouse potentielle (c'est-à-dire, "fille du frère de la mère" (plus jeune qu'Ego)). En théorie, je pense, le frère aîné du mari (*gu*) peut prendre plus de libertés avec sa belle-sœur que ne le peut le frère cadet du mari (*rat*). A quoi cette différence équivaut dans la vie réelle, je ne saurai le dire." Pour ma part je gagerais du contraire.

environnant, en l'occurrence cette société mnong dans laquelle je vivais depuis plus d'un an. Et je me suis trouvé incapable de sentir immédiatement les éléments d'une culture dans le système de l'autre. Il a fallu qu'il y ait traduction d'une langue à l'autre pour établir la communication.

ÉCOLE PRATIQUE DES HAUTES ÉTUDES

# ÂGE ET SEXE DANS LA SOCIÉTÉ PROVINCIALE FRANÇAISE*

JEAN CUISENIER

Si par structures "complexes" de la parenté on entend des groupes de transformation appliquée à deux catégories d'objets dont les uns forment, par leur combinaison, des systèmes d'alliance, de filiation et de résidence, les autres, des systèmes de formation et de distribution de la richesse, de la noblesse ou du savoir, alors il faut bien admettre que la théorie de telles structures reste encore largement à faire.[1] Un doute subsiste même, aujourd'hui, sur la possibilité d'édifier quelque théorie de ce genre. Claude Lévi-Strauss n'a-t-il pas montré que pour les systèmes Crow-Omaha, dont la structure apparaît d'un modèle intermédiaire entre structures "élémentaires" et structures "complexes", les combinaisons matrimoniales possibles sont si variées que le nombre en est, à l'échelle humaine, pratiquement illimité? "Un système Crow-Omaha, lit-on dans *The Future of Kinship Studies*, qui édicterait seulement deux prohibitions, frappant le clan de la mère et celui du père, autoriserait du même coup 23 436 types de mariages différents si le nombre des clans est égal à sept, 3 766 140 si le nombre est égal à quinze, et 297 423 855 s'il est égal à trente."[2] De tels chiffres montrent que les ressources combinatoires de ces systèmes sont du même ordre que celles de jeux comme les cartes, les dames et les échecs, et que les acteurs qui les mettent en œuvre peuvent par leur moyen développer de véritables stratégies, donnant ainsi à la parenté

* Je remercie Madame F. Loux, collaboratrice technique au Centre National de la Recherche Scientifique et au Centre de Sociologie Européenne qui a préparé le plan d'analyse, codé les questionnaires et fait exécuter les calculs sur lesquels cette étude est fondée: les travaux de terrain auxquels il est fait référence ont été conduits au titre de la Recherche coopérative sur programme n° 58.

1 C. Lévi-Strauss, Les *Structures élémentaires de la parenté* (Paris PUF, 1949), p. 568 sq.; "L'analyse structurale en linguistique et en anthropologie", adapté de l'original anglais "Language and the Analysis of Social Laws", *American Anthropologist*, vol. 53, n° 2 (avril-juin 1951), pp. 155-163, repris dans *Anthropologie Structurale* (Paris, Plon, 1958), p. 72.

2 C. Lévi-Strauss, "The Future of Kinship Studies", The Huxley Memorial Lecture 1965, from Proceedings of the *Royal Anthropological Institute of Great Britain and Ireland* (1965), p. 20.

une fonction purement instrumentale dans le système social. A plus forte raison les combinaisons matrimoniales théoriquement possibles sont-elles dans les sociétés contemporaines plus nombreuses encore, de sorte que les techniques qui étaient pertinentes pour l'analyse des structures "élémentaires" ne sont, pour l'analyse des structures "complexes", manifestement plus appropriées. C'est donc en de tout autres voies qu'il faut maintenant s'engager si l'on veut avancer dans la connaissance de ces structures. Claude Lévi-Strauss le suggère lui-même: "seules des méthodes de simulation peuvent laisser espérer qu'on viendra à bout des structures 'complexes'."[3]

Mais admettre qu'il faut recourir à la simulation, n'est-ce pas reconnaître que l'on doit renoncer à la génération des structures, seule véritablement explicative, pour la fabrication de simulacres, auxquels on ne pourra jamais accorder qu'une valeur prédictive?[4] N'est-ce pas renoncer, par voie de conséquence, à toute entreprise de théorie, et limiter l'ambition de l'ethnologue et du sociologue à énoncer des propositions qui anticipent les résultats de l'observation, sans fournir aux phénomènes qu'elles concernent la moindre intelligibilité? Telle serait bien en effet l'extrémité à laquelle on serait aujourd'hui réduit, si combinatoire et simulation étaient les seuls moyens de traiter les relations de parenté dans les sociétés contemporaines. Or on est d'autant mieux fondé à se le demander, que la régulation de la parenté est assurée dans ces sociétés par des prohibitions seulement, sans aucune prescription, et que le nombre d'individus prenant part à l'échange est très grand. Il en résulte que les réseaux de relations empiriquement observés sont d'une complication extrême, et que rien n'assure, *a priori*, que les configurations décelables résultent du jeu d'éléments structuraux. Serait-ce même le cas, qu'il y aurait lieu de rechercher si ces structures ont une fonction: l'observation montre que plus ils sont longs, moins les cycles d'alliance concourent à la formation et à la redistribution des fortunes, moins, par conséquent, les relations de parenté interviennent dans l'architecture de la société. Seuls des "isolats", au sens démographique du terme,[5] peuvent donner lieu à cycles courts: mais le calcul du taux de consanguinité montre que pour des sociétés comme les nôtres, de telles formations sociales deviennent extrêmement

[3] C. Lévi-Strauss, Préface à la 2° édition des *Structures élémentaires de la parenté* (Paris - La Haye, Mouton, 1967).

[4] G. Orcutt, M. Greenberger, J. Korbel, A. Rivlin, *Microanalysis of socioeconomic systems: a simulation study* (New York, Evanston and London, Harper and Row, 1961), p. 3-12.

[5] J. Sutter et L. Tabah," Les notions d'isolat et de population minimum", *Population* (1951), pp. 481-498.

rares.[6] Aussi la recherche de cycles ne saurait-elle conduire qu'à des résultats décevants, exception faite des cas où on peut l'orienter vers un but de comparaison, avec pour fin lointaine l'énoncé de lois statistiques sur échantillons de systèmes.[7] Des diverses tentatives entreprises jusqu'à ce jour, une conclusion se dégage donc: c'est qu'on ne peut s'attendre à ce que dans le cas des sociétés contemporaines, l'étude d'un réseau de relations de parenté livre directement la structure du système.

Mais de cette conclusion négative se tirent aussi des indications positives. Pour le traitement des problèmes comme pour le choix des méthodes, la théorie des structures complexes de la parenté est manifestement à édifier comme une entreprise originale, qui doit se tracer pour elle-même ses propres voies. Les itinéraires à explorer, on le sait, ne manquent pas: que peut-on retirer, et à quelles conditions, d'analyses componentielles des terminologies de la parenté dans les sociétés contemporaines?[8] Quels enseignements l'étude des généalogies familiales livre-t-elle sur la transformation des systèmes dans le temps?[9] Quelle signification faut-il attacher au fait que les variables caractérisant la composition de la société domestique sont, dans la plupart des cultures connues aujourd'hui, indépendantes de celles qui caractérisent la composition de la société domestique?[10] Bien d'autres questions de ce genre pourraient être citées. C'est au développement de l'une de ces interrogations que l'on voudrait ici procéder en portant une attention particulière aux transformations des rôles masculins et féminins selon les phases discernables dans le cycle de la vie domestique.

Si l'on appelle *cycle* la succession des moments qui marquent les opérations d'une unité domestique depuis sa formation jusqu'à sa dissolution, un usage purement descriptif du concept est immédiatement possible. C'est en effet une convention très généralement adoptée que d'exposer un certain nombre de données ethnographiques selon la

[6] J. Sutter et J. M. Coux, "Evolution de la consanguinité en France de 1926 à 1958 avec des données récentes détaillées", *Population* (1962), 4, pp. 683-702.

[7] J. Cuisenier (Colloque de Rome sur les ordinateurs), "Pour l'utilisation des calculatrices électroniques dans l'étude des réseaux de parenté", *Journées internationales d'Etudes sur les méthodes de calcul dans les sciences de l'homme, Rome, 4-6 juillet 1966.*

[8] Cf. notamment A. Wallace and J. Atkins, "The meaning of kinship terms", *American Anthropologist*, vol 62 (1960), pp. 58-80; A. Kimball Rommey and Roy Goodwin d'Andrade, "Cognitive aspect of english kin terms", *American Anthropologist*, vol. 65 (1963), pp. 147-170; J. Cuisenier, A. Miquel, "La terminologie arabe de la parenté", *L'Homme*, vol. V, Cahier 3-4 (1965), pp. 18-59.

[9] L. Henry, *Anciennes familles genevoises — Etudes démographiques XV°-XX° siècles* (Paris, PUF., 1956), 234 p.

[10] W. Goode, *World Revolution in Family Structure* (Glencoe Free Press, 1963), 462 p.

succession typique des grands évènements de la vie familiale: formation du couple, naissance et éducation des enfants, mariage et formation de nouveaux couples, transformation du vieux couple par remariage ou divorce, disparition par divorce ou mort des conjoints. On ne s'interroge guère, alors, sur le concept lui-même. On soupçonne certes que le temps propre dans lequel opèrent les acteurs n'est ni le temps calendaire, qui ordonne les activités des êtres humains comme membres de la société globale, ni le temps biologique, qui scande leurs rythmes de vivants selon le procès du grandissement, de la maturation et de la sénescence. On a la notion qu'un tel cycle est formé de la succession de moments séparés par des coupures spécifiques, et que cette succession est elle-même le résultat d'enchaînements où l'aléatoire et le nécessaire se mêlent. Mais il est rare que l'on pousse le maniement du concept jusqu'au point où une élucidation plus exigeante devienne nécessaire, il est exceptionnel que l'on entende, sous le titre de cycle de la vie domestique, un système de positions qui manifeste à travers ses transformations de véritables propriétés de structure. Certes des économistes comme Chayanov,[11] comme Titmuss[12] ou comme Fooke[13] ont montré que la balance producteurs-consommateurs, telle qu'elle change dans l'unité domestique avec les années de mariage, est, si l'on veut rendre compte de certains comportements, une variable d'un pouvoir explicatif plus grand que l'âge du chef de famille. Et l'on sait que des psychosociologues comme Duvall[14] ou comme Rodgers[15] se sont attachés à discerner, dans le cycle, des séquences et des unités temporelles partiellement indépendantes des séquences calendaires et des rapports d'âge entre membres de l'unité domestique. Mais en tous ces cas le cycle est traité factuellement, comme un ensemble de phases distinctes ou de positions qui se succèdent, non comme un processus de transformation qui affecte l'unité d'un système. Or dans la mesure où les phases du cycle ne sont pas indépendantes les unes des autres, on doit pouvoir trouver des lois aux variations qui leur sont associées, on doit pouvoir, même, engendrer ces lois par le jeu de quelques principes simples. C'est ce que l'on va tenter de faire ici, sur des matériaux extraits

[11] Chayanov, "*The theory of peasant economy*" (Chicago, Irwin, 1966), 317 p.

[12] R. M. Titmuss, *Income distribution and social change* (London, Unwin Univ. Books, Allen, 1962.

[13] Fooke, *The life cycle and consumer behavior* (= Consumer Behavior vol. 2), (New York, New York University Press, 1955).

[14] Duvall, Evelyn M., *Family development* (Philadelphia, Lippincott, 1957, rev. ed. 1962).

[15] Rodgers, R. H. *Improvements in the construction and analysis of family life cycle categories* (Kalamaroo, Western Michigan Univer, 1962).

d'une enquête relative à une petite région de la province française, le Châtillonnais.[16]

La procédure d'investigation sera d'une extrême simplicité. On prendra en effet pour unité d'observation le foyer, pour variable d'analyse le cycle domestique, pour variable contrôlée le degré de différenciation entre activité professionnelle et activité familiale. L'investigation consistera donc, en maîtrisant cette dernière variable, à analyser, selon les phases du cycle, le système des différences entre sexes dans les divers rôles. Il importe cependant, avant de produire quelques résultats et d'en proposer une interprétation, d'en préciser la méthode.

Unités d'observation, les foyers doivent en effet être spécifiés, faute de quoi l'analyse ne pourrait les prendre pertinemment comme objet. On ne peut, en effet, manifestement inclure dans le champ d'investigation les unités domestiques composées de célibataires, comme il n'est pas rare d'en trouver dans la campagne française, où, pour ne pas diviser l'exploitation, frères et sœurs non mariés vivent ensemble. Comme, d'autre part, l'investigation vise le système des rôles en ce qu'il a de plus caractéristique, il faut éliminer aussi les couples sans enfants, dont les conjoints ne peuvent tenir le rôle de parents. Les unités à observer sont donc, très exactement, les couples de conjoints vivants qui ont actuellement des enfants au foyer domestique, ou qui en ont eu naguère.

Quant à la variable d'analyse, le cycle, les travaux des psychosociologues distinguent, à son sujet, un grand nombre de positions ou phases. Une simplification considérable peut être apportée à l'analyse si l'on trouve le moyen de réduire ce nombre, et si l'on parvient à fonder en théorie les distinctions nécessaires. L'hypothèse que je propose est alors que l'on se réfère, dans cette intention, à la disponibilité dans laquelle le couple se tient par rapport aux enfants. La première phase est, en conséquence, celle où la femme est astreinte à faire prédominer dans la diversité de ses rôles celui de mère: la preuve de la réalité de l'astreinte réside en ceci que, si la femme sacrifie partiellement ce rôle, elle se trouve contrainte de chercher des substituts pour le remplir. La deuxième phase est celle où les conjoints partagent avec les établissements scolaires les tâches de formation des enfants, et la preuve de la réalité du partage se trouve en ceci qu'ils ne peuvent sacrifier leurs rôles de parents sans prendre des dispositions spéciales pour s'en remettre à une institution qui, dans la société globale, n'est pas originairement conçue pour se substituer aux parents. La troisième et dernière phase est celle où les conjoints retrouvent

[16] J. Cuisenier, A. Darbel, A. Eliard, M. Darque, Cl. Grignon, Y. Inal, F. Louy, *Le Châtillonnais* (Paris, Centre de Sociologie Européenne, décembre 1966), 284 p.

leur disponibilité par rapport aux enfants, soit que ceux-ci les aient quittés, soit qu'ils aient atteint l'âge et les qualifications qui leur permettent de mener une vie indépendante. Les coupures séparant ces trois phases peuvent être fixées empiriquement, avec toutes les précisions nécessaires pour une analyse statistique.

Ainsi définies, les phases du cycle peuvent à bon droit être prises comme variable d'analyse, à condition, toutefois, que l'on parvienne à contrôler simultanément le degré de différenciation qui existe entre activités professionnelles et activités familiales. Quand les lieux du travail et du domicile ne sont pas distincts comme c'est le cas pour l'exploitation agricole traditionnelle et pour l'entreprise artisanale, l'indisponibilité de la mère de famille n'est évidemment pas la même que lorsque les lieux sont différents, comme il arrive lorsque le travail professionnel est fait en atelier ou en bureau. A peine devrait-on même parler de degré ici; les lieux sont identiques ou non, la différenciation des activités professionnelles et familiales est physiquement possible ou non. Aussi la variable peut-elle être suffisamment contrôlée, en première approximation du moins, si on la dichotomise.

Huit rôles vont alors être étudiés, appartenant à trois ensembles, que pour faire bref on appelera l'ensemble des rôles *familiaux*, celui des rôles *économiques* et celui des rôles *politiques*.

Le premier ensemble comprend deux rôles distincts. L'un, qu'on nommera rôle *reproductif* de la femme, groupe les systèmes d'attente relatifs à la maîtrise des processus sociaux de la reproduction. Trois indicateurs le mesurent, dont les valeurs sont fixées par les réponses à plusieurs questions pour chacun: l'âge souhaité au mariage pour les filles, le nombre d'enfants désiré, et l'attitude par rapport au contrôle des naissances. La combinaison de ces indicateurs permet de construire une échelle, avec pour convention de discrimination l'âge moyen au mariage et le nombre moyen d'enfants en France d'après les résultats du recensement de 1962. C'est ainsi qu'un sujet qui pense que les femmes doivent se marier avant 23 ans, qui souhaite plus de deux enfants, qui est hostile ou indifférent au contrôle des naissances, est censé valoriser le rôle reproductif de la femme. Distinct du rôle reproductif, le rôle *éducatif* est mesuré par une combinaison de quatre indicateurs, qui concernent chacun pratiques, attitudes et opinions, relatives aux enfants: le type de diplôme souhaité, le type de vacances, le type de sorties, et l'éducation sexuelle. On conviendra qu'un sujet qui introduit de nettes différences entre garçons et filles occupera une position élevée sur l'échelle.

Le deuxième ensemble de rôles étudié, l'économique, comprend trois rôles distincts. L'un, qu'on appellera rôle *professionnel* de la femme, est mesuré par la combinaison de deux indicateurs: la durée de l'activité professionnelle, et l'intensité de cette activité. On conviendra qu'un sujet qui a eu une activité professionnelle à temps complet et pendant un long temps occupera une position élevée sur l'échelle. Distinct du rôle professionnel, le rôle *budgétaire* se définit par la combinaison de trois indicateurs: la connaissance du budget familial et la capacité de prévision, l'attitude à l'égard du crédit et l'attitude à l'égard de l'épargne. Un sujet qui prévoit, qui sait faire appel au crédit et qui a un plan d'épargne, occupe une position élevée sur l'échelle. Quant au dernier de ces trois rôles, le *financier*, il est caractérisé par la capacité d'utiliser les moyens fiduciaires: on reconnaîtra une position élevée sur l'échelle d'après la possession d'un compte propre ou tout au moins la signature.

Le troisième ensemble de rôles, le politique, se compose de trois rôles. L'un, que l'on pourrait appeler *écologique*, groupe les systèmes d'attente liés aux relations de voisinage, à leur ancienneté, et à leur orientation. On le mesure par l'association de trois indicateurs: la date d'installation dans la région, le statut du logement, et le projet de mobilité. Un sujet né dans la région, propriétaire de son logement et sans projet formé d'émigration sera considéré comme occupant une position élevée sur l'échelle. Du rôle écologique, il faut distinguer le rôle *municipal* et la position dans le système des relations locales. On reconnaît ces positions et on apprécie la manière dont le rôle est rempli par l'association de quatre indicateurs: l'assistance au dépouillement des élections, la connaissance du nom du maire, l'appartenance à un groupement ou à une société locale, la lecture de la presse régionale, dont les valeurs permettent de définir la place qu'occupe un sujet sur une échelle mesurant le degré d'intégration à la vie locale. Le rôle politique *national*, enfin, se mesure par l'association des valeurs que prennent quatre indicateurs: l'appartenance à un groupement politique, syndical ou professionnel, la connaissance du nom du député, les émissions de radiodiffusion ou de télévision et les articles de journaux préférés.

Tels sont donc les huit rôles sur lesquels on opèrera, groupés en trois ensembles définissant chacun trois grands systèmes de relations, le familial, l'économique et le politique. Les variables correspondant aux indicateurs peuvent alors être systématiquement croisées entre elles, et les échelles validées par application d'un test statistique. Le nombre initial des tableaux obtenus par ordinateur, 604, est ainsi considérablement réduit, et la présentation peut en être synthétisée. Si les tableaux par rôle sont de la forme ci-dessous (tableau I), il suffit en effet de considérer, pour chaque

TABLEAU I

*Valeurs de la variable mesurant un rôle selon les phases du cycle (exemple fictif)*

| | HOMMES | | | | FEMMES | | | |
|---|---|---|---|---|---|---|---|---|
| Positions | 1 | 2 | 3 | Total | 1 | 2 | 3 | Total |
| *Phases* | | | | | | | | |
| *1* | 25 | 50 | 25 | 100 | 10 | 40 | 50 | 100 |
| *2* | 70 | 20 | 10 | 100 | 60 | 20 | 20 | 100 |
| *3* | 60 | 20 | 20 | 100 | 25 | 65 | 10 | 100 |

phase du cycle, la position observée la plus élevée par variable pour avoir une mesure, grossière encore, il est vrai, de la variation dans la prédominance accordée à un rôle par les hommes et par les femmes selon les phases du cycle. L'esentiel de l'information peut alors être présenté en un tableau du système d'oppositions, par transformation des échelles cardinales en échelles ordinales. Dans l'exemple proposé, on considèrera, pour la phase 1 du cycle, la position 2 chez les hommes et la position 3 chez les femmes, pour la phase 2, la position 1 chez les hommes et la position 1 chez les femmes, pour la phase 3, la position 1 chez les hommes et la position 2 chez les femmes. Le tableau 2 restitue ainsi, de manière plus pertinente pour une analyse structurale, l'information contenue dans le tableau 1. L'ensemble des informations groupées par rôles peut alors être ramassé en un tableau

TABLEAU 2

*Séquences observées pour un rôle*

| Phases | HOMMES | FEMMES |
|---|---|---|
| 1 | . | + |
| 2 | — | — |
| 3 | — | . |

Légende des signes: (+) marque la position forte, (.) la position moyenne, (—) la position faible.

unique où le sexe, le rôle et le cycle forment chacun une entrée. C'est ainsi que les résultats effectivement obtenus sont exposés par le tableau 3, dont se dégage à la simple inspection un certain nombre de propositions:

TABLEAU 3

*Séquences des positions pour les rôles*

| | HOMMES | | | FEMMES | | |
|---|---|---|---|---|---|---|
| Phases | *1* | *2* | *3* | *1* | *2* | *3* |
| Rôle | | | | | | |
| 1. Reproductif | . | — | + | . | — | — |
| 2. Educatif | — | — | — | — | — | — |
| 3. Professionnel | + | + | + | . | . | + |
| 4. Budgétaire | + | + | — | . | . | — |
| 5. Financier | . | . | — | + | . | . |
| 6. Ecologique | . | . | + | — | . | + |
| 7. Municipal | + | + | + | . | . | . |
| 8. National | . | + | + | — | — | . |

1. Hommes et femmes ont des positions identiques à toutes les phases du cycle quant au rôle éducatif, identiques aux deux premières phases du cycle, opposées à la troisième quant au rôle reproductif.

2. Hommes et femmes ont, quant à leurs rôles professionnels et budgétaires, des positions différentes à la première et à la deuxième phase du cycle, identiques à la troisième, mais quant à leurs rôles financiers, différentes aux trois phases.

3. Hommes et femmes ont, quant à leurs rôles dans la communauté locale et dans la communauté nationale, des positions différentes ou opposées à toutes les phases du cycle et, quant à leurs rôles dans le système des relations de voisinage, des positions différentes à la première phase et identiques aux deux phases suivantes.

Ainsi articulées, ces propositions énoncent des relations de fait, qu'il faut maintenant interpréter.

L'identité des positions prises lors des deux premières phases du cycle pour les deux rôles familiaux donne un relief particulier à l'inversion de position pour le rôle reproductif et à la persistance de l'identité pour le rôle éducatif lors de la troisième phase. Une analyse des valeurs prises par les variables composant l'échelle qui mesure le degré d'engagement dans les rôles montre que l'inversion des positions chez les hommes n'est pas due à leur attitude à l'égard du contrôle des naissances, mais à leur attitude à l'égard de l'âge au mariage. Hommes et femmes sont en effet dans la même proportion favorables au contrôle des naissances (76% des hommes, 78% des femmes), et les raisons qu'ils donnent pour justifier leur attitude se distribuent selon les phases du cycle de la même manière: prédominance des raisons pratiques sur les raisons de principe lors de la première phase, part égale des unes et des autres lors des deux autres phases. Hommes et femmes divergent au contraire dans la manière dont ils conçoivent l'alliance matrimoniale: 74% des hommes contre 60% des femmes pensent que les garçons doivent se marier tard, 18% des hommes contre 9% des femmes pensent que les filles doivent se marier tôt. Ces divergences contrastent avec l'identité de vues qui se manifeste aux trois positions du cycle quant au rôle éducatif: hommes et femmes s'engagent faiblement dans ce rôle, mais pensent les uns et les autres qu'il faut donner une formation technique et professionnelle aux filles plutôt qu'une formation ménagère ou de la culture générale, que cette formation doit préparer les filles à des métiers analogues à ceux des hommes, mais qu'il faut surveiller et contrôler sévèrement les sorties des jeunes filles, et leur donner une éducation sexuelle précoce. En toutes ces positions, les femmes accusent la tendance plus fortement que les hommes, et il n'y a pas de différences appréciables entre les phases du cycle. L'opposition entre hommes et femmes dans le système de la génération et de l'alliance n'en est que plus nette à la troisième phase: elle reste entièrement à expliquer.

L'ensemble des trois rôles économiques fait apparaître des différences substantielles et souvent inattendues entre la position des hommes et celle des femmes dans chacun des rôles. Si la position des femmes est moyenne aux deux premières phases du cycle quant au rôle professionnel, elle est élevée à la troisième phase. Les biographies sont parfaitement explicites sur ce point, et montrent qu'avec la disponibilité recouvrée, les femmes reprennent leur ancienne activité professionnelle. La séquence observée (. . +), peu différente de celle des hommes (+ + +), ne doit cependant pas faire illusion: l'activité professionnelle des femmes n'a le caractère d'un véritable métier que dans 16% des cas, elle ne leur assurait avant le mariage une position dans la vie professionnelle plus élevée que celle de leur futur mari que dans 7% des cas. Ces rapports de position entre hommes et femmes quant à la professionalisation de leurs concours à la production ne sont pas substantiellement altérés par la situation d'origine, qui est inverse, mais de façon moins marquée: si 54% des couples unissent des conjoints dont la famille est du même niveau sur une échelle des positions socio-économiques, 28% sont hypergames pour l'homme et par conséquent hypogames pour la femme, 18% hypogames pour l'homme et par conséquent hypergames pour la femme. Or si on rapproche les séquences observées pour le rôle professionnel de celles qu'on observe pour le rôle financier, l'inversion est frappante: tandis que pour le rôle professionnel, la position des hommes est, aux trois phases du cycle, élevée, pour le rôle financier elle est moyenne ou basse; inversement, tandis que pour le rôle professionnel la position des femmes est, aux deux premières phases du cycle, moyenne et, à la dernière, élevée, pour le rôle financier elle est, à la première phase, élevée, et, aux deux dernières, moyenne. Les positions respectivement occupées pour le rôle budgétaire apparaissent alors chez les hommes comme chez les femmes des positions intermédiaires entre celles qu'ils occupent pour le rôle professionnel et pour le rôle financier, qui forment ainsi comme deux pôles opposés dans l'ensemble des rôles économiques. Il suffit en effet d'extraire les séquences observées pour ces rôles de l'ensemble des séquences pour rendre la polarité sensible (tableau 4). Deux systèmes d'oppositions ici se croisent:

TABLEAU 4

*Structure du système des séquences observées pour les rôles "économiques"*

| | HOMMES | | | FEMMES | | |
|---|---|---|---|---|---|---|
| Phases | *1* | *2* | *3* | *1* | *2* | *3* |
| Rôles | | | | | | |
| 3 Professionnel | + | + | + | · | · | + |
| 4 Budgétaire | + | + | — | · | · | — |
| 5 Financier | · | · | — | + | · | · |

pour chaque sexe, entre les séquences caractéristiques des rôles, pour chaque système de séquences, entre les sexes.

L'ensemble des rôles qu'on a nommés "politiques", l'écologique et le système des relations de voisinage, le municipal et le système des relations communales, le national et le système des affiliations idéologiques, fait apparaître, comme l'ensemble des rôles "économiques", une structure non moins nette chez les femmes que chez les hommes. Pour l'écologique en effet, la séquence va, chez les femmes dans le sens d'une élévation progressive, F: (— · +) selon les phases du cycle, marquant ainsi l'intégration, progressive elle aussi, dans le biotope social; pour le municipal, la séquence est composée de trois moments identiques, F: (. . .), qui marquent une position moyenne à toutes les phases du cycle; pour le national, à deux positions basses lors des deux premières phases succède une position moyenne à la troisième phase F: (— — ·), *homologue*, à un degré au-dessus, à la séquence caractéristique du rôle professionnel F :( ·· +). Le degré d'engagement dans les rôles est ainsi celui que marque l'ordre dans lequel l'analyse a été conduite: écologique, municipal, national (tableau 6). Chez les hommes la structure du système des séquences est celle que donne l'ordre "municipal, national, écologique", l'importance attachée au rôle variant avec le degré d'efficacité et de rationalité de l'engagement (tableau 5). On remarquera que seul des trois rôles "politiques", le municipal est caractérisé chez les hommes comme chez les

TABLEAU 5

*Structure du système des séquences observées pour les rôles "politiques" chez les hommes*

| | HOMMES | | |
|---|---|---|---|
| Phases | *1* | *2* | *3* |
| Rôles | | | |
| 7. Municipal | + | + | + |
| 8. National | · | + | + |
| 6. Ecologique | · | · | + |

TABLEAU 6

*Structure du système des séquences observées pour les rôles "politiques" chez les femmes*

| | FEMMES | | |
|---|---|---|---|
| | *1* | *2* | *3* |
| 6 écologique | — | · | + |
| 7. municipal | · | · | · |
| 8. national | — | — | · |

femmes par des séquences de moments identiques, homologues, par conséquent entre elles, et distincts seulement par un degré d'engagement plus élevé chez les hommes que chez les femmes, H: (+ + +) F: (. . .). Enfin, le rôle pour lequel l'engagement est maximal chez les hommes comme chez les femmes est le municipal, celui pour lequel il y a l'opposition la plus forte, le national.

Si maintenant on revient à la séquence caractéristique du rôle "reproductif" chez les hommes, dont la succession des moments, H: (· — +), avec inversion de positions de la deuxième à la troisième phase du cycle, était restée inexpliquée, on s'aperçoit mieux encore qu'elle forme un cas unique. Cette séquence en effet n'a aucun homologue dans l'ensemble des séquences observées, elle n'entre non plus dans aucun rapport de complémentarité ou d'opposition avec d'autres séquences du même ensemble de rôles. Elle marque donc soit une irrégularité dans l'observation, due peut-être, très simplement, à une erreur d'échantillonnage, soit un trait de portée structurale qu'on ne saurait vraiment expliquer sans de nouvelles observations. Bien qu'on ne puisse ici en décider définitivement, cette seconde hypothèse apparaît, à l'analyse, de beaucoup la plus probable. Il suffit en effet de rapprocher cette séquence surprenante de la non moins surprenante séquence caractérisant le rôle financier des hommes H: (· · —) tel qu'il s'oppose au rôle financier des femmes F: (+ · ·), pour faire apparaître la structure paradoxale d'un système où les hommes accordent plus d'attention que les femmes au contrôle des alliances, où les femmes accordent plus d'attention que les hommes aux opérations financières. Car tel est bien, en dernière analyse, le véritable paradoxe auquel on parvient, qu'il faudrait admettre comme une *donnée* imposée à la réflexion, si on ne parvenait définitivement pas à en donner l'interprétation.

Or si une clé existe, c'est en reprenant la confrontation des séquences caractérisant ces rôles qu'on a chance de la trouver. Le tableau 7 rapproche donc les quatre séquences en question. On remarque alors que les oppositions entre sexes surviennent à la dernière phase du cycle pour le rôle "reproductif", H: (+), F: (—), mais entre la première et la troisième phase du cycle pour le rôle financier. Les séquences montrent donc que pour la troisième phase du cycle, les hommes entendent, simultanément,

TABLEAU 7

*Structure du système des séquences pour les rôles "reproductif" et "financier"*

| | HOMMES | | | FEMMES | | |
|---|---|---|---|---|---|---|
| Phases | *1* | *2* | *3* | *1* | *2* | *3* |
| Rôles | | | | | | |
| 1 Reproductif | · | — | + | · | — | — |
| 2 Financier | · | · | — | + | · | · |

contrôler de près les mécanismes de l'alliance matrimoniale, et ne pas recourir au système bancaire: ils ont donc un comportement qu'avec Max Weber on pourrait qualifier de "patrimonial", ils raisonnent en termes d'héritage à transmettre, non en termes de profit à gagner. Les femmes, au contraire, n'ont à aucune phase du cycle de couples de positions aussi nettement affirmées F: $(\dot{+})$, $(\underset{\cdot}{-})$, $(\underset{\cdot}{-})$, que le couple masculin de la troisième phase H: (±). Mais les deux séquences sont pour elles homologues, à un degré d'affirmation plus bas pour le rôle reproductif que pour le rôle financier. Ainsi n'y-a-t-il qu'un seul changement de position dans les deux séquences, et il est de même sens. La logique du comportement et des attitudes est donc bien pour les femmes la même dans les deux rôles pendant tout le cycle, alors que chez les hommes elle varie selon les phases du cycle. Elle manifeste, avec la plus grande cohérence, un type de comportement et d'attitude que l'on pourrait qualifier de fondamentalement "domestique", dans la mesure où le primat est accordé aux valeurs du "foyer" à construire sur celles du "domaine" à perpétuer ou du "capital" à maintenir, dans la mesure aussi où la première phase du cycle l'emporte par son affirmation sur les deux autres, qui n'en sont, par leurs positions, qu'une répétition atténuée. La structure surprenante du système des séquences s'éclaire alors: le paradoxe donne à penser que sous une forme identique, les séquences livrent des enchaînements de moments temporellement différents, et que par conséquent la succession des phases du cycle n'a pas la même signification chez les hommes que chez les femmes.

Il ne reste plus, avant de conclure, qu'à se demander si le système des séquences, considéré dans son ensemble, a une structure et, dans l'affirmative, laquelle.

Or, que l'on réordonne le tableau 3 d'une manière ou d'une autre, rien n'apparaît comme une opposition des configurations observées. Si, en revanche, on distingue le système des séquences masculines de celui des séquences féminines, chacun peut être séparément ordonné (tableau 8):

TABLEAU 8

*Système des séquences, ordonné séparément selon les sexes*

| | HOMMES | | | FEMMES | | | |
|---|---|---|---|---|---|---|---|
| Phases | *1* | *2* | *3* | *1* | *2* | *3* | |
| Rôles | | | | | | | |
| 3 Professionnel | + | + | + | + | · | · | 5 Financier |
| 7 Municipal | + | + | + | · | · | + | 3 Professionnel |
| 4 Budgétaire | + | + | — | — | · | + | 6 Ecologique |
| 8 National | · | + | + | · | · | — | 4 Budgétaire |
| 6 Ecologique | · | · | + | · | · | · | 7 Municipal |
| 1 Reproductif | · | — | + | · | — | — | 1 Reproductif |
| 5 Financier | · | · | — | — | — | · | 8 National |
| 2 Educatif | — | — | — | — | — | — | 2 Educatif |

Si maintenant l'on convient de considérer l'homologie et l'hétérologie des séquences, le système d'ensemble devient ordonnable (tableau 9):

TABLEAU 9

*Système des homologies entre séquences*

| Rôles \ Phases | *1* | *2* | *3* |
|---|---|---|---|
| 2 Educatif | + | + | + |
| 1 Reproductif | + | + | — |
| 6 Ecologique | · | + | + |
| 5 Financier | · | + | · |
| 3 Professionnel | · | · | + |
| 4 Budgétaire | · | · | + |
| 7 Municipal | · | · | · |
| 8 National | · | — | · |

Le signe (+) marque l'homologie entre deux positions, le signe (—) la différence, le signe (·) l'opposition.

Il apparaît alors que l'éducatif, le reproductif et l'écologique forment un premier ensemble, caractérisé par une forte homologie, le financier, le professionnel et le budgétaire un second ensemble, de faible homologie, le municipal et le national un troisième ensemble, plus hétérologue qu'homologue. La première phase du cycle, d'autre part, est caractérisée par des différences dans tous les rôles, à l'exception de ceux qui déterminent le système des relations familiales; la deuxième phase par des identités et oppositions, à l'exception des rôles professionnel, budgétaire et municipal, simplement différents, la troisième phase par une égale répartition des identités et des différences ou oppositions. Les séquences, enfin, sont des passages progressifs: on passe d'une position élevée à une position moyenne, et vice-versa, d'une position moyenne à une position élevée, et vice-versa et non d'une position élevée à une position basse, sauf dans le cas du rôle "reproductif", qui, on le voit une fois de plus, offre une séquence exceptionnelle.

Le système des homologies entre séquences révèle donc bien un ordre. Comme tel, cet ordre n'est pas immédiatement explicable, il faudrait, pour l'engendrer, recourir à d'autres sources d'intelligibilité, telles qu'une théorie de la différenciation sociale pourrait seule les fournir: ce qui n'est pas ici notre propos. Du moins espère-t-on avoir montré, sur les matériaux disponibles, que les variations observables selon les sexes, les rôles et les phases du cycle domestique n'ont rien, dans la société provinciale française, de désordonné, mais, qu'elles composent plutôt un système qui, à l'analyse, révèle une logique non moins forte, dans son genre, que celle dont les sociétés "primitives" tirent chacune leur originalité.

CENTRE NATIONAL DE LA RECHERCHE SCIENTIFIQUE

# ALLIANCES INTER-TRIBALES ET SYSTÈMES DE PARENTÉ DU HAUT XINGU (BRÉSIL CENTRAL)

SIMONE DREYFUS

Depuis leur découverte, en 1884 et 1887, par Karl von den Steinen,[1] les nombreuses tribus du haut Xingu ont frappé les observateurs par leur très grande homogénéité culturelle, jointe à une étonnante diversité linguistique. Véritable carte d'échantillons des principales familles de langues parlées au Brésil, la région du haut Xingu constitue une aire culturelle bien délimitée. Selon Galvão[2] elle manifeste un degré rarement atteint d'"acculturation inter-tribale" qui ne doit rien à l'influence néo-brésilienne dont son isolement géographique l'a longtemps préservée. Pour Murphy et Quain, l'uniformité de la culture matérielle et la similitude des institutions révèlent, plus que des phénomènes d'acculturation et de diffusion inter-tribales, l'existence d'une véritable société, non centralisée, plurilingue et poly-ethnique.[3] Le caractère pacifique des relations entre les groupes composants (opposé au caractère belliqueux des relations de tous avec les groupes périphériques), leur interdépendance économique, leur participation commune à des cérémonies importantes, la ressemblance de leurs formes rituelles et de l'organisation politique et familiale de leurs villages, leurs alliances matrimoniales, montrent l'intégration des groupes dans la société globale. Peut-on si cette thèse est exacte — et l'étude de l'économie fondée sur la spécialisation artisanale tribale et les échanges inter-tribaux lui apporte un argument de poids[4] —

[1] K. von den Steinen, 1886 (éd. et trad. brésiliennes, 1942) et 1897 (éd. et trad. brésiliennes, 1940).

[2] E. Galvão, 1953.

[3] R. Murphy and B. Quain, 1966, p. 10: "The component groups constitute far more than a culture area — they form a society."

[4] Les Arawak (principalement les Waura) sont les seuls potiers de la région, les Tupi (Kamayura) sont les fabricants d'arcs, les Karib les fabricants de colliers de coquilles, objets de la plus haute valeur et servant de monnaie dans les transactions, et les Trumaï, autrefois fournisseurs de haches de pierre sont demeurés (du moins avant que la dépopulation ne désorganise presque entièrement leur vie sociale) les spécialistes de la fabrication des flèches et du sel d'origine végétale. Cf. Oberg, 1953, p. 42; Murphy and Quain, 1966, p. 18; R. Carneiro, 1956-1958, p. 127; P. de Lima, 1950, p. 19-21.

retrouver dans chaque tribu le même système de parenté et définir une structure globale grâce aux alliances inter-tribales?

Sans poser précisément ce problème, Galvão pense qu'il existe un système commun aux différentes tribus. Il le définit "provisoirement" par:

— un type "uniforme" de nomenclature, figuré dans le diagramme ci-dessous, résultant de la comparaison des termes Kamayura, Aweti (de langue tupi), Mehinaku, Iawalapiti (de langue arawak), Nahukwa (de langue karib) et Trumaï (isolés):

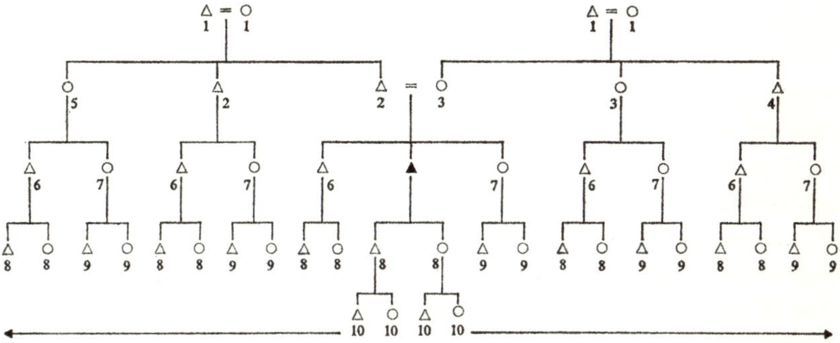

Diagramme 1, d'après Galvão

— et les caractères suivants: filiation "bilatérale", extension classificatoire des termes, résidence bilocale et patrilocale, mariage des cousins croisés, familles étendues, polygynie simple et sororale, lévirat.[5]

Mais cette nomenclature n'est pas la seule, donnée pour le haut Xingu. Au même moment que Galvão, Oberg[6] publiait des listes de termes recueillis chez les Kamayura, Aweti, Waura, Iawalipiti, Kwikuru, Kalapalo, Bakaïri et Trumaï. Si l'on ne considère, pour l'instant, que leurs termes de consanguinité, les nomenclatures Oberg (à l'exception de celle établie pour les Trumaï) relèvent aussi d'un type uniforme, différent du précédent, et figuré sur le diagramme 2.

Avant de répondre à la question initiale que nous avons soulevée et donc d'examiner aussi les termes d'alliance, il convient de se demander pourquoi deux types différents de nomenclature ont été dégagés pour les

[5] Galvão, 1953, pp. 39 (diagramme) et 40.
[6] K. Oberg, 1953, pp. 43-49, 112-117, 119.

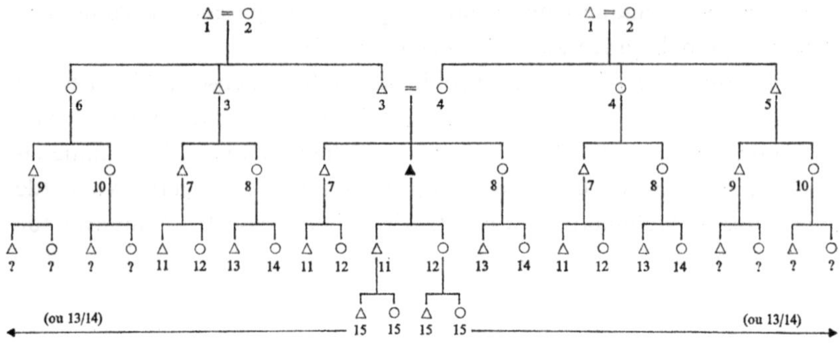

Diagramme 2

mêmes populations. Un article de G. Dole[7] résout, croyons-nous, cette contradiction. Chez les Kwikuru, G. Dole a trouvé une nomenclature correspondant au diagramme l. Mais c'est une nomenclature de transition qui, semble-t-il, a pris la place d'une autre, tombée en désuétude et dont les informateurs âgés gardent le souvenir. L'ancienne nomenclature est conforme à celle qui fut publiée par Oberg sinon dans les termes (que le Dr. Dole ne donne pas), du moins dans ses principes de classement des parents. L'adoption du nouveau système est concomitante des transformations survenues récemment dans la société, à la suite de son effondrement démographique et du regroupement en un seul village de populations appartenant à des ethnies différentes, liées naguère par des inter-mariages.[8] En d'autres termes, les deux types de nomenclatures manifestent, chez les Kwikuru, deux stades dans l'évolution de leur structure de parenté:

— un premier stade correspondant au système des alliances intertribales et au mariage des cousins croisés,

— un deuxième stade correspondant à la disparition progressive de ce système et à son remplacement par un autre, fondé sur l'endogamie locale et sur les prohibitions de mariage entre proches parents.

Vraisemblablement, les autres tribus du haut Xingu ont connu une évolution analogue. Bien que longtemps préservées, nous l'avons dit, toutes sont à présent dans la même désastreuse situation et souffrent des

[7] G. Dole, manuscrit. Nous sommes particulièrement reconnaissante au Dr. Dole d'avoir bien voulu nous communiquer un exemplaire manuscrit de son article, à paraître, sur l'évolution de la nomenclature Kwikuru. Nos remerciements s'adressent aussi à Melle Aurore Monod qui a eu l'obligeance de nous faire profiter de ses notes de terrain sur la nomenclature Trumaï.

[8] G. Dole, manuscrit.

mêmes maux: épidémies qui ont abouti à une dépopulation foudroyante, réduction de leur territoire. Dans de telles conditions, le système des alliances inter-tribales ne peut plus fonctionner comme autrefois. Dans d'autres régions du monde, le type "bifurcate generation" (diagramme 1) est toujours associé à l'endogamie locale et à l'effacement des règles positives de mariage.[9] Le type uniforme dégagé par Galvão montre que les traumatismes subis par toutes les sociétés considérées ont produit les mêmes effets sur leurs systèmes de parenté. Ce type de nomenclature ne peut donc nous éclairer sur le problème des alliances inter-tribales et de la parenté dans une hypothétique société globale, pulvérisée au moment où il s'est constitué.

Le problème ne peut être entièrement résolu par l'analyse que nous faisons ici de l'autre type de nomenclature et des données sur les groupes et les règles de parenté; la documentation est récente et, par conséquent, contemporaine des bouleversements sociaux. En 1948, le Professeur Lévi-Strauss écrivait qu'à l'exception des informations contenues dans les notes, alors inédites, de Quain sur les Trumaï, rien n'était connu des systèmes de parenté du haut Xingu.[10] Depuis cette date, les travaux déjà cités et ceux de R. Carneiro et P. de Lima[11] nous ont apporté de précieuses données, malheureusement tardives. Mais le matériel existant permet, malgré ses lacunes, de formuler des hypothèses et, peut-être, d'orienter des recherches de terrain vers ce qui pourrait encore être recueilli.

## FILIATION ET RÉSIDENCE

Les informations concernant la filiation et la résidence étant récentes, elles portent évidemment la marque de l'instabilité de l'organisation sociale. Tous les auteurs insistent sur la "bilatéralité" de la filiation, en raison de l'absence de groupes de filiation unilinéaire juridiquement reconnus.[12] Pour la plupart d'entre eux, de tels groupes, moitiés ou clans, n'existaient pas. Cependant les règles de résidence favorisaient, sauf chez les Trumaï, la constitution de familles étendues patrilocales dont les membres masculins étaient reliés en ligne paternelle. La prépondérance de la lignée masculine se notait, chez les Kamayura, par la transmission du

[9] G. Dole, *ibid.*

[10] C. Lévi-Strauss, 1948, p. 337.

[11] R. Carneiro and G. Dole, 1956-57, R. Carneiro, *op. cit.*, G. Dole, *op. cit.*, E. Galvão, *op. cit.*, R. Murphy and B. Quain, *op. cit.*, P. de Lima, *op. cit.*, K. Oberg, *op. cit.*

[12] Nous essayons, par cette formule approximative, de rendre l'expression anglaise "corporate groups".

statut de chef de la maison, d'un homme à son fils ou à son frère cadet, et par l'attribution d'un nom de maison, dérivé du nom de son chef. Selon P. de Lima il y avait, chez les Waura, une "véritable" transmission patrilinéaire de la chefferie de village et de la chefferie de maison. Chez les Kwikuru, la patrilinéarité est encore considérée comme le premier facteur de l'éligibilité à la chefferie. Ainsi que l'a vu Galvão, les groupes patrilocaux avaient donc tendance à se cristalliser en patrilignages centrés sur des individus à qui leur prestige conférait un statut de chef.[13]

L'opposition entre groupes de filiation et groupes de résidence ne paraît pas pertinente ici, du moins si, par groupe de filiation, on entend, *stricto sensu*, un groupe social composé de parents consanguins, auquel tout individu est affilié de naissance, dont les membres ont un statut, des droits et des obligations communs et dont la continuité est assurée, au fil des générations, par une règle fixe d'appartenance. Ici, les groupes de parenté sont instables; ils ne se constituent qu'en fonction des aménagements résidentiels qui, fréquemment, excluent les descendantes mariées mais peuvent aussi les inclure au même titre que les descendants masculins.

Pour caractériser le type de filiation la traduction, courante en français, du terme anglais ou portugais "bilateral" par "indifférencié" ne peut s'appliquer qu'aux systèmes trumaï et kwikuru récent. Contrairement aux systèmes unilinéaires, les autres systèmes considérés concèdent bien à chaque individu une liberté de choix quant à son agrégation à un groupe de parenté[14] mais, d'une part ce choix est très limité et d'autre part les systèmes maintiennent une différenciation entre parents issus de germains de même sexe et de germains de sexe opposé. Comme nous le verrons plus loin, l'opposition centrale des nomenclatures recueillies par Oberg est entre parents parallèles et croisés. Dans les nomenclatures du type "bifurcate generation" qui leur ont succédé, cette opposition demeure à l'état de vestige et affecte encore les niveaux de génération des parents et des enfants d'Ego. Nous ne pensons pas qu'elle soit compatible avec une véritable indifférenciation. Nos systèmes (trumaï et kwikuru récent exceptés) sont à la fois différenciés et linéaires (constitution de lignées à partir du chef masculin de la famille, au sein des groupes de parenté). C'est pourquoi, en suivant Davenport[15] nous proposerons de les définir comme *multilinéaires*.

[13] Oberg, 1953, p. 45, P. de Lima, 1950, p. 9, G. Dole, manuscrit, Galvão, 1953, p. 28, Murphy and Quain, 1966, p. 44: "... unilocal, co-resident and extended family groupings,... were typical among tribes of the upper Xingu."

[14] Lévi-Strauss, 1967, p. 122.

[15] W. Davenport, 1959, p. 566. L'exemple kwikuru montre bien que l'évolution

## RÈGLES DE MARIAGE

Outre l'importance de l'exogamie locale tous les groupes ethniques, y compris les Trumaï, signalent la fréquence du mariage des cousins croisés bilatéraux et interdisent le mariage entre cousins parallèles. Mais tous indiquent également que ce mariage n'est pas le seul possible et les Bakaïri nient même qu'il soit préféré.[16] D'autres règles positives ne sont cependant pas formulées, sauf chez les Kamayura qui, à l'instar de la plupart des tribus tupi, pratiquent le mariage avunculaire. Il ne s'agit pas d'introduire ici dans notre analyse la distinction entre mariage préférentiel et mariage prescriptif, dont le Professeur Lévi-Strauss a montré qu'elle n'avait d'utilité que statistique et qu'elle était dépourvue de signification quant au modèle mécanique d'une structure de parenté.[17] Pour l'instant, de l'écart (banal) entre une règle de mariage et les mariages réalisés nous ne pouvons rien dire; mais il est intéressant de le noter, si l'analyse des nomenclatures doit révéler l'existence probable d'autres formes d'échange matrimonial que l'échange restreint.

## NOMENCLATURES

Suivant l'enseignement du Professeur Lévi-Strauss, nous considérons que "les nomenclatures de parenté et les règles de mariage sont les aspects complémentaires d'un système d'échanges."[18] Nous utiliserons donc les appellations, autant que faire se peut, pour ce qu'elles nous apprennent sur le système d'échanges par le classement des consanguins et des alliés, et non pour dégager les principes logiques qui expliquent comment elles sont ordonnées en des ensembles cohérents. Ces principes sont d'ailleurs d'une grande utilité pour comprendre, dans les cas qui nous occupent, comment se réalise au moyen de règles syntaxiques l'opposition centrale entre parents parallèles et croisés. Ils ne rendent pas compte des relations de cette opposition avec l'échange matrimonial.[19]

Les nomenclatures recueillies par Oberg[20] ont été utilisées (sauf celles des Waura et des Trumaï) par Ira R. Buchler dans son étude sur la

---

récente, vers l'indifférenciation "vraie" supprime progressivement l'opposition entre parents parallèles et croisés.

[16] Oberg, 1953, p. 73.

[17] Lévi-Strauss, 1967, p. XXIII.

[18] Lévi-Strauss, 1967, p. XXX.

[19] I. Buchler, 1967, p. 24.

[20] Oberg, 1953, p. 112-117, 119.

parenté iroquoise. Elles possèdent toutes, en effet, "les traits minimaux du type iroquois" : une classification par niveaux de génération à tous les niveaux de génération, une distinction entre aînés et cadets au niveau de génération d'Ego, une distinction entre parents parallèles et croisés aux niveaux de génération + 1 (des parents d'Ego), 0 (d'Ego), — 1 (des enfants d'Ego).[21] Elles s'écartent du type "dravidien"[22] par la distinction fréquente (mais non constante) entre parents croisés et parents par alliance. Nous analyserons donc ces nomenclatures niveau par niveau et en séparant termes de consanguinité et termes d'alliance. La nomenclature trumaï sera examinée à part, puisqu'elle n'est pas du type "iroquois" auquel appartiennent toutes les autres, y compris celle des Waura.

NIVEAU + 2

Aucune distinction autre que celle fondée sur le sexe du parent désigné n'est établie en ce qui concerne les parents en ligne directe. Les autres termes de consanguinité et les termes d'alliance manquent.

NIVEAU + 1

*Consanguinité.* — Distinction entre parents parallèles et croisés, telle que le père et son frère, la mère et sa sœur forment deux catégories, différentes de celles du frère de la mère et de la sœur du père.

*Alliance.* — 1*er cas:* des termes communs aux relations d'alliance et de consanguinité:

(a) s'appliquent aux *alliés* (*conjoints*) *des consanguins* d'Ego: époux du frère du père, du frère de la mère, de la sœur du père et de la sœur de la mère (Bakaïri) ou seulement à l'épouse du frère du père (Kamayura). Les Kwikuru utilisent les termes désignant les parents croisés (frère de la mère et sœur du père) pour les conjoints de tous les germains de leurs parents.

(b) s'appliquent aux *consanguins de l'allié* (*conjoint*) d'Ego: le père du conjoint et le frère de la mère,
la mère du conjoint et la sœur du père,
forment respectivement une seule catégorie (Waura).
Dans ce premier cas, les mêmes termes sont utilisés par un Ego masculin et un Ego féminin.

2*ème cas*: des termes d'alliance composés d'un terme de consanguinité affecté du terme signifiant époux ou épouse:
— s'appliquent aux *alliés* (*conjoints*) *des consanguins* d'Ego (Iawalapiti,

[21] I. Buchler, 1967, p. 10.
[22] L. Dumont, 1953.

Aweti, Kamayura — sauf dans le cas noté ci-dessus). Les mêmes termes sont utilisés par un Ego masculin et un Ego féminin.

*3ème cas:* des termes différents des termes de consanguinité:

— s'appliquent aux *consanguins de l'allié (conjoint) d'Ego* (Iawalapiti, Aweti, Kamayura, Bakaïri, Kwikuru(?)). Un Ego masculin et un Ego féminin utilisent des termes différents chez les Tupi (Aweti et Kamayura) seulement.

Dans toutes les nomenclatures une distinction est faite entre deux catégories d'alliés:

— les alliés des consanguins: termes identiques (Bakaïri) aux ou composés à partir des termes de consanguinité (autres populations),

— les consanguins des alliés: termes différents des termes de consanguinité (sauf chez les Waura).

NIVEAU — O

*Consanguinité.* — La distinction est générale entre parents parallèles (germains et cousins) et croisés (cousins); le cousin croisé est en outre distingué de la cousine croisée, sauf chez les Tupi.

La distinction entre germains aînés et cadets varie selon le sexe d'Ego et du germain désigné. Les cas d'indistinction sont:

— un Ego masculin vis-à-vis de ses sœurs (Kamayura et Bakaïri);

— un Ego féminin vis-à-vis de ses frères (Bakaïri) ou de ses sœurs (Iawalapiti).

*Alliance.* — A ce niveau toutes les nomenclatures possèdent deux séries de termes pour Ego masculin et Ego féminin; ces séries ne sont pas parallèles et leur extension connue est faible puisque nous n'avons que les termes concernant l'alliance d'Ego et de ses germains (sauf pour les Bakaïri).

*Ego masculin.* — Les termes d'alliance sont différents des termes de consanguinité sauf:

— chez les Kwikuru où l'épouse et la cousine croisée sont dans la même categorie;

— chez les Bakaïri où mari de la sœur, frère de l'épouse et cousin croisé sont dans la même catégorie.

La nomenclature bakaïri est la seule qui ne reconnaisse, pour un Ego masculin, que deux catégories d'alliés: les maris de sœurs et frères de l'épouse d'une part, les sœurs de l'épouse et les épouses des frères d'autre part. Cependant Oberg nous donne (cas unique noté ci-dessus) des termes, tout à fait différents, désignant les époux des cousins croisés.

Les autres nomenclatures distinguent trois ou quatre catégories d'alliés d'Ego:

(a) trois catégories: Waura: distinction entre l'épouse du frère et la sœur de l'épouse et identification du frère de l'épouse et du mari de la sœur; Iawalapiti et Kwikuru: distinction entre le frère de l'épouse et le mari de la sœur, identification de la sœur de l'épouse et de l'épouse du frère.

(b) quatre catégories: Kamayura et Aweti: aucun des alliés d'Ego et de ses germains n'est identifié.

*Ego féminin.* — Les nomenclatures sont encore plus incomplètes; les seuls termes relevés sont Waura, Iawalapiti, Bakaïri, Kamayura et Aweti. Aucune identification n'apparaît entre termes de consanguinité et termes d'alliance.

— Waura et Iwalapiti: les maris des sœurs et les frères du mari d'une part, les épouses des frères et les sœurs du mari de l'autre, forment deux catégories.

Aucune identification n'apparaît dans les autres nomenclatures.

Quelles indications peut-on retenir de ces éléments contradictoires? La nomenclature, symétrique du point de vue de l'homme bakaïri, n'est pas symétrique du point de vue de la femme. Par contre, les nomenclatures waura et iawalapiti, symétriques du point de vue de la femme, établissent du point de vue de l'homme une dichotomie entre:
frère de l'épouse et mari de la sœur (Iawalapiti et Kwikuru), épouse du frère et sœur de l'épouse (Waura).

C'est dire que si l'échange restreint est indiqué dans tous les cas (sauf chez les Tupi) — et nous l'avons vu également indiqué au niveau + 1 chez les Bakaïri et les Waura — il ne définit certainement pas, à lui seul, la structure de parenté. Peut-on considérer que la division en trois catégories des alliés d'un homme est révélatrice d'un destin matrimonial différent pour Ego et ses germains? Pour l'affirmer il faudrait évidemment que les matériaux ethnographiques soient plus complets et plus précis et que nous disposions de généalogies. Dans l'état de notre information nous ne pouvons que faire des hypothèses telles que:

(1) l'alliance d'Ego masculin est différente de celle de sa sœur (Iawalapiti et Kwikuru),[23]

(2) l'alliance d'Ego masculin est différente de celle de son frère (Waura).

Ces différences ne sont pas du même ordre; la première met l'accent sur la dissymétrie des mariages, la seconde sur la pluralité des règles et, peut-être, sur leur caractère optionnel. Il est remarquable qu'à ce niveau les nomenclatures tupi n'indiquent aucune identification entre les alliés

[23] R. Carneiro, 1956-1958, p. 135, note que 71 % des hommes kwikuru sont mariés avec des femmes kwikuru, mais que 78 % des femmes kwikuru sont mariées avec des étrangers.

d'un homme ou d'une femme (par contre, les nomenclatures kamayura et aweti de Galvão identifient, pour Ego féminin, l'épouse du frère et la sœur du mari).

NIVEAU — 1

*Consanguinité.* — La distinction est générale entre parents parallèles et croisés. En outre, Ego distingue son fils de sa fille, sauf, chez les Bakaïri. Bakaïri, Iawalapiti et Kamayura identifient les enfants du germain de sexe opposé et les enfants des (ou du) cousins croisés. Il est précisé, pour les Kamayura, que cette identification ne se fait que lorsqu'il y eut mariage du germain d'Ego avec un de ses cousins croisés; dans le cas contraire les enfants du cousin croisé sont désignés par un terme différent.

*Alliance.* — Nous ne possédons que les termes désignant les conjoints des enfants d'Ego; seuls, parmi eux, les termes Waura sont significatifs:
Ego masculin: mari de la fille identifié au fils de la sœur,
Ego féminin: mari de la fille identifié au fils du frère *et* épouse du fils identifiée à la fille du frère.
On le voit, mariage dissymétrique (du point de vue de l'homme) et mariage symétrique (du point de vue de la femme) sont à la fois indiqués.

NIVEAU — 2

*Consanguinité.* — Indistinction quant au sexe du parent désigné (sauf chez les Waura) et quant à la parenté parallèle et croisée dans toutes les nomenclatures.

Les termes d'alliance manquent.

*Nomenclature trumaï.* — A la liste Trumaï donnée par Oberg, Murphy confronte celle de Quain et celle qui lui fut communiquée par Wagley; on doit leur ajouter la liste publiée par Galvão.[24] La comparaison de ces diverses listes fait apparaître des obscurités et des lacunes, heureusement corrigées par la nomenclature que Aurore Monod a recueillie sur le terrain et a bien voulu mettre à notre disposition.

De cette dernière liste, précise et cohérente, il ressort que la nomenclature trumaï est, aux niveaux +1, 0, – 1, différente à la fois de celles que nous avons étudiées ci-dessus et de celles du type "bifurcate generation." Les termes spécifiques de parenté s'appliquent aux grands-parents (sans distinction de ligne ni de côté), aux parents, aux frères et aux sœurs (distingués en aînés et cadets), aux enfants et petits-enfants, aux frères et sœurs des parents, aux enfants des frères et des sœurs, au conjoint et aux

[24] Murphy and Quain, 1966, pp. 49-51; Galvão, 1953, appendice.

père et mère du conjoint. Les termes ne sont pas classificatoires (sauf au niveau + 2) et aucune opposition n'est marquée entre parents parallèles et croisés. Un Ego masculin et un Ego féminin utilisent les mêmes termes. Ces deux dernières caractéristiques aboutissent, au niveau — 1, à la distinction entre neveu agnatique (fils de frère d'un homme ou d'une femme) et neveu utérin (fils de sœur d'un homme ou d'une femme). Toutes les autres relations (de cousinage et d'alliance) sont *décrites* au moyen de deux termes de parenté mis en apposition.

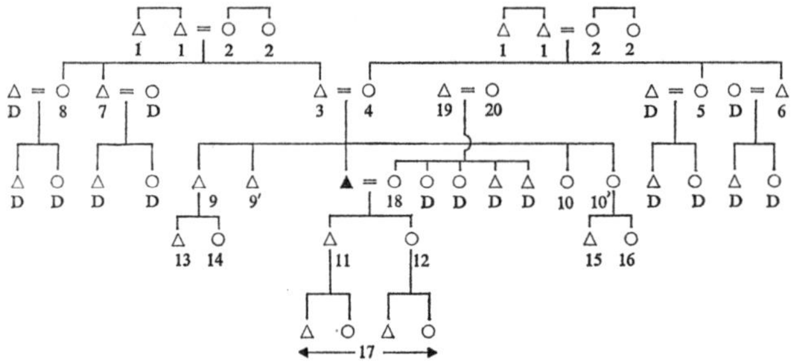

D = terme descriptif

Diagramme 3

Aucune déduction quant aux échanges matrimoniaux ne peut être tirée de cette nomenclature. Nous avons déjà noté l'indifférenciation "vraie" de la filiation, contrastant avec la multilinéarité des autres systèmes. Bien que le mariage des cousins croisés soit accepté, il semble qu'on lui préfère les unions entre parents moins proches.[25] Nomenclature, filiation, résidence, règles de mariage confirment la marginalité des Trumaï par rapport aux autres sociétés du haut Xingu, marginalité soulignée par le statut inférieur et le mépris dans lesquels les tenaient (et les tiennent toujours) leurs voisins. Le statut inférieur des Trumaï, opposé au statut supérieur des Kamayura, introduit dans le système des alliances inter-tribales la notion d'hyper (ou d'hypo) -gamie, sur laquelle nous ne pouvons nous étendre, faute de données, mais qu'il faudrait reprendre.

Malgré le caractère "étranger" de leur système, rien ne s'oppose à ce que les Trumaï soient inclus dans les échanges matrimoniaux inter-tribaux, ceux-ci échappant pour une grande part à la détermination par la parenté. Nous voudrions, pour conclure, insister sur ce point.

[25] Murphy and Quain, 1966, p. 51.

Bien que des traits minimaux, communs, aient été dégagés, les systèmes considérés ne sont pas uniformes et leurs divergences tiennent au classement des alliés: identifiés dans certains cas aux parents croisés (Bakaïri, Waura—niveau+1; Bakaïri, Kwikuru—niveau 0; Waura, Kamayura — niveau — 1) et, dans d'autres cas, désignés soit par des termes descriptifs soit par des termes spécifiques, différents des termes de consanguinité. Les nomenclatures n'expriment donc pas une structure de parenté fondée sur l'échange restreint; celui-ci y est néanmoins marqué. Ses indications font problème: il semble être fonction de la position généalogique d'un individu (indiqué pour Ego il ne l'est pas pour ses parents, ou inversement — Bakaïri, Waura, niveau + 1), de son sexe relatif (indiqué pour un homme il ne l'est pas pour sa sœur, ou inversement — Bakaïri, Waura, Iawalapiti, Kwikuru, niveau 0) et peut-être aussi de son âge relatif (Waura, niveau 0).

La dissymétrie des alliances apparaît dans toutes les nomenclatures; cependant aucune trace de mariage unilatéral ne peut être relevée: les deux types de cousins croisés ne sont jamais distingués, le frère de la mère ou la sœur du père ne sont jamais identifiés, séparément, à l'un des parents du conjoint, aucun terme ne recouvre plusieurs générations consécutives. Ce n'est donc pas, non plus, par la combinaison de l'échange restreint et de l'échange généralisé, sous ses formes simples, que l'on peut définir la structure de parenté. Ce qui ne saurait surprendre dans des systèmes multilinéaires où l'établissement de rapports stables entre lignées de donneurs et lignées de preneurs de femmes n'est pas possible. De tels systèmes ne peuvent, dans les échanges matrimoniaux, qu'unir réciproquement des paires (échange restreint) ou, pour réaliser l'intégration d'un plus grand nombre de groupes, contracter des alliances qui ne soient pas déterminées par la parenté. Ceci, nous semble-t-il, caractérisait la situation du haut Xingu. Bien que l'échange restreint ait pu y fonctionner aux niveaux intra- et inter-tribaux (peut-être définissait-il la structure de parenté d'un grand nombre de groupes avant leur immigration dans la région), le nombre d'alliés étrangers de chaque tribu conduit à penser qu'il se trouvait englobé dans une structure complexe. De la fin du XIXème siècle à nos jours les observations concordent sur ce point. Von den Steinen avait noté, dans chaque village visité, la présence de conjoints appartenant à deux autres tribus, Quain rapporte que les Trumaï s'allient à de "nombreux" villages et G. Dole signale qu'au village kwikuru se sont joints récemment les survivants d' "au moins" trois tribus étrangères, avec lesquelles on se mariait autrefois.[26]

[26] V. den Steinen, éd. brés. 1940, p. 426; Murphy and Quain, 1966, p. 16; G. Dole, manuscrit.

Il n'est pas possible, pour l'instant, de dégager les mécanismes qui régissaient les alliances inter-tribales. Toutefois on est tenté de les rapprocher de ceux du système économique. Chaque tribu avait des partenaires *fixes* pour l'échange des femmes et pour l'échange des biens. Il reste à savoir si ces partenaires étaient les mêmes et si, dans ce cas, la fonction intégratrice des alliances n'était pas secondaire par rapport à la fonction intégratrice, fondamentale, des relations économiques dans une hypothétique "société globale" du haut Xingu, dont les limites et le contenu restent à définir.

UNIVERSITÉ DE PARIS-NANTERRE

## BIBLIOGRAPHIE

Buchler, Ira R.,
1967 "Analyse formelle des terminologies de parenté iroquoises", *L'Homme*, t. VII, n^d 1, pp. 5-31.

Carneiro, Robert L.,
1956-1958 "Extra-marital sex freedom among the Kuikuru Indians of Mato Grosso", *Revista do Museu Paulista*, n.s., vol. X (São Paulo), pp. 135-142.

Carneiro, Robert and Dole, Gertrude E.,
1956-1957 "La cultura de los Indios Kuikurus del Brasil central", *Runa*, vol. VIII (Buenos Aires), pp. 169-202.

Davenport, William,
1959 "Nonunilinear descent and descent groups", *American Anthropologist*, vol. 61, pp. 557-572.

Dole, Gertrude E.,
1956-1957 Cf. Carneiro, Robert and Dole, Gertrude E.
1956-1958 "Ownership and exchange among the Kuikuru Indians of Mato Grosso", *Revista do Museu Paulista*, n.s., vol. X (São Paulo), pp. 125-133.
manuscrit "The development of Hawaiian kinship nomenclature as exemplified by the Kuikuru Indians of Brasil."

Dumont, L.
1953 "The Dravidian kinship terminology as an expression of marriage", *Man*, vol. LIII, pp. 34-39.

Galvão, Eduardo,
1953 "Cultura e sistema de parentesco das tribus do alto Xingú", *Boletim do Museu nacional*, antropologia nº 14 (Rio de Janeiro), 56 p.

Lévi-Strauss, Claude,
1948 "Tribes of the Upper Xingu River", *Handbook of South American Indians*, vol. 3 (Washington), pp. 321-348.
1967 *Les Structures élémentaires de la parenté*, 2éme éd. (Paris, Mouton).

Lima, Pedro de,
1950 "Os Índios Waura", *Boletim do Museu nacional*, antropologia nº 9 (Rio de Janeiro).

Monod, Aurore,
manuscrit, "Notes sur les Trumai."

Murphy, Robert F. and Quain, Buell,
1955 *The Trumaï Indians of Central Brazil* (= *Monographs of the American Ethnological Society*, n° 24) (Seattle and London, University of Washington Press) [2nd. printing, 1966]), 108 p.
Oberg, Kalervo,
1953 *Indian Tribes of Northern Mato Grosso, Brazil* (= *Institute of Social Antrhopology*, Publication n° 15) (Washington Smithsonian Institution), 144 p.
Schmidt, Max,
1947a "Los Bakairi", *Revista do Museu Paulista*, n.s., vol. I, São Paulo, pp. 11-58.
1947b "Los Waura", *Revista do Museu Paulista*, n.s., vol. I, São Paulo, pp. 61-64.
Steinen, Karl von den,
1886 *Durch central Brasilien: Expedition zur Erforschung des Schingu im Jahre 1884*, Leipzig (édition et traduction brésiliennes: *O Brasil central*, São Paulo, 1942).
1897 *Unter den Naturvölkern Zentral-Brasiliens*, Berlin (édition et traduction brésiliennes: *Entre os aborigenes do Brasil central*, São Paulo, 1940).

# SUR LE VOCABULAIRE DE PARENTÉ KARIERA

LOUIS DUMONT

L'intention première de cette note est d'attirer l'attention sur une différence négligée mais notable entre le vocabulaire Kariera et le vocabulaire de type dravidien.[1] On a saisi l'occasion de présenter une analyse rigoureuse et détaillée du système Kariera. Mais les conclusions qu'on en peut tirer sont incomplètes et fort hypothétiques, faute d'une comparaison plus large. C'est une raison de faire bref, réduisant au minimum les préliminaires et commentaires, les discussions et références.

On souhaite, ici comme ailleurs, traiter le vocabulaire comme un sous-système à l'intérieur du système de parenté. Il s'agit de mettre en évidence le plus possible séparément la structure ou texture du vocabulaire, avant de le confronter aux autres sous-systèmes que l'on peut distinguer (dans notre cas, système des sections). Ce n'est pas ce qui a lieu la plupart du temps, et l'on se contente souvent de mettre en rapport tel trait isolé ou local du vocabulaire et tel trait institutionnel qui semble y correspondre (filiation unilinéaire par exemple). Dans le cas présent, on a noté avec satisfaction les rapports précis de certains des termes de parenté avec les sections dont la société Kariera se compose, et où l'on peut distribuer automatiquement les divers parents d'un Ego une fois situé.[2] On a vu de même, dans la réapparition des mêmes termes aux générations extrêmes, la trace des "cycles" ou "couples" que la filiation, matrilinéaire ou patrilinéaire, supposée ou réelle, devait nécesairement parcourir dans un tel système de sections. Mais dans tout cela on ne voyait pas la rencontre

[1] Les deux systèmes sont souvent confondus. Négligeant une brève indication fournie par moi (*Man*, 53, N° 54, n. 7), A. R. Radcliffe-Brown non seulement critiqua d'un point de vue australien une analyse dravidienne, mais insista vigoureusement sur ce qu'il appelait "the 'Australian-Dravidian' type of terminology" (*Man*, 53, N° 169 [July 1953], p. 112; ma dénégation, *ibid.*, N° 224).

[2] Dans "A Simplified Model of Kariera Kinship", *Amer. Anthrop.*, 60 (1958), p. 59-74, A. K. Romney et P. J. Epling utilisent la terminologie en un tableau à quatre colonnes (p. 59) pour faire ressortir, pour un Ego masculin emplacé dans une section donnée, la répartition entre "moitiés" à la naissance, et entre groupes locaux correspondant aux "moitiés" après mariage, des diverses sortes de parents.

de deux cohérences, une cohérence terminologique et une cohérence institutionnelle, mais seulement les points où le rêve terminologique touchait la réalité institutionnelle. Autrement, comment aurait-on pu entretenir en même temps l'idée que la terminologie dravidienne, qui ignore les servitudes des sections, fût du même type que la Kariera?

Il est vrai en gros que les Kariera comme les Dravidiens distinguent les parents en deux catégories: "parallèles" et "croisés".[3] Mais tandis que pour le dravidien cette distinction rend compte — dans notre interprétation du moins, et sur le fond de la distinction linéaire des générations et groupes d'âge relatif — de la *forme globale* du système,[4] il n'en est pas ainsi dans le cas Kariera. Essayons donc, avec la plus grande circonspection, de construire le vocabulaire Kariera en un système. Partout, sauf dans la génération des petits-enfants, les termes pour des parents masculins d'une part, féminins de l'autre, sont radicalement différents. On peut donc essayer de construire à part les deux moitiés du vocabulaire pour les réunir ensuite.

Soient d'abord les masculins. Nous avons deux termes pour chaque génération ou classe d'âge. La question est de savoir comment les disposer, comment superposer les générations les unes aux autres en observant toujours le même principe. Nous désignerons les générations, à partir de la génération d'Ego, Gén. 0, par −1, −2 en remontant, +1, +2 en descendant. On suppose les catégories suffisamment connues, en général, pour que l'indication d'un parent proche qui y tombe suffise à identifier chacune. Nous désignerons en abrégé ces proches parents dans une convention anglaise: MB ("mother's brother") pour frère de la mère, S pour fils, Z pour sœur, etc. Faisons figurer Ego, ses frères aînés et cadets, puis immédiatement au-dessus, son père F. La place du "cousin croisé" (C.C.) et celle de MB en résultent immédiatement, et de même il faudra que FF soit au-dessus de F et MBF (donc MF) au-dessus de MB. De même la place du fils S et celles de ZS, de SS et de DS sont déterminées. La récurrence du terme terminal (MAELI, TAMI) dans la même colonne est satisfaisante. Dira-t-on que nous avons mis en fait les agnats dans la colonne de gauche, les non-agnats dans celle de droite? Ce n'est pas la

[3] Le point est clairement reconnu par Radcliffe-Brown dès son article de 1913. Ce texte est plus détaillé pour ce qui nous intéresse que l'étude de 1930, il donne deux tableaux généalogiques, l'un pour un Ego masculin, *l'autre pour un Ego féminin* et décrit les réciprocités (A. R. Radcliffe-Brown, "Three Tribes of Western Australia", *Journ. of the Roy. Anthrop. Instit.* vol. 43 [1913] p. 143-194; "The Social Organization of Australian Tribes", *Oceania*, 1, 1930).

[4] La distinction est prise comme opposant consanguins et parents par affinité permanente ou alliés, et cette distinction s'annule d'elle-même dans la génération des grands-parents, (ci-après, p. 284, cf. *Man*, 53, N° 54, col. 38b).

formule de la distinction, car FF par exemple n'est qu'une des acceptions de MAELI, et beaucoup d'autres acceptions ne représentent pas des agnats (MMH etc.). Il est vrai par contre que nos deux colonnes s'opposent comme les deux "moitiés" de la société Kariera et que tous les agnats tombent dans la même colonne. Ce n'est pas du reste la seule disposition possible de ce fragment de vocabulaire considéré seul. Nous aurions pu choisir de placer à la verticale d'Ego non pas F mais MB et continuer ainsi. Cette disposition assurerait elle aussi la récurrence de MAELI et TAMI dans la même colonne, donc la cohérence du tableau. On remarque qu'elle ne correspondrait pas à l'organisation sociale Kariera.

| | | |
|---|---|---|
| −2 | *MAELI* (FF) | *TAMI* (MF) |
| −1 | MAMA (F) | KAGA (MB) |
| 0 | *KAJA* (eB)<br>Ego<br>*MARGARA* (yB) | *KUMBALI* (C.C.) |
| +1 | *MAIÑGA* (S) | *KULING* (ZS) |
| +2 | *MAELI* (SS) | *TAMI* (DS) |

Fig. 1. Parents masculins d'Ego masculin.

La construction du tableau des parents féminins doit être réalisée *mutatis mutandis* comme pour les masculins: prenant cette fois un Ego féminin comme point de départ, nous placerons dans la première colonne (les termes correspondant à) ses sœurs, aînée et cadette, et au-dessus successivement, M et MM, au-dessous D et DD; il viendra en face: cousine croisée, FZ, FM, BD, SD. Cette procédure se justifie en ce qu'elle suppose seulement que le vocabulaire traite de la même façon les rapports de filiation père-fils et mère-fille, ce qui est évidemment le cas, et on évite ainsi tout mélange de sexes — tout soupçon de "croisement" — dans les chaînes de filiation.

Il y a une autre possibilité de construction, celle déjà indiquée pour les hommes, qui consisterait ici à écrire immédiatement au-dessus d'Ego féminin FZ, et ainsi de suite. A condition de considérer toutes ces parentes comme attachées à leur groupe (section) de naissance (et non de mariage) on aura alors la satisfaction de voir les colonnes correspondre aux "moitiés" de la société. On voit que la disposition qui permet d'atteindre ce résultat pour un sexe l'exclut pour l'autre, ce qui démontre que *la dichotomie du vocabulaire n'exprime pas purement et simplement celle des "moitiés" sociales.* On pouvait le prévoir *a priori* vu que les femmes changent de résidence lors du mariage et ont ensuite les mêmes "fils" etc. que leurs maris.

| | | |
|---|---|---|
| −2 | *KANDARI*<br>(MM) | *KABALI*<br>(FM) |
| −1 | *NGANGA*<br>(M) | *YURO*<br>(FZ) |
| 0 | *TURDU*<br>(eZ)<br>Ego<br>*MARI*<br>(yZ) | *BUNGALI*<br>(C.C.) |
| +1 | *KUNDAL*<br>(D) | *NGARAIA*<br>(BD) |
| +2 | *KANDARI*<br>(DD) | *KABALI*<br>(SD) |

Fig. 2. Parents féminins d'Ego féminin.

Nous n'avons considéré jusqu'ici qu'un Ego d'un seul sexe. Il y a lieu maintenant de considérer le cas d'un Ego de l'autre sexe (féminin pour le premier tableau, masculin pour le second). En même temps nous réunirons les deux tableaux en un seul en rapprochant les premières colonnes d'une part (parents "parallèles" sous bénéfice d'inventaire), les secondes de l'autre (parents "croisés"). Pour les générations centrales quelques complications interviennent pour les croisés seulement. Analytiquement: un Ego féminin dit ÑUBA (et non KUMBALI) pour le cousin croisé, TOA (au lieu de KULING) pour le parent croisé de la génération du fils; inversement, un Ego masculin dit TOA (et non YURO) pour la tante croisée, ÑUBA (et non BUNGALI) pour la cousine croisée. Le cas de NGARAIA est régulier: le terme correspond à la "nièce croisée", donc ZD pour un homme, BD pour une femme. Le cas est exemplaire et s'inscrit en faux contre deux interprétations du vocabulaire qui ont été proposées. D'abord on voit bien qu'un frère et une sœur désignent comme NGARAIA des personnes situées dans deux moitiés différentes, en ce sens la catégorie n'est pas contenue dans une section ou une moitié de la société. D'autre part si, cédant à la fascination que l'on a signalée par ailleurs,[5] on était tenté de

[5] "Descent or Intermarriage? A Relational View of Australian Section Systems", *Southwest. Journ. of Anthrop.*, 22.3 (Autumn 1966), p. 231-250.

remplacer dans l'analyse l'opposition parallèle/croisé par l'opposition agnat/non-agnat, on serait acculé à supposer dans le cas présent que le même terme tombe d'un côté ou de l'autre selon le sexe du locuteur. Ce serait retourner en-deçà de Morgan, mais on l'a fait.[6] Le premier progrès en ces matières avait consisté à voir que de tels termes avaient bien une signification indépendante du sexe d'Ego, mais relative et non absolue. Cette leçon, pourtant bien établie, est-elle en passe d'être oubliée?

| | "Parallèles" | | "Croisés" | |
|---|---|---|---|---|
| Gén. | *h* | *f* | *f* | *h* |
| −2 | *MAELI* | *KANDARI* | *KABALI* | *TAMI* |
| −1 | *MAMA* | *NGANGA* | *(h) TOA (f) YURO* | *KAGA* |
| 0 | *KAJA* / *MARGARA* | *TURDU* / *MARI* | *(h) ÑUBA (f) BUNGALI* | *(h) KUMBALI (f) ÑUBA* |
| +1 | *MAIÑGA* | *KUNDAL* | *NGARAIA* / *(h)* (ZD) *(f)* (BD) | *(h) KULING (f) TOA* / (ZS) (BS) |
| +2 | *(h) MAELI (f) KANDARI* | | *(f) KABALI* | *(h) TAMI* |

*h*: homme.— *f*: femme.— *(h)*: homme parlant.— *(f)*: femme parlant

Fig. 3. Ensemble du vocabulaire.

Revenons aux croisés médians pour voir la disposition plus simplement. Les complications en sont commandées par l'existence de deux termes réciproques entre croisés de sexe opposé: ÑUBA désigne réciproquement

[6] P. J. Epling, "A Note on Njamal Kin-Term Usage", *Man*, 61, N° 184 (Sept. 1961), p. 152-159. L'article contient une table des termes exempte de toute interprétation (p. 153*b*). Burling a vu la difficulté ("A Structural Restatement of Njamal Terminology", *Man*, 62, N° 201 [Aug. 1962], p. 122-124). Conservant l'hypothèse agnatique, il a proposé d'y remédier en introduisant une dimension de distinction (locale) supplémentaire. L'affaire est exemplaire: elle montre que dans la perspective de ces auteurs, c'est-à-dire l'"analyse componentielle" telle qu'elle est mise en œuvre ici, la reconnaissance d'une erreur peut être aisément remplacée par l'introduction d'une complication supplémentaire. Différence de méthode: nous nous proposons au contraire d'exploiter ce trait local pour la compréhension du système tout entier. On pourrait profiter de l'occasion pour une enquête sur la mise en œuvre quasi-automatique de cette distinction apparemment fort arbitraire: "agnats/non-agnats" dans l'étude des vocabulaires de parenté. On a trouvé que, reprenant à son compte les "huit catégories fondamentales de différence" de Kroeber, Lounsbury a jugé bon de compléter la septième, "consanguins/parents par affinité" en introduisant *à l'intérieur des consanguins* la distinction agnats/non-agnats (F. G. Lounsbury, "A Semantic Analysis of Pawnee Kinship Usage", *Language*, vol. 32, [1956], p. 158-194, p. 168). Il est fort intéressant de constater non seulement cette adjonction, présentée comme allant de soi, mais aussi le fait que la nouvelle distinction a pratiquement mangé l'ancienne: à la faveur d'une perspective pseudo-structurale, l'unifiliation a chassé l'affinité, la substance a remplacé la relation.

le cousin et la cousine croisés, et le conjoint potentiel (ou réel), TOA désigne réciproquement la tante croisée d'un homme et le neveu croisé d'une femme, et correspond au contraire à une prohibition fortement marquée, que Radcliffe-Brown présente un peu comme un tabou de la belle-mère généralisé; le cas est très clair car pour lever le tabou on remplace cérémoniellement le terme par un autre (*yumani*).[7] Il n'y a apparemment pas de prohibition semblable entre oncle et nièce croisés. (Nous avons débordé ici le vocabulaire et rapproché cette double réciprocité des règles qui président aux rapports sexuels et au mariage). Une fois ces réciprocités posées il en résulte évidemment la nécessité de quatre termes différents pour désigner des relations semblables entre personnes de même sexe. On notera que, tandis que NGARAIA avait encore une connotation absolue quant au sexe de l'objet désigné, ÑUBA est entièrement relatif, n'indiquant que: croisement, différence de sexe et identité de génération, et TOA n'a d'absolu que le rapport entre génération relative et sexe absolu. Remarquons que le Dravidien n'a rien de semblable: tout s'y passe comme ici pour KAGA et NGARAIA.

Nous arrivons maintenant au point crucial: les générations des grands-parents et petits-enfants. En haut, les mêmes termes valent pour les sujets des deux sexes. En bas, les choses se compliquent. D'abord chaque terme, dans la génération +2, désigne indifféremment des personnes des deux sexes — exception unique dans tout l'ensemble. Ainsi MAELI désigne par exemple SD aussi bien que SS. La récurrence du terme de Gén. —2 à Gén. +2 (Fig. 1) traduit simplement sa réciprocité. L'indistinction des sexes à la Gén. +2 résulte nécessairement de cette réciprocité *si l'on pose en premier lieu* la valeur du terme dans la génération supérieure: si ses petits-enfants appellent un certain grand-père, et lui seul, MAELI, et si l'appellation doit être réciproque, ce même grand-père (et lui seul) doit appeler indifféremment MAELI sa petite-fille et son petit-fils. En d'autres termes, la réciprocité transfère dans l'un des deux emplois la distinction de sexe de l'objet au sujet. De même la grand-mère correspondante dans notre tableau, KANDARI (MM), appellera KANDARI non seulement sa petite-fille mais aussi son petit-fils (DD et DS). Une remarque s'impose: si nous faisons figurer MAELI et KANDARI côte à côte dans la Gén. +2, conformément aux figures 1 et 2, cela revient à définir la catégorie *relativement*: KANDARI représente pour un Ego féminin l'équivalent de ce qu'est MAELI pour un Ego masculin, c'est-à-dire non plus SS mais DS. Si nous avions choisi l'aspect absolu, c'est KABALI (SD, femme parlant) qui aurait pris place à côté de MAELI. La procédure est cohérente. Elle conduit à

[7] A. R. Radcliffe-Brown, 1913, p. 156.

étendre à ces générations la distinction "parallèle/croisé" réservée d'ordinaire aux générations médianes. Pour formuler cette extension aux générations extrêmes *dans le cas présent*, on dira qu'est parallèle une relation de filiation redoublée où les deux générations supérieures sont de même sexe (grand-mère maternelle, et inversement enfants de fille d'une femme) et croisée une relation où elles sont de sexe opposé.

Nous reviendrons sur ces questions. Ce qui doit nous arrêter d'abord, c'est le fait massif de la réciprocité entre grands-parents et petits-enfants indépendamment de ses aspects particuliers: au lieu que, dans le système dravidien, les deux sortes de parents, distinguées aux degrés médians du vocabulaire, se rejoignent aux extrêmes de sorte qu'il n'y a qu'*une sorte* de grands-parents et *une sorte* de petits-enfants, et qu'on ait au-delà, idéalement ou réellement, une *suite linéaire* de générations marquées chacune d'un terme distinct, ici au contraire, les deux sortes de parents ne fusionnent nulle part, au contraire elles se referment chacune sur elle-même. On touche cela du doigt si l'on fait coïncider (ou presque) sur un graphique grands-parents et petits-enfants, pour traduire le fait qu'ils sont désignés par un même terme, et si l'on compare avec le graphique dravidien correspondant (Fig. 4).
D'un côté, à droite, un flux continu, divisé en deux bras dans la région médiane; de l'autre, à gauche, deux cercles se faisant face, chacun refermé sur soi. Sans doute il existe entre les éléments correspondants de ces deux cercles, à gauche, une relation d'affinité ou d'intermariage semblable à celle — l'"alliance de mariage" — qui distend dans l'autre cas, à droite, les deux bras médians, mais ici cette relation prévaut d'un bout à l'autre du tableau, non seulement à des niveaux locaux mais au niveau global, entre les deux cercles eux-mêmes. L'ensemble des parents, c'est-à-dire virtuellement on le sait l'ensemble de la société vu du point de vue d'un sujet donné, est divisé en deux espèces distinctes. Cette dichotomie correspond évidemment à quelque degré à la dichotomie de la société en "moitiés", non pas que les cercles terminologiques correspondent exactement chacun à une moitié — nous avons vu que tel n'était pas le cas dans l'ensemble pour les femmes, mais seulement pour les hommes d'un point de vue masculin — mais en ce sens que la société d'une part, la terminologie de l'autre opèrent chacune une dichotomie du corps social tout entier, et que le lien entre les deux parties est le même dans les deux cas: l'intermariage.

Nous l'avons dit, nos devanciers ont souvent considéré le rapport entre catégories du vocabulaire et groupes sociaux. C'est pourquoi, nous proposant maintenant d'étudier la relation entre système du vocabulaire et

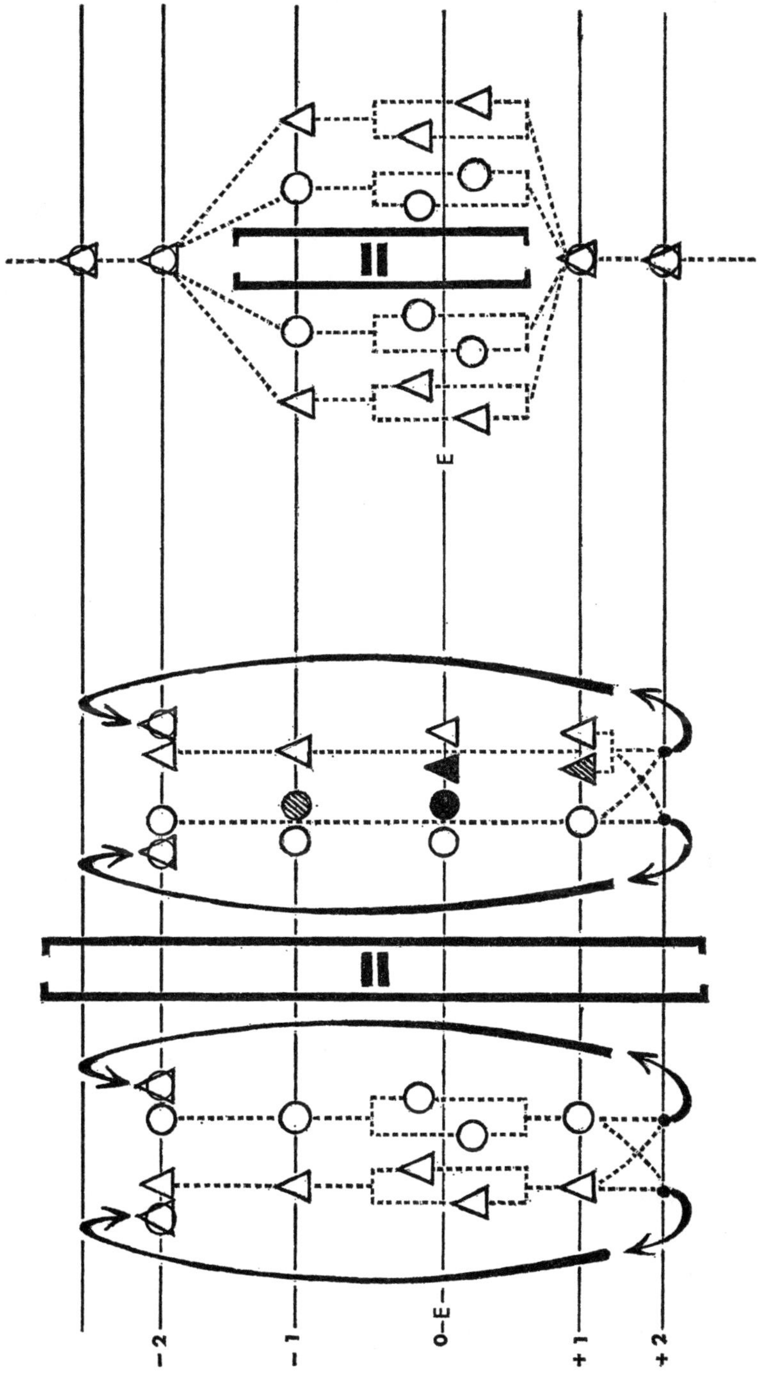


Fig. 4. Vocabulaire Kariera (à gauche) et vocabulaire dravidien (à droite). (En grisé Toa en noir Ñuba, *v.* note 14.)

système des sections, nous aurons recours à une technique souvent employée et qui consiste à projeter le schéma terminologique, catégorie par catégorie, sur le schéma des sections. Commençons par étudier ainsi la circularité du vocabulaire en ne considérant, pour simplifier, que les hommes. On sait que la société Kariera est formée de deux sortes de groupes locaux (ce que nous avons appelé ici pour simplifier des "moitiés" exogames) où les hommes demeurent de père en fils, en alternant de génération en génération entre deux sections. Appelons les "moitiés" A et B, les sections A1 et A2, B1 et B2: si le père est A1, le fils est A2, le petit-fils A1, etc. Autrement dit Ego, son FF et son SS sont membres de la même section, soit A1, son F et son S sont pareillement membres de la section alterne A2. On peut figurer la circularité terminologique comme sur la fig. 5. On pourrait représenter de même, à distance et

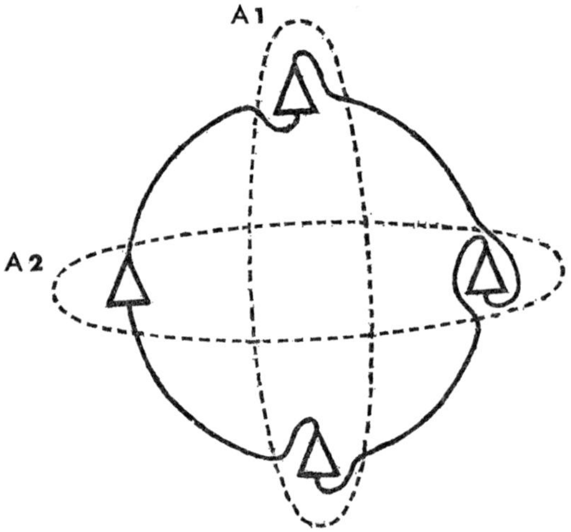


Fig. 5

parallèlement à ce premier cercle, le cercle correspondant à la deuxième colonne du tableau (MF-DS, MB, C.C., ZS). On fera deux remarques: la terminologie opère une distinction à l'intérieur des sections: Ego s'oppose à ses FF et SS dans A1 comme F s'oppose à S dans A2; mais elle n'ignore pas pour autant l'unité de A1 et de A2 en opposition l'un à l'autre à l'intérieur de A (et en opposition à la section correspondante de B). En effet il y a réciprocité entre Ego d'une part, ses FF-SS de l'autre: Ego lui-même est FF-SS de ses FF-SS, et le rapport est le même entre F et S de leur point de vue. En somme, Ego et FF-SS sont identiques primairement et par rapport à l'extérieur, ils ne se distinguent que secondairement, comme Ego distingue son F de son S. La circularité du vocabulaire revient donc en fin de compte à l'oscillation de A1 à A2, compliquée d'une distinction interne toute relative dans chacune des deux sections.

Appelant *a* et *b* les subdivisions de chaque section que fait apparaître le vocabulaire, on peut se proposer de répartir les différentes catégories du vocabulaire dans ces subdivisions. La chose est immédiate pour les parents du sexe masculin, elle est délicate pour ceux du sexe féminin. La question générale qui se pose ici est de savoir s'il faut placer les femmes dans la section (ou au lieu) de leur naissance ou de leur mariage. L'expérience montre que la décision risque de refléter la théorie du chercheur. On pourrait soutenir qu'il n'y a pas lieu d'emplacer une fois pour toutes les femmes puisqu'elles sont bilocales dans leur destin normal.[8] La question est de savoir si oui ou non il y a dans l'esprit indigène tel que nous pouvons le reconstituer un lien entre le vocabulaire (y compris son aspect féminin, sans lequel il serait fort appauvri) et le système des sections. Nous allons voir qu'il y a des raisons de répondre affirmativement, sans nier pour autant que dans certains cas au moins le lien que l'on pense établir entre une catégorie et une (subdivision de) section corresponde à une représentation *prédominante* plutôt qu'exclusive. Du reste l'affaire n'est pas sans rapports avec les questions les plus générales que pose la terminologie, comme on le verra plus loin.

On peut distinguer les moitiés, sections et subdivisions symétriquement comme sur la Fig. 6, les générations se succédant par rotation régulière dans le sens indiqué respectivement par une flèche. Si Ego est placé en A1b, les grands-pères seront respectivement en A1a et B1a (partie inférieure de la case) et les autres parents mâles (en majuscules) d'un Ego masculin s'emplacent d'eux-mêmes, jusqu'au petit-fils (MAELI dans la partie supérieure de A1a). La place de certains parents féminins (en minuscules) semble résulter de celle des masculins. Ainsi les "sœurs" viennent naturellement avec les "frères" en A1b, la "fille" en A2b et la "grand-mère" *Kandari* avec MAELI en A1a. Ce dernier point est important: on a vu que ces deux termes étaient homologues dans le vocabulaire; en les inscrivant dans la même section nous admettons en somme que *Kandari* est vue au lieu de sa naissance (et non de son mariage), et la réciprocité du terme ne permet pas de faire autrement. De même pour les catégories correspon-

[8] C'est ainsi que Romney et Epling, dans l'article cité n. 2, rattachent les femmes directement à la "moitié" où elles résident après mariage, et en même temps indirectement à leur section d'origine (tout cela pour chaque génération). Contrairement à l'apparence, le tableau ne répond en rien au problème du rapport du vocabulaire comme ensemble avec le système des sections, un problème que les auteurs, faut-il ajouter, ne se sont pas posé.

dantes dans la moitié B. Par contraste avec ce qui précède, nous nous exposons à la controverse en plaçant la "mère", *Nganga*, côté A, et la "tante croisée", *Toa*, côté B, c'est-à-dire au lieu de leur mariage, et non plus de leur naissance. Il nous paraît que faire autrement serait compliquer gratuitement les rapports entre vocabulaire et morphologie sociale. Le rapport mère-enfants étant terminologiquement homologue du rapport père-enfants, il y a tout lieu de supposer que la mère est vue, avec ses homologues, de façon prédominante en tout cas, comme située dans la même subdivision que le père, ce qui correspond en même temps à l'expérience des enfants comme tels. Au contraire, la prohibition marquée portant sur *Toa*, tante paternelle (etc.) et belle-mère paraît supposer qu'elle est vue en position de croisée, donc en B. L'accentuation de la prohibition s'expliquerait même, mieux que par le seul âge relatif, par le fait que, parmi les femmes rattachées à la moitié alterne, elle est la seule qui y soit par mariage, la seule dont il soit nécessaire de rappeler l'origine consanguine tandis que toutes les autres, qu'elles appartiennent ou non à la subdivision où l'on prend régulièrement épouse, sont nées sous la catégorie de l'affinité. Enfin, on voit les termes masculins et féminins usités par un homme se répartir dans les subdivisions sous la forme de paires de germains, sauf dans les cases correspondant à la génération des parents où il s'agit de couples d'époux.

Prenons maintenant un Ego féminin qui serait la sœur du précédent, née au même lieu (Alb). Nombre de termes sont les mêmes que précédemment: on les souligne. La disposition particulière pour les petits-enfants est connue. Termes spéciaux à la femme [précédés de (f)]: *Yuro* (au lieu de *Toa*), *Bungali* (au lieu de *Ñuba*). Termes identiques mais recevant une acception différente pour (f): Ñuba pour le cousin croisé, Toa pour le fils du frère (en A2b), *Ngaraia* pour la fille du frère (A2b). Enfin c'est en B2b que la femme, une fois mariée (en B1b), voit ses enfants, Maiñga et *Kundal*. Insistons-y: un frère et sa sœur nés au même lieu voient leurs enfants et leur nièce croisée dans deux moitiés différentes. Aucun effort de l'imagination ne peut réduire ce fait.

Dans l'ensemble, que voyons-nous? La différence des sexes, leur destin différent et les conditions de leur rapprochement compliquent la terminologie dans les générations médianes. Nous savions cela, et ce qui saute aux yeux maintenant par contraste, c'est la réunion qui s'opère dans la génération extrême (Ala et Bla), réunion convenablement médiatisée du reste par la différence de sexe. Là se referme, pour ainsi dire, la boucle terminologique, un peu comme dans le schéma dravidien, mais sur deux pôles distincts. Là est le repos, le point où la torsion marquée d'abord par

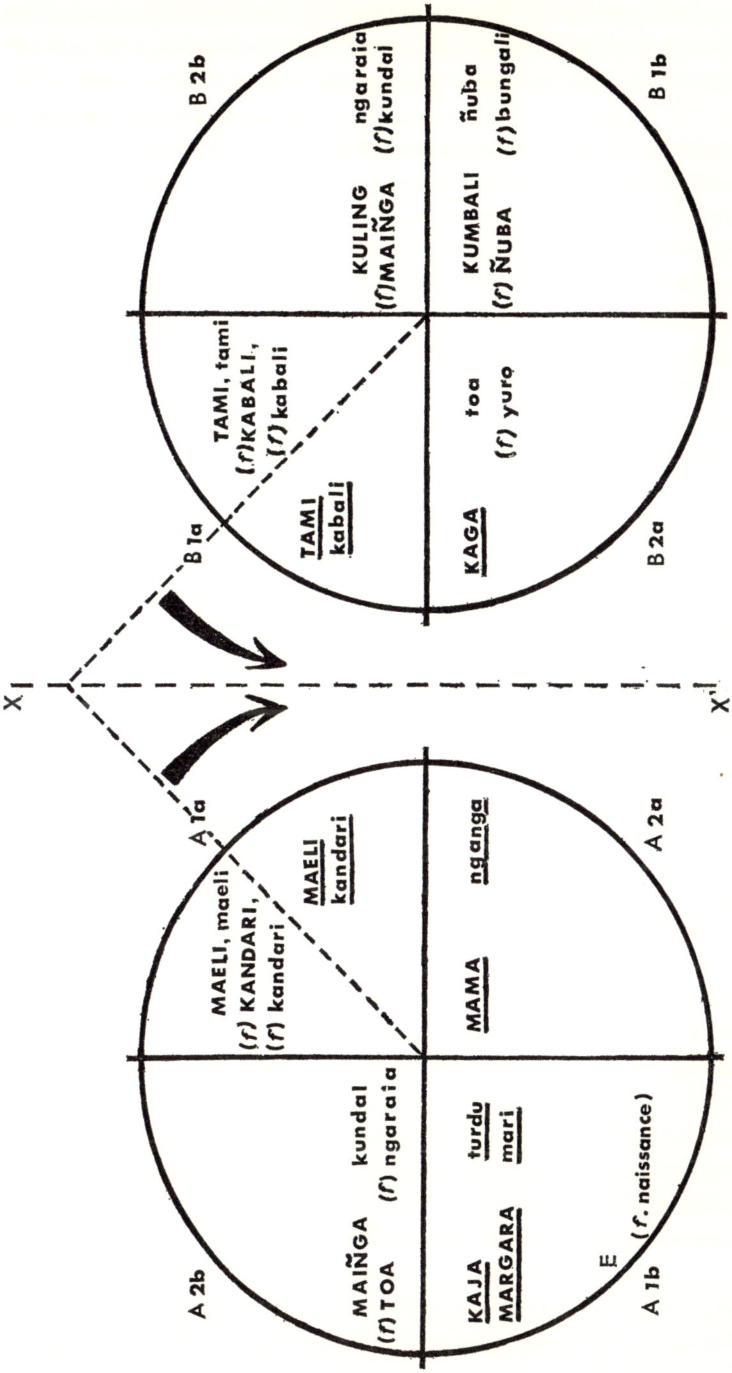


Fig. 6. Système du vocabulaire et système des sections.

la place de *Nganga* et de *Toa*, ensuite par le croisement de la descendance féminine par rapport à la masculine, se dénoue. Moyennant il est vrai une irrégularité: les petits-enfants des deux sexes ne sont pas distingués par un Ego donné. Mais nous avons vu que ce fait est la conséquence de la réciprocité. C'est donc cette réciprocité entre générations alternes d'une même section qui marque la consommation de la torsion que présente la terminologie par rapport aux sections.

Finalement, cette réciprocité apparaît correspondre à la fois à la fermeture sur soi de chacune des "moitiés" et à l'alternance des sections, le petit-fils revenant à la section de son grand-père. Mais quel est le rapport entre cette réciprocité terminale et la double réciprocité médiane, qui nous a paru d'un caractère tout différent? Nous faut-il en rester à cette notion qu'il n'y a entre l'une et l'autre que simple juxtaposition, et aucun rapport interne, trace d'homologie ou similitude de fonction? Dans l'état actuel on peut au moins faire une remarque. Si la première réciprocité est en rapport avec l'alternance des générations, la seconde l'est avec l'intermariage entre sections ou générations correspondantes des deux "moitiés". Or ce sont précisément là les deux caractères fondamentaux auxquels se ramène le système des sections, comme on l'a vu par ailleurs.[9] On peut donc dire que les réciprocités présentes dans le vocabulaire de parenté, prises ensemble, y impriment en quelque sorte la marque du système social global, ou encore: elles représentent l'intersection du plan *local* des relations de parenté d'un sujet quelconque et du plan de l'organisation *globale*: elles sont la trace ordonnatrice, au niveau individuel, de la formule holiste, et en particulier, la preuve sensible que la réglementation des mariages est ici collective avant d'être individuelle. Voilà du moins les hypothèses que l'on peut formuler sur ce cas particulier, en l'absence de notions ou de théorie générales sur la réciprocité dans les vocabulaires de parenté.

Il reste un problème important. Nous avons maintenu tout au long de ce travail, sous bénéfice d'inventaire, l'expression "parallèle-croisé". Cette expression prend un sens assez différent selon qu'on la considère du point de vue de la seule comparaison entre dravidien et Kariera ou d'un point de vue plus général. Dans le cas dravidien, j'ai proposé de remplacer cette expression anthropologique, analytique et obscure, par la distinction: consanguins/alliés. Ainsi définie la distinction tombe d'elle-même dans la génération des grands-parents, car rien n'interdit de croiser les filiations: père de la mère et père du père peuvent à volonté être pris soit comme consanguins soit comme alliés. Dans le cas Kariera au contraire la

[9] "Descent or Intermarriage", *loc. cit.*, p. 237-238 et fig. 1.

distinction s'étend aux générations extrêmes (—2 et +2). Elle n'est donc pas exactement *la même* ici et là. On peut expliquer la différence en disant que c'est la formule holiste, la division de la société en deux "moitiés" et l'établissement de la relation fondamentale d'intermariage à ce niveau (ou au niveau des sections) qui exige que la distinction soit continuée au niveau des grands-parents. Encore est-il vrai qu'il faut pour cela qu'elle en soit susceptible, le "croisement" des sexes dans une filiation répétée jouant le même rôle qu'entre des germains par rapport à leurs enfants.[10] Génétiquement il faudrait sans doute inverser les termes: la distinction de croisement peut disparaître entre grands-parents lorsque, comme en dravidien, l'intermariage n'est plus présent au niveau global mais seulement au niveau local. Tout ceci suppose naturellement que nos descriptions sont exactes, qu'en particulier l'image des générations extrêmes en dravidien est bien telle que nous l'avons présentée.

Il faut rappeler que dans le cas Kariera, si conformément à la logique de ces systèmes la distinction de deux sortes de grands-parents entraîne la distinction des deux sexes de grands-parents, elle est liée à la réciprocité des termes, laquelle est liée elle-même à la formule holiste et entraîne à son tour l'oblitération de la distinction de sexe dans la génération des petits-enfants. Telle est la formule la moins inexacte, mais encore bien compliquée, que nous puissions donner de cette remarquable configuration.

D'un point de vue général maintenant, l'hypothèse précédente semblerait pour être confirmée demander que partout où dans un système de ce genre apparaît la distinction des grands-parents elle soit liée, synchroniquement ou non, à une dichotomie sociale, à un dualisme global. C'est là une exigence bien forte. De plus, on a récemment insisté sur le fait que la distinction "parallèle-croisé" peut désigner des choses fort différentes.[11] Cela n'a rien d'étonnant puisqu'elle n'exprime qu'une constatation extérieure, dénuée de *sens*, ou comme l'on dit "analytique". En attendant d'y voir plus clair, il y a lieu de spécifier l'expression et de parler par exemple de cette distinction telle qu'elle apparaît chez les Kariera, ou chez les Iroquois, etc.

Pour conclure, on voit assez ce qu'il y a d'incomplet, de plus hypothétique que définitif dans notre analyse. On espère en fin de compte seulement avoir montré que la différence entre vocabulaire Kariera et

[10] Cf. Lucien Bernot, "Lévirat et Sororat", *L'Homme*, V, 3-4 (juil.-déc. 1965), p. 101-112. L'auteur, dont le propos est un peu différent du nôtre, formule fort clairement le parallélisme et renvoie à Rivers (Buin et Pentecôte).

[11] Ira R. Buchler, "Analyse formelle des terminologies de parenté iroquoises", *L'Homme*, VII-1 (1967), p. 5-31 (p. 23).

vocabulaire dravidien n'est pas insignifiante et qu'elle correspond à la présence ou à l'absence d'un lien étroit entre le vocabulaire et une forme globale de la société telle qu'elle est présente dans les systèmes de sections australiens et absente dans le sud de l'Inde. De même qu'on a insisté sur le fait que dans les systèmes à règles positives de mariage la détermination du conjoint peut être réalisée soit par un système de classes soit par décompte des relations individuelles,[12] de même il y a vraisemblablement lieu de distinguer catégoriquement les cas où une formule globale est présente dans la conscience indigène et ceux où elle est absente. L'entreprise qui consiste, là où des déterminations individuelles ou plus exactement *locales* sont seules en évidence, à prétendre mettre au jour une formule *globale*[13] dont la présence empirique serait impliquée par les premières tend à apparaître une fois de plus, à partir de notre exemple, comme fort problématique.[14]

ÉCOLE PRATIQUE DES HAUTES ÉTUDES

[12] Claude Lévi-Strauss, *Les Structures élémentaires de la parenté*, Paris 1949, *passim*.

[13] Pour une orientation assez semblable, cf. Elman R. Service, "Sociocentric Relationship Terms and the Australian Class System" dans: G. E. Dole and R. L. Carneiro, ed., *Essays in the Science of Culture in Honor of Leslie A. White* (New York, Crowell, c. 1960), p. 416-434. Pour certaines de ses remarques (p. 425-426), cet article aurait dû figurer dans la bibliographie de celui cité ci-dessus à la note 5.

[14] *Addendum:* La figure 4, p. 279, est imparfaite en ce que l'on n'est pas parvenu à faire coïncider toujours les différents usages d'une même terme Kariera. La représentation est tolérable pour Ñuba (en noir), insuffisante pour Toa (en grisé) où la différence de générations est annulée. V. p. 283.

# CONTRIBUTION À L'ÉTUDE DE LA PERTINENCE DE L'ETHNOLOGIE DE LA PARENTÉ

JEAN GUIART

Edmund Leach a récemment[1] passé pour rebelle en s'attaquant au principe sacro-saint de l'unilinéarité en matière de descendance. Cela ne semble pas avoir suffi à répondre à toutes les préoccupations, puisqu'aujourd'hui Jan Pouwer[2] remet en cause la notion même de descendance et que J. P. Epling montre, de façon convaincante, combien, en certains cas du moins, les concepts sur lesquels nous croyions fonder la parenté classificatoire ont peu d'échos dans le comportement quotidien des sujets des observations ethnologiques.[3] Il est bien difficile de rejeter entièrement leurs conclusions.

De même que le linguiste se penche sur une langue n'existant qu'à un exemplaire unique, celui dont témoigne son "sujet parlant", la langue parlée par un tiers n'étant jamais exactement superposable à celle du premier interrogé, de même l'ethnologue s'attache-t-il à décrire des systèmes artificiels, dans la mesure où le comportement quotidien des sujets agissants peut n'être même pas influencé par le schéma déduit de leurs déclarations.

Je porte en moi, depuis de longues années, un remords secret, qu'il m'est nécessaire d'exorciser, né d'une difficulté de plus en plus grande à prendre au sérieux le thème d'une structuration privilégiée de la société au travers d'un système de parenté dit classificatoire. Ce qui fut découverte remarquable me semble devenu religion ésotérique.

Je me souviens d'une après-midi du printemps 1947, où Radcliffe-Brown, avec une bienveillance teintée de mépris, était venu exposer à Paris ce qu'il enseignait depuis bien longtemps: la structure d'une société selon la parenté. Le schéma qu'il fournissait ainsi d'une situation où l'individu n'avait pas de questions à se poser, son comportement étant défini *a priori*

[1] Cf. E. R. Leach, *Rethinking Anthropology* (London, Athlone Press, 1961).

[2] Cf. Jan Pouwer, "Toward a configurational approach to Society and culture in New Guinea", *J.P.S.*, vol. 75, N° 3, p. 267-286.

[3] Cf. P. J. Epling, "Lay perception of Kinship. A Samoan case study", *Oceania*, vol. XXXVII, N° 4, p. 260-280.

par toute relation parentale reconnue avec autrui, m'avait semblé trop parfait, trop aisé pour être réel. Plus tard, dans son *Anthropologie structurale*, Claude Lévi-Strauss devait mettre en doute que Radcliffe-Brown ait poussé aussi loin la logique de son système. Cela semble avoir été pourtant le cas, à certains jours du moins, à l'occasion d'exposés dont la brièveté obligeait à schématiser. De nombreux auteurs ont d'ailleurs échafaudé depuis leurs descriptions comme si les choses fonctionnaient de cette manière.

En vingt ans de contacts annuels avec le même terrain, j'ai patiemment recherché en quels cas il fallait se référer aux systèmes de parenté, dont les schémas s'accumulaient dans mes cartons, pour expliquer les actions des uns et des autres. Je cherche encore. Les systèmes de parenté sont bien sûr attestés, de façon plus ou moins consciente, en réponse à l'enquête généalogique dont Rivers a fourni le modèle, mais on s'y réfère si peu, dans la vie quotidienne, dans l'action ou le discours ... que cela mérite réflexion.

La réponse à l'affirmation de Radcliffe-Brown, selon qui une des fonctions essentielles de la parenté classificatoire était de permettre de définir le comportement prescrit vis-à-vis d'un visiteur, ou d'un étranger, est à rechercher dans l'examen plus minutieux des modalités du dialogue théorique rapporté. Je crois qu'il s'est agi en fait d'une impression due à ce que Radcliffe-Brown a méconnu le sens de l'enquête entreprise à l'arrivée du visiteur dans un camp, et a pris la conclusion du débat, le terme de parenté choisi à titre de référence commode, pour l'essentiel d'une enquête portant en premier lieu sur des termes non généalogiques: les symboles (totems) des groupes sociaux de types divers dont pouvait se réclamer le nouveau venu et la façon dont s'établiraient les correspondances possibles chez les hôtes, la détermination secondaire de la catégorie matrimoniale adéquate devant enfin se traduire par la référence à une catégorie de parenté théorique.

Une des raisons de la si nette préférence marquée par l'ethnologie comparée pour les systèmes de parenté tient à l'accessibilité des matériaux recueillis, pour une grande partie du monde, sous une forme qui semblait rendre possible une comparaison justifiée par la rigueur apparente de sa présentation. Sur le terrain, les termes de parenté et les systèmes matrimoniaux qui peuvent en être déduits représentent le matériau le plus aisé à recueillir dans de bonnes conditions de correction scientifique, et sans qu'il soit nécessaire de connaître la langue vernaculaire. Rivers a été le premier à le démontrer sur une grande échelle, et ses données sur ce plan restent utilisables. La méthode à laquelle on a recours n'est jamais d'ailleurs qu'une variante de celle utilisée en linguistique. On recueille un système de dénominations en même temps que des généalogies, et l'on enregistre des déclarations de principe quant aux comportements supposés être déterminés par les catégories dont l'existence est ainsi dévoilée.

Ce faisant, on se rend plus ou moins compte qu'il ne s'agit jamais là que d'une variante du jeu universel des étiquettes, permettant de catégoriser tout individu, en particulier ici vis-à-vis d'épouses permises ou interdites, celle qu'il prendra en fait n'offrant aucun intérêt. C'est en somme une variante de la situation faite au droit canon par une société s'affirmant chrétienne. Il importe peu que la circulation des femmes ne se déroule pas dans les termes du schéma dont on a vu s'ouvrir les arcanes. C'est le modèle théorique qui compte, pas les arrangements quotidiens avec le ciel, non plus qu'une "circulation des hommes",[4] dont on commence à peine à reconnaître l'existence. N'est-ce pas un peu comme si l'on considérait le comportement politique des Français à partir de la seule énumération des articles de la Constitution en vigueur. On n'aurait là qu'une vue très partielle, l'hypostase d'un lien réel, mais infiniment ténu, avec les comportements concrets; à moins de procéder à tant d'enquêtes corollaires et de vérifications qu'on puisse mettre en évidence les structures politiques réelles de la France, dont chacun sait qu'en partie au moins elles sont faites d'institutions bien vivantes dont il est malséant de parler. Un observateur persan s'étonnerait de voir qu'il n'est aucun homme, ou parti politique, qui ne se proclame le défenseur des lois fondamentales du moment et n'accuse ses adversaires de les violer, et qui ne les trahisse dès qu'il est au pouvoir. Si elles étaient sincères, les mémoires des protagonistes nous éclaireraient sur la façon dont les véritables règles du jeu sont, à la fois, et sous-entendues, et connues de tous.

En politique comme dans le choix d'une épouse, on devra sacrifier à un romantisme de bon ton permettant d'user d'un langage convenu pour traduire des mouvements intérieurs moins esthétiques, mais la décision sera une question d'opportunité ou de rapport de forces. Les émotions s'insèrent aisément dans la commodité. La conjonction de deux salaires d'enseignants permet aujourd'hui d'envisager chez nous une vie conjugale matériellement moins difficile; et l'on croit ainsi avoir échappé aux préjugés bourgeois de la génération précédente, alors qu'on s'est contenté de s'adapter comme on a pu à une situation économique et à la logique des échelles de salaires du moment.

Les sociétés dites primitives ne présentent pas plus de calculs, et pas

[4] Elle coexiste en fait avec la circulation majoritaire des femmes. Ce système, hypothétique selon Lévi-Strauss, est attesté de façon diffuse.

moins de sentiments. Leurs systèmes de référence sont autres, de par la différence des conditions géographiques, écologiques, et de par celle des structures économiques. Mais elles s'arrangent aussi bien que les nôtres de l'indifférence vis-à-vis des principes à chaque fois que cela est opportun, nécessaire, ou ... réalisable. Le recours à la théorie admise et proclamée peut servir d'alibi à un abus de pouvoir; son oubli peut en rendre un possible; tout dépend des conditions concrètes où sont placés les individus en cause, de l'addition des constellations de leurs relations sociales effectives, de leur pouvoir économique ou politique relatif, de leur statut traditionnel et de sa valeur opératoire, de l'ambition des partenaires, des implications matérielles des échanges et prestations à prévoir, de l'état démographique des groupes en présence, des ambitions spécifiques de certains et de l'indifférence ou non des autres vis-à-vis d'elles, de la somme des expériences individuelles, des sentiments et de la personnalité des intéressés. Tout cela peut, entre autres, faire, ou défaire, un mariage. La référence au système théorique entre en jeu, bien sûr, quand cela ne serait qu'à titre négatif, parce qu'on a décidé de ne pas s'en préoccuper.

Là gît peut-être la difficulté. A moins de décider *a priori* de se satisfaire des constructions formelles offertes et de la recherche des lois psychologiques qui pourraient les déterminer, l'étude des mariages en tant que tels est on ne peut plus décevante. L'enregistrement des discussions familiales à ce propos donnerait matière à de multiples romans balzaciens. L'exotisme tend à disparaître dès qu'on s'efforce d'échapper aux références formelles et aux quelques rites ou variantes d'institutions d'aspect local. Quant à la vie des ménages, mieux vaudrait n'en pas parler. C'est la même banalité que chez nous, compte tenu des conditions matérielles au travers desquelles il lui faut bien s'exprimer. Il faut s'appeler Margaret Mead, et posséder une admirable capacité pour l'aventure en matière de pensée, pour évoquer un univers des sexes radicalement différent du nôtre.

On pourrait schématiser en disant que les discussions spécialisées sont nées de l'existence, ou de l'absence, d'un mariage entre "cousins croisés", et que ce terme a pris depuis une valeur quasi magique, devenant le "sésame ouvre-toi" de l'ethnologie.

J'ai été élevé à croire à la présence d'un mariage préférentiel entre cousins croisés en Nouvelle-Calédonie, fondement des relations de *boru*, issu de la relation dite *nya*, relation dont Maurice Leenhardt, suivant en cela ses informateurs, avait fait le point de départ de son analyse de la société "canaque". Depuis, Pierre Métais, se fondant sur les mêmes données, non vérifiées, a bâti sur leur commentaire l'essentiel d'une thèse de Doctorat d'Etat. Le moyen de vérifier ces assertions, pour la vallée même de Houaïlou, avait été établi par Maurice Leenhardt lui-même: c'est un recensement exhaustif de la vallée de Houaïlou, réalisé avant 1920, et sur trois générations, à une époque où la vie coutumière avait subi peu d'atteintes, sur ce plan du moins; ce recensement, laissé par M. Leenhardt à ses successeurs, fut retrouvé aux ordures et sauvé. Ce document essentiel, et unique, une fois analysé, permet de décrire une situation inattendue. Les mariages dont les coordonnées sont attestées clairement, au nombre de 73, se répartissent ainsi:

| | |
|---|---|
| — entre cousins croisés classificatoires | 7 |
| — entre cousins croisés réels | 2 |
| — entre cousins parallèles | 1 |
| — entre issus de cousins croisés | 2 |
| — mariages endogames (à l'intérieur du même *mwaro*) | 4 |
| — mariages hors système, à l'extérieur de la parenté | 54 |

Pour une population qui se situe autour de plus ou moins trois mille habitants, le mariage prescrit se serait ainsi réalisé dans 12% seulement des cas. J'ai pensé alors, ayant recueilli des témoignages allant dans ce sens, que le mariage de cousins croisés représentait une "norme culturelle", par référence à une forme de justification idéologique de certaines chefferies. Ce serait le cas, un peu plus au nord, des chefferies du réseau Naacuwe, et cela correspond d'ailleurs, en pays Paci, au symbolisme parental affecté aux moitiés Bay et Dwi.[5]

Or, si l'on établit, sous forme de tableau, et selon les principales catégories établies ci-dessus, le réseau des mariages relevés on s'aperçoit, qu'à l'exception des Neporo, presque toutes les chefferies principales et moyennes des vallées de la Neawowa, de la Houaïlou, de la Tü, de la rivière de Bwa et de la presqu'île de Mévégon, pratiquent des alliances matrimoniales hors de la parenté. Certains clans semblent se spécialiser, quoique non exclusivement, dans le mariage entre cousins croisés; ce sont des groupes établis de part et d'autre de la ligne de partage des eaux, entre les versants est et ouest de la Grande Terre, en relation d'identité avec d'autres clans, établis en même position, des régions de Bourail, Moindou et Kouaoua. La connotation est géographique plutôt que traditionnelle — en dehors du cas des Mi, qui s'identifient aux Wabealo de Koné (réseau Naacuwe) — et pourrait correspondre à la recherche d'une forme de solidarité échappant aux vallées basses. Les mariages endogames se trouvent presque exclusivement chez les KavieReneva et les Neowau, établis,

[5] Cf. notre *Structure de la chefferie en Mélanésie du Sud* (Paris, Institut d'Ethnologie, 1963).

autrefois en un habitat moins dispersé qu'aujourd'hui, entre Wakaya et Bwerare, au sud de la rivière de Houaïlou. Quoiqu'il en soit, les raisons de ces différences sont à rechercher, selon nous, à l'extérieur de la parenté. Malheureusement, les spoliations foncières et les regroupements intervenus du fait de la colonisation et du cantonnement des autochtones à l'intérieur de "réserves" exiguës, sur les plus mauvaises terres, empêchent à l'heure actuelle de dresser un compte exact de la proportion des mariages uxorilocaux et des mariages virilocaux, l'un ou l'autre cas pouvant naître de l'opportunité récente, le manque de terres tendant tout au moins à maintenir le taux des unions accompagnées d'une installation sur les terres de la famille de l'épouse; de tels arrangements, pouvant s'effectuer à l'intérieur d'un même village de regroupement, n'apparaissent pas au seul niveau du recensement. A moins d'une analyse effectuée cas par cas, les chiffres seraient ici trompeurs.

Un exemple se plaçant aux antipodes d'une relativité si difficile à interpréter est celui fourni par les structures de parenté de l'Ouest et du Nord de l'île d'Ambrym, au centre des Nouvelles Hébrides. A. B. Deacon y avait décrit un système de six classes matrimoniales et rapportait comment un informateur du village de Baalap (ou Baiap), village aujourd'hui adventiste, au sud-est de Craig Cove, lui avait dessiné sur le sable un schéma opératoire du système. Deacon avait cru comprendre qu'il s'agissait d'un système clos, en chaque point identique, et que l'on devait retrouver à chaque fois les six classes non nommées. C'était là, dans une certaine mesure, méconnaître la faculté d'abstraction des gens du lieu. Vingt-cinq ans plus tard les gens de la région confirmaient et complétaient les généalogies recueillies par Deacon, mais se refusaient à admettre l'existence d'un système matrimonial à six classes localisables. Une analyse mathématique, malheureusement inédite, due au Professeur Guilbaud, portant sur l'ensemble de la région, a permis de démontrer que, par contre, tous les mariages enregistrés correspondaient à un système général, sans frontières locales, où tout choix était celui qu'aurait rendu possible un système à six classes, dont aucune n'était localisée, ni même matérialisée. Le schéma proposé par l'informateur de Deacon et ceux construits par un habitué de la mathématique des ensembles procédaient du même type de raisonnement. Il s'agissait donc bien d'une structure, plus ou moins consciente chez la plupart des intéressés, qui modelait des comportements réels et correspondait à l'habitude bien ancrée de prendre femme dans une autre région linguistique que la sienne, habitude essentielle au maintien des itinéraires d'échange et de transmission des traits culturels, établis entre Malekula, Ambrym et Pentecôte, essentielle à la conservation de relations paisibles d'un district à l'autre, grâce à la solidarité prescrite entre alliés et au rôle d'agent de renseignements joué par les sœurs exportées au loin. La trahison féminine est un des principaux facteurs évitant l'extension des querelles en guerres généralisées, et la transformation d'inimitiés locales en tentatives de massacre. La survie des membres du groupe est étroitement liée à toute institution assurant que les menaces physiques restent à un niveau tolérable, et que les morts violentes ne se multiplient pas dangereusement. Les mariages assurent un des principaux moyens d'aboutir à ce résultat. Ici encore, la structure de parenté ne saurait être considérée, même établie et justifiée, comme relevant du seul aspect formel des choses. L'état de paix réel, en milieu païen, qu'explique le système matrimonial attesté par Deacon, apparaît d'ailleurs en liaison avec une autre institution bien établie localement, celle du règlement des vengeances au travers de la sorcellerie.

Ainsi la fréquentation d'une même population sur une longue période amène-t-elle à réviser les notions reçues lors d'un premier contact. Il faut parfois des années pour voir comment celui qui affirme la fidélité à un cadre conceptuel ne s'y conforme pas, et reconnaître le volontarisme et les raisons de ses manipulations, la référence inattendue à d'autres cadres que l'on pourrait croire inconscients. Que des individus favorisés par les circonstances et l'intelligence puissent trouver en eux-mêmes les ressources nécessaires pour mobiliser à leur profit les cadres opératoires de l'inconscient collectif pourrait surprendre si l'on ne savait que l'expression mythique de ce dernier constitue un langage symbolique compris par beaucoup, et qui n'est pas si inconscient que cela dès qu'il intervient au niveau de la vie quotidienne.

L'existence d'un modèle affirmé au niveau de la parenté peut permettre des applications commodes au plan politique, par exemple lorsqu'il s'agira d'imaginer une structure pour asseoir une autorité nouvelle, de répartir et d'authentifier des fonctions symboliques au sein d'une cour de dignitaires improvisée de toutes pièces. L'aboutissement d'une telle évolution peut être trouvé dans la vision de la société tongienne que nous présente le regretté Gifford,[6] qui s'appuyait sur les informateurs que lui avait fournis la famille royale actuelle, et selon lesquels la répartition des tâches et des statuts dans l'archipel s'établit selon un modèle généalogique impliquant une transmission patrilinéaire, la primogéniture et l'application de la loi salique. Plus on est éloigné, généalogiquement, du Tui Tonga,

[6] Cf. Gifford, *Tongan Society* (= *Bernice P. Bishop Museum*, Bull. 61) (Honolulu, 1929) et J. Guiart, "Un état palatial océanien: l'empire maritime des Tui Tonga", *in* notre: *Structure de la chefferie en Mélanésie du Sud* (Paris, 1963), pp. 661-79.

plus on est rejeté dans le commun du peuple, à moins de réussir à rattraper, au bénéfice de ses enfants, cet accroissement linéaire, d'une génération à l'autre, de la distance parentale par rapport au sommet, par un mariage approprié avec une femme de haut rang. Maintenue en filigrane, la descendance en lignée maternelle conserve en prestige dominant ce qui lui est refusé en pouvoir effectif, la meilleure épouse possible étant une fille aînée, de rang supérieur à son frère, même si ce dernier est le Tui Tonga. La thèse des informateurs se trouve ainsi équilibrée au profit de la proposition d'Edmund Leach. D'ailleurs le travail récent d'un chercheur japonais amène à penser que le modèle royal est aussi peu éloigné du fonctionnement concret de la société tongienne au niveau du village que le fonctionnement de la tenure foncière tend à échapper aux règles strictes édictées par la Constitution du pays.[7]

Ne devrait-on pas faire remarquer que l'Anthropologie sociale anglo-saxonne, trop exclusivement axée sur l'analyse des systèmes de parenté, apparaît comme une déformation de gens voués depuis l'enfance à un système généalogique comportant la primauté de l'aîné et la solidarité de la classe d'âge? Née républicaine, l'ethnologie française, jusqu'à il y a peu d'années, s'était naturellement engagée sur d'autres voies. D'un simple point de vue d'efficacité dans la recherche, on peut se demander s'il vaut bien la peine de continuer à consacrer l'essentiel de l'activité d'une discipline à des discussions portant sur des systèmes matrimoniaux et de parenté, discussions dont le dernier avatar n'est jamais que la traduction d'un système symbolique dans un autre, beaucoup moins précis et qui n'apporte rien de véritablement utile.

A l'époque où l'ethnologie britannique — et Radcliffe-Brown en particulier témoignait à ce sujet de vues aussi fermes que prudentes — cherchait à exister sans se mettre au service d'un système colonial, l'attachement préférentiel à l'analyse de systèmes symboliques déduits des structures parentales permettait d'acquérir à bon compte une conscience en repos, L'expansionnisme américain d'après 1945 a provoqué outre-atlantique un intérêt renouvelé pour le même sujet, et pour les mêmes raisons. La décolonisation réalisée par la France devrait nous permettre d'entendre avec sympathie les rares voix qui s'élèvent pour une remise en cause des thèmes rebattus de l'ethnologie.

Je ne veux pas dire qu'il faille brûler les idoles pour réhabiliter le seul quotidien. Nous ne sommes en réalité pas concernés par les hommes en tant que tels, mais par les circonstances, par ce qui crée des apparences

[7] Cf. Machiko Aoyagi, "Kinship organisation and behaviour in a contemporary Tongan village", *J.P.S.*, vol. 75 N° 2 (Wellington, June 1966), pp. 141-176.

différentes de ce à quoi nous sommes habitués. Il n'y a d'ailleurs qu'à voir comment, et combien, les comportements s'adaptent vite dès que se transforment les circonstances, par exemple, au travers des premiers contacts européens prolongés (emploi au loin), par l'installation à la ville, ou par l'enrichissement sur place: chez les planteurs de cacaoyer de Nouvelle-Guinée (les Tolai de Nouvelle-Bretagne en sont l'exemple le mieux documenté) ou de Côte-d'Ivoire.

La subtilité des relations entre belle-mère et belle-fille, dès lors que le ménage en commun est obligatoire et sans issue, n'offre pas d'intérêt scientifique essentiel, tant on pourrait en discerner, à l'avance, les nuances logiques, en tenant compte de tous les facteurs en présence. Par contre, l'utilisation de cette même relation, par les intéressés ou par autrui, à l'intérieur du *cursus honorum* local, nous importe au premier chef. L'ethnologie est, tout d'abord, science de la spécificité.

C'est à ce niveau que nous sommes bien obligés de rechercher à quoi a obéi le choix de chaque épouse, en dehors de la conformité possible à un mariage préférentiel — on pourra toujours réarranger la "parenté" pour le justifier *a posteriori* si cela devenait nécessaire. On a très bien pu se contenter de ce qui s'est révélé possible, après plusieurs tentatives de négociations infructueuses. A qui s'est-on adressé? Mais aussi à qui ne s'est-on pas adressé, et pourquoi? Même s'il y a système, il y a possibilité de jeu et le mariage fait n'est jamais que l'un de ceux théoriquement possibles. D'où l'intérêt des mariages polygames, ou des mariages multiples.

Si la notion de mariage préférentiel s'inscrit dans la logique d'un système de parenté, et si l'un peut être déduit de l'autre, dans la mesure où le permet la précision de l'information recueillie, la réciprocité des prestations, de l'alliance, ne saurait être démontrée que par les faits. Pour reprendre notre premier exemple, la vérification des schémas théoriques de Maurice Leenhardt aboutit à mettre en évidence une situation concrète dont la structuration est tout autre que celle postulée et doit être recherchée dans des réseaux d'identification et de solidarité où la référence à l'idéologie parentale n'est pas exclue à usage de nomenclature, en dehors même de tout lien généalogique. Dans ces conditions, il n'y a guère de sens à décrire une situation comme dominée par telle relation réciproque de parenté, ou par la rivalité entre individus bénéficiant de relations réciproques complémentaires, ou opposées, suivant le point de vue. Ce ne sont là que des "possibles", des tiroirs qui ne seront peut-être jamais ouverts, et pour l'ethnologue des alibis.

L'état sanitaire de nos "victimes", et cela même aujourd'hui, n'est pas tel qu'elles soient assurées de pouvoir établir les relations "correctes" avec les “vrais” parents. On a bien plus de chances d’être confronté avec des parents éloignés, physiquement ou par le sang, de se retrouver orphelin et élevé, ou adopté, par autrui, dans une situation où le modèle parental n’offre guère de contraintes effectives. Au vingtième siècle, et dans une famille de médecins des deux côtés, je n’ai connu que ma grand-mère maternelle, aucun oncle paternel, et des oncles utérins lointains et peu redoutables. Les relations observées, en Nouvelle-Calédonie, à Lifou ou aux Nouvelles-Hébrides, entre oncle et neveu utérin vrais — quand elles pouvaient exister concrètement, si l’éloignement géographique, ou la mort d’un des partenaires, ne les avaient distendues ou rendues impossibles — n’étaient revêtu d’aucune automaticité. Le comportement des uns ou des autres dépendait de leurs désirs à satisfaire, à court ou long terme, de leurs craintes, de leurs oublis, de leur passivité, de leur dynamisme. On pouvait se réclamer de tel aspect du comportement affirmé comme prescrit. Mais la censure sociale vis-à-vis de la négligence ne dépassait pas le niveau du commérage occasionnel, à moins de servir d’arme dans une campagne visant un but précis. Beaucoup dépend, comme ailleurs, de l’épouse, de ses habitudes affectives, de son adaptation au milieu familial de l’époux, et surtout de qui l’intéressé estime utile de fréquenter et d’honorer. Prétendre qu’un système de parenté gouverne la vie sociale, c’est un peu comme si l’on affirmait que notre comportement obéit aux manuels de civilité en usage à la Belle Epoque. C’est nier l’infinie variété des choix individuels pour tomber dans le piège que les informateurs nous ont tendu, désireux de satisfaire à bon compte une curiosité professionnelle dont ils craignent de ne pas connaître les limites, alors qu’ils ont su déceler la satisfaction que nous donne tout ce qui reçoit apparence systématique.

Ce qui ne veut pas dire qu’il faille nier l’intérêt de l’étude des systèmes de parenté classificatoires. Mais je me refuse au déterminisme qu’on leur attribue sans preuves. Il est concevable d’y croire au terme d’un premier contact, mais pas au bout de plusieurs années. Tout système de parenté n’est en réalité qu’un langage spécialisé et supplémentaire, et comme tel, de par sa nature même, il se rèvèle, dans sa forme du moins, comme en grande partie indépendant du concret et du quotidien. Vouloir le constituer, et pour la plus grande part, comme un infaillible Décalogue, est à la fois faux, dans la mesure où ce qui est proposé comme prescrit à notre naïve confiance n’a jamais le caractère obligatoire supposé — il suffit de se mettre dans une situation où la règle ne saurait jouer, et les circonstances s’en chargent bien souvent —, et vrai, dans la mesure où la parenté classificatoire n’est autre chose qu’un système de symboles, dans tous les sens de ce mot. Il y a d'ailleurs une contradiction dans les termes à vouloir qu'un système de parenté soit à la fois une contrainte et un arrangement de symboles doués, en tant que tels, d'une vie propre et dont la diachronie s'explique, en grande partie au moins, sans grande référence au reste du donné social. C'est là, peut-être bien, pourquoi le monde anthropologique anglo-saxon répugne tant à accepter les principes méthodologiques de traitement de la parenté offerts par Claude Lévi-Strauss, par référence aux découvertes de la linguistique structurale. Il faudrait abandonner l'évangile de la parenté, qui a si bien nourri déjà trois générations de spécialistes.

Quels que soient les démons personnels que chaque ethnologue cherche à exorciser, la discipline à laquelle il se rattache reste de tradition juridique. Il n'est que de se rappeler comme on a pu voir dans la prohibition de l'inceste une institution universelle, sans même examiner la fonction concrète de l'inceste, vrai ou entre parents classificatoires, dans les sociétés étiquetées comme l'interdisant. Malinowski avait déjà cité des cas aux Trobriands. Il n'est pourtant même pas besoin de considérer, ainsi qu'il le faisait, les gens en état d'infraction comme ayant eu recours à un artifice suprême. Il n'est que de voir le prestige réel de ceux qui, pratiquant l'inceste, ne s'en portent pas plus mal, pour y trouver la manifestation d'une recherche de puissance bafouant les règles communément admises. C'est un comportement d'ambitieux doué de caractère et à qui les voies habituelles ont pu être fermées. Le défi porté à la morale théorique du groupe vaut affirmation à la fois de la force de l'individu et de la faiblesse de la collectivité. Il ne faut pas oublier non plus quel rôle peut jouer l'accusation d'inceste dans une rivalité politique, même si l'épouse en question est une parente classificatoire interdite très éloignée, ou n'est sœur que par attribution et non par la naissance. Est-il d'ailleurs si facile d'échapper à l'inceste dans un groupe restreint d'hommes et de femmes à courte espérance de vie? La prohibition de l'inceste fait partie de l'idéologie; on s'y attache dans la mesure où l'échange de femmes est possible entre deux groupes ne manifestant pas de lien de parenté; l'exogamie peut aller fort bien de pair avec une forme d'inceste classificatoire s'il s'agit de groupes apparentés, et le seul moyen de l'éviter se trouve dans un renouvellement constant des alliances matrimoniales, ce qui évite le ridicule d'une manipulation des classifications parentales. Jan Pouwer a montré qu'une autre solution à ce dilemme peut être trouvée dans l'indifférence vis-à-vis du principe de descendance et le mépris des généalogies. Il a ainsi le premier apporté une analyse systématique, et une explication, au-delà même de la Nouvelle-Guinée, de la méconnaissance, si générale en Mélanésie, de la précision généalogique en deçà et au-delà des générations en vie.

Partant de l'importance si justement accordée par Marcel Mauss à l'échange — car quelle vie sociale pourrait fonctionner en refusant cette institution fondamentale — nous avons tendance à croire que les sociétés dévolues à l'ethnologie sont celles où les modèles avoués de l'échange matrimonial sont les plus astreignants. On n'explique pas, si même on les cite, les cas où un mariage préférentiel affirmé co-existe avec une forme majoritaire d'échange généralisé, avec une recherche têtue d'échapper à la parenté dans le choix de son épouse. Le même informateur donnera, à la suite et de bonne foi, les catégories préférentielles ou interdites sur le plan matrimonial et une généalogie montrant des successions de mariages hors système.

La société du Nord Malekula pratique le mariage au loin, hors du groupe linguistique, par importation de toute petites filles qui seront élevées avec leur fiancé par les parents de celui-ci. Cette forme d'exogamie pourrait être trompeuse. L'échange de femmes pourrait être considéré tout simplement comme établi à un niveau démographique supérieur aux groupes immédiatement voisins, se plaçant ainsi dans un ensemble rassemblant environ 3.000 individus au lieu de 1.500. Le définir comme un mariage à l'extérieur de la parenté pourrait même se révéler scientifiquement contestable au terme d'une étude exhaustive de génétique humaine. Les participants expliquent tout uniment que la distance recherchée est celle qui découragerait une fugue de l'enfant. Cette même distance pourrait tout aussi bien défavoriser toute tentation d'interférence de la belle famille sur le plan politique ou celui de la dévolution foncière. Comme les futurs époux sont élevés comme frères et sœurs, on pourrait voir là une forme d'inceste symbolique. Nous n'irons pas si loin, nous contentant de noter que ces mariages échappent à la notion d'alliance politique ou militaire. Par contre ils assurent au loin, dans la belle famille ou ses proches, la sécurité du voyageur sur les itinéraires qui sont ceux là même de la transmission des traits culturels et des échanges traditionnels de biens. Le choix de l'épouse s'intègre ainsi dans un système de relations sociales et économiques où les facteurs biologiques n'entrent pas dans les calculs.

Une fois donnée la sécurité des relations entre individus, d'une unité linguistique à l'autre, une fois organisée la stratégie des déplacements au loin en fonction des traits culturels à emprunter ou des biens matériels qui ont la faveur du moment — la mode peut changer et obliger à l'inversion géographique des contacts souhaitables — on en arrive à penser que, dans une conception globale du comportement social, et dans des sociétés technologiquement stables, la quête passionnée du prestige puisse être un facteur des plus déterminants.

Vis-à-vis du groupe voisin, et donc de l'ethnologue aussi, la rigueur d'un modèle théorique affirmé, ou suggéré (et l'enquêteur croira facilement à son monopole d'une déduction dont les éléments lui auront été fournis) peut naître d'une recherche de puissance. Il y a des idéologues et des théologiens partout, qui pourront vouloir, d'eux-mêmes ou par tradition familiale, faire coïncider les mariages avec la théorie ou reprocher à autrui de ne pas l'avoir fait. Ils peuvent y avoir un intérêt plus immédiat si l'affirmation d'une règle peut aider à l'affermissement d'une autorité. A ce moment l'échange formalisé n'est plus seulement lié à une règle d'exogamie, mais à tout un ensemble institutionnel fluctuant, dépassant largement le seul problème du mariage.

Le choix du terme "exogamie" n'est d'ailleurs que notre traduction du phénomène, une des moins satisfaisantes et des plus primitives de nos tentatives de synthèse. Exogamie par rapport à qui? On s'est, sur ce point, surtout contenté d'affirmations. Dans le cas du Nord Malekula, faudrait-il parler d'exogamie de groupe linguistique ou d'endogamie de région naturelle? Les plus intéressés à l'affaire ne s'encombrent pas d'un concept aussi peu satisfaisant. S'il y a circuit d'échange de femmes — le seul hasard se chargerait d'introduire une apparence de régularité au bénéfice de l'observateur — il s'établit sur toute la région du Nord Malekula et des petites îles émaillant sa bordure orientale. L'introduction sur cette bordure du christianisme et de certaines formes d'économie monétaire a faussé le jeu, par l'arrêt de l'envoi de femmes dans les collines païennes et l'absorption par les groupes côtiers de ceux qui acceptaient à la fois de prendre épouse et de recevoir le baptême, ainsi que par le massacre de certains groupes intermédiaires au cours des premières années de la vente d'armes à feu aux plus proches habitants des mouillages. La vérification n'est plus possible.

Elle l'est par contre dans le centre des Nouvelles Hébrides, où la christianisation et l'évolution économique globale, ont assuré le maintien jusqu'à nos jours des éléments essentiels gouvernant le mariage: tenure foncière (on oublie trop qu'il s'agit de paysans) et itinéraires privilégiés affectés à l'émigration individuelle des hommes non mariés. Dans les petites îles de l'archipel des Shepherds on trouve institutionnalisée une forme de sanction sociale de l'inceste, sous la forme d'un rite le rendant licite si besoin est; on y trouve aussi bien ancrée l'habitude de choisir dans les diverses versions possibles de la parenté d'un individu (en ce qui concerne la nomenclature appliquée) celle qui correspond à l'interprétation la moins gênante de son mariage par rapport aux prohibitions théoriques ainsi qu'aux allusions et aux objections que pourrait soulever un étranger. Le nombre des introductions d'épouses, ou d'époux, dans une île est réduit au minimum compatible avec la santé biologique, et se fait en provenance régulière de lieux précis sur d'autres îles, où se pratique la même politique à l'égard de fournisseurs différents. D'un point à un autre, on pourra être reçu en cours de déplacement, et l'on pourra assurer les échanges d'objets voulus ou la participation à des voyages ou à des entreprises guerrières et maritimes collectives, se fondant à chaque fois sur la solidarité entre alliés.

Sur Efate et les îles environnantes, les interdits matrimoniaux étaient liés à un système de symboles, correspondant à des catégories exogames dispersées à travers toute la région, de sorte que le fils pouvait se réclamer à la fois de l'appartenance de sa mère, qui était la sienne propre, et de celle de son père (qui était celle aussi de la mère de ce dernier), et s'assurer ainsi un abri ou un refuge en chaque lieu habité. A la dispersion des symboles attribués s'ajoutait l'éclatement de la tenure foncière, jamais d'un seul tenant, ce qui assurait aussi la dispersion des inimitiés et des solidarités, en empêchant la constitution de groupes militairement cohérents tentés de se lancer dans des entreprises de conquête et de liquidation physique. Ici encore l'échange matrimonial et l'exogamie ne constituent qu'une des facettes de tout un ensemble institutionnel et opératoire. L'état réel des habitudes matrimoniales en Nouvelle-Calédonie peut s'interpréter de la même façon, puisqu'en réalité le schéma de l'alliance exclusive est inopérant, représentant un principe dont on s'écarte systématiquement, l'expérience montrant d'ailleurs que la trop grande cohérence politique de groupes alliés conduisait aux entreprises de conquête (Cf. l'expansion des gens de langue Paci sur la côte ouest de Nouvelle-Calédonie avant l'arrivée des Français, et la geste de Godu et de Poindi Pwacili[8]).

On a tant voulu que les peuples de l'ethnologie soient différents de nous qu'on en est arrivé inconsciemment à croire que leur comportement ne pouvait être régi par des règles de bon sens. La théologie de la femme-sceau et du don de l'épouse avait pour but, en pleine époque coloniale, de réhabiliter le primitif. Ainsi ennobli, ce dernier n'en était pas devenu plus vrai que le mauvais ou le bon sauvage. Ceux qui décident d'un mariage ont continué à penser élevage de porcs, augmentation du troupeau,

[8] Cf. notre *Structure de la chefferie*, pp. 101-110.

cocotiers, ignames, bâton de vieillesse, apport foncier, placement du cadet et nécessité d'assurer la survie de la lignée sur une terre déterminée, sans penser ni à l'exogamie ni à la prohibition de l'inceste dont nous leur avions fait un blason.

Combien est vrai, ainsi, le principe affirmé par Claude Lévi-Strauss dans ses *Structures élémentaires de la parenté* (p. 598): ne pas isoler arbitrairement une relation de toutes les autres! Ne convient-il pas d'étendre ce principe — aujourd'hui où s'est élargie considérablement notre information dans le détail des faits — pour se confronter à la fois à tous les niveaux de la vie sociale, à l'image des pères, grands-pères, grand-mères, oncles et tantes réunis pour la mise sur pied (et le financement) d'un mariage? Ces gens ont fait, ou font encore, les mêmes calculs que nos pères, et tout aussi prosaïquement. Ils ne sauraient être mus mécaniquement par des impulsions inconscientes, ni trembler à l'idée de violer une loi universelle. Les Trongadjo d'Ouvéa aux Iles Loyalty ont ainsi su, au long de deux siècles déjà, organiser leurs mariages successifs pour devenir, en parcelles dispersées, les plus gros propriétaires de terres à cocotiers de l'île. Pourquoi seraient-ils les seuls à présenter de tels comportements?

Il aura fallu six cents pages de texte imprimé et une série de démonstrations d'une rigueur inhabituelle, pour que Claude Lévi-Strauss puisse réintroduire le sens commun dans un problème embrouillé à plaisir par les spécialistes. Pourquoi Margaret Mead, citée par ce dernier, a-t-elle tenté de provoquer des jugements arapesh sur l'inceste, alors que manifestement ses interlocuteurs ne s'en préoccupaient nullement? Parce que le public spécialisé de l'époque croyait encore tenir là une notion fondamentale. La réponse arapesh fut d'insister sur la nécessité économique d'avoir des beaux-frères qui puissent être solidaires de soi. Cette réponse nous paraît fondamentale.

La nécessité du beau-frère, qu'il soit indépendant parce qu'éloigné, ou étroitement dépendant parce qu'installé chez l'épouse, correspond au fait évident, chez des paysans, que les tensions maxima s'établissent entre frères, du fait de l'inégalité des prestations entre aîné et cadet, du fait aussi des modalités, hypothétiques ou réalisées, du partage, ou de la répartition d'usage, des terres. La petite histoire quotidienne du Pacifique est parsemée, en tous sens, de départs en exil de frères aînés, ou cadets, ayant perdu la partie engagée entre eux, mais s'en allant, à pied ou en pirogue, sur des itinéraires déjà jalonnés par des mariages, des départs ou des venues antérieurs. Tout cela se retrouve d'ailleurs dans notre propre histoire, trop méprisée pour qu'on y ait cherché des éléments de compréhension là où l'exotisme des choses et des circonstances avaient fait oublier que les protagonistes étaient nos semblables.

Sachant que la présence et l'assistance matérielle du frère risquent de ne durer qu'un temps, si elle n'est déjà menacée par le manque de cordialité des relations entre épouses de frères, on fait la part du feu, prenant une assurance sur l'avenir, fondant les relations entre beaux-frères sur l'équilibre des prestations, à l'image de l'échange de sœurs constituant la forme de mariage la plus communément souhaitée.

C'est un fait d'expérience pour nous que l'échange de sœurs est beaucoup plus souhaité que celui qui nécessite deux générations pour s'accomplir. Que de querelles et de protestations contre des promesses non tenues n'ai-je pas vues au lieu de l'alliance harmonieuse prévue par le schéma? Que deux groupes se déchirent autour d'une "petite môme" qui n'en peut mais, à qui l'on imposera en fin de compte un mari barbon ou qui le sera à la consommation du mariage, et que le sort de la première puisse être réglé par le nombre de porcs disponibles pour compenser un échange impossible, serait cruel si le sérieux des négociateurs, et le drame qui les habite, ne recouvrait l'angoisse de voir disparaître leur nom, changer de mains leur terre, et désertées leur tombe et celles de leurs pères. Qui dira la quête infructueuse, par monts et par vaux, de celui qui n'a pas de sœur pour l'échange, ni les porcs de la compensation, et pas de recours possible à une autorité capable d'imposer un circuit plus long? La tragédie du mariage est là, dans la relation qui ennoblit le coït à venir en liant son accomplissement provoqué au devenir de la possession du sol. Si d'aventure un vieillard, assis dans la chambre nuptiale, vérifie que la nuit de noces a bien vu s'accomplir l'acte de chair roule la natte au matin et l'emporte au dehors, afin de rendre publique la preuve, réelle ou apparente, de la virginité de l'épouse, ce n'est pas tant par gaillardise que parce qu'il s'agit d'une chose infiniment sérieuse: de la transmission de la terre, des biens, des appartenances et des privilèges, du nom. L'alliance n'est là qu'un épiphénomène, le terme de courtoisie usité vis-à-vis des donneurs de femmes, dont on ne saurait se passer, ce qui n'empêche qu'on les soupçonnera volontiers d'avoir mal élevé leur fille, sinon même d'avoir "fourgué" une femme incapable de descendance. Hormis les mariages destinés à l'affermissement d'une ambition, traditionnellement justifiée ou non, pour lesquels importe la virginité de la fiancée, du moins si elle est de rang élevé, les filles-mères font prime sur le marché, assuré qu'on se croit de leur qualification de reproductrices. Il n'y a pas d'alliance sans progéniture, puisqu'il n'y aurait personne pour en témoigner, et le sceau en est l'enfant beaucoup plus que la mère.

Dans son *Anthropologie structurale*, ouvrage dont la densité de pensée fait qu'il n'est pas possible de progresser sans s'affronter à ses pages, Claude Lévi-Strauss apparaît proposer des vues qui nous semblent apporter certaines nuances aux conclusions des *Structures élémentaires de la parenté*. "On se tromperait", dit-il, "en croyant que dans toute société, le système de parenté constitue le médium principal par lequel se règlent les relations individuelles; et même dans les sociétés où ce rôle lui est dévolu, il ne le remplit pas toujours au même degré." On a trop négligé cette phrase essentielle. Les matériaux disponibles pour l'anthropologie comparative ne se prêtent guère à son développement; les auteurs persistent à présenter les systèmes d'attitudes sous forme normative, sans que les exceptions soient reconnues pour ce qu'elles sont: le moyen de réintroduire une attitude scientifique dans des descriptions, qui, pour reprendre l'analogie linguistique, relèvent largement d'une attitude semblable à celle des grammairiens d'Alexandrie, dont les catégories continuent à régenter l'enseignement scolaire des langues mortes et vivantes.

En nous référant à ce que nous avons cherché à montrer plus haut, on pourrait critiquer la notion, proposée par Lévi-Strauss, d'un système des attitudes parallèle à celui des appellations. Dire que le premier constitue une intégration dynamique du second dans la vie sociale est un moyen de répondre à l'avance à nos objections. Nous dirions, quant à nous, que le système des attitudes n'est pas plus réel que celui des appellations, dont il offre le commentaire, ou l'illustration, en comportements imaginés ou hypothétiques; leur description par les informateurs constitue un piège de plus placé sous les pas de l'ethnologue; nous y sommes tombé comme tout le monde. Mais il s'agit là aussi d'un système formel proposé par ces premiers théoriciens de l'ethnologie que sont les membres mêmes des sociétés incriminées. En tant que système de symboles à vocation normative, le système des attitudes relève effectivement de méthodes d'analyse analogues à celles nécessitées par l'étude formelle des appellations. L'un est à la fois la justification et la conséquence de l'autre. On pourrait d'ailleurs penser que les deux systèmes n'en forment qu'un. Et préciser alors que, comme pour la langue, le système d'appellations et de comportements normalisés proposé par un individu n'est jamais rigoureusement superposable à celui d'un autre. L'intéressé se trouve en possession d'un vocabulaire, et sur le plan de la seule forme, d'un éventail de choix relatifs, plus ou moins dans la logique du modèle général reçu au sein de sa propre culture. La somme des connaissances, des interprétations, et des expériences individuelles, contrebalancée par la difficulté de leur transmission sinon à titre partiel, explique comment chacun peut n'apporter qu'une nuance plus ou moins réfléchie, plus ou moins consciente, et comment il est bien difficile que les systèmes fournis à l'avidité de l'enquêteur ne présentent pas en fait des exceptions et des interrogations.

Un article de R. H. Lowie sur le "complexe matrilinéaire"[9] est cité par Lévi-Strauss pour avoir introduit la notion d'une tendance générale *à qualifier les attitudes.* Ne devrait-on pas aller plus loin et parler d'une tendance à mettre sur pied, sous forme de système, une représentation symbolique des relations de parenté et des attitudes, de tels systèmes devant donc servir d'instrument de référence et par cela même devant influencer au moins la mise en forme des manifestations verbales accompagnant certains types de comportement? Il est logique que de telles excroissances symboliques, de telles mises en scène, de telles "superstructures" puissent aboutir, à la limite, à jouer le rôle des arbres cachant la forêt. La notion d'individu moyen, concept aussi peu scientifique que possible, apparaît en filigrane derrière chacune de nos descriptions. Privilège abusé, dire le droit reste pour l'ethnologue une ambition inconsciente, une sorte de somnambulisme culturel.

Avant de considérer comme établi que les relations entre oncle maternel et neveu sont de tel type, je voudrais qu'on me le démontrât, préférant d'ailleurs une autre formulation pour cette question, la validité scientifique de la notion de type m'apparaissant des plus douteuses malgré sa commodité. Pour reprendre un exemple utilisé par Claude Lévi-Strauss, sur les dires de Gifford, celui de Tonga, nous mettrions en doute la validité du jugement rapporté: que l'épouse tongienne se plie volontiers à l'autorité de son mari, qu'aux rapports "libres" entre oncle maternel et neveu s'opposent des rapports "contraints" entre père et fils, c'est ce dont il faudrait nous convaincre. Du moins dans la mesure où, ces oppositions n'ayant pas la pertinence supposée, il ne s'agirait pas de la très simple différence habituelle de comportement entre le géniteur maître de la maison où vit l'enfant et l'oncle maternel éloigné, indulgent et réceptif parce que sans responsabilité quotidienne, différence qui comporte logiquement une expression symbolique. La tradition des prestations réciproques entre oncle maternel et neveu est si répandue que nul ne s'est avisé d'en rendre compte de façon précise, devant l'acceptation générale de normes culturelles dont l'impact concret, économique, en termes de quantité, de valeur et de périodicité devrait bien être vérifié. Je n'en ai vu pour ma part d'effet pesant qu'en Nouvelle-Calédonie, aux "pilous" de deuil, et cela entre groupes, géographiquement incohérents, rassemblés ce

[9] "The matrilineal complex", *Univ. of Cal. Publ. in Am. Archeo. and Ethnol.*, 16 (1919), n° 2.

jour — là parce qu'ils se définissaient par la relation dite *nya* (oncle utérin et neveu). A ce moment, une fois par génération, et sans que le recrutement des partenaires puisse jamais se répéter exactement, des biens mobiliers importants pouvaient changer de mains: chevaux, harnachement de cuir, bateaux à voile même. A charge de revanche, entre les enfants des protagonistes, ou leurs neveux, ou mieux aux dépens d'autrui. L'importance numérique du rassemblement organisé, la qualification imprécise des protagonistes (dépassant très largement la parenté *stricto sensu*), faisait que l'institution manifestée relevait de l'analyse d'une société globale et des échanges de prestations collectives, et non du seul système des attitudes définies par la structure parentale.

Notre position paraît inconfortable. Si l'on acceptait que, dans la pratique, on puisse se référer à telle collectivité en disant: "Les P... agissent ainsi", à condition que les données fournies soient de la quantité et de la qualité nécessaires pour en assurer la démonstration convaincante, mais que l'on se refusait le droit d'user comme argument d'une affirmation non établie au terme d'une telle démarche, il ne resterait plus grand chose de l'arsenal d'observations dont use l'ethnologie comparative.

Heureusement, les techniques d'analyse de la cohérence interne de l'information, auxquelles s'ajoutent aujourd'hui les possibilités ouvertes par l'analyse structurale des textes traditionnels, permettent d'échapper à cette malédiction, à la condition, rigoureuse à notre sens, de se cantonner dans une aire géographique telle que soient possibles les recoupements entre ethnies voisines, culturellement apparentées, et que les interrogations nées en un point puissent trouver réponse en un autre. Ceci valant pour établir les faits, l'interprétation pouvant faire appel à des comparaisons plus hardies et recourir au rapprochement avec des structures sociales ou symboliques d'apparences opposées.

N'est-ce d'ailleurs pas précisément la méthode suivie, dans les années récentes, par Claude Lévi-Strauss, rapprochant ainsi sa démarche, au maximum possible, du comportement scientifique idéal, et ne pourrait-on pas se fonder sur cet exemple pour affirmer qu'il n'est pas trop tard pour rendre effectif, opératoire, dans nos travaux, le concept de Marcel Mauss de "fait social total", et faire échapper l'ethnologie de la parenté aux limites artificielles jusqu'à présent imposées?

ÉCOLE PRATIQUE DES HAUTES ÉTUDES

# "BLOOD" AND "BELLY"
# TAHITIAN CONCEPTS OF KINSHIP AND DESCENT

ANTONY HOOPER

The nature of the named groupings and categories of kinsmen in Oceanic, and particularly in Polynesian societies has occupied a number of anthropologists during the past ten years or so. The topic has obviously been a diverting one. It has also been instructive, since it has involved the exploration of nooks and crannies where unresolved issues were found to be lurking — the relationship between ideological norms and observed practices, between "filiation" and "descent", between categories and groups, and the nature of "kindred" groupings. I shall not recount or precis the various issues here. There are a number of good summary articles available,[1] as well as those in which each writer has attempted "to impose his own illusion of order upon the material" (Firth 1963: 22).

In this paper I wish to take up the topic once again with reference to kinship and other social groupings in modern rural Tahitian society. I shall include a certain amount of descriptive material, but my purpose is not primarily a descriptive one. I am concerned with the specifically Tahitian "illusions of order" — with the manner in which the people themselves conceptualise some of their social groupings, and refer to them in unsolicited utterances. It is models of this kind which have been largely ignored in recent writings on Polynesian kin and descent units. They would seem to be a particularly appropriate field to explore in a contribution which honours the work of Professor Lévi-Strauss, who, by precept and a number of brilliant examples, has shown us how much our analyses can gain from consideration of "'home-made' models" (Lévi-Strauss 1953: 527).

As I see it, previous writers on Polynesian kin units have adopted either one of two approaches. In the first place, they have argued over the correct application of various terms in the metalanguage of anthropology to the various social units described. Discussions of this kind have taken the form of "Is the Mangaian *kopu* really a patriclan or a non-unilinear

[1] In particular, Groves (1963).

descent group?" (Davenport 1959; Leach 1962, 1964; Scheffler 1963), "Is the Maori *hapu* a descent group?" (Fortes 1959; Freeman 1961; Firth 1963; Scheffler 1964) or "Is the *aiga* bilateral?" (Ember 1959, 1962, 1964; Freeman 1964). Where these discussions have not turned merely on conflicting exegeses of older ethnographic accounts at the level of "empirical fact", they have served to sharpen and clarify a number of our commonly used analytical concepts in a way that is useful for comparative work. The second approach is illustrated by Sahlins, in his ethnography of Moala. Faced with the fact that the Moalans use the same term to refer to social units which he wishes to keep analytically distinct (or else use different terms to refer to the same social unit) Sahlins argues that:

> It follows that any attempt to determine the organization of Moalan kin groups or to describe them by starting with names and then trying to find out what these names refer to is hopeless ... The ethnographer ... must begin anew with *things* rather than names, learn what the extant units are and apply names to them later and perhaps arbitrarily. (1962:239).

In the circumstances, Sahlins' methodology is successful. *Moala* is undoubtedly the clearest exposition of Fijian social organisation that we have; the commonly used Fijian terms such as *yavusa* and *tokatoka* are used in a clearly-defined and consistent manner, as they are not always used by other writers on Fijian social organisation. But although the result is clear, does it reflect any particularly *Fijian* reality? We know how Sahlins thinks of Fijian social groups; we know how they work out "on the ground". But in the absence of any discussion of the way in which Moalans talk about their social groups, how do we know how they think about them?

I propose, then, to do just the opposite; to begin with the names and then find out what these names refer to. I take as my starting point Tahitian verbal usage, and Tahitian conceptions of some of their own social relationships. I shall here be concerned only secondarily with how the units work "on the ground" or just what technical glosses are appropriate to designate them.

In writing of modern Polynesians, one must be specific. This is particularly true of the Society Islands, where, to a greater extent than in many other parts of island Polynesia, the native institutions have been replaced or modified by those of the administering metropolitan power. The term "Tahitian" can thus no longer be used loosely to signify a single distinct way of life, a single set of ideals or expectations, or a simple bounded system of social relations. All Tahitians are French citizens, subject to French law, but within the social and cultural system there are

Tahitians who are less "French" than others. The Tahitians of whom I write here are those who are at one end of a social and cultural continuum. They are the *indigènes*, the *moins evolués*, of the "hinterland" (Spoehr 1960) which is characteristic of many modern Polynesian groups. As fishermen, and cultivators of cash crops and Polynesian subsistence crops on their own lands, they conceive of themselves and their way of life as distinct and *maʔohi*, 'native'. They are a peaceful, egaliterian, staunchly Protestant modern Polynesian peasantry.[2]

The Tahitian term with which I am concerned is *fetiʔi*.[3] Following the analysis widely used in the description of a very closely related language, New Zealand Maori, the term is a "base" morpheme (Biggs 1961: 18), belonging to a broad class of such morphemes which can act as the nuclei of nominal, verbal or locative phrases, and also as a modifier of phrase nuclei. It has "nominal", "adjectival" and "verbal" functions.

In this paper I make use of two kinds of data concerning *fetiʔi*. Firstly examples from a corpus of transcriptions of Tahitian utterances in which the term was used; these are taken from field notes, and are supplemented in each case by notes on the speakers' designations of the individual(s) intended to be included in the category in the particular context. Secondly, explanations given by informants in response to the question *eaha te auraʔa o te parau fetiʔi?;* 'What is the meaning of the word *fetiʔi?*' Data of the first kind allow the distinction of a number of denotata (Morris 1946) of the term. The informants' explanations may be described as a model of the term's significatum. These two sets of data are expounded more fully below.

There are five distinct types of social unit which *fetiʔi* may denote.

*fetiʔi*$_1$. — Every one of a given individual's cognatic kin is a *fetiʔi*. The whole universe of his cognatic kin, is also referred to as his *fetiʔi*. In this sense, the term embraces a dispersed category of people who are spread throughout the community and beyond, in other parts of French Polynesia and the outside world. The dead as well as the living are included. The effective limits of the category depend simply on the knowledge of genealogical links. Tahitians realise, of course, that they are connected by genealogical links to more people than they are aware of, and they acknowledge that the universe is of indeterminate size. It requires only the demonstration of a genealogical link for any individual to be included in the category.

[2] For fuller descriptions of various aspects of modern Tahiti see Kay 1963, Panoff 1964; 1965, Finney 1965, Hooper n.d.

[3] Phonemically distinct long vowels are doubled. "ʔ" represents the glottal stop.

I shall refer to categories of this kind as "kin categories", and to the individuals included within them as "kinsmen" of the individual with reference to whom the category is constituted.

*fetiʔi*$_2$. — The individual members of a dispersed kin category never all come together at any one time to work in any kind of concerted action with reference to any given Ego. However, the fact of their consaguineal ties to Ego renders each individual under some sort of obligation to assist in times of need, to hire him for wage labour in preference to others who may be seeking employment, to mark the events of his life-cycle, and to provide hospitality for him when he is away from his home community. A selection of people from a kin category who cooperate together as a group for any kind of task, and for any length of time, is also called a *fetiʔi*. It is to a group of this kind that a Tahitian refers in phrases such as the following:

> *ʔua rooʔaahia ʔoona i te ʔati ee na toona fetiʔi i tauturu mai i aa na*
> 'He was in urgent need, and it was his *fetiʔi* who helped him'
> *ʔia vaaere ʔoona i taana faaʔapu ee tarahu ʔoona i toona fetiʔi*
> 'When he weeds his garden he will hire his *fetiʔi*'

*fetiʔi*$_2$ denotes a group of people who are selected from among those belonging to the whole of the kin category denoted by *fetiʔi*$_1$. The selection is governed by the task or event for which the cooperation is initiated; for instance, only men may be called upon for tasks involving heavy work, or only those living in the immediate neighbourhood, community or island may be called upon to contribute to a funeral. Groups of this kind I shall refer to as "kindred groups".

*fetiʔi*$_3$. — All the descendants, both living and dead, of any given ancestor, may be referred to as a *fetiʔi*. The term is most commonly used to refer to the group of descendants of a person to whom a land title was granted by one of the commissions which sat throughout the islands during the early years of this century. I have recorded the phrase *fetiʔi taraʔoura* used in this sense, to denote all the descendants of a man named Taraoura. Rights to the estates, rather than the estates themselves, have been subdivided over the generations since the land commissions made the attributions of titles according to French law. Thus the original estates (as established by these same commissions) are now owned by all descendants of these original owners, and they are scattered far and wide over the islands. Though a certain proportion of the owners do not make use of the land, they retain their residual rights, and, according to French law, their consent must be obtained before an estate, or any part of it, can be either sold or leased.

I shall use the term "descent category" to gloss this use of the term *fetiʔi*. As fundamentalists, Tahitians believe in a unitary creation of man. *fetiʔi ʔatamu* denotes "the descendants of Adam" or "all human kind".

*fetiʔi*$_4$. — Those members of a descent category who are together involved in the exploitation of an estate — planting their crops there, and harvesting the coconuts from the palms which are an established part of the jointly-owned capital of nearly every estate — may also be referred to, without any other terminological differentials, as a *fetiʔi*. I have also recorded *fetiʔi taraʔoura* used in this sense. Although the actual degree of cooperation among the members of such a *fetiʔi* can vary widely, both from case to case and within the same *fetiʔi* over a period of time, they must interact and arrange the disposal and distribution of the land, and the coconuts which are harvested from it. There are contentions and disagreements, which are usually resolved by strategies of compromise, and the estates are cropped and their harvests of coconuts distributed. *fetiʔi* in this sense I shall call a "descent group".

Each of the four denotata of *fetiʔi* which I have so far described involves some sort of consanguineal relationship between the person who is taken as the reference point and all those who are included in the category or group. It is a comparatively simple matter to check which denotatum a speaker intends to convey in any particular instance; all one needs to do is to ask for the names of the individuals concerned and begin from there. But *fetiʔi* is also used in another, quite different way, in which the idea of consanguineal relationship is not involved except in a rather indirect manner. The following example will illustrate what I mean. Two men, who I shall refer to as X and Y, were discussing in my presence the fact that certain pieces of land seemed to produce consistently low yields of copra, in spite of that fact that they were adequately planted with coconut palms. X mentioned by name a piece of his land on which the palms bore very few ripe nuts, and Y replied that a piece of his own land, called *pitihahei* showed the same shortcomings. His exact words were, *fetiʔi raaua pitihahei* 'Both *Pitihahei* [and Y's land] are *fetiʔi*'. In this example, the reference is to the close similarity between the natures of the two pieces of land, with the connotation that the similarity is of the same order as that which is to be found between kinsmen. Metaphorical usage of this kind is by no means rare, and may be used to refer to a wide variety of *ad hoc* categories. For instance, I heard a group of friends who met regularly for surreptitious and prolonged drinking-bouts referred to as a *fetiʔi ʔinu ʔava* 'a boozer's *fetiʔi*'. The wide class of groups and categories of this kind which may be conceived by Tahitians I refer to as *fetiʔi*$_5$.

Tahitians commonly explain that *fetiʔi* are people "of the same *toto* (blood)". Ideally, those who are known to be *fetiʔi* should neither marry nor have sexual intercourse, and those who do so are said to *ʔamu toto*, 'eat [their own] blood'.

Although this biological idiom is widely used in speaking of matters of cognatic kinship, the actual physiological mechanisms of conception and inheritance are held to be profound and obscure. Young mature men whom I asked about the subject would not even venture to give a serious answer; they simply acknowledged their ignorance, said that the subject was profound, and referred me to the older men. The older men with local reputations for sagacity also pronounced upon the profundity of the question. The Bible failed them on the matter, apart from a reference in Genesis I:27 — "Male and female created He them" — which was introduced in support of the view that God's good design could be perceived somewhere behind it all.

However, informants would speculate on the subject, on the basis of first principles and *ad hoc* propositions such as the following:

(1) Sexual union between mature people is necessary for the woman to conceive a child. The sexual secretions of the immature are held to be "water only".

(2) Not every such union leads to conception, and this may be rationalized by the argument that a number of acts are perhaps necessary in some cases. Against this, there are the many instances of people who cohabit for years without conceiving children. Evil, or sin, or ancient family wrongs may be invoked as explanations for such sterility, but it is more commonly said that the people are simply not *tano* — 'right', 'correct', 'matched'. In such cases it is held to be expedient for the couple to find other spouses.

(3) The *vaarua*, 'soul' or 'spirit' of a child, or alternatively its *ʔora*, 'life', is given by God, and is it taken again by God at death. For this, there is irrefutable Biblical evidence.

(4) Both parents contribute something to the *tino*, 'body', of a child. The evidence for this comes from the simple observation that children resemble their parents. The *tino* is said to be formed from the semen and vaginal secretions; both substances are said to be necessary, but the manner in which they unite to form a *tino* is beyond even speculation.

The *toto* which people who are *fetiʔi* share is a part of their physical bodies, and although it is said to influence a person's temperament and personality, it remains clearly distinct from the more incorporeal entities such as the *vaarua* and *ʔora*. A child is said to receive equal amounts of *toto* from both parents, and in this manner they speak of *toto* continuing down through a line of descendants, both male and female. The people of a *fetiʔi*$_3$ are conceived as being "of the same blood", in contradistinction to people who do not belong to that particular descent category. Thus the injunction that it is wrong "to eat one's own blood".

However, in spite of the injunction and the other sanctions against it, everyone knows of *fetiʔi* who have married, and it is commonly held (more vehemently by those who have some stake in the matter) that marriage between kinsmen is socially acceptable "after four *toto*",[4] at which point it is argued, the relationship is a distant one.

In the matter of marriage prohibitions and restrictions, Tahitians conceive *fetiʔi* as a matter of degree. They speak of the genealogical relationship between any two kinsmen by the same terms that are used to designate the spatial relationships between concrete objects: *faatata*, 'close', and *aateea*, 'distant'. First cousins are spoken of as *faatata* by comparison with second and third cousins, who are *aateea*. The underlying logic of this point of view is, furthermore, carried to its ultimate conclusion. If some of Ego's kinsmen can be said to be "closer" to him than others, there must be one sort of kinsmen who is closest of all. Thus it is that Tahitians speak of siblings as *hooʔe aa*, an expression which means literally "the same". *tetahi taʔata hooʔe aa ʔoona* may be translated literally as "a certain person the same as him/her", that is, his or her sibling. Full siblings, then, are the only people who have identical *toto*. First cousins differ from one another by one *toto*, second cousins by two *toto*, and so on. Thus those who are "after four *toto*" are fifth cousins and those who are more distantly related.[5]

Incest is thus a matter of degree. While objections *may* be raised to marriage or sexual relations of any kind between consanguinal kin of any kind or degree on the grounds that they are "eating their own blood", public reaction varies according to whether the couple concerned are close or distant kin, and according to the type of sexual relationship which they have sought to establish.

While cognatic kinship is conceived in terms of *toto* which is passed

[4] That is, fifth cousins.

[5] The Tahitian kinship lexicon covers a field extending to the fourth descending generation. There is thus a congruence between the fields covered by the kin terminology and the extent of the incest prohibition. This is doubtless pleasing to the systematically minded, but I do not know if it is recognised by the Tahitians themselves.

from parents to children through the generations, becoming mixed with other *toto* until its influence becomes minimal, and finally forgotten, blood itself is not held to be of any mystical significance, nor is it the object of any kind of ritual elaboration. Human blood is just blood — similar to that which other animals have, and recognised as an essential part of the make-up of the body, like other viscera. The manner in which it is used in a metaphorical sense to connote the whole gamut of biological, psychological and social influences involved in heredity is exactly paralleled by our own usage.

*fetiʔi* are also said to be people "from the same *oopuu*", a term which refers to the general abdominal region, or "belly". (There are separate Tahitian terms for only a few of the internal organs; both the stomach and the uterus are referred to by descriptive phrases when the necessity arise to distinguish them from other viscera. In more general terms, both food and unborn children are said to be simply in the *ʔoopuu*). Each descent category, or *fetiʔi*$_3$, of more than a few generations in depth may be reckoned to be composed of a number of separate branches, which are referred to as *ʔoopuu*. In a descent category of which the focal ancestor had five children, the descendants of each of these five children may be referred to as belonging to separate *ʔoopuu*, and there are said to be five *ʔoopuu* in that particular *fetiʔi*. Both male and female children of the focal ancestor are founders of *ʔoopuu* in this sense.

Large descent categories and descent groups are commonly reckoned into their component *ʔoopuu* to facilitate the division of rights to use different sections of land in an undivided estate, and in the division of money derived from the sale of copra grown on the estate. And of course an *ʔoopuu* within any particular descent unit is itself a *fetiʔi*$_3$ which, from still another point of reference, may be reckoned into component *ʔoopuu*.

As a final example of the way in which Tahitians conceive *fetiʔi*, the diagram below (Diagram 1) was scratched in the earth by an informant to illustrate his explanation of the concept. He first of all drew the small circle (A) at the top of the diagram, which he called the *pu*. He later referred to this circle as the *tupuna* or 'ancestor'. Next, he drew the short straight line from the lower part of the circle towards his own body, and finally the two arcs radiating from it, which he called *ʔaamaʔaa*, 'branches,

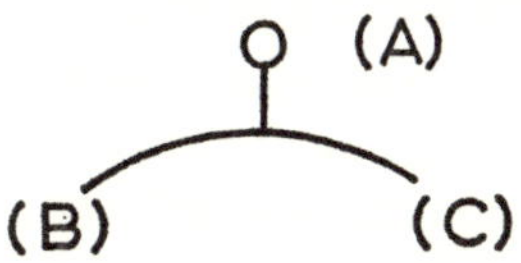


Diagram 1

as the branches of a tree'. The focal ancestor, the *pu* or *tupuna*, he referred to as being *i raro*, 'below'. (If one chose to be scrupulously literal in the rendering of Tahitian ideas about these matters, one should perhaps speak of "ascent" rather than "descent": *naafea raaua i au*, 'how were they two linked?', *na niʔa e tupuna i raro rooa*, 'by an ancestor far below'). The people represented by the branches he said were *no roto mai i aa na*, 'from within him'. Finally, as a representation of the fact that *fetiʔi* did sometimes marry, he drew a single straight line between the ends of the arc, (B) and (C), which brought the two branches together again.

Most social anthropologists would agree with Freeman (1961) that for analytical purposes it is necessary to distinguish clearly between the following four concepts, all of which have been confounded one with another by various writers in the past.

(a) The kindred, as a category composed of all the cognates known to a given *propositus* (1961: 202) or a defined portion of this category (207).

(b) "The kindred-based action groups formed from time to time for specific purposes, which ordinarily contain only a proportion of the total kindred..." (p. 203).

(c) The *cognatic stock*, defined by Radcliffe-Brown (1950: 22) as "... all the descendants of a man and his wife counting descents through females as well as males." (p. 204).

(d) Social units of the kind posited by the definition of the "kindred" which appeared in the 1929 edition of *Notes and Queries*, and now referred to by a number of writers as "cognatic", "bilateral", or "non-unilineal" descent groups.

It is possible to distinguish social units of each of these four kinds in modern Tahitian society, and to show the distinct part played by each unit in the working of the total "social mechanism" of Tahitian communities. The fact that the various units are all denoted by the one Tahitian term is perhaps somewhat unusual, but we are familiar with examples of this sort of ambiguity in the use of English terms such as "family", and there are many examples of the same phenomenon in the ethnographic literature.

Yet, in terms of the Tahitian concepts of *toto* and *ʔoopuu* there is no ambiguity involved. In the limiting case, *fetiʔi*$_3$ and *fetiʔi*$_1$ are identical. *fetiʔi ʔatamu*, 'the descendants of Adam', denotes all human kind; in the same manner, all human beings may be fitted into a *fetiʔi*$_1$, 'kin category', if only the genealogical connections were known.[6] We may find it useful

[6] The Biblical notion of mankind's descent from Adam is paralleled by similar ideas

to separate the denotata for descriptive purposes, but it is also useful to consider the explicit Tahitian models of the significatum, and put them all back together again. This may be illustrated by a brief consideration of two seemingly disparate fields of Tahitian life and thought, the kin-terminology and the setting pattern commonly adopted in the rural Protestant churches.

The Tahitian system of kinship terminology is characterized by the merging of all lineal and collateral kin in all generations. It is thus of the broad type delineated by Lowie as the "Generation System"; the cousin terminology is "Hawaiian" according to the Murdock classification.

The terms of reference for *fetiʔi* are shown in Table I below.

TABLE I

*Tahitian terms of reference for fetiʔi — male speaking*

| MALE | FEMALE | |
|---|---|---|
| tupuna | | +2 |
| metua taane | metua vahiine | +1 |
| tuaʔaana | tuuahiine | 0 |
| teeina | | |
| tamaarooa | tamaahiine | —1 |
| moʔotua | | —2 |
| hiina | | —3 |
| hiinarere | | —4 |

All male and female kin of the second ascending generation and above are called by the one term, *tupuna*. In the first ascending generation, there are terms for both males, *metua taana* and females, *metua vahiine*; the terms distinguishing sex, *taane* and *vahiine*, are the general Tahitian words for male and female human beings respectively.[7] In many instances, where the sex of the person referred to is known to the listener, or is implied by the context, or else is considered to be unimportant, Tahitians simply use the term *metua* for an individual in the first ascending generation. Within Ego's own generation, two further differentiating criteria are employed; genealogical seniority and the sex of the speaker. Both

of the unitary creation and descent of man in the pre-Christian mythology of Eastern Polynesia.

[7] Males and females of all non-human species are distinguished by different terms. Spirit beings or *tuupapaʔu* are distinguished as *taane* and *vahiine* if they have a human form.

male and female Ego refer to kin of the same generation and of the same sex by one of two terms; *tuaʔaana*, for those who are genealogically senior, and *teeina* for those who are junior. Males refer to all female kin of their own generation as *tuuahiine*; females refer to all male kin of their own generation as *tuuʔaane*. The term *taeʔaʔe* may be used by speakers of either sex to refer to males of the one sibling group.

In the first descending generation, there are terms for both males, *tamaarooa*, and females, *tamaahiine*. In the second descending generation and below, only one term is employed within each generation. Male and female kin of the second descending generation are referred to as *moʔotuua*. Some younger informants were not sure of the correct terms for kin of the third and fourth descending generations, but all informants of middle-age or older identified them as *hiina* and *hiinarere* respectively.

There are many aspects of this terminological system which are functionally consistent with the Tahitian social structure and with Tahitian ideas about the nature of *fetiʔi*. In the first place, the system is bilaterally symmetrical, there being no terminological distinctions drawn between patrilateral and matrilateral kin; this is clearly related to the absence of unilinear descent units in the society. The relationship of Ego to his mother's siblings is conceived as being of exactly the same kind as his relationship to his father's siblings. Secondly, the complete absence of any distinction between lineal and collateral kin in the terminology makes it consistent with both of the idioms adopted by Tahitians to explain the nature of *fetiʔi*. Tahitians recognize themselves as deriving from many *ʔoopuu* and therefore as incorporating many separate *toto*; that is, they give equal recognition to all "lines" of "descent". Thirdly, the fact that the kin terms in each generation may be (theoretically) extended laterally to an infinite degree is consistent with the idea that all of humankind is, in a sense, one *fetiʔi*, derived from the *ʔoopuu* of the first man created by God. Fourthly, the system clearly demarcates the great majority of kinsmen according to generation; this reflects the general "age-group" grading which is so conspicuous in many areas of Tahitian social interaction — in both work groups (especially fishing groups) and informal gatherings during leisure time. Only one term, *tupuna*, overrides the general generational distinctions.

The distinction according to genealogical seniority made for kinsmen of the same sex as Ego and of his own generation, was of considerable social significance in the pre-European policy. The distinction is not now of a great deal of significance, since all legitimate children may inherit equally from their parents.

The customary seating pattern in the rural Protestant churches reveals the same structure as is evident in the terminology of *feti?i*. The congregation is divided by sex and age as is shown in Diagram 2. The pulpit, occupied by the *?orometua* "preacher" is situated in the lower middle of the figure. To the right of the *?orometua*, in block A, are seated children who attend the weekly religious school. (The only children in other parts of the church are small infants with their mothers). Children are arranged within block A according to age and sex; younger children are ranged toward the front, with older ones behind them. Boys are separated from girls. It is said that the girls who attend the weekly religious school should be virgins. Block B is occupied by unmarried young men and women, divided again according to sex, with the females in front of the males. Block C is occupied by married men and women, widows and widowers. They are seated according to their affiliations with each of the sub-parish groups known as *pupu*, and divided according to sex with males seated behind females. Block D is occupied by elderly "retired" deacons of the church (who are invariably male) and the widows of previous *?orometua*.

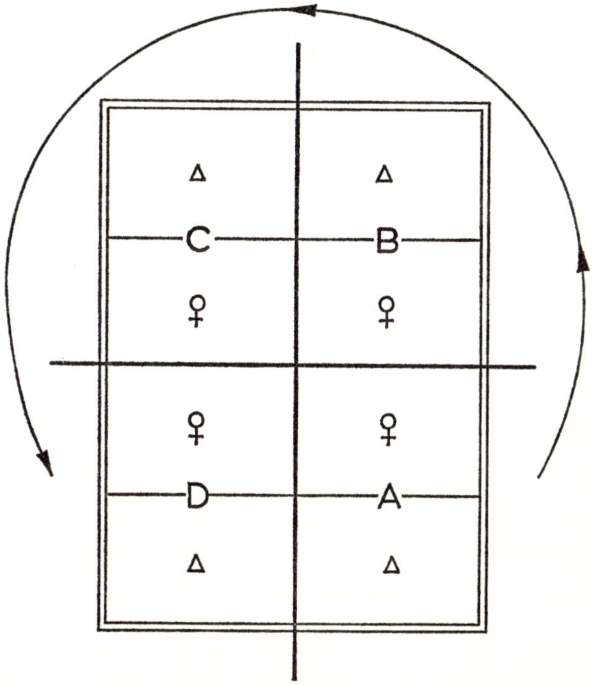


Diagram 2

There are thus four major divisions of the church, which correspond to the age divisions of the members of the congregation. The congregation is divided according to the four stages of the individual life-cycle commonly distinguished by Tahitians, *tamariʔi* 'children', *taureʔareʔa* 'youth', *paʔari* 'adult', and *ruuʔau* 'aged'. The divisions are placed so as to form a sequence anticlockwise from block A. Each member of the congregation moves around the church in this sequence during the course of his life, as indicated by the arrow in the Diagram.

Now the spatial representation may not be perfect, and the factor of *pupu* affiliations is extraneous (although appropriate to the setting), but I would suggest that the same set of ideas about what are the basic significant categories of human beings underlies both the structure of the kin terminology system and that of the seating pattern in the church. The congregation is arranged spatially in symbolic representation of *fetiʔi*, divided by sex and by generation.[8] In the Tahitian context, this symbolism is peculiarly apt. The sentiments and transactions which Tahitians maintain are appropriate between individuals who are *fetiʔi* are also enjoined by Christian teaching. *fetiʔi* should freely aid one another (*tauturu*) and not seek to gain at one another's expense; to "*hoʔo fetiʔi*" is to sell cheaply without trying to maximise one's profit. Among *fetiʔi* one should ideally *ʔoopere* 'share', or *horoʔa* 'give'. The appropriate sentiment is *aaroha*, a term which is almost exactly translated by the two main senses of the English term "sympathy" — pity or compassion for another's troubles, and affinity or sameness of feeling. The *fetiʔi* is, in short, a moral community, and it should be under the benevolent direction of the elder members, even as mankind is under the direction of God. A further aspect of the seating pattern which is consistent with Tahitian conceptions of life is the spatial relationship of the children and the aged to the pulpit of the church. Assuming that this is the most sacred part of the building, it is appropriate that children, whose soul or life is given by God, should be seated close to it; they are at the beginning of their life. The elderly are also close to the pulpit, but on the opposite side; being

[8] It has been suggested that the seating pattern is merely one that was introduced by English missionaries at the time of the general conversion of the Tahitians to Christianity, and which has been followed ever since. I am inclined to doubt this as a complete explanation of the pattern, since the same Missionary church was established in Samoa and elsewhere in Polynesia shortly after the conversion of Tahiti, and the seating pattern adopted in Samoan Protestant churches differs significantly from that of Tahiti (see Hirsh 1958: 290); it is, however, congruent with Samoan social structure. Again, the seating pattern in Protestant churches in the Tokelau Islands (which have Samoan pastors) differs from that of Samoa in a way which is congruent with Tokelauan social structure.

near to the end of their life, their souls will be taken by God once again.

*fetiʔi* is thus a term which it is particularly inappropriate to render with a simple, straightforward technical gloss. A mere listing of the separate denotata would be inadequate. Any significatum which may be constructed from them by an observer alien to the culture would undoubtedly lack something of the power and comprehensiveness of the native models based on the concepts of *toto* 'blood' and *ʔoopuu* 'belly'; and the manner in which the internal structure of *fetiʔi* (given by the kinship terminology) is used symbolically in the setting out of a congregation, would perhaps not be evident. If *fetiʔi* is thus considerably more than "a kinship group" we may perhaps expect to find that the terms in other Polynesian languages which anthropologists have debated so fervently — *hapu*, *aiga*, *kopu* — conceal meanings of similar range and depth.[9]

UNIVERSITY OF AUCKLAND

## REFERENCES

Biggs, Bruce,
1961 "The Structure of New Zealand Maaori", *Anthropological Linguistics*, Vol. 3, No. 3.

Davenport, William,
1959 "Nonunilinear Descent and Descent Groups", *American Anthropologist*, 61:557-572.

Ember, Melvin,
1959 "The Nonunilinear Descent Groups of Samoa", *American Anthropologist*, 61:573-577.
1962 "Political Authority and the Structure of Kinship in Aboriginal Samoa", *American Anthropologist*, 64: 964-971.
1964 "Reply to Freeman: A Rejoinder", *American Anthropologist*, 66: 620-621.

Finney, Ben R.,
1965 "Polynesian Peasants and Proletarians", *Journal of the Polynesian Society*, 74:269-328.

Firth, Raymond,
1963 "Bilateral Descent Groups. An Operational Viewpoint", in *Studies in Kinship and Marriage*, I. Schapera (ed.) (=*Royal Anthropological Institute Occasional Paper* No. 16).

Fortes, Meyer,
1959 "Descent, Filiation and Affinity: A Rejoinder to Dr. Leach: Part II", *Man* 59: 206-212.

[9] The field research on which this essay is based was supported by a United States Public Health Fellowship (MH-13,805), a Research Grant from the U.S. National Institute of Mental Health, and the South Pacific Research Programme of the University of Auckland.

Freeman, J. D.,
1961 "On the Concept of the Kindred", *Journal of the Royal Anthropological Institute*, 91:192-220.
1964 "Some Observations on Kinship and Political Authority in Samoa", *American Anthropologist*, 66:553-568.

Groves, Murray,
1963 "Review Article: The Nature of Fijian Society", *Journal of the Polynesian Society*, 72: 272-291.

Hirsh, Susan,
1958 "The Social Organization of an Urban Village in Samoa", *Journal of the Polynesian Society*, 67:266-301.

Hooper, Antony,
n.d. "Adoption in the Society Islands" to appear in V. Carroll (ed.), *Adoption in Eastern Oceania.*

Kay, Paul,
1963 "Aspects of Social Structure in a Tahitian Urban Neighbourhood", *Journal of the Polynesian Society*, 72: 325-371.

Leach, E. R.,
1962 "A Note on the Mangaian *kopu* with Special Reference to the Concept of 'Nonunilinear Descent'", *American Anthropologist*, 64:601-604.
1964 "Comment on Scheffler's Note on the Mangaian *kopu*", *American Anthropologist*, 66:427-429.

Lévi-Strauss, Claude,
1953 "Social Structure", in *Anthropology Today*, A. L. Kroeber (ed.) (Chicago, University of Chicago Press).

Morris, Charles,
1946 *Signs, Language and Behaviour* (New York, Prentice-Hall).

Panoff, Michel,
1964 *Les Structures agraires en polynésie française* (Paris, École Pratique des Hautes Études, Centre Documentaire pour l'Océanie, *Rapports et Documents* I).
1965 "Tahiti et le mythe de l'indépendance", *Les Temps Modernes*, No. 225: 1443-1471.

Sahlins, Marshall D.,
1962 *Moala: Culture and Nature on a Fijian Island* (Ann Arbor, University of Michigan Press).

Scheffler, H. W.,
1963 "A Further Note on the Mangaian *kopu*", *American Anthropologist*, 65: 903-908.
1964 "Descent Concepts and Descent Groups: the Maori Case", *Journal of the Polynesian Society*, 73:126-133.

Spoehr, Alexander,
1960 "Port Town and Hinterland in the Pacific Islands", *American Anthropologist*, 62:586-592.

# A TREND TOWARD THE OMAHA TYPE IN THE BUNUN KINSHIP TERMINOLOGY

TOICHI MABUCHI

The investigation concerned dates back to 1931-32 when the present writer was engaged in an extensive field research on the ethnohistory of Formosan native peoples. While working on genealogies of the Bunun people in central Formosa, he noticed a number of cases in which the kinship terms "override generation" in an approximation to the Omaha pattern (Mabuchi 1934). Furthermore in the latest period of this field research, he happened to be informed of a belief in the spiritual predominance of the members of the maternal patri-clan among the Tsou, also of central Formosa. However, it was in the field research of later years that he could ascertain a similar belief of the Bunun, against the background of kinship rituals among both the Bunun and the Tsou (Mabuchi 1938 and 1940). Meanwhile, Margaret Mead's *Kinship in the Admiralty Islands* was published in 1934. It was rather sensational to the present writer that a Crow type of kinship terminology was reported, side by side with a belief in the spiritual predominance of the sister and her descendants in the female line over her brother and his descendants in the male line, respectively for a few generations. From the viewpoint of the sister's children, this implies that the mother's relatives along the male line are spiritually subordinate to them. Together with the Crow pattern of kinship terminology, the situation in the Admiralties is at least partially the reverse of what was found among the Bunun. Such a peculiar contrast should have led to a comparative study covering wider areas. In the later half of the 1930's, however, mountain peoples of Formosa moved in a large scale to foothill zones by the interference of the Government whose catchword was the "progress" of these peoples: they were encouraged to live in compound villages and to adopt wet rice cultivation. In any case, a rapid change in aboriginal culture and society seemed inevitable. Under these circumstances, the present writer carried on a more intensive survey, this time mainly on agrarian and kinship rituals among central peoples such as the Bunun and the Tsou. There ensued a series of disturbances due ot the world crisis. Not until the 8th Pacific Science Congress held in Manila in 1953 was he able to read a paper "The Omaha Type of Kinship Terminology among the Bunun" which is still "in press". In the present article the Congress paper has been almost completely re-written with the addition of some comparative remarks, though the main theme remains the same.

Much has been discussed about the correlation between the Omaha type and patrilineal descent on the one hand and between the Crow type and matrilineal descent on the other. It deserves notice here that among both the Bunun and the Admiralty Islanders the kinship is characterized overtly by patrilineal descent system. In this regard, the Bunun system is more complicated in that each of the five tribes,[1] excepting the one now almost extinct, is divided into a few phratries; the phratry contains several clans; and the clan is in turn divided into a number of sub-clans, each containing unnamed patrilineages. Oral tradition suggests the former existence of a moiety organization in all these tribes, but this is now found only among the two tribes in the northern extremity where the phratry coincides with the moiety. Marriage is always virilocal, and in conformity with descent, succession and inheritance are exclusively patrilineal. Apart from the marriage prohibition within a narrow sphere of consanguinity and affinity, phratry and clan are important with respect to marriage regulation. There are three rules concerned:

(1) Marriage is prohibited among the members of the same phratry.

(2) It is prohibited to marry the members, either male or female, of the mother's clan.

[1] The words "ethnic group" and "tribe" in this article are roughly equivalent respectively to "tribe" and "subtribe" in most of anthropological literature. Here, the word "tribe" refers to a jural-political cohesion, either manifest or latent, within which there are law and order and without which there is no law or otherwise an incipient form of "intertribal law". In anthropological literature, the word "tribe" ("ethnic group" in this article) is usually an outcome of an "objective" classification made by researchers primarily by referring to cultural features, without taking into account the "subjective" classification by the people themselves such as inferred from their ways of more or less institutionalized behaviour. The present writer wants to reserve the word "subtribe" for the jural-political subdivision or some transitional phase of tribal ramification or unification. In any case, he thinks, we had better discriminate the two different levels of classification: objective-cultural and subjective-political (or -jural).

(3) Marriage is prohibited among those whose mothers are of the same clan.

In these respects, the kinship system and marriage regulation are almost the same as among the Tsou. Among the Tsou, however, rule 3 is replaced by a marriage prohibition among those whose mothers are real sisters. In any case, first cousins of all kinds are prohibited to marry each other among both the Bunun and the Tsou, while no special form of marriage is prescribed or preferred among them (Mabuchi 1952: 190-195 and 205-211).

As discussed elsewhere, kinship terminologies of Formosan aborigines are basically of the Generation or Hawaiian type. These might better be called the Modified Generation type in that the terms for collateral relatives are composed mostly by adding some modifiers or affixes to those for lineal relatives, presumably indicating an advance in the direction of the Lineal or Eskimo type. And this is also the case even with some ethnic groups characterized by exogamous descent group organization such as the Bunun and the Tsou (Mabuchi 1960b).

Among both the Bunun and the Tsou, however, the range of employing such kinship terms is not the same as in bilateral societies of aboriginal Formosa. Though the range is extended to both paternal and maternal relatives, this does not imply an extension equally along both the male and the female line, namely, along biological relationship, as it is usually the case with bilateral societies. It deserves notice here that the range of employing kinship terms and that of marriage prohibition are extended mainly by referring to the frame-work of patrilineal descent group on both the paternal and maternal sides, not necessarily corresponding to genealogical distance. Thus, while for instance all first cousins fall into the sphere of prohibition by the marriage rules mentioned above, the father's sister's grandchildren and the mother's sister's grandchildren, irrespective of the sex of the persons involved, are eligible to be Ego's consort without infringing any of these marriage rules. They are non-relatives for whom kinship terms are not employed. However, if the father's sister is already married to a man of Ego's mother's patri-clan or the mother's sister is married to a man of Ego's father's patri-clan, Ego cannot marry any of such grandchildren as mentioned, because this violates one or another of the three rules. Among the Tsou who are devoid of the third rule, it is possible for Ego, either male or female, to marry the children of father's sister's daughter, under such a situation.

Leaving aside the terms employed for a very narrow sphere of affinal relatives, the range of applying kinship terms tends so far to coincide with that of marriage prohibition, but in the actual range of the former the Bunun fairly differ from the Tsou. While among the Bunun the kinship terms are rarely employed beyond the sphere of the sub-clan on both sides of relatives, the Tsou often extend the range more widely, even beyond the sphere of both the paternal and the maternal patri-clans. And even when they can no longer trace generational, if not genealogical, relationship between each other, they still try sometimes to re-establish such a relationship in a fictitious way by referring to the relative ages of the persons concerned. In this case, they start with calling each other by such terms as uncle, aunt, cousin, nephew and niece, to be followed in a "classificatory" way by their descendants within the framework of the patrilineal descent group on both sides of relatives as mentioned above. Such a difference between the Bunun and the Tsou seems to be largely correlated with the fact that the tribe on the average is far smaller among the latter, both in area and in population (Mabuchi 1952).

In any case, the framework of patrilineal descent group is important in demarcating the range of kinship term application. Within such a range, kinship terms of the Modified Generation type are employed indiscriminately for the members of both the paternal and the maternal patri-descent groups. As referred to in the above, however, both the Bunun and the Tsou believe in the spiritual predominance of the members of the maternal patri-clan. And in the atmosphere concerned, the actual manipulation of kinship terms is more or less "distorted" at least among the Bunun. In this connection, it would be desirable to make an observation briefly on the religious concepts among both the Bunun and the Tsou.

In the Bunun religion, deities and ancestral spirits have little part to play and the concepts relevant to these are the least elaborated. Among the Bunun, every human relation is in a sense a spiritual one, and good or ill fortune results mainly from the balance of the relative strength of the spirits of the persons involved. Except in the case of certain eminent magicians, it is normally considered that the spirits of the members of the maternal patri-clan are most powerful, and their blessing and curse are highly efficacious. Generally speaking, their efficacy tends to vary in accordance with their genealogical distance from the mother. These are also the case with the Tsou among whom, however, various kinds of deities or spirits come to the fore in public rituals.

Among both the Bunun and the Tsou, the bond of relationship between the child and its maternal patri-clan is affirmed positively soon after the child is born. They try repeatedly to reinforce and strengthen the bond of relationship with the maternal patri-clan in order to assure the efficacy of their benediction so that the child may grow healthily. This assurance is sought in a series of rituals which continues even after the child is grown up. The bond thus established with the maternal patri-clan continues into adult life. One must always be cautious and respectful to them, because while they have a power to oversee and protect, they themselves or their spirits may become angry and exert evil influences. They stand also in the position of supervisor and they may curse a person for his outrageous behaviour. Nevertheless the primary exceptation is that the ideal maternal relatives indulge, aid, and warmly entertain the children born of their married-out clanswomen (Mabuchi 1938 and 1952: 195-200).

Such a situation seems to be reflected in some generic terms for uterine relatives. Thus, the members of the maternal clan, irrespective of sex and generation, are called collectively *tain-ka-'daan* among the southern tribe, implying the "path through which one is derived" or simply the "path of derivation"; *ma'da'daiŋað*, literally "elders" or "ancestors" among the two central tribes; and *tan-qapo*, that is, the "stock (of the tree)" among the two northern tribes. The reciprocal terms to these, namely, the terms for those born of the married-out clanswomen, are: among the southern tribe, simply *uvað*, i.e., the "child", or *l̥a'diŋ* the meaning of which is not yet clear; among the two central tribes *loqai*; and among the two northern tribes *maš-loqai*. The word *loqai* implies a "small bird capable of flying" (thus, not a fowl) among the two northern tribes and the "chicken of the bird capable of flying" among the two central tribes, while its equivalent *l̥oxai* among the southern tribe means "doggie" or "puppy". Meanwhile those persons whose mothers are of the same patri-clan are called *mai-kašðaŋ*, i.e., "of the same origin" among the two northern tribes, and *tain-kašðaŋ*, "of the same derivation" among the central and southern tribes.

Somewhat a similar trend is also found among the Tsou, under a similar situation. The members of the maternal patri-clan are called *nuvohüza* or *nuvohiya* according to dialect, presumably implying the "place of derivation". Meanwhile those born of the married-out clanswomen are *pe-a-feoyu* or *pe-a-feoyeu*, perhaps a word derived from the verb *pe-feoya*, 'to lay (a baby) in one's arms'. Thus, the term may mean "the child whom one laid in one's arms in its babyhood".

These terms in all, among both the Bunun and the Tsou, would suggest a special bond with the maternal patri-clan on the one hand and the superordinate position of its members on the other. Terminologically such maternal relatives are higher, senior and superior in rank.

Side by side with these generic terms, the Bunun furthermore manipulate their kinship terms to a considerable degree in parallel with the theme as it is manifest in such generic terms as mentioned. As far as referentials are concerned, their kinship terminology is of the Modified Generation type. In the vocatives, however, relatives of ascending generations are addressed by the lineal terms and those of the same and the descending generations simply by personal names. In this regard, the members of the maternal patri-clan are addressed differently when they come of age roughly at twenty and begin to behave as full-fledged tribesmen. They are now addressed by adding such honorific terms as *tama-* or *tina-* (*tsina-* in the southern dialect), namely, "father-" or "mother-", to their personal names. They in turn address those born of their married-out clanswomen merely by their personal names. Thus, the members of the maternal patri-clan are now "elevated" as it were to the first ascending generation in the vocatives, even though they are actually of descending generations. Besides the *tama-* or *tina-*, the term *qo'daš* (*xo'daš* in the southern dialect) is also used by taking into account the generation and the age of the person concerned, this being the term for those of the second and more ascending generations. Such a way of manipulating the vocatives seems to be in connection with the real or potential role of these adults as the maternal relatives who have a power efficaciously to bless or curse those born of their married-out clanswomen.

In conformity with such a way of manipulating the vocatives, the members of the maternal patri-clan are often called *pan-tama-un* or *pan-tina-un* (*man-tama* or *man-tina* (*man-tsina*) according to dialect), namely, "uncle" or "aunt" in the referentials, and the reciprocal term is *pan-uvađ-ađ-un* (*man-uvađ*), namely, "nephew-niece", or simply "*uvađ*", 'child'. Meanwhile, those persons whose mothers are of the same patri-clan call each other *pan-taš'an-un* (*man-taš'an*), 'cousin', or simply *taš'an*, 'sibling', irrespective of whether or not there have existed genealogical (or generational) relationships between them.

These ways of manipulating kinship terms represent the clan or lineage principle, not the generation principle, the terms overriding the generation. One might say that the manipulation of kinship terms conforming to the clan principle refers to the ritual status granted to the members of the maternal patri-clan among the Bunun, while the "ordinary" kinship terms are employed along the generation principle. It seems true that the Bunun themselves primarily view their kinship relations in terms of generation and terminologically differentiate lineal relatives from collateral ones when it is in need. Perhaps for this reason the list of Bunun terms represents nothing but the Modified Generation type, as far as one obtains these terms simply by the "question-and-answer" method. When the Bunun have to terminologically specialize the members of the maternal patri-clan, some generic terms for them, along with the reciprocal ones, would suffice as exemplified by the Tsou case. However, the Bunun go a step further: the ordinary kinship terms are "mobilized" and re-arranged to conform to the Omaha pattern, when the members of the maternal patri-clan come of age.

As mentioned above, the range of employing the ordinary kinship terms is rarely extended beyond the sub-clan, either paternal or maternal. Meanwhile, the manipulation of these terms along the clan principle exerts its influence at least theoretically to cover the maternal patri-clan as a whole and reciprocally those born of all the women married out of this patri-clan. Thus, it is generally within the sphere of the maternal patri-subclan and of its reciprocal relation that the two principles seemingly collide with each other. And it happens not infrequently that the Bunun themselves are ambivalent between the two divergent principles in a given situation with which they are confronted. But we have here to take into account at least two factors. First, the relative age of the persons concerned. When an adult on the maternal side is much younger than Ego, Ego tends not to employ such an honorific vocative as "father-" or "mother-" and a referential as "uncle" or "aunt" for this person. This would reflect the situation that the person is too young for Ego to perform the function as a spiritually predominant relative. Second, the proximity of consanguineal relation. Here we have to do with what may be called an "asylum" to the generation principle in which the clan principle does not operate. From the view-point of Ego, irrespective of whether Ego is male or female, it is such a sphere as follows: direct descendants of both Ego and Ego's siblings on the one hand and the direct ascendants of Ego along with their siblings on the other. Beyond such a sphere, the clan principle begins to overshadow the generation principle, though there still lingers some degree of ambivalence concerned. Truly there seems to exist local variation in this regard, but our case study does not cover so wide an area that we can classify various trends in such variation. Somewhat remarkable here would be the cases of the northern tribes where several informants decisively expressed their reluctance to call some near relatives, for instance, any of the first cousins, by the terms conforming to the clan principle. However, this seems to be rather a personal deviation, not the tribal one. Already in

I. Indonesian type

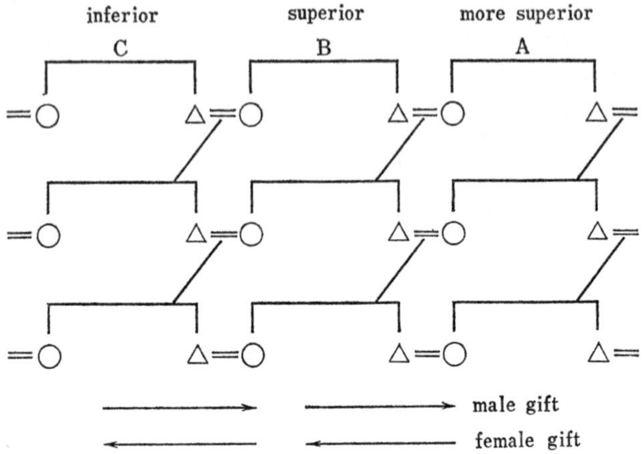


A, B and C ... brother and his descendants in the male line respectively.

Fig. 1

early 1930's the Bunun rituals were quite decadent; for a few decades the Government encouraged the people to diminish or abolish their rituals, partially because of the extravagance and partially because of the possible connection with headhunting, at least as far as the Government's view was concerned. Decadence of the rituals seemed to have led eventually to the decadence of the traditional beliefs. Thus, the belief in the spiritual predominance of the maternal relatives was not prevalent among younger people and they were more and more forgetting the Omaha way of manipulating kinship terms. But, the instances of the northern tribes mentioned-above concern the native people over middle-age.

Apart from these two factors, another important one preventing a full development of the Omaha type of kinship terminology is the custom of exchanging sisters or daughters between families which prevails among both the Bunun and the Tsou. The figures 1 and 2 would illustrate the situation.

II. Oceanian type

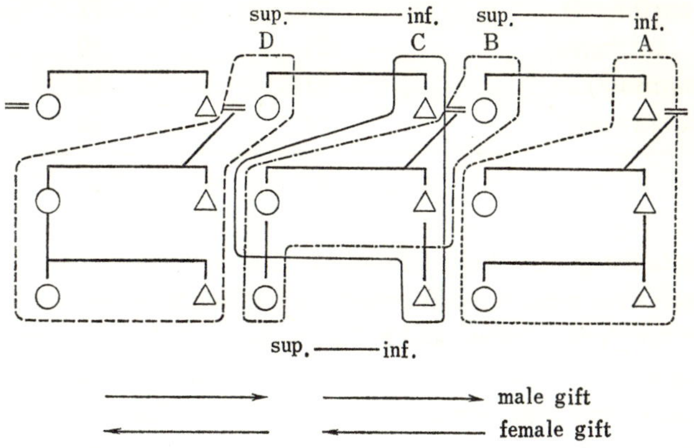


A and C ... brother and his descendants in the male line respectively.
B and D ... sister and her descendants in the female line respectively.

Fig. 2

If the women-exchange did not take place in the first ascending generation as in figure 1, Ego calls the mother's brother's descendants along the male line, thus including the matrilateral cross-cousins, "uncle" and "aunt" in the referential and "father-" and "mother-" in the vocative. But if it took place as in figure 2, Ego and the matrilateral cross-cousins stand mutually in the relation of what is called *tain-'baš'baš*, implying "cross-derivation". This is because Ego, a member of the clan A, is born of a woman from the clan B, whereas the matrilateral cross-cousin, a member of the clan B, is born of a woman from the clan A. Thus, Ego and the matrilateral cross-cousin stand mutually in the position of maternal relative, and they call each other "cousin" or simply "sibling" in the referential and address each other by personal names without honorific terms.

The governmental census of the Bunun for the year of 1933 indicates the figures concerning the exchange of sisters or daughters in comparison with the total number of marriage cases.

| Province | Cases of women-exchange | Total number of marriages |
|---|---|---|
| Taichû (northwest) | 22 | 178 |
| Karenkô (northeast) | 21 | 39 |
| Taitô (southeast) | 31 | 58 |
| Takao (southwest) | 18 | 38 |
| Total | 92 | 313 |

The mountain region of Taichû Province, that is, the northwestern part of their distribution area, is the homeland of the Bunun, while those of other provinces are their colonial land as far as the central and southern tribes are concerned. The start of their migration seems to date back to the earlier half of the 18th century. In such colonial land, there is a trend toward an imbalance in the "qualitative" distribution of population in terms of the phratry and clan affiliation: the population of some descent group is disproportionately numerous as compared with that of other descent groups, thus leading to difficulty in searching for brides. The greater frequency of women-exchange in colonial land seems to be correlated with such a situation under which the people have often recourse to "a woman for a woman" policy, not infrequently disregarding the relative ages of the couple concerned.

We have no statistics indicating the frequency of women-exchange among the Tsou, though it is said that this is a very favorite way of obtaining a bride particularly under the pressure of the imbalance in the sex ratio: 800 females as against 918 males in 1931.

Another form of women-exchange is what may be called an indirect or delayed exchange, among both the Bunun and the Tsou. In the first generation of figure 1, a man of clan A has married a woman of clan B. They are Ego's parents. Now, the maternal relatives demand a bride in return, and Ego's daughter may marry Ego's mother's brother's son without infringing the three rules of marriage prohibition mentioned above. Such an indirect form of women-exchange is called "returning-along-the-trodden-grass" (*soqaiš-valai* in the central, *soxaiš-vaḽai* in the southern, and *an-tsoqaiš-valai* in the northern tribes) among the Bunun. (This is called *tamasuvovei-to-mamešpiŋi*, "to get the woman back", among the Tsou). In this case a group, either a family or a clan, provides another group with a bride, and in the descending generation the former group demands a bride from the latter. Such a demand from the side of the maternal relatives is often felt obligatory because of their spiritual predominance, and this trend seems to be more conspicuous among the Tsou than among the Bunun.

Anyhow, the outcome of women-exchange, either direct or indirect one, is an intersection of maternal or uterine relation between the two descent groups concerned which does not favour either group to maintain the spiritual predominance over successive generations and prevents the kinship terminology from conforming systematically to the clan principle. Under such circumstances, along with the interference of the generation principle to a certain extent, the Bunun have failed to develop the Omaha type of kinship terminology at full length. Nevertheless we may be able to postulate here the possible line of development toward the Omaha pattern against the background of belief in the spiritual superiority of the maternal patri-clan. First, kinship terminology still adheres to the generation principle, though some generic terms well reflect such superiority of the maternal patri-clan as among the Tsou. Second, kinship terminology re-arranged along the clan principle prevails more and more, though with a certain degree of reluctance to call near relatives, including any of the first cousins, by the terms conforming to the clan principle, as it is still found to some extent among the northern tribes of the Bunun. Third, such reluctance fades away more and more, leading to an approximation to the Omaha type, as it is found among most of the Bunun.

Such an approximation has been attained under the rather negative situation that the rules of marriage prohibition come to the fore and no special form of marriage is prescribed or preferred. Meanwhile, an important factor disturbing this kind of approximation is the custom of women-exchange which, however, is neither idealized nor institutionalized enough, the frequency depending largely on the populational imbalance among the respective descent groups or the disparity in sex ratio as we have seen above. Populational vicissitude among these descent groups, in particular, would have been rather natural and this should have exerted a great influence on the actual frequency of women-exchange in such an aboriginal society of smaller size, thus, leading to a fluctuation in the development toward the Omaha type of kinship terminology.

In the Bunun terminology conforming to the Omaha pattern, the terms for the male members of the maternal patri-clan are *tama* or its derivatives and those for the female members thereof are *tina* or its derivatives as mentioned above. Such words as *tama* or *ama* for the father and *tina* or *ina* for the mother are found widespread among the peoples of the Malayo-Polynesian linguistic family, particularly of the Indonesian subfamily. This would evidently indicate that among the Bunun the members of the maternal patri-clan are terminologically "elevated" to the level of the first ascending generation, even if they are actually of the descending generation. Such a case is to be discriminated from other one in which these members are called communally by some definite terms, not derived primarily from kinship terms but expressing their superiority in some way or other, as exemplified by the generic terms discussed above.

The perspective obtained from central Formosa would bring into relief that from the Admiralty Islands and *vice versa*, notwithstanding the former represents the Omaha type and the latter the Crow type. In the terminologies among various "tribes" of the Admiralties too, there is found some shift in the realization of the Crow pattern. Thus, "the elevation of the children of the father's sister is obscured in the Manus system by the use of special cross-cousin terms, but is unmistakably present in the Balowan, Ario, and Pak systems where such elevation occurs." In the Balowan, however, "between cross-cousins themselves there is no special terminology, the sibling terms are used throughout.... It is only in the second generation from the brother and sister progenitors that the interesting term appear" (which override generation). The elevation concerned seems more manifest in both the Ario and the Pak. On the other hand, such a term as *patieyen* in the Manus well illustrates this kind of elevation (Mead 1934:340, 345-348, and 353).

Mead contends: "a man calls his father's sister's daughter *patieyen*, which is primarily "father's sister", because she will inherit her mother's place of spiritual dominance toward him. It is not a question of matriliny or patriliny, but of a division of privileges between the two descent lines, and the expression of this division in various ways in the kinship terminology. In Manus children of both sexes stand in a special relationship to each other; the kinship terminology has emphasized only those privileges which descend from mother to children of both sexes, and which can only be transmitted by the daughter." And after discussing briefly about some instances from Oceania and West Africa, she argues: "In both African and Oceanic systems, the primary stress lies between cross-cousins, between the inheriting and the non-inheriting lines ... In its typical Oceanic form ... neither line is completely disinherited; one inherits temporal power, the other spiritual." (Mead 1934: 353-355).

Here are involved some of important views pertinent to kinship theories hitherto under debate. But we are especially concerned here with the two points in the contention by Mead: first, about the terminological "elevation" of a given side of cross-cousins and reciprocally the "degradation" of another side for instance, among cross-relatives; and second, about the inheritance of spiritual powers, not of temporal ones, which gives rise to both the spiritual predominance and the terminological elevation of a given side of cross-relatives.

With regard to the terminological elevation as well as the degradation in the Omaha and the Crow types, there would be at least two possible ways of employing the terms concerned. First, some generic terms, expressing either superiority or inferiority, are employed for respective sides of cross-relatives. Second, some kinship terms are "mobilized" to conform to either the Omaha or the Crow pattern so that the two sides of cross-relatives are respectively elevated and degraded, thus overriding generation. The Tsou case mentioned would represent a step toward the first, while the "ordinary" kinship terminology is well prevalent among them, side by side with such generic terms. The case is somewhat more complicated with the Bunun: besides the generic terms concerned, the ordinary kinship terms are at least partially re-arranged to fit for the Omaha pattern. These two ways are combined here as it were, though without resulting in a full-fledged Omaha pattern yet. Some aspects of the kinship terminologies in the Admiralties seem to exhibit a further advance in this regard than among the Bunun. Here too, however, local or tribal variation suggests a series of fluctuation concerned.

When dealing with the Omaha or Crow type of kinship terminology, anthropologists usually talk about the clan or lineage principle in that the maternal relatives along the male line are elevated in the Omaha pattern and the paternal relatives along the female line in the Crow pattern. However, *the reason why they are elevated still remains to be explained.* In this connection it is interesting to remember the suggestion made by Murdock. With regard to the two matrilineal societies with Crow terminology, the Haida and the Trukese, he points out that the relation with the paternal aunt is exceedingly important, and he says: "Among the Haida, for example, the father's sister has special and highly important functions to perform at every crisis in an individual's life ... if she is not alive, her daughter acts in her stead... the functions are inherited in the female line ... The functional equivalence of these several relatives, irrespective of generation, presumably reinforce the similarities that flow from participation in the same kin group and thus accentuates the tendency to apply the same kinship terms to all of them." (Murdock 1949: 168-169). However, no such ritual superiority is reported yet from the Trukese among whom "the special relationship ... between the members of a matrilineal lineage and the children of the men of that lineage, who are collectively called the *öfökür* of the former ... is correlated with the patrilineal features of the property system", notwithstanding "the inheritance of real property is matrilineal in principle." (Murdock & Goodenough 1947: 336-337 and 339). According to Goodenough, perhaps the best translation of the term *jëfëkyr* (*öfökür* in 1947) is "heir". "Since I am an *jëfëkyr* of my father's descent line, I am a child of his descent line as a whole. All the members of his descent line therefore stand in a parental and thus higher generation to me. Hence all the men of my father's descent line (e.g., father's mother's brother, father's brother, father's sister's son) are my fathers: *semej*. All the women (e.g., father's mother, father's sister, father's sister's daughter) are my mothers: *jinej*." (Goodenough 1951: 92 and 95). Such terms as *semej* (*semei* in 1947) and *jinej* (*inei* in 1947) are the cognates of *ama* (*tama*) and *ina* (*tina*) mentioned above. These cognates are redefined to conform to the Ohama pattern among the Bunun and to the Crow pattern among the Trukese, though more consistently among the latter.

Incidentally, the case of the Haida mentioned reminds us of that of the Crow Indians from whose kinship terminology the technical term "Crow type" is derived. "They ("fathers") merit respect; they, as well as their sisters, preeminently the persons whom a well-bred Crow periodically feasts and whom he would formerly present with some of the loot captured on the warpath. In return they pray on his behalf and act as his publicity agents if he has achieved some creditable deed, such as shooting his first deer or covering himself with glory on a raid" (Lowie 1950: 71).

In any case, it was Mead who tried emphatically to correlate the terminological elevation of the Crow pattern with the spiritual dominance of the sister (or father's sister) and her descendants along the female line. The belief in this kind of spiritual dominance is found also in Fiji, Tonga, Samoa, and presumably also in Futuna and Uvea where the patriliny overtly prevails. However, the range of the "descendants" fluctuates extremely between these islands: the distinction between the descendants respectively of the male and female lines continues for a number of generations in Samoa because of the regulation prohibiting marriage between genealogically traceable relatives, whereas the third cousins in the Admiralties and cross-cousins in Fiji are permitted or even preferred to marry each other, and consequently both the male and female lines perpetually converge and diverge; in Tonga, while cross-cousin marriage is not rare among nobles, commoners disfavour the marriage between such near relatives. (Mabuchi 1960a: 54-55). Such fluctuation in the range of "descendants" seems to be correlated at least partially with the weak development of the Crow pattern of kinship terminology in these islands except for a few generic terms, the general trend inclining more toward the Generation type. The Crow terminology of the Admiralties represents a rare case in this regard.

In contrast to such Oceanian beliefs as mentioned, the belief in the spiritual predominance of the maternal relatives along the male line is found among the Bataks of central Sumatra and in various parts of eastern Indonesia. Among these peoples of Indonesia, however, the kinship relation concerned is formulated in such a way that the wife-giving patrilineal descent group, including the maternal descent group, spiritually predominates over the wife-taking group. This is in connection with the matrilateral cross-cousin marriage which is prescribed or preferred, thus leading to a circulating marriage involving at least three descent groups. Accordingly, the women-exchange is excluded at least theoretically. In these respects, however, regional practices deviate variously from this general pattern. Fischer points out the trend toward concentrating marriage alliance more and more within a smaller circle of relatives, with the growth of patrilineal descent group. In connection with this, he remarks that among the Bataks as well as among the islanders of Kei and Tanimbar a son (usually the eldest one) properly marries a daughter of his mother's brother, whereas his brothers are forbidden to marry any of her sister. While such brothers may marry a daughter of other matrilateral uncle in Tanimbar, this is still forbidden in Kei (Fischer 1935: 373). Among the Toba-Bataks, it is a sort of incest that two brothers marry two sisters (Vergouwen 1933: 203-204). The younger brother has to find his mate in a small circle of maternal relatives other than that of his elder brother's wife, though within the same sphere of the wife-giving patri-clan. Or he may marry a girl from other patri-clan, and this results in securing a new wife-giving group for his descendants along the male line (Nasoetion 1943: 47). Among the Atoni or Timor, both the matrilateral and patrilateral cross-cousins are a "wife way" (the girls whom boys should marry), but they still dislike to marry the father's sister's daughter: "native structuralists point out (à la Lévi-Strauss) that FZD marriage causes confusion as bridewealth returns in the direction along which it is already being paid; hence, they eschew the *cycle court*." (Cunningham 1967: 58 and 61). It seems that, although the sister-exchange is disfavored, the exchange of women between the two patri-lineages is not excluded as far as the genealogical relation involved is more or less distant (Schulte Nordholt 1966: 50-51).

Notwithstanding such deviation, the wife-giving group is spiritually superior to the wife-taking group. To some extent, generic terms for both groups respectively imply superordination and subordination. Among the Toba-Bataks, for instance, the wife-giving group is sometimes called *bona ni ari*, 'the beginning of days', while the wife-taking group is given a collective term *anak boru*, 'children of the daughter', or summarily *boru*, 'daughters', including those who married one's daughter, sister, father's sister, and father's father's sister, in a word the daughters of one's patri-kin group, and their descendants along the male line (Vergouwen 1933: 51-52 and 56). In Tanimbar, the term for the wife-giving group is *nduwe*, a cognate of the Malayan *tuan*, 'master', whereas that for the wife-taking group is *uranak*, 'sister's children'. The members of the former group call those of the latter also *tomwatte*, literally "men", implying that from the view-point of a *nduwe* they are "his men". (Drabbe 1923: 547). The wife-taking group is called *yan ur*, 'children of the sister', also in the Kei Islands. But here the term designating the wife-giving group is *mang ohoi* 'villagers', the male villagers particularly in this case, because the male villagers, except those of heterogeneous descent, are destined to live in the village natal to them, while the female members marry out of the village. The relation between the *mang ohoi* and the *yan ur* is often identified with that between the *maduan* and the *koi* (or *mardu*), the master and the subordinates. (Geurtjens 1921: 301-303; van Wouden 1935: 11-14). In all these instances, such kinship terms as "daughter's children" (or "daughters" regardless of the sex of the persons designated) and "sister's children" are manipulated along the line of the Omaha pattern, thus regardless of generation. But these are exclusively for the members of the wife-taking group, while the terms for the wife-giving group are those simply indicative of their superiority. In eastern Sumba, somewhat in contrast with these, "the MoBrCh are referred to as *ana pulangia* (= children of MoBr). *Pulangia* is a synonym of *tuja* (= MoBr), but may be used to indicate the whole *kabisu* from which one's mother originates", the *kabisu* being "the exogamous patri-clan". (Fischer 1957: 1 and 4). Here the term for the mother's brother is manipulated likewise along the line of the Omaha pattern and exclusively for the members of the wife-giving group. In either case, the people failed to develop a full-fledged form of the Omaha pattern.

Apart from such generic terms, kinship terminologies in these parts of Indonesia seem only dimly to reflect the spiritual predominance of the wife-giving group. On the other hand, the matrilateral cross-cousin marriage, prevalent at least as an ideal form, has modified the Generation type of terminology here and there to some extent. In his "World Ethnographic Sample", Murdock classifies the Toba-Batak terms for cousins by the symbol X which means an "unusual cousin terminology in which nonmarriageable cross-cousins are equated with siblings, while marriageable cross-cousins are differentiated." Among the 565 societies of Murdock's sample, only the Toba-Bataks and the Jivaro of South America have this X type of cousin terminology (Murdock 1957). However, the counterpart is reported from eastern Sumba, the Sikka people of eastern Flores, and Tanimbar where the father's sister's daughter and the female parallel cousins are equated with the sister, whereas the mother's brother's daughter is differentiated from the sister (Fischer 1957: 35; van Wouden 1935: 10 and 20). A slight degree of advance toward the X type seems to be found among the Manggarai people of western Flores among whom "parallel- and cross-cousins are terminologically differentiated" and "they seemingly are all classificatory brothers and sisters". "If the, respective parents have agreed upon a marriage between their children, (MoBrDa and FaSiSo) they refer to them as *wina* and *rona* (=wife and husband)." Meanwhile, "the term *késa* means in the first place WiBr and SiHu, but also may be used by FaSiSo and reciprocally MoBrSo since they may be seen as potential brother-in-law". (Fischer 1957: 19).

In this regard, the Atoni terminology is fairly different. "No distinction is made between the two kinds of cross-cousins", while "the terms for parallel-cousins are those used for brother and sisters." "Kinship terminology even suggests a real marriage by exchange." (Fischer 1957: 24). The Atoni terminology would presuppose the "direct marriage exchange", notwithstanding they prefer the matrilateral cross-cousin marriage and eschew the patrilateral one (Cunningham 1967: 54-56).

We would be able to summarize our observation as follows. Those peoples of Indonesia who share with the Bunun the belief in the spiritual predominance of the maternal patri-clan or the wife-giving patri-kin group did not develop the Omaha type of kinship terminology to such an extent as it is found among the Bunun. Similarly those peoples of Oceania sharing with the Admiralty Islanders the belief in the spiritual predominance of the paternal relatives along the female line have failed to develop the Crow type as it is the case with the Admiralties. Nevertheless we have observed that in Indonesia and also among the Tsou of Formosa the generic terms well reflect such a kind of spiritual predominance and seem to suggest a step toward the direction of the Omaha type, though such generic terms seem less conspicuous in Oceania. In this regard, the Bunun and the Admiralty Islanders might represent the peak of such development, but toward the mutually reversed directions, one toward the Omaha pattern and the other toward the Crow. And the two series of such hypothetical development would have brought forth respectively against the background of the two different types of spiritual predominance, along with kinship rituals relevant to them. In both Oceania and Indonesia (including Formosa), the deep-rooted Generation type of kinship terminology seems to have considerably blunted the advance toward the Crow-Omaha type, while particularly in Indonesia (excluding Formosa) the matrilateral cross-cousin marriage seems to have very little directly to do with the development of the Omaha type. On the other hand, we have already observed that an approximation to the Omaha type is attained among the Bunun who are quite devoid of this form of marriage. We may remember here, Lévi-Strauss has pointed out that the "Crow-Omaha systems and those of societies with asymmetrical cross-cousin marriage ... are as widely dissimilar as say, fish and whale" (Lévi-Strauss 1965: 18). With regard to the trends, either manifest or latent, toward the Crow-Omaha patterns in the areas under discussion, we would have to take into consideration respectively the two types of spiritual-ritual relations mentioned, which the present writer has tentatively called the Oceanian and the Indonesian types. It is also to be noted that, in both of them, the male gifts and the female gifts are offered in exchange respectively from the bride-taking group and the bride-giving group, the male and the female gifts here consisting of those goods produced by or belonging to the male and the female respectively. (Mabuchi 1960a).

In his brilliant work *Les structures élémentaires de la parenté*, Lévi-Strauss has dealt with a number of cases in Continental Asia conforming to what the present writer calls the Indonesian type, especially among the Kachin and such peoples of the Naga Hills as the Rengma, the Lushei and the Old Kuki whose kinship relations are largely characterized by the matrilateral cross-cousin marriage (Lévi-Strauss 1949: chap. XVI-XVIII). It would be noteworthy that the Omaha type of kinship terminology prevails at least among the Kachin and the Rengma Naga (Murdock 1957: 680). But we may repeat, the matrilateral cross-cousin marriage alone is hard to explain the terminological "elevation" in the Omaha type.

The distribution of the Oceanian and the Indonesian types is not confined respectively to Oceania and Southeast Asia, either insular or continental. A recent report indicates a trend toward the Oceanian type in northern Punjab (Newell 1962). Hocart pointed out a peculiar description in the Law of Manu with regard to the selection of the persons who, in the capacity of vehicles of the departed spirits of paternal relatives, partake of the sacrifice at funeral feast. Besides Brahmans and some religious functionaries, they are the mother's father, mother's brother, sister's son, father-in-law, daughter's son, son-in-law and "maternal" relation of the feast-giver (Hocart 1924). Thus, they include men of both the wife-giving and the wife-taking sides of relatives, but none of Ego's paternal relatives.

This would be comparable with the case from the Lakher of Assam. Among them, while a man who failed to behave politely to his maternal uncle (and his wife) would certainly be involved in the payment of an "atonement price" and the maternal uncle is entitled to a share in any wild animal shot by his nephew, he in his turn has to give shares of any animal he shoots to his nieces and in default of his nieces, to his nephews. The maternal uncle is also bound to help his nephews and nieces if they are in distress, and it is to him that they turn for help even more than to their parents, and vice versa. Moreover, it is taboo for a maternal uncle to curse or insult his nephew, and insult and quarrel between maternal uncle and sister's son must be atoned by sacrifice, or terrible misfortune would occur (Parry 1932: Part III). Such series of obligations as well as religious sanctions might suggest a combination of or non-divergence between the Indonesian and the Oceanian types, as it were.

In Africa, we are informed of some cases reminiscent respectively of the Oceanian and the Indonesian types in that, for instance, the wife-taking group is "seemingly" superior among both the Bathonga and the Lovedu (Junod 1936: 2e partie, chap. I-D; Krige & Krige 1947: Chap. V) and the wife-giving group is superior among the Nuer (Evans-Pritchard 1956: Chap. VI). In the field of kinship rituals, Hocart paved the way to comparative study between Oceania and Africa. He notices that among the Fijians, Tongans and the Bathonga the mother's brother's son, daughter's son and more especially the sister's son freely consume the sacrifice in their capacity of gods or departed spirits (Hocart 1915 and 1923). Excepting the mother's brother's son, these features are rather Oceanian in type.

By comparing the instance from the Bathonga and those from Fiji and Tonga in a somewhat similar way, Radcliffe-Brown noticed a particular feature in kinship behaviour especially between the mother's brother and the sister's son in both areas. He pointed out that under the patrilineal system as found among the Bathonga there is a tendency "to extend to all the members of the mother's group (family or lineage) a certain pattern of behaviour which is derived from the special pattern that appears in the behaviour of a son toward the mother" from whom "he expects care and indulgence", and "on the other hand it is to his paternal kin that he owes obedience and respect". Under such a situation, the mother's brother is called the "male mother" (*malume* or *umalume*) and the father's sister the "female father" (*rarana*). A man's father's sister is "sacred to him; her word is his law". And Radcliffe-Brown compared the indulgent mother's brother of the Bathonga with that of the matrilineal Baila among whom the mother's brother has a power even of life and death over his nephew and niece (Radcliffe-Brown 1924: 17, 19, 25 and 29). His way of approach was based on a single dichotomy: patrilineal system and matrilineal one in the frame of which the two kinds of psychological drama are performed, as it were. There are authoritative and even sacred relatives on the paternal side and indulgent ones on the maternal side under patrilineal system, whereas the situation is the reverse under matrilineal system.[2]

Meanwhile, Radcliffe-Brown discussed about the ritual relation particularly between the mother's brother and the sister's son. As in Tonga, the sister's son steals and consumes the sacrifice the mother's brother has offered to his ancestors among the Bathonga. And "each family has two sets of gods, those on the father's side and those on mother's; they are equal in dignity and both can be invoked. But ... if an offering has to be made to the gods of the mother's family this must be through the maternal relatives, the *malume*." Presumably for this reason, "the mother's brother may be asked to offer sacrifice when his nephew is sick." Thus, while the father's sister is sacred as mentioned above, the "indulgent" mother's brother is ritually important as well. In his footnote Radcliffe-Brown referred to an aspect of the Bathonga kinship terminology. "The term *malume*, primarily applied to the mother's brother, is extended to include the sons of those men, who are also *malume*. If my mother's brothers are dead it is their sons who will have to sacrifice on my behalf to my maternal ancestors. In the northern part of the tribe ... the mother's father, mother's brother, and the sons of the mother's brother are all called *kokwana* (grandfather)" (Radcliffe-Brown 1924: 16, 26 and 29). These indicate a trend toward the Omaha pattern and the terminological "elevation" of maternal relatives seems to be correlated with their spiritual importance. Such a trend might appear rather disharmonious with the

[2] Radcliffe-Brown's single dichotomy mentioned was criticized by Lévi-Strauss who emphasized the need of a more analytical as well as synthetical way of approach. (Lévi-Strauss 1958: 49-55). But, we are here concerned with a certain dominant feature of kinship behaviour which presumably provides the kinship mechanism with an orientation.

above-mentioned feature that the father's sister and according to Hocart, the sister's son are sacred, a feature reminiscent of the Oceanian type.

These features are comparable with those from other peoples of Southern Bantu such as the Lovedu and the Venda, ethnically related with the Bathonga. By quoting from Krige and Krige, Leach discussed about the situation of the Lovedu: "... a man's cattle linked sister (i.e., the sister by means of which a man receives bridewealth cattle to acquire a wife) ranks higher in the social hierarchy than the man himself. ... a gift of women is the socially recognized mode of offering tribute to a political superior ... and ... the giving of beer is typically a gesture of honour and an approved form of tribute. My suggestion is that we have here a kind of Kachin structure in reverse" (Leach 1951: 49). Then after talking about the hypergamy in which the wife-taking group is usually superior, the usage around the Lovedu queen marrying her "wives", etc., Leach finds there "at first sight ... a striking paradox", and writes: "I suggest that the logic of the situation from the Lovedu point of view, is that an inferior does not properly give cattle to a superior. The proper gesture to persons of higher rank is to give women and beer; *vaduhulu* ranks above *vamakhulu*" (Leach 1951: 49-50).

In any case, the wife-taking group (*vaduhulu*) ranks above the wife-giving one (*vamakhulu*) and thus, this is a sort of Kachin structure in reverse. In his article (1960a: 58), the present writer was of the same opinion as Leach in this regard and wrote: "all these features are rather Oceanian in type, thus, the Kachin pattern in reverse". However, the present writer has now to add: yet the authors (Krige & Krige) tell about "the importance of the mother's side of family" and "nothing of interest or importance takes place without their presence; even at the annual harvest beer offering given to the gods on the father's side, relatives on the mother's side, who are not concerned in the religious aspect of the ceremony, will be present for the beer and social amenities." In this regard at least, we can notice some sort of respect institutionalized for the mother's side of relatives, that is, the wife-giving group. Moreover, as we shall discuss in the below, such terms as *vamakhulu* and *vaduhulu* would imply terminological "elevation" of the wife-giving side of relatives, a trend toward the Omaha type of kinship terminology.

As is the case with the Bathonga, we have here a "paradox" at least at first sight. In this regard, very illuminating is the recent work by Roumeguère-Eberhardt who deals mainly with the Venda, but incidentally also with the Lovedu and the Bathonga (and the Fulani). A salient feature of the Venda kinship terminology would be illustrated by the three terms:

*malume* (literally, male mother), *makhulu* (grand old mother) and *muduhulu* (grand-son) which are employed regardless of sex and generation. By the term *malume*, a man calls his mother's brother, the brother of his wife, and his wife's brother's son. Because the preferred matrilateral cross-cousin marriage is not so much adhered to among the Venda as among the Lovedu, the wife's brother and the wife's brother's son may or may not coincide respectively with the mother's brother's son and the mother's brother's son's son. Besides both the paternal and maternal grandparents, spouse's grandparents and the siblings of all these grandparents, the term *makhulu* designates the parents of a man's wife, the wives of *malume*, and all the members of the patrilineage of one's wife considered as the wife-givers. The reciprocal term of either *malume* or *makhulu* is *muduhulu*, though another term *makwasha* (the "wife-taker") is also employed when the person designated is of the same or descending generation of either *malume* or *makhulu*. There seems to be some terminological overlap with regard to the same person designated. Anyhow, these features certainly indicate a trend toward the Omaha pattern. (Roumeguère-Eberhardt 1963: 39-40, 45-47 and 58).

In the field of ritual relation too, Roumeguère-Eberhardt provides us with a new perspective. According to her, the grains are a male symbol (semen-seed), whereas the cattle is a female symbol (blood). For this reason, the wife-takers, the male side, give the beer and the wife-takers, the female side, the cattle. Notwithstanding the patrilineal descent, both the paternal and the maternal ancestors are important in the Venda religion. While the paternal ancestors as well as relatives are concerned with the maintenance of social hierarchy and such grand ceremonies as that of the first-fruits, the maternal ones play a decisive role in the life-crises of an individual. In both the myths and rituals, they appear as representing the cosmic forces of life. The wife-givers are regarded as the "life-giver" charged with the transmission of life. In this connection, the wife-givers are upper and superior in relation to the wife-takers, the life flowing in effect from above to below. The terminological elevation of the maternal relatives is correlated with this. On the other hand, it deserves notice that the father's sister presides over the cult of the family ancestors. This is interpreted in such a way that it is due to the cattle acquired by her marriage that the father could establish his family. With regard to the custom of the sister's son consuming the sacrifice offered to ancestral gods by the mother's brother as found in both Oceania and Africa, the people say that the ancestors come to "lick" the meat offered which is then consumed usually by *vaduhulu* (plural of *muduhulu*) belonging to the group of uterine nephews, that is, the wife-takers (Roumeguère-Eberhardt 1963: 32, 43, 52, 79 and 89-90).

It will take some length of time before Roumeguère-Eberhardt's interpretation of the Venda worldview as well as "society-view" is duly evaluated widely by anthropologists in general. Yet her discussion is highly suggestive. It seems that the "atmosphere" of the Venda culture indicates a trend inclining more toward the Indonesian type than that of the Bathonga and the Lovedu among whom the father's sister, the sister, and the sister's son are granted a considerable degree of ritual importance which is reminiscent of a characteristic feature of the Oceanian type. Leaving aside the cultural deviation among these ethnic groups for the moment, however, we would have here a general trend toward the formation of a spiritual-ritual link along uterine relations, cross-cutting patri-descent groups involved. This would result in spiritual-ritual importance granted to both the wife-giving and the wife-taking sides of relatives, though with some cultural variations laying more emphasis on one side or the other. Such a situation would be comparable with that of the Law of Manu and the Lakher people mentioned above, among whom both sides of relatives seem to be almost equally important, thus, suggesting a combination of or non-divergence between the Indonesian and the Oceanian types.

In his 1960 article, the present writer postulated the two possible lines of divergent development of the patronship of maternal relatives under patriliny: in one direction, the generous or even indulgent aspect of the patronship might have been more and more emphasized, thus, leading to the Oceanian type, and in another direction, still preserving their patronship, the role of supervisor might have been more and more elaborated, thus, resulting in the specific power to bless and curse the children born of the married-out clanswomen, a situation corresponding to the Indonesian type. Yet, the kinship relations involved are viewed from somewhat different angles respectively in these two types: in the Oceanian type, the relation between brother and sister is the focal point, whereas in the Indonesian type the relation between the maternal kin group and the children of the married-out kinswomen or that between the wife-giving group and the wife-taking one comes to the front (Mabuchi 1960a: 59).

This was a tentative view especially by referring to the dominant features of kinship behaviour. But it is eventually concerned with the background of terminological elevation we have discussed. As compared with the instances from the Law of Manu and the Lakhers, South African ones as a whole seem to be more inclined toward the Indonesian type, along with the Omaha pattern of kinship terminology. On the other hand, we have only an illuminating instance of the Crow kinship terminology from the Admiralties among other islands of Oceania we observed. Nevertheless, it would be hard to develop the Crow terminology in the Admiralties without the background of the belief in spiritual-ritual predominance of the female line under patrilineal system, as pointed out by Mead. It also deserves notice that, in all these islands of Oceania, including the Admiralties, such female line is based exclusively on genealogical relations. not inter-clan ones, and the range of its extension is highly fluctuating as we have seen.

We do not intend to explain all the cases of the Omaha and the Crow terminology in terms of spiritual-ritual predominance by which either side of relatives sways its power over the other side. But, we have already fairly many cases presumably supporting such an explanation from Asia, Oceania, Africa and North America, even though still sporadically. The present writer would like to suggest that a further investigation should reveal such a spiritual-ritual relation between uterine relatives in a number of other ethnic groups among whom the Omaha or Crow type of terminology prevails. The reason why relatives of one side are socially superior remains still to be investigated, the spiritual-ritual predominance presumably representing an aspect of such social superiority in a larger context.

METROPOLITAN UNIVERSITY OF TOKYO

## REFERENCES

Cunningham, Clark E.,
1967 "Atoni Kin Categories and Conventional Behavior", *Bijdragen* (*tot de Taal- Land- en Volkenkunde*), Deel 123, blz. 53-70.

Drabbe P.,
1923 "Het heidensch huwelijk op Tanimbar", *Bijdragen*, Deel 79, blz. 546-568.

Fischer, H. Th.,
1935 "De aanverwantschap bij eenige volken van de Nederlandsch-Indische Archipel". *Mensch en Maatschappij*, Deel 11, blz. 285-297 and 365-378.
1957 "Some Notes on Kinship Systems and Relationship Terms of Sumba, Manggarai and South Timor", *Internationales Archiv für Ethnographie*, Band XLVIII, S. 1-31.

Geurtjens, H.,
1921 *Uit een vreemde wereld of het leven en sterven der inlanders op de Kei-eilanden* ('s-Hertogenbosch).

Goodenough, Ward H.,
1951 *Property, Kin, and Community on Truk* (*Yale University Publications in Anthropology*, No. 46).

Hocart, A. M.,
1915 "Chieftainship and the Sister's Son in the Pacific", *American Anthropologist*, n. s., Vol. 17, pp. 631-646.
1923 "The Uterine Nephew", *Man*, Vol. 23, Art. 4.
1924 "Maternal Relation in Indian Ritual", *Man*, Vol. 24, Art. 76.

Krige, E. J. and J. D. Krige,
1947 *The Realm of the Rain-Queen*, 3rd ed. (Oxford).

Leach, E. R.,
1951 "The Structural Implications of Matrilateral Cross-Cousin Marriage", *Journal of the Royal Anthropological Institute*, Vol. 81, pp. 23-55.

Lévi-Strauss, Claude,
1949 *Les structures élémentaires de la parenté* (Paris).
1958 "L'Analyse structurale en linguistique et en anthropologie", in *Anthropologie Structurale* (Paris).
1965 *The Future of Kinship Studies* (The Huxley Memorial Lecture 1965).

Lowie, Robert H.,
1950 *Social Organization* (London).

Mabuchi, Toichi,
1934 "Kinship Terminology among the Bunun and the Tsou", Part I *Nampô Dozoku*, pp. 1-35 (Taipei) (in Japanese).
1938 "The Place of Maternal Relatives under the Patrilineal System among the Central Tribes of Formosa", *Annual Report of Ethnology*, Vol. I, pp. 1-68 (Tokyo) (in Japanese).
1940 "Distribution and Presentation of Meat among the Bunun", *Annual Report of Ethnology*, Vol. II, pp. 365-457 (Tokyo) (in Japanese).
1952 "Social Organization of the Central Tribes of Formosa", *Internationales Archiv für Ethnographie*, Band XLVI, S. 182-211.
1960a "The Two Types of Kinship Rituals among Malayo-Polynesian Peoples", *Proceedings of the 9th International Congress for the History of Religions* (held in 1958 in Tokyo-Kyoto) (Tokyo).
1960b "Formosan Native Peoples", in *Social Structure in Southeast Asia*, ed. by George P. Murdock, pp. 127-142 (Chicago).

Mead, Margaret,
1934 *Kinship in the Admiralty Islands* (New York, The American Museum of Natural History).

Murdock, George P.,
1949 *Social Structure* (New York).
1957 "World Ethnographic Sample", *American Anthropologist*, n. s., Vol. 59. pp. 664-687.

Murdock, G. P. and Ward H. Goodenough,
1947 "Social Organization of Truk", *Southwestern Journal of Anthropology*, Vol. 3, pp. 331-343.

Nasoetion, M. H.,
1943 *De plaats van de vrouw in de Bataksche maatschappij* (Utrecht, Dissertation).

Newell William H.,
1962 "The submerged Descent Line among the Gaddi People of Northern India", *Journal of the Royal Anthropological Institute*, Vol. 92, pp. 13-22.

Parry, N. E.,
1932 *The Lakhers* (London).

Radcliffe-Brown, A. R.,
1924 "The Mother's Brother in South Africa", republished in his *Structure and Function in Primitive Society* (London, 1952).

Roumeguère-Eberhardt, Jacqueline,
1963 *Pensée et société africaines* (Paris-La Haye).
Schulte Nordholt, Herman G.,
1966 *Het politieke systeem van de Atoni van Timor* (Amsterdam, Dissertation).
Vergouwen, J. C.,
1933 *Het rechtsleven der Toba-Bataks* ('s-Gravenhage).
Wouden, F. A. E. van,
1935 *Sociale structuurtypen in de Groote Oost* (Leiden, Dissertation).

# FILIATION ET CLASSES D'ÂGE DANS LE SUD DE LA CÔTE-D'IVOIRE

DENISE PAULME

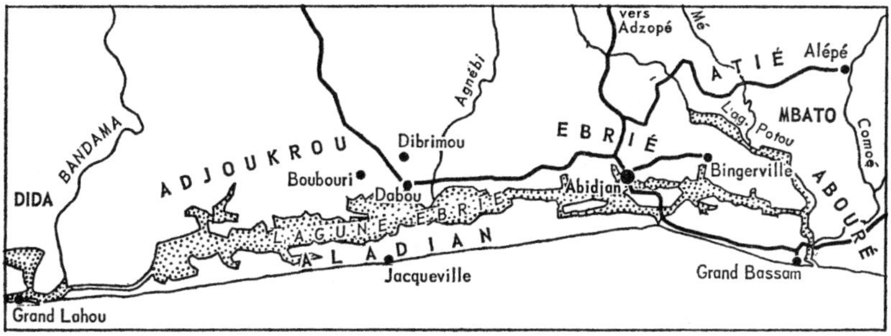


Les rives des lagunes qui ourlent tout le sud-est de la Côte-d'Ivoire jusqu'à Grand Lahou, soit sur environ 250 kms, sont occupées par de multiples petites sociétés: Eotile, Atié, Abouré, Mbato, Ebrié, Adjoukrou, Aladian; l'ensemble compterait peut-être 120.000 individus répartis entre près d'une dizaine d'ethnies. De même souche que leurs voisins, ceux qu'on englobe sous le terme commode de "lagunaires" ne sont toutefois jamais parvenus à former d'Etat comparable aux royaumes apparus avec des fortunes diverses chez les Ashanti, les Agni ou les Baoulé. L'unité politique ne dépasse guère ici le village, peuplé de quelques centaines d'habitants. L'organisation sociale et politique n'en est pas moins complexe; elle varie d'un groupe à l'autre, chacun voulant affirmer son originalité par un trait qui le distingue de ses voisins. Encore la proximité de la capitale et son prodigieux développement ont-ils eu pour effet premier d'atténuer ces différences: les particularités s'effacent rapidement, elles auront bientôt entièrement disparu avec l'adoption du nouveau Code civil.[1]

Comme dans toutes les populations du rameau Akan, la filiation est ma-

[1] Les informations sur lesquelles repose cette étude ont été recueillies en 1964 et 1966, au cours de deux missions subventionnées par le Ministère de l'Education Nationale (École Pratique des Hautes Études, VIe section) et par le C.N.R.S.

trilinéaire: les enfants appartiennent au groupe de leur mère, les fils—du moins en principe — cultivent des terres qui leur ont été attribuées par un oncle maternel ou un grand-oncle, les filles sont mariées à l'extérieur de ce cercle étroit. Au-delà de deux générations, les informateurs sont souvent incapables de préciser leur ascendance: leurs mères étaient sœurs, mais, ajoutent-ils, sœurs "de mères différentes." C'est dire que l'ancêtre commune se situe à un degré qu'on ne saurait préciser et dont on ne se soucie guère. Ces petits groupes — leur profondeur, lorsqu'on peut la vérifier, ne dépasse pas trois ou quatre générations — se réclament d'une unité plus large, portant un nom propre et qu'on retrouve ou non dans les villages voisins. Ebrié et Abouré connaissent sept clans présents dans chaque village et dont chacun, semble-t-il, assurait jadis une fonction distincte; cette disposition ne se retrouve pas chez les Atié. Au doyen du clan pour le village revenait jadis un rôle important, surtout sur le plan religieux. Il veille sur la chaise du clan, à la fois autel et emblème, il peut seul invoquer les ancêtres et sacrifier au nom de tous et dans l'intérêt commun. Il garde les terres ainsi que les bijoux en or qui constituent le trésor du clan, bijoux et terres également incessibles.

Le principe de filiation matrilinéaire, joint à celui d'une résidence virilocale — la femme vient demeurer chez son mari sitôt le mariage célébré — pose aux lagunaires le problème commun à toutes les sociétés dysharmoniques: alors que les terres sont choses du clan, détenues par le doyen et réparties entre ses cadets, le fils est élevé chez son père, jamais chez son oncle maternel (chez les Atié, l'interdiction allait jusqu'à proscrire un séjour prolongé chez ce dernier, sous peine pour le neveu de "passer fils", c'est-à-dire d'être déshérité). Comment le clan va-t-il éviter la dispersion, garder le contrôle des enfants de ses filles mariées à l'extérieur, ne pas perdre de vue les filles de ces filles après leur mariage, et surtout obtenir que les fils, parvenus à l'âge adulte, reviennent aux côtés de leurs maternels? Comment, de son côté, le père acceptera-t-il de voir partir ses fils, alors que ceux-ci devenus grands peuvent l'aider au travail de ses terres? Tous les lagunaires donnent à ce problème la même solution: les filles sont mariées à l'extérieur du petit groupe de maternels au niveau duquel se situe l'exogamie, mais à l'intérieur du village; l'exogamie du sous-clan se complète d'une endogamie locale. Le mariage vu jadis avec le plus de faveur était celui avec la cousine croisée matrilatérale: "qu'une telle union soit proposée, me disait un vieil Atié, on ne peut pas refuser." En faveur d'un tel mariage, les informateurs avancent un argument économique: le petit-fils (C.), pourra revendiquer les terres de son grand-père paternel (A.), puisque celui-ci est aussi son grand-oncle maternel.

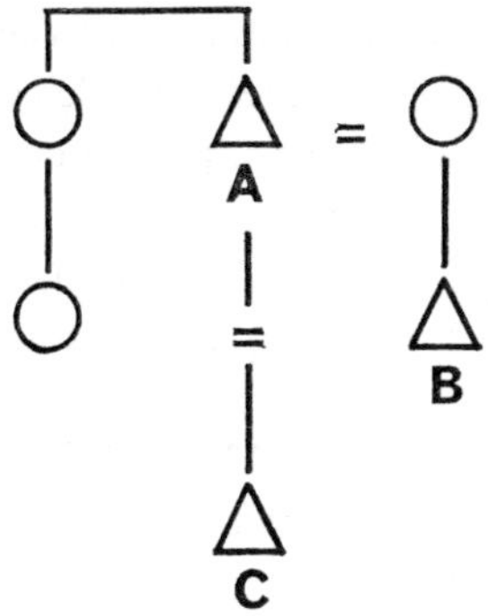


Parfois même, on accepte que le père (B.) cultive ces terres "provisoirement", à titre de tuteur et dans l'intérêt de son fils, héritier présomptif. A défaut d'une telle union, la fille, en premières noces, sera mariée si possible à l'intérieur du clan, en tout cas dans le village. Ainsi les maternels pourront surveiller le ménage, intervenir au besoin entre les époux et veiller à l'éducation des enfants sans que cette tâche leur incombe directement. Les jeunes gens en âge de s'établir n'auront pas à se familiariser avec un nouveau milieu, ils connaîtront dès l'enfance le terroir comme les hommes aux côtés desquels s'écoulera leur vie d'adulte. Encore aujourd'hui, le village forme un isolat.[2]

Le travail de la terre est ici tenu en piètre estime: bananes, cacao, café, les plantations aménagées depuis la première guerre mondiale sont laissées aux soins de manœuvres venus de fort loin, la plupart de Haute Volta. Jadis, les seuls passe-temps honorables étaient la recherche de l'or, le trafic des esclaves, surtout les escarmouches avec les voisins. La chasse aux têtes était pratiquée et les jeunes gens n'accédaient à la dignité d'adultes qu'après une telle expédition. Toutefois le chef du village, dans l'ordre traditionnel, n'était ni le chef des guerriers, ni son doyen, non plus que l'homme le plus âgé d'un clan déterminé: il était le chef reconnu de l'échelon d'âge qui réunit les "hommes mûrs" (de 45 à 60 ans environ). Après seize années, ces hommes devenus des vieillards cédaient la place à la promotion suivante, qui occupait jusqu'alors le rang des "guerriers". La durée du règne d'une classe était donc plus ou moins connue à l'avance. L'institution est toujours en vigueur, si le "règne des hommes mûrs" n'est plus aujourd'hui qu'une formule. A l'intérieur du village, un homme se définit par sa classe d'âge non moins que par sa situation familiale. Sorti

[2] D'une fille mariée au loin, on comprend, me disait un Ebrié, qu'elle aura connu au préalable deux ou trois essais malheureux: les hommes de son village n'en veulent plus. Je n'ai pas recueilli l'opinion des femmes sur ce point.

du milieu natal, il se présente en nommant sa classe, qui permet toujours de le situer; aussitôt dirigé sur le chef local de cette classe, il sera pris en charge par ses homonymes — n'est-il pas un des leurs? Mais le terme de classe d'âge recouvre ici une équivoque, car le recrutement obéit à un principe qui n'est pas celui de l'âge physique: la classe du fils est toujours fixée d'après la classe de son père, quel que soit l'écart des années entre les deux hommes une classe intermédiaire les sépare. L'âge pris en considération est donc un âge "social"; sensibles à la nuance, les Africains qui abordent ces problèmes en français emploient volontiers le terme de "génération"; nous l'avons écarté, préférant celui de "promotion": la présence d'une "génération" intermédiaire entre le père et le fils rendrait la confusion inextricable.

Chez les Abouré comme chez les Ebrié et les Mbato, l'existence simultanée de quatre promotions, toujours présentes, jointe à la règle qui veut que la promotion du fils ne suive jamais immédiatement celle du père, aboutit à répartir l'ensemble masculin de la population en deux moitiés patrilinéaires, paire et impaire: si le père est 1, le fils sera 3, si le père est 2, ses fils seront 4; si le père est A, son fils sera C, s'il est B, ses fils seront D. Précisons aussitôt que cette division dualiste n'est pas reconnue explicitement: il existe un terme pour désigner les classes, il n'y a pas de mot traduisant "moitié". Les informateurs ajoutent simplement en énumérant les classes que les A sont les pères des C comme les B sont les pères des D. Ils ajoutent que deux classes voisines ne sont jamais d'accord, qu'il

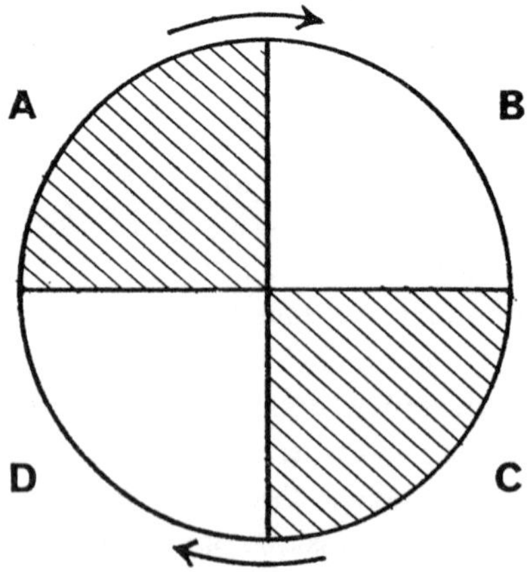


le fils de A est C | le fils de B est D
" C " A.2 | " D " B.2 etc.

s'agisse des rapports entre A et B ou de ceux entre B et C, soulignant ainsi le principe de rivalité inhérent au système.[3]

Nous sommes donc en présence de classes d'âge fonctionnant selon un mode cyclique comparable à celui qui n'avait jusqu'alors été relevé qu'en Afrique orientale, notamment chez les Galla et les Nandi: la clé de tout système cyclique est en effet que le recrutement y obéit à un principe de filiation, la classe du fils étant connue d'après celle du père sans jamais se confondre avec elle. Mais le fait que la descendance chez tous ces peuples d'Afrique de l'est se compte dans la seule ligne masculine, c'est-à-dire selon le même principe que le recrutement des classes, interdit pour l'instant de pousser la comparaison plus avant.

Un homme appartient à la même classe — à la même promotion — pendant toute sa vie: un A sera un A jusqu'à sa mort. Mais au cours des ans, la promotion entière change de rôle, une fonction précise étant assignée à l'échelon qu'elle gravit chaque fois qu'une nouvelle classe est formée. Cette formation correspond pour les jeunes gens à ce qu'est ailleurs l'initiation tribale, elle donne lieu à une cérémonie qui se renouvelle environ tous les seize ans. Ainsi les membres d'une promotion quelconque connaissent-ils successivement le statut d'"enfants" (jeunes gens), celui de "guerriers", puis d'"hommes mûrs", enfin de "vieillards". Le principe dans le recrutement d'une alternance entre les deux moitiés fait qu'à tout moment, les "vieillards" sont les pères des "guerriers", tandis que les "hommes mûrs" sont les pères des "enfants". En d'autres termes, les deux fractions rivales et complémentaires sont toujours décalées d'un échelon: les hommes mûrs qui détiennent le pouvoir l'exercent sous la surveillance de la moitié opposée, qui réunit vieillards et guerriers.

Lors de la formation d'une nouvelle classe, l'âge "idéal" est:

| | | |
|---|---|---|
| pour les A, | "enfants" | 16 ans (l'âge réel allant de 8 à 24 ans) |
| pour les B, | "guerriers" | 32 ans (l'âge réel allant de 24 à 40 ans) |
| pour les C, | "hommes mûrs" | 48 ans (l'âge réel allant de 40 à 56 ans) |
| pour les D, | "vieillards" | 64 ans (l'âge réel allant de 56 à ... ans) |

Seize ans plus tard, les derniers représentants de la classe des (D) vieillards auront disparu; leurs cadets immédiats (C) les remplaceront, tandis que les (B), "guerriers", deviendront des "hommes mûrs", les (A), "enfants", des "guerriers". La direction des affaires du village passe aux mains de la moitié opposée, une nouvelle classe d'"enfants" est formée, elle portera le

[3] Cf. B. Bernardi, "The age system of the Nilo Hamitic peoples" *Africa*, XXII (oct. 1952), pp. 316-332.

même nom (D.) que celle des vieillards dont l'effacement de la vie publique est aujourd'hui consommé. L'alternance est donc double: on passe d'une moitié à l'autre tous les seize ans; on passe d'une génération à l'autre tous les 32 ans.

Dans un système à 4 classes, le petit-fils appartient à une classe de même dénomination que celle de son grand-père: si ce dernier était D (D.1), lui-même sera également D (D.2), la génération intermédiaire étant B. Si le vieillard était C (C.1), le petit-fils sera C (C.2), son père étant A. Une classe ne disparait que pour renaître; à la cérémonie qui marque l'événement, les vieillards se réjouissent ouvertement: "nous avons vu nos remplaçants, nous pouvons mourir."

| | Enfants | Guerriers | H. mûrs | Vieillards |
|---|---|---|---|---|
| I. | A | B | C | D |
| II. | D. 2 | A | B | C |
| III. | C. 2 | D. 2 | A | B |
| IV. | B. 2 | C. 2 | D. 2 | A |

La durée d'un cycle entier est de $4 \times 16 = 64$ ans, après quoi les classes se retrouvent dans des relations identiques les unes par rapport aux autres, occupent à nouveau les mêmes emplacements, remplissent les mêmes fonctions. Tout recommence, ou plutôt rien ne finit jamais, le monde visible n'étant que l'autre face de l'invisible où se poursuit le même cycle, toujours recommencé.

A l'intérieur de la classe, les fils d'un même père sont répartis entre quatre, ou cinq, sous-classes, qui correspondent à l'ordre des naissances et dont les noms sont également immuables. La règle est simple: deux frères sont toujours à la fois de même classe et de sous-classes différentes, l'égalité absolue qui règne entre compagnons de même sous-classe étant incompatible avec les rapports entre frères, qui s'établissent nécessairement d'aîné à cadet, donc, aux yeux des Africains, de supérieur à inférieur: égalité et fraternité ne sont jamais synonymes en Afrique, même des jumeaux appartiendront à des sous-classes différentes, l'aîné étant celui venu au monde le dernier, donc, raisonne-t-on, conçu le premier. Mais la règle ne vaut que pour les fils d'un même père: il arrive que deux frères utérins tantôt relèvent d'une même sous-classe, tantôt se réclament de classes différentes, selon le statut de leurs pères respectifs. A l'intérieur de la classe, le principe de rivalité se retrouve, les sous-classes voisines (par ex. 1 et 2, ou 2 et 3) sont rivales, celles qui alternent (1 et 3, ou 2 et 4) se soutiennent. La première sous-classe, qui réunit les fils aînés, commande bien entendu les autres. Chez les Ebrié, un jeune Diehou (c'est-à-dire un fils aîné) aura toujours le pas sur un Dougba (deuxième fils), quels que soient leurs âges. Un "cadet" mesure ses paroles lorsqu'il s'adresse à des "aînés", tous ses discours commenceront par une formule telle que: "veuillez m'excuser, vous êtes mes aînés."

La classe possède un double jeu de dignitaires: on prévoit toujours pour l'ensemble de la promotion un chef de paix et un chef de guerre. Selon les sociétés, le choix est ou non limité à certains clans privilégiés, mais jamais les deux chefs ne relèvent du même clan. L'un et l'autre appartiennent à la première sous-classe, sont des fils aînés. Outre ces deux grands dignitaires, chacun pourvu d'une doublure, toute sous-classe possède son double jeu d'officiels, un pour le temps de paix, l'autre pour la guerre. Que les nominations initiales soient l'œuvre des "pères" (les nouveaux "hommes mûrs") ou des aînés immédiats (les nouveaux "guerriers"), elles donnent toujours lieu à de longues délibérations. Par la suite, elles pourront être remises en question par les intéressés eux-mêmes. Le chef de l'ensemble de la classe (chef "de paix") assumera les fonctions de chef du village durant la période où sa promotion entière se verra reconnu le statut d'"hommes mûrs"; en tant que tel, il exécute les décisions d'un conseil dont les membres ont été choisis par ses compagnons dans leur sein. Il lui faut encore compter avec les doyens des différents clans et sous-clans, qui entendent se faire obéir de leurs cadets; et avec le doyen du village, dont le rôle à vrai dire serait plutôt de nature sacerdotale (le vieillard arbitre les litiges fonciers où il importe de ne pas mécontenter les maîtres cachés du sol). Ajoutons que ce "chef des hommes mûrs" changera vraisemblablement à plusieurs reprises au cours du "règne" de sa promotion, une sous-classe après l'autre désirant goûter les joies du pouvoir.

Dernier trait commun à tous les lagunaires, la configuration du village, fait d'une seule rue à laquelle les maisons tournent le dos pour s'ouvrir sur une cour intérieure à laquelle on accède en se glissant entre deux habitations. La rue est perpendiculaire à la rive chez les Ebrié, elle longe cette rive chez les Abouré; Mbato et Atié distinguent simplement le "haut" du "bas" de l'agglomération. Souvent aujourd'hui la grand' rue est flanquée de deux artères parallèles sur lesquelles donnent les demeures des fils ou des cadets. Il n'en allait pas ainsi jadis, la division en quartiers traduisait des distinctions entre classes d'âge: à la formation d'une nouvelle promotion, ses membres quittaient la demeure paternelle pour rejoindre leurs coéquipiers et bâtir leurs maisons sur l'emplacement qui leur était réservé, détruisant les anciennes encore debout. Sans briser les liens de parenté, une résidence indépendante, aux côtés de voisins affrontant les mêmes problèmes familiaux, permettait aux jeunes gens d'échapper à un contrôle trop étroit et affirmait la solidarité de la promotion.[4]

La classe — à travers elle la sous-classe — exerce donc ici une triple fonction; elle assure:

(1) la solidarité entre ses membres, qui a survécu même au transfert en milieu urbain: qu'un homme habitant Abidjan parte en voyage, il demandera à ses compagnons de même sous-classe fixés en ville de veiller sur son ménage, au besoin d'épier sa femme s'il la soupçonne d'infidélité. L'adultère avec l'épouse d'un tel compagnon est puni avec une sévérité décuplée: aucune arrière-pensée ne doit troubler la confiance entre égaux. Naturellement la solidarité joue à l'extérieur, à l'encontre des classes voisines, à l'encontre même du matrilignage: qu'un vieillard se juge offensé par le "manque de respect" d'un neveu ou d'un petit-neveu, c'est le chef de classe de ce dernier qui servira d'ambassadeur, présentera les excuses du jeune homme, assorties de l'inévitable "cadeau". Un procès entre hommes de classes différentes était jadis porté sur la place publique, où chaque promotion rejoignait l'emplacement qui lui était réservé; les chefs intervenaient, prenant fait et cause pour leurs compagnons respectifs, avant que la décision prononcée par le conseil du village — c'est-à-dire par la classe des "hommes mûrs" — tranche, parfois peut-être plus entre les classes qu'entre les individus;

(2) l'accomplissement des tâches d'intérêt public, telles qu'entretien des routes, aménagement d'un marché ou construction d'une école. Les travaux seront toujours répartis entre les sous-classes à l'intérieur de la classe;

(3) une fonction politique. La classe entière dirige les affaires publiques durant le temps où ses membres ont le statut des "hommes mûrs". Encore maintenant, la formation d'une nouvelle classe s'accompagne d'un renouvellement total du conseil du village, dont les membres seront désormais choisis dans la classe des nouveaux "hommes mûrs." Selon l'expression de Lucy Mair, le gouvernement est ici "diffus".[5]

[4] L'administration française ne comprenant pas à quoi correspondait la destruction de tout un quartier, a interdit la coutume aux alentours de 1910. Cette pratique serait de toute façon tombée en désuétude avec l'usage qui s'est répandu de construire en ciment. Les fils demeurent aujourd'hui aux côtés de leur père, ou bâtissent leur maison sur l'emplacement de leur choix.

[5] Lucy Mair, *Primitive Government* (Londres, 1962).

Mais une quatrième fonction, la plus importante peut-être aux yeux des intéressés, ne trouve plus à s'exercer. Durant seize ans, la "guerre", sous forme de coups de main rapides, d'expéditions de brigandage, était le souci dominant de toute une promotion, groupant les hommes les plus actifs (de 24 à 40 ans en moyenne). *Safwẽ* atié, *taproñõ* ébrié, demeure la gloire du village: jadis chef de guerre en qui s'incarnait l'idéal du héros viril, le *safwẽ* n'est plus aujourd'hui que le "meilleur danseur." Ce changement, à lui seul, en dit long.

Refusant le travail de la terre, jadis besogne d'esclaves, aujourd'hui laissée à des manœuvres étrangers, les lagunaires — à tout le moins nombre d'entre eux — évoquent l'image de "guerriers en chômage." Les jeunes gens désertent les villages, ceux qu'on y rencontre flânent, désœuvrés, attendent l'occasion d'en partir. Les plus courageux et les mieux placés s'efforcent à de longues études, la plupart rêvent d'un poste de fonctionnaire: un uniforme de gendarme ou de policier comblerait leurs vœux en leur rendant à leurs propres yeux une parcelle du prestige d'antan.

Clans matrilinéaires, mais résidence virilocale et classes d'âge patrilinéaires; comme unité politique, le village, qui se suffit à lui-même en mariant ses filles sur place; au pouvoir, la classe des "hommes mûrs", qui doivent tenir compte de l'avis des vieillards en même temps que freiner l'ardeur des "guerriers", eux-mêmes talonnés par des "enfants" jaloux de leurs exploits: on voit l'échafaudage fragile, le souci de ne laisser aucun clan non plus qu'aucune classe, aucun parti, occuper de façon durable le devant de la scène.

A ce thème général, il va sans dire que chaque société apporte des variations qui lui permettent, en se distinguant de ses voisines, d'affirmer son existence aux yeux d'autrui comme aux siens propres. L'observateur, ici privilégié, peut recourir à la comparaison pour discerner la marche d'un système aux équilibres instables.[6]

[6] Un dernier point commun à toutes ces sociétés serait leur abandon des cultes traditionnels. Entreprise dès les premières années de la colonisation, l'évangélisation a été poursuivie sans relâche et la grande mission catholique de Memni, en pays atié, a accueilli plusieurs générations d'écoliers. Les protestants ne sont pas restés inactifs. Apparu durant la première guerre mondiale, le harrisme a touché toute la région; il a attiré après 1945 tous ceux que le christianisme n'avait pas encore atteints. Les trois églises sont aujourd'hui présentes dans chaque village. En remplissant leurs devoirs religieux à l'égard de l'une d'elles, les vieillards pratiquent encore certains rites au nom du clan, mais c'est en secret et souvent sans plus en connaître le sens véritable. Leurs cadets ont tout abandonné. L'ethnographe ne peut ici que dresser un constat de carence. Mais comment espérer comprendre une société dont on ignore ce que pouvait être son attitude à l'égard des problèmes religieux?

Les Ebrié seraient environ 30.000, qui peuplent 57 villages.[7] Ils occupent la rive nord de la lagune à laquelle ils ont donné leur nom et c'est sur l'emplacement de villages ébrié que s'est construite depuis vingt ans la capitale du pays Abidjan, dont la croissance a été très rapide, ne cesse de s'étendre, en absorbant chaque fois une nouvelle portion de l'espace ébrié. "Les Ebrié sont les Indiens de la Côte-d'Ivoire", s'écriait non sans quelque exagération un étudiant, lui-même Ebrié, faisant allusion à cette extension de la grande ville et à la dépossession des villages des alentours, qui deviennent faubourgs ou quartiers résidentiels où se côtoient des familles originaires de toute la Côte-d'Ivoire.

Sous la pression d'un tel voisinage, l'organisation politique traditionnelle des Ebrié s'est effondrée. Il s'avère aujourd'hui très difficile de retrouver ce qu'a pu être un système assurément complexe, puisque toute agglomération abrite encore maintenant les représentants de sept matriclans, *mandu*, dont chacun, semble-t-il, remplissait jadis une fonction distincte, l'un chargé plus spécialement de la garde du sol, un autre veillant sur les eaux, les messagers dépêchés aux autres villages toujours pris dans un troisième... Au terme d'explications souvent réticentes, on croit deviner un double jeu de cadres. Le doyen d'âge, *akube nana*, présidait un conseil réunissant les doyens des six autres clans, dont la compétence était reconnue notamment dans le domaine foncier.[8] Pouvaient encore accéder à ce conseil les "hommes riches", qui avaient fait bénéficier de leur réussite le trésor de leur clan en confiant au doyen un certain nombre de bijoux en or dont forme et poids étaient prévus à l'avance. Le trésor était bien entendu incessible, le doyen avait pour première charge de le transmettre intact, si possible accru, à son successeur. La richesse individuelle ainsi bloquée venait ajouter à la gloire du clan. Le "nouveau riche" avait droit à un nom de louange et à une devise tambourinée; il commandait au bijoutier des armoiries parlantes, bague ou pendentif évoquant l'origine de sa fortune: un coupe-coupe pour un cultivateur, une nasse pour un pêcheur.

A côté de ce sénat, une autre assemblée réunissait les responsables de la classe d'âge des "hommes mûrs", à raison d'un par clan; un chef la présidait, auquel l'*akube nana* déléguait une partie de ses pouvoirs,

[7] Sur les Ebrié, cf. R. Bouscayrol, "Notes sur le peuple ébrié", *Bull.* IFAN, 1949, pp. 382-408; et Y. Person, "Classes d'âge et chronologie", *Latitudes*, no. spécial, 1963, pp. 68-83.

[8] Dans certains villages, l'*akube nana* (*akube*, 'village'; *nana*, 'chef', mot agni) était désigné à la mort de son prédécesseur par l'interrogatoire du cadavre de celui-ci; ailleurs encore était reconnue la suprématie d'un clan ou d'un sous-clan, déterminé, dont l'*akube nana* était toujours le doyen.

notamment en ce qui concerne les rapports avec l'extérieur.[9] Ce chef était choisi au moment où sa classe d'âge, *abɛ*, accédait au troisième échelon, soit par ses aînés immédiats (les nouveaux "vieillards)", soit par ses pairs. Encore doit-on compter avec des variantes de village à village, portant aussi bien sur le nombre et le choix des dignitaires de l'un et l'autre conseil que sur le rôle et l'importance de chacun.

Les renseignements concernant l'exercice de la justice sont confus. Selon l'information la plus claire, l'*akubeote* (chef de la promotion des "hommes mûrs") est assisté de 5 conseillers relevant de sa classe, à raison de trois appartenant comme lui à la première sous-classe (celle des fils aînés) et deux à la deuxième. En assemblée, chaque conseiller (*kpomanu*, pl. *kpomamã*) parle à son tour, tenant à la main une canne à pommeau d'ivoire; d'où le nom de "porte-canne" qui les désigne parfois. La mise en pratique des décisions prises par le conseil est assurée par les soins des doyens des différents clans.

L'institution des classes d'âge, *abɛ*, a survécu à la ruine de l'organisation politique: encore en 1965, en pleine ville d'Abidjan, la formation d'une sous-classe a donné lieu à de grandes festivités. Les fils des *Blešue* étant toujours des *Dugbo*, les fils des *Tiagba* toujours des *Niando*, l'ensemble de la population se trouve réparti entre deux moitiés; le recrutement patrilinéaire et la compétition de règle entre classes voisines ("les *Blešue* ne sont jamais d'accord avec les *Niando*") équilibrent plus ou moins le principe matrilinéaire de filiation.

Fonction politique, fonction guerrière de l'institution ont également disparu; mais la solidarité reste active à l'intérieur d'une même classe, plus encore d'une même sous-classe. Les informateurs soulignent le caractère paternel des rapports entre les sous-classes d'une moitié, les membres de la première sous-classe des *Blešue* étant dits les pères, non de tous les *Dugbo*, mais de la seule première "catégorie" de ceux-ci, les *Niando* qui sont des deuxièmes fils veillant plus spécialement sur la deuxième sous-classe des *Tiagba* — alors que les fils d'un même homme sont répartis entre les différentes sous-classes.

Grand ou petit, le village ébrié comprend toujours au moins deux quartiers, le bas qui touche à la rive, dit quartier des vieux, ou des aînés, et le haut. Dans un village important, chacun des deux quartiers se divise

[9] Au dire de certains informateurs, la dignité d'*akubeote* (chef de classe) serait une innovation récente, conséquence indirecte de la situation coloniale: ne pouvant, en raison de son âge avancé, se rendre lui-même aux convocations fréquentes de l'administrateur européen, le doyen du village aurait délégué à cet effet son cadet, chef de la promotion des hommes mûrs. Le fait est vraisemblable, mais ne voir dans ce personnage qu'une émanation du doyen paraît une explication insuffisante.

lui-même en deux. Si l'on distingue trois quartiers, le troisième sera bien entendu le centre, *adjame*; les habitants y rejoignent leurs classes respectives pour des assemblées où sont évoquées les causes d'intérêt public. Le souvenir est demeuré d'un lien entre quartiers et classes d'âge, mais impossible à préciser. Sans doute chaque quartier correspondait-il jadis à l'habitat de deux classes d'âge: tel était le cas encore récemment chez les Abouré, voisins occidentaux des Ebrié.[10]

L'agglomération abouré s'allonge, parallèle à la lagune; au centre se trouvent les demeures des doyens, qui abritent avec le trésor les insignes (les chaises) des sept clans, réparées lorsqu'elles menaçaient ruine et qu'on ne détruisait jamais; à l'est du village, le quartier *Kumasi* était jusqu'à une date récente occupé par les *Tšagba* et les *Nowé*, tandis que le quartier *Beñini* à l'ouest abritait les *Belī* et les *Bruswe*, les relations des classes, *ɛfwa*, à l'intérieur de chaque quartier (*Tšagba/Nowé*, *Belī/Bruswe*) étant celles de pères à fils. Lors de sa formation, chaque classe démolissait les demeures encore debout de ses grands-pères, pour construire les siennes sur le même emplacement. La dernière destruction massive d'un quartier a eu lieu en 1926 au village de Moosou.

Une division comparable du village en quatre quartiers se retrouvait chez les Mbato, voisins des Abouré, qui ne sont guère plus de huit mille répartis en dix villages entre la Comoé et la lagune Potou. Mais chaque quartier était habité ici par des représentants des deux moitiés, soit *Monakua* et *Brešue* dans le haut du village, *Dugbo* et *Niando* dans le bas — alors que les *Brešue* sont les pères des *Dugbo*, les *Monakua* les pères des *Niando*. C'est dire que dans ce groupe, les fils allaient demeurer dans le quartier qui n'était pas celui de leurs pères.

| | Ebrié | | Abouré | | Mbato | |
|---|---|---|---|---|---|---|
| Pères | *Tiagba* | *Blešue* | *Tšagba* | *Belī* | *Monakua* | *Brešue* |
| | ↓ | ↓ | ↓ | ↓ | ↓ | ↓ |
| Fils | *Niando* | *Dugbo* | *Nowe* | *Bruswe* | *Niando* | *Dugbo* |

Beaucoup plus important, l'ensemble atié compterait près de cent vingt cinq mille individus.[11] Les Atié occupent le pays entre les fleuves Comoé

[10] L'abandon par les Ebrié de l'ancien système viendrait des incidents sanglants qui opposaient régulièrement les classes d'âge habitant les différents quartiers.

Sur les Abouré, cf. G. Niangoran Bouah, "Les Abouré, une société lagunaire de Côte-d'Ivoire", *Annales de l'Université d'Abidjan*, I (1965), pp. 37-172. Les Abouré sont environ 30.000, qui se répartissent en 3 groupes peuplant 10 villages.

[11] Cf. D. Paulme, "Première approche des Atié", *Cahiers d'études africaines*, vol. VI, 21 (1966), 1er cahier, pp. 86-120.

et Agnebi, leur habitat s'étend au nord jusqu'à la hauteur de Zaranou, au sud le petit groupe des Mbato les sépare de la lagune. Leur territoire, avec de vastes zones de forêt encore inoccupées, correspond aux deux sous-préfectures d'Adzopé dans le nord, d'Alépé dans le sud; la première groupe cinq cantons, tous atié, la seconde deux cantons atié peuplés d'environ 25 000 habitants et le canton mbato. Il sera ici question principalement des Atié du sud, demeurés plus fidèles à la tradition.

Des quatre classes d'âge que connaissent leurs voisins lagunaires, les Atié, venus en dernier et fixés plus à l'intérieur, n'en ont retenu que trois, occupant les échelons "enfants", "guerriers", "hommes mûrs".[12] L'habitat des classes, *fokwe*, correspondait jadis aux trois quartiers que connaît tout village atié: les "enfants" dans le bas, les "guerriers" dans le haut, séparés par les "hommes mûrs" au centre.[13] Lorsqu'il est fait allusion à une quatrième classe, le terme (*Monakua*, du nom de la quatrième classe mbato) désigne invariablement les vieillards qui ne prennent plus part à la vie active du village. La différence entre classes d'âge atié et lagunaires serait plus apparente que profonde: à l'instar de tous les systèmes cycliques comptant plus de deux classes, la répartition en trois *fokwe* recouvre la présence de deux moitiés patrilinéaires qui alternent sans que leurs membres respectifs se trouvent jamais sur un pied d'égalité: la promotion des fils est séparée de celle des pères par une promotion relevant de la moitié rivale et dont les membres sont à la fois les "apprentis" des pères qui les ont initiés et les "patrons" des fils qu'eux-mêmes ont initiés, rendant à cette occasion aux fils les brimades jadis endurées du fait des pères. Simplement, la durée du cycle au bout duquel un descendant se retrouve de même classe *et de même moitié* qu'un aïeul paternel est plus longue ici, l'écart couvrant non plus deux, mais trois générations, ou six promotions, soit environ: $6 \times 16 = 96$ ans.

Dans tout système cyclique, la formation d'une nouvelle classe marque l'effacement de la classe homonyme plus âgée: les N. 1, en tant que classe, disparaissent lors de la formation des N. 2. Nous avons mentionné la satisfaction affichée des vieillards à cette occasion. Mais chez les Atié et du fait de la reconnaissance de trois classes, et non plus quatre, le départ de la scène publique a lieu seize ans plus tôt, il atteint non pas des "vieillards" âgés en moyenne de 80 ans, derniers représentants d'un groupe

[12] Cette différence, ainsi que les particularités du système adjoukrou décrit plus loin, auront échappé à M. Person (*En Quête d'une chronologie ivoirienne*, 4e séminaire africain international à l'Université de Dakar, 1961 [1964], pp. 322-336).

[13] *fokwe*. Suivant le contexte, le terme traduit tantôt l'ensemble des trois classes, tantôt l'une d'entre elles; parfois aussi la danse guerrière, privilège de la promotion des "enfants"; ou encore le tambour qui rythme cette danse.

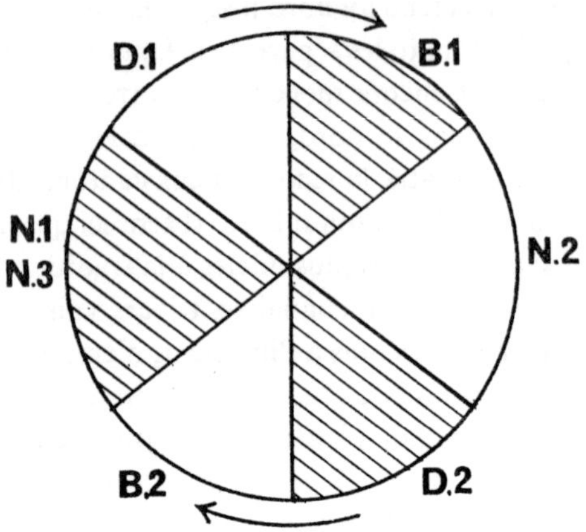


| | | |
|---|---|---|
| Le fils de N.1 est B.1 | | Le fils de D.1 est N.2 |
| " B.1 " D.2 | | " N.2 " B.2 |
| " D.2 " N.3 | | " B.2 " D.3 |

dont beaucoup auront déjà disparu, mais des "hommes mûrs" d'une moyenne de 64 ans, qui prennent en ce jour le statut des vieillards. Surtout, ces hommes se voient supplantés par des "enfants" (les nouveaux initiés) de la moitié rivale — alors que dans un système à quatre classes ce sont les petits-fils qui prennent la relève de leurs grands-pères. On s'explique l'amertume à peine voilée de certains des nouveaux "vieillards", leur empressement, au cours de la parade qui marque la rentrée triomphale au village des jeunes gens, à dresser sur le chemin de ceux-ci des embûches invisibles — précipices, fleuves, incendies — que décèlera la double vue des "enfants". "C'est pour éprouver leurs forces", assure le magicien découvert; entre temps, les "enfants" auront arraché le chaume de son toit et quelque peu bousculé l'intéressé. On ne peut s'empêcher de penser que la compétition entre classes et moitiés est ici soulignée.

Cette agressivité se traduit de manière spectaculaire quelques années après l'initiation, au cours de la fête des ignames où les "enfants", soucieux d'affirmer leur maturité, volent à leurs aînés immédiats leur grand tambour *same*, insigne de la fonction des "guerriers". Le rapt, qui a lieu en public et au moment où la foule est le plus dense, a remplacé une chasse aux têtes, elle-même dégradée en sacrifice humain: un esclave était décapité au cours de la fête, le crâne et la mâchoire gardés pour servir de trophée à la nouvelle promotion. L'interdiction des expéditions à main armée, en limitant les manifestations d'hostilité à l'intérieur du village, n'a pu que renforcer l'animosité, à tout le moins son expression, entre classes voisines: c'est entre elles seules qu'un tel sentiment peut aujourd'hui s'exprimer.

Le nombre des matriclans n'est pas limité chez les Atié. Le clan ne rayonne guère ici au-delà du village et l'on ne trouve pas dans cette société de conseil réunissant les doyens des différents clans. Pas de trésor du clan, comme il en existe chez les Ebrié et les Abouré, les bijoux en or dont la jeune fille atié a le droit de se parer au jour de ses noces sont confiés à la garde du chef du *lamẽ*, c'est-à-dire du groupe plus restreint de maternels au niveau duquel se situe l'exogamie. Chaque *lamẽ* possède encore sa chaise, qui sert d'autel pour le culte des ancêtres. De l'absence d'un trésor du clan découle celle des "hommes riches" qui, en milieu ébrié ou abouré, ont contribué à l'accroissement du trésor en lui offrant des bijoux en or.

L'âge, comme principe classificatoire, joue ici un plus grand rôle que la filiation: un voyageur qui demande l'hospitalité se présente en énonçant sa seule classe d'âge, ses homonymes l'accueillent et le prennent en charge. La direction des affaires publiques est assurée par la réunion des dignitaires de la promotion qui occupe le statut des "hommes mûrs", soit les responsables, *fokweyo*, des quatre sous-classes ("c'est comme le Président et ses ministres") et les huit (deux par sous-classe) *safwẽ*, chefs de guerre — à l'exception toutefois du *safwẽ* de la première sous-classe (le "grand" *safwẽ*) en qui s'incarnent les vertus viriles et l'idéal masculin. Craint-on l'ascendant trop grand qu'un tel héros prendrait sur ses compagnons? Le chef est choisi par la classe précédente ("les vieillards"), après consultation de la promotion intéressée. Mais le nombre des conseillers n'est pas limité; outre ceux qui en font partie de droit, le conseil peut faire appel à un membre quelconque de la classe, demander l'avis d'un aîné (d'un "patron"), admettre à ses séances un ou plusieurs "apprentis", sous-chefs de la promotion inférieure dont les qualités personnelles ont retenu l'attention et qui feront ainsi leur apprentissage de futurs administrateurs. On change de chef tous les cinq ou sept ans: chaque sous-classe, *bie*, entend exercer le pouvoir lorsque son heure est venue.

On voit les faiblesses d'un tel système, les possibilités qu'il laisse à l'intrigue et aux factions.

Voisins occidentaux des Ebrié dont les sépare le fleuve Agnebi, les Adjoukrou (ou *Odjukru*) — trente mille individus, trente-cinq villages, mais dont neuf, avec une moyenne de deux mille habitants, groupent 60% de la population — ne sont plus des Akan. Venus de l'ouest vers le milieu ou la fin du XVIIIe siècle, leur pénétration ne se fit pas sans heurts, non plus que sans alliances, avec leurs voisins de l'est (Ebrié), du sud (Aladian établis sur le cordon littoral), du nord (Baoulé des environs de Tiassalé).

L'aspect des villages est ici moins sévère: les maisons ne tournent pas le dos au passant, une véranda permet aux habitants d'observer de chez eux le spectacle de la rue, de héler un voisin, de lancer une invitation. Des coins ombragés dans l'artère centrale accueillent les discussions entre hommes, tandis que la cour de la concession est le décor de la vie familiale.

Lointains parents des peuples d'affiliation krou dont le Bandama les sépare à l'ouest, les Adjoukrou offrent l'exemple assez rare d'une société qui se voit expressément bilinéaire: on n'hérite pas des mêmes biens dans les deux lignes. Un village compte aisément de quinze à vingt segments patrilinéaires, *ɛb*, et autant de matrilignages, *bɔsu*.[14] En s'installant sur leurs nouvelles terres, les Adjoukrou auront conservé leur mode de filiation en ligne paternelle; fascinés par l'opulence des matriclans ébrié, les exhibitions d'or et le prestige dont jouissent dans cette société les "hommes riches", ils auront copié le cadre dans lequel s'étale cette richesse, pour cela reconnu l'existence de groupes utérins à côté des patriclans. L'origine akan du mot *bɔsu* est une première indication d'un tel emprunt, elle n'est pas la seule.

Chaque concession est habitée par un groupe d'agnats, frères ou fils de frères: la division en quartiers du village adjoukrou n'aurait jamais traduit la présence des classes d'âge. Au niveau du village (niveau où se situe l'exogamie en ligne paternelle), le patrilignage ne couvre pas plus de quatre ou cinq générations. Au-delà, on connaît trois patriclans, déjà présents à l'arrivée dans la région; dans le premier village édifié (Boubouri), chacun, dit-on, possédait son habitat distinct. D'autres clans et sous-clans seraient de date plus récente. L'activité principale des Adjoukrou était autrefois la chasse, qui se déroulait dans le cadre du patriclan. Encore de nos jours, une chasse collective a lieu chaque année en l'honneur des mânes paternels et des génies protecteurs du village auxquels on demande d'assurer la fécondité des femmes et l'abondance du gibier. C'est un représentant du premier patriclan (*Elmafu*) qui dirige la mise en place des filets, son patrilignage a droit aux prémices du gibier abattu. Le patrilignage possède aujourd'hui quelques palmeraies (que leur fondateur aura aménagées seul, qu'il a donc pu transmettre à ses fils), mais l'essentiel des biens se transmet à l'intérieur du matrilignage.

[14] Au village de Kpass, qui comptait en 1951 900 habitants, j'ai relevé en 1966 16 patrilignages et 17 matrilignages.

En ligne utérine, l'exogamie peut dépasser le village: une femme ayant fondé un matrilignage qui porte son nom, si quelques-unes de ses filles et petites-filles se sont mariées ailleurs, formant de nouveaux segments, il y aura exogamie dans la mesure où ces segments portent le nom de la première aïeule. Le matrilignage n'entretient pas avec le sol de liens religieux, mais son importance économique est primordiale. A cet égard, tout se passe comme chez les Atié, les segments du matrilignage forment autant d'unités isolées, dont chacune détient capital et richesses traditionnelles — or, pagnes, bijoux, numéraire, aujourd'hui plantations et palmeraies, jadis des esclaves dont le travail assurait l'entretien des cultures; ces biens sont confiés à la garde du doyen, qui assure leur gestion et a seul le droit de mettre en gage une terre, comme il avait autrefois le droit de mettre en gage les personnes.

Pas d'union préférentielle. Interdit avec les cousines parallèles, le mariage est autorisé avec les deux cousines croisées, sans être recommandé: épouser la fille de l'oncle utérin peut provoquer "des histoires." Le souci premier est ici d'éviter la dispersion des biens, aussi décourage-t-on les unions à l'extérieur du village et voyait-on jadis d'un œil favorable le mariage avec une esclave du *bɔsu* — les enfants ne sortaient pas du matrilignage. Le même raisonnement fait accepter aujourd'hui le choix comme épouse d'une étrangère (entendant par ce terme une fille d'une autre ethnie), par définition sans famille et dont les fils pourront hériter de leur père.

Les classes d'âge adjoukrou, *ɔwo* (pl. *ɔworã*) sont au nombre de sept, toujours présentes et dont les noms se suivent dans un ordre immuable. Mais le critère du recrutement n'est pas la classe du père, on ne parle plus ici de "générations": une même classe réunit tous les hommes nés au cours d'une période de huit années. La division des classes d'âge ne traduit donc plus une division de la société en deux moitiés agnatiques, tout se passe comme si la présence au départ de patrilignages rendait inutile un tel mode de répartition.[15]

Un même nom désignera la classe jusqu'à la mort du dernier de ses membres, mais il va sans dire que ceux-ci changeront de statut, graviront un échelon à chaque apparition d'une nouvelle classe, c'est-à-dire tous les huit ans. Le rôle du chef de promotion apparaît aujourd'hui très effacé, il convoque ses camarades et préside les réunions. Chef, "avocats" pouvant exempter les cadets qu'ils initient à certaines tâches, à charge

[15] Le souvenir demeure toutefois d'une ancienne division de l'ensemble des Adjoukrou en deux moitiés agnatiques, issues de deux frères et relevant l'une de l'ouest (Boubouri), l'autre de l'est (Dibrimou).

pour eux de s'en expliquer devant le conseil de leur propre classe, messagers chargés de porter la paix ou la guerre chez les voisins (leur rôle devient plus important à mesure que la classe monte d'échelon), les dignités de la classe se transmettent à l'intérieur des seuls trois premiers patriclans, *Elmafu*, *Ebribu*, *Abasu*.

Chaque classe comprend trois, ou quatre, sous-classes, une même sous-classe groupant les hommes nés au cours de deux années consécutives; c'est dire que deux frères seront nécessairement de sous-classes distinctes.[16]

Les attributions des classes d'âge sont précisées au cours de la cérémonie qui marque la naissance d'une nouvelle promotion. Toutefois, la seule présence de sept classes, et non plus seulement de trois ou de quatre, atténue les différences de rôles entre les échelons: enfants, guerriers, hommes mûrs, vieillards, ne sont plus ici des catégories aussi nettes, les rivalités entre promotions voisines s'estompent. Aux 5e, 6e et 7e échelons, c'est-à-dire aux classes les plus âgées (52-76 ans), reviennent les décisions politiques et juridiques, jadis aussi les décisions militaires; la 4e classe (44-52 ans) dirige l'exécution des travaux décidés par les aînés et choisit les exécutants parmi les membres des 2e et lère *ɔworã* (20-36 ans). Enfin la 3e classe (36-44 ans) se voit confiée la part la plus délicate des tâches collectives; on prend aussi dans son sein les émissaires du village en cas d'affaire importante.

Chaque classe peut se réunir séparément pour évoquer une affaire la concernant tout entière ou d'intérêt privé; l'un de ses membres se juge-t-il offensé, la classe le défendra. La vie politique est réglée au cours d'assemblées qui ont lieu dans la rue centrale du village et pour lesquelles chacun rejoint sa promotion: on y discute des intérêts communs, des rapports avec les autres villages, on y rend la justice. Aux termes de M. Dupire, qui séjourna en 1955 en pays adjoukrou, "le système des classes d'âge est l'ossature la plus puissante du village et lui confère son caractère de démocratie disciplinée."[17] La réunion est présidée par le doyen du village, dont le rôle apparaît essentiel dans le domaine religieux: il est le seul à

[16] Il n'y aurait eu à l'origine que trois sous-classes. On explique l'addition d'une quatrième par le problème que posait aux Adjoukrou la présence des fils d'esclaves: intégrés au matrilignage où leur condition ne se distingue pas de celle des neveux, il fallait également les intégrer dans le système des classes: la 4e sous-classe aurait été créée à leur intention. Par la suite, les descendants d'esclaves se confondant avec les hommes libres, la 4e sous-classe réunit les derniers-nés de la promotion. La moitié territoriale de Boubouri aurait alors abandonné cette dernière sous-classe "pour se distinguer" de Dibrimou. Néanmoins, pour que les dates coïncident au niveau des classes, la première sous-classe couvre ici quatre années, au lieu de deux.

[17] M. Dupire et J. L. Boutillier, *Le Pays adioukrou et sa palmeraie (Basse Côte-d'Ivoire) Etude socio-économique* (= *L'Homme d'Outre-Mer*, 4) (Paris, 1958), p. 19.

pouvoir communiquer avec les génies locaux maîtres du sol, qu'il invoque au cours de la grande chasse collective et de la cérémonie qui voit la formation des classes d'âge.

L'observateur qui aborde la société adjoukrou à partir de l'est s'étonne d'y constater, sinon la complète disparition, l'effacement du chef de guerre, personnage le plus en vue chez les lagunaires, que ceux-ci le nomment *safwẽ* (atié), *tapronõ* (ebrié) ou *sãflã* (abouré). L'idéal adjoukrou n'est pas le prestige guerrier, mais l'acquisition des richesses et leur exhibition. On se plait ici à rapporter non les exploits des héros de jadis, mais les fastes des ancêtres maternels, leurs esclaves nombreux, leur opulence. Une fois fixés sur leurs nouvelles terres, les Adjoukrou comprirent vite l'intérêt de l'huile de palme, que les occupants du cordon littoral échangeaient aux navires européens mouillés au large contre du tabac, du rhum et des étoffes; vendre de l'huile était encore pour les Adjoukrou qui ne pêchent pas le seul moyen de se procurer du poisson. Ainsi naquirent les palmeraies de la région; comme la fête ébrié, la fête des richesses adjoukrou se déroule dans le cadre du matrilignage, qui reconnaît ainsi le travail et l'aide fournie par les siens. Mais elle n'aboutit pas à grossir le trésor commun: la plus grande part de l'argent amassé est dilapidée en une suite de festins et de cadeaux offerts à la "société des hommes riches", qui s'avère insatiable. L'épreuve dure cinq semaines, dont le candidat sort à peu près ruiné; il est alors autorisé à étaler publiquement les signes extérieurs de sa fortune — meubles, bijoux, pagnes. En présence de ses nouveaux pairs et de tout le village assemblé, il évoque au cours d'une danse les efforts qui ont permis sa réussite: le planteur mime la cueillette du cacao, le mécanicien brandit ses outils. Les maternels participent à la fête en exposant leurs plus belles couvertures, ils contribuent à des dépenses dont le total, selon M. Dupire, atteindrait facilement 50.000 frs. Engager une telle fortune en des circonstances publiques témoigne de la puissance économique du matrilignage qui devra, quoi qu'il arrive, faire chanter le nom et les louanges de l'"homme riche" sur le grand tambour lors de ses funérailles.

Au terme d'un survol rapide des trois sociétés, nous constatons que, pas plus chez les Adjoukrou que chez les Atié, un homme ne peut atteindre l'idéal viril que lui propose sa société sans rejeter les cadres stricts de la filiation. Chez les Atié matrilinéaires, la fonction guerrière s'inscrit dans un système de classes patrilinéaires; chez les Adjoukrou jadis patrilinéaires, le matrilignage s'endettera pour assurer le triomphe de l'un des siens.

Plus libérale, semble-t-il, la société ébrié offrait deux voies d'accès à la notoriété: un jeune homme y pouvait convoiter la gloire des armes — et la classe entière du héros s'enorgueillissait de ses exploits; ou préférer une réussite économique qui, en exaltant l'homme, accroissait le prestige de son clan.[18]

Passé le pays adjoukrou, le voyageur qui poursuit sa route vers l'ouest pénètre en milieu strictement patrilinéaire; Dida, Godié, ignorent la filiation utérine: clan et lignage patrilinéaires sont à la base de toute l'organisation sociale, la classe d'âge se recrute sur le seul critère de l'âge physique.

Formées tous les ans chez les Godié, tous les deux ou trois ans en pays dida où la seule règle est que deux frères n'appartiennent jamais au même *zokpa*, les classes sont en nombre variable et demeurent anonymes. L'institution garde sa fonction d'entraide, les rapports entre classes voisines sont de fraternité (les lagunaires verraient plutôt là des sous-classes), ceux entre classes alternées sont d'une paternité toute fictive, l'écart entre "pères" et "fils" n'excédant pas quelques années.

A la division verticale du village en patrilignages, le système des classes d'âge superpose une division horizontale où se trouvent soulignés les rapports de rivalité entre frères. Au jour de la fête annuelle, des conflits réglés opposent d'abord les plus jeunes à leurs aînés immédiats (classes 1 et 2); 3 vient au secours de 1, 4 au secours de 2, 5 au secours de 3, des coups s'échangent jusqu'à ce que le sang coule et que les anciens arrêtent la bataille. La lutte permet l'expression des tensions internes du village, les jeunes y peuvent exhaler leur rancune à l'égard des vieux.

La position intermédiaire des Adjoukrou ressort du tableau ci-dessous. Une seule institution, la sous-classe, se rencontre dans toutes les sociétés passées en revue, mais avec une fonction différente et une importance inégale.

Chez les patrilinéaires, la sous-classe souligne la compétition entre les frères: le seul principe de recrutement est que deux frères ne relèvent jamais d'un même *zokpa*. Les Adjoukrou auront conservé le principe, mais en regroupant les sous-classes en 7 classes, soit un nombre supérieur à celui des systèmes lagunaires dont les Adjoukrou n'ont pas adopté le mode de recrutement patrilinéaire: les *ɔworã* des Adjoukrou ne sont pas des classes cycliques, l'institution se place à mi-chemin entre celles-ci et

[18] Comment, ici, ne pas évoquer la thèse d'Eisenstadt (*From generation to generation*, Londres, 1956) selon qui un système quelconque de classes d'âge se rencontre chaque fois que le cadre familial ne suffit pas, à lui seul, pour assurer, avec la pleine éducation des enfants, la survie des valeurs de la société?

les *zokpa* de l'ouest. Chez les matrilinéaires enfin, la sous-classe s'inscrit à l'intérieur de classes dont le mode de recrutement permet la reconnaissance indirecte d'une filiation agnatique.

| | Godié, Dida (patril.) | Adjoukrou | Lagunaires (matril.) |
|---|---|---|---|
| Clan matrilinéaire | — | + | + |
| Clan patrilinéaire | + | + | — |
| Classes d'âge | — | + | + |
| Sous-classes | + | + | + |

Etudiant les Dida, E. Terray note que "l'institution (du *zokpa*) semble aller en se renforçant, elle paraît avoir gagné consistance et cohésion avec l'introduction des cultures industrielles. Les *zokpa* d'autrefois étaient des groupes assez lâches, ils n'avaient pas de chefs et leurs activités communes étaient rares. Aujourd'hui le *zokpa* est doté d'une organisation, il dispose d'une caisse, son rôle économique grandit."[19]

Une évolution qui rejoint celle-ci s'observe chez les Atié du nord, dans la région d'Adzopé. Le système des classes y dépérit ainsi que le matrilignage et en même temps que s'y affirme le principe d'une filiation patrilinéaire. Dans plus d'un village, les dernières classes d'âge n'ont pas été formées, des frères qui auraient jadis habité le même quartier vont demeurer à l'écart l'un de l'autre. Sensibles à la nouveauté du fait, les informateurs l'expliquent par des conflits d'intérêts à la mort du père. C'est dire que la rivalité entre frères (que sous-entend l'institution du *zokpa* dida) prend la place des compétitions qui jadis opposaient, à travers les classes, une moitié agnatique du village à l'autre.

Un régime uniforme vient, pour l'ensemble du pays, recouvrir des systèmes d'affrontement, hier encore aussi variés que les sociétés où ils s'exerçaient.

## APPENDICE I

| | ABOURÉ | ATIÉ | MBATO | ÉBRIÉ | ADJOU-KROU | DIDA |
|---|---|---|---|---|---|---|
| Matriclan | *ɔdwe* | *wə* | *mɔⁿde* | *maⁿdu* | *bɔsu* | — |
| Patriclan | — | — | — | — | *ɛb* | *lɔkpa* |
| Classe | *ɛfwa* | *fɔkwe* | *giefio* | *abɛ* | *ɔwo* | — |
| Sous-classe | *ɛfwa* | *bie* | *obɛ* | *kpasa* | *ɛrn* | *ʒɔkpa* |

[19] E. Terray, *L'Organisation sociale des Dida de Côte-d'Ivoire*, p. 268 [manuscrit]

## APPENDICE II: SYSTÈMES LINÉAIRES ET SYSTÈMES CYCLIQUES DE CLASSES D'ÂGE

Les recherches que nous poursuivons sur les classes d'âge en Afrique nous amènent à distinguer deux grands types possibles de l'institution: *linéaire* et *cyclique*. Dans un système linéaire, les classes sont recrutées sur le principe de l'âge physique des intéressés; dans un système cyclique, c'est la classe du père qui détermine celle du fils.

(1) En régime linéaire, une même classe réunira, lors de sa formation, tous les garçons (parfois tous les jeunes gens, mais l'institution ne présente la même importance pour les filles) du village ou de la région qui ont atteint l'âge de l'initiation depuis la précédente cérémonie, c'est-à-dire qui sont nés entre telle et telle année. Deux frères feront ou non partie de la même classe selon leurs dates de naissance. L'écart entre la classe du père et celle du fils n'est pas constant.

En régime cyclique, la classe du fils est fixée en fonction de la classe à laquelle appartient le père, donc connue dès la naissance (et même avant); mais la promotion ne sera formée qu'à une date qui correspond à l'adolescence de la plupart de ses membres. A côté de l'âge physique, la prise en considération d'un facteur nouveau, la génération, amène la reconnaissance d'un "âge social": une même classe comprendra des individus dont l'un peut être venu au monde bien après l'autre. Il arrive qu'un garçonnet, né d'un père très âgé, soit, de par sa classe, l'aîné "social" d'un homme adulte, mais qui relève d'une génération, donc d'une classe, inférieure.

(2) En régime cyclique, le nombre des classes est toujours limité, leurs noms reviennent à intervalles réguliers. Ce n'est pas une obligation en régime linéaire. Dans tout système cyclique ne comportant que deux classes, l'opposition joue entre pères et fils. C'est le cas dans certaines sociétés d'Afrique orientale, par ex. au Kenya où, chez les Turkana, le père étant "léopard", son fils sera "pierre", où chez les Suk un père "cuivre" aura des fils "laiton". Le jeune homme initié rejoint ses compagnons d'âge, s'écarte de son père. La rivalité entre pères et fils, du fait de leurs classes respectives, présentes ensemble et à tout moment sur un pied d'égalité, tend alors à ruiner la solidarité du patrilignage. En Côte-d'Ivoire où nous l'avons observée, l'institution fait également échec au système reconnu de filiation — mais nous sommes ici en régime matrilinéaire; le nombre des classes n'étant jamais inférieur à 3, le père et le fils n'étant non plus de classes voisines, le système aboutit à répartir l'ensemble masculin de la population en deux courants patrilinéaires: le fils appartient toujours à la moitié dont relève son père. D'autre part, les

deux moitiés alternent dans l'exercice du pouvoir, qui passe de l'une à l'autre à intervalles réguliers (environ tous les seize ans).

(3) Dans toute étude portant sur les classes d'âge, il importe de distinguer la PROMOTION, *age-set*, comprenant l'ensemble des membres d'une classe déterminée, de l'ÉCHELON, *age-grade*. Précisons qu'on ne peut appartenir qu'à une seule promotion; et que la promotion, au cours de son existence, gravit l'un après l'autre tous les échelons reconnus dans le système. Les deux notions sont toujours présentes dans tout système de classes d'âge, mais en régime linéaire il arrive que la classe soit couramment désignée par son seul échelon (1, 2, 3), donc change de nom au cours de son existence; alors qu'en régime cyclique l'accent est mis sur la promotion, dont le nom ("les léopards") demeure immuable.

| | Promotion | Echelon |
|---|---|---|
| Système linéaire | — | + |
| Système cyclique | + | — |

Dans l'état actuel très imparfait de nos connaissances, les régimes linéaires de classes d'âge semblent coïncider avec des sociétés segmentaires, où le pouvoir est aux mains des vieillards. Si toutes les décisions importantes émanent des patriarches, la classe d'âge des jeunes gens néanmoins peut se faire entendre par la voix de son chef, dont les anciens reconnaissent la présence, admettent le rôle.

Les régimes cycliques, que ce soit dans l'est ou dans l'ouest de l'Afrique, correspondent à un gouvernement diffus. Les places qu'occupent les dignitaires de la classe au pouvoir peuvent être vues comme le signe d'une bureaucratie au sens où l'entend Max Weber.[20] Ce sont des charges bien définies, dont la nature n'est pas modifiée par le changement des responsables, qui a lieu à la formation d'une nouvelle classe, soit environ tous les seize ans chez les lagunaires. Les variantes sont ici nombreuses. Puisse cet essai attirer l'attention sur un domaine qui réserve, à n'en pas douter, plus d'une découverte.

ÉCOLE PRATIQUE DES HAUTES ÉTUDES

[20] Max Weber, *Wirtschaft und Gesselschaft*, III, 8. *From Max Weber. Essays on Sociology*, translated & edited by H. H. Gerth & C. W. Mills (New York, 1958).

# AMERICAN KIN CATEGORIES

DAVID M. SCHNEIDER

## I

What the anthropologist calls kinsmen are called *relatives, folks, kinfolk, people*, or *family* by Americans, and the possessive pronoun may preceed these terms. In different regions and different dialects different words may be used, but despite such differences, people from different parts of the country generally understand each other and share the same fundamental definitions even when they use different names for the same cultural category. I will use the American term *relative* as the rough equivalent of the anthropologists "kinsman", but it should be remembered that this is a very rough translation indeed.

The explicit definition which Americans readily provide is that a relative is a person who is related by blood or by marriage. Those related by marriage may be called "in-laws". But the word relative can also be used by Americans in a more restricted sense for blood relatives alone and used in direct opposition to relative by marriage. Thus it may be said, "No, she is not a relative; my wife is an in-law." Or it may equally properly be said, "Yes, she is a relative; she is my wife."

One can begin to discover what a relative is in American culture by considering those terms which are the names for the kinds of relatives — among other things — and which mark the scheme for their classification.

American kinship terms can be divided into two groups. The first group can be called the *basic* terms, the second, *derivative* terms. Derivative terms are made up of a basic term plus a modifier.[1] *Cousin* is an example of a basic term, *second* a particular modifier. *Second cousin* is an example of a derivative term. *Father* is another example of a basic term, *-in-law* a modifier. *Father-in-law* is an example of a derivative term.

[1] I take this distinction between basic and derivative terms from W. H Goodenough,' "Yankee Kinship Terminology: A Problem in Componential Analysis", in Hammel, E. A. (ed.), *Formal Semantic Analysis, American Anthropologist*, 67, No. 5, Part 2 (1965), pp. 259-287.

The basic terms are *father*, *mother*, *brother*, *sister*, *son*, *daughter*, *uncle*, *aunt*, *nephew*, *niece*, *cousin*, *husband* and *wife*. The modifiers are *step-*, *-in-law*, *foster*, *great*, *grand*, *first*, *second*... *etc*, *once*, *twice*... *etc*. *removed*, *half* and *ex-*. The *removed* modifier is reserved to *cousin*. The *half* modifier is reserved to *brother* and *sister*. The *ex-* modifier is reserved to relatives by marriage. *Great* only modifies *father*, *mother*, *son* and *daughter* when they have first been modified by *grand*, as in *great grandfather*. *Great* and *grand* do not modify *cousin*, *brother*, *sister*, *husband* or *wife*. Otherwise modifiers can be used with any basic term.[2]

The modifiers in this system form two different sets with two different functions. One set of modifiers distinguish true or blood relatives from those who are not. These are the *step-*, *in-law* and *foster* modifiers along with the *half* modifier which specifies less than a full blood sibling. Thus *father* is a blood relative, *foster father* is not. *Daughter* is a blood relative, *step-daughter* is not.

The other set of modifiers define the range of the terms as infinite. These are the *great*, *grand*, *removed*, *first* ... etc. and *ex-* modifiers. That is, the range or extent of the terms is without limit.

There are, therefore, two different kinds of modifiers. One kind, the *restrictive*, sharply divides blood relatives from those in comparable positions who are not blood relatives. The other kind of modifier, the *unrestrictive*, simply states the unrestricted or unlimited range of certain relatives.

[2] Compare W. H. Goodenough, *op. cit.* In Goodenough's account, the modifiers *step-*, *-in-law* and *foster* can only be used with the basic terms *father*, *mother*, *brother*, *sister*, *son* and *daughter*. It is a most significant fact that Goodenough, at the outset of his text though not in its title of course, explains that he is dealing with the kinship terminology of only one person which he knows is not shared in all respects by all North Americans or all native speakers of English. As is made clear in Chapter V of *American Kinship: A cultural Account* (D. M. Schneider, Prentice-Hall, 1968), this pattern is indeed one of the legitimate alternate patterns of terminological forms in American kinship, but only one. It must therefore not be taken to be American in its scope and breadth. It should also be noted that I do not offer this as a definitive or exhaustive list of American kinship terms. Parent, child, sibling, ancestor, ancestress, descendent, pa, pappy, pop, papa, ma, mammy, mom, mama, and so forth could all be considered as candidates for such a list, along with terms like old man, old woman, old lady, governor, and so forth. It is really not possible to assume that there is a finite lexicon or vocabulary of kinship terms without first providing a clear definition of just what a kinship term is and whether this definition is imposed on the data for analytic purposes or whether it is a definition inherent in the culture itself. Since I am not undertaking an analysis of either kinship terms or of terms for kinsmen here I will reserve these questions for another time. My aim here is simply to use some terms which have kinship meanings as these are defined in American culture as a way to begin to discover what the American cultural definition of a relative is.

But one more important point should be noted about the modifiers. The unrestrictive modifiers mark distance, and they mark it in two ways. The first is by degrees of distance. Thus *first cousin* is closer than *second cousin, uncle* closer than *great uncle, great uncle* closer than *great great uncle,* and so on. The second way of marking distance is on a simple "in/out" basis. Husband is "in", ex-husband is "out". (But note that *first, second,* etc, as modifiers of *husband* and *wife* do not mark closeness but only succession in time).

This structure states a substantial part of the definition of what is and what is not a relative. The first criterion, blood or marriage, is central. The two kinds of modifiers are united in their functions; one protects the integrity of the closest blood relatives. The other places relatives in calibrated degrees of distance if they are blood relatives, but either "in" or "out" if they are relatives by marriage.

## II

If a relative is a person related by blood, what does this mean in American culture?

The blood relationship, as it is defined in American kinship, is formulated in concrete, biogenetic terms. Conception follows a single act of sexual intercourse between a man, as genitor, and a woman, as genetrix. At conception, one half of the biogenetic substance of which the child is made is contributed by the genetrix, and one half by the genitor. Thus each person has 100 percent of his own, but 50 percent of this material comes from his mother and 50 percent from his father at the time of his conception, and thereby "by birth".

Although a child takes part of the mother's and part of the father's makeup, neither mother nor father shares that makeup with each other. Since a woman is not "made up of" biogenetic material from her husband, she is not his blood relative. But she is the blood relative of her child precisely because the mother and child are both "made up of", in part, the very same material. So, too, the father and child.

It is believed, in American kinship, that both mother and father give substantially the same kinds as well as amounts of material to the child and the child's whole biogenetic identity or any part of it, is half from the mother, half from the father. It is not believed that the father provides the bone, the mother the flesh, for instance, or that the father provides the intelligence, the mother the appearance.

In American cultural conception, kinship is defined as biogenetic. This definition says that kinship is whatever the biogenetic relationship is. If science discovers new facts about biogenetic relationships, then that is what kinship is and was all along, although it may not have been known at the time.

Hence the real, true, verifiable facts of nature are what the cultural formulation is. And the real, true, objective facts of science (these are the facts of nature too, of course), are that each parent provides one-half of his child's biogenetic constitution.[3]

The relationship which is "real" or "true" or "blood" or "by birth" can never be severed, whatever its legal position. Legal rights may be lost, but the blood relationship cannot be lost. It is culturally defined as being an objective fact of nature, of fundamental significance and capable of having profound effects, and its nature cannot be terminated or changed. And so it follows that it is never possible to have an ex-father or an ex-mother, an ex-sister or an ex-brother, an ex-son or an ex-daughter. An ex-husband or ex-wife is possible, and so is an ex-mother-in-law. But an ex-mother is not.

It is significant that one may disown a son or a daughter, or one may try to disinherit a child (within the limits set by the laws of the various states). The relationship between parent and child, or between siblings, may be such that the two never see each other, never mention each other's name, never communicate in any way, each acting as if unaware of the other's existence. But to those directly concerned, as to all others who know the facts, the two remain parent and child or sibling to each other. Nothing can really terminate or change the biological relationship which exists between them, and so they remain blood relatives. It is this which makes them parent and child or sibling to each other in American culture.

Two blood relatives are "related" by the fact that they share in some degree the stuff of a particular heredity. Each has a portion of the natural, genetic substance. Their kinship consists in this common possession. If they need to prove their kinship, or to explain it to someone, they may name the intervening blood relatives and locate the ascendent

[3] The cultural premise is that the real, true, objective facts of nature about biogenetic relationships "is" what kinship is. But it does not follow that every fact of nature as established by science will automatically and unquestioningly be accepted or assimilated as part of the nature of nature. People may simply deny that a finding of science is true and therefore not accept is as a part of what kinship "is". By the same token, some items in some people's inventories of the real, true, objective facts of nature may be those which scientific authority has long ago shown to be false and untrue but which these Americans nevertheless insist are true. But this should not obscure my point here, which is simply that the cultural definition is that kinship is the biogenetic facts of nature.

whose blood they have in common. It is said that they can trace their blood *through* certain relatives, that they have "Smith blood in their veins." But their kinship to each other does not depend on intervening relatives, but only on the fact that each has some of the heredity that the other has and both got theirs from a single source.

Because blood is a "thing" and because it is subdivided with each reproductive step away from a given ancestor, the precise degree to which two persons share common heredity can be calculated, and "distance" thus stated in specific quantitative terms.

The unalterable nature of the blood relationship has one more aspect of significance. A blood relationship is a relationship of identity. People who are blood relatives share a common identity, they believe. This is expressed as being "of the same flesh and blood." It is a belief in common biological constitution, and aspects like temperament, build, physiognomy, habits, are noted as signs of this shared biological makeup, this special identity of relatives with each other. Children are said to look like their parents, or to "take after" one or another parent or grandparent, and these are confirming signs of the common biological identity. A parent, particularly a mother, may speak of a child as "a part of me".

In sum the definition of a relative as someone related by blood or marriage is quite explicit in American culture. People speak of it in just those terms, and do so readily when asked. The conception of a child occurs during an act of sexual intercourse, at which time one half of the biogenetic substance of which the child is formed is contributed by the father, the genitor, and one half by the mother, its genetrix. The blood relationship is thus a relationship of substance, of shared biogenetic material. The degree to which such material is shared can be measured and is called distance. The fact that the relationship of blood cannot be ended or altered and that it is a state of almost mystical commonality and identity is also quite explicit in American culture.

## III

Relative by marriage is defined with reference to relative by blood in American kinship. The fundamental element which defines relative by blood is, of course, "blood", a substance, a material thing. Its constitution is whatever it is that really is in nature. It is a natural entity. It endures; it cannot be terminated.

Marriage is not a material thing in the same sense as biogenetic heredity is. It is not a "natural thing" in the sense of a material object found in nature. As a state of affairs it is of course natural; it has natural concomitants or aspects, but it is not in itself a natural *object*. It is terminable by death or divorce.

Where blood, therefore, is both material and natural, marriage is neither. Where blood endures, marriage is terminable. And since there is no such "thing" as blood of which marriage consists, and since there is no such material which exists free in nature, persons related by marriage are not related "in nature".

If relatives "by marriage" are not related "in nature", how are they related?

Consider the step-, -in-law and foster relatives. The fundamental fact about these relatives is that they have the role of close relatives without, as informants put it, being "real or blood relatives". A step-mother is a mother who is not a "real" mother, but the person who is now father's wife. A father-in-law is a father who is not Ego's own father, but is his spouse's father. And a foster son is not one's own or real son, but is someone whom one is caring for as a son.

It is possible to describe a foster child's *relationship* to his foster parents, or a step-child's *relationship* (and this is the word which informants themselves use) to his step-parent. This is, in its main outline, a parent-child relationship in the sense of a pattern for how interpersonal relations should proceed.

The natural and material basis for the relationship is absent, but relatives of this kind have a relationship in the sense of following a pattern for behavior, a code for conduct.

The classic tragedy of a step-child in Western European folklore, Cinderella for instance, exactly states the nature and also the problem of this relationship. A woman's relationship to her own child is one in which she has an abiding love and loyalty for it; her relationship to her husband's child by his earlier marriage is one in which that child is someone else's child, not hers. What she does for her step-child she does because of her husband's claim on her. Hence, if her husband does not protect his child, she may be cruel to it and favor her own child. This is seen as tragic precisely because a child should have a mother who will mother it, and the parent-child relationship is quite distinct from the blood-tie which underlies it. The cruel step-mother of folklore should rise above the literal definition of her relationship to her step-child, and have the kind of *relationship* - affection, concern, care, and so forth - which a mother has for a child.

When a person is related to a blood relative he is related first by common biogenetic heredity, a *natural substance*, and second, by a *relationship*, a pattern for behavior or a code for conduct. The spouse, and the step-, -in-law, and foster relatives, on the other hand, are related by a *relationship* alone and there is no natural substance aspect to the relationship.

The distinctive feature which defines the order of blood relatives, then, is blood, a natural substance and blood relatives are thus "related by nature". This I suggest, is a special instance of *the natural order* of things in American culture. The natural order is the way things are in nature. It consists in objects found free in nature. It is "the facts of life" as they really exist.

The feature which alone distinguishes relatives by marriage is their relationship, their pattern for behavior, the code for their conduct. This I suggest, is a special instance of the other general order in American culture, the *order of law*. The order of law is imposed by man and consists in rules and regulations, customs and traditions. It is law in its special sense, where a foster parent who fails to care properly for a child can be brought to court, and it is law in its most general sense of law and order, custom, the rule of order, the government of action by morality and the self-restraint of human reason. It is a "relationship" in the sense of being a code or pattern for how action should proceed.

All of those who are step-, -in-law, and foster relatives are relatives who fall under the order of law. It is in this sense that a mother-in-law is not a "real" or "true" mother, not a genetrix, that is, but she is in the relationship of mother-child to her child's spouse. It is in this sense that a step-mother is not a "real" mother, not the genetrix, but she is in a mother-child relationship to her husband's child. The crux of the Cinderella story is precisely that where the "real mother" is related to her child both by law and by nature, the step-mother lacks the "natural" basis for the relationship, and lacking this natural substance she "feels" no love except toward her "own" child and is thus able to cruelly exploit the child related to her *in law* alone.

If there is a relationship in law without a relationship in nature, as in the case of the spouse, step-, -in-law, and foster relatives, can there be a relationship in nature without a relationship in law? Indeed there can and there is. What is called a "natural child" is an example. He is a child born out of wedlock, a child, that is, whose mother and father are not married. He is a "natural child" because in his case his relationship to his parents is by nature alone and not by law as well; he is an "illegitimate" child. Similarly, the "real mother" of a child adopted in infancy, whether legitimate or not, is a relative in nature alone and not in law; and so is the genitor of such a child. Although the child is adopted and has every right and every duty of the blood child, in American belief it remains related to its "true" mother and father, its genitor and genetrix, in nature though not in law.

## IV

In sum, the cultural universe of relatives in American kinship is constructed of elements from two major cultural orders, the *order of nature* and the *order of law*. Relatives in *nature* share heredity. Relatives *in law* are bound only by law or custom, by the code for conduct, by the pattern for behavior. They are relatives by virtue of their *relationship*, not their biogenetic attributes.

Three classes of relatives are constructed from these two elements. There is first the special class of relatives in nature alone. This class contains the natural or illegitimate child, the genitor or genetrix who is not the adoptive father or mother, and so on. The second class consists in relatives *in law* alone. This class may be called "by marriage" or it may be called "in law". It contains the husband and wife, the step-, -in-law, foster and other such relatives. The third class consists in relatives *in nature* AND *in law*. This class of relatives is called "blood relatives" and contains the father ... daughter, the uncle ... granddaughter, the cousin sets and so on.

The second and third classes of relatives can each be divided into two sub-classes. The second class, relatives *in law* alone, consists in the sub-class of husband and wife and the remainder, the sub-class which contains the step-, -in-law, foster relatives and those for which there are no special lexemes. Husband and wife take basic kinship terms, the others take derivative terms. Husband and wife are the only relatives *in law* on a par with the closest blood relatives (the father ... daughter set). Father and mother are properly also husband and wife. Finally, husband and wife are the only true relatives "by marriage" in one sense of marriage, namely, that sexual relationship between a man and a woman.

The third class also consists in two sub-classes. The first consists in the father ... daughter set of relatives. The second in those relatives who take the uncle ... granddaughter and cousin terms. The modifier functions symbolize the difference between these sub-classes, for the first sub-class is marked by the restrictive modifiers, the second by the unrestrictive modifiers. That is, the father ... daughter sub-class is sharply restricted and distinguished from other kinds or degrees of father, mother, etc., while the uncle ... granddaughter and cousin sets are infinitely expandable, but each expansion adds a degree of distance. Figure 1 represents this summary.

| RELATIVES | NATURE | LAW |
|---|---|---|
| (1) In Nature | + | — |
| (A) The natural child, illegitimate child, the natural mother, the natural father, etc. | | |
| (2) In Law | + | — |
| (A) *Husband, Wife.* | | |
| (B) *Step-*, *-in-law*, *foster*, etc.[4] | | |
| (3) By blood | + | + |
| (A) *Father, mother, brother, sister, son, daughter.* | | |
| (B) *Uncle, aunt, nephew, niece, grandfather, grandmother, grandson, granddaughter, cousin, first cousin*, etc., *great grandfather*, etc., *great grandson*, etc. | | |

Figure 1

I have put this summary in terms of the different classes or categories of relatives in American kinship. Yet these categories are built out of two elements, *relationship as natural substance* and *relationship as code for conduct.* Each of these elements derives from or are special instances of the two major orders which American culture posits the world to be made up of, the *order of nature*, and the *order of law.*

## V

We can now turn to the question which the formula for a relative raises. A relative, informants say, is a person related by blood or by marriage. We have seen that those relatives who are not related by blood are related

[4] This category includes relatives for whom there are no kinship terms in the usual sense but who can nevertheless properly be counted as, or considered to be, relatives by marriage or in-law. This category of kin, therefore, contains kin without kinship terms. The cousin's spouse, the spouse of the nephew or niece of Ego's own spouse, as well as others can occur in this category in American kinship. This follows from the different application of alternate norms *within* the framework set by these categories, and may (or may not) entail the use of alternate kinship terms as well. These points are developed in chapter V of my book: *American Kinship*.

"in law" and those related by marriage may be called "in-laws". Are these two phrases simply synonymous? It is not immediately self-evident why certain relatives are explicitly named by kinship terms which include the phrase or modifier "-in-law" (*mother-in-law, father-in-law*, etc.) but others who seem to fall in the same general category do not (cousin's spouse, nephew or niece's spouse, sibling's spouse's sibling, grandparent's subsequent spouse who is not parent's real parent, etc.). Neither is it self-evident why the whole category is called "relatives by marriage" since some of these are not related by marriage in any simple, self-evident way (the foster relatives for example). And even when some rationale can be presented showing that they are indeed related by marriage (as can for the step- relatives for example) many informants are acutely uncomfortable with this and deny its validity even when they are stumped by its logic. Some informants try to explain "by marriage" to mean "by the marriage of any of my blood relatives" and thus to account for the uncle's wife and the aunt's husband as *aunt* and *uncle* respectively. But they are then hard-pressed to explain why they do not count their cousin's spouse as a *cousin* — though many informants do — and the spouse of their nephew and niece as niece and nephew — though some informants do. "By marriage" therefore is not a simple abbreviation for "by the marriage of any blood relative", though this is a tempting step for informants to take — and some of them try it.

To understand "by marriage" and "in law" as the names for this category we must go back once again to the first principles of American kinship. The American kinship system, as a system of symbols, is a special development from the major division of the universe into two parts, that of nature and that of law. Law in the sense of an order which is created, invented, imposed, is thus opposed to nature which is "given". Yet the regular processes of nature are regarded as conforming to "the laws of nature", and therefore law in its widest sense seems to mean order, regularity, obedience to rules.

Although law, therefore, is the category of widest scope, it is within the order of law at its widest that the particular opposition of nature and law occurs, and it is formulated as an opposition between the two sources of order — the one which is "given", the other which is "made". In the domain of kinship, then, law is that order which has been made for and imposed upon mankind and man's nature. Law at this level of contrast is thus specifically restricted to custom, tradition, the mores, the ways of man as against any other way.

The fundamental symbol out of which the system of symbols of the

American kinship system are differentiated is that of coitus. In the whole universe, which is divided into an order of nature and an order of law, it is the symbol of coitus which relates the kinship system to the system which is universal. And the two parts of the symbol of coitus which are differentiated are first that of the substantive outcome — the child which shares the biogenetic material of its parents — and second the relationship (conduct) of the two parents to each other. The word for this latter aspect is "marriage", and it stands for the unity of the husband and wife, their unity in a sexual relationship, and a unity which is opposed to the unity of the parent and child.

Marriage then stands as *the* relationship in law which is specifically restricted to mean a sexual relationship, while all other relationships in law are not so restricted in their meaning.

Yet marriage and law stand in another relationship to each other. Law is the very broadest of terms, covering any kind of order in any domain of the world. But, even in its restricted sense as the order of law as against the order of nature, meaning the regularity imposed by human reason, this order of law far transcends the domain of kinship. That order of human reason which is within the domain of kinship is only one part of the whole order of law. To say a relationship in law, therefore, does not specify which sub-order or which specific domain is intended.

Hence the term "marriage" is the exemplar of those relations in law *within* the domain of kinship. It is the very essence of the relationship in law of all of the different kinds of relationships in law within the domain of kinship. It is the example of a relationship in law within kinship *par excellence*. That is, although it is only one special and restricted kind of relationship in law, it is nevertheless its clearest and most vivid expression. And it is in this sense that the formula that "a relative is a person related by blood or by marriage" is to be understood. Marriage is specified in the formula as if to say, not *any* relationship of *any* domain which is the relationship in law, but that order of relationship which is in law but which is also in the realm of kinship, as exemplified by the particular relationship of marriage.[5]

Marriage is thus a term which serves to stipulate the specific domain within the larger order of law.

The construct of the relative "by marriage" or "in-law" *as a person*[6] thus consists in the stipulation that, lacking a natural or substantive

[5] J. Greenberg, *Language Universals* (The Hague, Mouton, 1966), p. 28.

[6] See D. M. Schneider, *op. cit.*, chapter IV, for an account of this most important cultural category in American kinship.

component, it therefore consists in a code for conduct alone. As such, it is voluntary in that it is up to each party to enter into it, maintain it, or opt out of it. It is thus not obligatory in the same way as the blood relationship is obligatory, but it has its own canons of obligation which are essentially those of diffuse, enduring solidarity. Such a relationship thus depends, as informants put it, "on the relationship". It is called a relationship "by marriage" not because each of the two parties to it is married to each other, for they often are not, but because "by marriage" is the term for that specific kind of relationship which is, within the domain of kinship, the relationship "in law" *par excellence* and therefore marks this as a kinship relationship and not just any relationship which is orderly and lawful.

UNIVERSITY OF CHICAGO

# FEMMES A CRÉDIT

CLAUDE TARDITS

La coexistence, dans les sociétés africaines, de formes d'échange restreint et d'échange généralisé était relevée, il y a vingt ans dans *Les structures élémentaires de la parenté*.[1] L'auteur voulait situer les faits africains en face des modes d'échange matrimoniaux qu'il venait d'analyser, de classer et de localiser, et montrer que les modalités africaines du mariage, caractérisées par ce que l'auteur a qualifié d'"achat" mais que, pour des raisons sur lesquelles il est inutile de revenir, on a pris l'habitude de désigner en français par le terme de "dot" malgré les confusions que peut entraîner cette désignation, marquaient, en raison des propriétés libératrices de la dot, le passage des structures d'échange élémentaires aux structures complexes qui ne comportent pas de prescription du conjoint.

Les travaux de M. Lévi-Strauss n'ont influencé que lentement les recherches en Afrique. Le faible intérêt apporté à l'étude des cycles d'échanges matrimoniaux s'explique vraisemblablement par l'orientation initiale du fonctionnalisme. On peut considérer avec quelque recul que les recherches remarquables nées de ce courant auraient déterminé, de façon plus rigoureuse qu'il n'a souvent été fait, les processus d'intégration si leurs auteurs s'étaient préoccupés de dégager des aires et des cycles d'échanges matrimoniaux. Il y a sans doute là l'histoire d'une occasion perdue. Les études dans ce domaine présentent toutefois des difficultés tenant à la lenteur des enquêtes à mener, à la disparition d'éléments concernés ou à la précarité des témoignages relatifs aux unions passées.

Les travaux qui se sont accumulés depuis deux décennies sont susceptibles d'amorcer une réflexion plus systématique sur les échanges matrimoniaux en Afrique. Elles ont confirmé le caractère très général du mariage dotal et toutes les informations recueillies sur les interdictions de mariage — par exemple l'interdiction, pour un homme, de se marier dans le patrilignage de la mère, de la mère de la mère et dans ceux

[1] C. Lévi-Strauss, *Les structures élémentaires de la parenté*, p. 568.

d'aïeules plus éloignées — confirment dans les faits la relation que l'on pouvait logiquement établir entre dot et cycles longs.

Les sociétés africaines offrent toutefois des exemples d'exploitation des possibilités d'échange qu'on aurait pu ne retenir que théoriquement. Indiquons que le système ancien des Tiv atteste la présence de cycles d'échange longs, sans versement de dot. Les descriptions de leurs institutions montrent d'ailleurs les difficultés auxquelles se heurtent ces usages.[2]

Nous décrirons ici une procédure d'obtention d'épouses sans versement de dot qui intervient dans des cycles courts mais n'en présente pas moins des traits remarquables. Elle était largement répandue, il y a une vingtaine d'années, dans les sociétés montagnardes bamiléké et bamoum du Cameroun.[3] Les Bamoum, avec lesquels nous sommes davantage familiarisés, l'appelaient "mariage par don" — *lam fa* — qualification sur laquelle nous reviendrons.

Quelques traits de la société bamoum doivent être évoqués pour comprendre les procédés que nous décrirons ultérieurement. Le royaume bamoum, au début de ce siècle, était composé de plusieurs milliers de "villages" dispersés à travers la campagne ou concentrés dans l'enceinte de la capitale politique, Foumban, cité qui comptait environ 20.000 habitants il y a cinquante ans. Le terme "village" traduit celui de *nžü* qui désigne l'unité résidentielle formée par la descendance agnatique du fondateur, les épouses des agnats, les filles non mariées ou mariées dans le *nžü* et les serviteurs descendants d'anciens captifs de guerre ou achetés. La présence de filles mariées dans leur *nžü* d'origine s'expliquait par le fait que les interdictions de mariage tombaient entre collatéraux séparés par plus de trois degrés de parenté comptés à partir de leur aïeul commun. Aux mariages entre consanguins éloignés s'ajoutaient ceux contractés entre membres du patrilignage et esclaves du *nžü*. Un *nžü* était donc formé par le groupement des familles des descendants masculins du fondateur, éventuellement celles de filles, enfin celles des serviteurs. Ces *nžü* étaient dispersés dans la campagne où ils formaient de nombreux hameaux ou bien concentrés dans la capitale, Foumban, qui en comptait 5 à 600.

Parmi les *nžü*, il fallait distinguer ceux qui étaient directement soumis

[2] L. & P. Bohannan, *The Tiv of central Nigeria*, p. 27-28 et p. 69-75.

[3] Ce type de mariage est longuement évoqué par J. Hurault dans *Les structures sociales des Bamileke*, p. 39 et suiv. Au Cameroun occidental, les royaumes dits tikar qui appartiennent à cette aire géographique et culturelle et présentent tant de caractères communs avec les royaumes bamiléké et bamoum connaissent vraisemblablement cette institution mais sa présence n'est pas explicitement rapportée dans les travaux, par ailleurs si précis, du Dr. Ph. Kaberry.

au souverain — le *mfon* — dont le chef portait et porte toujours le titre de *nži*, et ceux qui se formaient simplement par scission de segments représentés par les membres des différentes lignes de collatéraux issues des fils des *nži* successifs, désireux le plus souvent de vivre sur de meilleures terres. Les *nžü* qui naissaient de ce processus restaient néanmoins soumis aux chefs des *nžü* d'où ils étaient sortis. En outre, un grand nombre de *nži* avaient reçu, sur des terres conquises principalement à partir du milieu du 19ème siècle, des domaines ruraux exploités par des esclaves souvent descendants des captifs de guerre; les hameaux habités par ces esclaves étaient aussi appelés *nžü*. Un *nži* pouvait donc avoir sous son autorité plusieurs *nžü*: celui qu'il habitait, fondé par le premier *nži*, ceux établis par des consanguins partis se fixer à la campagne, enfin des villages d'esclaves.

Il n'y avait pas coïncidence entre *nžü* et groupes exogamiques puisque l'on pouvait se marier entre agnats si la distance généalogique le permettait et qu'il y avait aussi des unions entre les filles du patrilignage et les serviteurs; ceci entraînait un certain degré d'endogamie "villageoise". Les véritables unités exogamiques étaient représentées par les groupes agnatiques constitués par les descendants du grand-père paternel d'un *ego* quelconque. La tradition exigeait également que l'on ne se marie pas dans les patrilignages de chaque ascendant du côté de la mère. L'extension des interdictions en ce sens a toujours été difficile à déterminer. Sur la base de ces seules données, l'effectif des groupes où un homme aurait pu prendre femme apparaîtrait très élevé puisque le royaume comptait des centaines de patrilignages.

Il était encore possible d'acheter à des conditions de marché des femmes provenant de l'étranger ou encore mises en vente par des parents ou des maîtres désireux de s'en débarrasser à la suite de querelles ou d'infractions aux coutumes. Un homme ne pouvait cependant épouser une femme achetée que si les interdictions exogamiques traditionnelles étaient respectées. Le "marché" avait l'avantage de procurer des femmes immédiatement disponibles. Ce développement particulier était consécutif aux guerres qui avaient marqué l'histoire politique du royaume au 19ème siècle et entraîné le déracinement des populations battues.

Les mariages se trouvaient en fait commandés par des politiques d'alliance liées au caractère fortement stratifié de la société.

Les *nži*, dont nous avons dit précédemment qu'ils étaient chefs de *nžü* et directement subordonnés au *mfon*, appartenaient à des catégories sociales différentes. Ces dernières dépendaient de l'origine du titre de *nži* toujours conservé par l'héritier unique que chacun avait désigné.

Les compagnons du premier *mfon*, fondateur du royaume, avaient reçu le titre de *nži* en s'installant à l'aube de l'histoire bamoum, vraisemblablement au 17ème siècle, sur les terres conquises; certains d'entre eux portaient le titre de *nkom* qui faisait d'eux, en certaines circonstances, les pairs du roi; les patrilignages qu'ils avaient fondés avaient la même profondeur que celui du *mfon*.

Tous les enfants des *fon* qui avaient successivement régné sur le royaume, princes ou princesses, portaient le titre de *nži* et avaient reçu, sous le règne du souverain leur père ou parfois leur frère, des terres, des femmes et des serviteurs leur permettant de s'installer en créant un village et fondant un patrilignage.

Tous les jumeaux nés dans le royaume avaient droit au titre de *nži*. Envoyés chez le *mfon*, ils restaient au service du palais jusqu'au jour où, devenus adultes, ils étaient installés comme l'étaient les enfants royaux.

Des fils de rois battus, des captifs qui s'étaient distingués, des étrangers fugitifs ou attirés par la réputation des souverains bamoum ou de Foumban et ayant servi le *mfon* se voyaient à l'âge adulte, en remerciement pour les services rendus, octroyer le titre de *nži* et remettre des terres et des serviteurs comme les précédents. Il arrivait qu'un homme soit donné comme serviteur au *mfon* après avoir contesté une succession dans son *nžü* d'origine et qu'il reçoive par la suite le titre de *nži*.

Que le titre soit de naissance ou octroyé, il autorisait la création d'un patrilignage.

Il y avait une relation de filiation ou de ce qu'on pourrait appeler quasi-filiation entre le *mfon* et les *nži* ainsi établis mais ces derniers n'en étaient pas moins à la tête d'une entité titulaire de droits sur des biens et des personnes, représentant un patrimoine à gérer et à transmettre à leur héritier.

A l'époque qui nous concerne, sous le règne du *mfon* Njoya, le nombre des *nži* pouvait atteindre le chiffre de 6 à 700. On y distinguait ceux qui étaient d'origine princière, formant une noblesse du sang, de ceux qui avaient servi au palais et constituaient la noblesse palatine. Cette dernière s'était surtout développée à la suite des guerres qui avaient grossi l'effectif des serviteurs royaux et représentait plus de la moitié de la population titrée.

Le lignage royal représenté par le *mfon*, ses frères et ses enfants, les lignages des *kom*, ceux de la noblesse du sang puis de la noblesse palatine, quelques clans installés antérieurement à l'arrivée des Bamoum, enfin une population considérable de familles d'esclaves formaient les grandes divisions de la société.

L'appartenance à une de ces catégories était initialement affaire de naissance mais les services rendus, la loyauté politique pouvaient entraîner un changement de condition. Les esclaves accédaient parfois à des fonctions qui en faisaient des serviteurs intimes des *nži*, pouvaient leur valoir une fille de leur maître comme épouse et les soustrayaient en fait à la rigueur de leur statut initial. Le service du souverain donnait éventuellement accès à la noblesse palatine à un captif venu des domaines ruraux. Le titre de *nkom* fut même décerné en remerciement du soutien donné à la dynastie. Un passage restait certes impossible, celui à la noblesse de sang reposant sur la filiation paternelle. Il existait néanmoins un statut intermédiaire pour celui dont le père appartenait à la noblesse palatine et dont la mère était fille de *mfon*, ce qui faisait de lui un neveu utérin du roi et le liait au lignage royal par les femmes.

En dehors de la naissance, la richesse en terres et surtout en femmes et en serviteurs était un élément important du status et les faveurs du souverain, qui se traduisaient par des dons de personnes, pouvaient décider de la fortune et de l'importance d'un *nži*.

Les mariages étaient un facteur important de mobilité sociale et c'est en fait à travers l'hypergamie que la stratification sociale perdait sa rigidité.

C'est dans ce contexte que le "mariage par don" trouvait sa place.

Il était pratiqué à tous les niveaux de la hiérarchie lignagère: par le *mfon* lorsqu'il installait, comme nous l'avons indiqué, ses fils et ses serviteurs en leur donnant en plus des terres et des serviteurs, des épouses; par les *nži* lorsqu'ils établissaient dans le cadre de leur *nžü* leurs fils et certains serviteurs; par les simples chefs de famille donnant une épouse à un fils ou un serviteur. C'est au niveau du palais que l'analyse présente le plus grand intérêt et les raisons en seront rapidement évidentes.

Ce n'est évidemment pas le fait qu'un père établisse un fils en lui procurant une épouse, fait récurrent dans les sociétés africaines, qui a valu à ce mode d'obtention d'une épouse sa qualification. L'expression "mariage par don" est trompeuse car cette attribution n'est que le premier terme d'une opération ou d'une série d'opérations qui peuvent s'échelonner dans le temps, même sur plusieurs générations.

Le donateur, en remettant une femme, s'est ouvert un droit sur les filles à naître de l'union et c'est lui et non le père qui pourra les donner en mariage. Ce don masque une opération de crédit et c'est en fait d'un échange dont les termes sont différés dans le temps qu'il s'agit. La ou les femmes données comme épouses l'étaient d'ailleurs souvent parce que le donateur bénéficiait d'un droit de disposition sur celles-ci à la suite d'une opération similaire antérieure. Le soi-disant don pouvait donc s'inscrire dans une suite d'échanges enchaînés les uns aux autres. Le crédit pouvait être prolongé dans le temps et la dette tomber dans la succession de chacune des parties si une raison quelconque — stérilité, décès — empêchait de liquider l'obligation.

Nous présentons, à titre d'exemple, le cas d'un des fils du roi Njoya, *nži* X. Devenu adulte, *nži* X créa son *nžü* en 1920; il reçut de son père un emplacement dans un quartier de Foumban et quatre femmes. La première d'entre elles lui donna un garçon et une fille, la seconde deux filles. Njoya était mort avant que les enfants ne soient parvenus à l'âge adulte; c'est son fils, l'actuel sultan, qui donna les trois filles en mariage.

Les modalités de l'échange étant précisées, une double question se pose: les femmes mariées sous ces conditions viennent-elles de toutes ou de certaines catégories sociales et, réciproquement, à qui sont-elles attribuées?

Nous disposons d'indications précises sur l'origine de cent-vingt et une épouses "données" au sultan Njoya, parmi ses quelque douze cents femmes. Leur origine a pu être établie du fait qu'elles ont eu une descendance. La ventilation de leur origine par catégories sociales est, en pourcentage, la suivante:

*Catégories sociales d'où proviennent les épouses du roi*

| Lignages de *kom* | Clans de souverains conquis | Noblesse de sang | Noblesse palatine | Familles d'origine servile | Etrangers | Origine incertaine | Total |
|---|---|---|---|---|---|---|---|
| 8% | 14,5% | 10% | 36% | 16,5% | 11,5% | 3,5% | 100% |

Ces chiffres n'incluent pas les épouses dont nous avons pu retracer l'origine mais qui furent "dotées" par le roi. Toutes les épouses qui entrent dans le recensement ci-dessus n'ont pas été "données" dans les mêmes conditions. Les *kom*, les roitelets conquis, la vieille noblesse de sang, les étrangers — la plupart du temps, il s'agit de petits souverains voisins — donnaient leurs filles par amitié, par politique, prenant l'initiative du don ou envoyant leur enfant au palais après que le souverain, informé de la beauté de la jeune fille, ait laissé percer son intérêt. La descendance des anciens princes donnait d'autant plus volontiers ses enfants que c'est parmi les fils de mères de sang princier que devait être choisi l'héritier du trône.

Par contre, les filles provenant de la noblesse palatine ou de familles serviles lui étaient données parce que les familles étaient purement et simplement sous sa dépendance ou en compensation de dons antérieurs; quelques membres de la noblesse palatine cependant, ayant un statut voisin de celui des *kom*, étaient soustraits à toute obligation d'échange.

Il faut donc retenir que la noblesse palatine et les familles serviles fournissaient plus de la moitié des épouses royales, d'après les chiffres que nous possédons.

En complément à ces données, nous disposons d'informations sur les *nžü* dans lesquels soixante-dix-sept des filles du roi furent données. Ce chiffre représente la quasi-totalité des filles de Njoya vivant encore à l'époque de sa mort, en 1933. La ventilation en est la suivante:

*Catégories sociales dans lesquelles les filles du roi sont données*

| Lignages de kom | Clans de souverains conquis | Noblesse de sang | Noblesse palatine | Familles d'origine servile | Etrangers | non mariées | Total |
|---|---|---|---|---|---|---|---|
| 5% | 6% | 19% | 44% | 9% | 8% | 9% | 100% |

Toutes les filles du roi étaient données sans dot. En un sens, elles n'avaient pas de prix et étaient toujours mariées "vers le bas". Elles avaient d'ailleurs un statut particulier dont l'examen sortirait de ce cadre. Rappelons simplement que leurs enfants étaient petits-enfants de roi, position identique à celle des neveux utérins — le même terme de *manžat* désigne un enfant de sœur ou de fille — ce qui créait un lien de parenté privilégié avec le souverain.

Ici aussi les grands bénéficiaires d'unions princières appartenaient à la noblesse palatine et, dans une moindre mesure, à des familles encore engagées dans les liens de servitude. Les *kom*, les roitelets conquis, les princes qui recevaient une princesse pour épouse ne perdaient pas leur droit de disposition sur les filles issues de ces unions dont le prix se situait exclusivement sur le terrain de l'amitié et de la politique.

Une partie des femmes que le *mfon* pouvait donner en mariage pouvaient être conservées par lui; c'est le cas de celles dont il a été question un peu plus haut. Rappelons maintenant qu'il attribuait aussi des épouses à ses fils, aux fils de ses fils, à ses frères, aux fils de ses frères et parfois même aux frères de son père, enfin aux serviteurs du palais. Les bénéficiaires des dons de femmes se chiffraient par centaines, ce qui impliquait un droit de disposition étendu à plusieurs milliers de femmes.

En dehors de ses propres filles, il donnait les filles des proches parents que nous venons de citer — fils, frères, frères du père —, d'une grande partie de la noblesse palatine et des simples serviteurs. Les milliers de femmes qui entraient dans le courant de dons provenaient de ces sources; enfin, il répartissait le butin de guerre qui comprenait souvent des captives, bien que l'occupation européenne du pays, commencée en 1902, eût à peu près tari ce mode d'obtention des femmes.

Les indications que nous avons tirées des chiffres ci-dessus, si modestes soient-ils, restent valables. La noblesse palatine et les simples serviteurs étaient la principale source d'épouses à laquelle s'ajoutaient les filles du roi et de ses proches parents, et ces catégories étaient également les principales bénéficiaires des échanges. Des facteurs variés pouvaient affecter l'équilibre des rapports entre ces groupes échangistes — la croissance d'une catégorie sociale, la fécondité des femmes — et il semble bien que la recherche par le souverain de ce que l'on pourrait appeler une large marge de sécurité en matière de femmes ait été un des ressorts de la politique royale.

Revenons aux effets des courants d'échange sur la société. Il y a, pour les femmes, un mouvement de mariage vers le haut lorsqu'elles étaient épousées par le roi ou les princes, et un mouvement vers le bas lorsque les filles du lignage royal allaient en mariage dans la noblesse palatine et les familles serviles; les deux mouvements étaient susceptibles d'honorer aussi bien donateurs que donataires. Le courant permettait l'installation de fils et de serviteurs plus nombreux encore et c'était un facteur essentiel de promotion et de mobilité sociale puisque, grâce à lui, jumeaux, captifs et esclaves venus de la campagne entraient dans la noblesse palatine qui constituait le soutien politique du roi.

Remarquons en effet que le "don" de femmes s'inscrivait dans une relation plus complexe qu'il ne pourrait paraître à un simple examen; donner une femme et recevoir, en compensation, un droit de disposition matrimonial sur les filles n'était pas une opération dont les termes étaient absolument équivalents. Elle comportait un crédit de femmes qui éliminait le recours à une dot, et le taux de l'intérêt se trouvait représenté par la loyauté du donataire à l'égard du donateur. Le jeune serviteur qui, arrivé au palais vers sept ou huit ans, y passait toute son adolescence, était entretenu par le roi et l'on pourrait soutenir que c'était là le prix de ses services, mais le don de femmes dont il pouvait bénéficier amorçait une relation d'une nouvelle envergure et tendait à encourager et développer l'attachement qu'il pouvait déjà avoir manifesté. Il suffit d'écouter les vieux Bamoum énumérer, encore aujourd'hui, avec reconnaissance, tout ce que leur avait donné Njoya, tous les "bienfaits" dont ils avaient été l'objet, pour saisir que c'était bien là la signification reconnue à de telles coutumes.

Si l'on tente maintenant de rapprocher cette modalité de l'échange de celle qui accompagne le mariage dotal, on s'aperçoit que l'institution que nous venons de décrire présente des propriétés apparemment antinomiques: il y a un échange simple avec une fermeture immédiate virtuelle et en même temps la possibilité d'engendrer des cycles longs comme l'autorise la dot. Le schéma suivant en fournit le modèle:

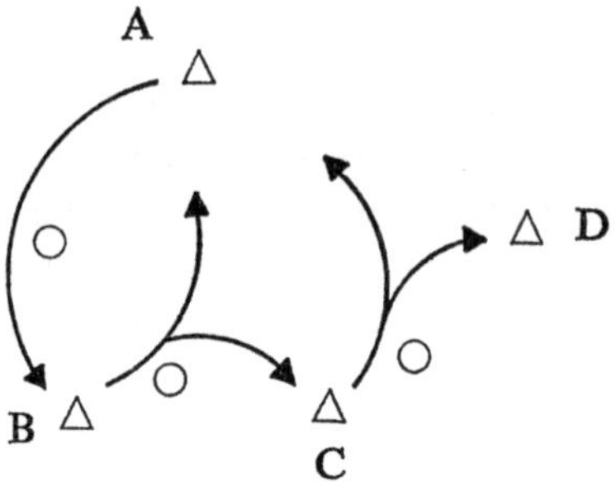


Le donateur A donne une femme à B; A pourra en retour épouser la fille de B ou la donner à C; C à son tour pourra donner une fille à A ou bien la donnera à D, sur injonction de A. Le cycle peut mettre en relation *n* éléments avant de se refermer. Chaque union, si elle est féconde, ouvre donc deux possibilités entre lesquelles il appartient à A de choisir. Le choix peut évidemment se trouver infléchi en raison des règles d'exogamie: le don d'une princesse sera toujours générateur d'un cycle qui ne pourra théoriquement se refermer qu'au bout de trois générations. Utilisant un langage que suggère l'institution, on dira qu'elle allie la sécurité du placement à court terme à la rentabilité — extension des alliances et consolidation des loyautés — du placement à long terme.

Un tel système paraît avoir des équivalents en dehors de l'aire dont nous nous sommes occupés: il est très proche du *pogsiure* des Mossi évoqué par plusieurs auteurs[4] et il serait sans doute intéressant d'en rechercher la présence dans les sociétés stratifiées où les différenciations sont de nature à limiter, pour certains, les ressources exigées par le mariage dotal et à engendrer une politique d'intégration.

ÉCOLE PRATIQUE DES HAUTES ÉTUDES

[4] Voir E. P. Skinner, "The mossi pogsioure", *Man*, 28 (1960).

# SECTION III

# RACE ET HISTOIRE

# ARCHÉOLOGIE PRÉHISTORIQUE ET SCIENCES HUMAINES

ANNETTE LAMING-EMPERAIRE

Cet article devait être remis à l'imprimeur à la fin d'avril 1968. Il n'était pas complètement achevé lorsqu'éclatèrent les événements de mai. L'introduction et les deux premières parties (développement historique de l'archéologie préhistorique et son insertion dans l'ensemble des sciences humaines) ont été laissées dans leur forme primitive. Les conclusions ont été remaniées. On constatera peut-être en lisant ces lignes que l'évidente incohérence des structures de notre discipline ne peut être totalement imputée ni à l'incompétence de l'administration, ni à la sclérose des professeurs et des chercheurs. La complexité croissante du réseau des sciences humaines nous a progressivement enlisés dans des structures plus illogiques à mesure qu'elles s'enrichissaient parce qu'aucune occasion jusqu'alors ne s'était présentée de les reprendre à leur base. Ici se trouvent quelques documents qui pourront être utiles à une remise en question des anciennes structures mais qui, ayant été réunis en dehors de toute idée de réforme, devront à leur tour être davantage approfondis.

## 1. INTRODUCTION

Il est à la longue irritant d'avoir un état civil incertain.

Il est plus irritant encore de ne pas savoir où se situe son travail et à quel ordre d'activité il faut le rattacher.

Le jardinier jardine, le chirurgien opère, le penseur pense. Que fait l'archéologue? L'archéologue fouille. Soit. Au niveau de la récolte des documents, dans l'accomplissement de sa tâche de terrassier spécialisé, nul ne lui conteste la spécificité de ses méthodes et de ses buts.

Au-delà, quand il s'agit d'élaborer les résultats de ses fouilles, de classer, d'ordonner, de synthétiser, on ne sait plus très bien ce qu'il fait.

Tantôt il est rattaché aux historiens, tantôt aux naturalistes, tantôt aux ethnologues. Lui-même ne sait pas toujours nettement s'il "fait" de l'archéologie, de l'histoire ou de la préhistoire, de la palethnologie, de l'anthropologie préhistorique, ou encore, par quelque côté, de la paléontologie, de la géographie humaine, de l'écologie, de la technologie, de l'histoire de l'art, d'autres disciplines encore.

Le mot certes n'a pas d'importance, mais après 10, 20 ou 30 années de recherches, l'individu qui fait des fouilles ou qui en a fait, qui étudie ses résultats et ceux des autres, et publie des études très sérieuses, voudrait se mettre d'accord avec ses collègues sur la situation de ses recherches par rapport aux autres sciences humaines (que l'on peut d'ailleurs soupçonner parfois d'avoir des difficultés de même ordre). Dans tel organisme on hésitera à classer l'archéologue avec les historiens ou avec les ethnologues (ou les anthropologues), dans tel autre le flottement se fera entre les "aires culturelles" et les diverses disciplines rattachées aux sciences sociales, ailleurs entre la Faculté des Sciences et celle des Lettres et Sciences Humaines. Chacun a des arguments parfaitement convaincants qui prouvent au moins que le problème n'est pas simple.

Le mot n'a pas d'importance, mais si nous passons de ce simple niveau de pensée où seule est recherchée une idendification verbale, à un niveau plus complexe où nous tentons d'insérer l'archéologie dans le système des connaissances, l'incertitude reste la même. Ne pas savoir où l'on est, c'est aussi en quelque sorte ne pas savoir ce que l'on fait et il est probable que dans certains cas l'incertitude de la position des archéologues reflète l'incertitude de leurs buts, et la consolide. Une vraie recherche et un vrai enseignement doivent d'abord pouvoir se définir et se situer.

Le vague de notre situation, individuellement désolant, soulève des difficultés sur le plan de l'organisation de la recherche et de l'enseignement. Quand dans une jeune université on fonde un centre, une chaire ou un nouvel organisme "d'archéologie préhistorique", on se heurte toujours à ce manque de définition préalable, et on hésite à assigner une place nette dans l'ensemble d'une structure universitaire aux archéologues nouveaux venus qui se trouvent ou totalement isolés, ou tiraillés entre les sollicitations des historiens, des sociologues, des anthropologues, etc.[1]

[1] Le cas s'est posé récemment lors de la création du Centre d'Anthropologie (Anthropologie culturelle, Anthropologie physique, Préhistoire) de l'Université de Concepcion au cours de laquelle les anthropologues étaient revendiqués par les sociologues, les archéologues par les historiens, tandis que le Centre lui-même avait été installé dans la Faculté de Médecine qui était la seule jusqu'alors à s'être intéressée aux problèmes d'anthropologie physique, d'ethnologie et de préhistoire locales.

Qu'il soit individuel ou institutionnel, cet état de choses a de fâcheuses conséquences. La variabilité de la place de l'archéologie n'a pas pour conséquence, comme on pourrait l'imaginer, plus de souplesse et plus de possibilités de renouvellement. Elle compartimente plus qu'elle ne diversifie et elle stérilise plus qu'elle ne suscite. Parce que le problème est trop complexe, rares sont les cas où l'on définisse aux étudiants, plus tard aux jeunes chercheurs, les buts, les limites et les perspectives de l'archéologie préhistorique. La complication et les contradictions des organismes existants amènent de nombreux chevauchements, et en même temps des lacunes dans les thèmes enseignés. Enfin, parce que l'on a trop renoncé aux définitions préalables et aux réflexions sur des buts généraux, certains jeunes se trouvent canalisés vers le domaine sans risques des monographies et des analyses de détail, abandonnant, sans même qu'ils aient eu la possibilité de choisir cette voie, la participation à des travaux de synthèse et à des recherches méthodologiques.

Nous manquons de définitions, et, par voie de conséquence, nous manquons de programmes et de plans synthétiques de recherche.

Devant ces faits, tels qu'ils se présentent aujourd'hui en France ou ailleurs, deux attitudes d'esprit sont possibles. Ou bien accepter l'état des choses et continuer à enseigner et à chercher sans trop se préoccuper de définitions. Du bon, de l'excellent travail a été fait ainsi. Pourquoi ne pas continuer?

On peut aussi, et c'est ce que nous voulons ébaucher ici, tenter une analyse de la situation en en cherchant les causes historiques, puis en essayant de l'envisager d'un point de vue méthodologique et logique, essayer en somme une clarification de la position de l'archéologie préhistorique par rapport aux autres sciences humaines.

## 2. ORIGINES

La variété des situations de l'archéologie préhistorique au sein des différentes branches de la recherche se trouve justifiée par la variété de ses origines. Une étude historique montre que le chaos actuel n'est pas dû à une faute ou à une négligence collective mais qu'elle a des fondements séculaires, antérieurs même à la naissance de notre discipline.[2] L'histoire,

[2] A. Laming-Emperaire, *Origines de l'archéologie préhistorique en France*, A. et J. Picard (1964), 229 p., 25 fig. et *Histoire de l'archéologie préhistorique*, Unesco (1966).

elle, ne se trompe pas et si l'archéologie préhistorique est née au carrefour de recherches très diverses, c'est que fondamentalement elle a des liens réels avec ces recherches.

L'histoire des débuts de l'archéologie préhistorique dans les sciences occidentales peut se diviser en trois grandes périodes. (1) Une première période, celle des mythes, au cours de laquelle les seules réponses aux questions sur les origines sont données par la tradition et la révélation chrétiennes, s'étend sur tout le Moyen-Age et se prolonge par de nombreuses survivances pendant la Renaissance et au-delà. (2) Pendant une seconde période des faisceaux d'observations de natures diverses s'accumulent au hasard de découvertes fortuites, concernant tantôt des hommes "antédiluviens", tantôt des objets de l'industrie humaine retrouvés dans la terre, tantôt les rudiments d'une méthode stratigraphique (du XVIème au XIXème siècle). (3) Une troisième période enfin (XIXème siècle) voit la cristallisation d'observations jusqu'ici isolées en un tout qui constitue l'archéologie préhistorique.

(1) Pendant longtemps les mythes d'origine de la tradition chrétienne ont constitué pour les sociétés occidentales la notion unique et acceptée de tous sur les origines de l'humanité et l'histoire de ses premiers temps. Cette notion diffère dans sa nature même de la recherche scientifique puisque, à travers elle, l'histoire du groupe est donnée une fois pour toutes, d'une façon définitive qui exclut tout complément ou modification. Elle forme un tout qui se suffit parfaitement. Par elle l'homme occidental s'est donné une explication du monde cohérente et à l'intérieur de laquelle il se meut avec aisance.

(2) La Renaissance n'apporte pas d'abord de données nouvelles directement applicables à l'étude des origines. Pour l'érudit de la Renaissance comme pour ses prédécesseurs l'homme a été créé par Dieu tel qu'il est aujourd'hui. Il se distingue des animaux parce qu'il a une âme et qu'il est doué de raison. Son histoire s'est déroulée en quelques millénaires (6.000 ans est la durée généralement acceptée de l'histoire de l'Humanité). Les premiers temps de l'Humanité, marqués par la chute d'Adam et d'Eve, sont si barbares qu'il est indigne d'un érudit de s'y attarder.

Cette vision très simple va longtemps rester intacte, tandis que, sans liens avec elle, observations et découvertes concernant les origines, mais non senties comme telles, peu à peu vont se multiplier. Ces observations se font selon trois lignées, celle des sciences naturelles, celle de l'érudition et de l'histoire, celle de ce que l'on appellera plus tard les sciences humaines, et qui sont justement les trois tendances entre lesquelles se partage l'archéologie préhistorique actuelle.

*Les Sciences naturelles.* — Au XVIème siècle, Léonard de Vinci le premier soupçonne que les fossiles ne sont pas des "jeux de la nature", mais des restes d'êtres vivants pétrifiés par le temps. Cette nouvelle vision des choses mettra deux siècles à s'imposer. Aux XVIIème et XVIIIème siècles, la notion de fossiles s'enrichit considérablement grâce à deux conquêtes fondamentales. La première est celle d'une nouvelle profondeur du temps. Désormais les jours de la Bible ne sont plus considérés comme des jours de 24 heures, mais sont compris dans le sens figuré de périodes. Dans ce cadre chronologique plus large, la succession des fossiles, plus tard celle des hommes, se situeront plus aisément. La deuxième conquête des XVIIème et XVIIIème siècles est celle de la notion de stratigraphie. Des chercheurs danois et anglais établissent que les êtres et les choses sont déposés dans les couches terrestres à mesure de leur mort et que par conséquent de deux couches superposées la plus profonde est la plus ancienne. Les vestiges contenus dans les couches sont eux aussi naturellement classés par ordre d'ancienneté. Ces observations qui nous semblent élémentaires ont mis deux siècles à s'imposer. Elles constituent le principe de la méthode stratigraphique, fondamentale en archéologie.

*Les sciences de l'Histoire.* — Pendant que les naturalistes établissaient ainsi les grandes lignes du cadre naturel d'une évolution dont l'homme connut les dernières étapes, les historiens par des voies toutes différentes commençaient eux aussi à établir les rudiments d'une méthode archéologique.

La Renaissance a été en grande partie une redécouverte des antiquités grecques et latines et au début du XVIIème siècle l'admiration des Anciens est à son comble. Parallèlement à l'étude des textes, on commence à s'intéresser dans toute l'Europe occidentale aux monuments divers laissés par les civilisations classiques. On étudie d'abord les inscriptions, les inscriptions funéraires et les monnaies surtout, qui sont encore des textes et déjà des monuments; puis on se tourne vers les vestiges grandioses des civilisations classiques comme les arènes, les arcs de triomphe, les thermes, etc...; enfin au cours du XVIIIème siècle, au long d'une lente évolution, on prend conscience de la valeur de document des objets retrouvés, des plus nobles d'abord comme les statues, et peu à peu jusqu'aux plus humbles, comme les armes et même les outils et les pots de terre. Collectionneurs et érudits, sans même y songer, posent ainsi les fondements d'une archéologie dont un des buts essentiels sera la reconstitution du passé de l'humanité à travers les vestiges matériels qui en subsistent.

A la fin du XVIIIème siècle, naturalistes et historiens s'ignorent absolument. Les naturalistes ne soupçonnent pas que les méthodes qu'ils appliquent à l'étude des couches de la terre et des animaux et des plantes qu'elles contiennent, seront un jour appliquées à l'étude de l'homme. Les antiquaires — on les appelle encore ainsi — ne soupçonnent pas davantage que l'on pourra un jour appliquer à l'étude des vestiges humains la méthode stratigraphique et ils n'ont aucune idée des rapports qu'il peut y avoir entre les débuts de l'histoire de l'homme et le dépôt de certaines couches géologiques. L'histoire de l'humanité continue à être envisagée dans le cadre d'une chronologie courte, de six millénaires environ, dont il s'agit surtout de reconstituer les phases qui honorent le mieux l'esprit humain, c'est-à-dire l'Antiquité classique.

*Les sciences de l'Homme.* — Pendant cette même période des XVIème, XVIIème et XVIIIème siècles, un nouveau groupe de sciences qui se confond encore soit avec l'histoire, soit avec la philosophie, commence à émerger: le groupe des sciences de l'Homme.

Dans la conception classique l'homme a été créé en possession de toutes les facultés dont il dispose actuellement. La plus fondamentale d'entre elles est la raison, immuable et universelle. Le prototype de l'être humain est l'adulte mâle et civilisé. Son portrait est d'ailleurs établi par des adultes mâles et civilisés. Non seulement aucune idée de progrès ou d'évolution n'est contenue dans cette image, mais encore il semble aux penseurs de l'époque classique que les plus beaux exemples d'harmonie humaine se trouvent dans les civilisations grecques et romaines.

Or, au moment même où cette notion de l'homme comme être raisonnable et immuable prend sa forme la plus rigoureuse, plusieurs séries d'événements apportent des connaissances nouvelles qui vont justement contribuer à détruire cette image. La découverte de l'Amérique joue le rôle de déclencheur dans tout un mouvement d'idées qui aboutira à la constitution des sciences humaines, mais il est bien évident que l'Amérique n'eût-elle pas été découverte — ou n'eût-elle pas existé — le mouvement des idées se serait développé de la même façon.

Au XVIème siècle le monde occidental est brusquement mis en présence d'un monde nouveau, l'Amérique, peuplé d'Indiens dont les mœurs et les croyances n'ont aucun rapport avec la conception classique de l'homme civilisé. Les Européens de cette époque ne connaissaient guère de civilisations différentes de la civilisation chrétienne issue du monde gréco-romain. Leurs contacts avec l'Asie d'une part, l'Afrique d'autre part n'étaient que sporadiques. De cette Asie et de cette Afrique, ils ne connaissaient, et combien vaguement, que l'Empire du Grand Khan et le monde islamique. La Chine et l'Islam de cette époque avaient des civilisations techniques et des types de vie finalement peu différents de la chrétienté occidentale. Avec les Indiens d'Amérique, c'est la révélation de modes de vie et de pensée totalement autres. Et pourtant ces Indiens étaient bien des hommes. Une bulle du Pape Paul III l'avait confirmé. Il fallait donc intégrer ces hommes et leurs cultures à une conception générale de l'humanité bien différente de la conception classique.

La découverte de nouveaux types de cultures humaines provoquent ou accélèrent le développement de connaissances relatives aux temps préhistoriques à la fois d'une façon directe (c'est à travers les outils de pierre des Indiens d'Amérique que l'on interprétera pour la première fois correctement les "pierres de foudre") et d'une façon indirecte. L'homme descend du piédestral sur lequel l'ont hissé les classiques. On ne s'offusque plus de l'idée qu'il puisse exister des civilisations barbares. Il n'est plus indécent de les étudier. A cette désacralisation de l'homme raisonnable correspond le développement d'intérêts nouveaux. La monumentale Encyclopédie de Diderot et d'Alembert est avant tout une encyclopédie des Arts et Métiers dans laquelle sont traités et décrits en détail les plus humbles outils de l'artisan. A ce passage par les philosophes de l'étude des fonctions nobles de l'homme à celle des plus modestes de ses activités techniques, va répondre sur le plan de l'archéologie le passage de l'étude des monuments à celle des vestiges de son activité quotidienne (armes, outils, etc.), puis aux déchets mêmes de cette activité (débris de cuisine, objets cassés, tessons, etc.).

Le bon sauvage de Rousseau n'est guère qu'un honnête homme privé de sa bibliothèque, vestige de la conception classique d'un homme doué d'une raison et d'une morale universellement valables. Il va falloir plus d'un siècle pour s'apercevoir que le bon sauvage n'est qu'un mythe et que tous les hommes ne pensent, ni ne se conduisent nécessairement selon les mêmes normes, plus longtemps encore pour comprendre que tous les traits composants d'une société constituent une structure cohérente et que ces traits ne sont pas interchangeables.

Les archéologues, à la fin du XVIIIème siècle, n'ont encore que bien peu à faire d'une nouvelle conception de l'homme, mais ils en savent déjà assez sur les armes de pierre ou d'os, sur les habitats, sur les mœurs funéraires de certains peuples pour pouvoir désormais donner un commencement d'explication aux trouvailles qui vont se faire un peu partout.

(3) Au début du XIXème siècle, l'archéologie préhistorique n'est pas encore née. Les sciences historiques, qui continuent à ignorer tout des périodes antérieures à l'Antiquité classique, ont posé les fondements de l'étude des vestiges matériels des sociétés. Les sciences naturelles ont édifié un cadre chronologique de l'histoire de la Terre et des êtres vivants

à l'intérieur duquel il serait facile de situer les étapes de l'humanité. Les sciences humaines, ou plutôt les recherches qui plus tard constitueront les sciences humaines, ont fait glisser l'intérêt des penseurs d'un être adulte, raisonnable et civilisé vers d'autres êtres que l'on qualifie volontiers de barbares ou de primitifs, mais auxquels on reconnaît peu à peu le droit à la dignité d'être étudié. En fait, qu'il s'agisse de sciences historiques, de sciences naturelles ou de sciences humaines, quelque chose de nouveau est né entre le XVIème siècle et le XIXème siècle. Dans un cadre chronologique brusquement éclaté et qu'il n'est plus possible de contenir dans les limites traditionnelles, une nouvelle vision du monde s'est peu à peu imposée.

Dans la première moitié du siècle, c'est dans le domaine des sciences naturelles que les découvertes sont les plus révolutionnaires. L'étude stratigraphique des espèces fossiles a mis en évidence qu'il y a une certaine continuité dans la succession des types animaux ou végétaux, des plus anciens aux plus récents, et que d'autre part ces types sont d'autant plus différents des types actuels qu'ils sont situés dans des couches plus anciennes. Les données essentielles permettant la reconstitution de l'histoire des êtres vivants sont réunis. L'*Origine des Espèces* de Darwin date de 1859.

La Terre n'est plus un objet donné une fois pour toutes, mais un tout en devenir qui a connu une histoire plus longue que tout ce que l'on avait pu imaginer auparavant. Chaque continent, chaque espèce vivante a son histoire, sa place, son âge dans l'ensemble de cette immense évolution. Le lien n'est pas encore fait entre l'histoire de la Terre et des animaux et celle de l'homme, mais déjà l'humanité ne se compose plus d'une addition indéfinie d'êtres et de sociétés tous virtuellement identiques à un prototype fourni il y a deux mille ans par l'Antiquité classique. Le terrain est prêt pour prolonger hors de l'Histoire le passé de l'homme et pour compléter une nouvelle vision du monde où les idées de relativité et de devenir prendront le pas sur les notions traditionnelles de création, de nature immuable, de valeur absolue.

Aux XVIIème et XVIIIème siècles on avait cru à plusieurs reprises découvrir des hommes fossiles, mais ces découvertes étaient fausses, ou passèrent inaperçues parce que l'on ne pouvait pas les interpréter correctement. Lorsque l'on eut compris que l'histoire de la Terre s'inscrivait au long de centaines de milliers d'années et que les traces des êtres vivants étaient conservées dans le sol, quelques chercheurs doués d'intuition se mirent à fouiller avec fièvre les grottes d'Europe occidentale. Leurs fouilles exhumèrent pêle-mêle des vestiges de faune disparue, comme le mammouth et le grand ours des cavernes, et quelques pierres taillées dont on commençait bien à penser qu'il s'agissait d'outils primitifs. Ces découvertes qui ne devinrent sensationnelles que rétrospectivement, ne soulevèrent que peu d'échos.

La synthèse de toutes ces notions éparses se fait par les travaux de Boucher de Perthes qui comme beaucoup d'autres inventeurs fut le bénéficiaire glorieux de plusieurs siècles de tâtonnements. Dans ses *Antiquités celtiques et antédiluviennes* qui sont éditées entre 1847 et 1864, il pose les fondements des méthodes fondamentales de l'archéologie préhistorique, la stratigraphie et la typologie, et il affirme l'existence d'un homme antédiluvien et sa contemporanéité avec des animaux disparus. Son ouvrage fourmille d'observations et de suggestions encore aujourd'hui valables et que ne renieraient pas les plus modernes des fouilleurs: "A défaut de monuments, il faut bien se contenter de leur poussière, et en l'absence des individus eux-mêmes de la trace de leurs pas." (I, 164). Avec Boucher de Perthes l'archéologie préhistorique est née. Dès 1866 est fondé le *Congrès d'Anthropologie et d'Archéologie préhistorique* et vers 1880 Cartailhac professe un cours libre de Préhistoire à Toulouse.

Depuis la seconde moitié du XIXème siècle l'archéologie préhistorique a connu un extraordinaire développement en France et en d'autres pays de culture occidentale. De l'hétérogénéité de ses origines, elle a gardé une organisation étonnament diverse d'une région à une autre ou même à l'intérieur d'une même région. A Paris par exemple des enseignements d'archéologie préhistorique sont dispensés par la Faculté des Lettres et Sciences Humaines et par la Faculté des Sciences, par le Muséum National d'Histoire Naturelle, par l'Ecole du Louvre, par l'École pratique des Hautes Études, par d'autres encore. Notre science existe maintenant depuis 100 ans. Elle ne présente aucun symptôme de ralentissement ou de vieillissement. Comment se fait-il que des circonstances historiques chaotiques marquent encore si profondément son organisation? N'est-ce pas que la diversité et l'incohérence apparente de cette organisation seraient liées à la nature même de ses recherches?

## 3. INSERTION DE L'ARCHÉOLOGIE PRÉHISTORIQUE DANS L'ENSEMBLE DES SCIENCES DE LA TERRE ET DES ÊTRES QUI L'HABITENT

Sciences naturelles, histoire, sciences humaines sont les trois branches à partir desquelles, du XVIème au XXème siècle, s'est formée l'archéologie préhistorique. Nous voulons maintenant tenter de situer les relations de ces disciplines entre elles non du point de vue historique, mais en fonction de leurs méthodes, de leurs buts et de leur objet. Cette tentative ne peut être que schématique et doit seulement nous permettre d'éclaircir la place que tient l'archéologie préhistorique dans l'ensemble. Il ne s'agit pas ici d'un travail d'épistémologie pour lequel nous ne sommes pas qualifiée mais de situer tout simplement pour la pensée commune, pour notre pensée, le point d'insertion de l'archéologie au milieu des disciplines avec lesquelles elle entretient des contacts plus ou moins serrés et plus ou moins fréquents.

Dans une première approche, nous situons l'ensemble de ces disciplines dans le système des connaissances occidentales, puis nous tenterons d'analyser les relations de l'archéologie préhistorique avec chacune d'elles. Un tableau organisé par rapport à l'objet des principales branches des

TABLEAU I: *Grands groupes des connaissances occidentales en fonction de leur objet*

| OBJET: Echelle | Nombre | Nature[3] | SCIENCES CORRESPONDANTES |
|---|---|---|---|
| A/ Très petite par rapport à l'homme. (phénomène étudié non directement appréhendé) | illimité | Eléments de la matière et de la vie. | Sciences physico-chimiques et biologiques. |
| B/ Echelle de l'homme et de la Terre (phénomène étudié généralement directement appréhendé) | Nombre limité (dénombrement et individualisation possible) | La Terre<br>Les êtres vivants<br>Les sociétés | Sciences géographiques<br>Sciences zoologiques et botaniques<br>Sciences des sociétés |
| C/ Echelle très grande par rapport à l'homme (phénomène étudié non directement appréhendé) | Nombre limité (dénombrement et individualisation des éléments d'un tout possibles) | L'Univers[4] et ses composants | Astronomie |

[3] Des composants de l'atome à l'atome, à la molécule, aux constituants de notre planète, de la cellule aux organes et aux individus, il y a toute une série d'emboîtements que nous renonçons à exprimer.

[4] L'Univers est constitué lui aussi par un emboîtement de systèmes dont les éléments sont les astres. Si ceux-ci étaient étudiés individuellement, cette étude entrerait, comme celle de la Terre, dans notre catégorie B.

sciences montre que l'on peut ranger cet objet par ordre croissant d'échelle et par ordre décroissant de quantité. De ce tableau nous avons exclu les recherches théoriques comme les mathématiques et la philosophie qui jouent sur des nombres et des concepts, à la fois parce qu'elles nous posaient des problèmes de classification insurmontables au niveau où nous nous plaçons et parce qu'elles n'apportaient rien à la solution de notre problème.

Il est évident que dans ce premier tableau simplifié à l'extrême, l'archéologie préhistorique et les sciences avec lesquelles elle se trouve en connexion se situent dans notre catégorie B, dans les connaissances dont l'objet est à l'échelle de l'homme et de la Terre, se présentent en nombre limité et dont le dénombrement et l'individualisation sont possibles. Ces données ne sont pas indifférentes car elles vont déterminer l'orientation, les méthodes et les résultats des sciences correspondantes.

En effet, si l'on reprend le tableau précédent en introduisant des données élémentaires sur les processus de recherche au niveau des trois grandes catégories distinguées, on peut mettre en valeur une certaine spécificité des méthodes de la série B par rapport à celles des séries A et C. Nous admettons que, dans nos sciences occidentales, la recherche passe schématiquement par trois étapes:

a) observation et collecte des documents
b) définition, classification et mise en ordre
c) explication ou tentative d'explication.

De plus dès le niveau de l'observation la recherche se développe dans deux directions aux constantes interactions. L'une consiste à étudier les phénomènes dans leur organisation, dans les rapports de leurs éléments constitutifs les uns avec les autres et dans leur structure. L'autre à les étudier dans leur devenir. Dans la première prespective on aboutit à des répartitions, à des classifications et à des systèmes, dans la seconde à des successions et à des lois ou à des histoires et des évolutions. En somme le développement de nos recherches se fait selon le schéma suivant:

| | | |
|---|---|---|
| I. a) observation | b) définition, classification | c) système |
| II. a') observation | b') définition, succession | c') lois, évolution, histoire |

En utilisant ces nouvelles données le tableau I se transforme de la façon suivante:

TABLEAU II: *Principales étapes et directions de recherche dans les connaissances occidentales*

| OBJET | PROCESSUS D'ÉTUDE |
|---|---|
| A) Eléments de la matière et de la vie | a et a') Observation indéfiniment renouvelable en raison de la quantité illimitée de l'objet. Expérimentation. Pas de localisation spatio-temporelle.<br>b et c) Définition et classification. Systèmes.<br>b' et c') Définition. Etude de l'enchaînement des phénomènes. Lois. |
| B) La Terre, les êtres vivants, les sociétés. | a et a') Observation de phénomènes en nombre limité. Expérimentation impossible remplacée par la multiplicité d'observations systématiques. Importance de la localisation spatio-temporelle dans un espace et un temps terrestres.<br>b et c) Définition, répartition, classification. Systèmes.<br>b' et c') Définition, mise en ordre chronologique, étude de l'enchaînement des phénomènes. Evolution. Histoire. |
| C) L'univers | a et a') Observation de phénomènes en nombre limité. Expérimentation impossible. Importance de la localisation spatio-temporelle dans un temps et un espace non terrestres.<br>b et c) Description des éléments d'un système dont l'ensemble constitue l'Univers.<br>b' et c') Description de l'enchaînement de phénomènes dont l'ensemble constitue l'histoire de l'Univers. |

Ce second tableau met en évidence qu'à partir d'une certaine échelle des phénomènes étudiés par rapport à celui qui les étudie, le nombre de ces phénomènes devient limité et l'expérimentation impossible, et que, en revanche, une localisation dans l'espace et dans le temps accompagne toujours l'observation. En même temps le dénombrement et l'individualisation des phénomènes étudiés deviennent essentiels.

A partir de ces considérations et si on laisse de côté les séries A et C avec lesquelles nos sciences n'ont que des relations extrêmement lâches, on peut développer la série B du tableau pour tenter de mettre en évidence les rapports de l'archéologie préhistorique avec les autres sciences de la Terre et des êtres qui l'habitent. Dans cette série où la localisation dans l'espace et dans le temps est essentielle, les techniques d'observation se présentent, d'une façon différente selon que les faits étudiés sont actuels ou passés et selon que l'observation se fait directement ou à travers des documents écrits (textes, iconographie, etc.). On a une double dichotomie du type suivant:

TABLEAU III. *Principales étapes et directions de recherche dans les sciences de la Terre, des êtres vivants et des sociétés*

| *Objet* | *Etapes des recherches* | | |
|---|---|---|---|
| | a<br>Observation | b<br>Définition, mise en ordre | c<br>Explication, synthèse |
| la Terre | Traits géographiques et paysages *actuels*<br>1. observation directe<br>2. étude documents écrits | Définition, classification, répartition, transformation des types actuels | Système de la Terre |
| | Traits géographiques et paysages du *passé*<br>1. observation archives naturelles<br>2. étude archives écrites | Définition, classification, répartition, succession chronologique des types du passé | Evolution de la Terre |
| les êtres vivants | Etres *actuels*<br>1. observation directe<br>2. étude documents écrits | Définition, classification, répartition, transformation des types actuels | Système des êtres vivants |
| | Etres du *passé*<br>1. observation archives naturelles<br>2. étude archives écrites | Définition, classification, répartition, succession chronologique des types du passé | Evolution des êtres vivants |
| | Sociétés *actuelles*<br>1. observation directe<br>2. étude documents écrits | Définition classification, répartition, transformation des types actuels | Système des sociétés |
| les sociétés | Sociétés du *passé*<br>1. observation archives naturelles<br>2. étude archives écrites | Définition, classification, répartition, succession, chronologique des types du passé | Evolution des sociétés |

| | | |
|---|---|---|
| faits actuels | 1. | observation directe (enquêtes, etc.) |
| | 2. | étude de documents écrits |
| faits du passé | 1. | observation d'archives naturelles (fouilles, etc.) |
| | 2. | étude d'archives écrites |

En tenant compte de ces données, on peut représenter sous la forme du tableau III le système général des sciences de la Terre et de ses habitants. Dans un souci de simplification, et parce qu'elle ne prend toute son ampleur qu'au niveau de la synthèse, la double perspective, synchronie et diachronie, n'apparaît dans ce tableau que justement dans la colonne correspondant aux recherches de synthèse. Elle est cependant présente dès les niveaux a et b dans lesquels elle ne correspond en aucune façon avec la distinction, d'une nature différente, entre l'étude des faits actuels et l'étude des faits passés.

Nous avons renoncé dans ce tableau à indiquer dans chaque colonne la science correspondant à telle étude ou à telle discipline, car la terminologie désignant ces disciplines est souvent peu claire et son emploi tendrait à atténuer ou à supprimer les points d'articulation que justement nous voulons faire apparaître. Il est facile cependant d'y répartir dans les sciences de la Terre et des êtres vivants la géographie, la géologie, la géographie historique, la géomorphologie, la botanique, la paléobotanique, la zoologie, la paléontologie, l'anthropologie physique et la paléontologie humaine, auxquelles on peut ajouter, surtout par souci de symétrie, une botanique, une zoologie et une anthropologie physique historiques. Pour les sciences des sociétés nous mettrions par exemple sans trop de difficultés dans la première colonne l'ethnographie puis l'archéologie, qu'elle soit historique ou préhistorique, et toutes les techniques de l'histoire; dans la seconde nous placerions l'ethnologie, la préhistoire et l'histoire évènementielle; dans la troisième enfin l'anthropologie culturelle et l'histoire dans leurs aspects les plus généraux. Les diverses branches spécialisées de l'ethnologie et les différents aspects de la sociologie se répartiraient de la même façon entre les trois colonnes. Naturellement celles-ci mettent des séparations nettes dans une réalité extrêmement mouvante et dans laquelle les interactions sont continuelles.

Le tableau III suggère certaines réponses au problème du rapport de l'archéologie préhistorique avec les autres sciences. Dans la première colonne, celle de la récolte des documents et de l'observation, les techniques de l'observation se regroupent elles-mêmes en quatre grandes séries: l'observation directe et l'étude des textes contemporains, la fouille et l'étude des textes anciens. La communauté des techniques donne parfois l'illusion d'une communauté plus profonde. C'est parce qu'ils travaillaient à partir d'une méthode commune, l'observation et l'enquête, que les voyageurs des siècles passés, que l'on appelait du joli nom de "Naturalistes", pouvaient recueillir au cours de leurs explorations des documents relevant de la géographie, de la botanique, de la zoologie, de l'anthropologie, de l'ethnologie. Les naturalistes rapportaient dans leurs coffres des descriptions de paysages, des herbiers, des animaux empaillés, des armes inconnues, et leurs travaux, tant qu'ils restaient polyvalents, ne dépassaient pas la phase de la récolte des documents et de leur description, abordant à peine celle de leur définition et de leur mise en ordre. De la même manière au niveau de l'observation des faits du passé, les nombreux points de contact entre géologues, paléontologues et archéologues s'expliquent parce que les uns et les autres trouvent leurs documents selon les mêmes méthodes, quelquefois dans les mêmes gisements. Ils puisent aux mêmes sources et dans des conditions analogues les documents de leur étude qui sont dans tous les cas des vestiges accumulés dans les couches terrestres. Ayant les mêmes méthodes, ils ont de quelque façon les mêmes modes de pensée. Pour des raisons analogues on regroupe volontiers sous le nom d'historiens ceux qui étudient des textes anciens, que ce soit du point de vue de la géographie, de la zoologie ou de l'économie par exemple.

En un mot au niveau des techniques de la récolte des documents, les regroupements se font facilement entre les géographes, les botanistes et les zoologues, les anthropologues, les ethnologues d'une part, entre les géologues, les paléontologues et les archéologues d'autre part, enfin entre tous ceux qui étudient les archives écrites. Il faut bien souligner qu'il ne s'agit pas là de recherches interdisciplinaires, mais seulement de conditions analogues de récolte de documents.

Si l'on dépasse le niveau de la collecte des documents pour aborder celui des définitions et des classifications, des répartitions dans l'espace et de la mise en ordre dans le temps, le savant de technicien devient typologue et classificateur, géographe et chroniqueur. Il existe des spécialistes de la typologie ou de la classification. Plus nombreux sont les spécialistes d'une contrée ou d'une période, indépendamment de l'objet étudié. C'est là que se regroupent certains centres ou instituts coordonnant l'ensemble des connaissances sur une région (Amérique, Océanie, etc. ou France, Espagne, etc.), ou sur une période (Quaternaire, Postglaciaire, etc.). Il peut aussi y avoir un double regroupement et on aura par exemple un Institut du Quaternaire africain. Dans ces centres de recherche toutes les disciplines voisinent sans se confondre.

Si l'on aborde la troisième colonne, celle de l'explication et de la synthèse, les perspectives changent de nouveau. La distinction entre les sciences étudiant les faits actuels et celles étudiant les faits du passé, ou entre les spécialités étudiant telle ou telle région s'atténuent et disparaissent. Nous cherchons à interpréter les documents découverts, classés et mis en ordre spatio-temporel, soit en les organisant en systèmes cohérents et en découvrant les lois de leur structure, soit en essayant de retrouver les lois de leur évolution. A ce niveau chaque discipline travaille sur l'objet qui lui est propre sans se soucier du fait que cet objet ait été découvert par les mêmes méthodes ou qu'il ait même localisation spatio-temporelle que tel autre. On recherche des structures et des évolutions caractéristiques. Les relations avec les autres séries de phénomènes et ne sont plus envisagées que pour pouvoir délimiter le rôle de ces phénomènes et éventuellement l'éliminer. Par exemple dans l'étude de l'évolution technique d'une société, on cherchera à distinguer les facteurs dus aux conditions extérieures des facteurs proprement sociaux. A ce niveau la préhistoire, qui n'est qu'une période de l'humanité est absorbée par les autres sciences sociales. Au contraire sciences de la Terre et sciences des êtres vivants poursuivent des carrières indépendantes. Ainsi aux niveaux (a) et (b) la préhistoire a tant de points et de problèmes communs avec les autres, avec les sciences de la Terre et des êtres vivants, qu'elle leur reste étroitement liée. C'est ainsi qu'à Paris, il y a une chaire de préhistoire au Muséum National d'Histoire Naturelle, qu'on enseigne la préhistoire à la Faculté des Sciences, que la chaire de géologie de l'Institut catholique dispense un cours de préhistoire. Et comme cette préhistoire s'étend sur des millénaires et des centaines de millénaires, on tend à la subdiviser en spécialités. Le plan de clivage essentiel dans ce cas est la période. Ceux qui s'occupent des origines de l'humanité et des premiers temps de son développement disposent de documents associés aux couches quaternaires de la Terre. Ces documents consistent essentiellement en pierres taillées et en rares ossements humains. Ils sont pauvres. En raison de cette pauvreté, les données concernant le paysage, le climat, la faune, la flore contemporains des premiers hommes prennent une grande importance. Ces spécialistes se regroupent volontiers avec d'autres spécialistes de l'histoire géologique, paléobotanique du Quaternaire. On les appelle les Quaternaristes. D'autres coupures sont usuelles. Il y a les spécialistes du Postglaciaire, ce qui est encore une distinction qui relève des sciences naturelles. Plus près de nous à mesure que les documents humains augmentent en quantité et en variété, les faits naturels perdent de leur importance aux yeux des préhistoriens et les rapports avec les sciences de la Terre deviennent plus lâches.

En revanche au niveau (c) de l'explication et de la synthèse l'archéologie préhistorique se détache soudain des sciences naturelles pour se fondre avec l'ensemble des sciences humaines ou du moins se rapprocher d'elles.

De quelle façon peut-on définir les rapports de l'archéologie préhistorique. avec les sciences historiques? D'une part il y a des liens méthodologiques par l'intermédiaire de l'archéologie historique. Mêmes lieux de collecte des documents, la terre; théoriquement même méthode de fouille et d'interprétation, même souci de reconstitution du milieu naturel; on voit mal ce qui sépare les préhistoriens des archéologues classiques. Dans la réalité des institutions cependant les liens unissant ces spécialistes sont très lâches et presque jamais sentis comme leur donnant des soucis et des perspectives communs. C'est sans doute que pour leurs interprétations les archéologues des périodes historiques sont soutenus par la grande masse des connaissances et des textes concernant les civilisations qu'ils étudient et que finalement les préoccupations fondamentales des préhistoriens sont pour eux, quelquefois à tort, dérisoires.

Au niveau de l'observation (a) et de la mise en ordre chronologique (b) des documents, préhistoriens et historiens sont séparés par leurs conditions de travail, leur formation, la nature même des matériaux qu'ils étudient. En revanche dans leur tentative de reconstitution de l'histoire humaine (niveau c) et du sens de son évolution, ils retrouvent des préoccupations communes. Les préhistoriens sont alors liés aux historiens, au sens large du mot, parce que comme ces derniers ils cherchent à reconstituer les moments successifs de l'humanité et que ce sont eux qui organisent les premiers chapitres de cette longue histoire. Si les liens entre la préhistoire et l'histoire (au sens étroit d'histoire événementielle) ont souvent paru très lâches, c'est que les faits politiques qui ont pendant des siècles formé l'essentiel de l'histoire traditionnelle échappent totalement ou presque aux reconstitutions des préhistoriens. Au contraire dans la perspective de la "nouvelle histoire" et à un haut niveau de synthèse, préhistoire et histoire poursuivent à partir de documents différents une tâche identique.

Les rapports et les échanges entre ethnologie et préhistoire se définissent autrement que ceux que nous venons d'indiquer entre préhistoire et histoire.

Au niveau de l'observation préhistoriens et ethnologues sont séparés par leurs conditions de travail — l'un fouille, l'autre enquête — et par les matériaux qu'ils recueillent, beaucoup plus riches et variés pour les ethnologues que pour les préhistoriens. Cette différence conduit les préhistoriens à attacher une importance particulière au milieu, non parce que le milieu a joué un rôle plus important dans un même type de société autrefois qu'aujourd'hui, mais parce que le préhistorien tend à compenser la pauvreté des vestiges en recueillant tout ce qui concerne l'environnement naturel de ces vestiges. Au niveau des définitions et des classifications, la situation change. Les vestiges préhistoriques sont toujours partiels. L'objet complet est du domaine de l'ethnologie. Il est évident que la classification des vestiges se fait plus facilement si l'on connaît des types complets, même s'ils sont différents. Dans son travail le préhistorien se réfère sans cesse, explicitement ou non, aux connaissances des ethnologues. Pour un géologue une coulée de lave s'éclaire par une éruption observée; pour un naturaliste un squelette est compréhensible à travers l'animal vivant correspondant; pour un préhistorien des traces d'habitat, un outil dont il ne reste que les parties imputrescibles, ne peuvent être compris qu'à travers des faits analogues contemporains observés dans toute leur richesse vivante par les ethnologues. Inversement, mais dans une moindre mesure parce que la documentation s'appauvrit avec l'antiquité des faits observés, on voit tout ce que perdraient des études ethnologiques ou sociologiques si elles ne pouvaient sans cesse s'appuyer sur des faits du passé et sur la notion de l'évolution des sociétés. La distinction entre ethnologie et préhistoire perd de sa netteté à mesure que les recherches deviennent plus générales et que l'on aborde le niveau c de l'explication et de la synthèse, dont les documents sont sans limites géographiques ni chronologiques.

## 4. CONCLUSIONS

Il nous apparaît finalement que dans cet ensemble de relations interdisciplinaires, au niveau de l'observation et de la collecte des documents, les relations les plus étroites de l'archéologie préhistorique se font avec les autres sciences des vestiges accumulés dans la terre. Au niveau de la description, de l'analyse de ces documents et de leur mise en ordre, ces relations s'établissent dans toutes les directions parce que l'on cherche à dresser des tableaux complets (paysages, êtres vivants, sociétés humaines) de ce que fut la Terre sur tel ou tel continent à telle ou telle période. Enfin, au niveau de l'explication et de la synthèse, la préhistoire nous semble perdre sa spécificité. Elle n'est plus conçue en tant que telle et devient documents pour des recherches sur la structure ou l'évolution des sociétés.

En somme il nous semble qu'il n'y a pas une "préhistoire" en tant que science indépendante, mais qu'il y a:

— une méthode archéologique que l'on peut (ou pourra) appliquer à n'importe quelle période des sociétés. Elle peut être étudiée en soi comme on étudie l'épigraphie par exemple.

— des époques préhistoriques (qui constituent la préhistoire) dont on s'attache à faire revivre les phases et les aspects comme les phases et les aspects de n'importe quelle période des sociétés humaines. Ces périodes, découpables à l'infini, peuvent être étudiées pour elles-mêmes, mais le clivage entre historique et préhistorique n'est pas plus essentiel qu'entre Quaternaire et Postglaciaire, ou entre prédateurs et producteurs.

— et puis, au-delà de ces méthodes et de ces reconstitutions, il y a les sciences humaines dans leur infinie variété qui, à partir des reconstructions du passé et des analyses du présent, tentent de donner une explication des sociétés humaines et de leur devenir. Ces sciences peuvent et doivent puiser dans les reconstitutions préhistoriques au même titre que dans les reconstitutions historiques, dans l'actuel comme dans le passé.

Faut-il en conclure que la préhistoire ne peut être constituée dans les organismes d'enseignement et de recherche comme une discipline indépendante, et qu'elle doit être rattachée à telle ou telle discipline selon le point de vue auquel se placent les préhistoriens. Une pareille conclusion déborde totalement le cadre de cet article. Il y a des problèmes pratiques qui ne peuvent être négligés. Il y a surtout des problèmes théoriques qui ne dépendent plus ni des préhistoriens, ni des ethnologues, ni des historiens, ni des naturalistes, mais d'une conception générale de l'organisation des sciences. C'est seulement à partir d'une philosophie de la recherche et de l'enseignement, d'une classification générale des connaissances humaines et de leur regroupement sous différents chapitres, que l'on pourrait tenter une solution concrète concernant le petit groupe des archéologues.

Dans les structures classiques, on ne peut guère que signaler l'incohérence de l'organisation actuelle en émettant le vœu inoffensif d'une tentative de rationalisation. Dans la perspective d'un remaniement de ces structures, il est au contraire urgent de reprendre les problèmes à leur base. Il faut certes tenir compte des réalités existantes qui souvent fonctionnent fort bien, mais il faudrait aussi y introduire une plus claire conception du système des sciences, des liens qui unissent les différentes disciplines entre elles et des critères fondamentaux qui servent à les définir et à les distinguer. Il serait impardonnable de prétendre refondre un système sans avoir le courage préalable d'en réexaminer les concepts fondamentaux.

ÉCOLE PRATIQUE DES HAUTES ÉTUDES

# LA GROTTE DU MÉGATHÉRIUM A CHILCA ET LES ÉCOLOGIES DU HAUT-HOLOCÈNE PÉRUVIEN

FRÉDÉRIC ENGEL

Au cours de l'exécution de la première étape d'un programme de recherches patronné par le Centre national de la recherche scientifique et portant sur l'évolution des écologies précolombiennes en terres arides et semi-arides et sur l'évolution parallèle du climat depuis le haut-Holocène jusqu'à nos jours, l'auteur du présent texte a été amené à concentrer ses investigations sur un territoire constitué par les limites d'un bassin hydrologique, celui de l'Oued de Chilca, situé sur le versant Pacifique des Andes, dans la région centrale du Pérou. Ce bassin, d'une superficie d'environ mille kilomètres carrés, forme une bande de quelques 70 km. de long, d'est en ouest, par quelques 27 km de large, du nord au sud, et qui s'étend des limites occidentales de la Cordillère blanche, à 4200 m d'altitude, jusqu'à l'océan Pacifique, atteint à quelques 70 km au sud de Lima.

Les informations obtenues au cours de cette première étape conduiront à reconsidérer certains aspects de la vie des populations précolombiennes; mais les travaux sur le terrain continuent; chaque jour apporte des éléments nouveaux; nous ne ferons donc état, pour l'instant, que des enseignements obtenus au cours de la réalisation d'un des chapitres du programme, celui de la fouille des grottes sèches du haut Chilca:

## I. INTRODUCTION

Depuis les basses plaines côtières jusqu'à environ 2.800 m d'altitude, la gorge de Chilca, comme toutes les vallées ou gorges débouchant sur l'océan Pacifique, entre les 8ème et 27ème degrés de latitude sud, est totalement aride. Plus haut, elle reste très aride, puisque même dans les régions où pénètrent quelques pluies, celles-ci ne totalisent pas plus de 400 mm par an.[1]

Le bassin de Chilca se développe au long d'un axe perpendiculaire à

[1] Ce chiffre n'est donné qu'à titre indicatif et ne repose pas encore sur des données pluviométriques vérifiées. Il est tiré, par extrapolation, de statistiques données par diverses stations; (1) c'est ainsi que la station de Canta, sur le versant ouest des Andes, à quelques km au nord de Chilca, à 2.800 m d'altitude, ne recevrait que 200 mm. par an, alors que Guaqui, sur les bords du Titicaca, en recevrait 600 mm; à Puno, en revanche, sur la rive sud du même lac, il ne tomberait que 500 mm. On ne peut donc soutenir que les Andes sont humides; voir dans ce sens la carte des zones arides publiées par l'Unesco (2), l'ouvrage de Tosi (3) reprenant les théorèmes de Holdridge (4), et la carte pluviométrique qui vient d'être établie par le Dr. Schröder pour le centre météorologique du Ministère de l'Agriculture du Pérou (5).

la ligne du rivage et à l'orientation des vents dominants; ce facteur y rend particulièrement aisée l'étude des différents paliers climatologiques que l'on rencontre, lorsqu'on réalise une coupe de quelque 100 km de long joignant l'océan et les sommets neigeux des Hautes Andes. Les paliers climatologiques en question et la flore à laquelle ils donnent vie sont illustrés par notre Tableau 1.

On pourrait d'ailleurs aussi bien rencontrer, en n'importe quelle autre gorge ou vallée de la côte centrale du Pérou des paliers sembables.

On notera à l'examen de ce profil l'étroitesse des paliers, l'orographie tourmentée, le peu de profondeur du territoire considéré, avec son corollaire: l'influence de facteurs d'origine marine. Nous nous trouvons ici devant un ensemble de conditions favorables à la formation de climats locaux.

Nous avions déjà noté (6) combien il était indispensable, pour le préhistorien étudiant le Pérou, de prendre pleinement conscience du fait que les précolombiens surent créer des civilisations originales, mais typiques des zones arides. C'est ainsi que l'on observera, en examinant le Tableau I, que l'homme ne pouvait vivre, à chacun de ces paliers, qu'en y exploitant des ressources hydrologiques différentes, et pour autant qu'il sache et dispose des moyens de l'exploiter; c'est ainsi que:

— les préagricoles ne pouvaient vivre que dans les paliers 9, 8, 3, et 1;

— pour vivre dans les paliers 2, 3, 5, 6, 7, des agriculteurs devaient être capables de dominer des techniques déjà hautement spécialisées, telles que celle des "jardins déprimés" utilisant les nappes phréatiques, la culture en terrasses à l'aide des brumes et des brouillards, l'irrigation par canaux au départ de sources ou étangs, ou, enfin, en bordure des grands fleuves, la création d'un système de longs canaux.

L'histoire du Pérou précolombien est en quelque sorte l'histoire de paysans[2] luttant pour de l'eau. L'importance qu'il convient d'accorder à une étude des épisodes préhistoriques vus sous un angle écologique, hydrologique même, est encore accentuée du fait que les peuplades précolombiennes ne se sont pas seulement établies dans les oasis des basses vallées, là où elles pouvaient pratiquer l'irrigation, et sur les plateaux ou dans les vallées inter-andines, où il pleut. Il apparaît maintenant que les peuplades préhistoriques ont habité, dès les temps les plus reculés, en fait dès les premiers temps de l'agriculture, les gorges sèches unissant la côte du Pacifique et les Andes et les vallées interandines sémi-arides.

[2] Même dans les Andes, où il pleut, la répartition des chutes d'eau est si peu favorable que l'agriculteur qui ne pratique pas l'irrigation vit dans des conditions misérables, à la limite de la survie; voir à ce sujet Vellard (7).

Si elles ont su vivre dans des gorges sèches, telles que celles de Chilca, c'est que ces populations ont su faire preuve d'une grande ingéniosité pour tirer parti des moindres ressources offertes par les climats locaux.

Les géologues, les géographes, nous ont enseigné que du fait de la proximité de l'équateur, les grandes crises climatiques du quaternaire auront peu affecté le macroclimat du versant Pacifique des Andes, à l'exception peut-être de la haute Cordillère; mais ces géographes reconnaissent, par ailleurs, le rôle primordial joué ici par les climats locaux; sans leur existence, la vie aurait été impossible dans les basses Andes. Mais du fait de l'intervention de différents facteurs: basse latitude, variabilité des courants marins, topographie, les zones climatiques ne sont pas statiques, et le caractère instable des climats locaux se reflète dans l'instabilité du peuplement.

Il est clair que pour des populations vivant de l'exploitation d'une nappe phréatique accessible, d'une frange côtière où se condensent les brumes, de quelques puits et sources dévoilés par une faille, les modifications du climat ont dû signifier de continuelles migrations. Les techniques agricoles des précolombiens étaient, on l'a vu, strictement adaptées aux ressources offertes par chaque palier climatique; mais l'archéologie nous apprend que ces populations ne modifiaient guère leurs techniques agricoles; Carter (8) nous avait déjà enseigné, à propos de la vie agricole des populations précolombiennes du sud-ouest des États-Unis, ... "que les peuples s'établissent, non où ils le veulent, mais dans les régions où leur écologie peut s'accommoder du milieu. Lorsqu'ils ne peuvent plus appliquer leurs techniques traditionnelles, ils s'en vont."

Les observations fournies dans ce domaine par le bassin de Chilca confirment les vues de Carter; quand les précolombiens ne pouvaient plus pratiquer, dans un des paliers phytoclimatologiques dans lesquels ils s'étaient établis, leur écologie traditionnelle, et ceci peut-être par suite d'une modification du régime hydrologique, ils quittaient ce palier.

Où allaient-ils? C'est un autre problème. Ce qui nous importe pour l'instant est de noter l'intérêt qu'offre l'étude conjuguée du peuplement, de la climatologie et des écologies de zones arides.

Il ne faut évidemment pas négliger le facteur humain et social; comme l'a rappelé (9) Gordon Willey en parlant des civilisations mésoaméricaines:

..."Si celles-ci ont existé, et nous ont laissé leurs monuments, c'est bien en fin de compte à cause des hommes qui les ont créées." ...

Mais il ne nous paraît pas sot de suggérer que l'instabilité des climats locaux, autant que les conflits entre sociétés, auront pu jouer leur rôle dans l'histoire des civilisations péruviennes.

## II. LE HAUT CHILCA; LE CADRE GÉOGRAPHIQUE

Par le degré 12, de 14 à 16 minutes de latitude sud et le degré 76, de 21 à 23 minutes de longitude ouest, à quelques 75 km à vol d'oiseau à l'est de la ville de Lima, on note, à une altitude variant de 3.900 à 4.200 mètres, un ensemble d'environ 30 km², constitué par trois massifs de roches volcaniques émergeant au milieu de roches anciennes; celles-ci, sur de petites surfaces, ont été moutonnées, striées et polies par les glaces. Localement, ces trois massifs rocheux ont été baptisés Cerro Condorcoto, Cerro Tres Ventanas et Cerro Quiqché.

Le Cerro Condorcoto, le plus élevé des trois, sépare vers l'est de la haute Cordillère aux neiges perpétuelles, les deux bassins hydrologiques du Mala et du Lurin; ces deux bassins collectent ainsi les eaux de la fonte des neiges et des pluies tombant sur les très hautes Andes; le Lurin et le Mala passent donc alternativement d'un régime à fort débit en périodes pluvieuses à un étiage presque complet pendant la saison sèche; mais ces rivières ne tarissent jamais complètement, au long de leurs cours supérieurs tout au moins; leurs rives sont couvertes d'une végétation abondante et semi-tropicale.

Sur leur face ouest, les monts Condorcoto, Tres Ventanas et Quiqché ne collectent que des pluies peu importantes, rapidement épongées par la "toundra" ou mieux, pour employer un terme local, la petite "puna" qui s'étale au pied des sommets rocheux et de leurs piémonts à végétation xérophile; quelques étangs y créent des oasis où se pratiquent la mini-culture et un pauvre élevage.

Ces marais, étangs ou sources vont alimenter les maigres filets d'eau qui circulent, au long de la partie supérieure de l'oued de Chilca, avant de se perdre dans les limons torrides de la moyenne vallée, là où un flux ne se manifestera que pendant quelques jours seulement, au moment où les pluies tomberont avec quelque violence sur les sommets.

Plus bas, le maigre filet est absorbé par des plantations d'*Opuntias*; et encore plus bas, les plaines côtières deviennent totalement arides; ce ne sera qu'au cours d'une année exceptionnellement pluvieuse qu'un torrent d'eau et de boue charriant des pierres viendra rajeunir le lit du torrent, et recouvrir les champs de limon.

De nombreuses grottes s'ouvrent sur les flancs des monts en question, tant vers l'est que vers l'ouest. Ces grottes ont été creusées dans une matière tuffeuse, ayant subi, au dire des géologues, un contact avec l'eau.

Les sommets sont dénudés; une végétation très variée[3] recouvre en

[3] Nous y avons déjà recueilli plusieurs centaines d'espèces de plantes sur une aire de

revanche les piémonts, en lisière de la "puna" humide; là poussent des arbustes, des graminées pauvres, des joncs, des plantes à bulbes. Aujourd'hui, le climat pourrait être qualifié de BSK; les nuits à gelées sont groupées pendant les mois de juillet et d'août, mais la température ne descend alors guère au-dessous de —5° C. Le reste de l'année, les nuits sont froides, sans gel; les jours sont modérément chauds, avec des maxima de l'ordre de +24° C, et en général ensoleillés; les pluies s'étalent sur les mois de janvier et février, avec quelques averses et orages en mars et avril.

Du fait de l'ensoleillement diurne, l'évaporation est forte; la transpiration aussi, car le tapis végétal est épais dans la "puna", et non négligeable dans les piémonts.

Le bilan hydrologique de la région devrait donc en théorie être largement déficitaire. Mais d'où proviennent alors les marais et les étangs? Il est possible que la condensation des nuages et brumes qui s'opére pendant les mois pluvieux au sommet du Condorcoto, à 4.200 m, alimente seule les filtrations résurgentes que nous voyons dans la "puna"; on ne peut cependant s'empêcher de songer à l'existence d'une nappe souterraine, vestige d'un cycle antérieur plus humide et plus froid; la région est d'ailleurs indubitablement en voie d'assèchement.

La flore, qui est à peine assez nourrie pour alimenter de nos jours quelques dizaines de chèvres et de moutons, a dû nourrir autrefois d'importants troupeaux d'auquenidés et de cervidés; il en subsiste des traces, car on vient encore de nos jours depuis Lima pour chasser le cerf et le chevreuil dans la région. Les "viscachas", *Lagidium peruanum*, y abondent également, et aussi les oiseaux migrateurs: perdrix, cailles, perruches, perroquets, rapaces, échassiers en sont les groupes les plus représentatifs.

Aujourd'hui, la région des grottes est dépeuplée; n'y habitent que quelques familles groupées dans le village de San Lazaro et dans ses environs. Les vallées orientales du haut Mala et du haut Lurin abritent au contraire des communautés importantes, groupant plusieurs milliers d'âmes.

En nous retournant vers l'ouest, nous observerons une situation fort différente: occupée de façon dense au cours des derniers siècles précolombiens, la gorge de Chilca s'est totalement dépeuplée, et ceci semble-t-il, dès après l'invasion espagnole. Pour un territoire utile de quelques 150 Km$^2$,[4] nous avons compté environ 240 villages correspondant à l'âge

---

quelques 100 Km$^2$, en vue de compléter une "Flore des pollens" en voie de formation au laboratoire de palynologie du Muséum.

[4] Paturages, terres arables et "lomas".

d'or préhispanique, c'est-à-dire aux siècle XIV ou XV de notre ère.

Ces 240 villages, même compte tenu des facteurs de correction que l'on doit faire intervenir du fait du caractère d'instabilité que peut présenter le peuplement des établissements précolombiens, n'en devaient pas moins héberger un minimum de dix mille âmes au moment de la plus dense occupation. Quelque cinquante ans plus tard, moins peut-être, c'est le désert; tout est abandonné.

Ce phénomène d'abandon est typique de la plupart des vallées côtières. Les auteurs classiques, Kubler d'abord (10), puis Willey (11), ont été les premiers à le signaler; nos études confirment leurs dires; où ont fui les populations?

## III. CLIMATOLOGIE ET PEUPLEMENT

La présence d'homme est confirmée, en Amérique du Sud, dès le Pléistocène final, par les datations obtenues au Vénézuela par Rouse et Cruxent (12): 12.000 à 9.000 avant notre ère.

Ces datations pourraient indiquer un peuplement correspondant à une phase tardive, dite "Mankato", de la glaciation Wisconsin/Wurm. Aujourd'hui, les stations datées jouissent d'un climat de type BW, chaud et désertique, mais il est possible qu'en des temps plus froids ou plus pluvieux dans les Hautes Andes, elles aient offert des ressources capables de tenter des chasseurs-collecteurs.

A part les datations ci-dessus, nous n'avons que des indications de caractère typologique qui puissent faire soupçonner la présence d'un peuplement pléistocène dans le reste du continent sud-américain; ces indications laissent prévoir la découverte probable de nouvelles stations, et il n'est pas absurde de penser que des peuplades pléistocènes du genre de celles dont les vestiges ont été retrouvés près de la mer des Caraïbes ont parcouru beaucoup plus tôt que ne l'indique l'âge des stations holocènes que nous connaissons, l'ensemble du continent sud américain.

De nombreuses datations indiquent en revanche une large diffusion humaine dès les premiers temps de l'Holocène.[5]

[5] Nous adoptons pour les débuts de l'Holocène la période marquée, selon la chronologie danoise basée sur des indices de caractère botanique, par une amélioration du climat conduisant en Scandinavie au remplacement de la "toundra" du Dryas final par la forêt. Divers auteurs s'accordent pour placer cette période vers 8.300 avant notre ère (13); elle signifie donc la transition du Gothiglacial au Finiglacial, le début de la retraite des glaces en des régions aussi diverses que la Patagonie, le Pérou et le Brésil; c'est la fin de la période "Valders" des géologues américains. L'incident "Cochrane" est donc à considérer comme un épisode froid des temps post-glaciaires, et non pas comme un épisode glaciaire.

Les éléments dont nous disposons pour le haut Holocène andin sont encore peu abondants et bien entendu, il ne peut être question d'écrire une histoire de cette période; nous n'en sommes encore qu'à fixer quelques points sur une carte, et quelques dates sur les tableaux chronologiques.

Ces populations du haut-Holocène vivaient aussi bien dans des sites de plein air, tels ceux des *Sambaquis* de la côte Atlantique, ou ceux que nous avons découvert sur le versant Pacifique des Andes, que dans des grottes. C'est donc bien, comme nous l'enseignait l'abbé Breuil: "... partout où un groupe déterminé trouvait à se nourrir qu'il faut en chercher les traces".

Vu le grand nombre de grottes sèches qui existent dans les Andes et qui semblent être restées inoccupées, on peut supposer que les stations de plein air ont joué dans ces régions un rôle prépondérant; leurs traces sont simplement plus difficiles à repérer; la vie en grottes pourrait avoir constitué un aspect particulier de l'existence de groupes de spécialistes, ou d'une transhumance saisonnière; nos recherches sur la côte ont en effet confirmé que, dès le 8e millénaire avant notre ère, les occupants du versalent Pacifique des Andes vivaient dans de petits villages formés de huttes, là où ils pouvaient collecter des végétaux comestibles et des aliments leur donnant des protéines: viandes ou fruits de mer.

La sédentarisation n'est donc pas un phénomène lié à la vie agricole; les parasites collecteurs et chasseurs disposaient peut-être même de deux villages saisonniers; la chasse et la pêche peuvent fort bien n'avoir joué, dans leur écologie, qu'un rôle d'appoint, et il semble que l'alimentation végétale et la collecte des fruits de mer y aient joué, de façon constante, un rôle prépondérant.

Les dates plus anciennes dont nous disposons pour l'Holocène, 8.900 à 8.700 avant notre ère, proviennent des grottes de Patagonie et du versant Pacifique des Andes péruviennes.

Ces dates, si elles sont exactes, correspondraient donc, soit à la fin de l'épisode tempéré ou chaud, dit de "Two Creeks" ou de "l'Alleröd," épisode qui a précédé le dernier épisode glacial, le "Valders" d'Amérique du Nord, le "Dryas final" à zone de Pollen III de la Scandinavie; soit aux débuts de cet épisode froid.

Pour le "Valders" lui-même, nous ne disposons que d'une seule datation: 8.480 avant notre ère, pour les "lomas" de la vallée du Chillon. La datation du Chillon n'est guère utilisable, faute d'être associée à un élément de caractère culturel. Les dates de 8.330, pour la grotte de San Lorenzo sur la côte du Chili, et de 8.250 pour les grottes de Patagonie pourraient déjà appartenir aux débuts de l'anathermal, de la longue transgression flandrienne.

Les dates suivantes correspondent à la grande transgression flandrienne, aux débuts du postglacial, à un pré-boréal, puis à un boréal des zones de pollen IV à IX en Scandinavie, conduisant à la mer à Yoldia. Elles proviennent aussi bien de grottes des Andes argentines et péruviennes que de sites de plein air situés sur la côte du Pérou, et s'échelonnent entre 8.100 et 6.800 avant notre ère.

C'est Cardich (14) le premier qui a signalé l'arrivée, à cette époque, d'hommes à Lauricocha, au pied de la Cordillière centrale, dans la haute vallée du Mantaro; son gisement s'étale, en complète discordance, sur des matières de solifluxion que l'auteur attribue a eu dégel, à la fin du Valders.[6]

Une date de 6639 avant notre ère pour une grotte de la Patagonie pourrait coïncider avec l'épisode froid dit de "Cochrane", celui du Lac à Ancylus ou Bothnian de Scandinavie.

Le groupe de dates immédiatement plus jeunes cadre également avec un épisode tempéré, celui du boréal post-Cochrane, dit de la transgression de Mastogloia: les dates proviennent de grottes des Andes péruviennes ou argentines, et s'échelonnent entre 6.200 et 5.800 avant notre ère.

C'est au cours de la période "Atlantique", à partir de 5.500 avant notre ère, que se groupent des datations qui indiquent, pour la côte centrale du Pérou, seule région qui ait été étudiée sérieusement sous cet angle jusqu'à ce jour, un peuplement relativement dense. Les traces de ce peuplement ont été jusqu'à présent principalement observées dans les "lomas", terme employé par les péruvianistes pour désigner les territoires dans lesquels survit un tapis végétal alimenté seulement par la condensation des brumes: la vie dans les "lomas" de la côte centrale du Pérou nous a laissé un héritage de nombreux villages, dont une douzaine ont été datés de 5.300 à 4.300 avant notre ère.

Il n'est pas encore possible d'indiquer pourquoi les précolombiens de cette époque vivaient dans les "lomas", ni ce qu'ils y faisaient; ces habitants des "lomas" étaient, en effet, des pêcheurs adonnés à la collecte des fruits de mer; pourquoi transportaient-ils leurs poissons et leurs coquillages à plusieurs kilomètres à l'intérieur des terres reste un mystère, dont la recherche de l'eau ne donne pas la solution; les étangs et les sources sont d'ailleurs plus nombreux en bordure des plages que dans les "lomas";

[6] Ces matières, à notre avis, peuvent avoir appartenu à une période glaciale antérieure.

N.B. le signe # indique un niveau archéologique; tous les objets lithiques sont à l'échelle 1:1

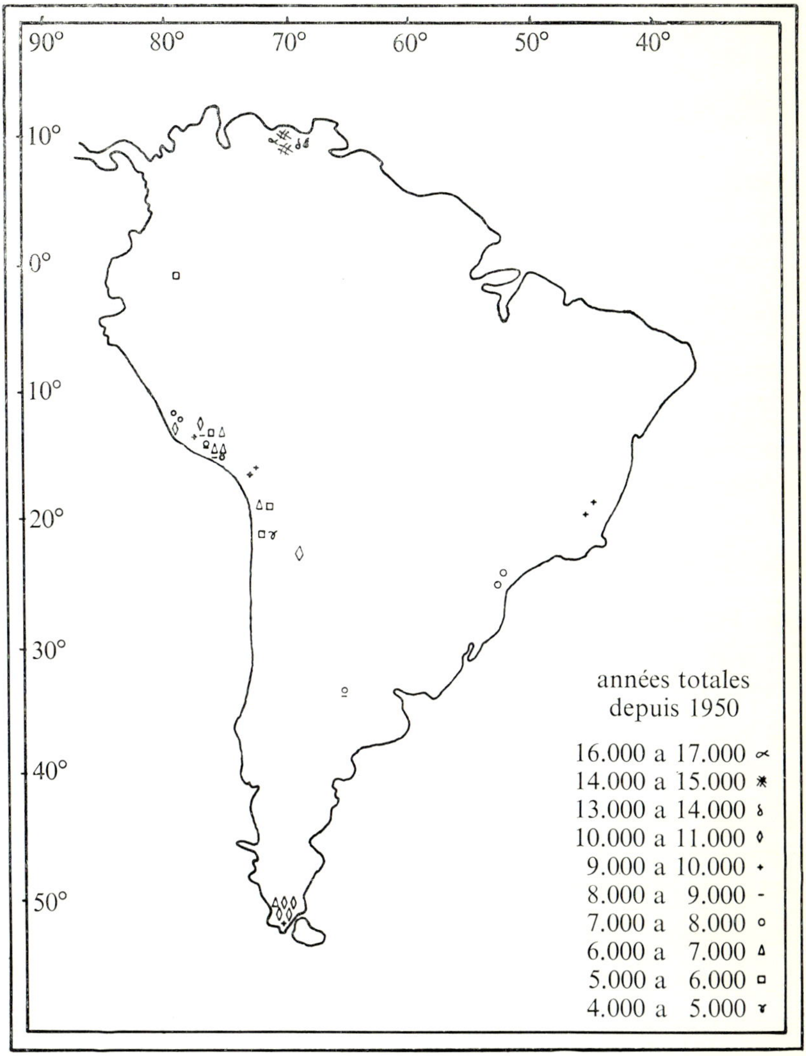


Amérique du Sud — Datations rélatives a des sites appartenant au horizons préagricoles

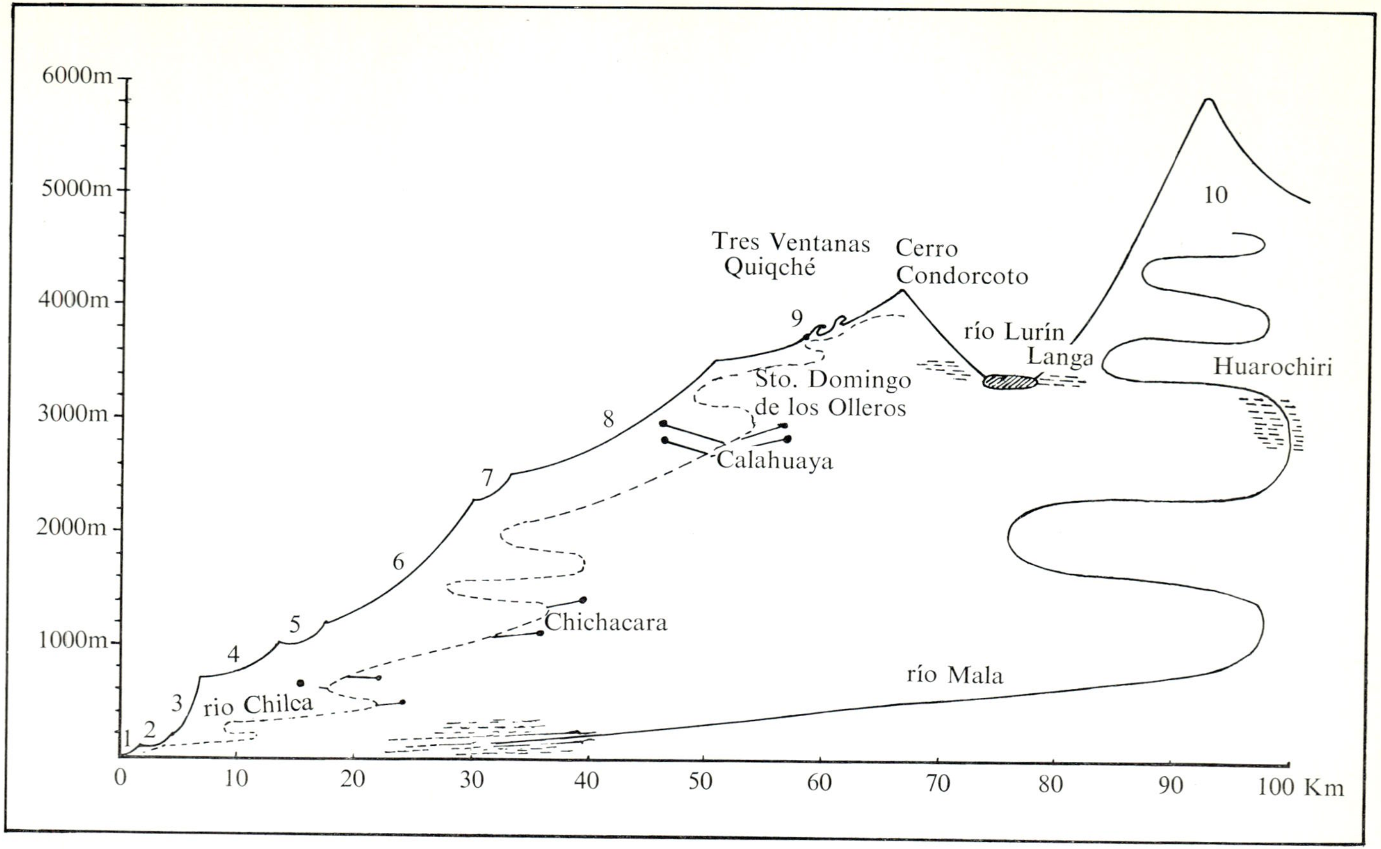


Fig. 1 Coupe des paliers phytoclimatologiques rencontrées au droit de la gorge de Chilca

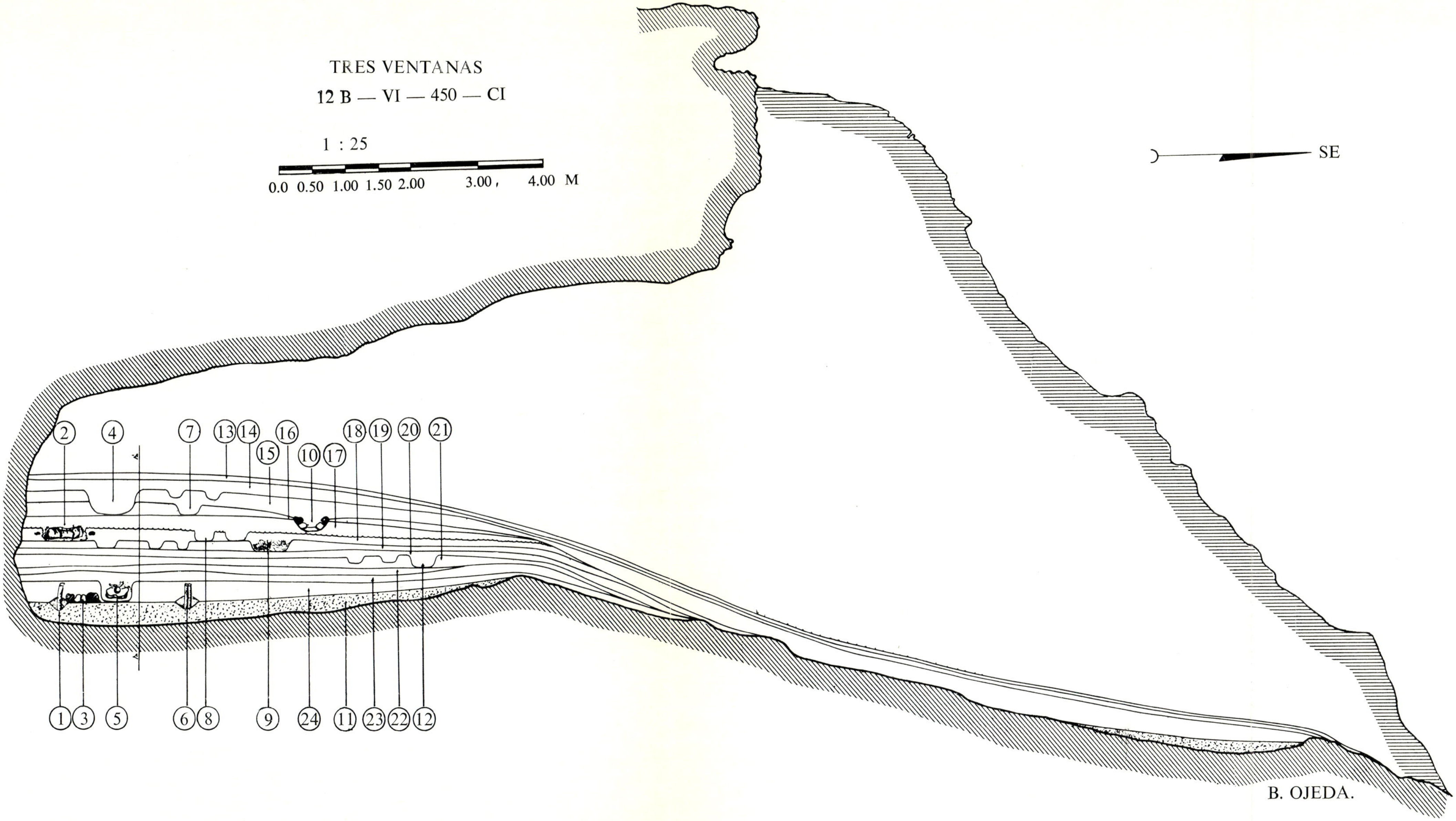


Fig. 2 Coupe à travers les niveaux archéologiques de la grotte de Tres Ventanas.

Légende:

| | |
|---|---|
| 1, 6 | poteaux d'une hutte |
| 2, 9 | fardeaux funéraires |
| 3, 10 | foyers |
| 4, 7, 8, 12 | silos |
| 5 | meule dormante et meulette |
| 11 | couche stérile, apports eoliens |
| 13 | niveau 0, contemporain |
| 14 | niveau 100, précolombien tardif |
| 15 | niveau 200, précolombien moyen |
| 16 | niveau 250, stérile |
| 17 | niveau 300, probablement préceramique à haricots |
| 18, 19, 20, 21, 22, 23 | niveaux 400 à 900, préagricoles, âgés de 8.000 ans |
| 24 | niveau 1.000, âgé de 10.000 ans |

Fig. 3 Vue des grottes de
Tres Ventanas.

Fig. 4 Vue des grottes d
Quiqché.

Fig. 5 Photo de la coupe stratigraphique réalisée dans la grotte II de Tres Ventanas. Le niveau contenant des os d'un Megatherium se voit sous le niveau occupé par l'homme.

Fig. 6 Photo de la coupe stratigraphique réalisée dans la grotte I de Tres Ventanas. On note 13 niveaux d'occupation et, au fond, les poteaux d'une hutte circulaire.

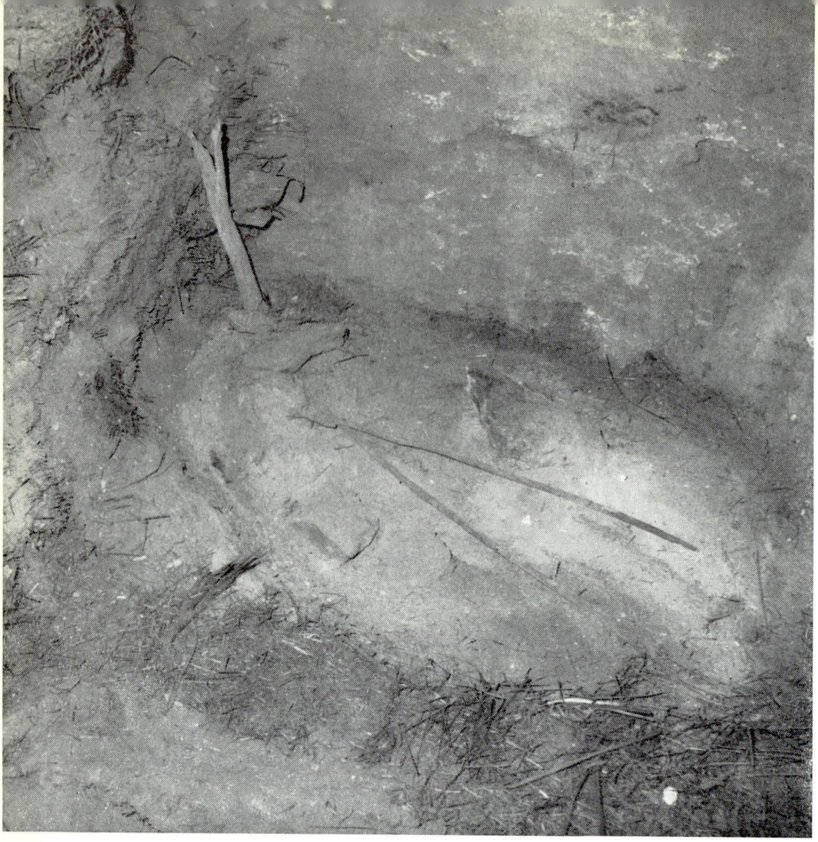

Fig. 7 Photo de detail de la hutte plantée dans les apports eoliens au fond de la grotte I de Tres Ventanas; o note les debris des parois, les restes de poteaux et un foyer.

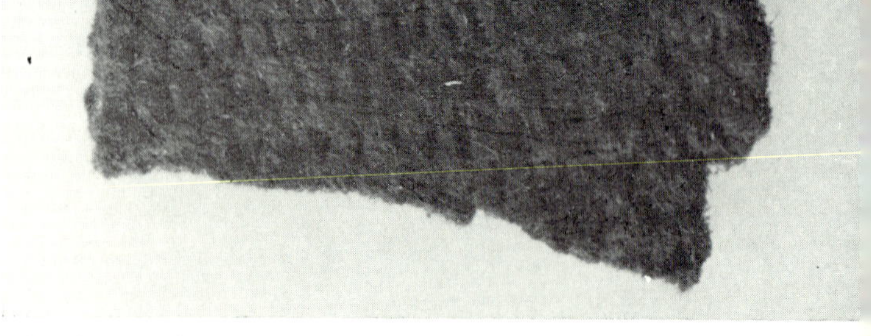

Fig. 8 Fragment de vêtement de cuir, ajouré et frotté de pigment rouge; grotte I de Tres Ventanas, # 100C

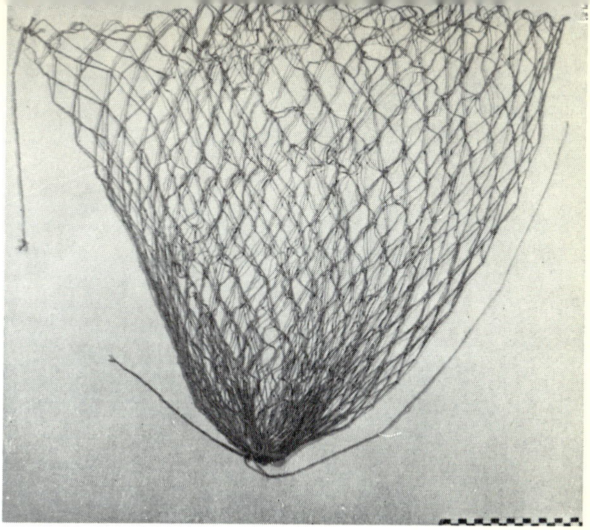

Fig. 9 Filet à porter en fibre végétale; Tres Ventanas grotte I, # 800.

Fig. 10 Tissu bouclé de fibre végétale, Tres Ventanas, grotte II # 400.

Fig. 11 Fardeau funéraire; jeune enfant dans une natte; Tres Ventanas, grotte I, # 400.

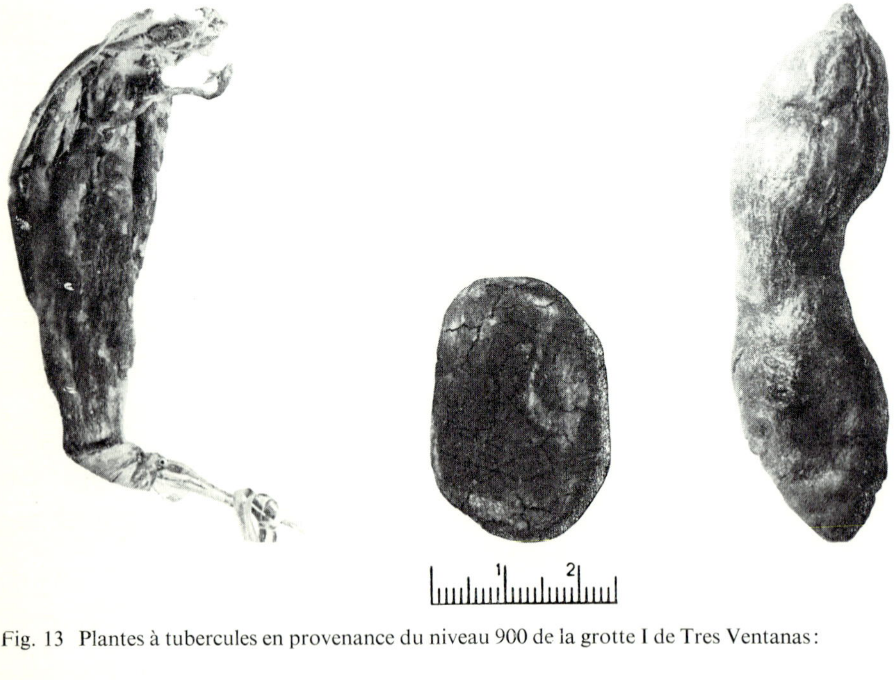

Fig. 13 Plantes à tubercules en provenance du niveau 900 de la grotte I de Tres Ventanas:

a) jiquima, Pachyrhizus tuberosus

b) pomme de terre (?) Solanum sp

c) patate douce, Ipomea batata (?)

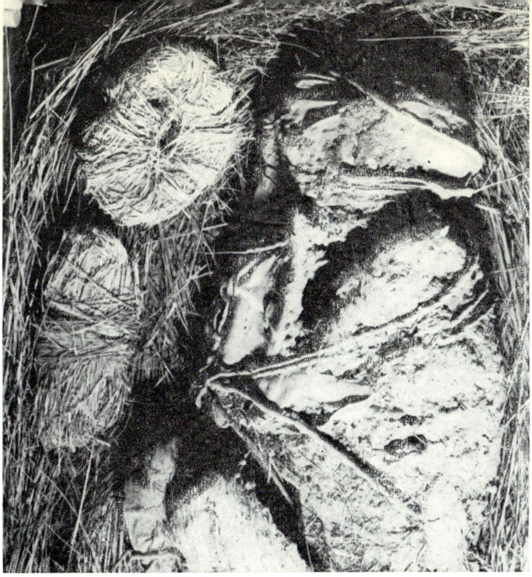

Fig. 12 Fardeau d'un adulte enveloppé dans un manteau de peau de vigogne, la tête enserrée d'une fronde de cuir; Tres Ventanas, grotte II, # 400.

Fig. 14 Petite pointe biface, foliacée; Quiqché, # 600.

Fig. 15 Petite pointe biface, foliacée tendant au lanceolé, Quiqché, # 500.

Fig. 16 Petite pointe biface, losangique; Quiqché, # 500.

Fig. 17 Petite pointe biface, foliacée denticulée; Tres Ventanas, grotte I, # 400.

Fig. 18 Petite pièce biface, losangique; Quiqché, # 600.

Fig. 19 Petite pointe biface; losangique à base arrondie; Quiqché, # 500.

Fig. 20 Petite pointe biface, losangique; Tres Ventanas grotte I, # 600.

Fig. 24 Pièce foliacée biface; Quiqché, # 500.

Fig. 25 Pièce moyenne, ovalisée, bifaciale; Quiqché, # 400.

Fig. 21 Pointe moyenne, à pedoncule; Quiqché, # 600.

Fig. 22 Pièce biface moyenne allongée; Quiqché, # 300.

Fig. 23 Grattoir sur lame retoucheé; Quiqché, # 700.

Fig. 26 Petite limande; Quiqché, # 300.

Fig. 27 Grattoir double; Quiqché, # 600.

Fig. 28 Pièce moyenne; Quiqché, # 600.

Fig. 30 Grosse pièce monofaciale; Tres Ventanas, grotte I, # 900.

Fig. 29 Grosse pièce monofaciale; Tres Ventanas grotte I, # 800.

Fig. 31 Grattoir; Tres Ventanas, grotte I, # 600.

Fig. 32 Grand biface; Quiqché, # 500.

Fig. 33 Grande pièce monofaciale; Quiqché, # 400.

Fig. 34 Pièce moyenne pointue, biface; Tres Ventanas, grotte I, # 300.

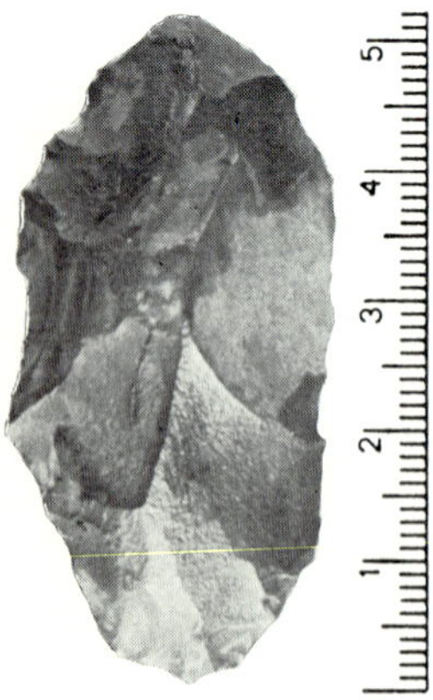


Fig. 37 Petite limace, pièce monofaciale; Quiqché, # 300.

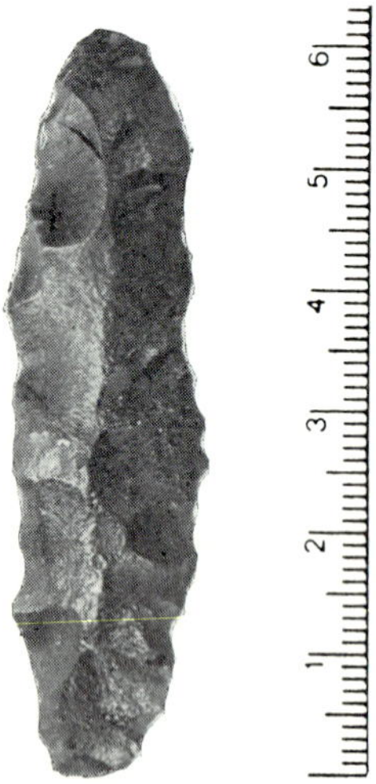


Fig. 38 Petite pièce biface allongée; Quiqché, # 700. Ce type se rencontre en grand nombre dans tous les niveaux.

Fig. 35 Petite pointe biface; Quiqché, # 400.

Fig. 36 Pièce moyenne, foliacée; biface partiel; Quiqché, # 200.

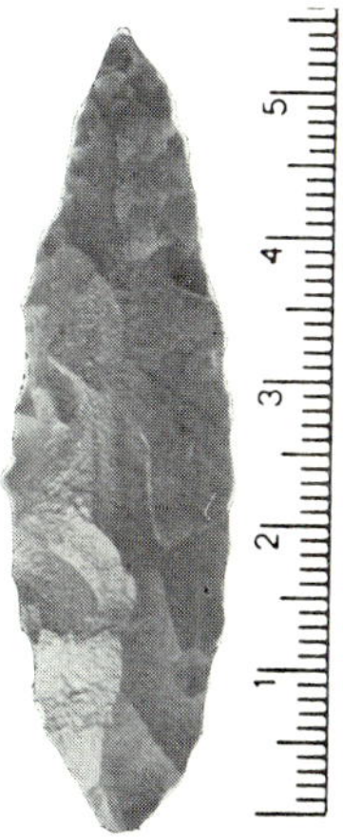


Fig. 39 Petite pointe foliacée, partiellement biface; Quiqché, # 400.

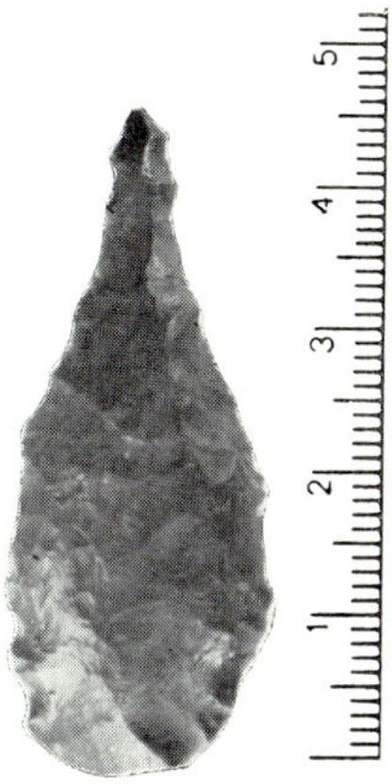


Fig. 40 Petit percoir; pièce monofaciale avec retouches bifaces à la pointe; Quiqché, # 500.

Fig. 41 Boule polyedrique; Quiqché, #1800.

les "lomas" devaient donc fournir une matière première ou un aliment que nous n'avons pas su identifier, et qui n'étaient probablement pas d'origine carnée; les os de mammifères terrestres restent en effet absents de leurs gisements; peut-être recherchait-on les ombrages et, en même temps, les graines des acacias et mimosées qui formaient alors une savane dans les "lomas".

Il semble que ce soit à partir de 4.000 avant notre ère, au plus fort de l'anathermal, que des agriculteurs se soient établis sur la côte; nous connaissons déjà, dès les derniers siècles du 4e millénaire, des villages de paysans en trois points aussi divers que Chilca, Paracas, et Rio Grande de Nazca; puis l'aire occupée par ces paysans va s'étendre. Ceux-ci s'adonnent à la culture de plantes typiques des régions tempérées ou chaudes: dès 3.800 avant notre ère, le haricot, *Phaseolus lunatus*; la "jiquima"; *Pachyrhizus tuberosus;* la patate douce, *Ipomoea batata*, le "camote"; et dès 3.500 avant notre ère, le coton, *Gossypium sp*. Les dates dont nous disposons à leur sujet sont nombreuses, 3 douzaines au moins; mais pour l'instant tout au moins, les villages qui ont été retrouvés restent groupés sur la côte centrale et du moyen sud. L'occupation en question aurait duré, selon ces datations, de 4.000 à 2.300 environ avant notre ère.

La côte aurait donc connu pendant cette période une phase de prospérité, qui pourrait avoir cadré avec un ensemble d'éléments favorables du tableau climatologique; une hausse de la température est confirmée par celle des niveaux marins, avec l'océan passant jusqu'à 3 m au-dessus de la cote zéro, après être parti de — 9 ou 10 m au cours de la régression Rhin-Delta.

Vers 2.300 avant notre ère semblent se manifester, sur le plan du peuplement, les effets d'une crise, connue des géologues sous le nom de "petit âge glaciaire"; c'est la crise froide des Bahamas; des villages occupés de façon presque continue pendant plus de 1000 ans vont disparaître. Peut-être cette crise correspond-elle avec la fin de la courbe de l'altithermal, courbe dont Fairbridge (15) voit la fin vers 2.600 avant notre ère? On assiste alors à un repli vers les "lomas", où vont se créer des gisements d'une autre nature: noirs, graisseux, pleins d'os d'otarie. Rien ne nous dit d'ailleurs que ces gisements aient été créés par les mêmes peuplades que celles qui habitaient les villages antérieurs.

Ce ne sera qu'après quelques siècles d'obscurité, vers 2.000 avant notre ère, que l'on notera à nouveau une période d'expansion: à partir de 1.800 avant notre ère va s'épanouir la première civilisation pan-péruvienne, celle des planteurs de haricots, civilisation dont on retrouve les manifestations depuis la vallée de Chicama au nord, jusqu'au bassin du

Rio Grande, au sud, et vers l'est, jusque dans les vallées du versant atlantique des Andes. Nous disposons pour cette période d'une cinquantaine de dates.

L'âge d'or des planteurs de haricots se place vers 1.600 avant notre ère, en pleine période de hautes eaux, l'océan étant alors à la cote + 3 m. Ce sera au contraire, nous n'osons dire à la suite, mais tout au moins de façon concomitante avec un renversement de la tendance climatique, renversement manifesté par l'émergence de Crane Key et une nouvelle période froide, au cours de laquelle le niveau de l'océan retombera à moins de trois mètres, que surviendra la mort brutale et encore inexpliquée de cette civilisation. La crise a dû être sévère: les planteurs de haricots ne reviendront plus; leurs villages resteront abandonnés, et ce ne sera que lentement et progressivement que ces agriculteurs vont être remplacés, mais par des peuplades différentes maintenant, par des consommateurs de maïs. Pendant quelques siècles, le Pérou côtier va rester dépeuplé. Quelques stations des premières vagues de planteurs de maïs sont connues sur la côte; mais leur petit nombre n'a rien de commun avec l'ampleur du peuplement précédent, dont les villages se comptaient par centaines. Les nouveaux venus n'ont d'ailleurs pas fusionné avec leurs prédécesseurs; il existe un hiatus entre les deux civilisations.

Tout différent est le spectacle que nous offrent pendant ce temps les Andes; au peuplement de la côte correspond dans les vallées inter-andines une large pénétration de paysans: à partir de 1.300 avant notre ère, les datations au radio carbone nous donnent de longues séquences d'occupation pour des sites allant de l'extrême nord à l'extrême sud du Pérou. Peut-être les conditions climatologiques étaient-elles alors plus favorables qu'aujourd'hui dans la Cordillère? En haut, il est possible de pratiquer l'agriculture sèche; avec de médiocres résultats de nos jours, mais peut-être les conditions étaient-elles moins sévères il y a 3.500 ans. En bas, l'agriculture sèche est exclue. On peut donc se demander comment des immigrants venus des hautes terres auraient pu s'implanter dans les plaines côtières, où le peuplement a dû s'adapter à une écologie d'oasis? Si les premiers agriculteurs furent des immigrants, nous serions plus enclins à chercher le point de départ de l'invasion en des régions où pouvait se pratiquer, soit l'agriculture de crues, soit celle de terres noires et marécageuses, de type mélanésien.

Quoi qu'il en soit, l'épisode froid concrétisé par la régression de Crane Key, épisode qui aurait ralenti le développement de la civilisation des planteurs de maïs, pourrait, selon Fairbridge (15), avoir été suivi d'un cycle plus tempéré, qui aurait permis aux planteurs de maïs de s'affirmer sur la côte.

Vers 900 avant notre ère, nous les trouvons solidement installés sur la côte nord, en pleine phase froide de Pelham Bay, et dès 800, va s'épanouir une civilisation tout à fait originale, celle de Chavin. Cette civilisation, qui durera environ trois cents ans et aura un caractère pan-péruvien, ne dépassera pas le 5ème siècle avant notre ère; elle mourra brutalement, au cours de la transgression d'Abrolhos, comme était morte, 1.000 ans plus tôt, la civilisation des planteurs de haricots.

Alors que les "Chavin" exploitaient les terres basses et noires et vivaient en bordure de lagunes et de marais, pratiquant peut-être une agriculture nous rappelant celle des Mélanésiens, une agriculture de drainage, un nouveau type de villages d'agriculteurs, vivant maintenant de l'exploitation des nappes phréatiques pratiquée sous la forme de "jardins déprimés", va s'épanouir sur la côte.

Si nous plaçons les datations radio carbone que nous donnent ce peuplement en face de la courbe de Fairbridge, nous noterons que son épanouissement date de la fin de la transgression correspondant au Dunkerquien I européen. Les "jardins déprimés" de Chilca vont en revanche être abandonnés au cours de l'épisode froid postérieur, celui de la régression de Floride, vers l'an zéro de notre ère. Ces "jardins déprimés", creusés à même les plaines littorales, permettaient d'atteindre le limon humide rencontré entre un et deux mètres de profondeur, sous la surface couverte de sables éoliens. Il est donc probable que leur utilisation ait été sujette aux variations du niveau de la nappe phréatique, elle-même peut-être contrôlée par le niveau de l'océan.

Les peuplades qui ont créé les "jardins déprimés" de Chilca auront connu une prospérité qui se manifeste par l'édification d'une vaste citadelle, d'un temple et d'une importante agglomération. Mais cet ensemble ne durera guère, et la gorge de Chilca va connaître de nouveau un long abandon. Elle ne sera réoccupée qu'au cours des oscillations climatiques qui suivront la transgression de Rottnest, à l'occasion de la migration andine dite tiahuanacoide, aux alentours de 800 de notre ère.

Il ne conviendrait pas d'entrer ici dans le détail des alternances climatiques qui vont se noter à partir de cette période, et dont le rythme va s'accélérer de façon parallèle à celui des cycles de plus en plus brefs affectant le niveau eustatique de l'océan; cette étude nous mènerait trop loin. Signalons simplement un troisième épisode, chaud ou tempéré, qui aura vraisemblablement pris place vers l'an 1000 de notre ère, et qui pourrait avoir créé, pour les populations côtières, des circonstances favorables. L'archéologie nous apprend en effet que les immigrants andins tiahuanacoides vont rapidement être assimilés par les populations locales. Puis une nouvelle crise, qui semble coïncider avec la régression de Parià, viendra une fois de plus frapper les écologies côtières; le 13ème siècle est d'ailleurs celui au cours duquel les civilisations agricoles du sud-ouest de l'Amérique du Nord ont souffert de la "grande sécheresse".

Ce sera, semble-t-il, au cours de la transgression médiévale, à partir de 1.350 de notre ère, que le Pérou côtier connaîtra son âge d'or, celui des grandes villes et de l'agriculture intensive et extensive à l'aide de longs canaux.

Aura-ce été cette prospérité de la côte qui y aura attiré les princes incas du Cuzco ou au contraire un état de crise? La question reste ouverte.

A Chilca, quand viendront les Espagnols, le peuplement sera dense, et la vie aura repris dans les jardins déprimés, où l'on semait le maïs, jusqu'à ce que l'invasion étrangère vienne tout ruiner.

## IV. LA FOUILLE DE LA GROTTE DU MÉGATHÉRIUM ET DES GROTTES VOISINES

Le haut Chilca, comme d'une façon générale les Hautes Andes, est perforé de nombreuses grottes; la plupart de celles de Chilca n'a pas été habitée, ou n'a été occupée qu'au cours des derniers siècles précolombiens par des pasteurs abritant leurs troupaux contre les orages.

Nous ne nous occuperons ici que des grottes de Quiqché et de Tres Ventanas, qui toutes deux ont été occupées dès les premiers temps de l'Holocène.

### A. *Quiqché*

Le groupe de Quiqché est composé de 3 grottes ouvertes au flanc est du tout petit massif de ce nom, situé à 3.600 m. d'altitude; face aux grottes s'étend une petite "puna" encore parcourue par un ruisseau naissant d'un étang, mais déjà annonciatrice des versants semi-arides des Andes; il y pousse en effet des *Tillandsias* et des cactacées.

La plus petite des grottes, C, n'a été occupée que dans les derniers temps précolombiens, mais les deux autres, A et B, longues de 23 m et de 17 m et hautes de 3 m et de 2 m respectivement, ont été occupées très tôt. Elles étaient remplies, sur une épaisseur de 1m50, d'un magma noir composé de cendres, de boues et de matières organiques, malheureusement rendues humides par les infiltrations d'eaux de pluie. Malgré l'humidité, il a pu être établi qu'une hutte circulaire de 2 m de diamètre, armée autour de quelques poteaux, avait été construite dans la grotte A; un foyer se voit encore dans cette hutte. Un squelette complet, quelques ustensiles domestiques en pierre et en os, et plusieurs centaines d'outils en pierre ont également pu être récupérés. Des blocs de pierre en alignement démontraient de plus la présence d'un mobilier placé autour des foyers.

La consistance du magma de la grotte A était suffisante pour permettre une fouille stratigraphique; celle-ci a révélé des niveaux s'étageant comme suit:

niveau 0 : matériel de surface, contemporain;
niveau 100: précolombien, à céramique; âge: 2.000 ans;
niveau 200: précolombien, à céramique; âge: de l'ordre de 2.500 ans.
Sans interruption, sans couche intercalaire, on passe ensuite des niveaux 300 à 900; le niveau 300 a donné une date de 6.000 ans avant notre ère; le niveau inférieur: 8.000 ans avant notre ère.

L'industrie lithique n'offre guère de variété à mesure que l'on descend, jusqu'au moment où l'on atteint le niveau inférieur, où apparaît une industrie différente. Les niveaux de 8.000 ans livrent essentiellement des pointes de projectiles, probablement des pointes de dards lancés au propulseur, et quelques outils divers, de taille moyenne ou petite, peut-être couteaux et racloires. L'absence de "chopping tools", et de "choppers" est à noter; il s'agit presque intégralement d'une industrie de bifaces réalisés par retouches sur des éclats tirés de blocs à surface sphéroïde. (Pour l'illustration des principaux types, voir fig. 14 à 41). Le niveau inférieur, celui âgé de 10.000 ans, donne au contraire une industrie plus lourde, constituée par de gros bifaces, de grosses pièces unifaciales, de fortes pointes et des gros grattoirs pesants.

La présence d'un grand nombre de déchets, de pièces brisées et d'éclats, tant dans les grottes que sur le terre-plein qui s'étend devant elles en direction des étangs, fait penser à une fabrication sur place; mais la matière première manque dans la région; il est donc probable qu'il ne s'agit pas spécifiquement d'un atelier, mais plutôt d'un affût où l'on préparait les pointes de dards en attendant le gibier; de nos jours encore, les cervidés viennent boire à l'étang de Quiqché.

L'occupation cesse sur la dalle de pierre formant le sol de la grotte, sans dépôt de matière stérile; mais il est possible que la solifluxion ait créé des conditions telles que le substrat éolien s'y soit mélangé aux apports dus à l'occupation humaine.

### B. *Le groupe des Tres Ventanas et la grotte du Mégathérium*

Le groupe des Tres Ventanas comporte plusieurs grottes ouvertes au flanc sud comme au flanc nord du massif du même nom; les plus caractéristiques de ces grottes sont celles du sud, qui forment 3 fenêtres successives et circulaires, donnant accès à 3 couloirs parallèles, pénétrant horizontalement dans le massif tuffeux.

Le sol des grottes se trouve aux alentours de 3.925 m d'altitude, à quelques 100 m sous le sommet du cerro Tres Ventanas. Devant elles prend forme la gorge de Mayama, l'une de celles qui va, quelques kilomètres plus bas, former la gorge de Chilca.

La situation est donc plus favorable qu'à Quiqché; du fait de l'élévation des grottes au-dessus de la gorge, l'entrée en a été protégée contre un remplissage par des matériaux autres qu'éoliens, et de plus elles sont restées complètement sèches. Devant les grottes s'étale une vaste terrasse à peu près horizontale où le jardinage était possible; on l'y pratiquait encore il y a quelques siècles. Enfin, l'ensemble domine également un ruisseau, celui qui prend naissance dans les étangs qui se forment aux pieds du Condorcoto, et qui, plus bas, va alimenter l'oued de Chilca.

Du groupe ci-dessus décrit, la grotte numéro 3, située à l'ouest, n'a été occupée que de façon occasionnelle durant les derniers siècles précolombiens, puis de nouveau à l'époque contemporaine. Nous ne nous en occuperons donc pas; elle est d'ailleurs de petites dimensions.

La grotte numéro 2, celle du centre, constitue un boyau circulaire de quelque 3 m de diamètre et de 21 m de profondeur.[7] La moitié supérieure du boyau était restée libre et formait une demi-sphère. La demi-sphère inférieure était remplie par des déchets, produits de l'occupation humaine et animale, et par des apports éoliens mêlés à une poussière grise très fine, ayant l'apparence de cendres et de produits de la désintégration du tuf des parois.

Étant donné le caractère compact, non modifié de ce remplissage, il nous a été possible d'établir une bonne séquence stratigraphique des niveaux d'occupation.

Les niveaux supérieurs étaient formés par des excréments de bétail contemporain, scellant des couches précolombiennes tardives, du siècle XIV de notre ère. Ces couches recouvraient, comme à Quiqché, des niveaux à poterie âgés d'environ 1.600 and. (IVe siècle de notre ère).

Dans les étages précéramiques, on notait:

[7] Ces boyaux, comme l'indiquent leurs parois latérales, étaient autrefois plus profonds; l'avant-toit est tombé.

(1) la couche supérieure. Elle appartenait encore aux horizons préagricoles et a donné une date de 6.080 avant notre ère. Deux cadavres, celui d'un enfant et celui d'un jeune adulte, étaient enterrés dans les déblais de ces niveaux âgés de 8.000 ans.

Toutes les couches formées au cours de l'occupation humaine étaient constituées par des déchets tels que: cendres, végétaux, excréments, matières organiques, os d'animaux, ustensiles de pierre et d'os.

(2) Les couches inférieures. Ces couches, dans lesquelles on pénétrait en discordance, sans traverser d'éléments intercalaires, n'ont pas révélé de traces de la présence humaine; en revanche, elles contenaient divers os, dont une patte antérieure de deux grands herbivores du Pleistocène. Ces herbivores ont été identifiés depuis par le Professeur Hoffstetter (16) comme ceux d'un Mégathéridé adulte, Megatherium G., et d'un Scelidothéridé. La présence de débris de peau, de chairs, et d'un gros excrément de forme discodale, de 20 cm de diamètre, a permis une datation au radio carbone; mais le grand âge de ces débris, plus de 40.000 ans, ne permet pas de savoir quand a vécu le Mégathérium, qui peut avoir appartenu aux premiers temps du quaternaire.

Les hommes qui sont venus s'installer plus tard dans la grotte ont pu ignorer la présence des édentés, dont les os subsistants étaient déjà recouverts par des apports éoliens.

Les niveaux non atteints par l'occupation humaine étaient divisés en deux couches bien distinctes:

(1) une couche de poussière brun clair, ressemblant à un loess, à peu près stérile, et

(2) la couche recouvrant les os, et contenant des débris de branchages, régulièrement coupés à une dimension voisine d'environ 8 mm; des débris similaires existant dans les excréments de l'édenté, on peut penser que celui-ci se nourrissait d'arbustes; mais qui nous dit qu'il n'allait pas fourrager fort loin de la grotte?

Les études botaniques et palynologiques qui sont en cours nous aideront à savoir à quelle altitude, donc sous quel régime climatique nous rencontrerons actuellement les plantes qui constituaient le menu de l'édenté.[8]

La grotte numéro 1, celle de l'est, est celle qui nous a fourni le plus de documents intéressants du point de vue de l'anthropologie.

[8] Un point reste à éclaircir: qui a apporté et poli les grosses pierres à bord arrondis et fracturés que nous avons rencontrées dans le niveau du Mégathérium? Selon le Professeur Hofstetter, plusieurs animaux de forte taille pourraient avoir vécu dans la grotte et, par leurs mouvements, contribué à polir des cailoux qui aurient été apportés au cours d'un épisode glaciaire. Mlle Alimen, au vu de deux examplaires de ces pierres, pense qu'elles ont été fracturées et polies par les glaces.

Cette grotte, de dimensions moindres que celles du Mégathérium, contenait un remplissage très compact constituant 10 niveaux archéologiques superposés et bien distincts,[9] correspondant à des âges très divers allant, si nous en croyons les datations au radio carbone et les indications typologiques, de la période contemporaine à 10.000 ans avant nos jours; 8.000 avant notre ère est en effet la date indiquée, comme à Quiqché, par les couches profondes de cette grotte 1. Comme dans les autres grottes, les niveaux supérieurs ont fourni des éléments correspondant aux siècles XIV de notre ère et V avant notre ère; puis on pénétrait, après avoir traversé une couche intercalaire d'apports éoliens, dans des niveaux s'étalant, selon les datations du radio carbone, de 4.300 à 8.080 avant notre ère.

L'industrie des niveaux correspondants à 6.000 ans avant notre ère est semblable à celle des niveaux correspondants à Quiqché, et celle du niveau daté de 8.000 ans avant notre ère, composée de pièces plus lourdes, est comparable à celle des niveaux profonds de cette grotte.

Deux fardeaux funéraires intacts ont été rencontrés, l'un d'un adulte, l'autre d'un bébé.

Tous les niveaux ont fourni en abondance des os d'animaux, essentiellement d'auquenidés, et accessoirement de cervidés et autres mammifères terrestres.

Le gisement humain se terminait sur une couche d'apports éoliens d'apparence loessique, de quelque 30 cm de'épaisseur et reposant sur la dalle rocheuse. La grotte ne contenait pas d'éléments tombés de la voûte; elle avait dû être nettoyée.

Les grottes hautes de Chilca ont donc livré au total 5 squelettes humains, intacts. Celui de Quiqché est d'un adulte, nu, mais parfaitement conservé, enterré dans une position de flexion latérale. Il appartient au niveau 900 et doit en conséquence être âgé d'environ 10.000 ans. Vu le nombre de pointes de projectiles rencontrées dans le même niveau, il s'agit vraisemblablement d'un chasseur, que nous pourrons comparer aux autres squelettes intacts que nous avions déjà pu sauver; ceux de Paracas, où 3 individus village de nous ont donné un âge de près de 9.000 ans, et ceux des villages 514 de Paracas, 20 de Lurin et 304 de Chilca, tous âgés de 7.000 ans.

[9] Nous ne voulons pas dire par là que les niveaux qui sont apparus lors de la fouille stratigraphique correspondent à des étapes culturelles, mais seulement qu'ils indiquent des interruptions et des reprises dans l'occupation, selon un rythme qui reste à établir. Pour tenter de le faire, nous pensons tenir compte de l'âge des animaux dont les os jonchent les couches archéologiques; il sera peut-être ainsi possible de démontrer une périodicité saisonnière d'occupation.

Les 4 autres squelettes, deux d'enfants et deux d'adultes, et qui proviennent des grottes 2 et 1 de Tres Ventanas, ont été rencontrés enveloppés dans des nattes et de la paille; de plus, ils sont habillés de manteaux de vigogne; nous disons bien manteaux et non peaux, car il s'agit de vêtements taillés et formés; on y note de fines coutures ne laissant aucun doute quant à leur qualité de pièces artistiquement confecionnées; ces manteaux sont de plus, suivant les cas, soit peints de rayures bleues, soit frottés d'un pigment rouge. Sous les manteaux de peau apparaissent les vêtements; ceux-ci sont réalisés en fibres végétales: coton dans les étages jeunes, joncs ou Tillandsias dans les étages anciens. La technique est celle du cordage ou du bouclage; certaines pièces, probablement des chemises sont extrêmement fines et enduites du pigment rouge.

Les tombes étaient de simples trous creusés dans les détritus, dans lesquels on enfoncait les cadavres enrobés de pailles, les adultes en position de flexion latérale, les enfants étendus. Après quoi la vie continuait, puisque au-dessus des tombes, on retrouve des couches indiquant une nouvelle occupation humaine.

Les études d'anthropologie physique indispensables n'ont pas encore été réalisés, mais les quelques mensurations qui ont été effectuées indiquent déjà que ces squelettes, comme tous ceux que nous avons trouvés sur la côte et qui appartiennent aux horizons antérieurs à ceux de la culture du maïs, sont ceux d'hommes dolichocéphales, prognathes, de stature[10] relativement haute, aux os forts, donc différents des squelettes brachycéphales de petite stature nous ont laissés les peuplades qui ont diffusé dans le Pérou la culture du maïs.

On serait donc tenté de penser, comme Rivet (17), que le peuplement du haut-Holocène aurait été la conséquence d'une immigration, soit sud-asiatique, à caractère africain, soit australoïde; mais, comme nous le rappelle si pertinemment Lévi-Strauss (18), toutes les variantes de l'Homo Sapiens étaient représentées dans le sud de l'Asie à la fin du Pléistocène; une migration à caractère négroïde, peut fort bien avoir eu lieu avec la Malaisie, les Philippines ou le sud de la Chine comme point de départ; l'arrivée à pied, par le nord, n'est donc pas à exclure.

Quoi qu'il en soit, ce peuplement primitif semble avoir été soit détruit, soit absorbé par la vague suivante, de type sinoïde.

Tous les établissements côtiers de plein air de la période 9.000-6.000 ans avant nos jours que nous avons rencontrés jusqu'à présent sont constitués

[10] Un des squelettes exhumés par nous dans la plaine de Chilca aurait mesuré 1.64 m, s'il avait été de sexe féminin et 1.70 m pour un homme (par application de la formule de Dupertin et Hadden).

par de petits villages groupant des huttes soutenues par des poteaux de saules ou des roseaux, supportant des parois de joncs; le sol de ces huttes est légèrement abaissé par rapport au terrain environnant.

La grotte de Tres Ventanas comme celle de Quiqché nous enseigne maintenant que, dans les Andes également, on construisait la même hutte, avec cette variante que les huttes du haut Chilca sont placées dans le fond de la grotte, à même un dépot eolien sous-jacent ressemblant à celui qui a enterré le Mégathérium. Au centre de ces huttes se voit encore le foyer circulaire, un lit de paille de joncs, un silo à aliments creusé dans les détritus et une pierre ayant servi à moudre.

La plateforme en pente douce qui s'étale devant la grotte est malheureusement envahie par l'humus et des détritus plus récents. Il aurait été bien intéressant de pouvoir rechercher sur cette plateforme les traces d'autres huttes; un village a peut-être existé autour de la grotte.

L'emploi d'un pigment rouge[11] est prouvé par une pierre qui a servi au broyage, rencontrée dans les niveaux moyens, et par les peaux de vigogne frottées d'un produit de méme couleur. Nous ne pouvons en revanche prouver que les dessins piquetés sur la paroi de la grotte, et eux aussi frottés de pigment rouge, soient contemporains de l'occupation la plus ancienne;[12] ils peuvent correspondre à la période au cours de laquelle on utilisait la céramique.

Les bois de cervidés servaient d'instruments pour la finition des pointes de pierre.

Aucun des ustensiles en os ou en bois trouvés dans les grottes de Chilca n'ont encore révélé les tendances artistiques des habitants.

L'industrie lithique paraît typique de chasseurs et d'utilisateurs de peaux; signalons à ce sujet que nous avons trouvé dans le grand sud péruvien, sur la côte, à Playa Chira, dans un gisement âgé de 8.500 ans, des pointes semblables à celles de Quiqché et de Tres Ventanas; cette indication est à rapprocher du fait que les grottes de Chilca, éloignées de plus de 50 km de l'océan, contiennent encore des coquillages marins; et que les morts trouvés par nous dans un ossuaire, dans le désert côtier de

[11] On a tendance, dans ce cas, à penser à une hématite, mais n'oublions pas qu'il existe des précédents indiquant l'emploi d'un végétal, l' "achiote", *Bixa orellana*, qui sert encore à teinter en rouge la soupe du peuple péruvien. Faute d'"achiote", on se sert également du "palillo", *Camponiaesia lineatifolia*, qui colore le repas en jaune safran.

[12] Dans les grottes de Pisacoma, près de Puno, où nous avons pu capter d'intéressantes scènes de chasse, piquetées et peintes sur les parois, tous les niveaux archéologiques contenaient de la poterie.

Paracas, étaient également vêtus de peaux de vigogne. Convient-il, dans ces conditions, de maintenir fermement le concept classique de deux traditions, l'une andine, "de la Cordillère", et l'autre maritime? Nous avons vu nous-mêmes des cerfs dans les grottes de la côte du grand sud, là où la végétation vivant des seules brumes descend jusqu'à la mer. Dans l'état actuel de la question, il est difficile d'affirmer que deux traditions, l'une de collecte et de chasse, ait côtoyé l'autre, celle de la collecte et de la pêche, comme en Patagonie se sont cotoyées les cultures des chasseurs et des pêcheurs à canots. On est enclin à envisager les migrations saisonnières de bas en haut, et vice versa, avec territoire d'hiver et territoire d'été.

Sur le plan de l'alimentation, les grottes de Tres Ventanas nous ont apporté des informations nouvelles et fort intéressantes. L'état de sécheresse absolue de tous les niveaux archéologiques nous a permis de recueillir en grande quantité des végétaux. Parmi ceux-ci, on note des pailles, des roseaux et des branchages qui existent sur place; mais on note également des plantes apportées de régions plus tempérées, telle la "Tuna", une cactacée identifiée par le musée d'Histoire naturelle de Lima comme *Opuntia ficus*; une cucurbitacée, *Lagenaria siceraria*, et surtout la patate douce ou "camote" *Ipomoea batata*, et la "Jiquima", un tubercule de la famille des légumineuses, *Pachyrhizus tuberosus*.

Ces plantes aparaissent dès le niveau le plus profond, celui de 10.000 ans, et se trouvent mêlées à des pommes de terre, *Solanum sp*. et à un autre tubercule, probablement l'"Olluco", *Ollucus tuberosus*,[13] une basellacée.

Même les pommes de terre et l'"Olluco", qui résistent au froid, ne semblent pas provenir de la région des grottes, surtout en période de "Valders" final.

Les tubercules ont donc dû être récoltés plus bas, peut-être dans les vallées chaudes et proches de Lurin et de Mala, ou tout simplement sur un palier inférieur de la gorge de Chilca, en descendant vers le Pacifique. Une fois de plus donc, nous nous trouvons devant des faits indiquant des contacts fréquents entre terres hautes et basses.

La présence de l'*Opuntia ficus* soulève un autre problème; jusqu'à présent, cette plante était considérée comme mexicaine, et d'importation récente au Pérou. Peut-être s'agit-il d'une confusion avec une autre cactacée?

[13] Nous devons ces identifications à l'amabilité du Dr. Douglas Yen, (19) du Bernice Bishop Museum à Honolulu, à qui nous exprimons nos plus vifs remerciements pour sa précieuse collaboration.

Nous espérions que les spécialistes seraient en mesure de nous dire si les plantes en question provenaient d'espèces déjà cultivées; mais ceux-ci n'ont pu se prononcer; ils pensent que les tubercules qui leur ont été soumis peuvent avoir été cueillis à l'état sauvage. Si l'avenir confirmait ces vues, cela signifierait que les Andes auraient été le berceau de plantes dont l'origine restait jusqu'ici un sujet de polémiques; nous songeons essentiellement au "camote" ou "kumara", à la patate douce, considérée par certains botanistes comme d'origine asiatique, et que les Polynésiens auraient introduite au Pérou.

La présence de la pomme de terre n'est pas pour nous le même sujet d'étonnement; nous avons en effet trouvé ce tubercule en grandes quantités, vivant à l'état sauvage autour de sites archéologiques situés dans les "lomas", entre 200 et 700 m d'altitude.

La calebasse n'est pas une nouveauté; nous la trouvons dans les gisements côtiers les plus anciens.

## V. CONCLUSIONS

Puisque les experts affirment que les "Jiquimas", les patates douces et les pommes de terre peuvent avoir atteint, sans l'aide de l'homme, l'état de développement que nous leur voyons dans les niveaux profonds de Chilca, nous pensons nécessaire de maintenir, pour l'instant encore, autour de 6.000 à 5.500 ans avant nos jours, le seuil que nous avions fixé pour les horizons agricoles. Ce seuil correspond en effet, sur la côte, à l'apparition du haricot et du coton, plantes que les botanistes sont unanimes à considérer comme typiques d'une forme cultivée. Nous conservons ainsi, provisoirement tout au moins, les sites à "Jiquimas" et à "Camotes" dans un horizon préagricole, ce qui maintiendrait encore notre village N° 1 du bas Chilca, le plus ancien village à haricots connu jusqu'à ce jour, dans sa position de prototype des villages d'agriculteurs.

Il conviendra maintenant de pousser beaucoup plus loin ces études, et de chercher à comprendre pourquoiles Péruviens de la côte, qui disposaient entre 10.000 et 7.000 avant nos jours d'excellents tubercules, ont cru bon ensuite de s'installer dans les "lomas", où, d'après ce que nous trouvons dans leurs huttes et leur digestion, ils ne pouvaient se nourrir que de semences, telles celles de la tomate ou des acacias, et du fruit du "Mito", *Carica candicans*. Ce n'est en effet que beaucoup plus tard, vers 2.000 avant nos jours, que nous voyons réapparaître, également dans les "lomas", mais maintenant sur des terrasses de culture, les pommes de terre d'antan.

La seule conclusion qu'il nous paraît possible de tirer de tant de faits encore inexpliqués est qu'il convient de poursuivre avec persévérance les recherches; ce ne sera qu'après avoir accumulé de nombreux éléments d'information supplémentaires que nous pourrons quitter le terrain de l'observation directe, et nous aventurer à formuler des théories; tous ceux qui, dans l'état actuel de nos connaissances, tenteront de systématiser sont assurés de l'échec.

Sur un autre plan également, la fouille des grottes 2 et 3 de Tres Ventanas met en évidence le danger des conclusions hâtives et des rapprochements chronologiques basés sur deux couches superposées sans dépots intercalaires; des phénomènes de déflation peuvent avoir pelé le sol de tous apports éoliens et mis en contact, au cours de périodes froides, des couches absolument discordantes; et les hommes eux-mêmes peuvent avoir nettoyé les grottes des apports éoliens.

Il ne semble pas, par ailleurs, que la glaciation de Valders ait provoqué, dans les Andes centrales, des perturbations profondes. Les roches moutonnées et striées, les charrois de bloc erratiques que l'on observe dans cette zone semblent devoir être associés à des phénomènes antérieurs. Ce point devra être réétudié, comme d'ailleurs celui de l'épisode froid postérieur, "Cochrane", encore si mal connu et dont nous trouvons difficilement les traces dans les Andes occidentales.

La rencontre accidentelle d'un Mégathérium est certes un épisode divertissant d'une campagne de fouilles. Mais faire revivre des régions où, au premier abord, on ne verra que des pierres, et pas une goutte d'eau, est encore beaucoup plus fascinant.

Il est maintenant devenu évident que l'image que se faisaient les préhistoriens du Pérou devra être modernisée. Au lieu d'un vaste désert, peu peuplé, et dont les populations utilisaient l'eau des grands fleuves, nous nous trouvons en face de vestiges indiquant l'existence d'une population dense, qui a non seulement habité les oasis côtiers, les vallées inter-andines et les zones les plus habitables de la "puna", mais également de vastes surfaces qui n'apparaissent pas sur la carte à laquelle il est fondamentalement fait appel, celle de l'Institut Géographique Militaire au 1:200.000. Cette carte est établie en 3 teintes: blanc pour les glaciers, vert pour les terres cultivées et bistre pour ce qui est stérile. En fait, la distribution en zones bistres et vertes ne correspond guère à la réalité. De vastes surfaces portées sur la carte comme désertiques et inexploitables ont en réalité été habitées et exploitées dès les temps les plus reculés. On devrait inventorier ces régions, et faire apparaître sur les cartes, non seulement le tapis végétal qui les recouvre, mais également les centaines de villages précolombiens qu'un œil exercé peut y retrouver. La perception de ces villages, qui ont été habités, suivant les époques, par 50, 100, ou 1.000 âmes, donne à l'anthropologue une vision entièrement différente du Pérou précolombien.

Nous avions souligné au commencement de ce texte l'intérêt présenté par l'étude conjuguée du peuplement, de la climatologie et des écologies de zones arides.

Il ne nous semble pas, bien au contraire, que les résultats acquis lors de nos explorations du Chilca apportent des arguments défavorables à notre point de vue.

Dès après avoir bâti notre profil des paliers phytoclimatologiques, nous avions brossé à titre d'hypothèse de travail, un tableau des écologies qui devaient avoir existé dans chacun de ces paliers. L'archéologie a confirmé nos vues: nous avons trouvé les préagricoles dans la "puna", dans les "lomas" et en bordure des étangs créés par les nappes phréatiques résurgentes, en bordure de l'océan. Quant aux agriculteurs, nous les avons trouvés dans les paliers 3, 5, 6 et 7, et dans chacun de ces paliers, nous avons noté la mise en valeur du sol à l'aide de techniques différentes: jardins déprimés dans les basses plaines, irrigation au départ de sources et étangs dans la moyenne vallée aride et sur les versants semi-arides des Andes occidentales.

Nous avons ensuite tenté de placer chacun des épisodes préhistoriques d'occupation ou d'abandon de ces paliers dans un cadre climatologique.

Nous constatons maintenant que certains épisodes particulièrement marquants se sont produits en périodes chaudes ou tempérées, d'autres au cours de périodes froides. Il se peut que dans l'avenir on s'aperçoive que ces cycles alternés, froids ou tempérés, ne correspondent pas exactement aux époques indiquées par Fairbridge pour les sommets des transgressions et le creux des régressions; mais cela est absolument secondaire; il importait essentiellement d'établir que certains épisodes préhistoriques, à caractère grave, tel que la disparition d'un peuplement entier, ont pris place au cours d'épisodes chauds aussi bien que froids. Nous évitons ainsi de donner à un facteur climatique une importance exagérée ou un rôle fantaisiste, mais nous en rappelons le rôle.

Il conviendra maintenant de nous efforcer de déterminer ce qui, au cours d'un cycle chaud ou froid, aura pu gêner les populations précolombiennes au point de les amener à partir, ou les aura détruites, peut-être en les affaiblissant au point de les livrer à l'agression d'autres peuplades, mieux équipées pour surmonter une crise.

Nous pensons ainsi peut-être faire progresser, non seulement l'histoire climatologique des Andes, mais aussi l'histoire tout court de son peuplement.

UNIVERSITÉ NATIONALE
AGRAIRE DU PÉROU

## BIBLIOGRAPHIE

(1) *Boletin de Estatistica metereologica e hidrologica del Ministerio de Agricultura*, Lima, 1968.
(2) Meigs, Peveril, *Carte des zones arides du monde*, publiée par l'Unesco (Paris 1960).
(3) Tosi, J. A. Jr., "Zonas de vida natural en el Peru" (= Instituto Interamericano de ciencias agricolas de la O.E.A. Proyecto 39 *Boletin técnico* N° 5) (Washington, 1960).
(4) Holdridge, L. R., "A simple method for determining potential evaportranspiration", *Science*, Vol. 130 (Washington, 1959).
(5) Schröder Dr. A., *Mapa pluviométrico del Peru* (Lima, 1968).
(6) Engel, Frédéric, *Adaptation des Péruviens précolombiens à la vie en terres arides* (Lima, 1966), Symposium de l'Unesco sur la vie dans les déserts côtiers.
(7) Vellard, Jean, *Les Civilisations andines* (Paris, 1966).
(8) Carter, George F., *Plant geography and culture history in the American south west* (= *Viking Fund publications in Anthropology*, 5) (New York, 1945).
(9) Willey, Gordon, R., *An introduction to american archaeology* (= Prentice Hall anthropological series) (Englewood Cliffs, 1966).
(10) Kubler, George, "The Quechua in the colonial world", in: *Handbook of South American Indians*, Vol. 2 (= *Bulletin* 143, Smithsonian Institution) (Washington, 1946).
(11) Willey, Gordon, R., *Settlement patterns in the Viru valley* (= *Bulletin* 155, Smithsonian Institution) (Washington, 1953).
(12) Rouse, Irving and M. Cruxent, *Venezuelan archaeology* (New Haven, Yale University Press, 1963).
(13) Hansen, Sigurd, "The quaternary of Denmark", in: *The quaternary*, Vol. 1 (New York, Interscience publishers, 1965).
(14) Cardich, Augusto, *Lauricocha, Centro argentino de estudios prehistoricos* (Buenos Ayres, 1964).
(15) Fairbridge, Rhodes W., *Eustatic changes in sea level* (New York, Pergamon Press, 1961).
(16) Hoffstetter R., "Les Mammifères du pleistocène de la République de l'Équateur" *Mémoires de la Société Géologique de France*, Vol. 3 (Paris).
(17) Rivet, Paul, *Les Origines de l'homme américain* (Paris, 1957).
(18) Lévi-Strauss, Claude, communication personnelle (Paris 1966.)
(19) Yen, Douglas, communication personnelle (Honolulu, 1968).

Le programme "Chilca" est financé par la Commission des Fouilles du Ministère des Affaires Etrangères, par le Centre National de la Recherche Scientifique, par l'Université Nationale Agraire du Pérou et par des institutions privées. Nous exprimons nos plus chaleureux remerciements aux dirigeants de ces organismes pour l'aide qu'ils veulent bien nous apporter.

Les explorations, fouilles et travaux de laboratoire ont été réalisés par l'équipe de l'Institut d'Anthropologie et d'Agriculture Précolombienne de l'Université Nationale Agraire du Pérou, sous la direction de l'auteur, assisté de Bernardino Ojeda, Miriam Vallejos, Teresa Nicho, Soledad Cabrera, Apolonio Lino et Adrian Fernandez.

# INHERITANCE, SOCIAL CHANGE AND THE BOUNDARY PROBLEM

JACK GOODY

Social anthropologists have in general been committed to the idea that they are examining "societies", "social structures" or "cultures" which operate in some sense as functioning wholes, as "systems", as "boundary-maintaining units". The gains of such an approach (and they are many) have received ample publicity; the costs, I think, have not. Yet it is significant that in discussing the "contemporary" situation, fieldworkers tend to drop the wholistic approach and prefer to talk in terms of fields of social relationships.

This point was emphasized in Gluckman's critique of Malinowski (1947) where he calls for an analysis not in terms of the contact of unitary cultures or tribes, but of a total social field with its relationships of conflict and co-operation, a view earlier put forward by Fortes and Schapera (1936). To accept this statement does not preclude a recognition of the fact that the social field (particularly in the colonial context) is never evenly differentiated; major distinctions of language, colour, class, creed and custom are in themselves important factors in defining the social field and hence their use as a terminal point in an analysis is not altogether unjustified. But in this "indigenous" situation with which I am dealing, the "border" is not so sharply defined; differences in the social behaviour of neighbouring groups are matters of degree, not of kind. Consequently there are even greater costs in adopting a framework that is limited to a single culture or even to a single unit, a village or a state.

One cost of concentrating upon *a* village, *a* tribe, or *a* state, is that the analysis is oriented towards internal rather than external relationships. In particular, boundary problems between groups with differing patterns of social action tend to get ignored. Yet the juxtaposition of such groups is clearly an important factor in leading to social change. This juxtaposition may occur vertically, as through conquest, or horizontally, through spatial proximity: both situations create a boundary problem though the implications are somewhat different when political control is involved.

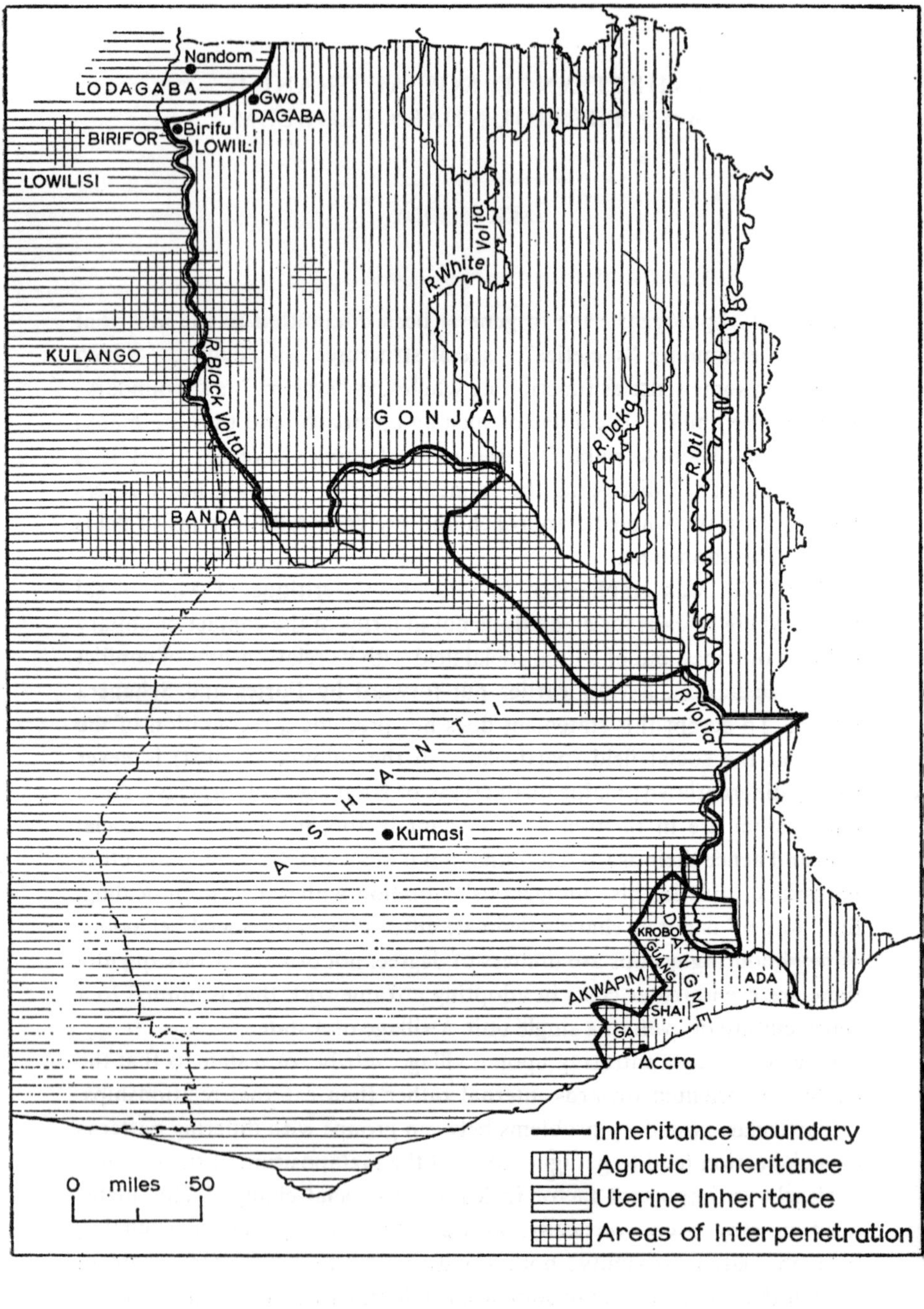


Map 1. The inheritance frontier in Ghana.

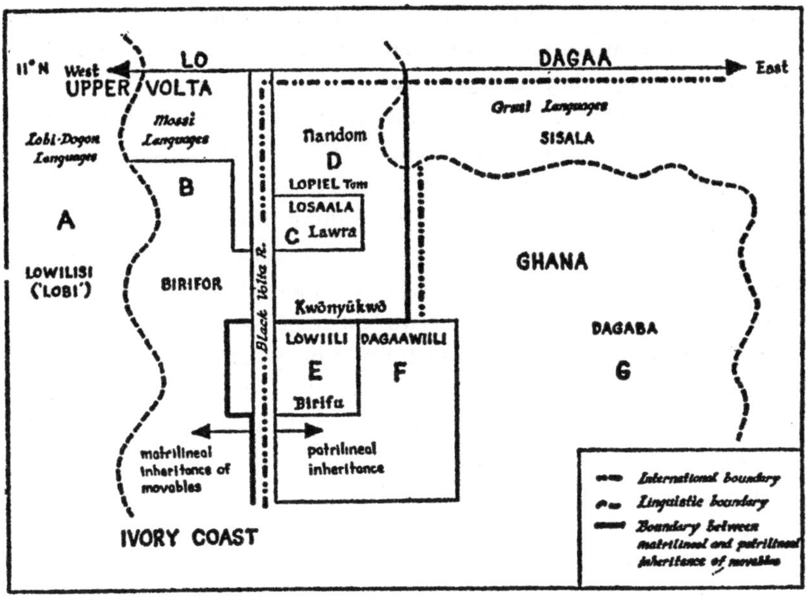


Map 2. The use of the directional names Lo and Dagaa for external reference (after Goody 1962:5).

In another paper I have discussed some aspects of the coming together of different cultural groups in northern Ghana, especially as this process is affected by marriage policy (1969). Here I consider another boundary situation that arises in many parts of the world when men practising one kind of social behaviour come into contact with those used to acting in very different ways. And such a situation is more frequent and of greater theoretical importance than is often realized. For fields of social relationships (as distinct from the more abstract cultures, structures, systems of the sociologist) have no *necessary* unity, no inevitable consistency about them, unless one takes as evidence of this unity and consistency the very fact that men are interacting with other men; and such a conclusion would be at once tautological and simple-minded. While social groups and customary patterns are always important parameters in the study of human action, fields of social relationships extend more widely across such boundaries. This fact is of considerable significance in the study of change, where the input from adjacent societies, positive in the form of property, women and religious cults, negative in the form of war, is a potential initiator of new modes of behaviour.

One of the most striking confrontations of this kind comes about when systems of patrilineal and matrilineal inheritance (and hence usually but not invariably succession and descent) are found side by side (or above and below), since they represent radically different modes of devolving property, modes that are inevitably in the forefront of men's minds because they deal with the recurrent distribution of scarce resources, of the means and ends of the productive processes.

The problem to which juxtaposition along this P/M boundary gives rise is this.[1] In the absence of any provision to the contrary, the members of neighbouring kin or local groups will inevitably intermarry. If the inter-marrying groups practise two different systems of inheritance, agnatic (or patrilineal) and uterine (or matrilineal), then the consequences for the distribution of property will be asymmetrical. Consider first the case of a "patrilineal" man marrying a "matrilineal" woman. For the purposes of this discussion I assume a unisexual system of inheritance, such as generally obtains in Africa.

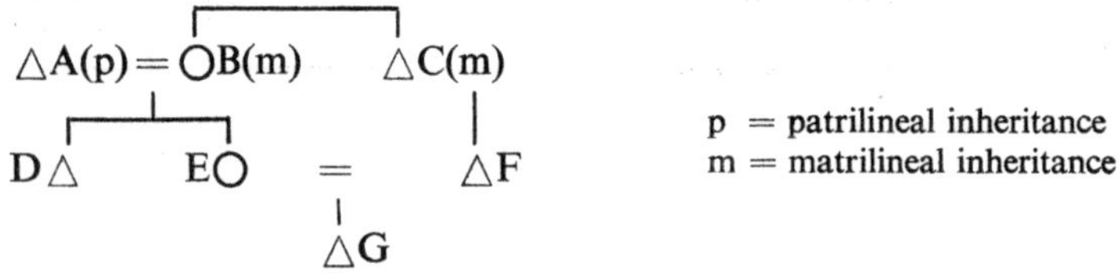


Fig. 1. "Patrilineal" man marries "matrilineal" woman.

The male offspring of such a union (D) has two inheritance options open to him. He may inherit patrilineally from his father (with whom, under virilocal marriage, he would be living) or he can inherit matrilineally from his mother's brother (C). But if they have a choice in this matter, the mother's people are unlikely to allow their property to go to the sister's child unless they are confident that their wealth will remain a matrilineal possession and not simply be aggregated to the patrilineal patrimony. They may therefore insist that the heir, D, come to live with them, and accept full responsibility for looking after the orphans (F). Alternatively, they may adopt the "circumventing mechanism" of getting the uncle's

[1] In this paper I adopt the following conventions. I refer to the boundary between "patrilineal" and "matrilineal" systems of inheritance as the P/M boundary. When I want to indicate the nature of a marriage that takes place across this boundary I use P-M to signify "patrilineal" man with "matrilineal" woman, and M-P for the opposite. For the sake of clarity, I prefer to use the terms agnatic and uterine to refer to patrilineal and matrilineal inheritance, retaining the latter for eligibility to unilineal descent groups (UDGs). But as the usage is not generally accepted, I have stuck to the traditional terms in this paper.

son to marry his FZD (Goody 1962: 349); the child of this union would thus be in a position to inherit the property of his maternal grandfather. Thirdly, supernatural sanctions may be so strong that even if D does not take up residence with his maternal kin, he is nonetheless obliged to pass on matrilineally what he received matrilineally.

The alternative form of marriage between the groups is illustrated in Figure 2.

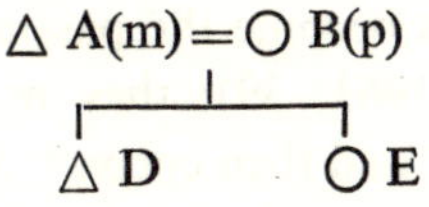


Fig. 2. "Matrilineal" man marries "patrilineal" woman.

In this case, the male offspring of the union falls between two stools, for he can inherit neither from his father nor from his mother's brother. The father could perhaps ensure that his son obtained an inheritance only if he himself were to move to his wife's natal home, or alternatively if the boy were to attach himself to his maternal uncle. But in any case, the prospect is bleak.

In Ghana, there is a constant interaction between peoples inheriting patrilineally and matrilineally. Next to the great belt of matrilineal Akan in the forest zone are found the Ga-Adangme of Accra, the Guang, Krobo and Shai of the Akwapim hills, the Ada and Ewe of the mouth of the Volta, and a congeries of differents peoples distributed up the Volta valley as far as the Banda hills. All of these latter practise a form of agnatic (or at least non-uterine) inheritance. And further north, on the western border of the country, the agnatic Dagaba and Wiili come up against the LoDagaba and LoBirifor who inherit movable property at least (and real property is usually of less value) down the uterine channel.

Some writers have recently tended to play down the difference between "patrilineal" and "matrilineal" systems. It is certainly true that descent groups may vary considerably in the functions they perform and in the degree to which membership is determined by unilineal reckoning alone, and in some cases the difference between systems of patrilineal and matrilineal descent groups may not be large. But the way in which property (relatively exclusive rights to scarce material goods, as distinct from group membership) is passed down by devolution from one generation to the next, either by inheritance or during the holder's lifetime, is of universal importance in farming societies and quite specific choices have to be made concerning the reallocation of these goods. You cannot prevaricate with inheritance the way you can with descent.

The P/M boundary situation occurs in the region to the north-west of Accra, especially on the Akwapim ridge. Here the belt of "agnatic" peoples extending from Nigeria, Dahomey and Togo meets the matrilineal Akan. Nowadays the two groups are not only juxtaposed but interpenetrate to an increasing extent, since it is the inhabitants of the ridge who have migrated so energetically into Akan territory in the course of their exploitation of cash crops. "From the time of *Konɔ Sakité* (1867-92)", writes Huber "it has become the passion of the Krobo to acquire new land for farming" (1963: 39); they moved in search of land to cultivate first the oil palm[2] and then cocoa.[3] As a result of this migration the settlements of people practising the two systems became more and more intermingled on the ground, though the incoming farmers usually retained a foothold in their hill villages and even when these were no longer inhabited, they returned to the site for funerals, for festivals and for the girls' puberty ceremonies.

Experience of another series of groups situated along an inheritance boundary (the peoples of Northern Ghana that I collectively refer to as the LoDagaa) convinced me that the recognition of these differing modes of transmission is a major factor in the actor's view of his situation.[4] It appears to be so, too, in the Akwapim region, though writers have had little to say on this subject. The reason the issue is of practical concern has already been indicated. If a man belongs to a group that inherits agnatically and his son marries a "matrilineal" girl, then the offspring of this union will be entitled to inherit both from the father and from the mother's brother. If he takes the second option, he is rejecting his father in a very fundamental way. If on the other hand the same man's daughter marries a "matrilineal" husband, then the offspring have no-one from whom they can inherit property.

In any particular situation, the importance of this "conflict of laws"

[2] Huber quotes a report of the Balse Mission in 1874 about the Krobo. "Their mind and interest are to get new land on which to plant palm trees, to have many children, and to get heaps of cowry shells (money)" (1963: 21).

[3] See Polly Hill, *The Migrant cocoa farmers of southern Ghana* (Cambridge, 1963).

[4] David Brokensha writes "When I was at Larteh I several times asked people about the subject and a general response was to hear laughter at the idea of a 'pat' girl marrying a 'mat' boy because of the bleak prospects, not only for inheriting property, but also of having a lineage group, rich uncle, or at least a big brother to whom the children would turn in times of trouble. Trouble would include illness, arrest, lorry accidents, unemployment, litigation and all the like troubles and desires of ordinary people." In a further comment he writes "my recollection is that where there was, for example, a Larteh (P) - Aburi (M) marriage (and I know of several), the wife was always from Aburi"; i.e. it was a P-M marriage.

will clearly depend upon the role played by inherited property. In West Africa, accumulated property (whether in cows, cowries or gold) has long been of great significance and its distribution is the subject of conscious thought and deliberate manipulation.

The considerations arising out of the contact between agnatic and uterine modes of inheritance are not given much explicit attention in the published literature on the Akwapim area. But there is some evidence that among agnatically inheriting peoples marriage policy is directed against unions of the property-losing kind. "No Krobo man would (at least in the past) give his daughter in marriage to an uncircumcised which, in concreto, means to a member of the *Akan* tribe ..." (Huber 1963: 96)[5] Among the Krobo, cross-cousin marriage (FZD) receives great stress. In addition a large number of marriages are within the same patrilineal "house", though not normally between first cousins (Huber 1963: 97); one sample showed 36% of such marriages, another 51.6%. In his account of Larteh, Brokensha remarks upon the small number of marriages contracted with non-Larterians; 21% of marriages were with cross-cousins (12% FZD, 9% MBD), a further 20% within the same ward and a total of 88% within Larteh, and half the rest with other Akwapim towns (1966: 219), mostly the "patrilineal" ones. By close marriage, they avoid the matrilineal threat.

I raised this problem with Nana Bagyire VI, chief of the Guang town of Abiriw. He replied: "If my daughter wanted to marry an Ashanti man I would try to dissuade her, since the child would be a 'lost person', having no inheritance. Indeed my niece did marry an Ashanti and when he came to see me recently I told him that if he didn't look after her well, then the children would be for me." (J 3037). By this he meant that if his sister's daughter left her husband, then he would claim the children as attached members of his own kin group. Unlike the Krobo, they appear to have no specific ban on intermarriage, but it is nevertheless firmly discouraged, especially the marriage of a "patrilineal" girl with a "matrilineal" man. Moreover, the discouragement is phrased not only in terms of expediency but also of morality. Just as the Krobo are said to refuse to let their daughters marry uncircumcised men, so the Guang justify their attitude by referring to the Ashanti as "bush people"; in this case specific reference was made to their earlier custom of human sacrifice.

The same situations that exist in Akwapim are also found on the

[5] The Ashanti increasingly practise circumcision. As in parts of East Africa embarrassment is felt by people who do not undergo this particular form of mutilation and there is strong pressure to conform.

western side of northern Ghana where there is a distinct boundary between peoples who inherit movable property matrilineally (immovables stay in the father's line) and those who inherit all property patrilineally. The Dagaba and Wiili (LoWiili and DagaaWiili) fall into the latter category, the LoDagaba (LoPiel and LoSaala) and the LoBirifor in the former; in the context of inheritance, the first ore often referred to as Dagaa, the others as Lobi (Lo).

Once again, it is not simply juxtaposition that occurs; there is also interpenetration as the result of the local migrations that have long been a feature of the whole area. The impetus behind such movements was the search for better land and the desire for greater security; poor tropical soils, a thinly spread population and the constant demand for slaves meant continual upheavals of a local kind. But when initial needs had been satisfied, the primary concern of the immigrants with regard to their hosts was to procure wives, for themselves or for their sons; and at the same time of course, husbands for their daughters. To achieve this end they had either to adopt a policy of endogamy (unusual in Africa), or alternatively to permit marriage to girls from the host group. Intermarriage inevitably entailed an acceptance of the system of prestations and forms of marriage favoured by the locally dominant group. But of more far-reaching importance is the fact that the persons involved in such a marriage have different ideas about the role of their offspring. A "matrilineal" mother will expect her son to inherit from her brother and she is sometimes in a position to encourage him to do precisely this, especially if her people are the locally dominant ones. When I asked some members of the Bekuone patriclan of Lyssa (Dagaba) how it came about that their clansmen in the Nandom (LoDagaba) area *dina gbang* (inherited movable property in the uterine line), the senior replied: "What happens is that when we go to live there, we have to marry the daughters of the Lobi (*Lobr*). When the child grows up, his mother takes him to her father's house, keeps him there until her brother dies and then persuades him to keep the property."[6]

The problem of adjustment arises in rather a different form when patrilineal and matrilineal groups live side by side, for it then becomes one of territorial boundaries rather than of social incorporation. And since in acephalous systems the groups concerned are politically equal (in a broad sense), the question of dominance does not arise.

From the standpoint of a matrilineally-inheriting (M) group, the dis-

[6] J. Goody, "LoDagaa fieldnotes", 1950-52: 3030 (see Appendix).

advantage of taking a "patrilineal" (P) wife is that the male offspring has no heritage — he can be only an "attached" member wherever he goes, whether he returns to his mother's patriclan as a "sister's son" or whether he stays with his father's matriclan as a "son". In a "patrilineal" section of Kwõnyũkwõ (Kumansal), I was told that if one of their daughters married a "matrilineal" man, the offspring could on no account come back to inherit; if he did he would die within three days. All a sister's son will receive is a cow to tend (*gwöl*) in return for which he will keep the increase. But the position of the "lost person" is partially protected by a system of double inheritance which divides the property between the two lines; it does not seem accidental that, in Africa, these systems generally occur in the very borderland areas with which we are here concerned.

From the standpoint of a patrilineal group, the threat involved is yet greater because marriage to a matrilineal wife means that the male offspring can receive the same benefits at his mother's house as he can at his father's. And if the mother's brother has more cattle, or dies first; or if the mother returns to her natal home through divorce or widowhood, then the child may adopt the matrilineal rather than the patrilineal alternative.

The results of such a decision (whether made by the man himself or by his relatives) are of wide-ranging importance — and the LoDagaa are quite clear about the consequences. The settlement of Gwo near Nandom is inhabited by a number of lineages some of whom (e.g. the Bekuone) "inherit in the house" (*dina yiru* i.e. agnatically) and others (e.g. the Kusiele) who inherit in the uterine line (*dina gbang*). Intermarriage inevitably occurs both within and without the settlement, thus leading to a shift of the boundary. Indeed changes of this kind take place within one lineage. Dogber (a name meaning "born away") was the grandfather of my assistant, Romulo Tadɔɔ, and a member of the Berewiele patriclan. His father had inherited patrilineally, but had married a Lo girl, a Bekuone from Tokũ. After a while, this woman left her husband's house, ran home and brought her child up with her own folk. Since Dogber had no property of his own, his mother's brother put up the cows he needed to get married; afterwards he continued to farm for his uncle who managed to buy a cow with the proceeds and this in its turn produced many offspring. Eventually Dogber built his own compound and the uncle announced that because of all the help he had given he should inherit the cows. When the uncle died, his brothers opposed the claim of the sister's son, going before the chief of the district to say that the Berewiele were Dagaba who inherited "in the house". But they knew that they were unable to insist, since the will of the ancestors had to be done or the consequences faced. The chief allowed the inheritance to take place, but warned Dogber that henceforth this property must be passed on in the uterine line. So it was, and in his turn Dogber's son, Tadɔɔ, also inherited from the matrilineal side, for his father's property had already been collected by the matrikin (1238).

Commenting to me upon this case, one of Dogber's collateral descendants, a "patrilineal" man, remarked "If you inherit your mother's brother's property, you must leave your father's. You cannot inherit (= "eat") in two places."[7] Among the LoWiili, it is often maintained that "things of the mother's stem are inherited in that line" (Goody 1962: 428). This maxim is recognised even in the patrilineal societies along the boundary; and the implications are that if you marry a matrilineal woman, your children may have to bear the consequences.

Of course, the consequences are often brought on by the acts of the offspring themselves. But it is not always easy to refuse the promise of riches when one's maternal uncle dies before one's father. Even about gifts there is a certain ambiguity. When I discussed this issue with the Earth Priest of Gwo, a member of the Haiyuri patriclan, he remarked that he had been given a cow (*naab gwöl*) to look after by his mother's brother, a widespread practice in the area — among the patrilineal Tallensi, a boy is first able to establish an independent fund by a gift of livestock from his mother's brother. But some time or other, the Earth Priest said, he would take the opportunity to return the cow (while keeping the increase) to his mother's people, possibly when they need one for a sacrifice or a funeral. Such a return would relieve the gift of any implications that it was *pre mortem* matrilineal inheritance.

However, there are situations where a man is under great pressure to raise capital, and in this case he may well turn to his mother's kin. The Dagaba of Lyssa and Tuoperi, who inherit in the agnatic line, give a bride-wealth composed exclusively of cowries (60,000 to 110,000), whereas the LoDagaa include cows as well. But when the chief of Tuoperi wanted to marry a Lo girl, her parents demanded cattle and he therefore turned to his mother's brother (a "matrilineal" man) for help. The acceptance of this assistance creates a special kind of debt that tends to pull the debtor into the matrilineal system of the creditor. In this case it was instrumental

7 "To eat in two places" (i.e. *zir ayi*) is the equivalent of the "double cross". A young man I knew was called *Zirayi*, and his father told me that he had given him the name because he suspected the mother of having an affair; she was "eating" (enjoying) in two places.

in leading the chief of Tuoperi to give his allegiance to the LoDagaba (M) chief of Nandom rather than the Dagaba (P) chief of Lyssa, a decision that in turn influenced the arrangement of local government areas. And at his death, more far-reaching changes in social organisation might well result.

One reason the chief had to meet the request of his in-laws was that he would not otherwise have been allowed to marry the girl. A chief is an attractive proposition as a son-in-law and is also in a position to exercise some force. But religious sanctions here give support to the weak (*pace* Marx, they do not always support the strong), for it is generally recognised that unless the proper payments are made, the girl's fertility may fail; "we do not want her stem (*per*) to finish" (3030).

The radical consequences of the act of one individual in accepting matrilineal property are often discussed in border areas, and not simply in response to an observer's questions. Baaluon of Kwõnyũkwõ explained to me how the Kusiele lineage in that settlement came to inherit in this way (some other lineages e.g. the Puriyele still inherit agnatically). "Our grandfather took and so spoiled things, that's why we now inherit matrilineally (*Ti sããkum di song, bong zu ti dina gbandiru*)". Baaluon's sons were dead set against the idea of his property, which was considerable, passing out of the house; but the father advised them to accept things as they stood. He explained how he himself had come to inherit in this way, implying not only that his matrikin would be entitled to claim his wealth on grounds of reciprocity, but also that such transactions were the concern of the dead as well as the living, for the ancestors continue to hold an interest in the distribution of the property they acquired from their own forbears (self-acquired property as distinct from ancestor-acquired is here, as elsewhere, subject to somewhat less stringent rules). He went on to tell the story of a man who had inherited from his maternal uncle, and when his own father died, had taken some seven of those cows in addition, though an elder warned against doing so. He used three of these, and died; the remainder were left untouched. "All the other houses in our lineage (= "room") flourish, but this one died out."[8]

In earlier times, inheritance was not simply a question of property being transferred to the next of kin (Goody 1962: 345ff.). Property was held to be vested in the whole matriclan and it sometimes happened that more distant clansmen were able to establish successful claims. There were a variety of reasons for this; in the period for which I have evidence,

[8] Goody, "LoDagaa fieldnotes", 369. The elder in question was called Polle, who was, I think, the chief of Babile at the time.

that is, the early colonial period (1900-1930), it would appear that men of influence, including government chiefs, might use their position to obtain part of the property of distant matrikin. As a consequence it could happen that even in those areas where matriclans were present but not property holding (e.g. the LoWiili area), men might try and obtain a share of the estate of a fellow clansman in a nearby matrilineal settlement.

Claims of this kind were made at the death of Kumbiu, chief of Kwõnyũkwõ (M, LoDagaba), a village which lay immediately to the north-east of Birifu (P, LoWiili). Kumbiu's mother had come from the Ngmanbili section of Birifu. Naakpĩĩ from Chaa (Birifu) belonged to the same "mother's stem" (*ma per* i.e. matrilineage) and both were of the Some matriclan. When Kumbiu died in about 1922, Naakpĩĩ, supported by two other Some clansmen, went and collected 35 cattle, thus potentially opening up a series of further claims at their own death. In the end these efforts were not effective. Kumbiu was forced to return the cattle by the chief of Birifu, Gandaa, who wanted to put a stop to uterine trends of this kind, especially as he fully intended his own, very considerable, property (derived from chiefship and from the export of shrines) to go to his own very numerous offspring. Discussion about this question was virtually taboo when I was in Birifu, and the inhabitants of Chaa displayed great reluctance to go into any details, partly because they were well aware what should have happened, and partly because they were worried about the supernatural consequences of what had been done (934).

The simplest way of preventing boundary problems of this kind is to prevent intermarriage. While the LoDagaa have no prohibitions of the Krobo kind, there is certainly much open discouragement. At Menuõ, a LoDagaba (M) village lying west of the Black Volta River, in what is now the Upper Volta, I was told "We seek our wives from the LoSaala (M, a LoDagaba sub-group). We do not marry Dagaa (P) because, if they marry one of our women, they do not give us any of her daughter's bridewealth (*pɔɔ libie*) when she marries."[9] Among the LoDagaba (M) a woman's kin retain a material interest in the marriage of her daughters; for part of the bridewealth received goes to the mother's brother. This does not happen with the Wiili (P) and the Dagaba (P). As a consequence, the "matrilineal" peoples are not anxious to encourage their daughters to marry "patrilineally", since not only may an outsider then come and inherit, with the consequent threat to reciprocity and to the social continuity of line or lineage, but they will also lose on the transactions that occur in the following generation.

[9] J. Goody, VNB 1/72.

One way of inhibiting such marriages is to place a higher price on the removal of their daughters, with the result that we find a situation where, contrary to most theoretical assumptions, bridewealth is higher in the more "matrilineal" groups. This situation was recognized by the "patrilineal" peoples. Indeed both the direct as well as the indirect bridewealth was greater for "matrilineal" women. I knew only one LoWiili man in Birifu who had married a "Lo" (LoBirifor) girl from across the river, although they were constantly attending each other's markets. He had had to give 5 cows, instead of the payment usually made in Birifu, that is, 20,000 cowries, plus 2 cows when children were born. His kin considered this a heavy burden, even though he would eventually be able to ask as much for any daughters as had been given for the mother.

For the LoBirifor themselves, anyhow in this area, the internal bridewealth is not so high as this payment would indicate. However a man carries out a great deal of farm service for his father-in-law, who uses his daughter as bait from an early age. Since matrilineal societies can in theory do without the husband/father role altogether (but not that of wife/mother), the brother is in a better position than in patrilineal societies to use his sister as a source of wealth and service. With outsiders the farm work is sometimes compounded into an additional payment, as in the case above. But this is done only reluctantly; the "matrilineal" LoDagaba of Menuõ referred to earlier told me that they were unwilling to marry LoBirifor (M) women at the nearby settlement of Singkaa, since they have to contract an early betrothal and the man has to farm five years for his in-laws, presenting them with a cow and a sheep each year. Thus these LoDagaba (M) found reasons for not marrying women from either of their neighbouring groups, the Dagaba (P) and the LoBirifor (M).

A similar situation appears to exist among the LoBirifor. My own data on their marriage is fragmentary and there are probably major differences within the peoples known by this name. The information I gathered from Nakpala (Western Gonja) in 1966 provided evidence of larger payments than are mentioned either by Labouret in his ethnographic account (1931) or by my informants from the Bache area to the north (1950). I do not think that these differences are to be explained by inflation over the years, since this would have affected cows as much as women; but it is true that due to veterinary measures the supply of cattle is increasing faster than that of wives.

The large majority of LoBirifor girls are betrothed in their infancy to a suitor who pays the standard sum of twenty cowries and then begins to farm for his future in-laws (*kob zele*), bringing a party of helpers on two to three occasions every year until the bride is ready to come and live with him. Before she does so, both the father and the mother's brother of the girl have to give their consent. It is not until the girl has given birth to a child that the first bridewealth payment (*pɔɔ kyero libie*) is demanded, for only then will her kin know that she really wants her husband, that is, wants to stay.

Formerly this payment was made in cowries, but the shells are now scarce around Nakpala and reserved for funerals. As an alternative, a man may send a cow and perhaps £5 or £10; if the girl's father insists on cowries, he is in effect refusing permission for his daughter to marry, for he knows the suitor cannot find them. Once this payment has been made, the father informs the girl's mother's brother (*madeb*), who then asks for one to three cows in addition to those sent to the paternal relatives.

If at this stage the girl marries another man who has not farmed for her kin, the original betrothed has to be compensated by a payment of one or two cows for the labour he has put in. Moreover, the new husband will be asked for a further payment of anything up to 10 cattle, since he has in effect seized the girl by force (J. 4024).

High as these payments may seem, the demands of the LoWilisi (or "true Lobi") further west are even higher: there are similar farming services, plus 15-20 head of cattle. Yet the LoWilisi are more "matrilineal" than the LoBirifor, apparently having no patrilineal descent groups (like the LoDagaba, the LoBirifor have a fully-fledged double descent system). Indeed one of the reasons given by the LoBirifor for not taking LoWilisi women (though some of these live in a settlement hard by Nakpala) is that they have the terrible custom of marrying their paternal half-sisters — the other reason of course being that LoWilisi women require a much greater outlay.[10]

In this area, then, we find that bridewealth increases with dependence on matrilineal institutions. Indeed the difference in prestations becomes even more striking when one considers that except for the LoWiili the "patrilineal" peoples also prohibit kin marriage, whereas among the "matrilineal" groups some forms of kin marriage (e.g. FZD) are implied in the marriage transactions of the previous generation (Goody 1956: 48). In this area, the more "matrilineal", the higher the over-all cost of bride-removal.

[10] It is not that they were unable to afford such payments. I am reliably told of holdings of 200, even 400 cattle; even a poor man is said to have 15-20. It is rather the relative cost that is the deterrent. Moreover, now that men are called on to pay educational expenses and to sacrifice the labour of their sons, individuals are beginning to invest in children rather than wives.

I do not suggest that the explicit reason for these differences is to prevent "patrilineal" men marrying "matrilineal" girls and thus obtain for their children a claim to their brother-in-law's property; I heard no comment to this effect. But it is certainly one factor in keeping down the number of marriages that occur between such groups. The low proportion of intergroup marriages in what seems to be a typical boundary situation can be seen from the figures in Table 1, which are derived from a recent survey among the LoWiili.

TABLE 1. *Marriages of 76 LoWiili males (Birifu 1966)*

| Within the parish (P) | to Dagaa (P) | to Lo (M) | to others |
|---|---|---|---|
| 68 | 3 | 1 | 4 |

The 4 marriages under "others" were west of the river, i.e. in the Lo direction, but they are all with a small group of LoWiili who have migrated to Zinkãã and who still seem to inherit agnatically. The one Lo marriage was to a MBD. 91% of marriages were within the major ritual areas of Birifu, and nearly all of these to adjacent lineages living within a mile's radius.

The differences in bridewealth I have described occur along the range of groups who refer to each other by means of the two "directional" terms, Lo and Dagaa (Goody 1956: 16ff); the payments increase as one approaches the Lo or "matrilineal" pole. In analysing this continuum, I earlier wrote as if the two poles, Lo and Dagaa, were always given equal value (1956). This is not altogether the case. The Lo are sometimes looked down upon by the Dagaa and other outsiders not only because of their matrilineal institutions (the prestigious Akan also have these) but because their women wear circular lip-plugs that distort the mouth, and because they are unclothed, "dirty" and "bush".

While these value judgements are certainly affected by the changing situation in the area (the Lo peoples have had less contact with the modern world), there is some evidence to suggest that similar attitudes were present, perhaps in less acute form, in earlier times. In the first place, distortion of the human features, though done for what the Lo consider aesthetic reasons (Labouret 1921; 1931), inevitably appears grotesque to those whose practices are different. Indeed the aversion that such customs arouse may have made LoWilisi women less attractive either as prey for slave-raiders or as brides for their neighbours. As in the case of the Krobo, bodily mutilations (or their absence) may have served to inhibit marriages across the P/M border (though the "matrilineal" LoDagaba have the more restrained lip-ornament that is current in many parts of Northern Ghana). For such deformations are the most permanent cards of identity an individual can take out and are often used to mark off the members of a religious sect or ruling estate, just as facial markings were used to distinguish one tribal group from another (Armitage 1924). While among the Ashanti, who forbid such mutilations and for whom the north was the source of foreign slaves (*odonko*), the main physical characteristic of such a person is summed up in the fact of his bearing tribal marks (Rattray 1929: 35). Neither the circumcized nor the scarified can hold chiefly office; whereas among their northern neighbours (and tributaries) the Gonja, the reverse is true.

The second and more fundamental piece of evidence I have presented in a discussion of the frequent appearance in "matrilineal" groups of mechanisms which appear to circumvent the system of inheritance (1962: 354ff, 423ff). The presence of these institutions suggests that matrilineal societies are themselves very conscious of the costs of the system they practise, and certainly, today, this is even more true of their "patrilineal" neighbours who regard matrilineal inheritance with some contempt.

Lastly, there is another sense in which the matrilineal, Lo, or westerly direction is devalued compared with the patrilineal, Dagaa, or easterly direction. For a man is always buried facing the east, since (the LoDagaa say) it is the rising sun that tells him when to get up and go off to the farm. A woman is buried facing west, for when the sun sets her man will return from the fields to eat the food she has been preparing. In certain contexts, therefore, west is associated with night and woman, which are devalued in relation to day and man.

There is one striking way that direction (which carries cultural as well as physical meaning) is linked to ideas of pollution (dirt, L.D. *deɣr*) and sickness. During the dry season, the unmarried girls and the young boys in Dagaa settlements carry out a cleansing ceremony, sweeping the rooms clear of dirt and dabbing large blotches of whitewash on the compound walls. When they have swept the dwellings, they take a housebat and an egg and cast them in a westerly or Lo direction, in an explicit attempt to banish dirt and sickness from their midst and to project it across the river. The trigger for this Vukãle ceremony (which is not known to the LoBirifor and others to the west) is its performance by the Dagaa peoples to the east; in other words there is a kind of ritual chain, though less formal than that described by Fortes for the Tallensi. When they know that the contamination has been cast in their direction, the LoWiili hasten to move it on yet farther westwards. Thus dirt and disease are sent westwards to join night and deformity among the "matrilineal" Lo.

I do not wish to over-stress the symbolic associations; war or pestilence could easily lead to a change in physical position which would destroy the present symmetry. In any case, this network of associations is strictly contextual; in warfare the Lo are regarded as displaying the male virtues to a high degree. And while groups in the LoDagaa continuum look down upon those in the Lo direction, they do not necessarily look up, or even across, to the Dagaa. The Wiili regard with great aversion the Dagaba custom of inheriting one's father's widows (marrying a "mother"). This situation, I think, supports my point that these attitudes towards the customs of neighbouring peoples reinforce the barriers to marriage between adjacent groups practising different systems of inheritance. When people change to become Lo (*Lobr*), I was told by Dagaa, they then marry even within the same patriclan (i.e. patriclans may split for marriage), an action that was connected with the adoption of matrilineal inheritance. In fact, matrilineal inheritance may encourage marriage to the FZD where virilocal marriage is practised, since such a union may prevent the dispersion of property and act as a "circumventing mechanism". But the Dagaba (who prohibit all kin marriages and tend to have exogamous single, clan-settlements) see this union as a particular example of the close (kinship) marriages of the Lo, as distinct from the distant (extra-kin) marriages of the Dagaa (3031).

In a recent paper on cross-cousin marriage in northern Ghana (J. and E. Goody 1966), it was pointed out that all societies in the region seem to regard close marriage with some ambivalence because of the problems involved in making near kin act also as affines. We argued there that in the societies we studied the prohibition upon cross-cousin marriage was part of a wider ban on kinship marriages and that, where cross-cousin marriage occurred, it did so because of specific rather than general advantages. One of these incentives, it would seem, is the existence of the P/M confrontation, which leads the actors to adopt a policy of in-marriage. It is perhaps not accidental that the distribution of close marriage in northern Ghana appears to be linked to proximity to the P/M borderline; more centrally placed patrilineal peoples like the Tallensi prefer to marry at a distance.

It is possible to gain some idea of the effects of these differing marriage patterns (close v. distant, in v. out, kin v. others) by examining the reports of the 1962 census. While the "localities" of the census are by no means ideal for this purpose, there is considerably more marriage outside the locality in the "patrilineal" societies. The trend accords with our prediction. In the Dagaba case, 40.5% of adult women (not all of course wives) were born in the same "locality" in which they are now living; among the neighbouring LoWiili and LoDagaba, the figure is 62.1%.[11] My own recent census shows that 91% of LoWiili marriages occurred within the same ritual area. One factor in this different demographic pattern appears to be resistance to a change in the inheritance pattern through intermarriage along the P/M border.

It should be added that distant marriage of this kind is not to be confused with exogamy. A rule of exogamy imposes a general ban on marriage within a definite radius, defined in terms of kinship, locality or social group; it has a group reference.

But calculations of distant marriage take an individual's marriage as the point of departure. If two exogamous units reside in one locality, the prohibition applies only where a union has already taken place; it is not an outright ban on intermarriage, but only on "repetitive marriage", and it is this fact that is reflected in the census figures.

## CONCLUSIONS

Given relatively small "cultural" groups and frequent movement, different systems of action necessarily come into contact and therefore undergo a process of mutual adjustment. The situation is no new one; virtually every settlement in northern Ghana produces a complex set of migration stories which are not mere legends. In this paper I have been concerned

[11] The figures for the percentage of persons born in the locality in which they were enumerated appears in the tribal breakdown of the 1960 census (vol. V) as:

| | Men | Women | Difference |
|---|---|---|---|
| Dagaba | 63.0 | 49.1 | 13.9 |
| Lobi | 48.1 | 49.0 | 0.9 |

The Lobi referred to here are mostly LoBirifor who have been migrating from the Ivory Coast since 1917. The "Dagaba", however, appear to include LoWiili and LoDagaba as well. The figures in this paper I obtained by taking a number of localities in the Lawra District I knew and working out the relevant percentages. These localities were:

Dagaba — Ulo (1 and 2), Ulkpon, Tuopaara, Chepuri, Gozuu, Ping.

LoWiili and LoDagaba — Mwangbil, Baapari, Birifo, Tanzeri, Chaa, Tome.

with the problems that arise from the juxtaposition rather than the interpenetration of culturally diverse peoples, and specifically with the juxtaposition of groups practising different systems of inheritance.

I have tried to analyze the spread of matrilineal inheritance in a border area and to look at those forms of behaviour which can be seen as inhibiting its extension. In so doing I have offered a partial explanation for the existence (in this area) of higher marriage payments among the "matrilineal" peoples than among their "patrilineal" neighbours. I have also emphasized that in certain contexts all these neighbouring peoples have to be viewed as falling within a single social field since they actively influence each other's behaviour.

Stretching from the very north of Ghana to the south, there exists a zone of contact between peoples practising uterine (matrilineal) and agnatic (patrilineal) inheritance. Intermarriage between these groups inevitably creates problems for the offspring. Where a "patrilineal" man marries a "matrilineal" woman (the P-M marriage), the male offspring is a "double heir". But in the opposite case (M-P marriage), he is a "lost person".

Marriages of both kinds sometimes occur, though the second even less frequently than the first. When a P/M union does take place, it opens up the possibility of change. Matrilineal societies display a number of acute problems in the sphere of inheritance, residence and descent, which might be thought to favour a change to patriliny. But in fact, they can readily incorporate neighbouring peoples wherever a system of free *conubium* exists. But since they are likely to lose property in the process, they do not encourage marriages across the border any more than their patrilineal neighbours who, while they gain an inheritance, stand to lose their identity. For the effects of a change in inheritance reach out into many corners of customary life (Goody 1962: 416ff.).

Change occurs, and in a direction that most writers have thought unlikely or impossible. The general assumption of Rattray (1932: ix), Baumann (1948: 45), Murdock (1959: 84ff.) and others about northern Ghana is that matrilineal systems everywhere preceded patrilineal ones. In another context Murdock puts forward the following propositions about such changes as having universal validity (though stating that "exceptions are theoretically possible under extremely improbable combinations of circumstances"):

(1) Patrilineal societies cannot "undergo direct transition to a matrilineal form of organization."

(2) Where patrilineal and matrilineal peoples exist side by side, the first must have evolved from the second.
(3) With fully-fledged double descent systems, "the matrilineal kin groups were the first to be evolved" (1949: 218).

Lévi-Strauss has claimed that if Murdock's contention were true, "a vectorial factor would for the first time be introduced into social structure" (1953: 530). Vectorial factors can, I believe, be demonstrated elsewhere. But the material I have adduced from Ghana supports neither Murdock's general claims nor the more particular reconstructions of Rattray and Baumann. In the recent past, societies with matrilineal inheritance have been well capable of holding their own and indeed extending their influence by converting patrilineal groups through marriage or by conquering them in war — the matrilineal Ashanti were after all the most successful warriors in the area and extended the system northwards (Goody 1965). Conquest can be averted only by diplomatic or military means. But patrilineal societies can avoid the possibility of conversion through marriage by inhibiting unions without and by encouraging them within. In one sense these barriers may be "deliberate".

For enough evidence has been produced to show that people are quite conscious of the contact situation and justify their marriage policy in homeostatic terms. But while the groups involved may wish to preserve their existing arrangements, some intermarriages do occur, with the result that the offspring may become directly involved in their neighbour's affairs. Their subsequent actions may then give rise to social change in the shape of "creeping matriliny". For in this border situation there is a clear conflict between the interests of certain individuals placed in an interstitial position and those of the rest of the group, threatened by the anticipated consequences or by the desertion of their fellows. Under these conditions, whatever gains outmarriage may have, on a political or individual level it carries a possible cost in the loss of identity to line or lineage.

An analytic frame that fails to allow for this type of conflict of interest and for the preventive measures associated with it has distinct limitations for the social scientist. A dominating interest in "structure" can lead to a neglect of the dynamic forces that make for both continuity and change.

## POSTSCRIPT

I am indebted to Ivor Wilks, David Brokensha, G. K. Nukunya and others I have approached for their comments on this paper. As a result of their remarks I see the boundary problem in southern Ghana as yet more important than I had hitherto thought. Wilks points out that the boundary may lie within as well as between communities; this has long been a problem in Accra and Ada, where incoming Akan (M) lineages superimposed themselves on the earlier Ga-Adangme (P) speakers. He has himself carefully analyzed a series of dynastic marriages of Accra in the 18th century and describes an attempt at reconciling the interests of the local Ga (P) dynasty with immigrant Akwamu (M) rulers by means of a P-M marriage, the offspring of which would belong to both lineages (1959: 399). In Accra patrilineal and matrilineal lineages still reside side by side, though there is some compromise on the part of the older-established matrilineages which interestingly enough manifests itself in changes in the attitude to bodily mutilations. The Atifi section of Otublohum "although in the midst of Accra, has not adopted the Accra custom of circumcison and still adheres to fairly well-defined principles of unilineal succession and inheritance. The Dadebana section, on the other hand, practises circumcision and admits a compromise between matrilineal and patrilineal principles ... signs are not lacking of positive dissociative processes working to increase the distinctness of each section: Dadebana could be said to welcome, Atifi to resist, acculturation" (1959: 402). Wilks' essay is an example of how marriage arrangements were used positively to associate two unilineal dynastic segments in Accra; my essay has tried to demonstrate how marriage policy can be used negatively to avoid the problems of crossing the P/M boundary.

In areas like Accra, where groups inheriting patrilineally and matrilineally live side by side, intermarriages do occur and the problems of the "double heir" and the "lost person" make their appearance in the law courts. In his account of inheritance law in Ghana, Mr. Justice N. A. Ollenu writes of Edward Tetteh, "one of those fortunate persons who could succeed on both his paternal and maternal sides, his mother's town Accra — Gamashie — being a maternal family community, while his father's town, Osu, is a paternal family community" (1966: 180). In giving decisions on such cases, modern and traditional judges are bound, Wilks suggests, to introduce considerations of equity, especially when the respective groups are resident in one township, under one political and legal authority. And such decisions, in their turn, are products and instigators of social change.

Resistance to this process is by non-marriage. Miss Schildkrout tells me that Mossi immigrants in Ashanti are very conscious of the possible results of marrying a local girl (the P-M marriage), and it is rare to find this kind of union which would lead to a complete discontinuity of cultural identity; the locally dominant people would certainly exercise the main pull over the children. Equally the Ashanti recognize that if they make a M-P marriage (as formerly with a northern slave), the children have no *abusua* and hence no heritage (Rattray 1923: 43).

It is for rather similar reasons that the Ewe (P) seem wary of marrying Akan (Ashanti and Fanti-M) girls. Even among the elite this is so and it would seem that there is at least a semi-conscious realisation of the problems involved. I heard of two cases of marriages among higher civil servants, both P-M unions. In one case the only son of a marriage to a Fanti (M) woman left his father to take up a chiefship in his mother's town. In the other case, the father made sure that the children, though bilingual, had their education in the Ewe town of Keta; but the mother pressed for the eldest son to marry a Fanti girl, and this he has done, leaving the problem unresolved. It is perhaps no accident that of 20 Ewe colleagues at Legon in 1967, none had Akan (M) wives; 11 had married Ewe girls, 6 Afro-Americans, and 3 Ga (P) women.[12]

## APPENDIX: A NOTE ON METHODOLOGY

I have adopted the convention of quoting from my own fieldnotes and giving the page reference; the notes are deposited with the West African Research Unit in the University of Cambridge.

I have done this for two reasons, the first personal, the second general. One commentator has found the detailed material I have presented on inheritance "cloudy and contradictory" (Ethnographic Atlas, *Ethnography*, 4, 335), while another has attributed the differences between the LoDagaba and the LoWiili to "curious discrepancies" in my fieldnotes (Leach 1961: 3). Both of these statements have been challenged (Goody 1967a; 1967b); and those interested can check the material from the notes. But a more general point is involved. It is, I suggest, desirable that all anthropologists should make their notes available for general (or at least reciprocal) inspection, since these documents are the only confirmation an investigator can offer for his conclusions.

[12] In an earlier published reference to these marriages, I failed to give the complete figures.

There are a number of reasons why fieldnotes (often gathered at considerable social cost) should be preserved. In many cases they form the only existing records of daily life in a preliterate, or not fully literate, society, and as such will be of great value to future historians. Secondly, the standards of anthropological scholarship (which leave so much to be desired) can be raised by such a procedure; otherwise future workers have little check on the affirmations of their predecessors. And those statements themselves might be more carefully presented if the data on which they were based were subject to more general inspection: it is not the job of the social scientist to ignore discrepancies, cloudiness or contradiction.

I hope these remarks will encourage other fieldworkers (not only those who have criticized my own material) to make their notes equally available by depositing them in a public place; only if this is done can we discover the evidence for action statements, such as "all X do Y", or for normative statements, such as "among the X, the prescribed form of behaviour is Y". Indeed until this is done, we should treat generalized ethnographic statements with some caution; at present we are in the curious position of being able to check the statements of the armchair anthropologists such as Sir James Frazer but unable to verify the assertions of the fieldworkers who followed and who have so heavily criticized his methods.

In this respect sociological research comes second to the best practice of modern folklorists; in his *Singer of Tales* (1960), a fascinating study of the relationship between Homer and the oral epic of modern Jugoslavia, A. B. Lord provides the reader with precise references to tapes and transcriptions. A similar procedure is followed by many ethnohistorians in Africa who refer to their fieldnotes in the same scrupulous manner as the graphohistorian does his documents. Not so the fieldworker, some of whom are even reputed to have destroyed their notes once used, while others have been lost in one of the many accidents to which anthropologists are prone.

I would add a further point, at Brokensha's suggestion; that these notes should be deposited, sooner or later, in their country of origin. The details of local life recorded by the fieldworker soon become important as historical documents for that country, whatever their continuing value for sociological research. Moreover an essential aspect of the process of decolonizing anthropological (and sociological) thought is to make our documents available to the world at large, especially those parts of it upon which we have lavished our attention. Only such a process can test our objectivity and our hypotheses, can raise our standards of scholarship and of evidence to a generally acceptable level. And in so doing we may well find that, as far as anthropology is concerned, the *bricoleur* and the *homme de science* have changed continents.

ST. JOHN'S COLLEGE, CAMBRIDGE

## REFERENCES


Armitage, C. H.,
1924 *The tribal markings and marks of adornment of the natives of the Northern Territories of the Gold Coast* (London, Royal Anthrop. Inst.).

Baumann, H. and Westermann, D.,
1948 *Les peuples et les civilisations de l'Afrique* (Paris, Payot).

Brokensha, D. W.,
1966 *Social change at Larteh, Ghana* (Oxford, Clarendon Press).

Fortes, M.,
1936 "Culture contact as a dynamic process. An investigation in the Northern Territories of the Gold Coast", *Africa*, 9, 24-55.

Gluckman, M.,
1947 "Malinowski's 'functional' analysis of social change", *Africa*, 17, 103-121.

Goody, J.,
1956 *The social organisation of the LoWiili* (London, H.M.S.O.).
1962 *Death, property and the ancestors* (Stanford, Stanford University Press).
1965 Introduction to J. Goody and K. Arhin (eds.) *Ashanti and the Northwest* (Inst. of African Studies, Legon, Ghana).
1967a "On the accuracy of the Ethnographic Atlas", *Am. Anthrop.*, 69, 366-367.
1967b Introduction to *The social organisation of the LoWiili* (2nd ed.) (London, Oxford Univ. Press for Int. African Inst.).
1969 "Marriage policy and incorporation in northern Ghana", in R. Cohen and J. Middleton (eds.), *From Tribe to Nation in Africa* (San Francisco, Chandler Publ. Co.).

Goody, J. and E,
1966 "Cross-cousin marriage in northern Ghana", *Man* (N.S.), 1, 343-355.

Hill, P.,
1963 *Migrant cocoa-farmers of southern Ghana* (Cambridge, Cambridge Univ. Press).

Huber, H.,
1963 *The Krobo: traditional, social and religious life of a West African people* (*Studia Instituti Anthropos*, 16) (St. Augustin near Bonn, Anthropos Inst.).

Labouret, H.,
1921 "Mutilations labiales et dentaires parmi la population du Lobi", *L'Anthropologie*, 31, 95-104.
1931 *Les tribus du rameau Lobi* (Paris, Inst. d'Ethnologie).

Leach, E. R.,
1961 *Rethinking Anthropology* (London, The Athlone Press).

Lévi-Strauss, C.,
1953 "Social Structure", in A. L. Kroeber (ed.), *Anthropology Today* (Chicago, Chicago Univ. Press).

Murdock, G. P.,
1949 *Social structure* (New York, Macmillan).

1959 *Africa: its peoples and their culture history* (New York, McGraw Hill).
1966 "The Ethnographic Atlas, 19th instalment", *Ethnography*, 5, 317ff.

Ollenu, N. A.,
1966 *The law of testate and intestate succession in Ghana* (London, Sweet and Maxwell).

Rattray, R. S.,
1923 *Ashanti* (London, Oxford Univ. Press).
1929 *Ashanti law and constitution* (London, Oxford Univ. Press).
1932 *The tribes of the Ashanti hinterland* (Oxford, Clarendon Press).

Schapera, I.,
1935 "Field methods in the study of modern culture contacts", *Africa*, 8, 315-328.

Wilks, I.,
1959 "Akwamu and Otublohum: an Eighteenth-century Akan marriage arrangement", *Africa*, 29, 391-404.

# LE PARTAGE DE L'AFRIQUE ET SES EFFETS GÉOGRAPHIQUES

**PIERRE GOUROU**

La carte politique actuelle de l'Afrique noire mérite l'attention: pour l'essentiel ses origines sont fortuites et futiles. Pourtant ce canevas politique exerce et exercera une action considérable sur les futurs développements politiques, sociaux, culturels, économiques. On saisit à l'état naissant un faisceau de facteurs qui vont modeler l'Afrique et qui n'ont pas d'autre origine qu'une circonstance politique médiocre sans racines dans le passé africain. Une petite cause va produire de grands effets.

La carte politique de l'Afrique noire, dans ses traits essentiels, s'est faite pour répondre aux avidités, préjugés et erreurs des colonisateurs européens; elle ne tenait pas compte des indications de la géographie des choses et de la géographie des hommes. Il est rare, à parcourir le monde, de contempler un puzzle politique aussi parfaitement détaché des contingences des lieux et des histoires, et aussi complètement accordé aux préoccupations et rivalités de conquérants étrangers.

La géographie n'a rien eu à dire, ou presque, dans la confection de la carte politique de l'Afrique noire, mais cette carte politique sera de grande importance pour la future géographie humaine de l'Afrique; elle a créé des centres d'attraction qui ont pu naître seulement dans les mailles de la carte politique, mais qui donnent à celle-ci une consistance qui lui manquait.

Les Européens qui ont partagé l'Afrique n'avaient que de vagues informations sur le continent et sa population. Auraient-ils été mieux informés qu'ils n'auraient pas agi autrement qu'ils n'ont fait, le partage de l'Afrique ayant été un jeu de marchandages, de rivalités et d'illusions. Ainsi s'explique le découpage monotone de l'Afrique en quadrilatères appuyés par un côté sur le rivage et s'enfonçant vers l'intérieur jusqu'à ce que s'épuise l'avidité du colonisateur, ou qu'elle rencontre une avidité rivale. Tels sont les quadrilatères de la Sierra Leone, du Libéria, de la Côte-d'Ivoire, du Ghana, Togo, Dahomey, Nigéria, Gabon, Angola, Sud-Ouest Africain, Tanganyika, Kenya. Dans chaque cas, le colonisateur a utilisé une base littorale pour pénétrer vers l'intérieur; comme les colonisateurs voisins avaient la même technique et la même ambition (ou l'acquéraient par esprit d'imitation ou de concurrence), le plus simple était de tracer des frontières perpendiculaires au rivage. Si la base de départ était large, le territoire créé était massif; telle fut la Gold Coast, appuyée sur une trentaine de comptoirs. Si la base était minuscule, le territoire qu'elle modelait était étroit et long; la Gambie, née de la seule possession par la Grande-Bretagne du comptoir de Bathurst, est un étonnant doigt de gant d'une quarantaine de kilomètres de large sur cinq cents de long. Le Togo, le Dahomey, se sont faits dans des conditions analogues. Si le rivage formait un golfe, comme celui de Biafra, les frontières, tout en restant perpendiculaires au rivage, cessaient d'être parallèles entre elles et délimitaient des trapèzes: le Nigéria, le Cameroun.

Des nuances explicatives renforcent la signification de ce tableau. En Afrique occidentale les quadrilatères français, anglais ou allemands cédaient au nord la place à un territoire sahélien exclusivement français; ce changement de rythme et de style procédait du souci qu'avaient les autorités françaises d'assurer la réunion des diverses colonies françaises en un territoire continu. Cette ambition, que seule pouvait justifier la contemplation de cartes à très petite échelle, a eu de grands effets, puisque la carte d'Afrique lui doit trois de ses États enclavés, le Mali, la République du Niger, bande sahélienne séparée du Nigéria, et la République du Tchad. Ce programme explique la forme singulière de la Guinée, qui, dans sa partie littorale, commence à la manière des autres États africains mais se prolonge par une longue bande qui atteint la Côte-d'Ivoire en occupant le haut bassin du fleuve Niger. Il s'agissait, pour les coloniaux français, de barrer l'expansion possible (et d'ailleurs peu probable) de la Sierra Leone et du Libéria.

L'État indépendant du Congo fut une création d'un autre style; le roi des Belges Léopold II, qui n'avait jamais vu l'Afrique mais voulait s'y tailler un empire, réussit, par des prodiges d'habileté diplomatique, à réaliser son projet, qui était, lui, fondé sur une vision géographique; il entreprit en effet de fonder un État correspondant au bassin du fleuve Congo, dès que les explorations de Stanley permirent de prendre une juste idée de sa configuration. Des marchandages l'obligèrent à abandonner diverses portions périphériques du bassin, mais, dans l'ensemble, le programme fut réalisé; Léopold II parvint à garder la maîtrise du cours inférieur du fleuve, malgré l'opposition du Portugal et de la France.

Dans le cas de l'État indépendant du Congo (devenu Congo belge puis République du Congo-Kinshasa) faut-il se demander si un facteur physique, le bassin fluvial, a été le facteur originel? Il s'agit bien plutôt de la vision d'un homme politique, d'un seul homme, fondée peut-être sur des habitudes d'esprit du dix-neuvième siècle; n'accordait-on pas alors, dans l'étude scolaire de la géographie, une place éminente à la délimitation et d'analyse des bassins fluviaux? Des générations d'écoliers ont été contraintes à apprendre les lignes de partage des eaux (dont les fameux Monts Faucille entre la Meuse et la Saône) et des listes d'affluents.

De rares États africains ne doivent pas leur surface et leurs limites à une création coloniale. Le Rwanda et le Burundi sont des États qui correspondent à des ethnies très denses et très caractérisées; ils sont de petite surface. Leur signification apparaît mieux à l'analyse de leur histoire récente. Rwanda et Burundi faisaient partie de l'Afrique orientale allemande, qui leur accordait peu d'attention. Après la guerre de 1914-18, la Belgique, dont les troupes avaient combattu en Afrique orientale, reçut le Ruanda-Urundi; en d'autres temps, elle l'aurait annexé au Congo belge; le traité de Versailles les confia à la Belgique comme mandats de la Société des Nations, si bien que ces territoires conservèrent leur autonomie et qu'ils acquirent leur indépendance comme entité séparée et non dans le cadre congolais. Le Ruanda-Urundi se divisa d'ailleurs en deux États indépendants l'un de l'autre, le Rwanda et le Burundi.

A ce compte, d'autres méandres de l'histoire coloniale auraient tout aussi bien pu faire naître de nombreux petits États indépendants, fondés sur une ethnie bien caractérisée et connaissant ses limites territoriales. Des États kongo, kikuyu, luba, bamiléké, ibo, yoruba, tiv, éwé, ashanti, ovimbundu, kiga, etc., n'étaient ni plus ni moins dans le domaine du possible. Ils n'ont pas été favorisés par les événements coloniaux.

Rien n'illustre mieux les effets aberrants, mais considérables, du bref épisode colonial qu'une comparaison entre la Sierra Leone et le Libéria. Ces deux États sont les héritiers d'entreprises parallèles datant du début du dix-neuvième siècle. Freetown fut fondée pour recevoir des esclaves libérés par les Anglais. Autour de cet établissement s'agglutinèrent divers territoires tribaux qui donnèrent son territoire à la Sierra Leone. Les descendants des esclaves libérés, les Créoles, s'anglicisèrent profondément, adoptant langue et coutumes anglaises; ils se signalèrent par leur ardeur à s'instruire, qui put se satisfaire dans la fréquentation du Collège de Fourah Bay, le plus ancien établissement d'enseignement supérieur d'Afrique noire. Le Libéria fut créé pour recevoir des esclaves américains libérés; le territoire de Libéria fut constitué sous la protection du gouvernement des États-Unis, qui sut écarter les entreprises anglaises et françaises. Les Américano-Libériens restèrent fidèlement attachés à la langue et aux usages de leur pays d'origine et se donnèrent des institutions calquées sur la Constitution américaine.

Quelle différence d'évolution, à partir de bases semblables! En Sierra Leone, les fonctionnaires du Civil Service britannique manifestèrent de l'hostilité aux Créoles et s'attachèrent à éviter qu'ils ne prennent de l'influence; le résultat: dans la Sierra Leone indépendante, les Créoles sont sans autorité, puisqu'ils n'ont pas le nombre; le pouvoir politique appartient aux représentants des ethnies les plus importantes, Temné et Mendé; l'attachement des Créoles à la civilisation britannique ne leur a pas été profitable. Au contraire, les Américano-Libériens, indépendants (mais pouvant compter sur le soutien politique et financier des États-Unis), ont organisé une république dont ils sont les maîtres et les bénéficiaires. Pendant longtemps, le Libéria a été pauvre, mais, depuis trente ans, le pouvoir est associé à de grands profits grâce au succès des plantations, des mines, et aux revenus procurés par le pavillon de complaisance. Des inflexions différentes des politiques coloniales ont conduit à de considérables divergences dans les évolutions.

Il n'est pas besoin d'insister sur le pur arbitraire des territoires qui ont été découpés lors du partage de l'Afrique. La liste des peuples déchirés par les frontières est plus longue que celle des peuples non divisés. Les États nés à la suite du partage colonial et de l'indépendance n'ont pas d'homogénéité ethnique ou linguistique; leur structure territoriale est souvent fort incommode.

L'un des effets les plus pernicieux de la carte politique de l'Afrique: des territoires coloniaux qui faisaient partie d'ensembles plus vastes sont devenus indépendants et se trouvent enclavés, sans débouchés directs sur la mer. L'Afrique est le continent qui détient le record des États enclavés. Certes la massiveté africaine et l'incertitude politique où se trouvaient de vastes parties de l'Afrique avant l'intervention européenne pouvaient préparer une telle situation, dont la responsabilité principale appartient cependant à l'épisode colonial.

Il est vain de condamner le découpage colonial. Prendre connaissance de ses origines permet de considérer avec une grande égalité d'âme les tentatives que font divers Africains pour modifier la carte politique. Mais il est certain que ce découpage colonial est solide; toutes les forces politiques capables de s'exprimer lui sont attachées. D'abord les cadres politiques, qui ont hérité des administrations coloniales, et dont les habitudes et les intérêts se meuvent dans une carte politique qu'ils connaissent et comprennent. L'armée, dans la mesure où elle fait partie des cadres politiques, raisonne de même.

Les anciennes métropoles coloniales considèrent avec prédilection les territoires qu'elles avaient organisés et leur aide financière, technique, intellectuelle agit dans le sens de la permanence et de la consécration des frontières coloniales. Ces métropoles montrent une particulière tendresse pour l'entretien et le développement des langues de relation qu'elles avaient implantées dans leurs territoires respectifs et, par là, contribuent à maintenir et renforcer les césures entre l'Afrique anglophone et l'Afrique francophone. L'aide américaine passe par les gouvernements centraux et renforce la puissance et la légitimité des coquilles territoriales héritées de l'époque coloniale. Il en est de même de l'aide de l'Unesco, de l'OMS, de la FAO. Les interventions de la Russie et de la Chine opèrent de la même façon, le plus souvent. Le Cameroun a pu penser que l'agitation du bas pays recevait des encouragements lointains. Cependant, en règle générale, l'aide russe ou chinoise ne met pas en question l'État successeur de la colonie.

Voilà de bien fortes raisons pour qu'il soit permis de penser que la carte politique de l'Afrique noire est assurée de durer, malgré ses évidentes imperfections, et que chacun des États va agir d'une façon originale à l'intérieur de ses propres frontières, de manière que la géographie humaine de chaque territoire prenne une coloration particulière. Mais des raisons bien plus agissantes de penser de la sorte sont à demander à des facteurs géographiques nouveaux que la période coloniale a enracinés en Afrique noire. Il s'agit des grandes villes et de leur puissance d'attraction comme foyers économiques, intellectuels, moraux. Pour un vaste territoire qui l'entoure, la grande ville est un moteur d'action; elle attire les produits, fournit les produits fabriqués, contrôle le commerce, dispose des meilleures écoles et des enseignements les plus perfectionnés, lance les modes, tient les journaux et les postes émetteurs de radio et de télévision, appelle les hommes, héberge les syndicats qui peuvent être des puissances politiques. Les villes, créations coloniales, sont détachées de la vieille Afrique, et sont les meilleurs ancrages d'une nouvelle Afrique. Sous cet angle, il apparaît rationnel que les propagandes révolutionnaires ne cherchent pas à faire sauter les cadres territoriaux coloniaux et s'efforcent de conquérir les villes.

Rien, absolument rien, n'annonçait, dans l'Afrique préeuropéenne, la ville de Nairobi. Celle-ci est née exclusivement de la préoccupation des conquérants britanniques d'établir un foyer urbain à grande altitude, donc salubre, agréable pour eux, à mi-chemin entre la côte de l'océan Indien et le lac Victoria. Nairobi est devenue de loin la plus grande ville du Kenya (et de toute l'Afrique orientale). Son importance exceptionnelle sur le plan politique, industriel, commercial, intellectuel, fait qu'elle ne peut être effacée, qu'elle est le centre inévitable du Kenya, et qu'elle est en même temps la meilleure garantie de la cohésion du Kenya. Ce territoire arbitraire qu'était le Kenya devient une surface géographique justifiable et justifiée par l'attraction de Nairobi.

Nairobi est en Afrique l'exemple le plus frappant d'une aire d'attraction urbaine venant donner une consécration géographique à un découpage territorial arbitraire. Mais des tendances du même genre se manifestent en bien d'autres parties de la carte politique de l'Afrique noire. Dar-es-Salam (et non pas Zanzibar) joue en Tanzanie le rôle que Nairobi joue au Kenya. Dakar, Abidjan ont la même puissance attractive au Sénégal et en Côte d'Ivoire. Le Nigéria et le Cameroun ne sont pas soumis avec la même intensité à l'empire d'une ville-métropole. Kinshasa, bien que la plus grande ville d'Afrique noire, ne sera peut-être pas le dominateur sans conteste de la République démocratique du Congo, quand celle-ci aura pris une respiration régulière. En somme, il serait possible de juger de la solidité de la grille politique léguée par la période coloniale en se fondant sur la domination plus ou moins exclusive d'une métropole.

L'intérêt de cette étude pourrait être de montrer combien rapides sont les transformations que peuvent subir les facteurs de la géographie humaine. En quelques années l'Afrique noire a été pourvue de cadres territoriaux par des étrangers ignorants de sa géographie physique et de sa population. La domination de ces étrangers est morte. Pourtant les cadres territoriaux qu'ils avaient bâtis en si peu de temps subsistent, et semblent bien devoir durer, hors quelques modifications de détail. La répartition des hommes, les éléments humains des paysages ne peuvent manquer d'être influencés par la stabilité des frontières en Afrique: dans l'avenir toute étude de géographie humaine devra tenir compte non seulement des conditions physiques où se déroule la vie des hommes, non seulement des héritages techniques, mais aussi des trames politiques et administratives liées aux divers États. Il est permis de dire, bien sûr, que les contingences historiques ont fait que le colonialisme européen s'est trouvé porteur de la technologie occidentale; et que seule cette technologie est en cause. Pourtant, ce point de vue rétrécirait inexactement notre prise sur la nouvelle géographie humaine de l'Afrique noire. En effet la technologie occidentale ne justifie en rien la carte politique présente de l'Afrique noire; d'autre part, l'intrusion coloniale de la technologie occidentale en Asie méridionale n'y a pas modifié les cadres territoriaux politiques. L'Afrique noire a une originalité géographique que confirme la comparaison avec l'Amérique tropicale, où la carte politique a certes été faite à la convenance des colonisateurs; cependant l'Afrique est restée africaine tandis que l'Amérique tropicale s'est ibérisée; la période coloniale a duré assez longtemps en Amérique tropicale pour que bien des États y aient établi avec la géographie naturelle des correspondances qui font défaut en Afrique. Dans ce dernier continent, le comble de l'arbitraire et du fortuit promet de s'inscrire pour des siècles et de marquer de traits durables le visage de la Terre.

COLLÈGE DE FRANCE

# QU'EST-CE QU'UNE IDENTITÉ COLLECTIVE?

JACQUES BERQUE

Au moment du partage de la Terre, la culture occidentale, soutenue par la science expérimentale et l'action des machines, condamnait en tant que déraisonnables toutes les résistances auxquelles elle se heurtait.

Contre le fanatisme des Derviches et la cruauté des Boxers, on s'armait de canons et de Bibles, on ouvrait écoles et comptoirs, en même temps qu'on expérimentait la mitrailleuse Maxim. Des marchés à conquérir, certes, mais aussi des esprits à convertir, une logique à répandre. Le monde serait sauvé par le moteur à explosion et le raisonnement causal. Bien qu'exempt d'illusion sur ces moralités de la conquête, Marx lui-même voyait entre le système des villages indiens et l'établissement industriel à l'anglaise, le même progrès objectif qu'entre l'âge féodal et l'âge bourgeois. Ce n'est pas que fissent défaut des élans désintéressés: la joie de la découverte, la passion de comprendre, l'espoir de renouveaux. L'appétit de savourer se retournait parfois contre celui d'exploiter. La domination bien entendue se tempérait en action indirecte. Le prosélytisme, ou même un libéralisme utilitaire, reconnaissant à l'Autre une personnalité, du reste inférieure et pour ainsi dire provisoire, prétendaient parfois "le faire évoluer dans sa propre civilisation".

## DÉCOLONISATION ET "SUJETS DE L'HISTOIRE"

Pourtant, quand au début du XXe siècle, puis avec une force croissante après la première Guerre mondiale, se fit jour la revendication des peuples dominés, rares en Occident furent ceux qui lui concédèrent sinon la légitimité, car il y eut des alliances d'intérêt ou de sentiment, du moins une entière rationalité. Du nationalisme, les opinions métropolitaines, y compris dans les milieux travaillistes ou socialistes, dénonçaient les attaches réactionnaires, les arrière-plans irrationnels. Et bien que désormais la raison ne fût plus seulement européenne-occidentale, mais soviétique et américaine du Nord, elle n'en manifestait pas moins d'hésitation à reconnaître en tant que telles les originalités de peuples ou de cultures vouées, dans la meilleure hypothèse, à s'aligner sur l'un ou l'autre de ces types majeurs.

La décolonisation du monde n'a pas changé cette vision pour l'essentiel. Certes, les aspirations collectives ne sont plus sommairement expédiées par une réduction à l'absurde. L'impérialisme ne se porte plus, ou du moins ne s'avoue plus. Il existe des pays socialistes. La solidarité de l'émancipation coloniale avec l'action des prolétariats industriels a quelquefois joué. En tout cas elle se présume. On s'est fait à l'idée de "jeunes nations".

On s'avise même que, par une compensation imprévue, les nouvelles formes d'expansion, prenant le relais du vieil impérialisme, font s'insurger un peu partout l'ignoré, l'éludé, l'humilié. Seulement, n'est-ce pas là une pondération inévitable, voire rentable, des nouveaux rapports de forces? La société industrielle sait à merveille, dans ses propres frontières, admettre, et même provoquer, l'insurrection de l'individuel contre le collectif, et de l'instinctif contre le raisonné. Qu'il s'agisse de traitements psychanalytiques, de multiplication des *gadgets*, d'usage pseudo-subversif des stupéfiants, ou d'impression "personnalisée" de votre carnet de chèques, elle dispose de quantité de moyens pour fonder l'uniforme sur la manipulation du distinctif. N'en sera-t-il pas de même des singularités collectives? Et l'agitation actuelle de nationalités et de cultures exorbitantes par rapport à l'ordre central ne serait-elle de celui-ci qu'un effet indirect, lui-même tributaire de la conformité?

Généralement, on n'invite plus comme naguère les clients africains ou asiatiques des prépondérants à capituler pour cause de retards dans la civilisation. La puissance de produire et de détruire est devenue si concluante qu'elle peut courtoisement sous-entendre ce qu'elle maintient et renforce d'inégalités. A la limite elle peut économiser les formes primaires de l'oppression. Elle peut convier ses partenaires à se renoncer en vue de leur propre progrès dans la consommation. A terme, elle ferait reculer la misère. Et bien que nous soyons encore loin d'un telle échéance, elle se donne communément comme seule apte à y faire parvenir une majorité planétaire d'affamés. Non plus tellement au prix de l'aliénation politique, que du nivellement et de la ressemblance. Longtemps exploiteuse de la misère et du travail des autres, elle espère peut-être un jour régner par leur bien-être, leurs loisirs, leur bon sens. Elle nous engage tous à l'absorption dans une paisible tautologie de l'humain.

Ce tableau serait bien noir si l'on ne devait aussitôt le compléter par celui des contestations et des recours. Le thème de la dépersonnalisation, qui s'est fait jour au moment de l'effondrement des empires, creuse celui de l'aliénation. On dénonce avec une lucidité de plus en plus vigilante les sophismes de l'expansion. Sur le plan économique lui-même, traditionnellement soumis aux exercices de la quantité, c'est-à-dire de la prépondérance, certains concepts expérimentaux viennent renverser les positions les plus "saines". Il y a désormais des triomphes socialistes de la quantité. L'économie de marché n'est plus reconnue de confiance comme la forme moderne du destin. Certes, le Tiers-Monde, malgré tous les efforts dits d'assistance, souffre d'échanges encore déficitaires, parce qu'inégaux, avec les pays industriels. Mais c'est là une contradiction qu'il incombe, de l'aveu de tous, à la démocratie internationale de résoudre sous peine de n'être qu'un vain mot. Chacun le sait, ou le dit. Il apparaît encore qu'à l'intérieur des nations émancipées, la distorsion des économies et des mœurs entre deux secteurs, l'un dit moderne, l'autre dit traditionnel, perpétue en fait les disgrâces du passé colonial. Sans doute serait-il chimérique d'escompter des promotions générales et immédiates. Le développement insiste à bon droit sur des pôles, et met en œuvre une stratégie de déplacements intersectoriels. Mais sa démarche n'est efficace, on le voit maintenant, que si elle est transmissible, donc significative.

Par cette idée de signification se manifeste, dans les domaines les plus étroitement liés à la technique et à la finance, la nécessité d'ajuster les moyens, les fins et les procédures au sujet visé. Quel sujet? La planification devient une prospective de l'identité. Elle ne doit pas seulement "tenir compte" d'éléments que jadis l'économiste eût superbement négligés, mais les servir. Et c'est seulement à ce prix qu'elle sera "scientifique". Ainsi la civilisation industrielle, sous peine d'échec, doit se personnaliser dans ces peuples, c'est-à-dire trouver entre leurs données, leurs caractères et leurs projets les mêmes convergences qu'elle avait trouvées dans ses foyers d'origine. Qu'elle soit empruntée, ou assumée, ne suffit plus. Il faut qu'elle soit agie, sentie, à la limite réinventée. En d'autres termes, le progrès se fait anthropomorphe.

Ainsi la résurgence d'identités collectives, phénomène caractéristique de notre temps, ne ressort pas tellement de traits subjectifs, qu'on pourrait tenir pour réflexes par rapport à l'uniformisation planétaire, non plus que d'un libéralisme politique, trop exposé à l'erreur ou à la suspicion, mais d'une expérience inhérente au développement même de la technique. Reste, ce constat, à le justifier théoriquement, mais aussi à en déterminer la portée. Car la reconnaissance de ces identités doit être aussi bien défendue contre l'hyperbole que contre la prétérition.

Nous voilà donc, par un ironique retour des controverses médiévales, où brillèrent Abélard et les Averroïstes, conviés à débattre de l'*individuatio*! Sans doute ne s'agit-il plus de la définir par rapport aux catégories du genre et de l'espèce. La querelle s'est déplacée de la logique vers l'histoire. Ce ne sont plus les débordements ontologiques de l'idée qui mettent en question le statut de l'objet individuel. Il s'agit maintenant des puissances de la technique mondiale, et de l'uniformisation planétaire, et de la réduction mathématique dont semblent justiciables les actions les plus diverses du progrès. Mais nous avons toujours, ces identités collectives, objets et sujets de l'histoire, soit à les accepter dans leur originalité de personnes, soit à les réduire à des appareillages singuliers de rapports généraux. Que faire prévaloir en elles, de la relation ou du prédicat? Ce n'est pas un hasard qu'aujourd'hui comme alors, des définitions ou des analogies tirées du langage soient alléguées à l'appui de telle ou telle des thèses rivales.

Livrons à l'histoire des idées ce rapprochement pour ce qu'il vaut. Car bien entendu, ce n'est pas d'idéalité que se réclament les adversaires! Le débat où ils s'engagent tient moins à ses prémisses ou à ses issues philosophiques, qu'à l'appréciation d'une procédure d'enquête et d'action, requise par les progrès récents de l'électronique: à savoir l'emploi de modèles opératoires, corrélatif d'une structure systématique du réel. Dans les sciences humaines par exemple, l'attention portée aux traits différentiels et aux ruptures de niveaux ne prétend plus seulement à la saisie de l'objet, mais à une définition exhaustive qui pourrait le réduire en fin de compte, selon certains, à un ensemble formel. Il s'agit donc maintenant de bien autre chose que de ces relations de cause à effet que la science positiviste, championne d'une épistémologie dominée par les progrès de la physique, posait comme constitutives des sociétés. Il ne s'agit pas pour autant de *Gestalt*, et encore moins d'une phénoménologie "s'efforçant d'appréhender à travers des événements et des faits empiriques des essences, c'est-à-dire des significations idéales." Il s'agit d'un effort voulu rigoureux, tendant au mathématique, et multipliant les exigences de la généralité par une pratique de laboratoire et l'application sur le terrain.

En quoi cette nouvelle approche peut-elle servir, ou desservir, la notion d'objets ou de sujets historiques?

## DU DJÉRID ET D'AUTRES LIEUX

Dans le Sud tunisien, sur le bord d'un grand lac de sel qui fut peut-être le Triton d'Hérodote, le pays de Djérid se sait un très vieux pays. Nefta, jadis nommée Serdjin, aurait été bâtie par un fils de Noé. A Tozeur, dans le quartier dit l-H'ad'ra, c'est-à-dire "la cité", une tour carrée en ruines repose sur un socle de pierres cyclopéennes et porte une inscription aux étranges tracés.

Deux mille hectares de palmeraie entretiennent, accrochent et motivent une vie ancienne et populeuse, qui s'est presque dédoublée par l'émigration. Dans l'oasis tout est dense, ombreux, prolifique. Le palmier porte très haut dans le ciel une tête irriguée de ce sang dont on tire le *lagmi* ou vin de palme, et que peut troubler, dit-on, la folie. Le moment de la fécondation est celui de l'embrassement de l'arbre par l'homme. Jusque très tard dans l'âge, le travailleur de l'oasis, sans crampons ni ceinture, gravit le tronc jusqu'au sommet. Il y remontera encore pour surveiller les effets du pollen. Des dizaines de mots détaillent cette technologie en la rythmant. De multiples espèces d'arbres et de fruits, tout un lexique de la rigole et du terreau, traduisent la même condensation des rapports du groupe avec l'oasis.

Mais la productivité, hélas, y répond de moins en moins. Car cette vie antique et touffue se reploie et s'affaisse, faute de soutenir l'échange entre ses propres modes, et de s'échanger adéquatement avec autrui. La plantation trop serrée entrecroise à faible profondeur un réseau de radicelles. L'humus s'appauvrit. Les droits d'eau perdent leur liaison avec le rythme du travail et l'organisation du groupe, pour devenir objet de spéculation. La propriété se morcelle et se concentre. Une confrérie religieuse y prélève la part du lion. Le rendement s'effondre, la communauté périclite, l'élite s'en va, l'histoire s'exfolie du réel.

Et pourtant cette décadence exaspère la personnalité du Djérid. A la succession touffue des juristes et des lettrés qui peuple son passé depuis sa conversion au sunnisme, s'ajoutent maintenant des figures d'inquiétude et de révolte: un poète romantique, Chabbi, des ulémas protestataires, des agitateurs politiques. On dirait que cette forme d'expression participe de la même densité que les autres traits sociaux, et la parachève, tout en compensant la décadence de l'oasis. Subtil, chicaneur, têtu, l'homme du Djérid affirme envers et contre tout sa singularité.

Cela, bien entendu, n'est pas propre au Djérid. Parmi les "pays" de la campagne française, certains n'ont gardé qu'une personne fruste. D'autres se sont construits, parlés, pensés. Ainsi le terroir de Montesquieu, non loin du village où j'écris. Un ensemble de traits physiques et moraux le particularise à travers les siècles et s'exprime par la voix d'une longue suite d'écrivains.

Nous n'oserions plus assurer, comme tel vieil universitaire, que ces horizons clairs et ces vues dégagées continssent le rudiment de l'*Esprit des lois*, car il nous faudrait aussi chercher dans le clair obscur des pinèdes et le secret des métairies éparses le romanesque de Mauriac. Il n'est pas vain pour autant de relever les caractères de cette latinité océanique, aux villages bien construits autour de la place carrée, aux vignobles pluvieux, aux sensualités aiguisées de scrupule. Non moins que par les œuvres de l'esprit, elle se signale par des saveurs. Ses vins d'"appellation contrôlée" entrent dans le lexique international. Le cru signale le terroir. C'est un beffroi de l'humus. Toute une géographie vineuse, sourdement confortée de richesse terrienne et d'armement portuaire, s'exalte en marques et en blasons. Elle met en œuvre simultanément la qualité des sols, le régime de la propriété, le raffinement technologique, les syntaxes de l'échange à long terme et grands espaces. Savante, aboutie, dénommée, quasi parfaite se manifeste ici la conjonction du paysage, des mœurs, des intérêts, des comportements, et cela même qu'elle postule d'irrégularités, de fuites. Et comme nous pouvons en suivre la variation dans le temps, il n'est nullement déraisonnable d'espérer en saisir aussi l'agencement.

Avant que ne se développât la conception romantique de l'histoire, par rapport à quoi nous avons encore à nous situer, des genres traditionnels, tels la Chronique, la Description ou l'Itinéraire, marquaient avec acuité la spécification des lieux et des moments. Bien entendu la scansion du temps en "grands" siècles et périodes sombres, ou banales, la distinction des bons et des mauvais règnes excite aujourd'hui notre méfiance. Mais si son tort était de ne pas obéir aux faits, ou de les transformer en moralités didactiques, c'est non pas que soit fausse l'aptitude des faits à converger et à signifier, mais que signification et convergences ne fussent restituées qu'après coup, par voie d'idéologie rétrospective. L'annalistique était sur ce point moins fallacieuse que la vieille historiographie. Le "bourgeois du Caire" qui relate au jour le jour les exactions des Mameluks, les aventures de la rue, et conjointement le prix du grain, la crue du Nil et les variations de la santé, suggère à son insu la composition des faits en système. Un Léon l'Africain, décrivant le Maghreb, dans les premières années du XVIe siècle, le résout en corrélations qualifiantes de tribus et de bourgs.

Longtemps après lui, Ali pacha Mubarak individualise des centaines de villages égyptiens. Dans ses notices, l'information économique, le cadastre, la biographie des savants, des notables et des saints, se complètent de notations apparemment saugrenues. Tel village se caractérise par un défaut de prononciation, tel autre s'incarne dans le goût de ses pastèques, tel autre dans l'étrangeté de ses cuisines, ou dans la forme de ses pots.

L'une de ces bourgades, la plus richement dotée de traits distinctifs, est aussi la plus féconde en théologiens ou en juristes. Sa densité sociologique se sublime dans les idéaux du temps: elle s'accomplit finalement dans l'enceinte de la mosquée d'al-Azhar. L'auteur ne voit bien sûr aucun lien entre des caractères ressortissant à des ordres tellement dénivelés, mais il note inlassablement leur cumul. Ce soin, dont nous trouverions des équivalents chez un Froissart, est loin pour ces auteurs de déboucher sur une problématique, et c'est justement par là qu'il nous intéresse.

De même la chronique de Vézelay enregistre tout de niveau la splendeur de la basilique et la précocité de la révolution communale. Elle ne s'inquiète pas de chercher un lien entre ceci et cela. Aussi bien serait-il aventureux d'en chercher un sur le plan des enchaînements, ou des déterminations, pas plus qu'on ne saurait faire concourir à l'effet d'ensemble tels éléments de paysage ou d'atmosphère, sans verser dans un impressionnisme justement suspect. Quand Taine, Renan, Barrès à leur suite, mettent en rapports l'"idée maîtresse" d'un milieu ou d'un moment avec les formes de son art et la moralité de ses vicissitudes, sans doute s'inspirent-ils d'une notion du concerté ou du global, explicite chez le premier, implicite chez les autres. Mais ils n'en rendent pas compte, sinon par métaphore: ainsi de la fameuse "charmille janséniste", qui évoquait à Renan une théorie de la Grâce.

## QUELQUES IDENTITÉS COLLECTIVES

Mais que veut dire "évoquer"? L'enchaînement déterministe restait pour ces aînés le critère scientifique par excellence. Il pouvait ou non se doubler à leurs yeux d'un enchaînement logique, par application édulcorée de Hegel. Il échouait à rendre compte d'effets plus subtils, qu'on se contentait dès lors de suggérer littérairement. Notre approche est sur ce point plus radicale et plus compréhensive à la fois. L'intégration du concret, au moins du concret d'un certain type, à un raisonnement logique ou causal, et son lien avec le vécu et avec l'effort de la conscience, dote la conception marxienne de l'histoire d'un contenu de totalité qui devrait pouvoir se résoudre en corrélations à la fois générales et spécifiantes. Et si l'analyse fonctionnelle se double en l'espèce d'une analyse sémantique propre à conférer leur valeur aux écarts les plus ténus, aux indices les plus subtils, on fera mieux que de saisir, on sera bien près de comprendre ce qui singularise plus ou moins tel ou tel ensemble de faits.

Ensemble "objectif" ou "subjectif"? *Alternatif* dirais-je, dans la mesure où soit il est distingué, soit lui-même se distingue. De traits, dont beaucoup sans doute remontent aux particularités d'un climat, aux humeurs d'un sol, à une disposition des images qui les campe en "motifs", de facteurs qui s'entrecroisent en déterminations, et en séries, d'événements cumulatifs, d'expressions concourantes, de toutes ces régularités et de leurs irrégularités, monte un agencement qui dans certains cas se parachève en histoire. L'implication qui lie ces convergences matérielles et sociales, cette composition des lignes et des causes, ces contours enfin qui circonscrivent le jeu, à moins que ce ne soit une logique interne qui porte le jeu à des limites, ou bordures, tout cela, qui fonde un objet fonde aussi un sujet, dans la mesure où celui-ci s'exprime, s'efforce, et finalement se conçoit.

Objet et sujet historiques n'en seraient-ils que l'envers et l'avers interchangeables selon l'angle sous lequel on les considère? Négligeons d'une telle formule les redoutables présupposés, pour nous attacher aux perspectives qu'elle peut ouvrir à la recherche.

Du moins les exemples que je viens d'alléguer font-ils ressortir une liaison entre l'identité qui s'opère et des éléments matériels, et même visuels, ceux-ci repérables à différents niveaux et selon différents rôles dans l'agencement. Le paysage, par exemple, est non seulement un support naturel mis en œuvre par des techniques, mais aussi un groupement d'images à l'aide desquelles une collectivité s'actionne et se reconnaît elle-même et se fait reconnaître des autres. Enchaînements, configurations, symboles s'entrecroisent en rapports d'autant plus complexes qu'il s'agit d'un cas plus riche et plus poussé. Peut-être est-il plus expédient, sinon plus instructif, de chercher ces étagements, substitutions et chassés-croisés, à des stades de moindre élaboration historique. On a peut-être ainsi plus de chances de repérer les interférences d'une pratique et d'une sémantique depuis les primes bases saisissables jusqu'aux organisations les plus amples qui proposent aussi leur exégèse du monde.

Reste que la nature qui porte, qu'agissent et qu'interprètent les sociétés humaines est presque toujours une nature seconde, déjà transformée, refaite. L'époque que nous vivons est plus que toute autre sujette à cette facticité. L'énergie de l'attaque, envisagée sous l'angle de la technologie ou sous celui des rapports de production, et de leur remise en cause, nous paraît donc jouer un rôle majeur dans les morphologies du présent, et devoir en jouer un plus grand encore dans celles de l'avenir. On comparerait volontiers nos sociétés à l'équipe de mineurs s'affairant dans la veine de matière. On sait le parti que le marxisme a tiré de la situation réciproque des groupes sur le front de taille. Une triple analyse de l'efficacité, de l'intentionnalité et de la misère humaines le conduisait à la notion de classes. Le prolétariat, encore tout proche de la terre dont il venait à peine de se séparer, aux prises avec la nature que son travail creusait et pour ainsi dire révélait à elle-même, se voyait investi d'une mission historique à la mesure de sa peine.

Ce classement, pas plus que d'autres, ne cessait pour autant d'interférer avec d'autres formes tantôt plus extensives, tantôt plus compréhensives. La nationalité, en rapports plus ou moins serrés avec l'État, ne se ramenait pas aux stratégies plus ou moins oppressives de la prépondérance. Legs cumulatif, englobante et englobée, liée à des horizons naturels, chargée d'un langage et d'une culture, elle affirme une existence tenace jusqu'à nos jours. C'est en son nom explicite que, pendant le second tiers du XXe siècle, se seront libérés la majeure part des colonisés. De ceux-ci le combat, par rapport à celui des exploités européens, s'engageait sur un "front de taille" plus vaste, plus intégral. A une dépossession plus complète que celle des prolétariats des pays industriels, il opposait une remise en cause plus radicale. Analogique de la lutte de classes, il la débordait par le renouvellement des champs, la multiplication des partenaires, la singularité des prises. A tout le moins il revendiquait le droit à l'originalité de sujets jusque-là voués au service ou à la disparition.

Or, bien que l'identité réaffirmée ne vaille qu'à proportion de ce qu'elle signifie pour elle et pour autrui, sa restitution n'en est pas moins déconcertante. La surprise qu'elle a infligée à tant de politiques, même libérales, le renouvellement dont elle somme tant de théories, même "avancées", nous convient à prêter attention à un phénomène assez remarquable.

S'il apparaît en effet que la nationalité a franchi, tel un nageur sous-marin, la longue étape de la dépendance, elle n'est plus à la sortie ce qu'elle était à la plongée. On ne peut pas plus la réduire à son être d'avant la dépendance, qu'à l'ensemble de rapports pour la plupart exogènes qui s'entrecroisaient en elle pendant la colonisation. Il faut donc qu'un "intérieur" géographique, social et psychique ait subsisté en elle au travers de vicissitudes qui, selon l'optique d'un superficiel déterminisme, eussent dû non la transformer mais l'altérer, ou même l'abolir. Les actes de l'émancipation puisaient là le gros de leur portée collective. Mais ces réserves n'étaient pas toutefois celles de la pure et simple continuité. L'expérience de la lutte bannit sur ce point toute équivoque. Certes on avait subsisté sous et contre l'étranger, ou peut-être aussi par lui. Mais on ne serait jamais plus ce qu'on avait été avant lui. Le rétablissement des continuités véritables s'obtenait au prix de discontinuités. Il fallait rompre à la fois avec l'étranger et avec soi-même.

En ces identités aux dangereuses profondeurs, qui se montraient ainsi capables de renouer le combat, il ne s'agit donc pas de retrouver l'être traditionnel, et non plus, ainsi que l'eût fait l'interprétation romantique, un *Volksgeist*, ni la "vertu substantielle" concédée à certains peuples par Hegel. Toutes ces substantialités, plus ou moins liées à la croyance et au rite, l'histoire nouvelle les invalide. Ce qu'elle postule, en revanche, c'est un système de potentiels enraciné dans une portion de nature, et justiciable d'une raison, seule capable en définitive de retourner ses ambiguïtés en histoire.

Dès lors une totalité du monde, de plus en plus éprouvée comme telle, ne se contente plus d'embrasser des totalités partielles dans ses réseaux d'action et de communication. Elle les touche en quelque façon du dedans. Sont-elles morphologie ou syntaxe, "macro-" ou "microsociologie"? Ceci et cela tout ensemble. Des attractions, des dynamiques venues de loin les animent, sans qu'on puisse dire que ces propagations soient moins créatrices de l'identité qu'une origine couvrant une assiette géographique, ou le contour de ce que nous appelons sociétés globales.

L'extérieur est devenu un intérieur pour beaucoup de sujets, selon des affinités et des inductions bien plus profondes que tout échange cosmopolite. En cela réside sans doute l'amorce d'un véritable internationalisme. Et l'on peut dire sans grande chance d'erreur que la décolonisation n'ouvre qu'apparemment une ère de nationalités. Les manifestations de l'identité collective débordent le type national. De plus en plus la classe, la culture, de nouvelles solidarités se composeront avec le dedans et le dehors selon des conjonctions pour large part inédites. Assez pour nous faire remettre en cause tous les vieux tracés. Assez pour nous faire reconnaître, corrélatifs et sans doute compensatoires de la neuve puissance de la généralité mondiale, ces rassemblements segmentaires du devenir.

De tels rassemblements conjoignent des modes hétérogènes, et des paliers dénivelés. Ils ressortissent de la forme et du contenu. On y discerne l'immédiat et l'élaboré, le sensible et l'abstrait, et les échanges de l'un à l'autre. Leur existence, comme celle d'un mot, tient à leur opacité même, je veux dire à l'effacement qui s'y opère des phonèmes dans une articulation, et des étymologies au profit d'un sens. Ils sont donc, si l'on veut, arbitraires. C'est pourquoi nous y répondons par l'élan ou le recul, c'est-à-dire par un jeu de distance. Le choc qu'ils nous transmettent, l'affect qu'ils provoquent en nous, leurs valeurs d'enchaînement et d'occurrence, de pratique et de rêve, tiennent au contrepoint qui s'y exerce, aux conversions qui s'y jouent entre ces modes hétérogènes et ces paliers dénivelés: la chose avec le signe, une nature avec une culture, l'affirmation locale avec la signification planétaire. De là tous ces êtres, en rapports instables les uns avec les autres, d'échelle et d'expression différentes, en investissement et désinvestissement perpétuels. L'identité collective pointe ici ou là selon les déplacements d'accent.

Que celui-ci porte sur la convention d'origine et l'enracinement territorial, alors se déploie tout l'éventail des communautés, depuis le groupe primaire jusqu'à l'État plurinational, en passant par les nationalités.

Que l'accent porte sur des strates elles-mêmes liées à la production industrielle, à ses techniques et à ses rapports, alors se départagent les classes. Et cela jamais plus durement que lorsque des foules du Tiers-Monde, démunies, refoulées en deçà des seuils économiques, multiplient de leur surprolétarisation, si l'on peut dire, l'âpreté de la conscience ouvrière.

Enfin le sentiment d'une culture propre, jouant indivisément ou conjointement avec ces accentuations, traduit des spécificités confrontées en tant que participantes inégales à la pratique, à l'analyse et à l'expression de notre temps.

Voilà trois signalétiques au moins, auxquelles ressortit inégalement selon le cas toute identité collective. Et l'on pourrait en évoquer d'autres. On est reconnu, on se reconnaît par l'une plutôt que par les autres, selon les variations du contexte et les vicissitudes de l'action. Une identité collective ressemble à un polyèdre, dont sous tel éclairage un angle s'illumine, sans que disparaissent les autres. Qu'est-ce qu'une nation qui ne serait que liaison au sol et à l'ethnie, une culture qui ne se voudrait que tradition, une classe qui irait de soi? L'accentuation n'insiste que sur l'un des possibles. Mais elle garde les autres en latence. L'acuité du signal tient peut-être tout ensemble à sa ténuité, et à ce qu'elle soit toujours révocable.

## INVARIANTS ET VARIABLES DANS L'ISLAM ARABE

J'ai surtout pensé, dans ce qui précède, aux conjonctions tourmentées de notre temps. La description vaudra-t-elle encore d'un système aussi ample dans l'espace et dans la durée, aussi considérable dans l'extension et la compréhension que l'Islam?

Il commence par un décrochage, qu'il nomme *hijra* ou "fuite". La communauté des premiers adeptes s'insurge contre la société globale. Ou plutôt c'est elle qui devient société globale, reléguant tout le reste dans une microsociologie désertée par la norme et le contour. La *jâhilîya* ou "gentilité", encore que vicieuse et déchue, reste en effet source d'inspiration et de fidélité. Mais elle ne fonde ni ne légitime plus rien. Au contraire, dans la petite cité des croyants la quotidienneté s'exalte jusqu'au ciel. Elle est à la fois naturelle et divinement privilégiée. C'est pourquoi tous les aspects de la vie, de la sexualité jusqu'à la nourriture, y sont magnifiés. Dans leur indivision chaleureuse, tout participe à la fois du laïque et du sacral.

Cependant, après la grande *fitna* ou "dispute", ou "tentation", qui désorganise le califat, l'Islam n'est déjà plus qu'une société temporelle en tension avec la transcendance. Pas assez pour être sainte, ni même "élue". Assez pour absorber et qualifier l'hétérogène. Elle peut donc, sans cesser d'être elle-même, se transférer du désert à Damas, c'est-à-dire assumer la civilisation la plus poussée du temps: la byzantine. Son œuvre majeure consiste dès lors à intégrer des contenus externes, historiquement supérieurs: grecs, puis persans, indiens, etc., à un système qui leur imprime son identité. L'Islam pousse jusqu'à ses limites ce jeu de la forme et du fond. Son droit, sa théologie, loin de s'exprimer en tables, codes ou catéchismes, se réduisent au jeu de quelques règles. Sa vacuité est parfaite. Il est vrai qu'elle est toute pleine de son Dieu, et motive une civilisation. On dirait que la force du symbole tient à la ténuité de la formule. Une formule? L'"attestation" par exemple, ou *chahâda*, qu'"il n'y a de dieu que Dieu, et que Mahomet est son prophète", peut elle-même s'abréger. La "foi", *îmân*, qui rend tout le reste par surcroît, ne requiert qu'un symbole exigu: un pur phonème, ce *hû* 'Lui', que le mystique exhale dans un soupir, et qui peut encore se réduire au silence sapiential. Un doigt levé suffit à la profession de la croyance et de l'appartenance. Le tout du signifié tend au rien du signifiant comme à son asymptote. Mais ce rien anime une totalité d'effort temporel et spirituel. Et l'opération même, sur quoi spéculent à l'infini les penseurs, traduit aussi, de l'Islam classique, la formidable réceptivité dans l'invariance.

A qui veut rendre compte d'une identité aussi conquérante, se fait jour un ensemble de traits dont beaucoup se sont maintenus jusqu'à nos jours. Un naturalisme tendu vers la transcendance, et s'y conformant, mais plutôt par mise en règle que par dépassement. Pas de surnature en Islam, mais la Nature dans la Révélation, ou plutôt avec elle. Or la configuration historique initiale préfigurait un tel schéma. L'homme de la Nature, le Bédouin, était appelé à enrichir le système de sa spontanéité, à charge cependant de se soumettre à une directive éthique. Comme celle-ci, une fois morts le Prophète et les califes "de droiture" *al-rachîdûn*, n'est plus à attendre de nul magistère constitué, la société musulmane s'organise sur l'alternance du Bédouin et du Citadin, un peu comme les califes omeyyades faisaient alterner leurs résidences entre la steppe et Damas. D'un côté l'intensité de l'ancestral, de l'autre la raison civile. A celle-ci incombe la gestion de l'économie et même de la Loi. Mais ce privilège équilibre à peine le privilège de l'autre: l'aventure, la poésie, le langage. L'Islam compose ces deux termes l'un avec l'autre, comme le naturant avec le naturé.

On mesure la force expansive d'un système ainsi fondé, dirait-on, sur une triple arcature: physique, historique et morale. Les réalités du milieu se retrouvent dans la triple alternance mieux que dans les systèmes rivaux, byzantin ou mazdéen. L'Islam fait alors à peu près l'inverse de ce qu'avait fait le Christianisme un demi-millénaire plus tôt. Il incorpore l'hétérogénéité des lieux, des situations, des civilisations, alors que le Christianisme s'était refondé en ordre romain. Ainsi, quand au sein de l'Islam la mystique récuse la philosophie, elle oppose en fait le néoplatonisme à l'aristotélisme, et cependant ces contenus elle les a fait siens dans les deux cas: non seulement islamisés, mais arabisés.

La loi parachève l'instinct, comme la cité parachève le désert. Les vertus du nomade survivent dans un idéal de virilité expansive: "générosité" *murû'a*, "longanimité" *h'ilm*. D'autres vertus leur font pendant, celles de "soumission" au destin, de "connivence" avec le cosmique *çabr*, *rid'â*. Ce n'est pas par voie de prescription que cette inspiration s'impose à l'humanité, mais par voie de modèles. Les conduites du Prophète et de ses compagnons sont ainsi proposées à l'imitation permanente des Croyants. Les cas nouveaux y sont ramenés par une procédure de "transfert analogique", *qiyâs*, que nous assimilons indûment au syllogisme. L'éthique sociale se transmet donc non pas en tant que commandement ou qu'inspiration. Elle s'impose comme une prosodie de la vie de groupe, et ce groupe s'intègre dans un univers aux vastes échanges et aux prospères accumulations. Il en sera ainsi jusqu'à ce que cet univers, pour des raisons encore peu analysées, et sur des laps très variables de pays à pays, décroche de ce que nous appelons progrès.

Démembré, rompu, l'Islam reste unitaire. Il le manifeste par le rite annuel du pélerinage, mais plus encore par des traits diffus, presque insaisissables par l'étranger. Ses procédures en effet, tout au contraire du légalisme et du littéralisme qu'on leur impute trop souvent, s'imposent par leur polyvalence. La validation du naturel, le repérage de l'implicite, l'efflorescence de l'invariant s'y cumulent avec une simplicité dont peut se réclamer la raison. D'où cette puissance d'accueil et de conquête. De nos jours, la conversion des païens animistes en Afrique n'est pas pour l'Islam le passage de la nature à la grâce, mais une rationalisation du réel. Dans ces marches presque sauvages, il n'a presque plus rien gardé, hors la langue sacrée, de ses contenus. Bagdad et Cordoue ne sont plus en lui qu'implicites; il agit toujours comme forme civilisatrice rivale de celles de l'Occident. En concurrence avec des cultures supérieurement outillées, le système témoigne d'une force toujours jeune de résistance et même de propagation.

Millénariste, ou réformiste, symbole du refuge et de la protestation, il a maintenant franchi l'époque coloniale. Il oppose, dans l'État national, à toutes les évolutions dispersantes et déformantes, le message du total et du sauvegardé. Il le fait avec d'autant plus d'aisance que sous le choc de l'impérialisme et de la technique occidentale, il devient le relais de l'identité assaillie. Totalisant tous les traits de la personne menacée, il lui prête ses signaux. Des détails mineurs, tels que le voile des femmes, la coiffure des hommes, prennent valeur d'enseigne. Des fragments d'institutions, compromises par l'évolution des mœurs, telles que les fondations pieuses, la polygamie, etc., deviennent bien des signes de reconnaissance. Efficaces contre l'occupant étranger, ils s'oblitèreront paradoxalement sous les coups du rénovateur national...

Beaucoup d'autres choses s'effondrent alors, ou se transforment. D'autres identités, nationales, sociales, culturelles, disputent à l'Islam ses valeurs de rassemblement. Des nationalismes le fragmentent. La revendication sociale, selon des liaisons diverses avec le phénomène de la décolonisation, lance des solidarités plus fortes que les siennes. D'autres solidarités se nouent en lui avec l'externe: celles du sous-développement, du socialisme... Il tend, comme d'autres confessions, à se reporter sur des tâches proprement religieuses, ce qui requiert quant au reste des substitutions fondées non plus sur le sacré, mais sur l'histoire.

Telle est en effet la rançon de la modernité. L'Islam se veut de plus en plus dans l'histoire. Il n'a pas de peine, contre tous les défis, à exalter de son legs les potentialités d'évolution, de rationalité, voire de démocratie. Mais plausible tant qu'il porte sur des schèmes et des valeurs, ce transfert ne saurait, sans malentendu, restaurer dans l'époque moderne des acquis antérieurs. Or tel est le propos des Frères Musulmans, par exemple. Mais on ne saurait à bon droit, pour s'approprier ou dépasser la révolution industrielle, faire appel à des institutions d'histoire sainte. On peut, en revanche, faire appel à des potentiels, à des schèmes, à des valeurs toujours transposables selon le temps. Seulement, qui sait si l'on se reconnaîtra dans la transposition? Le réformisme islamique, qui a très bien su révoquer les observances traditionnelles au nom de la foi, n'a pas poussé jusqu'au bout sa critique des continuités. Est-ce possible à un système d'accent religieux, et de telles récusations ne sont-elles pas, ici comme ailleurs, proprement révolutionnaires, c'est-à-dire innovatrices d'une vision du monde? L'Islam, qui n'était évidemment plus, depuis longtemps, délimitation politique ou dynamisme affirmateur, *entre* désormais comme morale et comme style de comportement, dans des solidarités tendues sur d'autres axes ...

Le problème, durci en cruelles controverses, s'il est bien celui de l'époque, et si même la décolonisation lui confère de plus en plus d'âpreté, n'est pas celui qui présentement nous intéresse. Laissons-le pendant. Nous avons seulement cherché à montrer la capacité d'une culture à se maintenir à travers tant de siècles, par un jeu continuel de la forme et des contenus.

## DE LA CONVERTIBILITÉ

Cette capacité, l'Islam évidemment n'est pas le seul système à en avoir fait preuve. Norman Brown, réduisant la culture du sous-continent indien à une collection, ou plutôt à une configuration de traits, en constate la persistance sur plus de deux millénaires. Il constate aussi la scansion de cette longue durée en temps forts et temps faibles. Sa réflexion recoupe ici celle de Kroeber, qui dans un recueil édité après sa mort, *An anthropologist looks at history*, "scrutait l'histoire". A vrai dire, les analyses de ce grand enquêteur sur les Indiens des plaines, leurs échanges avec le milieu naturel, les effets révolutionnaires que produisit chez eux l'utilisation du cheval, restent plus convaincantes que sa philosophie de l'histoire, influencée de Spengler et de Toynbee. Quoi qu'il en soit, l'ethnologue, regroupant des matériaux tirés de l'ensemble des civilisations, et supposés définitifs, en dégage lui aussi des "constellations" susceptibles de "déclin" et d'"apogée".

Une idée importante nous paraît ressortir de ces travaux: celle du plus ou moins de densité dans le regroupement des différents traits d'un ensemble. Il se peut que nous tenions là un critère de diversification entre sujets, et dans l'espace et la durée de chaque sujet pris à part. Mais Kroeber n'explique pas ces rassemblements. L'idée de fonction relevant de l'enchaînement causal, et celle de forme relevant de l'antithèse système/contenu, ne se dégagent pas clairement chez lui l'une de l'autre, et laissent bien entendu de côté une troisième idée, qui ne nous paraît pas la moins importante: celle de signification.

C'est de celle-ci, tout au contraire, que ressortent les caractéristiques majeures d'une identité collective. Non pas seulement qu'elles doivent, pour agir, passer par le truchement de "représentations collectives", à la Durkheim. Nous entrevoyons aujourd'hui le jeu d'une sémantique sociale qui, par des voies infiniment plus variées que la représentation, contribue à la saisie de la totalité par elle-même, sans nécessairement passer par l'expression ou le concept.

Voici quinze ans déjà que Claude Lévi-Strauss soulignait non seulement la multiplicité, mais l'équivalence des diverses cultures, y compris celle des aborigènes d'Australie. Il soulevait alors deux objections. L'une, prudhommesque, lui opposait les mérites de l'Occident dit civilisé. L'autre, se réclamant du marxisme, rappelait à toutes ces cultures la hiérarchie à la fois historique et logique qui leur imposerait le ralliement à notre type de culture en tant que promotion objective. Quoi qu'il en fût, le pluralisme de Lévi-Strauss s'affirmait, par une juste coïncidence, au moment où la décolonisation du monde prenait un tour décisif. La poursuite de cette phase, impliquant une revendication non plus seulement de la liberté politique et de l'initiative économique, mais encore, si l'on peut dire, d'une égalité potentielle entre toutes les cultures du monde, nous impose des vues étendues à d'autres sortes de sujets collectifs. L'idée de structure, parfois donnée comme anhistorique par certains de ses tenants ou de ses adversaires, nous aidera paradoxalement à rendre compte de permanences dans la variation. Or celles-ci permettent seules à un sujet collectif de se reconnaître dans le temps. Par exemple, aujourd'hui, de s'adapter à la civilisation industrielle sans cesser d'être lui-même.

Seulement, comment distinguer, dans un objet donné, je veux dire en l'espèce dans une identité collective, les invariants et les variables? La distinction entre forme et contenu, avancée dans les développements précédents, ne nous aura été que d'une utilité provisoire. L'image de la trame et de la chaîne d'un tissage, qui vient à l'esprit pour rendre compte de ces modifications dans la permanence, n'a de valeur que métaphorique.

D'une part en effet ces continuités ne sont pas formelles, mais réelles: indissociables par exemple des rapports les plus "concrets", ceux du groupe avec son établissement naturel. D'autre part, parmi ces éléments de variation et de transformation il en est qui perdurent, prennent valeur signalétique et par là deviennent à leur tour des invariants. Enfin, si toute société, dans son état présent et dans son exercice historique, est une combinatoire, elle est à coup sûr une combinatoire de possibles. Or son aspect de flux, d'aspiration, de projet tient à celui de valeur plus qu'à celui de schéma. Et la même observation qui met en lumière les stratégies de la forme, doit aussi reconnaître des inerties et des élans, et si l'on peut dire des fraîcheurs et des sécheresses: sensibles au goût de la collectivité qui les vit ou les agit. L'acte social, au vrai, ne consiste-t-il pas justement dans des conversions perpétuelles du fait en signe, de la quantité en qualité, des contenus en forme et la réciproque? N'est-il pas cette convertibilité même? Une identité collective ne serait-elle pas l'horizon où s'exerce cette convertibilité?

## CONCLUSIONS D'ATTENTE

Il est vrai que tous ces modes nous paraissent culminer dans, et converger vers la prise de conscience et l'action collective. Mais s'il est souhaitable que s'accordent ainsi, pour une société donnée, la fonction et la signification, les déterminations et les signes, avec comme idéal leur prise en compte par la, ou plutôt par une rationalité, il faut convenir que de tels effets ne sont pas communéments observables.

Sans doute la décolonisation du monde traduit-elle, entre autres choses, une poussée de valeurs assez véhémente pour défaire les rapports mis en place par l'impérialisme. Mais cette poussée resterait précaire, si elle ne s'appropriait la culture industrielle. Elle s'y emploie donc, avec des succès d'ailleurs fort inégaux. Son affirmation, restauratrice d'identités jusque là éludées ou vaincues, recompose ainsi tous les éléments matériels et moraux, factuels et symboliques, et les échanges des uns dans les autres, que notre analyse a reconnus pour constitutifs de toute identité collective. Elle contribue de la sorte à cette analyse même, dont elle a fourni, dans les pages précédentes, à la fois la matière et l'occasion.

Lors du prime essor de la civilisation industrielle, le socialisme marxien dénonçait une contradiction croissante entre la morphologie de la production et sa moralité. Il se proposait ainsi à beaucoup d'égards comme l'éthique de la civilisation industrielle. La seconde partie du XXe siècle fait éclater une contradiction non moins grave entre une propagation des technologies, étendue à toute la planète, avec son corollaire de cosmopolitisme niveleur, et d'autre part l'insurrection de la personne. Un nouveau rapport de production, véhiculaire d'usufruits inégaux certes, mais plus encore de banalité conformiste, s'étend partout et partout se heurte à la volonté de rester ou plutôt de devenir soi. Le terme de "nationalisme" ne reflète que grossièrement un tel procès, car il s'agit en l'occurrence de bien autre chose encore, répétons-le, que d'essor des nationalités. L'actualité ne saurait là-dessus donner le change. Il ne suffit pas plus aux Grands, pour satisfaire cette aspiration, de multiplier les billets d'entrée à l'O.N.U., que l'électorat censitaire n'avait satisfait les démocrates du XIXe siècle... La nationalité, mais aussi la classe, la culture et d'autres formes d'identité collective, en rapport complexe entre elles et avec ce qui les contrarie, s'insurgent donc et s'insurgeront contre tout ce qui veut les détruire par dépendance ou conformité.

Cependant, du fait même qu'une part croissante de l'histoire consiste désormais en refonte des particularismes et en différenciations de l'unitaire, c'est-à-dire en balancement du spécifique et du général, le rôle du distinctif, donc du signe, du contour s'accentue, cependant que s'accentue aussi la requête du vivace et de l'indélimité. Corrélativement, un pluralisme de coexistence mondiale, privilégie la "forme" sur le "contenu", pour autant que ce contenu consiste dans la technologie et cette forme dans les relations qui la régissent.

Mais justement c'est cette distinction qui est à récuser. L'échange entre la forme et le contenu, le passage de niveau à niveau, la conversion de mode à mode, caractéristiques de tout exercice de la vie sociale, s'intensifient encore dans les périodes de renouvellement général, comme la nôtre.

Ce pluralisme d'un monde unitaire, d'où tirerait-il sa force, sinon de l'énergie créatrice des rapports entre les sociétés, leur nature et la Nature? Et si le monde devient le système et des sytèmes, ceux-ci ne s'établissent et ne s'approfondissent que par et pour des sujets.

Tel est peut-être le sens de la décolonisation. Mais il est difficile à sauver de tout ce qui le menace. On dirait que notre époque projette de part et d'autre d'elle-même, en contradictions périlleuses, des termes que l'espoir de l'homme commande de maintenir indissociés. La notion d'identité collective prend en compte ces allures contraires et propose à l'analyse d'équilibrer les appels symétriques du formel et du vital. A mesure que la décolonisation du monde entre dans la réalité, elle postule de ces synthèses, que seule à son tour rend possibles la mondialité de l'histoire.

COLLÈGE DE FRANCE

# L'ESPACE DES TAMBOURS ET LE TEMPS DES TRANSISTORS

CLAUDE PAIRAULT

Le monde sonore ouvert à l'hôte des tropiques africains tend maintenant à se scinder en deux parts. D'un côté subsiste l'aire des tambours, traditionnellement déterminée par des rythmes qui, là où ils s'organisent, régentent une collectivité dans laquelle chacun connaît autrui et se sait connu de lui. En Côte-d'Ivoire, par exemple, le tambour s'adressait hier à ce type de collectivité familière, pour inviter les hommes au combat ou à la chasse; il résonne encore aujourd'hui, lors d'une fête d'igname ou durant les funérailles, pour évoquer la présence des morts, restituer les noms des ancêtres défunts à l'espace des vivants. D'autre part interviennent les transistors: radios ou électrophones pénètrent les espaces les plus différents, colportent partout à la fois les messages et les rythmes de partout, fonctionnent sous le commandement de n'importe quelle main.

La coexistence des tambours et des transistors se présente comme un fait. Poursuivant l'exemple ivoirien, je remarque qu'une telle coexistence ne se limite pas aux samedis soirs de Treichville ou de Port-Bouet, quartiers populaires d'une grande capitale. Le premier octobre 1966 elle m'atteignit à Rubino, village situé entre Abidjan et Bouaké sur la ligne du chemin de fer. Au soir de ce jour, je participais à une fête célébrée en l'honneur d'un notable mort la semaine précédente. Dans la cour où était exposé, comme de coutume, le lit du défunt, les chants funèbres durèrent toute la nuit, scandés par les tambours et le balancement des chanteuses, dont chacune frappait en cadence deux baguettes de bois l'une contre l'autre. Quittant la place vers une heure du matin, je pus m'apercevoir que, pendant ce temps-là, à l'intérieur d'une salle tout à fait voisine, un électrophone pleurait très fort des rythmes de chachacha. Ces rythmes modernes, produits eux aussi pour les mêmes funérailles, gouvernaient la danse d'une jeunesse oscillant par couples selon la mode des pays où naquirent les transistors. Pareille anecdote manifeste que la concomitance des cultures d'hier et de la civilisation actuelle n'est pas seulement un phénomène urbain, mais qu'elle a gagné la campagne, et que la rupture créée dans les villes n'est pas essentiellement différente de l'expérience désormais vécue dans les villages.

Ajoutons ceci, qui paraît une évidence: la juxtaposition de modèles hétérogènes n'est pas le propre de l'Afrique, ni même du Tiers-Monde dans son ensemble. Les pays plus avancés dans le développement technique combinent, de façon sans doute plus discrète mais non moins surprenante, l'odeur énigmatique des temps nouveaux et la saveur plus ou moins évanescente des terroirs. Aux États-Unis, où l'Américain d'aujourd'hui se reconnaît aussi volontiers "irlandais", "allemand", "italien" ou "chinois" qu'un Ivoirien se dit "bété", "sénoufo", "baoulé" ou "agni", l'abstraction du terroir est particulièrement sensible, — et particulièrement artificiels semblent les refuges destinés à maintenir la présence de ce terroir: quelque armoire de ferme, la pendule dite "coucou", un vieux moulin à café, des fauteuils Louis XVI, ou d'autres témoins folkloriques venus du bout du monde... Au fur et à mesure des déplacements familiaux, devenus faciles et fréquents, de tels objets se transportent de New York à San Francisco, ou de Boston jusqu'à Phoenix; ils figurent ainsi, au travers du temps, l'identité d'un "home" qui, parce qu'il n'est plus enraciné dans *un* lieu, est prêt à se poser partout, et peut-être même bientôt dans la lune.

Bref, non seulement les villes, mais les campagnes, — non seulement les pays à tambours, mais les sociétés les plus industrialisées nous obligent à prendre conscience d'un temps nouveau qui mord sur l'espace des ancêtres, et tente partout de l'absorber. En d'autres termes, Noirs, Blancs ou Jaunes sont désormais associés de gré ou de force, pour le meilleur ou pour le pire, à un mouvement qui débusque chacun de sa culture indigène. Ce mouvement commun, positivement orienté vers une civilisation universelle, peut être décrit ou mesuré de différentes façons. Il correspond en tout cas à un glissement de l'espace vers le temps, glissement que plusieurs repères nous permettront de mieux déceler.

Le langage courant qualifie volontiers de "locales" les coutumes qui caractérisent une ethnie donnée. L'adjectif mérite attention: une culture traditionnelle n'est pas simplement "locale" en ce qu'on rencontre *ici* un ensemble de traits sociaux et techniques qui *ailleurs* ne se trouvent pas (ou se trouvent différemment agencés). Une société traditionnelle est surtout locale en ce que le *lieu* où elle est établie pénètre intimement la culture propre à cette société.

Les groupes nomades eux-mêmes ne font pas exception à la règle. Certes leur espace est beaucoup plus vaste que celui où habite une petite société sédentaire, mais il demeure un lieu spécifique, dans lequel le parcours d'hivernage varie peu d'une année à l'autre.[1] C'est par rapport au parcours que se déterminent, par exemple, les coutumes alimentaires, architecturales ou familiales des Peuls.

Pour une population sédentaire et agricole, les parcours quotidiens se résument aux trajets qui relient les maisons aux champs. Le rapport des villageois aux terres environnantes s'exprime de plusieurs manières. Dans un village goula-Iro (Tchad) où j'ai résidé pendant un certain temps, j'ai pu faire les remarques suivantes:

(1) Tout d'abord le groupe villageois a conscience de "posséder" un espace déterminé. Cette aire comprend une multiplicité de lieux-dits tout aussi complexe et bien identifiée que l'enchevêtrement des localités dans la banlieue parisienne.

(2) A ces lieux-dits, topographiquement et linguistiquement repérables, correspond une série non moins déterminée de chefs de famille que l'on considère comme les titulaires du sol. Leur fonction, héritée en ligne patrilatérale, ne confère pas aux intéressés la "propriété" du terrain, mais plutôt un droit de contrôle sur la manière dont il est défriché ou utilisé par d'autres qui, avec l'approbation du titulaire, en bénéficient pour leur propre compte.

(3) Chaque titulaire local exerce en même temps son empire sur la section de rivière éventuellement incluse dans son territoire, sur les bêtes sauvages qui peuvent y être abattues. Pas plus que les récoltes ne sont sa propriété, les poissons pêchés ni le gibier chassé ne lui reviennent, mais sur la terre qui est "la sienne", les produits du sol, de l'eau ou de l'air ne sont pas exploités à son insu: les prémices lui en sont régulièrement offertes.

Quelles que soient les variantes du modèle, beaucoup de traditions foncières s'apparentent en Afrique à l'exemple que je viens d'évoquer. La communauté villageoise investit un lieu qui ne se détache pas d'elle-même, elle en détaille nommément les parties, elle délègue — parmi les siens — un ou plusieurs "chefs de terre" aptes à symboliser la propriété qu'elle-même exerce sur son "propre" terroir. Une relation de ce genre n'est pas seulement *naturelle*, elle n'est pas même seulement d'ordre *économique*; elle s'affirme dans une coutume qui maintient l'organisation *culturelle* d'un espace donné. Il arrive même que la constance d'une semblable organisation triomphe de profondes vicissitudes: dans certaines régions, les "chefs de terre" restent les témoins résiduels d'une ethnie qui, pour une raison ou pour une autre, a cédé la place à un nouveau groupe, mais les

[1] Cf. Marguerite Dupire, *Peuls nomades* (Paris, Institut d'ethnologie, 1962), p. 65.

membres de ce nouveau groupe ne contestent pas que l'espace occupé par eux ressortit toujours à ceux qui, dans le passé, l'ont une fois pour toutes investi. D'une manière générale on remarquera enfin que, dans un peuple fortement attaché au culte ancestral, il règne une étroite association entre terre, ancêtres et inaliénabilité du sol.

Faisons un second pas. Il ne suffit pas de dire qu'une culture traditionnelle est "locale" en ce qu'elle définit pour la subsistance du groupe un type d'organisation territoriale. Le rapport spatial régit aussi bien certaines déterminations de la vie familiale. Ce thème pourrait faire l'objet de nombreux développements; deux exemples suffiront ici à l'évoquer, l'un pris au Brésil, l'autre en Côte-d'Ivoire.

Dans un article où C. Lévi-Strauss met en question l'existence des organisations dualistes,[2] l'auteur distingue, à l'intérieur de certains villages américains, mélanésiens ou indonésiens, ce qu'il appelle "structures concentriques" et "structures diamétrales". Quoi qu'il en soit de la dialectique régnant entre les deux types de structures, rappelons, en citant le texte, comment se présente le modèle d'un village bororo (population sud-américaine):

> Au centre, la maison des hommes, demeure des célibataires, lieu de réunion des hommes mariés et strictement interdite aux femmes. Tout autour, une vaste friche circulaire; au milieu, la place de danse, adjacente à la maison des hommes. C'est une aire de terre battue, libre de végétation, circonscrite par des piquets. A travers la broussaille qui couvre le reste, des petits sentiers conduisent aux huttes familiales du pourtour, distribuées en cercle à la limite de la forêt. Ces huttes sont habitées par des couples mariés et leurs enfants. La filiation est matrilinéaire, la résidence matrilocale. L'opposition entre centre et périphérie est donc aussi celle des hommes (propriétaires de la maison collective) et des femmes, propriétaires des huttes familiales du pourtour.
>
> Nous sommes en présence d'une structure concentrique pleinement consciente à la pensée indigène, où le rapport entre le centre et la périphérie exprime deux oppositions, celle entre *mâle* et *femelle*, comme on vient de le voir, et une autre entre *sacré* et *profane*: l'ensemble central, formé par la maison des hommes et la place de danse, sert de théâtre à la vie cérémonielle, tandis que la périphérie est réservée aux activités domestiques des femmes, exclues par nature des mystères de la religion (ainsi, la fabrication et la manipulation des rhombes qui ont lieu dans la maison des hommes et sont, sous peine de mort, interdites aux regards féminins).

L'auteur poursuit la description en indiquant que la complémentarité ne joue pas seulement, dans le rapport de l' "ensemble central" à l' "ensemble périphérique", mais, en même temps, au travers d'oppositions diamétrales: le même village est en effet

[2] Voir *Anthropologie structurale* (Paris, Plon 1958), p. 156-157.

divisé en deux moitiés, par un axe est-ouest qui répartit les huit clans en deux groupes de quatre, ostensiblement exogamiques. Cet axe est recoupé par un autre, qui lui est perpendiculaire dans la direction nord-sud, et qui redistribue les huit clans en deux autres groupes de quatre, dits respectivement "du haut" et "du bas", ou — quand le village est en bordure de rivière — "de l'amont" et "de l'aval."

En pays bororo, une disposition aussi complexe caractérise non seulement les villages permanents, mais les

campements improvisés pour la nuit: dans ce dernier cas, les femmes et les enfants s'installent en cercle à la périphérie dans l'ordre de placement des clans, tandis que les jeunes hommes débroussaillent au centre un terrain tenant lieu de maison des hommes et de place de danse.

A une cinquantaine de kilomètres à l'est d'Abidjan, dans le pays abouré,[3] les villages de Moossou, Ebra, Yaou, Ediowo, Bonoua sont chacun divisés en deux secteurs qui s'appellent invariablement *Kumasi* et *Beñini*; ils sont souvent orientés dans le sens est-ouest. La population villageoise est elle-même "groupée par classes d'âge dans quatre quartiers". Dans l'Abouré traditionnel, deux de ces quartiers (soit, pour Moossou, *tšagba* dans le secteur Kumasi, et *belẽ* dans le secteur Beñini) faisaient l'objet d'une opération périodique, *epwɛ-atwe*, qui consiste à démolir toutes les maisons, vieilles ou neuves, habitées par la précédente génération.[4] Ensuite la nouvelle génération reconstruisait, au même endroit, un nouveau quartier. On fit ainsi, la dernière fois, à Moossou en 1926.

Avec des broderies passablement différentes, et dans les pays les plus divers, chaque groupe traditionnel tend à signifier ses catégories sociales dans l'espace qu'il s'est adjugé: la configuration du village parle de rapports déterminés entre les villageois.

Soulignons, à toutes fins utiles, que de telles broderies n'équivalent pas à des jeux inventés pour satisfaire l'intellectualité des ethnologues. Elles traduisent simplement une manière d'exister. La praxis traditionnelle implique que l'espace des hommes soit inséparable d'eux. "Un quartier, dit-on, naît ou meurt comme un être humain; il doit accompagner sa génération dans l'au-delà, afin que les membres puissent l'habiter." Cette

[3] Cf. Niangoran-Bouah, *Les Abouré. Une société lagunaire de Côte-d'Ivoire* (=*Annales de l'Ecole des lettres et des Sciences humaines*, I, Université d'Abidjan, 1965), p. 77 et 86.

[4] Chez les Atié, voisins des Abouré, les trois quartiers qui composent un village subsistent tels quels; les *générations* elles-mêmes émigraient régulièrement d'un quartier à l'autre au moment de leur promotion. Ce fait est signalé par Denise Paulme dans sa "Première approche des Atié", *Cahiers d'Etudes Africaines*, n° 21 (Paris, 1966), p. 108.

remarque, consignée par Niangoran-Bouah, conserve une très large portée, et nous aide à mieux saisir la qualification humaine de l'espace traditionnel: le même lieu contient les vivants et les morts. Ce lieu — dont l'identité persiste en deçà et au-delà — témoigne que la société triomphe des effritements chronologiques. Vivants et morts, que le temps sépare, maintiennent leur société dans un espace commun. Deux moyens, qui ne sont du reste pas exclusifs, servent à figurer une telle homogénéité:

— ou bien les structures de l'en deçà sont restituées à l'au-delà: c'est le cas en pays abouré, lorsque la nouvelle génération détruit les maisons naguère occupées par ceux qui ne sont plus;

— ou bien les structures de l'au-delà doublent et fondent régulièrement celles de l'en deçà: dans un certain nombre d'ethnies, les tombes sont creusées sous la maison du défunt ou dans la cour habitée par ses frères et ses rejetons.

Qu'il s'agisse de détruire l'ici pour l'au-delà, ou de construire l'au-delà pour ici, les deux opérations traitent le même problème, et le résolvent en significations comparables.

Enfin, ne laissant pas échapper d'elle-même les parents disparus, la continuité familiale, est positivement assurée par le truchement normal des alliances. Sans aborder ici le chapitre, aussi austère qu'important, des systèmes linéaires et matrimoniaux, il convient tout au moins d'évoquer les concepts de patri- ou matrilocalité, de viri- ou uxorilocalité. Des concepts impliquent que la coutume assigne une *place* à chaque installation familiale: en culture traditionnelle, le "voyage de noces" est celui de l'époux jusqu'au lieu de l'épouse, ou le voyage de l'épouse jusqu'au lieu de l'époux.

Dans les sociétés dont nous parlons, les rapports de l'homme à son terroir ressortissent au droit coutumier, qui — soit dit en passant — n'est pas moins rigoureux que le droit écrit. Pourtant ce droit coutumier, propre à forcer la patience et la réflexion des juristes qui acceptent de se transformer en enquêteurs, ne constitue pas, pour les sujets qui le pratiquent, le fondement de la relation privilégiée que ces mêmes sujets entretiennent avec leur espace. Pas plus qu'un locuteur ne parle pour adorer la grammaire, pas davantage une société ne vit pour adorer sa coutume ou son droit. En fait, au sein des sociétés traditionnelles, la relation absolue au terroir est signifiée par le recours à des divinités "topiques", c'est-à-dire à des êtres sur-naturels qui peuplent les lieux familiers dont ils gouvernent l'usage.

Autrement dit, le bois qui jouxte un village africain n'est pas sacré "parce que" des rites plus ou moins ésotériques s'y pratiquent en certaines occasions. C'est le contraire: pareils rites ont lieu (et ont *ce* lieu) parce que l'endroit est consacré par la présence d'un génie ou d'un groupe de génies qui ont établi là leur siège préféré.

Ainsi servent très généralement de repaires aux génies un arbre de la brousse ou de la forêt, une termitière, une mare, un coin de rivière ou un lac, un trou profond dans le sol, une excavation rocheuse, le sommet ou les flancs d'une colline, la lagune ou la mer riveraine du terroir. Les génies de ces lieux sont honorés par les hommes dans la mesure où la liaison de l'homme à son espace demeure essentielle. Il s'agit bien, répétons-le, de "relation absolue" fondant un espace immédiatement socialisé.

Néanmoins, dans la zone spatiale occupée par une société, il est un lieu particulier à chacun des membres de cette société, lieu qu'on désigne par le terme "corps". Par rapport à ce lieu, qui détermine singulièrement tout *individu*, quelle est en société traditionnelle l'attitude adoptée? En d'autres termes, comment Ego est-il lié à son propre corps, — et comment conçoit-il en fonction de la vie corporelle, les relations intersubjectives au sein de son groupe?

Une telle question reçoit un meilleur éclairage lorsqu'on la pose à partir d'observations concernant la première enfance. D'où l'intérêt, par exemple, d'un travail comme celui de J. Rabain-Zempléni sur les relations de l'enfant wolof de 3 à 5 ans observé dans son milieu familial. Au travers d'une enquête menée entre 1963 et 1965, Mme Zempléni s'est efforcée de saisir quels sont, pour le petit ou la petite Wolof, les modes de relations fondamentaux à autrui. J'emprunte à la psychologue les trois remarques suivantes.[5]

(1) A la différence de ce qui se passe couramment en Europe, "on ne laisse pas l'enfant pleurer seul avec la seule ressource d'un objet, mais on le laisse dans un entourage de bras et de corps. Là, l'enfant retrouve dans les balancements le même rythme."

(2) "Dans un environnement où la distance physique est minimale, l'espace est celui des autres corps ou d'objets conçus comme des corps. Les limitations que l'on rencontre sont celles qui fondent un espace social où l'individu est rarement seul, mais 's'accompagne avec quelqu'un'."

(3) "Il ne s'agit pas de conclure que le temps n'est pas organisé, marqué, mais que les tranches d'expériences où le temps est immobilisé ou cumulatif existent d'une manière continue de la naissance à l'âge adulte."

[5] Ces remarques sont tirées d'un "document de travail" présenté le 15 octobre 1965 à Fann-Dakar. L'ensemble est repris dans "Modes fondamentaux des relations chez l'enfant Wolof, du sevrage à l'intégration dans la classe d'âge", *Psychopathologie africaine*, vol. II, n° 2 (Dakar, 1966), p. 143-176.

En milieu wolof, l'espace attribué dès le plus jeune âge au corps individuel ne ressemble donc pas à une étendue meublée par des choses. Il ne ressemble pas davantage à une série de zones dont les adultes auraient prévu le compartimentage pour les opérations de leur progéniture: certaines de ces opérations étant ici tolérées, là interdites, et d'autres obligatoires ailleurs. Quant au temps de la vie enfantine, il n'est pas déterminé par les heures du biberon, de la pesée, de l'isolement, du mouvement permis, et du repos forcé. Dès le début, le corps accroché au dos maternel participe aux rythmes du pilon, de la marche ou de la danse. Ensuite Ego découvre ses limites corporelles dans l'exploration, à la fois physique et verbale, d'un *espace social* qui ne lui fait jamais défaut. Etroitement situé *par rapport aux autres*, il s'éprouve non pas comme un objet unique face à d'autres objets uniques eux-mêmes sujets à éclipses, mais comme l'enjeu d'une réciprocité communautaire dont chacun avec lui s'alimente.

Bref, dans une telle perspective créée par la tradition, les limites de mon corps individuel *sont* avant tout *les autres*, dont je suis le "relatif". Ma relation avec eux implique, bien entendu, le support habituel d'un espace objectif, mais elle est tellement prééminente à ce support qu'elle peut, le cas échéant, suffire par elle-même à en "tenir *lieu*".

Commenter la précédente remarque aidera un esprit "moderne" à discerner la raison d'être de phénomènes qui le déconcertent. Peut-être le même commentaire servira-t-il aussi, en quelque façon, les esprits "traditionnels" désireux d'analyser la réalité d'une culture dont ils restent tributaires.

En effet, s'il est admis qu'un espace *social* investit le corps individuel, au point de définir pour Ego sa réelle situation, on comprend comment une personne est capable de se transporter spontanément beaucoup plus loin et bien ailleurs que dans l'espace topographique où réside son corps. Autrement dit, le "corps propre" réfléchi en Europe par M. Merleau-Ponty conserve sans cesse le caractère d'une masse limitée par l'épiderme. Mue ou établie dans un lieu objectif, cette masse ne saurait échapper aux trois dimensions de l'espace euclidien. Or il n'en va pas du tout de même pour le "corps propre" vécu dans une société africaine de type traditionnel. Là où l'espace est social, on voit mal comment le "corps propre" serait assujetti à d'autres dimensions que les dimensions sociales.

Dans ce système non-euclidien, les relations du *rêve* sont donc entretenues sans qu'Ego puisse supposer que le temps du rêve le distancie de son corps. Les actions rêvées quand "la tête me dort" sont des actions qu'autrui fait à mon égard ou à l'égard de tierces personnes, ou bien des actions que je commets moi-même à l'endroit d'autrui. Ces rapports intersubjectifs ne peuvent être considérés comme des ombres, puisque, dans la réalité quotidienne, ce type de rapports suffit à déterminer l'espace dont je dispose. De même en est-il pour les rapports symboliquement établis par le sorcier ou le magicien, pour les relations diagnostiquées par un "clairvoyant" ou un "médiateur": il s'agit toujours d'espace social; "pour que la magie existe — écrivait Marcel Mauss —, il faut que la société soit présente."[6] Dans la ligne des analyses précédentes concernant les groupes traditionnels, la remarque de Mauss pourrait ainsi se poursuivre: "Là où la société est présente, Ego est, de ce fait, corporellement présent."

Il arrive encore, dans de nombreuses ethnies, que le rythme de certaines danses envahisse le corps, et le possède au point que — disons-nous — l'individu est mis "hors de lui-même". Mais, dans la pratique, cette "possession" laisse l'intéressé(e) dans son espace social, — et même elle l'y affermit par une relation directe à quelque divinité topique: "hors de lui" *pour nous*, l'individu "possédé" reste en lui dans sa société traditionnelle.

Il est possible que physiologiquement, neurologiquement ou psychologiquement, le rêveur, le chaman, la danseuse possédée ne fasse pas une expérience différente de l'individu endormi au gaz hilarant, piqué au LSD 25, ou dopé par une forte dose de maxiton. Existentiellement les deux ordres d'expériences diffèrent beaucoup: tandis que le second ordre, produit par la sophistication scientifique, est utilisé par des individus acculés à la fuite et au dépaysement, la première série d'expériences, sanctionnée par une coutume, donne toute la mesure d'un espace social où le sujet ne cesse de se situer et — si je puis dire — de s'em-payser.

Pourtant les deux processus ont ceci de commun que, dans l'un et l'autre cas, Ego consent ou cherche *en fait* à se dissocier de son corps animal, faute de savoir déjà ou de pouvoir encore accepter la matière comme constante et unique signification ici-bas de l'esprit. En milieu traditionnel ou parmi les civilisations à machines, une proposition de Pascal vaut d'être toujours entendue: l'homme "est ni ange ni bête, mais homme."[7] Cet avertissement, rarement pris au sérieux, concerne aussi bien la femme d'un collège d'initiées, perdue dans le grand air des tambours aux environs de Cotonou, — et le jeune Parisien extasié entre quatre murs par le jeu bruyant des guitares électriques.

Gagnons maintenant l'antipode, pour rejoindre Boesoou, vieux notable

[6] "Esquisse d'une théorie générale de la magie", cf. *Sociologie et anthropologie* (Paris, P.U.F., 1960), p. 120.

[7] Pensée n° 140 (éd. Brunschvicg).

canaque avec lequel s'entretenait un jour le pasteur Maurice Leenhardt. Voici comment s'exprime l'auteur de *Do Kamo*:[8]

Voulant mesurer une fois le progrès accompli dans la pensée des Canaques que j'avais instruits de longues années, je risquais une suggestion:
— En somme c'est la notion d'esprit que nous avons portée dans votre pensée?
Et lui d'objecter:
— L'esprit? Bah! Vous ne nous avez pas apporté l'esprit. Nous savions déjà l'existence de l'esprit. Nous procédions selon l'esprit. Mais ce que vous nous avez apporté, c'est le corps.

"Réplique inattendue — conclut Leenhardt —. Sans doute le *ko*, l'esprit affirmé ici, correspond à l'influx ancestral mythique et magique, mais la signification de la réponse demeure entière. Cette personne insaisissable exigeait une délimitation ferme que sa diffusion dans le domaine socio-mythique empêchait. Boesoou, d'un mot, a défini le contour nouveau: un corps."

En vertu d'un paradoxe qui revêt la forme de diptyque, la dissociation du corps animal, dissociation spontanément vécue par Ego traditionnel, scientifiquement obtenue par Ego moderne, aboutit à ce que l'un et l'autre Ego n'admettent pas le *fait* de la dissociation lorsqu'il se présente pour de bon, c'est-à-dire dans la mort physique. Par chacun des deux Ego la mort est à la fois prise trop et pas assez au sérieux.

— Pour le sujet d'une culture traditionnelle, la mort est prise *trop* au sérieux, dans la mesure où le traitement du cadavre absorbe un temps et des richesses sociales dont le défunt n'a que faire, — *pas assez*, dans la mesure où les vivants supposent Ego encore associé à sa dépouille, au point qu'il puisse, dans les jours, les mois ou les années qui suivent l'enterrement, persécuter les siens chez eux.

— Pour le sujet de la civilisation industrielle, la mort est prise *trop* au sérieux dans la mesure où elle est considérée comme le Mal, comme l'avènement évident du non-sens, — *pas assez*, dans la mesure où la société joue suavement à cache-cache avec le "cher disparu", et attend le moment où la science aura surmonté l'échec provisoire de tous les trépas...

Cet espoir moderne de dominer techniquement la mort trahit, à lui seul, une tendance qu'il nous faut à présent repérer. A la différence des cultures traditionnelles, enclines à s'illusionner sur la domination de leur espace, la civilisation d'aujourd'hui risque d'aliéner l'homme dans le temps.

[8] Maurice Leenhardt, *Do Kamo. La personne et le mythe dans le monde mélanésien* (Paris, NRF, 1947), p. 212.

Notons d'abord qu'un tel risque s'est manifesté, dans notre analyse, en conclusion de remarques élémentaires sur la situation du "corps propre" au sein du "corps social." Que l'ambiguïté spatio-temporelle surgisse au niveau du corps n'a rien qui puisse nous étonner, puisque, dans ce vase fragile, l'homme — à quelque race qu'il appartienne — reçoit pour lui-même, au jour de sa naissance, le cadeau de l'espace et du temps.

Sauf les cas-limites de la mort et d'un recours toujours actuel à diverses drogues plus ou moins toxiques, félicitons au moins l'homme moderne d'avoir consenti à investir lui-même son corps, d'avoir considéré cet investissement comme devant faire l'objet d'un *travail.*

Dans la nouvelle perspective, le corps de l'homme ne s'arrête pas à ses frères ni à son groupe ethnique, linguistique ou national. Au travers de telles limites, que la civilisation d'aujourd'hui ne néglige pas, mais apprend au contraire à connaître, à parcourir, à dépasser laborieusement, chaque individu se situe dans un espace *naturel* dont il commence par respecter les trois dimensions, afin de mieux les vaincre.

Les déplacements rapides d'un homme allongé ne sont plus opérés par le rêve dans la magie, mais en train ou en avion, c'est-à-dire dans un *lieu* "objectif" dont toutes les pièces ont été travaillées, puis assemblées par l'homme pour qu'elles servent à transporter des collections d'hommes. Bref, les choses naturelles deviennent de plus en plus les choses de l'homme; et réciproquement: l'homme découvre de plus en plus que les seuls outils dont il dispose pour maîtriser la nature s'élaborent à partir de la nature. Maintenant, que veut faire l'homme moderne de sa réelle domination de l'espace? Ou bien: que veut-il faire *culturellement* de la nature qu'il s'approprie? — Telle est la question qu'il se pose, et qu'avec lui nous posons.

(1) La dévotion aux divinités topiques a perdu son sens. Là où elle subsiste, elle devient de plus en plus affaire de vieux. Quand les jeunes vont à l'école, ils quittent la coutume, — que ce soit celle de la campagne française ou celle de la brousse africaine...

Ceci n'est pas un hasard. Les génies de l'eau, des champs et du village ressemblent beaucoup à de hauts fonctionnaires:

— comme les fonctionnaires, ils ne sont intéressants que dans la mesure où ils restent effectivement les maîtres et seigneurs de leur département,

— comme les fonctionnaires, ils sont souvent invisibles. Pour accéder à eux, il faut passer par des tiers, recourir à des manœuvres éventuellement compliquées, parfois onéreuses;

— enfin et surtout, on ne va s'adresser aux fonctionnaires que parce que et dans la mesure où l'on a besoin d'eux.

Or, dans le cas des divinités topiques, il apparaît et il apparaîtra de plus en plus clair que le progrès technique rend caducs leurs bons offices d'antan. Certes les "lois scientifiques" sont au moins aussi invisibles que les génies, mais elles n'ont pas les mêmes caprices, elles semblent plus efficaces en bien des domaines, et leur application se monnaye dans une multitude de bienfaits à la merci de tous.

(2) Si la culture de l'homme ne consiste plus à consacrer abstraitement la nature, mais à la travailler, il s'ensuit nécessairement un temps plus ou moins long pris par le travail. Et voici l'homme moderne tendant à être investi, bon gré mal gré, par son temps, — à la façon dont l'homme traditionnel était investi par son espace.

Revenant à la formule de Mme Zempléni, disons que l'enfant du monde industriel connaît de moins en moins d'expériences "où le temps est immobilisé ou cumulatif". Dès le début de la vie, la durée pleine et satisfaisante du rythme utérin cède vite la place à une succession de besognes réglées par les heures du biberon, de la pesée, de l'isolement, du mouvement permis et du repos forcé.

Ensuite l'individu devient incapable d'investir lui-même le temps, dans la mesure où — comme il l'avoue volontiers lui-même — il est trop "pris". Ego pris par le temps, et donc devenu inapte à "prendre son temps", pénètre alors par une nouvelle voie, homologue à l'ancienne, dans le domaine de la magie et du rêve: il se dissocie de son corps dans la chance de gagner aux courses ou à la loterie nationale, dans les romans de science-fiction, dans l'examen qu'il passera à la fin de l'année, dans la situation convenable qu'il obtiendra un jour, et finalement dans les "lendemains qui chantent". Au même titre que toute pieuse abstraction, la religion du *temps* devient à son tour l'opium du peuple, — un opium d'autant plus sournois que sa victime ne sombre apparemment pas dans le sommeil: l'homme moderne dort peu. Du reste il s'imagine maître du temps, tout comme son frère de la tradition se croyait maître de l'espace: Ego désormais possède une montre, il la regarde souvent, il se rassure en considérant la position des aiguilles. Mais l'espace parcouru par les aiguilles de la montre ne suffit pas à mesurer le temps qui fuit au travers d'Ego, comme par le trou de vidange d'une baignoire.

(3) Le temps des montres retarde d'autant mieux la solution du problème que la civilisation moderne, travaillant avec ou contre la montre (mais jamais sans la montre), est suffisamment occupée à *poser* ledit problème, c'est-à-dire à en multiplier plus ou moins béatement les données. Ego risque en effet de passer son temps à tout "organiser."

— Dans le domaine pratique, on organise des usines, un territoire, la propagande, un grand nombre de congrès, des surprise-parties, des syndicats et des plans de développement. Adoptant un parfait sérieux (qui contraste étrangement avec l'objet de la question), on se penche avec attention sur l'aménagement des loisirs. Et l'on achève en se décernant une félicitation suprême: celle d'être soi-même un "homme organisé".

— Dans le domaine théorique, le problème du temps n'a pas fini d'occuper les philosophes, si toutefois cette espèce n'est pas à son tour appelée à disparaître depuis l'époque où l'un d'entre eux, il y a plus de 160 ans, parlait du temps comme du "concept même qui est là". C'est qu'aujourd'hui le langage courant n'entend plus spontanément le terme "concept" dans l'acception tenue par Hegel. Les "concepts" sont devenus opératoires. Il s'agit de les situer les uns par rapport aux autres, de montrer que leurs rapports sont justifiables de transformations mathématiques, de les classer dans une nouvelle logique qui, à bien des égards, rejoint celle des technocrates: les concepts eux aussi en viennent à relever d'une "organisation" qu'il suffit d'analyser ou de promouvoir. Sociologues et linguistes ont ample matière pour s'exercer utilement sur des terrains que le passage des philosophes leur semble avoir laissés vierges, et qu'eux-mêmes — sociologues et linguistes — visent à féconder. L'historien à son tour devient suspect dans la mesure où la science historique, qui est un art, résiste par définition à un traitement purement objectif du temps. Quant à l'art, peut-on vraiment s'étonner qu'au milieu de tout cela son essentielle négativité de la nature trouve surtout à s'exprimer dans la dés-organisation du réel, à commencer par la dés-articulation du corps humain?

(4) Reste un témoin commun aux civilisations d'hier et à celle d'aujourd'hui, un signe d'identité qui marque tous les hommes les uns pour les autres: c'est la *parole*. Dans son usage et ses fonctions, la parole exprime, communique, traduit et signifie la liberté de l'existence humaine. Elle est le signe de tous les signes culturels: c'est par exemple grâce à elle qu'il m'est possible d'évoquer devant autrui des traditions qui disparaissent, et une culture industrielle en voie de développement mondial.

La parole détermine un espace social, établit le lieu de la rencontre, en compose la largeur, la hauteur et la profondeur. Elle atteste, en se proférant, l'universelle individualité du corps propre placé à la jonction de l'espace et du temps.

Signe des autres signes (jusques et y compris d'elle-même), la parole n'est pas moins enracinée en nature que tous les traits culturels auxquels j'ai fait allusion depuis le début.

— Tout d'abord elle a un support physique qui ne se distingue même pas organiquement d'appareils assurant la vie végétative: poumons, larynx et bouche.

— Ensuite elle ne décolle jamais de structures linguistiques, historiquement réglées par les cultures, qui représentent elles-mêmes autant de grammaires natives de la liberté.

— Enfin, comme signification résumant en soi chaque culture, la parole révèle, dans le traitement que l'homme lui inflige, toutes visées d'utopie ou d'uchronie latentes, c'est-à-dire tout défaut d'une réelle liberté. Par exemple, dans les milieux traditionnels, la parole opère d'elle-même la cohésion de l'espace (immédiatement représenté comme social), elle comporte la substance du "temps plein", elle énonce d'emblée son propre rythme à l'intelligence et au cœur de la communauté. En revanche, le monde moderne qui conquiert par le travail un espace objectif, et multiplie les mots sans plus "se bercer de paroles", utilise le langage comme un objet quantifiable et spatialisé. Le griot d'autrefois est devenu professeur: il apporte des informations, distillées par tranches horaires dans les nouveaux bois sacrés qui s'appellent écoles. Avec l'écriture, les disques et les bandes magnétiques, la parole peut être détachée du corps propre, et s'imprimer en volumes ou couvrir des surfaces. Désormais le contenu de la parole est non seulement audible, mais lisible (c'est-à-dire visible), et l'audition elle-même cesse d'être ponctuelle pour devenir réitérable en toute occurrence.

Que la parole puisse être conservée laisse néanmoins son originalité intacte. Si un magnétophone me répète pendant toute une journée un discours prononcé dans une langue tout à fait inconnue, je ne profiterai pas plus de la centième audition que de la première. Il en irait de même si l'on me présentait ce discours écrit selon les normes d'un alphabet dont, au surplus, j'ignorerais les conventions. Directement énoncée ou différée par l'écriture et l'enregistrement, la parole suppose toujours une solidarité entre celui qui la profère et son destinataire. Dans la matière phonique, dans l'organisation des mots et des phrases, l'auditeur moderne — ni plus ni moins que son frère des vieilles traditions — est appelé à "saisir" un sens qui n'est ni matière ni structure, quoique ce même sens soit radicalement inaccessible hors d'une matière et d'une structure réelles.

Au bout du compte, l'analyse ici présentée ne se résume pas à un ensemble d'oppositions binaires. Dans la *parole* — nous venons de le constater — le cœur des cultures traditionnelles rejoint celui d'un monde industriel qui tend aujourd'hui à partout prévaloir. Encore faut-il faire effort pour comprendre ce que parler veut dire, et cet effort n'est guère possible à la pensée sauvage non plus qu'à la pensée scientifique, aussi longtemps que l'une et l'autre restent sur leur quant-à-soi. Faute de s'entendre l'une avec l'autre, elles s'enfonceront toujours dans les difficultés symétriques dont nous avons esquissé l'inventaire.

A la civilisation moderne, encombrée d'objets, recluse dans le béton et les statistiques, — à cette civilisation capable d'aplatir, sinon de tuer le *sens* sous le poids des choses, les cultures traditionnelles disent cependant que dès l'origine est la parole, et que la parole livre le "temps plein" de l'existence, le sens ultime de tout. Mais, ce disant, les hommes de la tradition évoquent un tout dont ils ignorent le détail réel: ils ont offert et consacré d'emblée ce qu'ils ne connaissaient pas. Le comble de l'absurde pour une civilisation désormais scientifique serait de travailler pour *rien*, c'est-à-dire de connaître un peu mieux ce qu'elle ne sait plus offrir ni absolument consacrer aujourd'hui. Par exemple, *dire* qu'on travaille pour la liberté, et *faire* qu'on s'aliène déjà dans le temps des arrière-petits-fils, c'est assurément ne pas moins faillir à la logique de l'existence que poursuivre une aliénation indéfinie dans l'espace des ancêtres. Humaniser la nature ne cesse d'être rêve ou mythe que pour la liberté fondant *présentement* le seul travail dont elle soit capable au monde, c'est-à-dire sa propre œuvre, sa propre mort. De quoi servirait en effet prospective ou rétrospective, si elles s'élaborent à partir de quelque aliénation en voie de développement?

Le monde des traditions et celui de la technologie moderne admettront mieux une telle évidence, pour peu qu'ils consentent à se donner la parole et à l'échanger. Chaque partie propose à l'autre un message pertinent: l'une a manifestement besoin de l'autre pour saisir comme présents l'espace des tambours *et* le temps des transistors.

UNIVERSITÉ D'ABIDJAN

# SPECTACLES RITUELS ET CHANGEMENT CULTUREL DANS LE NOUVEAU-MEXIQUE ET L'ARIZONA

JEAN CAZENEUVE

Le domaine du rite couvre une variété de comportements collectifs dont un grand nombre, comme par exemple les interdits alimentaires, se manifestent dans la vie quotidienne, tandis que d'autres, beaucoup plus élaborés, s'enchaînent en des cérémonies comportant un agencement ou, pour parler le langage moderne, un scénario, et constituent de véritables représentations. A celles-ci, la plupart des membres du groupe concerné participent souvent comme des spectateurs, alors que certains autres jouent le rôle d'acteurs. De ces deux sortes de rites, ou plutôt de contextes rituels, les seconds plus que les premiers manifestent leur unité d'essence ou d'inspiration avec les mythes. Ils sont des mythes en action, ils sont le discours gestuel des mythes, soit qu'ils les racontent en les rendant présents, soit même qu'ils en constituent le fondement. Ainsi, Marie Delcourt a montré comment des légendes ont pu naître d'un rite mal interprété, ou dont on avait oublié le thème initial, et Salomon Reinach avait donné un exemple de cette dialectique complexe à propos de l'histoire de Salmoneus.[1] Pour l'ethnologue qui en veut saisir le sens profond, le rite pose donc les mêmes problèmes et fournit les mêmes renseignements que le mythe, d'une façon plus obscure peut-être, car il parle un langage moins explicite. La raison première du mythe est pour lui, bien souvent, une raison seconde. Et c'est sans doute pourquoi il peut plus aisément s'en détacher, subsister par lui-même alors que sa fonction première a disparu ou s'est estompée. La signification qu'il avait dans la pensée sauvage peut lui faire défaut sans qu'il cesse d'être pratiqué à titre de spectacle. C'est là une fonction qu'il peut continuer d'assumer lorsque le système mythique a perdu ses fondements, et l'on peut se demander dans quelle mesure cette persistance n'aurait pas une signification propre dans le changement culturel. Mais il est évident que, dans ces conditions, on a affaire à une évolution qui risque de mettre en question le principe de l'action rituelle.

[1] M. Delcourt, *Légendes et cultes des héros en Grèce* (Edit. P.U.F., 1942), p. 12.

Claude Lévi-Strauss a montré comment la pensée sauvage parvient à surmonter les contradictions inhérentes à la situation du mythe par rapport au présent, en contribuant à créer un système cohérent "où une diachronie, en quelque sorte domptée, collabore avec la synchronie sans risque qu'entre elles ne surgissent de nouveaux conflits."[2] C'est au rituel précisément qu'il appartient d'articuler les diverses insertions possibles du passé. Claude Lévi-Strauss rappelle à ce sujet la distinction établie par Sharp entre trois catégories de rites, dont l'une, celle des rites historiques ou commémoratifs, qui nous intéresse particulièrement ici, recrée l'atmosphère du temps mythique, du Grand Temps, ou, comme disent les Australiens, du temps du rêve, en transportant le passé dans le présent. Et, tout comme nos archives, cette actualisation du passé mythique restitue celui-ci avec "sa saveur diachronique."[3]

Or lorsqu'une tribu est en train de passer du contexte de la pensée sauvage à celui de la modernité, le spectacle qu'elle se donne en continuant de procéder aux cérémonies ancestrales peut glisser d'une signification temporelle à une autre, se référer au passé historique plus qu'au passé mythique. Du même coup, le rite abandonne la situation conjonctive qui était conforme à sa vocation originelle pour devenir disjonctif, en même temps que ludique, faisant ainsi apparaître les liens complexes qui, selon le même auteur, l'unissent au jeu.[4]

Les exemples de ce processus pourraient être trouvés, à des degrés divers, dans un grand nombre de sociétés archaïques lorsqu'elles sont en contact prolongé avec la civilisation moderne. Les circonstances les plus favorables à l'observation sont réalisées lorsqu'une tribu particulièrement typique de la "pensée sauvage" se trouve située depuis longtemps au sein d'une nation hautement industrialisée et constitue pour ainsi dire un îlot de survivance au milieu d'elle. C'est le cas tout particulièrement dans le sud-ouest des États-Unis où divers groupes d'Indiens vivent, avec le statut de "Réserves", disséminés dans la société américaine et y préservent tant bien que mal leurs traditions. Il s'agit là de groupes ethniques assez différents les uns des autres, comme les Indiens pueblos, citadins, les Navahos pasteurs, les Papagos et les Yaquis du désert, qui tous, sous des aspects divers, présentent des traits culturels assez proches de ceux qui caractérisent en gros le genre de vie néolithique, celui que Claude Lévi-Strauss, se réclamant en cela de Jean-Jacques Rousseau, considère comme le plus proche du modèle théorique de toute société humaine.[5]

[2] C. Lévi-Strauss, *La pensée sauvage* (Edit. Plon, 1962), p. 313.
[3] *Ibid.*, p. 321.
[4] *Ibid.*, p. 46.
[5] C. Lévi-Strauss, *Tristes tropiques* (Edit. Plon, 1955), pp. 422-423.

Le touriste ou l'ethnologue qui séjourne en cette région pittoresque est frappé par le fait que, du passé ancestral, ces Indiens ont conservé surtout des cérémonies rituelles. Ils peuvent posséder et conduire des automobiles, cultiver leurs champs avec des machines, fréquenter les marchés des villes, écouter la radio, ou même regarder la télévision, se vêtir à la manière des Américains de l'ouest, parler leur langue avec aisance; ils peuvent même avoir conscience de ce que leurs coutumes représentent pour les anthropologues dont ils reçoivent souvent la visite, avoir fait la guerre en Europe, reçu le baptême dans les missions catholiques ou protestantes, avoir fréquenté les écoles et acquis une bonne instruction primaire; cela ne les empêche pas de célébrer des rites d'un autre temps, d'y participer ou de les regarder comme spectateurs d'une toute autre manière que ne le font les étrangers à la tribu. On peut alors se demander ce que signifie pour eux maintenant cette fidélité à la tradition.

Par rapport à cette question, les spectacles rituels des Indiens du Nouveau-Mexique et de l'Arizona peuvent se classer en plusieurs catégories. Il faut d'abord mettre à part les danses accomplies pour le plaisir des touristes. Ainsi, les visiteurs du Grand Canyon du Colorado peuvent voir, moyennant une honnête rétribution, des Hopis costumés réalisant consciencieusement les multiples figures de ballet que comportent la danse de l'aigle ou celle du bison. Ces évolutions folkloriques ne répondent guère qu'à des buts commerciaux. Un autre cas, qui ne met pas en jeu des intentions beaucoup plus complexes, est celui des mêmes danses lorsqu'elles sont exécutées par la tribu pour sa propre distraction, à l'occasion des fêtes et réjouissances, notamment pendant la semaine de Noël. Il est probable que ces rite mimétiques avaient autrefois une signification magique, comme préludes à la chasse, et en même temps servaient à actualiser des mythes maintenant oubliés. Ils ne se rattachent plus à des contextes cultuels, et l'on n'éprouve aucune gêne à les montrer aux visiteurs blancs. Pourtant, à en juger par l'atmosphère fervente qui règne sur la plaza du village pendant que sont donnés ces spectacles, on ne saurait douter qu'ils donnent à la tribu l'illusion de revivre son passé non pas mythique mais ancestral. Il est d'ailleurs remarquable que, dans les mêmes circonstances, les Pueblos du Rio Grande sont fidèles aussi à d'autres spectacles chorégraphiques rappelant une histoire plus récente. C'est le cas, en particulier, pour les très belles danses des Matachines qui miment un épisode de la conquête espagnole. Une jeune fille joue le rôle de Malinche, celle qui trahit Montezuma (appelé Monarca) pour Cortez. Il s'agit en fait d'un vieux mystère importé d'Espagne après la conquête du Mexique et influencé par le drame aztèque. Un thème moralisateur, la lutte entre l'esprit du bien et celui du mal représenté par un danseur déguisé en taureau, fait la trame du ballet. On représente tour à tour deux versions du même spectacle: l'une en costumes indiens, l'autre en déguisements hispano-mexicains. Il ne s'agit donc plus ici d'un spectacle désacralisé, ni d'une évocation des temps préhistoriques (c'est-à-dire précolombiens) mais d'un amalgame de traditions relativement récentes se rattachant à une histoire oubliée, même souvent réprouvée (la conquête espagnole), d'attitudes rituelles plus anciennes (l'agencement du ballet et les costumes de la version indienne) dans un cadre moderniste et profane. Et cela n'empêche que les danses des Matachines sont sur le même plan que les danses mimétiques vraiment archaïques et interchangeables avec elles dans des cérémonies rituelles.

Plus surprenante est encore, de ce point de vue, la renaissance, chez les Yaquis du Tucson, à partir de 1909, d'une cérémonie pascale datant du dix-septième siècle et oubliée ensuite. Ces Indiens, de souche Hohokam tout comme les Papagos, vivaient dans le désert de Sonora, au Mexique, à l'époque pré-colombienne. La religion qu'ils pratiquaient alors et dont ils n'ont même plus le souvenir fut combattue par les conquérants espagnols. Évangélisés par des jésuites en 1617, les Yaquis obtinrent d'abord de combiner leurs traditionnelles danses masquées (dans lesquelles dominait probablement une influence d'origine pueblo) avec la dramatisation de la Passion lors des fêtes de Pâques. Puis, persécutés par les Espagnols, ils s'enfuirent vers le nord en 1886 et se réfugièrent sur le territoire des États-Unis, en Arizona. Là, ils abandonnèrent leurs coutumes, y compris cette cérémonie pascale que des Blancs, férus d'ethnographie et de folklore, les aidèrent plus tard à retrouver et à remettre en honneur. C'est ainsi que, chaque année, depuis 1909, les Yaquis, tous catholiques, ajoutent aux cérémonies célébrées dans l'église de leur quartier un rituel spectaculaire analogue à celui que leurs ancêtres avaient élaboré sous la direction des jésuites. Les acteurs de ce drame mi-païen mi-chrétien sont répartis en trois catégories, l'une figurant le bien et les défenseurs du Christ, l'autre ses ennemis, partisans de l'ancienne religion précolombienne, cependant que la troisième troupe symbolise les convertis et passe d'un camp à l'autre. A la fin de la fête pascale les acteurs de la seconde troupe, jouant le rôle à la fois des suppôts de Judas et de la religion païenne, jettent leurs masques dans un bûcher. C'est le triomphe du Bien et du Christianisme.[6]

Il est évident que, du point de vue formel, cette cérémonie, qui attire

[6] Cf. J. Cazeneuve, "Les Indiens de la région de Tucson", *L'Ethnographie*, Année 1956, pp. 39-44.

toujours un grand public de curieux, se présente avec toutes les caractéristiques fondamentales du rituel qui pose une asymétrie postulée entre deux partis antithétiques (ici, le paganisme des ancêtres et la religion des Blancs) et dont "le jeu consiste à faire passer tous les participants du côté de la partie gagnante au moyen d'événements dont la nature et l'ordonnance ont le caractère véritablement structural."[7] Mais, à la différence des rituels archaïques accrochés à une mythologie et actualisant le temps du rêve, ce spectacle des Yaquis est un système synchro-diachronique engagé dans l'histoire telle que nous l'entendons maintenant. C'est, dans l'histoire récente, l'événement représentant l'abandon du passé lointain qui est ici évoqué et commémoré. Et, qui plus est, ce rite abandonné depuis longtemps a été remis en honneur à une époque où cet événement était lui-même bien oublié. On peut alors se demander laquelle des deux fonctions domine dans ce retour à des sources relativement proches: ou bien le désir de revenir aux pratiques rituelles dans leur signification la plus générale et sous leur forme tolérable par la société moderne, ou bien la tentation inconsciente de replacer dans le cadre de la pensée sauvage le traumatisme du passage à la pensée historique et prométhéenne.

On aurait quelque raison de penser que, de ces deux modèles, le premier est le plus pertinent, et qu'en somme peu importe le contenu du rituel et qu'il jette un pont entre le passé vécu et le présent, en réduisant ce passé au rôle du mythe et du rêve par la seule vertu de la ritualisation. Ce qu'il faut, c'est ne pas se couper de la pensée sauvage, même quand on a finalement accepté de monter dans le train de la pensée technicienne, et cela d'ailleurs parce qu'entre les deux il n'y a pas une différence d'essence mais plutôt d'intention. En effet, on observe, dans cette région du nord-ouest des États-Unis, toutes sortes de compromis entre le monde des Blancs et celui des ancêtres sur le plan des cérémonies spectaculaires. Et ce que les Yaquis réalisent en mimant leur conversion, les Indiens pueblos du Rio Grande l'accomplissent en mélangeant dans une unité de lieu et de temps les gestes, sinon les thèmes empruntés aux deux sources. C'est ainsi que, pendant les fêtes de la veillée de Noël, les prêtres catholiques de ces villages ont depuis longtemps accepté de prêter l'église pour la célébration d'une série de danses païennes qui sont exécutées tout de suite après la messe de minuit, devant la même assistance, comme si elles en étaient une suite. C'est l'ancienne religion qui revit ainsi, avec ses costumes et ses masques, dans le cadre du christianisme, sans même que le moindre effort soit tenté pour substituer un syncrétisme

[7] C. Lévi-Strauss, *La pensée sauvage*, *op. cit.*, p. 47.

à cette succession de cérémonies. Là encore, il s'agit de rituels qui ne se rattachent pas à un contexte mythique précis: ce sont des danses d'animaux ou bien même des évocations de la colonisation espagnole.[8]

Est-ce à dire que ces populations n'ont conservé du rite rien de ce qui, chez leurs ancêtres précolombiens, en faisait une intégration du Grand Temps dans le temps vécu? Il en est ainsi pour celles des tribus qui ont gardé des gestes mais non des croyances. D'autres, et non point nécessairement les moins ouvertes au progrès technique, continuent de célébrer des cérémonies fort anciennes dans un contexte religieux et social presque intact. C'est le cas pour les fêtes Nawaït des Papagos de l'Arizona, pour les nombreux rituels shamanistiques des Navahos, et pour le culte katchina qui reste encore vivant chez les Indiens pueblos, mais généralement en grande partie secrètement, à l'abri des regards profanes. Finalement, d'ailleurs, dans certaines de ces populations, c'est le caractère ésotérique de certains rites qui semble être le critère le plus évident de leur rattachement à un contexte mythique, et de leur signification en dehors même du ludique et du spectaculaire. Cependant, les nuances, ici, sont difficiles à interpréter et, probablement, s'expliquent par l'évolution historique des diverses tribus depuis la colonisation. Pour reprendre les exemples que nous venons de citer, on peut dire que parfois le souci du "qu'en dira-t-on" à l'égard des Blancs a fait tomber en désuétude ou bien réduit au secret les éléments rituels dont les indigènes avaient un peu honte. Ainsi, dans le Shalako des Zuñis, la disparition des scènes orgiaques ou des plaisanteries graveleuses auxquelles donnait lieu l'exhibition des clowns sacrés est le signe d'évolution le plus manifeste depuis que les ethnologues se sont intéressés à cette cérémonie.[9] Chez les Papagos, les beuveries qui constituent le centre même du rituel Nawaït amènent tout naturellement les fidèles à souhaiter que les Blancs, dont ils tiennent à conserver l'estime, ne soient pas en grand nombre les témoins de cette fête archaïque. Si l'on dresse la carte des villages composant l'ensemble de la civilisation des Pueblos, on s'aperçoit que la tendance à l'ésotérisme pour le culte katchina diminue au fur et à mesure qu'on va de l'est vers l'ouest. Elle est donc à son maximum ches les Indiens du Rio Grande, et l'on peut même dire que, là, les ethnographes ont recueilli très peu de documents sur les rituels de cette religion des dieux masqués. Les Zuñis ont la réputation d'être au contraire trop peu circonspects et de trop parler

[8] Cf. J. Cazeneuve, "Noël chez les Pueblos du Rio Grande", *L'Ethnographie*, Année 1955, pp. 163 à 168.

[9] J. Cazeneuve, "Some observations on the Zuñi Shalako", *El Palacio*, december 1955, p. 354.

et trop laisser voir, et les Hopis plus encore, bien que les uns et les autres aient encore préservé quelques secrets et restent assez pointilleux sur certaines parties du rituel. Nous avons personnellement fait l'expérience des difficultés que l'on rencontre lorsqu'on veut pousser trop loin les observations et surtout prendre des photographies. Plusieurs ethnographes trop indiscrets ont d'ailleurs été chassés des villages. Or il est intéressant de se rappeler que, même au début de la conquête espagnole, et probablement à l'époque pré-colombienne, les Pueblos gardaient jalousement leurs pratiques magiques et leurs prières comme des biens mobiliers. Ils pensaient que la divulgation, même à des tribus voisines, en diminuait l'efficacité. Aussi tournaient-ils en dérision la religion catholique que les missionnaires tentaient de répandre parmi eux: il fallait qu'elle eût bien peu de valeur, pensaient-ils, pour qu'on ne cherchât pas à mieux la garder pour soi. C'est probablement un sentiment analogue qui, plus ou moins inconsciemment, les anime lorsqu'ils maintiennent cachés ceux des rituels qui gardent encore une signification mythique et par conséquent une fonction synchro-diachronique. Quant aux Navahos, il est possible qu'ils aient eu autrefois les mêmes intentions; mais le traitement qui leur fut infligé après leur révolte contre les Blancs et l'étendue de leur misère ensuite brisèrent leur esprit de résistance au point qu'ils ne cherchent plus à conserver leur religion comme une propriété personnelle. Cependant, le caractère ouvert de la cérémonie Yebitchai, à laquelle assistent volontiers quelques Blancs attirés par ce qu'elle a de pittoresque, n'enlève rien à la ferveur qui règne pendant ces nuits à la belle étoile où les danses colorées et les chants sauvages se succèdent jusqu'à l'aube à la lueur des grands bûchers. Bref, quels que soient les aléas de l'ésotérisme depuis l'arrivée des Blancs, il semble bien que les Indiens du Nouveau-Mexique et de l'Arizona fassent le départ entre les rituels qui actualisent le temps mythique et ceux qui répètent seulement un passé relativement récent ou encore ceux qui ont perdu leur attache avec des croyances précises.

Mais cette distinction entre deux fonctions du rite par rapport à l'insertion dans la civilisation historique ne peut être que relative, ou, plus exactement, n'exclut pas des passages de l'une à l'autre. D'une part, en effet, le spectacle rituel en tant qu'évocation du Grand Temps n'est pas totalement affranchi des évolutions dans le temps profane et peut servir à atténuer les difficultés provoquées par les vicissitudes de celui-ci. D'autre part, inversement, la célébration rituelle, même lorsqu'elle a toutes les apparences du profane et ne se réfère pas à un archétype hors de l'histoire vécue, peut revêtir certains aspects du drame sacré et en assumer certaines fonctions en vertu même de la constance réelle qu'elle assure au groupe face à des situations mouvantes. En d'autres termes, et pour tirer la leçon de ces deux évolutions en sens inverse, il semble qu'il y ait quelque affinité entre la référence au mythe, ou du moins au système synchro-diachronique et les efforts que fait une société pour maintenir son être dans le changement. Cela est particulièrement visible dans les rites spectaculaires, où le groupe se donne à lui-même la représentation de son unité symbolique et dans les périodes de mutation, c'est-à-dire, pour parler comme certains anthropologues, dans les phases d'acculturation.

Or cette plasticité du rite qui lui confère ce rôle dans de pareilles circonstances n'a rien de surprenant, si l'on se réfère aux similitudes et aux différences entre le ludique et le rituel, telles que les a révélées Claude Lévi-Strauss. Le rite, dit-il, va de l'événement à la structure, comme le fait aussi le bricolage, tandis que le jeu produit des événements à partir d'une structure, tout comme le fait la science.[10]

Il est clair que, de tous les rites, ceux qui se présentent comme des spectacles sont les plus aptes à devenir de simples jeux et, comme tels, à s'insérer assez aisément dans les intentions fondamentales d'une communauté ayant à s'adapter aux exigences de la société industrielle qui l'entoure et la pénètre, puisque cette dernière est portée à poser d'abord l'organisation structurale comme le fait la compétition ludique avec ses règles préétablies et valables pour tous les joueurs. Ainsi donc, même quand le recours au mythe disparaît ou s'estompe, la cérémonie rituelle, en étant simplement représentée, permet de réaliser le passage entre l'ancien et le nouveau monde, entre l'archaïsme et la modernité. Et l'on comprend, en même temps, la tendance à oublier le mythe, comme aussi à confondre l'histoire et le mythe, ainsi que le montrent les exemples cités, en particulier les danses Matachines mises sur le même plan que les anciennes danses magiques figuratives. Il arrive ainsi que le passé relativement récent d'une tribu lui devienne un substitut de mythe, et même que le rite, simplement parce qu'il se répète et qu'il échappe en apparence aux préoccupations du présent, soit un moyen de créer une communion entre l'actuel et le représenté et, par suite, donne une consistance ontologique au groupe. Il arrive aussi que le mythe joue le rôle d'un substitut de passé historique, ou serve à en voiler l'évocation pénible, comme c'est probablement le cas chez les Navahos.

Ainsi, la fonction synchro-diachronique du rite présente des aspects fort divers dans le passage de la pensée sauvage à la pensée moderne, tel que le vivent en particulier les Indiens du sud-ouest des États-Unis. Dans l'état actuel de leur évolution, les tendances paraissent s'orienter vers

[10] C. Lévi-Strauss, *La Pensée sauvage*, *op. cit.*, p. 47.

deux limites extrêmes. L'une est représentée par la simple survivance folklorique. On y voit la répétition rituelle jouer à peu près le même rôle que dans certaines de nos provinces où elle exprime le particularisme d'un groupe affirmé par sa fidélité au passé, et le même aussi que dans la ritualisation de telles ou telles cérémonies observables dans le monde moderne, par exemple les fêtes du couronnement en Angleterre ou la rentrée solennelle des Facultés. Si l'on regardait de près, on s'apercevrait que dans les nations les plus évoluées les organismes ayant ou voulant se donner une structure stable ont recours à de nombreux systèmes de comportements stéréotypés dont la raison d'être est le besoin d'établir une certaine interférence entre la synchronie et la diachronie. Que la référence au mythe ait été oubliée ou qu'elle n'ait jamais existé, cela finalement ne fait pas grande différence. L'autre limite, à l'inverse, est celle de l'ésotérisme et de la conservation pure et simple de l'attitude conjonctive et de la "pensée sauvage" dans un secteur séparé de la vie collective, à la fois coupé du reste du monde et caché à ceux qui risqueraient d'en affaiblir la vertu par participation. Dans ce cas, le rite garde son intime unité avec le mythe, et par conséquent l'essentiel de sa fonction synchro-diachronique primitive, mais il risque de ne pas suivre le changement des structures sociales et par conséquent de se dresser comme une cathédrale au milieu d'un désert. C'est ce qui se produit avec les religions archaïques comme le culte katchina. Chez les Indiens Zuñis, ceux qui ne conservaient plus cette foi, au retour d'un séjour en Europe pendant la seconde guerre mondiale, n'ont eu d'autre solution que de quitter la tribu.

A vrai dire, il reste encore une troisième voie, qui est celle du syncrétisme. C'est cette solution que propose la nouvelle religion peyotiste qui s'efforce d'inclure des éléments rituels archaïques dans un ensemble adapté aux religions modernes. Or il est à remarquer que le peyotisme n'a eu aucun succès auprès des collectivités ayant conservé des cérémonies secrètes. Ainsi, les Indiens pueblos lui sont restés totalement fermés. Au contraire, dans cette région, c'est auprès des Navahos que le peyotisme a réalisé des conversions en nombre important.[11] Il est difficile de prévoir quel peut être l'avenir des religions syncrétiques de ce genre. Il est clair, en tout cas, qu'elles se développent surtout dans les collectivités où le passage de l'archaïsme au modernisme et le désir de conserver le particularisme n'ont pas trouvé les apaisements que peuvent offrir les deux autres solutions dont nous venons de parler. Mais il faut ajouter que les rites ésotériques, tout comme les rites syncrétiques, manifestent, dans une

[11] J. Cazeneuve, "Le Peyotisme au Nouveau-Mexique", *Revue philosophique*, avril-juin 1959.

société qui s'éloigne des façons de vivre ancestrales, une espèce de mauvaise conscience, de nostalgie ou même un esprit de résistance.

En définitive, si l'observateur qui visite les tribus indiennes du Nouveau-Mexique et de l'Arizona est frappé surtout par l'importance des rituels spectaculaires dans la vie de ces peuples dont le destin est incertain, c'est parce que ces types de comportement, sous leurs différentes formes, correspondent à des réactions collectives d'adaptation ou de défense dans une évolution accélérée de l'ambiance archaïque à la civilisation industrielle. Par comparaison, on pourrait évoquer le cas des peuples dits primitifs qui se révèlent incapables de survivre au contact avec le monde moderne, tels par exemple les Indiens alakaluf dont J. Emperaire nous a si bien décrit la décrépitude. Dans cette tribu de la Patagonie, les cérémonies d'antan ont complètement disparu et seuls subsistent les rites superstitieux portant sur des comportements élémentaires, en particulier les interdits. Tout l'aspect spectaculaire du rituel qui était encore en usage assez récemment ne subsiste plus que dans la mémoire des vieillards,[12] en même temps d'ailleurs que la mythologie. Ce n'est donc pas l'absence de celle-ci qui pourrait expliquer le changement de situation, la perte de la volonté de subsister en tant que groupe. On pourrait d'ailleurs trouver bien d'autres exemples tendant à montrer qu'une corrélation semble exister entre la persistance ou même la résurgence des rites spectaculaires et la cohérence sociale d'une tribu encore archaïque sollicitée par la civilisation moderne. Et l'on pourrait conclure que ces pratiques collectives, dont la signification n'est pas claire au premier abord, permettent une insertion plus aisée dans un contexte historique difficile grâce aux diverses solutions offertes par les combinaisons multiples entre leur fonction primordiale synchro-diachronique et leur fonction secondaire ludique.

SORBONNE

[12] J. Emperaire, *Les Nomades de la mer* (Edit. Gallimard, 1955), pp. 257 sq.

# SECTION IV

# TRISTES TROPIQUES

# MIROIRS A PÈLERINS*

MICHEL LEIRIS

Côte à côte, dans le quartier d'Amsterdam où les marins viennent tirer leurs bordées, pas très loin du vieux quartier juif et de la maison de Rembrandt, deux bars à filles: le *Butterfly Concert* et le *Café Traviata*, discrets, mais aux façades brillamment éclairées. A Copenhague, tout près d'un jardin public, sur un rocher où elle semble se reposer au sortir de la mer, la Petite Sirène du conte d'Andersen, ici grandeur nature et devenue presque objet de pèlerinage: des voitures stoppent, des piétons s'approchent et l'on voit des Japonais et d'autres asiatiques photographier gravement ce nu, corps de jeune fille présenté dans sa toute simple fraîcheur et dont la moitié inhumaine est elle-même si fidèlement reproduite que c'est tout juste si l'on ne peut en compter les écailles. Coulé en bronze, à Longjumeau sur une petite place, le fringant Postillon portant chapeau en tronc de cône (style *Courrier de Lyon*) et bottes à revers, personnage assez oublié mais qui, là, reste campé sur son socle comme une célébrité locale. Dans maintes plazas de toros du Midi français, l'Ouverture de *Carmen* exécutée, non comme un morceau symphonique, mais comme un air authentiquement espagnol et authentiquement taurin, pour accompagner le défilé des hommes en costumes de lumières. Beaux effets de la gloire! Et quel artiste ou écrivain n'aimerait que l'un au moins de ses travaux, serait-ce dans le cadre exigu d'une ville de province, atteigne au légendaire comme telle des œuvres d'Andersen, de Bizet, de Verdi, de Puccini ou de cet autre moins illustre dont le nom m'échappe: l'auteur du *Postillon de Longjumeau*, opéra-comique qui eut certes son heure mais n'est pour moi qu'un titre (je ne l'ai jamais vu jouer et, s'il m'est arrivé d'en entendre des fragments, c'est probablement sans savoir à quoi ils appartenaient).

Qu'une œuvre quelle qu'elle soit quitte le terrain de l'art pour se mêler à la vie, c'est bien. Mais il y a mieux encore. Parfois, ce qui est issu du cerveau d'un romancier, d'un dramaturge ou d'un faiseur d'opéras rencontre un tel crédit qu'on finit par oublier à peu près la nature large-

* Extrait de *Frêle bruit* (*La Règle du jeu*, IV), en cours de rédaction.

ment sinon tout à fait fictive du thème de départ. L'endroit qui était le théâtre supposé d'une action plus ou moins imaginaire (inventée de toutes pièces ou empruntée à la tradition) se mue en lieu hautement historique, comme si cette action, devenue vraie, plongeait maintenant de solides racines dans la réalité topographique et la transfigurait.

C'est ainsi qu'à Marseille on visite, perle du château d'If, le cachot de Monte-Cristo et, à Nagasaki, la maison de Madame Butterfly. A Rome, sur une terrasse du château Saint-Ange — celle-là même d'où la Tosca, poursuivie par les sbires, se précipite dans le vide — on vous fait voir le mur contre lequel Mario Cavaradossi a été fusillé. En Sicile, à Vizzini, des cartes postales sont en vente, représentant la place où se dressent face à face l'église et la maison paysanne qui constituent l'essentiel du décor de *Cavalleria Rusticana*. Dans la forêt de Fontainebleau, un passage entre une double file de rochers évoquant des mégalithes celtiques est appelé "passage de Norma". A Venise, les gondoliers signalent aux gens qu'ils promènent sur le Grand Canal la maison de Desdémone, minuscule palais Renaissance où la direction du Grand Hôtel, dont il est une dépendance depuis quelques années, a fait installer deux chambres à l'ameublement de genre ancien. A Mantoue il existe, non seulement une maison de Rigoletto proche du palais ducal, mais, autre implantation de l'opéra que le très français *Roi s'amuse* a inspiré à Verdi, une auberge de Sparafucile située sur la rive opposée du fleuve; des moutons paissent autour de ce bâtiment délabré dont rien, sauf son isolement et sa romantique allure de ruine, ne ferait songer au sinistre coupe-gorge que tenait avec sa sœur le spadassin que Hugo nommait, lui, Saltabadil et domiciliait à Paris. A Vérone, le drame shakespearien s'est ancré en plusieurs points de la ville: cloître du frère Laurent, détruit par les bombes pendant la deuxième guerre mondiale mais reconstruit, et où l'on entretient des colombes sur la blancheur desquelles se posent les regards attendris de couples d'amoureux, apparemment point gênés par le flagrant état de neuf du monument; chapelle (baroque, soit dit en passant) où le vieux moine maria en secret les deux amants; tombeau de Juliette et, dans un autre district, son balcon (au premier étage d'un édifice où le syndicat d'initiative a ses bureaux); ailleurs encore, une maison de Roméo, dernière trouvaille publicitaire, m'a confié à mi-mot un citadin sceptique quand je suis allé à Vérone. Au Danemark, à Helsingör (l'Elseneur hamlétique), le château-fort possède sa "batterie", âgée de deux ou trois siècles, et il est convenu que c'est sur cette portion des remparts, qui ne remontent pas même à l'époque élisabéthaine, qu'errait pour demander vengeance le fantôme du roi assassiné; une sentinelle est postée là et, quand apparaît un visiteur, elle lui présente les armes avec tant de rectitude et de gravité que cet étranger pensera volontiers qu'on le salue comme si, rejeté en un temps déjà lointain pour Shakespeare, il était l'un des deux officiers Marcellus et Bernardo, voire le héros princier, son ami Horatio ou le spectre lui-même. Enfin, à Leipzig, la taverne d'Auerbach, qui doit sa renommée d'aujourd'hui au *Faust* de Goethe, aura été le cadre d'un jeu curieusement circulaire dont voici quelles furent les principales donnes: peinture, légende fortement enracinée dans un lieu précis, littérature, puis de nouveau peinture. Ses murs intérieurs sont ornés de grandes compositions assez récentes, illustrant divers épisodes des deux parties du drame goethien, bâti (comme nul n'ignore) sur la légende du docteur Faust et où l'on voit, vers le début, le philosophe avide de tout connaître se mêler, dans cette taverne même, aux buveurs que son compagnon démoniaque régale, par magie, de tous les vins qu'ils désirent; or si Goethe, sur qui maints artistes et musiciens bâtiraient à leur tour, a pris ici pour tremplin un détail truculent que lui fournissait le folklore, cet élément de la légende avait sa source — fortuite, en quelque sorte — dans une œuvre d'art, car le touriste moderne qui déjeune ou dîne à la taverne d'Auerbach apprend, lisant le bref historique que contient le menu, comment s'était établie la tradition exploitée par le poète dans la scène de la beuverie: décorant la taverne à des fins de réclame, un peintre avait jugé bon de montrer le héros déjà quasi mythologique qu'était le docteur Faust en train d'y festoyer comme un Bacchus, à cheval sur un tonneau. En l'espèce, la légende s'est donc greffée sur l'art, et non l'art sur la légende: parce qu'un peintre ingénieux avait eu l'idée de l'installer en effigie dans cette cave, la voix populaire a parlé de Faust allant à la taverne d'Auerbach. Puis, avec Goethe, un retour à l'invention d'homme de métier s'est opéré, qui a eu pour dernière étape les médiocres peintures académiques que j'ai regardées, non sans quelque plaisir un peu fourbe, l'unique fois que j'ai pris un repas dans l'établissement fameux.

Art, légende, réalité... C'est dans l'ordre alphabétique que j'écris ces trois mots, faute de savoir quelle loi de préséance devrait régler ici leur énumération. Si la réalité, tout au plus pittoresque, d'une taverne de Leipzig est parée d'un halo de légende, cette promotion, elle la doit primordialement à un tableau exécuté dans un but commercial, telle une enseigne ou une affiche; mais il faut ajouter que ce halo n'aurait pas manqué de s'éteindre si l'art de Goethe, ensuite, n'était passé par là. Reprise par Shakespeare, l'histoire de Juliette s'est faite réalité au point de déboucher sur un tombeau, en vérité celui, présumé, d'une jeune fille de la Vérone de jadis, dont le nom demeure inconnu. Sans la figure théâtrale qui a maintenu présent le souvenir de Macbeth, roi autrement perdu dans la poussière des chroniques où son règne bien réel est mentionné, le voyageur qui visite Inverness songerait-il à se rendre jusqu'à une éminence proche de la gare, et devenue quartier résidentiel, pour y trouver l'emplacement où s'élevait l'un des châteaux de l'usurpateur, construction dont pas une pierre ne reste, mais qui semble continuer de marquer cet endroit aussi tenacement que la tache de sang souillant la main de lady Macbeth? Toutefois Shakespeare, de même qu'on vend son âme au diable en échange de la fortune ou du pouvoir, a peut-être troqué sa vie contre celle qui paraît animer miraculeusement ses personnages. La force de son génie profus rendant son identité problématique pour certains, qui s'étonnent qu'un pareil lot ait échu à un modeste acteur, n'en est-il pas arrivé, en étant cet incroyable Shakespeare, créateur de tant de figures fantastiquement vivantes, à faire douter de sa propre existence?

Mais cette réalité à quoi une œuvre d'art peut aboutir, invention désormais inscrite dans les faits, sans respect nécessaire des temps ni même des lieux, et douée de contours plus fermes que la figure de l'inventeur, n'est qu'une réalité de clinquant: matériau quelconque, parfois élu comme simple miroir à alouettes, et auquel notre rêverie, en se posant dessus, donne un éclat de diamant.

Joyau plus vrai, parce que porter à rêver semble tenir à sa nature même: au Zoo de Dakar, dans un bassin que l'on dirait creusé juste à sa taille, le lamantin aux formes indécises de bête pas encore entièrement dégagée de son milieu originel, espèce de gros têtard en cours de mue, géant maladroit et tout moussu plutôt que squammeux ou velu, en vérité mammifère cousin du phoque et père ou mère, peut-être, des ondine, sirène, roussalka et "maman d'l'eau", puisque l'Afrique en fait un génie des eaux capable de se changer en séduisante jeune fille à longs cheveux, fatale à ceux — pêcheurs ou autres — qui troublent la tranquillité des marigots.

Chef-d'œuvre sans bavure, qui ne doit rien à l'invention non plus qu'au rêve et n'est que l'image réelle de sa propre réalité défunte mais fascinante: embaumé comme un saint et conservé à basse température dans le mausolée de la Place Rouge à Moscou, Lénine en complet civil noir, titan sans plus d'appareil légendaire qu'un petit chef de bureau.

# COMMUNICATIONS IMAGINAIRES OU AFRICAINES

ANDRÉ SCHAEFFNER

*Aphricque (dist Pantagruel) est coustumière de produire choses nouvelles et monstrueuses.*
Cinquième Livre, chap. III.

A un siècle d'intervalle moururent Rabelais et Cyrano de Bergerac. Leurs deux ouvrages posthumes contiennent des pages qui devraient attirer l'attention des spécialistes de la musique africaine.

En 1564 paraît à Lyon *Le Cinquiesme et dernier livre des faicts et dicts héroïques du bon Pantagruel*, qui n'est pas entièrement de la main de Rabelais et ne serait même pour les deux tiers que l'œuvre d'un arrangeur ou d'un imitateur. Les chapitres XXIV et XXV décrivent une partie d'échecs dont les pièces sont représentées par des danseurs qui se déplacent selon que le commandent des motifs musicaux. Voilà qui diffère de la conception ordinaire du ballet où les pas se règlent sur le mouvement des instruments sans que celui-ci détermine le tracé d'aucune figure — au contraire de ce que nous observerons dans des danses ou exercices orchestiques d'Afrique noire. Les éditeurs modernes de Rabelais ont vu en ces chapitres, ainsi qu'en trois autres, une imitation d'un ouvrage antérieur, *Le Songe de Poliphile* de Francesco Colonna, dont le texte original (*Poliphili Hypnetoromachia*) fut publié à Venise en 1499 et la traduction ou adaptation française à Paris en 1546, donc tous deux du vivant de Rabelais. Celui-ci avait eu connaissance du livre avant qu'il fût traduit, puisqu'il le mentionne en son *Gargantua*, imprimé douze ans auparavant.[1] A comparer toutefois les deux auteurs, que le second soit Rabelais ou son continuateur, il s'en faut que la description du bal ait un égal développement et surtout que la danse soit menée de façon identique.

Le pavé de la salle, sinon un tapis qui le couvre, divisé en carreaux, a l'aspect d'un damier. Dans *Le Songe de Poliphile* trente-deux "damoyselles", travesties en pièces d'échecs, dansent au son de trois instruments,

[1] Chap. IX: "Polyphile au *Songe d'Amour* en a davantaige exposé".

mais ce sont deux d'entre elles, les Rois d'or ou d'argent, qui *commandent*, on ignore comment, les mouvements de case en case.[2] L'accompagnement instrumental se borne à donner le "temps musical", autrement dit la mesure à suivre, d'abord lente, puis de plus en plus rapide. Ainsi à la première reprise "celles qui sonnoient des instrumens hasterent un petit les temps de leurs notes", et à la seconde "les musiciennes hasterent encore plus promptement la mesure." Le texte italien est traduit ici littéralement.[3] De même l'initiative des différentes figures reste attribuée à l'un ou l'autre Roi, toujours sans qu'on sache le mode de signaux avertissant les danseuses.[4] Ailleurs le texte est quelque peu abrégé et, si Rabelais en a connu l'original, l'éditeur anonyme du Cinquième Livre de *Pantagruel* s'y est aussi reporté. On cherche vainement en l'adaptation française du *Songe de Poliphile* le terme de "petauriste", danseur acrobate, qui reparaît dans le Cinquième Livre.[5] Il n'apparaît non plus nettement que les instruments prévus par Francesco Colonna, "tre instrumenti di temeraria inventione", sont de pure fantaisie, voire de l'ordre de ces inventions monstrueuses dont la peinture de l'époque offre de nombreux exemples.[6] Mais précisément sur ce point le rédacteur du Cinquième Livre s'écarte de l'ouvrage italien. Détaillant "la numéreuse diversité de pas, de desmarches, de saux, sursaux, retours, fuites, embuscades, retraictes et surprinses", il s'est sans doute avisé que trois instruments, même de "joyeuse invention", seraient insuffisants et a conçu une formation d'orchestre plus proportionnée: deux bandes de huit instrumentistes, disposées sur deux côtés de l'échiquier, commandent chacune les mouvements d'une des troupes adverses.[7] Suit un paragraphe assez

[2] Nous nous référons à l'édition moderne du *Songe de Poliphile* établie par Bertrand Guégan (Paris, Payot, 1926), pp. 68-69.

[3] *Hypnerotamachia Poliphili* (Venetius, Aldus Manutius, 1499): "le sonatrice stringendo la mesura del tempo" et "piu encora gli musici strinxeron la mensura del tempo". Cf. également L. Sainéan, *Problèmes littéraires du seizième siècle* (Paris, de Boccard, 1927), p. 255.

[4] "secondo che imperitava il Re..." — "Il Re dell'argento (rincominciato il sono da capo) commesse..." — "cum visione sempre del Re."

[5] Chap. XXIV: "ce n'estoient que saux, gambades et voltigemens petauristiques...". Dans la première traduction littérale du *Songe de Poliphile* par Claudius Popelin, le terme est rétabli: "les danseuses, sur les carreaux qu'elles occupaient, se remuaient ainsi que des dauphins petauristes" (Paris, Isidore Liseux, 1883), t.I, p. 292.

[6] A la Galerie des Offices un tableau célèbre de Piero di Cosima (Andromède délivrée par Persée) montre une *négresse* jouant d'un instrument dont les caractéristiques laisseraient supposer une facture européenne s'il n'accolait ensemble un basson et un luth, ou tout au moins leurs caricatures. Cf. *Les Fêtes de la Renaissance* (Paris, éd. du Centre National de la Recherche Scientifique, 1956), pl. XXVII et XXVIII.

[7] Détail que nous n'avons pas rapporté: le corps de ballet se compose dans le *Songe de Poliphile* d'"adolescentuli" ou "damoyselles" et dans le Cinquième Livre de "jeunes

obscur, d'où il se dégage néanmoins que les personnages avaient à peine entendu le ton indicatif "qu'ils se poussoient en place désignée, nonobstant que leur procédure fust toute diverse." Ainsi a disparu à la tête de chaque troupe le maître de danse qui en dirigeait les pas, comme dans le *Songe de Poliphile*; ce rôle revient au double orchestre qui ne marque pas seulement la mesure mais appelle une à une les figures. Ballet imaginaire, son action aurait pu être réglée par des procédés équivalents à ceux que nous verrons appliquer en Afrique.

L'idée d'un ballet d'échecs n'en a pas moins été mise à l'épreuve à Paris même. Sous ce titre un ballet de cour fut en effet représenté devant Henri IV en 1607, soit une quarantaine d'années après la publication du Cinquième Livre. Celui-ci en avait-il fourni le sujet? D'après le livret qui fut imprimé la même année et a été reproduit depuis, certains détails d'exécution laisseraient penser que son auteur avait une égale connaissance du *Songe de Poliphile*.[8] La partie d'échecs était censée jouée par deux maîtres de ballet "habillez à l'Espagnole" et tenant chacun "une longue baguette à la main."[9] Les maîtres ouvraient eux-mêmes le ballet en dansant quelque temps sur la toile à carreaux blancs et rouges que des hommes masqués avaient étendue sur le sol. Puis ils s'asseyaient sur deux "escarbelles" placées à deux bouts de la salle; alors entraient successivement les différentes pièces selon leur valeur ou couleur, chaque groupe évoluant sur un air particulier. Une fois toutes les pièces rangées sur l'échiquier, les

---

personnages" des deux sexes selon qu'ils représentent roi ou reine, chevaliers, archers ou nymphes, certains de ces rôles ne correspondant plus aux pièces d'échecs traditionnelles.

[8] *Recueil des masquarades et jeux de prix à la Course du Sarazin faits ce Karesme-prenant en la présence de Sa Majesté à Paris* (Paris, Marette, 1607); Paul Lacroix, *Ballets et mascarades de cour* (Genève, Gay, 1868), t.I, pp. 165-168. Cf. également François Lesure, "Le recueil de ballets de Michel Henry", in *Les Fêtes de la Renaissance*, p. 211. Le dessus et la basse de dix airs de ce ballet sont notés dans le t. II de la Collection Philidor (fonds de la Bibliothèque du Conservatoire). Seul témoignage contemporain, quelques lignes dans les mémoires du Maréchal de Bassompierre parlent de la représentation (*Journal de ma vie*, Paris, Renouard, 1870, t.I, p. 191).

[9] Les deux maîtres de ballet n'étaient pas costumés en Espagnols purement "par fantaisie", ainsi que le pense M. Marcel Paquot (*Les Etrangers dans les divertissements de la cour de Beaujoyeulx à Molière*, Bruxelles, Palais des Académies, 1932, p. 42). Déjà à cette époque les joueurs d'échecs pratiquaient une série de coups appelée "partie espagnole" ou "partie Lopez", dont l'invention était attribuée à un ecclésiastique espagnol, Don Lopez de Sigura, auteur d'un célèbre traité d'échecs publié en 1541. Celui-ci fut traduit en français avant 1615, date de la seconde édition revue et corrigée, la seule que possède la Bibliothèque Nationale (*Le Royal jeu des eschecs*). Dès les premières pages Don Lopez établit en quoi le jeu d'échecs espagnol se distingue principalement du jeu dit romain. En réalité, selon les spécialistes, la partie espagnole était d'origine portugaise et remontait au XVe siècle: cf. Victor Kahn et Georges Renaud, *La Partie espagnole* (Monaco, Le Triboulet, 1949), p. 11.

maîtres montaient sur leurs escabeaux et c'est en frappant de leurs baguettes qu'ils les faisaient "desmarer" une à une. Il ne semble pas que le spectacle ait répondu à ce qu'on en avait espéré, bien qu'un amateur de ballets, le maréchal de Bassompierre, l'ait trouvé "plus ingénieux qu' aucun autre." Les airs qui en ont été conservés n'offraient pas une grande variété de rythmes et le court espace que chacune des pièces avait à parcourir ne prêtait pas aux larges évolutions que l'on attend d'un spectacle de ballet. De plus, à mesure que les pièces "se chassoient hors de l'échiquier", le nombre des danseurs diminuait, en sorte qu'à la fin, en guise d'apothéose, quatre d'entre eux piétinaient probablement sur place, comme dans la *Symphonie du départ* de Haydn où il ne reste plus que deux malheureux violons aux côtés du chef d'orchestre. En dépit des règles du jeu, toutes les pièces revenaient donc sur l'échiquier pour défiler sous la conduite des deux Espagnols.

Venons au second écrivain, Cyrano de Bergerac, dont *Les Etats et Empires de la Lune* fut publié en 1657, deux ans après sa mort.[10] Là encore se découvre un emprunt, mais beaucoup plus flagrant. Cyrano de Bergerac s'est inspiré d'un roman anglais, *The Man in the moone*, édité à Londres en 1638 et même traduit en français dix ans après.[11] L'auteur, Francis Godwin, se cache sous le pseudonyme de Domingo Gonsales, aventurier espagnol, et raconte à la suite de quelles circonstances il est allé dans la Lune. Il n'est pas indifférent pour le sujet qui nous occupe que ce premier voyageur dans la Lune se soit envolé d'une possession espagnole, les îles Canaries, dont les habitants usent d'un langage sifflé. Huit ans auparavant avait paru un récit de la conquête des Canaries, déjà vieille de deux siècles; on y rapporte que la population d'une île voisine de Ténériffe, l'île de la Gomère, emploie "le plus estrange langaige de tous les autres païs de pardeça", puisque ces indigènes ne parlent que des "baulèvres" c'est-à-dire seulement des lèvres "ainsi que si feussent sans langue"; une légende courait même à ce propos: en châtiment d'un "meffaict" qu'ils avaient commis un Prince aurait ordonné qu'on leur "taillât" la langue.[12] Soit dit en passant, il n'est guère probable que les

[10] *Histoire Comique par Monsieur Cyrano de Bergerac. Contenant les Estats & Empires de la Lune* (Paris, Charles de Sercy, 1657).

[11] *The Man in the moone: or a discourse of voyage thither by Domingo Gonsales* (Londres, John Norton, 1638). — *L'Homme dans la lune ou le Voyage chimérique fait au Monde de la Lune, nouvellement découvert par Dominique Gonzales, advanturier espagnol... Mis en nostre Langue par I.B.D.* [Jean Baudoin] (Paris, François Piot, 1648).

[12] Pierre Bontier et Jean Le Verrier, *Histoire de la premiere descouverte et conqueste des Canaries, faite dès l'an 1402 par Messire Iean de Bethencourt* (Paris, Michel Soly, 1630), p. 125.

chroniqueurs écrivant en ces termes peu explicites eussent réellement dans l'esprit un langage sifflé tel qu'il s'est révélé depuis. Rabelais était beaucoup lu, même par des voyageurs revenant d'Afrique; or, en un chapitre de son *Tiers Livre* faisant l'éloge du langage muet il est question aussi de "mouvement des baulèvres", mais que des sourds observent afin de percevoir toute parole. Soupçonné ou non, le langage sifflé existait bien à l'île de la Gomère, où il est demeuré jusqu'à nos jours.[13] Par le commerce établi avec les Canaries nombre d'étrangers avaient dû remarquer la façon surprenante dont sifflent les naturels de plusieurs de ces îles.[14] Egalement sur le continent d'Afrique on avait eu connaissance de langages spéciaux, mais non plus seulement sifflés. De là à imaginer que les habitants de la Lune communiquent entre eux autrement que par la parole, selon le rêve de Rabelais.

Godwin ne précise point de quelle manière le héros de son roman a appris la langue des Séléniens, au contraire de Cyrano de Bergerac. Ce dernier conte une mésaventure dont lui-même ou son personnage fut victime peu après avoir posé pied sur la Lune: considéré par les habitants de celle-ci non comme un être humain mais comme une "bête rare" et finalement comme un "Perroquet sans plumes", il fut mis en cage et un "oyseleur de la Reyne" vint chaque jour lui "siffler la langue" ainsi qu'on le fait aux "Sansonnets".[15] Pareille méthode d'enseignement aurait du reste convenu aux formes de langage relevées par l'auteur anglais sur notre satellite. Quelle que soit la diversité des langues qu'il y a entendues, toutes présentent des caractères musicaux. Elles s'écriraient difficilement avec des signes du genre de nos lettres, soit qu'elles consistent en un chant dépourvu de paroles, soit que nombre de leurs mots se distinguent entre eux uniquement par la hauteur relative des syllabes ou tons. Dans le premier cas, langues sans "paroles formées", Godwin néglige de spécifier la nature du chant dont il donne cependant deux exemples notés sur des

[13] Quedenfeldt, "Pfeifsprache auf der Insel Gomera", in *Zeitschrift für Ethnologie*, XIX (1887), pp. 731-741; Dr. Verneau, *Cinq années de séjour aux îles Canaries* (Paris, Hennuyer, 1891) pp. 317-319; id., "Le langage sans paroles", in *L'Anthropologie*, t. XXXIII (1923), pp. 161-168; J. Lajard, "Le langage sifflé des Canaries", in *Bulletin de la Sté d'anthropologie de Paris*, II (1891), pp. 469-484; R. Ricard, "A propos du langage sifflé des Canaries", in *Hespéris*, t. XV (1932), pp. 140-142; Attilio Gaudio, *Epiques et douces Canaries* (Paris, Julliard, 1953), pp. 155-156.

[14] Une trentaine d'années après le roman de Godwin parut en Angleterre puis en Suisse une histoire de la Société royale de Londres dont l'auteur dit tenir d'un médecin et commerçant ayant vécu longtemps à Ténériffe que les Canariens "sifflent si fort qu'on les entend à six milles" de distance. Cf. Thomas Spratt, *L'Histoire de la Société royale de Londres* (Genève, Widethold, 1669), pp. 261-262. Ce trait est reproduit par Dapper dans sa *Description de l'Afrique* (Amsterdam, 1686), p. 150.

[15] *Histoire comique*, ..., p. 96.

portées de quatre lignes: s'agit-il de sons émis à bouche fermée, comme disent les musiciens, ou de voyelles placées à hauteur des différentes notes? Au sujet des langues à tons autre question: l'auteur en a-t-il imaginé le principe ou aurait-il été informé de leur réel usage sur quelques points de la Terre? "Car ils ont peu de mots qui ne signifient diverses choses et c'est le son seulement qui en fait la distinction de la façon qu'ils les prononcent comme s'ils les chantoient."[16] La langue que l'on siffle à Cyrano de Bergerac est plutôt du premier type, mais seules l'aristocratie et la bourgeoisie l'emploient dans les Etats de la Lune: ce "n'est autre chose qu'une différence de tons non articulez, à peu près semblables à nostre musique, quand on n'a pas adjousté les paroles à l'air." Entre autres avantages elle permet aux Grands "quand ils sont las de parler" de prendre "ou un Luth ou un autre instrument dont ils se servent aussi bien que de la voix à se communiquer leurs pensées..."[17] Nous verrons ce qui peut avoir donné l'idée de substituer à l'appareil vocal un instrument de musique. Quant aux gens du peuple, "avec la coutume qu'ilz ont prise d'aller tous nuds" l'habitude leur est venue de s'exprimer uniquement par des mouvements du corps. D'où un langage visuel où entrent en action les bras, les jambes et jusqu'aux moindres muscles de la face, et qui nous est décrit de plaisante manière. Cet idiome du peuple "s'exécute par le trémoussement des membres, mais non pas peut-être comme on se le figure; car certaines parties du corps signifient un discours tout entier, l'agitation par exemple d'un doigt, d'une main, d'une oreille, d'une lèvre, d'un bras, d'une jouë, feront chacun en particulier une oraison ou une période, avec tous ses membres, d'autres ne servent qu'à désigner des mots, comme un pli sur le front, les divers frisonnemens des muscles, les renversemens des mains, les battemens de pied, les contorsions de bras, de sorte que quand ils parlent [...] leurs membres accoutumez à gesticuler leurs conceptions, se remuent si dru qu'il ne semble pas d'un homme qui parle, mais d'un corps qui tremble."[18] Devant pareille façon de s'exprimer, les musiciens diraient que le corps, instrument silencieux, se lit comme une page d'orchestre. L'écriture qu'on y déchiffre est disposée sur plusieurs parties et à chacun des registres se succèdent des signes correspondant à différentes valeurs de durée. D'où la possibilité d'une polyrythmie figurée uniquement pour l'œil. Que l'on percevrait de même en regardant battre une paire de "tambours muets" — expression que nous tenons de la bouche de Noirs africains. Or, éga-

[16] Godwin, *L'Homme dans la lune...*, pp. 129-130.

[17] *Histoire comique...*, p. 58.

[18] *Ibid.*, pp. 58-59.

lement dans les exercices de gymnastique rythmique la durée musicale est traduite visuellement puisque les rythmes que l'on donne à analyser sont décomposés en pas et en mouvements de bras.

De la lune revenons sur terre et dirigeons nos recherches vers le continent noir. Les historiens de Rabelais n'ont relevé dans l'œuvre de ce grand liseur aucun emprunt certain à des sources africaines.[19] Dans *Gargantua* une phrase seule parle de l'Afrique[20] et il fallait la vive imagination du futur auteur de *Salammbô* pour la trouver "pleine d'autruches, de girafes, d'hippopotames, de nègres et de poudre d'or."[21] Le nom de "Fayoles, quart roy de Numidie" y est cité, sans doute François de Fayolles, mais dont nous savons uniquement qu'il a voyagé le long de la côte septentrionale d'Afrique.[22] Les quelques mots qui *trottaient* dans la tête de Flaubert, "Africque aporte toujours quelque chose de noveau", ne sont même pas de Rabelais, ils viennent d'un dicton grec que Pline l'Ancien rapporte dans son Histoire naturelle: "Semper aliquid novi Africam afferre."[23] Le Cinquième Livre, suspect, du *Pantagruel* mentionne un second voyageur, Robert Valbrun, qui "estoit passé du pays d'Aphrique" en la fameuse Ile Sonnante;[24] si, comme le supposent les éditeurs de Rabelais, ce Valbrun n'est autre que Jean-François de la Roque de Roberval, l'un des compagnons de Jacques Cartier, nous ignorons quelles navigations, en dehors de son expédition au Canada, il a entreprises à travers l'Atlantique. Rabelais l'a peut-être connu personnellement, tous deux ayant été les protégés de la famille Du Bellay; mais le vice-roi éphémère du Canada l'aurait-il entretenu d'autre chose que du Nouveau Monde? Seul continent dont on ait eu subitement la révélation si même, à en croire Lucien Febvre, elle a peu frappé les esprits sur l'instant. Pas

[19] Cf. Abel Lefranc, *Les Navigations de Pantagruel* (Paris, Henri Leclerc, 1905), pp. 182-184; Jean Plattard, *François Rabelais* (Paris, Boivin, 1932), p. 324 note 3.

[20] Début du chapitre XVI.

[21] Flaubert, *Correspondance* (Paris, Conard, 1910), 2e série, p. 357: lettre du 2 septembre 1853.

[22] François de Fayolles prit part à une expédition contre les Turcs en 1518, mais on ne possède aucune preuve qu'il ait gouverné la Numidie. Cf. Gérard de Fayolle, "Le Fayolle de Rabelais", *Bulletin de la Société historique et archéologique du Périgord*, séance du 3 décembre 1908.

[23] Livre VIII, chap. XVII. — Les mêmes mots ne trottaient pas moins dans la tête d'un Capucin toscan qui séjourna au Congo dans les premières années du XVIIIe siècle et auquel nous devons de précieuses informations sur les coutumes de ce pays. Le Père Laurent de Lucques écrivait dans une relation datée du 31 janvier 1704: "Nous sommes ici dans une Afrique monstrueuse, mère de monstres prodigieux, où sans cesse on découvre du nouveau" (*Relations sur le Congo du Père Laurent de Lucques*, Institut royal colonial belge, Mémoires. T. XXXII, fasc. 2, Bruxelles, 1953, p. 74). Preuve que ce Père avait lu, à défaut du Cinquième Livre, le chapitre XVI du *Gargantua*.

[24] *Gargantua*, chap. III.

plus que la lune on n'a découvert l'Afrique: sans y avoir pénétré profondément on en soupçonnait la vaste étendue et sa configuration générale a été établie relativement vite. Dans le roman de Godwin, dès que la machine volante s'élève, l'aventurier espagnol aperçoit la terre "ainsi qu'une autre lune" et y distingue "une tache à peu prés semblable à une poire, dont on auroit mordu l'un des costez, et emporté le morceau [...] cecy sans doute estoit le grand Continent de l'Affrique."[25] Or à cette partie du monde Godwin et Cyrano paraissent redevables de quelques traits de leurs récits. C'est d'ailleurs à Sainte-Hélène, et avec l'aide d'un nègre nommé Diego, que Domingo Gonsales a confectionné son appareil à oiseaux, lesquels appartiennent effectivement à la faune de cette île, et c'est un grand diable noir et tout velu, un "Ethiopien", qui arrachera Cyrano du sol de la Lune et le ramènera sur notre globe, à peu de distance du Vésuve.

Les deux romanciers peuvent n'avoir pas connu les premiers grands recueils de voyages en Afrique qui furent publiés au milieu du XVIème siècle, soit le *Primo volume dell navigationi et viagi* édité à Venise en 1550 par Giovambattista Ramusio, soit la version française qu'en a faite Jean Temporal, imprimée à Lyon et à Anvers en 1556 sous le titre d'*Historiale description de l'Afrique.*[26] Des documents de valeur y étaient reproduits, au premier rang les relations de Jean Léon l'Africain et d'Alvise de Ca'da Mosto sur le Maroc ou sur le Sénégal. Plusieurs de ces récits de navigation le long des côtes d'Afrique ou de voyage en pays limitrophes avaient paru antérieurement, mais c'est à partir du moment où ils furent réunis et même traduits en français que la connaissance de l'Afrique a commencé de se répandre, preuve en est les diverses compilations qui ont suivi. Nous sommes néanmoins surpris qu'en des recueils contenant de fidèles descriptions il se soit glissé des récits de haute fantaisie, dont un que nos deux voyageurs dans la Lune auraient goûté et même jalousé, tant il dépasse tout ce qu'ils ont inventé en matière de langages imaginaires. Il s'agit de la *Navigation de Jambol* ou Iambulus "ancien marchand grec", que Ramusio avait extraite de l'histoire universelle de Diodore de Sicile, dont l'esprit critique a été souvent en défaut. Ce commerçant prétendait

[25] *L'Homme dans la lune*, p. 83.

[26] Le titre complet du livre de Ramusio est *Primo volume delle navigationi et viaggi nel qual si contiene La Descrittione del l'Africa.* Ce recueil eut du succès puisque le catalogue de la Bibliothèque Nationale indique une troisième édition en 1563 et une cinquième en 1613. La traduction française de Jean Temporal, après une deuxième édition en 1558, ne sera réimprimée qu'au XIXe siècle (*De l'Afrique...*, Paris, impr. Cordier, 1830; *Description de l'Afrique*, nouvelle édition annotée par Ch. Schefer, Paris, Leroux, 1896-98).

avoir été captif des Noirs et mené dans une île *heureuse*, qui pouvait se situer aussi bien dans la Mer Rouge que dans l'Océan Indien (on a même songé à Sumatra); or ses habitants avaient la langue non point coupée comme on supposera celle des Canariens mais fendue en deux "en sorte que depuys la racine elle semble estre double." Cet organe bifide leur permettait d'imiter "les divers chants des oyseaux, et généralement toutes variétés de voix, de sons", également de tenir conversation avec deux individus à la fois, "faisans parolle à l'un d'une partie de leur langue divisée, & de l'autre tenans propos à un second."[27] S'il subsiste des doutes sur l'emploi de la polyphonie dans la musique de l'antiquité, voilà qui montre au moins que l'on en rêvait la possibilité, jusqu'à imaginer un duo entonné par une seule bouche. Iambulus décrivait en outre l'écriture de gens si singulièrement doués: leur alphabet se réduisait à sept caractères mais dont chacun se prononçait de quatre façons différentes, d'où au total les vingt-huit sons que comportait leur langue. Iambulus avait beau passer pour un imposteur (*nugator*),[28] son nom mériterait de figurer parmi les devanciers des linguistes.

L'auteur du Cinquième Livre de *Pantagruel* connaissait sûrement ce récit de navigation et s'en est inspiré. Abordant l'île de Frize, d'où l'on découvre la Méditerranée, Pantagruel et ses joyeux compagnons parcourent le Pays de Satin et, à un moment, perçoivent un "bruyt stridant et divers"; celui-ci était produit par un petit vieux tout contrefait, du nom d'Ouyr-dire, qui avait "dedans la gueulle sept langues ou la langue fendue en sept. Quoy que ce fust, de toutes sept ensemblement parloit divers propos en langaige divers."[29] Sept également était le nombre de signes polyphones dans l'écriture de l'île fabuleuse dépeinte par Iambulus. De sa langue si bien fendue, et une mappemonde en main, le petit bossu donnait leçon de géographie et d'ethnographie à une assemblée d'étudiants de tous âges, où l'on reconnaissait à la fois Hérodote, Pline et Jacques Cartier, chacun notant précieusement ce qui était rapporté par ouï-dire. Rabelais ou son continuateur ne prêtait sans doute pas grand crédit aux témoignages des anthropologues, au moins accordait-il aux plus jeunes sortis de l'école et "retournez en leur province" d'y vivre honnêtement de leur "mestier de tesmongnerye." Tel fut le premier portrait des chargés de mission en pays lointains.

Il faut sauter aux dernières années du XVIème siècle ou au début du

[27] Ramusio, *op. cit.*, fol. 190; Temporal, *op. cit.* (éd. de 1556), t. II, p. 115.
[28] *Bibliothèque historique de Diodore de Sicile*, traduction nouvelle par Ferd. Hoeffer (Paris, Charpentier, 1846), t. I, p. 174.
[29] Cinquième Livre, chap. XXXI.

siècle suivant pour trouver des livres sur l'Afrique qui étaient à portée de Godwin ou de Cyrano de Bergerac. Or de cette époque date la connaissance du Congo qui élargira les notions que l'on s'était faites jusqu'alors des royautés nègres. Le mérite en revient à un ouvrage qui reste notre meilleure source sur l'état ancien de cette région. L'auteur, un humaniste italien, Filippo Pigafetta, avait utilisé des informations données par un commerçant portugais, Duarte Lopes, qui avait séjourné au Congo et au nord de l'actuel Angola, entre 1578 et 1586. La *Relatione del reame di Congo* parut à Rome en 1591, suivie, six et sept ans après, de traductions anglaise, allemande et latine, la dernière (*Regnum Congo*) ayant été probablement la plus répandue.[30] Godwin aurait pu lire cette relation en sa propre langue et en tirer un plus large parti que Cyrano, qui en connut seulement des bribes, nous verrons comment.

Des deux, c'est pourtant l'écrivain français qui présente les États de la Lune sous des couleurs plus africaines. En son roman il est longuement question de tribunaux indigènes devant lesquels le héros passe et repasse; de même attitudes et gestes de quelques personnages rappellent l'étiquette observée dans les cours des rois noirs. En revanche Godwin aurait-il su par une autre voie l'existence de noms secrets, quitte à se méprendre sur leur principe. C'est ce que laisserait supposer un passage de son roman où Gonsales surprend des Séléniens le nommant de manière qu'il ne s'en aperçoive.[31] Les initiés africains ont en effet une façon secrète de se désigner entre eux, mais chacun choisit le nom par lequel on l'appellera et la formule sifflée ou tambourinée qui peut correspondre à celui-ci ne se modèle pas forcément sur son articulation, au contraire du pseudonyme de *Gonsales* que son porteur entend reproduire par huit notes comme si on l'épelait lettre par lettre. Ceci nous amène au peu que Pigafetta rapporte sur les noms personnels au Congo et qui, selon nous, concernerait plutôt les noms secrets d'initiés: "les noms des hommes et des femmes ne sont pas propres à des êtres raisonnables, mais sont communs aux plantes, aux pierres, aux oiseaux et aux bêtes."[32] Dans la mesure où nos propres observations en Haute Guinée sont valables pour d'autres régions de

[30] Pigafetta, *Relatione del reame de Congo* (Rome, Bartolomeo Grassi 1591); *A report of the Kingdom of Congo*, translated out of italian by Abraham Hartwell (Londres, John Wolfe, 1597); *Regnum Congo hoc est Warhaffte und Eigentliche Bescheibung dess Königreichs Congo in Africa* (Francfort, Hans Dietherich u. Hans Israël von Bry, 1597); *Regnum Congo hoc est vera Descriptio Regni Africani* (Francfort, Israël de Bry, 1598). La première traduction française parut à Bruxelles en 1883; la plus récente, pourvue de notes, est due à Willy Bal: *Description du Royaume de Congo et des Contrées Environnantes*, 2e éd. revue (Louvain, Nauwelaerts, 1965).

[31] *The Man in the moone*, p. 95; *L'Homme dans la lune*, p. 131.

[32] *Description du Royaume de Congo*... (éd. Willy Bal), p. 82.

forêt où les jeunes gens reçoivent une initiation, ceux-ci prennent le nom de toute chose dans la nature qui frappe par son aspect insolite, que ce soit une roche ou un accident de terrain, un arbre ou un animal. Premier pas qu'on franchit pour sortir de l'anonymat de l'enfance et affirmer sa personne.

En 1637, donc antérieurement au roman de Cyrano de Bergerac, une *Description générale de l'Afrique, seconde partie du monde* fut publiée à Paris.[33] Elle eut quelque succès puisqu'on la réimprima une vingtaine d'années après.[34] Son auteur, Pierre d'Avity, n'était qu'un compilateur, comme par la suite Dapper et le Père Labat. Mais son livre rassemblait diverses informations provenant de récits de voyage encore inconnus des lecteurs français, comme la description du Congo par Pigafetta. C'est sans aucun doute la lecture de d'Avity qui inspira à Cyrano l'idée de faire converser les Séléniens au moyen d'instruments de musique. Les Noirs du Congo disposaient d'un instrument à cordes du genre du luth (nous dirions plutôt de la harpe arquée ou du pluriarc) avec lequel ils pouvaient exprimer "leurs intentions" en touchant "tantost une corde, & tantost une autre pour signifier chaque chose."[35] Telle est la conception naïve que l'on eut d'abord de la transmission de messages par des instruments africains. Que du nombre de ceux-ci on ait distingué en premier le luth n'est point surprenant: outre qu'en France, à l'époque de d'Avity, le règne des luthistes était à son apogée, on n'avait encore signalé aucun langage uniquement tambouriné, faute d'avoir découvert le type d'instrument qui s'y prête tout spécialement, le tambour à paroles ainsi qu'on le nommera parfois. La description du luth congolais était fort minutieuse, jusqu'à mentionner de petites sonnailles métalliques suspendues à chacune des chevilles. Toutefois d'Avity se contredisait: d'après lui l'instrument produisait "plustost un bruit confus qu'une harmonie agréable", dès lors comment les messages qu'il émettait auraient-ils été intelligibles? Si nous nous reportons au texte original de Pigafetta ou à sa traduction latine que d'Avity utilisa probablement, nous constatons que l'auteur italien ou son informateur portugais en juge autrement: les sons entremêlés de cordes pincées et de sonnailles étaient plaisants à entendre, et d'autant que les sonnailles tintaient différemment. Celles-ci n'étaient pas de même matière, certaines en fer, d'autres en "argent"; de même les cordes étaient faites soit de crins d'éléphant soit de fibres de palmier.[36] Ainsi s'expliquerait que le musicien eût disposé d'assez de combinaisons sonores pour traduire,

[33] Paris, Claude Sonnius, 1637.
[34] Paris, Denys Bechet et Louis Billaire, 1660.
[35] D'Avity, *op.cit.* (éd. de 1637), p. 445.
[36] *Relatione del reame di Congo*, pp. 68-69; *Regnum Congo*, trad. latine p. 50; *Description du Royaume du Congo* (2e éd. revue), p. 121.

comme l'écrivait Pigafetta, "presque tout ce qui peut s'énoncer par la parole." Propos évidemment exagéré. Il n'en reste pas moins que pour la première fois on accordait au *timbre* une valeur distinctive comme en ont la hauteur, l'intensité ou la durée du son.

Doit-on mettre en doute l'authenticité d'un pareil instrument? Pas plus Bertil Söderberg que J. S. Laurenty n'en signalent de semblables sur tout le territoire de l'ancien Congo belge.[37] Söderberg mentionne bien trois types d'instruments à cordes du Bas-Congo, pluriarc, harpe-cithare et luth, auxquels des sonnailles peuvent être adjointes,[38] mais le mouvement d'aucune n'est étroitement lié à la vibration de telle ou telle corde, toutes s'ébranlent quelles que soient les cordes que l'on touche. Seul un instrument du Moyen-Congo correspondrait de nos jours à celui que Duarte Lopes avait vu et dont la description se trouvait faussée par l'emploi des termes de "luth" et de "cheville": un pluriarc où *chacune* des tiges incurvées qui tendent les cordes porte à son sommet une sonnaille métallique. Le Musée de l'Homme en possède un exemplaire, à cinq tiges et autant de sonnailles distinctes, qui provient de chez les Mbochi, population actuellement fixée de part et d'autre de l'Alima, affluent de la rive droite du Congo.[39] Voisins des Batéké, les Mbochi seraient venus de l'est et auraient franchi le fleuve il y a deux ou trois siècles.[40] Il se peut que du temps de Lopes cet instrument ait été plus largement répandu à travers l'Afrique équatoriale.

Pigafetta indiquait encore, mais de façon succincte, que le pseudo-luth accompagnait la danse: "Sur ces sons, ils dansent en mesure, battant des mains pour marquer le rythme de cette musique." La faculté qu'aurait eue l'instrument de désigner quelles figures exécuter était passée sous silence, alors que le même auteur, traitant des opérations guerrières, s'étendait longuement sur la diversité de signaux sonores dont les chefs disposaient pour faire manœuvrer leurs troupes.[41] Pas moins de trois types d'instru-

[37] Bertil Söderberg, *Les Instruments de musique au Bas-Congo et dans les régions avoisinantes* (Stockholm, the Ethnographical Museum of Sweden, 1956); J. S. Laurenty, *Les Cordophones du Congo belge et du Ruanda-Urundi* (Tervuren, Musée royal de l'Afrique centrale, 1960).

[38] Söderberg, *op. cit.*, p. 85 et pl. XX, 6.

[39] No. d'inventaire: 64.61.1. Ce pluriarc, du nom de *ngombi*, a été recueilli par M. Emphoux dans le village d'Abala (préfecture de Nkeni). — C'est à peu près l'instrument batéké que Sir Harry Hamilton Johnston désigne sous le terme de "native lyre" et dont il a noté l'échelle pentatonique (*The River Congo, from its mouth to Bolobo*, Londres, Sampson Low, 1884, p. 434); mais d'après la figure ce pluriarc est dépourvu de sonnailles.

[40] Gilles Sautter, *De l'Atlantique au fleuve Congo* (Paris et La Haye, Mouton, 1966), t. I, p. 245, ainsi que la carte des pp. 972-973 du t.II.

[41] *Description du royaume de Congo*, p. 42.

ments, tambours à membranes, cloches de fer et trompes d'ivoire, permettaient de commander à distance des mouvements en avant, en arrière, à droite ou à gauche. Comme Pigafetta le reconnaissait, ces signaux formés de "sons convenus et clairement fixés" étaient comparables aux batteries de tambours et sonneries de trompettes en usage dans les armées européennes. Avec cette différence toutefois qu'au Congo ils appelaient obligatoirement une réponse: les officiers auxquels s'adressaient les ordres devaient confirmer individuellement qu'ils les avaient perçus. A cet effet ils se servaient d'instruments similaires, mais de moindres dimensions, donc de tons plus aigus et par surcroît variant selon chacune des troupes en marche. Probablement la réalité était quelque peu enjolivée.

C'est cependant sur le même principe d'un ordre donné suivi d'un accusé de réception, que la transmission de messages tambourinés se fonde encore aujourd'hui en Afrique occidentale ou équatoriale.[42] Elle n'offre rien de commun avec le libre entretien que d'Avity et Cyrano se figuraient ingénument entre deux nobles personnes. Réduite à l'essentiel, elle consiste de part et d'autre à lancer un avertissement, de caractère plutôt impérieux, et à y répondre par des signes d'acquiescement. La communication débute par un vigoureux appel qui en marque l'urgence, et immédiatement après s'échangent les indicatifs de l'émetteur et du receveur, tous deux parlant moins en leurs noms propres qu'en ceux de leurs chefs respectifs. Une fois engagée, elle ne sera interrompue que par des battements signifiant qu'on a ou non "compris"; elle s'achèvera par la répétition, des deux côtés, des motifs "fini, fini." Dans le cadre ainsi établi se place l'annonce d'un danger, d'un décès, sinon de la venue prochaine d'un étranger ou autre nouvelle plus ou moins inquiétante. Même la teneur du message serait-elle de moindre importance, la communication ne se présenterait pas différemment. L'état de qui-vive, d'alarme, que les populations à l'intérieur de l'Afrique ont connu durant des siècles les a conduites à s'alerter les unes les autres sous une forme qui s'est imposée définitivement. La concision y est de règle et le débat de part et d'autre à peu près nul, sauf échange d'insultes. On se méprendrait néanmoins en parlant de "style télégraphique." Expérience faite,[43] le tambourinaire est incapable

[42] Au sujet des langages tambourinés en Afrique voir la bibliographie établie par Douglas H. Varley dans *African native music* (Londres, The Royal Empire Society, 1936), pp. 96-101 et à laquelle il faut ajouter les deux travaux suivants: P. M. Gamory-Dubourdeau, "Notice sur les coutumes des Tomas de la frontière franco-libérienne", *Bulletin du Comité d'études historiques et scientifiques de l'Afrique occidentale française* (1927), pp. 345-349; L. Guillemin, "Le Tambour d'appel des Ewondo", *Etudes camerounaises*, (juin-sept. 1948), pp. 69-84.

[43] Voir notamment A. Verbeken, *Le Tambour-téléphone chez les indigènes de l'Afrique Centrale* (Congo, juin-juillet 1920), pp. 255-256.

de traduire un mot isolé; un minimum de contexte lui est nécessaire pour battre un message. De plus, jouant avec des unités musicales, il peut être enclin à amplifier selon les procédés de la variation.

Un cas limite a été observé par nous chez une population de la Haute Guinée, les Kissi.[44] Il ne s'agissait plus de messages échangés à grande distance mais, à la façon du ballet d'échecs dans *Pantagruel*, de signaux sonores commandant des figures de danse ou des mouvements de gymnastique exécutés sur place par une troupe de jeunes garçons. Une démonstration publique était faite du dressage auquel ceux-ci avaient été soumis durant leur initiation en forêt: dernière épreuve avant la fin de leur retraite. A chacune des évolutions correspond un motif tambouriné que le moniteur, initié de haut rang, bat sur un instrument de type spécial, un tambour dépourvu de peaux mais dont la paroi cylindrique est fendue et présente soit deux lèvres d'épaisseur différentes soit deux ou trois lames de diverses longueurs.[45] Généralement le maître de danse est accompagné d'un ou de deux autres musiciens qui frappent un rythme uniforme sur les extrémités du même instrument ou sur un second de plus petites dimensions. Cette batterie indéfiniment répétée marque en quelque sorte la mesure de base et n'offre aucun sens particulier, au contraire de celles que le maître de ballet produit successivement. Dans le *pɔkena*, le plus complexe de tous les rituels d'initiation pratiqués en pays kissi, les garçons se meuvent comme de véritables automates: tête baissée, aveugles à tout ce qui se passe autour d'eux, ils ne prêtent attention qu'au roulement des batteries désignant quel pas ou quel geste ils devront effectuer soit collectivement soit individuellement. Le répertoire des formules tambourinées se compose donc à la fois d'indications de mouvements et d'appels individuels ou "noms de la forêt."[46] Pas plus ces derniers que les autres motifs ne sont calqués sur la langue parlée, leur signification devant échapper aux non-initiés. Ils n'empruntent même pas à l'instrument les intervalles musicaux que celui-ci est susceptible d'émettre: à part un son de hauteur déterminée le moniteur produit exclusivement des bruits différant de timbre ou d'intensité. Autant dire qu'il joue de son instrument comme d'un petit orchestre à percussion. Langage sonore qui de tous, nous en avons l'expérience aujourd'hui, est le plus capable d'animer et de diversifier des figures rythmiques.

[44] A. Schaeffner, *Les Kissi: une société noire et ses instruments de musique* (Paris, Hermann, 1951), pp. 25-34, 37-49, ainsi que pl. II-VI.

[45] Id., *op.cit.*, pl. V (tambour à lèvres) et bas de la pl. III (tambour-xylophone).

[46] A vrai dire la réalité est parfois plus compliquée. Dans le cas de certains mouvements d'ensemble, pas moins de deux formules distinctes sont employées: la première désignant le mouvement, la seconde précédant de peu son exécution. Cf. *op. cit.*, p. 31.

Reste à savoir comment les novices soumis à la règle du silence s'appellent entre eux: existe-t-il, comme on nous l'a assuré, des équivalents de leurs noms de forêt en langage sifflé, mais qui forcément seraient d'une autre structure que les appels tambourinés? Un des rituels d'initiation, toujours chez la même population, nous met peut-être sur la voie. Et ici nous revenons au propos de d'Avity dont Cyrano de Bergerac avait tiré parti dans sa description des États de la Lune. A proximité de la frontière du Liberia les danses de jeunes initiés sont commandées non point par un tambour-de-bois mais par un instrument à cordes, et le plus élémentaire de tous: un arc musical.[47] Son nom, d'origine malinké, est *Kilimale* ou *kilamale*, le mot *Kili* signifiant "appeler" en diverses langues du Mali ou de la Guinée. Le joueur d'arc musical, en faisant varier aussi bien la longueur acoustique de la corde que l'ouverture de sa bouche, émet deux, voire trois, notes fondamentales dont il peut également isoler quelques harmoniques. Les sons ainsi obtenus, différant de hauteur et même de timbre, seraient de nombre suffisant pour constituer une série de motifs ayant chacun, tel un appel sifflé, une signification propre.

Sur l'existence de communications à l'aide d'une corde d'arc nous ne possédions jusqu'alors qu'un seul témoignage et qui concerne la langue des masques. Ceux-ci d'ordinaire ne profèrent aucune parole qui révélerait leur nature humaine ainsi que leur identité; à défaut de rester absolument muets, ils poussent des grognements d'animaux ou ululent à l'imitation des oiseaux de nuit. Chez les Bobo de Haute-Volta, le porteur d'un certain masque, le *Do*, souffle entre deux lacets d'une corde d'arc que l'on appelle "petit masque" et qui produit des sortes de sifflements désignant des noms de personnes.[48] Ces noms ne peuvent qu'être secrets. Le *Do* est moins un masque à proprement parler qu'un vêtement de feuilles et de fibres comme s'en couvrent, chez diverses populations africaines, les jeunes gens pendant leur initiation ou dans la période précédant les semailles. Jusqu'ici l'on a attaché peu d'importance à ce genre de travestissement qui, beaucoup plus que les représentations animalières ou de visages anthropomorphes, est en harmonie avec des rites agraires ou avec le retour à la nature auquel les novices sont contraints la durée de leur retraite. Le "petit masque" du *Do*, constitué d'une simple liane, est, comme le tambour-de-bois de l'initiation kissi, un symbole de la végétation. Mais se pose une question: lorsque le *Do* interpelle ainsi les gens, est-ce qu'il les menace en tant que masque ou, par sa connaissance de leurs noms secrets, les informe qu'il

[47] Schaeffner, *op. cit.*, p. 64 et note 71.

[48] Jean Cremer, *Matériaux d'ethnographie et de linguistique soudanaises. Les Bobo* (Paris, Geuthner, 1927), pp. 110-121 et 130.

est des leurs? Cette situation équivoque ne saurait nous surprendre. Tout système de communication, en Afrique, procède à la fois de l'institution des masques et de celle de l'initiation.

*P.S.* Ces pages étaient à l'impression, que je recevais une étude de M. Pierre Sallée sur *Un aspect de la musique des Batéké du Gabon* (Libreville, O.R.S.T.O.M.) où est décrit un pluriare absolument identique à l'instrument mbochi dont je parle. Voir en particulier les pl. II à IV.

CENTRE NATIONAL DE LA RECHERCHE SCIENTIFIQUE

# PROPHÈTES DANS LA JUNGLE

PIERRE CLASTRES

L'Amérique indienne ne cesse de déconcerter ceux qui tentent de déchiffrer son grand visage. De la voir assigner parfois à sa vérité des séjours imprévus, nous oblige à reconsidérer la quiète image que l'on a d'elle et à quoi sa ruse est peut-être de s'accorder. La tradition nous a légué du continent sud-américain et des peuples qui l'habitaient une géographie sommaire et superficiellement véridique: d'une part, les Hautes Cultures andines et tout le prestige de leurs raffinements, d'autre part les cultures dites de la Forêt Tropicale, ténébreux royaume de tribus errantes par savanes et jungles. On décèlera ici l'ethnocentrisme de cet ordre qui fait s'opposer en mode familier à l'Occident la civilisation d'un côté, la barbarie de l'autre. Complémentaire à cet arrangement s'exprime ensuite la conviction plus savante que la vie de l'esprit accède à ses formes nobles seulement lorsque la soutient le sol jugé plus riche d'une grande civilisation: bref, que l'esprit des sauvages demeure esprit sauvage.

Or, que cela ne soit pas vrai et que le monde indien s'avère capable de surprendre l'auditeur occidental d'un langage qui jadis ne fût point resté sans écho, c'est bien ce que nous enseignent les Mbya-Guarani. Car la pensée religieuse de ces Indiens se charge, à se déployer dans la première fraicheur d'un monde où voisinent encore dieux et vivants, de la densité d'une méditation rigoureuse et libérée. Les Tupi-Guarani, dont les Mbya sont une des dernières tribus, proposent à l'ethnologie américaniste l'énigme d'une singularité qui, dès avant la Conquête, les vouait à l'inquiétude de rechercher sans trêve l'au-delà promis par leurs mythes, *ywy mara eÿ* la terre sans mal. De cette quête majeure et certainement exceptionnelle chez les Indiens sud-américains, nous connaissons la conséquence la plus spectaculaire: les grandes migrations religieuses dont parlent les relations des premiers chroniqueurs. Sous la conduite de chamanes inspirés, les tribus s'ébranlaient et, au travers de jeûnes et danses, tentaient d'accéder aux riches demeures des dieux, situées au levant. Mais alors apparaissait l'obstacle effrayant, la limite douloureuse, le grand océan, plus terrible encore de confirmer les Indiens en leur certitude que sa rive opposée portait la terre éternelle. C'est pourquoi subsistait entier l'espoir de l'atteindre quelque jour et les chamanes, attribuant leur échec au défaut de ferveur et au non respect des règles du jeûne, attendaient sans impatience la venue d'un signe ou message d'en haut pour renouveler leur tentative.

Les chamanes tupi-guarani exerçaient donc sur les tribus une influence considérable, surtout les plus grands d'entre eux, les *karai*, dont la parole, se plaignaient les missionnaires, recélait en soi toute la puissance du démon. Leurs textes ne donnent malheureusement aucune indication sur le contenu des discours des *karai*: pour la simple raison sans doute que les Jésuites étaient peu désireux de se rendre complices du diable en reproduisant par écrit ce que Satan suggérait à ses suppôts indiens. Mais les Thevet, Nobrega, Anchieta, Montoya etc. trahissent sans le vouloir leur silence censeur en reconnaissant la capacité séductrice de la parole des sorciers, principal obstacle, disent-ils, à l'évangélisation des sauvages. Là se glissait, à leur insu, l'aveu que le christianisme rencontrait dans l'univers spirituel des Tupi-Guarani, c'est-à-dire d'hommes "primitifs", quelque chose d'assez fortement articulé pour s'opposer avec succès, et comme sur un plan d'égalité, à l'intention missionnaire. Surpris et amers, les Jésuites zélés découvraient sans les comprendre, dans la difficulté de leur prédication, la finitude de leur monde et la dérision de son langage: ils constataient avec stupeur que les superstitions diaboliques des Indiens pouvaient s'exalter aux régions suprêmes de ce qui veut être nommé une religion.

Ainsi occulté, tout cet ancien savoir risquait d'être à jamais perdu si, attentifs à son appel et respectueux de sa mémoire, ne l'eussent silencieusement maintenu vivant les derniers Indiens guarani. Des puissants peuples de jadis, ils ne sont plus que peu nombreux à survivre dans les forêts de l'Est paraguayen. Admirables en leur persévérance à ne pas renoncer à eux-mêmes, les Mbya, que quatre siècles d'offenses n'ont pu forcer à s'humilier, persistent étrangement à habiter leur vieille terre selon l'exemple des ancêtres, en accord fidèle aux normes qu'édictèrent les dieux avant d'abandonner la demeure qu'ils commettaient aux hommes. Les Mbya sont parvenus à conserver leur identité tribale envers et contre circonstances et épreuves de leur passé. Au XVIIIème siècle, les Jésuites échouèrent à les convaincre de renoncer à l'idolâtrie et rejoindre les autres Indiens dans les missions. Ce que savaient les Mbya et qui les fortifiait en leur refus, c'étaient la honte et la douleur de voir ce qu'ils méprisaient menacer leur propre substance, leur point d'honneur et leur éthique: leurs dieux et le discours de leurs dieux, peu à peu anéantis par celui des nouveaux venus. C'est en ce refus que réside l'originalité des Guarani, que se délimite la place très spéciale qu'ils occupent parmi les autres cultures indiennes, que s'impose l'intérêt qu'ils présentent pour l'ethnologie. Il est rare en effet de voir une culture indienne persister à exister conformément aux normes de son propre système de croyances, et parvenir à conserver à peu près pur d'emprunts ce domaine particulier. Du contact entre monde blanc et monde indien résulte le plus souvent un syncrétisme appauvrissant où, sous un christianisme toujours superficiel, la pensée indigène cherche seulement à différer sa mort. Précisément, cela ne s'est pas produit avec les Mbya qui, jusqu'à présent, continuent à vouer à l'échec toute entreprise missionnaire.

Cette séculaire résistance des Guarani à plier devant la religion des *juru'a*, des Blancs, prend donc force de la conviction des Indiens que leur destin s'ordonne à la promesse des anciens dieux: qu'à vivre sur la terre mauvaise, *ywy mba'é megua*, dans le respect des normes, ils recevront de ceux d'en haut les signes favorables à l'ouverture du chemin qui, par delà l'effroi de la mer, les mènera à la terre éternelle. On pourrait se surprendre de ce qui se figure presque comme une folie: à savoir la constance de cette rigide certitude capable de traverser l'histoire sans paraître s'en trouver affectée. Ce serait méconnaitre l'incidence sociologique de la ferveur religieuse. En effet, si les Mbya actuels se pensent encore comme tribu, c'est-à-dire comme unité sociale visant à préserver sa différence, c'est essentiellement sur fond religieux que se projette cette intention: les Mbya sont une tribu parce qu'ils sont une minorité religieuse non chrétienne, parce que le ciment de leur unité, c'est la communauté de la foi. Le système des croyances et des valeurs constitue donc le groupe comme tel et, réciproquement, cette fermeture décidée sur son soi porte le groupe, dépositaire jaloux d'un savoir honoré jusqu'au vécu le plus humble, à demeurer le protecteur fidèle de ses dieux et le gardien de leur loi.

Certes, la connaissance de la thématique religieuse se répartit inégalement entre les membres de la tribu. La majorité des Indiens se contente, comme il est normal, de participer avec application aux danses rituelles, de respecter les normes traditionnelles de la vie et d'écouter dans le recueillement les exhortations de leurs *Pa'i*, de leurs chamanes. Car eux sont les vrais savants qui, tels les *karai* des temps anciens, habités de la même passion, s'abandonnent à l'exaltation d'interroger leurs dieux. Là se redécouvre le goût des Indiens pour la parole, à la fois comme orateurs et comme auditeurs: maîtres des mots et ardents à les prononcer, les caciques-chamanes trouvent toujours dans le reste des Indiens un public prompt à les entendre.

Il s'agit presque toujours dans ces discours d'aborder les thèmes qui littéralement obsèdent les Mbya: leur destin sur la terre, la nécessité de prêter attention aux normes fixées par les dieux, l'espoir de conquérir l'état de perfection, l'état d'*aguyje*, qui seul permet à ceux qui y accèdent de se voir ouvrir par les habitants du ciel le chemin de la terre sans mal. La nature des préoccupations des chamanes, leur signification, leur portée et la manière dont ils les exposent, nous enseignent justement que le terme de chamane qualifie mal la véritable personnalité de ces hommes capables d'ivresse verbale lorsque les touche l'esprit des dieux. Parfois médecins, mais non nécessairement, ils ont souci beaucoup moins de rendre la santé au corps malade que d'acquérir, par danses, discours et méditations, cette force intérieure, cette fermeté du cœur, seules susceptibles de plaire à Ñamandu, à Karai Ru Ete, à toutes les figures du panthéon guarani. Plus donc que praticiens, les *Pa'i* mbya sont des méditants. Appuyés au solide terrain des mythes et des traditions, ils se livrent sur ces textes, chacun pour soi, à un véritable travail de glose. On trouve donc chez les Mbya deux sédimentations, pourrait-on dire, de leur "littérature" orale: l'une, profane, qui comprend l'ensemble de la mythologie et notamment le grand mythe dit des jumeaux, l'autre, sacrée, c'est-à-dire secrète pour les Blancs, qui se compose des prières, des chants religieux, de toutes les improvisations enfin qu'arrache aux *Pa'i* leur ferveur enflammée lorsqu'ils sentent qu'en eux un dieu désire se faire entendre. A la surprenante profondeur de leur discours, ces *Pa'i*, qu'on est tenté de nommer prophétes et non plus chamanes, imposent la forme d'un langage remarquable par sa richesse poétique. Là d'ailleurs s'indique clairement la préoccupation des Indiens de définir une sphère de sacré telle que le langage qui l'énonce soit lui-même une négation du langage profane. La création verbale, issue du souci de nommer êtres et choses selon leur dimension masquée, selon leur être divin, aboutit ainsi à une transmutation linguistique de l'univers quotidien, à un Grand Parler dont on a pu croire qu'il était une langue secrète. De la sorte les Mbya parlent-ils de la "fleur de l'arc" pour désigner la flèche, du "squelette de la brume" pour nommer la pipe, et des "ramures fleuries" pour évoquer les doigts de Ñamandu. Transfiguration admirable d'abolir le désarroi et le ressentiment des apparences en quoi ne désire se retenir la passion des *derniers hommes*: ainsi se dit le véritable nom des Mbya, Indiens résolus à ne pas survivre à leurs dieux.

La première blancheur de l'aube découpe le sommet des grands arbres.

S'éveille en même temps au cœur des Indiens guarani le tourment, rebelle à l'apaisement de la nuit, de leur *tekoachy*, de l'existence malade, qu'à nouveau vient éclairer la lumière de l'astre, les rappelant ainsi à leur condition d'habitants de la terre. Il n'est pas rare alors de voir se dresser un *Pa'i*. Voix inspirée par les invisibles, lieu d'attente du dialogue entre les humains et les dieux, il accorde à la rigueur de son logos l'élan de la foi qui anime les belles formes du savoir. Matines sauvages dans la sylve, les mots graves de sa lamentation se portent vers l'Est, à la rencontre du soleil, messager visible de Ñamandu, le puissant seigneur de ceux d'en haut: à lui se destine cette prière exemplaire.

Démentant le premier et légitime mouvement d'espoir, les paroles qu'inspire au récitant l'essor de l'astre l'enferment peu à peu dans le cercle de la détresse où l'abandonne le silence des dieux. Les efforts des hommes pour s'arracher à leur séjour paraissent inutiles, puisqu'ils n'émeuvent pas ceux qu'ils sollicitent. Mais, ainsi parvenu à la pointe extrême de son doute et de son angoisse, reviennent à celui qui les éprouve et les dit la mémoire du passé, le souvenir des ancêtres: de ceux-ci, les danses, les jeûnes et les prières ne furent-ils point jadis récompensés et ne leur fut-il pas donné de franchir la mer, d'en découvir le passage? C'est donc que les hommes ont prise sur les dieux, que tout est encore possible. Alors s'affirme la confiance en un destin semblable pour les hommes de maintenant, pour les derniers *Jeguakava*: leur attente des Paroles ne sera pas déçue, les dieux se feront entendre pour ceux qui se tendent à leur écoute.

Tel se construit le mouvement de la supplication tardive et tôt venue. Ñamandu laissant jaillir à nouveau sa lumière, consent donc à laisser vivre les hommes: leur sommeil nocturne est une mort à quoi l'aube les arrache. Mais vivre pour les *Jeguakava*, pour les porteurs du *jeguaka*, pour ceux qu'adorne la coiffure rituelle masculine, n'est pas seulement s'éveiller à la neutralité des choses. Les Mbya habitent la terre dans l'espace du questionnement et le Père accepte donc d'entendre la plainte de ses adornés. Mais, en même temps que surgit l'espoir où s'enracine la possibilité même de questionner, œuvre à en ralentir l'élan la terrienne fatigue: la mesurent le sang et la chair et peuvent en avoir raison la prière et la danse, la danse surtout dont le rythme exact allège le corps de sa charge terrestre. Quelle absence dit cette quête si pressante qu'elle inaugure le jour? Celle des *ne'ë porä tenonde*, les belles paroles originelles, langage divin où s'abrite le salut des hommes. Pause au seuil de leur véritable demeure: tel est l'habiter des *Jeguakava* sur la terre mauvaise. L'imperfection des corps et des âmes empêche de la déserter, elle seule les maintient dans l'en deçà de la frontière, de la métaphorique mer, moins effrayante en sa réalité le plus souvent inconnue des Indiens que de les porter à pressentir la peut-être définitive répartition de l'humain et du divin, chacun ancré à son propre rivage. Agréer aux dieux, mériter d'eux les Paroles qui ouvrent le chemin de la terre éternelle, les Paroles qui enseignent aux hommes les normes de leur future existence: tel est cependant le désir des Mbya. Que parlent donc les dieux! Qu'ils reconnaissent l'effort des hommes, leurs jeûnes, leurs danses, leurs prières! Non moins riches en mérites que leurs pères, les *Jeguakava tenonde porängue'i*, les derniers d'entre ceux qui furent les premiers adornés, aspirent à quitter la terre: leur destin s'accomplira donc.

Voici, tragique dans le silence matinal d'une forêt, la prière méditante d'un Indien: la clarté de son appel ne s'altère point de ce que souterrainement s'y pointent le sens et le goût de la mort, vers quoi l'extrême sagesse des Guarani est de savoir s'acheminer.

Mon père! Ñamandu! Tu fais qu'à nouveau je me dresse!
Semblablement, tu fais qu'à nouveau se dressent les Jeguakava, les adornés en leur totalité.
Et les Jachukava, les adornées, tu fais qu'à nouveau elles aussi se dressent en leur totalité.
Et quant à tous ceux que tu n'as point pourvu du jeguaka, eux aussi tu fais qu'à nouveau ils se dressent en leur totalité.
Et voici: à propos des adornés, à propos de ceux qui ne sont pas tes adornés,
à propos d'eux tous, je questionne.

Et cependant, quant à tout cela,
les paroles, tu ne les prononces point, Karai Ru Ete:
ni pour moi, ni pour tes fils destinés à la terre indestructible, à la terre éternelle que nulle petitesse n'altère.
Tu ne les prononces pas les paroles où séjournent les normes futures de notre force, les normes futures de notre ferveur.

Car, en vérité,
j'existe de manière imparfaite.
Il est de nature imparfaite, mon sang;
elle est de nature imparfaite, ma chair,
elle est épouvantable, elle est dépourvue de toute excellence.

Les choses étant ainsi disposées,
afin que mon sang de nature imparfaite,
afin que ma chair de nature imparfaite,
se secouent et rejettent loin d'eux leur imperfection:
genoux fléchis, je m'incline,[1] en vue d'un cœur valeureux.
Et cependant, voici: tu ne prononces pas les paroles.

[1] Description du mouvement de la danse rituelle.

Aussi, à cause de tout cela,
ce n'est certes nullement en vain que j'ai, quant à moi, besoin de tes paroles:
celles des normes futures de la force,
celles des normes futures d'un cœur valeureux,
celles des normes futures de la ferveur.

Plus rien, d'entre la totalité des choses, n'inspire de valeur à mon cœur.
Plus rien ne me fait signe vers les futures normes de mon existence.

Et la mer maléfique, la mer maléfique,
tu n'as pas fait que je la franchisse, moi,
C'est pour cela, en vérité, c'est pour cela, qu'ils ne demeurent plus qu'en petit nombre, mes frères,
qu'elles ne demeurent plus qu'en petit nombre, mes sœurs.

Voici: à propos des peu nombreux qui demeurent,
je fais entendre ma lamentation.
A propos de ceux-là, à nouveau je questionne:
car Ñamandu fait qu'ils se dressent.

Les choses étant ainsi disposées,
quant à ceux qui se dressent, en leur totalité,
c'est à leur nourriture future qu'ils portent l'attention de leur regard, eux tous;
et de ce que l'attention de leur regard se porte à leur nourriture future,
ils sont alors ceux qui existent, eux tous.

Tu fais que prennent essor leurs paroles,
tu inspires leur questionnement,
tu fais que d'eux tous s'élève une grande lamentation.

Mais voici: je me dresse en mon effort,
et cependant tu ne prononces pas les paroles, non, en vérité, tu ne prononces pas les paroles.

En conséquence, voici ce que je suis porté à dire,
Karai Ru Ete, Karai Chy Ete:
ceux qui n'étaient pas peu nombreux,
les destinés à la terre indestructible, à la terre éternelle que nulle petitesse n'altère,
tous ceux-là, tu as fait qu'en vérité ils questionnent, jadis, à propos des normes futures de leur propre existence.
Et assurément, ils les connurent en leur perfection, jadis.

Et si, quant à moi, ma nature se délivre de sa coutumière imperfection,
si le sang se délivre de sa coutumière imperfection d'antan:
alors, assurément, cela ne provient pas de toutes les choses mauvaises,
mais de ce que mon sang de nature imparfaite, ma chair de nature imparfaite se secouent et rejettent loin d'eux leur imperfection.

C'est pourquoi, tu les prononceras en abondance les paroles,
les paroles d'âme excellente,

pour celui dont la face n'est divisée d'aucun signe.[2]
Tu les prononceras en abondance, les paroles,
oh! toi, Karai Ru Ete, et toi, Karai Chy Ete,
pour tous les destinés à la terre indestructible, à la terre éternelle que nulle petitesse n'altère,
Toi, Vous![3]

CENTRE NATIONAL DE LA RECHERCHE SCIENTIFIQUE
LABORATOIRE D'ANTHROPOLOGIE SOCIALE

[2] C'est-à-dire pour celui qui refuse le baptême chrétien.
[3] Ce texte a été recueilli en juin 1966 dans l'Est paraguayen. Il a été enregistré dans la langue indigène et traduit avec l'aide de Léon Cadogan. Qu'il en soit ici remercié.

# LÉVI-STRAUSS' CONCEPTION OF SCIENCE

HUGO G. NUTINI

When a prominent anthropologist reaches the age of sixty it is customary for his colleagues to offer him a *Festschrift*, as an expression of the gratitude of the anthropological world for outstanding contributions to the discipline. Given sufficient time and temerity, I would have liked to discuss exhaustively Claude Lévi-Strauss' contributions to anthropological theory and method, the philosophical (logical and epistemological) foundations of his system, and the achievements of his structural approach to the conceptualization of social phenomena. As it is, this essay is my modest tribute to Lévi-Strauss, as an anthropological theorist and epistemologist, for awakening me from the dogmatic slumber of a stultifying 19th-century empiricism, and for revealing new horizons in the study of the science of man. I shall concern myself exclusively with the examination of Lévi-Strauss' conception of science, and by implication, with the nature of structure, the concept of model, and its relation to social empirical phenomena. In the process I hope that I will be able to contribute to the correct assessment of the importance of Lévi-Strauss as an anthropologist and reticent philosopher, and also clarify and put in better perspective some of the ideas and conceptions for which he has been severly criticized by his over-empirical Anglo-American colleagues.

## I

Let me say at the outset that this essay is not another assessment or critique of Lévi-Strauss' anthropological contributions, nor an analysis of the possible moral-philosophical implications of his structural approach. With respect to the former, several publications of varying degrees of competence, depth, and originality have appeared, largely in England and the United States, which either present us with insightful accounts of the significance of specific or general aspects of Lévi-Strauss' contributions, or — perhaps more frequently — tell us a great deal about the preconceptions and misconceptions of their authors concerning what they variously call the "rationalistic", "intellectualist", "idealist", or "reductionist" tenets of Lévi-Strauss' thought (cf. de Josselin de Jong 1952; Pouillon 1956, 1966; Leach 1961a, 1961b, 1964a, 1964b, 1965a, 1965b, 1967; Needham 1962; Colby 1963; Coult 1963; Murphy 1963; Yalman 1964, 1967; Hymes 1964; Nutini 1965a, 1969; Schneider 1965; Sahlins 1966; Scholte 1966; and so on). Regarding the latter, there have been numerous publications, primarily in France and again varying considerably in degrees of competence and depth, which are concerned with the more philosophical implications and ramifications of Lévi-Strauss' thought. Most of these are written by philosophers or philosophically-inclined "social scientists", and although they are bound to annoy the professional Anglo-American anthropologist because of the language in which they are couched, and the sometimes quasi-metaphysical tone of the argument, they are important in understanding the intellectual position of Lévi-Strauss in the history of French, and by extension, of European ideas (cf. L'Arc 1965; Verstraeten 1963; Cuisenier 1963; Gaborieau 1963; Ricœur 1963; Ruwet 1963; Sebag 1964; Lyotard 1965; Barthes 1966; Derrida 1966; Thion 1966; and so on).

Lévi-Strauss is much more than a prominent anthropologist. By now it seems evident that his structuralism represents the only original and first-rate contribution to social anthropological theory since Malinowski and Radcliffe-Brown. The importance of Lévi-Strauss' approach has become increasingly evident during the past seven years. Dozens of articles have been written in Europe and the United States on general or particular aspects of his anthropological approach, and few issues of any of the major anthropological journals in the world do not include references, bibliographical notes, and citations of his work. Indeed, as one of his critics puts it, "The kind of attention Lévi-Strauss gets ... is unparalleled in the history of anthropology" (Sahlins 1966:131). Anthropologists are for or against his ideas; they are infuriated, or take his pronouncements as a gospel; they regard him as a man of incredible imagination, or as a glib and clever manipulator of words. The fact is that anthropologists are either attracted to or unwillingly repelled by Lévi-Strauss, but no one remains indifferent. In this fashion, the anthropological world has reacted basically in two different ways. Those in the minority, in the United States, England, France, and Germany, regard his approach as a more elegant, aesthetically pleasing, original, and more explanatory framework for the study of social phenomena than anything previously offered. Some of these anthropologists, to be sure, have taken his approach as an article of faith, without being fully aware of the logical and epistemological implications that it involves. Others, however, have tried to come to grips with some of the problems entailed in structuralism, and to expand Lévi-Strauss' brilliant theoretical contributions. On the other hand, there is a majority which explicitly or implicitly maintains that Lévi-Strauss' approach is unscientific, intuitionist beyond the proper bounds, and, no matter how brilliant and elegant, inapplicable to the "real" universe of social phenomena.

These considerations bring us to our main proposition: Lévi-Strauss' conception of science. Is structuralism a truly scientific endeavor, or, as his less sympathetic critics claim, is it simply metaphysics, or at best a vaguely philosophical outlook on the nature of human affairs? Before answering this question, I think it would be appropriate to put the problem in historical perspective, in order to understand why Anglo-American anthropology has remained basically a 19th-century empirical science, as is sometimes explicitly recognized by its practitioners.

## II

During the early phase of our discipline, perhaps from the middle until the end of the 19th century, the overwhelming majority of anthropologists conceptualized social-anthropological phenomena in terms of evolution. In other words, and without entering into the fine distinctions between history and evolution, such anthropologists described and tried to explain social phenomena in terms of their historical or diachronic dimensions. The reaction against evolutionism came principally from two quarters: on the one hand, from Boas and the so-called American historical school; and, on the other hand, from the functionalist and the so-called French sociological school. The former — in a different contextual framework, to be sure — continued to be overwhelmingly preoccupied with the conceptualization of social phenomena primarily in terms of their diachronic aspects, while the latter swung to the opposite extreme and concerned themselves exclusively with the synchronic aspects. I believe that this generalization is valid, on the whole, but it does not imply that, say, Boas was entirely unconcerned with synchronic problems (indeed, many structural principles can be traced directly to him), or that Kroeber was not at the same time a structuralist of sorts; conversely, it does not imply that Radcliffe-Brown or the functionalists in general were so concerned with synchronie that they did not at least pay lip service to history and diachronie. Be this as it may, my point is that the reaction against evolutionism from these diametrically opposed quarters did not involve a change in epistemological stance, that is, the facts and nothing but the facts were the point of departure and the sole concern of anthropological theory and practice. In other words, anthropology, at least in England and America, remained very close to the 19th-century positivistic conception of science, without paying the slightest attention to the new conception of science which was rapidly revolutionizing physics, chemistry, astronomy, and other physical-science disciplines.

It is simple enough to understand why American anthropology has remained positivistic and over-concerned with the analysis of social facts (or cultural facts, as many would prefer to call them). Boas, whose importance in mapping the course of American anthropology cannot be overestimated, continued to regard the diachronic aspects of social phenomena as the primary subject of anthropological studies, and thereby fell prey to that nefarious and implicitly made distinction between idiographic and nomothetic studies, later made temporarily fashionable by Radcliffe-Brown under the separation between *historical explanation* and *theoretical understanding*. Lest I be misunderstood, it must be emphasized that Boas remained to a considerable extent the prisoner of empirical facts, not so much because of an *a priori* distinction between nomothetic and idiographic, but rather because, as a man trained in the physical sciences, he imposed such strict verification requirements upon the social facts that it became impossible for him to do much more than merely describe them (Lévi-Strauss 1949). In this way, Boas failed to realize that his paradigm of scientific explanation was rapidly being abandoned in the physical sciences in favor of a new and more abstract logical and epistemological strategy in conceptualizing the world around us, which made things more amenable to explanation and generalization when dealing with human affairs. It is obviously implied here that most, if not all, American anthropologists have remained epistemologically very close to Boas' position. It is true that during the past thirty years or so, practitioners of a variety of newly-developed approaches which seemingly are more "scientific" have made it fashionable to decry Boas' approach. I strongly believe, however, that this is simply an illusion, and that things remain very much the same. The only important difference that I can notice is that we no longer describe as accurately, completely, and systematically as Boas did.

On the other hand, it is not so easy to understand why the functionalists, who reacted against evolutionism by becoming concerned almost entirely with synchronie, were not able to grasp the far-reaching consequences for the science of man of the drastic changes that had transformed, or were transforming, the physical sciences from an unwarranted positivism into a highly abstract, and to some degree, subjective activity. Thus, like Boas and American anthropology in general, they were unable to go beyond the empirical facts in order to arrive at a higher order of generalization and explanation. It seems to me that by emphasizing the synchronic aspects of description and explanation, the functionalists were in a more advantageous position than those concerned primarily with diachronie, for they should have found it easier to grasp and adapt to the social empirical domain the epistemological changes that had occurred in the physical sciences, namely, that the structure of phenomena cannot be found at the empirical level, and that in a sense it must be regarded as superimposed. I cannot explain why the functionalists were unable to lift themselves above the empirical facts and initiate a truly Copernican revolution in anthropology. It is simple enough to say that, since most functionalists are British, the worst aspects of their otherwise sound empirical tradition seem to have gotten the best of them.[1] Let us take, for example, the case of Radcliffe-Brown (1952, 1964), regarded as unquestionably the most prominent and articulate of the functionalists. He was indeed in a very advantageous position to begin the Copernican revolution in anthropology, and I have often wondered what kept him "so close to the trees that he could not conceive of the forest."

In summary, American cultural anthropologists and British social anthropologists (if I may be permitted to use this trite and sometimes meaningless dichotomy) reacted against evolutionism from diametrically opposed epistemological stands, but remained basically too close to the empirical facts to be able to internalize the great changes that have taken place in their original paradigm of scientific explanation, and thus failed to pull anthropology out of its 19th-century positivistic frame of reference. Implicitly or explicitly they have maintained that social empirical phenomena are amenable only to description, thus making a categorical distinction between the methods of the physical and social sciences; or, while granting the theoretical and methodological unity of science, they have been unable to attain a higher level of conceptualization — sociological laws, if you wish — because of their adamant insistence that the

[1] In philosophical terms, British anthropologists — and Anglo-American social scientists in general, I presume — seem to have forgotten Berkeley and Hume, and to have paid much more attention to Stuart Mill, Comte, and Spencer in their unwarranted adherence to a naive empiricism.

principles of order, the structure of the phenomena, must be elicited at the level of observation. This was essentially the situation in the anthropological world until the appearance of Claude Lévi-Strauss, who comprehended the epistemological change that the physical sciences had undergone primarily during the first quarter of this century. Lévi-Strauss understood the epistemic conditions for theoretical explanations, that is, the stipulation of a cognitive relationship between formal constructs (concepts, theories, models, etc.) and empirical data; in strictly anthropological terms, he recognized the failure to realize that structure is not to be found at the empirical level, but that it is superimposed on the social facts. Here we must credit Lévi-Strauss with having been the first anthropologist to visualize clearly the far-reaching consequences which follow from this assumption, and at the same time with having indicated the explanatory limitations of the classic Radcliffe-Brown position. (Nutini 1968: 4). For this service alone, which cannot be over-estimated, Lévi-Strauss will be forever remembered as the scholar who put anthropology at the threshold of the mature stage of conceptualization as a scientific discipline.

## III

Radcliffe-Brown's theoretical approach has dominated the thought of most social anthropologists, and until recently has been the inspiration for most of the work done in England, and to a lesser degree in the United States, during the past 40 years (Nutini 1965:707). Indeed, few social anthropologists seem not to have been convinced that his coherent and well-formulated system, perhaps slightly modified and amplified by some of his most prominent disciples, could hardly be improved upon, and few failed to share his optimism about the discovery of sociological laws. I confess that until seven years ago I believed that the world of anthropological thought began and ended with Radcliffe-Brown's approach to the study of kinship and his general theory of social structure. I now believe that this is no longer the best and most appropriate theory and method for the proper conceptualization of social-anthropological phenomena, and that it has been "superseded" by Lévi-Strauss' theoretical orientation and methodological approach. I do not mean to imply that the Radcliffe-Brown approach is all wrong, and that Lévi-Strauss' conception of the scope, theory and method of anthropology has completely replaced it. I mean only that Lévi-Strauss' theory and method account more successfully for the correct conceptualization of social phenomena (i.e. explanation and description of them); that is, Lévi-Strauss has superseded Radcliffe-Brown in the sense that Einstein's theory of relativity superseded Newton's laws of gravitation. Radcliffe-Brown's specific contributions and his general approach to social-structural studies need not be eradicated to make way for Lévi-Strauss' new approach; it is merely that the latter involves better conceptual tools. Indeed, Radcliffe-Brown's contributions will always remain a towering landmark in anthropology.

In my opinion, the theoretical shortcomings and methodological and practical limitations of the traditional structural-functional analysis of Radcliffe-Brown and his followers, such as the false dichotomy between *historical explanations* and *theoretical understanding*; the sometimes extreme concern with the "holistic" notion of function; the untenable separation between synchronic and diachronic elements of structural studies; the over-emphasis on the continuity, integration, and corporateness of structural systems at the expense of their historically "dis-nomious" and contractual elements, and so on, are still very much with us. I believe that, directly or indirectly, this is traceable to the unwillingness of the functionalists to search for structure beyond, or rather above, the empirical facts, a search which they regard as a "rationalistic", "idealistic", and/or "intuitionist" activity that has no place in the structure of scientific inquiry. As I shall try to demonstrate, they are very much mistaken in thinking in positivistic terms about the nature of contemporary scientific ideology.

It may be argued that I am beating a dead horse, in that no contemporary social anthropologist, either in England or the United States, now follows Radcliffe-Brown faithfully, and that the shortcomings of structural-functional analysis are recognized. This may be true in principle, but in practice the majority of social anthropologists, especially in England, remain basically close to Radcliffe-Brown's ideas, and there are still a few stalwarts who wholly adhere to the master. There have been few attempts during the past 10 years or so — Edmund Leach is the most outstanding exception — to break away conclusively from Radcliffe-Brown's position. For example, while the majority of social anthropologists recognize, say, the importance of the diachronic dimensions of structural studies as conducive to better explanation and description, they continue to produce monographs that pay little more than lip service to the historical components of the societies they deal with; or they continue to make much of the holistic notion of function, which inevitably leads to all kinds of reification and idealization. Indeed, in a few instances social anthropologists have taken a backward step in the conceptualization of social phenomena; this is the case in Evans-Pritchard's latest views on history (Evans-Pritchard 1963), which I find naive and unscientific, to say the least.

It is becoming increasingly apparent, it seems to me, not only that Lévi-Strauss' approach to the study of kinship and myth, his conception of social structure, and his general view of the aims and scope of social anthropology are essentially correct, but, more importantly, that they are more consonant with the great advances of physical science in the 20th century.[2] Ironically enough, it is on this last count that Lévi-Strauss' theory and method have been most strongly criticized. As I pointed out earlier, it has been variously objected that the approach is unscientific and disproportionately intuitionist. Lévi-Strauss, of course, needs no defense, but I would meet the objections of his over-empirical critics with two arguments: First, theory-construction and model-building involve supra-empirical constructs which are "true" or "valid" only insofar as they successfully explain and/or describe the empirical data for which they were designed. In this respect, what Einstein said about theory-construction and model-building in the physical sciences, namely, that theories are not elicited from the empirical facts, but are invented by a creative act of the imagination ("... theory cannot be fabricated out of the results of observation but ... can only be invented") (Popper 1959:458) applies equally to the social sciences, and makes it explicit that intuition does play an important role in science, as most physical scientists would readily admit. Second, positivistic anthropologists confuse theory-construction (which, in anthropology, I loosely equate with model-building) with verification, which are two different steps, entailing different epistemological attributes, in the process of scientific inquiry. This confusion, I am afraid, has done much damage in the development of science.[3]

I do not think that Lévi-Strauss is infallible. Rather, I believe that there is much in his theory and method which needs to be changed, clarified, or expanded in order to put his contributions on a more usable and practical basis. Much of the trouble in understanding Lévi-Strauss and in placing his contributions in their proper perspective arises from

[2] The history of physical science during the past 75 years clearly indicates that its great advances coincide with abandonment of the restricting empirical principles of the 19th century. As I have implied in the preceding pages, this is only now beginning to happen in the social sciences, whose practitioners remain on the whole narrowly empirical when it comes to theory-construction and model-building.

[3] For a detailed account of these matters, see Reichenbach (1951), Nagel (1961), and Hempel (1952), whose conceptions of science are implicit in the foregoing remarks.

the nature and form of his writing, and sometimes from its quasi-apocalyptic tone. A further complication is that it is difficult to disentangle his theory and methodology. It has been remarked that "Lévi-Strauss' meta-theory is correct, but not his theory", which I interpret to mean that Lévi-Strauss' theory is basically correct, but his methodology is not. I am convinced of the validity of his conception of man (the creator of culture) as a *bricoleur*, of the nature of synchronie and diachronie, and of the dualistic streak in human thought throughout the world; I am in accord with his employment of the idea of *prestation totale*, his use of the concepts of binary opposition and distinctive features, his distinction between structure and empirical facts, and other basic assumptions in his conceptualization of social phenomena. I do not believe, however, that the methodology designed for their implementation and verification follows "logically" or "naturally", nor has it been worked out systematically.

At least part of the explanation is clear. In addition to being an anthropologist — a scientist, if you wish — Lévi-Strauss, as has often been pointed out (Leach 1965a: 12-27, 1965b:776), is also a poet and a philosopher, and he seems to be disinterested and even ill at ease when dealing with such an arid subject as methodology. His highly developed aesthetic sense inclines him toward working directly with problems having to do with the beauty of nature and the stuff of life itself, such as myth, religion, or man's ideas and relations *per se*, to the detriment of formalization of the implicit method. When one reads Lévi-Strauss' methodological articles (1945, 1951, 1953, 1956, 1960b, 1962a, etc.) one gets the impression that his heart is not in what he is doing, which may be the reason for the state of confusion in which he has left some basic concepts. But no matter how careless Lévi-Strauss may be as a methodologist, his amazing imagination and ingenuity and his sure scientific intuition lead him to the right delineation of the analytical procedures, aims, scope, and limits of anthropology as a scientific discipline. Thus, it seems to me that it is incumbent upon some of us to develop the appropriate methodology to implement Lévi-Strauss' fruitful theories, and not simply to admire the insight, beauty, and elegance of his sometimes almost impenetrable constructions.

It may be quite possible that, "once tests have been devised" (Scholte 1966:1197), as one of his commentators naively puts it (unwittingly putting his finger on the very crux of the matter), many of Lévi-Strauss' specific constructions may be proven inadequate. But the fact will still remain that he was the first, and perhaps only, anthropologist who clearly recognized the correct logical and epistemological implications of the new scientific stance, by addressing himself to the problem which I regard as central to anthropological theory: the nature and configuration of the concept of model, and its relationship to a body of empirical social phenomena. In this context, I believe it is a *conditio sine qua non* in advancing anthropology on the road to the mature stage of conceptualization that we come to grips with a variety of theoretical considerations related to this problem, such as the rules (epistemological and not logical transformations) that must mediate between the supra-empirical nature of models and the empirical nature of social facts; the logical (deductive) and epistemological (inductive) basis of model-building, which must never be confused if one wishes to construct a model which is the most efficient and explanatory in explaining a body of social phenomena; the quality, quantity, and configuration of the data which must go into the construction of models; the synchronic and diachronic components of structural models, and so on (Nutini 1968: 5). These considerations must be viewed largely in the light of the ever-increasing influence of the theory and methods of the physical sciences on the social sciences (witness the case of economics and psychology), and the technical sophistication of our age, which has presented us (and will continue to present us) with a variety of instruments to facilitate the observation, gathering, and analysis of social empirical phenomena, with the far-reaching consequences for the future of our discipline which Lévi-Strauss (1953, 1958) has brought so sharply to our attention. I may add here that, perhaps on this last point, he has not infrequently been heeded by a variety of American anthropologists (Buchler 1966; Fischer 1963; Köngäs and Maranda 1964; Scholte 1966; Sebeok 1956).

There is no standard method for assessing the importance and influence of a scholar's contributions to his science. There are some who stand or fall by the exactness and adequacy of their reasoning and the logic of their analysis. The treatment of such scholars requires detailed examination and the search for inconsistencies. There are others who devise imaginative hypotheses and impressive constructs on a grand scale, which act as a stimulus to detailed scientific investigation. These men owe their importance, not to the adequacy or correctness of their hypotheses *per se*, but to their subsequent fruitfulness. I believe that the importance of Lévi-Strauss and his contributions to anthropology must be characterized largely with reference to the latter group, and thus that it is a waste of time and energy to try to show that he is wrong in his approach to and solution of specific problems — as his critics so often do. This is the correct procedure with anthropologists such as Radcliffe-Brown, but we should approach Lévi-Strauss as a beacon guiding our research along an uncertain course — not following him blindly, but constantly trying to fix our bearings so as to steer away from the rocky and insidious coastline of empiricism.

## IV

We are now in the position to answer the question: Is Lévi-Strauss' structuralism science, metaphysics, or a cleverly camouflaged philosophical view of the world of social phenomena? In a sense I have already answered this question in the course of the preceding section, by indicating that Lévi-Strauss' structuralism is not only science, but, at least potentially, very good science; better than any previous approach to social-anthropological phenomena, and more in line with the prevalent ideology in the physical sciences. In order to make my answer complete, however, I must demonstrate how Lévi-Strauss' structuralism is more consonant with the theory and method of the physical sciences than are the several largely-positivistic approaches which have been devised in anthropology since the *de facto* death of evolutionism. The demonstration will be given within the context of the theoretical and methodological unity of science, for I assume that even the most rabid positivist is by now convinced of the falsity of Kant's distinction between *cognitio ex datis* and *cognitio ex principiis*. To those who believe that anthropology does not fall within the province of science, obviously I have nothing to say.

To begin with, let me say that theoretical scientists and philosophers of science do not agree entirely with regard to the theory and method of science. There is a modicum of agreement, however, and to facilitate the analysis I shall address myself briefly and exclusively to some of these postulates of science; in order of epistemological inclusiveness they are: (a) Modern science is concerned exclusively with process (method) and not with substance. (b) Modern science assumes that there is "primitive" and "derivative" knowledge, and it is the duty of the scientist to establish an order of priorities between an axiomatic set and its implications in order to accomodate the inductive and deductive elements always involved in a conceptual system. (c) Modern science involves the "bifurcation of nature" into the "immediately sensed" and the "postulated-but-not-sensed", or between formal constructs and empirical reality; it should be the main concern of the scientist to develop the transformation rules which mediate between the analytical properties of formal constructs and the empirical reality of facts.

In their efforts to escape the inescapable domain of time, philosophers, scientists, and men of intellect have postulated the most varied theories concerning the nature of the world. For example, Plato tried to escape the Heraclitean dictum by postulating an unchanging reality beyond that of the empirical senses, hence his theory of ideas. Modern science has sought to escape by postulating indestructible particles as the components of matter. But as these particles (first the molecule, then the atom, then the proton and electron) became divisible, science replaced matter with energy in its search for the permanent. As Bertrand Russell (1945:47) put it, "Energy had to replace matter as what is permanent. But energy, unlike matter, is not a refinement of the common-sense notion of a thing; it is merely a characteristic of physical process. It might be fancifully identified with the Heraclitean Fire, but it is the burning, not what burns. 'What burns' has disappeared from modern physics." This is an excellent characterization of contemporary science, which clearly indicates that after more than two milennia (since the time of Heraclitus), contemporary scientists and the majority of philosophers have stopped searching for the nature of substance or the ultimate building blocks of our conceptualizations. Without going into the many fascinating ramifications of this argument, I want merely to point out that scientists no longer worry or care about the stuff of what is being conceptualized. What is important — I should say, of more "primitive" epistemological importance — is the process of the conceptualization itself. Indeed, it is only when science abandons its concern with substance and begins to emphasize process (that is, the relational and configurational aspects of inquiry) that it begins to achieve its greatest triumphs. Ironically enough, it is also when this epistemological standpoint is adopted that a greater insight into the nature of that "elusive stuff" is achieved. The contemporary scientist no longer asks, "What am I working with?" but only, "How and why does it work?" and seeks principally to ascertain the rules, properties, and relations which account for it.[4]

The second prevalent attitude (or near postulate) of 20th-century science may again be exemplified by Russell's dictum, "Whenever possible, substitute constructions out of known entities for inferences to unknown entities," which he calls "the supreme maxim of scientific philosophizing" (Muirhead 1925:363). This conception of science, Whitehead (1920:110)

[4] This is an ideal characterization, accurate perhaps only for physics, but one to which all the scientific disciplines aspire in the conduct of their research.

implies, was forced on modern philosophy by the "bifurcation of nature" into the "immediately sensed" and the "postulated-but-not-sensed", which was introduced by Galileo and Newton, and which continues in modern physics. Galileo bifurcated nature for the first time by distinguishing between the "heat" of a body as he immediately sensed it, and "heat" conceived as an unobserved phenomenon of atoms in motion, too small for the senses to detect. Newton expanded this bifurcation by applying it not only to sensed qualities, but to space, time, and motion as well. It has been part of science ever since, and it has been greatly emphasized since the beginning of the century as contemporary physical theory clearly indicates (Northrop 1941:171).

But once the distinction has been made between nature as immediately sensed and nature as conceived according to the postulates and principles of physics, what is the relationship between the unobserved atoms in a uniform space and time, and the colors, sounds and smells in a non-uniform space and time that we immediately sense? Most contemporary physicists would answer by saying that what we immediately sense — colors, sounds, smells — is nothing more than the way which atoms, too small for our crude senses to perceive, appear to a given observer. This is not a very good answer, to be sure, but by now it appears certain that if the bifurcation of nature into the sensed and the postulated is denied then the deductions of, say, Newton's and Einstein's physics do not follow. In other words, physical science is not possible unless we differentiate postulated space, time, and physical objects from those given in sense perception.

Even religion does this — trivial.

It seems, then, that modern scientists and epistemologists have been faced with the serious problem of relating two entities which apparently are transcendentally different: analytical constructs, and empirical reality. In this endeavor they have been eminently successful, and it is in this context that the success of contemporary science must be understood. Had they not been successful, their theoretical constructions would have remained analytical and in the realm of possibility, but inapplicable to the actual world. To put it differently, it has been necessary to develop supplementary constructions, entailing logical (deductive) and epistemological (inductive) considerations, which are most commonly known as coordinative definitions, designed to solve the problem of applying formal or analytical systems to empirical reality. As I have pointed out elsewhere (Nutini 1968: 6-7), the indispensability of coordinative definitions as linkages between theory and reality has been emphasized repeatedly by Reichenbach (1938: 382-383; 1946: 32-36; 1951: 132-135). They have also been discussed by Carnap (1955) under the name of "semantic rules"; by Bridgman (1927) as "operational definitions"; by Nagel (1961) as "correspondence rules"; and by Northrop (1947) as "epistemic correlations." Implicit in these writings is the assumption that there is primitive and derivative knowledge, and that in every conceptual system there are certain elements which must be assumed (the axiomatic set). The main task of the theory-builder is to develop the appropriate system of logical and epistemological priorities, in order to construct the axiomatic set on the basis of what is most probably certain about the empirical phenomena to which the system is supposed to apply.

These, I believe, are the basic and most salient postulates underlying contemporary science. Based largely on the foregoing considerations, Ernest Nagel (1961:447-546) has strongly criticized the social sciences in general, and anthropology in particular, in his specific critique of functionalism as expounded primarily by Radcliffe-Brown and Malinowski. Nagel rightly charges social scientists with an over-emphatic and unwarranted adherence to 19th-century positivistic principles in the correlation of the facts of social experience; with failure to develop more accurate high-level conceptual tools and inadequate specification of the component elements (variables) of systems; and, most importantly, with failure to apply the correct logical and epistemological strategy in order to arrive at the formulation of meaningful and realistic "social laws." He puts the matter into focus very well when he says:

> Experimental laws in social science are perhaps exclusively statistical... If physicists were to formulate their laws in strict adherence to what observation establishes about physical phenomena, those laws would have a statistical rather than a universal form... The universal form which laws nevertheless possess is the fruit of a successful logical strategy. ... However, this strategy is not customary in the social sciences, certainly not in inquiries which seek to establish relations of dependence between phenomena by correlating raw empirical data. Perhaps the chief reason for this is that adequate theoretical notions have not been developed in most of these disciplines, to suggest how laws universally valid for 'pure cases' of social phenomena might be fruitfully formulated (Nagel 1964:504-509).

How does Lévi-Strauss' structuralism, and his general conception of the aim and scope of anthropology in dealing with social phenomena, measure up to this conception of science? Very well indeed, and it would be tautologous to say that Lévi-Strauss does not seem to visualize any other point of departure. Implicitly and explicitly, he has presented anthropologists with a conceptual apparatus which, although it has not been worked out in detail, is essentially homologous and analogous to the procedures of the physical sciences. A point-by-point comparison may not be amiss.

Lévi-Strauss (cf. 1945, 1948, 1953, 1955, 1960a, 1960b, 1960c) has always insisted that the main concern of structuralism is the emphasis of relations over entities, that is, of process (method) over ontology (substance). Lucien Sebag, one of Lévi-Strauss' most articulate and insightful followers, puts it very well when he says that, "ce qui caractérise la construction scientifique c'est la primauté de la méthode sur l'être ou plus précisément de la conceptualisation sur ce qui est conceptualisé" (Sebag 1964:217). In Russell's words, Lévi-Strauss is not concerned primarily with "what burns", only with "the burning." In strictly anthropological terms, it means that our primary concern is with structure and not with function, that is, with the delineation of the rules and relational properties which govern a conceptual system designed to explain and describe a body of social empirical phenomena. In the process, not unlike the physical sciences, we may indeed get to know a great deal about function and the nature of the social phenomena we work with. Lévi-Strauss insightfully perceived that unless we are willing to reverse the order of the scientific procedure and conceptualize social phenomena from "above" and not from "below", that is, unless we are willing to "substitute constructions out of known entities for inferences to unknown entities", we are surely headed for a kind of sterile empiricism. On this first count, I have no doubt that Lévi-Strauss' anthropology is more scientific than anything done to date.

Implicit in Lévi-Strauss' structural approach is the idea that there is primitive and derivative knowledge, and that there are certain elements which must always be assumed in conceptualizing social empirical phenomena. In this respect, he maintains that structure involves a more primitive set of elements — or terms — and that function is an inference from structure. This is sound scientific procedure, very much in line with the *modus operandi* of the contemporary physical scientist. It does not mean, however, that Lévi-Strauss is not concerned with function, as has often been charged. Even such an astute anthropologist as Leach (1965b: 780) implies this when he says that "Structural interpretations should be complementary to functional analysis and not vice versa", a position which is completely unintelligible to me. Lévi-Strauss is indeed concerned with function, but only insofar as it is a result of the positional and relational arrangements of elements of a contextual social situation; this means that unless we want to run the risk of conjecturing, function can only be assigned after the structure has been thoroughly established. If functional analysis means, as Leach seems to imply, that function is a more primitive concept than structure, then it follows that what we observe and conceptualize are functional attributes, which is patently false. It should be apparent that even at the empirical level, what we observe are social facts exhibiting certain specific arrangements and positions, which, according to Radcliffe-Brown, constitute the structure of the situation. We never observe functions; they are always elicited from the structural configuration. This obviously applies more strictly to a supra-empirical conception of structure, inasmuch as the relational and positional properties of a construct (model) are verified against a body of social phenomena with an empirical or paradigmatic structure of its own.

Contrary to what most anthropologists think, Lévi-Strauss' structuralism is not exclusively deductive, or rationalistic, as they like to put it. On the contrary, he has repeatedly emphasized (Lévi-Strauss 1953, 1960b, 1962a) that any appropriate conceptual system must include inductive as well as deductive elements. The distinction that he makes between what he calls mechanical models and statistical models clearly indicates that induction and deduction are always involved in explaining and describing social phenomena. He may be justifiably criticized for not having been able, or for not having tried, to integrate the deductive and inductive into a single methodological framework, but certainly not for denying the importance of induction in conceptualizing social phenomena, For Lévi-Strauss, the counting is irrelevant (Hymes 1964:46) only insofar as we are trying to construct a mechanical model, but he would be the first to admit that it would be impossible to construct a statistical model without the help of statistical devices, that is, without some quantification being involved.

Let me note in passing that this is a good example of a case in which Lévi-Strauss clearly visualized and delineated a methodological problem but failed to carry it to its logical conclusions, namely, what are the empirical referents to which mechanical and statistical models apply, and if they stand for different epistemological referents and apply to different empirical referents, are they transmutable into each other? Or, as Nagel (1961: 509) would ask, are there any instances of explanation in the social sciences in which statistical laws are explained with the help of premises that are exclusively universal, that is, non-statistical (mechanical)?

In this connection, anthropologists should not be surprised when Lévi-Strauss (1953:531-532) asserts that thorough analysis of one or a few cases may be more appropriate in establishing the validity of a generalization than a large number of superficial instances, for it means simply that the single case or the compound of a few cases constitutes a "model" which hopefully embodies the highest possible number of attributes of the universe under observation and experimentation, in which discrepancies may be accounted for in terms of additional observational constructions. Note that the term "model" is being used in the metalanguage, that is, it refers to the construction of a series of structural forms. Furthermore, the accuracy of the model depends upon the number of universal attributes it exhibits, and it is at this point that "intuition" plays a prominent role in arriving at the selection of the proper case or cases which will result in the model. It is in this sense that Einstein maintained that theories are invented by a creative act of the imagination, and do not derive from counting cases. If modern physical scientists had confined themselves exclusively to observational quantification, they would never have achieved the great advances of contemporary science.

It is evident that most anthropologists have not yet internalized the implications of Nagel's statement (1961:508-509) about the nature of generalization and theory-construction in science, namely, that "It is possible in many branches of natural science to state laws as universally valid under certain 'ideal' conditions for 'pure cases' of the phenomena investigated, and to account systematically for any discrepancies between what the laws assert and what observation reveals in terms of more or less well-substantiated discrepancies between those ideal conditions and the actual ones under which observations are made." Lévi-Strauss' approach has the great advantage of lending itself very well to this kind of analysis. Take, for example, his conception of model. A model is a construction which purports to establish a generalization which is valid only under certain specified (ideal) conditions, that is, it is a probability statement about a body of social empirical phenomena to the effect that such-and-such are the relational and positional properties which govern the phenomena in question. It is then the job of the model-builder to devise the most efficient and parsimonious construct, based on what is most probable about the phenomena under consideration (the axiomatic set), and to account for discrepancies, not by comparing and differentiating entities (social facts), but by comparing relational and positional properties. Unless we adopt this viewpoint, we will remain unable to elicit supra-empirical models from empirical reality, for it is perhaps impossible, or at least extremely unlikely, that relations of dependence can be established by simply correlating the raw facts of social experience.

In this context, I would like to note that our over-emphasis on low-level conceptual tools such as descent, kinship units, forms of marriage, and so on, will never lead to the construction of more explanatory models, for the simple reason that in this endeavor we have been exclusively concerned with determining the constituent social facts which go into their definition. Take, for example, the case of the lineage. To begin with, except for three or four properties such as descent from a common ancestor and exogamy, we are not even in agreement as to its general constitution; the English use the term in one sense and the Americans in another. Even worse, anthropologists do not seem to care that the concept has proved inadequate (like hundreds of others) for purposes of comparison. Each social situation in the world that we choose to call a lineage system has its own peculiar component parts arranged in specific ways; no two of them are exactly alike, although several may be very similar in numbers of elements and arrangements. In this case, for all practical purposes we can say that they belong to the same class of events, and easily construct a model. But the situation is greatly complicated when we have many dissimilar situations. Then it becomes fully apparent that we can try until doomsday and never arrive at a universal model of the lineage (if this could be a profitable conceptual endeavor, and I am not entirely certain that it is) simply by comparing the constituent entities of the social situation in question, for we can only compare forms, that is, relational and positional properties. In order to achieve the results of that much discussed comparative method, let alone the construction of models, it is therefore necessary to disregard completely the empiricist conception of structure, which inevitably lead us to compare things rather than relations and positions.

All of this indicates that our main concern in conceptualizing social empirical phenomena should be with devising the appropriate methodology in order to ascertain the strategic areas in which social phenomena may yield comparable relational and positional properties, that is, simple models, which go into the construction of larger and more complex ones. To use Nagel's words, Lévi-Strauss' suggestion here seems to be that we must develop the appropriate theoretical notions in order to indicate how universally valid laws for "pure cases" of social phenomena might be formulated successfully (Nagel 1961:509).

We come finally to a methodological problem which I consider of the greatest importance to the development of anthropology, and which, directly or by implication, Lévi-Strauss has made us aware of: the bifurcation of nature in the social sciences, and more importantly, the possible development of coordinative definitions. In a recent article (Nutini 1965:728-729) I maintained that, unlike the situation in the physical sciences, the bifurcation of nature was unnecessary or could be avoided in the social sciences. A more careful reading of Lévi-Strauss and a great deal of thought about the matter has convinced me that the situation is analogously and homologously the same in the physical and the social sciences, and that bifurcation is indeed a reality in any realm whenever we are concerned with analytical or formal conceptual systems (supra-empirical models in anthropology) and their application to empirical reality, that is, when we transcend the empirical conception of structure, and realize that structure is never to be found at the level of observation. A thorough consideration of Lévi-Strauss' conception of structure and the formal and epistemological properties of models (its methodological tool) leaves me no doubt that the only way to achieve results in this context is by applying Russell's dictum, and that this presupposes a supra-empirical conception of structure. In the social sciences as in the physical sciences, the sensed is given and the postulated is inferred; in both cases we must contend with postulated space, time, and entities, at least with regard to some configurations of social facts. Whether we are constructing a physical model or a social model, we are dealing with postulated space and time. In this respect I have changed my mind entirely, for if we deny bifurcation in the social sciences, we are still tied to the empirical conception of structure; and no matter how abstract the results of a construct devised on these bases may be, it is still part of the facts. This is a very serious drawback at the present stage of anthropological development, and it must be avoided at all costs. I do not know whether Radcliffe-Brown was aware of these problems; if he was, like Whitehead, he was right in trying to avoid the bifurcation of nature. Unfortunately, it has become apparent by now that unless we assume bifurcation, contemporary physical science is impossible (and by extension, at least potentially, so is social science).

Let me emphasize that Lévi-Strauss has never written in terms of the bifurcation of nature, nor has he made any specific reference to it in his writings. His conception of structure, however, does indeed lead us to this conclusion. I think it is impossible to regard the concept of structure as above or beyond the empirical social facts, and yet maintain that bifurcation is not involved, for once we think of structure as a theoretical construct (as Lévi-Strauss certainly does), then we are faced with this serious problem. If this is the case, we have no alternative but to start the search for the coordinative definitions, correspondence rules — or whatever one wishes to call them — which coordinate and link analytical or formal system to empirical reality. I regard this as the most central theoretical problem facing anthropology today, and one which underlies most of what I have said here about Lévi-Strauss' approach. At the moment I have little more to say in this regard, for I am not entirely clear as to how we shall be able to construct these linkages between model and empirical data. I can, however, indicate what the process will involve, and some of the steps that must be taken, First, we must establish an order of logical and epistemological priorities which will enable us to devise the simplest and most parsimonious axiomatic set, the ties of whose constituent entities are clearly indicated, on the basis of which to conceptualize a body of social phenomena. Second, it will be necessary to develop the requisite theoretical tools which will make it possible to relate instances of pure cases under ideal conditions to the observational social facts. Third, we must develop the appropriate methodology which will accomodate the deductive as well as the inductive aspects of model-building into a single framework; in Lévi-Strauss' terminology, we must determine how and when we can pass from mechanical to statistical models and vice versa, and what empirical requirements these constructions entail. If we are successful in solving the difficulties inherent in these steps, we will have achieved the construction of a successful supra-empirical model, in the full sense of the term.

What will this mean in substantive terms? Let us again take the example of the lineage. A "universal" model of the "lineage" will denote the "idealized" conditions under which that "hypothetical" configuration of social empirical facts (which we have deemed pertinent to define as such on the basis of what is most certain about the nature of kinship and directly circumscribed structural aspects) are known to occur. The observational instances of "lineage systems" as exhibited in the ethnographic literature, and their discrepancies and departures from the model, will be accounted for in terms of the special conditions under which they occur by comparing the formal properties of the model with the relational and positional properties of the given instances. In other words, the model will explain the different instances of lineage occurences to the extent that the relational and positional properties will indicate the contingent elements of each situation and the configurational arrangements which must take place in order to pass from one instance to another. Among other things, this analytical procedure makes room for the generative and predictive aspects which should always be included in the aims of scientific analysis, and, perhaps more important, it makes comparison leading to generalization possible by lifting us from empirical entities devoid of relational and positional properties which are always "unique" and hence not comparable. This analytical procedure, however, has one rather paradoxical aspect. Either the category of the lineage, as variously understood, is not a conceptualizable entity (that is, its various configurations of elements do not have unitary meaning — something like totemism, according to Lévi-Strauss — which seems to be the case with many of our anthropological categories), or if it is amenable to being fitted into a model, it will disappear as that arrangement of social facts which hitherto we have heuristically designated by that term. It is by no means certain that the social sciences will be able to devise workable theoretical constructs or models, as the physical sciences have done, but a truly scientific spirit should move us to try.

I believe that the foregoing discussion, if it does nothing else, makes clear the following points: (a) Lévi-Strauss' structuralism adheres to and is more consonant with the canons of contemporary science than any conceptual approach so far developed by Anglo-American anthropology. (b) The accusation that Lévi-Strauss is subjective and intuitionist has no adequate foundation, inasmuch as contemporary physical science has indeed become to a considerable degree subjective, as philosophers of science have been quick to point out, and intuition plays a definite role in it. (c) Most anthropologists, especially in England and the United States, have remained relentlessly empirical and positivistic, as most of them readily admit; they cling to a paradigm of scientific explanation which is almost exclusively Baconian and belongs to the 19th-century positivistic stage, and which emphasizes induction from mere collections of observational data.[5] (d) Paradoxically, contemporary physical science has demonstrated that things are not what they appear to be, once we accept the bifurcation of nature (which is the source of all conceptual success). Thus, we should not be surprised that, as Lévi-Strauss insightfully maintains, the structure of social phenomena, which should be regarded as homologously and analogously the same as physical phenomena, is not the apparent arrangement of elements that observation reveals, but something quite distinct. This does not mean that structure

[5] This is clearly evident when Sahlins (1966:132-136) proudly says that most Anglo-American anthropologists are staunchly empirical and positivistic (he also uses the term "naturalistic"). I am uncertain about what he means when he uses the term "positivistic." If he has in mind the 19th-century connotation of the term, I would agree entirely; if, however, he means that positivism, empiricism, and naturalism are the ultimate canons of scientific explanation, he is very much mistaken, as I hope I have demonstrated here.

is any more real than the apparent arrangement of social facts, for they are equally real, but only that they must be regarded as different epistemological entities. (e) Like the physical sciences at the end of the 19th century, anthropology has arrived at an impasse, that is, we either continue with low-level descriptions or move on to more explanatory conceptual tools. In this respect, no matter how faulty Lévi-Strauss' conceptual approach may be, it is our best hope for achieving a considerable degree of success,

I can well understand, in reading some of Lévi-Strauss' critics and commentators (cf. Sahlins 1966; Scholte 1966), why most anthropologists (given their positivistic premises) are disturbed and may express serious doubts and sometimes outright antagonism to some of Lévi-Strauss' methodological tools such as binary opposition, distinctive features, his use of "Hegelian dialectics", and so on, But I cannot help feeling that anthropologists in general have not yet digested the lesson of contemporary physical science, for, consciously or unconsciously, we cling tenaciously to another very noxious 19th-century idea, namely, that social phenomena are entirely different from physical phenomena, hence they must be handled by different conceptual tools. This assumption has never been demonstrated, and until it has been, I think that we should continue to believe in the theoretical and methodological unity of science, and take our cues from the more advanced branches of science until we are able to develop our own conceptual tool-kit. In this context, I am convinced that of all the anthropological approaches with which we are presented at the moment, only that of Lévi-Strauss offers a possibility for getting us out of our impasse, and it behooves us to concentrate on the broad implications of his system and the development of a variety of his suggestions, rather than on the details and specific analyses of his approach. It must be noted that there is nothing wrong with the aims of the majority of anthropologists — who, I am sure, are groping for more explanation and generalization in handling social phenomena — but only with the way they wish to achieve these aims. To use one of Lévi-Strauss' profoundest analogies, it appears that anthropologists, like the savage mind, seem bent on conceptualizing the universe of social phenomena from the viewpoint of the supremely concrete which always proceeds from sensible qualities, while science is supremely abstract and always proceeds from formal properties (Lévi-Strauss 1966:269).

## V

This is not the place for a thorough analysis of the conceptual shortcomings of naturalistic or positivistic anthropology, but it may not be amiss to enumerate briefly what seem to me some of the basic analytical and methodological errors and misconceptions which are involved in an over-empirical approach to the conceptualization of social phenomena.

(1) The world of anthropology remains in many respects like the world of Montaigne, in which nothing seems worthwhile except the discovery and accumulation of more and more facts, each in turn the overthrow of some dear hypothesis; the ordering intellect grows weary, and becomes slovenly through despair. While it is good that the accumulation of facts should make us suspicious of wide and ambitious systems, it should not obliterate the temporary and makeshift validity of hypothetical constructs.

(2) All scientific analyses include three distinctive contexts or stages: the axiomatic level, the level of experimentation, and the level of verification, which must be carefully distinguished in conceptualizing empirical phenomena. Reichenbach (1951:6-7, 382) speaks of the "context of discovery" as the stage in which theories and general constructs are formulated with the aid of intuition, and the "context of verification" as the stage in which we experiment with empirical data and design verification procedures. Most anthropologists confuse these levels of analysis, especially the axiomatic and the experimental levels, or the experimental and the verification levels, and I think this is primarily responsible for our scant success in the correlation of data leading to generalization. Although anthropologists are fond of speaking of empirical "verification" (Sahlins 1966:134), that is, ascertaining that such-and-such arrangements of observational facts exist in the social universe, that is not what verification means in science; verification is never the correlation of a definition and observational facts, but rather the determination of whether a theoretical construct accounts (explains, describes, leads to prediction, etc.) for observational configurations of facts.

(3) There is a basic confusion with respect to what a model is supposed to do in handling social-anthropological phenomena. It does not tell us that such-and-such are the component social facts of a given situation; it states the positional and relational properties of a situation, thus enabling us to make inferential statements, and to this extent the model accounts for the situation at hand. Most anthropologists think that because supra-empirical models do not tell us the "what" of social facts but only the "how" they are useless. This is untrue, for what we lose in descriptive amplitude (and this may not always be the case), we gain in explanatory dimensions.

(4) There is a second confusion in anthropology, which has been

perpetuated by Radcliffe-Brown, between what I call "modelic structure" and "paradigmatic structure" (Nutini 1968: 11-14). The former constitutes supra-empirical constructs (models) which are always superimposed on the data, and no matter how careful and sophisticated, analysis of the data themselves will never yield a model. The latter is nothing more than the ordered arrangement of a body of empirical data, which is elicited after analyzing the data themselves. Much trouble could have been avoided had we been clear about the different epistemological natures of these two senses of the term "structure", and had Radcliffe-Brown been concerned with "modelic structure", he could have shown us the path to a conceptualization of social phenomena along the lines of his never achieved "social laws."[6]

Nineteenth-century empiricists, justifiably afraid of verbal pseudo-explanations, wrongly proclaimed that science is not explanation but mere description. This over-empirical position, as I have repeatedly maintained throughout this article, is still very much with us, and it is the great merit of Lévi-Strauss that he has tried to get us out of it, and again try to explain. Finally, I would like to remind my colleagues, first, that a truly scientific spirit will not fear the drastic changes that will take place in anthropology if some of the suggestions of Lévi-Strauss are heeded. And, second, that intuition, instinct, and insight are what first lead us to the beliefs which subsequently reason confirms or refutes. Reason is a harmonizing, controlling force rather than a creative one, and even in the most abstract realms, perhaps it is always insight and intuition that arrive first at innovation. In this context, let us forget that Lévi-Straus is a rationalist, idealist, or reductionist (and cease trying to prove it), and concentrate on the products of his fertile imagination and intuition, in our efforts to forge ahead and arrive at a truly conceptualizing stage in anthropology.

UNIVERSITY OF PITTSBURGH

[6] Lévi-Strauss' conceptual approach and what I have said throughout this section show some interesting similarities to Chomsky's approach to the conceptualization of linguistic phenomena. This is especially true of Chomsky's basic distinction between "surface" and "deep" structures, and his conception of grammar as a tool in explaining linguistic facts, starting from a set of principles grounded on the data (Chomsky 1957, 1965, 1966). I especially urge the reading of Chomsky's (1966) *Cartesian Linguistics: A Chapter in the History of Rationalist Thought* for a greater insight into these matters.

## REFERENCES CITED

Barthes, Roland,
1966 "Entretien avec Roland Barthes", *Aletheia*, No. 4 (May) (Paris).
Bridgman, W. P.,
1927 *The Logic of Modern Physics* (New York, Appleton Century).
Buchler, Ira R.,
1966 "The Distinctive Features of Pronominal Systems", *Anthropological Linguistics* (November).
Carnap, Rudolf,
1955 *Foundations of Logic and Mathematics* (=*International Encyclopedia of Unified Science*, Vol. 1, No. 3 (Chicago, Illinois).
Chomsky, Noam,
1957 *Syntactic Structures* (The Hague, Mouton and Company).
1965 *Aspects of the Theory of Syntax* (Cambridge, Massachusetts, The M.I.T. Press).
1966 *Cartesian Linguistics: A Chapter in the History of Rationalist Thought* (New York, Harper and Row).
Colby, B. N.,
1963 "Comment on Fischer: The Sociopsychological Analysis of Folktales", *Current Anthropology* 4:275.
Coult, Allan D.,
1963 "Causality and Cross-Sex Prohibitions", *American Anthropologist* 65:266-277.
Cuisenier, Jean,
1963 "Formes de la parenté et formes de la pensée", *Esprit*, No. 322 (November) (Paris).
Derrida, Jacques,
1966 "Nature, Culture, Ecriture (la violence de la lettre, de Lévi-Strauss à Rousseau)", *Cahiers pour L'Analyse*, No. 4 (September-October) (Paris).
Evans-Pritchard, E. E.,
1963 *Essays in Social Anthropology* (Glencoe, Illinois, The Free Press).
Fischer, John L.,
1963 "The Sociopsychological Analysis of Folktales", *Current Anthropology* 4:235-295.
Gaborieau, Marc,
1963 "Anthropologie structurale et histoire", *Esprit*, No. 322 (November) (Paris)
Hempel, Carl G.,
1952 *Fundamentals in Concept Formation in Empirical Science*. Chicago, University of Chicago Press.
Hymes, Dell H.,
1964 "Directions in (Ethno-) Linguistic Theory", *American Anthropologist* 66, no. 3, part 2:6-56.
Josselin de Jong de, J.P.B.,
1952 *Lévi-Strauss' Theory of Kinship and Marriage* (Mededelingen van het Rijksmuseum voor Volkenkunde, Leiden).
Köngäs, Elli-Kaija, and Pierre Maranda,
1964 "Structural Models in Folklore", *Midwest Folklore* 12, No. 3 (Bloomington, Indiana, Indiana University Press).
*L'Arc*,
1965 Issue No. 26, pp. 85-87 (Aix-en-Provence).
Leach, Edmund R.,
1961a *Rethinking Anthropology* (= *London School of Economics Monographs in Social Anthropology* 1 (London, Athlone Press).

1961b "Lévi-Strauss in the Garden of Eden: An Examination of Some Recent Developments in the Analysis of Myth", *Transactions of the New York Academy of Sciences*, Series 2, 23(4):386-396.

1964a "Anthropological Aspects of Language: Animal Categories and Verbal Abuse", *in New Directions in the Study of Language*. Eric H. Lenneberg, editor (Cambridge, Massachusetts, M.I.T. Press), pp. 23-63.

1964b "Telstar et les aborigènes ou 'La Pensée sauvage'", *Annales: Economies, Sociétés, Civilisations* No. 6 (November-December) Paris).

1965a "Claude Lévi-Strauss: Anthropologist and Philosopher", *New Left Review*, No. 34 (November-December).

1965b Review of Claude Lévi-Strauss' *Mythologiques: Le Cru et le Cuit. American Anthropologist* 67:776-780.

Leach, Edmund R., (Editor),

1967 *The Structural Study of Myth and Totemism*. London, Tavistock Publications,

Lévi-Strauss, Claude,

1945 "L'Analyse structurale en linguistique et en anthropologie", *Word*, Journal of the Linguistic Circle of New York, 1 (2):1-12.

1948 *Les Structures élémentaires de la parenté* (Paris, Presses Universitaires de France).

1949 "Histoire et Ethnologie", *Revue de Metaphysique et de Morale*, LIV, Nos. 3-4, pp. 363-391 (Paris).

1951 "Language and the Analysis of Social Laws", *American Anthropologist* 53: 155-163.

1953 "Social Structure", *in Anthropology Today*, pp. 524-553, Alfred A. Kroeber (ed.) (Chicago, University of Chicago Press).

1955 "The Structural Study of Myth", *Journal of American Folklore*, LXXVIII, No. 270, pp. 428-444.

1956 "Structure et Dialectique", in *For Roman Jakobson on the Occasion of his Sixtieth Birthday* (The Hague, Mouton).

1958 *Anthropologie Structurale* (Paris, Plon).

1960a "Le Dualisme dans l'organisation sociale et les represéntations religieuses", *Annuaire de l'Ecole Pratique des Hautes Etudes*, (5e Section, Sciences Religieuses), année 1958-1959 (Paris).

1960b "On Manipulated Sociological Models", *Bijdragen tot de Taal-, Land- en Volkenkunde* 118 (1): 45-54 ('s-Gravenhage).

1960c "La structure et la forme: Réflexions sur un ouvrage de Vladimir Propp", *Cahiers de l'Institut de Sciences Economiques Appliqueés* (=*Recherches et Dialogues Philosophiques et Économiques*, 7) No. 99.

1962a "Les limites de la notion de structure en ethnologie", in *Sens et usages du Terme Structure dans les sciences humaines et sociales*, Roger Bastide (ed.) (=*Janua Linguarum*, 18) (The Hague, Mouton), pp. 40-45.

1962b *La Pensée sauvage* (Paris, Plon).

1966 *The Savage Mind* (Chicago, University of Chicago Press).

Lyotard, J. F.,

1965 "A Propos de Cl. Lévi-Strauss: Les Indiens ne cueillent pas les fleurs", *Annales: Economies. Sociétés. Civilisations* No. 1 (January-February) (Paris).

Muirhead, J. H. (ed.),

1925 *Contemporary British Philosophers* (New York, The MacMillan Company).

Murphy, Robert F.,

1963 "On Zen Marxism: Affiliation and Alliance", *Man* 21:17-19.

Nagel, Ernest,

1961 *The Structure of Science* (New York, Harcourt Brace).

Needham, Rodney,
1962 *Structure and Sentiment: A Test Case of Social Anthropology* (Chicago, The University of Chicago Press).
Northrop, Filmer, S. C.,
1941 "Whitehead's Philosophy of Science", *in The Philosophy of Alfred North Whitehead* (P. A. Schilpp, ed.) (The Library of Living Philosophres, Evanston, Illinois).
1947 *The Logic of the Sciences and the Humanities* (New York).
Nutini, Hugo G.,
1965 "Some Considerations on the Nature of Social Structure and Model Building: A Critique of Claude Lévi-Strauss and Edmund Leach", *American Anthropologist* 67:707-731.
1968 "On the Concepts of Epistemological Order and Coordinative Definitions", *Bijdragen tot de Taal-, Land- en Volkenkunde*, 124 (1) : 1-21 ('s-Gravenhage).
n.d. "Structural History: A Programatic Synthesis of the Nomothetic and Idiographic Elements of Anthropological Studies", *L'Homme: Revue Française d'Anthropologie* (Paris) (Forthcoming).
Popper, Karl R.,
1959 *The Logic of Scientific Discovery* (New York, Science Editions, Inc.).
Pouillon, Jean,
1956 "L'Œuvre de Claude Lévi-Strauss", *Les Temps Modernes*, No. 126 (July) (Paris).
1966 "Présentation: Un Essai de définition", *Les Temps Modernes*, No. 246 (November) (Paris).
Radcliffe-Brown, A. R.,
1952 *Structure and Function in Primitive Society* (Glencoe, Illinois, The Free Press).
1964 *A Natural Science of Society* (Glencoe, Illinois, The Free Press).
Reichenbach, Hans,
1938 *Experience and Prediction* (Chicago, University of Chicago Press).
1946 "Bertrand Russell's Logic", in *The Philosophy of Bertrand Russell* (P. A. Schilpp, ed.) (The Library of Living Philosophers, Evanston, Illinois).
1951 *The Rise of Scientific Philosophy* (Berkeley and Los Angeles, The University of California Press).
Ricœur, Paul,
1963 "Structure et Herméneutique", *Esprit*, No. 322 (November) (Paris).
Russell, Bertrand,
1926 *Our Knowledge of the External World* (London, George Allen and Unwin, Tld.).
1945 *A History of Western Philosophy* (New York, Simon and Schuster).
Ruwet, Nicolas,
1963 "Linguistique et sciences de l'homme", *Esprit*, No. 322 (November) (Paris).
Sahlins, Marshall D.,
1966 "On the Delphic Writings of Claude Lévi-Strauss", *Scientific American*, Vol. 214, No. 6.
Schneider, David M.,
1965 "Some Muddles in the Models: or, How the System Really Works", *in The Relevance of Models for Social Anthropology*. A. S. A. Monograph 1 (London, Tavistock), pp. 25-85.
Scholte, Bob,
1966 "Epistemic Paradigms: Some Problems in Cross-Cultural Research on Social Anthropological History and Theory", *American Anthropologist* 68: 1192-1201.

Sebag, Lucien,
1964 *Marxisme et Structuralisme* (Paris, Payot).
Sebeok, Thomas A., and Francis J. Ingemann,
1956 *Studies in Cheremis: The Supernatural.* (New York, The Viking Fund Publications in Anthropology No. 22).
Thion, Serge,
1966 "Structurologie", *Aletheia*, No. 4 (May) (Paris).
Verstraeten, Pierre,
1963 "Lévi-Strauss ou la tentation du néant", *Les Temps Modernes*, No. 207-208 (August-September) (Paris).
Whitehead, Alfred North,
1920 *The Concept of Nature* (Cambridge, Cambridge University Press).
Yalman, Nur,
1964 Review of *La Pensée Sauvage*, *American Anthropologist* 66:1179-1182.
1967 "'The Raw: the Cooked: Nature: Culture' — Observations on *Le Cru et le Cuit*", in *The Structural Study of Myth and Totemism* (E. R. Leach, ed.,) (London, Tavistock Publications).

# PHILOSOPHIE, MUSIQUE ET BOTANIQUE DE ROUSSEAU À LÉVI-STRAUSS

BENTO PRADO

Et pourquoi donc le savant d'aujourd'hui devrait-il encore lire Rousseau? Et pourquoi, par cette lecture, serait-il invité à prolonger sa méditation sur la musique ou sur la botanique?

Ce que Lévi-Strauss nous invite à lire chez Rousseau, c'est une révolution à l'intérieur de l'histoire de la pensée occidentale: cette révolution qui dénonce, à travers une certaine idée de la raison, la persistance des préjugés de l'enfance (ou des illusions de la conscience) et qui annonce, ainsi, la mort d'une philosophie; et non seulement la mort *d'une* philosophie, car ce nouveau style de rationalité tient *toute* philosophie en suspicion. Dans les textes où Rousseau et Lévi-Strauss font le procès de la philosophie, on retrouve le même mouvement; dans un cas comme dans l'autre, le projet d'universalité de la philosophie apparaît comme *idéologie*, pratique anthropophagique d'une conscience singulière ou d'une certaine culture. Qu'il s'agisse de l'Illustration ou de la Dialectique, ce qui s'affirme dans cette apparente volonté d'universalité, c'est plutôt la particularité d'une conscience historique et locale: volonté pervertie de l'homme du monde ou volonté utopique de l'homme de gauche. Dans les deux cas, ce qu'on oppose à la philosophie, c'est une rationalité capable d'illuminer le concret — dans la couture du sensible et de l'intelligible — et qui peut même, dans des conditions "rares et précieuses", vibrer dans la perception et se répercuter dans le corps. Dans les deux cas la vision d'un paysage sauvage fournit le monogramme de cette raison susceptible d'un usage "esthétique". En effet, comment ne pas rapprocher de certains textes des *Rêveries*, où l'extase est la *Stimmung* de la découverte de l'ordre de la nature, le beau paragraphe des *Tristes Tropiques*:

Que le miracle se produise, comme il arrive parfois; que, de part et d'autre de la secrète fêlure, surgissent côte à côte deux vertes plantes d'espèces différentes, dont chacune a choisi le sol le plus propice; et qu'au moment même se devinent dans la roche deux ammonites aux involutions inégalement compliquées, attestant à leur manière un écart de quelques dizaines de millénaires: soudain l'espace et le temps se confondent; la diversité vivante de l'instant juxtapose et perpétue les âges. La pensée et la sensibilité accèdent à une dimension nouvelle où chaque goutte de sueur, chaque flexion musculaire, chaque halètement deviennent autant de symboles d'une histoire dont mon corps reproduit le mouvement propre en même temps que ma pensée en embrasse la signification. Je me sens baigné par une intelligibilité plus dense, au sein de laquelle les siècles et les lieux se répondent et parlent des langages enfin réconciliés.[1]

Mais cette rencontre avec Rousseau n'est pas due seulement à la découverte des limites de la philosophie.[2] Il s'agit moins d'un conflit à propos de la nature de la philosophie elle-même que d'un refus de toute représentation "philosophique" de l'homme, c'est-à-dire de toute perspective qui le vise dans son identité ou dans son intériorité et qui oublie de le chercher dans le mouvement par lequel il se détache de l'autre que lui. Il fallait que le *cogito* meure, dissout par l'analyse d'une psychologie associationiste et par la réflexion sur l'Autre; il fallait qu'il soit décentré de sa pure immanence, pour que l'homme pût apparaître à la lumière du Savoir. L'Archéologie retrouverait le geste inaugural des sciences de l'homme dans le refus du partage fondamental de la métaphysique cartésienne; geste d'accueil autant que de refus, qui donne à voir l'appartenance de l'homme à un ordre qui le précède. Par ce geste, "Rousseau ne s'est pas borné à prévoir l'ethnologie: il l'a fondée."[3]

Dans sa lecture de Rousseau, Lévi-Strauss parcourt les divers niveaux où s'opère ce décentrement: critique psychologique du *cogito*, critique de l'ethnocentrisme, critique de l'humanisme. A tous ces niveaux, c'est toujours le même mouvement qui se reproduit: celui qui conduit le *soi* de son noyau à sa périphérie. D'abord, en remplaçant le *cogito* par le

[1] *Tristes Tropiques*, coll. "le monde en 10/18", p. 43.

[2] On pourrait voir aussi dans la critique que Rousseau adresse à la philosophie, une sorte d'anticipation de Nietzsche. Dans le texte suivant des *Rêveries*: "Mais, diroit-on, comment accorder ce relâchement [de la véracité] avec cet ardent amour pour la vérité dont je le glorifie? Cet amour est donc faux puisqu'il souffre tant d'alliage? Non, il est pur et vrai: mais il n'est qu'une émanation de l'amour de la justice et ne veut être faux quoiqu'il soit souvent fabuleux" (*Œuvres*, éd. de la Pléiade, I 1032), on pourrait voir une réponse à une question qui ne serait posée que par Nietzsche: "La volonté du vrai... De fait, nous nous sommes longuement attardés devant le problème de l'origine de ce vouloir, et pour finir nous nous sommes arrêtés devant un problème bien plus fondamental encore. Nous nous sommes interrogés sur la *valeur* de ce vouloir. En admettant que nous voulions le vrai, *pourquoi pas plutôt le non-vrai?*" (*Par delà le Bien et le Mal*, Aubier, p. 21). Dans cette réponse qui précède la maturation de la question, Rousseau montre dans la volonté de vérité quelque chose qui n'est pas originaire et qui doit être déchiffré à la lumière d'une valeur qui le précède. La distinction entre *l'homme vrai* et *l'homme vérace* montre les limites de la philosophie de la représentation: on peut imaginer une "mauvaise vérité" et le philosophe peut être un criminel.

[3] Lévi-Strauss, "J. J. Rousseau fondateur des sciences de l'homme", p. 240, in *Jean-Jacques Rousseau* (Neuchatel, A La Baconnière, 1962).

*sentiment de l'existence*: lecteur de Condillac, mais aussi lecteur de Malebranche, Rousseau transforme la conscience de soi en une expérience et en une connaissance confuse. La conscience de soi a une nature essentiellement centripète: elle ne s'établit que par la médiation de la sensation et de l'extériorité. Plus encore, l'identité constituée dans le sentiment de l'existence est toujours *en sursis*: elle ne dépasse jamais la flamme de l'instant et ne peut pas assurer la continuité temporelle du moi. L'âme est plus changeante que Protée ou qu'un caméléon et on peut dire: "Rien n'est si dissemblable à moi que moi-même."[4] Lévi-Strauss insiste sur le caractère "objectiviste" de cette psychologie: il ne s'agit plus de signaler "l'inconstance de l'humaine nature" et de "peindre le passage", mais de donner les raisons objectives de ces changements. C'est Rousseau qui le dit: "... j'avois un objet plus neuf et même plus important. C'étoit de chercher les causes de ces variations."[5]

Mais si le centre de gravité de la conscience est ainsi déplacé par l'analyse psychologique, ce déplacement est confirmé par la comparaison ethnologique. C'est en ce sens que Lévi-Strauss commente la formule de Rousseau:

> Quand on veut étudier les hommes, il faut regarder près de soi; mais pour étudier l'homme, il faut apprendre à porter sa vue au loin.

C'est la démarche même de la connaissance ethnologique qui est exprimée dans cette formule qui montre, au-delà de l'égocentrisme et de la naïveté, que toute humanité est locale et que l'universalité ne se trouve que dans le système des différences. Égocentrisme et naïveté qui n'attendent pas la rencontre de l'exotique pour se montrer au grand jour, et qui se révèlent déjà à l'intérieur d'une même société, dans l'antagonisme des groupes qui la composent. St. Preux définit cette attitude:

> Avoir un Carrosse, un Suisse, un maître d'hôtel, c'est être comme tout le monde. Pour être comme tout le monde il faut être comme très peu de gens.[6]

Narcissisme stratégique, car il garantit la bonne conscience et l'identification à soi d'une humanité particulière: un regard excentrique pourrait donner l'occasion d'une visite au sous-sol inquiétant de cette conscience et de la découverte du Même sous la surface confortable des oppositions.

Cette double réduction se parfait dans une décentration de l'humanité prise globalement, qui la replonge dans une promiscuité avec la vie en général, que la tradition métaphysique avait refoulée. Métaphysique,

[4] *Œuvres*, éd. de la Pléiade, I, 1108.
[5] *Ibid.*, I, 408.
[6] *Ibid.*, II, 252.

égocentrisme et humanisme se superposent. Cette solidarité avec la vie apparaît dans l'idée de pitié. La pitié, souligne Lévi-Strauss, n'est pas seulement la forme de l'identification avec l'humanité en général: par elle, l'homme redécouvre le soubassement vital de son existence. C'est sur cette faculté primordiale que viendront se dessiner, dans un jeu d'oppositions, les prédicats que la science doit déchiffrer.[7] L'homme s'identifie d'abord par la pitié avec la totalité du vivant pour se distinguer, ensuite, à l'intérieur de ce champ, du "non-humain".

Cette série de réductions qui finit par la découverte d'une logique inscrite dans le sensible et d'une pensée anonyme qui précède le sujet est bien liée, chez Rousseau, à une certaine conception du langage, de sa nature et de sa genèse: l'analyse du langage, aussi, nous reconduit à une couche oubliée et primitive — le langage de la métaphore — qui est la racine du langage de la raison. Mais elle est aussi liée à une réflexion sur la botanique et sur la musique. Si Rousseau a pu détruire la métaphysique du *cogito*, c'est parce qu'il a su lui poser des problèmes qu'elle ignorait et auxquels elle ne pouvait pas survivre. Des problèmes ou

> ... des préocupations, pour lui si impérieuses, bien qu'elles fussent à première vue étrangères au labeur du philosophe et de l'écrivain: je veux dire la linguistique, la musique et la botanique.[8]

Mais pourquoi la botanique? Parce que Rousseau trouve dans la botanique une forme de connaissance qui remet en question l'opposition entre le sensible et l'intelligible. Connaissance sensible par essence, car ce n'est que par le *regard* que la nature des végétaux peut être analysée. Mais aussi connaissance rationnelle, car la seule vision ne permet pas d'inscrire les plantes dans le cadre logique des espèces. Voir les plantes dans leur "structure"[9] et penser leurs rapports d'identité et de différence sont deux procédés complémentaires. Sans la vision de la structure, il est impossible de grouper les plantes, mais sans la pensée du système, il est même impossible de *voir*:

> Quelque élégante, quelque admirable, quelque diverse que soit la structure des végétaux, elle ne frappe pas assez un œil ignorant pour l'intéresser."[10]

Mais pour celui qui *sait* voir, la vision reprend son épaisseur, elle est plus qu'une simple "inspection de l'esprit": quand je vois une plante, et

[7] Lévi-Strauss, *Le Totémisme aujourd'hui*, p. 145.
[8] Lévi-Strauss, *J. J. Rousseau*,..., p. 244.
[9] A propos de la notion de "structure" dans l'histoire naturelle à l'âge classique et de sa parenté avec le regard, cf. M. Foucault, *Les Mots et les Choses*, p. 144-150.
[10] *Œuvres*, éd. de la Pléiade, I, 642.

que je dis que je la vois, ce ne sont pas "les paroles qui m'arrêtent" et je ne suis pas "trompé par les termes du langage ordinaire."[11] Si la seule vision ne permet pas de déterminer l'articulation entre les espèces et de représenter le *continuum* qu'elles composent dans la nature, c'est elle qui empêche de fondre la diversité vivante du règne végétal dans la monotonie de la répétition: "Les autres n'ont à l'aspect de tous ces tresors de la nature qu'une admiration stupide et monotone."[12] C'est le fourmillement des différences qui reste caché à "l'œil ignorant" qui ne sait même pas "ce qu'il faut regarder."[13] Par la collaboration entre la vision et la pensée, se rétablit la continuité vivante de l'Ordre qui passe par l'individu et traverse la série totale des espèces; entre le détail et le système, entre les sens et l'esprit, entre l'individu et l'espèce, se tisse "cette chaîne de rapports et de combinaisons qui accable de ses merveilles l'esprit de l'observateur."[14] Pas de divorce entre voir et savoir: savoir regarder signifie passer d'une "structure" à un "ordre", percevoir l'analogie en gardant la "variété prodigieuse" des formes et le système des différences. L'œil averti est capable de tenir la tension entre le Même et l'Autre, de distendre les fils qui les relient, sans les rompre. En parodiant une phrase de Diderot (quoique le ton change et passe de l'humilité à l'orgueil), on pourrait dire contre la métaphysique de Descartes et sa conception de la vie et de la vision: "Ah Madame! que la botanique des aveugles est différente de la nôtre!"

Dans le profil de la plante, un chemin est ouvert qui peut conduire à la vérité de la nature: dans le végétal aucune fissure ne sépare *l'être* du *paraître* et toute la réalité de la plante est livrée au regard qui la parcourt. Le pétale est une paupière qui ne déguise aucun œil et qui ne cache le sommeil de personne. Domaine de pure transparence et de parfaite visibilité, la botanique est plus qu'une forme de connaissance; elle fournit le symbole de l'innocence perdue dans l'histoire des hommes. Le mal s'est dessiné quand quelque chose s'est dérobé à la publicité des regards, quand l'homme s'est replié sur soi-même, en creusant pour soi un espace privé et secret: le mal est du côté des ténèbres et de l'invisible. Parce qu'aucune chambre secrète ne se creuse sous cette fine pellicule qui est la surface de la plante, la conscience peut s'abandonner aux apparences et coïncider de nouveau avec ses sensations. Cet instant sans aucune épaisseur où éclate la vision est suffisamment large pour accueillir et un

[11] Descartes, *Meditationes de Prima Philosophia*, Vrin, p. 32.
[12] *Œuvres*, éd. de la Pléiade, I, 642.
[13] *Ibid.*, I, 641.
[14] *Ibid.*, I, 641.

savoir et une réforme de l'existence. La botanique est, chez Rousseau, moins une connaissance qu'une thérapie des passions ou qu'une ascèse de l'âme. Elle vise moins une pénible accumulation de connaissances que la fraîcheur d'un jeu toujours recommencé; cette "étude oiseuse" n'est pas une discipline de l'entendement: herboriser c'est *extravaguer*, "errer nonchalamment dans les bois et dans la campagne."[15] Mais cette "extravagance" ne libère pas, ici, la génialité ou la sauvagerie de la subjectivité et l'assujettit, au contraire, à une cohérence qui est du côté de l'objet. Le jeu et la rêverie sont commandés par un ordre objectif et l'âme est modulée par l'analyse de la représentation: aux deux pôles de la connaissance correspondent deux "rêves" différents. Le plaisir d'herboriser est double: plaisir de la différence — les yeux sont caressés par de "charmantes structures" — et plaisir de l'identité — l'âme oublie son malheur et son individualité dans l'unité océanique de la nature. On peut suivre ces deux mouvements, systole et diastole de l'âme, dans la septième promenade: ou bien la contemplation arrive à unifier les trois règnes dans une totalité où se perd le contemplateur, ou bien elle s'arrête dans une forme particulière et privilégiée. Dans les deux cas, le sentiment de l'existence se rétablit dans sa pureté car, devant la différence comme devant l'identité, la conscience est restituée à la sensation et à l'immédiat.

Mais pour que la conscience puisse ainsi coïncider dans l'instant avec la vision et pour qu'elle devienne le miroir impersonnel de la nature, l'exil est nécessaire.[16] Il faut qu'il n'y ait aucune trace de l'humanité pour que l'homme puisse redécouvrir son appartenance à l'Ordre. Ce jeu innocent et dangereux présuppose la rupture avec le monde des moyens et la destruction du réseau de rapports qui définit la société. Les "amitiés végétales" ne se donnent que pour celui qui est coupé de toute intersubjectivité, que pour celui qui peut dire: "Je suis sur la terre comme dans une planète étrangère où je serois tombé de celle que j'habitois." Herboriser c'est être chez soi, mais être finalement chez soi, c'est être en dehors de l'humanité, de la culture et de la société.

Avec la musique, nous sommes dans un univers différent. Si la vertu de la botanique était de nous faire abandonner l'univers de la culture et de la méchanceté, la vertu de la musique sera de nous faire rejoindre l'humanité et reconnaître des semblables au milieu du désert de la nature. La botanique était "anti-humaniste", la musique combat l'égocentrisme. Comme la botanique, elle combine logique et sensation: elle est un

[15] *Œuvres* éd. de la Pléiade, I, 641.
[16] *Ibid*, I, 1070.

système de rapports, mais qui se manifeste de façon sensible et change la conscience de l'auditeur dans son rapport aux autres et à son propre corps:

... d'abord le renversement de la relation entre le moi et l'autre, puisque, quand *j'entends* la musique, je m'écoute à travers elle; et que, par un renversement de la relation entre âme et corps, la musique *se vit* en moi.[17]

L'analyse de la musique, telle qu'elle apparaît dans *L'Essai sur l'origine des langues*, part de l'opposition entre les sons et les couleurs. Toutes les équivoques sur la nature de la musique (surtout l'objectivisme de Rameau) dérivent au fond du prétendu parallélisme entre les sons et les couleurs. Et Rousseau commence, comme le fera Lévi-Strauss dans l'Ouverture de *Le Cru et le Cuit*, par viser la différence au niveau du rapport à la temporalité: les couleurs durent, tandis que les sons s'évanouissent au moment même où ils viennent à l'être. Mais aussitôt cette différence dans le rapport à la temporalité se transcrit dans une différence de nature entre les éléments des deux domaines, en eux-mêmes. La couleur existe en elle-même et n'est pas modifiée par son rapport aux autres couleurs: "Le jaune est jaune, indépendant du rouge et du bleu...." Les sons, au contraire, ne sont ce qu'ils sont que par rapport aux autres et à l'intérieur d'un système défini.[18]

Pour que la musique nous révèle donc son vrai visage, il faut abandonner l'esprit de système et viser les "mondes" de la vision et de l'audition dans leur originalité et dans leur différence; car, dit Rousseau, chaque sens a pour nous un monde qui lui est propre et une législation qui lui est particulière. Le statut du *quale* n'est pas le même dans les deux mondes: le visible avait une autonomie qui n'était limitée dans la connaissance que du dehors, dans le passage de la structure au caractère (c'est-à-dire dans l'articulation entre les espèces); dans ce passage, la chose ou l'individu était résorbé dans un système de relations, mais seulement à travers la médiation de l'espèce. Ici, dès sa première apparition, le son est un point d'intersection d'un réseau de relations et n'existe pas en dehors de lui: il n'y a pas d'individu, à proprement parler. Dans le monde des sons, le sensible est toujours déjà rongé dans son propre cœur par l'intelligible. Si la vision donne accès à un monde solide, peuplé de choses et de substances, l'audition nous donne l'épure de ce monde ou un monde désubstantialisé, dont toute la réalité est brodée sur le canevas des relations: l'une nous donne le plein, l'autre le vide. C'est par cette raison

[17] Lévi-Strauss, *J. J. Rousseau,...*, p. 244.
[18] *Essai sur l'origine des langues*, *Œuvres*, éd. J. Bry, IX, p. 241-242.

que Rousseau nous dit que la musique est plus proche de l'art humain, tandis que la peinture est plus proche de la nature. Ne serait-ce pas le même mouvement qui anime l'Ouverture de *Le Cru et le Cuit*? Là aussi la même opposition apparaît: la peinture est condamnée à s'enfermer dans l'horizon du monde naturel, car son code premier lui est offert déjà fait par la nature. Là aussi la musique est culture dès le degré zéro de son langage. Mais elle est aussi "une sorte d'hypermédiation", car elle ne va pas seulement plus loin que les autres arts du côté de la culture: elle les dépasse même par la profondeur avec laquelle elle fait vibrer l'organisme, l'audition de la musique supprimant le divorce entre le corps et l'âme. C'est par ce "pouvoir extraordinaire" de se trouver à la fois sur les deux versants, qu'elle peut être pensée comme le "suprême mystère des sciences de l'homme."

L'opposition entre les deux lectures parallèles de la musique commence à apparaître dans l'intellectualisme ou dans le platonisme de la conception de Rousseau. Chez lui, le sensible n'est, dans la musique, qu'une cause occasionnelle: les sons, dans leur réalité sensible et dans leur capacité de mouvoir le corps, doivent s'effacer et devenir entièrement transparents, pour que l'âme puisse les traverser sans effort et saisir directement un certain contenu intellectuel et moral. La musique ne peut émouvoir l'âme que si elle cesse de mouvoir le corps: la couche sensible est de l'ordre de l'obstacle. Mais cet intellectualisme n'attribue pas à la musique une fonction représentative: sa fonction n'est pas de faire apparaître un objet absent. Si le musicien est capable de cette magie, s'il peut faire apparaître le soleil en pleine nuit, la violence d'une tempête ou l'horreur d'un désert à l'intérieur d'un espace calme et domestique, "...il ne représentera directement ces choses, mais il excitera dans l'âme les mêmes sentiments qu'on éprouve en les voyant."[19] Ce n'est donc pas proprement le cosmos qui se rend intellectuellement présent (les rivières, le désert, la mer) dans la musique, mais une autre âme et sa manière de sentir tous ces spectacles. La musique ouvre le champ d'une communauté et ferme, ainsi, l'humanité sur elle-même; le chant est le signe absolument certain de la présence d'un autre homme: "Les oiseaux sifflent, l'homme seul chante; et l'on ne peut entendre ni chant, ni symphonie, sans se dire à l'instant: un autre être sensible est ici."[20] Partage différent de celui que fera Lévi-Strauss, pour qui l'opposition entre l'homme et l'animal ne coïncide plus avec l'opposition entre culture et nature: il y a un chant des oiseaux et ce chant — comme langage et comme forme de sociabilité — ne fait que

[19] *Œuvres*, éd. J. Bry, IX, p. 242.
[20] *Ibid.*, p. 242.

confirmer le caractère culturel de la musique. Ce n'est pas l'homme qui chante, mais, chez lui, l'animal qui habite le langage; ce langage qui n'est plus le privilège de l'*animal rationale*. La musique n'est plus l'indice d'une communauté d'esprits ou d'une humanité fermée sur elle-même: elle indique, à côté de l'homme, d'autres puissances et les limites de l'humanisme. Les oiseaux ne sifflent pas seulement, ils chantent et:

Il demeure donc vrai que les sons musicaux sont du côté de la culture. C'est la ligne de démarcation entre la culture et la nature qui ne suit plus, aussi exactement qu'on le croyait naguère, le tracé d'aucune de celles qui servent à distinguer l'humanité de l'animalité.[21]

Si, dans son itinéraire, Lévi-Strauss reprend le chemin ouvert par Rousseau, il prend aussi des détours; et s'il le fait, c'est parce qu'il conduit plus loin la série des réductions. Non seulement parce que, comme le signale Lévi-Strauss,[22] Rousseau refuserait de réintégrer ou de résorber la culture dans la nature et dans son sous-sol physique et chimique, au-delà de la résorption des humanités particulières dans une humanité générale. Rousseau ne se limite pas à maintenir la séparation des sphères, il attribue à chacune une *structure* différente. La connaissance de la nature et la connaissance de l'homme obéissent à des raisons différentes dont chacune reproduit le chemin inverse de l'autre. Dans un cas, l'individu est transparent et conduit le regard vers la connaissance de l'espèce; dans l'autre, les individus se modèlent dans leurs rapports réciproques, séparés de leurs propres corps et de leur espèce.[23] La nature et la culture sont deux ordres hétérogènes qui ne pourront jamais coïncider (perpétuel déséquilibre entre le visible et l'invisible, entre la chose et la relation), deux cercles qui ne pourront jamais se superposer.

21 *Le Cru et le Cuit*, note de la page 27.

22 *La Pensée Sauvage*, p. 327.

23 "Je voudrais donc commencer toujours mes discussions par l'ordre de preuves le plus foible. Il est des matières où les argumens les plus convaincants se tirent du fond même du sujet; telles sont les questions physiques. La connoissance de la nature des plantes peut bien, par exemple, être aidée par celle du terrain qui les produit, des sucs qui les nourrissent, et de leurs vertus spécifiques, mais jamais on n'en connoitra bien la méchanique et les ressorts si l'on ne les examine en elles mêmes, si l'on n'en considère toute la structure intérieure, les fibres, les valvules, les trachées, l'écorce, la moële, les feuilles, les fleurs, les fruits, les racines, et en un mot, toutes les parties qui entrent dans leur composition. Dans les recherches morales, au contraire, je commencerois par examiner le peu que nous connoissons de l'esprit humain pris en lui-même et considéré comme individu, j'en tirerois en tâtonnant quelques connoissances obscures et incertaines, mais abandonnant bientôt ce ténébreux labyrinthe, je me hâterois d'examiner l'homme par ses relations, et c'est de là que je tirerois une foule de vérités lumineuses qui feroient bientôt disparoitre l'incertitude de mes premiers argumens et qui recevroient encore du jour par comparaison" (*Œuvres*, éd. de la Pléiade, II, p. 1244-1245).

Mais ces différences se manifestent à l'intérieur d'un horizon commun: il y a un retour à Rousseau. Un pont est jeté, qui conduit d'une œuvre à l'autre. Et sous ce pont, dans l'espace vide qui les sépare, on devine quelque chose qui se fait et se défait, une silhouette qui se dessine et s'efface, "comme à la limite de la mer un visage de sable."

UNIVERSITÉ DE SÃO PAULO

# AU FIL DU SOUVENIR

PATRICK WALDBERG

Babel en ce temps là s'appelait New York que beaucoup d'entre nous découvrirent avec une fascination mêlée de crainte. Pour peu que l'on habitât un peu haut, la ville apparaissait, tout particulièrement au crépuscule du soir ou à celui de l'aube, comme une vision à la Gordon Pym, les gratte-ciel blancs et roses dérivant au milieu des nuages comme des icebergs dans la débâcle polaire. Des longues chaussées rectilignes que l'on apercevait tout en bas, très loin, jaillissaient ici et là des fumerolles, comme si le roc de Manhattan eût été un volcan. Errant le jour par les détours du labyrinthe, l'on passait sans transition de l'Occident à l'Orient, du Nord à l'Afrique: ici Chinatown, là les Juifs de Delancey Square, plus haut les Italiens, les heimatlos de Greenwich Village, les Allemands de Yorkville, les Libanais de Washington Street et à l'extrémité de l'île le noir continent de Harlem. C'était un pêle-mêle incroyable d'yeux ronds, bridés ou bleus, de cheveux en baguettes de tambour, ondulés ou crêpus, de colosses au grand nez ou de pygmées camus, grouillement disparate dont je ne vois d'équivalent que dans la description que donne Flaubert de l'armée d'Hamilcar aux premières pages de *Salammbô*. C'est dans cette ville paradoxale et, à certains égards, affolante, que je fis la connaissance de Claude Lévi-Strauss au printemps de 1941.

Affolés nous l'étions encore quelque peu, abasourdis plutôt, malades, mal remis du choc de l'exode, de l'armistice, de la catastrophe généralisée et des innombrables drames particuliers auxquels elle donnait naissance. Nous portions sur le visage les alarmes et les transes de l'année 1940, l'inquiétude pour ceux que nous avions laissés en arrière, la nostalgie des illusions perdues. Nous avions chacun nos récits de malheur. Lévi-Strauss était parvenu en février 1941, après des mois de désespérance, à s'embarquer sur le *Capitaine Paul-Lemerle* en compagnie de quelque trois cents autres proscrits entassés comme du bétail, parmi lesquels se trouvaient André Breton et Victor Serge. Cette réunion inattendue nous a valu dans *Tristes Tropiques* — le seul "journal de voyage" qui soit poétiquement digne de *l'Afrique fantôme* de Leiris — ces précieuses notes: "André Breton, fort mal à l'aise sur cette galère, déambulait de long en large sur les espaces vides du pont; vêtu de peluche, il ressemblait à un ours bleu. Entre nous, une durable amitié allait commencer par un échange de lettres, qui se prolongea assez longtemps au cours de cet interminable voyage, et où nous discutions des rapports entre beauté esthétique et originalité absolue." Quant à Victor Serge, voici le portrait qui nous en est tracé: "Ce visage glabre, ces traits fins, cette voix claire joints à des manières guindées et précautionneuses, offraient ce caractère presque asexué que je devais reconnaître plus tard chez les moines bouddhistes de la frontière birmane, fort éloigné du mâle tempérament et de la surabondance vitale que la tradition française associe aux activités dites subversives." J'avais connu — croisé plutôt — Victor Serge au temps de mes vingt ans, au sein d'entreprises militantes, et ce portrait me frappe par sa ressemblance, son acuité qui me font penser à quelque esquisse de Manet ou de Pascin. Quant à André Breton, vers qui m'avait conduit en 1937 le peintre Yves Tanguy, nous venions de renouer une amitié qui perdura pendant une dizaine d'années, avant que des heurts et des humeurs ne vinssent assombrir notre ciel, sans que jamais s'altérassent en moi l'émerveillement et l'émotion que m'inspirait ce magicien des temps modernes. Je comprenais on ne peut mieux qu'au cours du long et déplorable voyage vers l'exil, le poète et le savant se fussent mutuellement reconnus. Entre André Breton qui tenta de *réaliser* la poésie, c'est-à-dire de l'infuser dans chaque instant de notre vie, et Claude Lévi-Strauss qui ne cesse de *poétiser* le réel sur quoi reposent ses observations et ses découvertes, un accord fondamental devait nécessairement s'établir.

Lors de notre rencontre, Lévi-Strauss devait avoir trente-trois ans. J'en avais vingt-huit mais pour ce qui est de la maturité, par rapport à lui, j'en étais encore à colin-maillard ou à chat-perché. Devant cet agrégé de philosophie, explorateur de surcroît et d'une érudition qui me paraissait encyclopédique, je me sentais un peu comme le cousin Gazonal accueilli par Léon de Lora dans *Les Comédiens sans le savoir* de Balzac. Il est vrai qu'entre 1937 et 1939, j'avais repris des études interrompues par une longue série d'aventures en m'inscrivant, étudiant monté en graine, aux certificats d'Ethnologie et d'Histoire des Religions à la Sorbonne, sous la direction de Marcel Mauss. Bagage mince, mais tout frais, qui me permettait d'entendre sans trop de niaiserie les récits et commentaires que me faisait Lévi-Strauss de son voyage au Brésil, de son séjour chez les

Nambikwara. Je le voyais assez souvent à cette époque, surtout au cours de l'hiver 1941-1942. J'allais le prendre dans le petit appartement qu'il habitait, non loin de la 10ème rue si ma mémoire est fidèle, et nous partions à la découverte, dans les quartiers de New York où nous étions à peu près certains de ne rencontrer aucun visage de connaissance. Son logement, des plus modestes, consistait en une pièce de dimensions moyennes, avec un lit, une table et deux ou trois chaises, une kitchenette et une salle de bains. Je revois au-dessus de la cheminée un grand tableau, dans les tons sombres, tout à fait surréaliste d'esprit, où des mains géantes s'imbriquaient et se fondaient à d'autres éléments. Cette peinture à l'huile dont je lui ai reparlé depuis et qu'il m'a dit être tombée en poussière, rongée par les mites, était son œuvre. Je n'arrive plus à me la représenter avec exactitude, mais il me semble qu'elle aurait pu s'apparenter à certaines œuvres de Hans Bellmer, avec l'habileté technique en moins mais, en plus, un certain lyrisme romantique qui lui donnait une séduction singulière. Il est vrai que Lévi-Strauss, dont le père et les deux oncles étaient peintres, avait grandi, pour ainsi dire, à l'ombre des pinceaux. Père et oncles relevaient tous trois de l'art académique et seul l'un d'eux, l'oncle Caro-Delvaille, connut la notoriété, les médailles des Salons et la consécration officielle. Une de ses œuvres, *Ma Femme et ses trois Sœurs*, fut acquise par l'État qui en fit don au Musée de Strasbourg. L'une des dames qui figurent sur ce tableau est la mère de Claude Lévi-Strauss.

Plus je me reporte en pensée vers ces temps anciens, plus je m'avise que Lévi-Strauss exerçait alors sur moi un véritable ascendant. Sans doute étais-je impressionné par l'étendue de son savoir qu'il n'étalait jamais mais que l'on percevait à chaque carrefour de la parole. J'étais cependant plus sensible encore à la façon très personnelle qu'il avait de voir les êtres et les choses, les arrachant pour ainsi dire à leur contexte et les restituant à une identité jusqu'alors cachée. En outre il me paraissait investi de ce que j'appellerai la dignité physique: le corps svelte, élancé, le visage long aux traits ciselés, le regard à la fois profond et scrutateur, tantôt rêveur et mélancolique ou bien au contraire braqué comme en alerte, une expression de gravité assez constante cédant parfois au plus nervalien des sourires, tout cela me faisait penser à quelque Grand d'Espagne inquisiteur de science qui, à l'étude du point d'honneur, eût substitué celle du point suprême. Pour qui le connaissait peu ou mal, son abord pouvait être difficile et parfois même glaçant: il était de ceux, comme Jacques Vaché, qui "tuent le rire sur les lèvres." Je me souviens aussi de la lourdeur de plomb de son silence, dès qu'une présence importune tentait de lui arracher ce qu'il ne désirait pas dire. Mais il savait déployer s'il était en confiance des trésors de douceur et les inflexions chaleureuses, parfois passionnées de sa voix, démentaient alors ce qu'un superficiel contact eût pu faire prendre pour de la froideur ou de la morgue. Nos promenades consistaient souvent à rechercher à travers la ville les restaurants dont les produits correspondaient aux diverses ethnies. Nous allions un jour à Harlem manger le poulet frit à la semoule d'orge; une autre fois, nous essayions ailleurs les œufs de tortue panaméens, le ragoût de moose, les képhirs de Syrie, les crabes mous au raisin, la soupe aux huîtres, les vers de palmier du Mexique, le poulpe au regard de soie. Lévi-Strauss me racontait alors les chenilles qu'il gobait dans le Mato-Grosso, ainsi que divers épisodes de son expédition dont je retrouvai plus tard la substance dans maint chapitre de *Tristes Tropiques*, et j'avais l'impression d'être le Passepartout d'un Phileas Fogg supérieur accomplissant avec lucidité et flegme le Tour du Monde culinaire en quatre-vingt repas. Il arrivait que nos moments fussent éclairés par la présence de jeunes et belles femmes russes d'éducation française qui apportaient la pointe de charme sans quoi toute existence perd sa saveur.

J'ai cité le nom de Marcel Mauss, homme extraordinaire, capricieux, enclin à la paresse d'écrire, mais presque magiquement informé de tout, traversé d'illuminations géniales et, dans les rapports individuels, aussi séduisant qu'imprévu. Dans la rigueur et la continuité, Lévi-Strauss est aujourd'hui son seul héritier légitime. Juste avant la guerre, Mauss enseignait au Musée de l'Homme où il nous donnait un cours d'Ethnologie générale émaillé de coq-à-l'âne, de digressions et de considérations annexes que j'écoutais, pour ma part, comme s'il eût été Shéhérazade. J'allais l'entendre aussi à l'École des Hautes Études, où il commentait le Makahiki, ou la fête comme "phénomène total." Au Collège de France enfin, le sujet traité était le Jeu de Balle dans les sociétés pré-colombiennes.

Mauss était d'assez petite taille, mince, presque frêle, mais portant haut une tête chenue prolongée d'une barbe frisée dont les poils rebelles semblaient par excès de vigueur ressortir en vrilles par les oreilles et les narines. Il n'était pas mécontent de ce système pileux agressif et un jour qu'il nous parlait des caractères distinctifs des races humaines, dans la petite salle où le regardaient bouche bée une quinzaine d'élèves, il releva soudain la jambe de son pantalon, posa le pied sur la table et offrit à nos regards son mollet en s'écriant: "Ainsi, voyez-vous, je suis un des hommes les plus velus du monde!" Il ne dédaignait pas, à l'occasion, d'afficher un dandysme vestimentaire assez rarement de mise parmi ses collègues. Nous le vîmes arriver pour son cours, un jour de printemps, vêtu d'un tweed léger à large quadrillage noir sur gris clair et d'une chemise rayée gris perle au col à pointes longues agrémenté d'un nœud papillon jaune citron. Persuadé d'avoir, comme on dit, "fait son effet", il promena à la ronde un regard provocant et nous dit: "Cette tenue vous surprend peut-être de la part d'un vieil universitaire? (pause et coup d'œil circulaire) Eh bien, je tiens à ce que vous sachiez que j'ai été l'un des premiers, en France, à m'habiller chez Old England!" Mauss considérait à peu près toutes les activités humaines comme de son ressort. A l'inauguration du Musée de l'Homme, s'arrachant à un groupe d'officiels, il exigea qu'on le présente au boxeur Al Brown, qui se trouvait parmi les invités: "Je suis d'autant plus heureux de vous connaître, M. Al Brown, lui dit-il, que j'ai été moi-même, dans ma jeunesse, champion amateur de boxe française!"

Mauss m'avait pris en amitié et me convoquait de temps à autre chez lui, Boulevard Jourdan, vers les neuf heures du matin, sous le prétexte de classer les papiers d'Henri Hubert. Cette mise en ordre, dont il parlait depuis de nombreux lustres, n'eut, faut-il le dire, jamais lieu. Mauss me conviait à partager son petit déjeuner, sortait de ses placards d'étranges poutargues, de la viande de renne séchée, des œufs de fourmis, que sais-je, puis il me racontait son séjour chez les Aïssaouas ou me vantait la supériorité des doigts sur la fourchette pour le plaisir de la table et je le quittais vers midi, ébloui, charmé, sans avoir entrevu l'écriture d'Henri Hubert.

Mauss et Lévi-Strauss étaient, on a pu s'en convaincre aux descriptions qui précèdent, des hommes différents, à maints égards opposés, mais je ne pouvais m'empêcher, lorsque je rencontrai l'un à New York, de penser à l'autre, que j'avais quitté à Paris avant la débâcle. Mauss était un patriarche, tel qu'on en peut voir dans les carnets de Michel-Ange et de Vinci. Un patriarche non-conformiste, facétieux parfois, mais n'ayant nullement renoncé au messianisme et doué, incontestablement, d'une sorte de seconde vue. Lévi-Strauss, en revanche, m'apparaissait comme un seigneur de la Renaissance qu'eût aimé peindre le Gréco avec, comme fond, cette vue de Tolède austère et somptueuse devant laquelle nous nous sommes si souvent attardés au Metropolitan Museum. Mais, en dépit de leurs contrastes, ces hommes possédaient le même regard portant loin au-delà des apparences, apte à saisir au vol les analogies éclairantes et à déchiffrer le réel selon une grille plus riche et féconde que celles auxquelles nous fûmes formés. Tous deux étaient passionnément curieux de ce qui donne à la vie son luxe: la poésie, l'art, les grands élans gratuits. Mauss fut le premier universitaire qui osa écrire, en 1930, dans *Documents*, la revue de Georges Bataille, un éloge de Picasso. Lévi-Strauss n'a jamais caché l'intérêt beaucoup plus qu'accidentel, qu'il porte au surréalisme et que perpétue son amitié pour Max Ernst. Par ces traits de caractère, ces inclinations, cette ouverture d'esprit, la filiation Mauss-Lévi-Strauss apparaît flagrante.

En vérité, Lévi-Strauss est en train d'accomplir l'œuvre que Mauss, avec désinvolture, avait génialement ébauchée. De cette œuvre déjà considérable, où je ne cesse de puiser pour mon constant enrichissement, il ne m'appartient pas de parler, mon témoignage étant d'une autre nature. A titre anecdotique, j'aimerais signaler cependant le sort qu'eurent certains de ses livres. *La Pensée sauvage*, sans doute à cause de son attrayante couverture, fut offerte par une dame à son jeune garçon qui désirait commencer un herbier. Un étudiant en philosophie de ma connaissance, voulant faire cadeau à sa mère d'un livre de cuisine, lui apporta en toute simplicité *Le Cru et le Cuit*. Il est vrai qu'à New York, dans les temps que je viens d'évoquer, j'eus la surprise et le bonheur de trouver chez un bouquiniste, rangé parmi des ouvrages consacrés à l'électricité, *Les Champs magnétiques* de Breton et Soupault.

Me sera-t-il pardonné d'avoir traité de choses fort sérieuses sur un ton si léger? Tout ce que je viens de dire n'a d'autre objet que de montrer l'importance que j'attache au privilège qui me fut concédé de connaître Claude Lévi-Strauss et de pouvoir me dire son ami.

PARIS

# SECTION V

# ANTHROPOLOGIE STRUCTURALE

# DEUX MODÈLES LINGUISTIQUES DE LA CITÉ

ÉMILE BENVENISTE

Dans le débat incessant sur le rapport entre langue et société , on s'en tient généralement à la vue traditionnelle de la langue "miroir" de la société. Nous ne saurions assez nous méfier de ce genre d'imagerie. Comment la langue pourrait-elle "refléter" la société? Ces grandes abstractions et les rapports, faussement concrets, où on les pose ensemble ne produisent qu'illusions ou confusions. En fait ce n'est chaque fois qu'une partie de la langue et une partie de la société qu'on met ainsi en comparaison. Du côté de la langue, c'est le vocabulaire qui tient le rôle de représentant, et c'est du vocabulaire qu'on conclut — indûment, puisque sans justification préalable — à la langue entière. Du côté de la société, c'est le fait atomique qu'on isole, la donnée sociale en tant précisément qu'elle est objet de dénomination. L'un renvoie à l'autre indéfiniment, le terme désignant et le fait désigné ne contribuant, dans ce couplage un à un, qu'à une sorte d'inventaire lexicologique de la culture.

Nous envisageons ici un autre type de comparaison, à partir de la langue. L'analyse portera sur un fait de *dérivation*, profondément lié à la structure propre de la langue. De ce fait un changement de perspective est introduit dans la recherche. Ce n'est plus une substance, un donné lexical sur lequel s'exerce la comparaison socio-linguistique, mais une *relation* entre un terme de base et un dérivé. Cette relation intralinguistique répond à une certaine nécessité de configuration à la fois formelle et conceptuelle. De plus, étant intralinguistique, elle n'est pas censée fournir une dénomination d'objet, mais elle signifie un rapport (à interpréter selon le cas comme subordination ou dépendance) entre deux notions formellement liées. Il faut voir dans quelle *direction* se produit la dérivation. Alors la manière dont se configure dans la langue ce rapport notionnel évoquera dans le champ des réalités sociales la possibilité (c'est tout ce qu'on peut dire a priori) d'une situation parallèle. Si le parallélisme se vérifie, une fructueuse recherche est amorcée qui conduira peut-être à découvrir de nouvelles corrélations. En tout cas, la relation de dérivation dont on est parti doit être à son tour soumise à une enquête comparative dans son ordre propre, afin de voir si elle donne ou non le seul modèle possible de la hiérarchie entre les deux termes.

La notion à laquelle nous nous attacherons ici est, dans son expression lexicale, celle de "cité". Nous la considérons sous la forme où elle s'énonce en latin, *civitas*. D'abord dans sa structure formelle. Rien de plus simple, de plus immédiatement clair soit pour le locuteur romain, soit pour l'analyste moderne que la formation de *civitas*: c'est l'abstrait en *-tās* dérivé de *civis*.

Ici commence à se former un problème imprévu. Nous savons ce que signifie *civitas*, puisque c'est le terme qui donne corps en latin à la notion de "cité", mais que signifie *civis*? La question surprendra. Y a-t-il lieu de contester le sens de "citoyen" donné toujours et partout à *civis*? Oui, il le faut. Assurément, en nombre de ses emplois, ce mot peut se rendre par "citoyen", mais nous croyons pouvoir établir, à l'encontre de toute la tradition, que ce n'est pas le sens propre et premier de *civis*. La traduction de *civis* par "citoyen" est une erreur de fait, un de ces anachronismes conceptuels que l'usage fixe, dont on finit par n'avoir plus conscience, et qui bloquent l'interprétation de tout un ensemble de rapports.

On peut le montrer d'abord par raison logique. Traduire *civis* par "citoyen" implique référence à une "cité". C'est là poser les choses à l'envers puisque en latin *civis* est le terme primaire et *civitas* le dérivé. Il faut nécessairement que le mot de base ait un sens qui permette que le dérivé signifie "cité". La traduction de *civis* par "citoyen" se révèle un *hysteron proteron*.

Si l'on n'avait pas reçu cette traduction comme une évidence, et si l'on s'était si peu que ce soit soucié de voir comment le mot se définissait pour ceux qui l'employaient, on n'eût pas manqué de prêter attention au fait, que les dictionnaires d'ailleurs enregistrent, mais en le reléguant en deuxième ou troisième position, que *civis* dans la langue ancienne et encore à l'époque classique se construit souvent avec un pronom possessif: *civis meus, cives nostri*. Ceci suffirait à révoquer la traduction par "citoyen": que pourrait bien signifier "mon citoyen"? La construction avec le possessif dévoile en fait le vrai sens de *civis*, qui est un terme de valeur réciproque[1] et non une désignation objective: est *civis* pour moi celui dont je suis le *civis*. De là *civis meus*. Le terme le plus voisin qui puisse en français décrire cette relation sera "concitoyen" en fonction de

[1] Nous laissons de côté ici le problème étymologique qui sera traité ailleurs (*Le Vocabulaire des institutions indo-européennes* I, 1969). Nous aurons à montrer que les correspondants de *civis*, skr. *śeva-*, got. *heiwa-*, etc. impliquent précisément ce rapport mutuel.

terme mutuel.[2] Que le sens de *civis* est bien "concitoyen" ressort à l'évidence d'une série d'emplois épigraphiques et littéraires dont nous ne pouvons citer qu'un choix, mais qui concordent sans exception. Ils sont significatifs à la fois par la nature diverse des textes, documents officiels d'une part, langue familière de la comédie de l'autre, et par leur date ancienne. La caractéristique commune est la construction de *civis* avec un pronom possessif: *civis meus* ne peut signifier autre chose que "mon concitoyen."[3] Telle est la traduction qui s'impose dans les exemples suivants.

Dans la *Lex repetundarum* 60: *regis populeive civisve suei nomine.*

Chez Plaute[4]:

*facilem hanc rem meis civibus faciam* 'je m'arrangerai pour faciliter la chose à mes concitoyens' (*Pseud.* 586a)

*adulescens quidam civis huius Atticus*
'un de ses compatriotes, un jeune Athénien' (*Rud.* 42)
*opsecro, defende civis tuas, senex*
'je t'en supplie, vieillard, défends tes concitoyennes' (*Rud.* 742)
*turpilucricupidum te vocant cives tui*
'homme bassement cupide' t'appellent tes concitoyens' (*Tri.* 100)

Chez Tite-Live:

*invitus quod sequius sit de meis civibus loquor*
'je regrette d'avoir à tenir des propos fâcheux sur mes compatriotes' (II 37, 3);
*adeste, cives; adeste, commilitones*
'au secours, *cives*! au secours, camarades de guerre!' (II 55,7).
La symétrie entre *cives* et *commilitones* accuse bien dans *cives* l'aspect communautaire;

*iuvenem egregium ... suum quam alienum mallent civem esse*
'qu'ils devaient préférer que ce jeune homme hors pair fût leur propre concitoyen plutôt que celui d'étrangers' (III 12, 6);

[2] On pensera à l'appellation paysanne *mon pays, ma payse* que Furetière définissait: "un salut de gueux, un nom dont ils s'appellent l'un l'autre quand ils sont du mesme pays."

[3] On trouve dans l'article du *Thesaurus* s.v. *civis* une sous-division où le terme est défini: "saepe de participe eiusdem civitatis cuius est alius quoque civis, de quo agitur, qui sequiore aetate 'concivis' audiebat (inde *civis meus* etc.)" et une liste d'exemples dont ceux que nous citons.

[4] Les citations de Plaute sont accompagnées à dessein de la traduction de A. Ernout (Belles-Lettres), qui donne partout à *civis* la traduction "concitoyen, compatriote" que le contexte requiert.

Chez Varron:

> *non sine causa maiores nostri ex urbe in agris redigebant suos cives* 'ce n'est pas sans raison que nos ancêtres ramenaient de la ville aux champs leurs concitoyens' (*RR* III, 1, 4).

Chez Cicéron, *cives nostri* 'nos concitoyens' n'est pas rare.

Il ne faudrait pas croire que ce sens de *civis* soit limité à une certaine latinité et qu'il ait disparu ensuite. Qui entreprendra de le suivre à travers les phases ultérieures de la langue le découvrira jusque dans la Vulgate, où il reste encore inaperçu: *cives eius* "ses concitoyens" chez Luc 19, 14, pour rendre gr. *hoi polîtai autoû* avec la même valeur réciproque de *polítēs.*[5] Les trois traductions anciennes des Evangiles ont reproduit l'expression: en gotique, *baurgjans is*; en arménien, *kʿałakʿacʿikʿn nora* et en v. slave *graždane ego.* Même quand l'original grec du NT dit *sympolítes* pour "concitoyen", la Vulgate évitera *concivis*, et maintiendra *civis.* Ainsi *cives sanctorum* "concitoyens des saints" (Eph. II 19); mais les autres versions imitent le dérivé grec: got. *gabaurgja*, arm. *kʿałakʿakicʿ*, v.sl. *sožitelĭ.*

Ainsi défini dans ses emplois contextuels, *civis* l'est aussi par la relation paradigmatique où il s'oppose à *hostis.* Le couple *civis/hostis* est bien complémentaire dans cette représentation où la valeur s'affirme toujours mutuelle. Comme pour la rendre évidente, Plaute encore la formule explicitement. Ampélisque, servante du temple de Vénus, demande une cruche d'eau à son voisin Sceparnion, qui en échange lui demande une autre faveur (*Rud.* 438-440):

> *Cur tu aquam gravare, amabo, quam hostis hosti commodat?*
> — *Cur tu operam gravare mihi quam civis civi commodat?*
> 'Pourquoi te faire tant prier, s'il te plaît, pour de l'eau qu'on ne refuse pas à un étranger?
> — Pourquoi te faire tant prier pour une complaisance qu'on ne refuse pas à un compatriote?'

Un *hostis* a en face de lui un *hostis*; un *civis* est tel pour un autre *civis.* La question est toujours *hostisne an civis* (Trin. 102). Ce sont deux termes polaires, l'un et l'autre mutuels: Ego est *hostis* à l'égard d'un *hostis*; il est pareillement *civis* à l'égard d'un *civis.* Il n'y a donc pas de *civis* hors de

[5] Sens peu fréquent en grec. On n'attachera aucune valeur idiomatique à l'emploi, unique, de *polítēs* pour '(son) prochain' dans un passage de l'Epître aux Hébreux 8, 11, qui est une citation de Jérémie 31, 34: *hékastos tòn polítēn autoû*, Vulg. *unusquisquam proximum suum* 'chacun (n'enseignera plus) son prochain'; ici gr. *polítēs* est un hébraïsme.

cette dépendance réciproque. On est le *civis* d'un autre *civis* avant d'être *civis* d'une certaine ville. Dans *civis Romanus* l'adjectif n'ajoute qu'une indication localisante, non une définition de statut.

Il devient possible et aisé à présent de fonder en rigueur le rapport linguistique de *civis* à *civitas.* En tant que formation d'abstrait, *civitas* désignera proprement l'"ensemble des *cives*". Telle est en effet l'idée que se faisaient de la *civitas* les meilleurs écrivains. Plaute en donne un exemple au début du Prologue du *Rudens* (v. 1-2) où l'astre Arcturus parle:

> *Qui gentes omnis mariaque et terras movet*
> *eius sum civis civitate caelitum*

'Du dieu (Jupiter) qui meut toutes les nations, les terres et les mers, je suis le *civis* dans la *civitas* des habitants du ciel.' Un double rapport est illustré ici: *civis eius sum* 'je suis son *civis* (et il est le mien)'; *civis civitate* 'je suis son *civis* dans et par la *civitas* des célestes', c'est-à-dire à la fois parmi l'ensemble des *cives* du ciel et en vertu de la qualité de *civis.* C'est bien aussi à la *civitas* comme collectivité et mutualité des *cives* que renvoie César B. Gall. 7, 4, 1: *cuius pater ... ab civitate erat interfectus* 'son père avait été tué par ses concitoyens'. Le même César fait comprendre le lien entre *civis* et *civilis* quand il écrit: *ne cives cum civibus armis decertarent* 'que les (con)citoyens ne se combattent entre eux (= ne se livrent à une guerre *civile*)' (B. Civ. III 19, 2, cf. 31, 4); *civilis* signifie bien d'abord 'qui a lieu entre *cives*'.

Un modèle tout autre de cette même relation (nous disons qu'elle est la même non pas seulement parce qu'elle opère entre termes de même sens, mais parce qu'elle ne peut varier que par inversion: A → B ou B → A) est donné par le grec. Les termes à considérer sont en grec ceux du binôme *pólis* 'cité': *polítēs* 'citoyen'. Cette fois le dérivé en *-itēs*[6] se détermine par rapport à un terme de base *polis* en tant qu'il désigne 'celui qui participe à la *polis*', celui qui assume les devoirs et les droits de sa condition.[7] Ce rapport apparaît aussi en grec dans une série:

> *thíasos* : *thiasítēs* (ou *-ôtēs*)
> *phulḗ* : *phulétēs*
> *phrắtra* : *phatrítās*

On part donc en grec du nom de l'institution ou du groupement pour

[6] Voir sur cette formation G. Redard, *Les noms grecs en -tēs, -tis* (Paris, 1949), p. 20 sq.

[7] Parfois, mais très rarement, *polítēs* se dit du 'concitoyen'. Normalement *polítēs* ne se prête pas à la construction avec un pronom de personne.

former celui du membre ou du participant. La démarche est inverse de celle que nous avons observée en latin[8] et cette particularité met en lumière la différence des deux modèles. Il faut la préciser dans sa structure formelle et dans le mouvement conceptuel dont elle procède.

En latin le terme de base est un adjectif qui se rapporte toujours à un statut social de nature mutuelle: tel est *civis*, qui ne peut se définir que dans une relation à un autre *civis*. Sur ce terme de base est construit un dérivé abstrait dénotant à la fois la condition statutaire et la totalité de ceux qui la possèdent: *civis* → *civitas*.

Ce modèle se reproduit en latin pour un certain nombre de relations typiques, caractérisant des groupements anciens de la société romaine. D'abord:

*socius* : *societas*. Un *socius* l'est par rapport à un autre *socius*, et le cercle entier des *socii* s'intègre en une *societas*.

De même dans les confréries:

*sodalis* : *sodalitas*

ou dans les classes:

*nobilis* : *nobilitas*.

Ainsi la *civitas* romaine est d'abord la qualité distinctive des *cives* et la totalité additive constituée par les *cives*. Cette "cité" réalise une vaste mutualité; elle n'existe que comme sommation. Nous retrouvons ce modèle dans les groupements, anciens ou modernes, fondés sur un rapport de mutualité entre gens de même appartenance, que celle-ci tienne à la parenté, à la classe, à la profession: sodalités, fraternités, corporations, syndicats; italien *socio* : *società*, allemand *Geselle* : *Gesellschaft*; ancien français *compain* : *compagne* ('compagnie'), etc.

Tout à l'opposé, dans le modèle grec, la donnée première est une entité, la *polis*. Celle-ci, corps abstrait, État, source et centre de l'autorité, existe par elle-même. Elle ne s'incarne ni en un édifice, ni en une institution, ni en une assemblée. Elle est indépendante des hommes, et sa seule assise matérielle est l'étendue du territoire qui la fonde.

A partir de cette notion de la *polis* se détermine le statut du *polítēs*: est *polítēs* celui qui est membre de la *polis*, qui y participe de droit, qui reçoit d'elle charges et privilèges. Ce statut de participant à une entité primordiale est quelque chose de spécifique, à la fois référence d'origine, lieu d'appartenance, titre de naissance, contrainte d'état; tout émane de cette liaison de dépendance à la *polis*, nécessaire et suffisante à définir le *polítēs*. Il n'y a pas d'autre terme que *polítēs* pour dénoter le statut public

[8] Il faut bien distinguer en latin la relation *civis*; *civitas* de celle de *pagus*: *paganus*, *urbs*: *urbanus* qui se ramène à la classe des ethniques *Roma*: *Romanus*.

de l'homme dans la cité qui est sienne, et c'est par nécessité un statut de relation et d'appartenance, puisque par nécessité la *polis* prime le *polítēs*. Nous avons là une situation initiale dont il ne serait pas possible de mettre au jour les implications sans étendre l'analyse à d'autres dérivés, comme l'adjectif *politikós*, l'abstrait *politeía*, le présent *politéuein*, qui se tiennent étroitement et dont chacun apporte aux autres ses déterminations propres. Une étude complète de ces dérivés ferait encore mieux ressortir la spécifité de cette notion de *polis*. Rappelons-nous qu'Aristote tenait la *polis* pour antérieure à tout autre groupement humain, qu'il la rangeait parmi les choses qui existent par nature et qui sont liées à l'essence de l'humanité et à ce privilège de l'homme, le langage (*Politique* 1253 a).

On peut résumer cette confrontation de deux types de relations dans le schéma suivant:

| MODÈLE LATIN | MODÈLE GREC |
|---|---|
| *civitas* | *pólis* |
| ↑ | ↓ |
| *civis* | *polítēs* |

Dans le modèle latin, le terme primaire est celui qui qualifie l'homme en une certaine relation mutuelle, *civis*. Il a engendré le dérivé abstrait *civitas*, nom de collectivité.

Dans le modèle grec, le terme primaire est celui de l'entité abstraite *pólis*. Il a engendré le dérivé *polítēs*, désignant le participant humain.

Ces deux notions, *civitas* et *polis*, si voisines, pareilles et pour ainsi dire interchangeables dans la représentation qu'en donne l'humanisme traditionnel, se construisent en réalité à l'inverse l'une de l'autre. Cette conclusion, fruit d'une analyse interne, devrait être le point de départ d'une nouvelle étude comparée des institutions même.

Aujourd'hui dans le vocabulaire politique des langues occidentales et de celles qui appartiennent à la même aire, c'est le modèle grec qui a prévalu. Il a produit:

| | |
|---|---|
| fr. | *cité : citoyen* |
| angl. | *city : citizen* |
| all. | *burg : bürger* |
| russe | *gorod : graždanin* |
| irlandais | *cathir : cathrar* |

Il a éliminé le modèle latin, puisque c'est l'ancien dérivé secondaire *civitas* qui est devenu dans les langues romanes le terme primaire: fr. *cité*, it.

*città*, esp. *ciudad*, sur lequel s'est construit le dérivé nouveau fr. *citoyen*, ital. *cittadino*, esp. *ciudadano*. Un binôme nouveau *cité : citoyen* a succédé au binôme inverse latin *civis : civitas*. Il vaudrait la peine de rechercher en détail si cette recréation a procédé de causes mécaniques: réduction phonétique de *civitas* dans les langues romanes et élimination de *civis*, ou si elle a eu un modèle (ce qui est le cas de v. slave *graždaninŭ*, imité du grec *politēs*). Toute l'histoire lexicale et conceptuelle de la pensée politique est encore à découvrir.

COLLÈGE DE FRANCE

# THE MODULAR DESIGN OF CHINESE REGULATED VERSE

ROMAN JAKOBSON

> Despite the wide literature on symmetry and the manifold practical application of this concept, it is still quite uneasy to elucidate the position of symmetry within the system of sciences ... Symmetry is one of the deepest empirical generalizations we deal with.
>
> V. I. Vernadskij[1]

In the comprehensive book by James J. Y. Liu, *The Art of Chinese Poetry* (Chicago, 1966[2]), the chapter "Auditory Effects of Chinese and the Bases of Versification" surveys China's successive metrical systems; on pp. 26-29 the author cites and exemplifies the standard tone patterns of the so-called "Regulated Verse" (*lü-shih*) which "became an established verse form at the beginning of the T'ang dynasty (618-907)". His instructive data enable us to elicit the common foundations of these measures and hereby to offer a modest contribution to the gradually developing metrical typology and perhaps to the comparative study of literatures and cultures.

The regular strophe is a QUATRAIN and ordinarily the poems contain two quatrains (one OCTET), but they can also be reduced to a single quatrain or expanded into a sequence of quatrains. The quatrain is built of two COUPLETS, the couplet of two LINES. In the shorter meter the line is divided into two, and in the longer meter into three, SEGMENTS. Only the final segment in the line consists of three, while each other segment has two, SYLLABLES. When occasionally the number of couplets in a poem is uneven, as in the very rare instances of six-or-ten-syllable pieces,[2] it is the couplet which assumes the role of the highest metrical unit.

The hierarchical arrangement of metrical units exhibits a clear-cut tendency toward a systematic correspondence with the gradual syntactic divisions. The couplets encompass entire "compound sentences" marked by a terminal, "concluding" intonation and separated from each other by

[1] V. I. Vernadskij, *Ximicheskoe stroenie biosfery Zemli i ee okruzhenija* (Moscow, 1965), pp. 175, 195.

[2] Cf. Wang Li, *Han-yü Shih-lü Hsüeh* (Shanghai, ed. of 1962), p. 30ff.

a "full-stop" pause. As a rule, each line contains a "component sentence"; an odd-numbered line finishes with a "suspense-conclusion intonation" and is separated from the following even-numbered line by a "half-stop" (semicolon) pause. The parallelism of lines within a couplet signals that both belong to the same compound sentence. The segments within a line are separated from each other by a slight "potential pause" which mostly signals an interphrasal boundary.[3] The two syllabic varieties of the Regulated Verse (6 ± 1) — the pentasyllable (× × | × × ×**|**) and the heptasyllable (× × | × × | × × ×**|**) — are opposed to each other as BISEGMENTAL and TRISEGMENTAL (× represents a syllable, | a minor and **|** a major internal pause within a couplet, while the terminal pause of any couplet will be marked by ||). In the trisegmental verse the bisegmental pattern is expanded by the addition of one more, prothetic dissyllabic segment.[4]

All the magnitudes which underlie the modular design of Regulated Verse and build a "definite series of proportional relations" — from its basic unit of recurrence, the monosyllabic morpheme *tzyh*,[5] until the couplet-long compound sentence — display either a consistent coincidence between metrical and grammatical units or at least a high probability of such coincidence.[6]

The distinction of level tones (*p'ing*) and deflected tones (*tsê*), from the standpoint of their metrical value, presents a conspicuous opposition of syllables with long and short tonal peaks. This polarity between LONG BEATS (–) and SHORT BEATS (◡) underlies the structure of the verse in question.[7] Their ALTERNATION constitutes the pivotal metrical feature.

The RIME connects the final syllables of the even-numbered lines, that

[3] Cf. Yuen Ren Chao, *A Grammar of Spoken Chinese* (University of California Press, 1965), # 1.3.7., 2.1.1., 2.2., 2.3.1., 2.11.1., 2.11.3., 2.14.

[4] According to Professor J. R. Hightower's stimulating personal remarks, the end of this additional segment seems to be less distinct than the end of the second or only dissyllabic segment, and the syntactic pause between the two dissyllabic segments may be to a higher degree omissible than the pause before the final trisyllabic segment. Perhaps the latter pause could be characterized as a limit between two "colons" (or "breath groups") and the former one as a limit between two "speech measures" within a binomial colon; cf. R. Jakobson, *Selected Writings*, I (The Hague, 1962), p. 535.

[5] Cf. Yuen Ren Chao, *o.c.*, #3.1.2.

[6] On the multiform facets of the modular principle see Gyorgy Kepes (ed.), *Module, Proportion, Symmetry, Rhythm* (New York, 1966); as C. H. Waddington states, "the idea of the module covers two related notions: firstly using some standard unit of length or volume as the basis for a whole design; and, secondly, adopting throughout the design a single definite series of proportional relations" (p. 20).

[7] Cf. Wang Li, *o.c.*, p. 6f.; R. Jakobson "Linguistics and Poetics", *Style in Language*, ed. by T. Sebeok (M.I.T. Press, 1960), p. 360f.: "In the Chinese metrical tradition the level tones prove to be opposed to the deflected tones as long tonal peaks of

is, the ends of the couplets, throughout the quatrain and throughout the entire octet if the poem contains two quatrains. The first line of the poem may also take part in the same rime. As a rule, the final syllable of all the riming lines carries a long beat, whereas all the other, nonriming lines consistently end with a short beat.[8] Thus the final syllable carries a short beat in all the internal odd-numbered lines of the poem. No couplet can be followed by a line with a final long beat.

The quatrain comprises either two or three rime-fellows (according to G. M. Hopkins' nomenclature).[9] In any metrical unit TWO is either the only number of its immediate constituents or at least one of the two alternants. In the latter case, THREE is the other alternant, and their selection is either free (as in the choice between a bisegmental and trisegmental meter or between the presence and absence of rime in the initial line of a poem) or it is based on complementary distribution (three syllables in final, two in nonfinal, segments). To sum up, in the rising hierarchical scale of metrical units, any subsequent, higher unit contains only two or at least two, but in any event less than twice two, immediate constituents.[10]

The even-numbered syllables of each line display a consistent prosodic alternation. Any two successive even-numbered syllables carry opposite beats: if one is long, the preceding is short and vice versa. Thus the distribution of long and short beats among the even-numbered syllables

---

syllables to short ones, so that the verse is based on the opposition of length and shortness." Yuen Ren Chao, "Tone, Intonation, Singsong, Chanting, Recitative, and Atonal Composition in Chinese", *For Roman Jakobson* (The Hague, 1956), p. 58, points out that in the Chinese musical tradition the even tone goes with long notes and the deflected tone with the short ones. Professor Tsu-Lin Mei kindly brought to my attention Fa-Kao Chou's studies 1) "On Level and Inflected Tones", *Bulletin of the Institute of History and Philology*, XIII (1948), pp. 153-162, and 2) "The Influence of Buddhism on Chinese Phonology" in his *Chung kuo yu wen lun ts'ung* (Collected essays on Chinese language and literature), pp. 22-24, which show that long-peak (*p'ing*) and short-peak (*tsê*) syllables were used to transliterate Sanskrit long and short vowels respectively. The first to assume the chronemic (quantitative) basis of Chinese versification was E. Polivanov, "O metricheskom xaraktere kitajskogo stixoslozhenija", *Doklady AN SSSR*, series V (1924), pp. 156-158.

[8] Short-beat syllables under rime and correspondingly long-beat syllables at the end of nonriming odd-numbered lines are exceptional in Regulated Verse: cf. Wang Li, *o.c.*, pp. 73, 80.

[9] See H. House (ed.), *The Journals and Papers of Gerard Manley Hopkins* (London, 1959), p. 285.

[10] Cf. R. Jakobson and J. Lotz, "Axioms of a Versification System Exemplified by the Mordvinian Folksong", *Acta Instituti Hungarici Universitatis Holmiensis*, Ser. B. Linguistica: 1 (Uppsala, 1952); R. J., "Slavic Epic Verse", *Selected Writings*, IV (The Hague-Paris, 1966), p. 452.

in the bisegmental meters is either × ∪ | × – × | or × – | × ∪ × |, and in the trisegmental meters × – | × ∪ | × – × | or × ∪ | × – | × ∪ × |. In the heptasyllables the regular alternation of long and short beats on even-numbered syllables of each time is extended to the entire couplet: × – | × ∪ | × – × | × ∪ | × – | × ∪ × || or × ∪ | × – | × ∪ × | × – | × ∪ | × – × ||.

While the beats of the even-numbered syllables in each line and the beat of the final syllable in each even-numbered line of the couplet belong to the metrical invariants of the verse, the beats of the postpausal (i.e. nonfinal odd-numbered) syllables display a mere tendency which allows "some liberty" for casual deviations. Therefore in the following examples of metrical schemes we parenthesize the beat of the postpausal syllables. Despite these licenses the basic framework remains, nonetheless, quite distinct. The postpausal syllables fulfil the metrical scheme with a probability less than one but in certain cases near to one. The more distant an odd-numbered syllable is from the end of the line, the lower is this probability.

In his momentous analysis of kinship systems, Claude Lévi-Strauss points to the philosophical relevance of permissions, preferences or prohibitions "*at the level of the model*", and asks whether the difference between "prescriptive" and "preferential" should not be considered "a mere difference of degree".[11] Since, however, the notions of prescription and prohibition necessarily coincide in any model, we may operate with the mere distinction of prohibitions (probability one) and preferences (probability less than one). At the level of the model, preferential conditions are those which imply no prohibitive rules. Metrics requires a strict regard for constants and tendencies as well or, in other words, for the prohibitive and for the preferential components of the verse model. Thus, for instance, the prohibition of similar tone classes in two successive even-numbered syllables, and the more or less pronounced tendency to accompany any even-numbered syllable by a similar beat on an odd-numbered syllable of the same segment pertain to the cardinal structural properties of Regulated Verse.

In the metrical model each segment contains a joint pair of prosodically homogeneous syllables. Hence the first syllable of the line tends to share its tone with the second syllable, and in the trisegmental (heptasyllabic) meter the third and the fourth syllables tend to carry one and the same tone. In the final, trisyllabic segment, one of the two odd-numbered syllables displays the same tone as the even-numbered syllable of this

[11] See Claude Lévi-Strauss, "The Future of Kinship Studies", *Proceedings of the Royal Anthropological Institute of Great Britain and Ireland* (1965), p. 17.

segment, whereas the other odd-numbered syllable carries the opposite tone. Thus the final segment offers four prosodic variants: – – ◡; ◡ – –; ◡ ◡ –; – ◡ ◡. The distribution of the tones between the final syllable and the antepenult is automatically conditioned by the participation or non-participation of the given line in the rime. This dissimilative treatment of both marginal syllables within the final segment is nearly compulsory so that the beat of the antepenult actually occupies a transitional position between the metrical variables of the verse (the anterior odd-numbered syllables) and the invariants (all the even-numbered syllables).[12]

There appears to be a further limitation in the prosodic "liberty" of postpausal syllables.[13] Within a line the last or the only even-numbered syllable under a long beat all but requires another long beat in the same segment. When the prefinal syllable of the line carries a long beat, then either the final syllable or the antepenult, almost without exception, displays the same prosodic feature (| ◡ – – | or | – – ◡ |). If, however, the prefinal syllable carries a short beat, so that the long beat falls on the last prepausal syllable (the third of the heptasyllabic or the first of the pentasyllabic line), then usually the odd-numbered syllable of the same segment also offers a long beat.[14]

The line of Regulated Verse is based on the contrary prosodic treatment of contiguous and of distant units: (1) within a segment, distant syllables are dissimilar and contiguous syllables prevailingly similar as far as this does not prevent the regular dissimilarity of distant syllables; (2) conversely, within a line, the even-numbered syllables of contiguous segments are dissimilar, and those of distant segments similar.

The prosodic correspondences between the diverse lines within a poem are based on two dichotomous principles:

[12] In July 1966 I sent to Professor James J. Y. Liu this paper, drafted in La Jolla Calif., and based on his survey of Regulated Verse and on Wang Li's observations which I had learned through the gracious assistance of Professor Janusz Chmielewski. My thanks are due to the author of *The Art of Chinese Poetry* for his instructive reply and for bringing to my attention a brief but important contribution to the same topic: G. B. Downer and A. C. Graham, "Tone Patterns in Chinese Poetry", *Bulletin of the School of Oriental and African Studies*, University of London, XXVI, Part I (1963), pp. 145-148. When I obtained their study upon my return to Cambridge, Mass., I was particularly impressed and pleased by the patent coincidences in our approach to the essentials of Regulated Verse, and at present I feel more confident when venturing some further inferences for comparative and general metrics.

[13] Cf. Wang Li, *o.c.*, pp. 83-91.

[14] The relative strength of this rhythmic tendency is apparent, e.g., in Wang Wei's pentasyllabic octet "To the Assistant Prefect Chang" examined by John L. Bishop, "Prosodic Elements in T'ang Poetry", *University of North Carolina Studies in Comparative Literature*, XIII (1955), p. 56.

(1) In Hermann Weyl's formulation, "a congruence is either proper, carrying a left screw into a left and a right one into a right, or it is improper or reflexive, changing a left screw into a right one and vice versa". In the latter transformation a sequence goes over into its mirror image.[15]

(2) The counterpart of symmetry, termed antisymmetry by the mathematician and crystallographer Shubnikov, retains the mutual configuration of two opposites but converts the pluses into minuses and vice versa (in our case, – into ◡ and ◡ into –).[16]

The outlined dichotomies are represented in Chinese Regulated Verse by all four possible combinations: SYMMETRY PROPER as well as REFLEXIVE and, primarily, ANTISYMMETRY which in turn proves to be either PROPER or REFLEXIVE.

The last of these four combinations — reflexive antisymmetry, that in Chen-Ning Yang's terms connects two operations, an interchange ("switch") of the opposites and a mirror reflection — prompted the sagacious insight of the two Chinese scientists, Tsung-Dao Lee and Chen-Ning Yang, into the interactions of elementary particles and the resultant lucid grasp of antimatter. The "combined transformation" which determines the relationship between matter and antimatter finds, according to Yang, an "amusing parallel in modern decorative arts",[17] but perhaps it is the structure of Chinese verse that offers the most telling analogues.

A proper antisymmetry connects both lines of a couplet, e.g. in heptasyllables:

(–) – | (◡) ◡ | (–) – ◡ |
(◡) ◡ | (–) – | (◡) ◡ – ||

Only when the initial line of a poem takes part in the rime of the even-numbered lines, does the riming syllable at the end both of the first and of the second line carry a long beat; correspondingly the short beat falls

[15] See H. Weyl, *Symmetry* (Princeton, N. J., 1952), p. 43ff. Cf. L. Fejes Tóth, *Regular Figures* (New York, 1964), p. 3: "An isometry is said to be *direct* or *opposite* according as it preserves or reverses the sense of the frame."

[16] See A. V. Shubnikov, *Simmetrija i antisimmetrija konechnyx figur* (Moscow, 1951), pp. 6-14. Cf. R. Jakobson and P. Valesio, "Vocabulorum constructio in Dante's Sonnet 'Se vedi li occhi miei'", *Studi Danteschi*, XLIII (1966), p. 12f.

[17] Chen-Ning Yang, *Elementary Particles: A Short History of Some Discoveries in Atomic Physics* (Princeton, N. J., 1961), pp. 54-63. Cf. Chen-Ning Yang and Tsung-Dao Lee, *Simetria y paridad=Suplementos del Seminario de Problemas Cientificos y Filosoficos*, SS No. 11 Universidad Nacional de Mexico, 1958). Similar congruences were observed in a typical form of Chinese lattice — the so-called *Opposed Wave*, "with every other wave reversed, so that crest and trough are opposite": D. S. Dye *A Grammar of Chinese Lattice*, I (Cambridge, Mass., 1937), pp. 25, 222ff.

on the antepenult, and thus in the final segment the proper antisymmetry yields to its mirror reflection:

∪ ∪ – |
∪ – – ||

In the metrical pattern of the trisegmental verses the first line of each couplet comprises four instances of one and three of the other prosodic opposite, while the second line assigns three instances to the former and four to the latter beats, so that the standard couplet exhibits an equal number — seven — of long and short beats. Similarly, one of the disegmental lines within a couplet contains three long and two short beats, whereas the other line of the same couplet contains two long and three short beats, and hence the standard couplet as a whole has five instances of each variety. The preservation of prosodic PARITY appears to be the cardinal property of the couplet. In respect to the even-numbered syllables this parity is compulsory.

Both couplets within a quatrain stand in a relation of symmetry to each other. The order of the symmetrical lines displays a mirror reflection: the first line of the second couplet corresponds to the second line of the first couplet, and the second line of the second couplet to the first line of the first couplet; moreover, a reflexive symmetry is displayed by the final segments of these two pairs:

(–) – | (∪) ∪ | (–) – ∪ |
(∪) ∪ | (–) – | (∪) ∪ – ||
(∪) ∪ | (–) – | (–) ∪ ∪ |
(–) – | (∪) ∪ | (∪) – – ||

When, however, the initial line of the poem takes part in the rime, then this entire line offers a proper symmetry with the fourth line of the same quatrain. On the other hand, the compulsory rime of the even-numbered lines produces a symmetry of their final beats.

The quatrains within an octet are mutually symmetrical, and only if the initial line rimes, the congruence of its final segment with that of the fifth line is transformed into a reflexive symmetry.

In the medial (i.e., neither initial nor final) couplets of the composition and, in particular, of the standard one-octet poem the antisymmetry of their lines is accompanied by a more or less consistent antonymy — *tuei*.[18] Thus the outer lines of a poem prove to be in a looser connection with the adjacent line, in comparison with the lines of the medial couplets.

[18] Cf. James J. Y. Liu, *The Art of Chinese Poetry* (Chicago, 1966²), p. 147ff.

The initial line of the poem carries an additional proof of weaker patterned relations with the inner lines, since this line may prosodically differ from the other odd-numbered lines, while sharing the long beat and the rime of the even-numbered lines.

Two autonomous metrical devices coupled with each other underlie the Regulated Verse: (1) the prosodic alternation of the segments within a line and of the lines within a couplet; (2) the distribution of rimes and hereby of long and short beats at the end of the lines. The final segments display various conversions of proper congruences into their mirror reflections as a result of collisions between these two devices. Strictly speaking, the network of final beats and rimes possesses a "power of veto" which it applies against the other part of the overall metrical system, i.e., against the proper congruence of the entire lines. The first of the two subsystems induces a change in the other one: the terminal structure causes an inversion in the final segment of the intrinsic structure — a reflection of proper symmetry or antisymmetry.[19] The latter variety of reflection is termed by Shubnikov, p. 108, as an "operation of anti-inversion". In particular, such inversions and anti-inversions give rise to lines with one sequence of three uniform beats because the first syllable of the final segment may acquire the same prosodic feature as the two long or two short syllables of the antecedent segment.

To predict the entire metrical pattern of a poem in Regulated Verse it suffices to make three mutually independent two-choice decisions in regard to its initial line:

— Is the total sum of even-numbered syllables in the line even or odd? The pentasyllabic line contains an even number of even syllables (2) and an odd number of odd syllables (3), whereas in the heptasyllabic line the number of even syllables is odd (3), and the number of odd syllables (4), even.

— Is the beat on the last (or first) of the even syllables long or short?

— Is the beat on the last of the odd syllables long or short?

These THREE binary decisions permit us to infer EIGHT distinct measures which actually cover the eight extant patterns of the Regulated Verse.[20] All the further components of the metrical scheme are redundant constants, while the role of free rhythmic variants is played by additional, intrasegmental syntactic pauses and by facultative deviations in the distribution of long and short beats among the nonfinal odd syllables.

[19] Cf. W. Ross Ashby, *Introduction to Cybernetics* (London, 1956), pp. 83, 260; O. Lange, *Wholes and Parts: A General Theory of System Behaviour* (Oxford — Warsaw, 1965), p. 72f.

[20] Cf. James J. Y. Liu, *o.c.*, p. 26f.

The rime words in Regulated Verse "nearly always" carry a long beat.[21] If, however, we take into account the "occasional" riming of short beats,[22] the final syllable of the initial line faces us with a supplementary alternative: Does or does not this syllable rime with the final syllable of the subsequent line?[23]

HARVARD UNIVERSITY
MASSACHUSETTS INSTITUTE OF TECHNOLOGY

[21] See Hans H. Frankel's review of James J. Y. Liu's book in its first (1962) edition, *Harvard Journal of Asiatic Studies*, XXIV (1962-63), p. 263.

[22] Cf. Downer and Graham, *o.c.*, p. 145.

[23] For help in the preparation of this article, I am gratefully indebted to Mr. Benjamin T'sou.

# SUR LE DEGRÉ D'INCONSCIENCE DES INFRASTRUCTURES

ANDRÉ G. HAUDRICOURT

Je voudrais commenter une phrase du célèbre article de *Word* publié par Claude Lévi-Strauss en 1945.[1] Cette phrase m'a semblé longtemps source de malentendus. Le passage en question résume l'article de Troubetzkoy paru en 1933 dans le journal de Psychologie:

> il ramène, en somme, la méthode phonologique à quatre démarches fondamentales: en premier lieu, la phonologie passe de l'étude des phénomènes linguistiques *conscients* à celle de leur infrastructure *inconsciente*; elle refuse de traiter les termes comme des entités indépendantes, prenant au contraire comme base de son analyse les *relations* entre les termes; elle introduit la notion de *système*: la phonologie actuelle ne se borne pas à déclarer que les phénomènes sont toujours membres d'un système, elle *montre* des systèmes phonologiques concrets et met en évidence leurs structures; enfin elle vise à la découverte de *lois générales* soit trouvées par induction, soit déduites logiquement, ce qui leur donne un caractère absolu.

Autant la formulation des trois dernières démarches m'a toujours semblé juste, autant l'expression de la première m'est apparue paradoxale — Troubetzkoy, en effet, distingue le phonéticien, "qui étudie ce que l'on prononce", du phonologue "qui étudie ce que l'on croit prononcer": le phonéticien ne cherche pas à savoir si ce qu'il observe est conscient ou non, alors que le phonologue étudie exclusivement ce qui est conscient pour son informateur.

Mais peut-être n'est-ce que ma compréhension de la phrase qui est en cause. Elle me semblait signifier: "le phonologue passe de l'étude des phénomènes linguistiques conscients (tels que les phonéticiens les étudiaint) à celle de leur infrastructure inconsciente" alors qu'il faut, probablement, comprendre: "le phonologue se fonde d'abord sur l'étude des phénomènes linguistiques conscients pour arriver à déceler leur infrastructure inconsciente" (sans référence aux méthodes passées).

Mais qu' entendre par "infrastructure inconsciente"? Si le découpage

[1] "L'analyse structurale en linguistique et en anthropologie", *Word*, 1, 33-53; les lignes citées se trouvent à la page 35.

en mots, ou ce qu'on appelle, à la suite de Martinet, la première articulation du langage, désigne la structure consciente d'une langue, l'infrastructure inconsciente peut, alors, s'identifier avec la deuxième articulation, c'est-à-dire avec le découpage en phonèmes. Rappelons que Sequoiah, voulant écrire le Cheroki, dut s'arrêter à un découpage syllabique, et, cas plus significatif encore, lorsqu'en 1904-1911 les Chinois voulurent alphabétiser leur écriture, le découpage phonématique était si peu évident qu'ils discutèrent plusieurs années pour savoir si leurs mots (syllabes) comportaient deux ou trois phonèmes.[2]

Par contre, dans les langues de type flexionnel (sémitique ou indoeuropéen) le linguiste ne peut arrêter son analyse de la première articulation au mot, il doit découper celui-ci en éléments signifiants (monème de Martinet, morphème des Américains), ce qui facilite singulièrement la prise de conscience des phonèmes. Ainsi peut se comprendre l'invention de l'alphabet dans ce type de langues.

Le jeu peut précéder la démarche scientifique: les charades découpent en syllabes, les contre-pèteries font des commutations de phonèmes,[3] les argots de déformation, du type "javanais" ou "loucherbem", supposent le découpage phonèmatique. J'ai même eu la surprise, en Nouvelle-Calédonie, de rencontrer à Hienghène un argot de ce type, appelé *vhali mwakheñ*, 'langue des esprits', où la phrase suivante: *ye pei ru* $^{m}b^{w}$*ahole pei kasu* 'la buse dit d'accord', devient dans cet argot: *yene peneini ru* $^{m}b^{w}$*anaholerene peneini kanasunurunu*. Cela m'a été fort utile pour l'analyse phonologique. Sapir avait d'ailleurs indiqué à quel point les bons informateurs indigènes étaient conscients des phonèmes de leur langue.

Parallèlement à cette structure phonématique de l'énoncé, nous avons la structure phonologique proprement dite, le système des phonèmes. Les cas de prises de conscience sont plus rares, mais ils existent: par exemple le classement des consonnes de l'alphabet sanscrit, ou la représentation des traits pertinents du phonème par chaque signe de l'alphabet universel de Francis Lodwick (1686).[4] La confrontation d'infrastructures différentes semble nécessaire à leur prise de conscience: Lodwick était polyglotte.

En conclusion, je dirai que l'inconscience des infrastructures linguistiques a une valeur statistique — c'est vrai dans de nombreux cas — mais que le degré d'inconscience diffère selon les lieux et les époques. Ces

[2] Fu Liu, *Les mouvements de la langue nationale en Chine* (Paris 1925), 56p. Les projets d'alphabet sont décrits pages 8-11 et 24-33.

[3] Denise François, "Le contrepet", *La Linguistique*, 2, 31-52 (Paris 1966).

[4] David Abercrombie, "Forgotten phoneticians", *Transactions of the Philological Society*, 1948, reproduit dans: *Studies in Phonetics & Linguistics* (Oxf. Un. Press. 1965).

infrastructures se manifestent à la conscience claire dans certains cas, soit pour des raisons internes (par exemple enchevêtrement des différents niveaux: cas des langues flexionnelles où les alternances grammaticales isolent les phonèmes), soit pour des raisons externes (bilinguisme, la confrontation par un même individu de plusieurs systèmes qu'il utilise engendre des prises de consciences à différents niveaux).

CENTRE NATIONAL DE LA RECHERCHE SCIENTIFIQUE

# LINGUISTIQUE CULTURELLE

BERNARD POTTIER

Les œuvres de Cl. Lévi-Strauss illustrent les relations qui unissent les recherches anthropologiques et la linguistique. Si l'on a peu l'habitude de les envisager lorsqu'il s'agit de nos langues européennes, c'est probablement parce que les différentes activités quotidiennes (familiales, sociales, religieuses, professionnelles...) restent fortement disjointes, ce qui entraine sur le plan linguistique une spécification poussée des expressions. C'est en ce sens seulement que nous parlerions de langues dites "abstraites", c'est-à-dire qui savent s'abstraire de l'expérience, parlant d'un pied qui pourrait n'appartenir à personne, d'une couleur qui n'aurait pas de support, d'une danse qui n'aurait pas de but précis.

Que la langue soit une formalisation de l'expérience est évident. Mais il semble utile de faire une distinction entre les faits qui montrent les liens entre expérience et langue, et ceux qui se sont démotivés et n'apparaissent plus que dans le fonctionnement même de la langue.

Nous aurons ainsi en nous limitant à trois types d'exemples:

| | *motivation* | *homologie* | *taxinomie* |
|---|---|---|---|
| d'expérience: | 1 | 3 | 5 |
| /v/ | | | |
| linguistique: | 2 | 4 | 6 |

## 1. MOTIVATION D'EXPÉRIENCE

La langue reflète l'expérience d'un groupe d'individus. Certaines distinctions sont intégrées au niveau lexical élémentaire ("mot simple"), comme la série {*brochure, revue, livre...*}, de la même façon que l'esquimau aura des noms indépendants pour divers types de neige. Le département des "imprimés" dans une bibliothèque tente de couvrir cette série:

... *brochure* $\cap$ *revue* $\cap$ *livre*... = *imprimé*

Inversement, nous pouvons distinguer différentes sortes de neige, mais à un degré moindre d'intégration lexicale, au niveau de la combinatoire:

neige: *poudreuse, pourrie, tôlée, fraîche, lourde.*

Il est en fait étonnant qu'avec le mot *eau*, on en soit resté à cette combinatoire (*eau* froide, chaude, pétillante, potable, courante, de pluie, de source...), et que seulement *glace* ou *vapeur* fonctionnent comme substituts.

## 2. MOTIVATION LINGUISTIQUE

La motivation interne des lexies peut être plus ou moins grande. La référence conceptuelle est un axe continu:

← ——————————————————— →

| — | + |
|---|---|
| *bleu-roi* | *vert-bouteille* |
| *rouge-tango* | *jaune-citron* |
| (absence de référence actuelle) | (présence de référence actuelle) |

Il en va de même des mots simples. Le sens peut être évoqué à partir du lexème (*laitier*), ou en être détaché (*panier* ou *briquet*). Il existe un dynamisme constant de la langue, à la fois de démotivation et de remotivation. Un jour *ouvrable*, associé à *ouvrir*, est une remotivation (auparavant démotivé, car *ouvrer* a presque disparu). Une *ouvreuse* de cinéma se démotive, et devient une *placeuse*, pour remotiver onomasiologiquement la fonction.

## 3. HOMOLOGIE D'EXPÉRIENCE

Il s'agit essentiellement de la synesthésie. Elle est banale dans le domaine des sensations:

par analogie quantitative: *léger, rapide, petit, frais, étroit*... (le "moins");

par combinabilité sémique: une valise *légère*, un vêtement *léger*, une femme *légère*, un cœur *léger*, une *légère* remarque... (le "moins" acquiert son sens de discours en fonction du contenu sémique du support).

Dans d'autres domaines elle révèle des analogies plus intéressantes (cf.

par ex. *Le cru et le cuit*, et les analyses de A. J. Greimas). La transposition des plans est un fait fréquent. On cite dans certaines langues le cas d'une expression unique pour "manger" et "copuler" (cf. fr. *consommer*). Le transfert de plans culturels a permis à M. P. Guiraud d'élucider bien des problèmes d'interprétation de textes de F. Villon. Que l'on pense en français à des mots comme *piquer*, *pincer*, *mordre* qui fonctionnent parallèlement sur des plans divers (naturel, délinquance, érotisme, jeux...).

## 4. HOMOLOGIE LINGUISTIQUE

Il se peut qu'une opposition sémique se manifeste à la fois sur le plan des grammèmes et sur celui des lexèmes:

$$\frac{\text{homme}}{\text{femme}} :: \frac{\text{“masculin”}}{\text{“féminin”}}$$

Les phénomènes de rection (ou affinité de lexème à grammème) révèlent également des homologies.

Première vision:

(*arriver à Paris, partir de Paris*)

Deuxième vision:

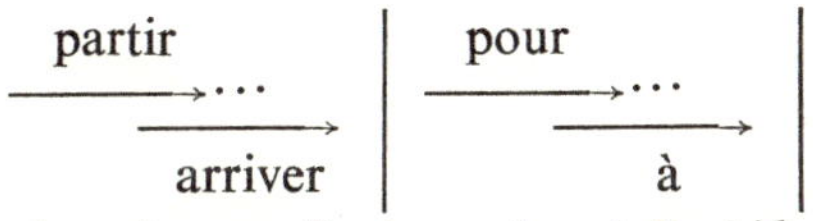


(*partir pour Paris, arriver à Paris*)[1]

Une homologie multiple apparaît dans:

| + | — |
|---|---|
| *croire* | *douter* |
| indicatif | subjonctif |
| affirmatif | négatif |

d'où: je crois qu'il part (++) ⇒ je *ne* crois *pas* qu'il *parte*
⇒ je *doute* qu'il *parte* (— —)

## 5. TAXINOMIE D'EXPÉRIENCE

Un inventaire des différents domaines culturels ou des différentes situa-

[1] Cf. B. Pottier, *Présentation de la linguistique* (Paris, 1967), p. 44 et suiv.

tions de communication est très difficile à établir: le corps et le sexe, le travail, la vie spirituelle, les relations avec les autres hommes, avec la Nature, sont des catégories intuitives mal définissables. On peut tenter d'avoir recours à des faits linguistiques. Nous choisirons un exemple français, celui de l'adjectivation. Il se crée en effet des habitudes combinatoires qui décèlent un besoin de distinction et dont plusieurs se recoupent. Nous pensons à des séries comme: *mariage* civil /v/ religieux; *année* scolaire /v/ civile /v/ écclésiastique; *camp* de vacances /v/ militaire /v/ de travail; *local* d'habitation /v/ commercial; *bateau* de pêche /v/ de plaisance /v/ de guerre /v/ de commerce; *chien* de chasse /v/ d'appartement /v/ de garde /v/ policier; *gare* de voyageurs /v/ de marchandises; *joueur* professionnel /v/ amateur; *voiture* de course /v/ de louage /v/ de tourisme.

Il se dessine des oppositions socio-conceptuelles:

| | | | |
|---|---|---|---|
| *travail* | : de travail | ; de pêche | ; professionnel |
| /v/ | | | |
| *divertissement* | : de vacances | ; de plaisance | ; amateur |

| | | | |
|---|---|---|---|
| *civil* | : de travail | ; de commerce | ; d'appartement |
| | de vacances | ; de pêche | ; de chasse |
| /v/ | | | |
| *militaire* | : militaire | ; de guerre | ; policier |

L'opposition "voyageurs / marchandises" rappelle celle d'animé et inanimé, et ainsi de suite.

Ces combinaisons tendent à devenir des lexies (ou unités lexicales mémorisées en langue).

## 6. TAXINOMIE LINGUISTIQUE

Un degré de plus dans la mémorisation est obtenu lorsque ces taxinomies sont totalement intégrées formellement. C'est ce que l'on trouve en grammaire traditionnelle:

(a) dans le système des cas (sortes d'actances intégrées):

| Ablatif | | Nominatif | | Accusatif | | Datif |
|---|---|---|---|---|---|---|
| ———→ | \| | ═══⇒ | o o o o o | ═══⇒ | \| | ———→ |

homologues des éléments actantiels "destinateur, agent, patient, destinataire."

(b) dans le système des substituts pronominaux: *qui/que, quoi, par quoi, pourquoi*...

(c) dans le système des substituts circonstanciels:

| terme de base | terme ∞ | terme ○ |
|---|---|---|
| *qui* | *tout le monde* | *personne* |
| | *tous* | |
| *quoi* | *tout* | *rien* |
| *où* | *partout* | *nulle part* |
| *quand* | *toujours* | *jamais* |
| *comment* | *de toutes les façons* | *en aucune façon* |
| | *n'importe comment* | (?) |

On voit combien la réussite d'intégration lexicale est variable suivant les cas.

## CONCLUSIONS

(1) Les faits présentés comme caractéristiques des Dogon ou des Bororo sont très souvent proches de comportements des langues européennes. La différence, importante certes, réside dans le *degré de liberté* vis-à-vis de ces contraintes.

(2) Comme hypothèse de travail, on peut distinguer les comportements liés directement à l'expérience (motivés fortement par la situation de communication: nos points 1, 3 et 5), et ceux qui sont passés dans des cadres d'expression obligatoire de la langue (et motivés faiblement par la situation de communication: nos points 2, 4 et 6).

UNIVERSITÉ DE PARIS

# IS A COMPARATIVE SEMIOTICS POSSIBLE?*

THOMAS A. SEBEOK

> Il y a un double mouvement, une aspiration de la nature vers la culture, c'est-à-dire de l'objet vers le signe et le langage, et un second mouvement qui, par le moyen de cette expression linguistique, permet de découvrir ou d'apercevoir des propriétés normalement dissimulées de l'objet, et qui sont ces propriétés mêmes qui lui sont communes avec la structure et le mode de fonctionnement de l'esprit humain. (Lévi-Strauss, to Charbonnier, 1961).
>
> Même les sciences de l'homme ont leurs relations d'incertitude. (Lévi-Strauss, 1962b.)

Many early anthropologists were certain that there were universal patterns of culture or universal categories which underlay all cultures; thus Adolf Bastian — who was, incidentally, a staunch critic of Darwinism — contended that, by general law, the "psychic unity of mankind" everywhere produced "elementary ideas" (*Elementargedanken*; cf. Hugo Schuchardt's [1912] concept of a linguistic *elementare Verwandtschaft*, derived directly from Bastian) which, responsive to different external stimuli, then gave rise to areal divisions and, at a further stage of evolutionary development, to cultural variation in history proper; compared to the basic laws, however, he considered the latter of subordinate significance (Lowie, 1937).

Contemporary anthropologists have, on occasion, furnished partial lists of items that seem to occur in every human society known to history or ethnography, and have shown that, when some of these — notably

* The argument developed in this article was first presented in an impromptu talk delivered in January 1967, in a seminar held at the Collège de France, under the joint auspices of Claude Lévi-Strauss, Roland Barthes, and A. J, Greimas. A somewhat different version constitutes Chapter 1 of Sebeok, 1968, and is used here by permission of the Indiana University Press. Grateful acknowledgement is herby made to the National Science Foundation for a Senior Post-doctoral Fellowship with tenure, in 1966-67, at the Center for Advanced Study in the Behavioral Sciences and the University of California (Berkeley), and for a Research Grant (GB-5581) awarded by the NSF Program in Psychobiology.

language — are analyzed in detail, the resemblances among all cultures are found to be very numerous indeed: "For example, not only does every culture have a language, but all languages are resolvable into identical kinds of components..." (Murdock, 1945). On the other hand, while Kluckhohn (1953) has underlined that "linguistics alone of all the branches of anthropology had discovered elemental units ... which are universal, objective, and theoretically meaningful", he has also questioned whether comparable units are, "in principle, discoverable in sectors of culture less automatic than speech and less closely tied ... to biological fact." Whatever one may think about the underlying assumptions here about the nature of the relationships between the biological and the social sciences — I join with the view outlined by Tiger and Fox (1966) and endorse the research strategy this implies (cf. Glass, 1967) — an unambiguous resolution of this apparent quandary emerges with the consistent application throughout cultural and social anthropology of the systems concept that is the cornerstone of all modern linguistics. This was pithily reformulated by Lévi-Strauss (1962a) when, with the aim of disposing of such vague notions as "archetypes" or a "collective unconscious", he emphasized the validity of latent relational as against patent substantial invariance: "seules les formes peuvent être communes, mais non les contenus." The more general slogan of Gregory Bateson (Sebeok, 1968, Ch. 22), "The pattern is the thing", once more underlines what all linguists know, that any typology must be constructed by a rigorous elimination of redundancies from the systems assumed to be topologically equivalent. When viewed in this way, any two cultures are seen as superficially different representations of one abstract structure, namely, of human culture; and it is this isomorphism which accounts for the feasibility of communication across cultures. The search for universals thus once again turns out to be a search for the "psychic unity of mankind", that is, for the fundamental laws which govern human behavior.

In no domain has this search been more diligent — and, after several false starts, more productive — than in linguistics, beginning with Roger Bacon's dictum, "grammatica una et eadem secundum substantiam in omnibus linguis, licet accidentaliter varietur." The early decades of the nineteenth century were suffused by a creative fervor as linguists of that era pursued their single-minded quest to consolidate and order the enormous quantities of concrete language data which had been amassed in the eighteenth century, chiefly under the impetus of Leibniz. Their engrossment with the diversification of language through time and with the concomitant reconstruction of extinct stages of languages by the comparative-historical method temporarily overshadowed, if never quite extinguished, an antecedent tradition of "philosophical" grammar with which the seventeenth- and eighteenth-century students of language were deeply concerned (cf. Sebeok, 1966). As early as 1808, Friedrich von Schlegel — who was a pupil of George Cuviers, the founder of comparative anatomy — proposed a program of investigation animated by a biological metaphor which crudely foreshadowed the key notion of general ethology, that behavior unfolds with morphological growth and differentiation (as a consequence of genetic programming; see, e.g., Lorenz, 1965): "Comparative grammar will give us entirely new information on the genealogy of language, in exactly the same way in which comparative anatomy has thrown light upon natural history" (Pedersen, 1962). The rewarding preoccupation of the past century with problems of linguistic kinship left its scars on the striving for typology in that era, of which perhaps Marr's theory of stadialism — developed through the 1920's, as a misconceived Marxist and equally perverted scientific effort to correlate linguistic (especially morphological) types ordered as pseudoevolutionary stages, with psychological and societal stages arranged in parallel manner — was the last and most thoroughly discredited survival (Thomas, 1957).

An initial impression of rich and seemingly inexhaustible diversity — assigned primacy by empirically inclined anthropological and other descriptive linguists of (roughly) the second quarter of our century — is now again being gradually superseded by the growing conviction of pervasive and significant invariance in the midst of surface variety. The history of linguistic thought has ever oscillated between a predominant preference for data collecting and the view that languages are separate objects to be described, compared, and interpreted, as against a concentrated search for universals of language and their defining properties. This latter goal — especially in its contemporary development — necessarily involves an understanding of the neurophysiological (Darley, 1967) and the even more broadly biological (Lenneberg, 1967; Sebeok, 1968, Ch. 21) characteristics of man, his modes of perception, categorization, and transformations, in order to account for the behavior of this unique language-using species and, more immediately, for the processes of linguistic ontogeny. As Zvegintsev (1967) has insisted, the study of language universals becomes meaningful "only when viewing them as interconnected with other sciences, and the results of this study acquire equal importance both for linguistics proper and for other sciences."

The study of language universals — whether substantive, as traditionally pursued (and as exemplified in Greenberg, 1963, and by Greenberg,

1966), or formal, as recently proposed by generative grammarians (Katz and Postal, 1964, Chomsky, 1965) — reveals that all known natural languages are relatively superficial variations on a single underlying theme — what Humboldt, in 1821, explicitly recognized as "an intellectual instinct of the mind" (Cowan, 1963) — a model which is, moreover, both species-specific and species-consistent. The fruitless (but apparently still not altogether resolved) antithesis between "innate" and "acquired" categories of behavior (cf. Hinde, 1966) is reconcilable in our domain if we assume that the universal glotto-poetic scheme (deep structure, intended as an approximation to the Humboldtian notion of "inner form") is hereditary, while the environment contributes the behavioral variability (reflected in surface structures or "outer forms"). In other words, the development of a normal neonate's faculty of language, which presumably includes a set of the universal primes of the verbal code, is wholly determined by the genetic code, but in such a way that this identical genetic blueprint can then find a variety of expressions in phenogeny through space and time. The feedback from man's environment to his genetic constitution, the interaction between his nature and his culture, yields the thousands of natural languages, but neither parameter can account for more than a portion of the formative rules which led to their creation. The conclusions seem inescapable that the faculty of language — *le langage* — survived only once in the course of evolution, that its basic ground plan has remained both unaltered in and peculiar to our species, and that the multiform languages — *les langues* — concretely realized in human societies became differentiated from each other later on through the miscellaneous, more or less well recognized, processes of historical linguistics.

While language, in its several concrete manifestations, notably speech (but also in its derivatives and transductions, e.g., into script or electrical pulses) is, of course, man's signalling system *par excellence*, indeed, the hallmark of his humanity (or, as Simpson [1966] put it, "the most diagnostic single trait of man"), it is by no means his sole method of communication — only a particular, uniquely adaptive case. The other devices at his disposal, together with those properly linguistic, constitute an important part of semiotics, rapidly burgeoning into an autonomous field of research. The term *semiotic*, confined in earliest usage to medical concerns with the sensible indications of changes in the condition of the human body, that is, symptomatology, later came to be used by the Stoics with a broader meaning and seems to have been introduced into English philosophical discourse by John Locke, in Chapter XXI of his *Essay*

*Concerning Human Understanding* (1690). Locke considered the doctrine of signs as that branch of his tripartite division of all sciences "the business whereof is to consider the nature of signs, the mind makes use of for the understanding of things, or conveying its knowledge to others." For communication and for recording of our thoughts, "signs of our ideas are ... necessary: those which men have found most convenient, and therefore generally make use of, are *articulate sounds*. The consideration, then, of *ideas* and *words* as the great instruments of knowledge, makes no despicable part of their contemplation who would take a view of human knowledge in the whole extent of it. And perhaps if they were distinctly weighed, and duly considered, they would afford us another sort of logic and critic, than what we have been hitherto acquainted with."

The real founder and first systematic investigator of semiotic, however, was the subtle and profound American philosopher, Charles Sanders Peirce: "I am, as far as I know", he observed, "a pioneer, or rather a backwoodsman, in the work of clearing and opening up what I call *semiotic*, that is, the doctrine of the essential nature and fundamental varieties of possible semiosis; and I find the field too vast, the labour too great, for a first-comer. I am, accordingly, obliged to confine myself to the most important questions" (Peirce, 1934 [c. 1906]). It is, incidentally, to Peirce that we owe the classification of signs into icons, indexes, and symbols which (with some essential modifications) has proved to be of great utility in several recent studies of both human (Jakobson, 1964, 1965, and 1967) and animal communication (Sebeok, 1967b).

The unique place of semiotic among the sciences — not merely one among the others, "but an organon or instrument of all the sciences" — was stressed by Charles Morris, who proposed (1938) to absorb logic, mathematics, as well as linguistics entirely in semiotic. Morris's trichotomy of semiotic into syntactics, semantics, and pragmatics has also proved generally very useful and particularly so in stimulating various approaches to animal communication (cf. Marler, 1961, and Altmann's and Sebeok's chapters in Altmann, 1967). "The whole science of language", Rudolf Carnap then reaffirmed in 1942, "is called semiotic", and, in 1946, Morris introduced further refinements that are valuable for mapping out the field of animal communication (Sebeok, 1967a), such as the distinction among pure semiotic, which elaborates a language to talk about signs, descriptive semiotic, which studies actual signs, and applied semiotic, which utilizes knowledge about signs for the accomplishment of various purposes. The variant form *semiotics* — by analogy with *semantics* and its congeners, rather than with *logic* and its — seems lately to have gained currency on the initiative of Margaret Mead, as a term that might aptly cover "patterned communications in all modalities" (Sebeok, *et al.*, 1964).

As a scientific discipline, general semiotics is still in its infancy. When de Saussure postulated (in one version of his posthumous book, 1967 [1916]) the existence of a science devoted to "la vie des signes au sein de la vie sociale", he further remarked that, since *sémiologie* (as he called it then; nowadays the French term is being increasingly replaced by *sémiotique*, because the former more commonly means "symptomatology") did not yet exist, no one could foretell what it would be like; one could only be certain that linguistics will be a part of it and that the laws of the former would apply to it as well. Even today, semiotics lacks a comprehensive theoretical foundation but is sustained largely as a consistently shared point of view (Barthes, 1964), having as its subject matter all systems of signs irrespective of their substance and without regard of the species of emitter or receiver involved. As Mayenowa (1967) has correctly observed, since the semiotic disciplines, excepting only linguistics, "are themselves of recent origin, more or less contemporary with semiotics, we cannot as yet be said to have developed adequate and universally accepted theories for sign systems, other than those developed in linguistics for the natural languages." It remains to be seen whether a general theory of semiotics can be constructed such that the problems and solutions relating to the natural languages can themselves be reformulated in an interesting way. At present, the trend continues in the opposite direction, that is, the descriptions of other sign systems tend to more or less slavishly imitate — despite occasional warnings, e.g., by Lévi-Strauss (1945) — and more often than not quite erroneously, the narrow internal models successfully employed by linguists. The literature of semiotics is thus replete with mere restatements rather than solutions of problems, and the need for different kinds of theory at different levels of "coding" appears pressing.

Man's total communicative repertoire consists of two sorts of sign systems: the anthroposemiotic, that is, those that are exclusively human, and the zoosemiotic, that is, those that can be shown to be the end-products of evolutionary series. The two are often confused, but it is important to distinguish the purely anthroposemiotic systems, found solely in man, from his zoosemiotic (Sebeok, 1967c) systems, which man shares with at least some ancestral species.

Anthroposemiotic systems are again of two types: first, language, plus those for which language provides an indispensable integrating base; and second, those for which language is merely — and perhaps mistakenly — thought to provide an infrastructure, or at least an analytical model to be approximately copied. Obvious examples of systems of the first type are furnished by any of the arts qualified, for this very reason, as verbal (Stender-Petersen, 1945), where a particular natural language necessarily intervenes between the source of a message and its destination (cf. several articles in Lotman, 1965 and 1967). Among such complex macrostructures, that may be considered secondary semiotic systems (cf., however, the discussion of Kristeva, 1967), belong also forms for instance (cf. T. Tsivian, in Lotman, 1965), of normative etiquette behavior, as well as those assemblages of objects that man has elevated to the status of sign systems as he filtered them through his languages. Thus clothing serves at once a protective and a communicative function, and food satisfies both a need for calories and a craving for information: the nomenclature of fashion (Barthes, 1967) or of cooking (Lévi-Strauss, 1966) is the untranslatable *signans*, to be understood in relation to the use to which the objects are put in this or that society, in brief, to the corresponding transmutable *signatum*. (It is interesting to note in passing that clothing, in its duple function, is not a universal, but bodily adornment, constituting a system of signs with no evident protective function, is).

To the contrary, such is not the case when addresser and addressee are coupled, e.g., in the acoustic channel by music (Ruwet, 1967), in the visual channel by chalk marks (internationally used by men's tailors), or in the chemical channel by manufactured perfumes (Sebeok, 1967b): semiotic systems of this type, although uniquely human, do not imply any particular linguistic code. Myth and ritual, which function *in situ* as mutually redundant (although not necessarily homologous, cf. Lévi-Strauss, 1956) components of a single culture complex, illustrate, in the sense implied here, typological opposites.

Zoosemiotic systems found in man, *inter alia*, are sometimes classified under such labels as paralinguistics and kinesics (see bibliography of Hayes, in Sebeok, *et al.*, 1964), proxemics (Hall, 1968), or simply in terms of the sensory channels used, as gustation for proximal and olfaction for distal chemical signalling (Sebeok, 1967b), or tactile (Frank, 1957), more specifically cutaneous (Moles, 1964), communication. Although there seems to be no compelling reason to assume, and some evidence (supporting intuition) to the contrary, that sign-systems of this sort are language-like in any but trivial ways — chiefly arising from the evident fact that they, like language, are classified as semiotic disciplines — yet they are often prejudicially modelled according to one fashionable theory of language or another. Thus kinesics, to take one glaring example (but others could readily be cited), was deliberately and closely drawn by analogy with a design considered temporarily serviceable by a dominant school of American descriptivists of the late 1940's. This adherence has severely constrained the presentation of a wealth of valuable data on body-motion, as well as distorted, in consequence, the proper perspective on kinesics in the hierarchy of semiotic systems in general. The particularism of linguistics of the previous generation, already mentioned, has led even one of the acutest observers of human postures and movements, Birdwhistell (e.g., 1963), to deny altogether the existence of universal gestures, and this in spite of Darwin's (1872) empirical analysis of displays, including a thorough treatment of human expressions, and Birdwhistell's own avowed attitude when he first began to formulate a research strategy without the benefit of linguistics. As a matter of fact, and as one would expect *a priori*, recent pilot studies have confirmed that Darwin was quite correct in asserting that certain human expressions do occur cross-culturally and are probably universal: for instance, film documents of flirting girls from five cultures "show in principle the same type of facial expression and ambivalent behavior" (Eibl-Eibesfeldt and Hass, 1967).

There are, indeed, compelling reasons for sharing Chomsky's skepticism (1967) for studying animal communication systems, human gestures, and language within the same framework, unless one is willing to rise to a level of abstraction where there are "plenty of other things incorporated under the same generalizations which no one would have regarded as being continuous with language or particularly relevant to the mechanisms of language." To establish this level of abstraction is precisely the challenge of semiotics, but diachronic continuities are not material to the theory. Tavolga (Sebeok, 1968, ch. 13) is also quite correct when he states that it is "erroneous to use the methods and theory developed for the study of human language in the investigation of a kind of communication found in another species at a different organizational level," and in his insistence that levels of integration in behavior are qualitatively different, requiring, as such, "distinctive instrumentation, experimental operations, and theoretical approaches." Nevertheless, his assertion that "communication does not exist as a single phenomenon" simply does not follow; on the contrary, highly insightful cross-phyletic comparisons have already been made (e.g., by Marler, 1967), and will, we may confidently anticipate, continue to be made, provided that the analytical framework used is that of a well developed theory of signs and not just of linguistic signs.

Parenthetically, it should be pointed out that the claim that a semiotic system, at any given time, functions independently of the processual forces that led to its formation (cf. the linguistic opposition of synchrony to diachrony) is not to say that a holistic analysis of, say, human gestures can afford to ignore their evolutionary antecedents. These can be traced in painstaking detail at least to the zoosemiotic behavior of primitive primates and insectivores, as Andrew (1963) has persuasively shown that many human facial displays have evolved from such mechanisms as responses by which vulnerable areas are protected and those associated with respiration or grooming. On the other hand, there are two schools of thought about the origin of language: "There are those who, like Darwin, believe in a gradual evolution, but there have been others who have believed that speech is specifically a human attribute, a function *de novo*, different in kind from anything of which other animals are capable" (Pumphrey, 1951). At any rate, there can be no facile generalizations overarching both language and the many well identified zoosemiotic systems found in man, such as the territorial, including temporal, spacing mechanisms he shares with the rest of the organic world (Hall, 1968).

The question now arises whether a truly comparative science of signs is possible. We have argued that all natural languages are elaborations from a single template. If this is so, it would appear that the linguists' knowledge of "deep structure" suffers from the handicap of being restricted to a sample of one. The rules of language can, in some measure, be described; but, being unique, can they be explained, in the sense that these are logically deducible from a higher-level set of semiotic laws? The study and characterization of man's other semiotic systems, and especially of the signalling behavior of the two million or so other extant species, are such immediately appealing tasks because they can perhaps point the way to an escape from the dilemma posed by the necessity for extrapolation from a sample of one and, in this way, enable us to discriminate what is necessary and what is contingent in systems of communication. This hope has fuelled my own researches in these areas and motivated both the assembly of a volume on human communication (Sebeok, *et al.*, 1964) and a collection of papers on animal communication that includes exploratory inquiries concerning their implications for anthropology, psychology, linguistics, and the theory of communication (Sebeok, 1968).

Ultimately, however, zoosemiotics as a whole must face the identical problem of extrapolation from a sample of one. This is because terrestrial organisms, from protozoans to man, are so similar in their biochemical details as to make it virtually certain that all of them have evolved from a single instance of the origin of life. A variety of observations support the hypothesis that the entire organic world has descended lineally from primordial life, the most impressive fact being the ubiquity of the molecule DNA. The genetic material of all known organisms on earth is composed largely of the nucleic acids DNA and RNA that contain in their structures information that is reproductively transmitted from generation to generation and that have, in addition, the capability for self-replication and mutation. In brief, the genetic code "is universal, or nearly so"; its decipherment was a stunning achievement, because it showed how "the two great polymer languages, the nucleic acid language and the protein language, are linked together" (Crick, 1966; details in Clark and Marcker, 1968). The Soviet mathematician Liapunov has further argued (1963) that all living systems transmit, through definitely prescribed channels, small quantities of energy or material containing a large volume of information that is responsible for the subsequent control of vast amounts of energy and materials. In this way, a host of biological as well as cultural phenomena can be comprehended as aspects of information handling; storage, feedback, message-channelling, and the like. Reproduction is thus seen, in the end, to be in large measure information replication, or yet another sort of communication, a kind of control that seems to be a universal property of terrestial life, independent of form or substance.

Five years ago, I called attention to a vision of new and startling dimensions: the convergence of the science of genetics with the science of linguistics, remarking that both are emerging "as autonomous yet sister disciplines in the larger field of communication sciences, to which, on the molar level, zoosemiotics also contributes" (Sebeok, 1963). The terminology of genetics is replete with expressions borrowed from linguistics and from the theory of communication, as was recently pointed out by Jakobson (in press), who also emphasized the salient similarities and equally important differences between the respective structures and functions of the genetic and verbal codes. These, of course, urgently need further elucidation and precision. Yet it is amply clear even now that the genetic code must be regarded as the most fundamental of all semiotic networks and therefore as the prototype for all other signalling systems used by animals, including man. From this point of view, molecules that are quantum systems, acting as stable physical information carriers, zoosemiotic systems, and, finally, cultural systems, comprehending language, constitute a natural sequel of stages of ever more complex energy levels in a single universal evolution. It is possible, therefore, to describe language as well as living systems from a unified cybernetic standpoint. While this is perhaps no more than a useful analogy at present, hopefully providing insight if not yet new information, a mutual appreciation of genetics, animal communication studies, and linguistics may lead to a full understanding of the dynamics of semiosis, and this may, in the last analysis, turn out to be no less than the definition of life.

INDIANA UNIVERSITY

## REFERENCES

Altmann, S. A. (ed.),
1967 *Social Communication among Primates* (Chicago, University of Chicago Press).
Andrew, R. J.,
1963 "Evolution of Facial Expression", *Science*, 142:1034-10141.
Barthes, R.,
1964 "Éléments de sémiologie", *Communications*, 4:91-135.
1967 *Systèmes de la mode* (Paris, Editions du Seuil).
Birdwhistell, R. L.,
1963 "The Kinesic Level of the Investigation of the Emotions", in: P. H. Knapp (ed.), *Expression of the Emotions in Man* (New York, International Universities Press, Inc.).
Carnap, R.,
1942 *Introduction to Semantics* (Cambridge, Mass., Harvard University Press).
Charbonnier, G.,
1961 *Entretiens avec Claude Lévi-Strauss* (Paris, Plon and Julliard).
Chomsky, N.,
1965 *Aspects of the Theory of Syntax* (Cambridge, Mass., The M.I.T. Press).
1967 "The General Properties of Language", in: F. L. Darley (ed.), *Brain Mechanisms Underlying Speech and Language* (New York, Grune and Stratton).
Clark, B. F. C., and Marcker, K. A.,
1968 "How Proteins Start", *Scientific American*, 218:36-42.
Cowan, M. (Tr.),
1963 *Humanist without Portfolio: An Anthology of the Writings of Wilhelm von Humboldt* (Detroit, Wayne State University Press).
Crick, F. H. C.,
1966 "The Genetic Code — Yesterday, Today and Tomorrow", in: *The Genetic Code* (= *Cold Spring Harbor Symposia on Quantitative Biology*, 31) (Cold Spring Harbor, L.I., New York).
Darley, F. L., (ed.),
1967 *Brain Mechanisms Underlying Speech and Language* (New York, Grune and Stratton).
Darwin, Ch.,
1872 *The Expression of the Emotions in Man and Animals* (London, John Murray).
Eibl-Eibesfeldt, I., and Hass, H.,
1967 "Film Studies in Human Ethology", *Current Anthropology*, 8:477-479.
Frank, L. K.,
1957 "Tactile Communication", *Genetic Psychology Monographs*, 56:209-255.

Glass, D. C.,
1967 "Genetics and Social Behavior", Social Science Research Council *Items*, 21:1-5.
Greenberg, J. H.,
1966 "Language Universals", in: T. A. Sebeok (ed.), *Current Trends in Linguistics*, Vol. III, *Theoretical Foundations* (The Hague, Mouton & Co.)
1963 (ed.), *Universals of Language* (Cambridge, Mass., The M.I.T. Press).
Hall, E. T.,
1968 Proxemics. *Current Anthropology*, 9 (in press).
Hinde, R. A.,
1966 *Animal Behavior: A Synthesis of Ethology and Comparative Psychology* (New York, McGraw-Hill Book Company).
Jakobson, R.,
1964 "On Visual and Auditory Signs", *Phonetica*, 11:216-20.
1965 "Quest for the Essence of Language", *Diogenes*, 51:21-37.
1967 "About the Relation between Visual and Auditory Signs", in: W. Wathen-Dunn (ed.), *Models for the Perception of Speech and Visual Form* (Cambridge, Mass., The M.I.T. Press).
in press "Linguistics and Adjacent Sciences", *Proceedings of the Tenth International Congress of Linguists* (Bucharest).
Katz, J. J., and Postal, P.,
1964 *An Integrated Theory of Linguistic Descriptions* (Cambridge, Mass., The M.I.T. Press).
Kluckhohn, C.,
1953 "Universal Categories of Culture", in: A. L. Kroeber (ed.), *Anthropology Today: An Encyclopedic Inventory* (Chicago, The University of Chicago Press).
Kristeva, J.,
1967 "L'expansion de la sémiotique", *Social Science Information*, 6:169-181.
Lenneberg, E. H.,
1967 *Biological Foundations of Language* (New York, John Wiley & Sons, Inc.).
Lévi-Strauss, C.,
1945 "L'analyse structurale en linguistique et en anthropologie", *Word*, 1:33-53.
1956 "Structure et dialectique", in: *For Roman Jakobson* (The Hague, Mouton & Co.)
1962a *La pensée sauvage* (Paris, Plon).
1962b "Les Limites de la notion de structure en ethnologie", in: R. Bastide (ed.), *Sens et usages du terme structure dans les sciences humaines et sociales* (The Hague, Mouton & Co.).
1966 "The Culinary Triangle", *Partisan Review*, 33:586-595.
Liapunov, A. A. (ed.),
1963 *Problemy Kibernetiki* (Moscow, State Publishing House).
Lorenz, K.,
1965 *Evolution and Modification of Behavior* (Chicago, University of Chicago Press).
Lotman, J. (ed.),
1965 *Trudy po znakovym sistemam, II* (= *Tartu, Transactions of the Tartu State University*, Vol. 181).
1967 *Trudy po znakovym sistemam, III* (= *Tartu, Transactions of the Tartu State University*, Vol. 198).
Lowie, R. H.,
1937 *The History of Ethnological Theory* (New York, Farrar & Rinehart, Inc.).
Marler, P.,
1961 "The Logical Analysis of Animal Communication", *Journal of Theoretical Biology*, 1:295-317.

1967 "Animal Communication Signals", *Science*, 157:769-774.

Mayenowa, M. R.,

1967 "Semiotics Today: Reflections on the Second International Conference on Semiotics", *Social Science Information*, 6:59-64.

Moles, A. A.,

1964 "Les Voies cutanées: compléments informationnels de la sensibilité de l'organisme", *Studium Generale*, 17:589-595.

Morris, Ch.,

1938 *Foundations of the Theory of Signs* (Chicago, University of Chicago Press).

1946 *Signs, Language and Behavior* (New York, Prentice-Hall Inc.).

Murdock, G. P.,

1945 "The Common Denominator of Cultures", in: R. Linton (ed.), *The Science of Man in the World Crisis* (New York, Columbia University Press).

Pedersen, H.,

1962 *The Discovery of Language: Linguistic Science in the Nineteenth Century*, trans. J. W. Spargo (Bloomington, Indiana University Press).

Peirce, Ch. S.,

1934 (c. 1906) "Pragmatism in Retrospect: A Reformulation", in: Ch. Hartshorne and P. Weiss (eds.), *The Collected Papers of Charles Sanders Peirce* Vol. V (Cambridge, Mass., Harvard University Press).

Pumphrey, R. J.,

1951 *The Origin of Language* (Liverpool, The University Press).

Ruwet, N.,

1967 "Musicology and Linguistics", *International Social Science Journal*, 19:79-87.

Saussure, F. de,

1967 (1916[1]) *Cours de Linguistique Générale*, R. Engler, ed. (Wiesbaden, Otto Harrassowitz).

Schuchardt, H.,

1912 "Geschichtlich verwandt oder elementar verwandt?", *Magyar Nyelvör*, 44:3-13.

Sebeok, T. A.,

1963 "Communication Among Social Bees; Porpoises and Sonar; Man and Dolphin" (review article), *Language*, 39:448-466.

1966 "Introduction", in: T. A. Sebeok (ed.), *Portraits of Linguists: A Biographical Source Book for the History of Western Linguistics 1746-1963* (Bloomington, Indiana University Press).

1967a "Animal Communication", *International Social Science Journal*, 19:88-95.

1967b "On Chemical Signs", in: *To Honor Roman Jakobson* (The Hague, Mouton & Co.).

1967c "The Word 'Zoosemiotics'", *American Speech* 42 (in press).

1968 (ed.), *Animal Communication: Techniques of Study and Results of Research* (Bloomington, Indiana University Press).

Sebeok, T. A., A. S. Hayes, and M. C. Bateson,

1964 (eds.), *Approaches to Semiotics* (The Hague, Mouton & Co.).

Simpson, G. G.,

1966 "The Biological Nature of Man", *Science*, 152:472-478.

Stender-Petersen, Ad.,

1949 "Esquisse d'une théorie structurale de la littérature", *Travaux du Cercle Linguistique de Copenhague*, 5:277-278.

Thomas, L. L.,

1957 *The Linguistic Theories of N. Ja. Marr* (Berkeley and Los Angeles, University of California Press).

Tiger, L., and Fox, R.,
1966 "The Zoological Perspective in Social Science", *Man*, 1:75-81.
Zvegintsev, V.,
1967 "Structural Linguistics and Linguistics of Universals", *Acta Linguistica Hafniensia*, 10:129-144.

# PROCÉDURES D'ANALYSE SÉMANTIQUE DANS LES SCIENCES HUMAINES

JEAN-CLAUDE GARDIN

La preuve de l'analyse est dans la synthèse.
(Lévi-Strauss, 1960: 25)

Un courant d'intérêt se dessine depuis quelques années, dans les sciences humaines comme dans les études littéraires, en faveur de certaines méthodes d'analyse sémantique tenues à tort ou à raison pour plus rigoureuses, plus "objectives" dit-on, que les démarches traditionnelles de l'interprétation empirique. Les méthodes en question sont d'inspiration linguistique, comme il est aujourd'hui naturel, mais les linguistes ne sont pas seuls à les concevoir, ni moins encore à les pratiquer: à côté de tentatives proprement théoriques pour faire entrer des faits sémantiques dans l'appareil de l'analyse générative ou transformationnelle (ex.: Katz et Fodor, 1964; Katz et Postal, 1965), il faut citer toute une série de travaux d'un ordre plus appliqué, en sociologie, en ethnologie, dans la critique littéraire même, où l'on décrit diverses procédures destinées également à mettre en évidence la signification des textes les plus variés — ici, des interviews, des questionnaires, des extraits de presse (exemples dans Stone, 1967); là, des contes populaires, des récits mythologiques (exemples dans Maranda, 1967); ailleurs encore, des tragédies, des romans, voire toute espèce d'œuvres, écrites ou non (images publicitaires, films, bâtiments, plans de ville, etc.), dont on entreprend pareillement de dresser la "sémiologie" (ex.: *Sèmiŏtikè*, 1965; revue *Communications*, 1964 et 1966). Cette commune référence à la linguistique ou à la sémiotique pourrait laisser entendre qu'un nouvel appareil méthodologique est né, pour l'élucidation de la signification cachée de toutes choses; il n'en est évidemment rien, à moins de reconnaître que l'appareil en question n'est autre que celui de la pensée scientifique en général, et que toute interprétation, toute théorie relative à des faits quelconques est elle-même une sémiologie (Gardin, 1967a). Aussi convient-il de chercher des critères moins superficiels pour fonder l'étude comparative que nous voulons entreprendre, à propos de quelques-unes seulement des méthodes d'analyse sémantique récemment offertes à la curiosité des anthropologues.

Une première restriction concerne la nature de l'objet visé par l'analyse. Afin d'éviter les abus métaphoriques causés par l'assimilation de toute espèce de faits non linguistiques à des "langages" — le cinéma, l'architecture, le vêtement, etc. — nous n'envisagerons ici que l'étude de documents *écrits*, conçus comme la seule matière première de l'analyse sémantique au sens strict. En outre, nous imposerons que ces documents soient des textes bien formés, selon la phraséologie d'une langue naturelle quelconque, et non pas seulement des listes de mots comme il est d'usage par exemple dans l'analyse componentielle (exemples dans Hammel, 1965). Toute œuvre écrite est dès lors un objet possible d'analyse sémantique. La seconde restriction vise la forme de cette analyse; pour qu'une étude comparée des méthodes soit fructueuse, il faut que celles-ci soient à peu près aussi précises et aussi complètes les unes que les autres: précises, en ce sens que les opérations analytiques doivent être explicitement définies, et complètes dans la mesure où ces opérations doivent suffire à rendre compte du passage du texte original à son interprétation. Malheureusement, la plupart des exégèses — et vraisemblablement les plus fines — pour quelque œuvre écrite que ce soit (textes religieux, productions littéraires, etc.), pèchent à cet égard par défaut: les correspondances entre le texte original et les gloses dont il fait l'objet sont floues, inconstantes, ou masquées par le tour discursif du commentaire, de sorte que celui-ci apparaît finalement comme une œuvre nouvelle, aussi personnelle et parfois même aussi hermétique que celle dont il apporte l'"explication". La sagesse serait alors de faire porter l'analyse sémantique sur ces exégèses elles-mêmes, afin d'en dégager les mécanismes et les données implicites, et de fonder ainsi une procédure interprétative plus largement applicable (objectif de l'étude de P. Richard, 1967, par exemple, laquelle pourtant n'aboutit pas aux schémas générateurs espérés). A défaut, il ne reste à considérer qu'un petit nombre de travaux, plus attachés à la rigueur de l'analyse qu'à la valeur des résultats; tel est le cas notamment des études consacrées à l'automatisation de l'analyse sémantique, où le recours au calculateur impose que toutes les données du raisonnement soient explicitement définies. La rançon de cette exigence est — pour le moment du moins — une certaine pauvreté de l'analyse mécanique, comparée aux foisonnements de l'interprétation empirique; il n'en est pas moins fécond d'étudier la première, qui suggère dès maintenant la voie que devrait suivre la seconde pour atteindre à la même rigueur, sans pour autant perdre sa richesse propre.

Il est d'usage de séparer les domaines où s'exerce l'analyse textuelle en fonction des disciplines dont sont censés relever les documents considérés: philosophie ou histoire des religions dans le cas des textes sacrés, sociologie ou psycho-sociologie pour les documents personnels, articles de presse, etc., ethnologie ou folklore pour les mythes et les contes des peuples sans écriture, etc. Notre propos même devrait nous conduire à dépasser ces distinctions, pour dégager les invariants de l'analyse sémantique, indépendamment des catégories ou des disciplines évoquées. Pour la commodité de la présentation, cependant, nous conserverons l'apparence d'une typologie, en séparant selon un usage répandu:

a. l'"analyse de contenu", telle que la définissent ou que la pratiquent sociologues et psychologues depuis plus de vingt ans (§ 2);

b. l'"analyse structurale", généralement appliquée à des récits plus ou moins figés par la tradition orale (mythes, contes populaires) (§ 3);

c. l'"analyse littéraire", ou plus généralement la critique des textes, qui vise des documents écrits retenus pour leur valeur artistique, historique, philosophique, etc., et qui tend par ailleurs à revendiquer à son tour la qualification "structurale" (§ 4).

Les tentatives de formalisation, sinon de mécanisation, se font chaque année plus nombreuses dans les catégories a et b, mais non dans la catégorie c, peut-être plus soumise aux prudences de la tradition (il va sans dire que nous ne comptons pas au titre de l'analyse littéraire la seule fabrication d'index ou de concordances par une machine, à partir d'œuvres quelconques; ni au titre de la formalisation la seule introduction de néologismes empruntés à la linguistique ou aux mathématiques, qui déchaînent plus qu'ils ne restreignent les libertés de l'interprétation). Par ailleurs, une quatrième catégorie doit être prise en compte:

d. l'"analyse documentaire", c'est-à-dire l'expression du contenu des textes scientifiques, à la manière des documentalistes. Il s'agit là en effet d'une manifestation évidente de l'analyse sémantique, que l'on ne passait jusqu'ici sous silence qu'en raison du caractère généralement grossier de l'interprétation (un livre entier pouvant être, à la limite, réduit à une seule notion: la rubrique de son classement). Les exigences accrues de l'information scientifique, et aussi l'introduction des calculateurs dans les systèmes documentaires, ont cependant transformé le processus, devenu à la fois plus riche et plus rigoureux, au point que certaines techniques d'analyse automatique du contenu ou de la structure, en anthropologie, sont directement issues d'expériences conduites antérieurement dans le domaine terre-à-terre de la documentation. C'est donc à ce dernier que nous nous attacherons tout d'abord.

## 1. L'ANALYSE DOCUMENTAIRE

Il est compréhensible que les théoriciens, et notamment les linguistes, n'aient encore accordé que peu d'attention aux méthodes de l'analyse documentaire: celles-ci se sont longtemps réduites aux opérations empiriques par où l'on attribue à un texte quelconque (livre, article, actes de congrès, etc.) un ou plusieurs "mots-vedette" destinés à faciliter le repérage du document lors de recherches portant sur un thème donné. Soit par exemple un ouvrage intitulé: "Haches à décor animal du 2e millénaire av. J.-C. en Iran"; les mots-vedette correspondants pourraient être, selon l'orientation dominante du classement ou du fichier-matière que l'on a en vue: "Archéologie", "Asie", "Age du bronze", "Métallurgie", etc., ou toute combinaison *n* à *n* de ces termes. Le passage du texte original à ce genre de "représentation" — nous emploierons désormais ce terme pour désigner le produit de l'analyse documentaire — est de toute évidence une opération sémantique, même s'il est vrai qu'elle n'obéit le plus souvent à aucune espèce de *règle* précise, et que chaque organisme de documentation, chaque analyste même, se borne à viser en l'occurrence une certaine *régularité* interne, fondée sur l'expérience ou l'habitude plutôt que sur aucune procédure explicite.

La situation a néanmoins changé il y a une vingtaine d'années, à la faveur de l'automatisation des travaux documentaires, et ceci pour deux raisons. En premier lieu, il apparut que l'emploi de machines — calculateurs électroniques ou autres — pour les recherches bibliographiques permettait d'étendre considérablement le nombre des informations retenues à propos de chaque document; au lieu de se limiter à trois ou quatre mots-vedette, on pouvait désormais envisager des représentations beaucoup plus riches, allant à la limite jusqu'à la mise en mémoire d'une paraphrase complète des énoncés originaux, dans un langage symbolique adéquat. En second lieu, la nature même de cette paraphrase commençait à faire l'objet d'études sérieuses, où l'on cherchait à le rendre justiciable à son tour de la mécanisation: on désigne depuis lors sous le nom d'"analyse automatique" les procédures visant à formaliser les démarches de l'interprétation sémantique, appliquées à des textes scientifiques.

Ces deux aspects de l'évolution récente des techniques documentaires tendent à relier celles-ci au domaine de la linguistique appliquée; et l'on comprend que les méthodes élaborées dans ce domaine, quel qu'en soit le caractère éminemment utilitaire, aient quelque rapport avec le problème général de l'analyse sémantique, tel qu'il se pose sous diverses formes dans les sciences humaines.

### 1.1 *Problèmes de métalangage*

Le fait même de substituer aux textes scientifiques en langage naturel (LN) une paraphrase ou "représentation" formulée dans des termes différents suppose l'existence d'un métalangage autonome, où sont définis les éléments constitutifs de la paraphrase: unités lexicales d'une part, à savoir les symboles désignant les notions ou concepts élémentaires du métalangage, et conventions syntaxiques d'autre part, pour l'expression des relations logiques observées entre ces concepts dans les chaînes LN soumises à l'analyse. La raison d'être d'un tel métalangage tient aux anomalies connues du langage naturel, du point de vue sémantique: (a) des termes LN différents sont tenus pour équivalents (*synonymies*); (b) à un même terme LN sont associés plusieurs sens distincts (*homonymies, homographies, polysémies;* ex.: "circulation", routière, sanguine, monétaire, etc.); (c) des tournures syntaxiques différentes sont tenues pour équivalentes quant à la relation logique sous-jacente (*allotaxies*, ex.: "action de $x$ sur $y$", "rôle de $x$ dans $y$", "$y$ est affecté, influencé, etc., par $x$", etc.); (d) à une même tournure LN sont associées des relations logiques distinctes (*homotaxies*; ex.: les tournures génitives, à sens tantôt qualificatif — "cancer du poumon" — tantôt causal, "cancer du tabac", etc.); (e) des équivalences plus complexes sont posées entre mots et phrases d'un même langage (*définitions*; ex.: "hypothermie", "température inférieure à la normale", etc.). Il n'est pas utile de s'étendre sur le poids de ces phénomènes, évoqués dans tous les traités de sémantique, comme aussi dans les ouvrages consacrés plus particulièrement aux problèmes documentaires (Cros *et al.*, 1964; Vickery, 1958; Allard *et al.*, 1963). Bornons-nous à souligner qu'il suffit de les reconnaître pour que soit postulée la réalité de systèmes symboliques étrangers aux langages naturels considérés, où l'irrégularité des correspondances entre signifiants et signifiés fait place à une normalisation des premiers, fondée sur l'invariance relative que l'on prête aux seconds, dans un domaine de référence donné. Que cette invariance soit relative, cela paraît aller de soi: les assimilations ou dissimilations sémantiques proposées par chacun varient selon le degré de finesse qu'il assigne à l'analyse, en fonction notamment du champ d'observation concerné. Le découpage du monde empirique n'est évidemment pas le même pour l'astronome, l'archéologue ou le physicien. Il arrive pourtant que cette banalité soit encore mal comprise, ou méconnue: mal comprise, lorsque l'on tire argument de cette diversité des outils sémantiques, dans les systèmes documentaires, pour poser qu'il faut renoncer à en utiliser aucun, et opérer le "traitement de l'information scientifique" sur les textes LN eux-mêmes, sans aucune réduction sémantique; méconnue, inversement, lorsqu'on persiste à confondre la fiction intéressante d'un langage sémantique universel, sur le plan spéculatif (Platon, Descartes, Leibniz, et bien d'autres), avec la réalité des approximations que constitue *nécessairement* tout langage scientifique en devenir, et à plus forte raison toute représentation seconde de ce dernier, par rapport à la "Caractéristique universelle"...

Nous avons déjà dénoncé ailleurs le caractère illusoire des prétendus courts-circuits de l'analyse sémantique, dans la première hypothèse: l'opération fondamentale de la recherche bibliographique ou documentaire est le rapprochement de textes différents quant à la forme (ne fût-ce qu'en raison de la diversité des langues véhiculaires de l'information scientifique), mais plus ou moins comparables quant au contenu; toute procédure de recherche impose donc des manipulations sémantiques, dont il est absurde de penser qu'on puisse faire l'économie, toutes choses égales d'ailleurs, par le seul truchement de la mise en mémoire de textes LN bruts, au lieu de quelconques représentations dans tel ou tel métalangage. Il est aisé de montrer que les problèmes sémantiques évoqués plus haut ne sont alors que déplacés, et que l'on a besoin très exactement des mêmes outils linguistiques pour les résoudre, à un stade ultérieur de l'exploitation (voir Cros *et al.*, 1964: 26-31). La même remarque s'applique aux méthodes dites d'"extraction" de mots-clé, où l'analyse se limite à la détection des occurrences de tout ou partie des mots LN d'un texte, sans transformation, c'est-à-dire à la fabrication d'index ou de concordances par des moyens mécaniques: les tables ainsi constituées peuvent assurément faciliter les recherches bibliographiques, mais elles laissent au consultant le soin de résoudre les problèmes sémantiques, demeurés intacts, qui découlent de la diversité des formulations concevables pour la plupart des thèmes de recherche.

Contentons-nous de cette démonstration par l'absurde pour marquer la place nécessaire du métalangage dans l'analyse documentaire: il ne s'agit de rien d'autre en somme que de l'ensemble des symboles au moyen desquels seront exprimées les équivalences et les différenciations introduites dans la phraséologie d'un corpus LN donné, pour qu'apparaissent les rapprochements voulus entre mots, groupes de mots, propositions, etc. Poser que deux termes $x$ et $y$ seront tenus pour équivalents, dans un domaine d'observation donné — par exemple "horloge" et "pendule" — c'est en effet se référer implicitement ou explicitement à une entité métalinguistique, laquelle est mise en correspondance avec $x$ et $y$ dans le LN en question. Que cette entité reçoive un nom emprunté au vocabulaire du même LN ne change rien à l'affaire: seule importe sa définition, non sa désignation (on peut choisir de baptiser indifféremment "horloge", "pendule", "montre", "clock", "K2R" l'entité définie par une description donnée, ou par l'énumération de termes tels que "horloge", "pendule", etc.); il est d'ailleurs courant que le vocabulaire LN n'offre aucun terme convenable pour désigner telle ou telle entité du métalangage. Le même raisonnement peut être tenu pour les cas inverses de dissimilation lexicale (un terme LN mis en correspondance avec plusieurs entités distinctes désignées chacune par un symbole différent du métalangage; ex.: "pendule", tantôt montre, tantôt pendule, tantôt sourcier, etc.), et aussi naturellement pour les faits syntaxiques évoqués plus haut sous le nom d'allotaxies et d'homotaxies, parallèles aux précédents. Par exemple, une équivalence posée entre des tournures telles que "effet de *x* sur *y*", "rôle de *x* dans *y*", "*y* est affecté par *x*", etc. implique la définition d'une notion syntaxique correspondante dans le métalangage de l'analyse, quelle que soit la manière dont on choisisse de l'exprimer: tantôt par des opérateurs fonctionnels affixés aux termes du métalangage (ex.: "X-agent", "Y-produit", etc.), tantôt par des corrélateurs binaires ou n-aires marquant à la fois l'extension et la nature de la relation logique observée (ex.: "Ri(X, Y)", où Ri signifierait une relation d'agent à produit, de cause à effet, etc. entre les termes compris dans la parenthèse).

Ces quelques observations élémentaires montrent comment le jeu propre de l'analyse documentaire engendre au fur et à mesure qu'il se déroule la constitution d'un système de symboles nécessaires pour nommer d'une manière ou d'une autre les produits mêmes du jeu, sur le plan lexical et syntaxique. Le métalangage dont il a été question jusqu'ici n'est autre que ce système de symboles, aussi appelé "langage documentaire" dans la littérature spécialisée ("information retrieval language" en anglais, "informatsionnyj jazyk" en russe, etc.). Il est clair maintenant qu'on ne saurait concevoir un langage documentaire unique, en dépit des illusions tenaces évoquées plus haut: la diversité est en cette matière le reflet de la multiplicité *nécessaire* des points de vue sur le monde empirique, non pas essentiellement pour les raisons moralisantes qui viennent instinctivement à l'esprit, mais pour des raisons scientifiques beaucoup plus sérieuses, à savoir l'obligation où l'on est de procéder à des qualifications symboliques différentes, à propos de faits expérimentaux du même ordre, pour parvenir à édifier les théories complémentaires qui tendent à en épuiser "le sens". Que toutes ces théories puissent à la limite être conciliées, rien n'interdit de le *croire*, et partant de spéculer sur une symbolisation idéale compatible avec chaque langage scientifique particulier; mais il faut au moins garder à l'esprit le caractère paradoxal de toute réussite temporelle de ce projet, laquelle impliquerait la clôture de la réflexion scientifique, arrivée à son terme...

Il reste que deux catégories d'études manifestent depuis peu le souci d'harmoniser, sinon d'unifier, les langages documentaires en présence, ou à venir.

Les unes, sous le titre précisément d'"études de compatibilité", visent à mettre en évidence les correspondances sémantiques observables entre certains concepts unitaires définis de façon indépendante dans des langages documentaires différents, pour des domaines scientifiques semblables ou voisins (références dans Henderson *et al.*, 1966); on aboutit ainsi à des inventaires sémantiques à vocation universelle — appelés "lexiques intermédiaires" ou "lexiques de base" — qui ne sont nullement destinés à remplacer les langages documentaires existants, mais seulement à jouer le rôle de systèmes de conversion de l'un à l'autre (on parle souvent aussi de "convertibilité", au lieu de "compatibilité"). Une seconde catégorie d'études porte non plus sur le contenu des langages documentaires, mais sur leurs propriétés structurelles, indépendamment des domaines visés (ex.: Coyaud, 1966). Celles-ci s'observent essentiellement sur deux plans: a) l'organisation lexicale, d'une part, définie par le nombre et par la nature des relations "analytiques" établies a priori entre les termes du langage documentaire, et par la configuration du réseau sémantique ainsi constitué (Perreault, 1965; Gardin, 1966); b) la grammaire, d'autre part, définie par le nombre et la nature des indicateurs logiques associables aux termes du langage pris un à un (opérateurs fonctionnels unaires), ou *n* à *n* (corrélateurs n-aires), pour exprimer les relations syntaxiques ou "synthétiques" qui les unissent dans une représentation documentaire donnée. On reconnaît ici l'opposition saussurienne classique entre l'axe paradigmatique et l'axe syntagmatique de l'analyse linguistique; elle a le mérite de rendre compte d'une séparation de fait entre deux catégories d'éléments structuraux qui ne coexistent pas nécessairement dans les langages documentaires existants: langages réduits à une liste organisée de concepts (arborescences, réseaux), sans procédés de composition syntaxique, ou inversement langages définis seulement sur le plan de la grammaire, sans relations sémantiques a priori entre les termes. De plus en plus, cependant, les deux catégories d'indications structurelles tendent à se combiner — voire à se confondre, lorsque l'organisation sémantique fait appel à des classes fonctionnelles (Gardin, 1965b) — de sorte que l'on aboutit à des modèles unifiés, capables de décrire au moyen des mêmes conventions symboliques les articulations paradigmatiques et/ou syntagmatiques de tout langage documentaire particulier (ex.: Gardin, 1965a; Grjaznukhina *et al.*, 1964).

De tels modèles jouent, du point de vue de la structure, un rôle unificateur comparable à celui des "lexiques intermédiaires" évoqués plus haut, sur le plan du contenu; et l'on voit ainsi se construire, à propos de la documentation scientifique, des outils d'analyse sémantique assez raffinés, dans leur souci de rigueur et d'économie, pour qu'on ne doive pas s'étonner de les retrouver plus loin appliqués à des textes d'une tout autre nature, dans plusieurs secteurs des sciences humaines (§ 2 et 3).

### 1.2 *L'analyse automatique*

La construction du métalangage de l'analyse documentaire est, on l'a vu, intimement liée à cette analyse elle-même: c'est par une série d'interprétations empiriques de textes scientifiques, en vue d'une exploitation donnée, que s'élabore progressivement le métalangage, et c'est à son tour le métalangage qui détermine dans une large mesure la forme et le contenu des représentations documentaires. Ce va-et-vient ne s'arrête en fait jamais, l'analyse de documents nouveaux conduisant naturellement à des remaniements du métalangage; aussi est-on fondé à envisager l'une ou l'autre de deux stratégies, pour parvenir à une certaine formalisation — ou si l'on préfère, mécanisation — du processus. La première consiste à imaginer d'abord une procédure d'analyse recommandable par sa rigueur, mais sans référence à aucun métalangage prédéterminé; la seconde consiste au contraire à définir d'abord la métalangue que l'on juge convenable, pour l'interprétation des textes, puis à en déduire en quelque sorte la procédure, sous forme de correspondances observées entre la langue naturelle-source et la métalangue-cible.

Les applications du premier type sont encore les plus répandues, sans doute parce que les plus faciles: on recourt à des critères statistiques, et/ou à des listes de mots constituées a priori, pour obtenir mécaniquement des représentations documentaires constituées de mots LN jugés particulièrement significatifs, dans les textes considérés. La logique veut que l'on soumette alors les produits de l'analyse à des études critiques — les "evaluation studies" de la littérature anglo-saxonne — pour déterminer leur valeur du point de vue sémantique. Bien que la plupart de ces études s'achèvent par des conclusions optimistes, nous ne les retiendrons pas ici, considérant que la seule "extraction" de mots observés dans un texte LN, selon quelque critère que ce soit, ne saurait passer pour une "interprétation" sémantique, au sens où nous l'avons considérée dans le paragraphe précédent (il est d'ailleurs significatif à cet égard que les méthodes d'extraction ne valent que pour des corpus unilingues, alors que le problème de l'analyse documentaire est *aussi* celui de la réduction de textes multilingues à des représentations comparables).

Reste la seconde démarche, où la définition a priori des représentations sémantiques jugées les plus convenables dispense ultérieurement de toute étude d'évaluation... Le problème de l'analyse automatique se ramène alors à un problème de *traduction* automatique, où le langage-cible, au lieu d'être un langage naturel, est le langage artificiel construit pour l'expression des contenus documentaires. Les outils nécessaires pour mécaniser le processus sont d'ailleurs de même nature dans les deux cas: (a) un "dictionnaire automatique", tout d'abord, donnant pour chaque mot ou groupe de mots LN (mots composés, idiomes, syntagmes lexicalisés dans la métalangue-cible, etc.) les termes équivalents dans la métalangue, accompagnés le cas échéant de règles pour la résolution automatique des polysémies; (b) un algorithme d'analyse syntaxique d'autre part, pour extraire des syntagmes LN les éléments nécessaires au choix des opérateurs fonctionnels ou relationnels de la métalangue.

Cette dernière phase de l'analyse documentaire automatique est assurément la plus compliquée; elle met en jeu des mécanismes linguistiques qui prolongent à certains égards l'analyse transformationnelle, en jouant non plus seulement sur les structures syntaxiques des chaînes LN, mais aussi et simultanément sur leurs contenus lexicaux (Borillo *et al.*, 1966-67). La phase lexicale de l'analyse, au contraire, où il s'agit de dégager pas à pas les concepts du métalangage, soulève moins de difficulté (Coyaud et Siot-Decauville, 1967; Lakhuti *et al.*, 1965; O'Connor, 1964, etc.), même pour ce qui concerne la résolution des polysémies (Borillo et Virbel, 1966). De plus, elle intéresse davantage notre sujet, dans la mesure où elle met en lumière de façon désormais évidente les implications épistémologiques de la procédure. Un lexique LD (langage documentaire) seul, c'est-à-dire un dictionnaire de concepts relatifs à un domaine particulier de la connaissance scientifique, n'est en effet qu'un outil incomplet; le dictionnaire LN(s)-LD, en revanche, fournit explicitement l'image de ce lexique dans la, ou dans les langues naturelles considérées. Il est alors permis d'étudier cette image du point de vue théorique, pour tenter de trier, parmi les facteurs de la *dispersion* observée, ceux qui résultent des impératifs pratiques de la documentation (réduction du nombre de termes LD par "grossissement" des mots LN jugés trop spécifiques, par élargissement de la notion de synonymie, etc.), et ceux qui dénotent au contraire les impropriétés du langage scientifique lui-même. On ne s'étonnera pas de constater alors que la part de telles impropriétés est plus grande en sociologie qu'en physique... Plus généralement, on découvre que les conséquences de l'automatique documentaire ne sont pas du même ordre dans les sciences de la nature et dans les sciences de l'homme: alors que les premières en reçoivent avant tout des avantages pratiques, les secondes sont fondées à en attendre d'abord un assainissement épistémologique, dont le droit et la médecine, en particulier, commencent à connaître les fruits (mise en forme logique de la jurisprudence, révision de la séméiologie pathologique, en vue de jugements ou de diagnostics mieux assurés, etc.).

## 2. L'ANALYSE DE CONTENU

Les développements qui précèdent nous permettront d'alléger maintenant l'exposé: en effet, l'analyse de contenu ne paraît faire appel, dans son progrès vers la formalisation, à aucune autre méthode que celles dont on vient de faire état. Rappelons d'abord ce qu'est l'analyse de contenu, dans les sciences sociales: un ensemble de techniques destinées à faire apparaître, dans le "contenu" de diverses catégories de documents écrits (articles de presse, interviews, questionnaires, notes personnelles, etc.), certains éléments singuliers d'où l'on dérive ensuite telle ou telle caractérisation psycho-sociologique de l'individualité cernée. Curieusement, les premières procédures dites d'analyse de contenu avaient cependant peu à voir avec le contenu, au sens où l'on comprend ce terme en linguistique: elles consistaient essentiellement dans la recherche de mots ou de constellations de mots LN particulièrement fréquents, dans les textes considérés, à partir de quoi l'analyste dégageait une "signification" psychologique ou sociologique inférée selon des voies que n'habitait plus le souci premier de formalisation (Berelson, 1952). En d'autres termes, l'algorithme portait seulement sur le plan statistique initial, antérieur à toute opération proprement sémantique; suivait la catégorisation empirique des mots ou groupes LN désignés par le calcul, puis la construction du modèle final, opérations sémantiques par excellence, mais qui échappaient complètement au contrôle de l'algorithme. Il s'agissait donc, avant la lettre, d'une procédure d'"extraction", au sens où nous l'avons définie précédemment à propos de l'analyse documentaire; dans un cas comme dans l'autre, et sans préjuger l'utilité possible des extraits statistiques pour l'individualisation sinon pour l'interprétation des textes, nous considérerons que le contenu sémantique n'est pas vraiment concerné, et qu'il faut chercher ailleurs la substance d'une analyse conforme au titre qu'elle se donne.

Selon ce titre même, l'objectif est de mettre en évidence les signifiés "contenus" dans les textes étudiés, mais dont les rapports avec les signifiants sont assez complexes pour justifier le projet d'une "analyse", qui dépasse les seules opérations de comptage ou de tabulation. Dès lors, et dans la mesure où l'on admet que la même signification psycho-sociologique puisse s'attacher à des documents rédigés selon des formes différentes (unilingues ou multilingues), le problème de l'analyse ne peut être posé autrement que comme le passage à un métalangage autonome, selon le même schéma et pour les mêmes raisons que dans le cas de l'analyse documentaire exposé précédemment. La démonstration de cette thèse — qui se réduit d'ailleurs à une tautologie — ne ferait que répéter l'argumentation du § 1.1; contentons-nous par conséquent de preuves expérimentales, en montrant que les premières tentatives de formalisation, en matière d'analyse de contenu *stricto sensu*, sont toutes orientées plus ou moins sciemment vers la construction de métalangages *ad hoc*, et vers l'élaboration d'algorithmes de traduction qui objectivent les mécanismes de l'interprétation sémantique, du langage-source à une métalangue-cible.

### 2.1 *Métalangues constituées*

Le premier fait nouveau, selon nous, est l'effort de quelques auteurs — sociologues ou psycho-sociologues — pour définir a priori l'ensemble des notions qu'ils se proposent d'employer pour exprimer le contenu de certains documents, dans une perspective donnée. La démarche traditionnelle est en effet, à l'inverse, de "sauter" cette étape et de composer un commentaire interprétatif rédigé à la manière d'une œuvre littéraire, où il est difficile, pour ne pas dire exclu, que l'on puisse jamais reconstituer un inventaire fini des notions mises en jeu, et moins encore la nature des opérations qui séparent la lecture du corpus de l'écriture du commentaire. Nombre de projets récents s'opposent à cette licence, en limitant les ressources de l'analyse à une liste close de concepts, et à quelques artifices grammaticaux servant à marquer les relations logiques observées entre ces concepts dans les textes étudiés. Nous ne saurions passer en revue tous les projets de ce genre, ni même décrire complètement aucun d'entre eux; seules importent ici leurs caractéristiques formelles communes, qu'il est facile de résumer en peu de mots.

La composante minimale de ces métalangages est évidemment la *liste de concepts*. Ici encore, le fait que ceux-ci reçoivent le plus souvent une dénomination dans une langue naturelle (en anglais, en français, etc.) ne doit pas masquer le caractère métalinguistique de la liste: les unités du lexique — nous conserverons ce mot pour désigner le vocabulaire du métalangage, comme au § 1 — sont des notions, accompagnées de définitions, lesquelles sont en quelque sorte résumées par un symbole conventionnel, qui peut être un mot LN, mais aussi bien n'importe quel code alphanumérique renvoyant à la même unité conceptuelle. Plusieurs listes de ce genre ont été construites aux fins de l'analyse de contenu; citons par exemple celles de Osgood (1956, 1959), Piault (1963, 1965), Klein (1968), etc., sans rapport les unes avec les autres du point de vue sémantique — les matériaux ne sont pas comparables; la perspective de l'analyse est différente; l'extension des concepts, très large chez Osgood, est plus spécifique chez Piault, etc. — mais qui toutes manifestent le même souci de fournir l'inventaire exhaustif des concepts retenus pour l'interprétation des documents.

Un second aspect du métalangage, intimement lié au précédent, est l'*organisation sémantique* généralement — mais non pas nécessairement — associée à la liste de concepts; elle revêt le plus souvent la forme d'une classification (arborescence unique ou arbres disjoints), où s'expriment les relations analytiques postulées entre les termes du lexique. D'autres configurations plus riches sont néanmoins concevables, où chaque terme peut être relié à plusieurs autres par des liens diversifiés. De même, sur le plan de la *grammaire* — troisième composante du métalangage — les opérateurs syntaxiques prévus sont encore peu nombreux: distinction entre acteurs et compléments (Osgood), facteurs et produits (Piault), prise en compte des relations booléennes (Klein), etc.; mais rien ne s'opposerait à l'usage de différenciations plus fines, et parfois plus clairement adaptées au type de propositions que l'on doit pouvoir construire dans la métalangue, afin d'interroger utilement le corpus.

"Interroger le corpus": tel est en effet l'objet premier du passage au métalangage, comme en documentation. On cherchera par exemple la récurrence de certains thèmes, sous des formulations différentes, ou encore l'enchaînement logique de notions diversement reliées selon les individus, etc., l'opération fondamentale demeurant ici encore le rapprochement, la constitution de séries (ex.: Piault, 1963). Cependant, à la différence de l'analyse documentaire, l'analyse de contenu ne vise pas seulement à faciliter le collationnement sémantique; l'objectif ultime est, on l'a dit, de caractériser le corpus pris globalement, ou telle ou telle partie du corpus, au moyen d'un agencement particulier de concepts tirés de la métalangue, de manière à marquer ce que son contenu a de spécifique ou de singulier par rapport à d'autres corpus, ou à d'autres parties du même corpus, du point de vue de la sociologie ou de la psycho-sociologie. La construction de tels agencements — que l'on s'est habitué à désigner sous le nom de "modèles", et à qualifier de "structuraux" — fait encore partie de l'analyse de contenu *lato sensu*; mais elle n'est généralement pas couverte par les procédures décrites sous ce nom, lesquelles s'arrêtent aux règles de formation des expressions du métalangage, en rapport avec un corpus donné. Le passage de ces expressions au modèle n'entre donc pas dans notre sujet; il fallait cependent l'évoquer, d'abord parce que d'autres l'ont fait, sous forme d'une "extension" à l'analyse de contenu (Stone & Hunt, "The General Inquirer extended: automatic theme analysis using tree building procedures", IFIP Congress, 1962, où la définition du problème est excellente, p. 337: "automatic theme analysis is a means for finding a near minimum set of questions that will differentiate the sentences in document A from sentences in document B", à condition de préciser que questions et phrases sont formulées dans le métalangage de l'analyse, et non dans le langage des documents A et B); et aussi, parce que nous aurons à revenir plus loin sur l'interaction nécessaire entre métalangage et modèle, pour éprouver la validité de l'un et de l'autre (§ 5).

## 2.2 *Algorithmes d'analyse*

Dès lors que l'on a reconnu la nécessité logique d'un métalangage constitué par et pour l'analyse de contenu, la formalisation de celle-ci se ramène comme précédemment (§ 1.2) à la construction d'un algorithme de traduction, capable de produire, à partir de textes LN donnés, les représentations métalinguistiques convenables. C'est précisément dans cette perspective, et dans cette perspective seulement, que se sont placés les premiers travaux sur l'analyse automatique de contenu, dans les sciences sociales. Le chercheur le plus appliqué dans cette voie est certainement P. J. Stone, aux Etats-Unis, dont le nom se retrouve régulièrement depuis 1962 en tête de la plupart des études consacrées à la question (Stone *et al.*, 1962a, b; Dumphy, Stone *et al.*, 1965; bibliographie complète dans Stone, 1966); et l'examen de sa méthode, connue sous le nom de "General Inquirer" (abrégé ci-dessous GI), suffit à faire apparaître tous les mécanismes nécessaires de l'analyse automatique, dans quelque domaine et sur quelque corpus que ce soit.

Notons tout d'abord que le GI n'est pas à proprement parler une métalangue, mais plutôt un moule abstrait où peuvent venir se couler des métalangues caractérisées ici seulement du point de vue de leur structure et non de leur contenu. Considéré sous cet angle, le GI n'est pas sans rappeler les modèles de langages documentaires évoqués plus haut (fin du § 1.1), avec lesquels on l'a d'ailleurs comparé (F. Lévy, 1966); il comporte en effet des mécanismes analogues pour la prise en compte de listes quelconques de concepts (ou "tags", dans la terminologie du GI), groupés ou non en classes sémantiques, et accompagnés le cas échéant d'opérateurs syntaxiques servant à indiquer leurs fonctions respectives (Agent et Complément d'objet étant, semble-t-il, les plus populaires) dans les propositions du métalangage. Le contenu de l'organisation lexicale est libre, comme aussi le choix des opérateurs logiques, limité seulement par le nombre de codes syntaxiques prévus dans le programme (tantôt 9, tantôt 99, selon les applications). Ce n'est là toutefois qu'un aspect du système; étant destiné à la traduction automatique du langage naturel vers tel ou tel métalangage, le GI prévoit aussi la mise en œuvre des outils nécessaires à cette traduction, à savoir principalement un "dictionnaire", tout à fait semblable dans son principe sinon dans sa forme aux dictionnaires automatiques décrits au § 1.2, à propos de l'analyse documentaire: tables d'équivalences entre mots ou groupes LN et termes ou combinaisons de termes de la métalangue choisie, avec codes spéciaux pour signaler les entrées LN polysémiques (lesquelles sont pour le moment interprétées "à la main"). La généralité du système est illustrée par la diversité des dictionnaires effectivement exploités par le même programme: une vingtaine déjà, où le nombre d'entrées LN varie entre 1 000 et 4 000, le nombre de termes ou "tags" entre 30 et 200, pour des domaines qui vont de la psychologie à l'anthropologie, en passant par la psychanalyse, la sociologie, la science politique, etc. (liste dans Stone, 1966). En revanche, les limites avouées sont nombreuses: l'algorithme d'analyse ne va guère au-delà de cette consultation de tables, laissant à la "pré-édition" manuelle du corpus le soin de faire apparaître: (a) le découpage du texte en phrases (nécessaire pour les recherches ultérieures de co-occurrences); (b) l'interprétation des noms propres et des pronoms; (c) la résolution des cas de polysémie; (d) enfin et surtout, l'attribution des codes syntaxiques aux termes voulus. Sans doute de nouvelles procédures sont-elles annoncées qui permettront peu à peu de transférer au programme chacune de ces tâches, en particulier l'annotation syntaxique, suffisamment sommaire dans les applications passées du GI pour qu'il ne paraisse pas impossible de la mécaniser à relativement peu de frais, selon des méthodes semblables à celles de l'analyse documentaire (*supra*, § 1.2). Le parallélisme entre les deux démarches est d'ailleurs pour notre propos le fait le plus notable: il conduit à penser qu'une méthodologie générale de l'analyse sémantique n'est pas inconcevable, au niveau macroscopique où celle-ci se pratique hors de la linguistique. L'examen de nouveaux travaux, intéressant cette fois l'anthropologie culturelle, en apportera une preuve de plus.

## 3. L'ANALYSE STRUCTURALE DES RÉCITS

Reconnaissons tout d'abord que le titre donné à cette troisième forme d'analyse sémantique n'a guère d'attrait... L'univers des "récits" dont il fait état n'est pas défini: mythes, contes populaires, contes, mais aussi devinettes, formules magiques, anecdotes quelconques, voire à la limite toute œuvre narrative (mais où sont les frontières entre les textes narratifs et ceux qui ne le sont pas, etc.); quant à la qualification "structurale", elle est appliquée aujourd'hui à des représentations si diverses qu'elle a pratiquement perdu toute valeur distinctive. L'hétérogénéité des documents considérés sous ce titre ne compromet cependant pas notre projet, non plus que cette malheureuse polysémie: car il se trouve que les seules procédures dont nous aurons à débattre portent sur une même catégorie de récits (mythes et contes populaires), et qu'elles ont toutes au moins ceci de commun de n'être aucunement structurales, alors même qu'elles portent parfois ce nom.

De procédures au sens strict, pour l'analyse des récits, il n'existe en effet que peu d'exemples. Les interprétations les plus pénétrantes cachent sous l'ampleur de l'érudition et sous la subtilité de la construction des mécanismes dont personne ne s'est encore hasardé à dresser l'inventaire; et leurs auteurs mêmes, lorsqu'ils tâchent de découvrir leurs propres outils (ex.: Lévi-Strauss, 1955, 1958a, b), ne parviennent à en livrer qu'une faible part, si l'on en juge au moins par l'insuccès général des imitateurs. A l'autre extrême, cependant, et par une démarche en quelque sorte inverse, certains anthropologues ont entrepris de donner le pas à l'édification d'une procédure, en manifestant visiblement plus de respect pour la rigueur formelle de l'analyse que d'intérêt pour la valeur ethnologique des résultats. Quel que puisse être l'écart qualitatif entre les créations sémantiques des uns et des autres — et cet écart est évident — c'est à la seconde catégorie de travaux seule que nous devons nous attacher, dans la perspective présente.

Edifier une procédure d'analyse sémantique, c'est, on l'a vu, construire corollairement une métalangue, dont on définira par ailleurs les rapports exacts qu'elle entretient avec la ou les langues naturelles du corpus visé. Ces deux aspects du problème — construction d'une métalangue ML, puis élucidation des correspondances LN → ML — sont souvent abordés séparément, dans l'analyse des récits comme ailleurs; l'échafaudage d'une métalangue est évidemment la sollicitation première, et nombre d'anthropologues y ont cédé, laissant quelque peu dans l'ombre le problème second, à savoir la mise à jour des opérations distinctives de l'analyse elle-même, du langage naturel à la métalangue. L'exemple sans doute le plus éclatant d'une métalangue entièrement explicite (à la différence de celles qui attendent le fouilleur, enfouies dans des ouvrages plus secrets) est fourni par l'étude célèbre de Vladimir Propp (1928, 1958) sur les contes de fées russes. On y trouve en effet l'exposé complet des trois catégories d'outils métalinguistiques impliqués dans toute représentation sémantique, selon le schéma que nous avons déjà indiqué (§ 1.1, fin, et § 2.1): (a) la liste des concepts auxquels seront réduits les textes du corpus: en l'occurrence, une quarantaine de notions désignant les types de protagonistes (ex.: "héros", "traître", "bienfaiteur", etc.) et leurs fonctions possibles dans le récit (ex.: "interdiction", "enlèvement", "meurtre", etc.); (b) une organisation paradigmatique de cette liste, où sont posées certaines relations analytiques — en fait, la relation hiérarchique, exclusivement — entre tout ou partie des termes (ex.: ordination des fonctions en "genres", "espèces", "variétés"); (c) une grammaire, enfin, indiquant les relations syntagmatiques possibles entre les unités lexicales: ici, une relation (implicite) de qualification, lorsque l'on associe protagoniste(s) et fonction(s) dans une expression symbolique élémentaire de la métalangue, et une relation (explicite) de succession, marquée par l'ordre linéaire de ces expressions dans la représentation d'un récit.

Cette manière de résumer la construction de Propp n'en épuise aucunement tous les aspects, tant s'en faut; l'essentiel de l'ouvrage est dans les manipulations de la métalangue auxquelles se livre l'auteur pour aboutir au schéma canonique final, caractéristique, conclut-il, de tout conte de fées. Toutefois, comme dans l'analyse de contenu, cette phase finale de l'interprétation n'obéit pas à un corps de règles explicites (§ 2.1, fin); elle échappe par conséquent à l'examen des *procédures* que nous avons en vue, et ne devra être évoquée qu'à propos des problèmes de validité, *in fine* (§ 5). De même, les critiques adressées à l'ensemble de la démarche, si fondamentales soient-elles (notamment Lévi-Strauss, 1960), ne touchent pas à ce qui, dans la perspective où nous nous sommes placés, constitue son intérêt principal, à savoir la formulation claire de toutes les notions sémantiques et syntaxiques mises en jeu dans l'interprétation des textes.

D'autres auteurs ont manifesté plus tard le même souci (en particulier Ivanov et Toporov, 1965: 218-239, pour les récits en vieux-slave), mais sans l'étendre à la description de la procédure par laquelle se constituent la métalangue et les représentations du contenu qu'elle sert à formuler. Il aura fallu, semble-t-il, l'avènement des machines électroniques, avec l'incitation corollaire à transformer en algorithmes les raisonnements humains, pour qu'apparaissent dans l'actuelle décennie les premières expériences d'analyse automatique des récits. Les développements qui précédent nous dispenseront d'en exposer le principe par le menu: par définition, peut-on dire maintenant, la procédure consiste à traduire un corpus LN dans une métalangue complètement définie, au moyen des outils habituels de cette traduction (dictionnaire, règles pour l'interprétation des polysémies, analyseurs grammaticaux, etc.). On ne s'étonnera donc pas de voir reparaître, appliqué cette fois à l'étude de contes populaires et de mythes, le programme du General Inquirer dont nous avons plus haut décrit la génèse et le fonctionnement, à propos des documents sociologiques. C'est en effet au moyen de ce programme que fut conduite il y a moins de dix ans l'expérience de Colby *et al.* (1963), visant à une caractérisation différentielle de cinq groupes de contes (kwakiutl, eskimo, égyptiens, indous, chinois), par une procédure formelle; et c'est encore le General Inquirer qui est à la base des expériences ultérieures de Bricker (1966) et de Maranda (1966), orientées de même vers la caractérisation formelle de corpus particuliers: les récits humoristiques des Indiens Zinacantán au Mexique (200 textes, Bricker), ou les mythes cosmogoniques de quatre tribus Gé au Brésil (135 textes, Maranda).

Marquons une fois encore la frontière entre la part véritablement algorithmique de ces entreprises, à savoir la traduction des textes dans les termes et selon les règles syntaxiques de la métalangue-cible, et celle qui demeure au contraire le fruit d'opérations intuitives, ou du moins inexpliquées, à savoir la construction du modèle discriminateur final, à partir des représentations sémantiques obtenues. Rappelons d'autre part que la part "véritablement" algorithmique se réduit en fait, dans le General Inquirer, à la consultation d'un dictionnaire, toutes les autres modalités de l'analyse incombant à la pré-édition manuelle du corpus: découpage en unités (ex.: propositions élémentaires, groupes articulés, phrases, épisodes, etc., chez Maranda), interprétation des pronoms et des noms propres, résolution des cas éventuels de polysémie, annotations syntaxiques (ex.: connecteurs ou "conjonctifs" entre les unités du découpage, rôles propositionnels à l'intérieur de ces unités, etc., dans l'étude de Maranda). Plus qu'à une formalisation de l'analyse, c'est plutôt à une explicitation de "l'outillage linguistique et logique à la disposition des analystes" que l'on est à nouveau reconduit, selon la formule de Maranda. Au demeurant, et dans l'attente des procédures plus complètes qui ne manqueront pas de voir le jour avant la fin du siècle, cette seule exigence d'un inventaire métalinguistique entièrement défini est assez nouvelle pour que les travaux précités fassent figure de précurseurs, quels que soient les doutes suscités par leurs résultats.

Ceux-ci, qu'il ne nous appartient pas de juger, sont entièrement déterminés par les dictionnaires que l'on fournit au General Inquirer. Il est au moins instructif de connaître la forme et l'étendue de ces derniers, dans les expériences que l'on vient d'évoquer: (a) pour Colby *et al.*, une première liste de concepts fut établie à partir des catégories binaires proposées par C. Kluckhohn pour la classification des cultures; après que ces catégories eussent été diversifiées et complétées, le lexique comprenait 180 notions, groupées en huit classes très larges (Valeurs, Perception et Communication, Espace et Temps, etc.), dont une classe résiduelle ("Miscellaneous"), témoignant que cette organisation sémantique ne joue formellement aucun rôle dans l'analyse... (b) Le lexique de Bricker, pour sa part, est encore plus restreint: 81 notions, reconnues "intuitivement", écrit l'auteur, dans un corpus-échantillon de 51 textes (ex.: Rencontre, Mariage, Saleté, Perte, etc.). (c) Maranda utilise de son côté 99 concepts, de nature très diverse: êtres particuliers (ex.: Femme, Chasseur); leurs fonctions, caractérisées à un niveau tantôt très abstrait (ex.: Mouvement transitif, Transformation extrinsèque) tantôt plus spécifique (ex.: Relations sexuelles); des "conjonctifs" (ex.: Implication, Postériorité, etc.), etc. Une lecture même cursive des *Mythologiques* de Lévi-Strauss (1964, 1966) — par exemple — laisse entrevoir l'immense étendue de l'appareil sémantique qui s'y déploie, par rapport à ces maigres bagages de l'interprétation algorithmique. Et l'écart paraît plus désespéré lorsque l'on songe à d'autres tentatives d'analyse mythologique également orientées vers la formalisation, sinon la mécanisation, où les concepts de la métalangue ne sont plus qu'une *douzaine*, répartis en cinq classes plus générales encore que toutes celles dont nous avons pu jusqu'ici faire état: Actions intransitives, Actions sur des objets inanimés, etc. (Mathiot, 1969).

Cet amenuisement du contenu, jusqu'à l'évanescence, n'est cependant en aucune manière la conséquence *nécessaire* de la pulsion algorithmique, dans l'analyse de la littérature orale... et l'on commettrait une lourde erreur de perspective si l'on condamnait la tendance sur la seule base de ses balbutiements. Après tout, l'abondance des concepts mis en jeu dans l'interprétation de faits quelconques, fussent-ils littéraux et compliqués, n'est pas non plus nécessairement une vertu; la vraie question est ailleurs, et à deux versants: (a) comment progresser de la pauvreté actuelle des analyses algorithmiques jusqu'à des procédures capables d'approcher l'efficacité — supposée acquise, ne fût-ce que pour les besoins du mouvement — des modèles empiriques? (b) comment rétrograder (par symétrie, et méthodologiquement parlant) de la richesse de ces modèles à la définition d'une procédure qui contribuerait à leur donner un fondement rationnel, dont le seul argument de l'efficacité ne suffit pas à justifier le refus? La réponse est simple dans son principe, mais d'une application difficile; nous tenterons de la donner en quelques lignes à la fin de cette étude (§ 5).

## 4. L'ANALYSE LITTÉRAIRE

Auparavant, et pour mémoire, nous mentionnerons une quatrième catégorie d'analyse sémantique dont l'omission pourrait surprendre, dans la mesure où rien ne s'oppose, en droit, à ce qu'elle tombe à son tour — et d'aucuns y verront assurément une chute — sous le coup des exigences procédurales évoquées précédemment. Paragraphe "pour mémoire", cependant, parce que malgré l'abondance des études consacrées à la "science de la littérature", depuis le formalisme qui naît en U.R.S.S. après la première guerre mondiale jusqu'au structuralisme ou à la sémiologie qui se répand en France après la seconde, il est difficile de trouver aucun exemple de l'ascèse verbale nécessaire à un tel propos. Entendons-nous: cette constatation, ou si l'on préfère cette opinion, n'entraîne aucun jugement de valeur sur la pénétration des analyses placées sous l'un ou l'autre de ces signes; elle marque seulement la crainte d'une contradiction entre le but affiché et les voies suivies pour s'en approcher. Le but, on le sait, est de développer ultimement des "modèles", dont on attend qu'ils jouent pour la connaissance des œuvres écrites le même rôle que les théories physiques (par exemple) pour la connaissance de la matière. Tel est du moins le seul objectif que puisse raisonnablement se fixer une "science", fût-elle de la littérature: aux régularités que manifestent les phénomènes naturels correspondent dans le domaine littéraire certaines convergences de la perception, pour les membres d'une culture donnée: accords empiriques sur la différenciation de genres ou d'écoles variés, faculté plus intuitive que raisonnée de reconnaître les œuvres d'un groupe ou d'un individu déterminé, voire de les contrefaire avec succès, etc. Convergences ou régularités, la science n'a pas d'autre objet d'étude ni d'autre méthode que la construction de modèles symboliques pour en rendre compte. En conséquence, les modèles ou les théories littéraires — c'est-à-dire appliqués à des œuvres littéraires — doivent répondre aux mêmes exigences que les modèles ou les théories scientifiques, sous peine de perdre tout droit à l'appellation stricte de modèle ou de théorie. Au nombre de ces exigences, qui sont dans tous les esprits, figurent notamment les contraintes de forme: le modèle doit être exprimé dans un langage tel que l'on puisse, à partir des signes et de la grammaire qui le constituent (les composantes sémantiques et syntaxiques de tout système sémiotique, selon Peirce), reconstituer sinon refaire l'objet singularisé par le modèle, c'est-à-dire encore le replacer ou le repérer entre tous les autres objets connus (idéalement) du domaine de référence. Les systèmes sémiotiques des sciences naturelles permettent de "reconnaître" une variété animale ou végétale que l'on n'a jamais vue, et que l'on "connaît" d'abord, par conséquent à travers le modèle; le langage de la chimie permet de reconnaître de la même manière formelle l'un quelconque des quelques dizaines de milliers de stéroïdes aujourd'hui connus, mais connus d'abord par l'apprentissage du système symbolique, avant toute appréhension empirique (laquelle peut d'ailleurs ne survenir jamais), etc. Essayons maintenant de transporter ces exigences dans l'univers de la sémiologie littéraire; et tentons d'imaginer le sort d'un homme à qui l'on demanderait de reconnaître les œuvres d'un auteur qu'il n'aurait jamais lues, à l'aide seulement des modèles dont ces œuvres auraient fait l'objet, dans la manière structuraliste ou toute autre... (exemples et références dans *Communications* 4:33-39 [Todorov] et 8:164-168; Symposium sur l'étude structurale des systèmes de signes (en russe) 1962: 138-157; *Sèmiôtikè* (en russe) 1965:116-209, etc.).

C'est en songeant à ce genre de "tests" que nous avons pris le parti de laisser l'analyse littéraire hors de compte (Gardin, 1967a); il reste à exposer les raisons que nous avons de supposer que les procédures d'analyse sémantique précédemment passées en revue résisteraient mieux à la même épreuve.

## 5. PROBLÈMES DE VALIDITÉ

A dire vrai, nous ne supposons rien de pareil: nous avons assez répété combien il paraissait improbable que les modèles exsangues obtenus au terme des procédures actuelles d'analyse du contenu, en anthropologie, reçoivent jamais la consécration d'une vérification expérimentale sérieuse (celles qui sont parfois esquissées, dans les études précitées, déguisent à peine leur légèreté). La question, cependant, n'est pas encore là: il suffit que modèles ou procédures aient seulement la *forme* qui convient à ces vérifications pour que l'on perçoive comme un air nouveau dans la littérature des sciences humaines. L'essentiel de la nouveauté, c'est en effet le fait, en d'autres lieux banal, que les concepts mis en jeu dans l'analyse sont énoncés sous forme d'inventaires autonomes et finis (les notions élémentaires, leurs relations analytiques, les règles de leurs combinaisons syntaxiques, en un mot le *métalangage*); la seconde innovation tient dans la peine que l'on prend pour rationaliser les mécanismes de l'analyse, sous forme d'une *procédure* algorithmique. Enfin, le troisième fait nouveau, c'est au moins que l'on parle des opérations qui sous-tendent la construction du *modèle* final, lorsqu'il existe, pour tenter de l'arracher à son tour aux mystères de la création littéraire.

Métalangage, procédure, et modèle, tels sont donc les trois composants de l'analyse sémantique sur lesquels a porté l'effort d'explicitation, dans les entreprises que nous avons considérées, au prix d'un incontestable appauvrissement de chacun par rapport à leurs manifestations empiriques. Le gain apparaît néanmoins dans la faculté que l'on a désormais de *manipuler* chacun de ces objets, au sens logique du terme, et par conséquent de monter des expériences de vérification qui n'étaient simplement pas praticables auparavant; c'est ce qu'il importe de montrer maintenant.

Par définition, la fonction du métalangage dans l'analyse sémantique est de singulariser ou de différencier — les deux notions sont interchangeables — les documents d'un corpus (quelles que soient la nature et l'extension de ceux-ci: phrases, résumés, œuvres entières, etc.), par le jeu de correspondances complexes entre des formulations linguistiques naturelles et les expressions équivalentes d'une métalangue. Lorsque ces correspondances sont systématisées sous forme d'une procédure, deux tests sont possibles pour déterminer si la fonction du métalangage est effectivement bien remplie: (a) soit un document D quelconque, que des "juges" — par exemple les spécialistes d'un domaine scientifique, ou les experts d'un genre littéraire, etc. — s'accordent à rattacher à une liste de documents {Di.... Dj} du corpus, du point de vue du contenu; cette *assimilation* est-elle opérée par la procédure, sans "silence" (cas où des documents de la série {Di.... Dj} ne sont pas obtenus comme équivalents à D, au terme du calcul)? Alternativement, soit une question Q posée au corpus, pour laquelle les mêmes "juges" conviennent des réponses pertinentes, sous forme d'une liste de documents {Di..... Dj}; cette *dissimilation* est-elle opérée par la procédure, sans "bruit" cette fois (cas où des documents autres que {Di..... Dj} sont donnés comme équivalents à Q, au terme du calcul)? De telles expériences jouent un rôle essentiel depuis une quinzaine d'années dans le progrès des métalangues et des procédures documentaires (ex.: Cleverdon, 1962; Cros *et al.*, 1964: 167-209, etc.); et l'on peut s'étonner que sociologues et ethnologues ne les pratiquent pas d'une manière aussi systématique, lorsqu'ils bâtissent à leur tour métalangages et procédures sémantiques dans des buts formellement équivalents. (b) Cette démarche de validation empirique procède par analyse d'énoncés LN (documents ou questions) vers leurs représentations métalinguistiques, dont on évalue l'efficacité; une démarche inverse, et que l'on pourrait par symétrie appeler "synthèse", consiste à partir des représentations d'un document D pour construire des énoncés LN équivalents (selon des règles que l'on déduit *a contrario* de la procédure d'analyse), énoncés que l'on soumet ensuite à des "juges" chargés d'apprécier leur parenté sémantique avec le document initial D. L'observation du "bruit" (énoncés sans rapports avec D) et des "silences" (paraphrases possibles de D que les règles de synthèse ne peuvent générer) donne encore une mesure de l'adéquation du métalangage, pour le collationnement sémantique. Ce second type de test est d'un usage constant dans les constructions des "codes" destinés à la description d'objets non-linguistiques (Gardin, 1967b); mais il n'y a aucune raison de ne pas en étendre l'usage aux métalangages considérés dans cet article, dans la mesure où les critères de validité sont formellement les mêmes dans les deux cas.

Des tests plus radicaux sont d'ailleurs à la disposition de qui veut s'y risquer, lorsque l'exégèse ne s'arrête pas à la seule paraphrase des documents pris un à un, mais qu'elle s'achève en un modèle distinctif de l'ensemble, ou des parties dont on admet qu'il se compose. Dans les deux hypothèses, la fonction du modèle est encore de singulariser ou de différencier, comme auparavant le métalangage; seul a changé le niveau de la différenciation, individuelle dans le premier cas (on décrit chaque document du corpus comme une entité singulière, que l'on compare successivement à chacun des autres), collective dans le second (puisque l'on vise désormais à caractériser des groupes). Aussi n'est-il pas surprenant que l'on retrouve les deux mêmes tests que précédemment, transposés seulement à cet autre niveau: (a) soit un modèle établissant les critères de différenciation entre deux classes de documents quelconques (ex.: articles "conservateurs" *vs.* articles "progressistes", contes "chinois" *vs.* contes "indous", contes "de fée" *vs.* le complèment de cet ensemble, etc.), ces classes pouvant être indifféremment d'origine empirique ou issues d'un calcul taxinomique appliqué aux représentations métalinguistiques des documents. Imaginons un document D dont l'appartenance à l'une des deux classes soit tout à fait assurée; le modèle permet-il à tout observateur d'établir l'assignation correcte, sans connaissance préalable du corpus? La plupart des auteurs cités plus haut, à propos de l'analyse de contenu ou de l'analyse des récits — l'analyse documentaire n'ayant pas, elle, d'objectifs taxinomiques — ont fait allusion à des vérifications de ce genre, mais sans fournir généralement aucun exemple qui emporte la conviction (voir néanmoins Stone, 1963); le "diagnostic automatique" — car c'est bien de cela qu'il s'agit — est pourtant le corollaire nécessaire de toute théorie discriminative, et l'on ne voit guère comment juger celle-ci autrement que par référence à celui-là. (b) Symétriquement, au lieu de ce test analytique, on peut imaginer une vérification par synthèse, où le modèle est utilisé comme un mécanisme générateur d'énoncés artificiels, dont il faut mesurer le pouvoir trompeur: sait-on par exemple fabriquer un récit que les spécialistes tiendront pour un "conte chinois" à partir des seules caractérisations métalinguistiques proposées par exemple dans l'étude de Colby *et al.* (1963), etc.? L'échec probable de tous les tests de ce genre, s'ils étaient menés sérieusement, ne saurait laisser indifférent: "if the process of computing the consequences [of a theory] is indefinite, then with a little skill any experimental results can be made to look like the expected consequences" (Feynman, 1965: 159).

Les quatre méthodes de validation dont il vient d'être question s'articulent entre elles de la manière suivante:

| Démarche / Étape | *a*, Analyse | *b*, Synthèse |
|---|---|---|
| 1. Validation des procédures | Tests de "pertinence" | Tests de "compatibilité" |
| 2. Validation des modèles | Tests par les "diagnostics" | Tests par les "faux" |

Les mots entre guillemets choisis pour caractériser chacune d'elles sont ceux que l'usage tend à imposer dans la littérature spécialisée:

1a, tests fondés sur l'étude de la "pertinence" des rapprochements engendrés par le passage de textes LN à une représentation métalinguistique de leur contenu;

1b, tests fondés sur l'étude de la "compatibilité" observée entre les paraphrases engendrées par le passage inverse;

2a, tests fondés sur l'efficacité des "diagnostics" posés à partir d'un modèle;

2b, tests fondés sur la conformité des "faux" composés de façon synthétique par une exploitation inverse du même modèle.

Le parallélisme entre les méthodes 1a et 2a d'une part, 1b et 2b d'autre part, est marqué par la parité même de leurs noms: "pertinence" des "diagnostics", "compatibilité" des "faux". La seule différence entre les tests de type 1 et 2, en effet, tient au degré d'élaboration de la théorie visée: celle-ci se réduit dans le premier cas à un métalangage et à la procédure qui le relie aux données empiriques (en l'occurrence, un corpus de textes), tandis qu'elle comprend aussi dans le second cas un modèle construit dans le même métalangage, pour exprimer une certaine distribution (géographique, typologique, stylistique, etc.) de ces données. On reconnaît au passage une distinction classique entre deux modalités de l'analyse scientifique: le stade premier d'une différenciation a priori des phénomènes observés, par des unités symboliques dont on ignore encore la validité pour la construction des modèles cognitifs ultérieurs, et le stade second où cette construction entraîne un remaniement des unités primitives (élimination des termes redondants, reconnaissance des classes de substitution, etc.), jusqu'à l'agencement — structural si l'on veut — jugé le plus efficace pour la "reproduction" des analogies et des différences perçues. Le schéma suivant est une manière de faire apparaître explicitement cette distinction, dans une articulation logique des quatre modes de validation définis plus haut:

(1) Partant d'un corpus d'œuvres écrites quelconques (a, Auteurs), on définit une métalangue, qui est censée fournir toutes les notions lexicales et syntaxiques nécessaires à une représentation sémantique du corpus, chaque document étant considéré indépendamment (b, Analystes). Par un mouvement inverse, d'une représentation métalinguistique donnée à l'ensemble (idéalement) de ses paraphrases dans la langue du corpus, on obtient une première mesure de l'adéquation empirique du métalangage et de la procédure d'analyse (tests de compatibilité). (2) Puis viennent les recherches de séries, par des opérations qui se déroulent cette fois exclusivement dans le métalangage (c, Collationneurs). Le retour aux énoncés naturels des documents ainsi rapprochés permet de vérifier une seconde fois la validité de la démarche (tests de pertinence). (3) Les séries en question peuvent ensuite conduire à la découverte d'agencements symboliques particuliers (modèles), qui expriment des groupements — typologies, systèmes taxinomiques, etc. — justiciables d'une interprétation empirique (préalable ou consécutive à la conception du modèle, selon les cas: Gardin, 1963) (d, Théoriciens). Inversement, l'emploi du modèle pour "calculer" des attributions ou des répartitions empiriquement vérifiables est un troisième moyen d'éprouver la validité de tout l'appareil (efficacité des diagnostics). (4) Alternativement, la fabrication de textes "artificiels" conformes aux spécifications du modèle, et leur

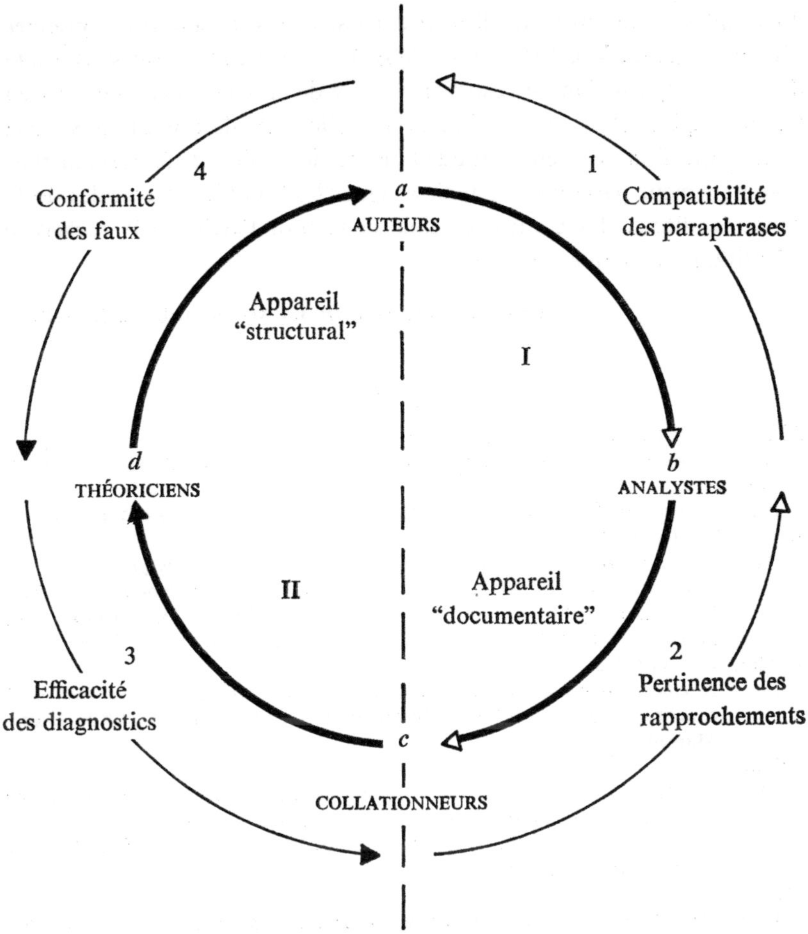


comparaison avec les documents originaux (a, Auteurs) définit le mode de vérification le plus avancé (conformité des faux).

Les opérations 1 et 2 sont caractéristiques de l'analyse documentaire telle qu'on l'a décrite au § 1, tandis que les opérations 3 et 4 relèvent de l'analyse structurale *stricto sensu*, le contraste entre ces deux phases (I et II) se ramenant à l'opposition rebattue entre le moment "-etic" et le moment "-emic" de l'analyse scientifique (Gardin, 1965c). Il est à cet égard intéressant de noter que nombre d'auteurs se réfèrent explicitement à cette distinction, pour défendre le statut "-emic" des unités sémantiques mises en œuvre dans leurs procédures (ex.: Maranda, 1966; Bricker, 1966, etc.). Pour que ce point de vue fût acceptable, il eût fallu cependant que les unités en question aient été obtenues au terme d'un cycle *complet* I-II;

il est facile de montrer qu'elles ne dépassent pas néanmoins le premier niveau d'élaboration, I (Gardin, 1968). Le malentendu vient sans doute de ce que l'opposition est relative: le cercle de la figure précédente est en fait une spirale, où les procédures de validation détruisent sans cesse l'espoir que l'on avait eu — et que l'on est bien obligé de feindre, méthodologiquement parlant — d'avoir atteint "les" unités structurales de la chose étudiée.... Tout autre schéma signifierait l'arrêt de la recherche scientifique parvenue à son terme.

CENTRE NATIONAL DE LA RECHERCHE SCIENTIFIQUE

## BIBLIOGRAPHIE

Allard, M., Elziere, May, Gardin, J.-C., Hours, F.,
1963 *Analyse conceptuelle du Coran, sur cartes perforées* (Paris-La Haye, Mouton).

Berelson, B.,
1952 *Content Analysis in Communication Research* (Free Press, Glencoe, Ill.).

Borillo, A., Coyaud, M., Virbel, J.,
1966-1967 *Recherches sur l'analyse automatique des documents scientifiques*, rapports ronéotypés diffusés par la Section d'Automatique Documentaire, C.N.R.S. (Paris-Marseille) (n° 1, juin 1966; n° 2, décembre 1966; n° 3, juin 1967; n° 4, décembre 1967); Seront repris dans un ouvrage à paraître en 1969.

Borillo, A. et Virbel, J.,
1966 *Résolution des polysémies dans l'indexation automatique de résumés*, doc. ronéotypé, 48 pp., Section d'Automatique Documentaire, C.N.R.S. (Paris-Marseille).

Bricker, V. R.,
1966 *The Pattern of Interaction between the Computer and the Ethnographer in the Field*, Communication présentée au Symposium International sur les Méthodes de Calcul dans les Sciences humaines, Rome, juillet 1966 (Actes sous presse, voir sous Jaulin).

Cleverdon, C. W.,
1962 *Report on the Testing and Analysis of an Investigation into the Comparative Efficiency of Indexing Systems*, Aslib Cranfield Research Project (Cranfield).

Colby, B. N., Collier, G. A., Postal, Susan K.,
1963 "Comparison of Themes in Folktales by the General Inquirer System", *Journal of American Folklore*, vol. 76, n° 302, pp. 318-323.
*Communications* 1964, 1966 (Revue, Editions du Seuil, Paris), Vol. 4, "Recherches sémiologiques"; vol. 8, "L'analyse structurale du récit."

Coyaud, M.,
1966 *Introduction à l'étude des langages documentaires* (Paris, Klincksieck).

Coyaud, M. et Siot-Decauville, N.,
1967 *L'analyse automatique des documents* (Paris, Mouton).

Cros, R.-C., Gardin, J.-C., Lévy, F.,
1964 *L'automatisation des recherches documentaires, un modèle général: le SYNTOL* (Paris, Gauthier-Villars); 2ème éd. 1968.

Dumphy, D. C., Stone, P. J., Smith, M. S.,
1965 "The General Inquirer: further developments in a computer system for content analysis of verbal data in the social sciences", *Behavioral Science*, vol. 10, pp. 468-480.

Feynman, R.,
1965 *The Character of Physical Law* (Londres, British Broadcasting Corporation).

Gardin, J.-C.,
1963 "Problèmes d'analyse descriptive en archéologie", dans *Etudes archéologiques*, éd. P. Courbin, (Paris, Service d'Edition et de Vente des Publications de l'Education Nationale), pp. 132-150.
1965*a* *SYNTOL* (en anglais) (= *Rutgers Series on Systems for the Intellectual Organization of Information*, ed. S. Artandi, vol. 2 (New Brunswick, N. J., Rutgers University Press).
1965*b* "Free Classifications and Faceted Classifications, their Exploitation with Computers", in *Classification Research, Proceedings of the Second International Study Conference, FID/CR Committee on Classification Research, Elsinore 14-18 Sept. 1964*, ed. P. Atherton (Copenhague, Munksgaard), pp. 161-168.
1965*c* "Analyse documentaire et analyse structurale en archéologie", *L'Arc*, n° 26 (consacré à C. Lévi-Strauss), pp. 64-68.
1966 "Eléments d'un modèle pour la description des lexiques documentaires", *Bulletin des Bibliothèques de France*, 11ème année, n° 5, pp. 171-182.
1967*a* "Analyses sémiologiques et analyses littéraires", *Nuovo* 75 (*Metodologia, Scienze sociali, tecnica operativa*) no 1, Milan, pp. 4-8.
1967*b* "Methods for descriptive analysis of archaeological artifacts", *American Antiquity*, vol. 32, n° 1, pp. 13-30.
1968*b* "Introduction" aux *Actes du Symposium International sur les Méthodes de Calcul dans les Sciences de l'Homme (Rome, Juillet 1966)*, à paraître; cf. sous Jaulin.

Grjaznukhima, T. A., Pshenitchnaja, L. E., Skorokhod'ko, E. F.,
1964 *Sistema informatsionnovo poiska* (Kiev, Institut de Cybernétique, Acad. Ukrainienne des Sciences).

Hammel, E. (ed.),
1965 "Formal Semantic Analysis", *American Anthropologist*, vol. 67, n° 5, Pt. 2.

Henderson, M. M., Moats, J. S., Stevens, M. E., Newman, S. M.,
1966 *Cooperation, Convertibility, and Compatibility among Information Systems: a Literature Review*, (Washington, National Bureau of Standards Miscellaneous Publication 276).

Ivanov, V. V. et Toporov, V. M.,
1965 *Slavjanskie jazykovye modeliryjushtshie semiotitcheskie sistemy* (Moscou, Ed. Nauka).

Jaulin, B. (ed.),
1968 "Calcul et formalisation dans les sciences de l'homme", *Actes du Symposium international sur les méthodes de calcul dans les sciences de l'homme (Rome, juillet 1966)* (Paris, C.N.R.S.).

Katz, J. et Fodor, J.,
1964 "The Structure of a Semantic Theory", in *The Structure of Language* (Prentice Hall, N.Y.), pp. 479-518.

Katz, J. et Postal, P.,
1965 *An integrated Theory of Linguistic Descriptions* (Cambridge, Mass., M.I.T. Press).

Klein, M., Lantier, F., Ramolino, N.,
1967 "Une analyse sémantique conceptuelle", Bulletin du C.E.R.P., tome 16, pp. 275-287.

Lakhuti, D. G., Tchernjavskij, V. S.,
1965 "Ob algoritmitcheskom razpoznavanii znatchenij omonimov", *Nautchno-Tekhnitcheskaja Informatsija*, n° 1, pp. 46-47.

Lévi-Strauss, C.,
1935 "The Structural Study of Myth", *Journal of American Folklore*, vol. 68, pp. 428-444.
1958*a* *Anthropologie structurale* (Paris, Plon).
1958*b* "La Geste d'Asdiwal", *Annuaire de l'Ecole Pratique des Hautes Etudes*, Section des Sciences religieuses (1958-59) (Paris).
1960 "La structure et la forme", *Cahiers de l'Institut de Sciences Economiques Appliquées*, n° 99, pp. 3-36.
1964, 1966 *Mythologiques*, I: *Le Cru et le Cuit*; II: *Du Miel aux Cendres* (Paris, Plon).

Lévy, F.,
1966 "An Outline of two Systems: SYNTOL and the General Inquirer", in *Comparing Nations, the Use of Quantitative Data in Cross-National Research*, ed. R. L. Merritt et S. Rokkan (New Haven et Londres, Yale University Press), pp. 465-497.

Maranda, P.,
1966 "Analyse quantitative et qualitative de mythes sur ordinateur", communication présentée au *Symposium International sur les Méthodes de Calcul dans les Sciences Humaines*, Rome, juillet 1966 (Actes sous presse, voir sous Jaulin).
à paraître *Structural Analysis of Oral Tradition.*

Mathiot, M., q.v. "Cognitive Analysis of a Myth, an exercise in method", in *Structural Analysis of Oral Tradition*, ed. P. Maranda.

Monastyrskij, I. M., Pevzner, B. R., Stjažkin, N. I.,
1964 "Metod deskriptornogo automatitcheskogo referirovanija literatury po stankostroeniju i printsipal'nyj algoritm ego realisatsij na E.Ts.V.M.", *Nautchno-Tekhnitcheskaja Informatsija*, n° 2, pp. 28-33.

O'Connor, J.,
1964 "Automatic Subject Recognition in Scientific Papers, an Empirical Study", *Journal of the Association for Computing Machinery*, vol. 12, n° 4, pp. 490-515.

Osgood, C. E., Saporta, S., Nunnally, J. C.,
1956 "Evaluative Assertion Analysis", *Litera* 3, pp. 47-102.

Osgood, C. E.,
1959 "Contingency Analysis", in *Trends in Content Analysis*, ed. I. De Sola Pool (Urbana, Univ. of Illinois), pp. 54-78.

Perreault, J. M.,
1965 "Categories and Relations: a new schema", *Revue Internationale de Documentation*, vol. 32, n° 4, pp. 136-144.

Piault, C.,
1963 "Enquête psycho-sociologique au Ghana", *Bull Informations*, n° 9, pp. 16-22.
1965 "A Methodological Investigation of Content Analysis using Electronic Computers for Data Processing", in *The Use of Computers in Anthropology*, ed. Dell Hymes (La Haye, Mouton), pp. 273-293.

Propp, Vladimir,
1958 *Morphology of the Folktale* (trad. anglaise de l'édition russe parue en 1928), Publication 10 of the Indiana University Research Center in Anthropology, Folklore, and Linguistics, Bloomington,.

Richard, P.,
1967 "Analyse des Mythologiques de Claude Lévi-Strauss", *L'homme et la société*, n° 4, avril-juin 1967.

*Sémiôtikè — Trudy po znakovym sistema* (titre traduit en anglais par *Works on Semiotics*), vol. II (Tartu, Transactions de l'Université de Tartu), 1965.

*Simposium po strukturnomu izutchenju znakovyx sistem* (Moscou, Acad. des Sciences de l'U.R.S.S.), 1962.

Sola Pool, I. de (ed.),
1959 *Trends in Content Analysis* (Urbana, Univ. of Illinois Press, Urbana).
Stone, P. J., Bales, R. F., Namenwirth, Z. et Ogilvie, D. M.,
1962 "The General Inquirer: a computer system for content analysis and retrieval based on the sentence as a unit of information", *Behavioral Science*, vol. 7, pp. 484-498.
Stone, P. J. et Hunt, E. B.,
1962 *The General Inquirer extended: automatic theme analysis using tree building procedures*, IFIP Congress 62, (Münich 1962) (Amsterdam, North Holland Publishing C°).
Stone, P. J., Dumphy, D. C., Smith, M. S., Ogilvie, D. M.,
1966 *The General Inquirer: a computer approach to content analysis* (Cambridge, Mass., M.I.T. Press).
Vickery, B. C.,
1958 *Classification and Indexing in Science* (Londres, Butterworths Scientific Publications, Londres).

# OBSERVATIONS TECHNOLOGIQUES SUR LE RYTHME STATUAIRE

ANDRÉ LEROI-GOURHAN

L'analyse des caractères de style est un des domaines de l'ethnologie où la recherche dispose encore d'un très large terrain. Dans l'œuvre artistique, les valeurs esthétiques nées du simple rapport de la matière avec le procédé et celles qui tiennent au talent personnel et à l'inspiration novatrice se combinent avec les traits exclusivement propres aux œuvres d'une certaine ethnie à une époque donnée, dans des termes qu'ignore l'analyse des autres techniques. Le peu d'informations dont on dispose généralement sur le processus de création ajoute aux difficultés de la sériation des critères. Phénomène complexe, la figuration issue de la main échappe en partie à la traduction dans le verbe; une portion de son contenu, la plus significative, se dérobe au processus descriptif, l'œuvre manuelle n'a d'autre témoin de son intimité qu'elle-même. Il en résulte que si l'observateur informé voit très bien ce qu'est le style des troncs de fougère sculptés des Nouvelles-Hébrides, il est assez désarmé dans son vocabulaire pour exprimer en termes scientifiquement admissibles en quoi ce style diffère foncièrement de celui des sculptures de la Nouvelle-Irlande et ce que les deux modes peuvent avoir de commun.

Dans une même ethnie la peinture pariétale, l'argile modelée, le bois sculpté, la vannerie ou le tissage décorés offrent souvent entre eux des caractères de facture assez différents pour que l'observateur ne parvienne pas à la perception de ce qui doit forcément exister de commun entre des œuvres contemporaines, exécutées dans un même groupe humain: la formule stylistique qui devrait se dégager ne perce pas l'écran que constituent la matière et son traitement. Par contre, il est facile de découvrir les affinités que présentent des œuvres prises dans des ethnies très différentes mais exécutées dans les mêmes matériaux, avec les mêmes procédés. Tel est par exemple le cas pour la peinture rupestre de régions aussi distantes les unes des autres que l'Espagne, l'Afrique du Sud et l'Inde. Pourtant ce qui est ressemblance dans de telles œuvres est étranger au style proprement dit et tient aux convergences techniques ou à des lois très générales d'évolution des formes. Une analyse, même superficielle, des caractères de convergence, des procédés d'expression des formes, des conventions spatiales, du rendu des volumes et du mouvement rend compte des raisons qui créent entre l'art rupestre du Levant espagnol, celui du Sahara ou de Rhodésie et celui de l'Inde, un réseau d'affinités réelles mais essentiellement techniques; la recherche dans ce sens, loin de faire ressortir des affinités historiques, n'est démonstrative que de l'identité des procédés. Traiter des caractères de style n'est donc significatif que dans la mesure où les rapports entre le procédé et la matière sont éclairés. Le style est fait du jeu des formes, mais aussi, pour une part notable, tient-il aux proportions; c'est ce point qui sera abordé ici dans les représentations sculptées de la forme humaine.

Dans la statuaire le style est inséparable des traits imposés par le bloc initial et par l'outillage. Tirer une figure humaine d'un cylindre de bois ou d'ivoire imprime au départ une partie des traits qui orientent l'expression stylistique. La juxtaposition de volumes géométriques pour représenter un personnage repose à la fois sur l'expression d'une image aux formes conventionnellement fixées par la tradition et sur un certain état de la technique où la création de volumes géométriques est réalisée. La réalisation d'une anatomie dont la synthèse du relief musculaire se fait par grandes masses juxtaposées (comme il est fréquent dans la statuaire africaine) est simultanément liée à une procédure matérielle dans laquelle l'outil marque des coupes franches au raccord des différentes parties et à une manière de traduire les formes qui peut être celle d'un seul village pendant un certain nombre de générations. Le style se referme par conséquent sur un cercle dont on ne peut le dégager qu'en recherchant primordialement la solution des problèmes proprement matériels. C'est seulement en fin d'analyse, lorsque tout ce qui adhère aux raisons passant par la matière et la technique aura été élucidé par paliers, qu'on pourra estimer ce qui, dans la combinaison des caractères d'exécution technique, suffit à déterminer l'originalité ethnique. Ce but atteint on pourra tenter de juger de ce qui dépasserait éventuellement la formule technique et constituerait l'impondérable propre à un style localisé.

Pour illustrer cette réflexion, quelques exemples empruntés à ce qu'on est convenu de nommer l'art primitif seront exposés. Les différents sujets considérés ont pour caractère commun d'avoir été tirés d'un bloc initial (ivoire, bois, pierre tendre) plus ou moins cylindrique. Pour leur état figuratif[1] ils répondent à différents stades d'élaboration: géométrique

[1] La notion d'*état figuratif* proposée ici se réfère à la fois au mode d'expression et au dégagement matériel des formes. Le mode d'expression comporte quatre degrés: le

élémentaire (poteau zuni), géométrique à éléments juxtaposés (poupées achanti), synthétique à éléments juxtaposés (statuettes baoulé et fang), synthétique à éléments enchaînés (statuettes paléolithiques et de l'île de Pâques). Ces caractères répondent aux états les plus courants dans les arts "populaire" et "primitif". Tous les sujets, de plus, répondent à un mode "figé",[2] sans indication précise de mouvement, à un état complet de symétrie, les bras étendus ou à demi-repliés. Ce statisme permet de limiter le problème du rythme aux lignes de construction principales et aux proportions.[3]

Les lignes de construction (axe vertical de symétrie et diamètre transverse maximal) déterminent le cadrage.[4] Le point d'intersection de l'axe vertical et du diamètre transverse se situe à une hauteur variable (fig. 1, 5, 8). Dans les œuvres où la forme cylindrique du bloc initial est encore sensible, il peut y avoir deux diamètres transverses égaux (fig. 4 et 6) ou plusieurs; à la limite les bords parallèles du cylindre peuvent être conservés sur toute la hauteur (fig.7). La position des diamètres transverses maximaux joue un rôle dans l'équilibre matériel et visuel de la sculpture: centrage sur les hanches (fig. 1, 2, 3), fuite vers les pieds (fig. 5 et 8 à 11), statisme de plus en plus affermi (fig. 4, 6 et 7). Ces variations de cadrage sont un élément important parmi ceux qui entrent dans la formulation du "style", mais on ne peut les considérer que comme un

---

*géométrique pur*, assemblage de formes sans intention figurative explicite; le *figuratif géométrique*: assemblage de formes géométriques figurativement identifiables; le *figuratif synthétique*: les formes anatomiques sont traitées largement, par fusion, en volumes de synthèse; le *figuratif analytique*: les formes sont rendues dans leurs inflexions de détail. Le dégagement des formes comporte trois degrés: *élémentaire*: tracés sommaires, filiformes, amiboïdes, volumes naturels ou parties brutes; à *éléments juxtaposés* assemblage des différentes parties par des coupures sans transitions; à *éléments enchaînés*: assemblage des différentes parties par des raccords fondus. Un quatrième degré, à *éléments proliférants*, caractérise l'exubérance ornementale des formes.

[2] Le mouvement statuaire peut s'exprimer dans les catégories générales suivantes: *animation nulle* (figé droit et figé fléchi), *animation symétrique* (en extension, en flexion, en flexion décalée), *animation segmentaire* (mouvement limité à un organe ou parties animées "chacune pour soi"), *animation coordonnée* (latérale, complexe).

[3] Dans la presque totalité des cas, la statue est exécutée pour être considérée de face, secondairement de profil et de dos. La vue frontale combine le *contour* (obtenu par les coupes qui ont attaqué le bloc de profil) et la *profondeur* qui réalise le profil par plans successifs (bloc attaqué de face).

[4] Le *cadrage* répond à l'inscription des contours de l'œuvre statuaire dans une figure géométrique déterminée par la position du ou des diamètres transverses maximaux (ex: cadrage losangique des sujets 1 à 3). Sur les figures de cette étude la mi-hauteur est indiquée par le signe O; l'*axe vertical* (axe de symétrie) est défini par le signe I, le *diamétre transverse maximal* par le signe II. Les *intervalles isométriques* qui séparent les points remarquables sont marqués *a, b, c*, chaque série d'intervalles de même valeur répondant à une lettre. Les *points remarquables* sont notés par les chiffres 1, 2, 3, etc.

élément en quelque sorte préliminaire, trop soumis à la convergence pour caractériser à lui seul une entité spatio-temporelle restreinte. Tout au plus peut-on dire que le cadrage en losange régulier est un caractère marquant de la majorité des statuettes paléolithiques dites "vénus aurignaciennes" (fig. 1 à 3) ou que la statuaire océanienne répond souvent à un cadrage qui situe le diamètre transverse maximal au niveau des clavicules. Caractère à établir au départ, le cadrage ne trouve de signification ethnique ou chronologique que combiné avec d'autres caractères qui le corroborent.

Dans la statuaire un second trait de caractère rythmique est donné par la répétition deux, trois fois et plus, d'écarts d'égale valeur, le plus souvent verticaux, qui sous-tendent les proportions et sont, pour la statuaire figée, l'élément déterminant l'impression d'harmonie. Ces "intervalles isométriques" répondent à des coupures techniques, à l'alternance des creux et des bosses. Ils coïncident avec des points remarquables comme le menton ou l'ombilic mais non forcément avec des points anatomiques constants, ce qui les différencie du "nombre d'or" du canon de la sculpture classique et explique pourquoi l'application d'une analyse fondée par exemple sur le nombre de têtes dans la hauteur ou sur la longueur du bras ne conduit qu'à des résultats inconstants. Les intervalles isométriques marquent, à la manière d'un rythme prosodique, la cadence qui peut naître de l'application consciente et volontaire d'une formule traditionnelle ou surgir, non explicitée, du sentiment plastique de l'exécutant.

Cadrage et intervalles isométriques se combinent pour déterminer le jeu des proportions. Il ne faut pas perdre de vue que le cadrage, qui détermine le contour frontal de l'œuvre statuaire, est conduit par des attaques de l'outil sur l'ébauche placée de profil, alors que le profil lui-même est déterminé par la taille des creux sur l'ébauche tenue de face. Le modelé général, au niveau de l'ébauche, naît de la conciliation entre les deux opérations de cadrage et de mise en place des intervalles isométriques sur la face antérieure. Le modelé postérieur, souvent moins poussé, est conduit par accommodation avec les deux opérations principales. La dissociation relative de ces dernières explique que suivant les cas le cadrage et les intervalles isométriques coïncident (fig. 1 à 3, 5, 8 à 11) ou sont, au contraire, indépendants (fig. 4, 6 et 7). L'examen plus poussé des exemples choisis permet de saisir la souplesse des rapports entre ces deux éléments rythmiques de la statuaire primitive.

*Statuettes paléolithiques*: Les trois sujets, approximativement contemporains (circ. 20.000 avant notre ère), proviennent respectivement de

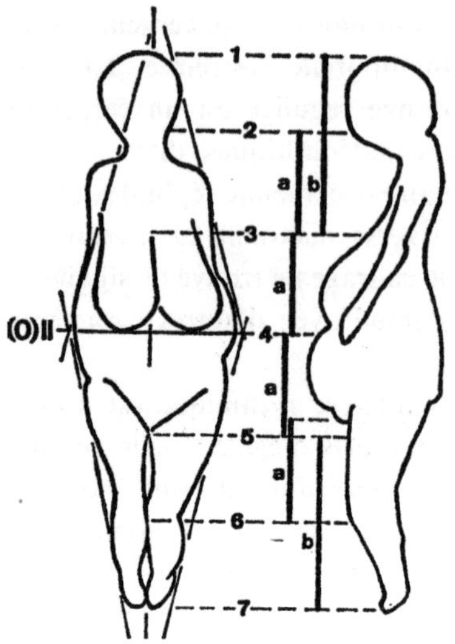


Fig. 1. Statuette d'ivoire de mammouth de Kostienki (Russie, région de Voronej). Hauteur 11,4 cm.

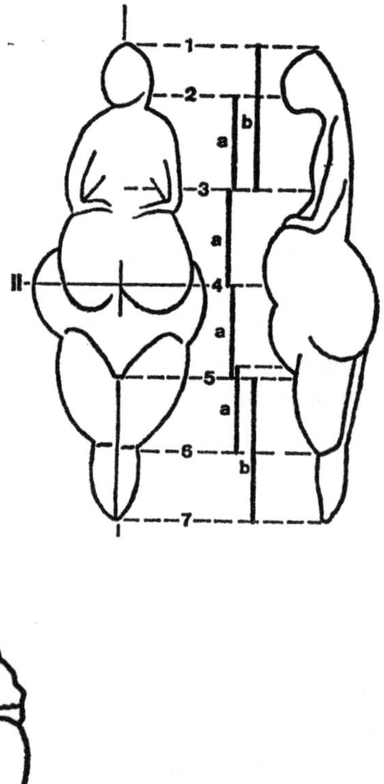


Fig. 2. Statuette d'ivoire de mammouth. Grotte de Lespugue (Basses-Pyrénées) Hauteur 14,7 cm.

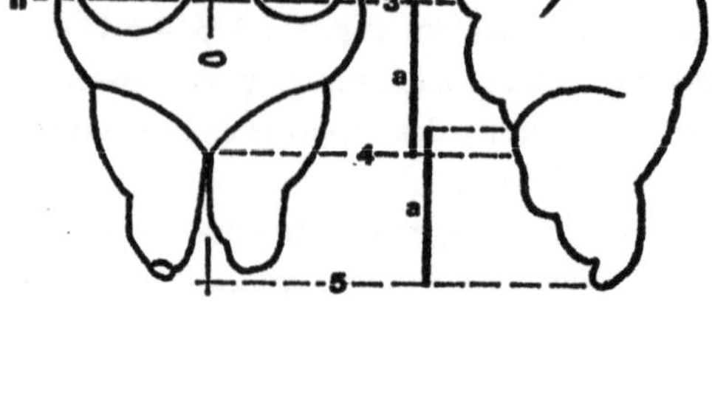


Fig. 3. Statuette de pierre. Willendorf (Autriche). Hauteur 11 cm.

Kostienki sur le Don (fig. 1), de Lespugue dans les Basses-Pyrénées (fig. 2) et de Willendorf en Autriche (fig. 3). Les deux premières sont taillées dans l'ivoire de mammouth, la troisième est en pierre; elles mesurent entre 11 et 15 centimètres de hauteur. Dans leur modelé général les trois œuvres répondent à l'état figuratif synthétique: le modelé réel du corps humain est réinterprété en volumes qui en constituent une synthèse. Ces formes plus ou moins fortement marquées par l'interprétation sont reliées entre elles par enchaînement: les coupures entre les différentes parties sont fondues dans des conditions proches de celles de la réalité et la trace de l'outil ne marque pas la simple juxtaposition de la tête sur le cou ou des membres sur le tronc.

Par leur cadrage, les trois statuettes sont extraordinairement identiques; l'axe vertical est coupé en deux moitiés égales par le diamètre transverse maximal (point 0), ce qui détermine un cadre en losange ouvert et une double symétrie. Dans les trois cas les hanches répondent au diamètre transverse maximal et les volumes s'équilibrent symétriquement vers le haut et le bas. Ce cadrage est attesté sur la majorité des représentations féminines en ronde-bosse ou en bas-relief[5] depuis l'Oural jusqu'à l'Atlantique, à la même époque, quelle que soit leur taille, de 5 cm (Grimaldi) à 40 cm (Laussel).

Les intervalles isométriques sont les mêmes pour Kostienki (fig. 1) et pour Lespugue (fig. 2), en dépit des 3000 km qui séparent leurs sites d'origine. A partir du point 4 (intersection des lignes I et II) deux intervalles *a* correspondent l'un à la base des seins (point 3) l'autre au pubis (point 5). De ces points deux intervalles *b* rejoignent vers le haut le vertex (point 1), vers le bas la pointe des pieds (point 7). Deux autres intervalles *a* se répercutent de la base des seins au point le plus saillant du visage (point 2) et de l'intersection de la cuisse au genou (point 6). Ce dernier intervalle chevauche légèrement l'intervalle 4-5, particularité qui sera reprise dans quelques lignes.

La statuette de Willendorf (fig. 3) montre que si le procédé a pu être inconscient, il n'a pas été fortuit. En effet, en beaucoup plus massif, cette statuette répond à la fois au même cadrage et à une distribution similaire des intervalles isométriques. On constate toutefois que les seins prenant directement naissance sous le menton, l'intervalle se trouve sensiblement réduit aux deux extrémités; on ne retrouve donc pas l'intervalle *b* des deux autres sculptures mais seulement quatre intervalles *a* (vertex-menton-point d'intersection central-pubis-pieds); de ce fait le genou se trouve

[5] Cf. André Leroi-Gourhan, *Préhistoire de l'art occidental* (Paris, Mazenod, 1965), fig. 52 bis, pp. 792 et 793.

exclu du dispositif des intervalles. Il apparaît ainsi que les intervalles isométriques régissent les proportions sans affecter une position anatomique immuable; dès le stade de l'ébauche ils ordonnent le rythme de telle sorte que la réduction du segment supérieur entraîne une réduction correspondante du segment inférieur en fonction du rythme et non en fonction de la réalité anatomique.

Un autre trait montre la liaison entre la technique et le rythme: sur les trois statuettes un décalage sensible se produit dans les intervalles au raccord du pubis et de la cuisse (point 5 de Kostienki et de Lespugue, point 4 de Willendorf). Le chevauchement des deux valeurs se produit entre deux points (pubis et région inguinale) dont l'un n'est visible que de face et l'autre de profil. De tels chevauchements ont également lieu dans la sculpture récente (fig. 11).

L'unité impressionnante des trois statuettes paléolithiques relève d'un phénomène général d'isométrie dont on trouve des exemples très nombreux dans l'art de toutes les époques mais qui frappe plus particulièrement lorsqu'il s'agit des plus anciennes sculptures attestées. Lorsque le sculpteur devient conscient de l'élément rythmique qu'apporte l'isométrie un canon explicite doit s'établir. On ne peut que regretter l'absence totale d'informations sur le niveau d'explicitation qu'ont atteint les sculpteurs paléolithiques, les informations qu'on possède sur le même sujet chez les primitifs récents ne sont d'ailleurs guère plus étendues. Pour les primitifs vrais comme pour les primitifs récents il est certain que la copie (même simplement mentale) d'œuvres successives les unes sur les autres, a pu jouer un rôle important mais que le talent personnel de l'exécutant n'a pas joué un moindre rôle. On se rend compte de ce dernier fait lorsqu'on analyse les variations de l'isométrie dans des œuvres de même origine (fig. 12 à 15). La vieille expression artisanale "avoir le compas dans l'œil" semble avoir possédé toute sa force dès les débuts de l'art du sculpteur. C'est pour illustrer cette constatation que dans les pages suivantes on examinera quelques exemples récents.

*Statuette baoulé de Côte-d'Ivoire* (fig. 4). Cette statuette de bois mesure 34 cm de hauteur. Dans sa facture générale, elle répond au figuratif synthétique à éléments juxtaposés, c'est-à-dire que le modelé est traité par synthèse des masses qui sont raccordées les unes aux autres sur des coupures franches (nez sur la face, tête sur le cou, cou sur le tronc etc.). Le cadrage est caractérisé par la présence de deux diamètres transverses maximaux (II) dont l'un coupe l'axe vertical au niveau des coudes, l'autre au sol. La pluralité des diamètres transverses maximaux répond généralement à la conservation d'une partie des proportions du cylindre initial.

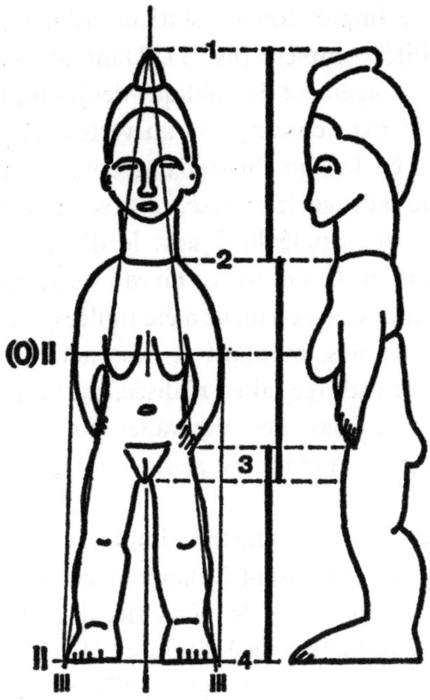


Fig. 4.
Statuette de bois. Baoulé(Côte d'Ivoire). Hauteur 34 cm.

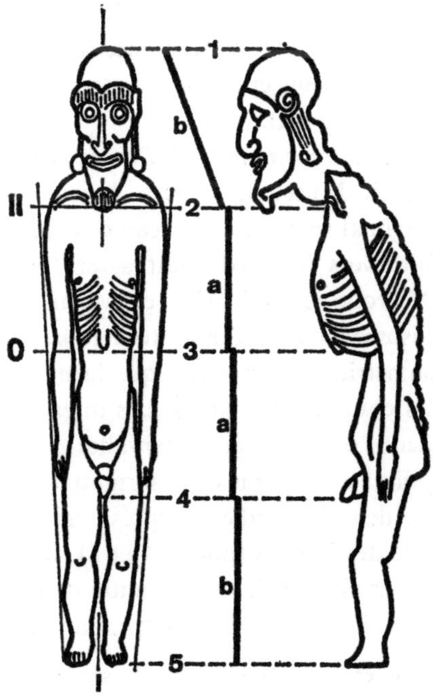


Fig. 5.
Statuette de bois. Ile de Pâques (Polynésie). Hauteur 44 cm.

Ce rappel du parallélisme suscite une impression de statisme (fig. 6), statisme qui peut suggérer l'immobilité complète (fig. 7). Dans le cas présent, l'écartement des pieds et le prolongement de l'oblique des jambes par les flancs et le cou détermine deux axes convergents au vertex (III) qui restituent un dynamisme sensible en faisant du statisme comme la conclusion d'un mouvement. Malgré le cadrage de sa base, cette sculpture offre un point commun avec les statuettes paléolithiques: le diamètre maximal des coudes se trouve à mi-hauteur (point 0), au niveau du sommet des seins, ce qui suppose, pieds exclus, que l'ébauche a été taillée en la retournant, suivant deux profils symétriques, montant et descendant à partir du point médian.[6] L'isométrie de cadrage, ainsi réalisée, est indépendante dans le cas présent de celle qui naît des intervalles puisqu'à l'inverse des statuettes paléolithiques la mi-hauteur n'est pas le point d'origine des intervalles isométriques.

La disposition des intervalles répond à une formule très simple: la base du cou (point 2) et celle du pubis (point 3) divisent la hauteur en trois parties égales (tête + cou — tronc — jambes) avec le même décalage au niveau du pubis (point 3) que sur les statuettes paléolithiques. Il est à noter que la hauteur tête + cou correspond à une valeur d'intervalle fréquente dans la statuaire africaine. Il résulte de ces différentes constatations que la statuette est équilibrée par la combinaison de trois modes rythmiques: la convergence des axes III (sol-vertex), l'isométrie de cadrage (seins et coudes), la triple répétition d'intervalles (vertex-base du cou, pubis-sol).

*Statuette masculine de l'île de Pâques* (fig. 5). Cette sculpture de bois, du British Museum, mesure 44 cm de hauteur. Le diamètre transverse maximal se place au niveau des clavicules, de sorte que le cadrage est en fuite vers les pieds, fait assez fréquent dans la sculpture océanienne (Micronésie, Polynésie et Mélanésie). Il n'existe par conséquent pas d'isométrie de cadrage; toutefois l'axe vertical est intégré aux intervalles isométriques par le fait que la mi-hauteur (point 0) coïncide avec l'une des coupures (point 3). Les intervalles isométriques divisent l'œuvre en quatre parties: deux intervalles *a* des clavicules à la pointe du sternum (points 2 et 3), puis du sternum à la pointe du pénis (points 3 et 4) alors que deux intervalles *b* représentent la hauteur de la tête (points 1 et 2) et celle des jambes (points 4 et 5). Il est assez intéressant de constater que l'intervalle *b* suit l'incurvation de la partie supérieure de la statuette. Le dispositif rythmique, indépendamment du cadrage, est le même que celui

[6] Noter à ce propos l'isométrie, sur le profil, de la saillie du nez, de celle des seins et de celle des genoux.

des statuettes paléolithiques, de celles de Kostienki et de Lespugue en particulier (fig. 1 et 2). La division en quatre entraîne un raccourcissement des jambes qui accuse l'impression de fuite déterminée ici par le cadrage aux épaules.

*Statuette de byeri des Fang du Gabon* (fig. 6). Un travail de L. Perrois[7] a montré les variations de proportions très curieuses de ces figures d'ancêtres destinées à surmonter les reliquaires. Il a pu y distinguer des formes courtes (brèviformes), moyennes (équiformes) et longues (longiformes et hyperlongiformes) en prenant pour base les proportions relatives des différentes parties du corps. Ce procédé qu'on pourrait qualifier d'anthropométrique permet d'atteindre un degré élevé d'analyse morphologique, mais ne touche qu'indirectement le problème du rythme. Le sujet choisi ici est une statuette féminine, de bois, haute de 44 cm. C'est un bon exemple de figuratif synthétique à éléments juxtaposés, les différentes parties du corps y sont résumées en volumes qui rejoignent presque le géométrisme. La liaison des différents volumes est profondément marquée par les coupures de raccord.

Le cadrage est pratiquement cylindrique, il est déterminé par deux diamètres transverses maximaux (II) recoupant l'axe vertical (I) au niveau des clavicules et au niveau des hanches. Il en résulte une impression de statisme très prononcée. Ni les deux diamètres transverses, ni la mi-hauteur de l'axe vertical (point 0) ne coïncident avec des points remarquables du relief, ce qui indique l'indépendance du cadrage par rapport aux intervalles isométriques. Ces derniers déterminent le modelé de manière très complexe.

L'intervalle de départ paraît être la hauteur de la tête plus celle du cou, comme pour la figure 4. Cet intervalle (point 1-point 3) se répète du point 3 au point 5 (base du cou — saillie des mains) puis du point 5 au point 7 (saillie des mains — base du pubis). Une seconde série est insérée par chevauchement par rapport à la première, de l'œil (point 2) au sommet des seins (point 4), à l'ombilic (point 6), au sol (point 8). Cette double série chevauchante peut susciter deux explications. Dans la première le sculpteur aurait divisé le bloc initial en sept parties égales, déterminant le vertex, l'œil, la base du cou, le sommet des seins, les mains, l'ombilic, le pubis et le sol. Une telle procédure mise en œuvre dès le début de l'ébauche, offre des difficultés, en particulier pour la détermination de la position des yeux. Dans la seconde hypothèse, après avoir déterminé la hauteur tête +

[7] Louis Perrois, "Note sur une méthode d'analyse ethno-morphologique des arts africains", *Cahiers d'Etudes africaines*, v. VI (1966), 1er cahier, pp. 69-85. — *Le "Byéri" des Fan du Gabon, essai d'analyse stylistique* (Libreville, ORSTOM, 1966).

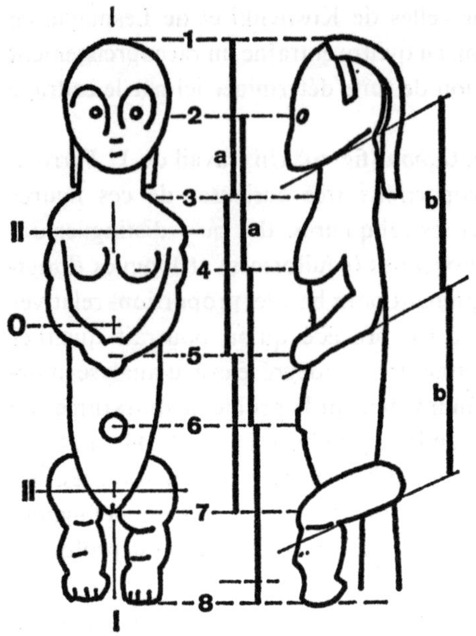


Fig. 6
Statuette de bois. Fang (Gabon).
Hauteur 44 cm.

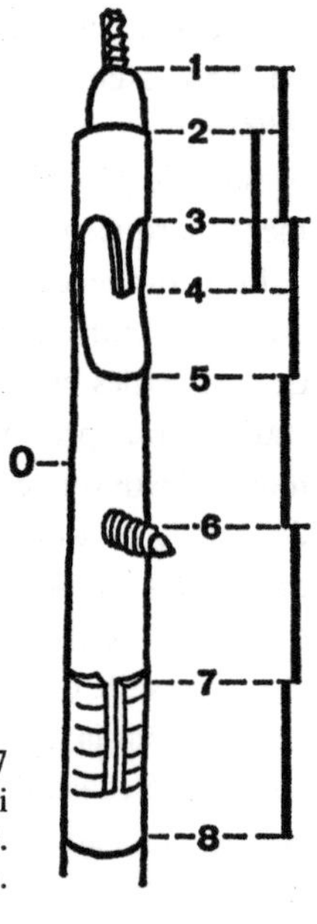


Fig. 7
Statue de bois. Zuni
(Nouveau-Mexique).
Hauteur 86 cm.

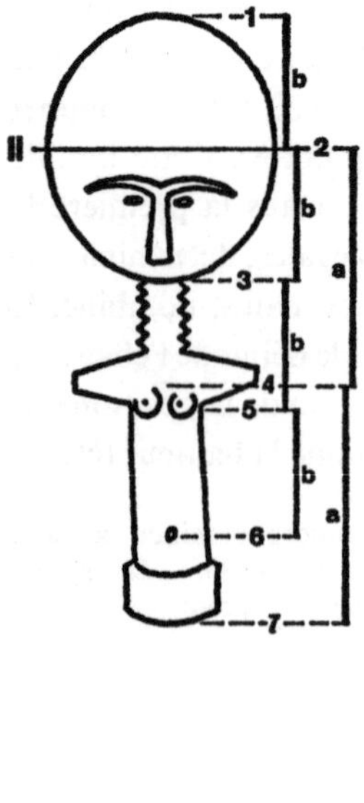


Fig. 8
Poupée de bois. Achanti
(Ghana). Hauteur 30 cm.

cou, on aurait reporté les points 5 et 7 (mains et pubis) puis placé à mi-distance les autres détails. A l'appui de cette seconde procédure on peut avancer deux faits: 1° que l'intervalle tête + cou sert fréquemment de référence dans la statuaire africaine et en particulier chez les Fang,[8] 2° que dans le cas présent, l'intervalle ombilic-sol n'excède les autres intervalles que de l'épaisseur du pied, ce qui peut s'expliquer en considérant soit que la première série 1-3-5-7 s'arrête au pubis et que par conséquent l'intervalle 6-8 a été déterminé en dernier et au jugé, soit que la conciliation des coupures isométriques *b* du profil a conditionné les proportions du bas de la jambe. En tout état de cause la régularité de la trame ainsi déterminée est remarquable et le jeu des intervalles chevauchants explique peut-être la variabilité dans les proportions verticales des statuettes byéri.

*Poteau sculpté des Indiens Zuni du Nouveau-Mexique* (fig. 7). Ce personnage, qui mesure 86 cm de hauteur, se trouve au Musée de l'Homme;[9] il est taillé dans un tronc de résineux. L'extrême sobriété de son modelé le classe dans le figuratif géométrique élémentaire, puisque les formes s'y résolvent en courbes et en droites simples et que le contour est emprunté sans modification au tronc initial. Le cadrage est du type cylindrique et les points remarquables n'entretiennent de rapports qu'avec l'axe de symétrie, sans intervention de la mi-hauteur. Il existe toutefois une certaine symétrie verticale, non fondée sur l'isométrie, mais sur le modelé, puisque le relief du nez et des sourcils se répète, en creux, dans ce qui peut passer pour figurer les jambes du personnage assis.

Malgré son caractère sommaire, cette statue produit une impression d'équilibre dans les proportions; ce sentiment est dû à la grande régularité des intervalles. La tête est construite par chevauchement de trois intervalles égaux: vertex-sourcils (points 1 et 3), front (?)-pointe du nez (points 2 et 4), sourcil-menton (points 3 et 5). Une distance équivalente sépare le menton de l'ombilic (points 5 et 6), les genoux du sol (points

[8] La variabilité des proportions dans la statuaire du byéri des Fang est considérable (cf. Perrois, cité plus haut). Du point de vue des intervalles, on note la présence de sujets où la hauteur du visage seule est en rapport d'isométrie avec d'autres parties du corps (majorité des figures du mémoire L. Perrois) et celle de sujets où l'intervalle tête+cou est en cause. De ce dernier type, voir notamment: Michel Leiris et Jacqueline Delange, *Afrique noire, la création plastique* (Paris, Gallimard, 1967) (coll. *L'univers des formes*), fig. 58, 103. *Arts primitifs dans les ateliers d'artistes* (Paris, Musée de l'Homme, 1967), fig. 58, 60, 63. Dans certaines figures, du fait de l'obliquité de la mâchoire, la hauteur du visage se confond avec la hauteur tête+cou: Leiris et Delange, *opus. cit.*, fig. 10; *Chefs-d'œuvre du Musée de l'Homme* (Paris, Musée de l'Homme, 1965), fig. 22.

[9] Cf. *Chefs-d'œuvre du Musée de l'Homme*, *opus. cit.*, fig. 57.

7 et 8). Comme les exemples précédents, cette œuvre montre (quoi qu'il en soit des moyens conscients ou inconscients par lesquels l'isométrie a été réalisée) que le choix des points remarquables entre lesquels s'établissent les intervalles n'est pas foncièrement lié à la topographie anatomique: les détails corporels s'insèrent dans la trame mais ne la régissent pas.

*Poupées achanti du Ghana* (fig. 8 à 11). Il est intéressant, comme sur les statuettes paléolithiques, de tester la constance ou les variations de l'isométrie sur une série d'objets stéréotypés. Les "poupées de fécondité" achanti répondent à un type assez constant pour qu'on puisse éprouver la consistance de la méthode qui est proposée ici. Les quatre exemplaires figurés mesurent de 30 à 35 centimètres de hauteur.

Les quatre figures sont traitées en figuratif géométrique, à éléments juxtaposés, sauf le n° 11 dont les membres inférieurs, traités en figuratif synthétique, constrastent curieusement avec le reste de la pièce. Le cadrage est insolite, le diamètre transverse maximal (II) correspond au grand diamètre du visage, ce qui peut s'expliquer par des raisons décoratives et fonctionnelles (la poupée est portée par les femmes enceintes) qui n'interfèrent pas avec le sujet présent. L'intérêt principal pour ce dernier réside dans le jeu à la fois uniforme et diversifié des intervalles isométriques.

Le premier sujet (fig. 8) offre la formule la plus simple, sans qu'on puisse en inférer qu'il soit plus ou moins évolué que les autres puisqu'on manque de détails sur la localisation exacte et sur la date de la fabrication de chacune des figures, comme sur la personnalité des sculpteurs. L'intervalle de base (*a*) prend son origine au centre de l'ovale du visage pour aboutir à la ligne claviculaire, puis au bas du corps (points 2, 4 et 7). Les figures 9 et 10 répondent à la même disposition, la figure 11 également si l'on considère que les jambes sont ajoutées. Pour les figures 8 et 11, l'intervalle *a* se retrouve dans le diamètre transverse maximal (point 2) alors que les figures 9 et 10 ont un transverse maximal excédentaire de plus de 1/10e, ce qui dépasse largement l'erreur admissible et indique que dans les deux cas considérés le diamètre transverse n'entretient pas de rapport métrique avec les intervalles verticaux. C'est d'ailleurs le cas le plus fréquent dans la ronde-bosse.

Il est difficile de reconstituer, faute d'observations directes, le processus qui conduit le sculpteur à déterminer l'intervalle *b* qui joue pourtant un rôle essentiel dans l'équilibre de la figure. D'après les documents dont on dispose, il ne paraît pas, sauf pour le sujet 8, avoir pu être inspiré par le demi-diamètre de l'ovale facial, ni avoir pu commander la position des détails faciaux. Il semble que son rôle, une fois les seins situés un peu

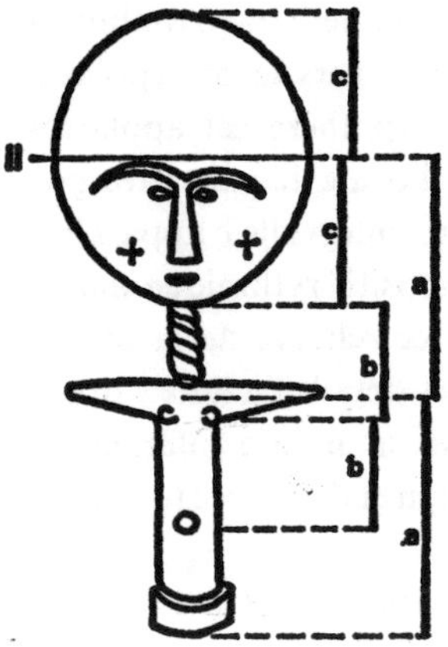


Fig. 9
Poupée de bois. Achanti (Ghana). Hauteur 28 cm.

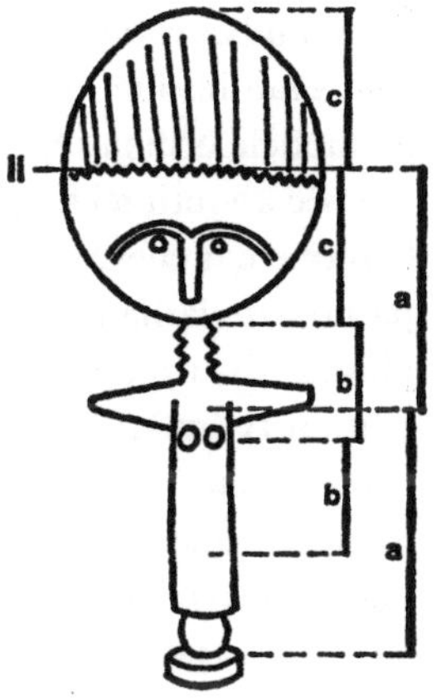


Fig. 10
Poupée de bois. Achanti (Ghana). Hauteur 32 cm.

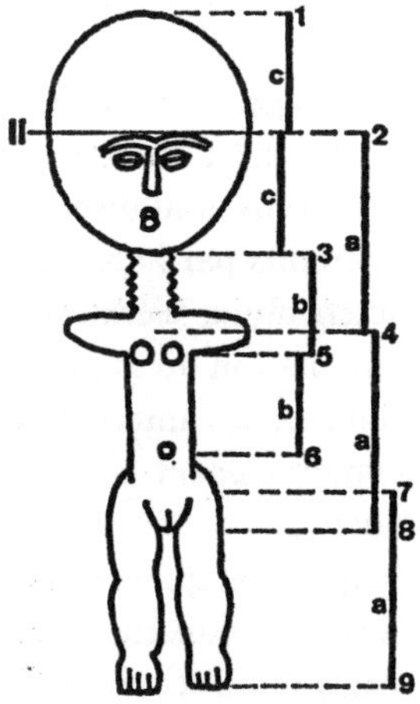


Fig. 11
Poupée de bois. Achanti (Ghana). Hauteur 35 cm.

au-dessous des aisselles, soit de déterminer la hauteur de l'ombilic en reportant l'intervalle menton-seins (points 3 et 5) vers le bas (point 6). Sur les trois sujets où l'ombilic est marqué l'hypothèse est applicable. Pour le sujet 8, le demi-diamètre vertical de l'ovale facial correspond à l'intervalle *b*, mais pour les trois autres sujets un intervalle *c* apparaît, de telle sorte que l'ovale facial n'est intégré au dispositif rythmique que par l'intervalle *a* (points 2 et 4). Cette indépendance relative de la tête par rapport au corps explique peut-être pourquoi les détails faciaux s'organisent sans assignation de place rigoureuse dans la moitié inférieure de l'ovale, montrant de menues variations de position et de nature (chevelure, bouche, marques sur les joues).

Le sujet 11 est intéressant par son caractère hybride: sur une tête et un corps traités en figuratif géométrique se greffent une région pubienne et deux jambes en figuratif synthétique, ce qui donne à la statuette un aspect tout à fait insolite. Jusqu'à l'ombilic, tout le haut de la figure est conforme au modèle ordinaire. L'intervalle *a* qui aboutit normalement au bas de la poupée aboutit ici au pubis et les membres inférieurs sont introduits dans la trame par chevauchement d'un troisième intervalle *a* (voir figures 1 à 4) partant de la hanche pour aboutir au sol. Le résultat, malgré le dimorphisme du traitement des deux parties du corps, conduit à une intégration rythmique relativement heureuse.

Ces quatre exemples achanti, comme les statuettes paléolithiques, montrent que le rythme statuaire est à la fois rigide et souple. Il est rigide parce que l'œil apprécie, sans même les analyser, de très faibles différences métriques (pour les exemples choisis la tolérance ne dépasse pas 1/40e) et que l'exécutant, comme le spectateur, perçoit la régularité des intervalles comme un élément rythmique inexplicite mais essentiel. La suggestion rythmique, exigeante dans son exactitude, est souple dans son application parce que, comme dans la métrique du langage, la constance d'écarts trop marqués est source de monotonie et que l'art consiste à créer les associations sans engendrer la froideur. Les moyens dont dispose la statuaire au plan où elle est considérée ici sont restreints par l'absence de dissymétrie de mouvement. Dans des arts de caractère moins hiératique le rendu du geste, les inflexions de l'axe vertébral, l'animation du masque font passer au second plan, sans toutefois les éliminer, les intervalles isométriques. Dans l'art primitif, au contraire, ils interviennent comme élément principal dans la cohérence de la figure statuaire.

Faute d'observations technologiques adéquates, la question qui se pose, et à laquelle il est difficile de répondre, est celle du degré de conscience et de liberté du sculpteur. Dans la majorité des cas, s'agissant d'œuvres qui

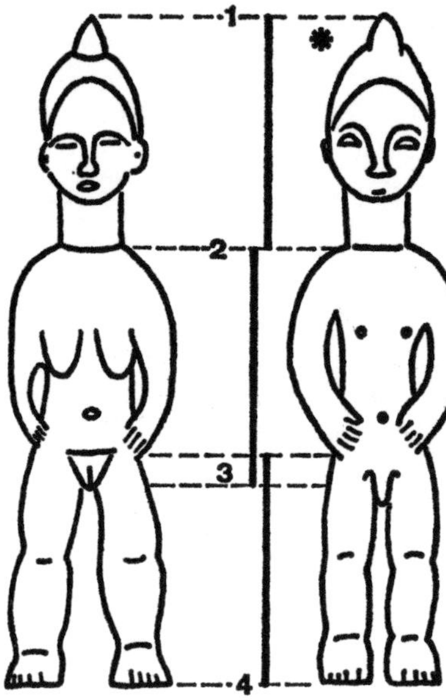


Fig. 12 Fig. 13

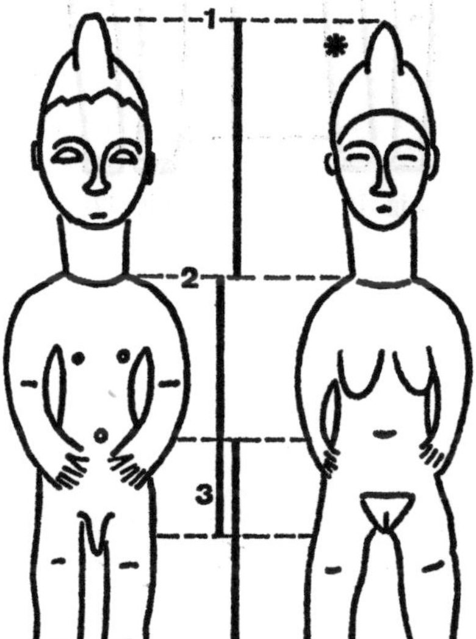


Fig. 14 Fig. 15

Fig. 12 à 15. Première expérience sur les variations isométriques. Les figures 12 et 14 correspondent à deux statuettes baoulé, l'une féminine, l'autre masculine, de même construction, mais offrant des différences de 1/10ème dans la valeur des intervalles et de ce fait un chevauchement différent au point 3. Les figures 13 et 15 donnent respectivement la reconstruction théorique des figures 14 et 12 suivant l'isométrie de chacune d'elles. Cette reconstruction est vérifiable dans la réalité baoulé (cf. Jacqueline Delange: *Arts et peuples de l'Afrique noire*, fig. 59 pour la figure masculine et *Arts primitifs dans les ateliers d'artistes*, fig. 90 pour la figure féminine).

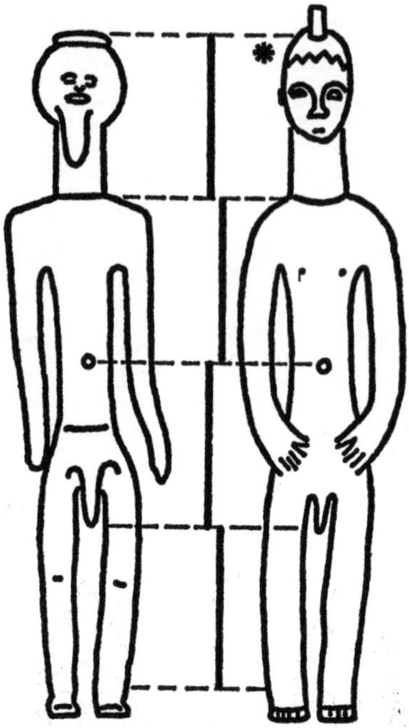

Eig. 16 Fig. 17

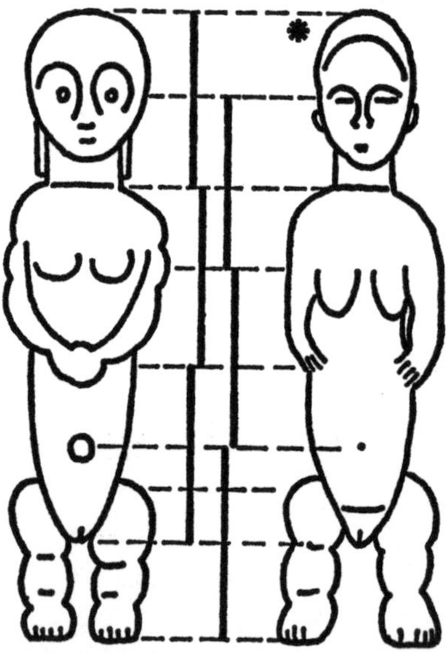

Fig. 18 Fig. 19

Fig. 16 à 19. Deuxième expérience sur les variations isométriques. La figure 16 est dogon, la figure 18 est fang (cf. fig. 6). Les figures 17 et 19 répondent à l'application de la formule isométrique des deux figures précédentes aux figures baoulé 12 et 14. Soumises à une distorsion considérable, ces "chimères" montrent pourtant clairement la relation entre l'isométrie et l'infrastructure stylistique.

relèvent de traditions motrices et idéologiques établies, on doit admettre que l'opération est la copie de figures préexistantes, dont le sculpteur s'inspire de mémoire ou à vue. Il n'est dans ce cas pas indispensable de faire intervenir la conformité à un canon codifié et explicite ou l'usage d'un dispositif de mesure. Mais il n'y a non plus pas lieu d'en repousser a priori l'hypothèse. Dans l'un et l'autre cas il suffit de faibles variations dans la valeur des intervalles pour que l'équilibre de la figure soit profondément perturbé (fig. 12 à 15) et la création ou le maintien des valeurs rythmiques à travers des copies successives doivent être pour une large part spontanés.

Si le cadrage et les intervalles isométriques provoquent indiscutablement le rythme, il y a lieu de se demander quel rôle ils jouent dans la détermination ethnique du style. Il ne faut pas se faire trop d'illusions: la simple application d'une formule d'intervalles ne permet pas de caractériser le style sous tous ses aspects, mais elle permet d'en saisir au moins une partie des caractères. Pourtant, deux raisons font que cette voie est insuffisante pour résoudre la question stylistique. La première est que le jeu des lignes et des volumes, élément important du style, n'est pas accessible par les mensurations.[10] La seconde raison réside dans l'intervention personnelle du sculpteur qui, en plus ou en moins selon son talent, enrichit ou appauvrit la formule rythmique. Les exemples des figures 1 et 3,8 à 11, 12 et 14 montrent dans quelle mesure l'exécutant peut jouer sur le rythme de sculptures pourtant très stéréotypées. Pour les autres exemples donnés il aurait également été possible de mettre ce jeu en évidence.

On peut être tenté de poursuivre l'expérience à laquelle ont été soumises les deux statuettes baoulé (fig. 12 à 15). La première expérience a consisté à déterminer les formules isométriques de deux sujets de même provenance et à les appliquer par hypothèse à des "chimères" qui restent pourtant dans les limites des variations constatées sur la sculpture baoulé; la seconde expérience (fig. 16 à 19) est fondée sur l'application de formules rythmiques étrangères à l'ethnie considérée. En appliquant une formule isométrique à quatre intervalles, relevée sur une statue dogon (fig. 16) à la statuette masculine baoulé (fig. 17), on obtient une image (fausse dans le jeu des lignes) dont l'allure générale évoque la statuaire dogon. Si l'on

[10] Le problème est le même qui se pose en anthropologie physique et particulièrement en craniologie. La multiplication des mesures et des indices ou des angles pris sur le crâne rend compte de variations qui ne permettent de saisir la réalité raciale que de manière approximative et inconstante alors que le "style" d'un crâne assure une détermination visuelle instantanée.

applique sur l'autre sujet baoulé la trame rythmique de la statuette fang de la figure 6, le résultat (tout aussi défectueux pour le jeu des lignes) répond dans l'ensemble aux caractères de la statuaire fang (fig. 18 et 19). Il est donc possible d'isoler une partie des caractères stylistiques,qu'on pourrait qualifier d'infrastructuraux et de circonscrire les caractères liés au jeu des formes. La création de semblables monstres rythmiques passera pour futile, il n'est pas impossible pourtant qu'elle illustre l'une des voies par lesquelles l'étude de l'art enrichirait la vision ethnologique.

COLLÉGE DE FRANCE

# TRANSCRIRE OU DÉCRIRE? CHANT SOUDANAIS ET CHANT FUÉGIEN

GILBERT ROUGET
*en collaboration avec Jean Schwarz*

Musique chantée et langue parlée peuvent être considérées comme deux aspects, d'ailleurs inséparables, d'un même phénomène qui est le fonctionnement de la voix. Musicologie et linguistique ont donc en commun un large secteur de leur domaine.[1] Musicologie des musiques non écrites (*i.e.* ethnomusicologie) et linguistique des langues sans écriture se rejoignent sur un point de plus, puisque, musique ou langue, pour l'une et l'autre l'étude passe nécessairement, d'abord, par la transcription. Mais s'il va maintenant sans dire, pour les linguistes, que la transcription d'une langue sans écriture passe d'abord par la description de son système phonologique, les musicologues, pour ce qui les concerne, n'en sont pas encore là. Nous voudrions montrer ici qu'en matière de musique non écrite, décrire est également le préalable indispensable et que, tout comme la description phonologique, cette opération doit être menée suivant des principes structuralistes.

L'analyse structurale apparaît en effet comme doublement appropriée à la recherche ethnomusicologique. D'abord parce que c'est la nature même de la musique que d'être un système de rapports mettant en jeu un nombre limité de constituants différents qui ne peuvent se définir que dans leurs relations réciproques, au sein d'une certaine hiérarchie et en vue de l'accomplissement de certaines fonctions, dont la principale n'est d'ailleurs pas la signification, comme pour le langage, mais l'expression. Ensuite parce que le structuralisme est seul susceptible de fournir à l'ethnomusicologie, guettée comme toute l'ethnologie par le danger permanent de l'ethnocentrisme, les principes propres à dégager les critères d'objectivité dont elle a besoin et dont le défaut a récemment suscité certaines remises en cause.

Celle qui concerne la transcription les résume toutes. Aux Etats-Unis, la *Society for Ethnomusicology* y a consacré un symposium dont les

[1] Sur ce que la musicologie a pu ou pourrait emprunter à la linguistique, voir N. Ruwet, 1967.

résultats ont paru dans *Ethnomusicology* (1964). Dans le même Journal, G. List avait publié l'année précédente un article intitulé "Musical significance of transcription" qui faisait écho à des réflexions de M. Hood (1963) sur ce sujet. Mais c'est en définitive le point central de cette remise en question que soulevait déjà Hornbostel (1948:66) dans son étude sur la musique fuégienne lorsqu'il écrivait: "Les caractéristiques de la manière de chanter ne sont pas moins importantes que les caractéristiques du chant lui-même, cependant elles ne peuvent être reconnues et comparées avec d'autres qu'en entendant les chanteurs eux-mêmes ou leurs enregistrements phonographiques." Cela revenait à dire, en effet, qu'il n'est possible ni de décrire ni de transcrire une musique chantée de manière à en rendre réellement compte. Tout le problème est là. Il n'a pas évolué depuis vingt ans, comme en témoigne ce qu'écrit B. Nettl (1968:12) à propos de ses transcriptions de musique blackfoot: "Celles-ci ne montreront pas à qui n'a jamais entendu de la musique des Indiens des Plaines comment sonnent réellement ces chants." L'auteur fait précéder cette remarque de ces lignes: "On a pensé que des transcriptions détaillées — 'phonétiques' — n'étaient ni nécessaires (pour le genre de travail analytique entrepris) ni réalisables, du moins dans une certaine mesure, sans l'aide de moyens mécaniques. A la place, des transcriptions 'quasi phonologiques' ont été faites"; c'est confondre les deux démarches puisque, si la transcription phonologique vise effectivement à être de lecture relativement simple (en tous cas plus simple qu'une transcription phonétique), elle postule en revanche une analyse préalable très élaborée et n'a de sens que si elle est assortie d'une description.

En fin de compte, la description phonologique d'une langue devrait fournir au lecteur qui ne connaît pas cette langue les moyens d'en reproduire parfaitement tous les sons et d'en prononcer correctement toutes les phrases sans qu'il lui soit indispensable d'avoir entendu quelqu'un la parler. La situation serait-elle radicalement différente lorsqu'il s'agit de chant? Il n'y a pas de raison de le penser. Le problème est seulement, croyons-nous, de méthode.

Tout comme un énoncé parlé, un énoncé chanté doit être vu sous les trois aspects différents qu'il revêt suivant qu'on considère celui qui chante (l'émetteur), ce qui est chanté (le message) ou celui qui entend (le récepteur), ou bien encore, sur un autre plan, selon qu'on retient la production, l'acoustique ou la perception. Conséquence de cet ethnocentrisme dont on parlait à l'instant, l'analyse a presque exclusivement porté jusqu'à présent sur les données fournies par le troisième aspect de la musique, celui de la perception que peut en avoir l'auditeur. D'où l'importance accordée aux transcriptions musicales, élaboration directe de cette perception, d'où leur abondance et, à côté de tout ce qu'elles ont apporté à la connaissance de la musique, leurs insuffisances.

On transcrit comme on entend. Comme on entend avec ses oreilles, et comme celles des musiciens et des musicologues occidentaux sont instruites à être spécialement attentives à la hauteur des sons musicaux, cette dimension de la perception s'est trouvée mise au tout premier rang de la recherche ethnomusicologique. D. McAllester (1967:iv) a récemment mis en doute que cette prééminence soit justifiée. "Notre culture, écrit-il, est fascinée par l'échelle [musicale] et suppose que l'inventaire des hauteurs est la matière de base dont la musique est faite. Mais est-ce plus fondamental qu'aucun des traits énumérés plus haut?", l'auteur visant ici (*loc. cit.*) "les universaux du mouvement mélodique, de l'ornementation, de l'accentuation, du contrôle du souffle, du rythme, du mètre, du mouvement corporel, de la qualité de la voix, du texte et le monde tout entier de la musique instrumentale." Critique entièrement justifiée, mais la question n'est pas de décider si tel trait et non tel autre est fondamental. Elle est d'établir une hiérarchie où chacun des traits constitutifs de la musique soit défini dans ses relations avec les autres.

Raisonnant cette fois encore par analogie avec la linguistique, nous dirons qu'il importe de distinguer deux niveaux d'analyse, celui de la phonologie et celui de la grammaire, étant bien entendu que l'un et l'autre s'interpénètrent. C. Lévi-Strauss (1964:24, 28, 29) a instauré le débat sur ce point par une autre voie, en soulevant le problème de la double articulation. Adoptant provisoirement l'hypothèse que la distinction peut s'appliquer à la musique vocale et que l'analyse peut effectivement se mener séparément à ces deux niveaux, nous nous en tiendrons ici au premier, qu'en bonne logique il conviendrait d'appeler "description phonologique d'un chanter."

Toute description de cette nature implique nécessairement qu'on discute des procédés et des critères qui permettent de distinguer entre elles les unités de deuxième articulation. Nous nous y emploierons, du moins en partie. Mais pour aller au fond des choses il faudrait soulever la question de l'arbitraire du signe, laquelle se présente différemment, c'est l'évidence même, en musicologie et en linguistique. Ce serait précisément remettre en question notre hypothèse. Nous n'aborderons donc pas le problème, malgré son importance. Contentons-nous de le mentionner.

Décrire une langue, a-t-on dit (A. Martinet, 1956:11), c'est montrer en quoi elle diffère des autres. Nous en dirons autant d'une musique. Notre intention n'est cependant pas ici, d'en décrire une en particulier, mais bien plutôt de proposer quelques principes de description. Nous ferons à la fois l'exposé et l'épreuve de ces principes en les appliquant à l'examen de deux musiques différentes — deux chants de femme — choisies comme étant aussi dissemblables que possible l'une de l'autre, de manière à faire profiter notre démonstration des avantages d'un grand écart différentiel: nous n'en sommes pas encore à raffiner. Nous y gagnerons, en plus, de rester constamment concret.

Le travail d'analyse qu'on va lire a été guidé surtout par le souci d'être cohérent et explicite. Il a donc été mené tour à tour de la même manière pour nos deux chants, d'abord sur le plan de l'acoustique, ensuite sur celui de la production. Celui de la perception a été délibérément ignoré. Pour décrire, très schématiquement aussi, une technique de tambourinage, nous avions été conduits dans un précédent travail (G. Rouget 1964) à mener également l'analyse sur les deux plans de l'acoustique et de la production, mais nous l'avions fait dans l'ordre inverse de celui qui a été suivi ici. La raison de cette inversion tient à ce que notre étude se fondait autant sur notre expérience vécue de ce tambourinage (et de la langue tambourinée) que sur des documents enregistrés. Il était donc plus facile d'aborder le problème par la voie de la production du son et en termes d'analyse articulatoire. Il n'a malheureusement pas été possible de faire de même ici. La méthode ne fait certainement qu'y perdre.

Répétons-le, nous nous bornerons à essayer de dégager au niveau de la phonologie un certain nombre de traits distinctifs, sans prétendre en faire l'inventaire et moins encore en établir le système. Que le lecteur en soit averti à l'avance, maints détails prêteront facilement à contestation. Nous croyons que cela importe peu. C'est une certaine orientation de la recherche que nous avons tenté d'esquisser. Peut-être cet essai contribuera-t-il à nous acheminer vers la définition de ce qu'on serait tenté d'appeler, par analogie encore une fois avec la linguistique structurale, la notion de mélème — unité minimale de *mélos* — et à nous permettre ainsi d'en arriver au chapitre de "la combinaison des mélèmes" qui devrait constituer la partie essentielle de la description phonologique d'une musique, qu'elle soit vocale ou instrumentale.

Nos deux échantillons consistent chacun en un énoncé chanté, très court et constituant une unité mélodique. Le premier dure un peu plus de cinq secondes, le second un peu plus de quatre. Ils ont été extraits d'enregistrements publiés ou à paraître, ce qui permettra au lecteur, s'il le désire, de les entendre. Les disques auxquels nous nous référons présentant plusieurs pièces de ces deux chanteuses, il pourra du même coup vérifier, en les écoutant, si nos exemples sont bien, comme nous le pensons, caractéristiques des musiques qu'ils représentent. L'extrême brièveté des échantillons est sans inconvénient, les différents traits musicaux sur lesquels on voudrait appeler l'attention s'y trouvant réunis. Ajoutons que si nous considérons ces énoncés comme des unités mélodiques, c'est parce que l'étude de la pièce musicale tout entière les a fait apparaître comme telles. De même, si les traits musicaux qu'ils présentent et que nous allons examiner (intervalles notamment) nous paraissent caractéristiques, c'est parce qu'ils ont été attestés de manière constante par des analyses semblables portant sur d'autres fragments.

Le premier de ces deux chants (discographie III: face II, plage 5), est celui d'une chanteuse professionnelle malinké — une "griotte" — d'Afrique occidentale, Kondé Kouyaté, âgée en 1952, lors de l'enregistrement, d'une trentaine d'années, douée d'une très belle voix, et représentative, selon nous, d'une certaine école traditionnelle de chant dont le foyer serait peut-être à situer en Casamance. C'est un fragment d'une mélodie qui, bien qu'elle soit une berceuse, appartient en fait, par le texte comme par la musique, au genre dithyrambique, caractéristique du répertoire des griots. Les paroles:[2]

*hã! fààmá y'a mírílá mṹde ma? jɔ̃ dìbílè tɛ̀ɛ̀rà*

signifient: "Ah! à quoi pense le fils de l'homme puissant? L'ombre de l'esclavage est dissipée."

Le second (discographie IV: disque I, face B, plage 6), est chanté par une Indienne selk'nam de la Terre de Feu, Lola Kiepja, qui était, en 1966, lorsqu'elle fut enregistrée, l'un des derniers survivants de ce groupe et le seul "à avoir encore vécu la vie primitive des chasseurs" (Anne Chapman 1967:87. Cf. également la contribution de cet auteur au présent volume). Elle était alors âgée d'environ quatre-vingt dix ans et avait été chaman. Elle est maintenant disparue. Compte tenu du timbre indiscutablement fatigué de sa voix, nous n'hésitons pas à affirmer que sa manière de chanter doit être considérée comme absolument représentative de la musique de ces Indiens. Elle était, malgré les années, d'une extraordinaire vigueur et son répertoire — les quelque cent pièces différentes enregistrées par A. Chapman le montrent abondamment — était d'une homogénéité remarquable. Cela devrait suffire. Mais observons en outre que les principaux caractères de son chant correspondent parfaitement — on va

[2] Les textes ont été établis et traduits par S. Camara. La transcription phonologique est due à M. Houis. Nous les en remercions vivement l'un et l'autre.

le voir — à la description du chant fuégien faite par E. M. von Hornbostel à partir d'autres documents, enregistrés les uns quarante, les autres soixante ans plus tôt, ce qui est définitif. Le fragment étudié ici est celui d'un chant chamanique, lequel est vocalisé sur des paroles dénuées de signification, comme cela est si fréquent chez les Amérindiens. Les syllabes qu'on peut lire en dessous de la courbe du haut du tableau II sont notre transcription, purement impressionniste, de ce qu'on entend. Elles n'ont pour raison d'être que de faire apparaître le découpage syllabique du chant et sont, bien entendu, dépourvues de toute valeur phonologique. Ces "paroles" peuvent s'écrire:

[ye-e lɛ-ɛ yɛ-ɛ lɔ-ɔ, ke-e lɛ-ɛ tɛ-ɛ lɔ][3]

ACOUSTIQUE DES DEUX CHANTS

L'analyse acoustique, qui a été réalisée dans le laboratoire du département d'ethnomusicologie du Musée de l'Homme, a été faite à l'aide de trois appareils: un analyseur de fréquence couplé à un enregistreur de niveau Bruël et Kjoer, un Stroboconn et un Sonagraph.[4]

Le Stroboconn est un appareil conçu, comme on sait, pour le contrôle et l'accord des instruments de musique. Il permet de mesurer la hauteur d'un son musical avec une précision remarquable, celle du centième de demi-ton tempéré: le cent. Parfait pour la mesure des sons isolés, stables et relativement longs, il est d'un emploi peu commode lorsqu'il s'agit de sons pris dans le courant d'un chant, s'enchaînant par conséquent les uns aux autres, fluctuants et ne connaissant souvent qu'une très courte période de stabilité. C'est néanmoins en isolant ce bref instant qu'ont été obtenues, au prix de fastidieux et minutieux montages, les mesures destinées à préciser la hauteur des sons chantés. Mais le procédé ne s'est révélé viable que pour le chant soudanais. Pour la voix fuégienne, qui est presque à la limite du parlé-chanté, on a eu recours à l'analyseur de fréquence. Toutes ces mesures apparaissent dans les Tableaux I et II, au-dessus des notes de la portée musicale, sous forme de chiffres indiquant, en cents, l'écart de la note chantée par rapport au modèle.

Le Sonagraph — appareil bien connu des linguistes et que les ethnomusicologues utilisent depuis quelques années — donne sur la musique

[3] L'opposition *e/ɛ* n'est pas indiquée par Gusinde (1926:1o1o) dans son tableau des phonèmes du selk'nam.

[4] Le chant malinké a été enregistré par l'auteur de ces lignes sur magnétophone Tolana, à 76 cm/s, microphone à ruban Mélodium; le chant selk'nam par Anne Chapman sur magnétophone Uher, à 19 cm/s, microphone Beyer M 260.

des informations qui se présentent sous la forme d'une image ayant l'avantage d'être globale et de montrer à la fois la durée, l'intensité et le spectre des fréquences, ce qui permet de dégager aisément des corrélations entre ces trois dimensions. Une certaine technique de la lecture permet de situer les sons dans l'échelle des hauteurs avec une assez bonne précision. En outre un agrandisseur d'échelle, perfectionnement récent, nous a permis d'obtenir de nos deux fragments mélodiques une image très agrandie. Une portée musicale adaptée au document les rend facilement lisibles.

*Lecture des tracés.* — Page de gauche: le chant soudanais. Page de droite: le chant fuégien. Sur l'une et l'autre pages les trois tracés, A, B, C, alignés exactement les uns en dessous des autres, représentent trois aspects différents du même fragment mélodique. Celui du haut, A, (Bruël et Kjoer), dessine, sans qu'intervienne aucun filtre, les variations de l'intensité du chant en fonction du temps (*i.e.* la dynamique). Celui du milieu, B, (Sonagraph, filtre à bande étroite, 45 Hz), donne, toujours en fonction du temps, le spectre des sons chantés, la raie inférieure étant celle de la fondamentale, les autres celles de ses harmoniques, *i.e.* des multiples entiers de sa fréquence. Pour obtenir une plus large dispersion du spectre et améliorer ainsi la clarté de la lecture, les sonagrammes ont été faits en lisant l'enregistrement du chant à double vitesse. Inconvénient de cet avantage, l'analyse s'arrête à 4000 Hz. Celui du bas, C, est une image agrandie et plus étalée dans le sens vertical de la fondamentale, ou, pour être plus exact, de l'harmonique 1 du chant. Comme le précédent, il résulte d'une inscription linéaire du spectre.

Un même écart de fréquence est donc représenté sur le papier par une même distance verticale, quelle que soit la zone où il se situe et quel que soit l'intervalle musical qu'il engendre. Conséquemment, un même intervalle musical (lequel est fonction du logarithme de l'écart des fréquences) est représenté par une distance verticale qui change suivant la zone où il se trouve. Suivant qu'elles appartiennent à tel ou tel son fondamental ($H_1$) de la mélodie — ligne du bas, qui s'étale très peu dans le sens vertical, puisqu'elle se situe dans les fréquences basses — les harmoniques s'étagent à des hauteurs différentes du sonagramme B et se distribuent de telle sorte qu'elles se différencient progressivement de mieux en mieux à mesure qu'on monte dans l'échelle des hauteurs.

En vue de faire ressortir clairement le dessin de la mélodie, nous avons indiqué par des points la suite de ses harmoniques 4. La mélodie se trouve ainsi représentée comme si elle était transposée deux octaves plus haut, les relations entre les notes successives restant inchangées. Ces points sont placés à l'endroit où se trouve la phase stable de la note, *i.e.* sa fréquence caractéristique. On pourra déterminer ainsi, avec précision, pour le chant malinké, la place qu'occuperaient les notes sur la courbe C si on les y avait inscrites, et leur situation sur la grande portée qui y correspond. Mais on a préféré laisser parler, si l'on peut dire, l'inscription sonagraphique. En revanche, pour le chant selk'nam, la continuité du son rendant la localisation malaisée, l'emplacement approximatif de chaque note a été indiqué sur la grande portée par une croix. Pour les notes les plus basses, les croix en pointillé indiquent l'octave supérieure, mieux définie que l'harmonique 1 et qui a permis de les identifier.

## CHANT MALINKÉ

*Segmentation de l'énoncé.* — Cette unité mélodique chantée se présente, sur le plan des paroles, comme une phrase ayant une unité de sens (cf. plus haut: p. 679) composée d'une suite de syllabes ne comportant aucun ajout dépourvu de signification, autrement dit aucun ornement. Toutes les syllabes sont de schème CV. Comme le montre le sonagramme B, chaque syllabe est chantée à une hauteur différente de la précédente. Le texte comporte deux syllabes à voyelle longue (*àà* de *fààma* et *ɛ̀ɛ̀* de *tɛ̀ɛ̀rà*), seule la seconde est chantée sur deux hauteurs différentes. Tout se passe donc comme s'il y avait, dans le second cas, deux syllabes V + V. Conséquence de cet enchaînement de syllabes, la courbe A est découpée en une suite de segments séparés par des chutes d'intensité sonore, plus ou moins marquées suivant que la consonne initiale de la syllabe est non-voisée ou voisée, continue ou momentanée. Pour ce qui est de la fréquence (*i.e.*: de la hauteur du son), chaque segment connaît un temps de stabilité plus ou moins long, qui se traduit sur le sonagramme B par un trait horizontal lui aussi plus ou moins long, indiquant la fréquence caractéristique de la note. C'est à la fois ce temps de stabilité et cette délimitation syllabique qui fonde notre segmentation sur le plan de la musique et qui justifie les frontières et l'identité des différentes notes apparaissant sur la portée musicale.

### *Relations d'intensité et de durée (courbe A)*

*Au niveau de la note.* — La note initiale et la note finale qui sont les deux valeurs les plus longues de l'énoncé offrent un profil remarquable en ceci que le son, dont l'intensité fléchit légèrement en cours d'émission, est marqué juste avant sa fin par un bref regain d'énergie, qui la fait remonter au niveau qu'elle avait au départ. Les 3, 4, 5, 8 et 14èmes notes sont chantées de telle sorte que l'intensité est plus forte à la fin qu'au début. Disons que l'énergie est tendue. Les profils d'attaque et d'amortissement de chaque note sont extrêmement raides, les interruptions ou les baisses instantanées d'intensité étant directement en rapport avec l'apparition des consonnes. (En fait on ne les entend pas). L'intensité est continue. Il n'y a pas d'accent.

*Au niveau de l'énoncé.* — Notre unité mélodique, qui dure cinq secondes trois dixièmes, est chantée d'un seul souffle. Elle se développe sur trois niveaux — ou degrés — d'intensité moyenne qui la divisent en trois phases que nous avons indiquées par un trait continu au-dessus de la courbe. Le premier est d'intensité forte (la chute d'intensité qu'on observe avant la dernière pointe correspond à des doubles croches, trop brèves pour que dans ce contexte — *legato* et présence de consonnes sonores — le son ait eu le temps de prendre de l'intensité, elle n'est donc pas significative). Le second d'intensité moins forte. Le troisième d'intensité intermédiaire entre les deux précédents. Cette courbe générale de l'intensité est parallèle à celle de la mélodie des hauteurs.

Au niveau de l'énoncé, l'intensité présente un profil en somme comparable à celui qu'on vient de décrire au niveau de la note puisqu'il est marqué lui aussi par un regain d'énergie en fin de phase. Sa caractéristique est donc bien d'être tendue.

*Relations de durée.* — La segmentation, rendue visible par les divisions verticales et symbolisées par les notes de la portée musicale, montre que les unités de durée sont extrêmement inégales. La plus longue (la 17ème) est sensiblement d'une seconde quatre dixièmes, la plus brève (la 5ème) d'un neuvième de seconde. Celle-ci est donc à peu près quatorze fois plus petite que celle-là. Le rapport de fait qui existe entre ces deux notes n'est donc pas exactement celui de la relation ronde-double croche (qui est de 1/16) et, comme on voit, les 5ème et 6ème notes qui sont de durée inégale sont notées toutes deux de la même manière sur notre portée. C'est qu'au stade de l'analyse où nous sommes, combinatoire, processus de neutralisation, variantes, etc., n'ayant pas été examinés, le *système*, qu'il soit des durées ou des intervalles, n'a pas encore été dégagé. Notre transcription n'en est donc pas une. Elle n'est ni "phonétique" ni "phonologique", c'est une notation provisoire qui permet de repérer ce dont on parle, sans plus. Bornons-nous par conséquent à constater que, sur 17 notes, l'énoncé offre au moins cinq unités différentes de durée: ronde, blanche pointée, croche, croche pointée, double croche. Disons qu'il y a grande diversité des durées et retenons, comme attestée, la relation pointée non-pointée.

*Relations de fréquence (sonagramme B)*

*Au niveau de la note: timbre vocalique.* — Les dessins présentés par le sonagramme et figurant les sons de la mélodie sont plus ou moins linéaires ou diffus, plus ou moins denses (mais ceci est en rapport avec la dynamique, nous n'en parlerons donc pas ici) et plus ou moins isolés les uns des autres. Ces différences se répartissent aussi bien sur l'axe des temps que sur l'axe des fréquences. Ainsi la note initiale $La_4$ présente un dessin très linéaire à la hauteur de son harmonique 5 et en revanche un dessin relativement diffus à la hauteur de ses harmoniques 3 et 4. Entre $H_2$ et $H_4$ des régions grisées dénotent l'existence dans cette partie du spectre d'une quantité relativement importante de bruit. La blancheur du papier en montre au contraire l'absence totale entre $H_5$ et $H_6$. Ailleurs, quatre notes avant la fin par exemple, le premier des deux Ré se signale par des harmoniques 3 et 4 ponctuelles et des harmoniques 2 et 6 diffuses. Ces divers signes traduisent les rapports entre le son d'origine laryngale, disons, en simplifiant, la note chantée et le son d'origine buccale — articulation de la consonne et timbre vocalique —, disons la syllabe parlée. Ils inscrivent également ce qui a trait au timbre propre à la voix de la chanteuse, phénomène trop complexe pour qu'on l'aborde ici et d'ailleurs subsidiaire, eu égard à notre propos.

D'une manière générale, la distribution des dessins du sonagramme montre une prééminence incontestable des harmoniques sur le bruit, ce qui signifie que la voix est purement chantée ou, en d'autres termes, qu'elle n'est nullement teintée de parlé-chanté.

Le timbre de la voyelle et la hauteur de la note sont indépendants: la voyelle *a* est chantée sur les notes $La_4$ et $Mi_4$,[5] entre autres, tandis que la voyelle *i* — dont le second formant est beaucoup plus aigu que celui de *a* (P. Delattre 1966: 238) — est chantée entre autres sur la note $Ré_4$, plus grave que les deux précédentes.

*Au niveau de l'énoncé: rapports de consonance.* — Deux notes différentes sont nécessairement représentées par des séries d'harmoniques s'étageant à des hauteurs différentes des sonagrammes. En certains cas cependant des harmoniques correspondant à des notes différentes et affectées d'indices différents se situent sensiblement à la même hauteur. Cela signifie que les notes en question ont en commun une de leurs harmoniques. Nous dirons qu'en ce cas il y a consonance, dans le sens très large du terme.

[5] Numérotation des octaves suivant les conventions proposées par Fletcher (*J. Acous. Soc. Am.* 6 (1934:59-69): le $Do_0$ (16, 352 Hz) est en dehors du clavier du piano, le La le plus bas du piano est le $La_0$; celui du diapason (440 Hz) est le $La_4$, généralement écrit $La_3$ en France. Le La de notre mélodie est à 439,74 Hz.

Trois traits horizontaux tracés dans toute la longueur du sonagramme permettent de repérer ces consonances. Ils correspondent, peut-on voir, au niveau des harmoniques 3 et 4 (quinte et double octave) des deux notes 1 et 17, initiale et finale de l'énoncé, qui sont manifestement les plus importantes de cette unité mélodique. Ils regroupent la quasi-totalité des consonances offertes par le sonagramme. Celles-ci résultent de différentes relations que nous examinerons en passant successivement en revue les trois traits. Nous commencerons par celui du bas et nous procèderons de droite à gauche, c'est-à-dire dans l'ordre de succession des notes que nous désignerons par leur numérotation, laquelle est inscrite en haut du tableau.

1°) $H_3$ de la 7ème note (et de la 17ème) est en même temps $H_4$ de la 10ème, ce qui correspond à la relation de quarte inférieure qu'ont entre elles ces deux notes (qui sont en effet $Mi_4$ et $Si_3$).

2°) $H_3$ de la lère note est en même temps $H_4$ des notes 7 et 17, ce qui correspond à la relation de quarte inférieure qu'ont entre elles ces notes ($La_4$-$Mi_4$). — $H_3$ des lère et 4ème notes est en même temps $H_5$ des notes 9, 11 et 16 ce qui correspond à la relation de sixte majeure inférieure qu'ont entre elles deux notes ($La_4$-$Do_4$). — $H_5$ de la 9ème note (et des 11 et 16èmes) est en même temps $H_4$ de la 17ème, relation de tierce majeure supérieure ($Do_4$-$Mi_4$).

3°) $H_4$ de la note 1 (et 4) = $H_5$ de la note 6: tierce majeure inférieure ($La_4$-$Fa_4$). — $H_4$ de la note 1 = $H_6$ des notes 14 et 15: quinte inférieure ($La_4$-$Ré_4$). — $H_5$ de la note 6 = $H_6$ des notes 14 et 15: tierce mineure ($Fa_4$-$Ré_4$).

Comme on voit, l'emploi du Sonagraph permet d'abodier d'une manière nouvelle l'étude de la consonance. Ainsi avons-nous été conduit à montrer, ailleurs (G. Rouget, à paraître 2), qu'il y aurait avantage à considérer celle-ci non point comme une relation entre fondamentales, mais bien comme une relation entre spectres, ce qui mène à reconsidérer le problème de l'engendrement des intervalles par résonance supérieure ou inférieure et par là celui de la constitution des modes, pentatoniques, heptatoniques ou autres.

### *Mesures de fréquence: détermination des intervalles (portée musicale, sonagramme C)*

Il nous faut ici ouvrir une parenthèse pour exposer brièvement un aspect de la musique malinké sans la connaissance duquel on ne saurait comprendre ce qui suit.

Les xylophones des griots malinké ont la particularité d'être accordés (Rouget, à paraître 1) suivant une échelle équiheptaphonique, laquelle, comme le mot l'indique, divise l'octave en sept intervalles — disons en sept tons — égaux (A. Jones 1964). Le ton, égal à un septième d'octave, mesure donc 171,4 *cents*.[6] Il est plus petit que le ton tempéré occidental, la différence étant d'un septième de ton. Lorsque les femmes des griots chantent en même temps que leurs maris jouent de ces xylophones, elles font évidemment usage des mêmes intervalles.[7]

La question se posait tout naturellement de savoir si, lorsqu'elles chantent sans accompagnement, elles utilisent également les mêmes intervalles.[8] C'est ce qui nous a amené à mesurer aussi précisément que possible les hauteurs des notes de notre berceuse, en vue d'identifier les intervalles d'une manière beaucoup plus exacte que ne le permet le sonagraph ou tout simplement l'oreille. Ces mesures ont été faites, on l'a dit, à l'aide du Stroboconn. Le caractère ponctuel et la stabilité d'un grand nombre de notes ont permis d'obtenir des résultats très satisfaisants.

*Lecture de la portée musicale.* — Les mesures ayant montré que les principaux degrés de mélodie chantée étaient effectivement entre eux dans les relations d'intervalle qui caractérisent l'échelle équiheptaphonique de ces xylophones, les notes inscrites sur la portée musicale doivent être lues comme signifiant les notes de cette échelle équiheptaphonique et non celles de l'échelle dodécaphonique tempérée. Abstraction faite des signes indiquant une altération, on considèrera donc que les lignes et les interlignes de cette portée forment une grille où s'inscrivent non point des sons qui, suivant la clé choisie, sont par rapport à leurs deux voisins inscrits immédiatement au-dessus ou au-dessous à une distance de ton ou de demi-ton tempéré, mais bien des sons s'étageant régulièrement d'une ligne

[6] Le *cent* est la centième partie du ton tempéré de l'échelle dodécaphonique occidentale. L'octave vaut par conséquent $12 \times 100 = 1200$ cents.

[7] On pourra s'en rendre compte en en écoutant des enregistrements (Discographie II, face A plage 1 et III, face B plage 8). On est malheureusement mal renseigné sur ce qui se passe à cet égard en Thaïland où le xylophone équiheptaphonique est cependant attesté depuis longtemps.

En Ouganda (K. P. Wachsmann 1957:13) où le xylophone est accordé suivant une division égale de l'octave, non pas en sept mais en cinq intervalles égaux (échelle équipentaphonique), le chant accompagné de cet instrument suit également ces intervalles équipentaphoniques.

[8] C'est ce qui se passe (Ch. L. Boilès 1964) chez certains Indiens du Mexique. En certaines circonstances, en effet, les Tepehua accordent leur violon suivant l'échelle équiheptaphonique. Les chants qu'ils accompagnent sont entonnés sur les mêmes intervalles, ce qui semble d'ailleurs, *a priori*, naturel. Mais l'auteur précise (*op. cit.*:271) qu'ils continuent de l'être lorsqu'ils sont privés d'accompagnement.

à l'interligne voisin suivant un intervalle de ton toujours le même, valant théoriquement 171,4 cents. Nous avons cru commode de conserver, pour désigner les sept degrés de l'échelle équiheptaphonique, les noms des sept degrés de la gamme occidentale, mais ils doivent être entendus de cette manière:

171,4 171,4 171,4 171,4 171,4 171,4 171,4

DO RE MI FA SOL LA SI $^{4}$DO

1200 cents = octave

Les chiffres inscrits au-dessus de la portée expriment en cents la déviation de la note chantée par rapport au modèle équiheptaphonique. La note finale de l'énoncé (Mi, ronde) a été prise pour référence — pour diapason — de l'échelle où se meut la mélodie, elle offre donc, par définition, un écart nul. Les altérations indiquent qu'entre la note altérée et celle qui lui est conjointe l'intervalle est de l'ordre du demi-ton, mais comme partout ailleurs l'écart est calculé par rapport au degré du modèle, ou, si l'on préfère, par rapport à la note naturelle equiheptaphonique.

L'échelle équiheptaphonique ignore par définition l'opposition (ou le contraste?) ton/demi-ton. Mais si les xylophones malinké que nous avons enregistrés et dont nous avons mesuré les intervalles, n'offrent en aucun cas, et pour cause, cette opposition (instruments à sons fixes, leur accord ne peut être altéré pendant le jeu), en revanche notre chanteuse, lorsqu'elle chante sans accompagnement, modifie cette échelle en y introduisant des subdivisions qui affectent les degrés faibles de la mélodie. L'examen des chiffres inscrits au-dessus de la portée va permettre d'abord de dégager les intervalles de l'échelle équiheptaphonique, ensuite de préciser les subdivisions étrangères à cette échelle.

Les deux rondes La$_4$-Mi$_4$ qui délimitent l'énoncé étudié sont les notes les plus stables de la mélodie, laquelle comporte, dans l'enregistrement publié, dix-huit versets composés chacun de deux ou trois unités mélodiques, où ce fragment apparaît deux fois. Ces deux notes forment une quarte qui est l'axe de la berceuse tout entière et plus particulièrement encore du fragment choisi pour exemple. Le La$_4$ (1ère note de l'énoncé: ronde, puis 4ème note: croche) est affecté du signe $+ 6$, ce qui signifie qu'il a été chanté, les deux fois, six cents — six centièmes de demi-ton tempéré — plus haut que le La$_4$ de l'échelle équiheptaphonique. La quarte équiheptaphonique étant de 514 cents ($171{,}43 \times 3 = 514{,}3$), cela veut dire que notre La est à 520 cents du Mi. En d'autres termes, la quarte qui constitue l'axe de notre mélodie est un peu plus grande qu'une quarte naturelle de 499 cents (ou tempérée de 500 cents): elle l'excède d'un dixième de ton tempéré. Le $Sol_4$ (2ème note, croche) a été chanté 3 cents en dessus du modèle équiheptaphonique. Le $Mi_4$ (7ème note, noire) a été chanté rigoureusement (sans un cent d'écart) comme le $Mi_4$ de référence. Le Ré (note 12, double croche) a été chanté une fois à exactement 171 cents au-dessous du Mi de référence, faisant avec lui un intervalle exact de ton équiheptaphonique, et deux fois (notes 14 et 15) 13 cents plus bas. Enfin le $Si_3$, note la plus basse de toute la mélodie et qui n'apparait dans ce fragment qu'une fois, a été chanté cinq cents en dessus du modèle.

La valeur relative de ces déviations pose des problèmes que nous soulevons ailleurs (Rouget *op. cit.*). Notons seulement ici que des études sur le chant "artistique" occidental (H. G. Seashore 1937) ont montré qu'en ce qui concerne la justesse de l'intonation — chanter plus ou moins juste — la déviation moyenne, chez de très bons chanteurs, était de l'ordre d'un dixième de ton, mais qu'il n'était pas rare qu'on relève des déviations de quatre dixièmes de ton tempéré, *i.e.* de quatre-vingt cents (un demi-ton tempéré égale cent cents). Le meilleur de nos trois xylophones malinké présentait par rapport à l'échelle équiheptaphonique théorique les déviations suivantes: sur dix-huit lames, deux étaient rigoureusement justes (écart 0 cent), cinq étaient justes à $\pm$ 1 cent, sept l'étaient à $\pm$ 2 à 5 cents, deux s'écartaient du modèle de 7 et 9 cents, une enfin de 13 cents. Instrument remarquablement bien accordé, comme on voit, surtout si l'on observe qu'il s'agit de verges et non point de cordes ni de tuyau (à ce sujet, cf. Young 1959). Les écarts que nous observons chez les musiciens professionnels malinké, instrumentistes ou chanteurs, sont donc de l'ordre de ceux qu'on observe chez leurs homologues occidentaux.

Cela dit, revenons à notre chanteuse. Rappelons tout d'abord que les mesures dont nous faisons ici état font partie d'une série plus vaste (60 notes de notre berceuse out été mesurées au Stroboconn). Les résultats que nous avons pris en considération sont ceux de cet ensemble et non point de ce fragment seul. Si — Ré — Mi — Sol — La: cinq sur six des degrés principaux de notre unité mélodique doivent être considérés comme étant dans des rapports d'intervalles équiheptaphoniques. Ils s'écartent tout au plus de 13 cents du modèle. Le sixième, Do, apparaît trois fois dans la deuxième moitié de ce fragment: trois fois, il est chanté notablement très bas. Ailleurs, dans d'autres contextes, nous l'avons noté bas aussi. Ce degré pose donc un problème. Quant aux autres, qu'on considèrera, pour diverses raisons qu'il est inutile d'exposer ici, comme secondaires, ils s'écartent des degrés de l'échelle équiheptaphonique de maniére si constance et si marquée qu'il n'est pas possible de n'y voir que des variantes contextuelles. Les principes suivant lesquels ils subdivisent l'échelle équiheptaphonique restent à dégager, mais la situation de fait est assez comparable (Rouget, *op. cit.*) à celle qui a été décrite à Java pour le *slendro* (Kunst 1949: 68, 69, 102). Bornons-nous ici à observer que suivant nos mesures la valeur moyenne de l'intervalle que forment ces degrés intermédiaires avec les sons conjoints est de 80 cents, demi-ton plus petit que le demi-ton tempéré et même que le limma.

*Lecture du sonagramme C.* — On l'a dit, C est l'agrandissement, dans la dimension verticale, de notre courbe mélodique au niveau de l'harmonique 1. Cette courbe s'inscrit dans la grille d'une portée musicale de sorte qu'on puisse voir comme à la loupe la manière dont s'organisent les sons qui la composent, à la fois dans leur succession et dans leurs relations verticales, *i.e.* leurs rapports de hauteurs. De même que celle qui est disposée entre les courbes B et C, cette portée, beaucoup plus grande et dont les dimensions sont à l'échelle du tracé sonagraphique C, doit être comprise comme inscrivant l'échelle équiheptaphonique, l'intervalle entre lignes et interlignes adjacents étant toujours le même, *i.e.* égal à 171 cents. En revanche les lignes elles-mêmes ne sont pas équidistantes. Elles s'écartent régulièrement de plus en plus vers le haut. C'est en effet que, le Sonagraph inscrivant le spectre de fréquences de manière linéaire, les intervalles musicaux doivent être lus de manière logarithmique. La relation de quarte équiheptaphonique apparaît clairement. Le $Mi_4$ final étant exactement à cheval sur la première ligne de la portée, le $La_4$, qui est à 520 cents, se situe exactement à sa place, c'est-à-dire au milieu du second interligne. Le Sol (2ème note) est exactement à cheval sur la seconde ligne et le Si bémol figure bien nettement en dessous de la troisième ligne, sur laquelle il s'inscrirait s'il était naturel (naturel dans l'échelle héquiheptaphonique, bien entendu). Ainsi de suite pour les autres notes.

Résumons-nous: le chant malinké met en œuvre des intervalles fondés sur des relations de consonance, nous l'avons vu tout à l'heure, mais en même temps ces relations de consonance sont modulées par des écarts constants (échelle équiheptaphonique et subdivisions en "demi-tons"). Nous dirons qu'il y a modulation de la consonance.

### *Définition du son*

En même temps que le son est lié et égal, chaque note est bien détachée de ses voisines: chacune est représentée (sonagramme C) par une région grisée dont les frontières sont remarquablement bien dessinées. Le son est ponctuel, à la fois dans sa fréquence et dans sa durée. Disons que la définition du son est très fine. C'est précisément la finesse de cette définition qui rendait logique et possible la recherche d'une grande précision dans les mesures. On l'a vu, elle est de l'ordre du dixième de ton tempéré, c'est-à-dire plus grande encore que celle du comma. De ce comma, J.-J. Rousseau écrivait (*Dictionnaire de la musique*): "Les musiciens entendent par comma la huitième ou la neuvième partie d'un ton, la moitié de ce qu'ils appellent un quart de ton, mais on peut être assuré qu'ils ne savent pas ce qu'ils veulent dire, en s'exprimant ainsi, puisque pour des oreilles comme les nôtres un si petit intervalle n'est appréciable que par le calcul." Rousseau confondait percevoir, apprécier et évaluer. La nécessité d'évaluer au comma près les intervalles de notre mélodie malinké tient essentiellement à ce qu'il n'est pas d'autre moyen de décrire en quoi son échelle est particulière, semblable à celle des xylophones et en revanche différente d'une autre, du système tempéré occidental notamment.

### CHANT SELK'NAM

Les remarques qui vont suivre auront constamment pour arrière-plan les deux études que E. M. von Hornbostel (1936 et 1948) a consacrées à la musique fuégienne et qui comptent parmi les écrits les plus marquants de la littérature ethnomusicologique. La qualité technique des documents dont on dispose à présent grâce à Anne Chapman, jointe à la richesse des informations fournies par les appareils modernes d'analyse du son, a permis de considérer sous un jour nouveau certains aspects de cette musique. Nous aurons souvent à comparer notre interprétation à celle du célèbre musicologue et nous serons ainsi amené à la discuter. Mais qu'il soit bien dit que pour l'essentiel les faits tels qu'il les a décrits nous paraissent indiscutables. C'est presque uniquement en ce qui concerne la manière de les ordonner que nous croyons avoir quelque chose à ajouter.

*Segmentation de l'énoncé.* — Cette unité mélodique, composée de deux phrases complémentaires a-a', se présente, sur le plan des "paroles", comme une suite de syllabes dénuées de signification mais constituant les deux hémistiches de ce qu'il paraît légitime d'appeler un vers (cf. Rouget 1966). Joint à celui qui suit et qui est en partie composé des mêmes éléments, ce vers forme une strophe dont nous donnons ailleurs une brève description (Rouget à paraître 2). Il offre une suite régulière de segments de schème CV-V où la seconde voyelle est la répétition de la première, les deux syllabes ayant sensiblement la même durée. Le segment final fait seul exception: la voyelle n'étant pas répétée, il se réduit à une seule syllabe, la première. La suite des initiales consonantiques se divise en deux groupes symétriques eux-mêmes composés par la répétition de ce qu'on peut considérer comme le même segment si l'on retient la nature de la consonne. Elle s'écrit en effet: [y-l | y-l || k-l | t-l]. On voit que dans le premier hémistiche il y a identité complète des deux segments et que dans le second les deux segments peuvent être identifiés l'un à l'autre du point de vue prosodique, comme ayant pour initiales des consonnes phonétiquement comparables puisqu'elles sont toutes deux des occlusions sourdes (cf. transcription des paroles, p. 680).

Conséquence de cette division en deux hémistiches et de cet enchaînement de syllabes, la courbe A est découpée en deux parties (a-a') séparées par un silence et subdivisées à leur tour en deux, les chutes d'intensité traduisant le découpage syllabique

CV-V CV-V | CV-V CV-V || CV-V CV-V | CV-V CV.

La continuité et la pulsation du son chanté, traduit par la continuité et le caractère ondulatoire du tracé (B et C), pose le problème de la segmentation sur le plan de la musique. Où est la note? En bien des cas on ne saurait dire où elle commence et où elle finit, particulièrement lorsqu'on examine la courbe C. Hornbostel a insisté (1948: 67) sur cette "tendance à relier les notes par un *portato*" au point d'écrire (*op. cit.*: 68) qu'on serait presque en droit de considérer certaines mélodies à deux degrés comme résultant de la "fluctuation", par l'accent, d'un seul et même son. Nous croyons que cette interprétation, tendant à amalgamer (nous y reviendrons) hauteur et accent, ne résout pas le problème. On voit que, pour la majorité des syllabes, des harmoniques (courbe B) se dégagent clairement en certains points qui correspondent presque toujours au sommet de l'intensité (courbe A). Pour ne citer qu'un exemple, le [ε] de la syllabe [lε] (troisième note de a') présente un étagement régulier de points qui marquent qu'à ce moment précis le son revêt une résonance particulière. C'est l'existence de cet instant priviligié qui fonde notre identification de la note pour ce qui est de la hauteur, ses frontières étant délimitées, en ce qui concerne la durée, par le découpage syllabe et les chutes d'intensité dont on a parlé plus haut.

### *Relations d'intensité et de durée (courbe A)*

*Au niveau de la note.* — Pour chaque note la courbe d'intensité est remarquablement tourmentée, ce qui tient peut-être en partie à l'âge de la chanteuse. Mais dans ses grandes lignes le dessin montre par sa régularité que la modulation de la dynamique est significative. La pente offerte par les profils d'attaque et d'amortissement est le plus souvent inclinée, les notes formant comme une suite d'arceaux. Disons que l'intensité est modulée par une pulsation régulière, caractère qu'avait souligné Hornbostel (1948: 67).

On remarquera que les chutes d'intensité séparant deux voyelles successives sont une fois sur deux égales à celles qui se produisent lorsque deux voyelles sont séparées par la consonne [1], ceci même lorsque la hauteur de ces deux voyelles successives ne change pas. La modulation de l'intensité est donc bien un trait évident de cette musique vocale.

Les consonnes initiales sont articulées avec force: les sonores [y] et [l] ont une longue période d'articulation, les sourdes [k] et [t] un bruit d'occlusion considérable. Cette phonétique contribue à accuser le caractère *marcato* du chant.

La quatrième note (La, syllabe [-ɛ] des deux hémistiches a et a') présente un profil particulier: quatrième et dernière syllabe de la première moitié de l'hémistiche elle est attaquée plus bas que les syllabes 2 et 3, son sommet rejoint néanmoins, ou dépasse, celui de la syllabe précédente, son amortissement est particulièrement lent. Il y a accent. Hornbostel avait insisté dans sa description (1948: 67) sur l'existence de "forts accents".

*Au niveau de l'énoncé.* — L'unité mélodique est chantée d'un seul souffle, mais divisée en deux parties par une interruption totale du son (transcrite par un huitième de soupir) correspondant à la division du vers en deux parties. L'intensité est maximale au début de chacun des deux hémistiches puis décroît lentement jusqu'à la fin, ce qui a été indiqué au-dessus de la courbe A par deux traits obliques. La courbe générale de l'intensité est donc parallèle à celle de la mélodie. Au niveau de l'énoncé, elle n'offre cependant pas la même configuration qu'au niveau de la note, contrairement à ce qui a été observé pour le chant malinké.

Au niveau de la subdivision de l'énoncé apparaît une organisation de l'intensité différente de la précédente et d'autant plus intéressante qu'elle marque un rapport particulier entre accent et hauteur. Elle se manifeste dans la variation des minima d'intensité.

Elle a été indiquée par la suite des traits tracés en dessous de la courbe A et montrant la distribution symétrique de ces minima pour les deux hémistiches. La récurrence du phénomène atteste l'existence de ce que nous appellerons — provisoirement — des degrés d'énergie.[9]

L'accent dont on a parlé plus haut apparaît chaque fois dans le cours de l'hémistiche au moment où la mélodie effectue un saut de quarte descen-

[9] Cf. l'analyse en degrés d'accentuation proposée par Cl. Laloum (1965: 127-128).

dante. Disons qu'en ce cas variation d'énergie et variation de fréquence sont de signe contraire, point capital sur lequel nous reviendrons plus tard.

*Relations de durée.* — La segmentation de la courbe A autorise à penser que ce vers chanté ne fait appel qu'à deux unités différentes de durée, une brève et une longue (double croche pointée et croche), dont l'inégalité est au demeurant peu marquée. Disons qu'il y a uniformité des durées.

Il semble que la relation pointée/non-pointée soit, ici aussi, attestée.

### *Relations de fréquences (sonagramme B)*

*Au niveau de la note: timbre vocalique.* Les dessins du sonagramme comportent de nombreuses zones fortement grisées, aux frontières mal définies. Parfois deux raies harmoniques adjacentes sont à peine distinctes: les composantes du son comportent une forte proportion de bruit. Cela tient à ce que les sons d'origine buccale (le timbre vocalique) ont par rapport au son laryngal (la note chantée) une grande importance: la voix est presque parlée-chantée.[10]

Le timbre de la voyelle et la hauteur de la note sont dans des relations d'interdépendance. Les voyelles chantées sont [e] [ɛ] [ɔ]. Leur formant 2 s'échelonne dans cet ordre de l'aigu au grave (P. Delattre 1966: Fig 1, face à 226), leur hauteur musicale également. Nous avons traité plus longuement de ce point ailleurs (Rouget à paraître 2).

*Au niveau de l'énoncé: rapports de consonance.* — Trois traits horizontaux les mettent en évidence. De bas en haut:

1°) $H_1$ de la lère note = $H_2$ des notes 7 et 14: octave ($Fa_4$-$Fa_3$). — $H_2$ de la 7ème note = $H_3$ de la 8ème: quinte inférieure ($Fa_3$-$Si_2$ bémol).

2°) $H_3$ de la note 3 (et 9) = $H_4$ de la note 4 (5,6 et 12, 13, 14): quarte inférieure ($Ré_4$-$La_3$).

3°) $H_6$ de la lère note = $H_8$ de la 2ème: quarte inférieure ($Fa_4$-$Do_4$). Cette relation de consonance, la même que la précédente, apparaît également au niveau des harmoniques $H_3$-$H_4$ de ces deux notes. Un regard sur le sonagramme suffira pour le vérifier. Si nous l'avons notée un octave au-dessus c'est pour faire apparaître ses rapports avec la relation suivante, — $H_6$ de la note 1 et $H_8$ de la note 2 = $H_7$ de la note 9: respectivement.

[10] La question du *Sprechgesang* et des nombreuses formes intermédiaires qui existent entre parlé et chanté est peut-être, en ethnomusicologie, celle qu'il serait le plus urgent de traiter de manière systématique, particulièrement lorsqu'il s'agit de langues à tons, comme c'est le cas pour le selk'nam ou le malinké. (A ce sujet, voir Y. R. Chao 1956). Nous avons essayé d'en montrer l'importance en la mettant en rapport avec les formes poétiques (G. Rouget 1966: 51).

relation de tierce mineure inférieure et de ton entier supérieur (Fa$_4$-Ré$_4$ et Do$_4$-Ré$_4$).

On voit que toutes les notes de cette unité mélodique sont dans des relations étroites de consonance: verticalement.

Si bémol — Fa — La — Do — Ré — Fa,

où Fa (initiale et finale de l'énoncé) joue le rôle de pivot.[11] Disons qu'il y a entretien de la consonance.

*Mesures de fréquence: détermination des intervalles (portée musicale, sonagramme C)*

Conséquence de la pulsation du son chanté, qui n'offre de ce fait qu'une très courte phase de stabilité, et de l'importante proportion de bruit entrant dans sa composition, il n'a pas été possible d'utiliser le Stroboconn pour déterminer exactement la fréquence des notes comme nous avions pu le faire pour le chant malinké. L'analyseur de fréquence Brüel et Kjoer a cependant permis de situer la hauteur de certaines d'entre elles avec plus de précision que ne le permettait le Sonagraph, c'est-à-dire à plus ou moins une vingtaine de cents près. Les chiffres inscrits au-dessus de la portée musicale indiquent les écarts que font ces notes par rapport à l'échelle tempérée occidentale, avec la marge d'approximation qu'on vient de dire (le La$_4$ — une octave au-dessus de la série des La — étant à 440 Hz). On voit que par rapport aux relations naturelles de consonance — le mot étant pris, encore une fois, dans son sens très large et signifiant simplement que deux notes ont une harmonique commune — les écarts maxima sont de l'ordre du quart d'un ton.

La portée musicale de grandes dimensions qui a été tracée dans la moitié inférieure du sonagramme C et dont les lignes obéissent à la progression logarithmique normale pour une lecture en clé de Fa, montre que les notes (indiquées par des croix, ou lorsqu'il s'agit de leur octave supérieure par des croix en pointillés) s'inscrivent sensiblement à la place qui leur reviendrait dans une échelle diatonique.

*Définition du son*

Comparées à celles que forment les sons de la mélodie malinké, les taches

[11] Sur les problèmes posés par cette "consonance", voir M. Kolinski pour la notion de "teinte" qu'il propose (1961) et pour son interprétation (1967:12-13) de l'étude de Hornbostel sur la musique fuégienne.

correspondant aux sons de la mélodie selk'nam occupent, sur le sonagramme C, une étendue plus grande et recouvrent par conséquent des régions du spectre plus larges. Cela signifie que les "notes" du chant selk'nam se situent de manière moins ponctuelle dans le continuum sonore. Pour ce qui est des notes graves, leur hauteur est à peu près indéfinissable à l'oreille et il n'a été possible de l'évaluer que par référence aux harmoniques. De plus les frontières qui les séparent les unes des autres sont extrêmement floues. Disons que le son est diffus et que sa définition est lâche. Il n'en reste pas moins que les notes occupent, la régularité des dessins l'atteste, une place déterminée et stable dans l'échelle des hauteurs. Qu'il s'agisse de grands ou de petits intervalles, la voix passe avec une parfaite continuité d'une note à l'autre, par le jeu d'un port de voix dessinant une courbe mélismatique dont la convexité est toujours dirigée vers le grave. Il s'agit donc d'une pulsation parfaitement maîtrisée, Hornbostel emploie d'ailleurs lui-même le mot en certains passages de son texte.

Dans sa description des principaux caractères du chant fuégien, il a cependant beaucoup parlé de l'instabilité des intervalles, observant notamment (1948: 68): "Ainsi un intervalle de seconde diminuera souvent jusqu'à devenir un demi-ton [..] ou s'élargira au-delà du ton entier, sans faire aucune différence du point de vue de l'entité mélodique. Du point de vue de leur fonction, souvent des intervalles que nous entendons (et écrivons) comme des 'tierces' sont en réalité des 'secondes'"et parlant ailleurs (*ibid.*: 72) "d'intonation fluctuante." Mettant en rapport cette "fluctuation" avec l'accentuation si marquée du chant fuégien, il écrivait (*ibid.*: 68) "... suivant la force de l'accent le son peut monter ou non en un point donné de la mélodie", les chanteurs aborigènes n'ayant pas appris à vaincre "la tendance naturelle à élever ou à abaisser la hauteur du son en même temps qu'il devient plus faible ou plus fort." D'où ce processus de différenciation progressive des intervalles par fluctuation de plus en plus large à partir d'un son principal, où Hornbostel voyait l'origine de ce type de chant. Nous nous garderons bien de discuter de cette fluctuation de l'intonation pour l'ensemble de la musique fuégienne. Nous croyons cependant pouvoir affirmer qu'elle n'est pas — et en tous cas pas à ce point — une caractéristique du chant selk'nam: compte tenu de leur caractère non ponctuel et donc d'une certaine indétermination de la fréquence, les mêmes notes, nos courbes l'ont montré, sont intonées à la même hauteur. Mais à supposer qu'elle existe, nous voudrions surtout souligner qu'elle n'a pas avec l'accentuation le rapport de dépendance qu'Hornbostel lui a attribué puisque, nous l'avons vu tout à l'heure, accentuation et direction mélodique peuvent être de signes contraires. Dans sa vision des faits Hornbostel a vraisemblablement été victime de la théorie myoélastique de la production de la voix chantée, théorie que les travaux auxquels nous aurons à nous référer dans les pages qui suivent, ont récemment réfutée.

*Comparaison des deux chants sur le plan de l'acoustique*

| *malinké* | *selk'nam* |
|---|---|
| — variété des durées | — uniformité des durées |
| — absence d'accent | — présence d'accent |
| — entretien de l'intensité | — modulation de l'intensité |
| — faible importance du timbre vocalique | — forte importance du timbre vocalique |
| — indépendance de la hauteur de la note et du timbre vocalique | — interdépendance de la hauteur de la note et du timbre vocalique |
| — *legato* sans port de voix | — *marcato* avec port de voix |
| — présence de petits intervalles | — absence de petits intervalles |
| — modulation de la consonance | — entretien de la consonance |
| — son ponctuel | — son diffus |

Définissant l'un par rapport à l'autre, cette comparaison permet de dire que le chant malinké consiste essentiellement à moduler la consonance tout en maintenant continûment une même énergie sur différents degrés d'intensité et le chant fuégien, en revanche, à moduler l'énergie tout en maintenant continûment une même consonance sur différents degrés de hauteur. Pour le premier la définition du son est fine et les relations de hauteur doivent être appréciées au comma près, pour le second la définition du son est lâche et les relations de hauteur doivent être appréciées de manière approximative. Parlant d'instruments de musique, nous avions déjà été amené à souligner (Rouget 1963: 233) que plus les sons qu'ils produisent ont pour composante une importante proportion de bruit, mieux ils s'accommodent de relations de hauteur approximatives et qu'inversement plus cette proportion est faible, plus naturellement ils s'organisent en divisions strictes de l'espace sonore.

## PRODUCTION DES DEUX CHANTS

Nos deux chants résultent, vient-on de voir, de systèmes opposés qui ont chacun leur logique. Comme ils sont tous deux le produit de l'appareil phonatoire, il est raisonnable de penser que la nécessité interne de ces logiques est à rechercher d'abord dans le fonctionnement général de cet appareil. Les différences qui les séparent s'expliquent par des différences de fonctionnement, c'est-à-dire, en définitive, par des différences de technique vocale.

Disons tout de suite que le chant n'est pas notre spécialité et pour aggraver les choses, que, sauf erreur de notre part, les études sur le chant ignorent totalement le monde non occidental et ne mettent par conséquent en œuvre aucune donnée comparative au sens ethnologique du mot. Pour hasarder l'interprétation qu'on va lire, nous nous appuierons sur l'ouvrage de Raoul Husson, *La voix chantée* (1960), où l'auteur a fait suivre l'exposé de sa théorie neurochronaxique du fonctionnement des cordes vocales (celles-ci vibreraient sous l'impulsion du récurrent et sans courant d'air, contrairement à ce qu'affirmait la thèse myoélastique), d'une analyse physiologique des "conduites phonatoires", puis d'un résumé des grandes méthodes d'éducation de la voix chantée, les unes et les autres ne concernant, malheureusement, que le chant théâtral européen.

Essentiellement, la voix chantée consiste en une certaine neuromotricité du larynx, du système respiratoire et du "pavillon" pharyngo-buccal, intéressant de nombreuses régions de sensibilité interne — elle-même relevant de différents types — et constituant en définitive ce qu'on a pu appeler (A. Soulairac 1955) "un schéma corporel vocal." L'opposition de nos deux chants telle qu'elle ressort de l'analyse acoustique est si entière qu'on est en droit de penser qu'elle se ramène nécessairement à une opposition fondamentale sur le plan de la production de la voix chantée. Sur le plan de l'acoustique, celle-ci peut s'exprimer, a-t-on vu, en disant que pour le chant malinké il y a modulation de la résonance et entretien de l'intensité, pour le chant selk'nam, modulation de l'intensité et entretien de la résonance. La modulation de la résonance est l'affaire du larynx, la modulation de l'intensité celle, disons, de la soufflerie (car il n'y a pas que les poumons en cause). On pourrait donc écrire

$$\textit{malinké:}\ \frac{\text{larynx}}{\text{soufflerie}} \qquad \textit{selk'nam:}\ \frac{\text{soufflerie}}{\text{larynx}}$$

exprimant ainsi que, dans la production de la voix chantée, c'est l'activité neuro-musculaire du larynx qui prédomine lorsqu'il s'agit de la chanteuse malinké et que c'est au contraire celle de la soufflerie qui est la plus importante lorsqu'il s'agit de la fuégienne.

Il n'est pas possible d'en aventurer davantage. Cependant, en vue de donner une idée de ce que pourrait être une analyse des conduites phonatoires qui sont à l'origine de ces deux chants, nous avons emprunté à l'ouvrage de R. Husson les grandes lignes de sa classification des techniques vocales et nous les leur avons appliquées, bien qu'elles ne concernent, on l'a dit, que le chant théâtral d'occident. La comparaison de nos deux énoncés se trouvera ainsi portée sur le plan de la production du chant. Mais le lecteur voudra bien se souvenir qu'il ne s'agit là que d'un exercice de style, mené d'une façon purement conjecturale, puisque nous n'avons étudié de cette manière aucun de ces deux chants, et pour cause. Sa seule raison d'être est de montrer concrètement, par un exemple, sur quels types de faits physiologiques devraient porter semblables descriptions.

*Comparaison des deux chants sur le plan de la production*

| *malinké* | *selk'nam* |
|---|---|
| — tonus glottique diminué | — tonus glottique élevé |
| — pression sous-glottique élevée | — pression sous-glottique faible |
| — larynx très abaissé | — larynx élevé |
| — voile abaissé | — voile relevé |
| — cavité pharyngée largement accrue | — cavité pharyngée réduite |
| — cavité buccale accrue | — cavité buccale réduite |
| — muscles des joues, masticateurs, faiseaux élévateurs du larynx relâchés | — muscles des joues, masticateurs, faisceaux élévateurs du larynx contractés |
| — forte impédance ramenée sur le larynx[12] | — faible impédance ramenée sur le larynx |
| Schéma corporel vocal: | Schéma corporel vocal: |
| — à composante fortement abdominale | — à composante fortement thoracique |
| — accroissement des sensibilités pallesthésiques diffuses de la région rhino-pharyngée et naso-faciale | — accroissement de la sensibilité du larynx et de la cavité pharyngobuccale |

[12] Impédance ramenée sur le larynx: nous en empruntons la définition à Husson (*op. cit.*: 37) "... le conduit pharyngo-buccal, qui fait suite au larynx, est un *pavillon d'extériorisation*, au sens physique du terme. Ce pavillon est *attaqué*, à son *embouchure* laryngée, par une *fourniture de pression* produite par le larynx au cours de son fonction-

*Photo G. Rouget*

Kondé Kouyaté

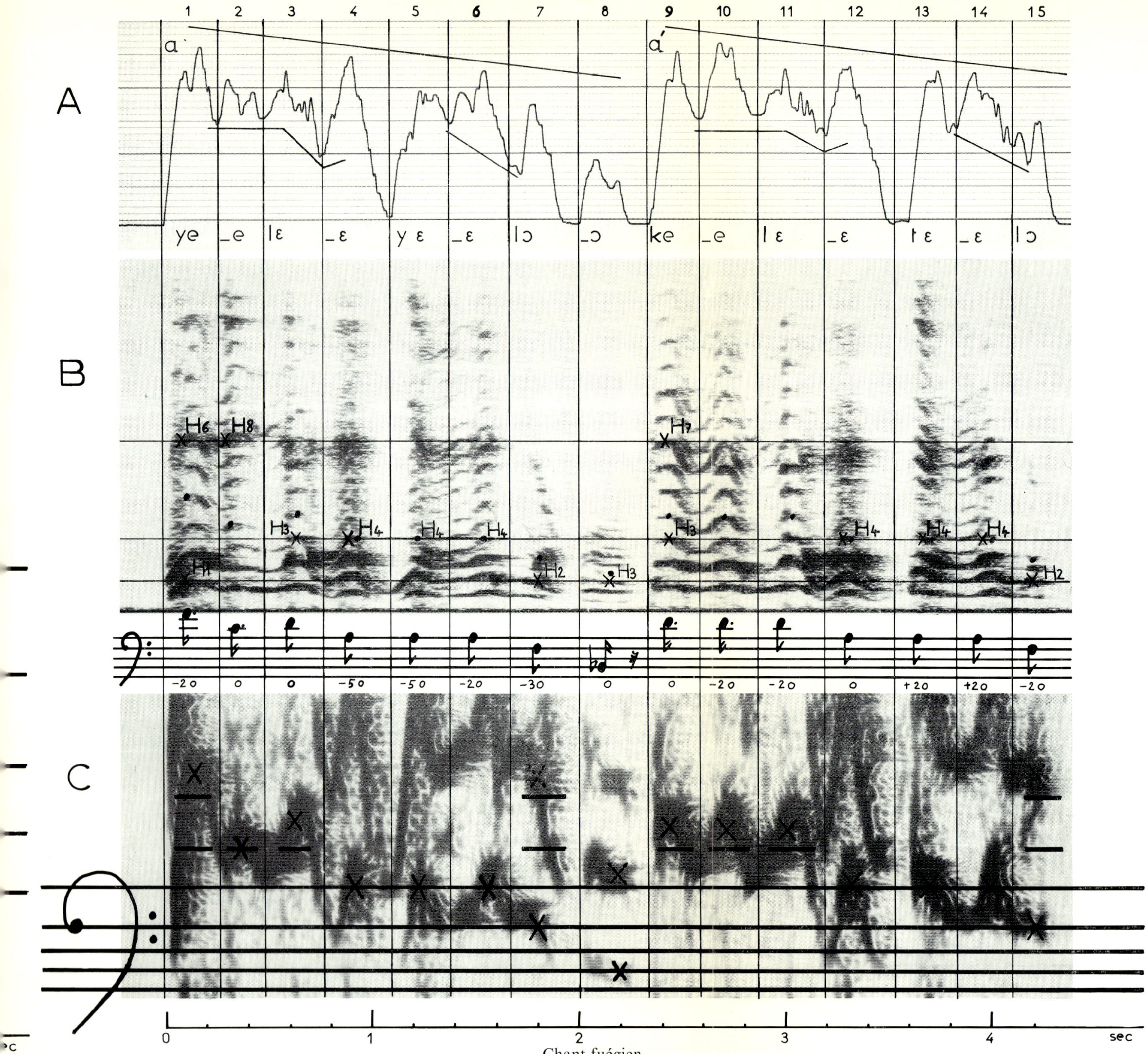


Chant fuégien

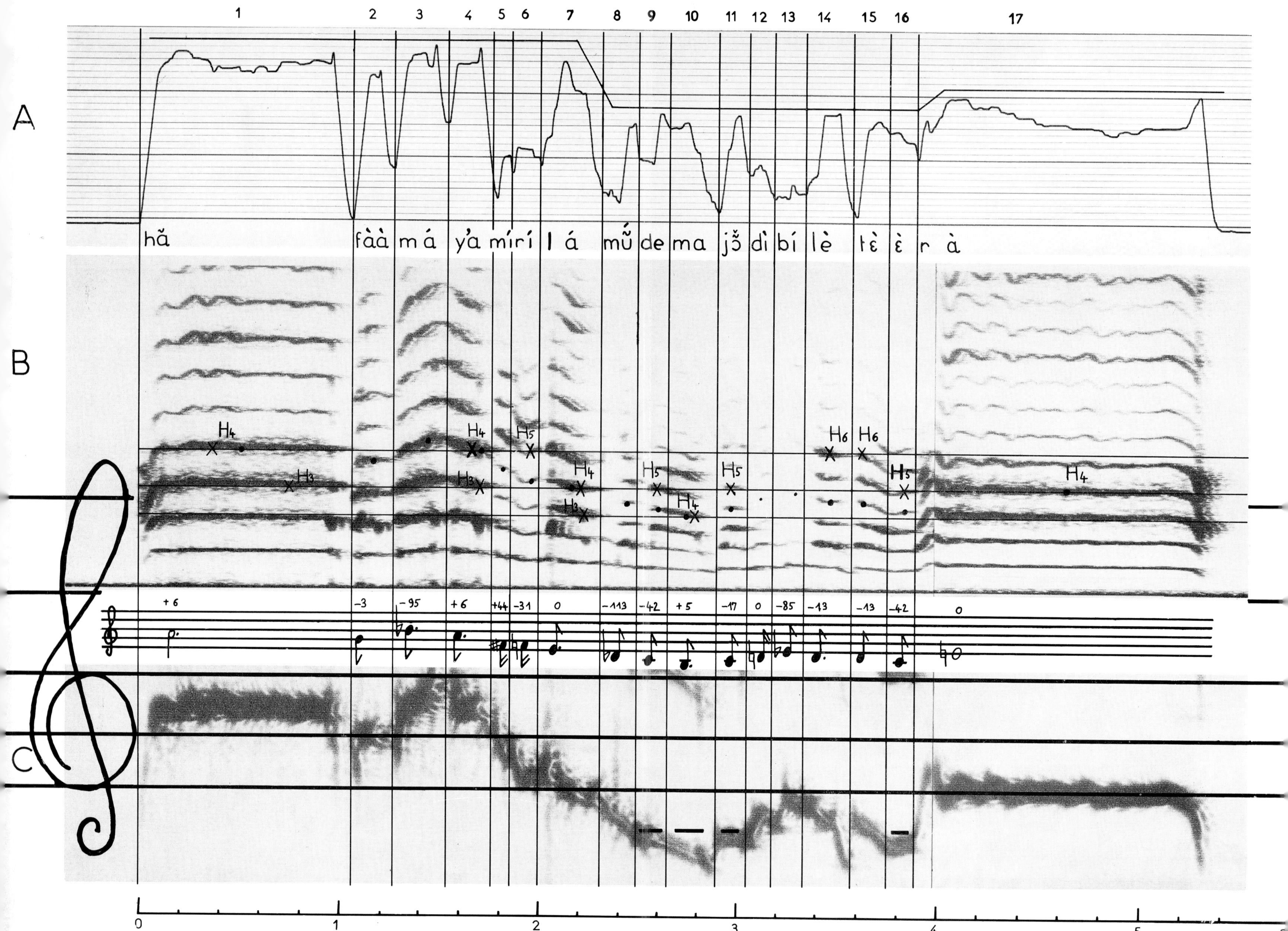


*Erratum:* dans la notation, note 7, lire une noir.

Chant soudanais

Compte tenu du fait que nos deux exemples présentent certainement entre eux des écarts beaucoup plus grands que les modèles proposés par Husson et pas nécessairement du même ordre, compte tenu surtout du caractère presque purement hypothétique de nos deux inventaires, disons que la voix fuégienne rentrerait dans la catégorie de la technique non-nasalisée à faible impédance et la voix soudanaise dans celle de la technique nasalisée à forte impédance ramenée sur le larynx. La photographie de Kondé Kouyaté montre en tout cas l'abaissement du larynx et le large accroissement de la cavité pharyngée, traduit par une dilatation marquée de la base du cou, caractéristiques de cette dernière technique.

Mais, dira-t-on, tout cela explique-t-il que Kondé Kouyaté fasse entendre de petits intervalles non diatoniques et Lola Kiepja de grands intervalles diatoniques? Nous dirons qu'il y a, selon toute apparence, incompatibilité, au niveau de la conduite phonatoire, entre la technique vocale selk'nam et la modulation de la consonance suivant les écarts précis et resserrés qui caractérisent celles de la malinké, et réciproquement qu'il y a incompatibilité entre la technique vocale de la chanteuse malinké et la modulation de l'intensité, rapide et suivant une forte accentuation, qui caractérise celle de la selk'nam. Cela dit, l'échelle musicale de notre chant malinké est à mettre en rapport, on l'a vu, avec celle des xylophones. Elle a donc, au moins en partie, des origines instrumentales. A leur tour celles-ci ne se réduisent vraisemblablement pas à ces seuls instruments. Sans doute doivent-elles aussi quelque chose à cette longue pratique de la division de la corde mise au point depuis si longtemps dans le Proche-Orient. Du nord au sud des deux Amériques, la musique chantée des Indiens présente une unité difficile à définir mais indiscutable. Alan Lomax (1962:444-468) en a proposé une interprétation dans le cadre de sa méthode cantométrique. Hornbostel (1948:91-92) en avait discuté et avait envisagé — sans la retenir — l'hypothèse que cette manière "intense" et "emphatique" de chanter qu'ont les Amérindiens soit en rapport avec le chamanisme. Comme on sait, l'organologie musicale précolombienne est remarquable pour la pauvreté — sinon l'inexistence — des instruments à cordes et pour la richesse des instruments à vent, proportion que reflète parfaitement, pour l'Amérique du sud, l'ouvrage d'Izikowitz (1934) qui consacre sept pages aux uns et deux cents aux autres. On ne sait rien de la musique que les Selk'nam tiraient de leur flûte en os d'oie sauvage ou de

nement phonatoire; à son ouverture terminale labiale, il débouche sur une *impédance* constituée par l'air extérieur" (*ibid.*: 51): "... la configuration du pavillon règle à chaque instant l'impédance ramenée sur le larynx, et ainsi gouverne les adaptations du mécanisme glottique d'attaque."

guanaco (Hornbostel 1948:88). Mais, sur un plan très général, on serait tenté de voir une relation entre ce que nous avons dit du chant de Lola, où l'essentiel est dans la soufflerie, et cette prééminence des instruments à vent dont la destination semble si souvent être, elle aussi, de moduler l'intensité du souffle. Les concerts de trompes des Indiens Piaroa (P.-D. Gaisseau 1951) en sont un exemple. Qu'en l'occurrence, dans leur technique et, si l'on peut dire, dans leur esprit, la voix chantée et les instruments à vent aient quelque chose de commun ne contredit au demeurant en rien les rapprochements qu'on a pu faire avec le chamanisme — qui est largement une technique du souffle — et les structures sociales des Amérindiens.

Il est sans doute raisonnable de penser que la technique vocale détermine, au niveau des grandes relations entre résonance, intensité et durée, un certain nombre de compatibilités et d'incompatibilités qui conditionnent les caractères généraux du sytème musical mis en œuvre par le chanteur. La différenciation de ces caractères généraux — rapports d'intervalle, d'intensité, d'accent, de rythme — est à son tour sous la dépendance d'une quantité d'autres facteurs parmi lesquels, bien entendu, l'histoire. Au stade de la réalisation ou, si l'on préfère, de l'exécution musicale, la technique vocale intervient à nouveau, avec toutes ses particularités dialectales, si l'on peut dire, pour différencier encore ces données. La constitution des échelles musicales a des origines très diverses, où se mêlent inextricablement des faits d'instruments et des faits de voix, il ne saurait être question de les réduire à une seule source. Si le mécanisme dit de la "couverture des sons" dans le chant théâtral n'avait pas été mis au point au début du XIXème siècle par des ténors italiens (Husson 1960:29), *Pierrot Lunaire* n'aurait jamais été écrit et moins encore *Le marteau sans maître*, car il n'aurait pas été possible de les chanter. Dans le domaine de l'opéra, chanter un récitatif et chanter un air, c'est, en définitive, utiliser deux "conduites phonatoires" différentes. Ce sont elles qui conditionnent l'écriture — puisque c'est en vue de l'une ou de l'autre qu'on écrit — et non pas l'inverse. Pour le profane une représentation de marionnettes japonaises se compose, en ce qui concerne la musique, d'épisodes chantés tantôt suivant une certaine technique de la voix, tantôt suivant une certaine autre, toutes deux n'étant que deux aspects de cette conduite phonatoire propre aux Japonais et reconnaissable dès la première note.

Dans tout le bassin de la Méditerranée orientale, une certaine manière de chanter marque plus ou moins fortement la musique vocale. Si peu qu'il en soit teinté, le chant populaire est toujours reconnaissable à ce je ne sais quoi qui tient plus à la pose de la voix qu'à des faits de rythme, d'intervalle ou de mélisme. Il est fort possible que le processus de "stylisation des choix vocaliques" décrit par A. Lomax (1964:55) contribue fortement à caractériser ce style de chant. Mais nous croyons que dans tous les cas c'est la conduite phonatoire qui détermine ce choix vocalique et que c'est donc par elle qu'il faudrait commencer l'étude, ce qui va d'ailleurs dans le sens de ce que propose A. Lomax.

Bien qu'elle mette en œuvre les mêmes organes que la voix parlée, la voix chantée les utilise très différemment, met en jeu des conduites motrices plus nombreuses et intéresse des régions de sensibilité interne plus variées. En fait elle superpose la plupart du temps ses mécanismes propres à ceux de la voix parlée puisque, sauf lorsqu'on vocalise, on prononce des paroles en même temps qu'on chante. Elle dépend, on l'a vu, de phénomènes qui lui sont spécifiques: chronaxie du récurrent et régime de ses influx moteurs, réglage de la pression sous-glottique, variations d'impédance ramenée sur le larynx notamment. R. Husson (*op. cit.*: 60) après avoir montré les divers types de sensibilité interne — interoceptive et proprioceptive; kinesthésique et pallesthésique — mises en jeu dans le chant, en donne un tableau combinatoire tout à fait comparable à celui d'un système phonologique puisqu'il a pour cadre un réseau de localisations corporelles. Celles qu'il énumère vont de la région naso-faciale aux sangles abdominale et pelvienne. Il est clair que, vues dans la perspective qui nous intéresse, les zones de sensibilité interne débordent largement ces limites et s'étendent en pratique à l'ensemble du schéma corporel.

Hornbostel, toujours à propos du chant fuégien (1948:74), l'a remarquablement bien dit, le chant "qui n'était à l'origine qu'une partie du mouvement corporel tout entier" gagnerait à être compris comme une "danse de la gorge" et ses caractéristiques rythmiques, écrivait-il, "doivent nécessairement être en harmonie avec le comportement moteur général de la race." Ici encore, cependant, il ajoutait aussitôt: "Mais il est presque impossible de les décrire avec des mots [...] en dégageant des traits isolés [...] et on ne peut espérer que qui que ce soit d'autre [que l'auteur de la description] soit capable de réunifier les parties avec le tout originel." Notant la parenté du chant et de la danse fuégienne, il souligne que dans la danse en rond autour du feu "un pied est avancé et posé lourdement par terre tandis que l'autre s'avance à son tour et se place à côté du premier avec une accentuation semblable (quoique moins lourde)." Il lui aurait fallu pouvoir également parler des positions respectives des différentes parties du corps, du port de la tête, de l'orientation de la bouche pendant le chant. La photographie de Kondé Kouyaté (verso du Tableau I) montre une attitude générale en élévation, la poitrine tendue en avant, la tête et les épaules rejetées en arrière. On pressent que le chant fuégien correspond à une attitude corporelle qui en est à peu près l'inverse.

On vient de faire mention de la région pelvienne. En langue *gũ* (Dahomey) c'est le même radical verbal *ji* qui sert à composer les verbes "engendrer" (qu'il s'agisse d'un homme ou d'une femme) et "chanter": *é ji ví* "il/elle a engendré", *é ji hã* "il/elle a chanté." C'est un fait. Traduit-il le sentiment qu'une même région de sensibilité interne est intéressée dans les deux actions? Dans le chapitre "Eléments d'art musical" du *Gītālaṃkāra* de Bharata (éd. 1959:147-163) qui énumère les diverses notes chantées, après les définitions de *Gandhara* (note du nez): "[...] un souffle part du nombril et sort avec bruit par la seule voie du courant des odeurs (*i.e.* le nez, *gandha*)", de *Madhyama* (note médiane): "[...] provient du centre du corps, venant de la racine du nombril il est bref et un peu aigu par nature", de *Pancama* (5ème note): "[...] née de la combinaison des 5 souffles vitaux [...]", on lit de *Dhaivata* (harmonieux): "[...] partant du nombril vers le bas et atteignant l'anus, puis tirée de nouveau, elle se meut rapidement comme un courant jusqu'à la gorge." On voit qu'en ce qui concerne le terme dahoméen dont on vient de parler notre hypothèse — et ce n'est rien de plus — n'est pas totalement saugrenue: des rapports en somme comparables, mettant en relation le chant et une région du corps au moins aussi inattendue que le pelvis ont été faits ailleurs, là précisément où fut inventée la phonétique articulatoire. On voit surtout que l'analyse des sons chantés en termes de localisation corporelle et d'articulation ne date pas d'hier.

Transcrire ou décrire, demandions-nous? Les pages qu'on vient de lire ont eu pour ambition de montrer que c'est par la seconde opération qu'il faut commencer et que c'est suivant des principes structuralistes qu'il faut la conduire. Hornbostel en désespérait, on n'en devrait pas moins parvenir un jour à décrire — puis à écrire — une musique vocale, avec assez de rigueur pour qu'il soit possible de la recréer sans l'avoir jamais entendue auparavant, tout comme on en est, ou presque, maintenant, à décrire une langue. A ceci près que ce n'en est pas une et que ce n'est pas non plus tout à fait le but, mais ce serait la preuve que la méthode et l'analyse sont bonnes.

CENTRE NATIONAL DE LA RECHERCHE SCIENTIFIQUE
MUSÉE DE L'HOMME

## RÉFÉRENCES


Boilès, Ch. L.,
1967 "Tepehua thought-song: a case of semantic signaling", *Ethnomusicology* XI-3.

Chao, Y. R.,
1956 "Tone, intonation, singsong, chanting, recitative, tonal composition, and atonal composition in Chinese", *For Roman Jakobson.*

Chapman, Anne,
1967 "Missions en Honduras et en Terre de Feu", *L'Homme* VII-1.

Daniélou, A. et N. R. Bhatt, éds.,
1959 *Le Gitālaṃkāra de Bharata.*

Delattre, P.,
1966 "Un triangle acoustique des voyelles orales du français", rééd. in *Studies in French and Comparative Phonetics.*
1966b "Physiological interpretation of sound spectrograms", *ibid.*

England, N. M.,
1964 "Symposium on transcription and analysis [...]", *Ethnomusicology* VIII-3.

Gusinde, P.,
1926 "Das Lautsystem der feuer ländischen Sprachen", *Anthropos* XXI.

Hornbostel, E. M. von,
1948 "The Music of the Fuegians", *Ethnos* 13.

Husson, R.,
1960 *La voix chantée.*

Izikowitz, K. G.,
1934 *Musical and other sound instruments of the South American Indians.*

Jones, A.,
1964 *Africa and Indonesia. The Evidence of the xylophone and other musical and cultural factors.*

Kolinski, M.,
1961 "Classification of tonal structures", *Studies in Ethnomusicology* I.
1967 "Recent trends in ethnomusicology", *Ethnomusicology* XI-1.

Kunst, J.,
1949 *Music in Java.*

Laloum, Cl. et G. Rouget,
1965 "Deux chants liturgiques yoruba", *Journal de la Société des Africanistes* XXXV-1.

Lévi-Strauss, Cl.
1964 *Le Cru et le cuit.*

List, G.,
1963 "The musical significance of transcription (Comments on Hood, "Musical Significance")", *Ethnomusicology* VII-3.

Lomax, A.,
1962 "Song structure and social structure", *Ethnology* I-4.
1964 "Phonotactique du chant populaire", *L'Homme* IV-1.

McAllester, D.,
1967 [cité par l'éditeur], *Ethnomusicology* XI-1 iv.

Martinet, A.,
1956 *La Description phonologique.*

Nettl, B. with S. Blum,
1968 "Studies in Blackfoot Indian Musical Culture, Part III", *Ethnomusicology* XII-1.

Rouget, G.,
1963 "Facture instrumentale et résonance", *La résonance dans les échelles musicales*, Colloque du C.N.R.S.
1964 "Tons de la langue en gun (Dahomey) et tons du tambour", *Revue de musicologie* L.
1965 "Notes et documents pour servir à l'étude de la musique yoruba", *Journal de la Société des Africanistes* XXXV-1.
1966 "African traditional non-prose forms: reciting, declaiming, singing and strophic structure", *Proceedings of the Conference on African Language and Literature.*
(à paraître) "Sur les xylophones équiheptaphoniques des Malinké", *Revue de musicologie.*
(à paraître) "Chant fuégien, consonance, et mélodie de voyelles", *Festschrift für M. Schneider.*

Ruwet, N.,
1967 "Musicologie et linguistique", *Revue internationale des Sciences humaines* XIX.

Seashore, H. G.,
1937 "An objective analysis of artistic singing", *Studies in the Psychology of Music IV.*

Soulairac, A.,
1955 "Sensibilités internes et phonation [...]" (cf. Husson).

Wachsmann, K. P.,
1957 "A Study of norms in the tribal music of Uganda", *Ethnomusicology* NL n° 11.

Young, M. R. W.,
1959 "Sur l'intonation de divers instruments de musique [...]", *Acoustique musicale*, Colloques du C.N.R.S.

## RÉFÉRENCES DISCOGRAPHIQUES

I *Musique primitive indienne*, enreg. de P. D. Gaisseau. Notice de Simone Dreyfus-Roche, Musée de l'Homme 1951.

II *Musique d'Afrique occidentale*, enreg. de G. Rouget, LVLX-193, Vogue Collection du Musée de l'Homme 1954, rééd. 1968.

III *Dahomey, musique du roi — guinée, musique malinké*, enreg. de G. Rouget, M.C. 20.146, *ibid.* 1958.

IV *Indian Chants from Tierra del Fuego*, enreg. d'A. Chapman, *Ethnic Folkways* (Musée de l'Homme), 2 disques à paraître.

*P-S.* La théorie neurochronaxique de la production de la voix, formulée par Husson, a suscité de telles controverses qu'il n'est pas sans intérêt de signaler ici que des travaux récents viennent de confirmer son hypothèse initiale, selon laquelle la vibration de la corde vocale est un phénomène actif d'origine neuro-musculaire. J. Louis-Sylvestre et P. Mac Leod ("Le muscle vocal humain est-il asynchrone?" *Journal de Physiologie* 1968: 373-189) ont en effet montré que la nature particulière des cordes vocales, apparentée à celle des muscles des insectes, explique qu'elles puissent vibrer à des fréquences ultra-rapides sous l'influence du stimulus récurrentiel sans entrer en tétanos.

*Erratum*: dans la notation, not 7, lire une noire.